Arnold Berliner

Lehrbuch der Physik
in elementarer Darstellung

Salzwasser

Arnold Berliner

Lehrbuch der Physik
in elementarer Darstellung

1. Auflage | ISBN: 978-3-84607-737-5

Erscheinungsort: Paderborn, Deutschland

Erscheinungsjahr: 2015

Salzwasser Verlag GmbH, Paderborn.

Nachdruck des Originals von 1928.

Arnold Berliner

Lehrbuch der Physik

in elementarer Darstellung

Salzwasser

LEHRBUCH DER PHYSIK

IN ELEMENTARER DARSTELLUNG

VON

ARNOLD BERLINER

VIERTE AUFLAGE

MIT 802 ABBILDUNGEN

Vorwort zur vierten Auflage.

Das Buch hat seinen elementaren Charakter behalten, entsprechend seiner Bestimmung, den angehenden Physikern als erste Einführung und allen denen als Lehrbuch zu dienen, die die Physik als Hilfswissenschaft gebrauchen, wie die Physiologen, die Chemiker und die Ingenieure. Die neue Auflage ist gegenüber der vorigen wesentlich umgearbeitet und erweitert worden. Es genügt, auf die Vermehrung der Beispiele aus der Technik hinzuweisen, auf die Erweiterung der Mechanik (Coriolisbewegung, Kreisel), auf die moderne Darstellung der Kristallstruktur, auf die Erweiterung der bereits für die vorige Auflage von den Herren GEIGER und HENNING geschriebenen Teile und auf die neuen Abschnitte aus der Astrophysik und der Geophysik.

Die neue Auflage hat von vielen Seiten her freundschaftliche Beratung und Unterstützung gefunden. Der Unterzeichnete hat vor allem Herrn NERNST für viele Hinweise zu danken, die zu Verbesserungen und Berichtigungen geführt haben, Herrn HABER für die Niederschrift über die Flamme, Herrn VON ROHR für wertvolle Beratung bei der Darstellung der Lehre von den optischen Instrumenten, Herrn GERLACH für die Durchsicht der Darstellung seiner mit Herrn STERN zusammen ausgeführten Arbeiten. Ein besonderer Dank gebührt Herrn WEISSENBERG für die unermüdliche Beratung bei der Darstellung seines Arbeitsgebietes und für die ausgezeichnete Zusammenstellung der Kristallsysteme und der Translationsgitter, ferner den Herren ERWIN FREUNDLICH und G. RAMSAUER, die die Korrekturen mitgelesen und den Verfasser auf zahlreiche verbesserungsbedürftige Stellen aufmerksam gemacht haben. Und schließlich schuldet der Unterzeichnete ganz besonderen Dank — eigentlich müßte er an erster Stelle stehen — der Verlagsbuchhandlung JULIUS SPRINGER. Deren opferwilliger Fürsorge verdankt er es in allererster Linie, daß das Buch trotz der großen Auflage nach knapp vier Jahren in der für den Verlag traditionellen ausgezeichneten Form aufs neue erscheinen kann.

Berlin, im September 1928.

A. BERLINER.

Inhaltsverzeichnis.

Einleitung.

HELMHOLTZ bezeichnet in der Abhandlung über die Erhaltung der Kraft als Aufgabe der physikalischen Naturwissenschaften die Aufsuchung der Gesetze, durch die die einzelnen Vorgänge in der Natur auf allgemeine Regeln zurückgeleitet und aus den Regeln wieder bestimmt werden können. — Um die einzelnen Vorgänge auf allgemeine Regeln zurückführen zu können, muß man sie unter möglichst vielfach abgeänderten Bedingungen beobachten. Die Beobachtung lehrt dann erstens, was sich *mit* der Veränderung der Bedingungen an den Erscheinungen ändert, zweitens was *trotzdem* an ihnen unverändert bleibt. Auf diese Weise lehrt die Erfahrung das Regelmäßige an den Erscheinungen kennen und ebenso das Regellose, Zufällige; die von GALILEI aufgestellten Gesetze der Fallbewegung sind derartige Regeln, die aus den Beobachtungen abgeleitet worden sind und die unter gegebenen Voraussetzungen zu bestimmten Voraussagen ermächtigen. Wo man die Zusammengehörigkeit von Vorgängen nicht vollkommen kennt, wie bei den meisten meteorologischen Erscheinungen, kann man keine Regel aufstellen und daher nicht voraussagen, was unter gegebenen Bedingungen geschehen wird. *Wenn* wir aber ein Gesetz erkannt haben, und „wenn wir uns vergewissern können, daß die Bedingungen eingetreten sind, unter denen das Gesetz zu wirken hat, so müssen wir auch den Erfolg eintreten sehen, ohne Willkür, ohne Wahl, ohne unser Zutun mit einer die Dinge der Außenwelt ebensogut wie unser Wahrnehmen zwingenden Notwendigkeit. So tritt uns das Gesetz als eine objektive Macht entgegen, und demgemäß nennen wir es *Kraft*. Wir objektivieren z. B. das Gesetz der Lichtbrechung als eine Lichtbrechungskraft der durchsichtigen Substanzen, das Gesetz der chemischen Wahlverwandtschaften als eine Verwandtschaftskraft der verschiedenen Stoffe zueinander" (HELMHOLTZ).

„Die Gesetze aufsuchen" bedeutet also schließlich „die Kräfte aufsuchen", die die Erscheinung hervorrufen. Die Erscheinungen selbst aber, so verschieden sie auch sind, lassen sich *alle*, wenigstens theoretisch, auf *eine* Form zurückführen: auf *Bewegungs*erscheinungen. Die Körperwelt, an der wir sie wahrnehmen, ist zwar aus den chemischen Elementen aufgebaut, und chemische Vorgänge haben scheinbar mit Bewegung nichts zu tun, aber wenn wir uns die Körperwelt in die chemischen Elemente aufgelöst denken, so sind einzig Umgruppierungen der Elemente in ihr denkbar. Die Erscheinungen offenbaren sich dadurch unterschiedslos als Bewegungserscheinungen, die Gesetze als Bewegungsgesetze, die Kräfte als Bewegungskräfte[1].

---

[1] Die Ansicht, daß alle physikalischen Vorgänge sich auf Bewegungen unveränderlicher gleichartiger Massenpunkte zurückführen lassen, ist die *mechanische* Naturanschauung. Sie hat die Physik seit der Mitte des vorigen Jahrhunderts am stärksten gefördert. In den letzten zwei Jahrzehnten führt die Entwicklung hinweg von ihr (weil die Natur des Äthers mechanisch nicht zu begreifen ist und weil die elektrodynamischen Vorgänge im freien Äther aus einer einheitlichen mechanischen Hypothese nicht abzuleiten sind). Der Lernende findet aber an ihrem Grundgedanken einen so deutlichen Wegweiser, daß es unzweckmäßig wäre, ihn auf einem anderen Wege in die Physik einzuführen.

Wenn nun damit auch das Ziel der Forschung erkannt ist, so ist die Physik als Ganzes doch noch weit davon entfernt. Wo die Zurückführung auf Bewegungsvorgänge noch nicht gelungen ist, nehmen wir aber nicht an, daß sie unmöglich ist, sondern nur, daß sie *bei dem gegenwärtigen Stande* der Wissenschaft noch nicht möglich ist. Es ist ja auch erst im letzten Jahrhundert geglückt, den „Wärmestoff" zu beseitigen und zu beweisen, daß Wärme eine Art Bewegung ist. — Die einzelnen Gebiete der Physik sind desto vollkommener erschlossen, je mehr von den zu ihnen gehörenden Erscheinungen aus Bewegungsgesetzen begriffen werden konnten, wenn auch der mechanische Hergang nicht immer bis in die letzten Einzelheiten verfolgt werden kann. Wir wissen z. B., daß die Gruppierung derselben Massenteilchen im Eise anders ist als im Wasser. Wir wissen sogar, daß sie im Eise regelmäßiger ist. Wir wissen aber nicht, wie die Umgruppierung vor sich geht, die den Unterschied zwischen Wasser und Eis kennzeichnet, obwohl wir die Bedingungen für die Umwandlung von Wasser in Eis oder von Eis in Wasser gut kennen.

Dem Ziel am nächsten sind diejenigen Gebiete der Physik, in denen man die Vorgänge als Bewegungen sehen und messen kann — allen voran die Astronomie; die vollkommene Kenntnis eines Vorganges bezeichnet man geradezu als „astronomische". Die Astronomie hat ihre Vollkommenheit nur allmählich erreicht durch die planmäßige Erforschung der weniger verwickelten Bewegungserscheinungen am Himmel. Auch die „astronomische" Kenntnis der anderen physikalischen Vorgänge ist, wenn überhaupt, nur durch die vorbereitende Kenntnis einfacher Bewegungsvorgänge zu erreichen. An ihnen, z. B. der Bewegung fallender Körper, hat GALILEI die grundlegenden Begriffe der Lehre von der Bewegung ursprünglich abgeleitet und die Grundlagen der strengen physikalischen Forschung erkannt. Und deswegen ist *das Studium einfacher Bewegungsvorgänge der natürliche Anfang für das Studium der Physik.*

Allgemeine Lehre von der Bewegung und der Kraft (Mechanik).

A. Vollkommen freie Bewegung.

Was ist Bewegung? Ort eines materiellen Punktes relativ zu seiner Umgebung.
Alle Dinge, die wir „in Bewegung" sehen, sehen wir ihren Ort relativ zu ihrer
Umgebung verändern. Wir definieren daher die Bewegung eines Dinges als den
Vorgang, durch den es seinen Ort relativ zu seiner Umgebung ändert. Um die
folgenden Betrachtungen zu vereinfachen, stellen wir uns vor, es gebe nur *einen*
Körper im Raume, und dieser sei so klein, daß er als Punkt gelten darf. Man
nennt ihn einen *materiellen* Punkt. Ehe man von der *Änderung* seines Ortes
relativ zur Umgebung sprechen kann, muß man wissen, wodurch sein Ort überhaupt bestimmt ist, und wodurch man diesen Ort von einem anderen unterscheiden kann. — Wir können den Ort eines Punktes relativ zu seiner Umgebung
nur dann eindeutig angeben, wenn uns dazu ein *Bezugsystem* zur Verfügung steht,
d. h. wenn wir uns auf andere Punkte, Linien und Flächen beziehen können, die
bekannt sind und die als unverrückbar gelten dürfen, wie z. B. wenn man die
geographische Lage eines Punktes danach angibt, ob er nördlich oder südlich
vom Äquator, östlich oder westlich vom Nullmeridian, über oder unter dem
Meeresspiegel liegt. Hier bilden Äquator, Nullmeridian und Meeresspiegel das
Bezugsystem. Wir sind zu dieser „relativen" Ortsbestimmung berechtigt. Die
Erde bewegt sich zwar selbst, aber alles, was sich auf ihr befindet, macht ihre
Bewegung mit[1], und daher bleibt der Abstand der geographischen Punkte vom
Äquator, vom Nullmeridian, vom Meeresspiegel und auch allen anderen Linien und
Ebenen, die lediglich die Erdbewegung mitmachen, unverändert.

Beim Studium mathematischer und physikalischer Fragen bezieht man sich auf ein anderes, willkürlich gewähltes System von Linien und Flächen.
Handelt es sich um Punkte in einer Ebene, z. B. in
der Druckseite dieses Buches, so zieht man (das ist
nur eine von vielen Methoden) zwei zueinander senkrechte Gerade XX und YY (Abb. 1). Man nennt
sie die Koordinatenachsen, ihren Schnittpunkt den
Anfangspunkt oder Nullpunkt des Systems, die Abstände der Punkte P von den Achsen (mit den Vorzeichen + oder —, je nach ihrer Lage relativ zu
den Achsen) ihre Koordinaten (Abszissen, Ordina-

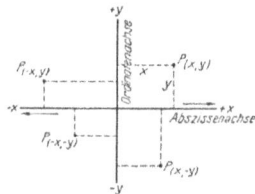

Abb. 1. Rechtwinkliges Koordinatensystem als Bezugsystem zur Angabe
des Ortes eines Punktes P in der
Ebene der Koordinatenachsen.

ten). Das Ganze heißt ein Koordinatensystem. Man beschreibt die Lage eines
Punktes P danach, ob er über oder unter XX, und gleichzeitig, ob er rechts oder

---

[1] Wir sprechen von *Sonnen*aufgang, *Sonnen*untergang, Durchgang der *Sonne* durch den
Meridian, obwohl wir die Bewegung der *Erde* als ihre Ursache bezeichnen. Daran sehen wir,
wie wenig wir uns der Bewegung der Erde bewußt sind. Der Widerstand, den KOPERNIKUS
zuerst gefunden hat, erklärt sich zum großen Teile daraus, wie schwer es ist, sich von dem
sinnlichen Eindruck freizumachen, daß die Erde stillstehe.

links von YY liegt. Aber wie *weit* nach rechts oder links? Um das zu erfahren, müssen wir seinen Abstand von ihnen *messen* können.

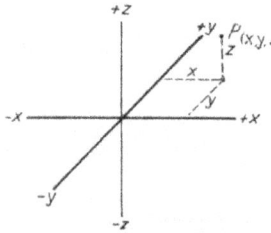

Längenmessung. Längeneinheit. Jede Messung ist eine Vergleichung der zu messenden Größe mit einer als Grundmaß festgesetzten Größe derselben Art. Für die Messung des geradlinigen Abstandes zweier Punkte voneinander hat man die Länge des Meters als Grundmaß festgesetzt. Das Meter (m) ist der geradlinige gegenseitige Abstand zweier Strichmarken, auf einem Platiniridiumstabe, den das Bureau International des Poids et Mesures zu Paris als Urnormale aufbewahrt und der bei der Temperatur des schmelzenden Eises annähernd den zehnmillionsten Teil des Abstandes eines Erdpoles vom Äquator, längs dem Meridian gemessen, repräsentiert[1]. Der hundertste Teil des Meters, das Zentimeter (cm), wird für physikalische Messungen als *Längeneinheit* benützt. Das Meter ist also eine willkürlich festgesetzte, aber eindeutige durch Kopie der Urnormale als Maßstab herstellbare Norm für Längenmessungen.

Abb. 2. Rechtwinkliges Koordinatensystem als Bezugsystem zur Angabe des Ortes eines Punktes *P im Raume* durch die Koordinaten *x y z.*

Das Meter bezieht sich auf die Erddimensionen; wenn eine kosmische Revolution die Erde träfe, würden sich ihre Dimensionen in unbekanntem Grade verändern. Aber die Wellenlänge des Lichtes bliebe unverändert, und das Meter wäre daraus stets rekonstruierbar. Man hat vorgeschlagen (zuerst BABINET, 1829), die Wellenlänge einer bestimmten Lichtart, z. B. die einer bestimmten FRAUNHOFER-Linie, als eine natürliche Längeneinheit anzunehmen. Nach MICHELSON (1895) enthält 1 m von dem roten Kadmiumlicht (Wellenlänge 643,85 μμ) 1 553 163,5 Wellen; von dem blauen (Wellenlänge 480,00 μμ) 2 083 372,1 Wellen. Um zuverlässig zu sein, muß ein Maßstab des alltäglichen Gebrauchs von der Temperatur möglichst wenig abhängig sein und möglichst wenig von der Luftfeuchtigkeit. Materialien für bessere Maßstäbe sind — nach *abnehmender* Wärmeausdehnung geordnet — Messing, Silber, Neusilber, Stahl, Glas, Nickelstahl (Invar). Für Maßstäbe gebräuchliche Hölzer sind — geordnet nach *zunehmender Brauchbarkeit* hinsichtlich der hygroskopischen Beschaffenheit — Pappel, Eiche, Mahagoni, Buche, Kiefer, Linde, Ahorn, Fichte. Unbrauchbar ist Nußbaum.

Nonius. Die kleinste Einheit, in die man die Maßstäbe für den alltäglichen Gebrauch einteilt, ist das Millimeter. Um an Präzisionsmaßstäben Bruchteile von Millimetern *genau* ermitteln zu können, benützt man den Nonius (Abb. 3). Das ist ein Hilfsmaßstab, dessen kleinste Einheit um einen bestimmten Bruchteil kleiner ist als die kleinste Einheit des Hauptmaßstabes und der längs des Hauptmaßstabes verschiebbar ist. Um Zehntelmillimeter zu messen, benützt man einen Nonius, in dem 10 Intervalle gleich 9 mm sind, d. h. dessen kleinste Einheit $^1/_{10}$ mm kürzer ist als die der Hauptteilung. Bei der Messung läßt man den Nullstrich des Hauptmaßstabes mit dem einen Ende der zu messenden Länge zusammenfallen; fällt ihr anderes Ende, *C, zwischen* zwei Millimeterstriche hinein, so verschiebt man den Nonius längs des Hauptmaßstabes, bis *sein* Nullstrich mit diesem Ende zusammenfällt, so daß also der Nonius-Nullstrich zwischen denselben zwei Millimeterstrichen liegt. Die Zahl der ganzen Millimeter liest man dann am Hauptmaßstabe ab. Wieviel Zehntelmillimeter liegt nun der Nonius-Nullstrich von diesem abgelesenen Millimeterstrich (310) entfernt? Man sucht denjenigen Teilstrich des Nonius, der mit einem Teilstrich der Hauptteilung zusammenfällt. Ist es z. B. der sechste, so heißt das: der Nullpunkt liegt um $^6/_{10}$ mm von jenem abgelesenen Millimeterstrich entfernt. Denn

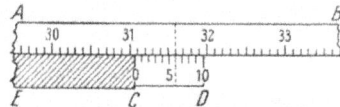

Abb. 3. Nonius. Zur Ermittlung der Zehntelmillimeter bei der Messung mit einem in Millimeter geteilten Maßstabe.

---

[1] Tatsächlich entspricht der Meterstab des Bureau International nur annähernd der Definition, die er verkörpern soll: er stellt nicht die Länge von $1 \cdot 10^{-7}$ Erdquadrant dar, sondern von $0{,}999914 \cdot 10^{-7}$ Erdquadrant. Aber für die praktische Anwendung ist die Abweichung belanglos, und für die Wissenschaft ist nur die *Konstanz* des Grundmaßes wichtig.

da jedes Noniusintervall um $^1/_{10}$ mm kürzer ist als das Intervall des Hauptmaßstabes, so liegt der fünfte Noniusstrich um $^1/_{10}$ mm von dem ihm — auf C zu — benachbarten Millimeterstrich der Hauptteilung entfernt, der vierte um $^2/_{10}$ von dem ihm benachbarten usw. und der nullte um $^6/_{10}$ von dem ihm benachbarten.

Kathetometer. Komparator. Einer der wichtigsten Längenmeßapparate für Präzisionsmessungen ist das Kathetometer (κάθετος senkrecht; μέτρον Maß). Man mißt damit — wir beziehen uns auf Abb. 2. — den Längenunterschied der Z-Koordinaten zweier Punkte, anders ausgedrückt: den vertikalen Abstand der zwei Horizontalebenen, in denen die zwei Punkte liegen. Im *wesentlichen* ist es (Abb. 4) ein vertikal aufgestellter in Millimeter geteilter, mit Nonius versehener Maßstab, der um eine vertikale Achse drehbar ist und dem entlang ein horizontal gerichtetes Fernrohr verschiebbar ist. (Der Maßstab muß *genauestens* vertikal stehen, die Fernrohrachse *genauestens* horizontal und dergleichen mehr!) Man richtet das Fernrohr erst auf den *einen* Punkt, derart, daß zwei einander kreuzende gerade Linien (*Fadenkreuz* — zwei Spinnwebfäden), die man gleichzeitig mit ihm im scharf eingestellten Fernrohr sieht, sich *in ihm* zu kreuzen scheinen und liest dann die Höhenlage des Fernrohrs über dem Nullpunkt das Maßstabes ab. Man dreht hierauf das Kathetometer um die vertikale Achse, bringt nun den *zweiten* Punkt scharf in den Kreuzungspunkt des Fadenkreuzes und liest die zweite Höhenlage des Fernrohres ab. Die Differenz der beiden Ablesungen ist der gesuchte vertikale Abstand. DULONG und PETIT haben (1816) das Kathetometer bei ihren Arbeiten über die Wärmeausdehnung des Quecksilbers erfunden, um den Höhenunterschied von zwei Quecksilbersäulen genau zu messen. Man hat es seitdem oft umkonstruiert und verfeinert. — Um die Teilung eines Maßstabes, z. B. eines Meterstabes, genau auf ihre Richtigkeit zu prüfen, vergleicht man den Meterstab mit einem als richtig *angenommenen* Normalmaßstab. Diesen und ähnlichen Arbeiten dient der *Komparator*. Es ist im wesentlichen ein horizontal festliegender Präzisionsmaßstab, an den man den damit zu vergleichenden seitlich anlegt. Wie an dem Kathetometer die Präzisonsmessung durch ein parallel mit sich (vertikal) verschiebbares Fernrohr geleistet wird, so im Komparator durch ein parallel mit sich (horizontal) verschiebbares Mikroskop, das man nacheinander auf die Endpunkte der zu vergleichenden Längen einstellt. — Kathetometer und Komparator gehören zu den lebensnotwendigen Vorrichtungen der Präzisionsmeßkunst und der Präzisionstechnik und erfordern zu ihrer sachgemäßen Handhabung sehr große Gewissenhaftigkeit und Erfahrung.

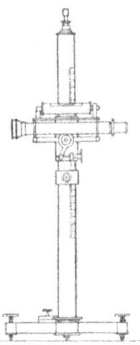

Abb. 4. Kathetometer.

Himmelskoordinaten. Abb. 2 erklärt wie man gewöhnlich den Ort eines Punktes im *Raume* durch drei aufeinander rechtwinklige Koordinaten beschreibt. Anders sind die Koordinaten, mit denen der Astronom die Punkte angibt, in denen er die Sterne im Raume sieht. Sie scheinen ihm an der Oberfläche einer Kugel zu liegen, in deren Mittelpunkt er sich befindet. Er bezieht ihre Lage entweder auf seinen Horizont und einen bestimmten Meridian oder — und das gewöhnlich — auf den Himmelsäquator und einen bestimmten Meridian. Die Lotlinie durch den Beobachtungsort x, Abb. 5, trifft das Himmelsgewölbe in dem senkrecht darüberliegenden *Zenit* und im diametral gegenüberliegenden *Nadir*. Die durch den Erdmittelpunkt senkrecht zur Zenit-Nadirlinie und bis zum Himmelsgewölbe erweiterte Ebene heißt der *wahre* Horizont von x (die parallel dazu tangential durch x gelegte ebenso erweiterte Ebene der *scheinbare*). Eine Ebene, senkrecht auf dem Horizont stehend, die die Zenit-Nadirlinie und die Erdachse enthält, schneidet das Himmelsgewölbe in einem größten Kreise, der den Meridian von x bildet. Die Gerade, in der diese Ebene die Horizontebene schneidet, heißt die *Mittagslinie* von x. Deren Durchschnitt mit dem

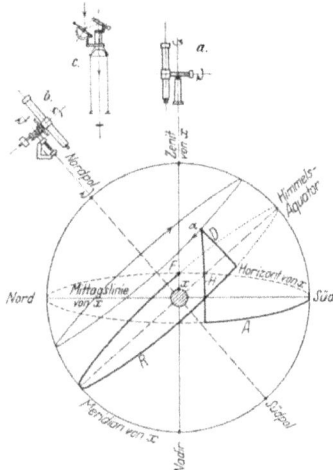

Abb. 5. Astronomische Koordinatensysteme. (Himmelskoordinaten): Horizontalsystem (Horizont, Zenit-Nadir) und Äquatorealsystem (Himmelsäquator, Polachse). Stern a hat zu Koordinaten (stark ausgezogen) im Horiz.-S. die Höhe H und das Azimut A, im Äqu.-S. die Deklination D und die Rektaszension R.
a ein azimutal, b ein äquatoreal (parallaktisch) montiertes Fernrohr, c oberes Ende eines Turmteleskops.

Himmelsgewölbe heißen Nordpunkt (unter dem Nordpol liegend) und Südpunkt (gegenüber). Der Südpunkt ist der Anfangspunkt des Systems. Größte Kreise senkrecht auf dem Horizont, also durch das Zenit gehende, heißen *Höhenkreise*, Kreise parallel zum Horizont *Azimutalkreise*. Die beiden Koordinaten eines Gestirnes α in diesem Bezugsystem sind seine *Höhe* und sein *Azimut*. Die Höhe zählt man vom Horizont nach dem Zenit bis 90⁰, das Azimut vom Südpunkte des Meridians durch West, Nord, Ost bis Süd von 0⁰ bis 360⁰. (Statt der Höhe benützt man auch die Zenitdistanz, beide ergänzen einander zu 90⁰.)

Höhe und Azimut ändern sich infolge der Achsendrehung der Erde kontinuierlich mit der Zeit. Der Astronom benutzt deswegen ein anderes Bezugsystem, seine Koordinaten entsprechen der geographischen Länge und Breite eines Ortes auf der Erde: er benützt den Himmelsäquator — den an die Sphäre übertragenen Erdäquator — und einen Anfangsmeridian, der durch die beiden Himmelspole und die Nachtgleichenpunkte[1] geht, den Anfangspunkt bildet hier der Frühlingspunkt (*F*). Größte Kreise senkrecht zum Äquator (durch die Pole gehend) heißen Deklinationskreise, Kreise parallel zum Äquator (polwärts immer kleiner werdend) Parallelkreise. Der senkrechte Abstand eines Gestirnes vom Äquator (nordpolwärts bis 90⁰ gezählt) heißt *Deklination* (der Höhe im Horizontsystem entsprechend), der Abstand vom ersten Meridian, vom Frühlingsnachtgleichenpunkt *F* aus von Westen durch Süd nach Ost bis 360⁰ gezählt, heißt *Rektaszension*. (Statt der Deklination benützt man auch die Poldistanz.) Die Deklination eines Fixsternes gibt den konstanten Abstand des ihm zugehörigen Parallelkreises vom Äquator an, sie ist daher selber konstant, und auch die Rektaszension des Sternes ist konstant, weil der Frühlingspunkt auf dem Äquator eine feste Lage hat und die tägliche Drehung der Himmelskugel mitmacht.

Die Koordinaten eines Punktes in einem solchen Bezugsystem sind also Kreisbogen, ihre Ermittlung läuft auf Winkelmessungen hinaus. In der Astronomie leistet man das mit Fernrohre, die mit entsprechend liegenden Teilkreisen versehen sind[2]. Für *terrestrische* Arbeiten, z. B. bei der Landvermessung, wo es sich um Fixierung bestimmter Punkte im Raume handelt (Triangulationsmarken), bezieht man sich auf das Horizontsystem und benützt den *Theodolith*, ein kleines azimutal montiertes Fernrohr, das mit einem vertikal und einem horizontal liegenden Teilkreis versehen ist. Man ermittelt mit ihm Höhe und Azimut der betreffenden Punkte.

Koordinaten-Transformation. Wir haben verschiedene Koordinatensysteme erwähnt: das aus Erdäquator, Nullmeridian und Meeresspiegel bestehende, mit der Erde verbundene, das azimutale und das äquatoreale System der Himmelskoordinaten, beide mit dem Himmelsgewölbe verbunden (Abb. 5), das ebene rechtwinklige (Abb. 1) und das räumliche rechtwinklige (Abb. 2), und so können wir beliebig Koordinatensysteme konstruieren — ein Koordinaten-

---

[1] Die beiden Nachtgleichenpunkte sind die Punkte, in denen die Ekliptik (Erdbahn um die Sonne) den Himmelsäquator schneidet. Etwa am 21. März steht die Sonne in dem einen (Frühlingsnachtgleichenpunkt, Frühlingspunkt), etwa am 23. September im anderen.

[2] Den zwei Systemen von Himmelskoordinaten entsprechen zwei Anordnungen, in denen man ein Fernrohr aufstellt, um es auf ein Gestirn richten zu können. *Gemeinsam* ist beiden Aufstellungsarten, daß das Fernrohr um zwei aufeinander senkrechte Achsen (Achsenkreuz) drehbar ist (s. die Kreispfeile Abb. 5a und b). *Verschieden* ist die Orientierung des Achsenkreuzes im Raum — der Verschiedenheit des Azimutal- und des Äquatorealsystems entsprechend. Für kleinere Fernrohre orientiert man das Achsenkreuz so, daß die eine Achse nach dem Zenit zeigt, die andere der Horizontebene parallel liegt (azimutale Orientierung); für große Fernrohre so, daß die eine Achse nach dem Pol zeigt (Pol-, Rektaszensions-, Stundenachse), die andere (Deklinationsachse) der Äquatorebene parallel liegt. Bei dieser Aufstellung des Fernrohres (FRAUNHOFER) drehen sich die Gestirne (infolge der Achsendrehung der Erde) scheinbar um die Polachse, richtet man das Fernrohr (durch Drehung um die Deklinationsachse) auf ein Gestirn und dreht man es dann dauernd mit der Geschwindigkeit der Erddrehung (Uhrwerk) um die Polachse, so behält man das Gestirn dauernd im Gesichtsfeld — das Gesichtsfeld bewegt sich auf demselben Parallelkreise wie das Gestirn. (Wegen dieser anhaltenden Verschiebung des Fernrohres heißt die Aufstellung auch parallaktische.) Das azimutal montierte Fernrohr müßte man zu diesem Zweck dauernd um *beide* Achsen drehen und um jede mit anderer Geschwindigkeit; man verwendet es daher nur für *besondere* astronomische oder für *terrestrische* Zwecke (Standfernrohre). Statt den Gestirnen das Fernrohr nachzuführen, führt ihnen HALE in seinem *vertikal* stehenden *Turmteleskop* einen am Objektivende aufgestellten *äquatoreal montierten* Planspiegel nach, dessen Spiegelebene der Erdachse parallel liegt. Dieser Spiegel wirft das von den Gestirnen kommende Licht auf einen zweiten *feststehenden*, der mit bestimmter Neigung schräg über dem Objektiv angebracht ist, dieser zweite wirft das Licht die vertikale Fernrohrachse entlang. Das Spiegelsystem heißt Zölostat (LIPPMANN).

system ist ja nur ein Mittel, um den Ort eines Punktes relativ zu einem anderen, oder die Lage eines Körpers relativ zu einem anderen zu beschreiben, und je nach der Zweckmäßigkeit wählen wir es anders. Zum Beispiel: dieselben Beobachtungen am Himmel bezieht die Kopernikanische Lehre auf ein mit der Sonne verbundenes System, die Ptolemäische auf ein mit der Erde verbundenes. „Richtig" sind beide, aber das erste ist zweckmäßiger, denn es ist übersichtlicher; die am Himmel beobachteten Orte, die ein Planet nacheinander einnimmt, geben in dem mit der Sonne verbundenen System eine andere, übersichtlichere Bahn als in dem mit der Erde verbundenen. Wir sehen hieran, was es heißt, denselben Vorgang auf verschiedene Koordinatensysteme zu beziehen. Die rechnende und die beschreibende Physik muß das andauernd tun. Ersetzung eines Koordinatensystems durch ein anderes (man sagt: Übergang von einem zum an-
deren) bedeutet aber *Än-
derung* der Koordinaten
der einzelnen Punkte.
Punkt P (Abb. 6) hat im
$x y$ - System andere Koordinaten (Abstände von
den Achsen) als im $x' y'$ -
System. Die Umrechnung

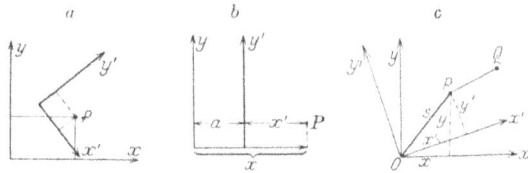

Abb. 6. Ersetzung eines Koordinatensystems (x, y) durch ein anderes (x', y').

der einen Koordinaten in die anderen, man sagt: ihre *Transformation*, ist einfach, nur muß man, um die Formeln für die Umrechnung, die *Transformationsgleichungen*, aufstellen zu können, wissen, wie die Systeme zueinander liegen, d. h. wie weit ihre Anfangspunkte voneinander entfernt sind, und um welchen Winkel die Achsen gegeneinander gedreht sind. Ohne weiteres sieht man, daß in dem durch Abb. 6 b gegebenen Fall $x' = x - a$ und $y' = y$ ist. Das sind hier die *Transformationsgleichungen*. Für ein dreiachsiges rechtwinkliges System, dessen Anfangspunkt gegen den eines anderen um a, b, c längs der x-, der y- und der z-Achse im positiven Sinne verschoben ist, heißen sie $x' = x - a$ $y' = y - b$ $z' = z - c$. Ähnliche Transformationsformeln, nur verwickelter, wenn sie auch Drehungen berücksichtigen müssen, gelten für *alle* Fälle.

Die Koordinaten eines Punktes bedeuten danach nichts Selbständiges, bedeuten vielmehr nur etwas als Abstände von den Achsen des *jeweiligen* Koordinatensystems und sind in *jedem System anders*. Ganz anders aber Größen, die eine *selbständige geometrische Bedeutung* haben: sie sind in allen Systemen dieselben, man sagt: sie sind *invariant* gegen die betreffende Koordinatentransformation. Z. B. der Abstand s des Punktes P vom Nullpunkt O der beiden gegeneinander gedrehten Systeme, Abb. 6c, ist eine Invariante. Es ist $s^2 = x^2 + y^2 = x'^2 + y'^2$ und so für jedes Koordinatensystem, das denselben Nullpunkt hat. Oder: der *gegenseitige* Abstand der Punkte P und Q bleibt derselbe, auch wenn wir die Systeme gegeneinander verschieben oder verdrehen, das ist rechnerisch und geometrisch gleich leicht einzusehen. Die Invarianten stellen also selbständige geometrische Verhältnisse dar, *ohne Beziehung* auf ein zufällig gewähltes Koordinatensystem.

Relativität der Bewegung. In einem Bezugsystem und mit einem Maßstabe versehen kann man den Ort eines Punktes stets angeben und die Änderung seines Ortes relativ zu seiner Umgebung genau beschreiben. Dadurch wird es möglich, die Lehre von der Bewegung mathematisch zu behandeln. Der *Ort* eines Punktes ist nur *relativ zu anderen* Punkten vorstellbar, daher auch die *Bewegung*; der Begriff „Bewegung" verliert ohne Beziehung auf Dinge, relativ zu denen man von Veränderung des Ortes sprechen kann, jeden Sinn. Man denke sich in einem

Luftballon — ohne die Möglichkeit eines Blickes nach draußen, ohne Meßinstrument, ohne der Einwirkung des Luftzuges ausgesetzt zu sein, oder einer Erschütterung oder irgendeiner anderen Einwirkung der etwaigen Bewegung des Ballons —, *woran* sollte man merken, ob der Ballon steigt oder fällt, ja ob er sich überhaupt bewegt und von der Erde entfernt hat? *Nur* „relativ" zu anderen Punkten kann man also von Bewegung sprechen und ebenso von Ruhe[1]. Der Gegensatz zu „relativ" ist „absolut", aber zwischen absoluter und relativer Bewegung zu unterscheiden ist zwecklos — sogar sinnlos. Wenn wir von einem Körper behaupten, er ruhe, so betrachten wir ihn dabei relativ zu einem ihn und uns umschließenden Raum, z. B. einem Zimmer. Woran erkennen wir aber, daß dieses ihn und uns umgebende Zimmer ruht? Wir werden sehen: selbst *wenn* ein Körper existiert, der *wirklich* in Ruhe ist („absolut" ruht), so haben wir doch kein Kriterium, an dem wir ihn als absolut ruhend *erkennen.* Ehe wir das verdeutlichen, vor allem ehe wir es begrifflich schärfer fassen können, müssen wir einige die Bewegung angehenden Begriffe erörtern, im

Abb. 7. Parallaxe besonderen die Richtung der Bewegung, die Geschwindigkeit
und Aberration. u. dgl. m. Wir kommen daher erst später (S. 124) auf diese Frage
Der Winkel *p* ist
die Parallaxe von zurück.
S. Dem mit der
Erde *A* um die   Nur eines müssen wir noch erwähnen, um einem Einwand
Sonne *C* bewegten
Beobachter scheint zuvorzukommen. Stillschweigend haben wir bisher vorausgesetzt,
der Stern *S* am
Himmelsgewölbe daß die durch die Transformationsformeln aufeinander bezogenen
die Bahn *a b* zu Systeme relativ zueinander ruhen. Aber nur in der Geometrie ist
beschreiben.
das der Fall, die Physik hat es mit gegeneinander *bewegten* Systemen zu tun. Ein Koordinatensystem, auf das wir in unseren Laboratorien die Bewegungen beziehen, deren Gesetze wir suchen, ist stets *irgendwie* mit der

---

[1] **Parallaxe. Aberration.** Sieht man einen ruhenden Körper vor einem Hintergrund und verschiebt man den *Standort* (Blickpunkt), von dem aus man ihn anblickt, *seitlich* zu dem Körper, so verschiebt sich der *Körper* scheinbar seitlich auf dem Hintergrund in entgegengesetzter Richtung. (Man halte einen Finger aufrecht vor sein Gesicht und blicke ihn *abwechselnd* nur mit *einem* der beiden Augen an. Beim wechselnden Öffnen und Schließen des einen oder des anderen Auges sieht man den Finger sich vor dem Hintergrund verschieben — desto stärker, je näher er den Augen liegt.) Diese scheinbare Ortsveränderung eines *Körpers* infolge der Ortsveränderung eines den Körper anblickenden *Beobachters* nennt man seine *Parallaxe* von παραλλάσσειν verschieben. Ersetzt man den *einen* Beobachter, der *nacheinander* von *zwei* verschiedenen Standorten aus den Körper anblickt, durch *zwei* Beobachter, die *ruhend* ihn von diesen beiden Standorten aus anblicken, so ist die Parallaxe des Körpers der Winkel, unter dem die Blickrichtungen der beiden Beobachter einander schneiden; oder anders: der Winkel, unter dem *von dem Körper aus* gesehen, der Abstand der beiden *Beobachter* voneinander erscheint. Die Parallaxe des Mondes ist 57′ (bezogen auf den Erdradius), die der Sonne 8,8″ — das heißt: der *Erd*halbmesser erscheint vom Mond aus gesehen unter einem Winkel von 57′, von der Sonne aus gesehen unter 8,8″. Den Abstand, in dem ein Stern eine Parallaxe von 1″ haben würde, nennt man eine Sternweite (auch Parsec). Sie entspricht einem Abstande von 206265 Erd*bahn*halbmessern. — Die Fixsternparallaxe ist der Winkel, unter dem der Erd*bahn*halbmesser von dem betreffenden Stern aus erscheint. — Wohlgemerkt: *hier* beobachtet der Astronom *ruhend* nur von *zwei* weit voneinander getrennten Punkten aus. Beobachtet er aber, *während er die Erdbahn A B durchläuft,* den Fixstern S, so scheint auch dieser eine (auf die Sphäre projizierte) Bahn *a b* gleichsinnig mit der Erdbahn zu durchlaufen (Abb. 7): einen Kreis, wenn er nahe am Pol der Ekliptik steht, eine Gerade (hin und zurück), wenn er in der Erdbahn steht, eine Ellipse, wenn er wo anders steht. Die großen Halbachsen der Ellipsen liegen parallel zur Erdbahnebene (Ekliptik) und betragen im Winkelmaß 20″,47. *Diese* scheinbare Verschiebung — man nennt sie jährliche *Aberration* der Fixsterne — erfolgt in *derselben* Richtung wie die des Beobachters. Sie hängt ab von der Geschwindigkeit (nach Größe und Richtung) des Beobachters in der Erdbahn und hängt mit der Geschwindigkeit des Lichtes zusammen, das der Stern uns zusendet, und das uns über seinen Ort am Himmel unterrichtet (Bradley).

Erde verbunden. Es verschiebt also dauernd seinen Anfangspunkt (längs der Erdbahn um die Sonne), und dreht sich dauernd. Haben dann die schließlich ermittelten Bewegungsgesetze selbständige Bedeutung? Antwort: „Ja. Ein mit der Erde fest verbundenes Koordinatensystem dürfen wir als geradlinig und gleichförmig (unt. u. S. 10) durch den Raum bewegt ansehen[1], auf ein solches bezogen, lauten die Gesetze der Mechanik aber genau so wie auf ein im Raum ruhendes System." Tatsächlich verlaufen alle mechanischen Vorgänge auf der Erde so, *wie wenn* die Erde ruhte. Wir merken unmittelbar nichts von der Vorwärts*bewegung der Erde*, — von der Drehung sehen wir ab — wir merken auch nichts davon an den Bewegungen, die sich *auf* der Erde abspielen. Es ist genau so, wie in einem gleichförmig fahrenden Schiffe oder in einem ebenso fahrenden Eisenbahnwagen. Auch in ihnen verlaufen die mechanischen Vorgänge genau so wie wenn sie stillstehen. In dem *fahrenden* Eisenbahnwagen fällt z. B. ein Körper vertikal herab, wie er in dem *ruhenden* Wagen oder draußen auf dem Bahnsteig herabfällt, und genau so ist es mit allen anderen mechanischen Vorgängen. Wir können diese Tatsache mit Hilfe des Invariantenbegriffes formulieren: Bewegt sich das $x'y'$-System etwa parallel der x-Achse des anderen, so daß der Anfangspunkt jede Sekunde die Strecke v zurücklegt, und ist $a = v \cdot t$, so wird in der obigen Transformationsformel $x' = x - vt$ $y' = y$. Entsprechend wird $x' = x - vt$ $y' = y$ $z' = z$, wenn es ein *dreiachsiges* System ist, dessen Nullpunkt sich längs der x-Achse mit der Geschwindigkeit v bewegt. (Man nennt diese Koordinatentransformation zu Ehren des Begründers der Mechanik eine GALILEI-Transformation.) Die Tatsache, daß die Gesetze der Mechanik auf ein geradlinig und gleichförmig durch den Raum bewegtes Koordinatensystem bezogen, genau so lauten wie auf ein im Raum ruhendes bezogen, können wir auch so fassen: Die Gesetze der Mechanik sind invariant gegen GALILEI-Transformationen. Die Frage nach der besonderen Art des Koordinatensystems, auf die wir die im folgenden zu untersuchenden Bewegungen beziehen werden, braucht uns also nicht zu kümmern.

Richtung der Bewegung. Liegt der materielle Punkt zuerst in A (Abb. 8) und später in B, so sagen wir, er hat sich von A nach B bewegt. Die Wege dazu sind unendlich mannigfaltig, aber gleichviel welchen er einschlägt: verläßt er A, so nimmt er zunächst einen Punkt a ein, der A unmittelbar benachbart ist, d. h. der A *unendlich nahe* liegt. Wir haben ihn uns auf I oder II oder irgendeiner anderen Linie, unendlich nahe bei A, zu denken. A und a bestimmen die Lage einer Geraden ein

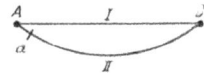
Abb. 8. Bewegung auf gerader und auf krummer Linie.

deutig, auf dieser hat sich der materielle Punkt von A nach a bewegt, und ebenso bewegt er sich von a zu einem a unmittelbar benachbarten Punkte auf einer Geraden usw. Kurz, die ganze Bahn, welche Form sie auch hat, besteht aus unendlich kurzen geraden Strecken (Streckenelementen), und der Endpunkt jeder einzelnen ist der Anfangspunkt jeder folgenden. Das ist allen Bahnen, die der materielle Punkt beschreiben kann, gemeinsam. Was sie voneinander *unterscheidet*, lehren zwei so verschiedene Bahnen wie Abb. 9 und 10. In der ersten liegt jedes Streckenelement in der Verlängerung, wir sagen „in der Rich-

Abb. 9. Bewegung ohne Richtungsänderung.

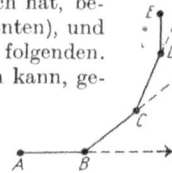
Abb. 10. Bewegung mit Richtungsänderung.

---

[1] Ein Punkt am Äquator beschreibt infolge der Achsendrehung der Erde (Rotation) in 30 min den 48. Teil eines Kreises, $7\frac{1}{2}^0$; infolge der Bewegung der Erde um die Sonne (Revolution) wenig mehr als $1''$. Beide Bogen darf man daher durch die Sehnen ersetzen. Die Rotation ist gleichförmig, die Revolution während 30 min nahezu gleichförmig. Beide Bewegungen dürfen daher auf nicht allzu langen Strecken als geradlinig und gleichförmig gelten.

tung" des unmittelbar vorhergehenden. In der zweiten hat jedes eine andere
Richtung als das unmittelbar vorhergehende; es bildet mit ihm einen Winkel,
wie es die punktierten Verlängerungen in Abb. 10 zeigen; *Winkel* bedeutet
Richtungsunterschied. Die Richtung jedes einzelnen Streckenelementes wird durch
die der geraden Linie angegeben, von der es selbst ein Teil ist. Diese Gerade, mit
einer Pfeilspitze versehen, zeigt zugleich die Richtung, in der der materielle Punkt
das Element durchläuft. Bewegt sich der Punkt dauernd in *derselben* Geraden,
so gibt diese Gerade dauernd die Richtung seiner Bewegung an; beschreibt er
nacheinander verschiedene gerade Linien (eine gebrochene Gerade), so gibt jede
einzelne, so lange er sie durchläuft, seine Richtung an.

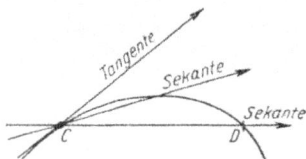

Wie aber, wenn er eine Kurve (Abb. 11) beschreibt und z. B. gerade durch Punkt *C* geht?
Diejenige Gerade gibt seine Richtung an, die
durch *C* und den ihm (in der Richtung der Bewegung) unmittelbar benachbarten Punkt geht.
Das ist aber die *Tangente* der Kurve in *C*.

Man gelangt zu der Vorstellung von der Tangente

Abb. 11. Die Tangente an *C* zeigt die Rich-   als einer Geraden, die durch zwei einander unendlich
tung der Bewegung im Bahnpunkte *C*.   nahe Punkte einer Kurve geht, so: man zieht durch
                                                irgend zwei Punkte *C* und *D* der Kurve Abb. 11 die
Sekante und läßt dann *D* längs der Kurve an *C* rücken. Je näher *D* an *C* rückt, desto genauer
wird die Richtung, die die Kurve in *C* hat, durch die Richtung der Sekante angegeben; und
wenn *D* *unendlich* nahe an *C* gerückt ist, fällt die Richtung der Sekante mit der der Kurve
zusammen: die Sekante in dieser Grenzlage, in der sie zwei *unendlich nahe* benachbarte
Punkte mit der Kurve gemeinsam hat, heißt Tangente.

Ein materieller Punkt, der sich bewegt, bewegt sich also in jedem Moment
in der Richtung einer bestimmten Geraden. Damit er in einem anderen Moment
von ihr abweiche, d. h. die Richtung einer *anderen* Geraden einschlage, muß,
wie wir in Übereinstimmung mit der Erfahrung annehmen, eine Ursache ihn zu
dieser Änderung veranlassen[1]. Da aber außer ihm im Raume nichts vorhanden
sein soll, so kann auch keine Ursache vorhanden sein, die auf ihn einwirken kann.
Wir dürfen daher von der Möglichkeit der Richtungsänderung absehen und ihn
uns (Abb. 8) auf der Geraden von *A* nach *B* gehend vorstellen.

Zeiteinheit. Gleichförmige und ungleichförmige Bewegung. Er kann sich
aber trotz dieser Einschränkung noch sehr verschiedenartig bewegen: entweder
so, daß er in einander gleichen Zeitabschnitten gleichviel wie groß oder wie klein
sie sind, stets einander gleiche Strecken zurücklegt, d. h. *gleichförmig*; oder so,
daß er in einander gleichen Zeitabschnitten *nicht* stets einander gleiche Strecken
zurücklegt, d. h. *ungleichförmig*. —Um Zeitabschnitte miteinander genau vergleichen zu können, müssen wir jeden einzelnen messen, d. h. mit einem Zeitabschnitt vergleichen können, dessen Größe als unveränderlich gilt. Wir benutzen dazu einen Zeitabschnitt, auf den uns die Drehung der Erde führt, und
vergleichen den zu messenden Zeitabschnitt zwischen zwei Ereignissen mit demjenigen, den die Erde gebraucht, um sich einmal um ihre Achse zu drehen. Dieser
Zeitabschnitt heißt ein *Tag*, und zwar ein *Sonnentag* (zum Unterschied vom
Sterntag). Er verläuft zwischen zwei unmittelbar aufeinanderfolgenden Durch-
gängen der Sonne durch denselben Meridian. Seine Länge wechselt im Laufe
des Jahres, weil die Geschwindigkeit wechselt, mit der die Erde ihre Bahn um
die Sonne durchläuft. Man kommt so zum *mittleren Sonnentage*. Der 86400. Teil

---

[1] Die Frage, wodurch er überhaupt eine Richtung empfangen hat, fällt zusammen mit
der, wodurch er überhaupt Bewegung erhalten hat. Wir können uns Bewegung ohne Richtung
nicht vorstellen. Wir betrachten hier nur den bereits in Bewegung befindlichen materiellen
Punkt.

davon heißt eine *Sekunde* (sec); er gilt für physikalische Messungen als *Zeit-einheit*. Unter dem Zeitabschnitt von der Größe t verstehen wir t Zeiteinheiten, d. h. in dem üblichen Maßsystem t Sekunden.

Durchläuft der materielle Punkt nun in *irgendeiner* ganzen Sekunde eine ebenso große Strecke wie in *jeder* anderen ganzen Sekunde und in *irgendeinem* Bruchteil einer Sekunde eine ebenso große Strecke wie in jedem anderen gleich großen Bruchteil einer Sekunde, dann ist seine Bewegung gleichförmig. Durchläuft er aber z. B. zwar in jeder *ganzen* Sekunde 1 cm, dabei aber immer

$$\text{in der 1. Viertelsekunde } {}^{1}/_{16} \text{ cm,}$$
$$\text{,, ,, 2. ,, } {}^{3}/_{16} \text{ ,,}$$
$$\text{,, ,, 3. ,, } {}^{5}/_{16} \text{ ,,}$$
$$\text{,, ,, 4. ,, } {}^{7}/_{16} \text{ ,,}$$

so ist seine Bewegung ungleichförmig; er legt *nicht* in jeder beliebigen Viertel-sekunde dieselbe Länge zurück. Z. B. ein Uhrpendel, das in einer Sekunde seinen Bogen beschreibt, legt auch in jeder ganzen Sekunde eine und dieselbe Strecke zurück, nämlich seine ganze Bahn, aber keineswegs in jeder 100stel Sekunde den 100. Teil oder in jeder 1000stel Sekunde den 1000. Teil seiner Bahn; seine Bewegung ist ungleichförmig.

Ein bewegter materieller Punkt durchläuft in einem bestimmten Zeitabschnitt — er sei so kurz, daß die Bewegung unterdes als gleichförmig gelten kann — eine gewisse Strecke. Damit er im nächstfolgenden *gleich* langen Zeitabschnitt eine andere (längere oder kürzere) Strecke zurücklegt, muß ihn, wie die Erfahrung lehrt, eine Ursache zu dieser Änderung veranlassen. Ist aber, wie vorausgesetzt, keine vorhanden, so bewegt er sich gleichförmig. Wir kommen zu dem Schluß: Ein bewegter materieller Punkt, auf den keine äußere Ursache einwirkt, bewegt sich geradlinig und gleichförmig; ändert sich sein Bewegungszustand, d. h. ändert die Bewegung ihre Richtung oder wird sie ungleichförmig, so muß eine Ursache auf ihn eingewirkt haben. Die Ursache einer *Änderung* des Bewegungszustandes nennt man **Kraft.**

Geschwindigkeit. Einheit der Geschwindigkeit. „Dimension" der Geschwindig-keit. Wir haben hier angenommen, daß eine Ursache auf den Punkt nicht ein-wirkt, wir dürfen ihn uns daher (Abb. 8) in geradliniger und gleichförmiger Be-wegung in der Richtung von A nach B vorstellen. Trotzdem kann seine Bewegung noch verschiedener Art sein, er kann sich schnell oder langsam bewegen, man sagt: große oder kleine *Geschwindigkeit* haben. Die Begriffe Gleichförmigkeit und Ungleichförmigkeit charakterisieren die in gleichen Zeitabschnitten zurückgelegten Strecken nur nach ihrer relativen Gleichheit oder Ungleichheit, der Begriff Ge-schwindigkeit wendet sich an ihre Größe. Man versteht unter Geschwindigkeit das Verhältnis der Größe der durchlaufenen Strecke zu der Zeitspanne, die zum Durchlaufen der Strecke verbraucht worden ist. Wird, wie bei der gleichförmigen Bewegung, in einem bestimmten Zeitabschnitte von bestimmter Größe stets eine Strecke von *derselben* Größe durchlaufen, z. B. in t sec stets eine Strecke s cm, so wird in dem Zeitabschnitt $2t$ sec die Strecke $2s$ cm durchlaufen, in $3t$ sec die Strecke $3s$ cm usw. Das Verhältnis der Weglänge zu der Zeit, die zum Durch-laufen des Weges nötig war, ist, gleichviel wie groß der Zeitabschnitt ist, für den man die Überlegung anstellt, stets dasselbe:

$$\frac{s}{t} = \frac{2s}{2t} = \frac{3s}{3t} = \cdots \text{ also stets } \frac{s}{t}.$$

Bezeichnen wir das Verhältnis $\frac{s}{t}$, die *Geschwindigkeit*, mit c, so haben wir:

$$c = \frac{s}{t}.$$

Der Zähler des Bruches bedeutet eine Anzahl Zentimeter, der Nenner eine Anzahl Sekunden. Setzen wir $t = 1$, so bedeutet der Zähler s die in *einer* (beliebigen) Sekunde durchlaufene Strecke, und wir erfahren: Die gleichförmige Geschwindigkeit c wird angegeben durch die in 1 sec durchlaufene Strecke in Zentimeter. Von selbst ergibt sich so eine Maßeinheit für die gleichförmige Geschwindigkeit. Da man eine Länge an der Längeneinheit (cm) und eine Zeitspanne an der Zeiteinheit (sec) mißt und der Begriff *gleichförmige Geschwindigkeit* nur die Begriffe Länge und Zeitspanne enthält, definiert man: Die Geschwindigkeits-*einheit* hat der materielle Punkt dann, wenn er in der Zeit*einheit* die Längen-*einheit* zurücklegt, d. h. wenn er in 1 sec 1 cm zurücklegt. Er hat eine Geschwindigkeit von 10 Geschwindigkeitseinheiten (GE), wenn er in 1 sec 10 cm zurücklegt. — Die Längeneinheit und die Zeiteinheit (cm, sec) sind willkürlich festgesetzt, die Geschwindigkeitseinheit (1 cm/1 sec) ist aus den bereits festgesetzten Einheiten *abgeleitet*.

Wohlgemerkt: Der Bruch $\frac{s}{t}$ [cm/sec] verknüpft zwei *benannte* Zahlen rechnerisch miteinander, im Zähler stehen Zentimeter, im Nenner Sekunden. Ist das nicht, wie wenn man eine Anzahl Eier durch eine Anzahl Ziegelsteine dividieren wollte? Und ferner: Die durch den Bruch $\frac{\text{Längeneinheit}}{\text{Zeiteinheit}}$ = Geschwindigkeitseinheit definierte Einheit ist ungleichartig mit den Einheiten, aus denen sie abgeleitet ist; sie ist weder einer Zeit ähnlich noch einer Länge. Hat sie dann überhaupt einen Sinn? Antwort: Diese *rechnerische* Verknüpfung von Zentimetern und Sekunden *bekommt* einen Sinn für uns durch unsere Kenntnis des physikalischen Gesetzes, das sie *physisch* miteinander verknüpft und das zu jener rechnerischen Verknüpfung *geführt* hat; und die *Einheit der Geschwindigkeit* hat ihren guten Sinn, weil dieselbe besondere *physische* Verknüpfung zwischen den *Grund*einheiten möglich ist, aus denen wir die neue Einheit *abgeleitet* haben. Zwischen Eiern und Ziegelsteinen kennen wir keine physische Verknüpfung, daher ist ihre rechnerische Verknüpfung für uns sinnlos. — Die Einheit der Geschwindigkeit ist definiert aus der Einheit der Länge und der Einheit der Zeit, man bezeichnet die erste mit [l], die zweite mit [t], die Einheit der Geschwindigkeit müssen wir also definieren durch [l] : [t]. Man bezeichnet sie durch das Symbol [$l \cdot t^{-1}$], im besonderen, wenn man als Grundeinheiten Zentimeter und Sekunde benutzt, durch cm $\cdot$ sec^{-1} oder cm/sec. Man beachte: In dieser Formel für die abgeleitete Einheit der Geschwindigkeit spricht sich wieder dasselbe Gesetz aus, das die *Grund*einheiten der Länge und der Zeit physisch miteinander verknüpft. Der Ausdruck leistet aber noch etwas anderes — rein Gedankliches. Der „Begriff" Geschwindigkeit — rein logisch genommen — enthält lediglich die Begriffe *Zeit* und *Länge* als Teile. Der Ausdruck [$l \cdot t^{-1}$] gibt uns nun die Art der *Beziehung* an, in der die Teile des Begriffes *zueinander* stehen und die die Teile logisch zu einem Ganzen *verbindet*. Insofern lehrt sie uns also die Struktur des zusammengesetzten Begriffes kennen; man kann sie geradezu als Struktur*formel* des Begriffes Geschwindigkeit bezeichnen. Man sagt, die Geschwindigkeit hat *hinsichtlich der Zeit* die Dimension — 1, *hinsichtlich der Länge* die Dimension + 1 und nennt [$l \cdot t^{-1}$] ihre *Dimensionsformel* (Fourier). Siehe S. 20. Die Formel macht es leicht, eine gegebene Anzahl Geschwindigkeitseinheiten, die sich auf ein gewisses System von Grundeinheiten bezieht, auf ein *anderes* System umzurechnen. Z. B.: die Geschwindigkeit eines Schiffes mißt man nach Knoten. 1 Knoten ist 1 Seemeile/Stunde[1]. Wieviel cm/sec sind das? Antwort: da 1 Seemeile = 1852 m und 1 Std. = 3600 sec, so ist 1852 [$m \cdot$ Stunde^{-1}] = 1852 [100 cm $\cdot$ (3600 sec)$^{-1}$] = $\frac{1852}{36}$ [cm $\cdot$ sec^{-1}] = 51 [cm $\cdot$ sec^{-1}].

Weltlinie. Bewegt sich der materielle Punkt geradlinig und gleichförmig, und *kennen* wir die Gerade, auf der er sich bewegt, seine Richtung und seine Geschwindigkeit (die Strecke, um die er sich jede Sekunde weiterbewegt), so haben wir ein eindeutiges Bild seiner Bahn. Es zeigt uns, welche Raumstellen er nacheinander berührt hat, es sagt uns aber *nicht*, zu *welchem Zeit*punkt er in einem *bestimmten Raum*punkt gewesen ist (anders: welcher Bahnpunkt und welcher Zeitpunkt *zusammen*gehören). Um das Bild in dieser Beziehung zu

---

[1] Die einzige Geschwindigkeitseinheit, die einen eignen Namen hat. Eine Seemeile ist $^1/_{60}$ eines mittleren Meridiangrades.

vervollständigen, markieren wir in einem Koordinatensystem längs der Abszissenachse die Raumpunkte, die der materielle Punkt in bestimmten Zeitpunkten nacheinander berührt, und längs der Ordinatenachse die zugehörigen *Zeit*punkte. Ferner benützen wir den Anfangspunkt des Systems als den Nullpunkt, von dem aus wir längs der Zeitachse die verflossene Zeit und längs der Abszissenachse die durchlaufenen Bahnstrecken messen. Dann finden wir für einen bestimmten von dem materiellen Punkt berührten *Bahn*punkt mit Hilfe seiner Raumkoordinate und der zugehörigen Zeitkoordinate den Raum-Zeitpunkt — MINKOWSKI sagt: den *Weltpunkt* —, der den augenblicklichen Ort des materiellen Punktes *nicht nur im Raum*, sondern auch in der *Zeit* eindeutig festlegt. Führen wir das für die ganze Dauer der Bewegung aus, so erhalten wir eine Linie, in der jeder einzelne Punkt ein Weltpunkt ist; man nennt sie die Weltlinie des materiellen Punktes, es ist — nach MINKOWSKIS Ausdruck — der ewige Lebenslauf eines substantiellen Punktes. Z. B. die Weltlinie des in Punkt *a* auf der Abszissenachse *ruhenden* materiellen Punktes (Abb. 12) ist eine zur Zeitachse (*t*) Parallele durch *a*, denn er behält, weil ruhend, dauernd seinen ursprünglichen Abstand vom Nullpunkt — seine Raumkoordinate —

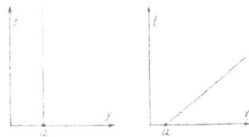

Abb. 12. Die Weltlinie eines Punktes *a*, der auf der *x*-Achse ruht.   sich gleichförmig bewegt.

die Zeitkoordinate aber wächst stetig. Die Weltlinie eines *im Nullpunkt ruhenden* materiellen Punktes fällt *in* die Zeitachse. Die Weltlinie eines ursprünglich in *a* ruhenden, dann längs der *x*-Achse geradlinig gleichförmig bewegten materiellen Punktes ist eine zur *x*-Achse *geneigte* Gerade durch *a*.

Weltpunkt und Weltlinie verkörpern die Tatsache: wir nehmen Orte und Zeiten immer nur miteinander *verbunden* war. Man nimmt einen Ort stets zu einer gewissen *Zeit* wahr, eine Zeit nur an einem gewissen *Ort*. (Die Mannigfaltigkeit aller denkbaren zusammengehörigen Wertsysteme *x y z t* nennt MINKOWSKI die *Welt*.) Um Ort und Zeit eines „Ereignisses", eines „Vorganges" (z. B. Aufblitzen eines Lichtes auf einem Leuchtturm) anzugeben, müssen wir *drei* Raumkoordinaten angeben (weil der Raum drei Dimensionen hat) und eine *Zeit*koordinate (etwa die Anzahl der Sekunden, die seit einem als Zeit*null*punkt festgesetzten Zeitpunkt verstrichen sind). Die Fixierung eines „Ereignisses" erfordert also *vier* Zahlen[1]. *Das* bedeutet es, wenn man sagt: *die Welt hat vier Dimensionen, sie ist vierdimensional*. *Anschauen* können wir nur drei Dimensionen, wir können daher nur Vorgänge, zu deren Darstellung schon zwei Raumkoordinaten genügen, *bildlich* (durch die Weltlinie) wiedergeben, aber der *Rechnung* sind die Weltvorgänge stets zugänglich. — Bewegt sich ein materieller Punkt in der *x y*-Ebene in irgendeiner Kurve, so gibt uns die *gewöhnliche* Kurve zwar die Gestalt seiner Bahn, aber weder seine Geschwindigkeit an den verschiedenen Punkten der Bahn, noch die Zeitpunkte, in denen er sich an diesen Raumpunkten befindet. Nehmen wir aber die Zeit als dritte Koordinate hinzu, so wird *dieselbe* Bewegung durch die Weltlinie (hier eine dreidimensionale Kurve) dargestellt, deren Gestalt seine Bewegung *vollständig* beschreibt, sie zeigt *unmittelbar*, welches *t* zu *irgend*einem *x y* der Bahn gehört, und auch seine Geschwindigkeit zeigt sie an der *Neigung* seiner Weltlinie gegen die *x y*-Ebene. Eine Kreisbewegung in der *x y*-Ebene (Abb. 13) wird durch eine schraubenförmige Weltlinie in der *x y t*-Mannigfaltigkeit wiedergegeben. — Die *übliche* Bahnkurve eines

---

[1] „Am 28. August 1749, mittags mit dem Glockenschlage zwölf, kam ich in Frankfurt am Main auf die Welt." Diese Fixierung des Ereignisses enthält die vier Zahlen: Frankfurt am Main als geographischer Raumpunkt liefert drei, die Zeitpunktangabe eine.

materiellen Punktes ist nur die Projektion seiner dreidimensionalen *Weltlinie* so ist seine Weltlinie eine Kurve in der *vier*dimensionalen Mannigfaltigkeit $xyzt$,

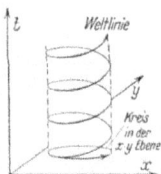

Abb. 13. Die Weltlinie eines Punktes, der in der xy-Ebene mit gleichförmiger Geschwindigkeit einen Kreis beschreibt.

auf die xy-Ebene. Bewegt sich der Punkt selber im *dreidimen*sionalen Raume, so ist seine Weltlinie eine Kurve in der *vier*dimensionalen Mannigfaltigkeit $xyzt$, und an dieser kann man sämtliche Eigenschaften seiner Bewegung *rechnerisch* bequem verfolgen. Aber unserer *Anschauung* zugänglich ist nur seine dreidimensionale Bahnkurve: sie ist die Projektion seiner Weltlinie auf die Mannigfaltigkeit der xyz, sie stellt willkürlich und einseitig *einige* Eigenschaften seiner Bewegung dar, während die Weltlinie sie *alle* zusammenfaßt. — Ihre Hauptrolle spielen Weltpunkt, Weltlinie, Welt in der Relativitätstheorie, bei deren Entwicklung MINKOWSKI die Begriffe aufgestellt hat.

Erstes NEWTONsches Bewegungsgesetz. Trägheitsvermögen. Gleichförmigkeit der Bewegung ist (S. 10) Bewegung ohne Änderung der Geschwindigkeit, wir können daher (unter gleichzeitiger Berücksichtigung des über die Richtungsänderung Gesagten) den Satz aufstellen: Ein bewegter materieller Punkt ändert weder seine Richtung, noch seine Geschwindigkeit, wenn ihn nicht eine äußere Ursache, d. i. eine Kraft, dazu veranlaßt. Umgekehrt schließen wir, daß eine äußere Einwirkung auf den Punkt stattfindet, wenn er sich *nicht* stets geradlinig und *nicht* stets mit derselben Geschwindigkeit bewegt. In der Wirklichkeit haben wir es *nicht* mit materiellen Punkten zu tun, sondern mit Körpern. Aber wir werden sehen, daß wir in derartigen Bewegungsvorgängen einen Körper durch einen materiellen Punkt ersetzt denken dürfen. Wir übertragen daher den soeben gefundenen Satz auf Körper und gelangen so zu *dem ersten* NEWTONschen *Gesetze der Bewegung*: Jeder Körper verharrt in seinem Zustande der Ruhe oder dem der geradlinigen gleichförmigen Bewegung, außer wenn er durch äußere Kräfte zu einer Veränderung dieses Zustandes veranlaßt wird. — „Der experimentelle Nachweis der Wahrheit dieses Gesetzes liegt darin, daß wir jedesmal, wenn wir einer Veränderung in dem Bewegungszustande eines Körpers begegnen, diese Veränderung auf irgendeine Wirkung zwischen jenem Körper und einem anderen, d. h. auf eine äußere Kraft, zurückführen können" (MAXWELL). Die Fähigkeit des Körpers, seinen Bewegungszustand unverändert beizubehalten, wenn nicht eine Kraft auf ihn einwirkt, nennt man sein *Beharrungsvermögen*, sein *Trägheitsvermögen*.

Das Trägheitsvermögen lernt man durch die alltägliche Erfahrung kennen: sitzt man z. B. in einem schnell fahrenden Wagen, und der Wagen hält plötzlich an, so fühlt der Oberkörper einen Ruck in der Fahrtrichtung; er bewegt sich nämlich *noch* in dieser Richtung, während der den Wagen unmittelbar berührende Unterkörper *bereits*, gleichzeitig mit dem Wagen, zur Ruhe gekommen ist. Fährt dagegen der Wagen plötzlich los, so fällt der Oberkörper entgegengesetzt der Fahrtrichtung zurück, weil er *noch* in Ruhe ist, der Unterkörper aber gleichzeitig mit dem Wagen in Bewegung gerät. Ein fahrender Eisenbahnzug bleibt noch einige Zeit in Bewegung, auch wenn der Dampf abgestellt wird, ein schnell fahrendes Zweirad, auch wenn der Fahrer nicht mehr tritt, ein fahrender Kahn, auch wenn er nicht mehr gerudert wird — alle, weil sie die einmal angenommene Bewegung noch eine Zeitlang beibehalten. Warum nur eine „Zeitlang" und nicht dauernd, wie es das Gesetz fordert, darüber später (S. 28).

Geschwindigkeit bei ungleichförmiger Bewegung. Beschleunigung und Verzögerung. Die Körper der uns umgebenden Erscheinungswelt behalten, wie die Erfahrung lehrt, ihren Bewegungszustand *nicht* unverändert bei, sie ändern vielmehr ihre Geschwindigkeit und ihre Richtung, d. h. es wirken Kräfte auf sie. Wir suchen zunächst diese Änderungen des Bewegungszustandes näher kennenzulernen, sehen aber noch von der Richtungsänderung ab und stellen uns den materiellen Punkt wieder auf der Geraden von *A* nach *B* (Abb. 8) bewegt vor — jetzt aber ungleichförmig bewegt, so also, daß er in einander gleichen Zeitabschnitten Strecken zurücklegt, die untereinander *nicht* gleich groß sind. Sind später durchlaufene Strecken länger (kürzer) als früher durchlaufene, so heißt die Bewegung *beschleunigt (verzögert)*. Daß beides miteinander abwechselt, schließen wir aus.

In jedem Falle sind dann die in den einzelnen Sekunden zurückgelegten Strecken verschieden lang. Die Kenntnis der in *irgendeiner* Sekunde durchlaufenen Strecke verhilft also nicht dazu die Streckenlänge zu ermitteln, die der materielle Punkt in irgendeiner früheren Sekunde zurückgelegt hat oder in einer späteren zurücklegen wird. Die Streckenlänge ist eben jede Sekunde anders, und das heißt, die Geschwindigkeit ist jede Sekunde anders. Aber nicht nur von Sekunde zu Sekunde ändert sie sich — Sekunden sind ja willkürlich begrenzte Zeitabschnitte — sondern sie ändert sich jeden Moment. Wir können jetzt, streng genommen, nur von der Geschwindigkeit in einem bestimmten Zeit*punkt* sprechen. Wenn die Geschwindigkeit von diesem Zeitpunkte an *gleichförmig würde*, so würde der materielle Punkt jede Sekunde eine Strecke von bestimmter, unveränderlicher Länge zurücklegen. Diese Größe — sie sei v cm/sec — bedeutet die Geschwindigkeit, die der materielle Punkt in jenem Zeitpunkt tatsächlich gehabt hat. Wir definieren: die Geschwindigkeit der ungleichförmigen Bewegung in einem bestimmten Zeitpunkt ist die Strecke v cm, die der Punkt jede Sekunde von diesem Moment an zurücklegen würde, wenn von ihm an die Bewegung gleichförmig würde. Zu jedem einzelnen Zeitpunkt gehört also ein v von anderer Größe; ist z. B. die Geschwindigkeit in dem Zeitpunkt t_1 so groß, daß, wenn sie von ihm an gleichförmig würde, der materielle Punkt jede Sekunde 10 cm zurücklegen würde, so ist für diesen Zeitpunkt $v = 10$ GE. Ist die Geschwindigkeit in dem Zeitpunkt t_2 so groß, daß, wenn sie von ihm an gleichförmig würde, der materielle Punkt jede Sekunde 15 cm zurücklegen würde, so ist für diesen Zeitpunkt $v = 15$ GE usw. Die Differenz 5 GE bedeutet die Geschwindigkeitsänderung. Ist der Zeitpunkt t_2 früher als t_1, so bedeutet sie Abnahme, ist t_2 später als t_1, Zunahme der Geschwindigkeit. Bei der dauernd beschleunigten Bewegung ist die Änderung stets eine Zunahme von einem früheren zu einem späteren Zeitpunkt; bei der dauernd verzögerten Bewegung stets eine Abnahme. Nimmt die Geschwindigkeit dabei in gleichen Zeiträumen immer um gleichviel zu (ab), so heißt die Bewegung *gleichförmig* beschleunigt (verzögert), sonst ungleichförmig beschleunigt (verzögert). Man braucht die beiden Formen der Bewegung nicht getrennt zu behandeln, man kann die Abnahme als negative Zunahme auffassen.

Daß sich die Geschwindigkeit ändert, läßt auf eine hinter dem Bewegungsvorgange verborgene Kraft schließen; daß sie sich *dauernd* ändert, auf das dauernde Wirken der Kraft. Aus der Art der Geschwindigkeitsänderung (Zu- oder Abnahme) schließen wir, daß die Kraft dauernd beschleunigend oder dauernd verzögernd wirkt, und aus der Größe der Geschwindigkeitsänderung werden wir auf die Größe der Kraft schließen dürfen. Woran soll man aber die Geschwindigkeitsänderung messen? Die Geschwindigkeit kann schnell oder langsam zunehmen. Der Begriff Gleichförmigkeit wendet sich nur an die *Gleichheit* der Zunahme, erst der Begriff *Beschleunigung* an ihre Größe. Man versteht darunter das Verhältnis, in dem die Größe der Geschwindigkeitszunahme zu der Länge der Zeit steht, in der sie erfolgt. Bei einer gleichförmig beschleunigten Bewegung mit der allein haben wir es zu tun) ist dieses Verhältnis stets dasselbe. Denn bei ihr wächst ja die Geschwindigkeit in gleich großen Zeitabschnitten um gleich-viel Geschwindigkeitseinheiten. Wächst sie in t sec um v [cm/sec], so wächst sie in $2\,t$ sec um $2\,v$ [cm/sec] usw. Das Verhältnis der Geschwindigkeitszunahme zu der zugehörigen Zeitspanne ist stets dasselbe, ist

$$\frac{v}{t} = \frac{2\,v}{2\,t} = \frac{3\,v}{3\,t}, \text{ also stets } = \frac{v}{t}\left[\frac{\text{cm/sec}}{\text{sec}}\right].$$

Wir bezeichnen diesen Bruch, der die Größe der Beschleunigung (acceleratio) angibt, mit a, haben also $a = \dfrac{v}{t}\left[\dfrac{\text{cm/sec}}{\text{sec}}\right]$. Setzen wir $t = 1$, so bedeutet der Zähler v cm/sec die Geschwindigkeitszunahme während *einer* Sekunde, und wir haben $a = v$. Wir sehen: bei der gleichförmig beschleunigten Bewegung ist die *Beschleunigung* der Geschwindigkeitszuwachs während einer Sekunde. Von selbst ergibt sich daraus die Maß*einheit* für die gleichförmige Be-schleunigung als diejenige, bei der die Geschwindigkeit in 1 sec um 1 [cm/sec] wächst. — Der Bruch v Geschwindigkeitseinheiten durch t Zeiteinheiten fordert dieselben Betrachtungen heraus wie der Bruch s Längeneinheiten durch t Zeit-einheiten auf S. 12. Naturgemäß ergibt sich die Einheit der Beschleunigung zu $\left[\dfrac{l/t}{t}\right] = [l]\cdot[t]^{-2}$. Wir bezeichnen sie mit $[l\,t^{-2}]$, und im besonderen mit [cm] und [sec] als Grundeinheiten, mit [cm sec^{-2}] oder [cm/sec^2]. Die Strukturformel $[l\,t^{-1}]:[t]$ spiegelt das Gesetz wieder, das Geschwindigkeit und Zeit physikalisch miteinander verknüpft und zugleich die Art der logischen Beziehung zwischen den Begriffen Geschwindigkeit und Zeit, die der Begriff „Beschleunigung" als Teile umfaßt.

Geschwindigkeit und Beschleunigung bei krummliniger Bewegung. Bewegt sich der materielle Punkt auf einer Kurve, so fällt die *Richtung* seiner Geschwindigkeit in einem be-stimmten Zeitpunkt in die Tangente an dem Kurvenpunkt, an dem er sich gerade befindet; seine Beschleunigung fällt *nicht* in die Richtung der Bahn, sie zerfällt — darüber später — in zwei Komponenten (S. 30), nämlich in die Beschleunigung längs der Tangente des Bahn-punktes und in die dazu senkrechte (normale) Zentripetalbeschleunigung (S. 84), die gleich dem Quadrat der Geschwindigkeit dividiert durch den Krümmungsradius der Kurve in jenem Punkte ist. Bei der geradlinig beschleunigten Bewegung — das ist die Bewegung mit *gleichbleibender Richtung* — existiert nur die Tangentialbeschleunigung. Wohlgemerkt: jede, nicht geradlinige, obwohl *gleichförmige* Bewegung heißt *beschleunigt*, z. B. wenn ein Kreis mit konstanter Geschwindigkeit durchlaufen wird; dann ändert sich zwar nicht die *Größe*, wohl aber die *Richtung* der Geschwindigkeit.

Masse. Gleichheit von Massen. Die Beschleunigung, in [cm/sec] pro sec ausgedrückt, ist diejenige Zahlengröße, die eine gegebene geradlinige und gleich-förmig beschleunigte Bewegung der Größe nach eindeutig bestimmt. Kennen wir sie, so gelangen wir zur Kenntnis des ganzen Bewegungsvorganges und zur Kenntnis der Größe der Kraft, als deren Wirkung sich die Beschleunigung darstellt. Wir zeigen zunächst das zweite, weil es hier das wichtigere ist. Die Änderung des Bewegungszustandes, hier also die Beschleunigung, ist die Wirkung einer Kraft (S. 11). Kann man aus der *Größe* der Beschleunigung auf die *Größe* der Kraft schließen? Angenommen, wir sehen den materiellen Punkt in geradliniger gleichförmig beschleunigter Bewegung, das eine Mal mit der Beschleunigung n, ein anderes Mal mit der Beschleunigung $2\,n$, dann werden wir im zweiten Falle aus der doppelt so großen Wirkung auf eine doppelt so große Ursache, d. h. eine doppelt so große Kraft schließen. Sehen wir ihn dagegen auch in dem zweiten Falle mit der Beschleunigung n, so werden wir aus der gleich-großen Wirkung auf eine gleich große Kraft schließen, weil gleiche Wirkungen unter den gleichen Bedingungen auf gleiche Ursachen schließen lassen. Die Gleich-heit der Bedingungen ist hier erfüllt, weil es sich immer um *denselben* materiellen Punkt handelt. Den gesetzmäßigen Zusammenhang zwischen Ursache und Wirkung kann man aber nur erkennen, wenn man den Bewegungsvorgang unter *abgeänderten* Bedingungen beobachten kann. Die Abänderung kann sich nur auf den materiellen Punkt beziehen. Wir betrachten zu dem Zweck zwei voneinander getrennte materielle Punkte. Wenn sich jeder von ihnen geradlinig und gleichförmig beschleunigt bewegt und die Beschleunigung n hat (gegenseitige Beeinflussung der Punkte schließen wir aus), so werden wir hinter *jedem* auf eine Kraft als Ursache der Beschleunigung schließen. Die Wirkung wird in beiden Fällen als Beschleunigung eines materiellen Punktes wahrgenommen, aber jedesmal an einem *anderen* materiellen Punkt. Nur wenn beide unterschiedslos gleich sind, ist die Gleichheit der Bedingungen erfüllt, die von gleichen Wirkungen auf gleiche Ursachen zu schließen berechtigt.

Inwiefern können die beiden materiellen Punkte überhaupt verschieden sein? Der *materielle Punkt* ist ein fingiertes Gebilde von unendlich kleinen Dimensionen ohne jegliche Eigenschaften. In der Wirklichkeit gibt es nur *Körper* von endlichen Dimensionen und mit unterschiedlichen Eigenschaften. Sie haben Form, Farbe, Gewicht, Härte, sind fest, flüssig oder gasförmig, bestehen aus verschiedenen Stoffen, wie Eisen, Glas, Wasser, kurz, sie haben „Eigenschaften" und unterscheiden sich dadurch voneinander. Von allen diesen Eigenschaften sehen wir hier ab. Die Körper bestehen „aus irgend etwas", wir nennen es *Substanz*, meist *Materie*. Für die abstrakte Lehre von der Bewegung ist ein Körper nur „ein abgegrenztes Quantum Materie" oder moderner: ein Quantum *Masse*. Dadurch, daß wir von allen unterscheidenden Eigenschaften der Körper absehen, entkleiden wir die Materie selbst aller Eigenschaften. Nur *eine* lassen wir ihr, weil wir annehmen, daß sie von ihr untrennbar ist: die Eigenschaft, bewegbar zu sein. *Für die Lehre von der Bewegung* ist die Materie danach nur ein Etwas, das bewegbar ist[1]. Das Charakteristische der aller ihrer Eigenschaften (bis auf die Bewegbarkeit) entkleideten Materie ist ihr *Widerstand gegen jede Veränderung*[2] *ihres Bewegungszustandes*. Man nennt diese Eigenschaft ihre *Trägheit* (spricht deswegen von *träger Masse*). Zwischen den zwei materiellen Punkten kann es dann auch keinen qualitativen, sondern nur einen quantitativen Unterschied geben: der eine kann *mehr* Masse enthalten als der andere. — Aber woran erkennt man, ob zwei materielle Punkte gleich große oder verschieden große Massenmengen enthalten? Wir können den Satz von den gleichen Ursachen und den gleichen Wirkungen auch so fassen: Wenn gleiche Ursachen gleiche Wirkungen hervorrufen, dann sind auch die Bedingungen gleiche. Die Gleichheit der Bedingungen ist hier erfüllt, wenn die beiden materiellen Punkte quantitativ gleich sind, d. h. wenn sie gleich viel Masse haben. Wir kommen also zu dem Schluß: erteilen zwei gleiche Kräfte zwei materiellen Punkten gleich große Beschleunigungen, so haben die Punkte gleiche Masse. (GALILEI definiert: Zwei Körper haben gleiche Masse, falls keiner den anderen überrennt, wenn man sie mit entgegengesetzt gleichen Geschwindigkeiten gegeneinander jagt. [Man stelle sich vor, daß sie beim Zusammenstoß aneinander haften bleiben.])

Jetzt haben wir eine Beziehung zwischen gleichen Massen, gleichen Beschleunigungen und gleichen Kräften, aber wir wissen bisher nicht, wann *Kräfte* als gleich anzusehen sind. Benützen können wir daher die Definition der Massen-

---

[1] Die Frage „was *ist* Materie?" verlangt eine *allgemeine* Antwort; eine nur auf die Lehre von der Bewegung bezogene genügt nicht (S. 135 u.).

[2] Der Lernende präge sich ein: Die *Veränderung* des Bewegungszustandes ist das Entscheidende, die Beschleunigung und die Verzögerung (also auch der Übergang aus der Ruhe zur Bewegung und umgekehrt). Das *Trägheitsvermögen* strebt den Bewegungszustand unverändert zu erhalten; ihn zu *verändern*, dazu gehört *Kraft*.

gleichheit nur dann, wenn wir über eine Kraft verfügen, die wir unverändert auf die eine oder auf die andere Masse wirken lassen können. Die Forderung „zwei gleiche Kräfte" ist dann erfüllt durch *eine* unveränderliche Kraft, die zwei verschiedene Male in Tätigkeit tritt. Wenn dann zwei Massen, m_1 und m_2, gegeben sind, und die Kraft in dem einen Falle der Masse m_1 die Beschleunigung a erteilt, in dem anderen Falle der Masse m_2 ebenfalls die Beschleunigung a, dann nennen wir m_1 und m_2 *gleich große Massen*. — Wie ist aber das Größenverhältnis der Massen zueinander zu beurteilen, wenn die Beschleunigungen verschieden groß sind? Wir wollen einmal annehmen: m_1 erfahre die Beschleunigung a, aber m_2 nur eine halb so große. m_2 beansprucht dann zur Erlangung einer Beschleunigung von gegebener Größe ebensoviel Kraft, wie sie für m_1 zu einer doppelt so großen ausreicht. Darum nennen wir m_2 doppelt so groß wie m_1.

Zweites Newtonsches Bewegungsgesetz. Die Größe einer Kraft offenbart sich also nicht allein an der Größe der *Beschleunigung* der Masse, sondern auch an der Größe der *Masse* selber. Und zwar muß man nach dem vorangehenden schließen: Ist eine Masse A *m mal so groß* wie eine Masse B, bewegt sie sich aber trotzdem mit *eben* so großer Beschleunigung wie B, so ist die Kraft, die A treibt, *m mal so groß* wie die Kraft, die B treibt; bewegt sich A aber — trotz des m mal so großen Masseninhaltes — mit einer *a mal so großen* Beschleunigung wie B, so ist die Kraft, die A treibt, $m \cdot a$ *mal so groß* wie die Kraft, die B treibt. Mit anderen Worten: *die Kraft*, die wir als Ursache der Beschleunigung a einer Masse m ansehen, ist sowohl der Masse wie der Beschleunigung proportional (*zweites* Newtonsches *Bewegungsgesetz*).

Wie groß sie aber ist, wissen wir damit immer noch nicht, wir wissen ja nur, daß sie $m \cdot a$ *mal so groß* ist wie jene andere, wissen aber nicht, *wie* groß jene andere ist. Es fehlt uns das Maß, das für die Kraftmessung das ist, was das Zentimeter für die Längenmessung, und was die Sekunde für die Zeitmessung ist. Da wir die Kraft nach der Größe der Beschleunigung beurteilen müssen, die sie hervorgerufen hat, und nach der Größe der Masse, der sie diese Bescheunigung erteilt hat, so setzen wir fest: diejenige Kraft nennen wir die Kraft*einheit*, die der Massen*einheit* die Beschleunigungs*einheit* erteilt.

Massenmessung. Masseneinheit. Aber was ist denn unter Masseneinheit zu verstehen? Man hat sie willkürlich festgesetzt wie die Längeneinheit und wie die Zeiteinheit und hat international vereinbart: als Masseneinheit gilt diejenige Menge Masse, die der Raum eines Kubikzentimeters (1 cm^3) enthält, wenn er mit destilliertem Wasser von 4^0 C gefüllt ist. Diese Massenmenge nennt man ein Gramm (1 g). Das Verhältnis des so definierten Gramms zu dem Platiniridium-*Normal*kilogramm in Paris wird *streng* wiedergegeben durch 1 kg = 1,000027 dm^3 Wasser. — Wohlgemerkt: **ein Gramm** ist **ein Quantum Masse, nicht ein Gewicht.** Das *Gewicht*, das ein Gramm *hat*, ist die *Kraft*, mit der die Grammasse auf eine sie tragende Unterlage *drückt* oder hängend an einem Faden *zieht*. Diese *Kraft*, das *Gewicht* eines Grammes, hängt ab von dem Ort, an dem sich das Gramm befindet: es ist kleiner auf dem Gipfel als am Fuß eines Berges; es ist größer an den Polen der Erdkugel als am Äquator; es ist kleiner an der Oberfläche der Erde, als es an der der Sonne wäre. Es ist größer in der Luft als im Wasser, und im leeren Raume größer als in der Luft. Die *Masse* 1 g aber, der Inhalt jenes mit Wasser ausgefüllten Raumes von 1 cm^3, ist stets dieselbe. Beim Abwiegen mit Gewichten benützen wir zwar die Tatsache, daß gleich große Massen an derselben Stelle der Erde gleiche Zugkräfte auf die Waage ausüben — wir sagen „gleiches Gewicht haben" — und die Waage infolgedessen ins Gleichgewicht bringen, aber der Zweck der Wägung ist der Vergleich der „abzuwägenden" *Masse* mit der bereits bekannten *Masse* der Gewichtsstücke. Bei dem Einkauf einer Ware

„nach Gewicht" ist uns in Wirklichkeit das *Gewicht* gleichgültig, d. h. die Größe der Kraft, mit der die Ware von der Erde angezogen wird; es kommt uns nur auf das Quantum *Masse* an. Das *Gewicht* eines Körpers interessiert uns im alltäglichen Leben nur bei der Anstrengung, die wir machen müssen, um den Körper zu *tragen*. Für den Sackträger hat das *Gewicht* des Getreides Bedeutung, für den Müller, der das Getreide zu Mehl verarbeitet und verkauft, nur das Quantum *Masse*, das das Getreide enthält.

Größe einer Kraft. Da wir jetzt festgesetzt haben, was die Masseneinheit ist, können wir eine Kraft nach Maß und Zahl ausdrücken. Wenn ein materieller Punkt 1 Masseneinheit (g) enthält und sich geradlinig mit der gleichförmigen Beschleunigung 1 [cm/sec] pro sec bewegt, dann ist, wie wir (S. 18 m.) festgesetzt haben, die Kraft, die auf ihn wirkt, 1 Krafteinheit; sie wird 1 dyn genannt. Folglich ist die Kraft p, die einen Punkt von der Masse m Gramm mit der Beschleunigung a [cm/sec] pro sec treibt — die ja nach S. 18 m. $m \cdot a$ mal so groß sein sollte — gleich $m \cdot a$ Krafteinheiten (dyn). Oder in Worten: es ist

Kraft = Masse mal Beschleunigung, ausgedrückt in dyn.

Wenn ein Körper, der 50 g Masse enthält, eine Beschleunigung 100 besitzt, d. h. jede Sekunde um 100 [cm/sec] an Geschwindigkeit zunimmt, so ist $m = 50$, $a = 100$ und die Kraft, als deren Wirkung wie diese Beschleunigung ansehen, somit

$$p = 50 \cdot 100 = 5000 \text{ Krafteinheiten (5000 dyn).}$$

Die Beziehung zwischen der Kraft p, der Masse m und der Beschleunigung a können wir noch anders als durch $p = m \cdot a$ ausdrücken. Die Beschleunigung ist das Verhältnis des Geschwindigkeitszuwachses zu der Zeit, in der der Zuwachs erfolgt ist (S. 15 u.). Hat die Masse mit der Geschwindigkeit 0 begonnen und hat sie mit der Beschleunigung a in t Sekunden die Geschwindigkeit u erreicht, so ist $a = u/t$, also ist auch $p = m \cdot u/t$. Diese Gleichung gibt die Beziehung zwischen der Kraft, der Masse und der *Geschwindigkeit*, die die Kraft der ursprünglich ruhenden Masse *in t Sekunden* erteilt. Setzen wir hierin $t = 1$, so bedeutet u die Geschwindigkeit, die die ursprünglich ruhende Masse am Ende der 1. Sekunde erreicht hat. Wir wollen sie mit v_1 bezeichnen. Ist $m = 1$ und $v_1 = 1$, so wird $p = 1 \cdot \frac{1}{1} = 1$, also gleich der Kraft*einheit*. Wir können somit die Krafteinheit auch als diejenige Kraft definieren, die der ursprünglich ruhenden Masseneinheit, 1 [g], *in der Zeiteinheit*, 1 [sec], die Geschwindigkeitseinheit, 1 [cm/sec], erteilt. Diese Definition der Krafteinheit stimmt mit der S. 18 m. gegebenen überein, denn wenn eine Geschwindigkeit in einer Sekunde von 0 auf 1 [cm/sec] anwächst, so *hat* sie die Beschleunigung 1, sie wächst in dieser Sekunde *um* 1 [cm/sec].

Dimensionsformel. Die Einheit der Kraft ist aus der Einheit der Beschleunigung und der Einheit der Masse „abgeleitet", wie die Einheit der Beschleunigung aus der Geschwindigkeitseinheit und der Zeiteinheit abgeleitet ist, und die Einheit der Geschwindigkeit aus den Grundeinheiten der Länge und der Zeit. Zu den Grundeinheiten der Länge [l] und der Zeit [t] ist nun noch die Einheit der Masse getreten, man bezeichnet sie mit [m]. Der Begriff Kraft enthält als *Teile* die Begriffe Beschleunigung und Masse, und zwar in der *Beziehung* Masse mal Beschleunigung. Die Einheit der Kraft wird daher [m] · [$l t^{-2}$], man bezeichnet sie mit [$m l t^{-2}$]. — Die „Ableitung" von Maßeinheiten aus bereits vorhandenen erspart es uns in vielen Fällen, *willkürliche* Einheiten festsetzen zu müssen. Gauss und Weber haben die bei ihren elektrischen und magnetischen Arbeiten notwendig werdenden Einheiten sämtlich auf die Einheiten von Länge, Masse und Zeit zurückgeführt. Die so entstehenden Maße nannten sie *absolute*. Man wählt als **Grund**einheiten Zentimeter, Gramm und Sekunde, nennt die hierauf zurückgeführten Einheiten cm-g-sec-Einheiten, auch c g s-Einheiten. Das (absolute) Maßsystem nennt man kurz das *cgs*-System.

Einige Dimensionsformeln und Maßeinheiten der Mechanik.
λ, μ, τ bedeuten die Potenzexponenten von l, m, t.

	γ	μ	τ	Dimensionsformel	Einheit
Winkel	0	0	0	$\varphi = [l^0]$	Der Winkel, dessen Bogen gleich dem Halbmesser ist; [Winkel von 57,296⁰.] Dimension $= l/l = 1$, d. h. von den Grundeinheiten unabhängig.
Länge	1	0	0		1 cm.
Fläche	2	0	0	$f = [l^2]$	1 cm².
Volumen	3	0	0	$v = [l^3]$	1 cm³,
Masse	0	1	0		1 g.
Dichtigkeit . . .	—3	1	0	$s = [l^{-3}m]$	Körper, der in 1 cm³ die Masse 1 g hat.
Zeit	0	0	1		1 sec.
Geschwindigkeit	1	0	—1	$u = [l\,t^{-1}]$	Die Geschwindigkeit eines Punktes, der in 1 sec 1 cm zurücklegt.
Beschleunigung .	1	0	—2	$a = [l\,t^{-2}]$	Die Beschleunigung, bei welcher die Geschwindigkeit in 1 sec um 1 cm/sec wächst.
Kraft	1	1	—2	$k = [l\,m\,t^{-2}]$	Die Kraft, welche 1 g in 1 sec die Geschwindigkeit 1 cm/sec mitteilt.
Druck	—1	1	—2	$p = [l^{-1}\,m\,t^{-2}]$	Der Druck, bei welchem auf 1 cm² die Kraft 1 dyn kommt.
Drehmoment . .	2	1	—2	$D = [l^2\,m\,t^{-2}]$	Das Drehmoment, in dem die Kraft 1 dyn senkrecht am Hebelarm 1 cm angreift.
Trägheitsmoment	2	1	0	$K = [l^2 m]$	Die Masse 1 g im Abstande 1 cm von einer Drehachse.
Arbeit, Energie, lebendige Kraft	2	1	—2	$Q = [l^2 m t^{-2}]$	Die Arbeit, welche die Kraft 1 dyn verrichtet, wenn sich ihr Angriffspunkt nach ihrer Richtung um 1 cm verschiebt.

Man nennt (S. 12) die Formeln $[l t^{-1}]$, $[l t^{-2}]$, $[m l t^{-2}]$ die *Dimensionsformeln* der Geschwindigkeit, der Beschleunigung, der Kraft und nennt die Exponenten von l, m und t die *Dimension* des Begriffes mit Bezug auf die Länge, die Masse. die Zeit. Man sagt: die Kraft hat mit Bezug auf die Zeit die Dimension — 2, Die Dimensionsformeln sind gleichsam Strukturformeln wie die Formeln der Chemiker, sie treten als international verständliche Zeichen an die Stelle eines Wortes, das einen bestimmten Begriff vertreten soll. Derselbe Begriff, der deutsch mit Geschwindigkeit, englisch mit velocity und in jeder Sprache anders bezeichnet wird, wird international durch das Symbol $l \cdot t^{-1}$ bezeichnet und international verstanden, wie die Formel H_2O für Wasser. — Die Dimensionsformel hat auch praktische Bedeutung, auch abgesehen von ihrer Nützlichkeit beim Übergang von einem System von Grundeinheiten zu einem anderen (S. 12 u.). Sie gestattet eine gewisse Kontrolle bei der Ableitung von Formeln, Gleichungen usw. Um schwerverständliche Allgemeinheiten zu vermeiden, erläutern wir das an einem Beispiel: Die Schwingungsdauer t eines mathematischen Pendels von der Länge l hängt der Theorie nach zusammen mit der Beschleunigung g durch die Erdschwere an dem Ort, an dem das Pendel schwingt. Theoretisch findet man (S. 111) die Gleichung $t = \pi \sqrt{l/g}$. Links steht eine *Zeit*, die Schwingungsdauer; die Formel ist offenbar falsch, wenn die *rechte* Seite nicht *auch* eine Zeit darstellt. Denn

Schwingungsdauer kann nichts anderes sein als *Zeit*. Was stellt die rechte Seite der Gleichung dar? Unter dem Wurzelzeichen steht eine Länge, dividiert durch eine Beschleunigung, d. h. $[l] : [l]/[t]^2$, also das Quadrat einer Zeit. Wir haben somit auf der rechten Seite π mal einer Zeit, d. h. tatsächlich eine Anzahl *Zeit*einheiten. — Verallgemeinert heißt das: um „richtig" zu sein, müssen die beiden Seiten einer Gleichung von *derselben* Größenart sein; man sagt in bezug hierauf: *homogen* sein[1].

Impuls. Bewegungsgröße. Der Gesamteffekt einer Kraft auf eine frei bewegliche Masse ist (S. 16) proportional der Größe der Kraft und proportional der Zeitdauer, während der die Kraft ununterbrochen wirkt. Bisweilen, wie z. B. beim Stoß (S. 51), wirkt eine Kraft nur so kurze Zeit — einen „Augenblick", einen „Moment" —, daß es sehr schwer ist, ihre Größe oder die Dauer ihrer Einwirkung zu bewerten. Eine so wirkende Kraft wollen wir (nur zur Abkürzung) Impuls*kraft* nennen. Theoretisch könnte man die Impulskraft wie jede andere Kraft durch die von ihr in einer Sekunde erzeugte Geschwindigkeitszunahme messen, denn sie ist nichts anderes als eine Kraft, die in *sehr* kurzer Zeit eine *merkliche* Geschwindigkeit erzeugt. Man mißt sie aber aus praktischen Gründen durch die ganze von ihr erzeugte Geschwindigkeitszunahme, also, wenn die Masse vorher die Geschwindigkeit Null hatte, durch die ganze Geschwindigkeit, die sie der Masse erteilt. Die Erfahrung lehrt: der 2, 3 . . . *n* fach so großen Impulskraft entspricht die 2, 3 . . . *n* fach so große Geschwindigkeit. Wir kommen so zu dem Impulssatz: Die Geschwindigkeit, die eine Masse durch die Einwirkung einer Impulskraft erlangt, ist der Impulskraft direkt proportional. Das Produkt aus Masse und Geschwindigkeit nennt man *Impuls*, auch *Bewegungsgröße*. (Der Impuls ist die Wirkung, die Impuls*kraft* die Ursache.)

Man beachte die Dimension des Impulses. Der Impuls ist eine Masse mal einer Geschwindigkeit, demnach von der Dimension $m \cdot lt^{-1}$; die Kraft ist eine Masse mal einer Beschleunigung, also von der Dimension $m \cdot lt^{-2}$. Der Impuls ist also im eigentlichen Sinne eine Kraft mal einer Zeit ($mlt^{-2} \cdot t = mlt^{-1}$). — Statt t schreiben wir τ für die „momentane" Wirkungsdauer der Kraft, wir haben dann $p\tau = mv$. Der Impuls hat dann eine sehr anschauliche Bedeutung: er stellt der Stärke und der Richtung nach den *Stoß* ($p \cdot \tau$) dar, den man der Masse (m) erteilen muß, um sie „augenblicklich" von der Ruhe in ihren jetzigen Bewegungszustand (v) zu bringen oder auch denjenigen Stoß (mv), den die bewegte Masse ausüben würde, wenn sie „augenblicklich" auf Ruhe abgebremst würde. [Die Impulskräfte sind charakteristisch für den *Stoß* der Körper gegeneinander. Die Begriffe Momentankraft, Impuls, Bewegungsgröße drängen sich der Vorstellung dabei unabweisbar auf. Hier wirken zwei *Kräfte* einander entgegengesetzt *ganz kurz*, aber gleich lange auf zwei Massen ein; ihre Wirkung offenbart sich unmittelbar als Aktion und Reaktion (S. 26 u.) der beiden Massen.]

Kenntnis der Beschleunigung führt zur (quantitativen) Kenntnis des ganzen Bewegungsvorganges. Bisher wissen wir von der Bewegung des Punktes nur, daß sie geradlinig ist und jede Sekunde um v [cm/sec] wächst. War der Punkt in Ruhe, als die Kraft zu wirken begann, so hat er am Ende der 1. Sekunde ihres Wirkens die Geschwindigkeit v. Wie groß ist der Weg, den er zurücklegt hat, *während* seine Geschwindigkeit von 0 auf v gestiegen ist? Wir können uns das allmähliche Anwachsen seiner Geschwindigkeit so vorstellen: er behält jeden einzelnen Geschwindigkeitswert zwischen 0 und v wenigstens während eines sehr

---

[1] Andererseits führt die Homogenität der beiden Seiten einer Gleichung gelegentlich zu einer neuen physikalischen Erkenntnis, so z. B. die Dimension der Gravitationskonstante, des PLANCKschen Wirkungsquantums, der REYNOLDSschen Zahl.

kleinen Zeitraumes, z. B. $^1/_{1000}$ sec, unverändert bei, erst mit dem Beginn des folgenden Sekundentausendstel nimmt er den nächsthöheren Geschwindigkeitswert an. (Diese Vorstellung von der Geschwindigkeitsänderung ist analog unserer Vorstellung, daß die *Richtungs*änderung immer erst mit dem Betreten eines neuen Streckenelementes beginnt.) Mit jeder $^1/_{1000}$ Sekunde tritt ein größerer Geschwindigkeitswert ein; er heiße λ. Er gibt die Strecke an, die der materielle Punkt in einer ganzen Sekunde bei gleichförmiger Geschwindigkeit mit diesem Wert *zurücklegen würde*, von der er aber nur $^1/_{1000}$ zurücklegt. Da nun die Geschwindigkeit von jeder $^1/_{1000}$ Sekunde zur nächsten um *gleichviel* zunimmt, so ist jedes λ um *gleichviel* größer als das nächstvorhergehende bzw. kleiner als das nächstfolgende; also auch $^1/_{1000}$ jedes λ, d. h. jede während $^1/_{1000}$ Sekunde zurückgelegte Weglänge.

Die Weglängen wachsen also von jeder $^1/_{1000}$ Sekunde zur nächstfolgenden um die gleiche Länge. Die Wege während der einzelnen $^1/_{1000}$ Sekunden bilden somit eine arithmetische Reihe: Ihre Summe ist die Größe des Weges, den der materielle Punkt während der *ganzen* Sekunde zurückgelegt hat. Die *Summe* einer solchen Reihe ändert sich nicht, wenn an die Stelle *jedes* Postens derjenige tritt, der genau in der Mitte der Reihe steht. (Denn symmetrisch zur Mitte, d. h. gleich weit entfernt nach beiden Seiten von ihr, stehen je zwei Größen — die eine um ebensoviel *kleiner* als das Mittelglied, um so viel die andere *größer* ist —, von denen die kleinere also durch die Substitution des Mittelwertes um ebensoviel vergrößert wird, um so viel die größere verkleinert wird.) — In der Mitte steht offenbar die Weglänge, die der Punkt mit derjenigen Geschwindigkeit zurückgelegt hat, die er genau in der Mitte der Sekunde gehabt hat. Diese Geschwindigkeit ist leicht zu ermitteln: Da die Geschwindigkeit vom *Anfang* bis zum *Ende* der Sekunde in gleichen Bruchteilen der Sekunde um gleich viel zunimmt, so liegt sie in der *Mitte* der Sekunde genau in der Mitte zwischen 0 und v, ist also $= v/2$. Der Weg, den der Punkt während der 1. Sekunde zurücklegt, in der seine Geschwindigkeit von 0 bis v gestiegen ist, ist also so groß, wie wenn er sich während der *ganzen* 1. Sekunde gleichförmig mit der Geschwindigkeit $v/2$ bewegt hätte, ist also $v/2$.

Jetzt können wir auch den Weg während jeder *anderen* Sekunde berechnen. Am Anfang der 2. Sekunde hat er die Geschwindigkeit v (der Anfang der 2. fällt ja mit dem Ende der 1. Sekunde zusammen), am Ende der 2. Sekunde die Geschwindigkeit $2v$; sein Weg *während* der 2. Sekunde ist also so groß, wie wenn er sich während dieser Sekunde mit dem Mittelwert $3v/2$ gleichförmig bewegt hätte; sein Weg während der 2. Sekunde ist somit $3v/2$. So finden wir analog:

Es ist die Geschwindigkeit am Ende der 1. Sek. v	der Weg in der 1. Sek. $v/2$
,, ,, ,, ,, ,, ,, ,, 2. ,, $2v$	,, ,, ,, ,, ,, 2. ,, $3v/2$
,, ,, ,, ,, ,, ,, ,, 3. ,, $3v$	,, ,, ,, ,, ,, 3. ,, $5v/2$
,, ,, ,, ,, ,, ,, ,, t. ,, tv	,, ,, ,, ,, ,, t. ,, $(2t-1)v/2$

Da wir jetzt den Weg *während jeder einzelnen* Sekunde kennen, können wir auch ausrechnen, welchen Weg der Punkt *in soundso viel* Sekunden zurücklegt.

Der Weg, den er in den ersten 2 Sekunden zurücklegt, ist $v/2 + 3v/2$			$= 4v/2$
,, ,, ,, ,, ,, ,, ,, 3 ,,	,,	$v/2 + 3v/2 + 5v/2$	$= 9v/2$
,, ,, ,, ,, ,, ,, ,, 4 ,,	,,	,, ,,	$= 16v/2$
,, ,, ,, ,, ,, ,, ,, t ,,	,,	,, ,,	$= t^2v/2$

Jetzt kennen wir die Bewegung eines materiellen Punktes, der sich geradlinig mit der gleichförmigen Beschleunigung v bewegt.

Der freie Fall ohne Luftwiderstand. Zu der soeben charakterisierten Art von Bewegungen gehört der freie Fall der Körper (GALILEI). Ein Körper, der weder unterstützt noch aufgehängt ist, fällt, wie die Erfahrung lehrt, zu Boden ("frei", nicht "auf vorgeschriebener Bahn", wie z. B. längs einer schiefen Ebene, Abb. 28). Unter gewissen einschränkenden Bedingungen darf der freie Fall als geradlinig und gleichförmig beschleunigt gelten. Die einschränkenden Bedingungen sind: die Luft und die Drehung der Erde sind nicht vorhanden, und der Weg, den der Körper zurücklegt — wir denken ihn uns der Einfachheit halber in einem materiellen Punkt konzentriert —, verschwindet gegenüber den Dimensionen der Erdkugel. Die gerade Linie, auf der sich der fallende materielle Punkt bewegt, ist dann die durch ihn gehende Vertikale. Auf ihr bewegt er sich gleichförmig beschleunigt abwärts. Seine Beschleunigung — stets mit g bezeichnet — ist durch Versuche ermittelt worden. Sie ist etwa 980 Geschwindigkeitseinheiten pro Sekunde und ist für alle Massen *gleich* groß, da *alle gleich schnell fallen* (S. 24 m.).

Die 3 Formeln auf S. 22 u., in denen man nur v durch den Wert $g = 980$ cm/sec zu ersetzen braucht[1], belehren über die Einzelheiten des freien Falles. Ein frei fallender Körper, der mit der Geschwindigkeit 0 beginnt, hat am Ende der 1. Sekunde 980 cm/sec Geschwindigkeit, am Ende der 10. Sekunde $10 \cdot 980 = 9800$ cm/sec, d. h. er würde, wenn von da an die Kraft auf ihn zu wirken aufhörte, jede Sekunde 98 m zurücklegen. Die in der t. Sekunde durchlaufene Bahn ist $(2t-1) \cdot g/2$, die Weglänge beträgt also in der 1. Sekunde, da dann $t = 1$ und $g/2 = 490$ ist, 490 cm usw. Ebenso finden wir aus $s = t^2 \cdot g/2$, wie groß der Weg s ist, den der Körper in einer beliebigen Anzahl Sekunden, vom Beginn der Bewegung an gerechnet, durchfällt.

> Er fällt in der 1. Sekunde $(t = 1)$ $1 \cdot 490$ cm
> „   „   „ den ersten 2 Sekunden $(t = 2)$ $4 \cdot 490$ „
> „   „   „ „   10   „ $(t = 10)$ $100 \cdot 490$ „ $= 490$ m.

Welche Geschwindigkeit hat ein Körper, der die Höhe h durchfallen hat? Da $h = t^2 \cdot g/2$ ist, der Körper also $t = \sqrt{2h/g}$ Sekunden gefallen ist, er nach t Sekunden aber die Geschwindigkeit $v = gt$ hat, so ist diese Geschwindigkeit $v = g\sqrt{2h/g} = \sqrt{g^2 \cdot 2h/g} = \sqrt{2gh}$. Eine Masse, die aus 10 m Höhe auf die Erde stürzt, kommt also unten an mit einer Geschwindigkeit $v = \sqrt{2 \cdot 980 \cdot 1000}$ cm $= 1400$ cm.

Schwerkraft. Gewicht. Daraus, daß die Fallbewegung dauernd beschleunigt ist und die Beschleunigung ihre Größe g beibehält, schließen wir, daß die Kraft dauernd und mit gleichbleibender Stärke wirkt. Daraus, daß die Bewegung zur Erde hin gerichtet ist, schließen wir, daß die Kraft zur Erde hin wirkt, und zwar stellen wir sie uns als eine Anziehung der Erde auf den fallenden Körper vor. Diese Kraft nennen wir *Schwerkraft*. Sie wirkt auf den Körper von der Masse m mit der Größe $m \cdot g$, wir nennen sie die Schwere oder das *Gewicht* von m. Mit anderen Worten: das Gewicht P eines Körpers ist gleich seiner Masse m, multipliziert mit der Beschleunigung g durch die Schwerkraft. Es ist die in dyn ausgedrückte Kraft $P = m \cdot g$, mit der das Schwerefeld (s. weiter unten) an m angreift, wenn es ihr die Beschleunigung g erteilt. Das Gewicht eines Körpers, das 1 g Masse enthält, ist $1 \cdot 980$ dyn, das Gewicht eines Körpers, der 1 kg enthält, ist $1000 \cdot 980$ dyn usw. (Man kann sich danach vorstellen, wie groß — oder besser: wie klein — die Krafteinheit ist. Da 980 dyn gleich dem Gewicht von 1 g sind, so ist 1 dyn gleich dem Gewicht von $^1/_{980}$ g, d. h. etwa gleich dem Gewicht von 1 mg.) Ist der Körper unterstützt oder ist er aufgehängt,

---

[1] Man lasse sich nicht dadurch beirren, daß wir die Geschwindigkeit v durch den Wert von g, der *Beschleunigung*, ersetzen: v ist die Geschwindigkeit am Ende der ersten Sekunde und g mit 980 cm/sec ist ebenfalls die *Geschwindigkeit* am *Ende* der ersten Sekunde, da bei deren *Beginn* die Geschwindigkeit Null ist.

so kann sich die Anziehung der Erde auf ihn, sein „Gewicht", nicht darin äußern, daß er fällt, es äußert sich dann darin, daß er auf die Unterlage einen Druck, auf die Aufhängung einen Zug ausübt. Das Gewicht eines Körpers kann man also definieren als die Kraft, mit der die Erde seine Masse anzieht; oder auch als die Kraft, die sich im Fallen des Körpers äußert und ihn mit der Beschleunigung g vertikal nach unten bewegt, wenn er frei ist, und die sich als Druck bzw. als Zug des Körpers auf das Bewegungshindernis äußert, wenn er *nicht* frei ist.

Schwerefeld. Gleichheit der trägen und der schweren Masse[1]. Die Einwirkung der Erde auf den fallenden Körper stellt man sich ähnlich vor wie seit FARADAY die des Magneten auf das von ihm angezogene Eisen. FARADAY stellt sich vor: der Magnet schafft in dem ihn umgebenden Raum einen charakteristischen physikalischen Zustand, ein „magnetisches Feld", das Eisen befindet sich in diesem Feld, das Feld wirkt darauf ein und treibt es zu dem Magneten hin. Dem magnetischen Feld entsprechend stellt man sich ein *Schwerefeld (Gravitationsfeld)* in der Umgebung der Erde vor. Die besonderen Eigenschaften, die man ihm zuschreiben muß, erschließt man aus den durch die Gravitation verursachten Vorgängen in ihm, z. B. daraus, daß die Stärke der Einwirkung der Erde auf einen Körper in dem Felde nach einem bestimmten Gesetze abnimmt, wenn der Körper weiter und weiter von der Erde entfernt ist. Eine besondere Eigenschaft des Schwerefeldes zeigt sich darin, daß die Körper, die sich lediglich unter seiner Einwirkung in ihm bewegen, *alle* die *gleiche* Beschleunigung *zur Erde hin* erfahren, das heißt: daß *alle* Körper *gleich schnell „fallen".* *Alle*, gleichviel, ob groß oder klein, ob „schwer" oder „leicht", ob aus Blei oder aus Glas oder woraus sonst. Die alltägliche Erfahrung scheint dem zu widersprechen, eine Flaumfeder fällt scheinbar langsamer als ein Wolleknäuel, und dieses langsamer als ein Stein. Aber in diesen Fällen wirkt die Luft als Widerstand, und zwar in allen dreien verschieden. Läßt man die drei Körper im *luftleeren* Raum fallen (S. 169), wo kein Widerstand sie hemmt, so fallen sie gleich schnell.

Die Tatsache, daß alle Körper gleich schnell fallen, heißt nichts anderes als: das *Gewicht* jedes Körpers ist seiner Masse proportional. Wir sahen ja soeben, das Gewicht ist gleich $m \cdot g$, machen wir also $m = 1, 2, 3 \ldots$, so wird auch P, das Gewicht, $1, 2, 3 \ldots$mal so groß. Auf die doppelt so große Masse wirkt die doppelt so große Kraft (Schwere), auf die 3mal so große Masse die 3mal so große Kraft usw, daher ist die Wirkung auf *alle* Massen, d. h. ihre Beschleunigung (g), dieselbe, und das heißt eben: alle Körper *fallen* gleich schnell. Man hat das stets (seit der Entdeckung durch GALILEI) als Tatsache hingenommen, hat aber nicht erkannt, welche Bedeutung die Tatsache für die Grundlagen der Physik hat. Das hat erst EINSTEIN (1913) erkannt und ausgesprochen. Das Auffallende der Tatsache erkennt man durch die folgende Überlegung.

Um die Masse eines Körpers zu ermitteln, gehen wir so vor, wie S. 18 o. angedeutet. Wir lassen irgendeine Kraft auf den Körper wirken und ermitteln seine Beschleunigung. Wohlgemerkt: *irgendeine* Kraft, die ihn in Bewegung setzt, *gleichviel welchen physikalischen Ursprungs!* Wir finden *stets* die Beschleunigung so groß, daß die Größe der Kraft durch die Beschleunigung dividiert dieselbe Größe m für die Masse ergibt. Die so ermittelte Masse nennen wir die *träge* Masse des Körpers, denn das Charakteristikum der Masse ist ihre

---

[1] Es ist üblich, von Gleichheit der *trägen Masse* und der *schweren Masse* eines Körpers zu sprechen. Das verführt den Lernenden zu der Vorstellung, daß der Körper *eine Masse* hat, die träge ist, und *eine Masse*, die schwer ist. Tatsächlich handelt es sich um die aus der *Trägheit* des Körpers ermittelte Masse und die aus der *Schwere* des Körpers ermittelte Masse. Beide Ermittlungen führen auf den gleichen Zahlenwert für die Masse des Körpers.

Trägheit, der Widerstand, den sie einer Veränderung ihres Bewegungszustandes entgegensetzt. Die „träge" Masse eines Körpers hat also *universelle* Bedeutung, sie bestimmt sein Verhalten gegenüber *allen* auf ihn einwirkenden Kräften. Sie ist dadurch als Attribut der Materie definiert, ohne Bezugnahme auf irgendwelche physikalischen Zustände außerhalb des Körpers. [Wir hatten zwar von allen unterscheidenden Merkmalen (S. 17 m.) der Materie abgesehen — bis auf die Bewegbarkeit und die davon untrennbare Trägheit. Aber die verschiedenen Stoffe auf der Erde unterscheiden sich schon durch die Größe ihrer Trägheit voneinander, z. B. eine Kugel aus Platin ist etwa 3mal so träge wie eine gleich große Kugel aus Eisen; es gehört eine 3mal so große Kraft dazu, ihr unter denselben Bedingungen dieselbe Geschwindigkeit zu erteilen wie einer Eisenkugel.]

In Wirklichkeit ermittelt man die Masse eines Körpers aber nicht (wie hier beschrieben) aus ihrer Trägheit (ihrer „Träge"), sondern mit der Waage aus ihrer Schwere (als „schwere Masse"). Auf der Waage, und zwar einer Balkenwaage (S. 74), vergleicht man die Kraft, mit der die Erdschwere diesen Körper nach unten zieht, mit der Kraft, mit der die Erdschwere die *Einheits*masse nach unten zieht. Das Resultat der Wägung nennt man die „schwere" Masse des Körpers. (Mit der Waage finden wir auch, daß die „Schwere" der Platinkugel rund 3mal so groß ist wie die „Schwere" der Eisenkugel, d. h. daß die „Träge" eines Körpers seiner Schwere proportional ist. Erfahrungsgemäß ist für *alle* Stoffe die Träge proportional der Schwere — erfahrungsgemäß: aus der Erfahrungstatsache, daß alle Körper gleich schnell fallen.)

Benutzt man aber eine Waage, die wirklich die *Kraft* im Schwerefelde zu messen gestattet (nicht bloß die Masse, wie die Balkenwaage), ein Dynamometer, wie die Briefwaage (Federwaage) eines ist, und dessen Skala in dyn geeicht ist, kennt man ferner die Beschleunigung im Schwerefelde und ermittelt man hieraus die „schwere" Masse, so findet man sie genau gleich der „trägen" Masse. Das heißt: die *Schwere* des Körpers, die doch nur *in bezug auf ein spezielles physikalisches Kraftfeld definiert* ist, nämlich auf das Gravitationsfeld der Erde, ist gleich der als Attribut der Materie *ohne Bezug auf irgendwelche physikalischen Zustände* außerhalb des Körpers definierten *Trägheit* des Körpers. Diese Gleichheit gehört zu den experimentell am genauesten ermittelten Tatsachen der Mechanik. Newton hat sie mit einer Genauigkeit von 1 : 1000 ermittelt, Bessel mit einer Genauigkeit von 1 : 60000 und Eötvös (1894) mit einer Genauigkeit von 1 : 200 Millionen. Also: die Schwere und die Trägheit eines Körpers sind wirklich einander gleich. Einstein sagt von diesem Satz: Die bisherige Mechanik hat diesen richtigen Satz zwar registriert, aber nicht interpretiert. Eine befriedigende Interpretation kann nur so zustande kommen, daß man einsieht: *dieselbe* Qualität des Körpers *äußert* sich je nach den Umständen als „Trägheit" *oder* als „Schwere" (S. 134 u.).

Prüfung der ersten beiden Newtonschen Bewegungsgesetze am Versuch. Fallmaschine von Atwood. Die Untersuchung der Fallbewegung (S. 23) ergibt: Kennt man die Beschleunigung einer Bewegung, so gelangt man zur Kenntnis des ganzen Bewegungsvorganges, und kennt man auch die Größe der bewegten Masse, so kennt man die Größe der Kraft, die als Ursache der Bewegung anzusehen ist. Aber Vertrauen zu der Richtigkeit unserer Schlüsse können wir nur dann haben, wenn wir z. B. eine Kraft von 1000 dyn auf eine Masse von 500 g wirken lassen und der Formel: Beschleunigung = Kraft/Masse entsprechend 2 Beschleunigungseinheiten finden, d. h. eine Beschleunigung, bei der die *Geschwindigkeit* um 2 GE pro Sekunde wächst. Fängt also die Geschwindigkeit mit 0 an, so muß am Ende der 1. Sekunde die Geschwindigkeit 2 cm/sec betragen, d. h. wenn die Kraft von da an zu wirken aufhört, muß die Masse jede Sekunde 2 cm zurücklegen, in der 1. Sekunde muß die Masse 1 cm zurücklegen, in der 2. Sekunde 3 cm, in den ersten 2 Sekunden zusammen 4 cm usw. — Man kann die Richtigkeit dieser Schlüsse experimentell beweisen. Gewöhnlich tut man es mit der Fallmaschine von Atwood (Ende des 18. Jahrhunderts Professor in Cambridge). Man benutzt als treibende Kraft die Schwerkraft in Gestalt des Gewichtes $m \cdot g$ einer bekannten Masse m.

Die Bewegung ist aber beim freien Fall viel zu schnell — schon in der 1. Sekunde durchfällt die Masse fast 5 m — als daß man sie in den uns gewöhnlich zur Verfügung stehenden Räumen messen könnte. Man verringert deshalb ihre Beschleunigung künstlich, und zwar dadurch, daß man — das ist der Kunstgriff der Vorrichtung — das Gewicht (die Kraft) $m \cdot g$ dazu nutzt, außer der Masse m noch eine andere Masse, die man gleichsam gewichtslos macht, zu treiben.

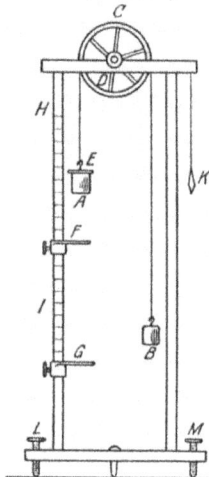

Abb. 14. Fallmaschine von ATWOOD.

Abb. 14 gibt nur die notwendigsten Teile des Apparates. A und B sind zwei *gleich* schwere Massen von je M Masseneinheiten. Sie sind durch eine Schnur ACB miteinander verbunden, die über das um die Welle D drehbare Rad gelegt ist. Da A und B gleich schwer sind, so bleibt das Rad in Ruhe, wie ein gleicharmiger Waagebalken, an dessen Enden gleiche Gewichte ziehen. (Das Gewicht der Schnur dürfen wir vernachlässigen.) Man legt, um die Massen zu bewegen, auf A ein „Übergewicht", gewöhnlich ein stabförmiges Gewicht E (das ist unsere Masse m, deren Gewicht $m \cdot g$ die treibende Kraft). A mit dem Übergewicht E sinkt, und B steigt (von der Bewegung des Rades sehen wir ab). An dem Gestell HI ist ein verschiebbarer Ring F angebracht, der zwar A hindurchläßt, nicht aber das Stäbchen E. In dem Moment, in dem die Masse A durch den Ring tritt, wird sie daher des Übergewichtes beraubt, d. h. *die treibende Kraft hört zu wirken auf.* Die ganze bewegte Masse geht von diesem Moment an *nur infolge ihrer Trägheit* weiter. An HI ist ferner — ebenfalls verschiebbar — eine Platte G angebracht, auf die das Gewicht aufschlägt, um seine Ankunft an einem gegebenen Ort hörbar zu machen. HI ist in Millimeter geteilt. Die Zeitspannen, die gemessen werden sollen, werden mit einem Pendel K abgezählt, das Sekunden schlägt. — Nach den früheren Ableitungen ist die eintretende Beschleunigung gleich

$$\frac{\text{Gewicht von } E, \text{ d. i. } m\,g}{\text{Masse von } A\,(M) + \text{Masse von } B\,(M) + \text{Masse von } E\,(m)}, \text{ oder } \frac{m\,g}{2\,M + m},$$

also nur ein Bruchteil von g, den man durch geeignete Wahl von M und m beliebig klein machen kann. Machen wir z. B. $M = 495$ g und $m = 10$ g, so ist die Beschleunigung

$$\frac{10 \cdot g}{990 + 10} = \frac{10}{1000}\,g = 9{,}80 \text{ cm}.$$

Also ist — wenn unsere früheren Ableitungen richtig sind — die Geschwindigkeit am Ende der t. Sekunde $= 9{,}8 \cdot t$ cm, der *in der t. Sekunde* durchlaufene Weg $= (2\,t-1) \cdot 4{,}9$ cm, der *in t Sekunden* durchlaufene Weg $= 4{,}9 \cdot t^2$ cm. — Der Weg, den A in der *ersten* Sekunde durchläuft, müßte also gleich $9{,}8/2 = 4{,}9$ cm sein. Mit der Fallmaschine ist die Richtigkeit dieser Voraussagen beweisbar.

Drittes NEWTONsches Bewegungsgesetz. Gleichheit der Wirkung und der Gegenwirkung. Kennen wir eine Kraft ihrer Richtung und ihrer Größe nach, so kennen wir von ihr alles, was überhaupt von ihr bekannt sein kann. *Daß* sie Wirkungen hervorruft, nehmen wir wahr, nicht aber, *wie* sie sie hervorruft. Unser Kausalitätsbedürfnis verlangt aber wenigstens zu wissen, von *wo* die Kraft ausgeht, als deren Wirkung wir diese oder jene Erscheinung ansehen. Eine Einwirkung auf die Masse können wir uns zunächst nur als unmittelbaren Angriff auf sie vorstellen, als Stoß oder als Zug, der von etwas anderem Körperlichen ausgeübt wird. Zu einem Angriffe gehört aber ein Angriffs*punkt*. Solange nur *ein* materieller Punkt vorhanden ist, ist er natürlich der Angriffspunkt, aber sobald es sich um einen Körper handelt, ist jeder seiner Punkte als Angriffspunkt denkbar.

Erst wenn wir einen anderen Körper A als das Einwirkende erkannt haben und als ebenso unerläßlich zum Eintritt der Wirkung wie den Körper B, an dem wir die Erscheinung wahrnehmen, ist unser Kausalitätsbedürfnis befriedigt. Wir sagen dann: A übt auf B eine Kraft aus. Z. B. das Fallen eines Steines schreiben wir einer Kraft zu, die *die Erde* auf den Stein *ausübt*, ebenso sprechen wir von der Kraft, die *der Magnet A* auf das Eisen B *ausübt*; von der Zugkraft, die ein *Pferd A* auf einen Wagen *B ausübt* usw. Wir sehen dabei aber jeden Vorgang nur von der Seite derjenigen der Parteien *A* und *B* an, die uns *vorwiegend* beteiligt erscheint. Die Kräfte in der Natur wirken aber nicht einseitig, sondern sie wirken *wechselseitig zwischen* den Massen. Die Kraft wirkt *zwischen* der Erde und dem Stein, *zwischen* dem Magnet und dem Eisen, *zwischen* dem Pferde und dem Wagen. Wir müssen also schließen, daß die Kraft nicht nur den Stein zur Erde hin, sondern auch die Erde zu dem Stein hin bewegt, wenn auch mit einer Beschleunigung, die dem zweiten Bewegungsgesetz entsprechend wegen der ungeheuren Größe der Erdmasse so klein sein muß, daß sie nicht wahrnehmbar ist.

Das erste NEWTONsche Bewegungsgesetz spricht von dem Bewegungszustand eines Körpers, auf den *überhaupt* keine Kraft wirkt; das zweite von dem Bewegungszustande, den *eine* Kraft an einem Körper hervorruft. Zu beiden tritt nun, sie ergänzend und abschließend, das dritte Bewegungsgesetz, daß eine Kraft stets *zwischen zwei Körpern* wirkt (und zwar im Sinne des zweiten Bewegungsgesetzes): Zu jeder Wirkung (Aktion) gehört eine gleich große und entgegengesetzte Gegenwirkung (Reaktion); mit anderen Worten: die gegenseitigen Einwirkungen zweier Körper aufeinander sind gleich groß und einander entgegengesetzt gerichtet. — Was wir Wirkung und was Gegenwirkung nennen, hängt davon ab, von wo aus wir den Vorgang ansehen. Das Fallen eines Steines bezeichnen wir als Wirkung der Erde auf den Stein. Dann müssen wir die (freilich nicht wahrnehmbare) Bewegung der Erde zum Steine hin als Gegenwirkung bezeichnen, es hindert uns aber nichts, diese Bezeichnungen umzukehren. Gewöhnlich sagt man: die Erde übt auf den Stein eine Kraft aus, und der Stein auf die Erde eine gleich große und entgegengesetzt gerichtete *Reaktionskraft*.

Bei der Anziehung eines Magneten auf Eisen denken wir meist nur daran, daß der Magnet das Eisen anzieht, aber diese Vorstellung ist zu eng. Man befestige einen Magneten und davon getrennt ein Stück Eisen auf einer ihnen gemeinsamen Unterlage, etwa einem Brett, das man auf einer Flüssigkeit schwimmen läßt (Abb. 15). Da der Magnet *M* das Eisen *E* anzieht, so erfährt, da *E* mit dem Brett fest verbunden ist, das Ganze im Sinne der Pfeilrichtung einen Bewegungsantrieb. Wir erwarten also das Ganze in der Richtung des Pfeiles wegschwimmen zu sehen. Aber zu unrecht, es bleibt in Ruhe. Offenbar erfährt das System außer jenem Bewegungsantrieb einen zweiten, der den ersten aufhebt. Wir schließen daraus, daß das Eisen den Magneten ebenfalls anzieht, und zwar mit einer Kraft, die derjenigen gleich groß, aber entgegengesetzt gerichtet ist, mit der es selbst vom Magneten angezogen wird. Daß das richtig ist, sieht man, wenn man das Eisen auf *einem* Brettchen und den Magneten auf einem anderen befestigt und beide in einigem Abstand voneinander auf die Flüssigkeit setzt. Hält man dann das Brettchen, auf dem das Eisen befestigt ist, fest, so bewegt sich der Magnet zum Eisen hin.

Abb. 15. Gleichheit von Wirkung und Gegenwirkung.

Von der quantitativen *Gleichheit* der Wirkung und der Gegenwirkung haben wir eine deutliche Vorstellung bei dem Drucke und Gegendrucke, auch bei dem Zuge und Gegenzuge ruhender Körper. Ruht z. B. ein Körper auf einer horizontalen Tischplatte oder hängt er ruhend an einem Faden, so wissen wir, daß der Tisch einen Druck, der Faden einen Zug erfährt, gleich dem Gewichte des Körpers. Wenn der Körper auf unserer Hand ruht, oder wenn wir den Faden in der Hand halten, so empfinden wir den Druck oder den Zug in der Hand. Trotz der Einwirkung der Kraft bleibt der Körper in Ruhe, offenbar erfährt er von dem, was die Bewegung hindert, d. h. von der Tischplatte oder dem Faden, gleichzeitig einen Bewegungsantrieb, der dem ersten gleich groß aber entgegengesetzt gerichtet ist. Er muß gleich groß sein, denn wäre er kleiner, so würde er in die Tischplatte einsinken oder den Faden ausdehnen, wäre er größer, so würde die Tischplatte ihn in die Höhe heben oder der Faden ihn in die Höhe ziehen. — Am deutlichsten wird uns der von dem Bewegungshindernis ausgeübte Gegendruck oder Gegenzug, wenn unser eigener Körper infolge seines Gewichtes den Druck oder den Zug *ausübt* und infolgedessen den Gegendruck oder den Gegenzug *erfährt*. Wir fühlen den Gegendruck am eigenen Körper, wenn wir beim Liegen, Sitzen, Stehen, Knieen usw. mit dem Körper selber einen Druck auf eine Unterlage ausüben; wenn wir uns auf den Barren stützen, mit den Händen fest zufassen, wenn wir uns an ein Bewegungshindernis, z. B. eine Wand, anlehnen usw. Wir fühlen einen Zug nach oben, wenn wir am Reck hängen, fühlen aber, daß er in demselben Moment verschwindet, in dem wir das Reck loslassen, d. h. gleichzeitig mit dem von unserem Körper auf die Reckstange nach unten ausgeübten Zuge — ein überzeugender Beweis für das Gleichzeitige der Wirkung und der Gegenwirkung (S. 83 o., Wahrnehmung der Reaktionskraft als Zentrifugalkraft). Ganz besonders eindringlich erfährt man die Gegenwirkung am eigenen Körper, wenn man ein Gewehr abschießt, dessen Kolben man, wie man beim Zielen tut, gegen die Schulter legt: die Explosion des Pulvers treibt die Kugel zum Lauf hinaus, das Gewehr aber gleichzeitig mit der gleichen Kraft gegen den Körper des Schützen.

Nachweis der Gleichheit der Wirkung und der Gegenwirkung an der Fallmaschine von Poggendorff. Auch dem dritten Newtonschen Gesetze gegenüber wird das Kausalitätsbedürfnis erst dann befriedigt, wenn man sich von der Gleichheit der Wirkung und der Gegenwirkung durch Versuch und Messung überzeugt. Man kann das mit der Poggendorffschen Fallmaschine (Abb. 16), im Grunde genommen einem gleicharmigen Waagebalken, an dem man wie

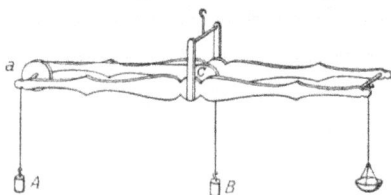

Abb. 16. Fallmaschine von Poggendorff.

bei der Atwood-Maschine mit zwei gleich großen Massen und einer dritten als Übergewicht hantiert. Der Faden, der die zwei gleichen Massen A und B verbindet, geht hier über *zwei* leicht drehbare Rollen a und c. Zunächst bringt man den Waagebalken durch Gewichte (in der Waagschale) ins Gleichgewicht. Legt man nun das Übergewicht auf B, so steigt A, aber gleichzeitig *sinkt* die linke Balkenhälfte — das bedeutet: in dem Moment, in dem die Masse A einen Zug nach *oben erfährt*, übt sie selber einen nach unten aus. Legt man das Übergewicht auf A, so steigt B, und gleichzeitig schlägt die linke Balkenhälfte nach unten — das bedeutet: indem die Masse A einen Zug nach unten *ausübt*, erfährt sie selber einen nach oben. Ändert man die Belastung der Waagschale und stellt dadurch das Gleichgewicht des Waagebalkens her, so kann man sich von der *Gleichheit* der Wirkung und der Gegenwirkung überzeugen.

Scheinbarer Widerspruch zwischen den Newtonschen Bewegungsgesetzen und der Wirklichkeit. In der Maschine von Atwood sind die Voraussetzungen, unter denen die Bewegungsgesetze gelten, nahezu erfüllt, daher finden wir die Gesetze bestätigt. Die Bewegungen, die wir aus dem täglichen Leben kennen, scheinen dagegen nicht auf den ersten Blick mit den Bewegungsgesetzen im Einklang. Aber sind denn bei *ihnen* die Voraussetzungen erfüllt, unter denen wir jene Gesetze aufgestellt haben? In der Wirklichkeit haben wir es ja nicht mit materiellen Punkten zu tun, sondern mit Körpern, und zwar unter Verhältnissen, die ihre Bewegbarkeit durch allerhand Widerstände beeinträchtigen. Dazu gehört vor allem die Reibung. Sogar ein Körper, der eine vollkommen glatte Oberfläche zu haben scheint, wie eine polierte Glaskugel, und sich über eine ebenso glatte Oberfläche hinbewegt, wird in seiner Bewegbarkeit beeinträchtigt, weil er nicht *vollkommen* glatt *ist*, und auch die Fläche nicht, auf der er sich bewegt. Es sind stets Rauhigkeiten vorhanden, wenn auch für uns nicht wahrnehmbare. Die Bedingung für die Geltung des ersten Bewegungsgesetzes sehen wir daher niemals vollkommen erfüllt. — Auch dem zweiten Bewegungsgesetz gegenüber muß man die Reibung berücksichtigen. Um der Masse m die Beschleunigung a zu erteilen, genügt die Kraft m · a dyn nur dann, wenn der Körper keine Reibung erfährt; mit *Berücksichtigung* der Reibung ist eine Kraft nötig, die um ebensoviel größer sein muß als m · a wie die Reibung zu ihrer Überwindung beansprucht. Wenn die Kraft m · a zu wirken aufhört, würde sich der Körper mit der Geschwindigkeit, die er gerade hat, *dauernd*, wie es das Bewegungsgesetz fordert, weiterbewegen, wenn nicht die Reibung wäre. Da aber mit dem Aufhören der Kraft m · a auch *die* Kraft verschwindet, die die Reibung überwunden hat, so kommt schließlich der Körper eben infolge der Reibung zur Ruhe. Aus diesem Grunde sehen wir z. B. einen von der Lokomotive schon losgehängten, aber noch rollenden Eisenbahnwagen immer langsamer werden und schließlich stillstehen, ebenso einen nicht mehr geruderten, aber noch gleitenden Kahn u. dgl. m. — Was von den ersten beiden Bewegungsgesetzen gilt, gilt auch von dem dritten. Wir können uns z. B. bei oberflächlicher Kenntnis des Gesetzes nicht erklären, daß ein Pferd einen Wagen hinter sich herziehen kann, da doch angesichts der *Gleichheit* der Wirkung und der Gegenwirkung zwei aufeinander einwirkende Körper sich nur zueinander *hin* oder voneinander *weg* bewegen können. Das Pferd wird angeblich ebenso stark zu dem Wagen hingezogen, wie der Wagen zu dem Pferde hin. Es zieht aber trotzdem den Wagen hinter sich her: die Gegenkraft äußert sich hier im Rückstoß, den die Erde erleidet. Wir haben nicht bloß die Wirkung und die Gegenwirkung zwischen Pferd und *Wagen*, sondern auch zwischen Pferd und *Erdboden* und zwischen *Wagen* und Erdboden zu berücksichtigen. Die Wirkung zwischen Wagen und Erdboden äußert sich in der tangentialen Reibung am Erdboden, die bewegungshindernd auf den Wagen wirkt. Die Kraft, die das Pferd nach vorwärts auf den Wagen ausübt, soll den Wagen bewegen und seine Reibung überwinden. Die Gegenkraft, die der Wagen nach rückwärts ausübt, soll das Pferd bewegen und soll die Reibung überwinden, die das Pferd am Erdboden erleidet. Das Pferd aber stemmt sich gegen den Erdboden und empfängt einen Gegenstoß (nach vorwärts, genau wie wenn man sich mit einer Ruderstange vom Ufer abstößt). Wenn diese vom Erdboden ausgeübte horizontale Kraft nach vorwärts der vom Wagen auf das Pferd nach rückwärts ausgeübten Kraft gleich ist, dann zieht das Pferd den Wagen mit konstanter Geschwindigkeit hinter sich her; wenn nicht, dann gleitet es aus und fällt gegen den Wagen zurück. Für die Wegbewegung ist also notwendig, daß das Pferd einen kräftigen Stoß *gegen den Erdboden* ausüben kann, um jenen Gegenstoß zu erfahren. Dazu ist die Reibung zwischen dem Pferde und dem Erdboden erforderlich, d. h. eine gewisse Rauhigkeit des Bodens.

Gemeinsames Wirken mehrerer Kräfte. Parallelogramm der Bewegungen und der Kräfte. Die scheinbare Abweichung der Bewegungen in der Wirklichkeit von denen, die wir nach den Bewegungsgesetzen nach *erwarten*, erklärt sich daraus, daß ein Körper in der Wirklichkeit niemals der Einwirkung von Kräften *ganz* entzogen ist, ja sogar stets der gleichzeitigen Einwirkung *mehrerer* Kräfte unterliegt. (Man denke z. B. an ein Segelschiff, auf das eine von Nord nach Süd gerichtete Strömung wirkt, gleichzeitig aber auch ein von Ost nach West gerichteter Wind.) Notwendig erhebt sich die Frage: wie bewegt sich ein materieller Punkt, auf den gleichzeitig mehrere Kräfte einwirken?

Wirken auf Punkt A gleichzeitig zwei Kräfte (Abb. 17 und 18), von denen ihn die eine *allein* in der Richtung AX, die andere *allein* in der Richtung AY bewegen würde, so kann er sich, wenn beide gleichzeitig auf ihn wirken, weder längs AX noch längs AY bewegen, von AX lenkt ihn die Y-Kraft ab, von AY die X-Kraft.

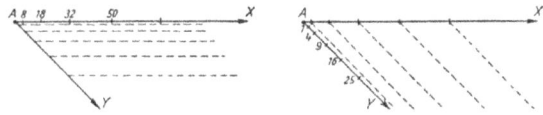

Abb. 17, 18. Zum Parallelogramm der Bewegungen der Kräfte. Die Richtungen zweier Kräfte, die den materiellen Punkt gleichzeitig angreifen. Könnte er der X-Kraft allein folgen, so würde er am Ende der 2., 3., 4. Sekunde in Punkt 8, 18, 32 sein. Könnte er der Y-Kraft allein folgen, so würde er am Ende der 2., 3., 4. Sekunde in Punkt 4, 9, 16 sein.

Welchen Weg er tatsächlich einschlägt, ergibt sich so: angenommen, die X-Kraft allein würde ihn mit 4 Beschleunigungseinheiten bewegen, die nach Y gerichtete allein mit 2. Der Punkt würde dann, wenn er der X-Kraft allein folgen könnte, auf der Linie AX entsprechend der Formel $s = t^2 \cdot a/2$ (worin $a = 4$ zu setzen) vom Anfangspunkt A der Bewegung entfernt sein

am Ende der 1., 2., 3., 4., ..., t. Sekunde um 2, 8, 18, 32, ..., $t^2 \cdot 4/2$ cm.

Wenn er dagegen der Y-Kraft allein folgen könnte, so würde er (jetzt ist $a = 2$ zu setzen) längs der Linie AY vom Punkt A entfernt sein

am Ende der 1., 2., 3., 4., ..., t. Sekunde um 1, 4, 9, 16, ..., $t^2 \cdot 2/2$ cm.

Wir wollen uns nun vorstellen, daß sich der Punkt tatsächlich längs AX bewegt, aber (Abb. 17) die Gerade AX währenddessen parallel zu sich selbst in der Richtung AY verschoben wird, und zwar so, daß ihr mathematischer Anfangspunkt mit derselben Geschwindigkeit sich längs AY bewegt, mit der sich der materielle Punkt längs AY bewegt haben *würde, wenn* er der Y-Kraft allein hätte folgen können. Die Gerade AX geht dann allmählich aus der Lage AX in die gestrichelten Parallelen der Abb. 17 über, während sich der materielle Punkt auf ihr entlang bewegt. D. h. der materielle Punkt befindet sich stets in einem gegebenen Moment auf einer Geraden, die parallel ist zur Richtung der X-Kraft und die durch denjenigen Punkt geht, in dem sich der materielle Punkt in demselben Moment befunden haben würde, wenn er der Y-Kraft allein hätte folgen können. Und durch eine analoge Überlegung finden wir (wo Y und X miteinander vertauscht sind): Der materielle Punkt befindet sich stets in einem gegebenen Moment auf einer Geraden, die (Abb. 18) parallel ist zur Richtung der Y-Kraft und die durch denjenigen Punkt geht, in dem sich der materielle Punkt in demselben Moment befunden haben würde, wenn er der X-Kraft allein hätte folgen können. Konstruiert man für einen beliebigen Zeitpunkt die sich hieraus ergebenden Lagen, die die Geraden AX und AY bei diesen Parallelverschiebungen gleichzeitig einnehmen, so sieht man, daß sich der materielle Punkt *stets* in der Ecke eines Parallelogramms befindet, deren Gegenecke der Punkt ist, von dem aus die Bewegung begonnen hat (Abb. 19). Der Punkt bewegt sich also dauernd auf der Diagonale AB des Parallelogramms, dessen Form durch die Richtungen AX und AY, d. h. von dem von ihnen eingeschlossenen Winkel, bestimmt ist. Diese Diagonale durchläuft er mit gleichförmig beschleunigter Geschwindigkeit. Man nennt die tatsächlich entstehende Bewegung *zusammengesetzt* aus den Bewegungen, die die Kräfte X und Y jede für sich allein hervorgebracht hätten. Man nennt jede dieser beiden Bewegungen die *Komponenten* der Bewegung, und die tatsächlich entstehende die *resultierende* Bewegung, und die graphische Zusammensetzung der Komponenten zu der resultierenden das *Parallelogramm* der Bewegungen.

Die Größe der Beschleunigung ϱ läßt sich trigonometrisch berechnen. Sind ξ und η die Beschleunigungen der beiden nach X und Y gerichteten Bewegungen, φ der von ihnen eingeschlossene Winkel, so ist (nach dem verallgemeinerten pythagoreischen Lehrsatz) $\varrho = \sqrt{\xi^2 + \eta^2 + 2\xi\eta \cos\varphi}$. Ist $\varphi = 0^0$, d. h. fallen die Beschleunigungen in *dieselbe* Richtung, so ist $\cos\varphi = 1$ und $\varrho = \sqrt{\xi^2 + \eta^2 + 2\xi\eta} = \xi + \eta$, die *resultierende Beschleunigung* ist dann gleich der *Summe der Komponenten*. Ist $\varphi = 180^0$, d. h. sind die Beschleunigungen einander diametral entgegengesetzt $y \longleftarrow \bullet \longrightarrow x$, so ist $\cos\varphi = -1$, also $\varrho = \sqrt{\xi^2 + \eta^2 - 2\xi\eta} = \xi - \eta$ die *resultierende*, also gleich der *Differenz der Komponenten* und nach der Seite der Größeren gerichtet.

Die *Bewegungen* sind der Ausdruck der Betätigung von *Kräften*, und der materielle Punkt bewegt sich gerade so, wie wenn eine in der Diagonale gerichtete Kraft auf ihn gewirkt hätte. Deswegen überträgt man die ganze Vorstellung und Ausdrucksweise unmittelbar auf die Kräfte und nennt die nach X und Y gerichteten Kräfte die *Kraftkomponenten*, die in der Diagonale AB in Abb. 19 angenommene Kraft die *resultierende Kraft* und die graphische Zusammensetzung zweier Kraftkomponenten zu einer resultierenden Kraft das *Parallelogramm der Kräfte.*

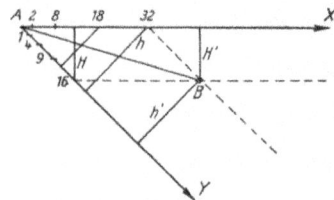

Abb. 19. Zum Parallelogramm der Bewegungen und der Kräfte. Zeigt die Wirkung jeder der beiden Kräfte 1. für sich, 2. neben der der anderen.

Wäre (Abb. 19) der materielle Punkt der X-Kraft allein gefolgt, so wäre er zur Zeit $t = 4$ in 32, d. h. um den senkrechten Abstand h von der Richtung AY entfernt gewesen, wäre er der Y-Kraft allein gefolgt, so wäre er zur *selben* Zeit $t = 4$ in 16, d. h. um den senkrechten Abstand H von der Richtung AX entfernt gewesen. Er *ist*, während er der Einwirkung beider Kräfte gleichzeitig nachgegeben hat, zu der Zeit $t = 4$ *tatsächlich* in B, d. h. *sowohl* um h

von AY entfernt, *wie auch* um H von der Richtung AX entfernt. (Es ist $h = h'$ und $H = H'$ als Parallele zwischen Parallelen.) Er hat also *tatsächlich* zwei Bewegungen gleichzeitig ausgeführt, d. h. jede der beiden Bewegungen besteht gleichzeitig neben der anderen und unabhängig von ihr.

Das Ergebnis des Zusammenwirkens der beiden Kräfte ist genau so, wie wenn nur *eine* Kraft auf den materiellen Punkt wirkte, deren Richtung und Größe in der angegebenen Weise aus denen der *Komponenten* hervorgehen.

Wurf ohne Luftwiderstand. Solange *beide* Kräfte auf den materiellen Punkt wirken, kennen wir seine Bewegung vollkommen. Ebenso wenn *beide gleichzeitig* zu wirken *aufhören*, er bewegt sich dann infolge des Trägheitsvermögens geradlinig weiter in der Richtung und mit der Geschwindigkeit, die er im Moment des Aufhörens der Kräftewirkung gehabt hat. Wie aber, wenn nur *eine* der beiden Kräfte zu wirken aufhört? So ist es z. B. beim Wurf. Ein Körper, der geworfen wird, unterliegt der Kraft, die ihn nach der beabsichtigten Richtung schleudert, *und* der Schwerkraft, die ihn zur Erde hintreibt. In dem Moment, in dem der Körper die Schleuder verläßt, hört die schleudernde Kraft auf zu wirken, aber die Schwerkraft wirkt weiter. Die schleudernde Kraft erteilt dem Körper eine gewisse Richtung und eine gewisse Geschwindigkeit. Diese besitzt er in dem Moment, in dem er die Schleuder (Hand, Racket, Geschützlauf usw.) verläßt. Wenn keine Kraft sonst auf ihn wirkte, so würde er sich (infolge seiner Trägheit) von diesem Moment an dauernd in dieser Richtung und mit dieser Geschwindigkeit weiterbewegen. Aber die Schwerkraft wirkt ja auch auf ihn ein. Solange er noch von der Hand oder von dem Geschützlauf getragen wird, äußert sie sich nur als Druck des Körpers auf seine Unterlage, aber in dem Moment, in dem er sie verläßt, muß er, der Einwirkung der Schwerkraft folgend, zu fallen beginnen. Von dem Moment an, in dem die Schleuderkraft zu wirken aufhört, während die Schwerkraft weiterwirkt, besitzt der materielle Punkt also zwei Bewegungen: die eine (von der Schwerkraft herrührend) geradlinig mit *gleichförmig beschleunigter* Geschwindigkeit, die andere (Trägheitsbewegung) geradlinig mit *gleichförmiger* Geschwindigkeit. Zu was für einer Bewegung setzen sich die beiden zusammen? Für den Winkel, den sie einschließen, läßt die Wurfbewegung alle denkbaren Fälle zu, je nach der Richtung, in der man den Körper wirft (horizontal oder schräg nach oben usw.). — Da der freie Fall nur mit gewissen Einschränkungen (S. 23 o.) als geradlinig und gleichförmig beschleunigt gelten darf, nehmen wir auch hier diese einschränkenden Bedingungen als erfüllt an. (Namentlich das Vorhandensein der Luft erschwert die Ermittlung der Wurfbahn.)

Am leichtesten zu übersehen ist die Bahn des *vertikal nach oben* geworfenen Körpers. Der Körper würde sich beim Verlassen der Schleuder, wenn er dem Trägheitsvermögen allein folgen könnte, *vertikal* nach oben bewegen. Er würde sich auch, wenn er beim Verlassen der Schleuder der Schwerkraft allein folgen könnte, *vertikal* nach unten bewegen. Seine Bahn liegt also dauernd in der Vertikalen, auf der er sich beim Verlassen der Schleuder befindet. Ist er vertikal nach oben geschleudert worden, und ist seine Geschwindigkeit beim Verlassen der Schleuder v_0, so besitzt er t Sekunden, nachdem er sie verlassen hat, eine Geschwindigkeitskomponente v_0 vertikal nach oben und, da er ja gleichzeitig fällt, eine Geschwindigkeitskomponente $g \cdot t$ vertikal nach unten. Seine resultierende Geschwindigkeit nach oben ist also am Ende der t. Sekunde $v_0 - gt$, die Geschwindigkeit nach oben positiv, nach unten negativ gerechnet. Das Aufsteigen des Körpers wird also *verzögert*. Da nun das subtraktive Glied mit der Zeit t größer wird, so muß es irgend wann einmal, etwa t_1 Sekunden nach *Beginn* des Wurfes, gleich v_0, also $v_0 - gt_1 = 0$ werden, d. h. die resultierende Geschwindigkeit vertikal nach oben ist dann Null; der Körper kann dann nicht weitersteigen, unterliegt vielmehr *nur* der Schwerkraft und fällt herab. Das tritt ein, wenn $v_0 = gt_1$ geworden ist, d. h. wenn die Zeit $t_1 = v_0/g$ verflossen ist, seit der Körper die Schleuder verlassen hat. — Wie hoch ist der Körper gestiegen? Könnte er beim Verlassen der Schleuder lediglich dem Trägheitsvermögen folgen, so würde er sich, wenn er vom Schleudern her die Geschwindigkeit v_0 cm pro sec vertikal nach oben hat, in t_1 Sekunden um $v_0 t_1$ cm über den

Anfangspunkt erheben. Da er aber während dieser t_1 Sekunden um $t_1{}^2 g/2$ cm fällt, so hat er sich nur um $(v_0 t_1 - t_1{}^2 \cdot g/2)$ cm darüber erhoben, also wenn wir für t_1 den Wert v_0/g einsetzen, um die Steighöhe $v_0{}^2/2g$. Aus dieser Höhe, wir nennen sie h, muß er wieder herabfallen. Um die Höhe h zu durchfallen, verbraucht er (S. 23 m.) die Zeit $t = \sqrt{2h/g}$, also um die Höhe $h = v_0{}^2/2g$ zu durchfallen, die Zeit $t = v_0/g$, d. h. *er verbraucht gleich viel Zeit zum Fallen wie zum Steigen.* Nach t Sekunden Fallzeit hat der Körper die Geschwindigkeit gt, nach v_0/g Sekunden also die Geschwindigkeit v_0, d. h. *er kommt mit derselben Geschwindigkeit unten an dem Ausgangspunkt an,* mit der er ihn verlassen hat (s. unten, letzter Absatz!)

Ist der Körper vertikal nach unten geworfen worden, so ist seine Geschwindigkeit t Sekunden, nachdem er zu fallen begonnen hat, $v_0 + gt$, weil die beiden Komponenten der Bewegung dieselbe Richtung haben, und die Strecke, die er in den t Sekunden vertikal nach unten zurückgelegt hat, $v_0 t + g \cdot t^2/2$.

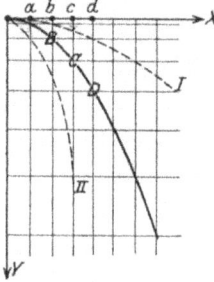

Abb. 20. Bahn eines horizontal geworfenen Körpers ein Parabelast *(I, B C D ... II).*

Den vertikal nach unten oder oben gerichteten Wurf beschreiben also die beiden Gleichungen $v = v_0 \pm gt$ und $s = v_0 t \pm g \cdot t^2/2$.

Beim Wurf vertikal nach oben bilden Schleuderrichtung und Fallrichtung einen gestreckten Winkel, beim Wurf nach unten den Winkel Null. Hier war die Vertikale als Wurfbahn als selbstverständlich zu erwarten. Wie aber gestaltet sich die Wurfbahn, wenn Wurfrichtung und Fallrichtung einen anderen Winkel bilden, einen rechten (horizontaler Wurf) oder einen stumpfen (Wurf schräg nach oben) oder einen spitzen (Wurf schräg nach unten)? Um den Ort zu ermitteln, an dem sich der Körper dann befindet, erinnere man sich an das, was (Abb. 17, 18 und 19) über den Ort gesagt worden ist, an dem sich ein materieller Punkt befinden muß, der gleichzeitig zwei verschiedene Bewegungen ausführt. Abb. 20, die nach demselben Verfahren konstruiert ist wie Abb. 19 aus Abb. 17 und 18, gibt die Wurfbahn eines horizontal geschleuderten Körpers wieder. Je nach der Größe der horizontalen Schleuderkomponente entsteht die Parabel *I* oder *BCD* oder *II.* Sie ist ein Kegelschnitt: legt man durch einen Kegel (Abb. 21), dessen Querschnitt senkrecht zur Achse ein Kreis ist, eine Ebene, parallel zu einer Seite *AC* des Kegels (Seite ist jede gerade Linie, die von der Spitze ausgeht und auf dem Kegelmantel liegt),

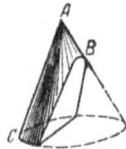

Abb. 21. Eine Ebene durch den Kegel parallel zu einer Seite (*AC*) schneidet den Mantel in einer Parabel (perspektivisch).

so schneidet die Ebene den Mantel in einer Parabel. Sie besteht aus zwei symmetrischen Ästen, die vom Scheitel *B* ausgehen und sich dauernd voneinander entfernen. Bei horizontalem Wurf befindet sich der Körper beim Beginn seiner Bewegung auf dem höchsten Punkt, den er während der Bewegung überhaupt einnimmt; er befindet sich im *Scheitel* einer vertikal stehenden Parabel und bewegt sich auf dem einen Ast abwärts. — Beim Wurf *schräg nach oben* steigt der Körper auf dem einen Ast bis zum Scheitel, um dann längs des anderen Astes herabzufallen. Die Wurfbahn ist also eine nach unten offene Parabel mit lotrechter Achse. — Wir gehen nicht näher auf ihn ein, weil es sich dabei, soweit er elementar behandelt werden kann, nur um Rechnungen handelt. Wir geben aber die wichtigsten Formeln für ihn an. Nennen wir die Anfangsgeschwindigkeit v_0 und den Elevationswinkel gegen die Wagerechte α, so ist die Wurfhöhe (Höhe des Parabelscheitels über dem Anfangspunkt) $h = \dfrac{v_0{}^2}{2g} \sin^2\alpha$; die Wurfweite (Abstand des Anfangspunktes vom Treffpunkt auf der durch den Anfangspunkt gelegten wagerechten Ebene) $W = \dfrac{v_0{}^2}{g} \sin 2\alpha$ mit dem Höchstwert v^2/g bei der Elevation $\alpha = 45^0$; die Wurfdauer (Zeitspanne bis zur Erreichung jenes Treffpunktes) $T = \dfrac{2v_0}{g} \sin\alpha$. Mit diesen Formeln läßt sich zeigen, daß man innerhalb des Wurfbereiches jedes Ziel *bei vorgeschriebener Anfangsgeschwindigkeit* durch *zwei* Werte des Elevationswinkels erreichen kann (Flachschuß und Steilschuß).

Der Luftwiderstand ändert alle diese Ergebnisse von Grund aus: die Wurfkurve ist dann keine Parabel, der absteigende Ast ist steiler als der aufsteigende; Wurfhöhe und Wurfweite sind nicht annähernd so groß wie die obigen Formeln angeben, zur größten Wurfweite gehört eine erheblich kleinere Elevation als 45º u. dgl. m. (Ballistisches Problem!)

Einwirkung der Erddrehung auf die Fallrichtung. Einen Sonderfall des horizontalen Wurfes erwähnen wir, weil er trotz der Besonderheit allgemeine Bedeutung hat. Ein frei fallender Körper fällt in der Wirklichkeit niemals unter den S. 23 o. vorausgesetzten Bedingungen. Wir hatten dort auch die Drehung der Erde ausgeschlossen; gerade *die* wirkt aber stets. Die Erde dreht sich von West über Süd nach Ost und erteilt daher jedem mit ihr fest verbundenen Körper eine Geschwindigkeit von West nach Ost. Ein Körper, der von einem Turme frei herabfällt, ist daher, strenggenommen, ein nach Osten *geworfener* Körper. Die Tangentialgeschwindigkeit der Turmspitze ist etwas größer als die Drehung des vertikal darunterliegenden Punktes der Turmbasis. Die Erddrehung lenkt daher den von der Turmspitze fallenden Körper nach Osten ab (von der Turmbasis weg), er kommt nicht im Fußpunkt der Vertikalen an, die durch den Anfangspunkt der Fallbewegung geht, sondern östlich davon. — Die experimentellen Schwierigkeiten, vor allem die Schwierigkeit, den Lotpunkt genau zu ermitteln und den Körper, der fallen soll, störungsfrei auszulösen, sind ungeheuer groß, dabei beträgt die Ablenkung für 80 m Fallhöhe nur etwa 1 cm. Der Vergleich der Versuche von HALL (1902) mit 23 m Fallhöhe und der von FLAMMARION (1903) mit 68 m Fallhöhe, die 3,3 % resp. 22 % als mittleren Fehler ergeben haben, zeigt, daß man mit *kleinen* Fallhöhen bessere Ergebnisse erzielt. Der Theorie nach ist die östliche Ablenkung proportional dem Produkt aus Fallhöhe und Falldauer. Um trotz der Verkleinerung der Fallhöhe einen gut meßbaren Effekt zu erzielen, muß man daher die Falldauer möglichst vergrößern. HAGEN in Rom (1912) untersuchte deswegen die Einwirkung der Erddrehung auf den fallenden Körper an der ATWOODschen Fallmaschine. Er fand bei 23 m Fallhöhe und einer Fallbeschleunigung von etwa $\frac{1}{25}\,g$ rund 0,9 mm Ablenkung, das stimmt mit der Theorie bis auf etwa 1 % überein. — Die Erddrehung lenkt auch die Geschosse aus der vertikalen Schußebene ab (siehe CORIOLISabweichung).

Zusammensetzung und Zerlegung von Kräften. Bisher war nur von *zwei* gleichzeitigen Kräften und zwei gleichzeitigen Bewegungen die Rede. Wirken auf den materiellen Punkt drei Kräfte gleichzeitig ein, a, b und c (Abb. 22), so setzt sich die dritte Kraft c mit der Resultierenden R_1 der Kräfte a und b zu einer neuen Resultierenden R_2 zusammen. Ebenso setzt sich eine vierte Kraft mit der Resultierenden R_2 aus jenen dreien zusammen usw. (Kräftepolygon). Umgekehrt kann man sich eine Kraft, deren Größe und Richtung durch die Gerade $A\,B$ veranschaulicht wird

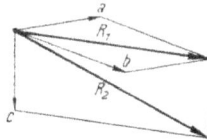

Abb. 22. Zusammensetzung dreier Kräfte (a, b, c) zu einer Resultierenden (R_2).

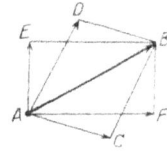

Abb. 23. Zerlegung einer Kraft $(A\,B)$ in zwei Komponenten $(A\,C$ und $A\,D$ oder $A\,E$ und $A\,F)$.

(Abb. 23), aus den Kräften $A\,C$ und $A\,D$ hervorgegangen denken, aber auch ebensogut aus $A\,E$ und $A\,F$: überhaupt aus zwei Kräften, aus denen ein Kräfteparallelogramm mit $A\,B$ als Diagonale konstruierbar ist. Da jede Komponente selber als Resultierende aufgefaßt werden kann, so kann man sich jede Kraft durch beliebig viele andere ersetzt denken, die gleichzeitig wirken und sich nach dem Parallelogramm der Kräfte zusammengesetzt haben.

Angenommen, es wirken n Kräfte auf den materiellen Punkt, und $(n - 1)$ davon haben eine Resultierende, die gerade so groß ist wie die letzte von den n Kräften, dieser aber *entgegengesetzt* gerichtet ist. Dann ist die Einwirkung der n Kräfte zusammen so, wie wenn *zwei gleich* große, aber einander entgegengesetzt gerichtete Kräfte auf den Punkt wirkten. Zwei solche Kräfte heben einander aber in ihrer Wirkung auf, weil sie den Punkt nach entgegengesetzten Richtungen mit gleich großer Beschleunigung zu bewegen streben. Es ist also genau so, wie wenn überhaupt keine Kraft auf den Punkt einwirkte. An dem Bewegungszustande des Punktes wird mithin durch die n Kräfte nichts geändert:

ist er in Ruhe, so *bleibt* er auch in Ruhe; bewegt er sich geradlinig und mit gleichförmiger Geschwindigkeit, so bleibt auch *das* bestehen. Wir sehen: unter gewissen Bedingungen kann trotz der Einwirkung von Kräften ein materieller Punkt seinen Bewegungszustand unverändert beibehalten. Und umgekehrt: ist ein materieller Punkt in Ruhe oder ist er in geradliniger gleichförmiger Bewegung,

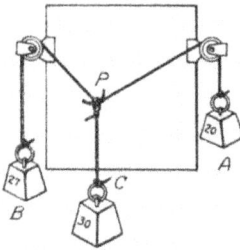

so folgt daraus noch nicht, daß keine Kraft auf ihn wirkt, sondern nur, daß die Kräfte, die etwa auf ihn wirken, einander in ihrer Wirkung aufheben. Jedes der drei Gewichte in Abb. 24 sucht den Punkt *P* nach einer anderen Richtung zu bewegen. Trotzdem bleibt *P* in Ruhe, und zwar weil, wie die Konstruktion des Parallelogramms der Kräfte zeigen würde, die aus *A* und *B* resultierende Kraft durch *C* aufgehoben wird. In diesem Falle sagt man von den Kräften: sie halten einander das Gleichgewicht. (Ein Eisenbahnzug bewegt sich, durch die *dauernd* wirkende Dampfkraft getrieben,

Abb. 24. Punkt *P* bleibt in Ruhe, weil die drei ihn angreifenden Kräfte einander aufheben.

mit *gleichförmiger* Geschwindigkeit, *nicht* mit *beschleunigter*. Die von der Reibung herrührenden Kräfte sind die $(n-1)$ Komponenten, die Dampfkraft die $n$te. Eine *Änderung* des Bewegungszustandes ist unmöglich, weil Gleichgewicht der Kräfte vorhanden ist.) Und umgekehrt: ist ein materieller Punkt der Einwirkung von Kräften unterworfen, soll aber trotzdem sein Bewegungszustand unverändert bleiben, so kann das nur dadurch geschehen, daß zu jenen Kräften *noch* eine Kraft tritt, die die Resultierende unwirksam macht, d. h. ihr gleich groß, aber ihr entgegengesetzt gerichtet ist, kurz: das Gleichgewicht *herstellt*.

Vektor. Skalar. Das Parallelogramm der Kräfte (und seine Verallgemeinerung) ist das Schulbeispiel für das Schema, nach dem man „gerichtete" Größen, *Vektor*größen, zusammensetzt (und zerlegt). *Vektor* nennt man eine Größe, zu deren vollständiger Charakterisierung eine Zahl, eine Maßeinheit und eine Richtung gehören: Geschwindigkeit, Beschleunigung, Kraft sind Vektoren — sie sind soundso viel Einheiten groß und sind irgendwohin gerichtet. Man veranschaulicht sie durch Pfeile, deren Länge den Betrag und deren Spitze die Richtung der betreffenden Größe, also der Geschwindigkeit, der Beschleunigung, der Kraft angeben. Die Bezeichnung Vektor stammt von der einfachsten der „gerichteten" Größen, dem Radiusvektor (oder Fahrstrahl), d. h. der von einem festen Punkt nach einem beweglichen Punkt gezogenen Geraden (S. 86). Man nennt den Fahrstrahl einen *polaren* Vektor (Gegensatz: axialer Vektor, S. 80). Eine Größe, die mit Richtung nichts zu tun hat, wie Temperatur, Masse, Dichte, ist schon durch eine Zahl und seine Maßeinheit, also ihren Betrag, vollständig charakterisiert. Man nennt sie *Skalar* (HAMILTON 1853), weil ihr Betrag, den man an einer in gewisse Einheiten eingeteilten Skala abmißt, sie schon völlig bestimmt.

Geometrische Zusammensetzung und Zerlegung von Vektorgrößen sind alltägliche physikalische Hilfsmittel, denn die meisten Naturvorgänge erweisen sich

als zusammengesetzt. Sie spielen in der ganzen Physik eine große Rolle, z. B. auch in der Elektrizitätslehre, wo man die Wirkung mehrerer elektrischer Felder oder mehrerer magnetischer Felder im Vektorendiagramm addiert. Das Schema der geometrischen Addition zweier Vektoren wie *1* und *2* in Abb. 25 ist stets dieses: in den Endpunkt des einen Vektors (*1*) legt man den Anfangspunkt des zweiten (*2*) mit der ihm zukommenden Rich-

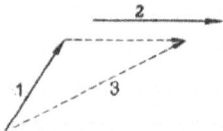

Abb. 25. Geometrische Addition der Vektoren *1* und *2*. Ihre Summe der Vektor *3*.

tung; die Seite *3*, die vom Endpunkt des zweiten Vektors aus die beiden ersten
zum Dreieck schließt, ist nach Größe und *entgegengesetzter* Richtung der gesuchte
resultierende Vektor. Die Abbildung zeigt die Anwendung des Schemas auf die
Zusammensetzung zweier Kräfte oder zweier Bewegungen (mit demselben Ergebnis wie die Parallelogrammkonstruktion). — Bei der Addition einer Vielheit
von Kräften erhält man ein offenes räumliches Polygon, das man im Sinne
der Richtung der einzelnen Vektoren durchschreitet. Die
Seite, welche dieses Polygon schließt, ist dann nach Größe
und *entgegengesetzter* Richtung der gesuchte Vektor. Abb. 26
zeigt die Addition von drei Kräften, sie führt zu demselben
Ergebnis wie die aus der Parallelogrammkonstruktion hervorgegangene Abb. 22. Das *Gleichgewicht* von drei an einem
Punkt angreifenden Kräften (Abb. 24) drückt sich in
der Vektordarstellung darin aus, daß die drei Vektoren,
zueinander addiert, sich zum Dreieck schließen, also zusammen die Resultante Null geben.

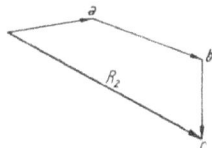

Abb. 26. Geometrische Ad-
dition der Vektoren *a, b, c*.
Ihre Summe der Vektor R_2.
Die Vektoren vertreten die
entsprechend bezeichneten
Kräfte der Abb. 22.

Gleichgewicht von Kräften. Statik. Dynamik. Die
Lehre vom Gleichgewicht der Kräfte ist der Gegenstand
der *Statik*; die Lehre von der Bewegung mit besonderer Berücksichtigung der
Kräfte, die die Bewegung hervorgerufen haben, der Gegenstand der *Dynamik*.

Die Erfahrung lehrt uns bei allen mechanischen Verrichtungen die Überwindung von Kräften durch andere Kräfte kennen, am deutlichsten dort, wo
unsere Muskelkraft beteiligt ist. Wenn wir einen Körper als Ganzes verschieben,
z. B. heben oder ziehen, so fühlen wir eine Anstrengung; ebenso wenn wir einen
Körper zerteilen (zersägen, zerdrücken, zerschlagen usw.) oder wenn wir ihn
umformen (dehnen, zusammendrücken, biegen usw.). Gleichviel, welche mechanische Verrichtung wir analysieren, überall finden wir zwei Kräfteparteien einander gegenüber, und als das Ziel aller mechanischen Verrichtungen: Änderungen
der Lage eines Körpers. Dazu gehört auch die Verschiebung von Körper*teilchen*
gegeneinander, wie z. B. beim Biegen oder bei sonstigem Umformen eines Körpers. Die Teilchen eines *umgeformten* Körpers sind ein System von Massenpunkten, die anders zueinanderliegen als *vor* der Umformung.

Von den zwei Kräfteparteien strebt die *eine*, gewisse Lagenveränderungen
hervorzurufen — in dem angeführten Beispiel unsere Muskelkraft. Die *andere*
widerstrebt ihnen — in den angeführten Beispielen die Schwerkraft, die Reibung,
die Trägheit, die Festigkeit und andere zwischen den Körperteilchen wirksame
Kräfte, die das Wesen der *Kohäsion* ausmachen. Um also die beabsichtigte
Lagenveränderung herbeizuführen, muß man die Widerstand leistenden Kräfte
wirkungslos machen. Ist das geschehen, so verhält sich der betreffende Körper
so, wie wenn gar keine Kraft auf ihn wirkte.

Man vergegenwärtige sich z. B. die Wechselwirkung der Kräfte an einem Eisenbahnzuge, den man in Bewegung setzen und auf einer gewissen Geschwindigkeit erhalten soll.
Beabsichtigt wird eine gleichförmige und, wie wir zur Vereinfachung annehmen wollen,
geradlinige Bewegung. Die Kraft, mit der die beabsichtigte Lagenveränderung ausgeführt
werden soll, ist die Dampfkraft. Stünde der Eisenbahnzug unter der Einwirkung gar keiner
anderen Kraft, so würde die geringste Größe der Dampfkraft schon hinreichen, um ihn in
Bewegung zu setzen und allmählich auf die beabsichtigte Geschwindigkeit zu bringen. Die
Kraft wäre von diesem Moment an überflüssig, denn der Zug würde die erreichte Geschwindigkeit dauernd beibehalten infolge der Trägheit, die ja uneingeschränkt zur Geltung käme.
Aber in der Wirklichkeit unterliegt der Zug außer der Dampfkraft noch anderen Kräften,
und nur solchen, die der Dampfkraft *entgegengesetzt* wirken: die Reibung der Räder an den
Schienen und an den Radachsen, der Widerstand der Luft usw., bilden ein Kräftesystem
mit einer Resultierenden, die eine gewisse Größe und eine gewisse Richtung besitzt, und
die die Bewegbarkeit des Zuges einschränkt. Man macht sie dadurch wirkungslos, daß man
ihr eine Kraft von gleicher Größe (hier also eine Dampfkraft von gleicher Größe) entgegen-

setzt. Schon der geringste *Überschuß* an Dampfkraft genügt dann, den Zug durch das *An dauern* der Einwirkung zu beschleunigen und schließlich die beabsichtigte Geschwindigkeit erreichen zu lassen. *Ist* diese Geschwindigkeit erreicht, so kann die Dampfkraft wieder *um jenen Überschuß* verringert werden; dann wirken auf den Zug nur jene zwei Kräfte, die einander gerade aufheben. Die Geschwindigkeit erhält sich infolge der Trägheit, die uneingeschränkt zur Geltung kommt. — Was hier von der Dampfkraft und dem Eisenbahnzuge gilt, können wir an uns selber wahrnehmen, wenn wir eine Last in Bewegung setzen und dann in Bewegung erhalten, z. B. wenn wir etwas vor uns herschieben oder hinter uns herziehen; wir müssen uns mehr anstrengen, um die Bewegung einzuleiten (Trägheit *und* Reibung zu überwinden), als die Bewegung zu unterhalten (die Reibung allein zu überwinden). Dieselbe Ursache macht es für ein Pferd anstrengender, einen Wagen in Bewegung zu *bringen* als in Bewegung zu *erhalten.*

Arbeit. Wie hier, so geschehen bei *allen* mechanischen Verrichtungen Lagenveränderungen und stehen, wie hier, zwei Kräfteparteien einander gegenüber, von denen die *eine* die Lagenveränderung zu hindern sucht. Man nennt diese Partei *Widerstand* oder *Last;* die Überwindung des Widerstandes nennt man *Arbeit.* „Arbeit ist der Akt der Hervorbringung einer Veränderung in der Konfiguration eines Systems entgegen einer Kraft, die dieser Veränderung widerstrebt." (MAXWELL: Substanz und Bewegung.) Von einer Überwindung kann, strenggenommen, nur die Rede sein, wenn die eine Partei stärker ist als die andere. Ist dagegen ein Gleichgewichtszustand eingetreten, so ist keine der beiden Parteien die überwindende oder die überwundene im sprachgebräuchlichen Sinne. Die Kraft verhindert den Widerstand, die bereits erreichte Geschwindigkeit zu verringern, der Widerstand verhindert die Kraft, eben diese Geschwindigkeit zu vergrößern. Die Arbeit, die die Kraft leistet, nachdem die Bewegung eine Trägheitsbewegung geworden ist, besteht also in der Aufhebung des Widerstandes.

Der physikalische Begriff *Arbeit* ist von der Arbeit der Menschen und der Tiere hergenommen. Seine verallgemeinerte Bedeutung in der Physik und die Faktoren, nach denen man die Größe einer Arbeit beurteilen muß, versteht man leicht, wenn man an die Arbeit denkt, die die menschliche Muskelkraft leistet. Wenn man z. B. eine am Boden liegende Masse vermöge seiner Muskelkraft hebt, so *leistet* man *Arbeit.* Die Arbeit leistende Kraft ist die Muskelkraft; sie strebt, die Masse von der Erde zu entfernen, und ist beim Heben *vertikal nach oben* gerichtet. Die Widerstand leistende Kraft ist die Kraft, mit der die Erde die Masse anzieht und die *vertikal nach unten* gerichtet ist. Diese Kraft ist uns geläufig als das Gewicht der Masse. (Wir werden, um Mißverständnisse auszuschließen, das *Gewicht* eines Kilogramms mit 1 kg* bezeichnen, die *Masse* eines Kilogramms mit 1 kg und entsprechend g*, mg* usw. schreiben, ferner g, mg usw.)

Die Größe der Kraft, die nötig ist, die Masse in gleichförmiger Bewegung vertikal nach oben zu erhalten, muß gleich der Kraft sein, mit der die Erde die Masse nach unten zieht. Will man also 1 kg Masse mit gleichförmiger Geschwindigkeit vertikal nach oben bewegen, so muß man darauf eine Kraft wirken lassen, die ebenso stark nach oben, wie ihr Gewicht nach unten wirkt, d. h. eine Kraft von der Größe des *Gewichtes* eines Kilogramms (1000 · g dyn[1]). Um m kg Masse mit gleichförmiger Geschwindigkeit vertikal nach oben zu bewegen, ist eine nach oben wirkende Kraft von m kg* erforderlich.

Einheit der Arbeit (Meter-Kilogramm). Hat man 1 kg Masse um 1 m gehoben, so hat man eine gewisse Arbeit geleistet. Will man es um ein zweites, ein drittes Meter usw. heben, so muß man dieselbe Arbeit für jedes *weitere* Meter

---

[1] Man beachte: Der Buchstabe g bedeutet hier nicht Gramm (g), sondern die Schwerebeschleunigung.

noch einmal leisten; für die Hebung um *h* m also *h* mal so viel Arbeit, wie für die Hebung um *ein* Meter. (Die Erdschwere setzt der Hebung um jedes Meter denselben Widerstand entgegen für die hier in Frage kommenden Erhebungen über die Erdoberfläche.) Kurz: die bei der *Hebung* einer Masse *geleistete Arbeit ist proportional* der *Höhe, um die die Masse gehoben worden* ist, oder anders: sie ist proportional der Länge der Strecke, auf der die *Last* überwunden worden ist. Die Arbeit, die nötig ist, 1 kg* längs 1 m zu überwinden (wir sagen kurz: um 1 kg Masse 1 m zu „heben"), heißt ein *Meterkilogramm* (1 mkg*).

Bisher war nur von *einem* Kilogramm die Rede. Um ein zweites, ein drittes Kilogramm usw. um dieselbe Höhe zu heben, also denselben Widerstand ein zweites, ein drittes Mal zu überwinden, muß man dieselbe Arbeit für jedes weitere Kilogramm noch einmal leisten, für die Überwindung von *p* kg* (d. h. für die Überwindung eines *p* mal so großen Widerstandes) also *p* mal so viel Arbeit, wie für die Überwindung des Gewichtes *eines* Kilogramms längs derselben Höhenstrecke. Also: die Größe der beim Heben geleisteten Arbeit ist auch proportional dem *Gewicht* der gehobenen Masse, d. h. *proportional der Widerstand leistenden Kraft*, gegen die die Arbeit geleistet wird. Wir haben die Arbeit, die nötig ist, 1 kg um 1 m zu „heben", = 1 gesetzt, nämlich = 1 mkg*, haben somit das Meterkilogramm* als „Einheit" für die Größe der Arbeit festgesetzt, wir müssen daher die Arbeit, die nötig ist, *p* kg* um 1 m zu „heben", = *p* mkg*, und die Arbeit, die nötig ist, *p* kg um *h* m zu „heben", = $p \cdot h$ mkg* setzen. Kurz, um *p* kg *h* m hoch zu heben, ist eine Arbeit von $p \cdot h$ mkg* erforderlich; mit anderen Worten: diese Arbeit ist gleich der *Größe des Widerstandes, der überwunden werden muß, multipliziert mit der Weglänge*, auf der er überwunden werden muß.

Wir haben nur vom *Widerstand* gesprochen und von der Strecke, längs deren er überwunden wird, haben also den Vorgang von der Seite des Widerstandes aus betrachtet. Wir können ihn aber auch von der Seite der arbeitleistenden *Kraft* aus betrachten; sie ist *gleich* der widerstandleistenden. Die Verschiebung der Masse um *h* m während der Arbeitsleistung bedeutet eine Verschiebung des *Angriffspunktes* der arbeitleistenden Kraft um *h* m. Wir können daher die Größe der Arbeitsleistung auch so angeben: *die Größe einer Arbeit ist gleich dem Produkt aus der arbeitleistenden Kraft und der Länge, um die sich ihr Angriffspunkt während der Arbeitsleistung verschiebt.*

Erg. Pferdekraft. Die Definition des Meterkilogramm* ist nicht scharf: das Gewicht 1 kg* ist verschieden, je nach dem Punkte der Erdoberfläche, an dem es sich befindet. Für die Technik ist diese Verschiedenheit belanglos, nicht aber für die strenge Physik. Sie definiert daher: die Einheit der Arbeit ist diejenige Arbeit, die die *Krafteinheit* (dyn) leistet, wenn sie den Angriffspunkt um eine *Längeneinheit* verschiebt. Diese Arbeitseinheit heißt: 1 erg. Eine Krafteinheit war ungefähr gleich dem Gewicht von 1 mg, also ist 1 erg die Arbeit, die nötig ist, um etwa 1 mg um 1 cm zu heben. — Da 1 g* = 980 dyn ist dort, wo die Beschleunigung durch die Erdschwere 980 cm/sec² beträgt, so ist dort 1 kg* = 1000 · 980 = 98 · 10⁴ dyn, und da 1 m = 100 cm ist, so ist 1 mkg* = 98 · 10⁶ erg.

Die in der Zeiteinheit getane Arbeit nennt man *Leistung* — die *Einheit* der Leistung ist 1 erg pro Sekunde. In der Technik bemißt man Leistungen nicht nach erg pro Sekunde, sondern nach *Pferdestärken*, wobei 1 Pferdestärke (1 PS) gleich 75 mkg* pro Sekunde ist, d. h. 735 · 10⁷ erg pro Sekunde.

Warnung: Die Hebung einer Masse benützen wir nur deswegen als Beispiel für die Arbeit, weil sie jedem bekannt ist. Man darf sie aber nicht für eine Arbeit besonderer Art ansehen. „Hebung einer Masse" bedeutet nichts weiter als „Überwindung einer Kraft, von der die Masse nach einer gegebenen Richtung gezogen wird". Hier wirkt diese Kraft zufällig vertikal nach unten, und deswegen lassen wir die Muskelkraft vertikal nach oben wirken. Darin liegt aber nichts Spezielleres, als wenn z. B. eine Kraft den Körper nach Norden zu treiben sucht, und wir unsere Muskelkraft aufwenden, um ihn nach Süden zu bewegen. Für die Größe der geleisteten Arbeit kommt lediglich in Frage die *Größe* der Widerstand leistenden Kraft und die *Länge* der Strecke, um die die Masse von der arbeitleistenden verschoben worden ist. Stets ist die geleistete Arbeit gleich der Größe der Kraft multipliziert mit der Größe der Verschiebung; man muß die Kraftgröße in dyn und die Verschiebung in Zentimeter ausdrücken, um die Arbeitsleistung in erg zu erhalten. Da $100000 \cdot g$ erg = 1 mkg* sind, so kann man natürlich *jede* Arbeit, die man in erg kennt, auch in Meterkilogramm* ausdrücken und dadurch *veranschaulichen*, wieviel Kilogramm* man mit dieser Arbeit z. B. um 1 m, hätte *heben* können.

Energie. Kinetische Energie. Potentielle Energie. Lebendige Kraft.

Wir haben Arbeit geleistet, was haben wir dafür eingetauscht? *Vor* dem Beginn der Arbeit lag die Masse am Boden, *während* der Arbeit ging sie in die Höhe, und *nach* Beendigung der Arbeit liegt sie um eine gewisse Strecke *über* dem Boden. Das Ergebnis der Arbeit ist die neue Lage der Masse relativ zum Boden. Dadurch, daß sie sich *über* dem Boden befindet, ist sie in der Lage, auch wieder fallen zu können. *Fallende* Massen (Wasser, Gewichte) können bekanntlich Arbeit leisten. Dadurch also, daß sich die Masse *über* dem Erdboden befindet, besitzt sie die *Fähigkeit, Arbeit zu leisten*: diese Fähigkeit nennt man (nach THOMAS YOUNG, 1807) *Energie*. Für unsere Arbeit haben wir also eingetauscht die Energie der gehobenen Masse, die Arbeits*fähigkeit* der Masse. Aber nur *fallend* leistet sie Arbeit. Ein Rammblock, so schwer er sein und so hoch er gehoben sein mag, leistet nicht die geringste Arbeit, wenn er nicht fällt. Die *Fähigkeit*, Arbeit zu leisten, hat die Masse also in dem ersten wie in dem zweiten Zustande, aber sie muß aus dem der Ruhe in den der Bewegung übergehen, um die *Fähigkeit* zur Arbeitsleistung zu *verwirklichen*. Die Masse gleicht in dem ersten Zustande einem Arbeitsspeicher, aber einem Speicher, dessen Inhalt erst in dem zweiten Zustande verwertbar ist.

Nicht nur *fallende*, sondern jede irgendwie *bewegte* Masse kann erfahrungsgemäß Arbeit leisten: die bewegte Luft als Wind oder Sturm, ein fliegendes Geschoß, strömendes Wasser, ein fahrender Eisenbahnzug usw. Die Arbeitsfähigkeit, die die Masse infolge ihres *Bewegtseins* hat, heißt *kinetische* Energie. Die Energie, die sie vermöge ihrer *Lage* hat, wie die über den Erdboden gehobene und zu fallen *fähige* Masse, *potentielle* Energie. Woher kommt es, daß Bewegtheit der Masse Arbeitsfähigkeit der Masse repräsentiert? Man muß sich klarmachen, daß die Bewegung einer Masse stets das Ergebnis einer Arbeitsleistung ist. Wo bisher von der Arbeit einer Kraft die Rede war, unterhielt die Kraft, obwohl sie dauernd wirkte, nur eine gleichförmige Bewegung der Masse. Die Beschleunigung wurde dadurch verhindert, daß der arbeitleistenden Kraft diametral entgegengesetzt eine andere Kraft als Widerstand wirkte. Die Arbeit bestand eben darin, jene andere Kraft nicht zur Wirkung kommen zu lassen. Wenn jene andere Kraft *nicht vorhanden* ist oder plötzlich zu wirken aufhört, so erteilt die arbeitleistende der Masse natürlich Beschleunigung — kann dann aber noch von einer *Arbeits*leistung der bewegenden Kraft die Rede sein? Ja. Infolge ihrer Trägheit strebt die Masse ihren momentanen Bewegungszustand beizubehalten. Soll sie also *beschleunigt* bewegt werden, so muß ihre Trägheit (ihr Widerstand, den sie jeder Veränderung ihres Bewegungszustandes entgegensetzt, S. 17) auf jedem Punkte der Bahn überwunden werden, also eine Arbeit dagegen geleistet werden. Auch bei *dieser* Arbeit wird die Masse um eine gewisse Strecke verschoben. Nennen wir die Arbeit leistende Kraft p, die Verschiebung der Masse in der Richtung dieser Kraft h, so ist die Größe der Arbeit, die die Kraft geleistet hat, $p \cdot h$ (erg, wenn p in dyn, h in Zentimeter gegeben ist.) — Die Leistung, die diese Arbeit $p \cdot h$ erzielt hat, besteht darin, daß sie die Masse m mit Beschleunigung um die Strecke h cm verschoben hat. Als die Kraft zu wirken anfing, möge m die Geschwindigkeit 0 gehabt haben, und als sie sich um h verschoben hatte, die Geschwindigkeit v, die zum Durchlaufen der Strecke erforderlich gewesene Zeit sei t sec. Um die Arbeit auszurechnen, die erforderlich war, unter diesen Bedingungen m um h zu verschieben, müssen wir die Kraft und die Länge der Verschiebung h in bereits bekannten Größen ausdrücken. Wir wissen bereits (S. 22 m.) die während der Zeit t, d. h. während die Geschwindigkeit gleichförmig von 0 auf v stieg, zurückgelegte Strecke ist so groß, wie wenn sich m während der Zeit t mit der gleichförmigen Geschwindigkeit $v/2$ bewegt hätte, d. h. die Strecke h ist gleich $v/2 \cdot t$. Ferner wissen wir: die Geschwindigkeit ist in t sec gleichförmig um die Geschwindigkeit v gestiegen, also in 1 sec um v/t. D. h. die Beschleunigung ist v/t, und die Kraft, die auf m gewirkt hat, mithin $m \cdot v/t$. Die Arbeit, die nötig war, m den Geschwindigkeitszuwachs v zu erteilen, ist:

$$\text{Kraft} \cdot \text{Weg} = m \frac{v}{t} \cdot \frac{v}{2} \, t = \frac{1}{2} \, m v^2.$$

Diese Arbeit ist die bereits mit $p \cdot h$ bezeichnete; wir haben somit

$$p \cdot h = \tfrac{1}{2} \, m v^2.$$

Prinzip der lebendigen Kraft. Erhaltung der lebendigen Kraft. Man nennt $\tfrac{1}{2} m v^2$ die lebendige Kraft der Masse m. Wir haben gefragt: Was haben wir für den Aufwand an Arbeit eingetauscht? Vor dem Beginn der Arbeit hat die Masse die Geschwindigkeit 0, am Ende die Geschwindigkeit v. Dem Arbeitsaufwand entspricht die Geschwindigkeitszunahme. Die Endgeschwindigkeit der Masse ist mithin als das Ergebnis der Arbeit anzusehen. Angenommen, der Kraft p, die der Masse m die Geschwindigkeit v erteilt hat, wirke eine Kraft q entgegen. q würde der Masse, wenn sie nicht in Bewegung wäre, eine gewisse Bewegung in der Richtung erteilen, nach der sie, q, selbst wirkt. Da aber m in Bewegung ist, so kann q nichts weiter tun, als diese Bewegung verzögern, aber die Masse wird sich zunächst noch in der alten Richtung weiterbewegen. Die Gegenkraft q stellt also einen Widerstand dar, den die bewegte Masse überwindet. Allmählich sinkt ihre Geschwindigkeit dabei auf Null, und dann, aber *erst* dann, ist ihre Arbeitsfähigkeit erschöpft. Die Arbeit, die die Kraft p an der Masse geleistet hat und die gewissermaßen wie in einem Speicher bis zu der Größe $\tfrac{1}{2} m v^2$ angesammelt worden war, wird dabei allmählich völlig ausgegeben.

Der Ausdruck $\tfrac{1}{2} m v^2$ gibt auch die Größe der Arbeit, die die Masse m vermöge ihrer Geschwindigkeit v leisten kann. Wir werfen z. B. die Masse m mit der Geschwindigkeit v in die Höhe. Sie besitzt dann anfangs die kinetische Energie $\tfrac{1}{2} m v^2$. Sie steigt bis zur Höhe $v^2/2\,g$ und überwindet die Schwerkraft auf dieser Strecke. Die Kraft, von der sie nach unten gezogen wird, ist ihr Gewicht mg. Die Masse *leistet* also vermöge ihrer Bewegung, bis sie die Geschwindigkeit 0 erreicht hat, die Arbeit: $\text{Weg} \cdot \text{Kraft} = \dfrac{v^2}{2g} \cdot mg = \dfrac{1}{2} \, m v^2$. Ihre kinetische Energie, die sie anfangs besitzt, ist also in der Tat so groß, wie die Arbeit, die sie vermöge ihrer Bewegung leisten kann. — Diese *von* der bewegten Masse geleistete Arbeit, während ihre Geschwindigkeit von v auf 0 sank, ist genau so groß wie die Arbeit, die man *an* ihr leisten muß, um ihr die Geschwindigkeit v zu erteilen. Die Masse hat, wenn sie fallend unten wieder ankommt, wieder die Geschwindigkeit v erreicht. Diese Geschwindigkeit ist das Ergebnis der Arbeit, die die Schwerkraft, mit der Größe mg auf die Masse m längs des Weges $v^2/2\,g$ einwirkend, geleistet hat; diese Arbeit ist

$$\text{Kraft} \cdot \text{Weg} = mg \cdot \frac{v^2}{2g} = \frac{1}{2} \, m v^2,$$

d. h. eine genau ebenso große Arbeit, wie sie die *Masse vermöge ihrer Geschwindigkeit v* leisten kann (wie vorhin gezeigt).

Zur Verdeutlichung der kinetischen Energie noch folgendes: Heben *wir vermöge* unserer Muskelkraft die Masse m Gramm, die das Gewicht mg dyn hat, vom Erdboden aus um h cm, *so leisten wir eine Arbeit* mgh *erg*. Lassen wir m aus der Höhe h wieder auf den Erdboden fallen, so kommt sie mit der Geschwindigkeit $\sqrt{2gh}$ an (S. 23), sie hat also die kinetische Energie $\frac{1}{2} m \cdot 2gh = mgh$, *kann also vermöge dieser Geschwindigkeit eine Arbeit* mgh *erg leisten*, eine Arbeit, die genau so groß ist, wie die, die *wir* auf die Masse verwendet hatten. Von der Arbeit, die wir auf die Masse verwendet haben, ist also nichts verlorengegangen; die Masse hat sie zurückerstattet, wenngleich in anderer Form. Ob wir die zurückerstattete Arbeit *nutzbringend verwerten* können oder nicht, ist belanglos. *Wenn* wir es könnten, so würden wir den verausgabten Arbeitsaufwand unverkürzt zurückerhalten.

Wir gehen zurück zu der Gleichung $p \cdot h = \frac{1}{2} mv^2$.

Sind $p, p', p'' \ldots$ Gewichte, $m, m', m'' \ldots$ die zugehörigen Massen, $h, h', h'' \ldots$ die Falltiefen der Massen, $v, v', v'' \ldots$ die erlangten Geschwindigkeiten, so ist

$$\sum ph = \frac{1}{2} \sum mv^2.$$

Wären die Anfangsgeschwindigkeiten nicht Null, sondern $v_0\, v_0'\, v_0''$, so würde sich der Summenausdruck auf den *Zuwachs* der lebendigen Kraft durch die geleistete Arbeit beziehen und lauten

$$\sum ph = \frac{1}{2} \sum m\,(v^2 - v_0^2).$$

Das ist auch dann richtig, wenn p *irgendwelche* konstanten Kräfte sind (nicht gerade Gewichte) und h *irgendwelche* im Sinne der Kräfte durchlaufene Wege (nicht gerade *Fall*höhen). Kennt man den *ganzen* von dem Körper während eines Bewegungsvorganges zurückgelegten *Weg* und für jedes Wegelement die Kraft, die die Arbeit leistet, so kann man die Gleichung für die Untersuchung dieses Bewegungsvorganges stets anwenden. Aber dieser Kenntnis bedarf es nicht immer: ist die Kraft eine *Zentralkraft* (S. 85 o.) — von einem ruhenden Massenpunkt als Zentrum ausgehend und auf einen *andern* Massenpunkt mit einer Größe wirkend, die *nur* von dem gegenseitigen Abstand abhängt —, dann genügt es zu wissen, welche Abstände der Anfangspunkt und der Endpunkt des durchlaufenen Weges vom Zentrum haben. Das ist so zu verstehen: wird (Abb. 27) ein Körper K gegen das feste Zentrum C hingezogen — nach irgendeinem gegebenen Gesetz —, so errechnet man aus diesem Gesetz den Zuwachs der lebendigen Kraft K bei *geradliniger Annäherung* an C aus dem Anfangsabstand r_0 und dem Endabstand r_1. *Derselbe* Zuwachs ergibt sich aber auch, wenn K auf *irgendeinem* Wege (in der Abbildung krummlinig angedeutet) aus dem Abstand r_0 in den Abstand r_1 übergeht. Nur die *Annäherung* an das Zentrum, die radiale Verschiebung, erfordert Arbeit, die tangentiale Verschiebung (zwischen Punkten *gleichen* Abstandes vom Zentrum) erfordert keine Arbeit gegen die anziehende Kraft. — Die obige Gleichung, auf Zentralkräfte angewendet, nennt man das *Prinzip der lebendigen Kraft*.

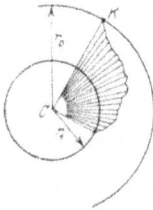

Abb. 27. Zum Prinzip der lebendigen Kraft.

Das Prinzip gilt, auf rein mechanische Vorgänge angewendet, nur für *reibungsfreie* Vorgänge; die Reibung ist keine Zentralkraft. Bei Vorgängen mit Reibung entsteht ein geringerer Betrag an lebendiger Kraft, als es der aufgewandten Arbeit nach sein müßte. Der Teil der arbeitleistenden Kraft, der *für den mechanischen Vorgang* verlorengeht, kommt als *Wärme* an den einander reibenden Flächen zum Vorschein — das Problem ist dann kein rein mechanisches mehr, es greift über die Mechanik hinaus und fällt unter das Prinzip von der Erhaltung der Energie, das *sämtliche* physikalischen Vorgänge gemeinsam umfaßt. (Die Kräfte, deren Arbeit sich ganz in *mechanische* Energie umsetzt, oder anders gefaßt: deren mechanische Energie *erhalten* bleibt, nennt man *konservative* Kräfte.)

Prinzip der Erhaltung der Energie. Um die allgemeinen Begriffe zu verdeutlichen, die hier in Frage kommen, stellen wir eine ganz andere Arbeit neben das Heben eines Gewichtes und fragen, was beiden gemeinsam ist. Um mit einer Armbrust einen Bolzen abzuschießen, muß man zuerst die Sehne „spannen". Dabei leisten wir Arbeit, um so mehr, je „straffer" die Sehne ist, und je weiter wir sie aus ihrer Anfangslage entfernen. Das *Resultat* der Arbeit ist die neue Form, die die Sehne angenommen hat, die neue Lage, in die sie übergegangen ist. Lassen wir sie wieder los, so schnellt sie in die Anfangslage zurück und erteilt dabei dem Bolzen Bewegung; sie leistet dabei an dem Bolzen Arbeit, da sie seine Trägheit überwinden muß, um ihm Geschwindigkeit zu erteilen. Wir sehen: wie wir die Arbeit, die das Gewicht im Fallen leisten kann, *vorher* auf das *Gewicht* durch Heben übertragen haben, genau so haben wir die Arbeit, die die Sehne im Zurückschnellen leisten kann, *vorher* auf die Sehne durch *Spannen* übertragen. Wie das *fallende* Gewicht seine Arbeitsfähigkeit von dem *zuvor gehobenen* hat, so hat die sich *entspannende* Sehne sie von der *zuvor gespannten* übernommen. Um die Arbeit leisten zu können, hat das Gewicht erst „in die Lage" versetzt werden müssen, fallen zu können, die Sehne „in die Lage", schnellen zu können. Der Ausdruck: „in der Lage" sein, etwas zu leisten, entspricht dem physikalischen Hergange. Man nennt die Energie (Arbeitsfähigkeit), die ein Körper *vermöge seiner Lage* besitzt, seine *potentielle Energie*, auch *Energie der Lage*.

Die aus einer gegebenen Höhe fallende Masse kann ebensoviel Arbeit leisten, wie zu ihrer Hebung auf jene Höhe erforderlich war. Wir würden auch bei dem Spannen und dem Zurückschnellen der Sehne zu demselben Ergebnis gelangen, wenn wir beide ebenso vollkommen verfolgen könnten. Die Arbeit, die nötig war, um die Sehne zu spannen, wird vollkommen von der Sehne zurückerstattet, indem sie sich entspannt und so dem Bolzen eine Geschwindigkeit erteilt, die ihn befähigt, selbst so viel Arbeit zu *leisten*, wie *nötig* war, ihm jene Geschwindigkeit zu erteilen. Vermöge seiner Geschwindigkeit kann der Bolzen beträchtliche Widerstände überwinden. Wo sich die Überwindung der Widerstände in deren Zertrümmerung ausspricht, ist die Arbeitsleistung auch anschaulich. Aber wenn die zum Zertrümmern erforderliche Arbeit berechnet werden könnte, würde sie *nicht* ganz gleich der Arbeitsfähigkeit des Bolzens herauskommen, die er beim Auftreffen auf den Widerstand (etwa eine Wand) gehabt hat, sondern *kleiner*. Also ist ein Teil der Arbeit *doch* verlorengegangen? Nein. Eine weitere Untersuchung würde zeigen: das Einschlagen des Bolzens in jenen Widerstand hat neben der Zertrümmerung noch eine andere Wirkung hervorgerufen, eine *Temperaturerhöhung*, d. h. der Bolzen selbst und seine Umgebung sind wärmer geworden — er hat also sichtbare *mechanische* Arbeit geleistet und außerdem Wärme erzeugt. Wir werden später sehen, daß man durch mechanische Arbeit Wärme planmäßig erzeugen kann, und daß eine *bestimmte* Menge Arbeit stets eine *bestimmte* Menge Wärme erzeugt. Die Arbeit ist der Aufwand, den man *leistet*, und die Wärme das, was man dafür eintauscht. Man sagt: die erzeugte Wärmemenge ist jener Arbeitsmenge *äquivalent*, oder: jene Menge aufgewandter (verschwundener) mechanischer Arbeit hat sich „in Wärme verwandelt". Die Berücksichtigung dieser *Äquivalenz* zwischen Wärme und Arbeit ergibt, *daß von der Arbeitsfähigkeit des Bolzens nichts verlorengegangen ist*, sondern daß die mechanische Arbeit des Zertrümmerns plus der zur Wärmeerzeugung verwandten Arbeit des Bolzens *gleich* der ursprünglichen Arbeitsfähigkeit des Bolzens ist. Die potentielle Energie der gespannten Sehne ist verschwunden, dafür ist die kinetische des fliegenden Bolzens entstanden, und diese hat sich weiter umgesetzt in die kinetische Energie der auseinandergesprengten Stücke jenes Widerstandes und in eine Menge Wärme. Von der in das System beim Spannen des Bogens hineingelegten Energie ist *nichts* verlorengegangen; was an potentieller Energie verschwunden ist, ist als kinetische zum Vorschein gekommen. Nur *umgewandelt* hat sich eine Energieform in die andere — als Ganzes ist die Energie ungeschmälert erhalten geblieben.

Wir haben soeben die *Wärme* an Stelle einer Menge mechanischer Arbeit entstehen sehen, d. h. an der Stelle einer Menge Energie, die bestimmt *nicht Wärme* war, und konnten sagen: die Arbeit hat sich in Wärme *verwandelt*. Man nennt daher die Wärme eine Energie*form*. Es gibt noch andere Energie*formen*. Wie die Wärme, so stehen auch Licht, Magnetismus, Elektrizität, die chemischen Kräfte zu der mechanischen Energie in engster Beziehung. In der *gesamten Natur* ist ein gewisser Arbeitsvorrat vorhanden, der, gleichviel ob er sich als chemischer oder als thermischer oder als elektrischer Vorgang offenbart, zum Teil in kinetischer, zum Teil in potentieller Energie besteht. Wenn irgendwo eine Menge potentieller Energie *verschwindet*, so *tritt* dafür eine gleich große an kinetischer *auf*. Jede der beiden Energieformen kann sich zwar in beliebigen Mengen in die *andere Form verwandeln*, aber nicht die geringste Menge einer von beiden kann untergehen. „Aus einer . . . Untersuchung aller . . . bekannten physikalischen und chemischen Prozesse geht hervor, daß das Naturganze einen Vorrat wirkungsfähiger Kraft[1] besitzt, welcher in keiner Weise weder vermehrt noch vermindert werden kann, daß also die Quantität der wirkungsfähigen Kraft in der unorganischen Natur . . . ewig und unveränderlich ist" . . . (HELMHOLTZ). Das ist *das Gesetz von der Erhaltung der Energie*. Die Möglichkeit seiner allgemeinsten Gültigkeit sprach zuerst ein schwäbischer Arzt, Dr. JULIUS ROBERT MAYER, im Jahre 1842 aus. (Bemerkungen über die Kräfte der unbelebten Natur, in LIEBIGS Annalen.) Seine Grundlage bildet die aus jahrhundertelangen Erfahrungen abgeleitete Erkenntnis, daß es auf keine Weise möglich ist, ein Perpetuum mobile zu bauen, d. h. eine Maschine, die, ohne daß sie aufgezogen würde, ohne daß man, um sie zu treiben, fallendes Wasser, Wind oder andere Naturkräfte anzuwenden brauchte, von selbst fortdauernd in Bewegung bliebe, indem sie ihre Triebkraft unaufhörlich aus sich selbst erzeugte. „Die *Lehre* von der Erhaltung der Energie ist der große allgemeine Grundsatz, der in Übereinstimmung mit den Tatsachen nicht nur der Physik, sondern aller Wissenschaften steht. Einmal aufgefaßt, wird sie dem Physiker zum *Prinzip*, an das er alle übrigen bekannten Gesetze über physikalische Wirkungen anknüpft, und das ihn in die Lage versetzt, die gesetzmäßigen Beziehungen solcher Wirkungen in neuen Zweigen seiner Wissenschaft zu entdecken. Aus diesen Gründen bezeichnet man jene *Lehre* allgemein als *Prinzip* der Erhaltung der Energie." (MAXWELL: Substanz und Bewegung, Art. 73.),

Aus dem Satze von der Erhaltung der Energie folgt, daß die Menge Arbeit, die eine Maschine leisten kann, der Maschine vorher in derselben Menge (in irgendeiner Form, z. B. als Energie des gespannten Dampfes) zugeführt werden muß, weil eine Maschine Arbeit nur umwandeln und weitergeben, nicht *erzeugen* kann. Wirtschaftlich *verwertbar* ist aber *nicht* genau soviel, weil durch Reibung

---

[1] Was HELMHOLTZ hier wirkungsfähige Kraft nennt, nennen wir heute Energie.

und sonstige Widerstände ein Teil davon in eine nicht *greifbare* Form übergeht. aber dieser Teil ist nicht etwa vernichtet worden, er ist nur *für uns* in diesem Falle *wertlos* geworden. — Der Satz von der Erhaltung der Energie hat auch die Frage erledigt, *warum* ein Perpetuum mobile unmöglich ist. Früher glaubte man in der Existenz der Menschen und der Tiere Beweise für die Möglichkeit eines Perpetuum mobile zu sehen; aber Menschen und Tiere bedürfen zu ihrer Erhaltung der Nahrung, und *Nahrungszufuhr* ist *Energiezufuhr*.

B. Bewegung auf vorgeschriebener Bahn (vgl. S. 3).

1. Die Bewegung wird durch eine Ebene beschränkt.

Schiefe Ebene. Bewegung auf der schiefen Ebene. Die schiefe Ebene als Maschine. Bei dem Heben einer Masse sind die Richtung der Bewegung (vertikal nach oben) und die Richtung der Last (Gewicht vertikal nach unten) einander diametral entgegengesetzt, sie bilden miteinander einen *gestreckten* Winkel, der eine Sonderstellung unter den Winkeln einnimmt. Im allgemeinen bilden sie einen Winkel von anderer Größe; dann wirkt nur ein *Bruchteil* der Last als Widerstand gegen die Verschiebung, nur dieser Bruchteil braucht überwunden zu werden. Angenommen, die Masse befinde sich auf einer schiefen Ebene CD und solle durch eine Kraft bergan bewegt werden, die parallel CD wirkt. Eine schiefe Ebene ist eine gegen die Horizontalebene geneigte, z. B. eine bergan führende Straße (Abb. 28 und 29); für ihre Neigung ist der Neigungswinkel α maßgebend. Die Richtung der beabsichtigten Bewegung steht schief zu der Schwerkraftrichtung MP. Was tut

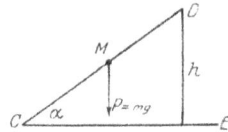

Abb. 28. Schiefe Ebene.
CD ihre Länge, h ihre Höhe,
α ihr Neigungswinkel.

die Masse, wenn sie sich selbst überlassen wird, d. h. ohne Reibung nur der Schwerkraft unterliegt? MP stellt die Schwerkraft der Größe und Richtung nach vor, sie erteilt der Masse einen Antrieb vertikal nach unten. In dieser Richtung kann sich die Masse nicht bewegen, sie übt daher auf die schiefe Ebene als das Bewegungshindernis — man denke sich darunter eine Tafel — einen Druck aus. Der Antrieb MP äußert sich zugleich darin, daß er die Masse *bewegt*, wenn auch in anderer Richtung, als es ohne die Tafel der Fall wäre. MP wird nämlich ersetzt durch die zwei gemeinsam wirkenden Kräfte MQ und MR (Abb. 29). Die Kraft MQ wirkt als Druck gegen die Tafel. Die Tafel widersteht ihm infolge ihrer Festigkeit und erwidert ihn mit einem gleich großen und entgegengesetzt gerichteten Druck und macht ihn dadurch

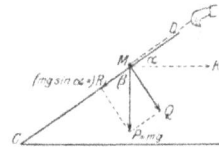

Abb. 29. Die schiefe Ebene als Maschine.

unwirksam. Der Kraft MR kann die Masse folgen, da die Tafel eine Bewegung längs ihrer Oberfläche nicht hindert („Fall längs der schiefen Ebene"). Sie muß von irgendeiner anderen Kraft aufgehoben werden, wenn die Bewegung verhindert werden soll. Da $MR/MP = \cos\beta$, so ist $MR = MP \cdot \cos\beta$. Da MP das Gewicht der Masse ist, also $= mg$, und $\cos\beta = \sin\alpha$ ist, so haben wir $MR = mg \cdot \sin\alpha$. An der schiefen Ebene ist also die Kraft, die erforderlich ist, einer Last das Gleichgewicht zu halten, gleich der Last mal dem Sinus des Neigungswinkels, also *mal einem echten Bruch*, d. h. *kleiner* als die Last. Und nur so groß wie diese Komponente MR, aber ihr entgegengesetzt, d. h. *bergauf* gerichtet, braucht die kompensierende Kraft zu sein, um die Masse auf der schiefen Ebene in Ruhe (oder falls sie in Bewegung war, in gleichförmiger Bewegung) zu erhalten. — Soll aber die Kraft, die die Masse hindern soll, sich längs der schiefen Ebene hinabzubewegen, parallel der *Basis* der schiefen Ebene wirken (K in Abb. 29), dann muß sie größer sein als $mg \sin \alpha$. Denn von einer Kraft K, die parallel zur Basis gerichtet ist, fällt nur die Komponente $K \cos \alpha$ in die Länge der schiefen Ebene; damit $K \cos \alpha = mg \sin \alpha$ wird. muß daher $K = mg \, tg \, \alpha$ werden.

Die Komponente, die als Druck auf die schiefe Ebene wirkt, wird durch deren Festigkeit wirkungslos gemacht. Die schiefe Ebene erweist sich somit als eine Vorrichtung, *unter deren Mitwirkung* man einer Kraft durch eine *kleinere* das Gleichgewicht halten kann. Vorrichtungen zu diesem Zweck heißen *Maschinen*.

Fall längs der schiefen Ebene. Hebt man die Komponente MR ($mg \cdot \sin \alpha$) *nicht* auf, so bewegt sich die Masse bergab; man sagt: sie fällt längs der schiefen Ebene. Ihre Beschleunigung folgt aus: Beschleunigung $= \dfrac{\text{Kraft}}{\text{Masse}}$. Sie ist: $\dfrac{mg \cdot \sin \alpha}{m} = g \cdot \sin \alpha$. Wenn wir auf S. 22 in den Gleichungen v durch $g \cdot \sin \alpha$ ersetzen, können wir alle den Fall längs der schiefen Ebene betreffenden Fragen beantworten. Man findet z. B. die Geschwindigkeit am Ende der t^{ten} Sekunde: $v_t = g \cdot t \cdot \sin \alpha$ (beim freien Fall $g \cdot t$). Man kann also die Fallgeschwindigkeit beliebig klein machen, wenn man α klein genug macht, d. h. die Ebene nur sehr wenig gegen die Horizontalebene neigt (GALILEI, Zum Beweise der Fallgesetze).

Die Geschwindigkeit einer *frei* fallenden Masse, die die Strecke s durchfallen hat, ist $v = \sqrt{2gs}$. Längs der schiefen Ebene mit dem Neigungswinkel α ist sie $v_1 = \sqrt{2g \sin \alpha \cdot s}$. Wir lassen nun die Masse vom Punkte D aus (Abb. 28) auf die Horizontalebene, in der die Basis der schiefen Ebene liegt, herunterfallen, und zwar *einmal* frei längs h und ein zweites Mal längs der schiefen Ebene von der Länge $CD = l$ und fragen: Mit welcher Geschwindigkeit kommt die Masse unten an?

Im ersten Falle müssen wir s durch h ersetzen, also ist $v = \sqrt{2 \cdot g \cdot h}$.

Im zweiten Falle müssen wir s durch l ersetzen, also ist $v_1 = \sqrt{2g \sin \alpha \cdot l}$, da aber $h : l = \sin \alpha$, also $l = h / \sin \alpha$ ist, so ist $v_1 = \sqrt{2g \sin \alpha \cdot h / \sin \alpha} = \sqrt{2 g h} = v$, d. h. die Masse kommt mit derselben Geschwindigkeit auf der Horizontalebene an, gleichviel ob sie frei durch die *Höhe* der schiefen Ebene oder *längs* der schiefen Ebene herunterfällt.

Abb. 30.   Entstehung einer Zykloide.

Tautochrone. Der Fall längs der schiefen Ebene ist ein Fall auf einer *vorgeschriebenen* Bahn. Sehr merkwürdig ist er, wenn die vorgeschriebene Bahn die konkave Seite des Bogens einer Zykloide ist. Was ist eine Zykloide? Ein Punkt M eines Kreises C, der auf einer Geraden $A B$ rollt, ohne zu gleiten, beschreibt (Abb. 30) eine Zykloide, z. B. jeder Punkt der Peripherie eines so rollenden Reifens oder Rades. Um längs der *schiefen Ebene* fallend den tiefsten Punkt zu erreichen, gebraucht der Massenpunkt die von s abhängige Zeitspanne

$$t = \sqrt{\frac{2s}{g \sin \alpha}},$$ also eine längere, wenn er höher oben auf der schiefen Ebene ist, als wenn er tiefer unten zu fallen beginnt. Fällt er aber längs eines konkaven *Zykloidenbogens*, so gebraucht er *stets dieselbe* Fallzeit bis zum tiefsten Punkt, gleichviel an welchem Punkt des Bogens er zu fallen beginnt (HUYGENS 1673). Man nennt die Zykloide deswegen auch *Tautochrone* (s. Zykloidenpendel, S. 111).

Maschinen. Die schiefe Ebene ist eine Vorrichtung, *unter deren Mitwirkung* man einer Kraft durch eine *kleinere* das Gleichgewicht halten kann. Befördern wir z. B. durch unsere Muskelkraft eine Last vom Boden auf einen Wagen, so brauchen wir uns weniger anzustrengen, wenn wir sie längs eines schräg an den Wagen gestellten Brettes hinaufschieben, als wenn wir sie (vertikal) frei in die Höhe heben. Je sanfter geneigt das Brett ist, desto kleiner ist die bergabtreibende Kraft, die dabei zu überwinden ist. Aber der *Weg*, den die Masse längs der schiefen Ebene zurückzulegen hat, ist in demselben Verhältnis *länger*, als wenn sie vertikal hinaufgelangt. Was wir an Kraft sparen, müssen wir also an Arbeits*weg* opfern. Ist die Höhe h, der Neigungswinkel α, so ist die Länge der schiefen Ebene $l = h/\sin\alpha$. Während also die (größere) Kraft p ihren Angriffspunkt nur um die (kleinere) Länge h zu verschieben braucht, d. h. im ganzen die Arbeit $p \cdot h$ leistet, muß die kleinere Kraft $p \cdot \sin\alpha$ ihren Angriffspunkt um die größere Länge $l = h/\sin\alpha$ verschieben und die Arbeit $p \cdot \sin\alpha \cdot h/\sin\alpha$ $= p \cdot h$ leisten wie vorher, d. h. an *Arbeit* ersparen wir nichts. Aber wir können unter Mitwirkung der schiefen Ebene eine Arbeit leisten, für die unsere Muskelkraft allein nicht hingereicht hätte, und können durch geeignete Neigung der schiefen Ebene die zur Arbeitsleistung nötige Kraft *beliebig klein* machen. Die schiefe Ebene charakterisiert sich dadurch als eine der Vorrichtungen, die wir Maschinen nennen, und zwar *einfache* Maschinen (im Gegensatz zu den aus den einfachen zusammengesetzten). Wir definieren eine *Maschine* allgemein als: eine *widerstandsfähige Vorrichtung, die es ermöglicht, einer Kraft von gegebener Größe durch eine* **kleinere Kraft** *das* **Gleichgewicht** *zu halten.* — Die Forderung der Widerstandsfähigkeit bedeutet: die Maschine darf selber durch die beiden Kräftepartein nicht verändert werden, eine Kraft also nur *übertragen*, für sich selber aber davon nichts verbrauchen. Diese Forderung ist in der Praxis nicht streng erfüllbar, namentlich wegen der Deformierbarkeit der festen Körper und wegen der Reibung.

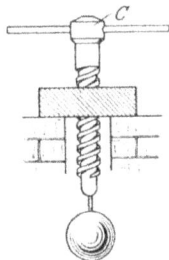
Abb. 31. Die Schraube als Maschine.

Jede schrägstehende Leiter ist eine schiefe Ebene, jede bergan führende Straße, jede Treppe. Ein unbegrenztes Anwendungsgebiet findet die schiefe Ebene als Grundlage für zwei andere einfache Maschinen: die Schraube und den Keil. Wir benutzen die Schraube in den Schraubenpressen (auch der primitiven Kopierpresse) und in Vorrichtungen, bei denen man mit Hilfe von Schrauben wie in Abb. 31, Lasten hebt. Den Keil (Abb. 32) benützen wir an jedem schneidenden Werkzeug als Messer, Schere und Axt und in Fällen, in denen man ihn unter eine Last treibt, um sie zu heben.

Abb. 32. Der Keil.

Schraube. Keil. Daß die *Schraube* eine schiefe Ebene ist, lehrt Abb. 33: Ein rechtwinkliges Dreieck um einen Zylinder von kreisförmigem Querschnitt herumgelegt, so daß es ihn fest umschließt, beschreibt mit der Hypotenuse AB auf ihm eine Schraubenlinie. Ist die Länge CB gleich dem Zylinderumfang, so daß, nachdem das Dreieck ABC um den Zylinder herumgelegt worden ist, Punkt B auf Punkt C fällt, so heißt die Länge des Schraubengewindes ein Schraubengang. Die Linie AB ist offenbar eine schiefe Ebene mit AC als Höhe, AB als Länge und BC als Basis. Ein biegsamer Stab an Stelle von AB (z. B. von quadratischem Querschnitt), der bei der Umwindung die Schraubenlinie deckt, bildet auf dem Zylindermantel einen schraubenförmigen vorspringenden Rand, das Schraubengewinde. Die Schrauben haben stets mehrere Schraubengänge (Abb. 31), die alle in derselbe Weise entstanden zu denken sind. — Kräfte übertragen kann die Schraube aber erst durch die Schrauben*mutter*: man schneidet in die Wand eines Hohlzylinders von kreisförmigem Querschnitt

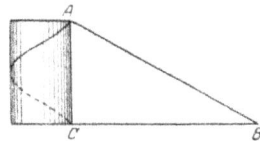
Abb. 33. Die Schraube als schiefe Ebene.

und dem Durchmesser des Zylinders der Abb. 33 dasselbe Gewinde, das auf dem Zylinder ein Hochrelief darstellt, als Tiefrelief ein. Das ist die Schraubenmutter. Wird die Schraube in die Schraubenmutter eingeführt, also die *eine* schiefe Ebene auf die *andere* gelegt (Abb. 31) und der Wirkung der Schwere überlassen, so gleitet sie mit ihrem Gewinde in dem Schraubengewinde der Mutter entlang. (Vorausgesetzt, daß keine Reibung zwischen beiden besteht. In der Praxis kann sie niemals vollkommen beseitigt werden.) Soll die Wirkung der Schwerkraft aufgehoben werden, so muß ihr, wie an der schiefen Ebene, eine Kraft entgegenwirken. Diese Kraft kann man hier an dem Umfange C der Schraube wirken lassen, d. h.

wie in Abb. 29 parallel zur Basis der schiefen Ebene, aus der die Schraube hervorgegangen ist. Sie ist im selben Verhältnis kleiner als die, der das Gleichgewicht gehalten werden soll, wie wir es an der schiefen Ebene gefunden haben.

In ähnlichen Beziehungen zueinander stehen die Kräfte, die einander am *Keil* das Gleichgewicht halten. Der Keil ist ein dreiseitiges Prisma (Abb. 32), in dem der eine Körperwinkel im Vergleich mit den beiden anderen sehr spitz ist. Die beiden Ebenen, die den spitzen Winkel einschließen, heißen die *Seiten*, die dritte Ebene heißt der *Rücken* und die dem Rücken gegenüberliegende Kante die *Schneide* des Keiles. Hat der Keil einen Körper auseinandergetrieben, so üben die auseinandergepreßten Teile einen Druck auf ihn aus und treiben ihn, wenn die Reibung zwischen ihm und den ihm anliegenden Körperteilen klein genug ist, wieder hinaus, sobald die Kraft zu wirken aufhört, die ihn *hineingetrieben* hat. Auch beim

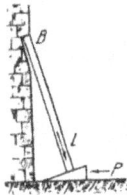

Keil spielt die Reibung eine große Rolle. Ein Beil, das man in einen Holzpflock getrieben hat, wird, auch *ohne daß* eine Kraft auf den Rücken des Beiles wirkt, keineswegs aus dem Holzpflock hinausgetrieben. *Wenn aber* die Reibung gänzlich (oder nahezu) ausgeschlossen werden könnte, so würde es infolge des Druckes, den die auseinandergetriebenen Holzteile auf seine Seiten ausüben, hinausgeschleudert werden. Um den Keil dann trotz dieses Druckes in seiner Lage zu erhalten, müßte auf seinen Rücken eine darauf abzielende Kraft wirken. Aber es genügt eine desto kleinere dazu, je schärfer der Keil ist. Alle schneidenden Instrumente, wie Messer, Meißel, Hobel usw. beruhen auf der Wirksamkeit des Keiles.

Abb. 34.
Eine Anwendung
des Keiles.

In welchem Verhältnis die Kräfte zueinanderstehen, die am Keil einander das Gleichgewicht halten, zeigen Abb. 34 und 35.

Ein rechteckiger Keil ist unter einen Balken getrieben worden, der die Mauer stützen soll, um sie zu verhindern, nach rechts umzustürzen. Die Mauer drückt gegen den Balken, und dieser gegen den Keil, und würde ihn parallel zum Erdboden hinausschleudern, wenn die Reibung das nicht verhinderte. Bestünde zwischen dem Keil und dem Erdboden keine Reibung, so müßte man gegen den Rücken des Keiles parallel zum Erdboden eine Kraft ausüben, um den Keil in Ruhe zu erhalten. Wie groß muß diese Kraft sein im Verhältnis zu dem Druck L des Balkens? Der Druck L wirkt senkrecht zu der Keilseite AB, aber nur die zu BC senkrechte Komponente l sucht den Keil hinauszutreiben. Die zum Erdboden senkrechte spielt für den Vorgang keine Rolle (der Widerstand des Erdbodens hebt sie auf). Die Kraft P, die man von außen senkrecht gegen den Keilrücken wirken lassen muß, muß man also gleich l machen. Die Abbildung zeigt, daß $l/L = BC/BA$ ist, daß also l desto kleiner ist, je niedriger die Kathete BC im Verhältnis zur Hypotenuse ist, d. h. je *spitzer* der Keil ist

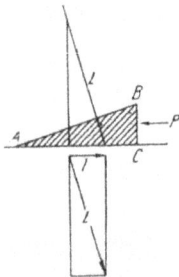

Abb. 35. Zur Bedingung,
unter der Kräfte am Keil
einander aufheben.

— wie die alltägliche Erfahrung bestätigt am Messer, Beil, Nadel, Nagel u. dgl., die desto leichter eindringen, je spitzer sie sind.

Die Reibung als Bewegungshindernis. Bei der Beantwortung der Frage: wie groß muß die Kraft sein, um *unter Mitwirkung der Maschine* einer Last von gegebener Größe das Gleichgewicht halten zu können? — haben wir bisher von der Reibung abgesehen. Aber sie macht ihren Einfluß *überall* geltend. Ein Körper auf einer schiefen Ebene gleitet keineswegs ohne weiteres herunter. Für gewöhnlich bleibt er liegen (außer wenn die schiefe Ebene ziemlich steil ist oder der Körper eine entsprechende Form hat). Die *Reibung* hält ihn fest. Je vollkommener aber die Oberfläche ist, sowohl der schiefen Ebene wie des Körpers, desto weniger steil braucht die schiefe Ebene zu sein, auf der der Körper herabgleitet. Eine Methode, die *Reibung* zu *messen*, beruht geradezu darauf, den *Neigungswinkel* zu messen, bis zu dem man eine Ebene von der Horizontalebene abweichen lassen kann, ohne daß der darauf befindliche Körper heruntergleitet.

Versucht man, die Masse m (Abb. 36) an der Schraubenfeder auf der horizontalen Unterlage T entlangzuziehen, so muß man die Feder bis zu einem gewissen Grade spannen, ehe sich m zu bewegen anfängt. Die Größe dieser Spannung entspricht aber nicht dem zweiten Newtonschen Bewegungsgesetz sondern sie ist größer. Man kann sie wie an der Briefwaage durch ein Gewicht messen. Ist m z. B. 1000 g und muß man dann das Gewicht von 600 g auf die Spannung der Feder wenden, ehe sich m bewegt, so heißt das: Man muß 3/5 der Kraft, mit der die Masse auf die Unterlage drückt, dazu aufwenden, um die Reibung von m an T zu überwinden, die Zahl 3/5 heißt *Haftungskoeffizient* oder Reibungskoeffizient der Ruhe. Man findet dieselbe Zahl, wenn man m auf die schiefe Ebene legt und untersucht, welchen Neigungswinkel man der Ebene geben kann, ehe m herabzugleiten anfängt. (Von diesem Winkel hängt auch der Haftungswinkel [Böschungswinkel] ab, unter dem sich Sandhaufen, Haufen von Getreidekörnern u. dgl. stehend erhalten.) Um die in *Bewegung geratene* Masse m in Bewegung zu erhalten, reicht eine viel geringere Spannung der Feder aus, vielleicht 2/5 des Gewichtes

Abb. 36. Überwindung der Reibung durch ein Gewicht.

von m. Diese Zahl, der *Reibungskoeffizient*, ist nicht nur für verschiedene Stoffpaare sehr verschieden, auch für dasselbe Stoffpaar ändert sie sich je nach der Beschaffenheit der Oberflächen, Schmiermittel zwischen den Flächen (Öl, Graphit, Fett u. dgl.) verkleinern sie wesentlich.

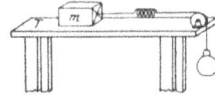

Von allen Bewegungsarten und -mechanismen findet das Rollen auf gut geschmierten Rädern den geringsten Reibungswiderstand. Der Reibungskoeffizient ist hier viel kleiner als beim Gleiten. Ein Wagenrad hat am Umfange rollende, an der Achse gleitende Reibung; um auch hier die Reibung in rollende zu verwandeln, verwendet man die *Kugellager* (Abb. 37). Preßt man aneinandergleitende Flächen stärker und stärker gegeneinander, so wird die Reibung wesentlich größer. Bewegung hervorzurufen erfordert dann viel größere Kraft, und im Gange befindliche Bewegung wird dadurch stark verlangsamt. Hierauf besonders beruht die Anwendung der Bremse an den Gefährten.

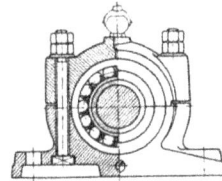

Abb. 37. Kugellager zur Einschränkung der Reibung.

Man wendet die Reibung absichtlich und unabsichtlich auf Schritt und Tritt an. Man würde sich nicht fortbewegen können, nicht zu Fuß noch sonst wie, wenn nicht die Reibung verhinderte, daß man an Ort und Stelle ausgleitet, man würde auch nicht beim Sitzen oder Liegen oder Stehen in Ruhe bleiben können, wenn nicht die Reibung das Abgleiten an der Unterlage verhinderte. Die Entzündung des Streichholzes an der Reibfläche infolge seiner Erwärmung durch die Reibung — neuerdings der Reibzünder mit Auerschem Cer-Eisen oder Cer-Magnesium — zählt schon zu den bewußt technischen Anwendungen. Die Technik wendet die Reibung in vielerlei Vorrichtungen an (Bremsdynamometer).

2. Die Bewegung wird durch eine Achse beschränkt (vgl. S. 43).
(Der starre Körper um eine festliegende Achse drehbar gemacht.)

Bewegungsfreiheit und Bewegungsbeschränkung. Freiheitsgrad. Die schiefe Ebene interessiert uns jetzt nicht weiter als *Maschine*, aber sie interessiert uns aus einem anderen Grunde. Ein reibungsfreier Körper, den man auf die schiefe Ebene bringt und der Einwirkung der Schwerkraft überläßt, bewegt sich die Ebene bergab mit der Beschleunigung $g \cdot \sin \alpha$. Wäre die schiefe Ebene nicht dagewesen, so hätte er sich ganz anders bewegt — vertikal nach unten mit der Beschleunigung g. Die schiefe Ebene hat ihm also eine Bahn vorgeschrieben, somit seine Bewegungsfreiheit eingeschränkt. [Zuwege bringt sie diese Einschränkung, indem sie von der auf den Körper einwirkenden Kraft (der

Schwerkraft) eine Komponente auslöscht (die zur schiefen Ebene senkrechte
Druckkomponente MQ, Abb. 29) und eine Komponente übrigläßt (die zur
schiefen Ebene parallele bergab gerichtete Komponente MR), der der Körper
nun folgt. Gerade dadurch, daß sie einen Teil jener Kraft
aufhebt, kann sie als Maschine im Sinne der Definition
(S. 45) mitwirken.] Die Bewegung war nur insofern beschränkt, als der Körper nicht *jede beliebige* Bahn einschlagen, sich vielmehr nur auf einer ihm *vorgeschriebenen*
bewegen konnte. Aber er hat sich doch als Ganzes weg
bewegt, keiner seiner Punkte hat seinen ursprünglichen
Ort relativ zu seiner Umgebung behalten. Die Bewegungsbeschränkung ist offenbar dann am größten, wenn *alle*
Punkte des Körpers an ihrem Ort festgehalten werden.
Um das zu erreichen, braucht man nur drei Punkte des
Körpers, die *nicht in gerader Linie* liegen, festzuhalten, wie
in Abb. 38 durch drei feststehende Spitzen; was für eine
Kraft ihn auch angreift, sie wird durch die Befestigungs-
vorrichtungen aufgehoben, die das Bewegungshindernis
bilden. Halten wir nur *zwei* Punkte fest, Abb. 49, so ist
die Bewegung möglich, die wir *Drehung um eine feste Achse* nennen, halten wir nur
einen fest, Abb. 118—120, diejenige, die man *Drehung um einen festen Punkt*
nennt (Beispiele: Drehung eines Windmühlenflügels und Drehung eines Kreisels).

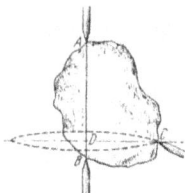

Abb. 38. Starrer Körper, an drei Punkten festge-halten, die nicht in ge-rader Linie liegen, daher unbewegbar. Werden nur A und B festgehalten, so ist er um AB als Achse drehbar. (Entsprechend für A und C und für B und C).

Freiheitsgrad. Man spricht in diesem Sinne von dem *Freiheitsgrad* eines
materiellen Punktes (auch eines Systems von materiellen Punkten). Der Ort
eines materiellen Punktes im Raume ist durch drei Koordinaten $x\,y\,z$ bestimmt.
Ist er *frei* beweglich, so kann sich jede von ihnen unabhängig von den beiden
andern verändern; man nennt unabhängig veränderliche Koordinaten „freie"
Koordinaten. Ein frei beweglicher Punkt hat also drei *freie* Koordinaten, man
sagt: er hat *drei Freiheitsgrade*. Ist aber der materielle Punkt gezwungen, auf
einer bestimmten Fläche, z. B. auf einer Kugelfläche, zu bleiben, dann besteht
zwischen den Koordinaten $x\,y\,z$ eine Beziehung ($x^2 + y^2 + z^2 = r^2$). Diese
macht *eine* von den drei Koordinaten von den zwei andern *abhängig* (unfrei).
Der materielle Punkt hat dann nur noch zwei freie Koordinaten (zwei Freiheitsgrade). Diese zwei gestatten ihm *auf der Kugelfläche* jede beliebige Bewegung.
Ist er aber gezwungen, sich nur längs einer vorgeschriebenen *Kurve* zu bewegen.
z. B. längs des Äquators der Kugelfläche (in der $x\,y$-Ebene), so sind bereits
zwei von seinen drei Koordinaten unfrei, die z-Koordinate ist ja dauernd Null.
und zwischen den beiden andern besteht die Gleichung $x^2 + y^2 = r^2$, so daß
auch von diesen eine unfrei ist; er hat nur noch *eine* freie Koordinate (*einen*
Freiheitsgrad). Kann er sich überhaupt nicht bewegen, so hat er überhaupt
keine freie Koordinate — sein Freiheitsgrad ist Null. Kurz: die Anzahl seiner
Freiheitsgrade ist gleich der Anzahl seiner freien Koordinaten. — Was wir
der Anschaulichkeit halber an einer Kugelfläche erläutert haben und an einem
Kreise (ihrem Durchschnitt mit der $x\,y$-Ebene), gilt natürlich für jede Fläche
und für jede Kurve.

Ein freier *Körper* hat sechs Freiheitsgrade, nämlich drei Verschiebungen
und drei Drehungen; zwingt man ihn auf einer Fläche (einer Kurve) zu bleiben.
so verliert er einen (zwei) davon. Ein Körper, von dem man einen Punkt festhält, hat nur drei Freiheitsgrade, die drei Drehungen; ein Körper, von dem man
zwei Punkte festhält, hat nur noch einen Freiheitsgrad, die Drehung um die
durch sie bestimmte Gerade als Achse.

Der starre Körper. Das Studium der Drehung um eine feste Achse ist unsere nächste Aufgabe; sie wird uns außer neuen Bewegungserscheinungen auch eine neue Klasse von Maschinen kennen lehren. Unsere Vorstellung von dem Körper, der nur aus einem materiellen Punkt besteht, reicht nun nicht mehr aus. Wir müssen jetzt den Körper einführen, der aus einer Vielheit von materiellen Punkten besteht. Wir setzen bis auf weiteres das System materieller Punkte, kurz: den materiellen Körper, der nunmehr an die Stelle des einen materiellen Punktes in unseren Ausführungen tritt, als *starren* Körper voraus. Wir verstehen darunter ein System von zusammengehörigen Massenpunkten, die dauernd denselben Abstand voneinander haben. Die Körper der Wirklichkeit sind nicht vollkommen starr, sie verändern unter dem Angriff einer Kraft ihre Form mehr oder weniger, aber für die folgenden Untersuchungen wollen wir die Starrheit als vollkommen voraussetzen. Um uns die Unveränderbarkeit der gegenseitigen Abstände zu veranschaulichen, denken wir uns die Punkte wie m_1 und m_2 untereinander durch starre gerade Linien verbunden; oder auch jeden Punkt (Abb. 39) von gleich großen und entgegengesetzt gerichteten Kräften angegriffen, deren Richtungen in die Verbindungsgerade der Punkte fallen, wie wenn die Punkte einander gleichzeitig und gleich stark anzögen und abstießen. Aus der Unveränderbarkeit der Abstände folgt unmittelbar, daß, wenn sich auch nur *ein* Massenpunkt des Körpers bewegt, sich *alle* bewegen, weil sie ihren Abstand voneinander, also auch von jenem bewegten Punkte, behalten sollen. Kurz: die einzelnen Massenteilchen können sich nicht gegeneinander verschieben, d. h. der Körper muß dauernd seine Form beibehalten — das unterscheidet den starren Körper von dem flüssigen und dem gasförmigen.

Abb. 39. Der gegenseitige Abstand der Massenpunkte m_1 und m_2 eines starren Körpers ist unveränderlich.

Materieller Körper. System materieller Punkte. Erhaltung der Bewegungsgröße. Massenmittelpunkt. Die Verschiedenheit der mechanischen Eigenschaften der Körper, d. h. ihrer Art, auf äußere Eingriffe (von *außen* auf das System wirkende Kräfte) zu reagieren, erklären wir daraus, daß die einzelnen materiellen Punkte der verschiedenartigen Körper mit unterschiedlichen Kräften aufeinander (im *Innern* des Punktsystems!) wirken, die der starren anders als die der flüssigen oder der gasförmigen; die der harten Körper anders als die der weichen u. dgl. m. Zunächst setzen wir aber von diesen inneren Kräften nichts weiter voraus als: je zwei Massenpunkte wirken aufeinander mit *gleich* großen und einander entgegengesetzten Kräften, d. h.: wirkt Massenpunkt m_1 auf Massenpunkt m_2 mit der Kraft q, so wirkt m_2 auf m_1 mit $-q$. Die inneren Kräfte haben dann auf den Bewegungszustand des Punktsystems keinen Einfluß, ebensowenig wie die inneren Kräfte in dem durch Abb. 39 veranschaulichten System. Nur *äußere* Kräfte — d. h. solche, die von Punkten *außerhalb* des Systems herrühren — haben Einfluß darauf.

Besteht das System aus zwei Massenpunkten m_1 und m_2 und wirken in der Richtung der sie verbindenden Geraden Kräfte, die von Massen *außerhalb* des Systems herrühren, so erhalten m_1 und m_2 in der Zeit t die Geschwindigkeiten v_1 und v_2. Dann ist $p_1 t = m_1 v_1$ und $p_2 t = m_2 v_2$ und daher $(p_1 + p_2) t = m_1 v_1 + m_2 v_2$. Die Summe rechts heißt die *Bewegungsgröße* (auch die Impulsgröße) *des Systems*. Wirken auf m_1 und m_2 auch noch *innere* Kräfte, d. h. solche, die die Massen *gegenseitig* auf*einander* ausüben, so sind diese Kräfte gleich und einander entgegengesetzt: q und $-q$. Die Summe der Antriebe ist dann $(p_1 + p_2 + q - q) t = (p_1 + p_2) t$, wie zuvor, und die Bewegungsgröße des Systems ist dieselbe. Also nur die *äußeren* Kräfte bestimmen die Bewegungsgröße des Systems, d. h. nur die von Massen außerhalb des Systems herrührenden. — Dieselbe Überlegung können wir für beliebig viele freie Massen $m_1 m_2 m_3 \ldots$, Kräfte $p_1 p_2 p_3 \ldots$, Geschwindigkeiten $v_1 v_2 v_3 \ldots$ anstellen. Wir zerlegen die Kräfte und die Geschwindigkeiten nach drei zueinander senkrechten Richtungen $x\,y\,z$. Wirken zwischen den Massen paarweise gleiche und entgegengesetzte innere Kräfte q und $-q$, r und $-r$, s und $-s$, so geben diese nach jeder der drei Richtungen auch paarweise gleiche und entgegengesetzt gerichtete Komponenten und sind ohne Einfluß auf die Summe der Antriebe. Die Bewegungsgröße wird auch dann wieder nur durch die äußeren Kräfte bestimmt. Dieses Gesetz heißt: *das Gesetz von der Erhaltung der Bewegungsgröße des Systems.*

Eine andere Form bekommt das Gesetz, wenn wir den *Massenmittelpunkt* des Systems einführen, der die Gesamtheit der einzelnen Massenpunkte des Systems in gewissem Sinne vertritt (man nennt ihn auch — aber in *diesem* Falle hier nicht ganz korrekt — *Schwerpunkt*). Wir definieren den Massenmittelpunkt so:

Wenn wir im Raume zwei Punkte mit den Koordinaten $x_1 y_1 z_1$ und $x_2 y_2 z_2$ haben, dann sind die Koordinaten des Mittelpunktes der Verbindungslinie $x_0 = \dfrac{x_1 + x_2}{2}$, $y_0 = \dfrac{y_1 + y_2}{2}$, $z_0 = \dfrac{z_1 + z_2}{2}$. Ganz allgemein findet man: sind n Punkte $x_i y_i z_i$ gegeben (i durchläuft alle ganzen Zahlen von 1 bis n), so hat der Mittelpunkt des Punktsystems die Koordinaten:

$$x_0 = \frac{\sum x_i}{n}, \quad y_0 = \frac{\sum y_i}{n}, \quad z_0 = \frac{\sum z_i}{n}.$$

Neben diesen *geometrischen* Mittelpunkt stellen wir nun den *Massen*mittelpunkt. Denken wir uns in den Punkten $x_i y_i z_i$ Massen m_i angebracht, dann wollen wir einen Punkt *definieren* durch

$$\xi = \frac{\sum m_i x_i}{\sum m_i}, \quad \eta = \frac{\sum m_i y_i}{\sum m_i}, \quad \zeta = \frac{\sum m_i z_i}{\sum m_i}.$$

Setzen wir noch $\sum m_i = \mu$, dann haben wir:

$$\mu\,\xi = \sum m_i x_i, \quad \mu\,\eta = \sum m_i y_i, \quad \mu\,\zeta = \sum m_i z_i.$$

Den so *definierten* Punkt nennen wir Massenmittelpunkt. Diese Definition des Massenmittelpunktes scheint an ein bestimmtes Bezugssystem gebunden zu sein, *scheint* sich also mit dem System zu ändern, tut das aber tatsächlich *nicht*. (Den Beweis übergehen wir.) Die Gleichung $\mu\,\xi = \sum m_i x_i$ legt eine Beziehung des Massensystems relativ zur yz-Ebene fest und gilt für *jedes* System, also auch für *jede* yz-Ebene.

Legen wir den Anfangspunkt eines Koordinatensystems in den Massenmittelpunkt, so wird $\xi = 0$, $\eta = 0$, $\zeta = 0$, und da in den soeben hingeschriebenen Gleichungen für $\xi\,\eta\,\zeta$ der Nenner $\sum m_i$ *nicht* Null ist, so muß sein: $\sum m_i x_i = 0$, $\sum m_i y_i = 0$, $\sum m_i z_i = 0$. Die rechnerische Behandlung von Fragen, in denen der Schwerpunkt eine Rolle spielt, vereinfacht sich daher oft wesentlich, wenn man den Anfangspunkt des Koordinatensystems in den Schwerpunkt legt (S. 98 m.).

In den Ausdrücken für $\xi\,\eta\,\zeta$ können sich $x\,yz$ gleichförmig oder gleichförmig beschleunigt ändern, je nachdem auf die zugehörigen Massen eine Kraft wirkt oder nicht, und je nachdem bewegt sich der *Massenmittelpunkt* ($\xi\,\eta\,\zeta$) gleichförmig oder beschleunigt oder auch gar nicht. Kommen nun *innere* Kräfte hinzu, die zwischen je zwei Massen m_1 und m_2 wirken, so entstehen dadurch einander entgegengesetzte Verschiebungen und in den Ausdrücken für $\xi\,\eta\,\zeta$ daher nur solche Zusätze, die einander gegenseitig aufheben. Die Bewegung des Massenmittelpunktes (Schwerpunktes) eines Systems wird also nur durch die *äußeren* Kräfte bestimmt.

Sind $r_1 r_2 r_3 \ldots$ die Geschwindigkeiten von $m_1 m_2 m_3 \ldots$ nach irgendeiner Richtung und V die Geschwindigkeit des Massenmittelpunktes nach *derselben* Richtung, dann ist $V = \dfrac{\sum m\,v}{\sum m}$ und wenn wir $\sum m = M$ der Gesamtmasse setzen, so ist $VM = \sum m\,v$. Das bedeutet: Der Impuls eines Systems (Körpers) berechnet sich so, wie wenn seine ganze Masse in seinem Massenmittelpunkt enthalten wäre. Sind $\varphi_1 \varphi_2 \varphi_3 \ldots$ Beschleunigungen der Massenpunkte $m_1 m_2 m_3 \ldots$ nach irgendeiner Richtung und $\varPhi$ die Beschleunigung des Massenmittelpunktes nach *derselben* Richtung, so erhalten wir entsprechend $\varPhi = \dfrac{\sum m\,\varphi}{M}$, wir erhalten also die Beschleunigung des Massenmittelpunktes nach einer Richtung, wenn wir sämtliche Kraftkomponenten nach *derselben* Richtung summieren und durch die Gesamtmasse dividieren. Der Massenmittelpunkt bewegt sich so, wie wenn die Gesamtmasse in ihm vereinigt wäre und die Kräfte nur in ihm angriffen. Nur unter Einwirkung einer *äußeren* Kraft erfährt der Massenmittelpunkt Beschleunigung.

Stoß. Der Satz von der Erhaltung der Bewegungsgröße eines Systems bietet z. B. die Grundlage für die rechnerische Behandlung des Stoßes. Der Stoß besteht aus zwei Vorgängen, während des ersten *nähern* sich die Schwerpunkte der zusammenstoßenden Körper einander (weil die Körper bei ihrem Zusammenprall einander abplatten, deformieren), während des zweiten entfernen sie sich wieder voneinander (weil die Deformation wieder zurückgeht). Der erste Vorgang heißt Kompression, der zweite Restitution. Geht während der Restitutionsperiode die *ganze* Deformation zurück und wird während des Stoßes auch *nichts* von der mechanischen Energie in eine andere Energieform (Wärme) verwandelt, so heißt der Stoß *elastisch. Fehlt* die Restitutionsperiode ganz, so heißt der Stoß *unelastisch.* Der in *Wirklichkeit* eintretende (*halbelastische*) Stoß liegt *zwischen* beiden.

Eine strenge Theorie des Stoßes gibt es bisher nicht. Man begnügt sich damit, gewisse idealisierte Grenzfälle zu berechnen. Hier sprechen wir nur vom *zentralen, geraden Stoß* zweier Kugeln A und B, deren Mittelpunkte sich auf derselben Geraden bewegen. Der Stoß heißt zentral oder er heißt exzentrisch, je nachdem die Verbindungsgerade der Schwerpunkte (hier der Mittelpunkte) mit der Stoßnormalen zusammenfällt oder nicht (d. h. mit der im Berührungspunkt beiden Oberflächen gemeinsamen Normalen). Der Stoß heißt *gerade*, wenn die Körper *vor* ihm *keine Drehbewegung* besitzen und sich relativ zueinander nur in der Stoßnormalen bewegen; sonst heißt er *schief.*

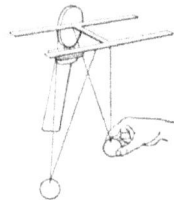

Die beiden Kugeln der Abb. 40a bilden das System, dessen Bewegungsgröße uns interessiert. Sie bewegen sich in *derselben* Richtung, aber B bewege sich schneller als A. Daher überträgt beim Zusammenstoß B von ihrer Geschwindigkeit auf A: diese Übertragung erfolgt *im Verlaufe der* Kompressionsperiode (*also nicht momentan* s. u.), A und B platten einander ab. Sie tun das so lange, bis ihre Geschwindigkeiten einander gleich sind. Hiermit endet die Kompressionsperiode und von da an verläuft der Vorgang verschieden, je nachdem ob der Stoß elastisch oder ob er unelastisch ist. Es seien m_1 und m_2 die beiden Massen, v_1 und v_2 die Geschwindigkeiten *vor* dem Stoß, w_1 und w_2 die Geschwindigkeiten *nach* dem Stoß (positiv zu rechnen im Sinne der positiven x-Koordinaten). Nennen wir die Geschwindigkeit des Systems, also des den Massen *gemeinsamen* Massenmittelpunktes u_1, so haben wir für die Bewegungsgrößen vor dem Stoß $m_1 v_1 + m_2 v_2 = (m_1 + m_2)\, u_1$. *Äußere* Kräfte wirken auf die Massen nicht ein, daher ändert sich während des Stoßes die Bewegung des Massenmittelpunktes nicht. Ist der Stoß *unelastisch,* so bleiben die Massen m_1 und m_2 miteinander in Berührung und gehen mit einer ihnen und dem Massenmittelpunkt *gemeinsamen* Geschwindigkeit weiter, also mit der Geschwindigkeit u_1. Die den beiden Massen gemeinsame Geschwindigkeit ist daher $u_1 = \dfrac{m_1 v_1 + m_2 v_2}{m_1 + m_2}$.

Das ist bei weichen (vollkommen unelastischen) Körpern die ihnen gemeinsame Geschwindigkeit nach dem Stoße. Sie nehmen die Geschwindigkeit Null an, kommen also infolge des Stoßes zur Ruhe, wenn $m_1 v_1 + m_2 v_2 = 0$ ist, d. h. wenn die Bewegungsgrößen gleich sind, aber entgegengesetztes Vorzeichen haben.

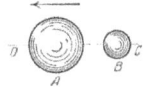

Anders bei dem elastischen Stoße. *In* dem Zeitpunkt, in dem die Kompressionsperiode *beendet* ist, ist auch hier die *gemeinsame* Geschwindigkeit $u_1 = \dfrac{m_1 v_1 + m_2 v_2}{m_1 + m_2}$. Die Masse m_1 hatte (aus der Richtung von C *herkommend* von ihrer Geschwindigkeit *abgegeben* (Aktion) und sie auf u_1 verkleinert, also *um* $(v_1 - u_1)$. In der Restitutionsperiode erfährt m_1 einen Impuls nach C *hin* (Reaktion). Ihrer Geschwindigkeit u_1 wird dadurch noch einmal derselbe Betrag an Geschwindigkeit *geraubt*, den sie vorher freiwillig *abgegeben* hatte. Ihre Geschwindigkeit sinkt dadurch auf $u_1 - (v_1 - u_1) = 2 u_1 - v_1$. Das ist ihre Geschwindigkeit (w_1) *nach* dem Stoß. Ähnlich findet man die Geschwindigkeit von m_2 nach dem Stoß $w_2 = 2 u_1 - v_2$. Setzen wir in die Formeln für w_1 und w_2 den Wert u_1 ein, so finden wir:

$$w_1 = \frac{m_1 v_1 + m_2 (2 v_2 - v_1)}{m_1 + m_2} \qquad w_2 = \frac{m_2 v_2 + m_1 (2 v_1 - v_2)}{m_1 + m_2}.$$

Ist $m_1 = m_2$, so wird $w_1 = v_2$ und $w_2 = v_1$, d. h. die Körper tauschen infolge des Stoßes ihre Geschwindigkeiten aus. War m_1 *vor* dem Stoß in Ruhe, so bleibt m_2 *nach* dem Stoß in Ruhe und m_1 nimmt die ursprüngliche Geschwindigkeit von m_2 an. Das kann man an zwei einander gleichen nebeneinander aufgehängten Elfenbeinkugeln zeigen, von denen man die eine gegen die andere *ruhende* fallen läßt (Abb. 40b).

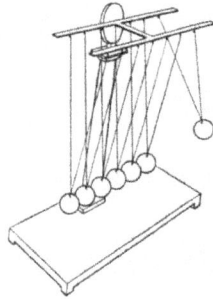

Abb. 40c. Die Übertragung der Bewegung beim Stoß erfolgt *nicht* „momentan".

Die Übertragung der Bewegung erfolgt während einer Kompressions*dauer*, sie erfolgt also *nicht momentan.* Auch *das* läßt sich zeigen: läßt man (Abb. 40c) die erste Kugel aus einer gewissen Höhe gegen die ruhenden stoßen, so steigt die äußerste ruhende bis zu der Fallhöhe der ersten, *alle anderen bleiben in Ruhe.* Übertrüge sich beim Stoße der ersten Kugel gegen die zweite die Bewegung *unmittelbar* auf die ganze Masse, dann würde der Bewegungsvorgang so verlaufen, wie wenn die erste Kugel auf eine andere von sechsfacher Masse — es sind sechs gleiche Kugeln — gestoßen wäre. So aber gibt jede Kugel die von der ersten herrührende Geschwindigkeit an die in der Bewegungsrichtung nächste ab. — Daß sich die Bewegung von einem Körper auf einen anderen nicht „momentan" überträgt, sieht man auch z. B. daran, daß eine Fensterscheibe, durch die man eine Kugel schießt, nicht zersplittert. — Auf der Anwendung der Gesetze vom unelastischen Stoß beruht das ballistische Pendel, mit dem man oft die Endgeschwindigkeit kleiner Geschosse mißt (S. 111).

Geometrische Struktur des starren Körpers.

Ein materieller *Körper* besteht aus einer Vielheit von materiellen *Punkten*, der Raum, den er einnimmt, ist also nicht von etwas stetig Zusammenhängendem ausgefüllt, sondern von punktartigen Massen, die durch Zwischenräume getrennt sind. Nach unseren Erfahrungen (Physik, Chemie, Kristallographie) gilt das sogar für eine im Mikroskop stetig erscheinende Masse. In gewissen Körpern liegen die Teilchen in „idealer Unordnung" durcheinander — man nennt sie amorph, auch strukturlos — in anderen streng gesetzmäßig — das sind die Körper mit Struktur. Der Unterschied zwischen Körpern mit Struktur und Körpern ohne Struktur — besser: ohne *uns unmittelbar erkennbare* Struktur — drängt sich schon durch die Verschiedenheit ihres Aussehens auf[1]. Die Frage nach dem Zusammenhange zwischen innerem Bau und äußerer Form eines materiellen Körpers — wir meinen hier nur den festen — ist also unvermeidlich.

Um die äußere Form und den inneren Bau eines materiellen Körpers zu beschreiben, bezieht man die Orte seiner materiellen Punkte auf ein Koordinatensystem. Aber jedes System liefert eine andere Beschreibung (d. h. andere Koordinaten der materiellen Punkte), ein beliebig gewähltes also eine willkür-

---

[1] Wir sehen hier ab von der chemischen Struktur der *Moleküle*, z. B. des Wassermoleküls H_2O, der Moleküle, die die atmosphärische Luft zusammensetzen, Gase usw. (Makrostandpunkt).

liche. Willkürfrei beschreiben kann man Form und Bau des Körpers nur dadurch, daß man die Beschreibung durch *alle* möglichen Systeme *zusammenfaßt*.

Transformiert man *ein* Koordinatensystem in ein *anderes*, so geht man damit von *einer* Beschreibung zu einer *anderen*. Die Art, wie sich die Beschreibung bei dem Übergang verhält, verrät eine *Transformationseigenschaft* des *Körpers*. Im allgemeinen verändert sich die Beschreibung (das Bild). Aber es gibt auch ausgezeichnete Transformationen, die *keine* Änderung herbeiführen, also alle dieselbe Beschreibung liefern. Sie offenbaren diejenige Transformationseigenschaft des Objektes, die wir seine *Symmetrie* nennen — seine wichtigste Transformationseigenschaft.

Das begriffliche Charakteristikum der Symmetrie ist dieses: denkt man sich zunächst ein dem groben Umriß nach „unsymmetrisches" Objekt, z. B. die Hand, von verschiedenen Standpunkten aus beschrieben, bezogen auf ein Koordinatensystem (abgebildet), so fällt die Beschreibung (das Bild) jedesmal verschieden aus. Anders ein „symmetrisches" Objekt, z. B. der ganze äußere Mensch! Hier kann man die Gesamtheit der möglichen Beschreibungen in zwei Gruppen ordnen: Zu *jedem* einzelnen beliebig gegebenen beschreibenden Standpunkt (Koordinatensystem), von dem aus man die Beschreibung vornimmt, gehört ein anderer (ein anderes Koordinatensystem), von dem aus die Beschreibung *identisch* herauskommt. Diese beiden Standpunkte (Koordinatensysteme) liegen wie Bild und Spiegelbild zu der den Menschen durchschneidenden Medianebene (Vertikalebene). Wir sagen in diesem Falle: das Objekt (der Mensch) hat die Symmetrie einer Spiegelebene. Um Symmetrie allgemein zu definieren, folgen wir dem Gedankengange und den Bezeichnungen von K. Weissenberg.

Symmetrie. Isotropie. Homogenität. Wir fragen zunächst: Welche Koordinatentransformationen führen ein beliebig gegebenes Koordinatensystem K_1 in ein *identisch* beschreibendes K_2 über? *Algebraisch* formuliert sind es gewisse lineare Transformationen; jede, die das leistet, nennt man eine Symmetrie- oder Decktransformation. Die entsprechende *geometrische* Überführung des Systems K_1 in K_2 nennt man eine Symmetrie- oder Deck*operation*, es gibt nur drei verschiedene Arten: die Drehung, die Spiegelung, die Schiebung. Verwirklicht man irgendeine Symmetrieoperation an einem das Objekt beschreibenden Koordinatensystem, so *ändert* man damit *nichts* an der Beschreibung selbst, daher darf man die Operation beliebig oft mit gleichem Erfolg *wiederholen* (Potenz der Operation). In diesem Sinne spricht man von *Potenzgruppen* der Symmetrieoperationen — sie bestehen aus einer Symmetrieoperation und all ihren Potenzen — und nennt ihre geometrische Deutung Symmetrieelemente. Jede Symmetrie läßt sich nun als *Gruppe* von solchen Symmetrieelementen auffassen.

Gewöhnlich denkt man bei dem Worte Symmetrie nur an die dem Auge wahrnehmbare, aber damit ist der Begriff nur einseitig gefaßt. Den drei Symmetrie*operationen* entsprechen drei Arten von Symmetrie: die Isotropie, die Orthomorphie, die Homogenität, nur die zweite wendet sich unmittelbar an das Auge. Isotrop oder anisotrop nennt man einen Körper wegen der durch das Folgende beschriebenen Eigenschaft: Entweder ein Stoff hat das, was wir „Struktur" nennen, oder er ist struktur*los* (*amorph*). Strukturlos sind z. B. Luft, Wasser, Glas, das aus dem flüssigen Zustand in den festen ganz langsam übergegangen ist. Struktur haben vor allem die *Kristalle*. Ein Kristall hat von der Natur geschaffene Ebenen, Kanten, Ecken, kurz — eine von der Kugel abweichende *Form*, ein Zeichen dafür, daß nicht alle Richtungen, nach denen er ausgedehnt ist, die *gleiche* Bedeutung haben. In der Luft, im Wasser, im Glase aber ist keine Richtung vor der andern bevorzugt. Denken wir uns in irgendeinen

Punkt eines von Luft erfüllten Raumes versetzt und gehen wir von diesem Punkte aus, gleichviel nach welcher Richtung, so finden wir immer dieselben Verhältnisse — qualitativ und quantitativ: *dieselbe* Kohäsion der Teilchen, *dieselbe* Elastizität, *dieselbe* Leitfähigkeit für Wärme usw. — kurz, eine Gleichheit in *jeder* Beziehung. Einen solchen Stoff nennt man isotrop. — Ganz anders ein Kristall. Gehen wir von einem Punkt im Innern eines Kristalls aus, so finden wir im allgemeinen in jeder andern Richtung eine *andere* Kohäsion der Teilchen, *andere* Leitfähigkeit für Elektrizität usw. Solche Körper heißen *anisotrop*. (Wir werden in Zukunft alle Körper, mit denen wir es zu tun haben, als homogen und isotrop ansehen, wenn wir nicht das Gegenteil sagen.) Kurz: anisotrop oder isotrop nennt man einen Körper, je nachdem er Richtungsunterschiede (in dem eben geschilderten Sinne) erkennen läßt oder nicht. Isotropie ist daher eine Symmetrieeigenschaft, die sich darin ausspricht, daß seine Symmetriegruppe, d. h. die Gruppe von Transformationen, die die Beschreibung des Körpers ungeändert lassen, *alle* Drehungen des Ausgangskoordinatensystems zuläßt. Anisotrop ist ein Körper, dem diese Symmetrieeigenschaft fehlt. Wohlgemerkt: *streng* isotrop kann nur ein Kontinuum sein, ein Diskontinuum kann nur *statistisch* isotrop sein. Wechseln in ihm die Richtungsunterschiede von Punkt zu Punkt statistisch *ungeordnet*, so ergibt sich *im Mittel* statistische *Gleich*wertigkeit aller Richtungen, also statistische Isotropie — wechseln sie aber statistisch *geordnet*, so ergibt sich Anisotropie.   Ein materieller Körper — ein Diskontinuum! — kann also nur anisotrop sein oder *statistisch* isotrop, niemals *streng* isotrop. Gase und Flüssigkeiten sind als statistisch isotrop anzusehen, ebenso Festkörper aus *ungeordnet* angehäuften Kristalliten. Einzelkristalle und *geordnet* angehäufte Kristallite (z. B. natürlich gewachsene Fasern) sind anisotrop.

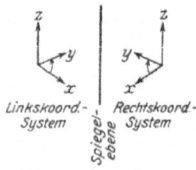

Linkskoord.-   Rechtskoord.-
System   System

Spiegelebene

Abb. 41. Zum Begriff:
    Orthomorph.

Orthomorph oder enantiomorph nennt man einen Körper um folgender Transformationseigenschaften willen: findet sich für einen Körper zu *jedem* *Rechts*koordinatensystem (Abb. 41) ein *identisch* beschreibendes *Links*koordinatensystem, so ist das Urbild von dem Spiegelbild nicht zu unterscheiden und heißt orthomorph, andernfalls ist es von ihm verschieden und heißt enantiomorph.

Ein Rechtskoordinatensystem ist dieses: man denke sich einen Beobachter auf der XY-Ebene stehend (die $+Z$-Achse durch die Füße eintretend) und die $+X$-Achse entlang blickend: muß man sich nach $\left.{\text{rechts} \atop \text{links}}\right\}$ drehen, um *auf dem kürzesten Wege* den Blick die $+Y$-Achse entlang zu richten, so ist das System ein $\left.{\text{Rechts} \atop \text{Links}}\right\}$ koordinatensystem. Kurz: orthomorph oder enantiomorph ist ein Körper, je nachdem seine Symmetriegruppe als Symmetrieoperation eine Spiegelung enthält oder nicht. Von großem Interesse sowohl für gewisse physikalische (Drehung der Polarisationsebene) wie auch gewisse stereochemische Fragen ist die Enantiomorphie: zwei enantiomorphe Kristalle

Abb. 42. Enantiomorphe Kristalle.
  (ἐν-αντίος = entgegengesetzt.)

(Abb. 42) sind spiegelbildlich gleich. Jeder besitzt dieselben Elemente wie der andere, kann aber in keiner Stellung mit ihm zur Deckung gebracht werden. Enantiomorph sind auch zwei — ceteris paribus — Schrauben, die eine mit Rechtsgewinde, die andere mit Linksgewinde. Orthomorph sind z. B. alle ebenen Figuren. Abb. 43 zeigt das an einem Dreieck, das in der

XY-Ebene des XYZ-Systems liegt, ferner an einem Dreieck, das in einer die drei Achsen schief schneidenden Ebene liegt. Die Ausführung der Konstruktion besteht darin, daß man das XYZ-System an der Ebene der ebenen Figur (des Dreiecks) spiegelt, dadurch ergibt sich das $X'Y'Z'$-System.

Homogen oder inhomogen nennt man einen Körper um der im folgenden beschriebenen Eigenschaft willen: Faßt man die Körper als aus *Volumenelementen* (von materiellen Punkten erfüllt) zusammengesetzt auf und nimmt man jedes Element für sich, so erfährt man, daß ein Körper entweder so beschaffen sein kann, daß jedes Volumenelement die gleiche Dichte (S. 138) hat oder so, daß die verschiedenen Volumenelemente verschieden dicht sind. Körper der ersten Art heißen *homogen*, der zweiten *heterogen*. Für die meisten Zwecke können viele Stoffe als homogen gelten (z. B. Wasser, Glas), aber *vollkommen* homogen ist keiner, wie gewisse Erscheinungen, z. B. die Farbenzerstreuung des Lichtes, beweisen.

Abb. 43. Zwei ein gegebenes Dreieck identisch beschreibende Koordinatensysteme in Spiegelbildstellung zur Ebene des Dreiecks.

Wir nehmen gewöhnlich an, daß Wasser vollkommen homogen ist. Aber WILLIAM THOMSON schließt aus gewissen Tatsachen: wenn die Wassermenge, die das Volumen eines Fußballes auszufüllen ausreicht, auf eine Kugel von der Größe des Erdballes verteilt würde — anders ausgedrückt: eine Wasserkugel von der Größe eines Fußballes zur Größe der Erdkugel erweitert würde — dann würde sich die Inhomogenität darin zeigen, daß die einzelnen Wassermolekeln durch Zwischenräume voneinander getrennt sind, die zwischen dem Durchmesser der feinsten Schrotkugeln und dem eines Fußballes variieren.

Homogen oder inhomogen nennt man danach einen Körper, je nachdem seine Punkte ununterscheidbar sind oder nicht. Als Symmetrieeigenschaft des Körpers zeigt sich seine Homogenität darin, daß sich seine Beschreibung (durch ein Koordinatensystem) nicht ändert, wenn man das beschreibende System parallel mit sich von einem Punkt des Objekts als Anfangspunkt zu einem andern verschiebt. *Streng* homogen kann ein materieller Körper nach dieser Definition nicht sein, er enthält ja außer den materiellen Punkten auch Punkte *ohne* Materie (die Zwischenräume zwischen den materiellen Punkten). Wir denken uns deswegen das Diskontinuum in Volumelemente geteilt, die an sich zwar inhomogen sein mögen, die aber so klein sind, daß das unendliche *Diskontinuum*, bezogen auf das Volumelement, als *streng homogen* gelten darf. Ein solches Diskontinuum nennt man ein *homogenes Diskontinuum*, weil es sich mit Bezug auf das verschwindend kleine Volumelement ebenso verhält wie ein streng homogenes Kontinuum mit Bezug auf jeden seiner Punkte. (Wir müssen das Diskontinuum unbegrenzt voraussetzen, denn an einer Grenze ist der Körper offenbar *inhomogen*.) Als statistisch homogen dürfen Flüssigkeiten, Gase, Mischkristalle und alle chemisch einheitlichen Festkörper gelten. — Eine geometrische Gerade ist ein streng homogenes *Kontinuum*; mit lauter gleichen statistisch ungeordneten Atomen besetzt wird sie zum *Diskontinuum*, aber zu einem *statistisch* homogenen (weil in einem endlichen angebbaren Intervall statistisch die gleiche Atomzahl liegt). Mit lauter gleichen aequidistanten chemischen Molekeln, also einer streng periodisch wiederkehrenden Atom*konfiguration* besetzt, ist sie ein lineares — bezogen auf die bestimmte Atomkonfiguration — streng homogenes Diskontinuum.

Geometrische Strukturtheorie der Kristalle. Materielle Körper, die streng homogene Diskontinua sind, nennt man Idealkristalle. Das Volumenelement aller bisher (röntgenographisch) untersuchter realer Kristalle schwankt etwa zwischen 10^{-24} cm^3 und 10^{-20} cm^3,

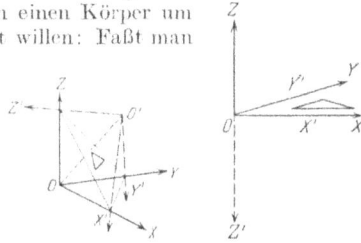

ist also so klein, daß jeder makroskopisch und optisch mikroskopische Kristallsplitter als ein räumlich homogenes, streng periodisches Diskontinuum gelten kann.

Von hier aus läßt sich die geometrische Strukturtheorie der Kristalle systematisch ableiten. Ihre Ergebnisse decken sich vollständig mit dem gesamten an Kristallen gewonnenen Messungsmaterial. A. SCHÖNFLIES und v. FEDOROW haben gezeigt, daß es (nur) 230 Symmetriegruppen gibt, die die Kristalle erschöpfend systematisieren. Die Röntgenanalyse hat sie (S. 59) in 14 Raumgitter eingeordnet; makroskopisch und optisch-mikroskopisch gestatten sie nur die Einteilung in 32 Kristallklassen, man teilt sie herkömmlich in 7 Kristallsysteme.

Ein Kristall scheint zunächst ein ungewöhnliches Naturspiel, eine Merkwürdigkeit, aber genaue Beobachtung lehrt: Der feste Körper im *gewöhnlichen* Zustand ist kristallinisch, ist anisotrop. Feste Körper, die für isotrop (amorph) gelten, wie z. B. langsam aus der Schmelze erstarrendes, langsam abgekühltes Glas oder ein ebensolches Metall, *scheinen* nur isotrop: sie *sind* kristallinisch aufgebaut, nur sind ihre aus Kriställchen bestehenden Bausteine nach allen möglichen Richtungen orientiert und bevorzugen daher keine Richtung vor der anderen. Beschreibt man in einem solchen „isotropen" Körper um einen Punkt eine Kugel mit einem Radius, der groß ist im Verhältnis zum Abstand zweier Nachbarmoleküle, so liegen auf jedem Radius *gleich viel* Bausteine, die nach *allen möglichen* Richtungen orientiert sind. [Aber die Anisotropie, das Charakteristikum der Kristalle, ist nicht auf den festen Zustand beschränkt, es gibt auch *flüssige* Kristalle (OTTO LEHMANN, 1889). Wir beschränken uns darauf, sie zu erwähnen.] Also weder die Zahl noch die Anordnung der Moleküle gibt irgendeiner Richtung in dem isotrop erscheinenden Körper eine Sonderstellung, „ideale Unordnung" der Moleküle charakterisiert ihn. Ganz anders der Kristall. Seine Moleküle sind streng regelmäßig geordnet und seine äußere Gestalt enthüllt den inneren Aufbau. Seine geometrische Form bildet sich nur dann aus, wenn er ungestört wächst[1]. Sie ist nur *eines* unter den Kennzeichen des kristallisierten Zustandes, aber das Greifbarste und so auffällig, daß man die Kristalle äußerlich danach beschreibt und gruppiert. Man wählt einen Punkt im Kristall zum Anfangspunkt eines Koordinatensystems und legt durch ihn drei Ebenen parallel zu drei beliebigen, eine Ecke bildenden Kristallflächen. Diese Ebenen heißen *Achsenebenen*, ihre Schnittlinien *Achsen*, die Winkel der Achsen miteinander *Achsenwinkel*. Kann man einen Kristall um eine Gerade als Achse von einer Anfangslage aus um einen gewissen Winkel — 360/n, wo n eine ganze Zahl ist — in eine andere Lage drehen, die mit der Anfangslage identisch ist (bis auf die durch die Drehung bewirkte Veränderung des Ortes der einzelnen Punkte), so ist die Achse eine *Symmetrieachse*. Den Würfel z. B. kann man um die Achse, die durch die Mitte von zwei einander gegenüberliegenden Seiten geht, um 90° (d. i. 360/4) in eine solche Lage drehen, sind seine Ebenen nicht irgendwie unterscheidbar gemacht, so ist die *vollendete* Drehung nicht erkennbar. — Je nachdem n gleich 2, 3, 4 oder 6 ist, d. h. der Kristall nach der Drehung je um 180, 120, 90, 60° immer wieder so liegt wie in der Anfangsstellung („mit sich selbst zur Deckung gebracht ist") heißt die Achse *zwei-, drei-, vier- oder sechszählig*.

Kristallographische Grundgesetze. Die Erfahrung hat zwei kristallographische Grundgesetze kennen gelehrt, das Symmetriegesetz (HESSEL) und das Gesetz der rationalen Indizes (HAÜY, FRANZ NEUMANN). Das Symmetriegesetz sagt aus: Die Symmetrieachsen sind stets zwei-, drei-, vier- oder sechszählig[2]. Das Gesetz der rationalen Indizes bezieht sich auf folgendes: Jede Fläche des Kristalles — wir benennen sie mit einem Index n — schneidet jede der 3 Achsen a, b, c in einem Abstande a_n, b_n, c_n vom Anfangspunkt des Systems (die zu einer Achse *parallele* Fläche schneidet die Achse im Abstand unendlich). Das Gesetz bezieht sich auf diese Abstände a_n, b_n, c_n. Man setzt den Abstand $b_n = 1$ und untersucht, in welchem Verhältnis die Abstände a_n und c_n zu ihm stehen. Es handelt sich

---

[1] Die Art und Weise, in der ein Kristall wächst, macht es möglich, einen Kristall, der in der Schmelze eines Metalles wächst (Wolfram, Wismut, Zink, Zinn, Blei, Kadmium, Aluminium), so zu beeinflussen, daß er nur nach *einer* Dimension wächst: In der sich abkühlenden Schmelze bilden sich Kristallisationskerne. Die Kerne wachsen dadurch, daß sich Moleküle an sie anlagern, zu Körnern. Zieht man ein Kristallkorn aus der Schmelze heraus *mit derselben Geschwindigkeit*, mit der es sich durch Anlagerung von Molekülen vergrößert, so wächst der Kristall nur in der Richtung dieser Bewegung fort. Man nennt einen solchen eindimensional gewachsenen Metallkristall einen *Einkristalldraht*. (Verfahren zur Herstellung von Wolframdrähten für Glühlampen.)

[2] Die erschöpfende Systematik der 230 Raumgruppen enthält keinen Platz für fünf-, sieben- oder höherzählige Achsen. Sie sind mit den zugrunde liegenden Hypothesen unvereinbar. Es ist ein wesentlicher Erfolg der Theorie, daß Kristalle derartige Symmetriegrade niemals entdecken ließen, obwohl beispielsweise das fünfzählige Prinzip im Pflanzen- und auch im Tierreich, bei den Dikotyledonen und bei den Strahltieren, häufig vertreten erscheint (WEISSENBERG).

dabei nur um die *Richtung* der Kristallflächen, daher kommt es nur auf die Verhältnisse $a_n : b_n : c_n$ an, die ja konstant bleiben, gleichviel wie man die Ebene *parallel* mit sich verschiebt. Angenommen, man habe für die folgenden, mit den Indizes 1, 2, 3, 4 bezeichneten Ebenen gefunden:

$$a_1 : 1 : c_1, \qquad a_3 : 1 : c_3,$$
$$a_2 : 1 : c_2, \qquad a_4 : 1 : c_4.$$

Das Gesetz der rationalen Indizes bezieht sich dann auf die Brüche $\dfrac{a_1}{a_2}, \dfrac{a_1}{a_3}, \dfrac{a_1}{a_4}, \dfrac{c_1}{c_2}$ usw. Schreiben wir diese Brüche so: $\dfrac{1}{a_2/a_1}, \dfrac{1}{a_3/a_1}, \dfrac{a_1}{a_1}$ usw., so sagt das Gesetz: *Die Nenner sind kleine ganze Zahlen.* Haben sich z. B. für a_1/a_2 und c_1/c_2 die Brüche $1/2$ und $1/4$ ergeben, so haben wir $a_2/a_1 = 2$ und $c_2/c_1 = 4$, also für die zweite Fläche die Brüche $1/2$, $1/1$ und $1/4$. Bringt man diese Brüche auf ganze Zahlen, so erhält man die Verhältniszahlen 2, 4, 1. Diese Zahlen nennt man die *Indizes* der Fläche 2. Es sind einfache rationale Zahlen. Das gleiche gilt für jede Fläche des Kristalls.

Theorie der Kristallstruktur (BRAVAIS 1848, SOHNCKE 1879, SCHOENFLIES 1891, V. FEDOROW 1894, V. LAUE 1912, WEISSENBERG 1925). Die *Theorie der Kristallstruktur* folgert die Gesetze der Kristallsubstanz aus der einzigen Grundannahme: die Schwerpunkte der Kristallbausteine, also der Atome, sind regelmäßig im Raume angeordnet. Man denkt sie sich an demjenigen Ort, der der mittleren Lage entspricht, um den die Molekeln infolge ihres Wärmeinhaltes schwingen. Diese Grundannahme — durch MAX V. LAUES Entdeckung (1912) vollständig bestätigt — führt mit Notwendigkeit auf die kristallographischen Grundgesetze (Symmetriegesetz, Gesetz der rationalen Indizes) und zu den 32 Kristallgruppen, in die wir die Kristalle nach ihrer Symmetrie einteilen.

Nach dieser Annahme ist die Anordnung der Bausteine in einem Kristall nach parallelen Richtungen immer die gleiche. In den Geraden, die *derselben* Richtung angehören, liegen die Punkte, als die man sich die Bausteine denkt, in gleichen Abständen. Der Abstand der Nachbarn ist in einer Punktreihe überall gleich und ebenso groß wie in den zu ihr *parallelen* Punktreihen. Für Punktreihen in *anderer* Richtung ist er anders. Die Scharen von parallelen Geraden {g} und {h} zerlegen (Abb. 44) die Ebene in kongruente Parallelogramme (in den Ecken denken wir uns im Kristall die Bausteine), ihre

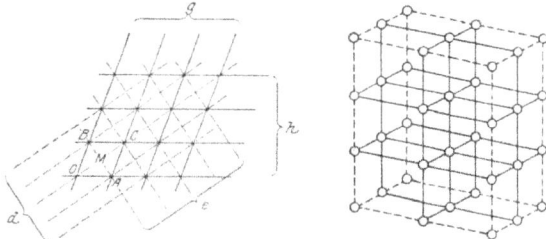

Abb. 44. Zur Anordnung der Bausteine in einem Kristall.
Ein Punktnetz.   Ein Raumgitter.

Gesamtheit nennen wir ein *Netz* von Parallelogrammen, ihre sämtlichen Ecken bilden ein *Punktnetz*. Man nennt OA und OB *erzeugende Netzstrecken*, das Parallelogramm $OACB$ die *Stammfigur* des Netzes N und OAB das *Stammdreieck*. — Das Punktnetz hat eine Anzahl charakteristischer Eigenschaften, von denen wir zwei, aber ohne Beweis, angeben: 1. das Netz geht durch Verschiebung längs der Verbindung zweier Netzpunkte in sich selbst über (*Deckschiebung*); 2. jedes Lot, das man in einer Ecke, einer Flächenmitte oder einer Seitenmitte auf der Netzebene errichtet, ist eine zweizählige Symmetrieachse des Netzes. — Man kann die Scharen {g} und {h} des Netzes auch durch die Scharen {g} und {d} ersetzen: durch jeden Netzpunkt geht ja je eine Gerade g und eine Gerade d. Die Hauptsache am Netz sind die *Punkte*, nicht die Geradenscharen, die kann man mannigfach wählen. Man kann Parallelogramme und Dreiecke, die nur an den Ecken Netzpunkte enthalten, als Stammfiguren wählen und ihre Seiten als erzeugende Netzstrecken.

Die Scharen {d} und {e} erzeugen *auch* ein Netz. Durch jeden Netzpunkt von N geht eine Gerade d und eine Gerade e. Das durch d und e erzeugte Netz enthält also alle Punkte von N. Es enthält aber noch mehr — nämlich die Flächen*mitte* eines jeden Netzparallelogramms von N, es ist also ein *neues* Netz, wir nennen es N'. Man kann es aus N erzeugen, indem man die Mittelpunkte M der Parallelogramme {g} und {h} gebildeten Parallelogramme hinzufügt, man sagt: N' geht hervor aus N durch *Zentrierung*. Man nennt es deshalb ein *zentriertes Netz*.

Das gewöhnliche Netz N mit dem beliebigen Parallelogramm als Stammfigur war durch Deckschiebung und durch Drehung um 180° in sich selbst überführbar, es hat also nur eine zweizählige Symmetrieachse. Aber es gibt Netze mit zwei-, drei-, vier- und sechszähliger Achse. Man nennt sie *symmetrische* Netze. Ihre Stammfiguren sind Rechteck, Rhombus, Quadrat und der aus zwei gleichseitigen Dreiecken bestehende Rhombus. Es gibt also vier

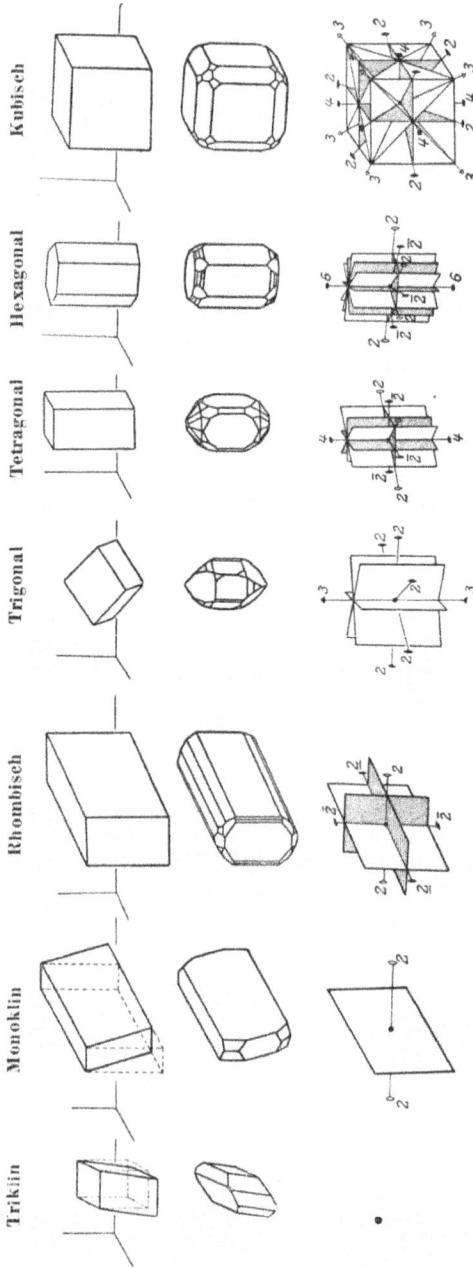

Abb. 46. Die sieben Kristallsysteme und die Elementarkörper ihrer vierzehn Translationsgitter.

Triklin — Monoklin — Rhombisch — Trigonal — Tetragonal — Hexagonal — Kubisch

Die oberste Reihe zeigt die einfachsten, d. h. flächenärmsten Kristallformen, die noch die volle Symmetrie des (oben benannten) Kristallsystems besitzen. Die natürlichen Kristallformen leiten sich aus ihnen dadurch ab, daß noch andere Ebenen als Begrenzungen auftreten können, deren Lagen sich in einfachster Weise, z. B. als Diagonalebenen, aus den gezeichneten ergeben.

Die zweite Reihe zeigt derartige Begrenzungsformen natürlicher Kristalle.

Die dritte Reihe zeigt die für die einzelnen Kristallsysteme charakteristischen Symmetriegruppen in symbolischer Darstellung:

die *Drehachsen* je nach ihrer Zähligkeit mit den Ziffern 2, 3, 4 und 6 — die im Kristall ungleichwertigen zweizähligen Achsen voneinander unterschieden durch 2, $\underline{2}$ und $\overline{2}$;

die *Spiegelebene* in der geometrisch üblichen Darstellung einer Ebene — die im Kristall verschiedenen Spiegelebenen der Deutlichkeit halber durch entsprechende Schraffierung gekennzeichnet;

das *Symmetriezentrum* als ●

Kubisch

Drei aufeinander senkrechte gleiche Achsen, *drei* Translationsgitter. (Alaun, Blei, Diamant, Eisen, Gold, Granat, Kupfer, Platin, Quecksilber, Salmiak, Silber, Steinsalz, Sylvin.)

Hexagonal

Eine Hauptachse und drei auf ihr senkrechte gleiche Nebenachsen, Winkel von 60° miteinander bildend, *ein* Translationsgitter. (Beryll, Zink.)

Tetragonal

Eine Hauptachse und zwei auf ihr und aufeinander senkrechte gleiche Nebenachsen, *zwei* Translationsgitter. (Bor, Zinn, Zirkon.)

Trigonal

Drei gleiche Achsen unter gleichen Winkeln, *zwei* Translationsgitter. (Antimon, Arsen, Eis, Graphit, Kalkspat, Korund, Natronsalpeter, Quarz, Wismut, Zinnober.)

Rhombisch

Drei ungleiche, aufeinander senkrechte Achsen, *vier* Translationsgitter. (Bittersalz, Kalisalpeter, Topas, Schwefel, Jod.)

Monoklin

Zwei schiefwinklige Achsen und eine auf deren Ebene senkrechte, alle ungleich, *zwei* Translationsgitter. (Blutlaugensalz, Eisensulfat, Gips, Glaubersalz, Glimmer, Milchzucker, Rohrzucker, Schwefel, Soda, Weinsäure.)

Triklin

Drei schiefwinklige ungleiche Achsen, *ein* Translationsgitter. (Borsäure, Kupfersulfat, Traubensäure.)

Die Elementarkörper sind die kleinsten und dabei die einfachsten (d. h. flächenärmsten) Parallelepipede des Punktgitters, die noch die volle Symmetrie des obengenannten Kristallsystems besitzen. Die Richtungen ihrer Kanten werden als kristallographische Achsen gewählt. Nach den drei Dimensionen parallel mit sich wiederholt (unbegrenzt) wie in Abb. 44, ergibt jeder Elementarkörper das entsprechende Translationsgitter.

¹ Das aus dem zweiten Elementarkörper abgeleitete Gitter ist identisch mit dem aus dem hexagonalen abgeleiteten.

Arten symmetrischer Netze. Das rechteckige und das rhombisch symmetrische Netz haben auch Symmetrieachsen, die dem allgemeinen Netz *nicht* zukommen, nämlich Achsen, die *in der Netzebene* liegen. Ist das Rechteck Stammfigur, so ist jede Gerade, die in eine Rechteckseite fällt, eine solche zweizählige Achse, ebenso jede zu den Seiten parallele Mittelgerade. Beim Rhombus ist jede Diagonale eine solche zweizählige Achse.

Die an den Punktnetzen durchgeführten Betrachtungen lassen sich auf den Raum übertragen. Man kommt so zu dem *Raumgitter*, Abb. 44, es entsteht aus drei Scharen von parallelen Ebenen, von denen jede einzelne Schar einer Achsenebene parallel ist. Diese Ebenenscharen zerlegen den Raum in lauter kongruente parallelgestellte Parallelepipede. Die Gesamtheit ihrer Eckpunkte nennt man ein *Punktgitter*. Die Stammfigur ist hier ein von drei Paaren Nachbarebenen gebildetes Parallelepiped. Auch beim Gitter können die erzeugenden Ebenenscharen mannigfach durch andere ersetzt werden. Schließlich kann man auch den Begriff der Zentrierung vom Netz auf das Gitter übertragen. Die Zentrierung des Punktnetzes läßt sich so definieren: man fügt in die Stammfigur (und dann analog in jedes Parallelogramm) einen Punkt M ein (Abb. 44) derart, daß die Verlängerung von OM um sich selbst in einen Netzpunkt fällt. Beim Punktgitter führt die analoge Aufgabe zu drei verschiedenen Lösungen. Man kommt daher zu drei Gattungen zentrierter Gitter. 1. Man zentriert nur *ein* Paar von Seitenflächen der Stammfigur, dann entsteht *das einfach flächenzentrierte Gitter*. 2. Man zentriert zwei in einer Ecke zusammenstoßende Seitenflächen der Stammfigur, die Zentrierung der dritten dort zusammenstoßenden stellt sich dann von selbst ein. Es entsteht das dreifach flächenzentrierte oder kürzer, *das flächenzentrierteGitter*. 3. Man zentriert die Stammfigur, die Körpermitte der Stammfigur, es entsteht das körperzentrierte oder kürzer, *das zentrierte Gitter*, s. Abb. 46 die letzten drei Gitter des rhombischen Systems.

Jedem Gitter kommen zwar unendlich viele Deckschiebungen und unendlich viele Symmetriezentren zu, aber im *allgemeinen* keine Symmetrieachsen. Ein Gitter, das auch Symmetrieachsen besitzt, nennt man ein *symmetrisches Gitter*. Es läßt sich zeigen (die Darlegung würde hier zu weit führen), daß es sechs Gattungen symmetrischer Gitter gibt. Ihre Symmetrieachsen sind nur zwei-, drei-, vier-, sechszählig. Schon das rechtfertigt es, die Gitter für den Aufbau der Kristallsubstanz zugrunde zu legen. Die sechs symmetrischen Gittertypen entsprechen zusammen mit dem allgemeinen unsymmetrischen Gitter den sieben empirisch bekannten Kristallsystemen: Es gibt (Abb. 46) zwei Gitter vom monoklinen Typus, vier Gitter vom rhombischen, ein rhomboedrisches, zwei Gattungen tetragonaler Gitter, ein Gitter vom hexagonalen Typus und drei Gitterarten vom kubischen Typus — insgesamt 14 verschiedene Arten von Translationsgittern, wenn wir den triklinen Typus ohne Symmetrie*achse.* aber mit Symmetrie*zentrum* hinzunehmen. Aus diesen 14 Translationsgittern, d. h. aus ihnen einzeln oder aus ihren Kombinationen, bauen sich sämtliche Kristallklassen und Kristallsysteme auf. Anordnung und gegenseitigen Abstand der Atome im Kristall hat man in vielen Fällen ermitteln können, z. B. am NaCl-Kristall (Abb. 45).

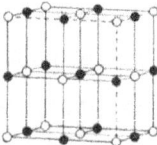

Abb. 45. Das Raumgitter des NaCl-Kristalls.
● Cl-Ionen. ○ Na-Ionen. Zwei ineinandergestellte kubische Gitter, flächenzentriert und um eine halbe Würfelkante gegeneinander verschoben. Die Punkte des einen die Na-Atome, die des andern die Cl-Atome. Jedes Na an 6Cl, jedes Cl an 6Na gebunden. Ihr gegenseitiger Abstand $2{,}8 \cdot 10^{-8}$ cm.

Das Volumen des Stammparallelepipeds des Raumgitters ist eine für den Körper charakteristische Konstante Ω. Liegen die Partikeln (Moleküle, Atome, Ionen) in einer Netzebene sehr nahe beieinander, ist das Stammparallelogramm σ also sehr klein, so ist der Abstand d von der nächsten Ebene größer, damit $\sigma d = \Omega$ bestehen bleibt. Die molekularen Kräfte nehmen aber mit der Zunahme des Abstandes sehr schnell ab, daher kann man die beiden Ebenen leicht trennen. So erklärt sich in den Kristallen das Vorhandensein von *Ebenen bevorzugter Spaltbarkeit*, die einander bei einer gegebenen Substanz unter konstantem Winkel, im Kalkspat z. B. unter 105° 5', schneiden, das Stammparallelepiped des Raumgitters bildet also ein Rhomboeder mit diesem Winkel.

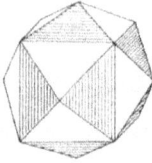

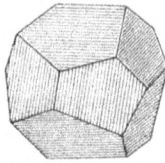

Abb. 47. Der Fünfeck-Zwölfflächner, die hemiedrische Form des Vierundzwanzigflächners.

Gewisse Netzebenen bilden die Grenzflächen des Kristalles. Wächst der Kristall, so legen sich neue Parallelepipede in parallelen Schichten über die schon vorhandenen, die äußeren Flächen des Polyeders werden stets durch dasselbe System von Ebenen gebildet. Man sieht hieraus, daß ein *Kristall durch die Winkel bestimmt* ist, die seine Seitenflächen miteinander einschließen (ROMÉ DE L'ISLE 1783).

Kristallsysteme und Kristallklassen. Man teilt die Kristalle (Abb. 46, s. vor. S.) nach ihrer Symmetrie in 32 Klassen, die sich auf 7 Systeme verteilen.

Jedes Kristallsystem enthält eine Anzahl Unterabteilungen. Sie entstehen aus der obersten, der Ganzflächigkeit (Holoedrie) dadurch, daß man gewisse ihrer Symmetrieelemente tilgt. — Die Ausbildung nur einer Hälfte der Grenzebenen ergibt die Hemiedrie (Abb. 47). Je nach der vorhandenen oder nicht vorhandenen Gleichwertigkeit *beider* Richtungen derselben Achse erhält man die Holo- oder die Hemimorphie.

a) Der um eine feste Achse drehbar gemachte starre Körper in Ruhe (vgl. S. 47).

Werden A, B und C festgehalten (Abb. 38), so kann sich gar kein Punkt des Körpers bewegen. Werden nur A und B festgehalten, so kann sich C bewegen, aber nur so, daß er aus der Ebene der Zeichnung heraustritt (davor oder dahinter). Da sein Abstand von A und von B unveränderlich ist, also auch sein senkrechter Abstand CD von der Geraden AB, so kann er mit CD als Radius um D einen Kreis beschreiben (Abb. 48), der senkrecht auf AB steht, aber keine andere Bewegung. Was von C gilt, gilt von jedem Punkt außerhalb der Geraden AB. Da die Punkte sich nicht anders bewegen können als in Kreisen, deren Ebenen senkrecht auf AB stehen, können auch nur solche Kräfte Bewegung hervorrufen, deren Richtungen in Ebenen liegen, die eine Komponente senkrecht auf AB haben. Die Kräfte müssen also graphisch durch gerade Linien *in diesen Ebenen* veranschaulicht werden können. Die Richtung einer Bewegung ist mit der der bewegenden Kraft resp. Kraftkomponente identisch, die Richtung einer Kreisbewegung in jedem Punkte mit der der Tangente in dem Punkte (S. 10), daher müssen die Kräfte Tangenten an die bei der Bewegung möglichen Kreise sein. Sie können also in der zur Achse senkrechten Ebene nicht radial verlaufen, d. h. die Achse nicht schneiden, sondern nur an ihr vorbeigehen. Andere Kräfte äußern sich zwar als Druck oder als Zug, werden aber, sei es durch die Starrheit des Körpers aufgehoben, sei es durch den Widerstand der Vorrichtung, die die Punkte A und B festhält. — Man nennt die Gerade AB eine Achse, die Punkte A und B ihre *Pole*, die Bewegung *Drehung* um die Achse und die dabei beschriebenen Kreise *Parallelkreise* (einander parallel, weil sie alle senkrecht auf derselben Geraden AB sind).

Der Körper werde in den Punkten A und B von zwei unverrückbaren Spitzen festgehalten (Abb. 49) und sei um AB als Achse, die wir vertikal annehmen, drehbar — vertikal, weil dann die Schwerkraft parallel der Achse, also auf die Bewegung des Körpers ohne Einfluß ist. In D greife den Körper eine Kraft an. Wir legen durch D senkrecht zur Achse eine Ebene durch den Körper und legen sie in die Ebene der Zeichnung (Abb. 50). C bedeutet ihren Durchschnitt mit der Achse AB, B ist dann senkrecht über, A senkrecht unter C der Ebene der Abb. 50 zu denken. P sei die Komponente, deren Richtung in den durch D senkrecht zur Achse gelegten Schnitt fällt. Sie erzeugt Bewegung, weil sie in einer zur Drehachse senkrechten Ebene wirkt und die Achse nicht schneidet. Der Bewegungszustand des Körpers aber bleibt, *infolge seiner Starrheit*, derselbe — wir werden das sofort beweisen — ob wir P in D angreifen lassen oder ob wir P auf ihrer Richtungslinie verschieben, so daß ihr Angriffspunkt an einen anderen Punkt der

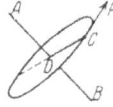

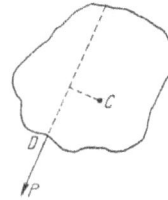

Abb. 48. Zur Drehung eines starren Körpers um eine festliegende Achse. AB Achse, P den Körper angreifende Kraft, C ein Punkt des Körpers.

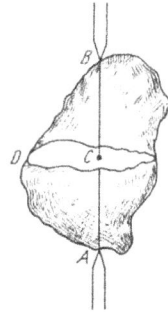

Abb. 49. Drehung des starren Körpers um eine festliegende Achse AB. D ein Punkt seiner Oberfläche. Durch D ein ebener Schnitt senkrecht zur Achse. Er schneidet sie in C.

Abb. 50. Der Schnitt der Abb. 49 in die Zeichnungsebene gelegt. Kraft P fällt in diese Ebene.

Richtungslinie fällt. Wir betrachten beide Fälle, um die Bedeutung des *statischen Momentes* daran hervortreten zu lassen, das für die Drehung eines Körpers wichtig ist.

Verlegung des Angriffspunktes einer Kraft. Seine Starrheit macht den Körper davon unabhängig, an welchem Punkte ihn eine Kraft angreift, *vorausgesetzt*, daß dieser Punkt auf der Richtungslinie der Kraft liegt. Es ist gleichgültig, ob (Abb. 51) die Kraft P in A oder in B auf der Geraden PC angreift. Wir können nämlich in B zwei Kräfte P_1 und P_2 wirken lassen, die einander gleich groß sind und einander entgegengesetzt gerichtet: sie heben einander auf. Machen wir nun jede gleich P und lassen wir sie längs der Geraden wirken, in der P wirkt, so können wir P und P_2 beseitigen, ohne an dem Zustand des Körpers etwas zu ändern, denn sie heben einander auf, weil sie A und B, die starr miteinander verbunden sind, d. h. die starre Gerade AB, nach entgegengesetzten Richtungen und gleich stark zu bewegen streben. Somit bleibt nur die Kraft P_1 im Punkte B bestehen, die dieselbe Richtung wie P hat, und dieselbe Größe, da wir P_1 gleich P gemacht haben. D. h. aber: P hat ihren Angriffspunkt auf ihrer Richtungslinie von A nach B verlegt. — Man denke sich unter dem starren Körper etwa einen auf Rädern fahrbaren Rahmen (in Abb. 52 von oben gesehen) und unter den Kräften P, P_1, P_2 drei gleich starke Pferde: es ist gleichgültig, ob wir das Pferd P in A oder ob wir es in B anspannen.

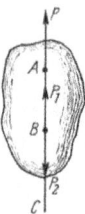

Abb. 51.　　　　　Abb. 52.
Man darf den Angriffspunkt einer Kraft, die einen starren Körper angreift, in der Kraftrichtung verschieben, den Angriffspunkt der Kraft P von A nach B.

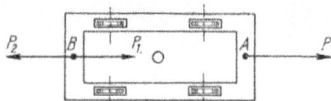

Statisches Moment. Gleichgewicht zweier Kräfte am drehbaren Körper. Warum erzeugt P in D angreifend Bewegung? P ist (Abb. 53) in zwei Komponenten DR und DT zerlegbar. DR verläuft radial, erzeugt also keine Bewegung; sie könnte den Körper als Ganzes verschieben, aber das verhindert die Unverrückbarkeit von A und B (Abb. 49), oder sie könnte die Massenpunkte des Körpers gegeneinander verschieben, und das verhindert die Starrheit des Körpers.

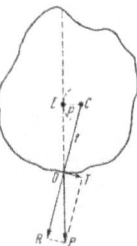

Abb. 53. Zum statischen Moment einer Kraft. Ebener Schnitt durch den Körper senkrecht zur Drehachse. C sein Durchschnitt mit ihr.

DT steht auf dem Radius CD senkrecht in D, ist also in D Tangente an die Kreisbahn, die D bei der Drehung des Körpers durchläuft. Sie erzeugt daher Bewegung des Punktes D und dadurch die Drehung des ganzen Körpers.

Wir hätten P nicht zu zerlegen brauchen, um das zu erkennen. Die Richtung von P ist Tangente an den Kreis, den man mit dem senkrechten Abstande CE als Radius um C beschreibt. Wird der Angriffspunkt der Kraft P von D nach E verlegt, so wirkt P am Punkte E in der Richtung der Bahn, die E bei der Drehung des Körpers um die Achse durchläuft; P muß daher Bewegung von E und somit Drehung des Körpers erzeugen. Die Wirkung der Kraft $DT(=T)$, die tangential in D angreift, ist gleich der Wirkung von P, die tangential in E angreift. Die Gleichheit erkennt man aus den rechtwinkligen Dreiecken CED und DTP. Sie sind einander ähnlich, weil ihre Winkel untereinander bezüglich gleich sind, und deswegen ist: $T/P = p/t$ oder $Tt = Pp$, d. h. die Produkte aus den Kräften und ihren senkrechten Abständen von der Achse sind einander gleich. Wir können also eine drehende Kraft, P, in ihrer Wirkung durch eine kleinere, T, ersetzen; nur müssen wir den Abstand der kleineren Kraft von der Achse in einem bestimmten Verhältnis größer machen, als den der größeren. In *welchem* Verhältnis, lehrt die Gleichung.

Die Produkte Tt und Pp heißen die *statischen Momente* oder *Drehmomente* von T und von P *in bezug auf die Achse AB*. Statisches Moment hat eine Kraft *nur* mit Bezug auf eine Drehachse. In bezug auf *dieselbe* Achse lassen sich Kräfte durcheinander also ersetzen, wenn ihre statischen Momente in bezug auf diese Achse gleich groß und gleich gerichtet sind, so daß jede den Körper in *demselben* Sinne zu drehen strebt. Wirkt an dem um die Achse AB drehbaren starren Körper im Punkt D die Kraft P, soll der Körper aber trotzdem in Ruhe bleiben, so muß außer P offenbar *noch* eine Kraft wirken, die die Wirkung von P — natürlich wieder nur ihre Tangentialkomponente T — aufhebt (Abb. 54). Welche Größe und welche Richtung muß diese Kraft haben ? Die Tangentialkomponente der Kraft, die P in ihrer Wirkung aufheben soll, sie heiße Q. muß offenbar den Körper im Sinne des Pfeiles II zu drehen streben. Angenommen, sie greife bei F an. Bei der Drehung würde F mit FC um C einen Kreis beschreiben. Tangente an diesem Kreise im Punkte F ist die Gerade, die auf CF in F senkrecht steht. In diese Gerade muß die Tangentialkomponente von Q fallen, und zwar von F aus in der Richtung nach U, um im Sinne des Pfeiles II zu wirken. Soll der Körper trotz der Einwirkung beider Kräfte in Ruhe bleiben, so muß die Resultante der beiden Tangentialkomponenten die Achse schneiden, d. h. durch C gehen. Diese Resultante muß aber auch durch den Schnittpunkt N gehen (die Angriffspunkte beider kann man dorthin verlegen, indem man die Kräfte auf ihren Richtungslinien verschiebt, S. 62 o.), weil sie mit ihren Komponenten den Angriffspunkt gemein hat. Die Resultante der Tangential-

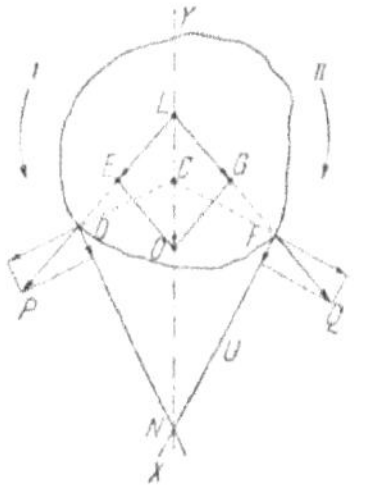

Abb. 54. Die Kräfte P und Q suchen gleichzeitig den Körper zu drehen. C Durchschnitt der Drehachse mit der Ebene der Zeichnung.

komponenten fällt also in die Gerade XY, die durch N und C geht. Wir nehmen ihren Angriffspunkt in L an, dem Durchschnitt mit der Richtung der Kraft P, und verlegen auch den der Kraft P nach L, so daß P durch LE dargestellt wird. Aber auch die Kraft Q, die ihren Angriffspunkt in F haben soll, muß durch L gehen, weil sie ja mit der in L angreifenden zusammen eine Resultante liefert, die in Richtung LN liegt. Ihre Richtung wird also durch die Gerade, die durch L und F geht, bestimmt. Von den drei in L angreifenden Kräften ist die Komponente $P (= LE)$ der Größe und Richtung nach bekannt, die Komponente Q der Richtung nach, weil sie auf LF liegen muß, und die Resultante — sie heiße R — der Richtung nach, weil sie auf XY liegen muß. Das genügt um das Kräfteparallelogramm $LEOG$ zu konstruieren, die Größe der Komponente $Q = LG$ und die Größe der Resultante $R = LO$ zu finden. Die Kraft Q erscheint in ihrer Richtung nach L verlegt. Wir brauchen sie nur auf ihrer Richtungslinie nach F zu verlegen, um schließlich zu erkennen, was für eine Kraft in F angreifen muß, um der Kraft in D das Gleichgewicht zu halten. — Die Resultante R äußert sich als Druck auf die Achse, die Starrheit des Körpers macht sie wirkungslos.

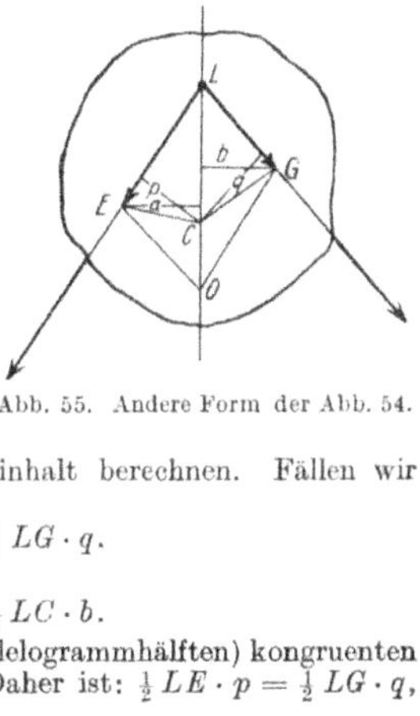

Abb. 55. Andere Form der Abb. 54.

Um die Beziehung zwischen P und Q zu ermitteln, ziehen wir in Abb. 55 (die auf die notwendigen Linien beschränkte Abb. 54) CE und CG.

Wir erhalten dadurch die Dreiecke CLE und CLG mit $LE = P$ und $LG = Q$ als Seiten. Wir wollen ihren Flächeninhalt berechnen. Fällen wir von C aus $p \perp LE$ und $q \perp LG$, so ist:

$$\triangle LEC = \tfrac{1}{2} LE \cdot p, \qquad \triangle LGC = \tfrac{1}{2} LG \cdot q.$$

Fällen wir $a \perp LC$ und $b \perp LC$, so ist:

$$\triangle LEC = \tfrac{1}{2} LC \cdot a, \qquad \triangle LGC = \tfrac{1}{2} LC \cdot b.$$

Es ist $a = b$, wie aus der Flächengleichheit der (als Parallelogrammhälften) kongruenten Dreiecke LOE und LOG folgt, also $\triangle LEC = \triangle LGC$. Daher ist: $\tfrac{1}{2} LE \cdot p = \tfrac{1}{2} LG \cdot q$,

d. h. wenn man LE und LG durch P und Q ersetzt, $P \cdot p = Q \cdot q$. Die Senkrechten p und q messen den Abstand der Kräfte P und Q von der Drehachse, die Produkte Pp und Qq bedeuten also die statischen Momente der Kräfte P und Q in bezug auf diese Drehachse.

Es ergibt sich also: Damit P und Q einander das Gleichgewicht halten, müssen sie *entgegengesetzten* Drehsinn und gleiche statische Momente in bezug auf die Drehachse haben. Pp hat denselben Zahlenwert wie Qq. Die Kräfte P und Q haben *einander entgegengesetzten* Drehsinn, die *Zahlen* P und Q sind daher zwei Zahlen mit entgegengesetzten Vorzeichen. p und q sind zwei Längen, die durch zwei Zahlen *ohne* Vorzeichen ausgedrückt werden. $P \cdot p$ und $Q \cdot q$ sind also zwei Zahlen, die gleich groß sind und entgegengesetztes Vorzeichen haben, ihre Summe ist also 0. Die Summe von Größen mit verschiedenen Vorzeichen nennt man eine „algebraische" Summe. Die Gleichgewichtsbedingung $Pp = Qq$ oder $Pp - Qq = 0$ heißt daher: P und Q halten einander das Gleichgewicht, wenn die algebraische Summe ihrer statischen Momente in bezug auf die Drehachse Null ist.

Wenn beliebig viele Kräfte $P_1 P_2 P_3 \ldots$ und $Q_1 Q_2 Q_3 \ldots$ an dem Schnitt angreifen (Abb. 54) unter deren gleichzeitiger Einwirkung der Körper in Ruhe bleibt, und der Drehsinn der Kräfte $P \ldots$ in den Abständen $p \ldots$ von der Achse entgegengesetzt ist dem Drehsinn der Kräfte $Q \ldots$ in den Abständen $q \ldots$, so läßt sich beweisen, daß Gleichgewicht vorhanden ist, wenn $P_1 p_1 + P_2 p_2 \ldots = Q_1 q_1 + Q_2 q_2 + \ldots$, d. h. wenn die algebraische Summe der statischen Momente sämtlicher Kräfte Null ist.

Aus $P \cdot p = Q \cdot q$ folgt $Q/P = p/q$ und, je nachdem man diese Gleichung in der Form $\dfrac{n \cdot Q}{n \cdot P} = \dfrac{p}{q}$ oder in der Form $\dfrac{Q}{P} = \dfrac{n \cdot P}{n \cdot q}$ oder in der Form $nP \cdot \dfrac{p}{n} = \dfrac{P}{n} \cdot np = nQ \cdot \dfrac{q}{n} = \dfrac{Q}{n} \cdot nq$ schreibt, folgt: 1. solange die Abstände p und q unverändert bleiben, dürfen, wenn der Körper in Ruhe bleiben soll, die Kräfte nur so verändert werden, daß wenn die eine verdoppelt, verdreifacht … wird, auch die andere verdoppelt, verdreifacht … werden muß; 2. solange die Kräfte P und Q ihrer Größe nach unverändert bleiben, dürfen, wenn der Körper in Ruhe bleiben soll, die senkrechten Abstände der Kräfte von der Achse nur so verändert werden, daß, wenn der Abstand der einen verdoppelt, verdreifacht … wird, auch der der anderen verdoppelt, verdreifacht … werden muß; 3. jede Kraft P oder Q darf durch ihren n^{ten} Teil ersetzt werden, wenn dieser n^{te} Teil in n mal so großem Abstande von der Achse wirkt usw. Das ist der Inhalt der Gleichung $P/Q = q/p$, der sich viel kürzer so fassen läßt: *Gleichgewicht ist vorhanden, wenn die Kräfte entgegengesetzten Drehsinn haben und sich ihrer Größe nach zueinander umgekehrt verhalten, wie ihre Abstände von der Achse.*

Beschreibt man mit p und q Kreise um C und legt man die Geraden, die die Kräfte P und Q darstellen, in irgendwelchen Punkten der zugehörigen Kreise

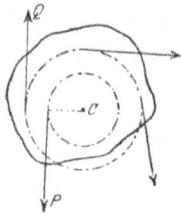

als Tangenten an (Abb. 56), so verändert das weder den Achsenabstand, noch die Größe, noch den Drehungssinn der Kräfte, also auch nicht ihren Gleichgewichtszustand. Man kann sie so in die mannigfachsten Lagen zueinander bringen, z. B. sie so richten, daß C nicht mehr (wie bisher) zwischen ihnen liegt. Eine

Abb. 56.   Abb. 57.
Richtung einer Kraft mit Hilfe einer drehbaren Scheibe geändert.

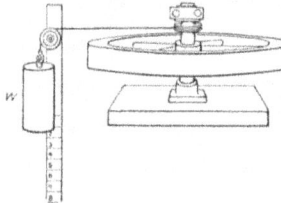

Scheibe, die um eine zu ihrer Ebene senkrechte Achse drehbar ist, ist daher eine bequeme Vorrichtung, um die Richtung einer Kraft zu ändern, wie z. B. in Abb. 57 die Scheibe, mit deren Hilfe der vertikal nach unten gerichtete Zug des Gewichtes W in einen horizontal gerichteten verwandelt wird.

Parallele gleichgerichtete Kräfte am drehbaren Körper. Auch *parallele* Kräfte können eine Resultante haben; das ist sehr bemerkenswert, denn parallele Kräfte haben, da ihnen parallele Geraden entsprechen, anscheinend keinen gemeinsamen Angriffspunkt, an dem sie sich zu einer Resultierenden zusammensetzen können.

A und B seien (Abb. 58) zwei Punkte eines starren Körpers, die eine starre Gerade AB verbindet, P und Q zwei parallele Kräfte, AP und BQ liegen in derselben Ebene; wir machen sie zur Ebene der Zeichnung. Der Bewegungszustand von A und B bleibt derselbe, auch wenn man in A und in B je eine Kraft P' und Q' wirken läßt, deren Richtung in die starre Gerade AB fällt, und die beide gleich groß ($P' = Q'$), aber einander entgegengesetzt gerichtet sind. P und Q werden auf diese Weise durch R und R' ersetzt. Man kann R und R', da sie nicht parallel sind und *in derselben Ebene* liegen, auf ihren Richtungslinien verschieben, bis ihre Angriffspunkte in C zusammenfallen. CD und CE stellen dann die Kräfte R und R' dar, und von denen kann jede in dieselben Komponenten *zerlegt* werden, aus denen sie entstanden ist, d.h. R in P' und $P(= CG)$, R' in Q' und Q ($= CF$). Die Kräfte P' und Q' heben einander auf, weil sie gleich groß und einander entgegengesetzt sind. P und Q fallen in dieselbe Richtung, summieren sich also zu $P + Q$ ($= CG + CF$). Die Kräfte R und R' sind auf diese Weise durch *eine* Kraft von der Größe $P + Q$ ersetzt, und da

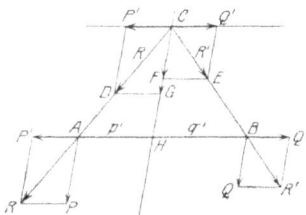

Abb. 58. Zusammensetzung paralleler Kräfte (P und Q) zu einer Resultierenden ($P + Q$).

R' und R der Ersatz für P und Q waren, so sind *diese* beiden durch die Kraft $P + Q$ *ersetzt*. CG ist, das geht aus der Konstruktion hervor, P und Q parallel. Auf ihr können wir nun die Resultierende $P + Q$ verschieben, so daß ihr Angriffspunkt nach H fällt.

Ist diese Kraft, deren Richtung mit der von P und Q parallel ist und durch H geht, tatsächlich die Resultante der beiden Kräfte, so muß die Wirkung von P und von Q aufgehoben werden, wenn man in H eine Kraft ($P + Q$) wirken läßt, die der Richtung von P und Q parallel ist, aber nach der entgegengesetzten Richtung wirkt (Abb. 59). Das ist in der Tat so:

Die Wirkung von P und von Q besteht 1. darin, daß sie die starre Gerade AB in der Ebene, in der sie wirken, als Ganzes fortzubewegen suchen. Das verhindert offenbar die Kraft ($P + Q$), denn sie ist gleich groß und entgegengesetzt gerichtet der Kraft, die den Punkt H nach der Richtung zu bewegen sucht, nach der P und Q selbst gerichtet sind; darum bleibt Punkt H in Ruhe, und deswegen kann sich 1. *die Gerade nicht als Ganzes wegbewegen*.

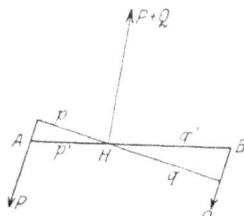

Abb. 59. Aufhebung der parallelen Kräfte P und Q.

Die Wirkung von P und von Q besteht 2. darin, daß sie die Gerade in der Ebene der Zeichnung um den festgehaltenen Punkt H zu drehen streben, d. h. darin, daß sie die Gerade AB in der Ebene, in der sie wirken, um eine Achse zu drehen streben, die im Punkte H senkrecht durch die Ebene geht. Aber H teilt die Gerade AB in die Abschnitte p' und q', und es läßt sich aus Abb. 58 beweisen (aus der Ähnlichkeit der Dreiecke CFE und CHB einerseits, der Ähnlichkeit der Dreiecke CGD und CHA andererseits und der Gleichheit von P' und Q'), daß $p'/q' = Q/P$. Ferner ist in den beiden rechtwinkligen Dreiecken der Abb. 59 $p'/q' = p/q$, also ist $Q/P = p/q$ und daher $Qq = Pp$. Die Längen p und q messen die senkrechten Abstände der Kräfte P und Q von der Drehachse. Die Produkte Pp und Qq sind also die statischen Momente von P und von Q

mit Bezug auf die Drehachse, und da die statischen Momente gleich sind, und die Kräfte P und Q entgegengesetzten Drehsinn haben, so *kommt 2. auch keine Drehung zustande.* Die Abb. 59 in H angreifende Kraft $(P + Q)$ hebt also die Wirkung von P in A und von Q in B auf. Die Kraft $P + Q$, die in H angreift und der Richtung von P und Q nach derselben Richtung parallel ist, ist also tatsächlich die Resultante von P und Q. Man nennt sie *die Resultierende* (*Mittelkraft*) *der parallelen Kräfte* und ihren Angriffspunkt auch wohl *den Mittelpunkt der parallelen Kräfte.*

     Parallele, entgegengesetzt gerichtete (antiparallele) Kräfte. Kräftepaar. Sind P und Q parallel, aber *einander entgegengesetzt* gerichtet, so findet man — vorausgesetzt, daß sie nicht etwa *gleich* groß sind — durch eine ähnliche Konstruktion, wie Abb. 58, daß auch sie einen Mittelpunkt und eine Mittel-

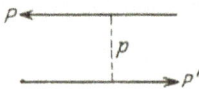

Abb. 60. Die Kräfte P und P' bilden ein Kräftepaar. p sein Arm.

kraft haben, daß die Mittelkraft gleich der *Differenz* von P und Q ist, der Richtung von P und Q parallel ist und nach der Richtung des größeren von beiden gerichtet ist. Der Mittelpunkt der Kräfte liegt wieder so, daß, wenn man durch ihn senkrecht zur Ebene der Zeichnung eine Achse legt, die im Raume festgehalten wird, das ganze System in Ruhe bleibt. — Sind aber die *entgegengesetzt gerichteten* Kräfte P und Q an Größe *einander gleich*, so haben sie *keine* Mittelkraft, also auch *keinen* Mittelpunkt, und es ist unmöglich, ihre Wirkung durch eine einzige Kraft aufzuheben. Man nennt (Abb. 60) diese Kombination von *gleich* großen, parallelen, *entgegengesetzt* gerichteten Kräften ein Kräfte*paar*, ihren senkrechten

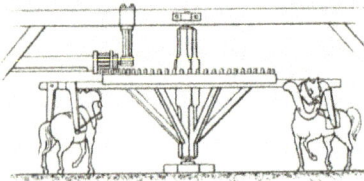

Abb. 61. Die Pferde am Göpel bilden ein Kräftepaar. Ihr (diametral gemessener) Abstand ist der Arm des Paares.

Abstand p den Arm des Paares, das Produkt Pp aus der Kraftgröße und dem Arm das *Moment* des Paares (POINSOT, 1804). — Die an dem Drehwerk ziehenden Pferde in Abb. 61 bilden ein Kräftepaar.

     Parallele Verlegung einer Kraft. Wir brauchen auf die Kräftepaare nicht näher einzugehen, aber ihre Anwendung für das folgende ist wichtig: Der Bewegungszustand des Körpers (Abb. 62) unter Einwirkung der bei A angreifenden Kraft P bleibt unverändert, wenn man in irgendeinem anderen seiner Punkte die zu P parallelen Kräfte P_1 und P_2 anbringt. P und P_2 bilden dann ein Kräftepaar, dessen Arm p ist, und P_1 ist offenbar die eine, deren Angriffspunkt von A nach B verlegt worden ist. Das bedeutet: man darf eine *Kraft*, die in einem Punkte A (Abb. 62) angreift, von diesem Angriffspunkt A wegnehmen und *parallel* mit sich zu einem anderen, B, verlegen, wenn man gleichzeitig ein *Kräftepaar* $P P_2$ an dem Körper anbringt, wie es sich aus der soeben angegebenen Konstruktion von selbst ergibt. Das Kräftepaar $P P_2$ strebt die Walze (Abb. 63) in der Vertikalebene herumzudrehen, wird aber aufgehoben, weil die Welle in den Lagern festliegt. — Die Parallelverschiebung einer Kraft ist ein Seitenstück zu der mehrfach erwähnten Verlegung einer Kraft in ihrer Richtungslinie (Abb. 51). Die Berechtigung, Kräfte zu anderen Angriffspunkten desselben Körpers zu verschieben, ist für die Lösung gewisser Aufgaben der

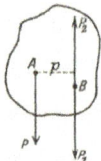

Abb. 62.   Abb. 63.
Verlegung einer Kraft $A P$ parallel mit sich (nach $B P_1$). Vgl. Abb. 71.

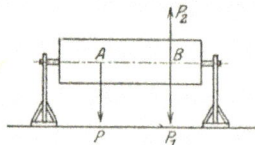

Mechanik wichtig. Man kann mit *allen* Kräften *dieselbe* Operation vornehmen. Das Resultat ist, daß schließlich *alle* Kräfte, die an beliebigen Punkten den Körper angegriffen haben, an einem einzigen Punkt angreifen, also zu einer *einzigen Resultante vereinigt werden können*, und außerdem ebenso viele Kräftepaare an dem Körper angreifen, wie ursprünglich Einzelkräfte an ihm angegriffen haben. Die Kräftepaare lassen sich (wir übergehen den Beweis dafür) ebenfalls zu einem einzigen *resultierenden* Kräftepaar vereinigen. An dem

Körper greift also schließlich nur *eine einzige Kraft* an, die ihn als Ganzes fortzubewegen strebt, und *ein einziges Kräftepaar*, das ihn zu drehen strebt. Um den Körper trotzdem in Ruhe zu erhalten, muß man jene Kraft durch eine gleich große Kraft und jenes Kräftepaar durch ein gleich großes Paar in der Wirkung aufheben. Dieses Paar muß ein gleich großes Moment wie jenes, aber entgegengesetzten Drehsinn haben.

Die *Größe* $(P + Q)$ *der Mittelkraft* hängt *nur* davon ab, wie *groß* P und Q sind, die *Lage ihres Angriffspunktes*, wie $p/q = Q/P$ zeigt, nur von dem *Verhältnis* der Größen P und Q. Die Größe der Mittelkraft und die Lage von H auf AB (Abb. 59) ändern sich daher nicht, wenn man P und Q in die Lagen P_1 und Q_1 oder P_2 und Q_2 ... dreht (Abb. 64), *wenn sie nur ihre Größe und den Parallelismus behalten*. Die *Richtung* der Mittelkraft wird zwar dabei anders, weil sie der Richtung der parallelen Kräfte parallel sein muß, aber *nicht* ihre Größe und *nicht* der Ort ihres Durchschnittes mit der Geraden AB. Mit anderen Worten: die parallelen Kräfte P und Q haben eine Mittelkraft von *eindeutig* bestimmter Größe und nur *einen* Mittelpunkt. Greift noch eine dritte parallele Kraft, S, an, so haben die Mittelkräfte von $P + Q$ und S eine Mittelkraft $P + Q + S$, ihr Angriffspunkt bestimmt sich aus der Bedingung, daß er auf der starren Geraden liegen muß und sein Abstand von H zum Abstand von S im

Abb. 64. Ort des Mittelpunktes paralleler Kräfte.

umgekehrten Verhältnis von $P + Q$ und S stehen muß. Wieviele parallele Kräfte auch die starre Gerade angreifen, sie lassen sich durch eine Mittelkraft ersetzen. Um ihre Wirkung aufzuheben, muß in ihrem Mittelpunkt eine Kraft angreifen, die an Größe der Summe der Einzelkräfte gleich ist, und die den Kräften parallel, aber entgegengesetzt gerichtet ist.

Dieselben Folgerungen, die für *zwei* getrennte Punkte und dann für beliebig viele Punkte *einer starren Geraden* gelten, lassen sich auf beliebig viele Massenpunkte ausdehnen, die *beliebig zueinander* liegen; sie müssen nur zu einem *starren Körper* verbunden sein.

Der Schwerpunkt als Mittelpunkt paralleler Kräfte. Als Mittelkraft einer Vielheit von einander parallelen Kräften kann man das *Gewicht* eines starren Körpers auffassen. Jedes seiner Massenteilchen $m_1\, m_2\, m_3$ ... wird von der Schwerkraft zum Mittelpunkt der Erde hingezogen, die Dimensionen des Körpers sind im Verhältnis zu seinem Abstande vom Erdmittelpunkt verschwindend klein, daher dürfen die Richtungen der Kräfte $m_1 g\;\; m_2 g\;\; m_3 g$ ... als parallel gelten. Die Wirkung *aller* dieser Kräfte wird ersetzt durch *eine* Kraft $m_1 g + m_2 g + m_3 g + \ldots = g\,(m_1 + m_2 + m_3 + \ldots)$. Der Ausdruck in der Klammer ist die Masse M des Körpers, die Mittelkraft also gleich Mg, d. h. gleich dem Gewicht der Masse. Die Wirkung der Schwerkraft auf den Körper äußert sich danach gerade so, wie wenn seine Masse in *einem einzigen* materiellen Punkt, der die Masse M hat, dem *Schwerpunkt*, enthalten wäre, und nur dieser Punkt von der Schwerkraft angegriffen würde. (Aus diesem Grunde nennt man den Schwerpunkt auch Massen*mittel*punkt.)

Größe und Richtung der Mittelkraft, die wir das Gewicht nennen, kennen wir. Wo liegt ihr *Angriffspunkt*, der Schwerpunkt? Man kann bei gewissen Körperformen die Form und die Massenverteilung darin durch eine Formel ausdrücken und die Koordinaten des Angriffspunktes berechnen. Aber auch durch den Versuch kann man den Schwerpunkt ermitteln gemäß der Vorstellung (s. oben), daß die ganze Masse des Körpers in ihm konzentriert ist. Hängen wir den Körper an einer Schnur auf (Abb. 65), so wird er stets eine solche Lage annehmen, daß der Schwerpunkt auf der vertikalen geraden Linie liegt, die die Schnur bildet.

Hängen wir ihn also nacheinander in zwei verschiedenen Lagen auf, so muß *beide* Male der Schwerpunkt auf derjenigen Geraden liegen, die als Verlängerung der gestreckten Schnur *durch den Körper* geht. Das ist aber nur dann möglich, wenn die beiden Geraden in derselben Ebene liegen und einander schneiden. Ihr Schnittpunkt ist dann mit dem Schwerpunkt identisch.

Erhaltung des Schwerpunktes. Der Begriff des Schwerpunktes ergab sich aus der Zusammenfassung sämtlicher Massenteilchen m, die den starren Körper bilden. Zerlegen wir den Körper durch eine Fläche in zwei Teile A_1 und A_2, so hat A_1 einen Schwerpunkt und A_2 einen Schwerpunkt. Aber der Schwerpunkt von A_1 und A_2 zusammengenommen ist wieder der des *ganzen* starren Körpers. Dieselbe Überlegung gilt auch, wenn wir den Körper durch Flächen in *beliebig viele* Teile zerlegt denken: der ihnen gemeinsame Schwerpunkt ist der des starren Körpers, aus dem sie durch die Teilung hervorgegangen sind. Man stelle sich nun vor, der Körper *zerfalle* infolge

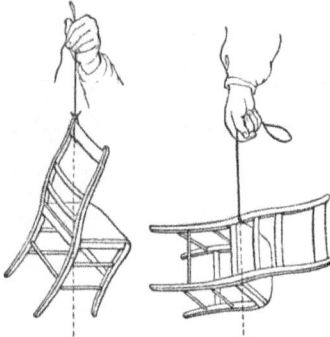

Abb. 65. Ermittlung des Schwerpunktes.

einer in ihm selber liegenden Ursache (nicht aber eine von außen wirkende Kraft) tatsächlich in viele einzelne Teile, er „explodiere" wie eine Granate: trotzdem bleibt der Schwerpunkt dieser Vielheit von Teilen derselbe, er bewegt sich, solange keiner der Teile durch *äußere* Kräfte beeinflußt wird, wie er sich auch dann bewegt haben würde, wenn der Körper *nicht* zerfallen wäre. Kurz: die inneren Kräfte des Systems haben auf den Bewegungszustand des Schwerpunktes keinen Einfluß. Man nennt das: *Erhaltung des Schwerpunktes.*

Daß zwei Massen nicht durch Wirkung auf*einander* ihren gemeinsamen Schwerpunkt verschieben können, ist auch durch die Rechnung leicht einzusehen. In a und b befinden sich zwei Massen $2\,m$ und m, ihr gemeinsamer Schwerpunkt ist S, und es sei $bS = 2\,aS$.

Abb. 66. Zur Erhaltung des Schwerpunktes.

Die Massen sollen wechselseitig aufeinanderwirken und einander abstoßen, die Beschleunigungen, die sie einander gegenseitig erteilen, verhalten sich umgekehrt wie die Massen. Wenn also $2\,m$ den Weg $a\,d$ zurücklegt, so legt m den Weg $bc = 2\,ad$ zurück. S bleibt dabei noch immer der Schwerpunkt, da $cS = 2\,dS$ ist. Berücksichtigt man mehrere irgendwie im Raume verteilte Massen, so erkennt man, wie je zwei und zwei solcher Massen ihren Schwerpunkt nicht verschieben können, d. h. der Schwerpunkt des ganzen Systems nicht durch die Wechselwirkung der Massen verschoben werden kann. Die Bewegung des Schwerpunktes eines Systemes wird danach nur durch die *äußeren* Kräfte bestimmt, die inneren Kräfte bringen nur solche Wirkungen hervor, die einander aufheben.

Die Beschleunigung des Schwerpunktes nach einer gegebenen Richtung erhalten wir, wenn wir sämtliche Kräfte, die nach derselben Richtung wirken, summieren und durch die Gesamtmasse dividieren. Der Schwerpunkt des Systems bewegt sich so, als ob alle Massen in ihm vereinigt wären und alle Kräfte in ihm angriffen. Wie eine Masse ohne eine *äußere* Kraft keine Beschleunigung annimmt, so auch der Schwerpunkt eines *Systems* von Massenpunkten.

Stabiles, labiles, indifferentes Gleichgewicht. Um zu erfahren, wie die Schwerkraft den Bewegungszustand einer Masse beeinflußt, braucht man nur den Bewegungszustand ihres Schwerpunktes zu untersuchen. Wir denken uns dabei die Masse des Körpers im Schwerpunkt konzentriert. Wir wissen z. B.: *trotz der Einwirkung der Schwerkraft* bleibt ein Körper in Ruhe, wenn er

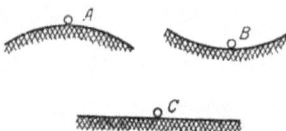

Abb. 67. Das Gleichgewicht in A labil, in B stabil, in C indifferent.

horizontal unterstützt (oder vertikal aufgehängt) wird, weil er dann vertikal nach oben denselben Antrieb erfährt, den ihm die Schwerkraft vertikal nach unten erteilt. Der Körper ist im „Gleichgewicht". Aber das Gleichgewicht kann verschiedener Art sein: In Abb. 67 bedeutet A den höchsten, B den tiefsten Punkt eines Kreisbogens, C einen Punkt der Horizontalebene. In jedem *kann* die Masse in Ruhe sein, denn in A und B hat der Kreisbogen dieselbe Richtung wie die *horizontale* Tangente. Entfernt man den Körper auch nur um ein Minimum — die Reibung sei verschwindend klein — längs des Bogens aus A, so fällt er ihm entlang herunter und kehrt nie wieder von selbst in die alte Gleichgewichtslage zurück. Entfernt man ihn aus B, so fällt er *auch* längs des Bogens, aber er sucht die alte Gleichgewichtslage zurückzugewinnen. Entfernt man ihn aus C, so bleibt er in Ruhe, wo er auch hingebracht wird. Sehr begreiflich: eine horizontale Unterlage, und nur eine solche, hebt die Wirkung der Schwerkraft vollkommen auf, auf der Kurve kann der Körper dort in Ruhe sein, wo die Tangente horizontal ist, also nur in A und B, an den anderen Punkten wird die Wirkung der Schwerkraft nur zum Teil aufgehoben, und dem nicht aufgehobenen folgt der Körper, bis er zum tiefsten Punkt gefallen ist, den er erreichen kann. Das Gleichgewicht in A nennt man *labil*, das in B *stabil*, das in C *indifferent*.

Ist eine Kugel vertikal *aufgehängt* wie ein Pendel und in Ruhe, so ist sie in stabilem Gleichgewicht: aus der Gleichgewichtslage entfernt und der Schwerkraft überlassen, strebt sie stets in die alte Gleichgewichtslage zurück, weil ihr Schwerpunkt dort am tiefsten liegt. Wird sie auf einer Spitze balanciert, so ist sie im labilen Gleichgewicht: bei der kleinsten Störung fällt sie herab. Ist sie, wie ein Globus, um eine festliegende Achse drehbar, die durch ihren Schwerpunkt geht (der in den Kugelmittelpunkt fällt), so ist sie im indifferenten Gleichgewicht, weil der Schwerpunkt im Raume festgehalten wird, also seine Lage nicht ändern kann; in welche Lage auch die Kugel gedreht wird, sie bleibt in jeder in Ruhe. Die Stabilität der Gleichgewichtslage eines *unterstützten* Körpers (Abb. 68) ist verschiedener Grade fähig. Die Gleichgewichtslage des Balkens kann so sein. wie in I, oder so, wie in II. In beiden bedeutet S den Schwerpunkt. Wird der Balken aus der Lage I um die durch A gehende horizontale Kante als Achse gedreht, so gelangt er bei III in die labile Gleichgewichtslage. Ebenso wenn er von II

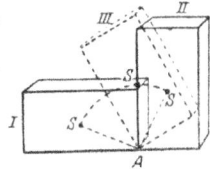

Abb. 68. Grade der Stabilität.
I ist stabiler als II.

aus um diese Achse gedreht wird. Er gelangt aber *leichter* von II aus als von I aus in die labile Lage, d. h. II ist *weniger* stabil als I. Er wird schwerer aus I in II als aus II in I übergehen. Die Standfestigkeit ist also desto größer, je tiefer der Schwerpunkt liegt, d. h. je höher er gehoben werden muß, ehe der Körper die labile Gleichgewichtslage erreicht. Ein homogenes, schweres, dreiachsiges Ellipsoid auf einer horizontalen Ebene ist, wenn es auf dem Endpunkt der kleinsten Achse ruht, im stabilen Gleichgewicht, denn jede Verschiebung *hebt* den Schwerpunkt: wenn es auf dem Endpunkt der großen Achse ruht, im labilen. Eine homogene Kugel, ein homogener Kreiszylinder auf einer horizontalen Ebene sind im indifferenten Gleichgewicht.

Gleichgewicht eines bifilar aufgehängten Körpers. Stabil ist auch das Gleichgewicht eines bifilar aufgehängten Körpers. Hängt man einen Körper an zwei Fäden auf (Abb. 69), so ist der Körper im Gleichgewicht und in Ruhe, solange die Fäden in derselben *Vertikal*ebene liegen und wenn die Verbindungsgeraden ihrer oberen (OO') und ihrer unteren Enden (UU') parallel sind. Ist das erste nicht erfüllt, so schwingt er wie eine bifilar aufgehängte Schaukel, ist das zweite nicht erfüllt, so führt er Drehschwingungen aus. Sein Schwerpunkt liegt *ruhend*, so tief er liegen *kann*. Dreht man den Körper um die Vertikale durch den Schwerpunkt, so *hebt* sich der Schwerpunkt, um so mehr, je weiter man den Körper aus der Ruhelage heraus-

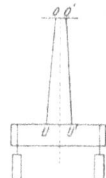

Abb. 69. Bifilar aufgehängter Körper (s. Abb. 117).

dreht. Losgelassen strebt der Körper daher mit entsprechender Kraft in seine Ruhelage zurück, schießt darüber hinaus, wird langsamer, kommt zur Ruhe, kehrt um usw. — kurz, er *schwingt* um die Vertikale, die durch seinen Schwerpunkt in der Ruhelage geht, und kommt schließlich wieder in seiner ursprünglichen Lage zur Ruhe. Die bifilare Aufhängung hat also dem Körper ein ausgesprochen stabiles Gleichgewicht verschafft. Man verwendet sie z. B., wo man einen Magnetstab in der Horizontalebene um eine Vertikale drehend schwingen lassen will (Magnetometer) oder zur Aufhängung von Galvanometerspulen, wie z. B. im Elektrodynamometer von WEBER. Je nach der beabsichtigten Empfindlichkeit des Instrumentes richtet man den Abstand der Aufhängefäden ein. Bei der bifilaren Aufhängung ruft die Schwerkraft die rückdrehende Kraft hervor, bei der unifilaren (Drehwaage) die Torsionselastizität (S. 141 u.) des Aufhängefadens.

Der drehbare starre Körper als Maschine (vgl. S. 61).

Die Rolle. Das Rad an der Welle. Der Flaschenzug. Wir kehren zurück zu der Bedingung, S. 64 o., unter der zwei Kräfte an einem drehbaren starren Körper einander das Gleichgewicht halten. Wir werden den drehbaren starren Körper dabei als Maschine kennenlernen. Mit einer Scheibe, die um eine zu ihrer Ebene senkrechte Achse drehbar ist, kann man die Richtung einer Kraft ändern, besonders einfach mit einer kreisförmigen Scheibe, deren Drehachse durch den

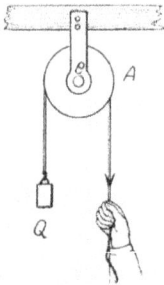

Mittelpunkt geht. Die Kraftrichtung ist dann stets Tangente an den Kreis und der Abstand von der Drehachse stets gleich dem Radius des Kreises; das statische Moment der Kraft bleibt also unverändert. Eine Scheibe wie in Abb. 70 heißt eine *Rolle*, und zwar eine *feste*, weil ihre Achse festliegt. Es ist ein Rad A, in dessen Peripherie eine ringsumlaufende Nute eingeschnitten ist. Es ist drehbar um den Stift e, der senkrecht zur Radebene durch den Mittelpunkt geht. Die Nute der Rolle dient zur Aufnahme einer Schnur, an der die Kräfte wirken. Um den Zug der Hand durch den eines Gewichtes, P, zu ersetzen, muß man P so groß machen wie Q, weil Gleichgewicht nur dann vorhanden ist, wenn

Abb. 70. Feste Rolle — keine Maschine.

$Pp = Qq$ ist, p aber hier *gleich* q ist, beide gleich dem Radius der Kreisscheibe. Die feste Rolle kann also zwar zur Änderung der Kraftrichtung dienen, *nicht* aber zur *Kraftersparnis*. Sie ist also keine Maschine im Sinne unserer Definition. Sie ist es nur deswegen nicht, weil an ihr alle Kräfte nur im *selben* Abstande von der Drehachse angreifen können. Befestigt man aber auf einem Zylinder A, der die Stelle der Rolle vertritt,

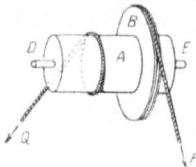

eine zweite Rolle B (Abb. 71) derart, daß sich A und B nur *gemeinsam* drehen können, und gibt man B einen größeren Durchmesser, so kann der Kraft Q an der kleineren Rolle eine *kleinere* Kraft P an der größeren Rolle das Gleichgewicht halten. So wirkt das *Rad an der Welle* (Abb. 71). Aus $Pp = Qq$ folgt $P = q/p \cdot Q$; je größer man im Vergleich mit q den Abstand p von der Achse wählt, in dem P angreift, desto kleiner ist die Kraft P, die der Kraft Q das Gleichgewicht hält.

Abb. 71. Das Rad an der Welle als Maschine.

Die Kräfte P und Q wirken hier zwar nicht in derselben Ebene, aber wir dürfen (Abb. 62) jede parallel mit sich dahinein verlegen, wenn wir ein entsprechendes Kräftepaar hinzufügen. Der Drehsinn des dabei auftretenden Kräftepaares ist derart — es strebt die Welle DE um eine zu ihr senkrechte Achse zu drehen —, daß es durch die (bei D und E zu denkenden) Lager der Welle, wie in Abb. 63 wirkungslos gemacht wird.

Eine Rolle kann, wie in Abb. 57 oder in Abb. 70, nur die *Richtung* einer Kraft ändern, sie kann aber als *Maschine* wirken im Sinne der Definition (S. 45), wenn man sie als *Ganzes bewegbar* macht (*lose* Rolle, Abb. 72). Man denke sie sich an einer in die Nute gelegten Schnur von den Händen gehalten, so daß die beiden Schnurhälften parallel sind, und an der Welle eine Kraft Q vertikal nach unten wirkend, z. B. ein Gewicht Q. Die Rolle selbst betrachten wir als ein geometrisches gewichtsloses Gebilde. Die Kraft Q können wir ersetzt denken durch zwei Kräfte, jede gleich $Q/2$ parallel zu Q und an der Peripherie der Rolle angreifend.

In jeder Schnurhälfte zieht dann das Gewicht mit der Kraft $Q/2$ nach unten. Um die Rolle im Gleichgewicht zu halten, muß also jede Hand in ihrer Schnurhälfte mit der Kraft $Q/2$ nach oben ziehen. Befestigt man das eine Ende statt an der Hand, so wie es Abb. 72a zeigt, so hat die andere Hand nur noch eine Kraft $Q/2$ nach oben zu leisten, d.h. am Umfange der Rolle wirkend, genügt die Kraft $Q/2$, um der Last Q an der Achse das Gleichgewicht zu halten. Führt man das freie Ende über eine *feste* Rolle, so erhält man den *Flaschenzug* (Abb. 73). Führt man es an die Welle einer zweiten losen Rolle, die, wie die erste von einem Seile getragen wird, so kann auch die Hälfte von $Q/2$, also $Q/4$, dadurch aufgehoben werden, daß das eine

Abb. 72.   Abb. 72a.   Abb. 73.   Abb. 73a.
Lose Rolle als Maschine.   Potenzflaschenzug.

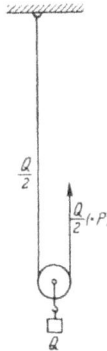

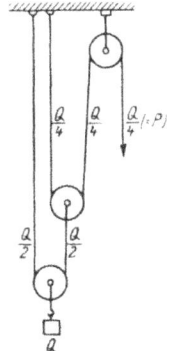

Seilende befestigt wird. An dem freien Seilende der zweiten losen Rolle braucht dann nur $Q/4 = Q/2^2$ zu wirken, um der Last Q das Gleichgewicht zu halten. Führt man das freie Ende der zweiten losen Rolle zur Welle einer dritten, so genügt dann $Q/8 = Q/2^3$, wenn man n lose Rollen benutzt, so genügt am freien Seilende der n^{ten} Rolle die Kraft $Q/2^n$. Der Potenz wegen nennt man diesen Flaschenzug *Potenzflaschenzug* (Abb. 73a).

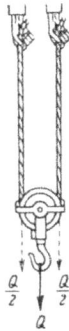

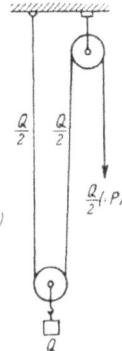

Abb. 74. Gemeiner Flaschenzug.

Beträgt Q in Abb. 73 z. B. 200 kg, so genügen an dem freien Ende 100 kg zum Gleichgewicht des Flaschenzuges, man kann ihn dann leicht in Bewegung setzen, die Masse von 100 kg sinkt, die von 200 kg steigt. Aber wohlgemerkt: man muß die 100 kg um eine doppelt so lange Strecke herunterziehen, wie die 200 kg in die Höhe steigen. Und 100 kg · 1 m sind ebensogut 100 mkg wie 200 kg · $\frac{1}{2}$ m. Man spart also nichts an Arbeit. Auch der Flaschenzug *erleichtert* nur die zu leistende Arbeit, aber in demselben Maße, in dem er sie erleichtert, *verlängert* er sie — wie jede andere Maschine.

Gemeinsam ist allen Flaschenzügen die Verbindung von festen und losen Rollen. In dem *gemeinen* Flaschenzug (Abb. 74) sind die Rollen, hier je 3, zu einer *Flasche* verbunden. Bei Gleichgewicht des Flaschenzuges muß jede Rolle einzeln in Ruhe sein, mithin müssen, wenn man davon absieht, daß die Schnüre nicht genau parallel laufen, die zu beiden Seiten einer Rolle ziehenden Kräfte einander gleich sein, d. h. $Q_1 = Q_2$, $Q_2 = Q_3$, $Q_3 = Q_4$. Kurz: der Zug, den Q nach unten ausübt, verteilt sich gleichmäßig auf sämtliche Seilabschnitte, und da ebensoviel Seilabschnitte wie Rollen da sind, ist die Kraft P, die der Last Q das Gleichgewicht hält, gleich Q/n. — Am häufigsten benützt man den Differentialflaschenzug (Abb. 75). Die feste Rolle ist aus zwei verschieden großen Rollen zusammengesetzt; die Differenz ihrer Radien ist bestimmend für das Verhältnis von P zu Q (s. S. 122).

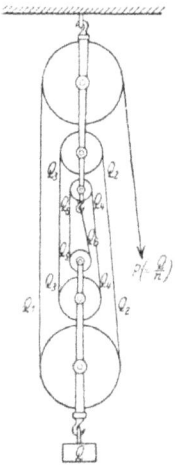

Abb. 75. Differentialflaschenzug.

Der Hebel. Reduziert man die Scheibe (Abb. 76) auf den Stab SCT, so entsteht der *Hebel*, ein *gerader Hebel*, im Gegensatz zum *Winkel*hebel $S'CT'$ (Abb. 77). Der Abstand des Angriffspunktes (S, T) von der Achse heißt Hebelarm — beim geraden Hebel SC und TC, beim Winkelhebel $S'C$ und $T'C$ — der Hebel selbst heißt *zweiarmig*, wenn C, wie in Abb. 76 und 77, zwischen den An-

griffspunkten S und T liegt; sonst *einarmig* (Abb. 78). Die Gleichgewichtsbedingung ist dieselbe wie für jeden um eine feste Achse drehbaren starren Körper:

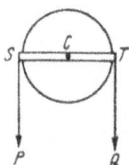

die Kräfte müssen entgegengesetzten Drehsinn haben, und ihre
statischen Moment müssen gleich
sein, die Kräfte P und Q also
wieder die Gleichung $Pp = Qq$
erfüllen. Den Stab ST nennt
man einen *physischen* Hebel, im
Gegensatz zu dem *mathematischen*. Denkt man sich den Stab
ST durch eine starre gewichts-
lose Gerade ersetzt, so gelangt

Die um eine festliegende Achse C drehbare Scheibe auf einen Stab reduziert.

Abb. 76.
Zweiarmiger ge-
rader Hebel.

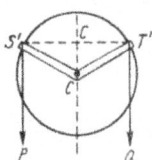

Abb. 77.
Winkelhebel.

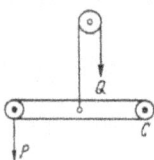

Abb. 78.
Einarmiger Hebel.

man zur Vorstellung des mathematischen Hebels. (Seine Einführung an Stelle
des physischen gewährt gewisse Vorteile. Ein physischer Hebel ist der Schwerkraft unterworfen. Wir ersetzen daher notfalls den physischen Hebel durch
den mathematischen.)

Der Hebel als Werkzeug. Wir hätten die Scheibe ebensogut wie auf einen Stab (Abb. 76)
auf eine andere Form reduzieren können. Im Grunde genommen wird jeder um eine Achse
drehbare Körper, wenn er die für die beab-
sichtigte Arbeitsleistung geeignete Form hat,
zum Hebel. In
jeder wirkt er
der Gleichung
$Pp = Qq$ ge-
mäß. Um in
einem gegebe-
nen Falle seine
Wirkung zu
übersehen, muß
man fragen: wo
liegt die Dreh-

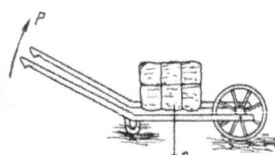

Abb. 79. Zweiarmiger Hebel als Hebebaum.

Abb. 80. Einarmiger Hebel
als Karre.

achse, an welchen Punkten greifen P und Q an, und nach welcher Richtung suchen sie den
Hebel zu drehen? In Abb. 79 bildet der Hebel z. B. eine gerade unbiegsame Stange, die dazu
dient, das Gewicht des Blockes zu überwinden; er wirkt als *Hebebaum*. Um der Kraft Q das
Gleichgewicht zu halten, muß P in dem Sinne des Pfeiles wirken. Drehachse, Länge der
Hebelarme und Drehsinn sind deutlich. Je länger der Hebebaum ist, desto kleiner kann P
sein, um der Last Q das Gleichgewicht zu halten. — Die Karre Abb. 80 mit der Last Q ist
ebenfalls ein Hebel, ein einarmiger. Die Drehachse ist die Radachse. Je länger die Handhaben sind, und je näher Q am Rade liegt, je kleiner also q ist,
desto weniger Kraft gehört dazu, die Karre in die zum Wegschieben
erforderliche Lage zu bringen. — Viele unserer Werkzeuge sind
Hebel, sehr häufig Zusammensetzungen von mehreren. Aus zwei
Hebeln zusammengesetzt ist die Zange (Abb. 81). Man braucht sich
die Scheibe (Abb. 76), anstatt auf einen Winkel oder eine Stange
nur auf die Zangenhälften reduziert zu denken, um die Wirksamkeit der Zange aus der Verbindung zweier Hebel zu verstehen.
Die Pfeile zeigen die Richtung der Kräfte, ausgeübt von der die
Zange zusammendrückenden Hand. — Die meisten der im Skelett
aneinanderstoßenden Knochen sind durch Gelenke bewegbar mit-

Abb. 81. Verbindung zweier
zweiarmiger Hebel zur
Zange.

einander zu Hebeln verbunden. Ihre Bewegungen relativ zueinander, z. B. die des Unterarmes
relativ zum Oberarm (Abb. 82), wenn er sich im Ellenbogengelenk einer Türangel vergleichbar bewegt, sind durch die Form der Gelenke bedingt: es sind Drehungen. Die Drehachse ist die Achse des Gelenkes, und die um die Gelenkachse drehbaren Knochen
sind Hebelarme. Hervorgerufen werden die Bewegungen der Knochen durch die Muskeln. Die Muskelfasern sind zwischen zwei voneinander unabhängigen Punkten ausgespannt, in Abb. 82 bei A und bei P. Indem sie sich zusammenziehen, drehen sie
den Unterarm zu dem Oberarm hin. Man hat hier einen einarmigen Hebel vor sich;
die Angriffspunkte der Last W und der Kraft P liegen beide auf derselben Seite der
durch F gehenden Achse.

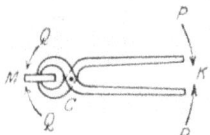

Der Hebel als Waage (Massenmesser). Auf der Wirksamkeit des Hebels beruht die Balkenwaage. Man kann mit ihr ermitteln, wie groß die Masse (*nicht* das Gewicht) eines Körpers ist, d. h. wieviel Gramm sie enthält, und vergleicht zu dem Zwecke die abzuwiegende Masse M_x mit einer Masse M, deren Grammzahl man *kennt*. Die Masse M entnimmt man einem Gewichtssatze, richtiger: Massensatze, der aus Massen von bekannter Größe, z. B. 50, 20, 10, 5, 2, 1 g besteht. Man vergleicht die unbekannte Masse M_x mit der bekannten M, indem man (Abb. 83) M_x an den einen und M an den anderen Arm eines zweiarmigen Hebels, des Waagebalkens, hängt, der um eine horizontale Achse drehbar ist. An dem einen Hebelarme zieht dann das Gewicht der Masse M_x, d. h. die Kraft $M_x \cdot g$, an dem anderen die Kraft $M \cdot g$. Hängen wir M_x um die Strecke l_x von der Achse entfernt auf, M um die Strecke l, so ist der Hebel im Gleichgewicht, wenn $M_x g \cdot l_x = M g \cdot l$. Hängen wir M_x und M *gleich* weit von der Achse auf, d. h. machen wir $l_x = l$, kurz, machen wir den

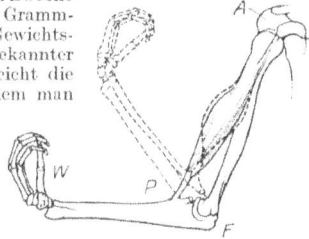

Abb. 82. Einarmiger Hebel als Unterarmknochen.

Waagebalken *gleicharmig*, so reduziert sich die Gleichgewichtsbedingung auf $M_x = M$. Die abzuwiegende Masse ist dann so groß, wie die dem Gewichtssatz entnommene. — Macht man l_x nicht gleich l, d. h. hängt man die beiden Massen *verschieden* weit von der Achse auf (Abb. 84), so ist die Gleichgewichtsbedingung $M_x \cdot l_x = M \cdot l$. Macht man z. B. $l = 10\, l_1$, d. h. hängt man die bekannte Masse M 10 mal so weit von der Achse auf wie die abzuwiegende M_x, so hat man $M_x \cdot l_x = M \cdot 10\, l_x$, d. h. $M_x = 10 \cdot M$. Man kann also eine große Masse auch mit einem verhältnismäßig kleinen Gewicht abwiegen (s. Brückenwaage).

Je nach dem Grade der Genauigkeit, je nach der Größe der abzuwiegenden Masse usw. wird die Waage anders gebaut. Das Prinzip der Hebelwaagen ist aber stets das gleiche: die Gleichheit der statischen Momente.

Zu Präzisionswägungen dient vor allem die Waage Abb. 85. Um zuverlässig zu sein, muß sie eine Reihe von Bedingungen erfüllen. 1. soll der Waagebalken, wenn er unbelastet ist, im Gleichgewicht sein, so daß der Zeiger Z auf Null steht. Die Balkenarme und die Schalen P und Q müssen daher in jeder Beziehung einander möglichst gleich sein, um gleiche statische Momente in bezug auf die Drehachse zu haben. Durch Drehen der Schraubenköpfe K und L, d. h. durch die dadurch bewirkte Änderung ihres Abstandes von der Achse, kann man die statischen Momente der Balkenhälften korrigieren. 2. sollen Gewichte, und zwar nicht zu kleine, die auf den Schalen einander das Gleichgewicht halten, miteinander vertauscht werden können, ohne den Ausschlag von Z zu verändern (ein Zeichen dafür, daß die Arme gleich lang sind). 3. soll der Waagebalken stabiles Gleichgewicht haben (S. 69 o.), d. h. er soll von selbst in seine Gleichgewichtslage zurückkehren, wenn man ihn daraus entfernt und dann sich selbst überläßt. Daher muß der Schwerpunkt des Balkens *senkrecht unter der Achse* liegen. (Läge er *darüber*, so würde der Waagebalken bei der geringsten Abweichung von der Gleichgewichtslage umschlagen. Läge er *in der Achse*, so würde der Balken, wenn beide Arme gleich belastet sind, in *jeder* Lage im Gleichgewicht sein, bei *ungleicher* Belastung aber nach der Seite der größeren hin gänzlich umschlagen, da er seinen Schwerpunkt möglichst tief zu legen sucht.) Die Stabilität soll aber nicht größer als irgend nötig sein, weil sie sonst die „Empfindlichkeit" der Waage verkleinert, der Schwerpunkt soll deswegen möglichst nahe unter der Drehachse (Mittelschneide) liegen. Denn 4. soll die Waage „empfindlich" sein, d. h. schon bei *geringer* Ungleichheit der Belastung weit ausschlagen. Empfindlichkeit einer Waage heißt der Winkel, um den sie —

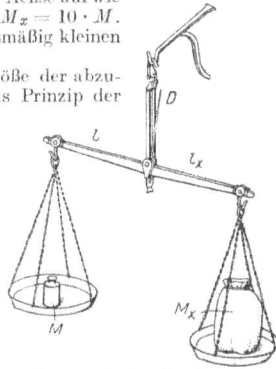

Abb. 83. Zweiarmiger Hebel als Krämerwaage.

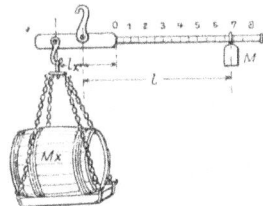

Abb. 84. Zweiarmiger Hebel als Schnellwaage.

beiderseits gleich belastet — von der Gleichgewichtslage ausschlägt, wenn man die eine Schale (mit „Eins") z. B. mit 1 mg mehr belastet; sie nimmt im allgemeinen mit steigender Belastung ab, außer bei den in Abb. 86 erfüllten Bedingungen. Die Empfindlichkeit ist — auf den Beweis gehen wir hier nicht ein — desto größer, je länger die Balkenarme sind, je leichter sie sind, und je näher der Schwerpunkt des Balkens an der Drehachse liegt. (Die Schraubenmutter N dient dazu, ihr den Schwerpunkt mehr oder weniger zu nähern. Die Formel für die Empfindlichkeit (C) ist $C = \dfrac{L}{M a + M' a'} \cdot \dfrac{z}{s}$. Hierin bedeutet M die Masse des Balkens, M' die Masse der Schalen und ihrer Belastungen, a den Abstand der

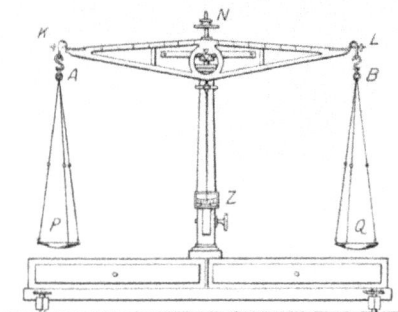

Abb. 85. Präzisionswaage (Laboratorium).

Drehachse vom Schwerpunkt, a' den Abstand der Drehachse von der (Abb. 86) Ebene, in der die Endschneiden liegen, z die Länge des Zeigers, s die des Skalenteiles. 5. soll die Empfindlichkeit bei *jeder* Belastung der Waage die gleiche sein. Das ist nur dann erfüllbar, wenn (Abb. 86) die tragenden Kanten der drei Schneiden bac in *derselben* Ebene liegen. Nur dann geht die Resultierende aus den bei b und c wirkenden Kräften auch beim Ausschlag des Balkens durch die unverrückbar gelagerte tragende Kante der Schneide a und ist ohne Einfluß auf den Ausschlag des Balkens.

Neben der Empfindlichkeit ist die Symmetrie der beiden Hälften und die vollkommene Steifheit des Balkens einer gleicharmigen Waage das Haupterfordernis. Um einen etwaigen Mangel an Symmetrie der Balkenhälften und Waagschalen aus dem Wägungsresultat auszuschließen, benützt man die (gewöhnlich nach BORDA benannte) *Methode der doppelten Wägung*: Der abzuwiegende Körper wird in die eine Waagschale gelegt, und in die andere Sand, Schrot od. dgl., bis Gleichgewicht herrscht. Hierauf wird der Körper durch Gewichtsstücke ersetzt. Die abzuwiegende Masse wird so mit den Gewichtsstücken an *demselben* Hebelarm und in *derselben* Waagschale verglichen, also unabhängig von der Symmetrie.

In der *Schnell*waage (Abb. 84) verschiebt man das Gewicht M bis zum Gleichgewicht mit der an dem kurzen Hebelarm hängenden Last. In der *Zeigerwaage* Abb. 87, einer *automatischen Waage*, hebt sich das Gewicht S durch das Auflegen der Last auf die Waagschale so lange und vergrößert dabei seinen Abstand von der durch die Achse gehenden Vertikalen so lange, bis sein statisches Moment gleich dem der Last ist. Das Resultat der Wägung liest man an einer Skala ab.

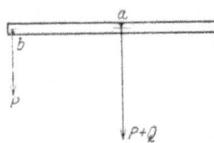

Abb. 86. Gleichgewichts-
bedingung der Waage.

Abb. 87. Zeigerwaage
(automatische W.).

Große Lasten wiegt man auf *Brückenwaagen*, Abb. 88 und 89 (*Dezimal-* oder *Zentesimalwaagen*). Um richtig zu wiegen, muß die Brückenwaage zwei Bedingungen erfüllen: 1. das Wägungsresultat muß unabhängig davon sein, auf welcher Stelle der Brücke die Last liegt; 2. das Gewicht in der Waagschale muß zu der im Gleichgewicht erhaltenen Last auf der Brücke genau in dem vorgeschriebenen Verhältnisse stehen (bei der Dezimalwaage im Verhältnisse 1:10). Die Brückenwaage ist aus drei Hebeln zusammengesetzt, einem zweiarmigen ACD und den zwei einarmigen HK und EF. Der zweiarmige ist der Waagebalken: an ihm hängt bei A die Waagschale, bei B (unter Vermittlung der Stange BH) die *Brücke* HK, auf der die abzuwiegende Last liegt. Die Brücke HK ist die eine einarmige Hebel, seine Drehachse geht durch K. Sie liegt *nicht unverrückbar* fest, sondern sie liegt auf dem einarmigen Hebel EF, dessen Drehachse durch F geht und *unverrückbar* festliegt. Die Last L wird einzig von den Punkten H und K aufgenommen, sie verteilt sich in irgendeiner Weise, die wir aber nicht zu kennen brauchen, auf diese beiden Punkte. Wir wollen den Anteil, mit dem sie auf beide (bei H ziehend und bei K drückend) wirkt, mit p und mit q bezeichnen (also $L = p + q$ setzen). Das Gewicht q im Punkte K, das am Hebelarm KF wirkt, können wir uns aber, wenn wir den Hebelarm $EF = n \cdot KF$ machen, durch ein Gewicht q/n im Punkte E ersetzt denken. Im Punkte E angebracht, wirkt es am Hebelarm CD des zweiarmigen Hebels. Machen wir den Hebelarm $CD = n \cdot CB$, so können wir das Gewicht q/n im Punkte E durch ein $n$mal so großes Gewicht q im Punkte B ersetzen — dann wirken aber p und q beide am selben Hebelarm

CB. Die Last *auf der Brücke* wirkt also, *gleichviel wo sie liegt*, gerade so, *wie wenn sie am Punkt B hinge*. (Damit die Wägung unabhängig davon ist, auf welcher Stelle der Brücke die Last liegt, ist also erforderlich, daß, wenn $EF = n \cdot KF$ ist, auch $DC = n \cdot BC$ ist, kurz, daß $EF : KF = DC : BC$ ist.) — Machen wir dann noch $AC = 10 \cdot BC$, so ist auch

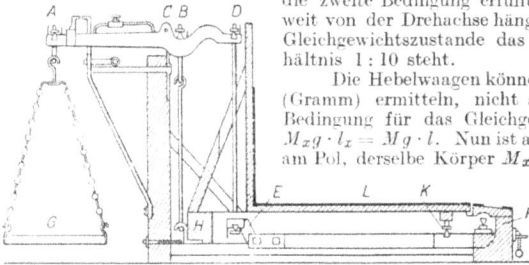

die zweite Bedingung erfüllt, daß das Gewicht 10mal so weit von der Drehachse hängt wie die Last, und somit im Gleichgewichtszustande das Gewicht zur Last im Verhältnis 1 : 10 steht.

Die Hebelwaagen können nur die Masse des Körpers (Gramm) ermitteln, nicht aber das Gewicht (dyn): Die Bedingung für das Gleichgewicht der Hebelwaagen war $M_x g \cdot l_x = M g \cdot l$. Nun ist aber g am Äquator kleiner als am Pol, derselbe Körper M_x also am Äquator leichter als am Pol. Eine Masse, die unter 45^0 Breite genau 1 kg wiegt, wiegt am Pol 2,6 g mehr, am Äquator 2,6 g weniger. Die Hebelwaage zeigt das aber nicht an, denn eine Veränderung

Abb. 88. Brückenwaage (Dezimal-, Zentesimalwaage).

von g verändert *beide* Seiten der Hebelwaage in derselben Weise: $M_x g \cdot l_x$ genau so wie $M g \cdot l$; d. h. die drehenden Kräfte an beiden Seiten des Waagebalkens bleiben an *jedem* Punkte der Erdoberfläche gleich, wenn sie es an *einem* Punkt sind. Da die Hebelwaage also die *Veränderung* des Gewichtes nicht messen kann, so kann sie auch das Gewicht *selber* nicht messen. Um das Gewicht eines Körpers zu messen, d. h. die Anzahl Krafteinheiten (dyn), mit denen die Erde ihn anzieht, kann man eine Federwaage benutzen (S. 143).

Bremsdynamometer von Prony (Pronyscher Zaum). Als Hebelwaage wirkt auch der Pronysche Zaum, eine Vorrichtung, mit der der Ingenieur sehr oft die Leistung einer Arbeitsmaschine ermittelt. Man läßt die Maschine in dem Zaum einen meßbaren Widerstand (*Reibungs*widerstand) als einzige Arbeit überwinden und sorgt dafür, daß sie dabei die vorgeschriebene Drehzahl macht (d. h. man ersetzt die von der Maschine zu leistende nützliche Arbeit hier durch die *be-*

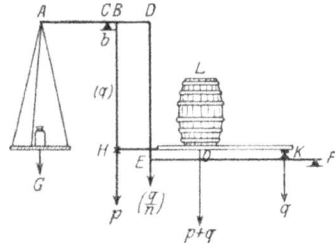

Abb. 89. Brückenwaage. Der einarmige Hebel, dessen Drehachse durch F geht, und der einarmige, dessen Drehachse durch K geht, übertragen zusammen die abzuwiegende Last auf den Arm CD des zweiarmigen Hebels ACD, an dessen Arm CA das ausgleichende Gewicht wirkt.

rechenbare Arbeit zur Überwindung eines meßbaren Reibungswiderstandes). Der Zaum soll also 1. die Maschine *belasten*, 2. die ·Belastung *messen*. Die beiden Funktionen sind *unabhängig* voneinander. — Der Zaum (Abb. 90) besteht aus zwei zur Welle symmetrischen Teilen M und M', die man als Bremsbacken

benützt, um die Maschine zu *belasten*. Man zieht zu dem Zweck die Schrauben V an, bis die beabsichtigte Drehzahl erreicht ist. Die Welle dreht sich dann mit starker Reibung zwischen den angepreßten Bremsbacken. Die zu ihrer Drehung aufgewendete Energie, die die Drehzahl n erzeugt, reicht gerade aus, die Reibung zu über-

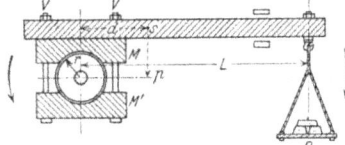

Abb. 90. Bremsdynamometer (Pronyscher Zaum).

winden. (Würde man die Kraftzufuhr zur Maschine unterbrechen, so würde diese *sofort* stehenbleiben.) Der Hebelarm mit der Waagschale und den Gewichten P dient auch hier dazu, das statische Moment der rotierenden Welle zu *messen*. Man belastet zu diesem Zweck die Waagschale, bis der Hebelarm zwischen den beiden Anschlagklötzen im Gleichgewicht schwebt. Wodurch kommt das Gleichgewicht zustande? In jedem Punkt, in dem Welle und

Zaum einander berühren, wirkt die Reibung. Die Reibungskräfte rund um die Welle suchen den Zaum im Drehsinne $\curvearrowleft$ der Welle mitzunehmen, sie wirken alle in demselben Sinne. Wir können sie uns daher zueinander addiert denken und ihre Summe durch eine Kraft ersetzt, die an der oberen Bremsbacke angreift; nennen wir sie F und den Radius der Welle r, so ist Fr das statische Moment der Kraft, die den Zaum im Drehsinne der Scheibe zu drehen sucht. Das im entgegengesetzten Sinne $\curvearrowright$ ausgeübte statische Moment der Gewichte P in der Waagschale plus dem Eigengewicht p des Zaumes ist $PL + pd$ (wo d den Abstand des Schwerpunktes s des Zaumes [S. 67 u.] von der Achse der Welle ist). Da wir den Zaum ins Gleichgewicht gebracht haben, muß $Fr = PL + pd$ sein. Ist ω die Drehschnelle (S. 77 m.), so legt ein Punkt der Wellenoberfläche in 1 sec den Weg $r\omega$ zurück. Der ganze Wellenumfang überwindet die Reibungskraft F, die Last, auf dem Wege $r\omega$ und leistet hierbei die Arbeit $A = F \cdot r\omega = \omega(PL + pd)$ mkg/sec, die Länge in m, die Belastung in kg gemessen. Ist n die Drehzahl pro Minute, so ist, da ω die Drehschnelle ist, $\omega = \dfrac{2\,\pi\,n}{60}$, also $A = \dfrac{2\,\pi\,n}{60}\,(PL + p\,d)$ mkg oder $= \dfrac{2\,\pi\,n}{60\cdot 75}\cdot(PL + p\,d)$ Pferdestärken. Man braucht die Größe P der Reibung zwischen Welle und Zaum gar nicht zu kennen, sie fällt bei der Berechnung heraus. Der PRONYsche Zaum ist ein Dynamometer (Kraftmesser) und gehört wegen seiner besonderen Wirkungsweise zu den Bremsdynamometern.

b) Der um eine feste Achse drehbar gemachte starre Körper in Bewegung (vgl. S. 61).

Rotationsdauer. Winkelgeschwindigkeit oder Drehschnelle. Maß für die Größe des Winkels. Bahngeschwindigkeit. Der um eine feste Achse drehbare Körper bleibt nur dann in Ruhe, wenn die Resultante der ihn angreifenden Kräfte die Achse schneidet. Greift die Resultierende an einem Punkt außerhalb der Achse an, ohne die Achse zu schneiden, so versetzt sie den Körper in Drehung.

Beim Beginn der Drehung fangen *alle* seine Punkte *gleichzeitig* ihre Kreise zu durchlaufen an, und beim Aufhören der Drehung kommen *alle gleichzeitig* zur Ruhe. Wenn also auch nur *ein* Punkt des Körpers seinen Kreis einmal ganz durchlaufen hat, so ist der Körper schließlich wieder in derselben Lage wie beim Beginn der Drehung. Der Zeitabschnitt T zwischen Anfang und Ende einer vollen Umdrehung heißt *Rotationsdauer*. Je weiter ein Punkt von der Achse absteht, einen desto größeren Kreis beschreibt er während T; daher hat er auch eine desto größere Geschwindigkeit. Die Wege und die Geschwindigkeiten der verschieden weit von der Achse entfernten Punkte werden aber dadurch, daß der Körper starr ist, in gesetzmäßigen Zusammenhang gebracht. Die Starrheit des Körpers zwingt z. B. Punkte, die *während der Ruhe* auf einer Geraden liegen, auch *während der Drehung* darauf zu bleiben. Wenn (Abb. 91) bei der Drehung

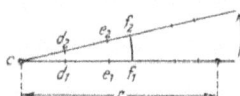

Abb. 91. Winkelmessung.

z. B. Punkt f aus der Lage f_1 in die Lage f_2 übergegangen ist, und e, d und alle anderen Punkte, die mit f auf *derselben* senkrecht durch die Achse c gehenden Geraden liegen, gleichzeitig in e_2, $d_2 \ldots$ übergegangen sind, dann liegen auch e_2, $d_2 \ldots$ auf *derselben* Geraden, die durch f_2 und senkrecht durch die Achse geht. D. h.: für alle Punkte derselben Geraden ist der Winkel, den ihre senkrechten Achsenabstände f_1c, e_1c, d_1c, $\ldots$ während dieses Zeitraumes beschreiben, *derselbe*. Denselben Winkel beschreiben aber, weil der Körper starr ist, währenddessen auch die senkrechten Achsenabstände *aller anderen* Punkte, d. h.: der *ganze Körper* hat in diesem Zeitraum seine Lage um diesen Winkel gedreht. Die Geschwindigkeit, mit der er das tut, d. h. das Verhältnis der Größe eines Winkels zu der Zeit, in der er ihn beschreibt, heißt seine *Winkelgeschwindigkeit* oder *Drehschnelle*. Wir kommen darauf zurück.

Die Größe eines *Winkels* (Abb. 91) mißt der zwischen den Schenkeln liegende um den Scheitel beschriebenen Kreis*bogen* im Verhältnis zur Länge des zugehörigen *Radius*: hier das Verhältnis von $f_1 f_2$ zu $f_1 c$ oder $e_1 e_2$ zu $e_1 c$. Da $\dfrac{f_1 f_2}{f_1 c} = \dfrac{e_1 e_2}{e_1 c} = \ldots$ ist, so hat dieses Verhältnis für denselben Winkel einen eindeutigen Wert. Deswegen darf man es als Maß für die Winkelgröße benützen. — In demselben Verhältnis, in dem $f_1 f_2$ zu $f_1 c$ usw. steht, steht auch die Bogenlänge, die der Radius 1 cm um c beschreibt, zu dem Radius 1 cm selbst. Nennt man diese Bogenlänge φ, so ist $\dfrac{f_1 f_2}{f_1 c} = \ldots \dfrac{\varphi}{1} = \varphi$, d. h. die Größe des Winkels wird durch die Länge des Kreisbogens gemessen, der, mit dem Radius 1 cm um den Scheitel beschrieben, zwischen den Schenkeln des Winkels liegt. Die Größe des Winkels von 360^0 also durch den ganzen Kreisumfang, der mit 1 cm Radius um den Scheitel beschrieben ist. Danach entspricht dem

> *Winkel* 360^0 180^0 90^0 45^0 ... der *Bogen* 2π π $\pi/2$, $\pi/4$ ....

Die Länge der Kreisbögen $f_1 f_2$, $e_1 e_2$ usw., auf diesen Bogen φ bezogen, ist: $f_1 f_2 = f_1 c \cdot \varphi$, $e_1 e_2 = e_1 c \cdot \varphi$ usw.

Der Weg, den ein Punkt m_r im Achsenabstand r durchläuft, ist r mal so groß wie der Weg φ, den ein Punkt m_1 im Achsenabstande 1 im selben Zeitabschnitt zurücklegt. Daher hat m_r eine r mal so große Geschwindigkeit wie m_1. Die Geschwindigkeit des *Punktes* m_1 wird gemessen durch die Länge des von ihm durchlaufenen Bogens φ im Verhältnis zu der Zeit, die er dazu braucht. Dieser Bogen ist aber zugleich das Maß für den Winkel ω, um den sich der *Körper* während desselben Zeitabschnittes gedreht hat. Die Länge des Kreisbogens, den ein Punkt im Achsenabstande 1 durchläuft, im Verhältnis zu der Zeit, die er dazu verbraucht, ist also zugleich das Maß für die Geschwindigkeit, mit der der *ganze Körper* den Winkel beschrieben hat. Man nennt sie seine *Winkelgeschwindigkeit* oder kürzer: *Drehschnelle*.

Hat der Körper eine ganze Umdrehung gemacht, so hat er den Winkel 2π beschrieben (s. oben). Ist seine Rotationsdauer T sec, so beschreibt er also in 1 sec den Winkel $2\pi/T$. In 1 sec beschreibt er aber den Winkel ω — nach der Definition für seine Drehschnelle —, es ist also $\omega = 2\pi/T$. Macht er in 1 sec n Umdrehungen, ist also $T = 1/n$, so ist $\omega = 2\pi \cdot n$. Man nennt n seine Drehzahl (auch Tourenzahl oder Periodenzahl).

Nach den früheren Auseinandersetzungen über Gleichförmigkeit der Geschwindigkeit und der Beschleunigung ist klar, was mit Gleichförmigkeit der Winkelgeschwindigkeit und der Winkelbeschleunigung gemeint ist. Dieselben Betrachtungen, die für geradlinige Strecken gelten, gelten hier für Kreisbögen. Beschreibt der Punkt im Achsenabstande 1 cm mit gleichförmiger Winkelgeschwindigkeit in der Zeit*einheit* immer den Bogen von der Länge ω, so ist ω die Drehschnelle des Körpers. Es ist zu unterscheiden zwischen der *Winkel*geschwindigkeit und der *Bahn*geschwindigkeit eines Punktes. Die Bahngeschwindigkeit ist die Länge des durchlaufenen Bogens $r\omega$ im Verhältnis zu der dazu verbrauchten Zeit t. Die Drehschnelle *irgend*eines Punktes stimmt in jedem Moment mit der Drehschnelle jedes anderen Punktes d. h. *des ganzen Körpers* überein. Die Bahngeschwindigkeit dagegen ist desto größer, je größer r ist, d. h. je weiter der Punkt von der Achse absteht. Ist die *Winkel*geschwindigkeit des Körpers bekannt, so ist auch die *Bahn*geschwindigkeit jedes Punktes bekannt, dessen Achsenabstand bekannt ist, sie ist gleich dem Produkt aus ω und diesem Achsenabstand.

Hier interessieren uns die Punkte an der Oberfläche einer Kugel, die um einen ihrer Durchmesser rotiert, denn wir leben auf einer solchen Oberfläche — wenigstens darf man die Erde nahezu so auffassen. Die Erde dreht sich in

einem Tage $= 86400$ sec um 360^0 (also nur halb so schnell wie der Stunden-
zeiger einer Uhr), ihre Drehschnelle ω ist daher $\frac{360^0}{86400}$, d. h. $\frac{1}{4}$ Winkel-
minute, also sehr klein (im Bogenmaß: $2\pi/86400 = 0{,}000073$). Die *Bahn-geschwindigkeit* eines Punktes ihrer Oberfläche hängt (Abb. 143) von seiner geographischen Breite φ ab. Sie ist gleich $\omega \cdot r \cos\varphi$, wo $r = 6377400$ m den
Erdradius bedeutet, beträgt also am Äquator 465 m, auf dem 50. Breitengrade
299 m. Punkte des*selben* Breitengrades haben dieselbe Bahngeschwindigkeit,
aber von *einem* Breitenkreise zum *andern* variiert sie.

Coriolisbewegung. Daß die *Bahn*geschwindigkeit der verschieden weit von
der Achse entfernten Oberflächenpunkte eines rotierenden Körpers verschieden
ist, sieht man den Punkten selber nicht unmittelbar an, wenigstens denen des
starren rotierenden Körpers nicht; der *nicht*starre deformiert sich (S. 83) —
eine sichtbare Wirkung dieser Verschiedenheit. Wohl aber sieht man es ihnen
*mittel*bar an, wenn eine frei bewegliche Masse — sagen wir ein Massenpunkt
— sich an der Oberfläche des rotierenden Körpers von *einem* Breitenkreise
zu einem *anderen* bewegt. Infolge der Drehung des Körpers beschreibt der
Massenpunkt dann *relativ zu den Punkten der Oberfläche* des Körpers einen
anderen Weg, als er ihn beschreiben würde, wenn der Körper sich *nicht*
drehte. Und an dieser *Abweichung* des Weges offenbart sich die Verschiedenheit der Bahngeschwindigkeit der Oberflächenpunkte auf den verschiedenen
Breitenkreisen.

Auch das interessiert uns hauptsächlich deswegen, weil wir auf der Oberfläche
einer rotierenden Kugel leben und weil sich z. B. die Wasserteilchen im Flusse,
die Luftteilchen im Winde, auch die Geschosse der weittragenden Geschütze
und dergleichen mehr, von einem Breitenkreise zu einem anderen bewegen;
auch die Drehung der Ebene der Pendelschwingungen gehört hierher und die
Abweichung frei fallender Körper von der Vertikalen — beides Wirkungen der
Erdrotation. Auf der Erdoberfläche merkt man die Abweichungen
nur dann, wenn die Bewegung des Massenpunktes sehr lange
anhält oder wenn sie ungeheuer große Geschwindigkeit hat, denn
— wie sich zeigen wird — spricht dabei das Produkt aus der
Geschwindigkeit des Massenpunktes und der Drehschnelle des
rotierenden Körpers mit, und die Drehschnelle der Erde ist ja sehr
klein. Aber auf der Oberfläche eines Körpers, den wir schnell genug
drehen können, sieht man die Abweichung sehr bald. — Nach ihrem
Entdecker CORIOLIS (1835) nennt man die Abweichbewegung —
es ist eine Beschleunigung — Coriolisbeschleunigung und die
(Schein-) Kraft, als deren Wirkung man sie auffaßt, Corioliskraft.

Wie die Abweichung entsteht, zeigt ein leicht zu übersehen-
der Sonderfall (Abb. 92). Eine Scheibe drehe sich in der Horizontalebene um eine durch ihren Mittelpunkt M gehende Vertikale
als Achse, und auf ihr bewege sich ein Massenpunkt vom Mittel
punkt M aus. Der materielle Punkt soll sich *völlig reibungslos*
über die Scheibe bewegen, also seiner Trägheit uneingeschränkt

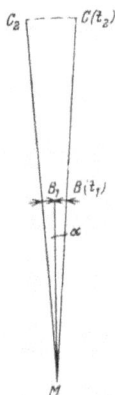

Abb. 92. Zur
Coriolisbewegung.

folgen. Deswegen denken wir ihn uns auf einer *dicht über* der
Scheibe parallel zu ihr und radial verlaufenden *ruhenden* Geraden
bewegt, wie auf einer idealen Schiene. Der materielle Punkt bewege sich von M
aus mit der konstanten Geschwindigkeit c. Am Ende der Zeitspanne t_1 erreicht
er denjenigen Punkt der Schiene, unter dem der Scheibenpunkt B *anfangs* lag,
während der Zeitspanne t_1 hat sich die Scheibe aber um den Winkel α unter dem
materiellen Punkt weggedreht, so daß der Scheibenpunkt. der sich anfangs in B

befand, sich nun in B_1 befindet. Am Ende der nächsten (t_1 gleichen) Zeitspanne t_2 erreicht der materielle Punkt auf der Schiene denjenigen Punkt, unter dem *anfangs* der Scheibenpunkt C lag, während der Zeitspanne t_2 hat sich die Scheibe aber um denselben Winkel ᴧ weitergedreht, so daß der Scheibenpunkt, der sich anfangs in C befand, sich jetzt in C_2 befindet — und so fort. (Die sich drehende Scheibe und die ruhende Schiene verhalten sich zueinander wie Zifferblatt und Zeiger einer horizontal liegenden Taschenuhr, nur daß sich hier das Zifferblatt dreht und der Zeiger ruht.) Die seitliche Abweichung eines Scheibenpunktes von der Geraden, auf der sich der materielle Punkt bewegt, z. B. die Abweichung CC_2 des Scheibenpunktes C, ergibt sich als das Produkt des im Bogenmaß gemessenen Winkels CMC_2 und der Strecke MC. Der Winkel CMC_2 ist ωt und die Strecke MC gleich ct, die Ablenkung CC_2 ist also $s = c\omega t^2 (= \dfrac{2c\omega}{2} \cdot t^2)$. Das aber ist offensichtlich ein Weg, der im Zeitabschnitt t mit der Beschleunigung $2c\omega$ durchlaufen worden ist (man braucht sich nur eine in der Zeitspanne t mit der Beschleunigung g durch*fallene* Strecke danebenzustellen, um das einzusehen). Die Scheibenpunkte weichen also in der Richtung der Scheibendrehung mit einer Geschwindigkeit ab, die *senkrecht* steht zu der Richtung der Geschwindigkeit c des materiellen Punktes und die die Beschleunigung $2c\omega$ hat.

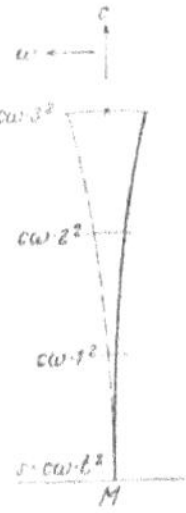

So stellt sich der Vorgang dar für einen Beobachter auf der (ruhenden) Geraden, längs deren der materielle Punkt läuft. Ganz anders aber von der Scheibe aus gesehen für einen auf der Scheibe ruhenden Beobachter, der die Bewegung der Scheibe mitmacht, *von der Drehung aber nichts merkt!* (Das letzte ist zu beachten, man bedenke: wir machen die Drehung der Erde mit, ohne etwas davon zu merken!) Um sich sinnfällig vorzustellen, was *dieser* Beobachter sieht, denke man sich ein dicht über einer Ebene und parallel zu dieser vom Mittelpunkt aus geradlinig fliegendes Geschoß, die Ebene endlos nach allen Richtungen ausgedehnt, keinerlei Bezugskörper irgendwo, relativ zu denen man die Drehung der Ebene erkennen könnte. Einem auf dieser Ebene ruhenden Beobachter erscheint der Vorgang dann so, wie die Unterschrift unter Abb. 93 es beschreibt. Genau in der Lage dieses Beobachters sind wir selber (im Mittelpunkt der sich um uns drehenden Horizontalebene.)

Die Coriolisablenkung interessiert uns hauptsächlich deswegen, weil wir auf der Oberfläche einer rotierenden Kugel leben und bei Besonderheiten in der *Richtung* oder vielmehr in der Richtungs*änderung* gewisser geophysikalischer Vorgänge auf der Erdoberfläche daraus erklären lassen. Eine Masse, die sich längs der Erdoberfläche bewegt (die Luft im Winde, das Wasser im Flusse), bewegt sich zwar nicht reibungslos und die Zentrifugalkraft spricht daher ebenfalls mit. Beides aber tritt gegenüber der Coriolisablenkung so weit zurück, daß wir die Bedingung (die Reibungslosigkeit) als erfüllt ansehen dürfen, die wir bei unserer Ableitung benutzt haben. Aber eines muß man beachten: an einem Punkte der Erdoberfläche unter der geographischen Breite φ darf man von der Drehschnelle ω der Erde nur die Komponente $\omega \cdot \sin \varphi$ in Rechnung setzen (vgl. S. 81 u.). Zu den geophysikalischen Vorgängen, bei denen die Coriolisabweichung mitspricht, gehört vor allem die Ablenkung, die die Winde infolge der Erddrehung erfahren. Der ständige Unterschied zwischen der Wärmezufuhr in hohen und in niederen Breiten erzeugt eine *Grundzirkula-*

Abb. 93. Zur Coriolisabweichung. In der *Ebene der Zeichnung* dreht sich mit konstanter Drehschnelle $\bar{\omega}$ eine *horizontal* liegende Scheibe um die durch M gehende *Vertikale*. Von M aus fliegt radial ein Geschoß nach dem auf der Scheibe festen Ziel × mit der konstanten Geschwindigkeit c. Die *Drehung* der Scheibe lenkt die *Scheibenpunkte*, die das Geschoß überfliegt, *und das Ziel* nach *links* ab, so daß das Geschoß *rechts* vom Ziel einschlägt. Ein auf der Scheibe ruhender Beobachter, also ein Beobachter, der die Bewegung der Scheibe mitmacht und *nichts davon merkt*, schließt: „eine *Kraft* hat das *Geschoß nach rechts* abgelenkt".Diese *scheinbar* vorhandene ablenkende Kraft ist die Corioliskraft. — Die ausgezogene Kurve ist der Weg des Geschosses relativ zu der *ruhend gedachten* Scheibe, d. h. der für einen *mit der Scheibe* bewegten Beobachter *scheinbare* Weg des Geschosses; die punktierte Kurve zeigt die *infolge* der Drehung während des Geschoß*fluges aus der Schuß*ebene tatsächlich abgelenkten *Scheibenpunkte.*

tion der Atmosphäre. Der Wärmeüberschuß, den der äquatoreale Gürtel empfängt, leitet einen Kreislauf ein: in den oberen Schichten der Atmosphäre ziehen Winde vom Äquator *polwärts*, gleichzeitig ziehen in den *unteren* Schichten Winde vom Pol zum Äquator. Aber die Drehung der Erde verwickelt den Vorgang. Die obere, polwärts strömende Luft *nähert* sich allmählich der Erdachse, gewinnt also immer mehr an Geschwindigkeit *relativ* zu den Punkten der Erdoberfläche in den höheren Breiten, eilt ihnen schließlich *voraus* und *erscheint* ihnen endlich als *West*wind. Aus dem ähnlichen Grunde *erscheint* die untere zum Äquator strömende Luft (weil hinter den Punkten der Erdoberfläche zurückbleibend) in Breiten größerer Bahngeschwindigkeit *schließlich* als *Ost*wind. Das ist *im wesentlichen* die heutige grundsätzliche Vorstellung (seit FERREL 1860) von der Ursache der Ablenkung der Winde infolge der Erddrehung.

BAERsches Gesetz. Aus der Coriolisablenkung hat K. E. v. BAER (1860) eine Besonderheit in der Uferbildung *meridional* verlaufender Flüsse in Rußland erklärt (BAERsches Gesetz): an vielen Niederungsflüssen ist *dort* das rechte Ufer auf lange Strecken steil und hoch (Bergufer), das linke niedrig und flach (Wiesenufer). v. BAER sieht die Ursache in dem (nach dem Bergufer zu) infolge der Erddrehung verstärkten Druck der Strömung, der den Fluß zwingt, sein Bett so lange nach rechts zu verlegen, bis höheres Gelände der Wanderung ein Ziel setzt.

Das fließende Wasser, das sich vom Äquator zu den Polen hin bewegt, bringt eine größere Drehschnelle mit, als die höheren Breiten der Erdkugel haben, und drängt deshalb gegen die östlichen Ufer, weil die Drehbewegung nach Osten gerichtet ist, also auch dieser Überschuß, den das fließende Wasser aus niedrigen Breiten in höhere mitbringt. Umgekehrt wird ein fließendes Wasser, das sich mehr oder weniger von den Polen nach dem Äquator bewegt, mit kleinerer Drehschnelle in niedrigeren Breiten ankommen, also gegen das Westufer drängen. In der nördlichen Erdhälfte ist aber für die Flüsse, die nach Norden fließen, das Ostufer das rechte und für Flüsse, die nach Süden fließen, das westliche das rechte. In der nördlichen Halbkugel muß also, an Flüssen die mehr oder weniger längs dem Meridian fließen, das rechte Ufer das angegriffene, steilere und höhere, das linke das überschwemmte und deshalb verflachte sein, und zwar in demselben Maße, in dem sie sich der Meridianrichtung nähern, so daß bei Flüssen oder Flußabschnitten, die fast ganz im Meridian verlaufen, andere störende Einflüsse, nur wenig, in solchen aber, die mit dem Meridian einen ansehnlichen Winkel machen, stärker hervortreten müssen. — Ist diese Erklärung richtig, so muß auf der südlichen Halbkugel das linke Ufer das hohe und das rechte das flache, überschwemmte sein, denn hier ist für Flüsse, die zum Pole gerichtet sind, das Ostufer das linke und für Flüsse, die zum Äquator strömen, das Westufer ebenfalls das linke. Und so ist es nach v. BAERs Angabe in der Tat.

Drehvektor. Auch die Drehung veranschaulicht man (S. 34 m.) durch eine gerichtete Strecke. Man legt sie in die Drehachse, macht ihre Länge gleich der Drehschnelle ω und gibt ihr eine Pfeilspitze nach derjenigen Richtung, die mit dem Drehungs*sinn* zusammen eine *Rechtsschraube* bildet (Abb. 94). Pfeil und Drehsinn hängen dann zusammen wie Vorwärtsschub und Drehung des rechten Handgelenkes beim Bohren (Korkzieher). Dieser *Drehvektor* heißt ein axialer Vektor (Gegensatz: polarer Vektor, S. 34 m.). Von welchem Punkt O der Achse aus man den Vektor ω zieht, ist gleichgültig. — Auch der Zusammenhang der Bahngeschwindigkeit eines Punktes mit der Winkelgeschwindigkeit des Körpers läßt sich veranschaulichen. Ein Punkt P, der den Achsenabstand r_1 hat und dessen augenblickliche Lage der Fahrstrahl r von O nach P und der Winkel α mit dem Vektor ω kennzeichnen, hat die Bahngeschwindigkeit $v = \omega\, r_1 = \omega\, r \sin \alpha$.

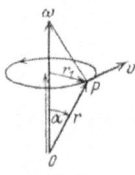

Abb. 94.
Zum Begriff Drehvektor.

Rechts steht der doppelte Inhalt des aus den Vektoren ω und r gebildeten Dreiecks. Man nennt es ihr *vektorielles Produkt* und stellt es durch die gerichtete Strecke v dar. Man macht den Betrag von v gleich dem doppelten Dreiecksinhalt und stellt sie auf die Dreiecksebene in solchem Sinne senkrecht, daß der Richtungspfeil und *diejenige* Drehung α eine Rechtsschraube bilden, die den Vektor ω auf dem *kürzesten* Wege in die Richtung des Vektors r bringt.

Bisweilen dreht sich ein Körper um *mehrere* Achsen gleichzeitig. Die Vektordarstellung der Drehung verhilft dann dazu, seine Drehungen um *mehrere* Achsen zu einer resultierenden Drehung um *eine resultierende* Achse zusammenzusetzen. Was heißt das: gleichzeitige Drehung eines Körpers um mehrere

Achsen? Man denke an den sich drehenden Kinderspielkreisel, dessen Stützpunkt (Spitze) an Ort und Stelle bleibt, Abb. 95: er dreht sich (1) um seine
Symmetrieachse (Figurenachse) und gleichzeitig dreht sich *diese* (2) um die durch
den Stützpunkt gehende Vertikale und beschreibt einen Kegelmantel um sie
(die Kreiselspitze ist Kegelspitze, die Vertikale Kegelachse). Verlangsamt sich
der Kreisel, so schwankt die Figurenachse außerdem zu der Vertikalen hin und
von ihr weg, dreht sich also auch (3) um eine durch den Stützpunkt gehende
Horizontale. Kurz: Jeder Massenpunkt des Körpers — nur der Stützpunkt
nicht! — geht gleichzeitig um *mehrere* Achsen. Alle diese Drehungen kombinieren sich zu der Bewegung des taumelnden, mit dem Umfallen
kämpfenden Kreisels. Die Figurenachse ist keineswegs mehr die
bevorzugte Drehachse des Systems, sie ist nur *eine* der Achsen
neben *anderen*.

Wie setzt man die Drehungen zusammen? und wie findet man
die resultierende Drehung und ihre Drehachse? Wir erwähnen nur
die Grundregel, nach der man zwei Drehungen um zwei Achsen, die
durch denselben Punkt gehen, zu einer resultierenden Drehung zusammensetzt (und wie man analog eine Drehung in zwei Komponenten zerlegt). Es seien u_1 und u_2 die beiden Vektoren (S. 80 u.) der
beiden Drehungen. Jeder bestimmt Achse und Drehschnelle der betreffenden Drehung; jede dieser Drehungen erteilt jedem Massenpunkte des
Körpers eine bestimmte Geschwindigkeit. Die Zusammensetzung der *Drehung*
sagt uns, welche *Geschwindigkeiten* die Massenpunkte des Körpers annehmen,
wenn sich die bei diesen beiden Drehungen entstehenden Geschwindigkeiten an
ihnen zusammensetzen. Die Aussage lautet: 1. auch die resultierende Bewegung
ist eine Drehung des Körpers um eine Achse; 2. Drehschnelle und Achsenrichtung der resultierenden Drehung ist gegeben durch den Drehungsvektor,
der durch Addition der Vektoren u_1 und u_2 nach der Parallelogrammregel
(S. 34 u.) entsteht.

Abb. 95. Ein
Körper, der
sich gleichzei-
tig um mehrere
Achsen dreht.

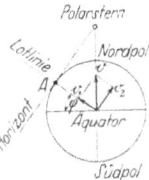

Nach derselben Regel kann man eine Drehung um eine Achse in
mehrere gleichzeitige Drehungen (um mehrere Achsen) *zerlegen*. Wir
geben ein Beispiel: Es ist bisweilen nützlich, sich die Achsendrehung
der Erde in zwei Komponenten zerlegt zu denken. Nämlich dann,
wenn man Vorgänge rechnerisch verfolgen will, deren Ursache in der
Achsendrehung der Erde liegt und deren Größe von der geographischen
Breite des Beobachtungsortes abhängt. So ist es z. B. beim Pendelversuch von FOUCAULT, beim Versuch von HAGEN zum Nachweise der
Erddrehung durch den Isotomeographen, u. dgl. m. Man stellt dann
(Abb. 96) die Drehschnelle ω der Erde als Vektor τ dar, der in der
Erdachse liegt und vom Erdmittelpunkt nordwärts zeigt; seine Länge
entspricht dem in 1 sec überstrichenen Winkel $2\pi/86400$. (Im Zähler
steht der in einem mittleren Sonnentag überstrichene Winkel, gemessen
auf einem Kreise vom Halbmesser 1, im Nenner die Anzahl der Sekunden
eines Tages.) Man zerlegt nun den Vektor τ durch die übliche Vektorzerlegung (S. 33 m.)
in die zwei Komponenten τ_1 und τ_2. Die erste Komponente bedeutet eine Drehung der
Horizontalebene (Azimutaldrehung) eines unter der geographischen Breite φ gelegenen
Beobachtungsortes A um dessen Lotlinie; sie hat die Drehschnelle $\omega_1 = \omega \sin\varphi$, sie verschwindet nur am Äquator ($\varphi = 0$), am Nordpol und am Südpol ($\varphi = 90$) stellt sie die
Gesamtdrehung dar. Die zweite Komponente (Vertikaldrehung) dreht den Horizont um
eine durch den Erdmittelpunkt parallel zur Nordrichtung des Beobachtungsortes gezogene
Achse mit der Drehschnelle $\omega_2 = \omega \cos\varphi$, sie verschwindet nur an den beiden Polen und
stellt am Äquator die Gesamtdrehung dar. Diese Zerspaltung der Erddrehung macht es
z. B. ohne weiteres anschaulich, warum das Pendel und der Isotomeograph an den Polen
die Achsendrehung der Erde am deutlichsten zeigen, am Äquator aber überhaupt nicht
(S. 101 o. und S. 113 u.).

Abb. 96. Zerlegung
der Achsendrehung
der Erde in zwei
gleichzeitige Dre-
hungen um zwei ver-
schiedene Achsen.

Zentripetal- und Zentrifugalkraft. Dreht sich der Körper unter der Einwirkung einer Kraft, z. B. wie der Uhrzeiger, so dreht er sich auch, wenn die Kraft

zu wirken aufhört, in diesem Sinne weiter, und zwar mit der Drehschnelle, die er in dem Moment hat, in dem die Kraft zu wirken aufhört. Die Drehung mit gleichförmiger Drehschnelle ist also einer Trägheitsbewegung vergleichbar: der Körper behält seinen Bewegungszustand nach Drehsinn und Drehschnelle bei, wenn ihn nicht eine äußere Kraft daran hindert (was wir hier ausschließen). Aber diese Quasi-Trägheitsbewegung ist von der *wirklichen* Trägheitsbewegung verschieden: die einzelnen Massenpunkte bewegen sich zwar mit gleichförmiger Geschwindigkeit, aber sie bewegen sich *im Kreise. Anders* als geradlinig kann sich ein Punkt aber *nur* unter der Einwirkung einer Kraft bewegen. Wir müssen daher *annehmen*, daß auf jeden Massenpunkt, obwohl seine Geschwindigkeit *gleichförmig* ist, eine Kraft wirkt, die ihn von derjenigen Geraden ablenkt, die er beschrieben haben *würde*, wenn er seiner Trägheit hätte folgen dürfen — und zwar radial ablenkt *zu* dem Zentrum des von ihm beschriebenen Kreises *hin*: man sagt: *zentripetal.*

Dem Zwange dieser ablenkenden Kraft setzt der Punkt infolge seiner Trägheit einen Widerstand entgegen, diametral entgegengesetzt zu der ablenkenden Kraft: dieser Widerstand strebt, die Annäherung des Massenpunktes an den Mittelpunkt des Kreises zu verhindern; er wirkt *auch* radial, aber vom Zentrum *weg*; man sagt: *zentrifugal.* Die *Zentrifugalkraft* — so nennt man den Widerstand gegen die ablenkende Kraft — hat also nur Bedeutung relativ zu der gleichzeitig wirkenden *Zentripetalkraft.* Sie ist die Reaktion, wenn man die zentripetale als Aktion ansieht, sie ist wie stets bei der Aktion und der Reaktion immer gleichzeitig mit der zentripetalen, muß also gleichzeitig mit ihr auftreten und gleichzeitig mit ihr verschwinden und muß aus demselben Grunde auch gleich groß sein. Um zu erkennen, worin die Zentrifugalkraft sich äußert, muß man sich die Beziehungen eines Massenpunktes zu dem Zentrum seiner Bahn vergegenwärtigen. Abb. 97 bedeute eine Ebene senkrecht durch die Achse des Körpers, Punkt *C* ihren Schnittpunkt mit der Achse, der Kreis die Bahn eines Massenpunktes, der gebogene Pfeil den Drehsinn. Der *Massenpunkt* strebt, infolge seiner Trägheit auf der Tangente weiterzugehen, das *Zentrum*, als ein Punkt der *fest*liegenden Achse, liegenzubleiben. Beide gehören zu demselben starren Körper und können daher ihren Abstand voneinander nicht ändern. Das Zentrum unterliegt so dem Zwange, *liegenbleiben zu müssen* und seinen Abstand von dem Massenpunkt nicht ändern zu können, der Massenpunkt dem Zwange, seinen Abstand vom Zentrum nicht ändern zu können und doch *vorwärtsgehen zu müssen.* Der umlaufende Massenpunkt strebt daher, das Zentrum (unter Einhaltung seines ursprünglichen Abstandes von ihm) zu verschieben.

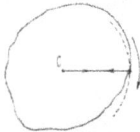

Abb. 97. Gleichzeitigkeit der Zentripetal- und der Zentrifugalkraft.

Die Zentrifugalkraft strebt aber auch — man darf ja ihren Angriffspunkt an irgendeinem Punkt ihrer Richtung verlegt denken — die Massenpunkte, die *zwischen* dem umlaufenden Punkte und dem Zentrum liegen, von dem Zentrum zu entfernen. Sie tritt so in Wettbewerb mit den Kräften, die die Starrheit des Körpers ausmachen und seine *Kohäsion* bestimmen. Wäre der Körper vollkommen starr, so würde seine Starrheit die Zentrifugalkraft völlig wirkungslos machen, aber vollkommen starr ist *kein* Körper. Die Massenpunkte verschieben sich daher unter der Einwirkung einer *genügend großen* Zentrifugalkraft mehr oder weniger, d. h. der Körper gibt nach, er verzerrt sich, er kann sogar zerreißen. Wir können uns diese für die Drehung des starren Körpers wesentlichen Kräfte (Zentripetalkraft, Zentrifugalkraft, Angriff auf das Zentrum, Wettstreit mit den Kohäsionskräften) *sinnfällig* an einem Vorgang vergegenwärtigen, der zwar von der Starrheit absieht, aber die *wesentlichen* Punkte der Drehung verwirklicht. Schwingt

man mit der Hand einen schweren Körper an einer Schnur im Kreise, Abb. 98,
so strafft sich die Schnur infolge des zentrifugalen Zuges, und die Hand fühlt
einen Zug zu dem Körper hin. Sie muß ihn stark nach innen (zentripetal) ziehen,
um nicht selber nach außen (zentrifugal) gerissen zu werden.
Schwingt man den Körper schneller und schneller, macht man
also die Zentripetalkraft größer und größer, so wird auch die
Zentrifugalkraft immer größer. Der Zug, den die Hand spürt,
wird immer größer, die Schnur immer straffer, endlich reißt
sie, die Kreisbewegung und der
Zug an der Hand enden im
selben Moment, und der Körper
fliegt davon.

Abb. 98. Gleichzeitigkeit der Zentripetal-
und der Zentrifugalkraft.

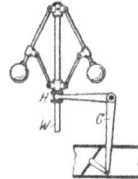

Abb. 99. Zentrifugal-
regulator einer Dampf-
maschine.

**Zur Veranschaulichung der
Zentrifugalkraft.** Zwischen dem starren Körper, den die Zentrifugalkraft gar nicht verändert, und dem Körper, den sie zerreißt, steht der Körper, den sie nur auseinanderzerrt,
deformiert. Ein gutes Beispiel dafür — wenigstens in den wesentlichen Punkten — bietet
der Zentrifugalregulator der Dampfmaschine, den JAMES WATT (1784) erfunden hat, um
den Dampfzufluß zu der Maschine zu regeln, Abb. 99.
Der vertikal angeordneten Welle W sind mit leicht
beweglichen Gelenken Arme angegliedert, die unten
in schweren Kugeln enden; dreht sich die Welle mit
angemessener Geschwindigkeit, so entfernen sich die
Kugeln zentrifugal von ihr. Die sich hebenden Arme
ziehen eine auf der Welle verschiebbare Hülse H mit
sich und betätigen auf diese Weise das Dampfventil,
das durch ein Gestänge G mit der Hülse verbunden ist.
— Die Auseinanderzerrung durch die Zentrifugalkraft
wird besonders anschaulich an einer Flüssigkeitskugel. Eine Flüssigkeit, die dem Einfluß der Schwerkraft entzogen ist und sich vollkommen in Ruhe und
Gleichgewicht befindet, bildet eine Kugel (S. 148).
Läßt man sie um eine ihrer Achsen rotieren, Abb. 100,
z. B. eine Kugel aus Olivenöl, die (PLATEAUscher Versuch) in einem Gemisch aus Alkohol und Wasser
schwebt, so verwandelt sich die Kugel in ein Ellipsoid.
Die aus der Rotation entspringenden Zentrifugalkräfte

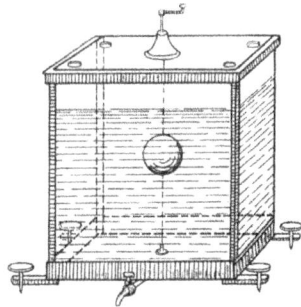

Abb. 100. Versuch von PLATEAU zur
Rotation einer Flüssigkeitskugel.

treten in Wettbewerb mit den sehr geringen Kohäsionskräften, die die Flüssigkeit zusammenhalten, und bringen die Umformung zustande, indem sie die einzelnen Massenpunkte von der Achse weg nach außen treiben. Unter den Punkten, die auf einem Meridian
liegen — jeder verwandelt sich während des Rotierens aus einem Kreise in eine Ellipse —
werden die am Äquator liegenden am weitesten nach außen getrieben, die
an den Polen liegenden gar nicht, die zwischen Äquator und Pol liegenden je
ihrem Abstande von der Achse entsprechend weit (das hängt mit der Größe
der Zentrifugalkraft an den einzelnen Punkten zusammen). Die Kugel wird
also senkrecht zur Achse auseinandergezerrt. Infolgedessen nähern sich die
Pole einander, die Kugel plattet sich an den Polen ab und geht in das
Rotationsellipsoid über (Erde, Mond, Planeten sind fast kugelförmig, aber
an den Polen abgeplattet. Man schließt daraus, daß sie früher plastisch gewesen sind.) — Ähnlich erklärt sich die Umformung der Oberfläche einer
Flüssigkeit in einem Gefäß, das um seine vertikale Achse rotiert, Abb. 101.
Die ursprünglich horizontale freie Oberfläche der Flüssigkeit formt sich zu
einem Paraboloid (mit der Drehachse als Symmetrieachse). Die Kraft, die
jeden ihrer Punkte angreift, ist die Resultierende aus der Zentrifugalkraft
und der Schwerkraft. Die Oberfläche muß sich so formen, daß sie in jedem
ihrer Punkte senkrecht zu der sie dort angreifenden Kraft steht. Nur dann
ist die Oberfläche beständig; hätte die Kraft eine dazu senkrechte Komponente (tangential), so würde die Flüssigkeit dieser folgen, so lange, *bis* die Oberfläche zu
der herrschenden Kraft senkrecht steht.

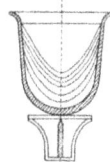

Abb. 101. Um-
formung der
Oberfläche
einer Flüssig-
keit infolge
ihrer Rotation.

Größe der Zentripetalkraft und der Zentrifugalkraft. Um zu berechnen, wie
groß die Zentri*petal*kraft ist, geht man davon aus, daß (vgl. S. 82 o.) sie den Massenpunkt von derjenigen Geraden wegzieht, die er beschreiben *würde*, wenn er

6*

seiner Trägheit folgen könnte. Verschwände dieser Zug in dem Moment, in dem der Massenpunkt (Abb. 102) in D ankommt, so würde sich der Punkt von D aus auf der Tangente mit der Geschwindigkeit, die er in D hat, weiterbewegen. Aber der Zug besteht fort, lenkt den Massenpunkt von der Tangente weg und zwingt ihn, auf dem Kreise weiterzugehen. Aus der Größe seiner Ablenkung während einer Zeitspanne t kann man die Größe der Zentripetalkraft berechnen.

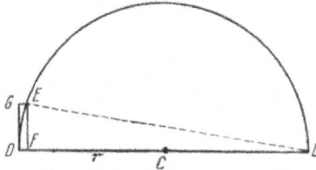

Abb. 102. Berechnung der Zentripetalbeschleunigung.

Die Drehschnelle sei gleichförmig und gleich ω, der Massenpunkt stehe von der Achse um r ab, seine Bahngeschwindigkeit ist dann $v = r \cdot \omega$, das ist dann die Geschwindigkeit, mit der er von D aus tangential gleichförmig weiterzugehen strebt. Geht er während des Zeitabschnittes t von D bis E, so ist DE gleich $t \cdot v$ (weil er in der Zeit 1 die Strecke v zurücklegt). Der Zeitabschnitt t sei so klein, daß der *Bogen* DE als mit der *Sehne* DE identisch gelten darf, dann ist die Sehne $DE = t \cdot v$. Die Abweichung von der Tangente während t ist die Strecke GE, oder auch, wenn man durch E eine Parallele zu GD zieht, $DF (= GE)$. Die Kraft, die diese Abweichung bewirkt, sie heiße F, wirkt dauernd auf den Massenpunkt, also beschleunigend. Der Punkt habe die Masse m, er erfährt dann die Beschleunigung F/m, legt also während t die Strecke $\frac{1}{2} \cdot \frac{F}{m} \cdot t^2$ zurück. Das ist die GE gleiche Strecke DF. Nach einem bekannten Satze der Planimetrie ist $\overline{DE}^2 = 2r \cdot DF$, also $v^2 t^2 = 2r \cdot \frac{1}{2} \frac{F}{m} t^2$, also $F = m \frac{v^2}{r}$. Und da $v = r\omega$ ist, ist $F = m r \omega^2 = \frac{4\pi^2}{T^2} m r$ [wenn man, S. 77, die Umlaufdauer T einführt und bedenkt, daß ein Punkt im Achsenabstande r in der Zeit T den Weg $2\pi r$, in der Zeit 1 also den Weg $2\pi \frac{r}{T}$ zurücklegt, der Weg in der Zeit 1 aber auch durch $r\omega$ angegeben wird, also $r\omega = 2\pi \frac{r}{T}$ ist]. Die Größe der Zentripetalkraft, die den Massenpunkt in der Kreisbahn erhält, hängt also von der Masse, dem Kreisradius, d. h. dem Achsenabstande, und der Bahngeschwindigkeit des Punktes ab, diese selbst aber von der Drehschnelle ω.

Hat die Schnur der Abb. 98 die Länge des Sekundenpendels (S. 114) und umkreist der Körper die Hand zehnmal in der Sekunde, so wird die Schnur 400mal so stark beansprucht, wie wenn der Körper ruhend an ihr hängt. Denn: die Zentrifugalkraft ist $F = 4\pi^2 \frac{r\,m}{T^2}$. ist die Länge des Sekundenpendels l, so ist $r = l$ zu setzen. Ist das Gewicht des Körpers P, so ist $m = P/g$ zu setzen, und da $g = \pi^2 l$ ist (nach der Pendelgleichung), ist $m = P/\pi^2 l$. Ist ferner $T = \frac{1}{10}$ Sekunde, so ist schließlich $F = 400 P$. Wird also die Umlaufgeschwindigkeit groß genug, so wird die Zentrifugalkraft stets so groß werden, daß sie die Kohäsionskräfte des Körpers überwindet, d. h. ihn zerreißt.

Planetenbewegung. — Allgemeine Massenanziehung.

Zentralbewegung (Planetenbewegung). KOPERNIKUS und KEPLER. Solange der um den Achsenpunkt C umlaufende Massenpunkt (Abb. 97) mit der Achse starr verbunden ist, kann er keine andere Bahn beschreiben als einen Kreis. Wird aber die Verbindung *während* er umläuft unterbrochen, so fliegt er in der Tangente davon wie der im Kreise geschwungene Stein (Abb. 98), wenn die Schnur reißt. Würde der Stein, *obwohl* sie zerrissen ist, *fortfahren* sich um die Hand zu bewegen, so müßten wir die Ursache dafür in einer Kraft suchen, die ihn von der Tangente weg und zur Bewegung um die Hand zwingt. Hat er die Masse m und würde er einen Kreis vom Radius r mit gleichförmiger Geschwindigkeit in der Umlaufdauer T um sie beschreiben, so würden wir (S. 84 m.) sagen, „der Stein bewegt sich, *wie wenn* die Hand eine Zentripetalkraft von der Größe $4\pi^2 r m \, T^2$ auf ihn ausübte". — Das würden wir aber nur *dann* sagen können, wenn der Stein einen *Kreis* beschriebe, und zwar mit *gleichförmiger* Geschwindigkeit. Ohne eine starre Verbindung mit der Hand könnte er, wenn er sich überhaupt um sie bewegte, irgendeine andere ebene Bahn beschreiben. Wir würden auch dann noch eine Kraft, eine *Zentralkraft*, zwischen ihm und ihr als Ursache seiner Bewegung um sie als Zentrum, seiner *Zentralbewegung*, ansehen. Um aber über Größe und Richtung der Kraft etwas sagen zu können, müßten wir erst die Form der Bahn kennen, die er beschreibt, und seine Geschwindigkeit oder seine Geschwindigkeits*änderung*, während er sie durchläuft. Denn bisher kennen wir Größe und Richtung der Zentralkraft nur an der *gleichförmigen Kreisbewegung.*

Zentralbewegungen, d. h. Bewegungen von Körpern um einen anderen Körper als Zentrum, ohne daß eine sichtbare Verbindung mit ihm besteht, sind z. B. die Bewegungen der Planeten. KOPERNIKUS (1473—1543) erklärte die von der Erde aus täglich beobachtete Wanderung der Gestirne *um die Erde*, die beobachteten Bewegungen der Planeten gegeneinander und gegen die Sonne, den Auf- und den Untergang der Gestirne über und unter den Horizont u. a. m. als eine Folge der *Drehung der Erde* um einen ihrer Durchmesser als Achse (Rotation) und als eine Folge der *Bewegung der Erde* und der anderen Planeten *um die Sonne* als Zentrum (Revolution). Er hielt die Planetenbahnen für exzentrische Kreise um die Sonne. Aber KEPLER (1571—1630) entdeckte, gestützt auf TYCHO BRAHES (35 Jahre lang ausgeführte) Beobachtungen der Marsstellungen, daß die Marsbahn eine Ellipse sei, und daß in dem einen Brennpunkt der Ellipse die Sonne stehe.

Erstes KEPLERsches Gesetz. (Form der Planetenbahnen.) KEPLER fand, daß für die übrigen Planeten dasselbe gilt, nämlich: *Alle Planeten bewegen sich um die Sonne in Ellipsen: allen diesen Ellipsen ist ein Brennpunkt gemeinsam, und in diesem gemeinsamen Brennpunkt steht die Sonne.* (Erstes KEPLERsches Gesetz.)

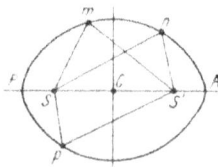

Die *Ellipse* (Abb. 103) ist eine ebene Kurve, die z. B. dann entsteht, wenn ein Kegel, dessen Querschnitt *senkrecht* zur Achse ein *Kreis* ist, *schief* zur Achse und zu den Seiten von einer Ebene durchschnitten wird (Abb. 104). Charakteristisch für die Ellipse ist die Beziehung jedes ihrer Punkte zu ihren zwei *Brennpunkten* (S und S'), zwei Punkten, die auf den längsten Ellipsensehne, der *großen Achse*, liegen, gleich weit von der Achsenmitte C, dem *Mittelpunkt der Ellipse.* Für jeden Punkt (m, n, p . . .) der Ellipse hat die Summe seiner Abstände von den Brennpunkten

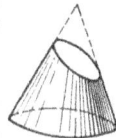

Abb. 103. Ellipse. Es ist $mS + mS' = nS + nS' = pS + pS'$ usw.

Abb. 104. Eine Ebene durch den Kreiskegel schief zur Achse und zu den Seiten schneidet den Mantel in einer Ellipse (perspektivisch vgl. Abb. 21).

dieselbe Größe (Abb. 103). Die ovale Form der Ellipse zeigt, daß bei der Bewegung in einer Ellipse der Planet der Sonne S bald näher, bald ferner steht, daß er in A, dem der Sonne ferneren Endpunkte der großen Achse, den größten Abstand (Aphel), an dem anderen, P, den kleinsten Abstand (Perihel) von der Sonne hat. Bedeutet r ($= CA = CP$) die *halbe* große Achse und e ($= CS = CS'$) den Abstand eines Brennpunktes, also auch den Abstand der Sonne S von C, der Achsenmitte, so ist der größte Abstand des Planeten von der Sonne $r + e$ und der kleinste $r - e$, also der *mittlere* gleich r, d. h. gleich der halben großen Achse.

Der Abstand SC ($= S'C$) der Brennpunkte vom Mittelpunkt bestimmt die Ovalität der Ellipse. Je kleiner er im Verhältnis zur halben großen Achse ist, also je kleiner e/r ist, die *Exzentrizität*, desto ähnlicher ist sie dem Kreise und desto kleiner wird der Unterschied zwischen dem *größten* Abstande $r + e$ (resp. dem kleinsten $r - e$) und dem mittleren Abstand r der Planeten von der Sonne. Desto kleiner ist auch der Fehler, den man begeht, wenn man den (veränderlichen) Abstand eines Planeten von der Sonne stets durch seinen mittleren Abstand r ersetzt denkt, also den Planeten auf einem Kreise mit dem *mittleren*

Abstand r als Radius um die Sonne als Zentrum gehend denkt. Die meisten Planetenbahnen weichen so wenig von Kreisen ab (am meisten die Merkurbahn, am wenigsten die Venusbahn), daß man sie, wenn es sich nicht um astronomische Rechnungen handelt, durch Kreise ersetzt denken darf. — Die Exzentrizität ist z. B. für Merkur: 0,2056; Venus: 0,0068; Erde: 0,0167. Das bedeutet: Der Abstand Brennpunkt—Mittelpunkt der Ellipse beträgt für Merkur 20 %, für Venus 0,6 %, für die Erde 1,67 % der halben großen Achse, oder auch: der Unterschied zwischen dem kleinsten und dem größten Abstand Planet—Sonne, ausgedrückt in Prozenten des größten Abstandes beträgt für Merkur 40 %, Venus 1,2 %, die Erde 3,34 %. Die mittleren Abstände Planet—Sonne betragen für Merkur 58, Venus 108, Erde 149 Millionen Kilometer.

Zweites KEPLERsches Gesetz. (Geschwindigkeit der Planeten.) Bei der Untersuchung, ob der Mars seine Bahn gleichförmig durchläuft — d. h. ob er in gleich großen Zeitabschnitten gleich große Bogen beschreibt — oder nicht, entdeckte KEPLER ein zweites Gesetz, das er ebenfalls für alle Planeten geltend fand. Er fand (Abb. 105): Sind $\overset{\frown}{AB}$, $\overset{\frown}{CD}$, $\overset{\frown}{EF}$ Bogen, die der Planet in gleich großen

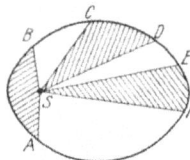

Abb. 105. Zum zweiten KEPLERschen Gesetz (Flächensatz). Die Sektoren SAB, SCD, SEF einander gleich.

Zeitabschnitten durchläuft, dann ist der Sektor SAB gleich dem Sektor SCD gleich dem Sektor SEF usw. Das ist das *zweite KEPLERsche Gesetz*. In Worten: *In gleichen Zeitabschnitten überstreicht der Radiusvektor* — die Gerade von der Sonne zu dem Planeten — *gleiche Flächenstücke* — die Ellipsensektoren. Diese Tatsache beantwortet die Frage, ob der Planet die Ellipsenbahn mit gleichförmiger Geschwindigkeit durchläuft oder nicht. Die Form der Ellipse zeigt, daß, wenn SEF an Fläche gleich SAB sein soll, $\overset{\frown}{AB}$ größer sein muß als $\overset{\frown}{EF}$ (weil SE und SF länger sind als SA und SB). Da nun der Planet der Beobachtung nach $\overset{\frown}{EF}$ und $\overset{\frown}{AB}$ in *gleichen* Zeitabschnitten durchlaufen hat, so muß er $\overset{\frown}{AB}$ (er liegt der Sonne näher als $\overset{\frown}{EF}$) schneller durchlaufen haben als $\overset{\frown}{EF}$; d. h. der Planet durchläuft seine Bahn mit *ungleichförmiger* Geschwindigkeit, mit desto *größerer*, je *näher* er der Sonne ist.

Gegenseitige „Anziehung" der Sonne und der Planeten. Entstehung des Planetensystems. Denkt man sich die Ellipsenbahnen durch Kreise ersetzt (S. 85 u.), so treten an die Stelle der Ellipsensektoren *Kreissektoren*. Zu gleich großen *Kreissektoren* gehören aber stets gleich große *Kreisbogen*. Man muß dann also auch annehmen, daß der Planet in gleich großen Zeitintervallen gleich große Kreisbogen beschreibt, d. h. die ungleichförmige Geschwindigkeit in der Ellipse durch eine gleichförmige in der fingierten Kreisbahn ersetzt denken. Die Planeten und die Sonne sind im Verhältnis zu ihren Abständen voneinander so klein, daß sie im Vergleich dazu wie Punkte erscheinen. (Der Durchmesser der Sonne ist rund der 108. Teil des mittleren Abstandes der Erde von ihr, und ihr Rauminhalt etwa 1300000mal so groß wie der der Erde.) Der Planet in der fingierten Kreisbahn um die Sonne ist dann *anzusehen* als ein materieller Punkt, der um einen anderen als Zentrum mit gleichförmiger Geschwindigkeit einen Kreis beschreibt. — genau wie ein außerhalb der Achse liegender Punkt des rotierenden starren Körpers um sein Bahnzentrum. Wir ziehen daher aus der Bewegung der Planeten in einer Kreisbahn dieselben Schlüsse, die wir aus der gleichförmigen Kreisbewegung der Punkte eines rotierenden starren Körpers gezogen haben, d. h. wir schließen: 1. der Planet sucht sich tangential zur Kreisbahn vom Zentrum der Kreisbahn zu entfernen; 2. er wird daran verhindert, weil er von einer nach dem Zentrum gerichteten Kraft angegriffen wird; 3. dem Zwange, den diese nach dem Zentrum gerichtete Kraft auf ihn ausübt, setzt er eine gleich große und entgegengesetzt gerichtete Kraft entgegen. Woher er seine (tangentiale)

Bewegung hat, wissen wir nicht. Die Kant-Laplacesche Hypothese von der Entstehung des Planetensystems (Kant 1755, Laplace 1796) versucht die Frage zu beantworten.

Die *Nebularhypothese* von Kant und von Laplace folgert für die Glieder des Planetensystems einen einheitlichen Ursprung aus der Ähnlichkeit ihrer Bewegungen, aus der kleinen Exzentrizität ihrer Bahnen und aus den geringen Neigungen ihrer Bahnen gegeneinander — sowohl der Planeten wie ihrer Monde. Die Stoffe, die jetzt das Planetensystem bilden, existierten ihr zufolge als ein linsenförmiger Nebel aus sehr verdünntem Gas, der ursprünglich infolge außerordentlich großer Temperatur als Atmosphäre der Sonne noch über die (gegenwärtige) Bahn des fernsten Planeten hinausreichte. Dieser Nebel rotierte um eine auf den jetzigen Planetenbahnen senkrechte Achse. Das Gas kühlte sich *von der Oberfläche* aus ab; dadurch wurde es *in der Mitte* dichter. Infolge seiner Kontraktion stieg seine Drehgeschwindigkeit (nach dem Gesetz von der Erhaltung des Drehmomentes S. 100), und seine Randteile trennten sich von der Achse näheren Teilen als ein Ring ab (S. 83 m., Plateauscher Versuch). Weitere Abkühlung bewirkte *weitere* Kontraktion, *noch* größere Drehgeschwindigkeit und die Lostrennung eines zweiten Ringes. Die Ringe zerrissen und ballten sich zu Planeten, während der zentrale Kern die Sonne bildete. Die Hypothese beruft sich zu ihrer Unterstützung auf die Ringe des Saturn und auf die Entstehung der Monde als Wiederholung des Sonnensystems im kleinen. Eine Entwicklung, die von der von der Nebularhypothese angenommenen wesentlich abweicht, wird heute als für die Entstehung des Planetensystems für wahrscheinlicher gehalten.

Wir wissen auch nicht, wodurch die Kraft auf den Planeten übertragen wird, die ihn hindert, seiner Trägheit zu folgen. Aber wir müssen schließen[1], daß sie stets zur Sonne hin gerichtet ist, und darum sehen wir die Sonne als Ursache der Zentralbewegung der Planeten an, als den Sitz einer „anziehenden" Kraft, die die Planeten hindert, sich ins Unendliche von ihr zu entfernen. Dann müssen wir auch die Sonne als den Angriffspunkt der von den Planeten auf das Zentrum (in dem ja die Sonne steht) ausgeübten Kraft ansehen. Das heißt, wir schließen aus der Zentralbewegung der Planeten um die Sonne auf eine *gegenseitige* „Anziehung" der Sonne und der Planeten, die beiderseits gleich stark ist, der Zentripetal- und der Zentrifugalkraft vergleichbar. Die Größe der Kraft ist $F = 4\pi^2 \cdot \dfrac{m\,r}{T^2}$, wenn T die Umlaufdauer (Dauer der Revolution), m die Masse, r (der mittlere Abstand, d. i. die halbe große Ellipsenachse) den Radius der Kreisbahn des Planeten bedeuten.

Drittes Keplersches Gesetz (Umlaufdauer der Planeten). Größe der Anziehungskraft der Sonne auf die Planeten. Die Größe der Kraft, die der Planet von der Sonne erfährt, hängt also, abgesehen von seiner Masse m und seinem Abstande r von der Sonne, *anscheinend* auch von seiner Umlaufdauer T ab. Aber von der Umlaufdauer (Dauer der Revolution) *nur scheinbar*. Wären die Planeten mit der Sonne starr verbunden, so müßten *alle* (S. 76 m.) ihre Bahnen in derselben Umlaufdauer T durchlaufen. Sie sind aber frei beweglich, und jeder hat eine andere Umlaufdauer; wie die astronomischen Beobachtungen lehren, eine desto größere, je größer sein mittlerer Abstand von der Sonne ist. In dem Ausdruck für F hat daher T für jeden Planeten einen anderen Wert.

Sind m_1 und m_2 die Massen, r_1 und r_2 die mittleren Abstände, T_1 und T_2 die Umlaufzeiten zweier Planeten, die wir (1) und (2) nennen wollen, so wirkt auf (1) die Kraft $F_1 = 4\pi^2 \cdot \dfrac{m_1 r_1}{T_1^2}$ und auf (2) die Kraft $F_2 = 4\pi^2 \cdot \dfrac{m_2 r_2}{T_2^2}$.

Wie sich F_1 und F_2 der Größe nach zueinander verhalten, ergibt die Division der ersten Gleichung durch die zweite. Es ist:

$$\frac{F_1}{F_2} = \frac{m_1}{m_2} \cdot \frac{r_1}{r_2} \cdot \frac{T_2^2}{T_1^2}.$$

---

[1] Dieser Schluß folgt nicht nur unter der Annahme der Planetenbahn als Kreisbahn, sondern (Newton) auch für die (tatsächliche) Ellipsenbahn.

Zwischen den Umlaufdauern T und den mittleren Abständen r entdeckte KEPLER

die Beziehung $\dfrac{T_2^2}{T_1^2} = \dfrac{r_2^3}{r_1^3}$, d. h. die Quadrate der Umlaufdauern verhalten sich
wie die Kuben der mittleren Abstände von der Sonne (drittes KEPLERsches
Gesetz). Es besteht z. B. die Gleichung

$$\left(\frac{T_{\text{Erde}}}{T_{\text{Venus}}}\right)^2 = \left(\frac{r_{\text{Erde}}}{r_{\text{Venus}}}\right)^3.$$

Man darf also $\dfrac{T_2^2}{T_1^2}$ durch $\dfrac{r_2^3}{r_1^3}$ ersetzen und findet so $\dfrac{F_1}{F_2} = \dfrac{m_1}{m_2} \cdot \dfrac{r_2^2}{r_1^2}$, *unabhängig*
von den Umlaufdauern T_1 und T_2. Schreibt man diese Gleichung so:

$$\frac{\dfrac{F_1}{m_1}}{r_1^2} = \frac{\dfrac{F_2}{m_2}}{r_2^2}$$

und bedenkt man, daß (1) und (2) zwei *beliebige* Planeten bedeuten, so sieht man,
daß dieselbe Gleichung auch für je zwei *andere* beliebige Planeten gilt, also $F\big/\dfrac{m}{r^2}$
für *jeden* Planeten *dieselbe Größe* hat. Nennen wir sie μ, so ist

$$\frac{\text{Zentripetalkraft zur Sonne}}{\begin{array}{c}\text{Masse des Planeten}\\\text{Quadrat seines mittleren Abstandes}\ \ r^2\end{array}} = \frac{F}{m} = \mu, \text{ also } F = \frac{m}{r^2} \cdot \mu,$$

wo μ für *alle* Planeten dieselbe Größe hat. Gäbe es einen Planeten von der Masse
$m = 1$ im Abstand $r = 1$ von der Sonne, so wäre $F = \mu$. Das heißt: μ ist die
Größe der Kraft, mit der die Masse*einheit* angezogen wird, wenn sie um eine
Längen*einheit* von der Sonne absteht. Hätte jeder Planet die Masse m und den
Abstand r, so wäre F für jeden gleich groß. Aber die m sind verschieden und ebenso
die r. Für die 2-, 3-, . . . m mal so große *Masse* ist F, der obigen Gleichung nach
2-, 3-, . . . m mal *so* groß wie für die Masse 1 und beträgt in dem 2-, 3-, . . . r mal so
großen *Abstande* $1/4$, $1/9$, . . . $1/r^2$ der Kraft im Abstand 1. Kurz: Die anziehende
Kraft der Sonne ist *proportional der Masse* des Planeten und *umgekehrt proportional dem Quadrat seines Abstandes* von der Sonne.

Auch die Bewegungen des Mondes um die Erde, der Jupitermonde um den
Jupiter usw. sind Zentralbewegungen. NEWTON stellte daher die Hypothese auf,
daß die Zentralbewegungen *aller* Gestirne Wirkungen einer und derselben Kraft
seien, daß die Kraft, die die Erde auf den Mond ausübt, gleichartig ist mit der,
die die Sonne auf die Planeten ausübt, daß dieselbe Kraft, die den Mond (von
der Mondbahntangente weg) zur Erde hinzieht, gleichartig ist mit der Kraft,
die die Körper in der Nähe der Erdoberfläche „zur Erde fallen" macht, also
schließlich die Schwere der Körper auf der Erde und die Zentralbewegung der
Gestirne Betätigungen einer und derselben Kraft seien.

Die KEPLERschen Gesetze sprechen nur von den Beziehungen der Planeten zu der
Sonne. Aber die Planeten werden auch von allen anderen Planeten angezogen. Die
Anziehung der Sonne überwiegt (wegen ihrer großen Masse) die Wechselwirkung mit allen
übrigen Körpern bei weitem und das machte die Aufstellung der KEPLERschen Gesetze
möglich. Aber die Gesetze können doch nur eine *Annäherung* an die Wirklichkeit darstellen.
Und tatsächlich machen sich die Wechselwirkungen im Laufe vieler Jahre als Abweichungen
von ihnen (man sagt: als *Störungen*) bemerkbar. Zu diesen Störungen gehört auch langsame
Drehung der Achsen der Planetenbahnen (in deren Ebenen) und dadurch ihrer Perihele relativ
zum Fixsternsystem. Die *beobachteten* Perihelbewegungen stimmen mit den auf Grund der
Störungstheorie *berechneten* bei allen größeren Planeten überein, dagegen liefern die Rechnungen beim Merkur einen um 43″ pro Jahrhundert zu kleinen Wert. Die EINSTEINsche Gravitationstheorie erklärt den *bisher unerklärten Betrag* aus der Wirkung der Sonnengravitation,
ohne andere Hypothesen zu Hilfe nehmen zu müssen. Beim Merkur ist die Abweichung
von der NEWTONschen Theorie meßbar, nicht aber bei den der Sonne ferneren Planeten,

die Abweichung nimmt mit wachsendem Abstande des Planeten von der Sonne stark ab, und wäre schon im Erdabstande unmerklich. Bei der Venus ist die Exzentrizität der Bahn so gering, daß die Bahn von einem Kreise kaum abweicht und die Lage des Perihels daher nur sehr unsicher bekannt ist.

Der Umlauf des Mondes um die Erde. Der Mond wird von der Erde angezogen — warum fällt er nicht zu ihr hin? Er *fällt* zu ihr hin nach NEWTONS Ansicht, aber nur den $60^2 = 3600^{\text{ten}}$ Teil so schnell wie z. B. ein Apfel vom Baume fällt, weil er 60mal so weit vom Erdmittelpunkt entfernt ist — 60 Erdhalbmesser, der Apfel aber nur *einen* — und daher nur den 3600ten Teil so stark angezogen wird wie eine gleich große Masse an der Erdoberfläche.

Ist M die Masse des Mondes, r seine (gleichförmig angenommene) Geschwindigkeit in seiner (kreisförmig angenommenen) Bahn um die Erde, r der Radius seiner Bahn, so ist die Kraft F, mit der die Erde ihn von der Tangentenrichtung wegzieht, um ihn in seiner Bahn zu erhalten, $F = M \cdot \dfrac{r^2}{r}$. Die Kraft, mit der eine der Mondmasse M gleiche Masse auf der Erdoberfläche angezogen wird, ist ihr Gewicht P, also die Kraft $P = M \cdot g$. Wenn NEWTONS Ansicht richtig ist, muß ungefähr $P = 3600 \cdot F$ sein. Setzt man die bekannten Zahlenwerte für r, g und r ein in die Gleichung $\dfrac{P}{F} = \dfrac{r \cdot g}{r^3}$, so sieht man, daß das zutrifft.

Der Mond fällt also zur Erde hin, wenn auch nur den 3600ten Teil so schnell wie ein Körper nahe der Erdoberfläche — in der ersten *Stunde* (3600 Sekunden) nur so weit wie dieser in der ersten *Minute*. Warum kommt er uns nicht schließlich näher? Weil er außer der Bewegung zur Erde *hin* eine Bewegung *senkrecht* dazu ausführt wie der im Kreise geschwungene Stein (Abb. 98), der zur Hand hingezogen wird und ihr doch nicht näher kommt, weil er sich auch *senkrecht* zu der Zugrichtung, seiner Trägheit gemäß, zu bewegen sucht. Denkt man sich in Abb. 102 in C die Erde und den Kreis als Mondbahn — die Schnur der Abb. 98 wird durch die Anziehung (Gravitation, s. u.) ersetzt — so versteht man, warum der Mond, obwohl er sich längs eines Radius seiner Bahn auf die Erde zu bewegt, ihr doch nicht näher kommt: er bewegt sich (,,fällt'') dauernd von derjenigen Geraden *weg*, auf die ihn diese zweite Bewegung, nämlich seine Trägheit verweist, *weg* zum Mittelpunkt der Erde hin; aber er fängt gleichsam jeden Moment von neuem zu fallen an längs eines anderen Radius seiner Bahn, sein Fallen hat nur das Ergebnis, daß er von der sich stetig anders richtenden Tangente senkrecht wegstrebt und sich auf dem Kreise erhält. Fiele er *nicht*, so würde er nicht etwa dauernd denselben Abstand von der Erde behalten, sondern im Gegenteil: seine Trägheit würde ihn auf der Tangente (an dem Punkte der Kreisbahn, in dem er sich gerade befindet) geradlinig von der Erde entfernen; er *behält* dauernd denselben Abstand von der Erde, weil er dauernd mit derselben Beschleunigung zu ihr hin *fällt*.

NEWTONsches Gravitationsgesetz. Allgemeine Massenanziehung. Gravitationskonstante. NEWTON verglich die Anziehung des Mondes durch die Erde mit der Anziehung der Körper an der Erdoberfläche durch die Erde, d. h. mit ihrer *Schwere* und schloß: *Die Schwere der irdischen Massen hat dieselbe Ursache wie die Erhaltung des Mondes in seiner Bahn um die Erde* und wie die Erhaltung der Planeten in ihren Bahnen um die Sonne. Schwere besitzen aber *alle* Körper auf der Erde — wieviel, hängt nur davon ab, *wieviel* Materie sie enthalten, nicht von deren besonderen, z. B. chemischen Eigenschaften. — *Schwere, d. h. die Fähigkeit, von der Erde angezogen zu werden, ist daher eine Eigenschaft der Materie.* Diese Anziehung ist daher *wechselseitig*. Die Materie muß daher die beiden Eigenschaften, die Erde anzuziehen und von ihr angezogen zu *werden*, in gleicher Stärke besitzen. Die Erde besteht aber aus derselben Materie wie die anderen Körper, folglich ist die Schwere eine Betätigung der *gegenseitigen Anziehung* von Materie. Die Schwere auf der Erde, die Anziehung zwischen Sonne und

Planeten, die Anziehung zwischen Erde und Mond — sie alle sind Betätigungen einer und derselben Kraft. Hieraus schloß NEWTON auf die gegenseitige Massenanziehung, die *Gravitation* der Materie, *im ganzen Universum.* Er schloß: „Anziehung" ist eine der Materie innewohnende Eigenschaft, d. h. je zwei Massenpunkte ziehen einander an, die anziehende Kraft f ist den einander anziehenden Massen m und m' *direkt* proportional und *umgekehrt* proportional dem Quadrat ihres gegenseitigen Abstandes r, so daß $f = \dfrac{m \cdot m'}{r^2} \cdot K$ ist (NEWTONsches Gravitationsgesetz, 1683). Enthält jede der beiden Massen die Masseneinheit, d. h. ist $m = m' = 1\,\mathrm{g}$, und sind sie um eine Längeneinheit, d. h. um $r = 1\,\mathrm{cm}$ voneinander entfernt, so ist $f = K$ dyn. Die Anziehungskraft zweier Massen von je 1 g aufeinander im gegenseitigen Abstand von 1 cm ist meßbar und ist gleich $6{,}68 \cdot 10^{-8}$ dyn gefunden worden. Die Zahl K heißt die *Gravitationskonstante.* Ihre Dimension ist, wie die Gleichung für f ergibt, $\mathrm{cm}^3 g^{-1} \sec^{-2}$.

Rechnet man mit $K = 6{,}68 \cdot 10^{-8} (\mathrm{cm}^3 g^{-1} \sec^{-2})$, so findet man z. B., daß zwei Massen von je 1 kg im Abstand von 10 cm einander mit einer Kraft anziehen, die dem Gewichte von $0{,}00068\,\mathrm{mg}^*$ gleich ist.

Das Kraftfeld (FARADAY). Bei einer Betrachtung über die allgemeine Natur der physischen Kräfte, insbesondere derjenigen Kraftformen, die bei „Fernwirkungen" in Frage kommen, sagt FARADAY (1855): „Daß die Schwere der Materie eingeboren, immanent und wesentlich sei, so daß ein Körper auf einen andern durch ein Vacuum in die Ferne wirken könne, ohne Vermittelung von irgend Etwas, vermöge dessen und durch welches ihre Wirkung und Kraft von dem einen auf den andern übertragen werde, ist, wie NEWTON sagt, eine große Ungereimtheit. Die Schwere muß beständig durch ein Agens nach gewissen Gesetzen bewirkt werden; ob dieses Agens jedoch materiell oder immateriell sei, überläßt er der Überlegung seiner Leser.... Diejenigen, welche NEWTON's Gesetz anerkennen, aber nicht weiter mit ihm gehen, verstehen unter der Schwerkraft dies, daß Materie Materie anzieht, und daß diese Anziehung umgekehrt proportional ist dem Quadrate der Entfernung. Denken wir uns nun eine materielle Masse (oder ein Molekel), nehmen wir als zu unserm Zwecke passend die Sonne, und denken uns eine Kugel von der Größe eines Planeten, etwa unsere Erde, entweder plötzlich entstanden oder aus großer Ferne an ihren wirklichen Ort in Beziehung zur Sonne gebracht, so wird die Gravitation ihre Anziehung äußern, und wir sagen, die Sonne ziehe die Erde, und die Erde zugleich die Sonne an. Wenn aber die Sonne die Erde anzieht, so muß diese Anziehungskraft entweder *in Folge* der Gegenwart der Erde in der Nähe der Sonne entstehen oder sie muß *vorher*, ehe die Erde da war, in der Sonne *existirt* haben.... Es bleibt demnach übrig, daß die Kraft ringsum die Sonne und durch den unendlichen Raum hin beständig existirt, gleichviel ob andere Körper, auf die die Gravitation ausgeübt werden kann, vorhanden sind oder nicht; aber nicht bloß um die Sonne, sondern um jedes vorhandene materielle Teilchen muß die Kraft existiren. Diese Auffassung, daß die Wirkungsfähigkeit im Raume eine beständige und nothwendige ist, auch wenn mit Bezug auf die Sonne die Erde *nicht* an ihrer Stelle ist, und daß eine gewisse Gravitationswirkung, wenn die Erde an ihrer Stelle *ist*, das Resultat jenes Zustandes ist, kann ich als mit der Erhaltung der Kraft im Einklang stehend begreifen, und diese Auffassung ist es wohl auch, die NEWTON von der Gravitation hatte, die in philosophischer Hinsicht die nämliche ist, wie die in Betreff des Lichtes, der Wärme und der Strahlungserscheinungen allgemein adoptirte Auffassung, und die (in einem noch allgemeineren und umfassenderen Sinne) nunmehr unsere Aufmerksamkeit in einer besonders zwingenden und lehrreichen Weise durch die Erscheinungen der Elektricität und des Magnetismus, wegen deren Abhängigkeit von dualen Kraftformen, auf sich gezogen hat." ... (Über einige Fragen zur Theorie des Magnetismus. Experim. Res. Bd. 3 S. 525. deutsche Ausgabe.)

Prüfung des Gravitationsgesetzes an der Erfahrung. Dichte der Erde. Gewicht des Körpers unter und über der Erdoberfläche. NEWTON hat das Gesetz nur aus kosmischen Erscheinungen abgeleitet und auch nur an solchen geprüft (die KEPLERschen Gesetze und Ebbe und Flut als Konsequenzen daraus erklärt). Erst CAVENDISH (1798) hat die gegenseitige Massenanziehung auch am Laboratoriumsversuch bewiesen und gemessen; (Abb. 106) im wesentlichen mit zwei kleinen Metallkugeln (je 730 g) an den Enden eines horizontalen, an einem Faden aufgehängten Holzstabes, denen zwei große Bleikugeln (von je 158 kg) auf einem drehbaren Gerüst beliebig nahe gebracht werden konnten. Sind die großen Kugeln (von oben gesehen) in der Lage *A A*, so bleiben die kleinen in Ruhe, weil sie mit gleich großer Stärke nach entgegengesetzten Richtungen gezogen werden. Bringt man aber die großen Kugeln z. B. in die Lage *B B*, so bewegen sich die kleinen zu ihnen hin. Die Ablenkung des Holzstabes dient zur Messung. — Aus den Messungen kann man auch berechnen, *wieviel Masse der Erdkörper enthält.* Hat die eine Kugel die Masse m, die andere die Masse m', und ist a der Abstand der Mittelpunkte, die man (S. 92 o.) als die eigentlichen Anziehungspunkte ansehen darf, so erleidet m' von m die Anziehung $f = \dfrac{m \cdot m'}{a^2} \cdot K$. Von der Erde, deren (unbekannte) Masse mit M und deren Radius mit R bezeichnet werde, erleidet m' die Anziehung $\dfrac{M \cdot m'}{R^2} \cdot K$. Die Anziehung, die m' von der Erde erfährt, wird aber auch durch das Gewicht von m', d. h. durch $m'g$ ausgedrückt. Also ist $m'g = \dfrac{M \cdot m'}{R^2} \cdot K$. Daraus folgt unmittelbar $\dfrac{f}{m'g} = \dfrac{m \cdot R^2}{M \cdot a}$. Außer f und M sind sämtliche Größen bekannt, f ist aber aus den Versuchen von CAVENDISH bestimmbar, also die Erdmasse M berechenbar. Da außerdem das Volumen der Erde bekannt ist, läßt sich ihre Dichte berechnen: sie enthält etwa 5—6 mal so viel Masse wie ein gleich großes Volumen Wasser. — Aus derartigen Versuchen ergibt sich auch die Gravitationskonstante K.

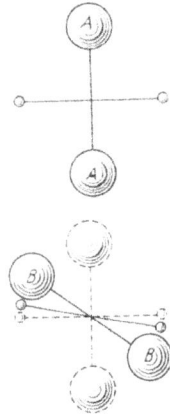

Abb. 106. Zum CAVENDISH-Versuch zur Prüfung des NEWTONschen Gesetzes der Massenanziehung.

Mit einer der JOLLYschen Doppelwaage ähnlichen Anordnung (s. weiter unten), einer Balkenwaage, haben RICHARZ und KRIGAR-MENZEL (1898) die Erddichte zu 5,51 ermittelt; ihre Versuche gelten als die genauesten. Sie verglichen die Gewichte von zwei nahezu gleichen Kugeln miteinander, von denen die eine, *A*, an dem einen Arme *über* und die andere, *B*, an dem anderen Arme *unter* einer Bleimasse von 100000 kg hing (Abb. 107). Die anziehende Wirkung der Masse von 100000 kg vergrößerte das Gewicht von *A* um ebensoviel, wie sie das von *B* verkleinerte; der Ausschlag der Waage entsprach somit dem doppelten Betrage der Anziehung.

Nach der NEWTONschen Hypothese ist die Schwere eines Körpers auf der Erde die Resultante der Anziehung eines jeden Massenpunktes der Erde auf jeden Massenpunkt des Körpers. Die Größe der Kraft, mit der die Erde einen Körper anzieht, d. h. das Gewicht des Körpers, muß also seiner Masse proportional sein, wie es ja auch der Fall ist. — Der NEWTONschen Hypothese zufolge muß das Gewicht eines Körpers *abnehmen* — um eine berechenbare Größe — wenn der Körper über die Erdoberfläche gehoben wird, weil dadurch ihr gegenseitiger Abstand größer wird. Das trifft zu: derselbe Körper wiegt hoch über der Erde weniger, als er dicht an der Erdoberfläche wiegt. In einem Turm wurde 25 m über der Basis eine Waage aufgestellt, an jeder Waagschale hing — 21 m unter ihr, also nahe der Basis des Turmes — noch eine Waagschale. Die Waage zeigte bei einer Belastung von 5 kg noch 0,01 mg an. Dieselben 5 kg Quecksilber wogen in der Höhe des Turmes 31,685 mg* weniger als an der Basis; die Theorie fordert 33,059 mg* (JOLLY).

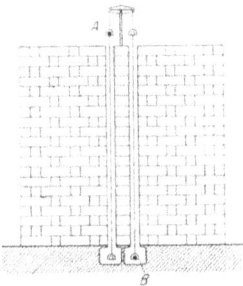

Abb. 107. Verfahren von RICHARZ u. KRIGAR-MENZEL zur Messung der Erddichte (Maßstab 1 : 40).

Wie ändert sich das Gewicht des Körpers, wenn man ihn *unter* die Erdoberfläche, z. B. auf den Boden eines Schachtes, bringt? Zur Beantwortung benützen wir (ohne Beweis) zwei von NEWTON entdeckte Sätze. Man denke sich ein Quantum Materie zu einer *überaus* dünnen homogenen Kugelschale geformt, einer kugelförmigen homogenen Massen*haut* oder Massen*blase*; wie stark zieht diese Kugel*schale* einen Massen*punkt* an? Antwort: Liegt der Punkt *außerhalb* der Schale, so ist die Anziehung genau so groß, wie wenn die *ganze* Masse der Schale im *Mittelpunkt* der Kugel konzentriert wäre; liegt der Punkt im *Innern* der Kugelschale, so ist die Anziehung gleich *Null*. — Eine homogene (S. 55 o.) *Voll*kugel und ebenso eine homogene *dicke* Kugelschale, wie sie in der Wirklichkeit existieren, kann man sich nun aus lauter sehr dünnen konzentrischen homogenen Kugel*schalen* zusammengesetzt vorstellen. Man kommt daher zu dem Ergebnis: Eine homogene *Voll*kugel zieht einen außerhalb liegenden Punkt ebenso stark an, wie wenn ihre ganze Masse in ihrem Mittelpunkt konzentriert wäre; die Anziehung einer Kugel*schale* auf einen von ihr umschlossenen Massenpunkt ist Null.

Unter der Voraussetzung, daß die Erde eine *homogene* Kugel ist, kommt man so zu dem Ergebnis (Abb. 108): der Punkt *M* im Innern der Erdkugel erfährt von der Schale *M A gar keine* Anziehung, und von der Kugel mit dem Radius *O M* dieselbe Anziehung, wie wenn die Masse dieser Kugel im Erdmittelpunkte *O* konzentriert wäre. Die Rechnung ergibt, daß die Anziehung auf *M* dem Radius, d. h. dem Abstande vom Erdmittelpunkte proportional ist. Das heißt aber: das *Gewicht* der Masse ist an der *Erdoberfläche* am größten, nimmt nach dem Mittelpunkt hin ab (proportional der Annäherung an ihn) und ist *im Mittelpunkt Null*. Aber die Erdkugel ist nicht homogen. Die tieferen Erdschichten sind im allgemeinen wesentlich dichter als die Schichten unmittelbar an der Oberfläche. Tatsächlich ist *g* auf der Basis von tiefen Schächten größer als an der Erdoberfläche (Pendelversuche, s. S. 116).

Ebbe und Flut. An der Seeküste und an gewissen Flußmündungen sinkt das Wasser zweimal am Tage und steigt wieder — das nennt man *Ebbe und Flut*, beide zusammen *Gezeiten*. Der Zeitpunkt des Hochwassers — von dem einen zum nächsten vergehen im Mittel 12 Std. 25 Min. — steht in naher Beziehung zum Durchgange des Mondes durch den Meridian, und seine Höhe auch zu der Phase des Mondes, d. h. der gleichzeitigen Mondstellung relativ zu Erde und Sonne. Um die Zeiten des Voll- und des Neumondes, wo Sonne, Erde und Mond in gerader Linie liegen, ist der Unterschied zwischen dem höchsten und dem tiefsten Wasserstand am größten (*Springflut*, in Portsmouth z. B. etwa 4,1 m), beim ersten und beim letzten Viertel, wo Sonne und Mond mit der Erde als Scheitel einen rechten Winkel bilden, am kleinsten (*Nippflut*, in Portsmouth z. B. etwa 2,3 m). Die Theorie der fluterzeugenden Kraft stammt von NEWTON (1687), sie ist eine der stärksten Stützen der Gravitationstheorie, und alle nachfolgenden Arbeiten über Ebbe und Flut fußen auf ihr, weil sie die Gezeiten befriedigend aus der durch Mond und Sonne ausgeübten Anziehung erklärt. Zu ihrer Darlegung nehmen wir vorläufig Erde und Mond als allein vorhanden an — die Entstehung der Sonnenflut erklärt sich von selbst, sobald die der Mondflut begriffen ist — und kehren zurück zu der Anziehung des Mondes durch die Erde.

Erde und Mond ziehen einander *gegenseitig* an: wie der Mond zur Erde hin strebt (S. 89 m.), *so strebt die Erde zum Monde hin*. Die Erde ist nicht etwa ein relativ zur Mondbahn ruhendes Zentrum, und der Mond kreist, streng genommen, nicht „um die Erde", sondern Mond und Erde kreisen gemeinsam — in einem *Monat* ein ganzes Mal — um den ihnen gemeinsamen Massenmittelpunkt (S. 67). [Dieser Punkt liegt, da die Erde 80 mal so viel Masse enthält wie der Mond, dem Mittelpunkt der Erde sehr nahe, nur um 3/4 Erdradius von ihm entfernt, nahe genug, um uns zu berechtigen, den Umlauf der Erde um ihn sehr oft zu ignorieren und vom Umlaufe des Mondes „um die Erde" wie um ein ruhendes Zentrum zu sprechen; für die *Entstehung der Gezeiten* spielt jedoch der Umlauf der Erde um diesen Punkt gerade die *Hauptrolle*, weil die *daraus* entspringenden Zentrifugalkräfte eine Komponente der fluterregenden Kraft liefern.] Auf diesen Punkt also strebt die Erde zu, wie der Mond von der entgegengesetzten Seite her auf ihn zustrebt, ohne ihm jedoch näher zu kommen (S. 89 m.). Ihre dem Monde zugewendeten nächstliegenden Teile (59 Erdradien von ihm entfernt) werden *stärker* zum Monde hingezogen als ihr Mittelpunkt (60 Erdradien von ihm entfernt), ihre dem Monde abgewendeten fernstliegenden Teile (61 Erdradien von ihm entfernt) *schwächer* als ihr Mittelpunkt; jene streben also schneller, diese dagegen langsamer zum Monde hin zu fallen als der Mittelpunkt ebendahin zu fallen strebt. Der *starre* Teil des Erdkörpers reagiert natürlich nur als Ganzes auf die Anziehung — anders aber das Meer. Die Wasserteilchen geben jedes für sich der Anziehung nach. Der Mond zieht das Wasser bei *V mehr* an als *C*, strebt es also von *C* wegzuziehen, d. h. das Meer über *V* zu erhöhen; zugleich zieht er *C mehr* an als das Wasser bei *J*, sucht also den Mittelpunkt der Erde von *J* wegzuziehen, d. h. das Meer unter *J* zu vertiefen, und entsprechend an den anderen Stellen das Meer umzuformen. Aber die Anziehung ist nicht die einzige Kraft, die auf das Wasser einwirkt. Auf jedes Wasserteilchen wirkt auch noch die Zentrifugalkraft, die aus dem Umlauf der Erde um das dem Mond und der Erde gemeinsame (Revolutions-) Zentrum entspringt. (Die aus der *Achsendrehung* der Erde entspringenden Zentrifugalkräfte lassen wir unberücksichtigt.) *Die Resul-*

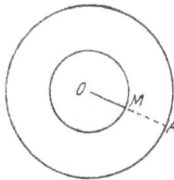

Abb. 108. Zur Anziehung der Erdkugel auf einen Punkt (*M*) im Innern.

tierende aus diesen beiden Kräften (Mondanziehung und Zentrifugalkraft) verschiebt die Wasserteilchen, *sie ist die fluterzeugende Kraft.* Abb. 109, das Diagramm der fluterzeugenden Kräfte, zeigt sie an verschiedenen Punkten eines Meridians: der Kreis bedeutet den Durchschnitt der Erde in einem Meridian, DD sind die Pole, durch V und J geht der Äquator, der Mond steht in großem Abstande in der Richtung von M, die Pfeile geben durch ihre Richtung und ihre Größe die fluterzeugende Kraft nach Richtung und Größe wieder. Aber nur die horizontale Komponente, d. h. die der Erdoberfläche parallele Komponente kommt in Betracht, nur diese bringt das Wasser zum Fluten; die vertikale Komponente kann zwar das Wasser bei V und J etwas leichter und bei D etwas schwerer erscheinen lassen, aber sie ist nicht groß genug, um die Schwerkraft zu überwinden und zur *Bewegung* des Wassers beizutragen. Wir lassen daher aus dem Diagramm Abb. 109 die zur Erdoberfläche vertikalen Komponenten weg und bekommen so, wie Abb. 110 perspektivisch andeutet, über die Erde verteilt, das System von Kräften, die das Wasser horizontal nach den beiden Endpunkten V und J des Erddurchmessers zu treiben streben, in dessen Verlängerung der Mond steht. In V und J erhebt sich das Wasser über den umgebenden Ozean, und auf demjenigen Meridian durch DD, der senkrecht auf dem Durchmesser VJ steht, sinkt gleichzeitig rings um die ganze Erde das Meer unter das normale Niveau. (Man beachte: in den Punkten V und J selber, zu denen das Wasser hingetrieben wird und über denen die Flutwelle am höchsten ist, ist die horizontale Komponente Null und ebenso an den Polen D. Ferner: die Seite, die die Erde dem Monde zuwendet, wechselt infolge der Achsendrehung stetig, die Konfiguration, die Abb. 109 wiedergibt, verschiebt sich daher stetig.)

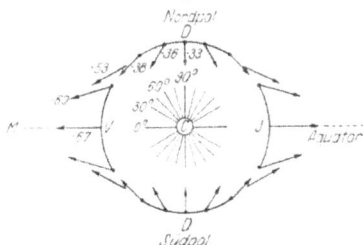

Abb. 109. Diagramm der fluterzeugenden Kraft. (Aus G. H. DARWIN, Ebbe und Flut.)

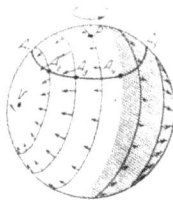

Abb. 110. Horizontalkomponente der fluterzeugenden Kraft. $A_1...A_2$ ein Breitenkreis. (Perspektivisch.)

Man gewinnt so zwar eine deutliche Vorstellung von Ursprung, Größe und Richtung der fluterzeugenden *Kraft*, aber für eine Voraussage des *Verlaufes* von Ebbe und Flut, z. B. für die Vorhersage des Zeitpunktes, zu dem an einem gegebenen Punkt des Ozeans Hochwasser eintreten wird, ist damit nicht viel gewonnen: die Erdoberfläche ist ja nicht — wie hier stillschweigend angenommen — überall, und auch nicht gleich tief, vom Meere bedeckt, und vor allem kommt der Ozean nicht augenblicklich in diejenige dem Diagramm Abb. 109 entsprechende Gleichgewichtslage, die er annehmen würde, wenn man ihn in Fluß gebrachten Wassermassen Zeit genug dazu gelassen würde. Trotzdem ist es geglückt, aus Theorie und Beobachtung für einen gegebenen Ort *Gezeitentafeln* zu berechnen, die die Zeit des Eintrittes und die Höhe der Flut sehr genau vorhersagen. Eine der erfolgreichsten Methoden dazu ist die *harmonische Analyse* der Gezeiten (WILLIAM THOMSON 1872): nicht nur der Mond, sondern auch die Sonne hat Anteil am Steigen und Fallen des Ozeans — die Höhe der Sonnenflut ist halb so groß wie die der Mondflut — und auch noch andere periodisch wiederkehrende Vorgänge wirken darauf ein. Die Flutwelle, die zu einer gegebenen Zeit einen gegebenen Ort passiert, ist daher aus der Übereinanderlagerung mehrerer *Partialwellen* entstanden. Kennt man den Zeitpunkt des Hochwassers und die Höhe einer der Partialwellen an irgendeinem Tage an einem gegebenen Ort, so kann man die Wasserhöhe, soweit sie von dieser Welle allein herrührt, mit Gewißheit für jeden Zeitpunkt für diesen Ort voraussagen. „Für eine gegebene zusammengesetzte Welle gibt es keine Auswahl, sie kann nur auf *eine* Weise aufgebaut werden. Wir haben hier (s. Klangfarbe) eine vollkommene Analogie mit den musikalischen Klängen; ein musikalischer Klang beliebiger Art baut sich aus dem Grundton und dessen „Obertönen" Oktave, Duodezime usw., auf. Ebenso wird die unregelmäßig gewordene Flutwelle als aus einer Grundflut mit „Oberfluten" von einer halben, einer drittel Wellenlänge usw. bestehend angesehen. Die Perioden dieser Oberfluten betragen ebenfalls die Hälfte und ein Drittel von derjenigen der Grundflut. — Die Vorhersage auf Grund der Vorstellung von den Oberflutwellen in den Gezeiten muß unvermeidlich fehlschlagen, wenn wir nicht auf die wahren Ursachen gestoßen sind, wenn z. B. die Oberflutwelle von bestimmter Periode nur in unserer Vorstellung lebt, ihr aber keine physikalische Wirklichkeit entspricht. Der *Erfolg* der Vorhersage ist daher eine Bürgschaft für die Wahrheit der Theorie. Wenn wir bedenken, daß die unaufhörliche Veränderung der Gezeitenkräfte, die verwickelten Umrisse, unserer Küsten, die Tiefe des Meeres und die Achsendrehung der Erde alle in dem Problem enthalten sind, so dürfen wir in einer *guten Vorherbestimmung der Gezeiten einen der größten Triumphe der Theorie der allgemeinen Gravitation* erblicken" (G. H. DARWIN: Ebbe und Flut).

b) Der um eine feste Achse drehbar gemachte starre Körper in Bewegung
(Fortsetzung von S. 76).

Der Einfluß der Massenverteilung des Körpers rings um die Achse.
Was sich in dem durch Abb. 97 dargestellten Schnitt senkrecht zur Drehachse an *einem* Massenpunkt abspielt, spielt sich an *jedem* ab; und in *jedem* Schnitt spielt es sich ab, an welchem Punkt man den Körper auch senkrecht zur Achse durchschneidet. Aber nur qualitativ spielt sich an jedem Massenpunkt dasselbe ab, quantitativ kann sich sehr verschiedenes ergeben, je nach der Art, wie die Masse des rotierenden Körpers um die Drehachse verteilt ist. Das ist so zu verstehen. Der Ausdruck $F = m r \omega^2$ für die Zentrifugalkraft (S. 84 m.) zeigt: Massenpunkte, die gleich große Massen m und gleich große Achsenstände r haben, entwickeln (ω ist ja für alle dasselbe) gleich große Zentrifugalkräfte und üben daher gleich große Zugkräfte auf die Achse aus. Liegen zwei gleiche Massenpunkte diametral zueinander, so heben ihre Zentrifugalkräfte einander auf und lassen die Achse unberührt. Ist die ganze Masse um die Achse derart symmetrisch verteilt, daß auf *jeder* Geraden senkrecht durch die Achse *jedem* Massenpunkt auf der *einen* Seite (von der Achse aus gerechnet) ein *gleich* großer im *gleichen* Abstande auf der *entgegengesetzten* Seite entspricht, so erfährt daher die Achse von den Zentrifugalkräften überhaupt keine Einwirkung. Wir sagen dann: *die Achse ist im Gleichgewicht*. So ist es z. B. an einer Kreisscheibe, die planparallel und homogen ist, und die sich um die senkrecht zu ihrer Ebene durch den Mittelpunkt gehende Achse dreht (Abb. 113). Ist aber die Scheibe *nicht* homogen, ist etwa der eine Halbkreis aus Holz, der andere aus Blei, so sind die von der Bleihälfte ausgeübten Zentrifugalkräfte ($m r \omega^2$) größer als die von der Holzhälfte her ausgeübten, da ein Bleimassenpunkt mehr Masse (m) enthält als ein Holzmassenpunkt. Die in demselben Durchmesser wirkenden Zentrifugalkräfte heben einander dann *nicht* auf, die Achse ist dann *nicht* im Gleichgewicht, sie „schlägt" und rüttelt an den Befestigungsstellen (Lagern). Form und Größe der Scheibe sind beidemal dieselbe, aber verschieden ist in beiden die Massenverteilung rings um die Achse, und hieraus entspringt die Verschiedenheit ihres Verhaltens gegenüber der Achse. — Wir haben die beiden Scheiben als Beispiel benutzt, weil sie deutlich zeigen, worauf es hier ankommt (die gegenseitige Kompensation oder Nicht-Kompensation der Zentrifugalkräfte um die Achse herum) und gehen jetzt wieder zu einem Schnitt senkrecht durch die Achse eines beliebigen rotierenden Körpers.

Wir haben bisher nur davon gesprochen, daß *zwei* Punkte einander in ihrer Zentrifugalwirkung auf die Achse aufheben können. Aber offenbar können die Zentrifugalkräfte, die *zwei* Punkte ausüben, *zusammen* einen dritten in seiner Zentrifugalwirkung aufheben. Jene zwei Punkte und der dritte müssen dann derartige Achsenabstände haben und so zueinander liegen, daß die Resultante aus den Zentrifugalkräften der ersten beiden die Zentrifugalkraft des dritten aufhebt. Es ist eine mathematische Aufgabe, durch einen Körper von gegebener Form eine Gerade derart zu legen, daß die Zentrifugalwirkungen *in allen Schnitten zusammengenommen* — d. h. im ganzen Körper — um diese Gerade herum einander aufheben. Diese Gerade als Drehachse ist dann *im Gleichgewicht*. Die strenge Untersuchung lehrt: es gibt in jedem Körper drei solche Geraden, sie gehen durch den Schwerpunkt und stehen aufeinander senkrecht. Es sind die *Haupttägheitsachsen des Schwerpunktes*. (Zentralachsen S. 98 m., Stabile Drehachsen S. 104 u.)

Ist die Drehachse aber *keine* solche Hauptachse, dann bleibt ein Teil der sie angreifenden Zentrifugalkräfte *unkompensiert* und daher „schlägt" sie, sie rüttelt an ihren Lagern. Daß die Drehachse zugleich eine Hauptachse ist, ist nur ein *Sonderfall*. *Im allgemeinen* bleibt daher ein Teil der Zentrifugalkräfte unkompensiert. Dieser unkompensierte Teil sucht die Drehachse um den *Stütz-punkt zu drehen*. (Wohlgemerkt: die *Achse* zu drehen, sie anders zu richten, wohl gar sie umzuwerfen!) Auch diese nur *beabsichtigte* Drehbewegung ist durch einen Drehvektor darstellbar, wir müssen ihn in die Drehachse der *be-absichtigten* Drehung gelegt denken (S. 80 u.), also in eine Gerade, die *auch* durch den unteren Stützpunkt geht. *Dieser* Vektor bildet also mit dem Vektor der bereits vorhandenen Drehung einen Winkel. Die nach der Parallelogrammregel gebildete Summe beider ergibt diejenige Achse, um die sich der Körper drehen *würde*, wenn er beide Drehungen *zugleich* ausführen könnte (d. h. wenn die obere Spitze ihn nicht hielte). *Diese* Drehachse bildet daher mit der tatsächlichen einen *Winkel*. Wir sehen also, und darauf allein kommt es uns hier an: ist die Drehachse *keine* Hauptachse, so entspringt aus der Drehung des Körpers *ein zur Drehachse senkrechter Stoß*, den die „Lager" der Achse zwar unwirksam machen, dem aber *auch* ein Drehvektor zuzuordnen ist.

Diese Verschiedenartigkeit, mit der die Drehung eines und desselben Körpers (Rotationskörpers) verläuft, je nachdem die Achse durch diese oder durch jene Eigenschaft ausgezeichnet ist, zeigt, wie wichtig für den Drehvorgang die *Art der Massenverteilung* relativ zur Achse ist. *Verschiebt* sich ein Körper als Ganzes, dann spielen die Massenpunkte einzeln gar keine Rolle, nur ihre Gesamtmasse tut das — kennt man ihre Größe, so kann man aus ihr und aus der Beschleuni-gung des Körpers die bewegende Kraft ermitteln. *Dreht* sich aber derselbe Körper um eine Achse, so spielt *die Art, wie seine Masse um die Achse verteilt ist*, — anders ausgedrückt: der Achsenabstand der individuellen Massenpunkte — eine ausschlaggebende Rolle. Mit dem Begriff Masse kommen wir dann nicht mehr aus; wir müssen einen neuen einführen: das Trägheitsmoment.

Trägheitsmoment. Die S. 77 besprochene Drehung des Körpers hatte gleich-förmige Drehschnelle. Dreht sich der Körper aber unter der andauernden Wirkung einer Kraft, so wird seine Drehschnelle beschleunigt. Wie wir aus der Größe der Beschleunigung die der Kraft ermittelt haben — wir mußten dazu den Be-griff Masse einführen — so fragen wir jetzt nach den Beziehungen zwischen der Drehbeschleunigung und der Größe der *drehenden* Kraft. Aus der Natur der Drehung entspringt dabei eine Schwierigkeit. Ist der starre Körper *frei* beweglich, so haben alle seine Punkte die gleiche Geschwindigkeit, ist er *um eine Achse drehbar*, dann hängt die Geschwindigkeit jedes seiner Punkte von seinem Abstand von der Achse ab. Wir dürfen keineswegs die ganze Masse

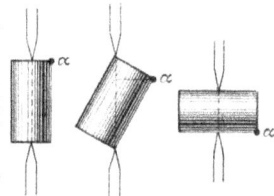

Abb. 111. Zum Trägheitsmoment. Dieselbe Masse, jedesmal um eine andere Achse drehbar, ist jedesmal anders um die Achse angeordnet.

mehr in einem beliebigen Punkt konzentriert denken, müssen vielmehr jeden Punkt berücksichtigen. Ferner: solange es sich um eine bestimmte Drehachse handelt, hat jeder Massenpunkt einen eindeutig bestimmten Achsenabstand. Eine Achse ist aber eine Gerade, die durch irgend zwei festgehaltene Körperpunkte bestimmt wird. Halten wir das eine Mal diese, ein anderes Mal jene zwei Körperpunkte fest, so ist die Achse jedesmal eine andere, und jeder Massenpunkt (Punkt α in Abb. 111) hat jedes Mal einen *anderen* Achsenabstand. Kurz: Im rotierenden Körper muß man die Lage jedes einzelnen Massenpunktes relativ zur *jeweiligen* Drehachse berücksichtigen. Wir kommen daher mit dem Begriff der Masse hier nicht aus, wir müssen einen neuen einführen, der für die Drehung dieselbe Rolle spielt wie die Masse für die Verschiebung (Translation). Dieser Begriff ist das *Trägheitsmoment* (die Bezeichnung stammt von EULER). Es ist eine physikalisch meßbare Größe und ist für einen Körper, der um eine gegebene Achse drehbar ist, charakteristisch. Da der Körper aber um unendlich viele Achsen drehbar gemacht werden kann, hat er unendlich viele Trägheitsmomente. Die Ermittlung ist — wie die der Masse durch Wägung — in jedem einzelnen Falle Sache einer experimentellen (hier nicht zu erörternden) Methode. Für (homogene) Körper, deren Form sich mathematisch erfassen läßt, z. B. für den Zylinder, die Kugel, das Ellipsoid, kann man das Trägheitsmoment *berechnen*.

Wir kommen zum Begriff des Trägheitsmomentes so: LM (Abb. 112) bedeutet eine mathematische starre Gerade, die um eine vertikale Achse, also in der Horizontalebene, drehbar ist; $m_1 m_2 m_3$ bedeuten Massenpunkte auf ihr in unveränderbarem Abstand voneinander und in den Abständen $r_1 r_2 r_3$ von der Achse. LM habe durch irgendeine Ursache, von der Ruhelage aus, *am Ende der 1. Sekunde* bei gleichförmig beschleunigter Bewegung die Drehschnelle ω erreicht (habe also die *Drehbeschleunigung ω*) und werde dann sich selbst überlassen. Die

3 Punkte haben dann die Bahngeschwindigkeiten $r_1\omega$, $r_2\omega$, $r_3\omega$, d. h. wenn sie in diesem Moment frei beweglich wären, würden sie sich mit diesen Geschwindigkeiten tangential zu den soeben beschriebenen Kreisbogen weiterbewegen. Da sie, mit der Geschwindigkeit Null beginnend, diese Geschwindigkeit am Ende der 1. Sekunde erreicht haben, so bedeuten $r_2\omega$ usw. ihre Bahnbeschleunigungen, also bedeuten

$m_1 \cdot r_1\omega$, $m_2 \cdot r_2\omega$, $m_3 \cdot r_3\omega$ die Kräfte, die während dieser Sekunde auf sie gewirkt haben.

Die Kräfte $m_1 r_1\omega$ usw. sind drehende. *Jede einzelne* kann in entsprechendem Achsenabstande (S. 62 u.) durch eine *andere* Kraft von beliebiger Größe ersetzt werden. Nun lassen sich aber — wir wollen es als bewiesen annehmen — auch *mehr* als zwei gleichzeitig und gleichsinnig drehende Kräfte durch *eine einzige* ersetzen, wenn das Drehmoment dieser einen gleich der Summe der Drehmomente jener mehreren ist. Die Summe der Drehmomente, um die es sich hier handelt, ist: $m_1 r_1\omega \cdot r_1 + m_2 r_2\omega \cdot r_2 + m_3 r_3\omega \cdot r_3$, oder anders geschrieben: $\omega \cdot (m_1 r_1^2 + m_2 r_2^2 + m_3 r_3^2)$, oder noch anders:

$$\omega \cdot \sum_{n=1}^{n=3} m_n r_n^2 .$$

Der Index n bedeutet jede einzelne Zahl der Reihe 1, 2, 3, 4 usw. von 1 bis zu der Zahl, die angibt, wieviel Massenpunkte m (und Abstände r von der Achse) vorhanden sind; er durchläuft *hier* die Zahlenreihe von $n = 1$ bis $n = 3$. Das Zeichen $\sum$ bedeutet, daß die $m_n r_n^2$ summiert werden sollen.

Um diese *Summe* von Drehmomenten durch das Drehmoment *einer einzigen* Kraft R zu ersetzen, muß man R in einem solchen Abstande a von der Achse angreifen lassen, daß

$$R \cdot a = \omega \cdot \sum_{n=1}^{n=3} m_n r_n^2 .$$

Wir wollen nun noch festsetzen, daß die Kraft im Abstande $a = 1$ cm von der Drehachse angreifen soll. Sie muß dann eine *diesem* Abstande entsprechende *andere* Größe, R_1, haben. Wir kommen so zu dem Ergebnis: Damit die starre Gerade mit den 3 Massenpunkten $m_1 m_2 m_3$ am Ende der Zeiteinheit die Drehschnelle ω erreicht, *wenn sie sich* um die Achse AA dreht, muß im Abstande 1 cm von der Achse eine Kraft R_1 angreifen, deren Größe gegeben ist durch die Gleichung:

$$R_1 = \omega \cdot \sum_{n=1}^{n=3} m_n\, r_n^2.$$

Das ist die Beziehung zwischen der drehenden Kraft und der Drehbeschleunigung ω, aber nur mit Bezug auf die Achse AA.

Zu jeder Drehachse gehört ein Trägheitsmoment. Die Drehung dieser selben starren Geraden mit $m_1 m_2 m_3$ geschehe mit der Drehbeschleunigung ω nunmehr um die Achse $A'A'$. In bezug auf *diese* Achse haben $m_1 m_2 m_3$ die Abstände $\varrho_1 \varrho_2 \varrho_3$. Es ergibt sich dann analog: Damit die starre Gerade mit $m_1 m_2 m_3$ am Ende der Zeiteinheit die Drehschnelle ϱ erreicht, *wenn sie sich* um die Achse $A'A'$ *dreht*, muß im Abstande 1 cm von der Achse $A'A'$ eine Kraft P_1 angreifen, deren Größe gegeben ist durch die Gleichung:

$$P_1 = \omega \cdot \sum_{n=1}^{n=3} \cdot m_n \varrho_n^2.$$

Stellen wir die auf die Achsen A und A' bezüglichen Resultate nebeneinander, so sehen wir: die Verschiedenheit der beiden Bewegungsvorgänge spricht sich in der Verschiedenheit der Ausdrücke

$$\sum m_n r_n^2 \quad \text{und} \quad \sum m_n \varrho_n^2$$

aus. Es sind *dieselben* Massenpunkte m, die sich beide Male bewegen, aber jedesmal um eine andere Achse: sie haben das eine Mal die Achsenabstände r, das andere Mal die Achsenabstände ϱ. In der *Verschiedenheit dieser Summenausdrücke offenbart sich die Verschiedenheit der Gruppierung der Massenpunkte desselben Körpers mit Bezug auf verschiedene Drehachsen.* In der starren Geraden (Abb. 112) bezieht sich die Summe nur auf *drei* Massenpunkte, bei einem Körper von *beliebigem* Masseninhalt muß man sie für *alle* Massenpunkte des Körpers bilden und *stets* für diejenige Achse, um die sich der Körper gerade dreht. Dieser Summenausdruck ist das Trägheitsmoment des Körpers **mit Bezug auf die jeweilige Drehachse.**

Ein Beispiel: Wollen wir die Scheibe (Abb. 113) S *als Ganzes* verschieben, so interessiert uns nur, *wieviel* Kilogramm Masse sie enthält. Wollen wir aber zwei Punkte davon *festhalten* und die Scheibe um die dadurch bestimmte Gerade als Achse drehen, so interessiert uns auch, *welche* zwei Punkte wir festhalten — mit anderen Worten: es interessiert uns auch, wie die M Kilogramm Masse um die Achse herum *verteilt* sind. Um die durch A und A' gegebene sind sie anders verteilt als um die durch B und B' gegebene. Ist

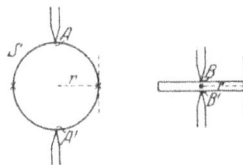

Abb. 113. Zum Trägheitsmoment *desselben* Körpers um (4) verschiedene Achsen. Die durch die Spitzen gegebenen gehen durch den Schwerpunkt, die durch die punktierten Geraden gegebenen parallel zu den Schwerpunktsachsen durch den Rand.

der Radius der Scheibe r cm, so ist z. B. beide Male der größte Abstand, den ein Massenpunkt von der Achse haben kann, r cm. Wenn AA' Achse ist, haben ihn — wir ignorieren die Dicke der Scheibe — nur zwei Punkte (**), aber wenn BB' Achse ist, haben ihn sämtliche Randpunkte der Scheibe; und während im ersten Falle so viele Massenpunkte den Achsenabstand Null haben, also in Ruhe bleiben, wie ein Durchmesser ($2r$) der Scheibe enthält, bleiben im zweiten Falle sehr viel weniger Punkte in Ruhe. Kurz — hinsichtlich der Massenverteilung um die Achse ist die Scheibe im ersten Falle ein ganz anderer Körper als im zweiten. Das drückt sich darin aus, daß das Trägheitsmoment $\sum m r^2$ — wir übergehen hier, wie man es ausrechnet — im ersten Falle $M \cdot \dfrac{r^2}{4}$ ist, im zweiten *doppelt* so groß: $M \cdot \dfrac{r^2}{2}$.

— Was bedeuten diese Zahlen? Antwort: Die Scheibe werde in Drehung versetzt dadurch, daß 1 cm von der Achse eine Kraft sie angreift; sie nimmt eine bestimmte

Drehbeschleunigung an. Denkt man sich dann ihre Masse durch *einen einzigen* Massenpunkt *ersetzt* im Abstande 1 cm von der Achse, so muß man — damit die Kraft diesem *Massenpunkte* dieselbe Drehbeschleunigung erteilt, die sie der *Scheibe* erteilt hat — in diesem Punkte im ersten Falle $M \cdot \dfrac{r^2}{4}$ kg Masse konzentriert denken, im zweiten $M \cdot \dfrac{r^2}{2}$ kg; ist z. B. $M = 5$ kg und $r = 5$ cm, im ersten Falle 31,25 kg, im zweiten 62,5 kg.

Parallelverschiebung der Drehachse. Das Trägheitsmoment um *jede* Achse steht in einfacher Beziehung zu dem Trägheitsmoment um die dazu *parallele* Achse durch den *Schwerpunkt*. Wir denken uns der Einfachheit halber den Körper als sehr dünne Scheibe (Abb. 114). Er drehe sich um die durch O senkrecht zur Abbildung gehende Achse. Die Abstände der Massenpunkte von ihr nennen wir ϱ; sein Trägheitsmoment ist dann $T_\varrho = \sum m \varrho^2$. Dreht er sich um die dazu parallele durch den Schwerpunkt S gehende Achse, und nennen wir die Abstände der Massenpunkte mit Bezug auf die Schwerpunktachse r,

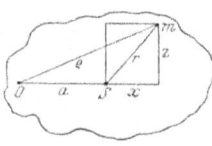

Abb. 114. Zur Beziehung des Trägheitsmoments um *irgendeine* (senkrecht zur Zeichnung durch O gehende) Achse zu der *parallel dazu* durch den Schwerpunkt (S) gehenden.

so ist sein Trägheitsmoment in bezug auf sie $T_a = \sum m\, r^2$. Der Figurenkonstruktion nach ist $\varrho^2 = r^2 + a^2 + 2\,a\,x$, also $\sum m\,\varrho^2 = \sum m\,r^2 + a^2 \sum m + 2\,a \sum m\,x$. Es ist aber $\sum m\,x = 0$, weil sich die Abstände x auf den Schwerpunkt beziehen und die Summe der linearen Momente $m\,x$ in bezug auf jede durch den Schwerpunkt gehende Ebene Null ist (S. 50 m.). Daher ist $T_\varrho = T_a + M a^2$, d. h. das Trägheitsmoment um irgendeine Achse A ist gleich dem Trägheitsmoment um die dazu parallele Schwerpunktsachse, vermehrt um das Trägheitsmoment der im Schwerpunkt konzentrierten Gesamtmasse M um die Achse A (STEINER). Das Trägheitsmoment um die Schwerpunktsachse selber ist also am kleinsten. — Die Scheibe in Abb. 113 ist um eine Achse durch den Schwerpunkt drehbar.

Denken wir uns die Achse in die punktiert gezeichneten Geraden verlegt, so vergrößert sich das Trägheitsmoment um $M r^2$, wird also im ersten Falle aus $M r^2/4$ zu $5 M r^2/4$, im zweiten aus $M r^2/2$ zu $3 M r^2/2$. Es verfünffacht sich im ersten und verdreifacht sich im zweiten.

Trägheitsellipsoid. Unter allen durch einen gegebenen Punkt gehende Achsen ist *eine*, für die das Trägheitsmoment am größten, und *eine*, auf ihr senkrechte, für die es am kleinsten ist. Diese Achsen und eine dritte, auf beiden senkrechte, heißen *Hauptträgheitsachsen* des Körpers in bezug auf den gegebenen Punkt; die auf sie bezogenen Trägheitsmomente heißen die *Haupt*trägheitsmomente. Trägt man (POINSOT) die reziproken Quadratwurzeln $(1/\sqrt{T})$ der Trägheitsmomente eines Körpers in bezug auf alle durch einen gegebenen Punkt gehenden Achsen von diesem Punkte aus als Strecken nach beiden Seiten auf die zugehörige Achse ab, so liegen die Endpunkte dieser Strecken auf einem Ellipsoid, man nennt es das *Trägheitsellipsoid* in bezug auf jenen Punkt als Mittelpunkt (Abb. 115). Das Trägheitsellipsoid, das den *Schwerpunkt S* zum Mittelpunkt hat, heißt *Zentralträgheitsellipsoid*, die Achsen und Momente heißen Hauptträgheitsachsen (Zentralachsen) und Hauptträgheitsmomente des Schwerpunktes. (Die Hauptträgheitsachsen des Schwerpunktes nennt man auch permanente Drehachsen.) Dem Satze von STEINER entsprechend, nach dem das Trägheitsmoment um eine Schwerpunktsachse unter allen dazu parallelen Achsen am kleinsten ist, ist der reziproke Wert $1/\sqrt{T}$ am größten, daher auch das Ellipsoid um ihn. Die Ellipsoide werden immer kleiner,

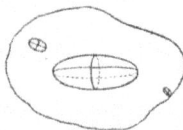

Abb. 115. Zum Trägheitsellipsoid.

je weiter die betreffenden Punkte, für die wir das Ellipsoid konstruieren, vom Schwerpunkt weg liegen (Abb. 115). — Es kann vorkommen, daß das irgendeinem Punkte entsprechende Ellipsoid ein Umdrehungsellipsoid ist; dann sind *alle* Geraden durch seinen Mittelpunkt, die auf der Umdrehungsachse des Ellipsoids senkrecht stehen, einander gleich, sie *alle* können dann als Hauptachsen gelten. — Ist das Trägheitsellipsoid zufällig eine Kugel, so ist *jede* Gerade durch den Mittelpunkt eine Hauptträgheitsachse. — Eine Hauptträgheitsachse des Schwerpunktes ist auch für jeden anderen auf ihr liegenden Körperpunkt eine Hauptträgheitsachse.

Trägheitshalbmesser. Das Trägheitsmoment $\sum m r^2$ des Körpers von der Gesamtmasse $\sum m = M$ kann man ersetzt denken durch das Trägheitsmoment eines Ringes, der — mit der Masse μ und dem Radius ϱ — dasselbe Trägheitsmoment, auf dieselbe Achse bezogen, hat. Das Produkt $\mu \varrho^2$ ist dann konstant $\sum m r^2$. Aber μ ist verschieden, je nachdem wir ϱ *wählen* (und ϱ anders, je nachdem wir μ wählen). Die für ein bestimmtes ϱ sich ergebende Masse nennt man „reduzierte Masse". Derjenige Wert von ϱ, für den die reduzierte Masse gleich M ist, heißt *Trägheitshalbmesser*, wir bezeichnen ihn mit k. Es ist also stets: $\sum m r^2 = M \cdot k^2$. — Dieselbe Überlegung berechtigt uns auch, die Gesamtmasse in *einen Punkt* im Abstande k von der Achse vereinigt zu denken.

Bewegungsgleichung des rotierenden Körpers. An die Stelle der starren Geraden der Abb. 112 trete nun ein beliebiger, um *eine gegebene Achse* drehbarer Körper. Besitzt er in bezug auf *diese* Achse das Trägheitsmoment $\sum m r^2$ und soll er *in der Zeiteinheit bei gleichförmiger Beschleunigung* die Drehschnelle ω erhalten von einer Kraft R, die im Abstand a von der Drehachse angreift, so muß nach (S. 96 u.) die Bedingung erfüllt sein:

$$R \cdot a = \omega \sum m r^2.$$

Die Gleichung leistet für die Drehung das, was die Gleichung $P = M \cdot v$ für die Verschiebung leistet, und die Ähnlichkeit beider erklärt den Sinn des Trägheitsmomentes: Wenn die Kraft, die dem Körper die Drehbeschleunigung ω (um die Achse mit dem Trägheitsmoment $\sum m r^2$) erteilt hat, im Abstande 1 von der Achse angreift, so muß ihre Größe $R_1 = \omega \cdot \sum m r^2$ sein. Die Analogie mit der Formel $P = v \cdot M$ tritt nun schärfer hervor: R_1 und P bedeuten jede eine Kraft, ω und v jede eine Beschleunigung. Eine Kraft ist gleich *Masse* mal Beschleunigung, und die Formel $P = M \cdot v$ drückt das aus. Das zwingt uns auch, $\sum m r^2$ als *Symbol* für eine *Masse* von der Größe $\sum m r^2$ anzusehen. Wir nennen sie μ und haben dann $R_1 = \omega \cdot \mu$. Das heißt, die Kraft R_1 hat der Masse μ die *Bahn*geschwindigkeit ω *in der Zeiteinheit* (S. 19 m.) erteilt. Diese *Bahn*geschwindigkeit ω hat aber ein Massenpunkt nur, wenn er 1 cm von der Achse liegt. Wir müssen uns daher die Masse μ dort konzentriert denken und die Kraft R_1 dort angreifend, können uns also $\sum m r^2$ als den Ausdruck für eine Masse deuten, die, in einem Punkt konzentriert, 1 cm von der Achse absteht und starr mit ihr verbunden ist. Das Symbol $\sum m r^2$ leistet für Drehungsprobleme denselben Dienst wie das Symbol $\sum m$ ihn für Verschiebungsprobleme leistet. — Die *Einheit* des Trägheitsmomentes um eine gegebene Achse hat die punktartige Masse 1 g in 1 cm Abstand von der Achse. Dimensionsformel: $[l^2 \cdot m]$.

Drehimpuls. Impulsmoment. Dieselben Überlegungen, die uns früher zur Bewegungsgröße und zum *Impuls* geführt haben, führen uns hier zum Drehimpuls und zum *Impulsmoment.* Unter der Drehbeschleunigung ω verstanden wir die am Ende einer Sekunde vom Zustande der Ruhe aus erreichte Drehschnelle. Ersetzen wir ω durch das Verhältnis der in *irgendeinem* Zeitabschnitt τ erreichten Drehschnelle O zu der Länge dieses Zeitabschnittes, also durch O/τ, und denken wir uns τ von der Größenordnung eines „Augenblicks", so heißt das: der drehbare Körper erhält einen momentanen Drehstoß oder Drehimpuls.

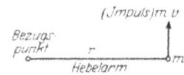

Abb. 116. Zum Impulsmoment eines Massenpunktes.

Impulsmoment eines Massen*punktes* m um einen Bezugspunkt nennt man das Produkt aus dem Impulse mv und dem Hebelarm r des Impulsvektors (Lot vom Bezugspunkt auf die Richtungslinie des Impulsvektors). Impulsmoment eines Massen*systems* (Körpers) um einen Bezugspunkt nennt man die Summe der Impulsmomente aller seiner einzelnen Massenpunkte um diesen Bezugspunkt. Auf die Drehung des starren Körpers um eine durch den Bezugspunkt gehende Achse angewendet, nennt man das Impulsmoment gewöhnlich den Drehimpuls. Der Vektor des Drehimpulses bedeutet nach Achse, Drehsinn und Stärke den Drehstoß, den man dem Körper geben muß, um ihn augenblicklich von der Ruhe auf seine jetzige Drehschnelle zu bringen (oder: den der Körper ausüben würde, wenn man ihn augenblicklich auf Ruhe abbremsen würde). Der Drehimpuls bedeutet den *Schwung*, der dem Körper innewohnt.

Die Impulskraft erteilt dem *frei beweglichen Massenpunkt* m in der sehr kurzen Zeit τ den Impuls (Bewegungsgröße) mv, *dem um eine feste Achse drehbaren* Massenpunkt m mit dem Achsenabstand r das Impulsmoment (den Dreh-

7*

impuls) $mv \cdot r = mr\omega \cdot r = mr^2\omega$. Gehen wir von einem einzelnen Massenpunkt zu einem System von Massenpunkten, einem Körper der Masse M, über, so erhalten wir den Impuls Mv und das Impulsmoment (den Drehimpuls) $M'\omega$, wo M' das Trägheitsmoment des Körpers in bezug auf die Drehachse bedeutet. Der Impuls Mv kommt an der frei beweglichen Masse *ganz* als Geschwindigkeit zum Vorschein, der Drehimpuls $M'\omega$ an der um eine feste Achse drehbaren, nur dann ganz, wenn die Achse eine Zentralachse ist, andernfalls nur *zum Teil* als Drehung der Masse, zum andern Teil als Druck der Masse auf die Achse (S. 95 o.).

Erhaltung des Drehmoments. Flächensatz. Ein rotierender Körper, auf den keine äußere Kraft wirkt, dreht sich mit konstanter Drehschnelle, $\omega \sum mr^2$ bleibt also konstant (bei der Translation der Masse m bleibt das Produkt $v \cdot m$ konstant). Wie aber, wenn sich seine Massenpunkte gegeneinander verschieben, während er sich dreht? (Bei der Translation eines starren Körpers konnte sich diese Frage nicht erheben, die „Masse" hing dort nur von der *Anzahl* der Massenpunkte ab, nicht von ihrer Lage zueinander.) Wenn sich Massenpunkte in dem rotierenden Körper gegeneinander verschieben, so ändern sie ihre Achsenabstände, ändern also sein Trägheitsmoment. Was folgt daraus für den rotierenden Körper? Den einfachsten Fall zeigt Abb. 105. Der Massenpunkt m läuft um ein Zentrum und ändert dabei seinen Zentralabstand r. Während er *diesen* ändert, ändert er zugleich seine Geschwindigkeit, und diese beiden Veränderungen hängen derart zusammen, daß er in jeder Zeiteinheit mit seinem Radiusvektor ein Flächenstück von konstanter Größe überstreicht. Man sagt: die *Flächengeschwindigkeit* des umlaufenden Massenpunktes bleibt konstant (Flächensatz, auch Satz von der Erhaltung des Drehmoments). Je näher der Massenpunkt dem Zentrum ist, desto schneller läuft er, je weiter er von ihm weg ist, desto langsamer — seine Drehschnelle ω ändert sich dabei derart, daß sie in jedem Moment *umgekehrt proportional* dem Quadrat (r^2) seines Abstandes vom Zentrum ist, so daß also, wenn zu r und r_1 als Abständen ω und ω_1 als Drehschnellen gehören: $\dfrac{\omega}{\omega_1} = \dfrac{r_1^2}{r^2}$ ist. Somit ist die Drehschnelle jeden Moment auch umgekehrt proportional seinem Trägheitsmoment mr^2 (die umlaufende Masse besteht nur aus diesem einen Massenpunkt). Nennen wir also wieder ω und ω_1 die Drehschnellen, die zu r und r_1 gehören, und m die Masse des umlaufenden Punktes, so ist $\omega \cdot mr^2 = \omega_1 \cdot mr_1^2$. Das Produkt aus der augenblicklichen Drehschnelle und dem zu dem augenblicklichen Abstande gehörigen Trägheitsmoment ist dann konstant. — Der *Flächensatz* ist der einfachste Fall des *Satzes von der Erhaltung des Drehmoments*, der im Grunde genommen für die Drehbewegung des Körpers das ist, was der Trägheitssatz für die Verschiebung des Körpers ist (s. weiter unten).

Was hier für den *einen* mit veränderlichem Abstand um ein Zentrum umlaufenden Massenpunkt gilt, läßt sich auch für ein ähnliches System von Massenpunkten beweisen. Seine Drehschnelle und sein Trägheitsmoment ändern sich umgekehrt proportional miteinander, so daß ihr Produkt *konstant* bleibt. Das zeigt sinnfällig der Isotomeograph: Ein symmetrischer Balken ist wagerecht bifilar aufgehängt, Abb. 117, an ihm entlang und symmetrisch zu seiner Aufhängung sind zwei gleiche Zusatzmassen bewegbar, die sich beide gleichzeitig von den Balkenenden zur Mitte hin oder entgegengesetzt verschieben lassen. Der Balken hat, wenn er auch *relativ zu seiner Umgebung* ruht, dennoch Drehgeschwindigkeit, denn er nimmt ja, wie seine Umgebung, teil an der Achsendrehung der Erde. (Hinge er über dem Nordpol, fiele seine Aufhängung also in die Erdachse, so wäre seine Drehschnelle mit der der Erde identisch, unter einem Breitengrade φ stimmt sie nur mit der ihm entsprechenden *Komponente*, S. 81 u., überein.) Der Balken mit den Zusatzmassen an den Enden hänge zunächst in Ruhe. Seine Drehschnelle sei ω und sein Trägheitsmoment A, das Impulsmoment also $A\omega$. Die Massen werden nun plötzlich zur Balkenmitte hin verschoben, dann wird das Trägheitsmoment plötzlich zu A'. Die Drehschnelle wird dabei zu $\omega' = \dfrac{A}{A'}\omega$, da ja das Produkt aus Drehschnelle und Trägheitsmoment konstant $A\omega$ bleiben muß. Der Balken nimmt also plötzlich eine andere Drehschnelle an, als sie die Umgebung hat, und infolgedessen dreht er sich im ersten Augenblick deutlich wahrnehmbar *relativ gegen die Umgebung.* [Die Drehung wird sofort von dem rücktreibenden Moment der bifilaren Aufhängevorrichtung beeinflußt und gibt zu horizontalen Drehschwingungen des Balkens Veranlassung (S. 69 u.). Diesen Apparat, Isotomeograph, hat HAGEN in Rom mit großem Erfolge (1910, 1919) zum Nachweis der Erdrotation benutzt.] — In einer dem Isotomeographen ähnlichen Anordnung kann man *am eigenen Leibe* die Wirkung der Erhaltung des Drehimpulses wahrnehmen. Steht man mitten auf einer horizontal orientierten um die vertikale Achse gleichförmig rotierenden Scheibe, die Arme diametral vom Körper weggestreckt und mit Gewichten in den Händen,

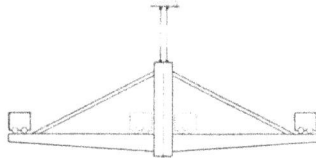

Abb. 117. Erhaltung des Drehmoments. Der Isotomeograph (bifilar aufgehängter Balken) im Zentrifugalfeld der Erde.

und *nähert* man die Gewichte seinem Körper (indem man die Arme beugt), so *fühlt* man die dann eintretende *Beschleunigung* der Drehung.

Die Gleichung: augenblickliche Drehschnelle $\times$ augenblickliches Trägheitsmoment = const. für einen rotierenden Körper, auf den keine Kraft von außen wirkt, ist deutlich analog zu dem Satz von der Erhaltung der Bewegungsgröße (mv) einer Masse m, die sich, *lediglich ihrer Trägheit folgend,* mit ihrer augenblicklichen Geschwindigkeit verschiebt.

Kreisel. POINSOT-Bewegung. Wir stellen eine Hauptträgheitsachse (S. 98 m.) des Schwerpunktes (Zentralachse) eines Körpers vertikal und versetzen den Körper um sie in Drehung. Die Schwerkraft ist auf die Drehung ohne Einfluß (denn ihr Angriffspunkt, der Schwerpunkt, ist vertikal unterstützt) und die Zentrifugalwirkungen aller Massenpunkte zusammen rings um die Achse heben einander auf — das gerade charakterisiert ja die Zentralachse (S. 94 u.). Diese Drehachse verhält sich also wie wenn überhaupt keine Kraft auf sie wirkte. Die obere Spitze, die sie fixiert, ist daher überflüssig, entfernen wir sie, so berührt das die Achse gar nicht (*freie* Achse).

Dieser Zustand ist aber nicht *vollkommen* zu verwirklichen, Reibung im Stützpunkt und Luftwiderstand entfernen die Achse bald aus der Vertikalen. Sie bleibt zwar auf dem Stützpunkt, beginnt aber eine merkwürdige kreisende Bewegung, durch die sie sich allmählich immer mehr von der Vertikalen entfernt, schließlich taumelt sie um den Stützpunkt hin und her und fällt um. Sehen wir davon ab, daß der Stützpunkt hier zufällig an der Oberfläche des Körpers liegt — *jeden* seiner Punkte kann man zum Stützpunkt machen (s. u.) — und auch davon, daß wir eine besondere Lage des Schwerpunktes relativ zum Stützpunkt (Schwerpunkt vertikal über dem Stützpunkt) vorausgesetzt hatten, so haben wir hier (1) einen *starren* Körper vor uns, der (2) in einem *einzigen* Punkte, dem Stützpunkte, *festgehalten* wird, und der (3) sich um diesen Stützpunkt *irgendwie drehen* kann. Ein solcher Körper — er kann beliebig geformt sein — heißt ein *Kreisel.* (N. B. Der Kreisel der theoretischen Mechanik ist also etwas ganz anderes als der Kinderspielkreisel. Der Lernende darf hier gar nicht an ihn denken!) Elementar kann man die Drehung des Kreisels nur unter einschränkenden Bedingungen behandeln: erstens muß man seinen Schwerpunkt zum Stützpunkt machen, um ihn der Einwirkung der Schwerkraft zu entziehen, zweitens dürfen auch keine *anderen* Kräfte auf ihn wirken — in diesem Zustande heißt er ein *kräftefreier* Kreisel — drittens muß er ein Rotationskörper sein, oder anders: er muß eine Symmetrieachse haben (*Figurenachse*) — er heißt dann ein kräftefreier *symmetrischer* Kreisel. Nur mit diesem beschäftigen wir uns.

Zunächst: wie verfährt man, um einen starren Körper in einem einzigen Punkte festzuhalten? Antwort: Man legt wie in Abb. 65 durch den Punkt (hier den Schwerpunkt) *drei* zueinander senkrechte *Achsen* und macht den Körper um jede einzelne drehbar. Als der den drei Achsen *gemeinsame (Schnitt-) Punkt* ist er dann der *einzige* festgehaltene (ruhende) Punkt des Körpers, und um diesen kann sich der Körper beliebig drehen. Wie verwirklicht man diesen Plan? Antwort: Man hängt den Körper z. B. so auf wie in Abb. 118 das Rad (Kräftefreie Kreiselaufhängung nach PRANDTL); der Körper kann sich um jede der in Abb. 119 bezeichneten drei Achsen *gleichzeitig* drehen, nur ihr gemeinsamer Schnittpunkt, der Schwerpunkt des Rades ist unbeweglich. Oder man bringt ihn — wie meistens geschieht — in das CARDANische Gehänge (Abb. 120). Es besteht aus drei einander umschließenden Reifen mit senkrecht aufeinanderstehenden Durchmessern (rechtwinkligen Koordinatenachsen vergleichbar), jeder Reifen in dem ihm nach außen benachbarten um den Durchmesser als Achse drehbar. Die Massen der Ringe sind stets klein gegen die Masse des Kreisels.

Da nur *ein* Punkt des starren Körpers festliegt, so kann sich der Körper um *jede* durch *diesen* Punkt gehende Gerade als Achse drehen. Seine Drehung um den festen *Punkt* ist in Wirklichkeit die Resultante aus Drehungen, die er *gleichzeitig* um *mehrere Achsen* ausführt. — Man kann die Drehung des Körpers um einen festgehaltenen *Punkt* in jedem Augenblick daher als Drehung um eine *Achse* ansehen. Aber — hierauf kommt es an! — nur für einen *genügend klein gewählten Zeitabschnitt* darf man diese Achse als *ruhend* ansehen, von Zeitelement zu Zeitelement ändert sie ihre

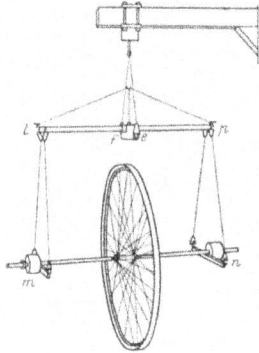

Abb. 118. Kreiselaufhängung nach PRANDTL.

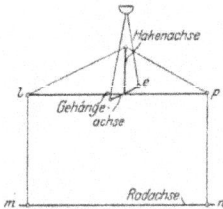

Abb. 119. Kreiselaufhängung nach PRANDTL. Durch die Parallelogrammführung *l m n p* hängt das Kreiselrad an dem Waagebalken *l p*, der selbst um die Achse *e f* drehbar ist und an einem um die Vertikale drehbaren Haken hängt. Die Aufhängung des Kreisels ist derart, daß der Mittelpunkt des Rades in Ruhe bleibt bei Drehungen um die Radachse, bei Drehungen der ganzen Vorrichtung um die Vertikale durch den Aufhängepunkt (die Hakenachse) und bei Drehungen um die dazu senkrechte Achse *e f* (die Gehängeachse). Ferner ist dafür gesorgt, daß der Kreisel der Schwerewirkung entzogen ist. Auch bei Schwenkung des Kreisels um *e f* ist der Schwerpunkt des ganzen Systems in Ruhe, der Radmittelpunkt ist es zwar nicht streng, aber seine Verschiebungen sind bei den in Betracht kommenden Schwankungen ganz unbeträchtlich.

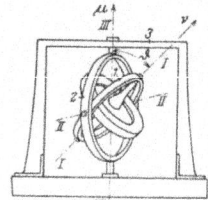

Abb. 120. CARDANisches Gehänge. Man macht eine der drei durch den Schwerpunkt gelegten Achsen zum Durchmesser des inneren Ringes 1; in dem Ring 1 kann sich der Körper um diesen Durchmesser (Achse I) drehen. Der Ring 1 kann sich um den zu I senkrechten Durchmesser (Achse II) im äußeren Ringe 2 drehen, und der Ring wieder gegen das feste Gestell 3 um einen zur Achse II senkrechten Durchmesser (Achse III). Der in dem innersten Ringe befindliche Körper verhält sich dann, wie wenn er an einem einzigen Punkte, dem Schnittpunkte der Achsen I, II,III festgehalten würde, und kann jede beliebige Drehung um diesen Punkt ausführen.

Lage, man nennt sie daher *Momentanachse*. Sie ändert ihre Richtung aber nicht nur relativ zu dem den Körper *umgebenden* Raume, sondern auch relativ zu dem von der Masse des Körpers *erfüllten* Raume — das will sagen, sie enthält jeden Augenblick (abgesehen von dem Massenpunkt, der im Stützpunkt liegt) *andere* Massenpunkte des Körpers als im Moment zuvor. Um die Lage eines sich in dieser Art drehenden Körpers zu beschreiben, benützen wir (Abb. 121) *gleichzeitig* zwei rechtwinklige Koordinatensysteme, die *beide* den festgehaltenen Punkt O zum *Anfangspunkt* haben: das eine denken wir uns im Raum *festliegend*, das andere in dem Körper festliegend und mit ihm daher im Raum *beweglich* (in O drehbar wie in einem Kugelgelenk). Um die Bewegung des Körpers vollständig zu beschreiben, muß man für jeden Zeitpunkt die Lage der Momentanachse und die Drehschnelle um diese Achse angeben. Die Lage der Achse bezieht man auf die beiden Koordinatensysteme — auf das im Raume feste *xyz* und auf das im Körper feste $\xi\eta\zeta$. (Um die Bewegung des Körpers mathematisch zu beschreiben, müssen wir daher erstens die Winkel der Momentanachse mit den *xyz*-Achsen und zweitens ihre Winkel mit den $\xi\eta\zeta$-Achsen kennen. — Die Lage des $\xi\eta\zeta$-Systems relativ zu dem *xyz*-System

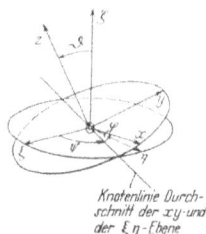

Knotenlinie Durchschnitt der xy-und der ξη-Ebene

wird angegeben durch die Eulerschen Winkel: ϑ zwischen ζ- und *z*-Achse, ψ zwischen *x*-Achse und Knotenlinie, φ zwischen ξ-Achse und Knotenlinie. Knotenlinie nennt man den Durchschnitt der *xy*-Ebene und der $\xi\eta$-Ebene.)

Ziehen wir durch O die sämtlichen Geraden, in die sich die Momentanachse im *xyz*-System nach und nach einstellt, so erhalten wir eine Schar von Geraden, die miteinander (Abb. 122) eine Art Kegelmantel mit der Spitze in O bilden. Dieser Kegelmantel liegt im Raume fest: wir nennen ihn Festkegel. (*Unter Umständen* ist es der Mantel eines *Kreiskegels*.) Tun wir dasselbe im $\xi\eta\zeta$-System, so erhalten wir ebenfalls eine Art Kegelmantel mit der Spitze in O. Dieser zweite liegt im *Körper* fest, ist also im Raume (um O) beweglich; wir nennen ihn Laufkegel. Denken wir uns in *irgend*einem Zeitpunkt die Bewegung für einen Moment gestoppt, so erkennen wir: die Gerade *PO* in Abb. 122, auf der in *diesem* Augenblick die Momentanachse liegt, gehört *beiden* Mänteln *gleichzeitig* an — es gibt ja doch nur *eine* Momentanachse. Das ist aber natürlich nur dann möglich, wenn die Mäntel in diesem Augenblick einander längs dieser Geraden *berühren*. Und diese Überlegung ist in *jedem* Augenblick richtig, gleichviel in *welchem* wir uns die Bewegung gestoppt denken! Das ist

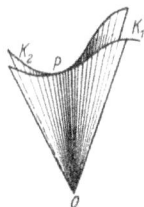

aber offenbar nur dann möglich, wenn der Laufkegel an dem anderen *rollt* (ohne zu gleiten), die in einem gegebenen Augenblick *beiden* Mänteln gemeinsame Gerade *enthält* dann die Momentanachse. Die Bewegung des Körpers um den ruhenden Punkt O besteht also darin: der im *Körper* feste Kegel rollt an dem im *Raume* festen ab, die augenblickliche Berührungsgerade der beiden Kegel ruht, sie ist die Momentanachse. — Diese Beschreibung der Drehung eines starren Körpers um einen ruhenden Punkt stammt von Poinsot (1834), man nennt die Bewegung daher auch Poinsot-Bewegung.

Die Form der beiden Kegelmäntel ist im *allgemeinen* Fall der Poinsot-Bewegung sehr verwickelt. Aber in dem *Sonderfalle* des kräftefreien symmetrischen Kreisels sind es *Kreiskegel*mäntel. Greift man *irgend*eine Schwerpunktachse heraus, hält sie fest, erteilt dem Körper um diese Achse (*Schwung*achse)

einen Drehstoß (Drehimpuls) und überläßt ihn dann sich selber, so entsteht
eine Bewegung, deren wichtigste POINSOT-Elemente in diesem Falle Abb. 123
zeigt. Die Abbildung sagt: Die allgemeine Bewegung des kräftefreien symmetrischen Kreisels besteht in einer gleichförmigen Drehung (ν) um die Figurenachse, die Figurenachse selber beschreibt (mit dem Drehsinn des Schwunges)
mit unveränderlicher Geschwindigkeit μ einen Kreiskegel um die Schwungachse θ.
Die Figurenachse ist die Achse des Laufkegels, die Schwungachse die Achse
des Festkegels. Die Momentanachse ist die Gerade, längs deren der Laufkegel
den Festkegel berührt, während er an ihm abrollt. Die Drehschnelle des Kreisels

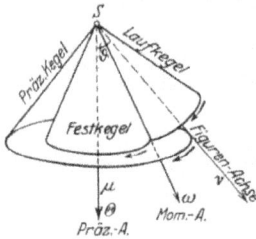

um die Momentanachse ist ω, sie setzt sich zusammen aus der Drehschnelle ν des Kreisels um
die Figurenachse und der Drehschnelle μ, mit der
die Figurenachse selber einen Kreiskegel, den
Präzessionskegel (s. u.) um die Schwungachse beschreibt. (In Abb. 123 rollen die Kegel *außen* aneinander, in Abb. 122 innen.)

Man hüte sich davor, seine Vorstellungen an
die Symmetrieachse (Figurenachse) zu heften, an
die man beim Worte „Kreisel" trotz aller War-

Abb. 123. Die Abbildung enthält *von
dem Kreisel* nur den Schwerpunkt *S*.
Man kann sich um die Symmetrieachse
den Kreiselkörper der Abb. 120 leicht
vorstellen.

nung immer wieder denkt! Die *Symmetrie*achse
ist nur *eine* der Achsen, um die sich der Kreisel
dreht; die *Schwung*achse, um die wir ihm den
anfänglichen Drehimpuls erteilt haben, ist ebenso
wichtig, und zu beiden kommt die *Moment*anachse hinzu.

Wir fassen den Inhalt der Abb. 123 in die Worte: Die allgemeine Bewegung
des kräftefreien symmetrischen Kreisels besteht in einer gleichförmigen Drehung
um die Figurenachse, die mit unveränderlicher Geschwindigkeit einen Kreiskegel um die Schwungachse mit dem Drehsinn des Schwunges beschreibt. Man
nennt diese Bewegung eine *reguläre Präzession*, die Drehschnelle μ, mit der
die Figurenachse den Präzessionskegel beschreibt, die Präzessions*geschwindigkeit*,
die Drehschnelle ν um die Figurenachse die *Eigendrehgeschwindigkeit*. Der
Winkel ϑ heißt Präzessions*winkel*, auch Pendelungswinkel. Wegen der Erhaltung des Dreh*impulses* bleibt die Präzessionsachse als die *Achse des Drehimpulses* unverrückt erhalten. — Meist beschreibt die Figurenachse nicht einen
vollkommenen Kreiskegel (mit konstantem ϑ). Über die reguläre Präzession
lagern sich vielmehr Pendelungen, *Nutationen*, von kleiner Amplitude, die die
Figurenachse gleichsam zittern machen, sie aber niemals weit von der reinen
Präzessionsbewegung entfernen (*pseudoreguläre* Präzession).

Wir hatten eine *beliebige* Schwerpunktsachse herausgegriffen und hatten
dem Körper um sie den Drehstoß erteilt und hatten dabei die Präzessionsbewegung erhalten. Macht man aber die *Figurenachse* zur anfänglichen Drehachse,
so schrumpfen der Festkegel und der Laufkegel der Abb. 123 auf die Figurenachse
zusammen, die Figurenachse wird zur *permanenten stabilen Drehachse*, der Körper
dreht sich, als ob die Achse fest wäre.

Grundgesetz der Kreiselwirkung. Kreiselmoment. Die einschränkenden Bedingungen, unter denen sich die Kreiselbewegung elementar behandeln läßt,
waren Symmetrie des Körpers um eine Figurenachse und Kräftefreiheit. Wir
haben nunmehr das Ergebnis: Machen wir die Symmetrieachse des kräftefreien
symmetrischen Kreisels zur Schwungachse — anders: erteilen wir dem Kreisel
um seine Symmetrieachse den Drehstoß —, dann dreht sich der Kreisel um
sie, als ob sie *fest* wäre, wohl gemerkt: um eine *nicht* vertikal stehende freie Achse
dreht er sich so. Er behauptet die Richtung seiner Figurenachse sogar einem

Stoß gegenüber (Steifigkeit, Richtungssinn der Figurenachse). Ist er sehr massig und läuft er sehr schnell, so bringt selbst ein starker Schlag gegen die Achse diese nur zum Zittern. Dieses Zittern ist eine sehr rasche Präzessionsbewegung (mit sehr kleinem Präzessionswinkel) um eine von der *ursprünglichen* Drehimpulsachse, S. 104 o. — hier der Figurenachse — *etwas* abseitsliegende *neue*. Das erklärt sich so: Der Stoß gegen die Achse erteilt dem Kreisel *noch* einen Drehimpuls, und zwar um eine *andere* Schwerpunktsachse als die Figurenachse; dieser neue Drehimpuls addiert sich (nach der Parallelogrammregel) zu dem schon vorhandenen (dessen Vektor in der Figurenachse liegt, S. 80 u.) und ergibt mit diesem zusammen einen Drehimpuls um eine resultierende neue Drehimpulsachse; diese wird dann zur Präzessionsachse für die durch den Stoß eingeleitete Zitterbewegung. — Je größer der anfängliche Schwung ist, d. h. je schneller der Kreisel anfangs um seine Figurenachse lief, desto weniger wird die anfängliche Schwungachse durch einen Stoß von gegebener Stärke abgelenkt — die Schwungachse mit dem größeren

Abb. 124. *Derselbe* Stoß senkrecht gegen die Kreiselachse (Θ) dreht die Schwungachse mit dem *größeren* Impulsmoment (Θ_2) um einen *kleineren* Winkel (Θ_2').

Impulsmoment Θ_2 durch denselben Stoß um einen kleineren Winkel als die Schwungachse mit dem kleineren Impulsmoment Θ_1, Abb. 124.

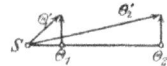

Wirkt auf die Figurenachse eine Kraft *dauernd*, so bleibt es nicht beim Zittern der Achse, sondern sie ändert ihre Lage von Moment zu Moment. Abb. 125 zeigt die Einwirkung eines dauernd vertikal nach unten wirkenden Zuges: die Achse dreht sich um die Vertikalachse zz', sie *nähert* sich der yy'-Achse! [Wohl gemerkt, der Körper dreht sich nicht etwa um die Achse yy', wie er es infolge des Zuges durch das Gewicht getan haben würde, wenn er in Ruhe wäre, das Gewicht bewirkt also eine ganz andere Bewegung, *weil* er sich als *Kreisel dreht.*] Die Figurenachse sucht sich der Achse des neuen Drehmomentes anzupassen. Nach FOUCAULT sagt man: der Kreisel sucht seine Drehung in *gleichstimmigen Parallelismus* mit dem Drehsinn des Zusatzdrehmomentes zu bringen. Das Bestreben der Figurenachse, sich in die Achse der Zusatzdrehung einzustellen, ist das *Grundgesetz der Kreiselwirkung.*

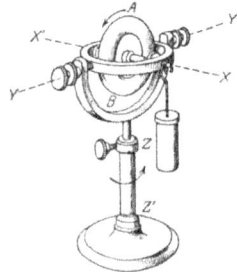

Das äußere Drehmoment spielt an dem rotierenden Kreisel eine ähnliche Rolle wie die Zentripetalkraft an einem im Kreise bewegten Massenpunkt: 1. die Zentripetalkraft kann die Kreisbewegung nur unterhalten, nicht aber einleiten, zuerst muß ein tangentialer Stoß auf ihn wirken, ehe er (unter der Einwirkung der Zentripetalkraft) die Kreisbewegung beginnen kann.

Abb. 125. Das Gewicht an der horizontal liegenden Figurenachse des Kreisels $A B$ bewirkt, daß sich die Achse um die Vertikale $Z Z'$ in der Horizontalebene dreht.

Ebenso muß auf den zunächst sich nur um die Figurenachse drehenden Kreisel ein Drehstoß wirken, um den Schwungvektor aus der Figurenachse in eine andere Lage zu bringen. 2. Hört die Zentripetalkraft zu wirken auf, so kommt der Massenpunkt nicht etwa zur Ruhe, sondern geht tangential geradlinig weiter; hört das äußere Moment zu wirken auf, so bleibt die Figurenachse nicht stehen, sondern sie führt eine natürliche reguläre Präzession um die jetzt *ruhende* Schwungachse aus. 3. Der Gleichheit von Wirkung und Gegenwirkung entsprechend wird durch das äußere Moment, das man dem Kreisel aufzuzwingen sucht, ganz wie sich zu der *Zentripetalkraft* als Reaktionskraft die *Zentrifugalkraft* einstellt — ihr gleich an Größe, aber entgegengesetzt an Richtung — in ihm ein Moment geweckt, das *Kreiselmoment*, das dem äußeren Moment an Größe gleich und dem Drehsinn nach entgegengesetzt ist. *Dieses Moment empfindet man als Störrigkeit des schnell rotierenden Kreisels,* wenn man in seine Bewegung irgendwie eingreift, ihm etwa eine neue Bewegung aufzuzwingen sucht, wie es das äußere Moment tut. Fast in allen praktischen Anwendungen des Kreisels spielt gerade das Kreiselmoment eine entscheidende Rolle.

Technische Anwendung des Kreisels. Kreiselbewegung als Hypothese zur Erklärung gewisser physikalischer Erscheinungen.

Die merkwürdigen Trägheitseigenschaften des *sehr* schnell rotierenden Kreisels, besonders sein Bestreben, die Richtung seiner Figurenachse im Raume festzuhalten, sind für viele technische Zwecke wertvoll. Wir erwähnen besonders den *Kreiselkompaß* (ANSCHÜTZ). Man ersetzt die horizontale in der Horizontalebene drehbare Magnetnadel — weil ihre Richtung von dem Eisen des Schiffes beeinflußt wird — durch die horizontal liegende (also *um* die vertikale Achse) drehbare Figurenachse eines *sehr* schnell rotierenden Kreisels. Die Erde überträgt ihre Drehung auch auf den Kreisel, übt auf ihn ein Drehmoment aus, das ihn um eine der Erdachse parallele Achse zu drehen sucht und zwingt ihn, die wagerechte Komponente $\omega \cos \varphi$ ihrer Drehschnelle ω mitzumachen (φ ist die geographische Breite). Die Figurenachse des Kreisels sucht sich der Achse des hinzutretenden Drehmoments parallel zu stellen, also *in die Süd-Nord-Richtung* (Abb. 126 u. 127). Da die Erddrehung *dauernd* wirkt, so erreicht die Figurenachse schließlich diese Lage und verharrt dauernd darin, ganz so wie die nordweisende Magnetnadel. Man benützt als Kreisel (er wiegt etwa 5 kg) einen Drehstrommotor, seine Drehachse als wagerecht liegende Figurenachse, und gibt ihm etwa 25000 Umläufe in der Minute, um seinen Drehimpuls möglichst groß zu machen. Das Motorgehäuse hängt an einem Schwimmer, der auf Quecksilber ruht und der die Kompaßrose trägt. Die Quecksilberwanne hängt in CARDANischen Ringen.

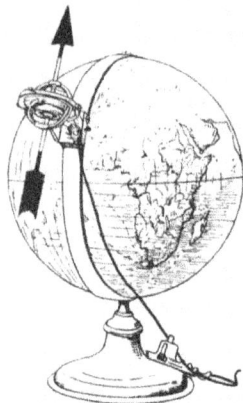

Abb. 126. Zum Kreiselkompaß. Die Figurenachse des rotierenden Kreisels auf dem Meridian stellt sich infolge der Achsendrehung der Erde in die Ebene des Meridians.

Wie auf den um die horizontale Achse umlaufenden Drehstrommotor des Kompaßkreisels, so wirkt die Erddrehung auf *jedes* um eine horizontale Drehachse umlaufende Rad — sei es das Schwungrad einer Dampfmaschine, das Curtisrad einer Dampfturbine u. dgl., sei es der Radsatz eines Zweirades, der Radsatz der Lokomotive u. ähnl. In *diesem* Sinne haben alle Schwungräder und Radsätze als Kreisel zu gelten. Das von der Erddrehung herrührende Drehmoment spielt bei diesen massigen Rädern zwar nur eine untergeordnete Rolle und hat fast nur theoretische Bedeutung, wenn es auch streng genommen eine Pressung der Drehachse gegen die Lager hervorruft. Aber es belehrt den Lernenden, worauf er zu achten hat, wenn er hört, daß sich an sehr schnell rotierenden Massen Nebenwirkungen einstellen, die sich als *Kreiselwirkungen* erklären. Eine Kreiselwirkung tritt z. B. an dem Radsatz eines Eisenbahnwagens auf, den man durch die Schienen *zwingt*, eine *Kurve* zu durchfahren, oder an den Rädern einer Schiffsturbine, wenn man den Kurs des Schiffes *ändert*, oder an den Rädern eines Zweirades, das man in eine Richtung *lenkt*, oder am Propeller eines Flugzeuges (dessen Schwung infolge der hohen Umlaufzahlen sehr groß ist) und namentlich bei Umlaufmotoren, deren Schwung dann noch hinzuzurechnen ist, bei Wendungen des Flugzeuges u. dgl. mehr. Diese Kreiselwirkungen dürfen eine gewisse Stärke nicht überschreiten, wenn sie nicht zu Gefahren werden sollen.

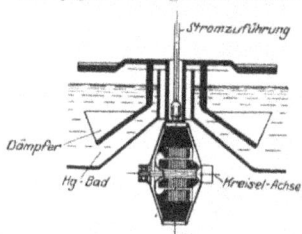

Abb. 127.
Der Kreiselkompaß und seine Aufhängung.

Im Kreiselkompaß dient die Trägheit des Kreisels nur dazu, eine Richtung *anzuzeigen*. Man kann sie aber auch dazu benutzen, um ein mechanisches System, in das man den Kreisel einbaut, in einer vorgeschriebenen Richtung, die man dem System erteilt hat, *festzuhalten*. In der Gestalt einer als Kreisel angetriebenen Turbine, in ein Schiff eingebaut (Schiffskreisel, SCHLICK), dient seine Trägheit dazu, die Rollbewegung des Schiffes zu verringern und sogar zu verhindern; in die Einschienenbahn eingebaut, um diese zu stabilisieren; in ein Torpedo eingebaut, um dessen Geradlauf in einer beabsichtigten Richtung zu gewährleisten.

Wir können auf alles das nur hinweisen und erwähnen nur noch zwei Kreiselwirkungen, von denen die eine für die Astronomie, die andere für die Atomphysik von großer Bedeutung ist.

Die Erde, ein sehr schwach abgeplattetes Rotationsellipsoid, ist ein Kreisel, der sich um seine Figurenachse dreht (Abb. 128). Trotz kleiner Drehschnelle, S. 78 o., hat sie einen Schwung, der ungeheuer ist gegenüber den äußeren Einflüssen, denen sie ausgesetzt ist. Diese Einflüsse entspringen der Anziehung der Erde durch die übrigen Himmelskörper. In Betracht kommen nur der kleine aber sehr nahe Mond und die ferne aber sehr große Sonne. Ihre Einwirkung zwingt die Erdachse, einen Präzessionskegelmantel von 47° Öffnung um den Pol E der Ekliptik zu beschreiben, sie gebraucht hierzu 25700 Jahre. (Hierbei *rücken* die Sternbilder gegen den Frühlingspunkt *vor*. Daher stammt die Bezeichnung Präzession.) — Über die Präzession der Erdachse lagern sich Nutationen (S. 104 m.), die zwar äußerst klein (ca. 8″), aber deutlich erkennbar sind. Während eines ganzen Präzessionsumlaufes der Erdachse 14000.

Ferner: Ein Atom mit einem um den positiven Atomkern planetenartig kreisenden Elektron hat in *elektromagnetischer* Beziehung die Eigenschaften eines geschlossenen elektrischen Stromes (AMPÈREscher Molekularstrom), in *mechanischer* Beziehung die Eigenschaften eines Kreisels. Ein solches System hat nämlich ein Impulsmoment, demzufolge strebt es, seine Orientierung im Raume *beizubehalten*, und, falls man ihm eine *Änderung* dieser Orientierung *aufzwingt*, gibt es Drehmomente nach außen ab. Es ist geglückt, auf dem Wege des Versuchs die Existenz des qualitativ und quantitativ angegebenen Drehmomentes (bis auf 10%) zu erweisen. EINSTEIN und DE HAAS haben die Kreiseleigenschaften des Atoms dadurch nachgewiesen, daß sie die Bauelemente eines Magneten, die nach AMPÈRES Hypothese vorhandenen Molekularmagnete, plötzlich ummagnetisierten und die um den Atomkern kreisenden Elektronen zwangen, ihre Bahnen nun in entgegengesetzter Richtung als vorher zu durchlaufen. Damit kehrt sich auch der Vektor des inneren Schwunges plötzlich um und die Folge ist ein Kreiselmoment, daß den entsprechend leicht beweglich aufgehängten Magneten stoßartig in Bewegung setzt. Daß Kreiselwirkungen der geschilderten Art vorhanden sind, steht jetzt fest und hiermit die Berechtigung, die AMPÈREschen Molekularströme als wirklich vorhanden anzusehen.

Pendel. Mathematisches Pendel. Wir haben bisher den Einfluß der Schwerkraft auf den sich drehenden Körper ausgeschlossen — auf den um einen ruhenden Punkt drehbaren dadurch, daß wir seinen *Schwer*punkt zum ruhenden Punkt machten und diesen unterstützten (kräftefreier Kreisel), auf den um eine ruhende Achse drehbaren dadurch, daß wir die Achse *vertikal* stellten. Die Bewegung eines Kreisels, dessen Schwerpunkt *nicht* im Unterstützungspunkt liegt (des schweren Kreisels), entzieht sich der elementaren Behandlung, aber die Drehung des Körpers um eine ruhende *nicht*vertikale *Achse* ist bis zu einem gewissen Grade der elementaren Behandlung zugänglich. Ihr wenden wir uns jetzt zu. Steht die Achse schief (Abb. 129), so wirkt eine Komponente der Schwerkraft senkrecht zur Achse und kann den Körper drehen. Die Komponente ist um so größer, je mehr sich der Winkel zwischen der Achse und der Schwerkraftrichtung einem rechten nähert (s. Horizontalpendel). Wir legen jetzt die Achse horizontal, so daß die ganze Schwerkraft senkrecht zur Achse wirkt. Sie kann *keine* Drehung hervorrufen, wenn sie die Achse schneidet, ihr Angriffspunkt, der Schwerpunkt S des Körpers, also *in* der Achse (Abb. 130) oder senkrecht *unter* (b) oder senkrecht *über* (c) der Achse liegt. Bei a ist die Gleichgewichtslage indifferent, bei c labil. In b liegt der Schwerpunkt senkrecht unter der Achse, also im tiefsten Punkt,

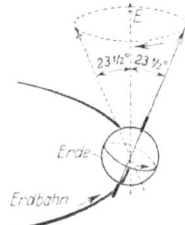

Abb. 128. Die Erdkugel als Kreisel. Die Präzession ihrer Achse.

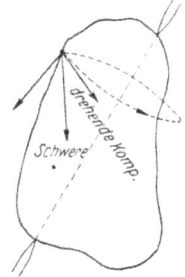

Abb. 129. Starrer Körper, um eine *nicht vertikale* Achse drehbar.

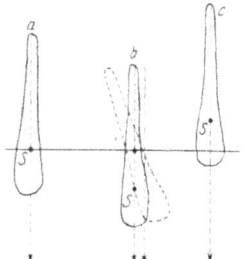

Abb. 130. Um eine horizontale feste Achse drehbarer starrer Körper als physisches Pendel (b).

in dem er hier überhaupt liegen kann (stabil). Ist der Körper dabei in Ruhe, und
wirkt nur die Erdschwere auf ihn, so *bleibt* er in Ruhe. Die Erdschwere *allein* kann
also die Drehung nicht einleiten. Wird der Körper aber durch eine *andere Kraft* zur
Seite gedreht (punktiert angedeutet) und dann losgelassen, so unterliegt er der
drehenden Wirkung der Schwerkraft, weil jetzt (punktiert angedeutet) die Schwerkraft die Achse nicht mehr schneidet. Der Schwerpunkt geht dadurch seiner
tiefsten Lage wieder entgegen, erreicht sie mit einer gewissen Geschwindigkeit
und geht infolge der Trägheit darüber hinaus, verliert dabei allmählich seine Geschwindigkeit, bleibt stehen, fällt wieder seiner Ruhelage entgegen, geht *wieder*
darüber hinaus und so fort — er „*pendelt*". Dasselbe tun auch die anderen Punkte
des *Pendels* auf parallel liegenden Kreisbögen.

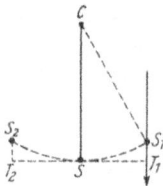

Abb. 131.
Mathematisches Pendel.

Den um eine horizontale Achse unter dem Einfluß
der Schwerkraft drehbar gemachten Körper (Abb. 130 b)
nennt man *physisches Pendel*, auch zusammengesetztes, im
Gegensatz zum mathematischen oder einfachen, das nur
mathematisch vorstellbar ist, aber dazu verhilft, das Gesetz
zu formulieren, nach dem die wirklichen Pendel schwingen.
Denkt man sich die Masse des physischen Pendels in *einen*
Massenpunkt S konzentriert und diesen durch eine starre ge-
wichtlose Gerade SC, die seinen senkrechten Achsenabstand
darstellt, mit der Achse verbunden, so haben wir *das mathe-
matische Pendel* (Abb. 130 b), es enthält *alle* für das Pendel charakteristischen Züge.
Die starre Gerade SC weist dem Massenpunkt S seinen Abstand von der Achse
an und zwingt ihn zur Kreisbewegung um die horizontal liegende Achse, d. h.
zur Beschreibung eines *vertikal* stehenden Kreis*bogens*, dessen Radius SC ist.
Wir können uns das einfache Pendel so vorstellen wie in Abb. 131, oder auch
wie in Abb. 132, d. h. den Pendelkörper S in einer kreisförmigen Rinne vom
Radius SC *reibungslos* hin und her rollend.

Angenommen, der Pendelkörper sei bis S_1 gehoben und dann losgelassen
worden. Er fällt in die Ruhelage zurück, kommt dort mit einer gewissen Geschwindigkeit an und schwingt infolgedessen auf dem Kreisbogen darüber hinaus.
Wie weit darüber hinaus, d. h. *wie hoch* steigt er auf dem andern Kreisbogen? Das

Abb. 132. Der Pendelkörper
vergleichbar einem materiellen Punkt auf der konkaven
Seite eines Kreisbogens.

hängt offenbar von der Geschwindigkeit ab, mit der er in
S ankommt. Auf dem Wege von S_1 nach S durchläuft er
die einzelnen geradlinigen Kurvenelemente, aus denen
man jede krumme Linie (S. 9 u.) bestehend denken kann;
er bewegt sich also jeden Augenblick längs einer schiefen
Ebene, deren Neigung gegen den Horizont durch die
Tangente in dem Punkt angegeben wird, in dem er sich
gerade befindet. Die Geschwindigkeit, mit der ein Körper auf der Basis einer
schiefen Ebene ankommt, hängt nur von deren Höhe ab und ist gleich der Geschwindigkeit, mit der er, die Höhe frei durchfallend, in der Horizontalebene
ankommt (S. 44 m.). Das Pendel durchläuft eine Reihe ineinander über-
gehender schiefer Ebenen, deren Gesamthöhe $S_1 T_1$ ist. Die Geschwindigkeit,
mit der es in S ankommt, ist also gleich der Geschwindigkeit, die es, frei durch
$S_1 T_1$ fallend, erlangt haben würde. (Beim Übergange von der einen schiefen
Ebene auf die nächste ändert sich zwar die Richtung, aber diese Richtungsänderung wird kontinuierlich durch die Zentripetalkraft bewirkt und ist darum
auf die Geschwindigkeit des Pendels ohne Einfluß.) Und diese Geschwindigkeit
reicht aus, es um die $S_1 T_1$ gleiche Strecke $S_2 T_2$ des linken Kreisbogens empor-
zuheben, so daß $SS_2 = SS_1$ ist. Das Pendel könnte also, wenn sich nicht die
Reibung geltend machte, niemals zur Ruhe kommen. Die einzigen Punkte, in

denen es in Ruhe bleiben *könnte*, sind der vertikal *über* der Achse liegende Punkt — den erreicht es aber nicht, da es auf der anderen Seite nicht höher steigen kann, als es auf der ersten herabgefallen ist — und der vertikal unter der Achse liegende Punkt — den erreicht es aber stets mit einer von 0 verschiedenen Geschwindigkeit, so daß es stets darüber hinausgehen muß. Aber ein reibungsloses Pendel ist nur ein mathematisches Bild.

Da das Pendel nach beiden Seiten gleich weit schwingt, d. h. seine *Steighöhe* gleich seiner *Fall*höhe ist, ist auch seine Steig*dauer* gleich seiner Fall*dauer*, d. h. es braucht ebensoviel Zeit, um von S_1 nach S zu kommen, wie von S nach S_2 oder von S_2 nach S oder von S nach S_1. Der Weg zwischen den Umkehrpunkten S_1 und S_2 heißt die *Schwingungsweite* oder *Amplitude*, die Zeit, die das Pendel braucht, um einmal von S_1 nach S_2 oder umgekehrt zu gehen, die *Schwingungsdauer*. Da sie immer dieselbe Größe hat, dient sie zur Zeitmessung: man zählt, wievielmal während der zu messenden Zeit das Pendel seine Bahn zwischen seinen Umkehrpunkten zurücklegt. Aus der Anzahl der Schwingungen und der Dauer einer einzelnen ergibt sich dann, wieviel Zeit vom Beginn der ersten Schwingung bis zur Beendigung der letzten verflossen ist. — Um die zu messende Zeit in Sekunden ausdrücken zu können, muß man erst wissen, wie groß die Schwingungsdauer des Pendels ist. Ihre Berechnung ist die nächste Aufgabe.

Schwingungsdauer des Pendels. Wir gehen dazu von der Gleichung $R = \dfrac{\omega \cdot \sum m r^2}{a}$ aus (S. 96 u.).

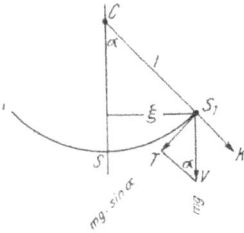

Abb. 133. Schwingungsdauer des mathematischen Pendels.

R ist die Größe der drehenden Kraft; wie groß ist sie hier? — Ist m die Masse des Pendelkörpers S, so ist die Kraft, mit der die Erdschwere sie angreift, gleich $m \cdot g$, in Abb. 133 die Gerade $S_1 V$. Ihre Radialkomponente $S_1 K$ vernichtet der Widerstand der Aufhängung, ihre Tangentialkomponente $S_1 T$ ist die drehende Kraft R. Aus $\triangle S_1 T V$ ergibt sich $S_1 T / S_1 V = \sin \alpha$, also $S_1 T = S_1 V \cdot \sin \alpha$, oder, wenn wir $S_1 T$ mit R bezeichnen und $S_1 V$ durch mg ersetzen, $R = mg \cdot \sin \alpha$, d. h. die Größe der m drehenden Kraft ist jeden Augenblick gleich dem Gewicht von m mal dem Sinus des Winkels, den das Pendel in dem Augenblick mit der Ruhelage bildet ($\alpha = \angle S_1 V T = \angle S_1 C S$). — Die Summe $\sum m r^2$ besteht, da nur *ein* Massenpunkt vorhanden ist, aus dem Produkt $m l^2$, wo l die Pendellänge ist. Da nur *ein* Massenpunkt vorhanden ist, ist er auch der Schwerpunkt, also der Angriffspunkt der drehenden Kraft. Daher ist $a = l$ zu setzen, und die allgemeine Gleichung $R = \dfrac{\omega \cdot \sum m r^2}{a}$ geht über in $mg \cdot \sin \alpha = \dfrac{\omega \cdot m l^2}{l}$. (In dieser Gleichung steht links die schwere Masse, rechts die träge Masse, wir setzen sie einander gleich.) Wir erhalten jetzt $\omega = \dfrac{g}{l} \cdot \sin \alpha$. Die Beschleunigung ω, d. h. die *Änderung* der Pendelgeschwindigkeit in irgendeinem Punkte seiner Bahn, hängt somit von dem Sinus des Winkels ab, den es gerade mit der Ruhelage SC bildet. Der Winkel α, also auch $\sin \alpha$, ändert sich aber von Moment zu Moment, *folglich auch die Beschleunigung* ω. Sie ist am größten, wenn α am größten ist, d. h. an einem Umkehrpunkt; sie ist am kleinsten, wenn α am kleinsten ist, d. h. wenn das Pendel durch die Ruhelage S geht. — Wohlgemerkt: die Beschleunigung, d. h. die *Änderung* der Geschwindigkeit, nicht die Geschwindigkeit *selbst*! Von dem Umkehrpunkt aus und mit 0 beginnend wächst die Geschwindigkeit des Pendels, während es nach S hin fällt, ständig. Der Zuwachs wird aber desto kleiner, je näher es S kommt, und in S selbst ändert sich die Geschwindigkeit überhaupt nicht. Da bis zur Ankunft in S die Geschwindigkeit fortwährend gewachsen ist, ist sie im Moment des Durchganges durch S am größten, entsprechend der Geschwindigkeit, die ein fallender Körper im *tiefsten* Punkt seines Falles hat. Von S an nimmt die Geschwindigkeit des Pendels wieder ab, da die Erdschwere es zurückzuziehen sucht, die Verzögerung erfolgt nun genau so, wie die Beschleunigung erfolgt war.

Bei der *Winkel*beschleunigung ω hat der Pendelkörper im Achsenabstand l die *tangentiale Bahn*beschleunigung $l\omega = g \sin\alpha$. Da $\sin\alpha = \frac{\xi}{l}$, so ist $l\omega = \frac{g}{l} \cdot \xi$.

Die Beschleunigung g und die Pendellänge l sind aber konstant, nur der Abstand ξ des Pendelkörpers von der Ruhelage ändert sich. Die Beschleunigung $l\omega$ zur Ruhelage hin hängt also nur von dem Abstande des Pendelkörpers von der Ruhelage SC ab und ist ihm proportional. (Von der Masse m des Pendels ist sie unabhängig, im Einklang mit der Tatsache, daß alle Körper gleich schnell fallen, d. h. die Anziehung durch die Erde allen Massen dieselbe Beschleunigung erteilt.)

Wir wissen jetzt: die Beschleunigung des Pendelkörpers, also auch die ihn treibende Kraft, ist proportional seinem senkrechten Abstande ξ von seiner Ruhelage, ändert also ihre Größe fortwährend. Die *Richtung* seiner Beschleunigung, folglich auch der ihn drehenden *Kraft*, wird in jedem Punkte seiner Bahn durch die Tangente an dem Punkt angegeben, ist also jeden Moment anders. Die Bewegung ist somit sehr verwickelt, und wir müssen, um die Schwingungsdauer des Pendels elementar berechnen zu können, zur Vereinfachung den Kreisbogen $S_1 S_2$ so klein voraussetzen, daß er mit der Sehne als identisch gelten darf (den Winkel $S_1 C S_2$ höchstens 8—9°.) Die Bahn des Pendelkörpers darf dann als geradlinig gelten und die auf ihn wirkende Kraft stets in dieser Geraden nach demselben Punkt gerichtet. Die Abstände ξ messen wir alle *auf derselben Geraden* (Abb. 133), nämlich auf der Sehne, die wir (anstatt des Bogens) als Schwingungsbahn gelten lassen. Unter dieser Voraussetzung ergibt sich: *die Beschleunigung des Pendelkörpers, folglich auch die auf ihn wirkende Kraft, ist proportional seinem senkrechten Abstande* von seiner Ruhelage und stets nach demselben Punkte gerichtet.

Dieses Ergebnis gestattet, an ein früher gefundenes anzuknüpfen. Ein Punkt von der Masse m, der einen Kreis vom Radius r mit der gleichförmigen Winkelgeschwindigkeit ω beschreibt, wird vom Zentrum mit der Kraft $F = mr\omega^2$ angezogen, erfährt also dauernd eine Beschleunigung $F/m = r\omega^2$ zum Zentrum hin. Wir zerlegen die Zentripetalbeschleunigung PV (Abb. 134) in die Komponenten PX und PY und berechnen PX. Es ist

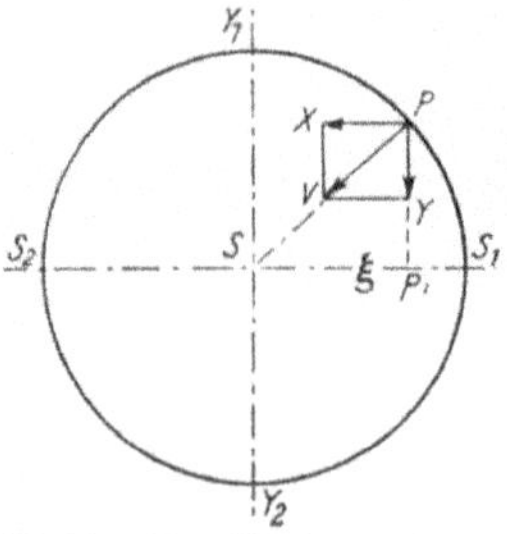

Abb. 134. Zur Schwingungsdauer des mathematischen Pendels.

$$\frac{PX}{PV} = \frac{\xi}{r}, \text{ also } PX = \frac{PV}{r}\,\xi,$$

d. h. *die Beschleunigung von P zu $Y_1 Y_2$ hin ist seinem Abstande von $Y_1 Y_2$ proportional* — wie bei dem Pendelkörper. Wenn also P', der Fußpunkt, jeden Moment eine seinem Abstande von $Y_1 Y_2$ proportionale Beschleunigung hat, bleibt er dauernd auf dem Durchmesser $S_1 S_2$ senkrecht unter P, er durchläuft dann den Durchmesser $S_1 S_2$ *hin*, während gleichzeitig P den *oberen* Halbkreis durchläuft, und *zurück*, während gleichzeitig P den *unteren* Halbkreis durchläuft. Er durchläuft den Durchmesser also beide Male in gleichen Zeitspannen, da ja P gleichförmige Geschwindigkeit hat, d. h. beide Halbkreise in gleichen Zeitspannen durchläuft.

Der Pendelkörper bewegt sich also genau so, wie sich P' bewegen muß, um dauernd senkrecht unter P zu bleiben. Wir können somit den Pendelkörper mit dem Fußpunkt P' identifizieren und schließen: der Pendelkörper braucht genau so viel Zeit, um geradlinig von S_1 durch S nach S_2 und zurückzuschwingen, wie ein Punkt P gebraucht, um die Peripherie des mit SS_1 als Radius um S geschlagenen Kreises einmal gleichförmig mit dem Pendelkörper als Fußpunkt zu umlaufen. Diese Umlaufdauer können wir berechnen. Wir hatten $PX = \dfrac{PV}{r} \cdot \xi$ gefunden. Für PX ist jetzt $\dfrac{g}{l} \cdot \xi$ zu setzen, das war ja die Beschleunigung des Pendelkörpers zur Ruhelage hin. Wir bekommen also

$$\frac{g}{l} \cdot \xi = \frac{PV}{r} \cdot \xi \text{ also } PV = \frac{g}{l} \cdot r.$$

PV ist die Beschleunigung von P zu dem Zentrum hin. Die ist aber auch (S. 84 m.) $4\pi^2 r/T^2$. Es ist daher

$$\frac{g}{l} \cdot r = \frac{4\pi^2 r}{T^2} \text{ oder } \frac{T^2}{4\pi^2} = \frac{l}{g}, \text{ also } T = 2\pi \sqrt{\frac{l}{g}}.$$

T ist die Zeit, in der Punkt P die Kreisperipherie einmal durchläuft, ist also auch die Zeit, in der sein Fußpunkt P', der Pendelkörper, seine Bahn einmal hin *und* einmal zurück durchläuft. *Die Schwingungsdauer des Pendels*, d. h. die Zeit für einen Hingang *oder* für einen Rückgang, ist also $t = \pi \sqrt{l/g}$, hängt also lediglich von der Beschleunigung durch die Erdschwere g und von der Pendellänge l ab, *nicht* von der Masse des Pendelkörpers, *nicht einmal* von der Größe des Ausschlagswinkels, solange er (der einschränkenden Annahme gemäß) 8—9^0 nicht übersteigt. Die *völlige* Unabhängigkeit vom Ausschlagwinkel besteht nur für *unendlich* kleine Schwingungen.

Zykloidenpendel. Ganz unabhängig vom Ausschlagwinkel (isochron) ist das Pendel, das man dazu zwingt, längs eines Zykloidenbogens zu schwingen, das *Zykloidenpendel* (HUYGENS). Man zwingt das Pendel, eine Zykloide zu beschreiben durch die in Abb. 135 wiedergegebene Anordnung (den Beweis übergehen wir): man hängt den Pendelkörper an einem biegsamen Faden zwischen zwei Körpern auf, die selber von Zykloidenbogen (OE, OF) begrenzt sind. Sie gehören zu den Hälften (OB, OA) von Zykloiden, die der Pendelbahn kongruent sind (und gegen diese nur verschoben sind). Der Faden schmiegt sich beim Schwingen des Pendels an die Zykloidenform OE, OF an, die geometrischen Eigenschaften der Zykloide zwingen dadurch den Pendelkörper, selber eine Zykloide zu beschreiben, er schwingt dann *isochron*. Seine Schwingungsdauer

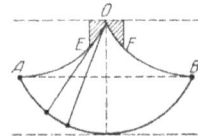

Abb. 135. Zykloidenpendel.

ist $t = \pi \sqrt{2h/g}$, wo h die Höhe der Zykloide ist. Die Schwingungsdauer ist für kleine Amplituden ebenso groß wie die eines mathematischen Kreispendels von der Länge $2h$.

Ballistisches Pendel. Trifft den ruhenden Pendelkörper ein Stoß horizontal, so erhebt sich das Pendel bis zu einem gewissen Ausschlagwinkel α. Den Zusammenhang zwischen der Horizontalgeschwindigkeit, mit der das Pendel die Ruhelage verläßt, und der Höhe, bis zu der es sich erhebt, benützt man im ballistischen Pendel (Abb. 136), mit dem man oft die Endgeschwindigkeit kleinerer Geschosse ermittelt. (Der Pendelkörper ist ein mit Sand oder dergleichen gefüllter Kasten; er fängt das Geschoß derart auf, daß der Stoß unelastisch ist.) Wir behandeln das Pendel hier nur als mathematisches. Hat das Geschoß die Masse m und stößt es mit der Geschwindigkeit v gegen den Pendelkörper, hat dieser die Masse M, und haben beide *nach* dem Stoß die gemeinsame Geschwindigkeit V, so ist nach dem Gesetz des un-

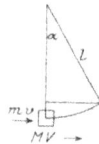

Abb. 136. Ballistisches Pendel.

elastischen Stoßes $mv = (M + m)V$. Ist m gegen M sehr klein, so ist $v = \dfrac{M}{m}V$. Die gemeinsame Geschwindigkeit V ist die Horizontalgeschwindigkeit, mit der das Pendel die Ruhelage verläßt. Infolge dieser Geschwindigkeit schlägt das Pendel um den Winkel α aus, der Pendelkörper hebt sich dabei um die Höhe $h = l - l\cos\alpha = l(1 - \cos\alpha)$. Zwischen der Steighöhe h und der Geschwindigkeit V besteht nach S. 32 die Beziehung $h = V^2/2g$.

Da nun $\pi \sqrt{\dfrac{l}{g}} = t$ ist, also $\sqrt[4]{lg} = \dfrac{g\,t}{\pi}$, so erhalten wir $V = \sqrt{2\,gl(1-\cos\alpha)} = g\,\dfrac{t}{\pi}\sqrt{2\,(1-\cos\alpha)}$

$= \dfrac{2}{\pi}\,gt\,\sin\dfrac{\alpha}{2}$. Wir erhalten also $v = \dfrac{2}{\pi}\cdot\dfrac{M}{m}\cdot g\,t\cdot\sin\dfrac{\alpha}{2}$.

Diese Rechnung gilt nur, wenn man das ballistische Pendel als mathematisches behandelt. Behandelt man es als *physisches*, so berechnet man die lebendige Kraft, die das Pendel durch den Stoß erhält, und setzt diese gleich der Arbeit, die erforderlich ist, um es mit dem Ausschlagwinkel α auf die Höhe h über den Ruhepunkt zu erheben.

Dämpfung der Schwingungen. Logarithmisches Dekrement. Unsere Annahme, daß die Schwingungsweite (Amplitude) des Pendels konstant ist, ein schwingendes Pendel also nichts an Energie verliert, ist für das *physische* Pendel nicht zulässig. Bei jeder Schwingung verliert es an Energie (Luftreibung, Unvollkommenheit der Aufhängung), seine Amplitude wird daher allmählich kleiner — das nennt man *Dämpfung* der Schwingungen. Ist die Dämpfung so groß, daß die Amplitude schon nach einer Periode oder gar schon nach einer halben Null ist, so heißt die Schwingung *aperiodisch*. Die Dämpfung entspringt aus Widerständen, die in der Regel, und wie wir auch hier voraussetzen, der Geschwindigkeit proportional sind. Dann gilt der Satz, daß kleine Bogen in geometrischer Reihe abnehmen. Sind $\alpha_1\,\alpha_2\,\alpha_3\ldots$ die einander folgenden Amplituden, so ist dann $\alpha_1/\alpha_2 = \alpha_2/\alpha_3 = \cdots\varkappa$, wo $\varkappa$ eine Konstante ist; man nennt die Schwingungen dann *gleichförmig* gedämpft, $\varkappa$ ist ein unechter Bruch, da die größere Amplitude im Zähler steht. Der bequemeren Rechnung

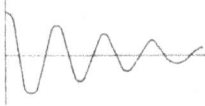

Abb. 137.
Gedämpfte Schwingung.

wegen benutzt man den *Logarithmus* des Dämpfungs*verhältnisses* $\lambda = \log\varkappa$, also die Differenz der Logarithmen zweier einander folgender Amplituden. Man nennt $\log\varkappa$ *das logarithmische Dekrement*. Ist z. B. $\varkappa = 1,25$, so ist $\dfrac{\alpha_1}{\alpha_2} = \dfrac{\alpha_2}{\alpha_3} = \cdots 1,25 = \dfrac{125}{100}$, es ist also α_2 um 20% kleiner als α_1, und α_3 um 20% kleiner als α_2 und so fort; jede folgende Amplitude beträgt nur noch 80% der vorhergehenden (Abb. 137). Ferner ist $\lambda = \log\alpha_1 - \log\alpha_2 = \log\alpha_2$
$- \log\alpha_3 = \log 1,25 = 0,0969$. Die Logarithmen der Amplituden nehmen also in arithmetischer Reihe ab, in der die Differenz zweier Nachbarglieder konstant, hier $\lambda = 0,0969$ ist. (Natürliche Logarithmen oder Multiplikation des obigen λ mit 2,3026 liefern das *natürliche logarithmische Dekrement*.)

Da $\dfrac{\alpha_1}{\alpha_2} = \dfrac{\alpha_2}{\alpha_3} = \cdots\varkappa$, so ist $\alpha_2 = \dfrac{1}{\varkappa}\cdot\alpha_1$ $\alpha_3 = \dfrac{1}{\varkappa}\cdot\alpha_2 = \dfrac{1}{\varkappa^2}\cdot\alpha_1$ $\alpha_4 = \dfrac{1}{\varkappa}\cdot\alpha_3 = \dfrac{1}{\varkappa^3}\cdot\alpha_1$

usw. Ist also α_p die p_{te} Schwingung und α_q die q_{te} so ist

$$\alpha_p = \dfrac{1}{\varkappa^{p-1}}\cdot\alpha_1 \quad\text{und}\quad \alpha_q = \dfrac{1}{\varkappa^{q-1}}\cdot\alpha_1.$$

Daher ist

$$\dfrac{\alpha_p}{\alpha_q} = \varkappa^{q-p} \quad\text{und}\quad \varkappa = \left(\dfrac{\alpha_p}{\alpha_q}\right)^{\frac{1}{q-p}} \quad\text{und}\quad \log\varkappa = \dfrac{\log\alpha_p - \log\alpha_q}{q-p}.$$

Physisches Pendel. Schwingungspunkt. Reversionspendel. Die Formel $t = \pi\sqrt{l/g}$ gilt für das mathematische Pendel. In der Wirklichkeit existieren nur physische, aus unendlich vielen Massenpunkten, von denen jeder einzelne die Berücksichtigung seines Achsenabstandes (am mathematischen Pendel mit l bezeichnet) erfordert. Jeder einzelne *für sich* repräsentiert ein mathematisches Pendel. Aus $t = \pi\sqrt{l/g}$ folgt, daß er langsamer oder schneller schwingt, je nachdem er um mehr oder um weniger als um l von der Achse absteht. Das physische Pendel stellt also eine unendliche Anzahl von mathematischen Pendeln dar, die verschiedene Schwingungsdauer haben. Da sie aber demselben starren Körper angehören, *müssen* sie ihre Amplitude alle in derselben Zeit durchlaufen: Ein gegebenes *physisches* Pendel muß eine bestimmte Schwingungsdauer τ haben. Offenbar gibt es auch ein *mathematisches* Pendel, dessen Schwingungsdauer mit der Schwingungsdauer τ jenes physischen Pendels übereinstimmt. Es muß eine Länge λ haben, die mit τ zusammen die Gleichung $\tau = \pi\sqrt{\dfrac{\lambda}{g}}$ erfüllt, also die Länge $\lambda = g\cdot\dfrac{\tau^2}{\pi^2}$. Man nennt λ die *reduzierte Pendellänge* jenes physischen Pendels.

Um sie zu berechnen, gehen wir von der Gleichung $R = \dfrac{\omega\cdot\sum m\,r^2}{a}$ aus. R ist durch $Mg\sin\alpha$ zu ersetzen (S. 109 m.), wo M die Gesamtmasse des physischen Pendels ist; wir denken uns M im Schwerpunkt, dem Angriffspunkte der Schwerkraft, konzentriert und wollen annehmen, daß er um s von der Achse abstehe, dann ist $a = s$ zu setzen.

$\sum mr^2$ bedeutet das (als bekannt anzunehmende) Trägheitsmoment, wir nennen es Θ und haben dann

$$M g \sin \alpha = \frac{\omega \cdot \Theta}{s} \quad \text{oder} \quad g \sin \alpha = \omega \frac{\Theta}{s \cdot M}.$$

Die entsprechende Gleichung für das mathematische Pendel von der Länge λ ist (S. 109 u.):

$$g \sin \alpha = \omega \cdot \lambda.$$

Das bedeutet: Die Winkelbeschleunigung eines *physischen* Pendels vom Trägheitsmoment Θ und der Masse M, dessen Schwerpunkt den Achsenabstand s hat, ist jeden Moment gleich der Winkelbeschleunigung eines (um denselben Winkel α von der Ruhelage abgelenkten) *mathematischen* Pendels von der Länge

$$\lambda = \frac{\Theta}{s \cdot M}.$$

Derjenige Punkt des physischen Pendels, der um λ von der Achse absteht und in den sich die Masse des Pendels konzentrieren könnte, ohne die Schwingungsdauer τ zu ändern, heißt *Schwingungspunkt*, die zur Achse parallele Gerade durch ihn *Schwingungslinie*. Jeder auf ihr liegende Punkt des Pendels hat die Schwingungsdauer τ, *dieselbe*, die er auch dann haben würde, wenn er *von den andern Punkten des Pendels isoliert* in dem bisherigen Abstande (λ) von der Drehachse an einem gewichtslosen unausdehnbaren Faden schwingen würde.

Die reduzierte Pendellänge λ ist größer als der Achsenabstand s des Schwerpunktes: Legen wir durch den Schwerpunkt S eine Achse parallel zur Drehachse und nennen das Trägheitsmoment um die Schwerpunktsachse Θ_s, dann ist $\Theta = \Theta_s + Ms^2$ (S. 98 m.), also $\Theta > M s^2$ und $\frac{\Theta}{M \cdot s} > s$, d. h. $\lambda > s$, der *Schwingungs*punkt liegt *tiefer* als der *Schwerpunkt*. Eine einfache Rechnung zeigt, daß $\lambda = s + \frac{k^2}{s}$, wo s der Achsenabstand des Schwerpunktes ist und k der Trägheitsradius (S. 98 u.). Es ist $\Theta = \sum m r^2 + M s^2 = M k^2 + M s^2 = M(k^2 + s^2)$, also ist $\lambda = \frac{M(k^2 + s^2)}{s M} = \frac{k^2}{s} + s$, daher auch: $(\lambda - s) s = k^2$, also $ss' = k^2$, wenn wir $\lambda - s = s'$ setzen.

Aus $\lambda = s + \frac{k^2}{s}$ für den Abstand zwischen Drehachse und Schwingungslinie folgt etwas sehr Wichtiges und Interessantes: man kann die Schwingungslinie zur Drehachse machen, ohne daß die Schwingungsdauer des Pendels sich ändert; die Gerade, die Drehachse war, wird dabei zur Schwingungslinie (Abb. 138). Bezeichnet man nämlich die zu der *neuen* Schwingungsachse gehörige reduzierte Pendellänge mit λ' und den dazu gehörigen Schwerpunktabstand mit s', so findet man $\lambda' = s' + \frac{k^2}{s'}$ und da $ss' = k^2$, so ist $\lambda' = \frac{k^2}{s} + s = \lambda$. Durch diese Beziehung bekommt auch der Trägheits-

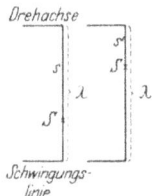

Abb. 138. Vertauschbarkeit von Drehachse und Schwingungslinie. Dreht man die linke Hälfte der Abbildung um 180° in der zur Zeichnung senkrechten Ebene, die die Zeichnungsebene in λ schneidet, so entsteht die rechte Hälfte: die Gerade, die *vorher* Schwingungslinie (Drehachse) war, wird Drehachse (Schwingungslinie).

radius k eine anschauliche Bedeutung: Wählt man in einer durch den Schwerpunkt gehenden Vertikalebene zwei Achsen derart, daß der abwechselnd um die eine oder die andere Achse schwingende Körper immer dieselbe Schwingungsdauer hat, so müssen beide Achsen (gleich weit vom Schwerpunkt oder) in Abständen liegen, deren Produkt gleich k^2 ist. Denn aus $s + \frac{k^2}{s} = s' + \frac{k^2}{s'}$, folgt $s - s' = \frac{k^2 (s - s')}{ss'}$. Ist nun $s - s'$ von Null verschieden, so kann man beide Seiten dadurch dividieren und bekommt, wie oben, $ss' = k^2$. D. h. der Abstand der beiden Achsen ist die Länge des mit dem physischen Pendel *gleich* schnell schwingenden (synchronen) mathematischen Pendels. Das bietet ein praktisches Mittel, eine solche Länge zu messen. Ein Pendel, das hierzu eingerichtet ist (Abb. 139), hat *zwei* prismatische Aufhängevorrichtungen: eine Kante oben als jeweilige Drehachse, eine Kante unten durch den Schwingungspunkt. Es hängt mit der Schneide des Prismas auf einer entsprechenden Unterlage. Man braucht es nur umzudrehen, d. h. nur oben in unten zu verwandeln, um die Drehachse zur Schwingungslinie zu machen, und den Schneidenabstand so lange zu variieren, bis das Pendel in beiden Lagen die gleiche Schwingungsdauer hat (*Reversionspendel*; KATER, BOHNENBERGER). Es dient dazu, die Länge des *Sekundenpendels* zu ermitteln. Ein solches Pendel macht die Kenntnis seines Trägheitsmomentes unnötig, auch die seiner Massenverteilung; der gegenseitige Abstand der Schneiden ist allein maßgebend.

Pendelversuch von FOUCAULT. Wie die Massenpunkte aller Körper, die sich um eine Achse drehen (vgl. S. 82), so streben auch die des physischen *Pendels* infolge ihrer Trägheit, die Lage ihrer Kreisbahnen im Raum unverändert zu erhalten, also die Lage der Schwingungsebene, wenn nicht eine äußere Kraft eine Änderung erzwingt. In dieser *Erhaltung der Schwingungsebene* erkannte FOUCAULT die Grundlage eines Beweises für die Achsendrehung der Erde. Denkt man sich ein Pendel über dem Pol der Erde aufgehängt und z. B. über dem Nullmeridian schwingend, so wird ein Beobachter *im* Nullmeridian dort das Pendel direkt *auf sich zu* kommen und ebenso *von sich weg* gehen sehen. Nach einem Vierteltage, d. h. nachdem jeder Punkt auf der Erde ein Viertel seines Kreises um die Achse vollendet hat, ist der Beobachter in eine um 90° von der ersten verschiedene Stellung gekommen. Das Pendel aber schwingt, da nur die Schwerkraft darauf wirkt, unverändert in seiner ursprünglichen Schwingungsebene. Der Beobachter sieht es jetzt *von rechts nach links und von links nach rechts vor sich vorbeischwingen* und hat daher den *Eindruck*, daß *die Schwingungsebene* des Pendels sich gedreht hat. Er würde die *Schwingungsebene* sich in 24 Stunden einmal um die Ruhelage des Pendels, die am Pol mit der Lage der Erdachse identisch ist, drehen sehen. Die Erscheinung erklärt sich daraus, daß sich die *Erde* und *mit ihr* der Beobachter in 24 Stunden um die Achse, also um die Ruhelage des Pendels, dreht. Die scheinbare Drehung der Schwingungsebene an irgendeinem Punkt der Erdoberfläche ist dem Sinus seiner geographischen Breite proportional, daher desto kleiner, je näher dem Äquator der Punkt liegt; sie beträgt in Berlin in 24 Stunden nur 285° 36′, am Äquator Null. — FOUCAULT benützte (Paris 1851) eine 2 kg schwere Kupferkugel an einem 17 m langen Stahldraht mit einer Schwingungsdauer von 16,40″.

Pendeluhr. Metronom. Sekundenpendel. Da das Pendel zu jeder Schwingung *gleich* viel Zeit verbraucht, dient es zur Zeitmessung. Gebraucht ein gegebenes Pendel z. B. 1 Sekunde für eine Schwingung und *zählt* man, *wieviel* Schwingungen es in dem Zeitabschnitt, der gemessen werden soll, macht, so gibt die gefundene Zahl die Länge dieses Zeitabschnittes in Sekunden. — Die Pendeluhren (HUYGENS, 1656) benützen ebenfalls die *Gleich*heit der Pendelschwingungen, und zwar um die fortlaufende Bewegung eines Räderwerks nach *gleich* großen Zeitabschnitten immer für einen Moment zu hemmen. Die „Hemmung" ist die Seele der Uhr (Abb. 140). Die Uhren haben die Aufgabe, einen Zeiger (wir denken hier nur an *einen*, etwa den Minutenzeiger) vor einem Zifferblatt in gleich großen Zeitabschnitten um gleich große Winkel zu drehen. An der Länge des von der Zeigerspitze zurückgelegten Bogens erkennt man die Länge der verflossenen Zeit. Der Zeiger sitzt auf der Welle eines hinter dem Zifferblatt befindlichen Rades *R*, er kann sich also nur dann in gleichen Zeiten um gleiche Winkel drehen, wenn das Rad es tut. Bewegt wird das Rad durch ein Gewicht (in der Abbildung weggelassen), das an einer um die Welle gewickelten Schnur hängt. Das Gewicht fällt und dreht dadurch das Rad und mit ihm den Zeiger. Säßen Rad und Zeiger ohne weitere Vorrichtung auf der Welle, so würde das Gewicht bis zu dem tiefsten erreichbaren Punkt fallen und dabei den Zeiger anfangs langsam, dann schneller und schneller vor dem Zifferblatt herumdrehen — eine Messung wäre unmöglich. Diese beschleunigte Bewegung des Rades verhindert man dadurch, daß man es, kurz nachdem die Drehung begonnen hat, also solange noch seine Geschwindigkeit sehr klein ist, wieder anhält („hemmt"), sofort wieder losläßt, wieder hemmt usw. D. h. man erlaubt ihm immer nach Ablauf eines kurzen Zeitabschnittes, und zwar eines *gleich* großen, die Drehung *von neuem* zu beginnen. Die *Gleich*heit der Zeitabschnitte, nach denen man das Rad hemmt, bewirkt in den *Pendel*uhren ein schwingendes Pendel: Man macht das Rad zu einem *Zahn*rad (Steigrad) und versieht das Pendel mit einem Anker *nm*, der Hemmung, die, mit dem Pendel durch das Gestänge *abo* fest verbunden, dessen Schwingungen mitmacht. Sie greift abwechselnd mit den Klauen *n*, *m* zwischen die Zähne des Steigrades und hemmt dadurch seine Drehung und den Fall des Gewichtes. Bei jeder Schwingung, bald nachdem das Pendel durch die vertikale Lage gegangen ist, läßt die eine Klaue einen Zahn des Steigrades frei, so daß es sich drehen kann; dabei gleitet der Zahn an einer schrägen Fläche der Klaue hin und erteilt durch seinen Druck dem Pendel den nötigen Antrieb, um den durch Reibung und Luftwiderstand verursachten Energieverlust zu ersetzen. Gleich darauf fängt die andere Klaue einen andern Zahn ab und hemmt die weitere Drehung und den Fall des Gewichtes so lange, bis das Pendel auf seinem Rückwege dasselbe Spiel auslöst. Also nur während das Pendel aus der Vertikalen bis zu einem Umkehrpunkt geht, kann sich das Rad drehen. Es dreht sich

Abb. 139. Reversionspendel.

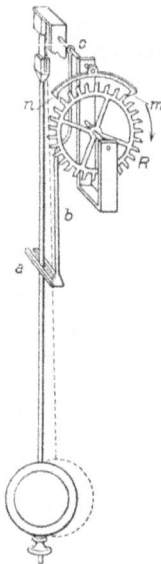

Abb. 140. Pendeluhr.

dabei nur um *einen* Zahn weiter; *währenddessen* bewegt es sich zwar beschleunigt, aber diese Zeit ist so kurz, daß es sich *nahezu* gleichförmig, der Zeiger sich also auch nahezu gleichförmig bewegt, d. h. in gleichen Zeiten gleiche Winkel beschreibt. Die Gleichheit der Pendelschwingungen verwandelt also die durch den Fall des Gewichtes beschleunigte Bewegung des Räderwerks in eine nahezu gleichförmige.

In den Pendeluhren *hört* man die Ankunft des Pendels in einem Umkehrpunkt durch das „Ticken" der Hemmung. Man kann dadurch auch *mit dem Ohre* die Gleichheit von Zeitabschnitten auffassen. Bei der Uhr wird das (außer bei gewissen physikalischen Messungen) kaum beachtet, im *Metronom* dagegen ist es Zweck (MÄLZEL 1815). Das Metronom, das den Takt „schlägt" und auf das sich der Musiker bisweilen bezieht, um für die Wiedergabe von Musikstücken ein Vortragstempo festzusetzen und notfalls durch eine Zahl auszudrücken, ist ein sehr laut tickendes Pendel, dessen Pendelkörper längs der Stange verschiebbar ist. Durch die Verschiebung ändert sich der Abstand seines Schwerpunktes von der Achse, also die Länge des reduzierten Pendels, das mit jenem physischen gleich schnell schwingt, d. h. die Schwingungsdauer des Metronoms, sein „Tempo", ändert sich.

Die Länge des Pendels mit der Schwingungsdauer 1 Sekunde (Sekundenpendel) ist genau bekannt, daher ist aus $t = \pi \sqrt{l/g}$ auch g sehr genau meßbar. Ist das Sekundenpendel l_1 cm lang, so ist, da $t = 1$ Sekunde zu setzen ist: $1 = \pi \sqrt{l_1/g}$, und $g = \pi^2 \cdot l_1$ cm. Die Beschleunigung des Pendelkörpers durch die Erdschwere ist also unabhängig von seiner Masse; auch *das* heißt nur: alle Massen fallen gleich schnell. Die Identität von g für alle Massen ist experimentell, wie die Formel $g = \pi^2 \cdot l_1$ zeigt, erwiesen, da die Länge des Sekundenpendels — die reduzierte Pendellänge — für jeden Pendelkörper dieselbe bleibt. Durch Pendelbeobachtungen kann man daher die Identität der Erdschwere für alle Massen nachweisen; leichter als durch Fallversuche.

Horizontalpendel. Das Pendel reagiert bei geeigneter Aufhängung leicht auf Erdbeben und ähnliche Erdbewegungen. Man benützt es daher im *Seismometer* (σεισμός Erdbeben), wo es Periode, Richtung und Amplitude der Erdbewegung anzeigen soll. Aber dazu muß man ihm eine möglichst große Schwingungsdauer verschaffen. Liegt die Achse, um die das Pendel schwingt, horizontal (wie bisher angenommen S. 107 u.), so wirkt die Schwere mit ihrem *ganzen* Betrage drehend auf das Pendel, und seine Schwingungsdauer ist $t = \pi \sqrt{\lambda/g}$ (λ reduzierte Pendellänge). Um die Schwingungsdauer beliebig zu *vergrößern* muß man, da die Vergrößerung von λ durch die Raumverhältnisse begrenzt ist, die Einwirkung der Schwerkraft verkleinern, d. h. nur eine Komponente von g auf das Pendel wirken lassen. Das kann man, indem man die Drehachse gegen die Horizontalrichtung um einen gewissen Winkel neigt (Abb. 141). Der Arm QQ' — er ist mit dem

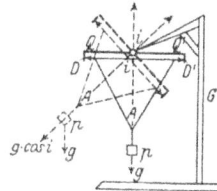

Abb. 141. Horizontalpendel (schematisch).

Gestell G in o drehbar verbunden — trägt in Lagern bei D und D' (durch Pfeilspitzen bezeichnet) einen dreieckigen Rahmen, an dessen Spitze A das Pendelgewicht p sitzt. Neigt man die Drehachse um den Winkel i gegen die Vertikale, so wirkt die Erdschwere nur mit der *Komponente* $g \cdot \cos i$ auf das Pendel und die Schwingungsdauer wird $t_i = \pi \sqrt{\lambda/g \cos i}$. Je größer man i macht, desto größer wird t_i. Macht man aber $i = 90^0$, so wird t_i unendlich groß, das Pendel mit senkrechter Schwingungsachse hat also eine indifferente Gleichgewichtslage. Das Pendelgewicht p darf daher nur in einer *beinahe* horizontalen Ebene schwingen, weswegen die von ZÖLLNER stammende Bezeichnung *Horizontalpendel* (Horizontalseismograph) nicht vollkommen zutrifft.

Abb. 142 zeigt das Horizontalpendel in einer Gebrauchsform. Seine Bewegung ähnelt der einer Tür, die sich um eine nicht *genau* vertikale Türpfosten um die die Angeln verbindende Gerade dreht. Stehen die Angeln *genau* vertikal übereinander, so bleibt die Tür in *jeder* Lage stehen (das tritt ein, wenn $i = 90^0$ ist), andernfalls steht sie nur in *einer* bestimmten Lage still, oder sie *schwingt*, wenn die Reibung nicht zu groß ist, um diese Lage. Die Ruhelage ist dadurch charakterisiert, daß der Schwerpunkt in diejenige Ebene fällt, die man durch die Drehungsachse und die Schwererichtung legen kann. Neigt man

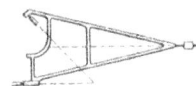

Abb. 142. Horizontalpendel.

den Türpfosten und somit die Drehachse in der *zur Ruhelage senkrechten* Ebene auch nur ganz wenig, so geht das Pendel in eine andere Ruhelage, die von der ersten um einen beträchtlichen Winkel abweicht. Ein Horizontalpendel zeigt daher schon *sehr kleine* Neigungsänderungen seiner Achse und ebenso Änderungen der Schwerkraftrichtung *stark vergrößert* an. Weicht die Drehachse des Horizontalpendels z. B. nur um 2′ von der Vertikalen ab und neigt sich die Achse auch nur um 0,01″ *in der zur Ruhelage senkrechten Ebene*, so geht das Pendel in eine neue Ruhelage, die mit der vorigen bereits einen Winkel von 17″ bildet. Dieses Hori-

8*

zontalpendel entspricht in seiner Empfindlichkeit einem Vertikalpendel von ganz ungeheurer Länge. — In neuerer Zeit verwendet man statt der Aufhängung in Spitzen die ZÖLLNERsche: ein leichtes Metallrohr (etwa 25 cm lang) wird nahezu horizontal gehalten durch zwei dünne gespannte Drähte, die an dem Rohr angreifend oberhalb und unterhalb des Rohres an einem Gestell befestigt sind. Die Verbindungsgerade der beiden übereinander liegenden Befestigungspunkte ist die Drehachse. — Das Horizontalpendel hat als erster HENGLER (1833) beschrieben als „astronomische Pendelwaage".

Abhängigkeit des Gewichts von der Achsendrehung der Erde. Abplattung der Erde.

Das Sekundenpendel hat nicht an allen Punkten der Erde dieselbe Länge. Es ist z. B.

am Äquator . . . 99,100 cm   Daraus folgt: die   am Äquator . . . 978,06 cm/sec²
unter 45⁰ Breite 99,357 „   Beschleunigung g ist   unter 45⁰ Breite. 980,61 „
in Potsdam . . . 99,424 „   in Potsdam. . . . 981,27 „

am Äquator . . . 99,100 cm

Daraus folgt: die
Beschleunigung g ist

am Äquator . . . 978,06 cm/sec²

Die Beschleunigung g, also auch das Gewicht einer Masse wächst danach vom Äquator nach den Polen hin. Das erklärt sich so: Nicht die ganze Anziehungskraft der Erde auf die Masse kann sich als Druck der Masse auf ihre Unterlage äußern, einen Teil davon hebt die Zentrifugalkraft auf, die von der Achsendrehung der Erde herrührt. Die *Zentrifugalbeschleunigung* ist, wenn r den Radius der Erdkugel bezeichnet:

am Äquator (Breitengrad 0) $$f_0 = \frac{4\,\pi^2\,r}{T^2}$$

im Breitengrade φ (mit $r \cdot \cos \varphi$ als Radius des Parallelkreises) $f_\varphi = \dfrac{4\,\pi^2\,r}{T^2}\cos\varphi = f_0 \cdot \cos\varphi$,

T bedeutet die Zeitdauer einer vollen Umdrehung der Erde um ihre Achse. Am Äquator (Abb. 143) fällt die ganze Beschleunigung f_0 in die Gerade, längs deren C eine Masse anzieht,

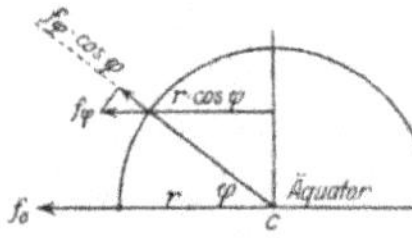

Abb. 143. Die Schwerkraft an einem Punkte der Erdoberfläche hängt ab von dessen geographischer Breite.

im Breitengrade φ dagegen von f_φ nur die Komponente $f_\varphi \cdot \cos\varphi = f_0 \cos^2\varphi$. Angenommen, die Erde *stehe still* und vorausgesetzt, daß sie eine *vollkommene* Kugel und ihre Anziehung auf jeden Punkt der Oberfläche gleich groß ist, ihre *Anziehung* auf eine Masse an ihrer Oberfläche betrage G. Während der Drehung wirken f_0 und $f_\varphi \cdot \cos\varphi$ verkleinernd auf G, da sie ja G entgegengesetzt gerichtet sind. Daher ist, wenn g_0 und g_φ die Beschleunigungen durch die Erdschwere *während der Drehung* bedeuten:

am Äquator $g_0 = G - f_0$,
im Breitengrade φ $g_\varphi = G - f_0 \cdot \cos^2\varphi$.

Die von der Erddrehung herrührende Zentrifugalkraft *verkleinert* G also am Äquator am stärksten; je größer φ wird — polwärts — immer weniger, und am Pol gar nicht. Deswegen ist g am Äquator am kleinsten und wächst polwärts, und ebenso mg, das Gewicht einer Masse m. Setzt man in $f_0 = \dfrac{4\,\pi^2\,r}{T^2}$ für r den Äquatorradius in Metern und für T die Rotationsdauer der Erde in Sekunden, so ergibt die *Rechnung* $f_0 = 34\,\text{mm} \cdot \sec^{-2}$ also $g_0 = G - 34\,\text{mm} \cdot \sec^{-2}$, d. h. am Äquator verkleinert sich die Beschleunigung (durch die Erdschwere) infolge der Zentrifugalkraft um $34\,\text{mm} \cdot \sec^{-2}$. Die *Pendelbeobachtungen* am Äquator geben $g_0 = 9,7806\,\text{m} \cdot \sec^{-2}$.

Da f_0/G sehr nahe $^1/_{289}$ ist, beträgt die Verminderung f_0 am Äquator $^1/_{289} \cdot G$; die anziehende Kraft der Erde auf eine Masse wird also um $^1/_{289}$ des wahren Gewichtes der Masse verkleinert. — Wäre die Verkleinerung 289 mal so groß, so wäre die Masse gewichtslos. Damit aber f_0, d. h. die Zentrifugalbeschleunigung 289 mal so groß werden könnte, wie sie wirklich ist, müßte, S. 84, das Quadrat der Drehschnelle der Erde 289 mal so groß sein, d. h. die Drehschnelle 17 mal so groß sein, wie sie wirklich ist, der „Tag" also nur ca. 1 Stunde 25 Minuten unseres Zeitmaßes dauern.

Benutzt man $f_0/G = ^1/_{289}$, um zu *berechnen*, wie die Länge des Sekundenpendels sich mit der geographischen Breite ändert, so ergibt sich etwas anderes als beim Versuch. Aus den Pendelversuchen findet man Längen, die zu $f_0/G = ^1/_{192}$ führen (nicht $^1/_{289}$). Wir können diesen Unterschied so veranschaulichen: Wäre die Zentrifugalkraft *allein* die Ursache für die Veränderung der Schwere, so müßte g am Äquator um $34\,\text{mm} \cdot \sec^{-2}$ kleiner sein als an den Polen, aus den Pendelversuchen geht aber hervor, daß sie um $52\,\text{mm} \cdot \sec^{-2}$ kleiner ist. Die Ursache für die Abweichung: die Erde ist keine vollkommene Kugel, sie ist an den Polen abgeplattet. Die Gradmessungen ergeben den Polardurchmesser um etwa $^1/_{298}$ kürzer als den Äquatorialdurchmesser. — Man erklärt die Vergrößerung des Äquatorialdurchmessers gegenüber dem Polardurchmesser ebenfalls daraus, daß die Zentrifugalkraft am Äquator größer ist als an den Punkten zwischen dem Äquator und dem Pol, und aus der Wirkung der Zentrifugalkraft auf die Erdmasse, als sie noch plastisch und deformierbar war und sich aus der Kugel in ein Rotationsellipsoid umwandeln konnte.

Niveauflächen. Geoid. Änderung der Schwere. Auch ein Rotationsellipsoid ist die Erde nur *annähernd*, und die Schwere ändert sich an der Erdoberfläche nicht nur längs eines Meridians. Schon Berge und Gebirge beeinflussen die Ruhelage des Pendels und seine Schwingungsdauer. Ferner: Theoretisch müßten die Linien *gleicher* Schwerkraft (Isogammen) auf der Erdoberfläche wie die Breitenparallelen verlaufen. Aber das tun sie nicht, auf den ozeanischen Inseln z. B. ist das Sekundenpendel länger, die Schwerkraft also größer als an den Küsten oder im Innern des Festlandes, obwohl die Wassermassen um die Inseln nicht halb so dicht sind wie die Bodenschichten unter den Beobachtungsorten an den Küsten und auf dem Festlande. Daher kann die Erde auch ein Rotationsellipsoid nur annähernd sein. Die Erhebungen und Vertiefungen der *physischen* Erdoberfläche — Berge und Täler, Kontinente und Meere — sind im Vergleich zur Größe der Erde zwar so klein, daß die Erde im Verhältnis dazu glatt wie ein Apfel ist und man die physische Erdoberfläche mit großer Annäherung durch eine theoretische ersetzt denken darf. Aber durch eine Formel ist sie nicht zu fassen, man muß sie punktweise ermitteln. Als theoretische Erdoberfläche nimmt man eine solche an, die in jedem ihrer Punkte *senkrecht* auf der zugehörigen *Lotrichtung* ist. Man nennt eine solche Fläche eine *Niveaufläche*. (Der Ausdruck ist von den Eigenschaften der Flüssigkeiten hergenommen. Die freie Oberfläche einer Flüssigkeit, die der Schwereanziehung und der Zentrifugalkraft unterliegt, stellt sich stets senkrecht zu der resultierenden Kraft. *Deswegen*: stünde die Resultierende schief dazu, so würde eine Komponente davon *in* die Oberfläche fallen und eine Strömung erzeugen, die so lange andauert, bis sich die Masse so verschoben hat, daß die seitliche Komponente schließlich verschwunden ist.) Natürlich kann man auch in jeder Höhe *über* der Erdoberfläche Niveauflächen konstruieren. Sie umschließen einander wie die Schalen einer Zwiebel. Wo die Erdschwere *g* größer ist, liegen sie enger beisammen, und wo *g* kleiner ist, treten sie weiter auseinander. Sie berühren einander nirgends. Die an einem gegebenen Punkt des Schwerefeldes herrschende Richtung der Schwerkraft ist *normal* zu der durch diesen Punkt gehenden Niveaufläche. Wo die einander folgenden Flächen nicht parallel zueinander sind, wechselt daher die Normale ihre Richtung relativ zu ihrer Umgebung so, daß sie die Niveauflächen *stets rechtwinklig* durchsetzt. Durch diese dauernde Richtungsänderung entsteht eine krumme Linie, die *in jedem ihrer Punkte* durch ihre Tangente die dort herrschende Kraft*richtung* anzeigt. Sie heißt *Kraftlinie*. Abb. 418 zeigt die Niveauflächen und die Kraftlinien in einem elektrischen Felde. Wir brauchen uns hier nicht näher damit zu beschäftigen.

Nehmen wir die Erde homogen an und sehen wir von ihrer Achsendrehung ab, so finden wir als Niveaufläche der Erde die Kugel; berücksichtigen wir aber ihre Achsendrehung, so finden wir ein Rotationsellipsoid; berücksichtigen wir auch, daß sie *nicht* homogen ist und nach innen an Dichte stark zunimmt, so kommt man zu einer viel verwickelteren Fläche (Rotationssphäroid oder Niveausphäroid). Aber die *wirkliche* Erdoberfläche ist überhaupt in keine Flächenklasse einzuordnen; sie steht für sich allein; man nennt sie *Geoid*. Es ist diejenige unter den Niveauflächen, die in ihren sichtbaren Teilen mit der Meeresoberfläche zusammenfällt. Wohlgemerkt: Die Niveauflächen sagen an jedem ihrer Punkte nur etwas aus über die *Richtung* der Schwerkraft, nichts über deren *Größe*.

Drehwaage von EÖTVÖS. Unter den Verfahren zur Ermittlung des Geoides stehen die Schweremessungen obenan. Auch die empfindlichsten Pendel stehen dabei zurück hinter der Drehwaage von EÖTVÖS (Abb. 144 u. 145). Sie mißt nicht die Schwerkraft selbst, sondern den Unterschied der Schwerkraft*richtung* an zwei nahe (40 cm) beieinander liegenden Punkten. Sie ist von höchster Bedeutung für die *reine* Physik, denn ihre Empfindlichkeit gegen die Verschiedenheit der Schwerkraftrichtungen hat es ermöglicht: 1. die Gleichheit der trägen und der schweren Masse mit einer Genauigkeit von $1 : 2 \cdot 10^8$ nachzuweisen und 2. die Unterschiede in der Richtung und der Größe der Schwerkraft an Punkten von einigen Dezimeter gegenseitigem Abstand (Balkenlänge der Waage) zu ermitteln; ebenso für die *angewandte* Physik, denn durch ihre Empfindlichkeit gegen die Verschiedenheit der Schwerkraftrichtungen ist sie für den praktischen Geologen bei der Erforschung des Inneren der Erdrinde ein unentbehrliches Instrument geworden.

Um das Verhalten der Drehwaage von EÖTVÖS (Abb. 144) im Schwerefelde zu verstehen, denke sich der Leser an ihrer Stelle hängend und gegen die Variation der Schwerkraft unendlich empfindlich, die Arme diametral wagerecht ausgestreckt, von dem äußersten Fingerende beiderseits je ein überaus empfindliches Senkel herabhängend — beide genau gleich lang. Jedes Senkel stellt sich in die an seinem Aufhängungs-

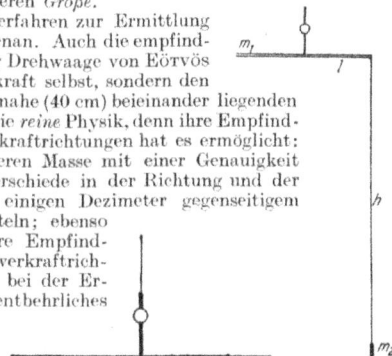

Abb. 144.
Drehwaage von EÖTVÖS.
Erste Form.

Abb. 145.

Zweite Form.

punkt herrschende Schwerkraftrichtung (es zeigt dadurch zugleich die Lage der auf ihm senkrechten Niveaufläche). Man vergegenwärtige sich nun die Vertikalebene, in der die ausgestreckten Arme und das *eine* der beiden Senkel liegen — wir nennen sie *Normalebene*. Liegt das andere Senkel dann *auch* in der Normalebene, so wirkt auch am Ende *dieses* Armes die ganze Schwerkraft *in* der Normalebene. Jede Hand fühlt dann einen Zug nach unten, abgesehen hiervon empfindet man *nichts*. Fällt das andere Senkel aber *nicht* in die Normalebene, sondern bildet sie einen Winkel mit ihr, so empfindet (dieser Winkel ist für die Empfindlichkeit maßgebend) diese Hand einen Zug *seitlich* (schräg) nach unten: nicht die *ganze* Schwerkraft fällt dann in die Normalebene, eine Komponente von ihr fällt vielmehr in die *Horizontalebene*, in der die ausgestreckten Arme liegen, zieht *in dieser Ebene senkrecht* zu den ausgestreckten Fingern, dreht den Beobachter (um den Aufhängedraht als Achse) aus der ursprünglichen Ruhelage heraus und tordiert den Aufhängedraht um einen gewissen Winkel. Je kleiner der Winkel der Schwerkraftrichtung mit der Normalebene ist, bei dem die Drehung um einen bestimmten Winkel eintritt, desto „empfindlicher" nennt man diese Vorrichtung.

Die Drehwaage von Eötvös — der Form nach die von Coulomb für elektrostatische Untersuchungen benützte — ist ein Balken mit verhältnismäßig großem Trägheitsmoment, ein 40 cm langes Aluminiumrohr, an den Enden mit Gewichten von je etwa 30 g beschwert, horizontal aufgehängt an einem besonders vorbehandelten Platin-Iridiumdraht von 0,04 mm Durchmesser — der Draht ist die Seele des ganzen Instruments. Der Balken trägt den für die Skalenablesung, bestimmten Spiegel. Seine Schwingungsdauer ist ca. $^1/_2$ Stunde. Welches ist der Gegenstand der eigentlichen Messung? Wir denken uns durch den Mittelpunkt des Balkens die Niveaufläche gelegt. Bringt man den Balken in einen *Hauptschnitt* der Niveaufläche — diesen Begriff können wir hier nicht erklären —, so bleibt er in

Abb. 146.

Die Kräfte an der Drehwaage von Eötvös. E das Balkenende (von einem Auge gesehen, das in der Verlängerung des Balkensliegt), ES die Schwerkraftrichtung, die mit der Normalebene einen Winkel bildet (übertrieben!), ESₕ ihre vertikale Komponente, die in die Normalebene fällt, ESₕ ihre Horizontalkomponente, die den Balken senkrecht in der Horizontalebene angreift und aus der Ruhelage herausdreht.

Ruhe. Dreht man ihn aber in einen Winkel dazu, so tritt eine Komponente auf, die den Winkel zu verkleinern sucht. Dadurch wird der Draht um einen gewissen Winkel gedrillt und *diesen Winkel mißt die Waage*. (Beobachtung der Schwingungen des Balkens mit Fernrohr, Spiegel und Skala. s. Poggendorff). — Die Drehwaage (Abb. 144) reagiert nur auf Unterschiede in der *Richtung* der Schwerkraft; in der Form der Abb. 145 — das eine Gewicht liegt (65 cm) tiefer als das andere — reagiert sie auch auf Unterschiede in der *Größe* der Schwerkraft. (Man muß sich über die Lage des Balkens und der Gewichte zu den Niveauflächen klar werden und sich den Sinn der Niveauflächen und der auf ihnen senkrechten Kraftlinien als *Richtungsanzeiger der Kraft* in den einzelnen Punkten vergegenwärtigen.) Wir beschreiben das *Verhalten* der so belasteten Waage wieder an dem im Schwerefelde hängenden Beobachter (s. oben). Wir hatten bestimmt: die beiden Senkel sollen gleich lang sein. Man denke zurück an den Fall, in dem die (gleich langen) Senkel *beide* in der Normalebene lagen. Daraus schlossen wir, daß die Schwerkraft dort keine Horizontalkomponente (*senkrecht* zur Normalebene) hat, sondern mit ihrer ganzen Größe *in* der Normalebene wirkt. Machen wir jetzt das Senkel viel länger, so daß das eine Gewicht viel tiefer als das andere liegt, dann spürt die Hand von dem längeren Senkel her wieder einen Zug *seitlich* (schräg) nach unten, und der Beobachter wird wieder aus der Ruhelage herausgedreht. An dem Orte des tiefer hängenden Gewichtes ist die Richtung der Schwerkraft etwas anders als an dem Ort des anderen. Die *Richtungs*änderung der auf die tiefer hängende Masse wirkenden Schwerkraft kann man durch die Vorstellung *deuten*, daß die an diesem Balkenende wirkende Kraft *größer* ist als am anderen — nämlich um eine Horizontalkomponente, die die Schwere an jenem Ende der Größe wie der Richtung nach ändert — und dadurch die Drehung bewirkt.

Die Drehwaage in der zweiten Form liefert Angaben darüber, wie sich die Schwerkraft in der Horizontalebene nordsüdwärts oder ostwestwärts ändert. Die Resultierende dieser beiden Daten ergibt Richtung und Größe der größten Änderung des *Gradienten*, das ist um wieviel dyn sich die Kraft ändert, wenn man sich in dieser Richtung in der Horizontalen um 1 cm vorwärts bewegt. Die Werte sind so klein, daß man sie in $1 \cdot 10^{-9}$ dyn ausdrückt.

In der ersten Form reagiert die Waage auf Unterschiede in der *Schwerkraftrichtung*. Solche Unterschiede, wie sie z. B. schon daher kommen, daß die Niveauflächen des Schwerefeldes infolge der Rotation von der Kugel abweichen, werden im kleinen auch durch störende Massen (Berge, Gebirge) hervorgebracht; sie deformieren die Niveauflächen. Die Drehwaage in der ersten Form gibt daher ein Kriterium für die Gestalt der Niveauflächen und damit für das Vorhandensein störender Massen. In der zweiten Form gibt die Waage an, ob die störenden Massen leichter oder schwerer sind; am größten ist der horizontale Gradient am

Rande einer störenden Masse (z. B. eines Salzhorstes unter der Erdoberfläche, die Grenzen eines solchen Horstes lassen sich horizontal auf etwa 50 m genau bestimmen).

Mit der Drehwaage in der ersten Form hat Eötvös die Gleichheit der Anziehung der Erde auf Stoffe sehr verschiedener Art geprüft. Er schloß so: Die Schwere an der Erdoberfläche resultiert aus der dort herrschenden Anziehung durch die Erde und der Zentrifugalkraft, einer Trägheitskraft. In Abb. 147 ist NF die Erdachse, APN ein Meridian, P ein Punkt der Erdoberfläche, PC die (übertrieben gezeichnete) Zentrifugalkraft, der Pfeil PG die Anziehungskraft auf Punkt P und Pg die Resultierende beider, die Schwere. Man sieht: unter dem Einfluß der Zentrifugalkraft weicht die Anziehungskraft aus ihrer ursprünglichen Richtung südwärts ab. (Man denke sich in P stehend mit dem Blick nach Norden N. Am Äquator und am Nordpol verschwindet die Abweichung, am größten ist sie unter 45⁰. In Budapest, 47⁰ 28′, ist sie 5′ 56′′.) Wirkt die Erdschwere auf verschiedene Stoffe bei P verschieden, so muß die aus der Anziehung durch die Erde herrührende Komponente verschieden sein, d. h. größer oder kleiner als PG. Sie sei etwa PG', dann ist Pg' die Resultierende: ihre *Richtung* weicht von der *Richtung* Pg ab. Das bedeutet: wirkt die Anziehungskraft auf verschiedene Stoffe verschieden ein, so muß sich die *Richtung* der Schwerkraft ändern. Diese Änderung müßte sich mit der Drehwaage nachweisen lassen. — Eötvös belastete das eine Ende des Balkens ständig mit einem Platingewicht, das andere mit dem zum Vergleich dienenden Stoff, z. B. einem Kupfergewicht. Man stellt zunächst den *Balken* ostwestlich senkrecht auf den Meridian; besäße die Schwere für Platin und für Kupfer eine verschiedene Richtung, so müßte, wenn man *das ganze Instrument* um 180⁰ dreht, der Balken eine von der ersten verschiedene Lage haben. Die Richtung weicht nach Eötvös' Versuchen — falls überhaupt — sicherlich um weniger ab als um $^1/_{60000}$ Bogensekunde, das entspräche einer Abweichung in der Massenanziehung — von weniger als $1 : 2 \cdot 10^8$.

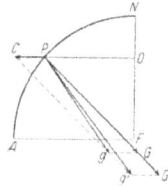

Abb. 147. Zum Beweise, daß die Schwere der trägen Masse proportional ist. Die Schwerkraft Pg resultiert aus der Anziehungskraft PG der Erde und der Zentrifugalkraft PC, einer *Trägheits*kraft. Zeigt die Drehwaage *konstante* Richtung der Schwere Pg an, so heißt das: selbst *wenn* sich PG geändert hat, so hat sich PC in *demselben* Verhältnis geändert; denn nur *dann* hat die Diagonale in dem neuen Parallelogramm dieser zwei Kräfte dieselbe Richtung wie in dem vorigen.

Gekoppelte Pendel (Oberbeck, 1888). Die Schwingung des physischen Pendels hängt nur von seinen individuellen Merkmalen (Θ, M, s) und von der Erdschwere ab. Solange also keine andere Kraft als die Erdschwere darauf wirkt (von der Dämpfung sehen wir ab), ist seine Bewegung eine Schwingung, die man frei oder natürlich nennen kann. Ganz anders, wenn noch eine andere Kraft darauf wirkt — ein Fall von grundlegender Bedeutung für Theorie und Praxis. Wir besprechen darum eine eigenartige Pendelbewegung, die die Grundlage bildet für das Verständnis der *Schwingungen gekoppelter Systeme*. Sie sind von großer Bedeutung für mechanische, akustische und elektrische Vorgänge, besonders für die elektrischen Schwingungen der drahtlosen Telegraphie.

Anmerkung. Die Pendelschwingung ist das Schulbeispiel für diejenigen Bewegungen, die man unter dem Oberbegriff *Schwingungen* zusammenfaßt. Mit ihr beginnt das Studium der Bewegungsvorgänge, die z. B. zu der Wellenbildung führen, wie wir sie von den Wasserwellen her kennen. — und als Wellen *sehen* können. Sie ermöglicht uns aber auch das Verständnis gewisser Erscheinungen, die wir aus Wellenbewegungen *erklären* können (das will sagen: die wir zwar nicht als Wellenbewegung *sehen* können wie die Wasserwellen, die wir aber als Wellenbewegung *deuten* können). Das ist der Fall bei akustischen, elektrischen, optischen Erscheinungen, wo wir von Schall*wellen*, elektrischen *Wellen*, Licht*wellen* sprechen können, und von Schallschwingungen, elektrischen Schwingungen usw. Die Einführung der „gekoppelten elektrischen Schwingungen" in die Praxis der drahtlosen elektrischen Zeichenübertragung durch Braun (1893) hat die drahtlose Telegraphie auf sehr große Entfernungen überhaupt erst möglich gemacht.

Die beiden gleichartigen Pendel der Abb. 147a sind durch eine elastische Schraubenfeder miteinander verbunden, man sagt: *gekoppelt*. Wir lassen sie in der Ebene der Zeichnung schwingen und beschreiben zwei für dieses gekoppelte System charakteristische Bewegungserscheinungen: 1. Man hält II fest, versetzt I in Schwingung und läßt hierauf II los. Die Bewegung des Pendels I überträgt sich dann allmählich auf II, schließlich kommt I zur Ruhe und II schwingt allein. Darauf kehrt sich der Vorgang um: II überträgt jetzt seine Schwingung auf I.

kommt allmählich zur Ruhe, und so fort, bis infolge der Dämpfung der ganze Vorgang endet. Abb. 147b zeigt (schematisch) seinen Verlauf. Das Anschwellen und Abschwellen der Amplituden nennt man *Schwebung* (wie in der Akustik, s. dort). Es ist die Wirkung der Übereinanderlage-

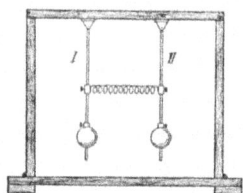

Abb. 147a. Gekoppelte Pendel.

rung *zweier* Schwingungen, jedes der zwei Pendel macht nämlich *gleichzeitig zwei* Schwingungen (die sich übereinanderlagern) von verschiedener Schwingungsdauer und Dämpfung. — Man kann die Schwebungen schneller oder langsamer machen, je nachdem man die koppelnde Feder weiter unten oder weiter oben an den Pendeln anbringt; man sagt: je nachdem man die schwingenden Systeme *enger* oder *loser* koppelt. 2. Man hält wieder II fest, versetzt I in Schwingung und läßt hierauf II los (bis hierher alles wie bei dem vorigen Versuch), hält jetzt aber I in dem Augenblick *fest*, in dem es seine ganze Bewegung

Abb. 147b.
Schwingungen gekoppelter Systeme (ZENNECK).

1. an II abgegeben hat. Dann schwingt II ungekoppelt weiter, denn von seiner Energie geht nichts mehr auf I zurück. Den Verlauf dieses Vorganges zeigt schematisch Abb. 147b; ihm entspricht die „Stoßerregung" elektrischer Schwingungen.

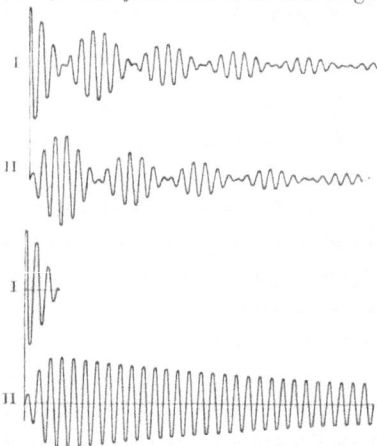

2. **Technische Anwendung mechanisch gekoppelter Systeme (Schlingertank).** Der Schiffbau benützt die Koppelung zweier schwingender Systeme dazu, die als „Rollen" oder „Schlingern" bezeichnete Seitenbewegung des Schiffes zu dämpfen (Schlingertank von FRAHM). Ein schwimmendes Schiff (1. schwingendes System) verhält sich wie ein Pendel, die Wellen liefern eine periodisch auf das Schiff wirkende Kraft und bringen es zum Schwingen. Gleich dem Pendel hat jedes Schiff eine *Eigen*periode. Erheblich „rollt" es nur dann, wenn die Wogen annähernd im Takte seiner Eigenperiode treffen — man sagt: wenn *Resonanz* zwischen ihnen und dem Schiffe besteht —, der „Schlinger"-Ausschlag wächst dann von Schwingung zu Schwingung. Die *Phase* der Schiffsschwingungen bleibt aber gegen die der Wogenschwingung um 90⁰ zurück, d. h. das Schiff erreicht seinen größten Ausschlag eine Viertelperiode *später*, als die Woge in ihrer Vorwärtsbewegung die größte Schräge zum Schiffe erreicht. Hieran knüpft der dem Schlingertank zugrunde liegende Gedanke an: Zur Dämpfung des Schlingerns dient das Wasser (2. schwingendes System) in einem Tank, der im Schiffe fest eingebaut ist. Der Tank (Abb. 147c) bildet eine Art kommunizierende Röhre, er besteht aus zwei (an den Seiten des Schiffes angeordneten) senkrechten Behältern und einem ihre unteren Enden verbindenden quer zum Schiff liegenden Kanal. Das Wasser füllt den Querkanal H ganz und

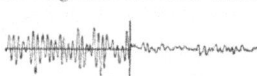

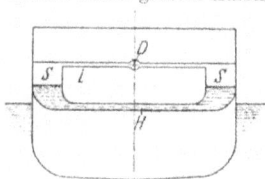

Abb. 147c. Anwendung gekoppelter Schwingungen im Schlingertank.

Abb. 147d. Schlingerbewegung des Schiffes
vor   nach
Einschaltung des Schlingertanks.

die Seitenbehälter S etwa halb. Die oberen — nur Luft enthaltenden — Teile der Seitenbehälter verbindet ein (wie diese nur Luft enthaltendes) Rohr. Die Abmessungen des Tanks sind derart berechnet, daß — *hierauf kommt es an* — die Schwingungsperiode seines Wassers gleich der Eigenperiode des Schiffes ist. Bringt nämlich die Resonanz zwischen Schiff und

Wellen das Schiff zu starkem Rollen, so überträgt sich das Rollen auch auf das Tankwasser. Hierbei bleibt die Phase seiner Schwingung um 90^0 gegen die der Schiffsschwingung zurück, so daß die Phase zwischen *Wogenimpuls* und *Tankwasserschwingung* um 180^0 verschoben ist. Das Tankwasser wirkt daher den Wellenimpulsen *genau entgegengesetzt* und verhindert so das Anwachsen der Schlingerausschläge. Ein Ventil D in dem oberen Verbindungsrohr gestattet die hin- und herströmende Luft mehr oder weniger abzudrosseln und hierdurch die Bewegung des Tankwassers dem jeweiligen Seegang anzupassen. — Abb. 147d zeigt die Schlingerbewegung eines Schiffes vor und nach der Einschaltung des Schlingertanks.

C. Allgemeine Prinzipe der Mechanik.

Die höhere Mechanik untersucht den Bewegungszustand einer Vielheit von zusammengehörigen Massenpunkten: wenn 1. ihr Zusammengehörigkeit mathematisch formulierbar ist, d. h. das innere Band bekannt ist, das das System — wir wollen es stets als starr ansehen — zusammenhält, 2. die Bedingungen bekannt sind, die die Bewegbarkeit des Systems beschränken, 3. die Kräfte, die es angreifen. Die *Aufgabe der Statik* ist es, die Bedingungen aufzusuchen, denen die Kräfte genügen müssen, um einander das Gleichgewicht zu halten, d. h. das System in Ruhe zu erhalten; die *Aufgabe der Dynamik* ist es, die Bewegung des Systems zu untersuchen, die eintritt, wenn die Kräfte einander *nicht* das Gleichgewicht halten. Die Statik löst ihre Aufgabe durch das *Prinzip der virtuellen Verschiebungen*; die Dynamik durch *das Prinzip von* d'ALEMBERT.

Allgemeines Prinzip der Statik: Prinzip der virtuellen Verschiebungen. *Virtuelle Verschiebung* eines Punktsystems nennt man seinen Übergang aus einer

Lage, die mit den Bedingungen für seine Bewegbarkeit *verträglich* ist, in eine zweite, der ersten *unendlich* nahe ebensolche Lage: eine Lage, die *möglich*, virtuell ist. (Zur Erläuterung dient, Abb. 150,

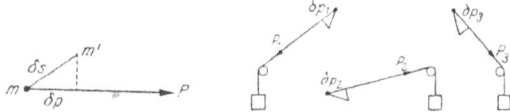

Abb. 148 und 149. Prinzip der virtuellen Verschiebungen. δs ist eine virtuelle Verschiebung des Massenpunktes m und δp ihre Projektion auf die Richtung der m angreifenden Kraft P.

das Beispiel des Hebels.) Bei diesem Übergange (Abb. 148) legt jeder Punkt m des Systems einen *unendlich* kleinen und deshalb als geradlinig geltenden Weg δs zurück, seine *virtuelle Verschiebung*. Es handelt sich hier nicht darum, daß der Punkt diese Bewegung tatsächlich ausführt, sondern nur darum, daß er sie ausführen *kann*. (Die Vorstellung der *möglichen* Verschiebung macht den Einfluß anschaulich, welchen die die Bewegung *beschränkenden* Bedingungen und die *Zusammengehörigkeit* der Punkte des Systems auf den Bewegungsvorgang haben. Er wird an den Beispielen Abb. 150 u. 151 hervortreten.)

Auf einen Massenpunkt m wirke die Kraft P, und δs ($= mm'$) sei eine virtuelle Verschiebung. Projizieren wir δs auf die Richtungslinie von P, und ist δp diese Projektion, so heißt $P \cdot \delta p$ das *virtuelle Moment* von P für die virtuelle Verschiebung δs. Das Prinzip der virtuellen Verschiebungen (JOH. BERNOULLI, 1717) lautet nun: *Enthält ein System n materielle Punkte m_i, und wirkt auf jeden eine Kraft P_i, so halten die Kräfte einander dann das Gleichgewicht, wenn die Summe der virtuellen Momente für alle virtuellen Verschiebungen des Systems verschwindet, d. h. wenn*

$$\sum_{i=1}^{i=n} P_i \, \delta p_i = 0 \quad ist.$$

Eigentlich beweisen kann man das Prinzip nicht; man kann es nur *auf gewisse Axiome zurückführen*. Seine Anschaulichkeit wächst erheblich, wenn man sich vergegenwärtigt, daß $P \cdot \delta p$ das Produkt aus einer *Kraft* und einem

Wege ist, also eine *Arbeit.* Man stelle sich nun vor, daß *A, B, C* . . . zusammengehörige materielle Punkte seien (worin sich die Zusammengehörigkeit offenbart, lassen wir dahingestellt). $P_1 P_2 P_3$ . . . seien die angreifenden Kräfte. $\delta p_1 \delta p_2 \delta p_3$ . . . die Projektionen unendlich kleiner miteinander verträglicher Verschiebungen. Für den Fall des Gleichgewichts ist dann: $P_1 \cdot \delta p_1 + P_2 \cdot \delta p_2 + P_3 \cdot \delta p_3 + \cdots = 0$. Das ist nicht anschaulich. Aber nun denke man sich (Abb. 149) die Kräfte durch entsprechende Gewichte ersetzt, die über Rollen in der Richtung der Kräfte wirken, so sagt der Ausdruck: Der Schwerpunkt

des ganzen Systems von Gewichten liegt so tief, als es mit den Bedingungen des Systems verträglich ist; in demselben Maße nämlich, in dem ein Teil der Gewichte tiefer sinken würde, würde ein anderer Teil entsprechend in die Höhe gehen (die algebraische Summe der $P\delta p$ bliebe Null), aber der Schwerpunkt bliebe in Ruhe.

Die Anwendung des Prinzips läßt sich am einfachsten am Hebel erläutern. An den Endpunkten der starren Geraden mn (Abb. 150), die in der Ebene der Zeichnung um den Punkt O, der festgehalten wird, drehbar ist, wirken zwei parallele und gleichgerichtete Kräfte P_1 und P_2 senkrecht zu der Geraden: Wie formuliert man die Bedingung des Gleichgewichts? — „Mit den Bedingungen für die Bewegbarkeit des Systems verträglich" sind hier nur *zwei* Verschiebungen. Die Bewegung kann ja nur eine *Drehung* sein, und zwar um den *festgehaltenen* Punkt O, und nur in der Ebene der Zeichnung. Möglich sind also nur eine Drehung im Uhrzeigersinn und eine im entgegengesetzten Sinne. In dem durch Abb. 150 dargestellten Fall beschreibt m das Kreiselement δp_1, n das Element δp_2. Sie können als geradlinig gelten, ferner als mit der Richtung von P_1 resp. P_2 zusammenfallend — sie sind also auch identisch mit ihren Projektionen auf die Richtungen von P_1 und P_2. Das virtuelle Moment von P_1 für die virtuelle Verschiebung δp_1 ist daher — $P_1 \delta p_1$; negativ, weil die Richtung der Kraft P_1 und die der Bewegung einander entgegengesetzt sind. Das virtuelle Moment von P_2 für die virtuelle Verschiebung δp_2 ist $+ P_2 \delta p_2$. Nach dem Prinzip der virtuellen Verschiebungen halten sich P_1 und P_2 dann das Gleichgewicht, wenn

$$P_2 \delta p_2 - P_1 \delta p_1 = 0$$

ist. δp_1 und δp_2 sind aber infolge der Bedingungen für die Bewegbarkeit des Systems (*Drehung* um die feste Achse, *Starrheit* der Geraden) *abhängig* voneinander. Aus der Abbildung ergibt sich: $\delta p_1/\delta p_2 = p/q$. Daher über die Gleichung über in: $P_1 p = P_2 q$, *dasselbe Gesetz für das Gleichgewicht der Kräfte am Hebel, das wir früher auf ganz anderem Wege gefunden haben.*

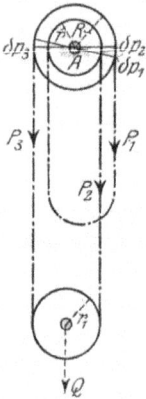

Ein anderes Beispiel. Wie lautet die Gleichgewichtsbedingung für den Differentialflaschenzug (Abb. 151)? Die Kraft P_1 und die Last Q halten einander das Gleichgewicht; welche Bedingung besteht dann zwischen ihnen und den Abständen R und r? Die Last Q verteilt sich gleichmäßig auf die beiden die Last haltenden Seile, sie liefert also die beiden gleichen Kräfte P_2 und P_3; die mit der Bewegbarkeit des Systems verträglichen Verschiebungen δp_2 und δp_3 ihrer Angriffspunkte zeigt die Abbildung. Das virtuelle Moment von P_3 für die Verschiebung δp_3 ist — $P_3 \delta p_3$; negativ, weil die Richtung der Kraft und die der virtuellen Bewegung einander entgegengesetzt sind. Nach dem Prinzip der virtuellen Verschiebungen ist daher:

$$P_1 \delta p_1 + P_2 \delta p_2 - P_3 \delta p_3 = 0.$$

Es ist aber

$$1.\ \delta p_3 = \delta p_1; \qquad 2.\ \frac{\delta p_2}{\delta p_1} = \frac{r}{R}, \qquad 3.\ P_3 = P_2\ (= Q/2).$$

Es ist daher

$$P_1 \delta p_1 + P_2 \frac{r}{R} \delta p_1 - P_2 \delta p_1 = 0.$$

$$P_1 = P_2 \left(1 - \frac{r}{R}\right),$$

und schließlich

$$P_1 = \frac{Q}{2R}(R - r).$$

Allgemeines Prinzip der Dynamik: das Prinzip von d'ALEMBERT (1743). Das grundlegende Prinzip, mit dem die Dynamik an jede ihrer Aufgaben herangeht, ist das Prinzip von d'ALEMBERT: es führt die Dynamik auf statische Beziehungen zurück — jedes bewegte System auf ein im Gleichgewicht befindliches. Das ist so zu verstehen: auf ein bewegbares System von zusammengehörigen Massenpunkten (auf einen starren Körper) wirke die gegebene *treibende* Kraft G. Die Bewegbarkeit des Systems sei eingeschränkt durch irgendwelche gegebenen Bedingungen. Die Einschränkungen werden durch eine gewisse Kraft verwirklicht, wir nennen sie die *Bedingungs*kraft B (auch Zwangskraft). Die Bewegung des Punktsystems resultiert danach aus der gleichzeitigen Einwirkung der Kräfte G und B. Nennen wir ihre Resultante (G, B), so können wir sagen: das System bewegt sich so, wie *wenn* es *frei* beweglich wäre und eine Kraft von der Größe und der Richtung der Kraft (G, B) — wir nennen sie *Effektivkraft* — darauf einwirkte. Diese Resultierende erteile dem bewegbaren System, das die Masse m habe, *tatsächlich* die Beschleunigung q. Dann bewegt sich m also so, *wie wenn* sie frei beweglich wäre und die Kraft mq auf sie wirkte. Um nun dieses *bewegte* System auf ein im *Gleichgewicht* befindliches zurückzuführen, denkt sich d'ALEMBERT (Abb. 152) zu den Kräften G und B eine Kraft hinzugefügt, die der aus ihnen Resultierenden (G, B) gleich groß, aber entgegengesetzt gerichtet ist, das heißt: er denkt sich die Kraft $-mq$ hinzugefügt, diese Kraft nennt er den *Trägheitswiderstand*. Man kann das Prinzip ausdrücken durch die Gleichung $(G, B) - mq = 0$. Die Klammergröße ist aus G und B zu berechnen, mq aus der tatsächlich eintretenden Beschleunigung des Systems und seiner Masse.

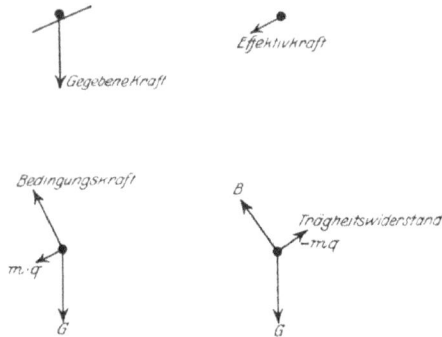

Abb. 152. Die Kräfte im Prinzip von d'ALEMBERT.

Wir erläutern das Prinzip an einer Masse m, die längs der schiefen Ebene (Neigungswinkel λ) fällt. Die gegebene treibende Kraft ist hier die Schwere der Masse m, also ist $G = mg$. Die Bedingungs- oder Zwangskraft ist der von der schiefen Ebene auf die Masse ausgeübte senkrecht zur Ebene stehende Druck, also ist $B = mg \cdot \cos \lambda$. Die Masse m bewegt sich *tatsächlich* mit der uns noch unbekannten Beschleunigung q die Ebene abwärts, so wie wenn sie *frei* wäre und in dieser Richtung eine Kraft von der Größe $m \cdot q$ auf sie wirkte. Nach dem Prinzip von d'ALEMBERT ist daher $(mg, mg \cos \lambda) - m \cdot q = 0$. Eine elementare planimetrische Konstruktion in Abb. 29 gibt uns den Klammerausdruck, und wir bekommen: $\sqrt{(mg)^2 - (mg \cos \lambda)^2} - mq = 0$, also $mq = \sqrt{(mg^2 \cdot \sin^2 \lambda)} = mg \sin \lambda$, also $q = g \cdot \sin \alpha$ in Übereinstimmung mit dem bereits bekannten Ergebnis.

Wir wenden das Prinzip ferner auf den Bewegungsvorgang an der ATWOODschen Fallvorrichtung an. Die beiden Massen (Abb. 14) seien m_1 und m_2, und m_1 die Masse mit dem Übergewicht. Wir setzen voraus: der Faden, der m_1 mit m_2 verbindet, hat unveränderliche Länge, und gilt, ebenso die Rolle, nur als geometrisches (massenloses) Gebilde zur Fixierung der Kraftrichtung; außer der Schwerkraft wirke keine Kraft auf die Massen ein. Die gegebenen treibenden Kräfte sind $m_1 g$ und $m_2 g$ die Resultierende der treibenden Kräfte ist $G = m_1 g - m_2 g$ (das Minuszeichen erklärt sich so: die erste Kraft wirkt nach *unten*, die zweite nach *oben*). Die Bedingungs- oder Zwangskräfte B haben hier die Resultierende Null: die Unveränderlichkeit des Fadens spricht sich ja darin aus, daß die Massen ihn nach *entgegengesetzten* Richtungen spannen und er den Kräften gleich große und entgegengesetzt gerichtete Kräfte entgegensetzt, so daß sie einander alle aufheben. Die Kraft mq ergibt sich zu $m_1 x_1 - m_2 x_2$, wenn wir mit x_1 und x_2 die uns vorläufig noch unbekannten Beschleunigungen der Massen m_1 und m_2 bezeichnen. Die Massen m_1 und m_2 behalten gegenseitigen konstanten Abstand voneinander, längs des Fadens gemessen (der Faden hat ja unserer Voraussetzung nach unveränderbare Länge), daher sind ihre *Geschwindigkeiten in jedem Moment*, also auch die Beschleunigungen x_1 und x_2 einander gleich. Da x_1 nach unten, x_2 nach oben gerichtet ist, muß man $x_2 = -x_1$ setzen. Es ist daher $mq = m_1 x_1 + m_2 x_1$. Wir haben daher schließlich:

$$[G, B] - mq = 0$$
$$[m_1 g - m_2 g, 0] - [m_1 x_1 + m_2 x_1] = 0$$
$$m_1 g - m_2 g - (m_1 x_1 + m_2 x_1) = 0$$
$$x_1 = \frac{m_1 - m_2}{m_1 + m_2} \cdot g.$$

Ersetzen wir m_1 durch $M + m$; und m_2 durch M, so erhalten wir denselben Ausdruck $x_1 = \frac{m\,g}{2\,M + m}$ wie früher.

Relativität der Bewegung. Wir verlassen hier die Bewegungserscheinungen, soweit sie uns um ihrer Einzelheiten willen interessieren, und erörtern jetzt die Frage der *Relativität* der Bewegung, die wir bereits erwähnt haben (S. 7), deren Erörterung wir aber verschieben mußten, bis uns etliche die Bewegung betreffende Begriffe geläufig geworden sein würden. Wir nehmen die dort angedeutete Erörterung über Ruhe und Bewegung wieder auf und beschreiben zunächst einen leicht vorstellbaren Bewegungsvorgang.

Angenommen, ein Schiff laufe auf hoher See (d. h. die Umwelt des Schiffes bestehe *nur* aus Himmel und Meer) mit 1 m/sec von Nord nach Süd und ein Beobachter gehe auf dem Deck mit 1 m/sec von Süd nach Nord. Er bleibt dann am selben Ort — aber nur relativ zur *Erdoberfläche* am selben Ort, denn *mit* der Erdoberfläche geht er um die Erdachse, und mit der Erde (mit 30 km/sec) um die Sonne, und mit der Sonne und dem Sonnensystem durch den Fixsternhimmel. Aber auf Vorgänge in dem Schiffe ist das ohne Einfluß, und die Änderung seines Abstandes von den Dingen auf dem Schiffe ist das einzige, was der auf dem Deck Gehende merkt. Liegt das Schiff vor Anker und ruht der Beobachter auf dem Deck, so macht er dennoch alle Bewegungen der Erde mit — aber ohne es zu merken. Wenn sich das Sonnensystem nach einem bestimmten Punkte des Weltalls hin bewegte, der *absolut* in Ruhe ist, so würde der Beobachter mit demselben Rechte behaupten können, er sei in Ruhe und jener Punkt bewege sich auf das Sonnensystem zu, mit dem ein Beobachter an jenem Punkt von *sich* behaupten könnte, *er* sei in Ruhe und das Sonnensystem komme auf *ihn* zu. — Beobachten wir das Schiff selber relativ zum Wasser. Wenn es sich mit 1 m/sec durch das Wasser zu bewegen scheint, das *Wasser* sich aber gleichzeitig mit derselben Geschwindigkeit entgegengesetzt bewegt (etwa infolge der Flut), so bleibt das Schiff *relativ zu einem Ufer* in Ruhe, aber die Wechselwirkung zwischen dem Schiff und dem Wasser ist dieselbe, wie wenn das Wasser wirklich in Ruhe und das Schiff in Bewegung wäre. Das eine kann mit demselben Rechte behauptet werden wie das andere.

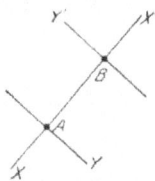
Abb. 153.
Zur Relativität der Bewegung.

Diese Beispiele sollen nur zeigen, was man unter *Relativität* der Bewegung versteht. Um die Begriffe schärfer zu fassen, benutzen wir wieder (Abb. 153) einen materiellen Punkt und ein rechtwinkliges Koordinatensystem als Bezugssystem (anstatt des Schiffes oder anstatt des Wassers bzw. eines Ufers). A und B seien zwei materielle Punkte, die sich auf der durch sie gehenden Geraden zueinander hin bewegen mit der *gleichförmigen* Relativ-Geschwindigkeit v. Außer ihnen sei nichts im Raume vorhanden, aber in jedem sei ein Beobachter. Jeder von beiden sieht, daß sein Abstand von dem anderen abnimmt. Der Abstand im

Zeitpunkt Null sei a, er verkleinert sich in dem Zeitabschnitt t um vt. Der Beobachter in A wird sagen: „ich ruhe, B bewegt sich auf mich zu", und indem er seinen Ort als Anfangspunkt eines Koordinatensystems benützt und die Gerade, auf der er sich bewegt, als X-Achse, wird er die Bewegung von B beschreiben durch die Gleichung $x = a - vt$. Der Beobachter in B wird, indem er *seinen* Ort als Anfangspunkt eines Koordinatensystems benützt, *genau dasselbe* sagen (mit gleichem Recht): „ich ruhe, A bewegt sich auf mich zu", und er wird die Bewegung von A beschreiben durch dieselbe Gleichung $x = a - vt$. Kurz: Die Gerade, von der die Strecke a ein Teil ist, kann als gemeinsame Abszissenachse zweier rechtwinkliger Koordinatensysteme dienen, zu denen die Achsen Y und Y' gehören; die Abszissenachsen X und X fallen zusammen, die Achsen Z und Z' stehen senkrecht auf der Ebene der Zeichnung. Wir haben dann zwei Koordinatensysteme, deren Anfangspunkte sich geradlinig mit der gleichförmigen Geschwindigkeit v gegeneinander verschieben. Jeder Beobachter kann mit dem gleichen Rechte behaupten: „*Ich ruhe* mitsamt meinem Koordinatensystem, *die Dinge*, die ich ihren Ort verändern sehe, *bewegen sich*" — und er *kann* auch gar nicht entscheiden, ob nicht etwa das Umgekehrte richtig ist.

Inertialsystem. Und nicht nur an *diesem* Bewegungsvorgange kann er es nicht entscheiden — an *keinem* kann er es. Welches auch der Ort des Beobachters ist, welcher Art der Bewegungsvorgang, den er wahrnimmt — *deuten* läßt sich jeder ebenso widerspruchslos durch die Vorstellung, daß *er* ruht und die Dinge ihren Ort verändern, wie durch die entgegengesetzte Annahme. *Irgendeinen* Standpunkt und *irgendein* Koordinatensystem müssen wir aber zugrunde legen, wenn wir einen Bewegungsvorgang beschreiben wollen — welchen Standpunkt und welches Koordinatensystem, das ist Willkür. Aber wir müssen ein Koordinatensystem wählen, *in dem das Trägheitsgesetz erfüllt ist*; denn nur in bezug auf ein solches gelten die Gesetze der klassischen Mechanik. Der Satz: „Ein sich selbst überlassener materieller Punkt bewegt sich geradlinig und gleichförmig" *spricht* zwar nicht von Beziehung auf ein bestimmtes Koordinatensystem, aber dem *Sinne* nach enthält er sie. Man nennt ein Koordinatensystem, in dem das Trägheitsgesetz *erfüllt* ist, ein GALILEIsches, auch ein *Inertialsystem*. Die Natur liefert uns kein Koordinatensystem, in bezug auf das eine *absolut* geradlinige gleichförmige Bewegung möglich wäre. Denn verbinden wir ein Koordinatensystem mit einem Körper (Erde, Sonne) — erst das gibt ihm physikalische Bedeutung —, so ist die Voraussetzung des Trägheitsgesetzes, die Freiheit von äußeren Einflüssen nicht mehr erfüllt — wegen der Massenanziehung der Körper aufeinander. Die reine Trägheitsbewegung ist also eine Fiktion. Aber die Koordinatensysteme, die die klassische Mechanik benutzt, dürfen *nahezu* als „Inertialsysteme" gelten. Existiert irgendwo im Weltraum, unendlich weit weg von irgendwelchen Massen ein materieller Punkt in einem Koordinatensystem frei von äußeren Einflüssen, so erfüllt der das Trägheitsgesetz. Dieses System ist ein Inertialsystem. Und auch jedes andere Koordinatensystem ist es, das sich *geradlinig und gleichförmig relativ zu diesem Inertialsystem bewegt*. Die Bewegung der Erde darf man für die Vorgänge, mit denen es die klassische Mechanik zu tun hat, als geradlinig und gleichförmig ansehen (S. 9 Fußn.); und daher darf ein mit der Erde fest verbundenes Koordinatensystem *annähernd als Inertialsystem gelten*. Auch die Tatsache, daß wir von der Translation der Erde an keinem Bewegungsvorgang etwas merken, spricht für die Berechtigung dieser Annahme.

Relativitätsprinzip der klassischen Mechanik. Transformationsformeln. Aus den NEWTONschen Gesetzen läßt sich beweisen, daß man alle Bezugssysteme, die sich geradlinig und gleichförmig gegeneinander bewegen, mit dem *gleichen* Rechte benutzen kann, um die *mechanischen* Vorgänge in ihnen zu deuten, in allen verlaufen sie in der gleichen Weise. (Das ist das *Relativitätsprinzip der klassischen Mechanik.*) Die Koordinaten $x'y'z'$, die sich auf *ein bestimmtes* Koordinatensystem beziehen, muß man in die Koordinaten xyz des *anderen* Systems umrechnen. Für zwei Systeme, die sich mit konstanter Geschwindigkeit v längs der X-Achse gegeneinander verschieben, kann man das durch die *Transformationsformeln*

$$x' = x - vt \qquad y' = y \qquad z' = z \qquad t' = t.$$

(Man beachte: Die Zeitkoordinate ist stets dieselbe, immer ist $t' = t$, gleichviel, wie sich die Raumkoordinate ändert. Hierin zeigt sich: Die Zeitmessung gilt hier als unabhängig von dem Bewegungszustande des Koordinatensystems des Beobachters.) Ersetzt man auf Grund der Transformationsformeln die Koordinaten $xyzt$ durch $x'y'z't'$, d. h. geht man von *einem* Koordinatensystem XYZ zu einem *anderen* $X'Y'Z'$ über, so bleibt trotzdem die *Form* der NEWTONschen Bewegungsgleichungen unverändert. Und *darin* zeigt es sich, daß von zwei gleichförmig und geradlinig gegeneinander bewegten Koordinatensystemen keines von beiden vor dem anderen etwas voraus hat. Man kann von zwei so bewegten Systemen das eine als bewegt und das andere als ruhend ansehen; aber *welches* von beiden als das ruhende, das ist gleichgültig — *gleichgültig* im wirklichen Wortsinne, die *eine* Ansicht gilt genau soviel wie die andere, und die Mechanik hat kein Mittel, um zu entscheiden, *welches* System ruht oder welches sich gleichförmig bewegt.

Unzulänglichkeit des Relativitätsprinzips der klassischen Mechanik: Die Lichtgeschwindigkeit ist unabhängig von der Bewegung des Bezugsystems (Konstanz der Lichtgeschwindigkeit). Solange man glaubte, *alle* physikalischen Vorgänge durch die klassische Mechanik darstellen zu können, hielt man auch ihr Relativitätsprinzip für *alle* physikalischen Vorgänge für gültig. Aber die elektrodynamischen Vorgänge — auch die optischen Erscheinungen sind solche — in bewegten Körpern zeigen, daß das Prinzip hier versagt. Die Geschwindigkeit, mit der sie sich im Raume ausbreiten, wir sagen kurz: die Geschwindigkeit des Lichtes (c), spielt eine entscheidende Rolle dabei und hat es notwendig gemacht, das Relativitätsprinzip der klassischen Mechanik durch ein umfassenderes zu ersetzen. Hierauf müssen wir eingehen.

Ein System XYZ und ein System $X'Y'Z'$ mögen sich *relativ zueinander bewegen* mit der geradlinigen gleichförmigen Geschwindigkeit v. Die Geschwindigkeit, mit der sich irgendein Vorgang abspielt, kommt bei der Messung, die man auf XYZ, bezieht infolge der Bewegung der Systeme, anders heraus als bei der Messung, die man auf $X'Y'Z'$ bezieht. Von einem Vorgang, der *unendlich* schnell verläuft, nahm man freilich von vornherein an, daß seine Geschwindigkeit, auf jedes der beiden Systeme bezogen, mit dem *gleichen* Betrage herauskommen würde, nämlich unendlich groß — aber *nur* von einem solchen nahm man das an. Diese Annahme ist jedoch falsch: es *gibt* einen Vorgang, der mit *endlicher* Geschwindigkeit verläuft und trotzdem, auf jedes der beiden Systeme bezogen, mit dem *gleichen* Betrage herauskommt — *die Ausbreitung des Lichtes*. Ein berühmt gewordener Versuch von MICHELSON (Vergleich der Lichtgeschwindigkeit *in* der Richtung der Erdbewegung um die Sonne mit der Lichtgeschwindigkeit *quer* zur Richtung der Erdbewegung) hat nämlich gezeigt: das Licht breitet sich — *unabhängig von der etwaigen fortschreitenden Bewegung des Bezugsystems des Beobachters* — nach allen Richtungen gleichförmig aus, im Vakuum *stets* mit rund $c = 3 \cdot 10^{10}$ cm/sec. Diese nach allen Richtungen gleichförmig mit der Geschwindigkeit c erfolgende Ausbreitung des Lichtes drückt sich im XYZ-System aus in der Gleichung $x^2 + y^2 + z^2 - c^2 t^2 = 0$.

Relativität der „Gleichzeitigkeit". Relativität der „Zeitbestimmung". Die Tatsache der *Konstanz* der Lichtgeschwindigkeit widerspricht also handgreiflich dem für die Mechanik geltenden Relativitätsprinzip. Diesen Widerspruch hat EINSTEIN beseitigt[1]. Er zeigte, daß das Relativitätsprinzip mit dem Ausbreitungsgesetz des Lichtes *vereinbar* ist. Nur muß man dazu den Begriff „Gleichzeitigkeit" widerspruchslos definieren und sich darüber klar werden, daß „Gleichzeitigkeit" etwas relatives ist.

Der Begriff „Gleichzeitigkeit" bedarf keiner Definition, wenn es sich um das zeitliche Zusammenfallen zweier Ereignisse handelt, die sich (nahezu) am gleichen Ort abspielen. Jeder weiß ohne Definition, was es heißt: beide Arme „gleichzeitig" ausstrecken, „gleichzeitig" die Augen öffnen und den Mund schließen. Er *erlebt* den Sinn des Wortes unmittelbar als Koincidenz. Wie aber, wenn die beiden Ereignisse, deren „Gleichzeitigkeit" er beurteilen soll, räumlich weit auseinander liegen? Was heißt das: an zwei *weit* voneinander liegenden Stellen *A* und *B* eines *geradlinigen* Eisenbahndammes (Abb. 154) schlägt der Blitz „gleichzeitig" ein? Für den *Physiker* existiert ein Begriff erst dann, wenn er in einem *konkreten* Fall entscheiden kann, ob die Merkmale, die er in *diesem* Falle beobachtet, solche sind, wie sie den *allgemeinen Begriff* ausmachen. Er fordert also eine *solche* Definition der „Gleichzeitigkeit", die ihm ein Verfahren liefert, nach dem er im vorliegenden Falle aus den an Versuchen ermittelten Merkmalen entscheiden kann, ob beide Blitzschläge „gleichzeitig" erfolgt sind oder nicht. Zu einer ihn befriedigenden Definition kommt EINSTEIN so: die Strecke *A B* wird ausgemessen, in die Mitte

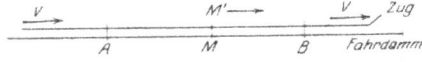

Abb. 154. Zur Analyse des Begriffes „Gleichzeitigkeit".

M wird der Beobachter gestellt, mit einem optischen Instrument versehen, in dem er beide Orte *A* und *B* *nebeneinander* sieht. *Sieht* er dann die beiden Blitzschläge gleichzeitig, so *nennt* er sie gleichzeitig, so *sind* sie gleichzeitig — *für ihn* gleichzeitig. Wohlgemerkt: *für ihn!*

Und nun zur *Relativität* der „Gleichzeitigkeit"! Parallel zu dem Bahndamm fahre ein langer Zug mit gleichförmiger Geschwindigkeit. Sind die beiden Blitzschläge, die *in bezug auf einen ruhenden Beobachter auf dem Bahndamm* gleichzeitig sind, auch *in bezug auf einen Beobachter in dem fahrenden Zuge* gleichzeitig? Nein! Aus folgendem Grunde. „Die Blitzschläge *A* und *B* sind in bezug auf den Bahndamm gleichzeitig" bedeutet: die von den Blitz*orten A* und *B* ausgehenden Lichtstrahlen begegnen einander im Mittelpunkt *M* der Bahndammstrecke *A B*. Nun sei *M'* der Mittelpunkt der Strecke *A B* des *Zuges*. Im Augenblick der Blitz*schläge* fällt er — vom Fahrdamm aus beurteilt — mit dem Punkt *M* zusammen, er bewegt sich aber mit der Geschwindigkeit des Zuges *nach rechts*. Würde ein Beobachter bei *M'* diese Geschwindigkeit *nicht* haben, also dauernd in *M'* bleiben, dann würden die von den Blitzorten ausgehenden Lichtstrahlen einander bei ihm begegnen, ihn „gleichzeitig" erreichen. Fährt er aber in dem Zuge, so läuft er (vom Bahndamm aus beurteilt) dem von *B* kommenden *entgegen* und vor dem von *A* kommenden *weg*, er *sieht* daher das von *B* ausgehende Licht früher als das von *A* ausgehende, er *erklärt* daher den Blitz in *B* für früher, den in *A* für später, also anders als der auf dem Bahndamm bei *M* stillstehende Beobachter. Hierin offenbart sich die „Relativität der Gleichzeitigkeit": Ereignisse, die *in bezug* auf den Bahndamm gleichzeitig sind, sind *in bezug* auf den fahrenden Zug *nicht* gleichzeitig — und umgekehrt. In diesem Sinne *hat jeder*

---

[1] Hier setzt seine Relativitäts*theorie* ein. Es gehört nicht zu den Aufgaben dieses Buches, sie darzustellen; nur das besprechen wir, was sie zur Klärung und zur Vertiefung gewisser Begriffe geleistet hat, die auch in der elementaren Mechanik grundlegende Bedeutung haben.

Bezugskörper seine besondere Zeit. Berücksichtigt man das, so gilt das Prinzip
der Relativität trotz der Konstanz der Vakuumlichtgeschwindigkeit.   (Wir
gehen darauf nicht näher ein.) Einstein stellt *die Tatsache der Konstanz der
Lichtgeschwindigkeit* als ein Grundprinzip der Natur neben das Prinzip der Relativität der Bewegung, beide zusammen bilden die Grundpfeiler der speziellen
Relativitäts*theorie.*

Einsteins Definition der Gleichzeitigkeit führt auch zu einer Definition des „Zeitpunktes" eines Ereignisses. Man denke sich in den Punkten *A* und *B* identisch hergestellte
und identisch gehende Uhren und die Zeiger so gestellt, daß die Stellungen — im Sinne der
obigen Definition — gleichzeitig dieselben sind. Dann versteht man unter der „Zeit" eines
Ereignisses die Zeitangabe (Zeigerstellung) derjenigen dieser Uhren, die dem Ereignis räumlich unmittelbar benachbart ist. Die Aussage: „Die Sonne geht an einer bestimmten Stelle
der Erde um 5 Uhr 10 Min. 6 Sek. auf" bedeutet danach: das Aufgehen der Sonne (oder:
das Eintreffen der ersten Sonnenstrahlen) an einer bestimmten Stelle der Erde ist *gleichzeitig*
mit dem Eintreten der Uhrzeigerstellung 5 Uhr 10 Min. 6 Sek. an jener Stelle der Erde.
Kurz: Die Ermittlung des *Zeitpunktes* für das Eintreten eines Ereignisses ist die Ermittlung
der *Gleichzeitigkeit* des Eintretens *zweier* Ereignisse, von denen das eine das Eintreten einer
bestimmten Uhrzeigerstellung am Beobachtungsort ist. Der Begriff „Gleichzeitigkeit"
ist aber relativ und eine Angabe darüber, *ob* zwei Ereignisse gleichzeitig sind oder nicht,
hat nur einen Sinn, wenn man die Angabe auf denselben Beobachter oder auf ein relativ zu
ihm ruhendes Koordinatensystem bezieht. Dasselbe gilt also nun auch für die Angabe der
„Zeit" eines Ereignisses.

Geometrische Darstellung der Gleichzeitigkeit nach Minkowski-Einstein.
Veranschaulichen kann man den zur Erläuterung der Gleichzeitigkeit benützten
Vorgang durch Weltlinien und Weltpunkte, als „Ereignis" im Sinne Minkowskis
(S. 13). Das „Ereignis" spielt sich nur längs des Bahndammes ab. Benützen wir
ihn als *x*-Achse, so kommen die *y*- und die *z*-Koordinate gar nicht darin vor.
Minkowskis „Welt" — im allgemeinen der vierdimensionale *x y z t*-Raum — beschränkt sich hier daher auf die zweidimensionale *x t*-Ebene. Wir legen, Abb. 155,
die *t*-Achse senkrecht zur *x*-Achse (das ist aber unwesentlich, wie sich später
zeigen wird). Den auf ihr ruhenden Punkten *A*, *M*, *B* entsprechen im *x t*-System
(kurz mit *S* bezeichnet) dann die drei Senkrechten auf *A*, *M* und *B* als Weltlinien.

Zur Zeit *t* = 0 gehe je ein Lichtsignal von *A* und von *B* aus. Wann empfängt
sie der in *M* ruhende Beobachter? Die Geschwindigkeit der Lichtsignale ist
nach beiden Seiten längs der *x*-Achse *gleich* groß, den auf den Beobachter in
M zu laufenden Signalen entsprechen dann zwei unter *gleichem* Winkel gegen
die *x*-Achse geneigte Gerade als ihre Weltlinien — wir nennen sie *Lichtlinien* —,
jede schneidet daher die Weltlinie *M* des Beobachters in demselben Punkte wie
die andere. Zum Schnittpunkte einer jeden gehört daher *dieselbe* *t*-Koordinate
(eine Parallele durch ihn zur *x*-Achse schneidet sie auf der *t*-Achse ab), die Zeitpunkte, zu der die beiden Signale bei *M* eintreffen, fallen also zusammen. Das
heißt: die beiden Ereignisse sind für den in *M* ruhenden Beobachter „gleichzeitig".

Nun zu dem Beobachter, der im Eisenbahnwagen parallel zu dem Bahn-
damm mit gleichförmiger Geschwindigkeit in der Richtung auf *B* zu fährt.
Er bezieht den Hergang auf ein mit dem Eisenbahnwagen fest verbundenes
Koordinatensystem *x't'* (kurz *S'* genannt), also auf ein System *S'*, das sich
geradlinig und gleichförmig relativ zum System *S* bewegt. Wie sieht es aus?
Wie liegt die *x'*-Achse? Messen wir im System *S'* die Zeitabschnitte mit demselben Maße wie im System *S* — gemäß Newtons Grundsatz von der *absoluten*
Zeit, die gleichförmig und ohne Beziehung auf irgendeinen äußeren Gegenstand verfließt — dann ist stets *t'* = *t* und daher fällt die *x'*-Achse, auf der in
jedem Punkte *t'* = 0 ist, mit der *x*-Achse *zusammen*, auf der in jedem Punkte
t = 0 ist. Wie liegt die *t'*-Achse relativ zu der *x*-Achse? Es ist die Weltlinie des Anfangspunktes von *S'*. Dieser bewegt sich mit der Geschwindig

keit v die x-Achse entlang, er hat daher im Zeitpunkt t die x-Koordinate vt, folglich geht seine Weltlinie durch Weltpunkt $x = vt$, d. h. sie hat die Richtung t' in der Abb. 155 (rechts). Auf dieses $x't'$-System bezieht der Beobachter im Eisenbahnwagen den Hergang. Er selber *ruht* in dem $x't'$-System, seine Weltlinie ist also parallel zur t'-Achse. Die Lichtsignale werden durch dieselben Lichtlinien wie vorher dargestellt, jede schneidet die Weltlinie des Beobachters daher in einem andern Punkte, zu jedem Schnittpunkt gehört daher eine *andere* t'-Koordinate, die Zeitpunkte, zu der die beiden Signale bei M' eintreffen, fallen also *nicht* zusammen, d. h. M' empfängt die Signale *nicht* gleichzeitig. (Die Un-

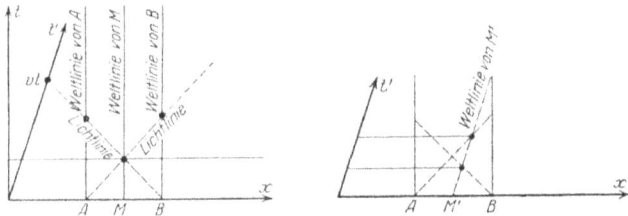

Abb. 155. Geometrische Darstellung der Gleichzeitigkeit nach MINKOWSKI.

gleichheit der Längen, die die Parallele von der t- und der t'-Achse abschneidet, ist nur in der Abbildung wahrnehmbar — geometrisch, aber nicht *physikalisch* wahrnehmbar.)

Die Transformationsformeln von LORENTZ. Das spezielle Relativitätsprinzip (EINSTEIN). Um das Relativitätsprinzip mit der Konstanz der Lichtgeschwindigkeit c in Einklang zu bringen, sind andere Transformationsformeln als die der klassischen Mechanik erforderlich. Diese Formeln hat H. A. LORENTZ aufgestellt. Übereinstimmung mit ihnen hat EINSTEIN dann das Relativitätsprinzip *so* formuliert: Zur Beschreibung *aller* Naturvorgänge sind gleichförmig geradlinig gegeneinander bewegte Systeme gleichwertig. Die Transformationsgleichungen für den Übergang von den Koordinaten *eines* solchen Systems zu denen eines *anderen* lauten, wenn sich die Systeme parallel zu ihren X-Achsen mit der gleichförmigen Geschwindigkeit v bewegen

$$x' = \frac{x - vt}{\sqrt{1 - \frac{v^2}{c^2}}} \qquad y' = y \qquad z' = z \qquad t' = \frac{t - \frac{v}{c^2}x}{\sqrt{1 - \frac{v^2}{c^2}}} \quad \text{(LORENTZ)}.$$

c ist die Lichtgeschwindigkeit im Vakuum. Also sie lauten *nicht* mehr, wie S. 126,

$$x' = x - vt \qquad y' = y \qquad z' = z \qquad t' = t.$$

Die Beziehung zwischen den beiden Systemen von Transformationsformeln springt in die Augen: ist v so klein gegen c, daß man v^2/c^2 gegenüber den übrigen Gliedern vernachlässigen darf (man darf es in *allen* Fällen, mit denen es die klassische Mechanik zu tun hat), so gehen die Transformationsgleichungen von LORENTZ in die früheren über.

(Nur wenn die Geschwindigkeit v so ungeheuer groß ist, daß man sie der Lichtgeschwindigkeit gegenüber *nicht* vernachlässigen darf, sind die Unterschiede wahrnehmbar, die sich in der Verschiedenheit der früheren und der neuen Transformationsformeln aussprechen. So schnelle Bewegungen kennen wir nur an Elektronen, bei anderen Bewegungen sind die Abweichungen von den Gesetzen der klassischen Mechanik viel zu gering, um sich bemerkbar zu machen. Unsere Maßstäbe und Uhren bleiben davon unberührt; nur wenn sie sich mit einer Geschwindigkeit bewegen würden, die der des Lichtes nahe kommt, würden wir ihre Angaben den neuen Formeln anpassen müssen.)

Daß die LORENTZ-Formeln der Konstanz der Lichtgeschwindigkeit gerecht werden, ist leicht zu sehen. Die nach allen Richtungen gleichförmig mit der Geschwindigkeit c erfolgende Ausbreitung des Lichtes drückt sich im $x'y'z'$-System aus in der Gleichung $x'^2 + y'^2 + z'^2 - c^2 t'^2 = 0$. Setzen wir für x' und t' die oben angegebenen Werte ein und $y' = y\ z' = z$, so geht die Gleichung über in $x^2 + y^2 + z^2 - c^2 t^2 = 0$ wie vorher S. 126 u.

Die *Ungleich*heit von t' und t zwingt uns, auf eine Frage zurückzukommen, die wir S. 128 u. auf Grund der *Gleich*heit von t' und t entschieden hatten. Die von NEWTON supponierte *Gleich*heit hatte dazu berechtigt, die x'-Achse mit der x-Achse zusammenfallen zu lassen, die von LORENTZ errechnete *Ungleich*heit zeigt, daß das nicht angeht. Die *allgemein*gültige Konstruktion der zu einer gegebenen t'-Achse gehörigen x'-Achse ergibt sich aus einer analytisch-geometrischen Überlegung. Ihre Durchführung gehört hier nicht her. Ihr Ergebnis erläutern wir an einem Beispiel. Es führt zu einer Konstruktion der x'-Achse, die mit der aus jener allgemeinen Überlegung folgenden übereinstimmt: Auf der x-Achse des ruhenden rechtwinkligen xt-Systems ruhen (Abb. 156) drei Punkte A, C, B, ihre Weltlinien sind die drei Senkrechten auf der x-Achse. C liege in der Mitte von AB. Ein Beobachter in C gebe zur Zeit $t = 0$ ein Lichtsignal. Es geht nach beiden Seiten gleich schnell die x-Achse entlang; die *Lichtlinien* sind daher zu ihr *gleich* geneigt, schneiden die Weltlinien von A und B gleich weit von der x-Achse, die Schnittpunkte A_1 und B_1 liegen daher auf einer *Parallelen* zur x-Achse und haben dieselbe t-Koordinate, d. h. sie sind *gleichzeitig*.

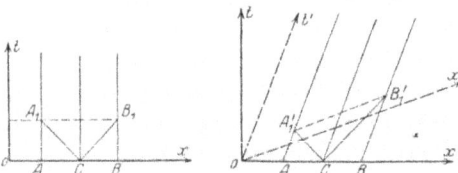

Abb. 156.   Konstruktion der x'-Achse, die zu einer gegebenen t'-Achse gehört.

Anders, wenn sich A, C und B gleichförmig und mit gleicher Geschwindigkeit v in der Richtung $A \rightarrow B$ bewegen? Der mitbewegte Beobachter bezieht die Bewegung dann auf ein mit ACB fest verbundenes System $x't'$, das sich mit der Geschwindigkeit v längs der x-Achse bewegt. Die t'-Achse des Systems ist die Weltlinie seines Anfangspunktes, ihre Lage ergibt sich so wie früher (S. 128 u.) ausgeführt. Die Weltlinien von A, C und B sind jetzt *geneigt* gegen die x-Achse, da sie sich ihr entlang bewegen, und *parallel* zur t'-Achse, da sie *in dem System S'* ruhen. Die Lichtlinien sind unverändert, aber ihre Schnittpunkte A_1' und B_1' mit den Weltlinien von A und B liegen jetzt *nicht* auf einer Parallelen zur x-Achse, sie sind also für einen im xt-*System* ruhenden Beobachter *nicht* gleichzeitig: für ihn ist B_1' *später* als A_1'. Aber der *mit dem System S'* mitbewegte Beobachter erklärt A_1' und B_1' mit Recht für gleichzeitig, denn er gebraucht das $x't'$-System, in dem A_1' und B_1' auf einer Parallelen zur x'-Achse liegen. *Das mitbewegte System S' wird also in der xt-Ebene durch ein schiefwinkliges System $x't'$ dargestellt, dessen beide* Achsen gegen die ursprünglichen geneigt sind. Die allgemeine Vorschrift für die Konstruktion der x'-Achse zu einer gegebenen t'-Achse folgt aus den Transformationsgleichungen von LORENTZ. Auch hier tritt c, die Lichtgeschwindigkeit, bestimmend auf. Ihre ungeheure Größe bewirkt, daß die Unterschiede in der Richtung der x'-Achsen *praktisch* bedeutungslos sind oder anders: die Richtung *praktisch* konstant ist — so wie es in der gewöhnlichen Kinematik auch theoretisch der Fall ist.

Eine weitere Folge der Notwendigkeit, mit der LORENTZ-Transformation zu rechnen, ist die Erkenntnis: die *Dauer* eines Vorganges, den man auf das

System S' bezieht, ist *nicht* identisch mit der Dauer *desselben* Vorganges, wenn man ihn auf S bezieht; und die *Länge* einer Strecke, die man auf S' bezieht, ist *nicht* identisch mit der Länge *derselben* Strecke, wenn man sie auf S bezieht. Das bedeutet: auch die Dauer 1 sec ist nur mit Bezug auf ein bestimmtes Koordinatensystem definierbar und ebenso die Länge 1 cm. Z. B.: Eine Uhr, die dauernd im Anfangspunkt von S' ruht, ticke nach je 1 sec; vom System S aus beurteilt, bewegt sie sich mit der Geschwindigkeit v; von ihm aus beurteilt, vergeht daher zwischen zwei unmittelbar einander folgenden Schlägen nicht 1 sec, sondern $1/\sqrt{1 - v^2/c^2}$ sec, also eine etwas größere Zeit. Die Uhr geht infolge ihrer Bewegung langsamer als im Zustande der Ruhe. Ferner: Ein Meterstab ruhe dauernd auf der x'-Achse; vom System S aus beurteilt, bewegt er sich mit der Geschwindigkeit v in seiner Längsrichtung; von S aus beurteilt ist seine Länge nur $\sqrt{1 - v^2/c^2}$ m, also etwas kürzer als im Zustande der Ruhe. (Die Änderung der Zeitdauer berechnet sich aus der LORENTZ-Formel für t', die der Länge aus der für x'.)

Von den beiden Beobachtern, von denen wir S. 125 o. gesprochen haben, konnte jeder mit dem gleichen Recht sagen: „*Ich ruhe* mitsamt meinem Koordinatensystem, *die Dinge*, die ich ihren Ort verändern sehe, *bewegen sich.*" Um die Kenntnis der LORENTZ-Transformation bereichert, kann *jeder mit demselben Recht* hinzufügen: „*Meine* Sekundenuhr zeigt wirkliche Sekunden, die im andern System zeigt sie *verlängert*, geht also *nach*; und *mein* Zentimetermaß zeigt wirkliche Zentimeter, das im andern System zeigt sie verkürzt." Aber wohlgemerkt: jeder Beobachter würde das nur dann hinzufügen, *wenn die Geschwindigkeit v der Lichtgeschwindigkeit nahe käme*, denn *nur dann würde er es wahrnehmen*!

Additionstheorem der Geschwindigkeiten. Zwei gleichgerichtete geradlinige gleichförmige Geschwindigkeiten v und w addieren sich nach den S. 30 u. angestellten Betrachtungen zu einer Geschwindigkeit $W = v + w$. Genau dasselbe W ergibt sich aus der GALILEI-Transformation: ein Punkt bewege sich längs der X'-Achse mit der gleichförmigen Geschwindigkeit w. Dann ist $x' = wt'$ bezogen auf das System K'. Um die Geschwindigkeit auf K zu beziehen, müssen wir x' und t' ersetzen durch $x - vt$ und t (vgl. S. 126 o.). Wir finden dann $x - vt = wt$ oder $x = (v + w)t$, also wie vorhin $W = v + w$.

Anders nach der LORENTZ-Transformation. Dann finden wir (nach S. 129 für

$$x' \text{ und } t' \quad \frac{x - vt}{\sqrt{1 - \dfrac{v^2}{c^2}}} = w \cdot \frac{t - \dfrac{v}{c^2} x}{\sqrt{1 - \dfrac{v^2}{c^2}}} \quad \text{und schließlich } x = \frac{w + v}{1 + \dfrac{wv}{c^2}} \cdot t \text{ also } W = \frac{v + w}{1 + \dfrac{vw}{c^2}}. \quad \text{An}$$

einem wirklichen Vorgang prüfen können wir diese Formel nur dann, wenn bei ihm vw/c^2 der Null nicht gar zu nahe liegt. So ist es bei der Fortpflanzung des Lichtes. In einer *ruhenden* Flüssigkeit pflanze sich das Licht mit der Geschwindigkeit w fort, die Flüssigkeit *ströme* nun in der Pfeilrichtung mit der Geschwindigkeit v durch die Röhre (Abb. 157). Wir fragen: welche Geschwindigkeit hat das Licht relativ zum Rohr R? Relativ zur Flüssigkeit hat das Licht die Geschwindigkeit w, gleichviel ob die Flüssigkeit relativ zu andern Körpern ruht oder nicht. Wir kennen also die Geschwindigkeit des Lichtes relativ zur Flüssigkeit und die der Flüssigkeit relativ zum Rohr. Die Geschwindigkeit des Lichtes relativ zu dem Rohr läßt sich dann aus der obigen Formel *errechnen*. Der Versuch (FIZEAU) hat sehr genau *für die aus der LORENTZ-Transformation fließende* Formel entschieden. Nach den *Messungen* von ZEEMAN stellt die Formel den Einfluß der Strömungsgeschwindigkeit v auf die Lichtfortpflanzung genauer als auf 1% dar.

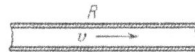

Der relativistische Begriff der Masse. Trägheit der Energie. Die neue Formulierung des Relativitätsprinzips hat auch zu einer neuen Formulierung des Massenbegriffs geführt. EINSTEIN bezeichnet das als „das wichtigste Ergebnis allgemeiner Art, zu dem die spezielle Relativitätstheorie geführt hat". Wir

müssen uns darauf beschränken, die Formeln anzugeben, auf die es ankommt.
Die kinetische Energie eines materiellen Punktes der Masse m und der Geschwindigkeit v ist jetzt nicht mehr $\dfrac{m v^2}{2}$, sondern: $\dfrac{m c^2}{\sqrt{1-\dfrac{v^2}{c^2}}}$. (Dieser Ausdruck wird
unendlich, wenn v der Lichtgeschwindigkeit gleich wird: v bleibt also offenbar
stets kleiner, wieviel Energie man auch auf die Beschleunigung verwendet.
Die Lichtgeschwindigkeit spielt danach in der Natur die Rolle einer Grenz-
geschwindigkeit.) Entwickelt man den Ausdruck in eine Reihe, so erhält man:
$m c^2 + m \dfrac{v^2}{2} + \dfrac{3}{8}\, m\, \dfrac{v^4}{c^2} + \cdots$ Schon das dritte Glied darf man für gewöhnlich
vernachlässigen, das erste enthält v nicht, spricht also nicht mit in der Frage,
wie die Energie des Massenpunktes von seiner Geschwindigkeit v abhängt. Was
bedeutet es?

Die Entwicklung der Elektrodynamik (der Strahlungsdruck[1], Lebedew)
führte zu der Erkenntnis: auch der Energie muß man Trägheit zuschreiben!
Das ist so zu verstehen: Zwei Körper A und B sollen gleiche Masse haben (nach
der gewöhnlichen Vorstellung), A aber soll *mehr Energie* besitzen als B, etwa
in der Form von Wärme. Dann — das besagt die neue Erkenntnis — besitzt
A auch *mehr Trägheit* als B. Oder auch: Ein Massenpunkt, der, ohne dabei seine
Geschwindigkeit zu ändern, ihm zugestrahlte *Energie* (als Licht oder als Wärme)
aufnimmt, oder der *Energie* ausstrahlt, gewinnt oder verliert dabei an *Trägheit*.
Fliegt er mit der Geschwindigkeit v, hat er die Masse m und nimmt er etwa
die Energie E auf, so wird seine Energie zu $\dfrac{\left(m + \dfrac{E}{c^2}\right) c^2}{\sqrt{1-\dfrac{v^2}{c^2}}}$. Er hat dann dieselbe
kinetische Energie wie ein mit der Geschwindigkeit v bewegter Körper von der
Masse $m + \dfrac{E}{c^2}$. Nimmt also ein Körper die Energie E auf, so wächst seine träge
Masse um E/c^2: die träge Masse eines Körpers ist danach keine Konstante,
sondern je nach seiner Energieänderung veränderlich. Schreibt man $\left(m + \dfrac{E}{c^2}\right) c^2$
in der Form $(m c^2 + E)$, so sieht man: $m c^2$ ist die Energie, die der Körper schon
besaß — von einem mitbewegten Bezugsystem aus beurteilt —, ehe er die Energie
E aufnahm. Die Energieänderung E, die wir einem ponderablen Körper erteilen
können, ist nicht groß genug, um an der Änderung seiner trägen Masse wahrnehmbar zu sein. E/c^2 ist viel zu klein im Vergleich zur Masse m, die schon
vorhanden war. Aber an *Elektronen* (s. d.) können wir die Abhängigkeit der
Größe der Masse von ihrer Geschwindigkeit verfolgen (zuerst W. Kaufmann
1906). Unter den β-Strahlen des Radiums gibt es solche, die fast $^3/_4$ der Lichtgeschwindigkeit haben. Hier ergibt sich für die Masse ein um so größerer Wert,
je größer die Geschwindigkeit der Teilchen ist. Bei der Steigerung ihrer Geschwindigkeit wächst ihre kinetische Energie nicht — wie es bei Konstanz der
Masse sein müßte — proportional dem Geschwindigkeitsquadrat, sondern schneller.
Der Erfahrungssatz von der Erhaltung der Masse fällt jetzt mit dem Satz von
der Erhaltung der Energie zusammen. Daß man ihn überhaupt entdecken
konnte und daß er erfahrungsgemäß stets zutrifft, hat seinen Grund darin, daß
von ponderabler Masse die Energieänderung unnachweisbar klein ist im Verhältnis zur Masse m.

---

[1] Die Strahlung führt Impuls mit sich, $m v$, wie ein materieller Körper; eine Strahlung
von s erg drückt auf eine schwarze Fläche in der Strahlungsrichtung mit s/c.

Die Energie E des ruhenden Massenpunktes hängt mit seiner Ruhmasse m durch die Gleichung $m = \dfrac{E}{c^2}$ zusammen[1]. Der aus der Relativitätstheorie folgende Satz, daß jede Energieänderung von Massenänderung begleitet ist, veranlaßt die Vorstellung, daß, wo Masse ist, auch die Möglichkeit zu Energiegewinn gegeben ist. Durch Vernichtung der Ruhmasse m müßte man die ungeheure Energie mc^2 gewinnen können. — Die relativistische *Abhängigkeit der Masse von der Geschwindigkeit* $\left(m = m_0 \Big/ \sqrt{1 - \dfrac{v^2}{c^2}} \right)$ erklärt an dem Atommodell von NIELS BOHR (1913) die Feinstruktur der Linien in den Spektren der Licht- und der Röntgenstrahlen, d. h. die Tatsache, daß jede „Linie" in Wirklichkeit ein *System* stärkerer und schwächerer Linien ist. Die von SOMMERFELD (1915) berechnete Feinstruktur der H- und der He-Linien hat PASCHEN (1916) tatsächlich beobachtet. — Die *Trägheit der Energie* erklärt in dem Problem der Atomstruktur *zum Teil* die Abweichung der Atomgewichtszahlen von der *Ganzzahligkeit* (und vermindert so einen Einwand gegen die Hypothese [PROUT], daß die Urbausteine aller Atomarten Wasserstoffatome sind): die Masse eines Atoms aus nH-Kernen *muß* von dem n-fachen der Masse *eines* H-Kernes abweichen, nämlich um die beim Zusammenschluß der n Kerne umgesetzte Energiemenge.

Allgemeines Relativitätsprinzip. Durch Energieaufnahme vermehrt sich der neuen Auffassung gemäß die träge Masse eines Körpers. Je nach seinem Energieinhalt hat er danach eine andere träge Masse, ohne daß sich auch seine schwere Masse verändert hätte. Das aber steht im Widerspruch zu der *Gleichheit* der trägen und der schweren Masse eines Körpers, die seit den Messungen von EÖTVÖS als völlig gesichert gilt. Auch diesen Widerspruch hat EINSTEIN beseitigt. Wie er, um den Widerspruch zwischen dem klassischen Relativitätsprinzip und der Konstanz der Lichtgeschwindigkeit zu lösen, das klassische Relativitätsprinzip erweitert hat, so hat er, um *diesen* Widerspruch zu lösen, das neue von ihm aufgestellte (spezielle) Relativitätsprinzip erweitert, nämlich durch die Aufstellung eines Relativitätsprinzips, das sich auf die Relativität *aller* Bewegungen bezieht (nicht mehr nur die geradlinigen und gleichförmigen). Hier setzt die *allgemeine* Relativitätstheorie ein.

Die enge Beziehung des Satzes von der Gleichheit der trägen und der schweren Masse zu dem verallgemeinerten Relativitätsprinzip kann man sich *so* näher bringen: Auf einem rotierenden Körper sind Zentrifugalkräfte wahrnehmbar, mit ihrer Hilfe kann man, *auch ohne die Gegenwart anderer Körper*, seine Rotation beweisen. Rein als Bewegung (kinematisch) unterscheidet sich aber die Rotation der Erde gar nicht von der Translation, wir *beobachten* auch bei ihr nur *Relativ*bewegungen gegen andere Körper, und wir können diese Relativbewegung ebensogut *deuten* als Rotation (in entgegengesetzter Richtung) dieser anderen *Körper um* die *ruhende* Erde. (Das Kopernikanische System läßt sich nicht *beweisen*, nur *rechtfertigen* durch seine Einfachheit und Widerspruchslosigkeit.) Schon E. MACH hat nicht nur die kinematische, sondern auch die *dynamische* Gleichwertigkeit beider Vorgänge behauptet. Diese Behauptung bedeutet: Die auf der rotierenden Erde auftretenden Zentrifugalkräfte würden genau so auf der *ruhenden* auftreten, und zwar als Äußerung der *Massenanziehung*, wenn die sämtlichen Körper des Weltalls um die ruhende Erde kreisen würden.

Nach der bisherigen Auffassung werden die *Zentrifugalkräfte* durch die *Trägheit* des rotierenden Körpers hervorgerufen, genauer: der Massenpunkte des Körpers, die ihrer Trägheit zu folgen suchen. Das Zentrifugalfeld ist also ein *Trägheits*feld.

---

[1] s. S. 612 Fußnote.

Von Kraft*feldern* spricht man dann, wenn die betreffende Kraft von Ort zu Ort stetig veränderlich ist und an jedem Ort durch den Wert einer Funktion gegeben wird. Die Zentrifugalkräfte im Innern und an der Oberfläche eines rotierenden Körpers haben eine solche feldmäßige Verteilung über das ganze Volumen des Körpers, nichts verbietet, das Feld auch über die Oberfläche des Körpers hinaus fortgesetzt zu denken, z. B. über die Oberfläche der Erde hinaus in ihre Atmosphäre als *„Zentrifugalfeld"* der Erde. Da die Zentrifugalkräfte nach den bisherigen Anschauungen nur durch die *Trägheit* der Körper bedingt sind und nicht durch ihre *Schwere*, so ist dieses Feld ein *Trägheitsfeld* im Gegensatz zum *Schwerefeld*, unter dessen Einfluß alle Körper, die nicht unterstützt oder aufgehängt sind, auf der Erde „fallen".

Auf der Erde überlagern sich demgemäß die Wirkungen mehrerer Kraftfelder: des *Schwerefeldes*, das von der Gravitation der Massenteilchen der Erde herrührt und das zum Erdzentrum gerichtet ist; des *Zentrifugal*feldes, dessen Kraftwirkung den Breitenkreisen parallel nach außen gerichtet ist; schließlich des *Schwerefeldes* der Himmelskörper, in erster Linie der Sonne und des Mondes.

Äquivalenzprinzip. Behaupten wir nun die Relativität der Rotation auch in *dynamischer* Hinsicht, nehmen wir also an, daß die Gesamtheit der den ruhenden Körper umkreisenden Massen durch ihre Gravitationswirkung auf ihn die *Zentrifugalkräfte* auslösen, so heißt das, wir fassen das *Zentrifugal*feld als *Schwere*feld auf. Berechtigt werden wir zu dieser Auffassung durch die tatsächliche *Gleichheit* der trägen und der schweren Masse eines Körpers. Was diese Tatsache für die Grundlagen der Mechanik bedeutet, erläutert EINSTEIN durch folgendes Gedankenexperiment:

An einem Orte des leeren Weltraumes, an dem das Trägheitsgesetz in aller Strenge gilt, steht in einem allseitig abgeschlossenen Kasten ein Beobachter. Auf den Kasten wirkt eine Kraft, die ihn in der Richtung von den Füßen zum Kopf des Beobachters beschleunigt bewegt. Der Beobachter steht in dem Kasten wie sonst im Zimmer auf dem Fußboden und fühlt dessen Beschleunigung als Druck gegen seine Füße. Hält er einen Körper in der Hand, so überträgt sich auch auf diesen die Beschleunigung des Kastens, sobald er ihn aber losläßt und die Beschleunigung des Kastens sich nicht mehr auf ihn überträgt, bewegt er sich beschleunigt zum Boden des Kastens hin. Der Beobachter findet diese Beschleunigung stets gleich groß, mit was für einem Körper er auch den Versuch anstellt. Er wird daher, gestützt auf seine früheren Erfahrungen in einem Schwerefelde, behaupten, er befinde sich in einem konstanten Schwerefelde. Die Möglichkeit seiner Auffassung beruht auf der ihm bekannten Eigenschaft des Schwerefeldes, allen Körpern dieselbe Beschleunigung nach unten zu erteilen. Den Kasten *hält* er mit Recht, obwohl dieser tatsächlich gegen den GALILEIschen Raum beschleunigt ist, für ruhend.

Hängt er an der Kastendecke einen Körper an einer Schnur auf, so hängt die Schnur gespannt vertikal herab. Die Ursache der Spannung erklärt er, der Beobachter *im* Kasten, so: „Der aufgehängte Körper erfährt in dem Schwerefeld eine Kraft nach unten, sie hält der Schnurspannung das Gleichgewicht; maßgebend für *die Größe der Schnurspannung ist die Schwere des aufgehängten Körpers."* — Ein Beobachter aber *außerhalb* des Kastens, der die beschleunigte Bewegung des Kastens wahrnimmt, wird dagegen erklären: „Die Schnur ist gezwungen, die beschleunigte Bewegung des Kastens mitzumachen und überträgt diese auf den an ihr befestigten Körper. Die Schnurspannung ist so groß, daß sie die Beschleunigung des Körpers gerade zu bewirken imstande ist; maßgebend für *die Größe der Schnurspannung ist die Trägheit des Körpers."* — Die Interpretation des Satzes von der Gleichheit der schweren und der trägen Masse des Körpers liegt also darin, daß sich *dieselbe* Eigenschaft des Körpers *als Trägheit* oder *als Schwere* äußert, je nachdem, von welchem Bezugsystem aus man den Vorgang beurteilt. Schwere und Trägheit sind also untrennbar voneinander, und deswegen ist das bisher am Eingange zur Mechanik stehende Trägheitsgesetz unvollständig, weil es die Schwere nicht mit berücksichtigt. Darum stellt EINSTEIN an die Stelle des bisherigen Trägheitsgesetzes ein neues, das die Trägheit *und* die Schwere gleichzeitig umfaßt. Daß sich dieselbe Eigenschaft eines Körpers als Trägheit oder als Schwere äußert, je nachdem von welchem Bezugsystem aus man den Vorgang betrachtet, wird nun zur Grundlage eines weit umfassenden Äquivalenzprinzips, das an den Anfang der *allgemeinen* Relativitätstheorie tritt.

Das *Äquivalenzprinzip* läßt sich so formulieren: Eine etwaige Veränderung, die ein Beobachter im Ablauf eines Vorganges als Wirkung eines Schwerefeldes wahrnimmt, würde er genau so wahrnehmen, wenn das Schwerefeld nicht vorhanden wäre, er — der Beobachter — aber sein Bezugsystem in die für die Schwere an seinem Beobachtungsorte charakteristische Beschleunigung versetzte.

D. Mechanische Eigenschaften der festen Körper.

Wir haben bisher angenommen, daß ein Körper aus „Materie" besteht und „starr" ist, weiter aber nichts. Nur in der abstrakten Dynamik ist das zulässig. In der Wirklichkeit existieren Körper, die im Sinne der Definition starr sind, nicht, und wir kennen die Materie nur aus dem, was wir ihre „Eigenschaften" nennen, und was wir mit Eigenschaftswörtern belegen, wie: fest, flüssig, gasförmig, hart, weich, zähe, spröde, elastisch usw.

Man kann als *Eigenschaften der Materie* bezeichnen: ihre *Fähigkeit*, unter gegebenen Bedingungen gewisse Wirkungen zu entfalten. Wir nennen die Wirkungen Eigenschaften, wenn wir jene Bedingungen als selbstverständlich — oder besser: als bekannt — voraussetzen und deswegen unausgesprochen lassen. Wir nennen z. B. einen Körper *elastisch* und verstehen unter seiner *Elastizität* seine Fähigkeit, seine Form zu verändern, wenn er verdrückt oder verzerrt wird, aber die ursprüngliche Form wieder anzunehmen, wenn der Druck oder die Zerrung aufhört; wir nennen einen Körper *schwer* und verstehen unter seiner *Schwere* seine Fähigkeit, infolge seiner Anziehung durch die Erde auf eine Unterlage zu drücken oder an einer Aufhängung zu ziehen. Das Einwirken formändernder Kräfte in dem einen Falle, die Anziehung des Körpers durch die Erde im anderen sind die Bedingungen, unter denen sich die Eigenschaften Elastizität und Schwere entfalten, ohne daß man sie aber erwähnt, wenn man einen Körper elastisch und schwer nennt.

Wir können die *Eigenschaften der Materie* auch bezeichnen als: *ihre Fähigkeit, auf gegebene Kräfte in charakteristischer Weise zu reagieren*; z. B. — wie oben — auf formändernde Kräfte und auf die Anziehung durch die Erde. So analysiert, zeigen sich die Eigenschaften der Materie als so abhängig voneinander, daß man die Unmöglichkeit einsieht, eine *einzelne* erschöpfend zu beschreiben, ohne ihre Beziehungen zu den anderen zu berücksichtigen. Beschreiben kann man eine *einzelne* Eigenschaft daher immer nur oberflächlich und nur in *besonders* charakteristischen Fällen. Außerdem muß unserer Definition nach, die *Zahl der Eigenschaften der Materie unbegrenzt sein*, und die Entdeckung einer unbekannt gewesenen Kraft stets auch neue, d. h. uns unbekannt gewesene Eigenschaften der Materie kennen lehren. So *war* es ja auch bei der Entdeckung der Röntgenstrahlen und bei der Entdeckung der radioaktiven Stoffe. Kurz: es ist schwer, die so verschiedenartigen Eigenschaften der Materie einwandfrei in Gruppen einzuteilen.

Was ist Materie? Die Frage: Was ist Materie? erfordert zu ihrer Erörterung die Kenntnis der ganzen Physik, man kann sie hier daher nur eben erwähnen, um dem Lernenden zu sagen, daß sie ein physikalisches Hauptproblem ist. Man glaubte ursprünglich, daß das, was wir *Eigenschaften* der Materie nennen, einem substantiellen Träger anhaftet. Aber ein solcher mit sich selber stets identischer Träger existiert nicht. Die *Substanz*idee ist schon deswegen unhaltbar, weil (nach der Relativitätstheorie) die *Masse* eines Körpers *nicht* gleich dem *Substanz*-quantum ist. Wir wissen heute mit Bestimmtheit, daß die *Masse* überhaupt nicht unveränderlich ist, obgleich das Gesetz von der Erhaltung der Masse gewöhnlich mit sehr großer Annäherung gilt. Heute sieht die Physik das Wesen der Substanz in Kräften (*dynamische* Theorie der Materie). Aber um wirken zu können, muß die Kraft *übertragen* werden auf das, worauf sie wirken soll. Diese Kraftübertragung vollzieht sich im kontinuierlichen *Felde* (s. S. 90) durch Ausbreitung von Energie und Impuls. Die Feldtheorie und die dynamische Theorie zusammen geben heute die relativ am meisten befriedigende Antwort auf die Frage: Was ist Materie? ,,Auf die sinnliche Erfahrung kann man sich jedenfalls nicht berufen, um die Substanzvorstellung zu legitimieren. Unsere Sinne greifen überhaupt nicht in die Ferne, sich des substantiellen *Dinges* bemächtigend, sondern für die psychophysische Wechselwirkung gilt so gut wie für die rein physische das *Prinzip der Kontinuität*, der unmittelbaren Nahewirkung: Meine Gesichtswahrnehmungen sind bestimmt durch die auf der Netzhaut auftreffenden Lichtstrahlen, also durch den Zustand des optischen oder elektromagnetischen Feldes in der unmittelbaren Nachbarschaft mit dem Sinnesleib jenes rätselhaften Realen, des Ich, dem eine gegenständliche Welt bildmäßig *erscheint*; und zwar ist hier vor allem der Energiestrom — seine Richtung für die Richtung, in der ich Gegenstände erblicke, seine periodische Veränderlichkeit für die Farbe — maßgebend. Fasse ich ein Stück Eis an, so nehme ich den an der Berührungsstelle zwischen jenem Körper und meinem Sinnesleib fließenden Energiestrom als Wärme, den Impulsstrom als Druck (Widerstand) wahr. So kann man sagen, daß die Energie-Impuls-Größen des Feldes dasjenige sind, wovon ich direkt durch meine Sinne Kunde erhalte. . . . Statt die Qualitäten durch einen substantiellen Träger zusammenzuhalten, gilt es allein ihre funktionalen Beziehungen zu erfassen" (HERMANN WEYL, Was ist Materie?).

Ausgedehntheit. Teilbarkeit. Atome. Da die Materie den *Raum* erfüllt, so besitzt sie, wie der Raum selbst, *Ausdehnung*, jeder Körper ist nach drei Dimensionen ausgedehnt, besitzt endliche, nach Maß und Zahl angebbare Länge, Breite und Tiefe. Sie ist *teilbar*, d. h. man kann jeden Körper in kleinere zerlegen. Der *Atomtheorie der Materie* zufolge, zu der hauptsächlich die Feinstruktur der Kristalle berechtigt, gelangt man bei der fortgesetzten Teilung der Materie schließlich zu den *Atomen*, den kleinsten Teilchen Materie, denen selbständige Existenz zuzuschreiben ist, und die als Bauelemente der Materie anzusehen sind[1]. Überlegungen, die an die kinetische Gastheorie und an gewisse optische Erscheinungen anknüpfen, zeigen, daß etwa 10 Millionen Atome, dicht aneinandergereiht, eine Länge von 1 mm ausmachen würden.

Die chemische Analyse lehrt, daß die Körper aus verschiedenartigen Stoffen bestehen, und daß diese Stoffe sich aus gewissen Grundstoffen, den *Elementen*, z. B. Eisen, Zink, Sauerstoff (die Chemie kennt ungefähr 90) zusammensetzen, die wir als *einfache* ansehen müssen, weil wir sie nicht noch weiter zerlegen können. Das zwingt uns zu der Annahme, daß es so viel verschiedene Arten von Atomen gibt, wie es verschiedene Arten von chemisch einfachen Stoffen gibt. Das soll aber nicht heißen, daß die Atome selbst nicht weiter teilbar sind. Es wäre z. B. wohl denkbar, daß sich ein Goldatom zerteilen läßt, aber die *Teile* können dann

---

[1] Siehe hierzu das Kapitel über den Aufbau des Atoms, S. 617.

nicht mehr als Gold angesprochen werden. Die Naturforscher haben sich stets mit der Frage beschäftigt, ob nicht die Atome der verschiedenen Elemente aus *einem einzigen* Stoff — einer Art Urmaterie — aufgebaut sind. Die Entdeckung der Radioaktivität und der Röntgenstrahlen (Ende der neunziger Jahre des 19. Jahrhunderts) hat Licht auf diese Fragen geworfen und ein neues Forschungsgebiet — die Atomphysik — eröffnet. Diese lehrt uns, daß die Atome aller Elemente aus zwei Urbestandteilen elektrischer Art aufgebaut sind, den negativ geladenen *Elektronen* und den positiv geladenen *Kernen*. In den Atomen sind diese Urbestandteile in verschiedener Zahl und Anordnung zu ungeheuer festen Gebilden zusammengefügt, die auch den stärksten physikalischen und chemischen Kräften widerstehen. Die zahlreichen Eigenschaften der verschiedenen Elemente sind schließlich nur Unterschiede, die durch die Zahl und die besondere Anordnung der Kerne und Elektronen in den Atomen bedingt sind. Trotz der Festigkeit ihres Gefüges dürfen wir uns in den Atomen die Urbestandteile nicht etwa dicht zusammengepackt vorstellen. Das, was wir ein Atom nennen, ist nur zum kleinsten Teil mit Kernen und Elektronen erfüllt; diese bewegen sich dauernd mit großer Geschwindigkeit gegeneinander und grenzen so einen relativ großen Raum, das Atomvolumen ab, etwa in derselben Weise, wie ein in rascher Rotation befindliches Schwungrad einen Raum einnimmt, der erheblich größer ist als das Volumen der Metallmasse. Wie das Schwungrad durch seine Rotation andere Körper verhindert in den Raum zwischen seinen Speichen einzudringen, so grenzen die an der Peripherie des Atoms *umlaufenden* Elektronen ein bestimmtes Volumen ab. Der Atomdurchmesser ist daher nur ein Maß für die Grenze des äußersten Wirkungsbereichs aller von dem Atom ausgehenden elektrischen Kräfte. Trotz der Leere der Atome bleibt daher die Undurchdringlichkeit der Materie bestehen, die uns ja auch von der Erfahrung täglich gelehrt wird. Wir kennen keine Kräfte, die imstande wären, zwei Atome trotz ihres weitmaschigen Gefüges so gegeneinanderzudrücken, daß sie ineinander eindringen. Sollte es aber doch möglich werden — und die neueste Atomforschung hat uns solche Möglichkeit eröffnet —, so würde es zu einer Katastrophe für die Atome führen, wie ein ähnliches Unternehmen für das Schwungrad. Während aber hier Eisentrümmer die Folge des Ineinanderdringens wären, wären es dort Elektronen und Kerne, d. h. das Atom wäre zerstört oder in ein anderes umgewandelt. In diesem Sinne nennt man die Materie *undurchdringbar*. Die Aussage: ein Körper dringt „in einen *anderen*" ein, ist falsch, der eindringende Körper dringt in den *Raum* ein, aus dem er den ersten verdrängt, ein Beil z. B. in den Raum, der *vor* seinem Eindringen vom Holz ausgefüllt war. Die Undurchdringbarkeit ist eine Kraft, mit der ein Körper den von ihm besetzten Raum gegen das Eindringen eines *anderen* Körpers in eben diesen Raum schützt, also eine abstoßende Kraft, die an der Grenze des Körpers wirkt.

Kohäsion. Aggregatzustände. Daß die Atome miteinander zusammenhängen und Körper bilden, können wir uns nur aus einer Kraft erklären, die zwischen den Atomen als Anziehung wirkt, und die einer gewaltsamen Trennung der Atome voneinander (d. h. einer Zerteilung des Körpers) Widerstand leistet. Diese Kraft ist bedingt durch die Anziehung zwischen den *elektrischen* Bestandteilen der einzelnen Atome. Man bezeichnet sie allgemein als *Kohäsion* und erklärt aus den verschiedenen Graden ihrer Stärke die *Aggregatzustände* fest, flüssig, gasförmig. Die Kleinheit der in den Atomen befindlichen Elektronen und Kerne macht es begreiflich, daß die Anziehung zwischen Atomen *nur* in unmittelbarer Nähe der Atomperipherie wirksam sein kann und daß sie längst erloschen ist, wenn der Abstand eine sinnlich wahrnehmbare Größe erreicht hat. Nicht einmal zwei polierte Glasstücke kann man in so vollkommene Berührung miteinander (so *nahe* aneinander) bringen, daß sie wie *ein* Körper zusammenhalten. Feste und flüssige Körper lassen sich nur ganz wenig zusammendrücken; die Atome liegen in ihnen so nahe beieinander, daß die elektrischen Kräfte, welche die Atome aneinanderketten, sich jeder weiteren Annäherung auf das stärkste widersetzen.

Wäre alle Kohäsion derart, wie wir sie bei der Definition des starren Körpers vorausgesetzt haben, so gäbe es *nur* starre Körper: sie besitzt aber die verschiedensten Grade und verursacht dadurch jene Unterschiede, die uns veranlassen, die Körper *fest*, *flüssig* oder *gasförmig* zu nennen. Eine scharfe Abgrenzung dieser Begriffe ist nicht möglich, weil sich von der Starrheit bis zur Gasförmigkeit alle *Abstufungen* der Kohäsion in ganz allmählichem Übergange vorfinden.

Dichte und spezifisches Gewicht. Die drei Aggregatzustände unterscheiden sich handgreiflich durch den Zusammenhang der Massenteilchen der Festkörper, der Flüssigkeiten, der Gase. Diese Verschiedenheit zeigt sich auch in der Verschiedenheit ihrer *Dichte*, d. h. der Menge Masse, die sie pro Raumeinheit enthalten. Je nachdem ein Körper mehr oder weniger Gramm pro Kubikzentimeter enthält, nennt man ihn mehr oder weniger dicht. Die *Dichte* der Stoffe ist aber nicht nur zwischen Körpern der *verschiedenen* Aggregatzustände handgreiflich verschieden, sondern auch zwischen Stoffen des*selben* Aggregatzustandes. Man denke an Aluminium und Gold, an Wasser und Quecksilber, an Wasserstoff und Kohlensäure.

Von dem Begriff *Dichte* ist ganz verschieden der Begriff *spezifisches Gewicht*. Das spezifische Gewicht eines Körpers ist das Verhältnis *seiner* Dichte zu der des *Wassers*. Die Aussage: „Das spezifische Gewicht des Hg ist etwa 13,6'' bedeutet: ein Volumen Hg enthält etwa 13,6mal so viele Masse wie ein *gleiches* Volumen *Wasser*. Und diese Tatsache ist unabhängig davon, in welchen Einheiten wir die Masse und das Volumen (Kubikzoll, Kubikzentimeter) der Flüssigkeit messen. Bedeuten s und d spezifisches Gewicht und Dichte eines Stoffes, d_w die Dichte des Wassers, so ist $s = d/d_w$. Die Dichte d_w des Wassers (seine in 1 cm³ enthaltene Masse von 4°C) setzen wir gleich 1, woraus folgt: $s = d$. Das auf *Wasser* bezogene *spezifische Gewicht* eines Stoffes ist also dem *Zahlenwert* nach gleich seiner Dichte. In der Tabelle bedeuten die Zahlen ebensogut Dichte wie spezifisches Gewicht (bezogen auf Wasser). Aber nur die Zahlenwerte sind dieselben, nicht die beiden Begriffe!

Wasserstoff	0,000089	Glas	2,7—4,5
Wasserdampf	0,0006	Basalt	2,9
Stickstoff	0,00125	Brom	3,0
Luft	0,00129	Zink	7,2
Sauerstoff	0,00143	Zinn	7,3
Kork	0,24	Eisen	7,8
Lithium	0,59	Nickel	8,7
Kalzium	0,86	Kupfer	8,9
Guttapercha	0,98	Silber	10,6
Wasser	1,00	Blei	11,3
Magnesium	1,75	Quecksilber	13,6
Quarz	2,65	Gold	19,4
Aluminium	2,67	Platin	21,5
Granit, Marmor, Schiefer	2,7	Iridium	22,4

Die Zahlen der Tabelle sind nur angenähert richtig, selbst wenn z. B. Kupfer, Silber, Gold chemisch rein sind, kann ihre Dichte anders sein, je nach der mechanischen Behandlung (durch Gießen, Hämmern, Walzen u. dgl.), die sie erfahren haben. Wo es auf große Genauigkeit ankommt, muß man die Dichte

eines vorliegenden Stückes Kupfer oder Silber oder Gold von Fall zu Fall ermitteln. — Für die Flüssigkeiten muß man die Temperatur angeben, bei der
sie die ermittelte Dichte haben, für die Gase die Temperatur und den Druck,
unter dem sie bei der Messung gestanden haben. — Die Tabelle zeigt: es gibt
Stoffe, die, obgleich sie bei gewöhnlicher Temperatur flüssig sind, dichter sind
als die meisten festen Körper (Quecksilber, Brom). Der Druck von einigen hundert Atmosphären würde Luft und Sauerstoff, ohne sie zu verflüssigen, dichter
machen als viele der festen Körper. Das Verhältnis der Dichten von Iridium
und Wasserstoff ist etwa 250000 : 1. Mit Hilfe einer Luftpumpe können wir die
Dichte des Wasserstoffs beliebig weit verkleinern, wir können also Stoffarten
nebeneinander haben, die sich in der Dichte wie Milliarden zu Eins verhalten.

Formänderung der festen Körper. Elastizität. Festigkeit. Die Verschiebbar-
keit der Massenteilchen gegeneinander ist in den festen Körpern am geringsten,
aber vorhanden ist sie. Ein fester Körper der Wirklichkeit entspricht keineswegs
der Definition des starren Körpers der theoretischen Mechanik. Die Kräfte,
die das Wesen seiner Kohäsion ausmachen, können überwunden werden, und
wenn sie überwunden sind, so zerfällt der feste Körper, er zerreißt, zerbricht
od. dgl. Den Widerstand, den er dem entgegensetzt, nennt man *Festigkeit*.
Der Körper zerfällt auch nicht plötzlich, wenn seine Kohäsionskräfte nachgeben,
sondern er ändert vorher seine Form. Die Kohäsionskräfte streben das zu verhindern — sie stellen infolgedessen die Form so weit wie möglich wieder her,
wenn die formändernden Ursachen zu wirken aufgehört haben. Aber das gelingt nur mehr oder weniger vollkommen: *fast* vollkommen — *fast*, wir kommen
darauf zurück — aber auch nur dann, wenn die *Formänderung* eine gewisse
Grenze noch nicht überschritten hatte, sonst nur *unvollkommen*, d. h. das Ergebnis der Formänderung bleibt zum Teil bestehen. Die Eigenschaft, vermöge
deren sich ein Körper von der Formänderung wieder erholt, nennt man *Elastizität*[1]. (Bei Flüssigkeiten und Gasen geht nur die Volumänderung zurück; sie
haben nur „Volumelastizität". Feste Körper haben außerdem „Gestaltelastizi-
tät".) Die Praxis des Alltags benützt die Elastizität der verschiedensten Stoffe
(Metalle, Hölzer, Leder, Gummi usw.) ausgiebig. Jene Grenze der Formänderung,
die bei festen Körpern nicht überschritten werden darf, nennt man die *Elastizitätsgrenze*. Die Körper werden für Beanspruchungen *bis* zu dieser Grenze *vollkommen elastisch*, für Beanspruchungen *darüber* hinaus *unvollkommen elastisch*
genannt. — Die Elastizitätsgrenze ist keine endgültige mathematische Größe,
weil ihr Zahlenwert von der Genauigkeit der Messung der bleibenden Veränderung
abhängt. Könnte man jede *noch* so kleine Veränderung feststellen, so würde
man sie vielleicht schon nach der *kleinsten* Beanspruchung *bleibend* finden. In
der Praxis ersetzt man die Elastizitätsgrenze daher durch die besser ausgeprägte
Streckgrenze, das ist die Spannung, bei der man zuerst erhebliche Formänderung
ohne nennenswerte Kraftsteigerung erhält.

Elastische Hysteresis. Elastische Nachwirkung. Relaxation. Ein elastischer
Körper, den man *be*lastet und dann allmählich wieder *ent*lastet, müßte, wäre er
vollkommen elastisch, die Reihe von Formen, die er bei der *Be*lastung und dann
rückläufig bei der *Ent*lastung annimmt, immer identisch durchlaufen: unter
einer gegebenen Last müßte er stets dieselbe Form annehmen. Das tut er aber
nicht, der Vorgang ist *irreversibel*; *den*selben Lasten entsprechen während der
*Ent*lastung stets größere Deformationen als bei der *Be*lastung. Es bleibt also
ein Deformationsrest zurück. Ein Teil davon verschwindet allmählich, wenn
man ihm Zeit genug läßt. Die Verzögerung des Rückganges dieses Teiles der

---

[1] *ἐλαύνω* = treibe.

Deformation nennt man *elastische Nachwirkung*. Der andere — oft sehr beträchtliche — Teil des Deformationsrestes aber bleibt bestehen: die Verschiedenheit der Gleichgewichtsdeformation bei Belastung und Entlastung nennt man nach WARBURG *Hysteresis*[1]. Der irreversible Vorgang umfaßt somit zwei Erscheinungen. Ihre Wirkungen sind praktisch sehr schwer zu trennen, weil die nachwirkende Deformation sehr langsam vor sich geht und bisweilen noch nach Wochen zu merken ist. — Man hat das mit der inneren Reibung der einzelnen Teilchen erklären wollen. Dieser Deutung widersprechen aber die Erscheinungen der *Relaxation*. Man versteht darunter folgendes: Man halte einen Draht, der mit dem einen Ende irgendwie festgeklemmt ist, mit einer bestimmten Dehnung gespannt und messe die Kraft, die notwendig ist, die Dehnung *konstant* zu halten. Dann beobachtet man: Um diesen Dehnungszustand aufrechtzuerhalten, ist im ersten Moment eine gewisse Kraft notwendig; bei konstant gehaltener Dehnung nimmt der Kraftbedarf allmählich ab, der Draht „entspannt sich" ohne sich zu rühren. Und daher paßt die Relaxation nicht zur inneren Reibung; denn zur Erklärung der verzögerten Deformation muß man annehmen, daß die innere Reibung lediglich von der Deformations*geschwindigkeit* abhängt. — Eine befriedigende Theorie der Nachwirkungserscheinungen existiert noch nicht. — Die übrigbleibenden Formänderungen fallen bei der Verwendung der festen Körper im Bau- und im Maschinenwesen schwer ins Gewicht, da es sich hier immer um dauernde Beanspruchung handelt.

Die verschiedenen Formen der Elastizität. Die Gestalt der *Formänderung* hängt außer von der ursprünglichen *Form* des Körpers davon ab, ob die formändernde Ursache danach strebt, den Körper zusammenzu*drücken* oder auseinanderzu*ziehen*, oder zu ver*biegen* oder zu ver*drehen* od. dgl. Je nachdem spricht man daher von *Druck*elastizität, *Biegungs*elastizität usw. und ebenso von Druck*festigkeit*, Zug*festigkeit*, Biegungs*festigkeit* usw. — Ein und derselbe Körper kann *gleichzeitig verschiedenen* formändernden Ursachen unterworfen sein. Wir nehmen hier aber an, daß er immer nur die Einwirkung *einer* dieser Ursachen unterliegt und beschränken uns auf die Betrachtung eines prismatischen oder eines zylindrischen Stabes.

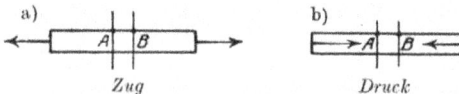

Abb. 158. Beanspruchung eines Körpers durch Druck und Zug.

a) *Zug* b) *Druck*

1. Der Körper wird von Kräften angegriffen, die, nach außen *ziehend* (Abb. 158a), danach streben, ihn zu verlängern und schließlich zu zerreißen: sein Widerstand dagegen heißt *Zugelastizität* und *Zugfestigkeit*.

2. Der Körper wird von Kräften angegriffen, die, nach innen *drückend* (Abb. 158b), danach streben, ihn zu verkürzen und schließlich zu zerdrücken: sein Widerstand dagegen heißt *Druckelastizität* und *Druckfestigkeit*, auch rückwirkende Festigkeit. — Legt man zwei Querschnitte *A* und *B* senkrecht zur Längsachse durch den Stab, so erkennt man, daß die Formänderung des Stabes durch Zug jene beiden Querschnitte voneinander entfernt, durch Druck sie einander nähert.

3. Der Körper wird von Kräften angegriffen, die (Abb. 159, 160) danach streben, einen Teil von ihm über den anderen Teil hinwegzu*schieben*. Der Widerstand dagegen heißt *Schubelastizität* und *Schubfestigkeit* (auch Scher-, Gleitelastizität und -festigkeit).

Wie der Körper sich dabei umformt, veranschaulicht man sich, wenn man sich ihn aus einzelnen sehr dünnen, parallelen Schichten zusammengesetzt denkt, man denke an einen prismaförmigen Stoß Briefbogen od. dgl. (Abb. 159), die nur mit der gewöhnlich vorhan-

---

[1] ὑστερέω = bleibe zurück.

denen Reibung aneinanderhaften. Man wandelt den Stoß in die punktiert angedeutete Form um, wenn man die Hand auf ihn drückt und dann parallel zur Basis bewegt, d. h. eine Kraft in der Richtung des Pfeiles ausübt. Jedes einzelne Blatt verschiebt sich gegen jedes andere — parallel mit ihm bleibend — in der Richtung der umformenden Kraft, und zwar um so mehr, je weiter es von der Basis entfernt ist. Der Stoß *Papierblätter* behält die umgeformte Gestalt, auch nachdem man die Hand wieder entfernt hat. Benützt man aber ein Prisma aus *Gummi*, das an seiner Basis auf dem Tisch befestigt ist, so erfolgt die Umformung genau in der beschriebenen Weise, d. h. jeder Querschnitt wird gegen jeden anderen verschoben, wenn auch um eine *sehr* kleine Größe, geht aber wieder *zurück*, wenn das Gummiprisma losgelassen wird, weil eben Gummi *elastisch* ist.

Schubelastizität und Schubfestigkeit spielen z. B. eine Rolle, wo man mit einer Schere schneidet (Abb. 160). Die Klingen *s* und *s'* schieben, indem man sie einander zu nähern sucht, die eine Körperhälfte über die andere hinweg. Sehr deutlich zeigt das die Blechschere (Abb. 161) der Blechbearbeitungsindustrie. Die kreisrunden, schwach konischen Scheiben *S* und *S'* berühren einander mit den messerartig zugeschärften Rändern und vertreten die Klingen einer Schere. Man dreht sie, einander entgegengesetzt, und führt das Blech zwischen ihren Rändern hindurch. Die obere Scheibe drückt nach unten, die untere nach oben auf das Blech, so wie Abb. 160 die Schere, beide zusammen durchschneiden es an der Stelle, an der die beiden Drucke angreifen. Bei vielen Arbeiten in der Maschinentechnik beansprucht man die Stoffe auf Schubfestigkeit (Scherfestigkeit), z. B. wenn man Löcher in Bleche stanzt oder bohrt.

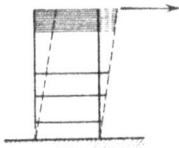 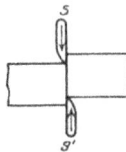 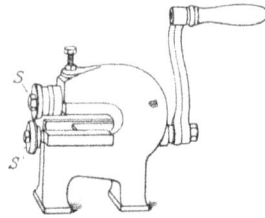

Abb. 159.   Abb. 160.   Abb. 161.
Beanspruchung eines Körpers durch Schub.

4. Der Körper wird von Kräften angegriffen, die danach streben (Abb. 162), ihn zu *verbiegen* und schließlich zu zerbrechen. Sein Widerstand dagegen heißt *Biegungselastizität* und Biegungsfestigkeit. — Die beiden (s. 2.) Querschnitte *A* und *B* (senkrecht zur Längsachse durch den noch nicht deformierten Körper) sind *nach* der Deformation nicht mehr parallel, sie haben sich in gewissen Punkten einander genähert, in anderen voneinander entfernt. Auf dem undeformierten Stabe seien in (Abb. 162. unten) parallel zu *A* und *B* die Geraden *ab*, *cd*, ... gezogen und Querschnitte hindurchgelegt: *nach* der Deformation haben sie die Lagen *a'b'*, *c'd'* usw. Die Abstände *ac*, *ce*, ... haben sich verkürzt, die Abstände *bd*, *df*, ... verlängert; d. h. die dem Krümmungsmittelpunkt zugewendeten Fasern des Stabes werden gedrückt,

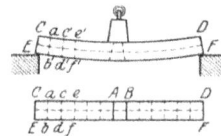

Abb. 162.
Biegung eines Körpers.

die äußeren werden gezogen. Zwischen *CD* und *EF* muß es eine Schicht geben, die sich weder verkürzt noch ausgedehnt hat, die also lediglich ihr Form verändert hat, die „neutrale Schicht". Sie geht in jedem Querschnitt des Stabes, den sie durchschneidet, durch den Schwerpunkt des Querschnittes.

5. Der Körper wird von Kräften *P* und *Q* angegriffen, die (Abb. 163) ihn nacheinander entgegengesetzten Richtungen drehen, um ihn zu *verdrehen* und schließlich zu *zerdrehen*. Sein Widerstand da-

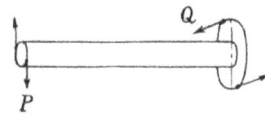

Abb. 163. Torsion eines Körpers.

gegen heißt *Drehungselastizität* und Drehungsfestigkeit (meist *Torsionselastizität* und Torsionsfestigkeit). Die beiden Querschnitte *A* und *B* (senkrecht zur Längsachse durch den Körper) sind *nach* der Deformation zwar noch parallel, haben sich aber gegeneinander verdreht; jeder hat sich ein wenig um die Längsachse des Stabes gedreht, der eine im *Sinne* des Uhrzeigers, der andere *entgegengesetzt.* — Die Formänderung dabei beschreibt man noch deutlicher (Abb. 164) so: ein Zylinder aus Gummi, dessen Basis festliegt, erfahre an seinem oberen Ende parallel zur Basis eine Drehung. Sie überträgt sich durch den Gummizylinder bis zu der Basis. Daher verdreht sich der ganze Zylinder um seine Achse: Schnitte, die *vor* der Formänderung parallel zur Basis waren, sind es auch *nachher.* Die Basis dreht sich gar nicht, das obere Ende des Zylinders am meisten, jeder Querschnitt in dem Verhältnis seines Abstandes von der Basis. Das heißt: Ist die Drehung im Abstande 1 cm von der Basis φ, so ist sie 2 cm davon 2 φ usw. — Erkennbar wird die Drehung auf dem Zylinder-

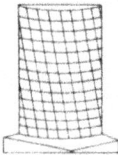

Abb. 164.
Torsion eines
Körpers.

mantel daran, daß Punkte, die *vor* der Formänderung auf einer Geraden parallel zur Achse gelegen haben, *nach* der Formänderung auf einer Schraubenlinie um die Achse liegen.

Gesetz von Hooke über Formänderung und formändernde Kraft. Den Zusammenhang zwischen der Größe der umformenden Kraft und der Größe der hervorgerufenen Umformung formuliert *innerhalb der Elastizitätsgrenze* (S. 139 m.) das Gesetz: Die Größe der *Deformation* ist der Größe der *deformierenden Ursache proportional* (ut tensio sic vis. ROBERT HOOKE, 1676). Anders: Bewirkt eine Kraft von gegebener Größe eine gewisse Verlängerung (oder Verkürzung oder Verdrehung), so bewirkt eine *doppelt* so große Kraft eine *doppelt* so große Verlängerung (oder Verkürzung oder Verdrehung) — immer vorausgesetzt, daß die Formänderungen die Elastizitätsgrenze *nicht* erreichen. Das Gesetz macht es möglich, die Beziehung zwischen der Kraft und der Formänderung zu *messen* und an dem *Elastizitätskoeffizienten* ein Maß für die Elastizität abzuleiten.

Innerhalb der Elastizitätsgrenze ist die Längenzunahme eines Drahtes durch Dehnung der Belastung proportional. Von vielen Stoffen ist die Elastizitätsgrenze aber annähernd bekannt. Ein gezogener, nicht ausgeglühter Silberdraht von 1 mm² Querschnitt z. B. kann mit 11,2 kg* belastet werden (Abb. 165), ehe er die Elastizitätsgrenze erreicht. Ein Draht von 1 m Länge verlängert sich, so belastet, um 1,5 mm; mit 1 kg* belastet, also um $\frac{1,5}{11,2} = 0,134$ mm, d. h. etwa um 1/7400 seiner *ursprünglichen* Länge (1 m).

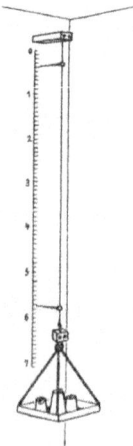

Abb. 165. Messung
des Elastizitäts-
koeffizienten eines
Drahtes.

Elastizitätskoeffizient. Elastizitätsmodul. *Dieser Bruch* 1/7400 heißt der *Elastizitätskoeffizient* des Silbers. Wir definieren: *Der Elastizitätskoeffizient* (α) ist der Bruchteil, um den sich ein Draht von 1 mm² Querschnitt bei der Dehnungsbeanspruchung durch das Gewicht von 1 kg* verlängert.

Das ist für alle Stoffe nur ein sehr kleiner Bruch; es ist deshalb bequemer, für Zahlenangaben den Elastizitäts*modul* (Dehnungsmodul, YOUNGscher Modul) zu benützen, den folgendes Beispiel erklärt. Der Silberdraht wird durch 1 kg* um 1/7400 m ausgedehnt, 7400 kg* würden ihn also, wenn die Elastizitätsgrenze weit genug entfernt läge (das HOOKEsche Gesetz so weit reichte), um 1 m ausdehnen, d. h. seine Länge *verdoppeln.* Die 7400 kg*, den reziproken Wert von 1/7400, nennt man den Elastizitätsmodul. Wir definieren: Der *Elastizitätsmodul* ($E = 1/\alpha$) gibt die Anzahl Kilogramm* an, deren Gewicht einen Draht von 1 mm² Querschnitt um seine eigene Länge ausdehnen würde, wenn das HOOKEsche Gesetz für die ganze Deformation gültig wäre (und der Stoff diese Beanspruchung aushielte).

Das Gesetz von Hooke kann man benützen, um an der Deformation eines elastischen Körpers die deformierende *Kraft* zu messen. Ein Instrument hierzu ist z. B. schon die gewöhnliche Federwaage (Briefwaage), die das *Gewicht* eines Körpers ermittelt, d. h. die *Kraft* mit der die Erde seine Masse anzieht (Abb. 166). Man benutzt dazu eine Sprungfeder (Schraubenfeder), deren eines Ende *a* festliegt, das andere Ende *b* bewegbar ist. Eine solche Feder verlängert (oder verkürzt) sich, wenn in der Richtung *a b* ein Zug (oder ein Druck) auf sie wirkt, und zwar um so mehr, je größer der Zug (oder der Druck) ist, und nimmt wieder die ursprüngliche Form an, sobald die Kraft zu wirken aufhört. Hängt man daher eine Masse *W* an sie, so geht *b* nach unten, und zwar desto tiefer, je schwerer die Masse ist — am Äquator also weniger tief als am Pol oder als an einem Ort zwischen beiden, weil *g*, also auch *M · g* vom Äquator nach dem Pol hin wächst. Bewegt sich dabei ein Zeiger an einer Skala *S* entlang, während man Massen von bekannter Größe aus einem Gewichtssatz anhängt, und kennt man *g* für den Ort, an dem man die Eichung vornimmt, so kann man sich für das Abwiegen eine nach dyn geeichte Skala schaffen. — Eine derartige Vorrichtung (mit entsprechender Abänderung) kann jeden Zug und jeden Druck messen, z. B. den Zug eines Pferdes am Wagen, wenn man sie zwischen Strang und Wagen einschaltet, so daß sie einen Teil des Stranges bildet. Solche Instrumente heißen, da sie Kräfte messen, *Dynamometer.*

Abb. 166. Die Federwaage, ein Dynamometer.

Abweichungen vom Hookeschen Gesetz. Dem Hookeschen Gesetz widerstreitet die elastische Nachwirkung: sie zeigt, daß überhaupt keine eindeutige und wechselseitige Beziehung zwischen Kraftwirkung und Deformation besteht. Verschwindet die Spannung, so verschwindet die Deformation eben *nicht* gleichzeitig, sie durchläuft den Bereich bis zum ursprünglichen Nullwert nach einem bisher unbekannten Gesetz. Auch die rein elastischen Formänderungen gehorchen dem Hookeschen Gesetz nur annähernd, wie die fortschreitende Verfeinerung der Beobachtungs- und Meßkunst gelehrt hat. — Beträchtlich sind die Abweichungen bei Gußeisen, bei vielen Gesteinen, bei den technisch wichtigen Bindemitteln (Zement, Beton).

Elastizitätskonstanten. Kompressionsmodul. Die elastische Dehnung ist stets mit einer Kontraktion senkrecht dazu verbunden, der Querkontraktion; sie ist der Dehnung proportional. Hat ein Stab die Länge l und den Durchmesser d und dehnt er sich um die Länge λ — man nennt λ/l die relative Dehnung — so erfährt sein Durchmesser die relative Verkürzung δ/d. Die Erfahrung lehrt, daß: $\frac{\delta}{d} = \nu \cdot \frac{\lambda}{l}$, wo ν, die *Elastizitätszahl*, für jeden Stoff eine Konstante ist (Poisson), sie liegt erfahrungsgemäß zwischen 0,2 und 0,5.

Innerhalb der Elastizitätsgrenze ist die Deformation der Belastung proportional. Nach der Mannigfaltigkeit der Deformationsmöglichkeiten erwartet man sehr viele Proportionalitätsfaktoren zu finden — man nennt sie im allgemeinen Elastizitätskonstanten. Aber für isotrope Stoffe (S. 53 u.), d. h. solche, bei denen alle Richtungen gleichwertig sind, kann der Theorie nach ihre Anzahl nicht größer als 2 sein. Diese zwei sind der *Dehnungskoeffizient* α und der *Schiebungskoeffizient* β. Zwischen α, β und ν besteht aber die Beziehung $\alpha = \frac{\beta}{2(1 + \nu)}$. Ein isotroper Körper hat daher nur *zwei* unabhängige Elastizitätskoeffizienten. (Ein Kristall des triklinen Systems, der allgemeinste anisotrope Körper, hat 21.)

Neben den Dehnungsmodul $E = 1/\alpha$ und den Gleitmodul $G = 1/\beta \; (= \mu)$ tritt der Kompressionsmodul. Hat man es mit einem allseitig gleichen Druckzustand zu tun und nennt man den allseitigen Druck p und die spezifische Volumänderung $\dfrac{\varDelta V}{V}$, so wird $p = \left(\lambda + \dfrac{2}{3}\,\mu\right)\dfrac{\varDelta V}{V}$. Der Faktor $\lambda + \dfrac{2}{3}\,\mu$ heißt der Kompressibilitätsmodul K, und $k = \dfrac{1}{K}$ die Kompressibilität. Es ist $K = \dfrac{1}{3}\dfrac{E}{1-2\nu}$, woraus man auf $o < \nu < 0{,}5$ schließt. Wäre $\nu > 0{,}5$, dann wäre K negativ, d. h. der Körper würde sich durch Zug zusammenziehen, durch Druck ausdehnen, was der Erfahrung widerspricht.

Festigkeit. Härte. Wird die Elastizitätsgrenze *überschritten*, so *bleibt* die Gestalt verändert. Je nach der Natur des Stoffes und der Art seiner Beanspruchung ist die *bleibende* Änderung sehr verschieden nach Form und Größe[1], schließlich erreicht sie eine Grenze, bei der der Körper zerreißt, zerbricht usw., kurz — zerfällt. In dem Gebiete zwischen der Elastizitätsgrenze und der Grenze, bei der sie zerfallen, offenbaren die Stoffe die Eigenschaften, derentwegen wir sie dehnbar, hämmerbar, walzbar, spröde, bröcklig, hart, weich usw. nennen — *die* Eigenschaften, für die es weder eindeutige Definitionen noch genaue Maße gibt.

In der Praxis prüft man die Stoffe insbesondere auf Zug*festigkeit* und auf Druck*festigkeit*. Was versteht man darunter? Die Belastung, bei der der Körper im Zug- oder im Druckversuch zerbricht, nennt man *Bruchlast*. Auf die Flächen*einheit* bezogen gibt sie die Bruchgrenzen des Stoffes. Die Bruchgrenze, des Zug- und des Druckversuches nennt man *Zugfestigkeit* und *Druckfestigkeit*.

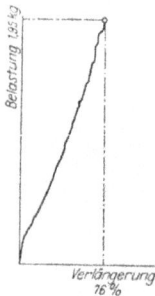

Abb. 167. Dehnungselastizität eines Einkristalldrahtes.

	Zugfestigkeit kg/cm²	Druckfestigkeit kg/cm²
Nickelstahl . .	5600—7500	—
Stahlguß . . .	3500—7000	—
Gußeisen	1200—3200	7000— 8500
Granit	40— 80	1000— 2000
Marmor	20— 60	500— 1500
Glas	300— 900	6000—12000

Lange Stäbe unter Druck können weit unter der Druckfestigkeit durch *Ausknicken* zerstört werden. Bei einer gewissen Belastung wird das Gleichgewicht des gedrückten Stabes labil. Die dieser kritischen Belastung entsprechende Spannung nennt man *Knickfestigkeit*.

Die Biegung erzeugt in dem Stoff namentlich Zug- und Druckspannung. Stäbe aus zähen Stoffen lassen sich ohne Bruch sehr stark verbiegen, z. B. ein gerader Stab aus Flußeisen oder aus Stahl um eine scharfe Ecke mit möglichst kleinem Krümmungshalbmesser ohne Riß um 180°. Bei spröden Stoffen interessiert weniger die Durchbiegung als die Bruchlast. —

Wechsel der Belastung beeinflußt die Festigkeit der Stoffe sehr stark. Wiederholt man die Belastung sehr oft, so kann der Stoff brechen, auch wenn die größte Belastung weit unter seiner Bruchgrenze liegt. (Die Bruchgefahr hängt mit dem kristallinischen Aufbau der Stoffe und den mikroskopischen Gleitflächen innerhalb der Kriställchen zusammen.) Unterhalb einer gewissen Belastung scheint aber auch *beliebig* oft wiederholte Beanspruchung keinen

---

[1] Elastizität und Festigkeit der Metalle zeigen sich in merkwürdiger Form an den Einkristalldrähten. Ein Teil des Kristallgitters schiebt sich als Ganzes auf dem Rest entlang, ohne inneren Zerfall und ohne den Zusammenhalt des Drahtes zu vernichten; und zwar geschieht das an bestimmten *Gleitebenen* und — in diesen — in bestimmten Gleit*richtungen*. Die Unstetigkeiten in dem Diagramm (Abb. 167) entsprechen dem Übergang des Drahtes durch Gleitung in einen neuen Gleichgewichtszustand. Der „Draht" deformiert sich dabei zum „Band" (mit Dehnungen bis zu mehreren 100%, ehe der Draht reißt).

Bruch herbeizuführen z. B. die Beanspruchung einer Chronometerunruhe, die jährlich über 150 Millionen Wiederholungen der Belastung aushält. Auch die *Geschwindigkeit* der Belastung beeinflußt die Festigkeit. Ein zäher Körper kann bei stoßartiger Belastung vollkommen spröd erscheinen. Pech z. B. verhält sich, *langsam* belastet, wie eine zähe Flüssigkeit, unter einem Stoß zerbricht es wie ein spröder Körper. Ähnlich ist es bei Metallen. (Vorschlag, die Brauchbarkeit von Steinen zum Wegebau durch die Anzahl der zum Bruch erforderlichen gleichstarken Stöße zu prüfen.)

Unter der *Härte* eines Stoffes versteht man den Widerstand, den der Stoff einem fremden in ihn eindringenden Körper entgegensetzt — einer in ihn eingedrückten Kugel, einer Spitze, einer Schneide. Der Mineraloge vergleicht zwei Stoffe (der *Reihenfolge* ihrer Härte nach) dadurch, daß er mit scharfen Ecken des einen Stoffes den andern zu „ritzen" versucht. Den ritzenden nennt er den härteren. Er ordnet eine Reihe *bekannter* Mineralien, die als Normalkörper beim Vergleich mit anderen dienen, zu einer *Härteskala*. Die meist benützte ist noch immer die von MOHS (1812): 1. Talk, 2. Gips, 3. Kalkspat, 4. Flußspat, 5. Apatit, 6. Feldspat, 7. Quarz, 8. Topas, 9. Korund, 10. Diamant. Man beurteilt die Härte eines andern Körpers danach, zwischen welche zwei Nachbarglieder der Skala er durch Ritzproben einzureihen ist. So kommt z. B. das weichste Glas, ein Bleiglas, zwischen Flußspat und Apatit; das härteste, ein Borosilikat, übertrifft den Quarz. Zur ungefähren *quantitativen* Härtebestimmung dient das Ritzverfahren im Sklerometer (A. SEEBECK 1833), eine Spitze aus Diamant oder aus gehärtetem Stahl ritzt unter einer *meßbaren Belastung* den Prüfkörper, den man unter der Spitze vorbeischiebt; als Härtemaß dient die Belastung, die zum Ritzen nötig ist, oder auch bei konstanter Belastung die Ritzbreite oder die Ritztiefe. Technisch prüft man die Härte der Stoffe durch die Kugeldruckprobe (BRINELL 1900): man preßt mit einer Maschine eine gehärtete Stahlkugel von einigen Millimeter Durchmesser in eine ebene polierte Fläche des Stoffes und mißt den Durchmesser des infolge der Belastung zurückbleibenden Druckkreises.

Physikalische Eigenschaften der Kristalle. Den *physikalischen* Eigenschaften nach reduziert sich die Anzahl der Kristallklassen (32) und der Systeme (7) beträchtlich. Besonders interessieren uns die elastischen Eigenschaften der Kristalle, denn der kristalline Zustand ist der *gewöhnliche* Zustand des festen Körpers. Der Elastizitätsmodul eines Kristalles ist nach den verschiedenen Richtungen von irgendeinem Punkt des Kristalls aus ziemlich groß. Stellt man ihn durch Vektoren von dem Punkt aus dar, so erhält man daher keine Kugel, sondern eine andere

Abb. 168. Steinsalz. Abb. 169. Baryt.

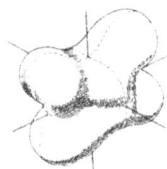

Die Fläche veranschaulicht die Verschiedenheit des Elastizitätsmoduls eines Kristalles in den verschiedenen Richtungen.

Fläche, Abb. 168, Abb. 169. Um die elastischen Eigenschaften eines Kristalles zu charakterisieren, genügen daher nicht, wie beim isotropen Körper, 2 Elastizitätskonstanten (Dehnungsmodul, Schubmodul). Je weniger symmetrisch das Kristallsystem ist, desto mehr Konstanten erfordert es. Schon das reguläre System fordert 3, das trikline 21.

Charakteristisch für die Kristalle und besonders für ihr *physikalisch* verschiedenes Verhalten längs der *geometrisch* verschiedenen Richtungen in ihnen ist ihr Verhalten hindurchfallendem Licht gegenüber. Die wesentliche Ursache für die merkwürdigen kristalloptischen Erscheinungen — wir können sie nur andeutend erwähnen — liegt darin, daß das Licht sich in den Kristallen in verschiedenen Richtungen verschieden schnell fortpflanzt. Es

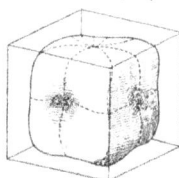

10

gibt drei *Hauptlichtgeschwindigkeiten*: die Geschwindigkeiten längs den Achsen. Im kubischen System sind die Hauptlichtgeschwindigkeiten alle drei einander gleich, in den Kristallen des tetragonalen und des hexagonalen Systems nur zwei, die dritte entspricht derjenigen Symmetrieachse, nach der der Kristall *optisch-einachsig* heißt, in den anderen Kristallen (*optisch-zweiachsig*) sind alle drei verschieden. Markiert man die Geschwindigkeit der von einem Punkt im Innern nach allen Richtungen ausgehenden Strahlen wieder durch Vektoren, so bilden ihre Endpunkte eine Fläche, die *Strahlenfläche*. In isotropen Körpern ist (weil die Lichtgeschwindigkeiten einander gleich sind) keine Richtung vor den anderen unterschieden, hier ist die Strahlenfläche daher eine Kugel.

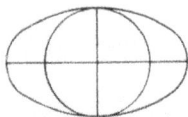

Abb. 170.   Durchschnitt durch die Strahlenfläche eines optisch (negativ) einachsigen Kristalles (beim *positiven* umschließt der *Kreis* die Ellipse).

Auch in Kristallen des kubischen Systems ist sie eine Kugel, man nennt diese Kristalle daher *optisch-isotrop*.

Anders in den optisch-anisotropen Kristallen, den optisch-einachsigen und den optisch-zweiachsigen. In ihnen pflanzen sich in *jeder* Richtung (ausgenommen sind nur die optischen Achsen selber) zwei Strahlen fort, die physikalisch völlig verschieden sind, sie heißen der *ordentliche* und der *außerordentliche* Strahl. Alle ordentlichen Strahlen laufen gleich schnell, die außerordentlichen verschieden schnell. Die Strahlenfläche eines optisch-anisotropen Kristalles besteht daher stets aus zwei Schalen, die eine Schale ist den ordentlichen, die andere den außerordentlichen zugeordnet. In den optisch-einachsigen ist den ordentlichen Strahlen eine Kugel zugeordnet, den außerordentlichen ein dazu konzentrisches Rotationsellipsoid, dessen Rotationsachse in die kristallographische Hauptachse fällt. Abb. 170. In zweiachsigen Kristallen ist die Strahlenfläche überaus verwickelt. Abb. 171 zeigt die Hauptschnitte: in zwei Hauptschnitten sind Kreis und Ellipse ohne Berührung miteinander, im dritten schneiden sie einander. Die Kreispunkte, deren Tangenten zugleich die Ellipse tangieren, sind die Durchstoßungspunkte der optischen Achsen. Der Winkel der optischen Achsen ist für jeden optisch-zweiachsigen Kristall charakteristisch. Optisch-einachsig sind z. B. Beryll, Eis, Kalkspat, Korund, Natriumnitrat, Quarz, Turmalin, Zinnober, Zirkon.

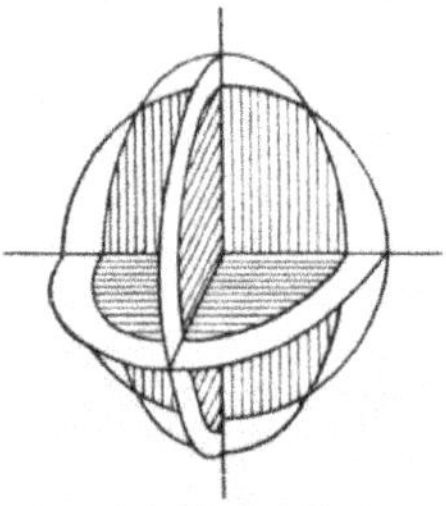

Abb. 171.   Die drei Hauptschnitte durch die Strahlenfläche eines optisch zweiachsigen Kristalles.

Optisch-zweiachsig sind: Borax, chlorsaures Kali, Eisenvitriol, essigsaures Blei, Gips, Glimmer, kohlensaures Natron, Kupfersulfat. Rohrzucker, salpetersaures Silber.

Auch gegenüber der Wärme, der Elektrizität, dem Magnetismus verhalten sich die Kristalle anders als isotrope Körper. Auch hier läßt sich der Zusammenhang zwischen der Stärke des Vorganges und der jeweiligen Richtung im Kristall durch ein Ellipsoid veranschaulichen. Die Kohäsionseigenschaften der Kristalle, wie Spaltbarkeit und Härte — auch die Kristalle des kubischen Systems verhalten sich hierin anisotrop — lassen sich theoretisch bisher noch nicht erfassen.

Von den unelastisch flüssigen Körpern (tropfbaren Flüssigkeiten) und den elastisch flüssigen (Gasen).

A (1). Gleichgewicht der tropfbaren Flüssigkeiten.

Starrheit und Flüssigkeit. Wir unterscheiden an den Stoffen die Aggregatformen: Starrheit, Flüssigkeit, Gasform nach der handgreiflichen Verschiedenheit des Zusammenhanges (Kohäsion) ihrer Teilchen. Aber *scharf* ist die Grenze zwischen Starrheit und Flüssigkeit *nicht*: zwischen beiden finden sich alle denkbaren Abstufungen der Kohäsion. Daß auch die Flüssigkeiten Kohäsion haben, beweisen sie schon dadurch, daß sie Tropfen bilden. Das scheidet sie von den festen wie von den gasförmigen Körpern, und man nennt sie deswegen *tropfbar* flüssig (die Gase *elastisch* flüssig). Selbst die „festen (starren)" Körper sind nicht *vollkommen* starr, sie verändern ihre Form, wenn Kräfte sie angreifen. Wenn die Änderung jedoch die Elastizitätsgrenze nicht überschreitet, ist sie bald *beendet*, auch wenn die Kraft weiterwirkt. In diesem deformierten Zustande kann der „feste" Körper daher, solange *nur diese* Kraft auf ihn wirkt, als vollkommen starr gelten. Ein Körper jedoch, der durch eine Kraft eine Formänderung erfährt, die mit der Zeit fortschreitet, ist nicht starr; man nennt ihn *zähe*. Aber (und das unterscheidet flüssige Körper von festen), wenn zu der fortschreitenden Formänderung schon die *kleinste* Kraft genügt, falls sie nur *lange* genug wirkt, dann nennt man ihn eine zähe *Flüssigkeit*, wie hart er auch erscheint. Wenn aber die dazu erforderliche Kraft eine gewisse Größe haben muß (nicht, jede *beliebig* kleine Kraft ausreicht), dann nennt man ihn immer noch „fest", wenn er auch sehr *weich* ist.

Ein Talglicht ist viel weicher als eine Siegellackstange. Aber wenn man beide horizontal hinlegt und nur an den Enden unterstützt, so biegt sich im Sommer die Siegellackstange in einigen Wochen infolge ihres Gewichtes, das Talglicht bleibt gerade. Das Talglicht ist daher ein fester Körper, wenn auch ein weicher, der Siegellack eine Flüssigkeit, wenn auch eine sehr zähe. — Die Form eines weichen festen Körpers dauernd zu ändern, erfordert eine *große* Kraft, sie ruft ihre Wirkung *sofort* hervor. Handelt es sich aber um eine zähe Flüssigkeit, so ist nur Zeit erforderlich; schon die kleinste Kraft ruft eine merkbare Wirkung an ihr hervor, wenn ihr Zeit genug gelassen wird — eine Wirkung, zu der eine sehr große Kraft erforderlich ist, wenn sie nur ganz kurz wirkt. Ein Block Pech kann so hart sein, daß man keinen Eindruck macht, wenn man mit den Fingerknöcheln dagegen schlägt, und doch plattet er sich *im Laufe der Zeit* durch sein Gewicht ab und breitet sich aus wie Wasser. Die Einordnung von Pech und ähnlichen Stoffen unter die Flüssigkeiten rechtfertigt der folgende Versuch (OBERMEYER, 1877): Legt man ein Stück Pech in eine Rinne, auf deren Boden (*unter dem* Pech) ein Kork liegt, und auf das Pech einen Kieselstein, so ist nach einigen Tagen das Pech in die Rinne geflossen, an der es sich genau abgeformt hat; der Kiesel aber liegt in der Rinne und der Kork oben auf dem Pech.

Ideale und wirkliche Flüssigkeiten. An was für eine Flüssigkeit soll man aber denken, wenn man schlechtweg von „Flüssigkeit" spricht? An eine, die so zähe ist wie Pech, oder an eine, die es so wenig ist, daß sie mit Zähigkeit nichts zu tun zu haben scheint, wie Wasser oder Alkohol? Das „zähe" kennzeichnet bereits eine „Eigenschaft" der Flüssigkeit. Denkbar ist also auch eine Flüssigkeit *ohne* Zähigkeit. Wir haben gesagt: schon die kleinste Kraft ruft eine merkbare Wirkung an einer zähen Flüssigkeit hervor, wenn ihr *Zeit genug* gelassen wird. Frei von Zähigkeit, d. h. eine *ideale* Flüssigkeit, ist mithin diejenige, die auf eine beliebig kleine Kraft *sofort* mit einer Formänderung reagiert, deren Teilchen also zu ihrer Verschiebung *keine Arbeit erfordern*. (Auf *diesen* Punkt kommen wir zurück.) In der Wirklichkeit ist die Beweglichkeit aber stets durch die Reibung — die *innere Reibung*, die *Zähigkeit* — der Flüssigkeitsteilchen beeinträchtigt. Aus ihr erklärt sich z. B. das Verhalten einer Flüssigkeit, die man in einem Gefäß in Drehung versetzt und dann sich selbst überläßt: die Flüssigkeit dreht sich *allmählich* langsamer und kommt schließlich am Rande (infolge der Reibung an der Gefäßwand) und später auch im Innern des Gefäßes zur Ruhe.

Wir setzen zunächst eine ideale, d. h. vollkommen reibungslose Flüssigkeit voraus. Die Reibung beeinflußt nur die Bewegung der Flüssigkeit, wir haben es bis auf weiteres aber nur mit der ruhenden zu tun.

Die *ideale* Flüssigkeit ändert also ihre Gestalt, wenn auch nur die *kleinste* Kraft kurze Zeit auf sie wirkt. Ihre andere charakteristische Eigenschaft ist: sie läßt sich nicht zusammendrücken. Das Wasser — dieses meinen wir, wenn wir von Flüssigkeit schlechtweg sprechen; daher auch die Bezeichnung *Hydro*statik und *Hydro*dynamik für die Mechanik der *flüssigen* Körper — ist zwar elastisch und unter sehr hohem Druck komprimierbar, aber selbst bei dem höchsten erreichbaren so wenig, daß wir davon absehen dürfen. Wir dürfen deshalb die ideale Flüssigkeit als inkompressibel ansehen — als *volum*beständig.

Gleichgewicht einer ruhenden Flüssigkeit. Wieso können die Flüssigkeiten überhaupt in Ruhe sein, wo doch die *Schwerkraft* immer und überall wirkt? Daß

10*

sie es sein können, lehrt jeder ruhende Wasserspiegel und jeder ruhende Wassertropfen.

Man stelle sich vor (Abb. 172), die Flüssigkeit A sei in Ruhe, obwohl eine
Kraft auf sie wirkt, und P sei die Kraft, die ein Teilchen der Oberfläche angreift.
Eine *parallel* zur Oberfläche wirkende Kraft würde das Flüssigkeitsteilchen *in*
der Oberfläche verschieben. Damit es in Ruhe sein kann, darf also die Kraft P
keine zur Oberfläche parallele Komponente haben, muß also senkrecht zur Ober-
fläche wirken, denn *nur* dann hat sie keine zu ihr parallele Komponente (Q). Kurz:
Die *Oberfläche* einer ruhenden Flüssigkeit muß in jedem Punkte *senkrecht* zu der
Richtung der dort wirkenden *Kraft* sein. Und in der Tat: die freie (nicht mit einer

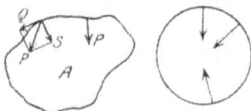

Gefäßwand zusammenfallende) Oberfläche einer
ruhenden Flüssigkeit (in einem Gefäß, einem Teich),
die nur der Wirkung der Schwere unterliegt, ist horizontal, d. h. senkrecht zur Schwerkraft; ruhende
Flüssigkeitsmassen, die man der Schwerkraft entzieht, wie im PLATEAUschen Versuch (S. 83), bilden
vollkommene Kugeln (Abb. 100).

Abb. 172. Bedingung der Ruhe
einer Flüssigkeit.

Druckfortpflanzung im Innern einer Flüssigkeit. Infolge der eminenten Beweglichkeit ihrer Teilchen übertragen die Flüssigkeiten den Druck, der irgendwo
auf sie wirkt, von hier aus nach allen Richtungen in gleicher Stärke auf die einzelnen Flüssigkeitsteilchen, so daß diese sich verschieben, wo nicht ein gleich
großer Gegendruck den Druck aufhebt. Diese Art der *Druckfortpflanzung* unterscheidet die Flüssigkeiten von den starren Körpern ebenso deutlich, wie es die
Freiheit der *Beweglichkeit* ihrer Massenteilchen tut: Drückt z. B. ein Gewicht
auf das obere Ende eines *starren* zylindrischen Körpers, so pflanzt sich der Druck
von Schicht zu Schicht zwar auf die Basis fort und zeigt sich als Gewichts-

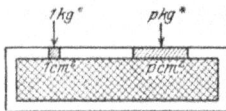

Abb. 173. Allseitige Druckfortpflanzung in einer Flüssigkeit.

vergrößerung an, aber eine *seitliche* Wirkung auf den
Zylindermantel wird nicht wahrnehmbar. Anders schon,
wenn der Körper aus lose zusammengehäuften Körnern
(Schrot, Sand) besteht, die ein zylindrischer Mantel
wie ein Gefäß zusammenhält. Die dem Gewicht benachbarten Körner suchen dem von oben wirkenden
Drucke auszuweichen, schieben sich zwischen ihre

Nachbarn, übertragen dabei den Druck auf sie, diese wieder auf andere, und
so pflanzt sich der Druck nach allen Richtungen fort, von Teilchen zu
Teilchen bis zur Gefäßwand und von da wieder zurück. Ist die Gefäßwand
elastisch, so wölbt sie sich und zeigt dadurch den Druck auf sie, wird sie
irgendwo durchbohrt, so zeigt sie ihn noch deutlicher dadurch, daß die Körner

durch die Öffnung hinausgeschleudert werden. — Was
von den festen Körnchen gilt, gilt erst recht von den
vollkommen frei beweglichen Flüssigkeitsteilchen. Der
Druck, den daher eine Stelle der Gefäßwand (Abb. 173)
von innen her oder eine Stelle im Innern der Flüssigkeit
erleidet, ist natürlich um so größer, je größer sie ist,

Abb. 174. Prinzip der
hydraulischen Presse.

weil sie dann dem Andrängen einer um so größeren
Anzahl von Teilchen zu widerstehen hat. Der Innendruck
ist offenbar an *gleich* großen Stellen gleich groß, an *verschieden* großen der
Größe der gedrückten Stelle proportional; im übrigen ist er der Größe des
von außen her wirkenden Druckes proportional (Prinzip von PASCAL 1663).
Man *mißt* den Druck durch die *senkrecht auf 1 cm²* wirkende Kraft. Belastet
man den bewegbaren Kolben P von 1 cm² Querschnitt (Abb. 174) mit 1 kg*,
so kann man den Kolben P' von 100 cm² Querschnitt nur durch 100 kg* in

Ruhe halten. Beträgt das Gewicht weniger, so wird P' durch den von P her ausgeübten Überdruck gehoben.

Hydraulische Presse. Das Prinzip der Druckfortpflanzung wird technisch verwertet in der hydraulischen Presse (Abb. 175) (erfunden von PASCAL; verbessert, durch Verbesserung der Kolbendichtung, von BRAMAH, 1795): Den kleinen Kolben a drückt man mit dem einarmigen Hebel O auf das Wasser in dem Stiefel A, der Druck pflanzt sich durch das Wasser in dem punktiert gezeichneten Rohr auf den großen Kolben C fort und schiebt ihn in die Höhe bis an ein Widerlager. Ein Sicherheitsventil S hindert den Druck, in dem Rohr die zulässige Grenze zu überschreiten. C erfährt nach oben einen Druck, der sich zu dem auf a verhält wie der Querschnitt von C zu dem von a. Wirken z. B. an O 2 kg*, und ist der lange Hebelarm zehnmal so lang wie der kurze, so wird a mit 20 kg* nach unten gedrückt. Ist der Querschnitt von C dabei zehnmal so groß, wie der von a, so erfährt C eine Kraft von 200 kg*. Die hydraulische Presse dient zur Erzeugung sehr hoher Drucke, zum Heben extrem schwerer Lasten, als Schmiedepresse, zum Auspressen des Öles und des Zuckersaftes in Ölmühlen und in Rübenzucker-

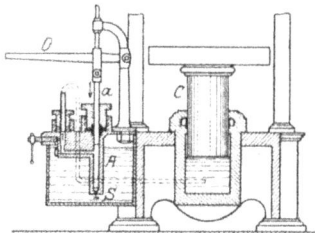
Abb. 175. Hydraulische Presse.

fabriken, auch zum Pressen von Metallstücken, die man sonst durch Gießen hergestellt hat, und für viele Zwecke der Lebensmittelindustrie (Herstellung von Makkaroni, Auspressen der Kakaobohnen u. dgl.).

Zusammendrückbarkeit. Piëzometer. Prinzip von OERSTEDT. Das Wasservolumen verkleinert sich trotz des großen Druckes kaum wahrnehmbar (bei 8° und 705 Atm. 47 Millionstel des ursprünglichen Rauminhaltes für den Überdruck um je 1 Atm.), so daß das Wasser als inkompressibel gelten darf. Die tropfbaren Flüssigkeiten überhaupt sind nur um sehr geringe Bruchteile ihres ursprünglichen Volumens zusammendrückbar. Das für die Messungen benützte Piëzometer ($\pi\iota\acute{\epsilon}\zeta\epsilon\iota\nu$ = drücken) besteht wesentlich aus einem starkwandigen, thermometerförmigen Glasgefäß für die zu untersuchende Flüssigkeit, einer damit verbundenen Druckpumpe und einem Thermometer. (OERSTEDT, 1822, seitdem verbessert). Abb. 176 zeigt das *Wesentliche* eines Verfahrens, die Zusammendrückbarkeit des Wassers zu messen. Das thermometerförmige Gefäß A ist ursprünglich *ganz* mit (luftfreiem) Wasser gefüllt und taucht mit der Kapillare in Quecksilber. Dieses und das Gefäß A liegen unter Wasser. Mit einer Kompressionspumpe übt man auf das Wasser einen großen Druck aus. Er überträgt sich auf das Quecksilber und durch dieses auf das Wasser in A, drückt es zusammen und treibt daher Quecksilber in die Kapillare.

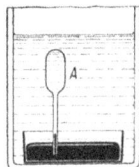
Abb. 176. Zusammendrückbarkeit des Wassers.

Druck im Innern der Flüssigkeit. Solange eine ideale Flüssigkeit in Ruhe ist, behält auch jedes ihrer Teilchen seinen Ort relativ zu den anderen. Hierin verhält sie sich wie ein starrer Körper, und Kräfte, die von außen auf sie wirken, müssen daher, um im Gleichgewicht zu sein, den allgemeinen Gleichgewichtsbedingungen für Kräfte am *starren* Körper genügen. Aber sie müssen noch eine Bedingung erfüllen, die für den *flüssigen* Körper charakteristisch ist. Wir erklären sie aus Abb. 177. Wir grenzen aus der Flüssigkeitsmasse einen Teil durch eine geschlossene Fläche ab, die wir uns als unendlich dünne starre Wand vorstellen. Nur die Flächenelemente df und df' seien in der zu ihnen normalen Richtung verschiebbar, so daß sie sich wie in

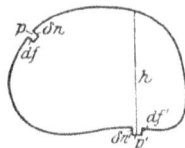
Abb. 177. Berechnung des Druckes in der Flüssigkeit.

einem Kanal vom Querschnitt df resp. df' senkrecht zur Wand verschieben können. Das Element df' liege horizontal, das *vereinfacht* eine später anzustellende Überlegung, ohne den Vorgang zu verändern; das Element df sei irgendwie im Raume orientiert. Das Flächenelement df werde nun um δn nach innen gedrängt, während df' gleichzeitig so weit nach außen tritt — die Flüssigkeit ist ja inkompressibel —, daß $df \cdot \delta n = df' \cdot \delta n'$ ist. Das sind ..mit den

Bedingungen des Systems verträgliche" Bewegungen, *virtuelle*, die ausführbar *sind*, wenn sie auch nicht ausgeführt *werden*. Nach S. 147 m. erfordert die ideale Flüssigkeit zu einer Gestaltsänderung durch äußere Kräfte keine Arbeit. Daher ist die Summe der Arbeitsleistungen der äußeren Kräfte für alle virtuellen Bewegungen Null. Die Änderung der Konfiguration der zu der Flüssigkeitsmasse vereinigten Massenpunkte besteht lediglich darin, daß sich an den Stellen df und df' die *Grenzen* der Flüssigkeitsmasse verschieben; im *Innern* wird jedes Flüssigkeitsteilchen durch ein anderes gleichwertiges ersetzt. Wir brauchen also nur den Vorgang bei df und df' ins Auge zu fassen.

Nach Abb. 172 muß die Oberfläche einer ruhenden Flüssigkeit in jedem Punkte senkrecht zur Richtung der dort wirkenden Kraft sein. Nennen wir p die Kraft auf die Flächeneinheit von df und p' die Kraft, die wir auf die Flächeneinheit von df' wirken lassen müssen, um das Gleichgewicht zu erhalten, dann sind die virtuellen Arbeiten der beiden Kräfte $pdf \cdot \delta n$ und $- p'df' \cdot \delta n'$ (negativ, weil $\delta n'$ und p' einander entgegengesetzte Richtung haben). Wäre die Flüssigkeit dem Einfluß der Schwere entzogen — man kann eine Flüssigkeit „schwerelos" *machen* (S. 83 m.) — dann würden wir fortfahren: da die Summe der virtuellen Arbeiten Null sein soll, muß $pdf \cdot \delta n = p'df' \cdot \delta n'$ sein, und da $df \delta n = df' \delta n'$ ist, so muß $p' = p$ sein. — Aber außer p und p' wirkt gewöhnlich noch die Schwere der Flüssigkeit. Liegt über df' eine Flüssigkeitssäule von der Höhe h und ist die Schwere der Volumeneinheit, gleich γ, so übt die Schwerkraft auf df' den Druck $h\gamma$ vertikal nach unten aus, ihre virtuelle Arbeit an df' ist $h\gamma df' \delta n'$, und wir haben die Gleichung $pdf \delta n + h\gamma df' \delta n' - p'df' \delta n' = 0$, und da $df \delta n = df' \delta n'$ ist, so ist $p' = p + h\gamma$. Die Richtung der Flüssigkeitselemente df und df' kommt dabei gar nicht ins Spiel. Es ergibt sich: 1. der Druck auf ein Flächenelement an einem gegebenen Punkte in der Flüssigkeit ist unabhängig von der Orientierung des Flächenelementes im Raume, 2. der Druck ist an allen Punkten einer Horizontalebene durch die Flüssigkeit, d. h. in gleicher Tiefe, derselbe und wächst mit zunehmender Tiefe proportional dem Tiefenunterschied.

Auftrieb. Die Fähigkeit eine Druckwirkung von der Druckstelle aus gleichmäßig fortzupflanzen, ist von den Flüssigkeiten untrennbar (S. 148 m.). Auch wenn die Flüssigkeit nur der Einwirkung der Schwerkraft überlassen ist und die oberen Schichten durch ihr Gewicht auf die unteren drücken, muß sich der Druck, den ein horizontaler Querschnitt der Flüssigkeit vertikal von oben erfährt, nach allen Richtungen und mit der gleichen Stärke fortpflanzen. Trotzdem wird an keiner Stelle der Flüssigkeit das Gleichgewicht gestört. Der Druck wird daher offenbar überall durch einen gleich großen und ihm entgegengesetzt, d. h. vertikal nach oben gerichteten Druck, den *Auftrieb*, aufgehoben. Man kann den *Auftrieb* gemäß Abb. 178 veranschaulichen. B ist ein beiderseits offenes Glasrohr. Um sein unteres Ende durch die Platte CD zu verschließen, muß man die Platte dagegen drücken, indem man den Faden straff zieht. Senkt man aber das Rohr mit der angedrückten Platte tief genug in das Wasser, so bleibt sie auch ohne diesen Zug angedrückt. Man kann das aus ihr und dem Rohre gebildete Gefäß fast bis zum Niveau EF mit Wasser füllen, ehe sie abfällt. Sie fällt erst, wenn das Gewicht der Wassersäule über ihr und ihr eigenes Gewicht zusammen größer sind als der gegen sie wirkende Auftrieb.

Der Druck pflanzt sich auch auf die Gefäß*wand* fort, und wird durch einen Gegendruck von ihr erwidert und in seiner Wirkung aufgehoben — vorausgesetzt, daß das Gefäß fest genug ist. (Andernfalls wird seine Festigkeit von dem Flüssigkeitsdruck überwunden, und es platzt auseinander, wie die Tonne, die PASCAL (1647) mit Hilfe eines dünnen, aber 100 m hohen Rohres durch Wasserdruck zersprengt hat.) *Wahrnehmbar* machen kann man den Druck auf die Gefäßwand immer dort, wo man den *Gegendruck* der Wand aufhebt, indem man sie öffnet z. B. bei *D* (Abb. 179). Die Flüssigkeit wird dann aus der Öffnung hinausgeschleudert. Wäre kein Druck vorhanden, so würde sie, wie bei einem überlaufenden Gefäße, an der Wand herabrinnen. Die gleichzeitig in der diametral entgegengesetzten Richtung bei *d* auf die Wand ausgeübte Wirkung wird gleichzeitig wahrnehmbar dadurch, daß sie das ganze Gefäß in Bewegung setzt, vorausgesetzt, daß es leicht genug beweglich ist, z. B. auf einem Schwimmer ruht oder pendelartig aufgehängt ist, diese Bewegung ist die Wirkung der jetzt sinnfällig werdenden *Re-*

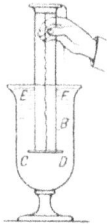

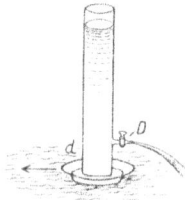

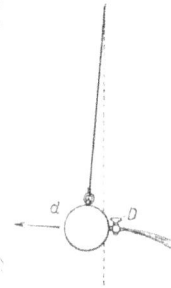

Abb. 178. Auftriebs.

Wirkung des Gegendrucks.

Abb. 179.

*aktions*kraft. Angewendet wird diese Art, Bewegung hervorzurufen, in dem rotierenden Gartensprengapparat.

Bodendruck. Wenn sich der Druck[1] nur in der Richtung der ihn erzeugenden Kraft, d. h. der Schwerkraft, fortpflanzte, so würde jede Fläche nur den Druck des Gewichtes der vertikal über ihr liegenden Flüssigkeit erfahren, also z. B. in dem Horizontalschnitt HH (Abb. 180) die Stelle a den Druck des Gewichtes der Säule $a\varkappa$, die Stelle A den des Gewichtes der Säule AB usw. Aber die obere Endfläche der Säule $a\varkappa$ erfährt *auch* einen Druck vertikal von oben, obwohl über ihr keine Flüssigkeit steht. Denn auf jede Flächeneinheit der Flüssigkeitsebene, von der $\varkappa$ ja doch ein Teil ist, wirkt der Druck vom Gewicht der auf γ stehenden Flüssigkeitssäule $\gamma\beta$, und dieser pflanzt sich auch auf die Stelle $\varkappa$ fort. Die Basis a erfährt also außer dem Drucke

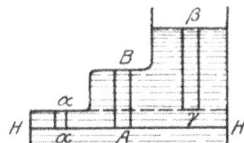

Abb. 180. Druck in einer ruhenden Flüssigkeit.

des Gewichtes der Säule $a\varkappa$ noch einen Druck, wie wenn auf $\varkappa$ eine Säule von der Höhe $\gamma\beta$ stände, d. h. wie wenn auf ihr selbst, auf a, eine Flüssigkeitssäule stände, die von ihr bis zum Flüssigkeitsspiegel hinaufreicht. Daraus folgt:

1. Der Druck an einem Punkt der Flüssigkeit hängt nur davon ab, wie tief der Punkt unter dem druckfreien Flüssigkeitsspiegel liegt (vom Luftdruck abgesehen), der Druck nimmt mit der Tiefe zu und ist auf dem Boden am größten.

2. Punkte, die gleich tief unter dem druckfreien Flüssigkeitsspiegel liegen, erfahren gleich großen Druck; ein Horizontalschnitt der Flüssigkeit erfährt also eine Gesamtkraft, die gleich ist der Kraft auf 1 cm² mal der Anzahl seiner Quadratzentimeter.

Ist (Abb. 180) die Flüssigkeit Wasser, liegt der Querschnitt HH 50 cm unter dem Flüssigkeitsspiegel und enthält er 800 cm², so ist die Kraft auf 1 cm² gleich dem Gewicht von 50 cm³ Wasser, d. h. 50 g*, und die Kraft auf den ganzen Querschnitt ist 50 g* · 800 $=$ 40 kg*. Ist die Flüssigkeit Quecksilber, so ist die Kraft auf 1 cm² 50 · 13,59 g* und auf den ganzen Querschnitt 50 · 13,59 · 800 g* $=$ 542,4 kg*. — Die Kraft ist also so groß, wie wenn der ganze Querschnitt eine vertikale Flüssigkeitssäule zu tragen hätte, die bis zum Flüssigkeitsspiegel

---

[1] Man mißt den *Druck* durch die Kraft, die senkrecht auf die Flächen*einheit* wirkt. Wo man von „Bodendruck" kurzweg spricht, aber die auf den *ganzen* Boden wirkende Kraft meint, drückt man sich ungenau aus.

reicht und überall denselben horizontalen Querschnitt hat. Bestimmend für die Größe der Kraft auf den Querschnitt ist danach nur die Größe des Querschnittes, das spezifische Gewicht, d. h. das Gewicht von 1 cm³ der Flüssigkeit, und die Tiefe des Querschnittes unter dem Flüssigkeitsspiegel — aber nicht die Menge der über dem Querschnitt tatsächlich vorhandenen Flüssigkeit. Das gilt auch von dem Druck auf den wagerechten Boden eines Gefäßes, dem *Bodendruck*. In allen 3 Fällen der Abb. 181 wirkt auf den ganzen Boden — das spezi-

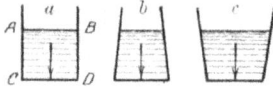

Abb. 181. Bodendruck. Trotz Gleichheit der Böden und Gleichheit der Tiefen der Gefäßfüllung ist der Bodendruck in *a*, *b* und *c* verschieden. (*Druck* ist die Kraft *pro Flächeneinheit*.)

fische Gewicht, die Bodengröße und die Flüssigkeitstiefe immer als dieselben vorausgesetzt — eine Kraft vom Gewichte der Flüssigkeitssäule *ABCD*.

Hydrostatisches Paradoxon. Die Bodenkraft ist also im zweiten Falle *größer*, im dritten *kleiner* als das Gewicht der vorhandenen Flüssigkeit, und ist nur dann ihm *gleich*, wenn die Seitenwände vertikal sind. (*Hydrostatisches Paradoxon*, STEVIN, 1587.) Es erscheint paradox, daß eine ruhende Flüssigkeit, auf die nur die Schwerkraft wirkt, auf den Boden des Gefäßes eine andere Kraft ausüben kann als ihr Gewicht erwarten läßt, und daß trotzdem eine gewöhnliche Waage das Gewicht des Gefäßes mit der Flüssigkeit stets richtig angibt. Aber man bedenke, daß sich auf die Waagschale nicht nur die Bodenkraft überträgt, sondern auch die Komponenten der Kräfte, die die mit dem Boden starr verbundenen Seitenwände in Richtung der Schwerkraft erfahren. Der Druck auf die *Seitenwände* liefert in dem nach unten verengten Gefäß *c* eine (additive) Komponente nach unten; in dem nach oben verengten Gefäß *b* liefert er eine (subtraktive) Komponente nach oben. Die auf die *Waagschale* wirkende Kraft, die aus Bodenkraft *und* Seitenkraft *resultiert*, wird dadurch dem Gewichte der Flüssigkeit stets *gleich*.

Bleiben Bodenfläche, Flüssigkeitstiefe und spezifisches Gewicht unverändert, so ist die Bodenkraft in der Tat stets dieselbe, und zwar gleich dem Gewicht der Flüssigkeit, die senkrecht über dem Boden steht. Das ist beweisbar.

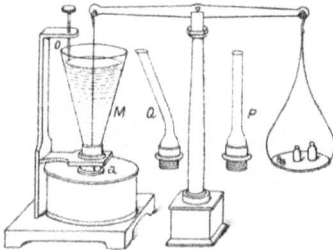

Abb. 182. Messung der Bodenkraft durch Gewichtsstücke.

Das in Abb. 182 dargestellte Gefäß hat einen horizontalen Boden *a*, der mit den Seitenwänden nicht starr verbunden ist, sondern nur gegen den unteren Rand der Wandung angepreßt wird, nämlich durch den von dem Gewicht auf der Waagschale her nach oben wirkenden Druck. Man verfügt also über ein Gefäß, dessen Festigkeit man je nach der Größe des Gewichtes auf der Waagschale beliebig ändern kann.

Solange das Gewicht dasselbe bleibt, muß man das Gefäß, gleichviel ob *M* oder *P* oder *Q*, stets bis zur selben Höhe füllen, ehe der Boden abgedrückt wird, wenn er nur immer denselben Flächeninhalt hat. An einem Gefäß mit vertikalen Seitenwänden, das überall einen Boden kongruenten Horizontalschnitt hat, findet man, daß die Bodenkraft gleich dem Gewicht der Flüssigkeit in diesem Gefäß ist. Natürlich muß man dieses Gewicht auf einer Waage ermitteln. Die Anordnung Abb. 182 kann man nur dann als Waage benutzen, wenn man den Boden mit dem Gefäß starr verbindet und das Gefäß als Waagschale an dem Waagebalken aufhängt (*mit ihm* beweglich macht).

Flüssigkeitsstand in kommunizierenden Gefäßen. In Gefäßen (Abb. 183), die durch Kanäle unter der Oberfläche der Flüssigkeit miteinander verbunden sind (*kommunizieren*), steht die Flüssigkeit in allen gleich hoch, falls sie dieselbe Flüssigkeit enthalten. Warum? Die lediglich unter der Einwirkung der Schwere befindliche Flüssigkeit fordert zum Gleichgewicht nur, daß der Druck auf alle Flächen (dyn/cm²) desselben Horizontalschnittes gleich groß ist. Die Größe der Kraft auf ein einzelnes cm² hängt aber nur davon ab, wie *tief* es unter der freien

Oberfläche liegt (S. 150 m). Mit anderen Worten: das, was über das Gleichgewicht entscheidet, ist von der Anzahl der cm², d. h. der Weite und der Form des Gefäßes unabhängig (von kapillaren Röhren ist hier abzusehen, s. d.). Auf jedes cm² desselben Horizontalschnittes muß nur dieselbe Kraft wirken, z. B. bei AB wie bei CD wie bei EF usw. Dieser Druck ist numerisch gleich dem Produkt aus 1 cm². Höhe in cm und spezifischem Gewicht ($1 \cdot h \cdot s$). Das spezifische Gewicht ist aber in allen Gefäßen dasselbe, daher kann $1 \cdot h \cdot s$ nur dann immer dieselbe Größe haben, wenn auch h immer dieselbe Größe hat, d. h. die Flüssigkeit über jedem cm² des Querschnittes, also in *allen* Gefäßen gleich hoch steht. Die miteinander verbundenen Gefäße

Abb. 183.
Flüssigkeiten vom selben spezifischen Gewicht stehen gleich hoch in kommunizierenden Gefäßen.

bilden also, im Grunde genommen, nur ein einziges Gefäß: ihre freien Oberflächen liegen in derselben Horizontalebene.

Darauf beruht die Verwendbarkeit der Wasserstandgläser an den Dampfkesseln. Das Wasserstandglas ist ein mit dem Kessel kommunizierendes Glasrohr; die Höhe des Wasserstandes in dem Glasrohr zeigt die Höhe des Wasserstandes im Kessel an. Darauf beruht ferner die Verwendbarkeit zweier kommunizierenden, mit derselben Flüssigkeit gefüllten Gefäße als Visierinstrument (Kanalwaage der Feldmesser), mit dem man Punkte (in Abb. 184 Punkt M) fixiert, die außerhalb des Instrumentes in der den freien Oberflächen D und E gemeinsamen Horizontalebene liegen. Man kann mit der Kanalwaage und einem Maßstabe Höhenunterschiede messen.

Abb. 184. Kommunizierende Gefäße als Visierinstrument.

Aber die freien Oberflächen liegen *nicht* in derselben Horizontalebene, sondern *verschieden* hoch, mit anderen Worten: die kommunizierenden Gefäße können *nicht* als *ein* Gefäß gelten, wenn die freien Oberflächen zu Flüssigkeiten von verschiedenem spezifischen Gewicht gehören: und zwar liegt eine Oberfläche desto niedriger relativ zu der anderen, je größer das spezifische Gewicht der von ihr begrenzten Flüssigkeit ist. Man gieße (Abb. 185) in ein U-förmiges Rohr (dessen Schenkel kommunizierende Gefäße bilden) Wasser und dann in S_1 auf die freie Oberfläche eine Flüssigkeit, die leichter ist als Wasser und sich mit ihm nicht mischt, z. B. Öl. In dem Querschnitt α berühren beide einander. Die freie Oberfläche in S_2 begrenzt dann Wasser, in S_1 Öl, und das Ölniveau O liegt höher als das Wasserniveau W. Da Gleichgewicht herrscht, ist der Druck (dyn/cm²) bei α gleich dem Druck bei β. Der Druck der Ölsäule (ihre Höhe ist h_1, ihr spezifisches Gewicht s_1) bei α ist $h_1 \cdot s_1$, der Druck der Wassersäule (h_2 und s_2) bei β ist $h_2 \cdot s_2$; also muß $h_1 \cdot s_1 = h_2 \cdot s_2$,

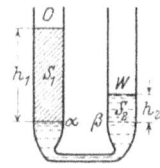

Abb. 185. Flüssigkeiten von verschiedenem spezifischen Gewicht in kommunizierenden Gefäßen.

d. h. $\dfrac{h_1}{h_2} = \dfrac{s_2}{s_1}$ sein. Die Höhen über der Horizontalebene, in der die Trennungsebene liegt, verhalten sich also umgekehrt zueinander wie die spezifischen Gewichte. Man kann sie benützen, um spezifische Gewichte miteinander zu vergleichen. DULONG und PETIT haben so das spezifische Gewicht des Quecksilbers bei sehr verschiedenen Temperaturen gemessen.

Seitendruck. Wie groß ist der Druck auf ein ebenes *nicht* horizontales Flächenstück, der *Seitendruck*? Jeder Punkt des Flächenstückes erfährt den-

selben Druck, den jeder Punkt erfährt, der auf demselben horizontalen Querschnitt liegt. Auf das Flächenstück wirkt also eine Vielheit von verschieden großen, parallel und gleich gerichteten Kräften, deren Größen und deren Angriffspunkte bekannt sind. Die Aufgabe lautet also: aus den bekannten parallelen Einzelkräften sind Größe und Angriffspunkt ihrer Resultierenden zu berechnen (S. 67).

Wir verdeutlichen den Sinn der Aufgabe, namentlich die Frage nach dem Angriffspunkt an einem Beispiel. Ein Hohlwürfel (Abb. 186) ist bis zum Rande mit Wasser gefüllt. Wir fragen: Wie groß ist der Flüssigkeitsdruck auf die vertikale Seitenwand AB, und in welchem Punkte muß man von außen gegen die Wand drücken, um sie, falls sie frei beweglich ist (nicht mit dem Boden und den Seitenwänden starr verbunden), dem von innen her wirkenden Druck entgegen in ihrer Lage zu erhalten? — Die Rechnung ergibt: Die Größe der Resultierenden, das ist der Druck auf das (*nicht* horizontale!) Flächenstück, ist gleich dem Drucke, den es dann erfahren würde, *wenn* es horizontal *läge*, und zwar in demjenigen Horizontalschnitt der Flüssigkeit, in dem bei seiner tatsächlichen Stellung sein *Schwerpunkt* liegt. — Der Angriffspunkt der Resultierenden liegt tiefer als der Schwerpunkt des Flächenstückes, sein Ort muß besonders berechnet werden. Er kann nicht identisch sein mit dem Schwerpunkt, denn der Schwerpunkt ist der Mittelpunkt *gleich* großer paralleler Kräfte; hier sind aber die Kräfte *nicht* gleich groß (S. 150 m). Die Lösung der an Abb. 186 gestellten Aufgabe ist:

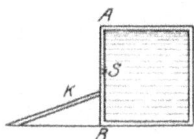

Abb. 186.
Seitendruck einer ruhenden Flüssigkeit.

Da die Wand ein Quadrat ist, so erleidet sie denselben Druck wie der Horizontalquerschnitt durch ihren Mittelpunkt S — der ist ja *gleich* der Größe der Wand, weil das Gefäß ein Würfel ist — also der das Gefäß horizontal halbiert, und auf den von oben die Hälfte der Flüssigkeit drückt. Die *Größe* der Druckkraft ist somit gleich dem halben Flüssigkeitsgewicht. — Der Angriffspunkt K der Druckkraft liegt vertikal unter der Mitte der Wand, sein Abstand von dem Boden ist ein Drittel der Kantenlänge. Dort also muß man die Wand von außen andrücken.

Archimedisches Prinzip. Hydrostatische Waage. Grundlegend für die Physik der Flüssigkeiten ist der Auftrieb (S. 150). Aus ihm erklärt sich z. B. das natürliche *Schwimmen* der Körper, der Bewegungszustand von Körpern, die von einer *ruhenden* Flüssigkeit getragen werden. (*Natürliches*! Das Schwimmen durch Schwimm*bewegungen* ist künstlich. Es ist, wie das Schwimmen eines lebenden Menschen, ein dauernder Kampf gegen das Untersinken. Rudern und Segeln sind Verfahren, um natürlich schwimmende Körper zu verschieben. — *Ruhend!* Ein Körper kann auch von einem nach oben schießenden Wasserstrahl getragen werden. Er schwimmt dann aber nicht, er „tanzt" auf dem Strahl.) Ein Körper, der in einer ruhenden Flüssigkeit frei beweglich ist, wird von der Schwerkraft vertikal nach unten gezogen und von dem Auftrieb vertikal nach oben gestoßen. Sein Verhalten hängt von dem Größenverhältnisse beider ab. Ist sein Gewicht größer als der Auftrieb, dann fällt er, er sinkt unter; ist es kleiner, dann steigt er in die Höhe; ist es ihm *gleich*, dann kann er weder steigen noch fallen, er schwimmt (schwebt).

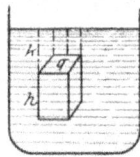

Abb. 187.
Zum Archimedischen Prinzip.

Wir nehmen zur Vereinfachung an, der Körper (Abb. 187) sei ein vierkantiges, rechteckiges Prisma und seine Grundflächen liegen horizontal, dem Flüssigkeitsspiegel parallel. (Die Behandlung beliebig geformter und beliebig liegender Körper ist nur mit der Infinitesimalrechnung möglich.) *Jeder* Punkt der Prismenoberfläche erleidet einen Druck, der seiner Tiefe unter dem Spiegel entspricht. Aber der Druck auf die Seitenwände ist wirkungslos, weil in demselben Horizontalschnitt die Druckkräfte gleich groß sind und jede einzelne durch eine ihr entgegengesetzt gerichtete aufgehoben wird. Nur die Drucke auf die Horizontalflächen kommen in Frage. Der Druck auf die obere Endfläche ist $q \cdot k \cdot s$, der auf die untere $q \cdot (k + h) \cdot s$, das Gewicht des Körpers $q \cdot h \cdot S$ — wenn q der Querschnitt des Prismas ist, h die Höhe, k die Tiefe der oberen Grundfläche unter dem Flüssigkeitsspiegel, s das Gewicht der Volumeneinheit (sp. G.) der Flüssigkeit und S das Gewicht der Volumeneinheit (sp. G.) des Prismas. Also treten in Wechselwirkung vertikal nach unten die Kraft $q \cdot k \cdot s + q \cdot h \cdot S$ und vertikal nach oben die Kraft $q \cdot (k - h) \cdot s$. Das Ergebnis hängt davon ab, ob $(q \cdot k \cdot s + q \cdot h \cdot S) \gtreqless q \cdot (k - h) \cdot s$, d. h. ob $q \cdot h \cdot S \gtreqless q \cdot h \cdot s$ ist. Es ist $q \cdot h \cdot S$ das Gewicht des Prismas, $q \cdot h \cdot s$ das Gewicht eines Körpers, der das *Volumen* $(q \cdot h)$ des Prismas, aber das *spezifische Gewicht* der Flüssigkeit hat, d. h. $q \cdot h \cdot s$ ist das Gewicht eines Volumens *Flüssigkeit*, das gleich dem Volumen des *Prismas* ist. Das Prisma mußte aber, um den Platz in der Flüssigkeit einnehmen zu können, ein seinem eigenen Volumen gleich großes Volumen Flüssigkeit von diesem Platze verdrängen; qhs ist also das Gewicht der durch den eingetauchten Körper verdrängten Flüssigkeit. $qhS \gtreqless qhs$ heißt somit:

Gewicht des eingetauchten Körpers $\gtreqless$ Gewicht der von ihm verdrängten Flüssigkeit.

Ein *diesem* Flüssigkeitsgewicht *gleicher* Druck wirkt also als Auftrieb dem Körpergewicht entgegen, infolgedessen verliert der Körper in der Flüssigkeit an Gewicht so viel, wie die von ihm verdrängte Flüssigkeit wiegt (*Archimedisches Prinzip*). — Wir haben ein rechtwinkliges Prisma gewählt, weil wir an einer einfachen Körperform das Prinzip am einfachsten veranschaulichen können. Es läßt sich aber theoretisch und experimentell zeigen, daß es für ganz beliebig geformte Körper gilt, wir können unter $q \cdot h = V$ das Volumen *irgendeines* Körpers verstehen.

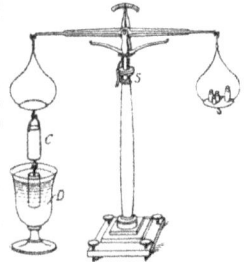

Bewiesen wird das Archimedische Prinzip mit einer hydrostatischen Waage, einer gleicharmigen Balkenwaage besonderer Form (Abb. 188). Der abzuwiegende Körper hängt unter der Waagschale und taucht vollständig in die Flüssigkeit ein, in der man seinen Gewichtsverlust ermitteln will. C ist ein Hohlzylinder, dessen Hohlraum genau gleich dem Volumen des Vollzylinders D ist. Man bringt zunächst die Waage ins Gleichgewicht, während D von Luft umgeben und C leer ist. Stellt man dann das Gefäß mit Flüssigkeit unter D, so daß D vollkommen eintaucht, so schlägt die Waage nach rechts aus, d. h. D hat an Gewicht verloren. Füllt man dann C bis zum Rande

Abb. 188. Hydrostatische Waage.

mit derselben Flüssigkeit, in der sich D befindet, so stellt sich das Gleichgewicht wieder her. Der Gewichtsverlust wird also aufgewogen durch das Gewicht eines Volumens Flüssigkeit, das gleich dem Volumen des Zylinders D ist. Das aber ist das Volumen der Flüssigkeit, die D verdrängt hat, um sich an ihren Platz zu setzen.

Ist $qhS > qhs$, der Körper also schwerer als die von ihm verdrängte Flüssigkeit, so überwiegt die nach unten wirkende Kraft: der Körper sinkt unter.

Ist $qhS = qhs$, der Körper also ebenso schwer wie die von ihm verdrängte Flüssigkeit, so sind die beiden Kräfte einander gleich: der Körper *schwebt in* der Flüssigkeit.

Ist $qhS < qhs$, der Körper also leichter als die von ihm verdrängte Flüssigkeit, so überwiegt die nach oben wirkende Kraft: der Körper steigt empor. Er ragt schließlich zum Teil aus der Flüssigkeit heraus und verdrängt dann weniger Flüssigkeit als vorher, wo er ganz eingetaucht war. Um das Volumen, um das er herausragt, vermindert sich das Volumen, folglich auch das Gewicht der von ihm verdrängten Flüssigkeit, kurz: der Auftrieb qhs. Und wenn er nur noch so weit eintaucht, daß die von dem eintauchenden Körper*teil* verdrängte Flüssigkeit nur noch ebensoviel wiegt wie der *ganze* Körper, dann wird er weder nach unten noch nach oben getrieben: er *schwimmt an* der Oberfläche.

Um zu zeigen, daß die von dem eintauchenden Körper*teil* verdrängte *Flüssigkeit* eben-soviel wiegt wie der *ganze* schwimmende *Körper*, füllt man das Gefäß *V* (Abb. 189) bis zur Öffnung *o* mit Flüssigkeit und bringt dann einen Körper *A* in das Gefäß, der auf der Flüssig-keit schwimmt. Durch Wägung überzeugt man sich, daß die durch den Körper verdrängte (übergelaufene) Flüssigkeit und der Körper gleich viel wiegen.

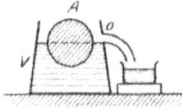

Abb. 189.
Die vom schwimmenden Körper verdrängte Flüssig-keitsmenge.

Man kann daher sogar einen Stoff, der spezifisch schwe-rer ist als die Flüssigkeit, zum Schwimmen bringen, wenn man ihm die geeignete *Form* gibt, nämlich eine Form, in der er ein so großes Flüssigkeitsvolumen verdrängt, daß schon die von einem Körper*teil* verdrängte Flüssigkeit so viel wiegt wie der *ganze* Körper. Ein massiver Eisenblock schwimmt auf Wasser nicht, weil, selbst wenn man ihn *ganz* eintaucht, das von ihm verdrängte Wasservolumen weniger wiegt als er selber wiegt. Aber zu einem Schiffskörper geformt, schwimmt er, weil die Wölbung des Schiffsrumpfes dafür sorgt, daß der eintauchende Teil so viel Wasser verdrängt, daß das verdrängte Wasser (Deplacement) so viel wie das ganze Schiff wiegt.

Der *lebende* menschliche Körper ist spezifisch etwas schwerer als Wasser (wiegt mehr als das von ihm verdrängte Wasservolumen; von seinen Hohlräumen kann man hierbei absehen), er sinkt deshalb im Wasser unter. Er kompensiert sein Sinken durch Schwimm*bewegungen*, die durch einen Druck nach unten infolge des Widerstandes des Wassers den Körper heben; er schwimmt somit *künstlich* (S. 154 m.). Der *tote* menschliche Körper ist, hauptsächlich durch die Fäulnisgase in den Hohlräumen, spezifisch leichter als Wasser und schwimmt *natürlich*. Vögel schwimmen in ihrer aus Federn und Luft bestehenden Be-kleidung *natürlich*. Das Schweben der Fische ist *künstlich*: der Muskeldruck auf die Schwimmblase ist dazu — ebenso zum Aufsteigen und Niedersteigen — notwendig, wie daraus hervorgeht, daß tote Fische (auch noch *nicht* verwesende) an der Oberfläche des Wassers natürlich schwimmen.

Es gibt Fische, die schwerer sind als das Wasser (die Fische ohne Schwimm-blase, vor allem Haie und Rochen) und Fische, deren Gewicht dem der ver-drängten Wassermasse gleich ist, weil sie das Übergewicht des Körpers durch die luftgefüllte Schwimmblase ausgleichen (die überwiegende Mehrzahl der Knochenfische). Die ersten, z. B. die Haie, sinken unter, wenn sie sich nicht von der Stelle bewegen (wie ein Flugzeug), die zweiten können stillstehen, z. B. ein Goldfisch, ein Karpfen (wie ein Luftschiff). Ein Knochenfisch kann beliebig langsam schwimmen, ein Hai braucht eine Mindestgeschwindigkeit, um einen Wasserwiderstand gegen seine Unterfläche zu erzeugen, dessen aufwärtsge-richtete Komponente sein Übergewicht ausgleicht und ihn so zu tragen vermag — dieselben Unterschiede wie beim Luftschiff und beim Flugzeug (HESSE).

Standfestigkeit des schwimmenden Körpers. Metazentrum. Eigengewicht und Auftrieb wirken auf den schwimmenden Körper andauernd. Der Körper unterliegt also dauernd der Einwirkung von zwei Kräften, die gleich groß und einander entgegengesetzt gerichtet sind. Ihre Gleichheit macht nur Verschiebung (nach oben oder nach unten) un-möglich, läßt aber Drehung zu. Damit er *in Ruhe bleibt*, müssen die Kräfte *noch* eine Bedin-gung erfüllen. Wir erläutern sie an einem Beispiel (Abb. 190 und 191).

Das Gewicht des schwimmenden Körpers ist durch eine Kraft *Gt* ersetzt, die an Größe (in dyn) gleich dem Gewicht des Körpers ist, in seinem Schwerpunkt *G* angreift und *vertikal nach unten* gerichtet ist. Der Auftrieb ist an Größe *gleich* dem Gewicht der Flüssigkeit, die der eintauchende Körper*teil* verdrängt hat. Dieses Gewicht können wir uns durch eine entsprechende Kraft ersetzt denken. Liegt der Schwerpunkt der *Flüssigkeit*, die vor-her die Stelle des eintauchenden Körper*teils* eingenommen hat, in *A*, so wird der schwim-mende Körper gleichzeitig in *A* von einer Kraft *A B* (= *Gt*) angegriffen, die *vertikal nach oben* gerichtet ist. Damit er trotzdem in Ruhe bleibt, müssen die Kräfte *A B* und *Gt* in dieselbe Gerade fallen; mit anderen Worten, der Schwerpunkt des schwimmenden Körpers und der Angriffspunkt des Auftriebs müssen vertikal übereinander liegen (Abb. 190a und Abb. 191a), sonst bilden Gewicht und Auftrieb ein Kräftepaar (S. 66) und suchen den Körper zu drehen.

Denken wir ihn uns aus einer Ruhelage, etwa durch einen momentanen Windstoß, in die Lage Abb. 190b oder 191b gebracht, dann liegen G und A nicht mehr vertikal übereinander. Der Schwerpunkt G behält mit Bezug auf den Körper seine Lage selbstverständlich bei, der Angriffspunkt des Auftriebs aber nicht. Denn in der neuen Lage des Körpers hat der eintauchende Körperteil ja eine andere Form als vorher — infolgedessen ist auch die Form der verdrängten Flüssigkeitsmasse anders (ihr *Gewicht* ist natürlich dasselbe, da das ja immer gleich dem Gewicht des schwimmenden Körpers sein muß), also auch die Lage ihres Schwerpunktes anders als vorher. Er liege jetzt in A'. Die Kräfte Gt und $A'B'$ bilden dann je ein Kräftepaar und suchen den Körper zu drehen. Die beiden Fälle Abb. 190b und 191b sind ganz verschieden voneinander. Im zweiten Falle sucht das Kräftepaar den Körper

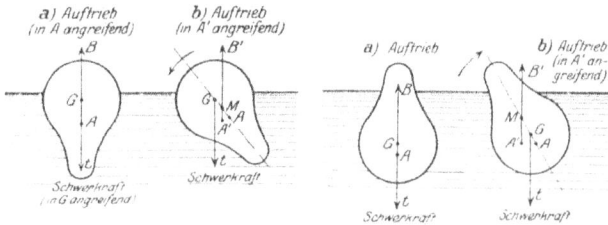

Abb. 190 und 191. Standfestigkeit des schwimmenden Körpers. Abhängig von der gegenseitigen Lage des Schwerpunktes des Körpers und des Schwerpunktes des verdrängten Flüssigkeitsvolumens (Angriffspunkt des Auftriebes). G Schwerpunkt, A oder A' Angriffspunkt des Auftriebs, M Metazentrum.

in die Ruhelage zurückzudrehen, d. h. wieder aufzurichten, im ersten noch weiter davon zu entfernen d. h. umzuwerfen. Im ersten ist somit das Gleichgewicht labil, im anderen stabil (S. 68). Schwämme ein Schiff labil, wie Abb. 190a, so würde es der leiseste Windstoß umwerfen (zum „Kentern" bringen). Wir *fordern* aber, daß es stabil schwimmt, wie Abb. 191a.

Die Bedingung dafür, daß ein Körper stabil schwimmt, läßt sich so formulieren: Man lege in dem aus der Ruhelage abgelenkten Körper (Abb. 190b und 191b) durch den Schwerpunkt G und durch den früheren Angriffspunkt A des Auftriebs eine Gerade. Sie schneidet (im abgelenkten Körper) die Richtungslinie des Auftriebs in M, dem *Metazentrum* (BOUGUER 1746). Bei stabilem Gleichgewicht liegt der Schwerpunkt des Körpers tiefer, bei labilem höher als das Metazentrum. Um ein Schiff möglichst stabil schwimmend zu machen, muß man daher seinen Schwerpunkt möglichst tief legen (z. B. durch Ballast), damit er auch bei schiefer Lage des Schiffes tiefer liegt als das Metazentrum.

Hydrostatisches Gleichgewicht der Erdrinde (Isostasie). Zwei *gleich* schwere auf einer Flüssigkeit *schwimmende* massive Zylinder verdrängen zwei *gleich* schwere Zylinder der Flüssigkeit. Haben diese Flüssigkeitszylinder gleichen Querschnitt, so sind sie auch gleich hoch, d. h. die massiven Zylinder tauchen *gleich* tief *ein*. Haben die gleich schweren massiven Zylinder *verschiedenes* spezifisches Gewicht, so ragen sie über die Flüssigkeit im umgekehrten Verhältnis ihrer spezifischen Gewichte heraus. Eine *Reihe gleich* schwerer Zylinder von *gleichem* Querschnitt, aber von *verschiedenem* spezifischen Gewicht nebeneinander in einer sie tragenden Flüssigkeit würden ein Bild geben wie Abb. 192. Diese Folgerung erläutert ein Grundproblem der Geophysik: Das Erdinnere ist höchstwahrscheinlich bis zu einem gewissen Grade plastisch, so daß die festen Schollen der Erdoberfläche auf den unteren Schichten gleichsam schwimmen. Die unteren Schichten müssen also größeres spezifisches Gewicht haben. (Die Geologen unterscheiden zwei Schichten in der Erdkruste; die obere, Sal, vorwiegend aus Gesteinen mit Silizium und Aluminium, die untere, Sima, aus Ge-

Abb. 192. *Gleich* schwere Zylinder von gleichem Querschnitt aber *verschiedenem* spezifischen Gewicht, in einer sie tragenden Flüssigkeit schwimmend.

steinen mit Silizium und Magnesium, Sal schwimmt auf Sima.) Dadurch, daß der eintauchende Teil der leichteren Masse die schwerere verdrängt, entsteht *unter* dem herausragenden Teil ein „Massendefekt". Danach entsprechen den sichtbaren Erhebungen der Massen *über* der Erdoberfläche *unterirdische* Massendefekte (AIRY). Die sichtbaren Erhebungen sind dem Archimedischen Prinzip zufolge gleich *dem*, was unten fehlt (anders: die Massendefekte gleich den sichtbaren Massen, sie *kompensieren* also einander). Die Gesamtheit der unterirdischen Massen, deren *Defekte* die *Gesamtheit* der Erhebungen kompensiert, ist von einer Fläche begrenzt, die der gemeinsamen Eintauchtiefe der Abb. 192 entspricht. Man nennt sie *Ausgleichsfläche*, sie ist dadurch definiert, daß auf jeder ihrer Flächeneinheiten die *gleiche* Masse lastet. Man nennt (nach DUTTON) diesen Gleichgewichtszustand der Massen: Isostasie. Die Ausgleichsfläche liegt *höchstwahrscheinlich* 118 km unter der Erdoberfläche. Sie ist als Niveaufläche aufzufassen: in dem plastischen Erdinnern gleichen sich mit der Zeit alle Druckunterschiede aus, es tritt hydrostatisches Gleichgewicht in ihm ein. Die Flächen gleicher Dichte koinzidieren dann mit den Niveauflächen — *nur in den obersten Schichten der Erde nicht*, mit ihrem Durcheinander von Massen der verschiedensten Formen und Dichten. *Eine* Niveaufläche wird also die letzte sein (von innen nach außen gerechnet), die dem hydrostatischen Gleichgewicht entspricht, sie muß die Eigenschaft haben, daß auf jeder ihrer Flächeneinheiten der gleiche Druck lastet — das Charakteristikum der Ausgleichsfläche.

Dichtemessung fester Stoffe. Die Körper erleiden in Flüssigkeiten durch den Auftrieb einen meßbaren Gewichtsverlust. Das führt zu einem Verfahren, ihre *Dichte* zu messen. Man nennt *Dichte* eines Körpers das Verhältnis seiner Masse zu seinem Volumen (Dimensionsformel: $m \cdot l^{-3}$), im cm-g-sec-System also das Verhältnis g/cm^3. Um seine Dichte zu ermitteln, muß man also 1. seine Masse in Gramm ermitteln, 2. sein Volumen in Kubikzentimeter, 3. seine Grammzahl durch seine Kubikzentimeterzahl dividieren. Seine Masse in Gramm bestimmt man, indem man ihn wiegt; sein Volumen, falls es nicht aus seinen Abmessungen zu ermitteln ist, auf einem Umwege: Man ermittelt, wieviel er an Gewicht verliert, wenn er gewogen wird, während er ganz in Flüssigkeit taucht (Abb. 188). Wir zeigen das an einem Beispiel:

Wiegt ein Stück Kupfer (in der Luft) 11,378 g, in destilliertem Wasser von 4° C aber 10,100 g, so ist sein Gewichtsverlust in dem Wasser 1,278 g. Es hat also 1,278 g Wasser von 4° C, d. h. 1,278 cm^3 Wasser verdrängt, hat also selbst ein Volumen von 1,278 cm^3. Die 1,278 cm^3 Kupfer enthalten 11,387 g, 1 cm^3 Kupfer somit 11,378/1,278 $=$ 8,903 g. Die Zahl 8,903 g/cm^3 ist die Dichte des Kupfers.

Die Verfahren, die Dichte eines festen Körpers zu messen, unterscheiden sich im wesentlichen darin voneinander, wie man den Gewichtsverlust des Körpers in der Flüssigkeit mißt, mit anderen Worten: wie man sein Volumen ermittelt. Man benützt dazu entweder eine hydrostatische Waage oder eine Senkwaage (Gewichtsaräometer) oder ein Pyknometer (Gefäßaräometer).

1. Mit der hydrostatischen Waage (Abb. 188) ermittelt man den Gewichtsverlust, indem man den Körper einmal wie gewöhnlich wiegt, und einmal, während er ganz in die Flüssigkeit taucht. — Auch die Federwaage von JOLLY (Abb. 188) ist eine hydrostatische, eine Federwage, an deren Schale eine zweite hängt, sie taucht in die Flüssigkeit, in der man den Körper wiegt. Das untere Ende der Feder trägt eine Marke, die sich bei der Wägung längs einer Skala verschiebt. Legt man den Körper in die *obere* Waagschale, so rückt die Marke vor eine gewisse Skalenstelle. Man ermittelt hierauf 1. wieviel Gramm anstatt des Körpers man in die obere Schale legen muß, um die Marke vor *dieselbe* Skalenstelle zu bringen — dadurch erfährt man, wieviel Gramm der Körper in der Luft wiegt — und 2. um wieviel Gramm *mehr* man hineinlegen muß, wenn der Körper in der *unteren* Schale liegt, also durch den Auftrieb an Gewicht verloren hat.

2. Das Gewichtsaräometer[1] (Abb. 194) ist ein Schwimmer *B* aus zwei starr miteinander verbundenen Waagschalen *A* und *C* vertikal übereinander, die untere (wie bei der Federwaage von JOLLY) in der Flüssigkeit, die obere in der Luft. Die Marke *O*, die man durch Tarierung des Schwimmers gerade in das Niveau der Flüssigkeit bringt, befindet sich zwischen *A* und *B*. Die beiden Wägungen verlaufen wie mit der Waage von JOLLY.

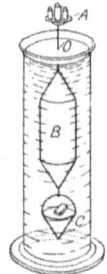

Abb. 193.
Feder-
waage
(JOLLY).

Abb. 194.
Gewichtsaräo-
meter
(NICHOLSON).

3. Das Pyknometer[2] (Gefäßaräometer) ist ein Fläschchen, das man bis zum Rande mit der Flüssigkeit füllt. Bringt man den (sehr kleinen) Körper dann hinein, so drängt er ein Volumen Flüssigkeit heraus, das seinem eigenen gleich ist. Macht man also 1. eine Wägung, bei der das Pyknometer bis zum Rande Flüssigkeit enthält und der Körper *daneben* auf derselben Waagschale liegt, 2. eine Wägung, während es auch bis zum Rande Flüssigkeit enthält, aber der Körper sich *darin* befindet, so erfährt man aus dem Unterschied der beiden Wägungen, wieviel Gramm Flüssigkeit der Körper verdrängt hat. Aus der Grammzahl

---

[1] $\dot{\alpha}\varrho\alpha\iota\acute{o}\varsigma =$ dünn.   [2] $\pi\nu\varkappa\nu\acute{o}\varsigma =$ dicht.

der verdrängten Flüssigkeit erfährt man ihr Volumen, also auch das Volumen des Körpers, ferner durch eine gewöhnliche Wägung das Gewicht des Körpers.

Dichtemessung von Flüssigkeiten (MOHRsche Waage, Skalenaräometer). Um die *Dichte einer Flüssigkeit* zu messen, ermittelt man den Gewichtsverlust eines festen Körpers erst in *Wasser*, dann in der betreffenden *Flüssigkeit*. Sein Gewichtsverlust im Wasser ergibt sein Volumen (S. 158 m). Sein Gewichtsverlust in der Flüssigkeit, der ja gleich dem Gewicht der verdrängten Flüssigkeit ist, ergibt daher das Gewicht eines (durch die erste Messung) bekannten Volumens dieser Flüssigkeit. Man kann stets den*selben* Körper benutzen (in Abb. 195 und 196 ein kleines Glasgefäß, das Quecksilber enthält), braucht also seinen Gewichtsverlust in Wasser, d. h. sein Volumen, nur *ein*mal zu bestimmen, um das Volumen der bei der zweiten Messung verdrängten Flüssigkeit ein für allemal zu kennen. Die Messung der Dichte einer Flüssigkeit reduziert sich so auf die Ermittlung des Gewichtsverlustes des Glaskörpers in ihr. Man benützt auch hier eine hydrostatische Waage oder die Federwaage von JOLLY oder ein Gewichtsaräometer, auch *Skalen*aräometer.

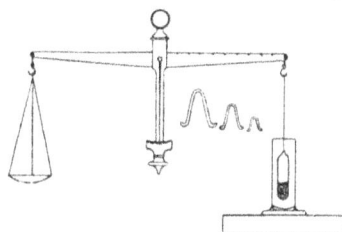

Abb. 195. Waage zur Bestimmung der Dichte von Flüssigkeiten. (MOHR.)

Eine hydrostatische Waage hierzu ist die MOHRsche Waage (Abb. 195). Die Wägung des Glaskörpers zur Bestimmung seines Gewichtsverlustes geschieht durch die Verschiebung von Reitergewichten auf dem in 10 gleiche Teile geteilten Hebelarm.

Ein Gewichtsaräometer ist das Aräometer von FAHRENHEIT (Abb. 196), ein Schwimmer aus Hohlglas, der (anstatt der unteren Waagschale mit der bei allen Wägungen unveränderten Belastung) eine Quecksilbermasse trägt, meist der Kugel eines Thermometers, da man die Temperatur der Flüssigkeit berücksichtigen muß. Das Instrument wird bei jeder Messung so belastet, daß es bis zu einer bestimmten Marke am Halse eintaucht. Wiegt es in der Luft P g und muß es, im Wasser schwimmend, noch mit p g belastet werden, um bis zur Marke einzutauchen, so erleidet es im Wasser einen Auftrieb von $(P + p)$ g (da das verdrängte Wasservolumen ebenso schwer ist wie der schwimmende Körper), verdrängt also $(P + p)$ g, d. h. $(P + p)$ cm³ Wasser, taucht also mit einem Volumen von $(P + p)$ cm³ ein. Muß es in der zu messenden Flüssigkeit schwimmend mit p' g belastet werden, um bis

Abb. 196. Gewichts-aräometer (FAHREN-HEIT).

zur Marke — also wieder mit einem Volumen von $(P + p)$ cm³ — einzutauchen, so verdrängt es $(P + p')$ g der Flüssigkeit. $(P + p)$ cm³ enthalten also $(P + p')$ g der Flüssigkeit; 1 cm³ enthält demnach

$$\frac{P + p'}{P + p} \text{ g}.$$

Die *Skalenaräometer* unterscheiden sich von den Gewichtsaräometern ungefähr so, wie die automatischen Waagen von den nicht-automatischen: sie erfordern nur die Ablesung einer Skala. Ein Skalenaräometer (Abb. 197) — immer ein thermometerförmiger Schwimmer — ist ein Aräometer mit einer empirisch geteilten und bezifferten Skala. Man läßt es in der zu messenden Flüssigkeit schwimmen und liest die Ziffer bei dem Skalenstrich ab, bis zu dem es infolge seines Gewichtes eintaucht. (Also das gleiche *Gewicht* Flüssigkeit wird verdrängt.) — Die an der Skala abgelesene Ziffer bedeutet aber nicht immer die Dichte. Ihre Bedeutung hängt von dem Zweck ab, für den das Aräometer *geeicht* ist. Skalenaräometer werden z. B. geeicht als *Alkoholometer* zur Bestimmung der Ge-

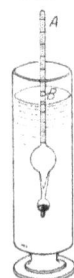

Abb. 197. Skalen-aräometer.

*wicht*sprozente an absolutem Alkohol in einem Gemisch von Alkohol und Wasser (Spiritus, Branntwein); als Alkoholometer zur Bestimmung der in einem Alkoholgemisch enthaltenen *Volum*prozente an absolutem Alkohol (GAY-LUSSACsches Aräometer), als *Alkalimeter* zur Bestimmung des Alkaligehaltes in Laugen, als *Laktometer* zur Bestimmung des Wassergehaltes in Milch usw.

Es gibt auch Skalenaräometer mit willkürlicher Teilung, wie das von BAUMÉ. Die konzentrierte Schwefelsäure soll 66° B. haben, d. h. ihre Dichte soll so sein, daß das BAUMÉsche Aräometer in ihr bis zum Teilstrich 66 einsinkt; die Dichte der Salpetersäure des Handels soll 36° B. entsprechen. Um „Grade B" in Dichte zu übersetzen, muß man eine Tabelle benutzen. Bedeutet n die Anzahl Grade und d die Dichte, so ist, je nachdem die Flüssigkeit (bei 12,5° C) schwerer oder leichter als Wasser ist: $d = 146/(146 — n)$ und $d = 146/(146 + n)$.

A (2). Gleichgewicht der Gase.

Ausdehnungsbestreben. Zusammendrückbarkeit. Gesetz von BOYLE-MARIOTTE.

Die Beweglichkeit der Gasteilchen ist so viel größer als die der Flüssig-keitsteilchen, daß sich die unmittelbar aus der Beweglichkeit folgenden Grund-eigenschaften, die allseitig gleichmäßige Druckfortpflanzung und der Auftrieb, hier ganz anders äußern. Die Gasteilchen verbreiten sich vermöge der Bewegung. die sie stets haben, in dem ganzen Raum, in dem sie sich gerade befinden. Dieses *Expansions*bestreben zwingt uns, den Behälter, in dem wir ein Gas aufbewahren wollen, allseitig zu begrenzen. (Die Flüssigkeiten haben dieses Bestreben nicht, die Gefäße für sie können oben offen sein.) Das Expansionsbestreben der Gase kennt jeder von der Verbreitung des ausströmenden, aber nicht angezündeten Leuchtgases in einem Zimmer, oder von dem Duft eines anderen Riechstoffes, der an jedem Punkte des Raumes durch den Geruch wahrnehmbar ist. Wir sehen schon hier: ein Gas kann sich in einem Raume ausbreiten, in dem bereits ein anderes, hier die Luft, vorhanden ist. (*Diffusion* der Gase.)

Noch mehr unterscheiden sich die Gase von den Flüssig-keiten durch ihre *Zusammendrückbarkeit*. Man kann die Volumenveränderlichkeit geradezu eine Grundeigenschaft der Gase nennen.

Der Apparat Abb. 198 erlaubt die gesetzmäßigen Beziehungen zwischen Druck und Volumen der Gase bei Drucken zwischen 1 und 2 Atmosphären (atm, s. d.) zu untersuchen. Der oben durch einen Hahn verschließbare Schenkel S — er ist durch den Hahn H sowohl gegen den Schenkel s wie auch gegen die Atmosphäre verschließbar — wird mit dem Gase gefüllt, der Schenkel s mit Quecksilber, durch sein Gewicht erzeugt es den Druck unter den man das Gas in S setzen will. Verbindet man S und s durch den Hahn H, so erfüllt das Queck-silber zum Teil auch den Schenkel S und drückt durch sein Gewicht das Gas zusammen. Die Größe des von s her ausgeübten Druckes und die die dabei in S vorhandenen Gasvolumens werden an den Gipfeln der Quecksilbersäulen in den entsprechend kalibrierten Röhren abgelesen. Der Apparat wird, um dieselbe Temperatur zu behalten, von Wasser umspült.

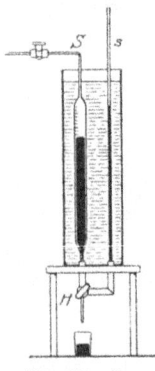

Abb. 198. Zusam-menhang zwischen Druck und Volumen eines Gases.

Den Zusammenhang zwischen Druckwirkung und Volumen-änderung der Gase formuliert das BOYLE-MARIOTTESche Ge-setz[1]. Ist v_0 das Volumen des Gases unter dem Drucke p_0. erfährt darauf das Gas den Druck p_1, und wird sein Volumen dann v_1, so ist

$$\frac{v_1}{v_0} = \frac{p_0}{p_1} \quad \text{oder} \quad v_1 p_1 = v_0 p_0 \quad \text{oder} \quad \frac{v_0 p_0}{v_1 p_1} = 1 .$$

Macht man z. B. $p_1 = 2 p_0$, d. h. verdoppelt man den ursprünglichen Druck. so wird $v_1 = 1/2 \cdot v_0$, d. h. das ursprüngliche Volumen wird halbiert — *jedoch nur dann*, wenn das Gas unter p_1 *dieselbe Temperatur* hat, die es unter p_0 gehabt hat. Kompression des Gases ist aber stets mit Temperatursteigerung verbunden. Erst nachdem die Temperatur des komprimierten Gases wieder auf die ursprüng-liche gesunken ist, besteht die Beziehung.

Das Verhalten eines Gases, das weit genug vom Verflüssigungspunkt ent-fernt ist, *und dessen Temperatur konstant gehalten wird*, beschreibt man darum so: Die Volumina v_0 und v_1, die das*selbe* Gas unter den Drucken p_0 und p_1 ein-nimmt, verhalten sich umgekehrt zueinander wie die Drucke. Da $v_0 p_0 = v_1 p_1 \cdots$ $= v_n p_n$ ist, also einen konstanten Wert C hat, so ist $v = C \cdot \dfrac{1}{p}$. Wir können daher auch sagen: Das Volumen eines Gases ist dem Druck, unter dem es steht. umgekehrt proportional. Der Druck ändert nur das Volumen des Gases, nicht

---

[1] Nicht MARIOTTE (1679), sondern BOYLE (1662) ist der Entdecker des Gesetzes.

die Anzahl seiner Teilchen. Die Drucksteigerung ist daher von einer Vergrößerung der Dichte begleitet, die Druckverminderung von einer Verdünnung des Gases. Einer Verdoppelung, Verdreifachung usw. des *Druckes* folgt eine Verdoppelung, Verdreifachung usw. der *Dichte*. Die Dichte wächst also dem Drucke proportional, d. h. es ist $d_1 : d_2 = p_1 : p_2$. Auch dieser Satz gilt nur so weit wie das BOYLE-MARIOTTEsche Gesetz und (s. oben) bei konstanter Temperatur.

Das Gesetz $pv =$ konst läßt sich geometrisch darstellen. Macht man in einem rechtwinkligen Koordinatensystem von je zwei zusammengehörigen Werten p und v das v zur Abszisse, p zur Ordinate, so hat das aus ihnen gebildete Rechteck stets denselben Flächeninhalt. Die Gleichung stellt eine gleichseitige Hyperbel dar (Abb. 199).

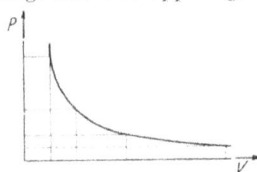

Abb. 199. Das Gesetz (Gasvolumen Gasdruck) $p \cdot v =$ konst graphisch dargestellt.

Abweichung vom Gesetz von BOYLE-MARIOTTE. Bestände das Gesetz in aller Strenge, so würden zusammengehörige Drucke und Volumina die Gleichung $\frac{v_0 p_0}{v_1 p_1} = 1$ *streng* erfüllen.

Aber der Bruch ist (für $p_1 > p_0$) bis zu sehr hohen Drucken bei mittlerer Temperatur *größer* als 1 für alle Gase außer Wasserstoff und Helium. Er ist kleiner als 1 für Wasserstoff und für Helium, für diese ist also $v_1 p_1$ größer als $v_0 p_0$, d. h. v_1 größer als es wäre, wenn das Gesetz in aller Strenge bestünde. Wasserstoff und Helium sind danach weniger zusammendrückbar, als es das Gesetz fordert, alle anderen Gase sind es mehr. Und zwar sind sie es, wie die Erfahrung lehrt, desto mehr, d. h. der Bruch weicht immer mehr von 1 ab, je näher sie durch den Druck dem Punkte kommen, in dem sie flüssig werden. Er beträgt für $p_1 - p_0 = 1$ atm bei kleinem Druck und bei 0^0 für:

Helium	0,99955	Stickoxyd	1,00117
Wasserstoff	0,99922	Chlorwasserstoff	1,00737
Stickstoff	1,00074	Ammoniak	1,01499
Sauerstoff	1,00097	Schweflige Säure	1,02341

Die Abweichung von 1 ist so gering, daß man sie gewöhnlich vernachlässigen kann.

Kinetische Gastheorie. Mechanische Begründung des Gesetzes von BOYLE-MARIOTTE. Das Gesetz läßt sich aus der Hypothese erklären, daß Gase keine wahrnehmbare Kohäsion besitzen, und daß die Gasteilchen mit großer Geschwindigkeit geradlinig durch den Raum schießen. Die auf dieser Hypothese aufgebaute Theorie nennt man die *kinetische* Theorie der Gase (CLAUSIUS, KRÖNIG, MAXWELL, O. E. MEYER, BOLTZMANN). Was unter dem Druck eines Gases zu verstehen ist, erklärt sie so: Die Gasteilchen stoßen gegen jedes Hindernis auf ihrem Wege, stoßen gegeneinander, prallen voneinander ab, schlagen eine neue Bahn ein, bis zum nächsten Anprall und so fort. Sie stoßen natürlich auch gegen die Wand des sie einschließenden Behälters, und *die Gesamtheit ihrer Stöße* gegen sie *äußert sich als Druck* des Gases gegen die Wand. Mit Hilfe einiger vereinfachender Annahmen läßt sich aus dieser Vorstellung das BOYLEsche Gesetz ableiten. Das Gas sei in einem Würfel von der Kantenlänge a (dem Volumen a^3) enthalten, und seine „molekulare" Geschwindigkeit sei so groß, daß eine Molekel, die sich parallel zu einer Würfelkante bewegt, pro Sekunde zwischen zwei gegenüberliegenden Wänden n-mal hin und n-mal zurück fährt, jede stößt dann pro Sekunde n-mal an dieselbe Wand. (Wir sehen ab vom Zusammenprall der Molekeln miteinander und nehmen an, daß die Molekeln nur zwischen je zwei einander gegenüberliegenden Wänden hin und her fahren, und senkrecht zu ihnen — Annahmen, die zwar nicht erfüllt sind, die aber nicht widersinnig sind.) Der Würfel werde nun zusammengedrückt, so, daß ein Würfel von der Kantenlänge $a/2$ (dem Volumen $a^3/8$) entsteht. Die molekulare Geschwindigkeit reicht jetzt zu $2n$-maligem Hingange und zu $2n$-maligem Hergange in der Sekunde aus. Jede Wand erfährt daher doppelt so viele

Stöße wie vorher, sie hat jetzt aber nur ein Viertel der ursprünglichen Fläche. Das Bombardement richtet sich jetzt also gegen eine viermal kleinere Wand als vorher und wiederholt sich *doppelt* sooft, ist also pro cm² achtmal so intensiv wie vorher, d. h. die Wand hat jetzt einen achtmal so großen Druck auszuhalten. Der Raum aber ist nur ein Achtel des anfänglichen Raumes. Das Ergebnis entspricht also dem BOYLEschen Gesetz, vorausgesetzt, daß die unveränderte Geschwindigkeit der Moleküle einer unveränderten Temperatur entspricht.

Die Gastheorie verschafft uns tiefe Einblicke in das Wesen der Gase, wenn wir den Begriff Temperatur einführen, und zwar die absolute Temperatur T. Man zählt sie von einem *Nullpunkt* aus, der 273,20° C *unter* dem Schmelzpunkt des Eises liegt, es ist daher $T = t + 273,20$, wenn t die Temperatur in Grad Celsius bedeutet. (Näheres S. 271.) Um aber Nutzen von ihr zu haben, müssen wir über ihr Wesen eine Annahme machen — die zwar zunächst willkürlich anmutet, die aber hinterher durch die Bestätigung der aus ihr gezogenen Folgerungen gerechtfertigt wird — die Annahme: die kinetische *Energie* $\frac{1}{2} m c^2$ (m Masse, c Geschwindigkeit der Molekel) der Gasmoleküle ist der *absoluten* Temperatur T des Gases *proportional*. Da jedes Gasmolekül seine Geschwindigkeit fortwährend wechselt, und da in dem Gase alle möglichen Geschwindigkeiten *gleichzeitig* vertreten sind, so setzen wir, genauer ausgedrückt, den *Mittelwert* der kinetischen Energien aller Moleküle der absoluten Temperatur proportional.

Das ideale Gas. Ein rechtwinkliges Prisma mit den Kantenlängen x, y, z, also dem Volumen $V = x \cdot y \cdot z$, enthalte N gleiche Gasmoleküle, jedes habe die Masse m, die in V enthaltene Gesamtmasse ist also Nm und ihre Dichte $\varrho = \dfrac{Nm}{V}$.

In Wirklichkeit wechseln alle Moleküle ständig ihre Geschwindigkeit nach Richtung und nach Größe. Um die Darstellung zu vereinfachen, nehmen wir an (eine strenge Rechnung zeigt diese Annahme als ohne Einfluß auf das Ergebnis): Von den N Molekülen bewege sich je 1/3 parallel zu je einer der drei Prismenkanten und alle Moleküle mit der gleichen Geschwindigkeit c. Ferner nehmen wir an, das Gas ist ein *ideales*, d. h. seine Moleküle sind punktartig, elastisch und beeinflussen einander nicht durch irgendwelche Kräfte. Prallt ein Molekül auf die Prismenwand $x \cdot y$, so ändert sich seine Bewegungsgröße mc um $2mc$, denn bei dem Stoß ändert die Geschwindigkeit ihre *Richtung um 180°*, und war die Bewegungsgröße *vor* dem Stoß $+ mc$, so ist sie *nach* dem Stoß $- mc$. Jedes der $N/3$ Moleküle, die parallel der Kante z senkrecht auf die Wand xy auftreffen, macht den Weg $2z$ zwischen zwei aufeinanderfolgenden Stößen gegen dieselbe Fläche in $2z/c$ Sekunden. Das heißt: Jedes der $N/3$-Moleküle trifft in 1 sec $c/2z$ mal auf die Wand und überträgt auf sie die Bewegungsgröße $2mc$. Im ganzen ändert sich also an der Wand in 1 sec die Bewegungsenergie um $\dfrac{c}{2z} \cdot \dfrac{N}{3} \cdot 2mc = \dfrac{N}{3} \dfrac{mc^2}{z}$.

Das ist aber die auf die *ganze* Wand xy wirkende Kraft. Der *Druck* auf die Wand (die Kraft auf die Flächeneinheit) ist also

$$p = \frac{N}{3} \frac{mc^2}{z} \cdot \frac{1}{xy} = \frac{N}{3} \frac{mc^2}{V} \cdot \qquad \text{Somit ist} \qquad pV = \frac{N}{3} mc^2 \,. \qquad (1)$$

Die kinetische Energie des einzelnen Moleküls ist $\frac{1}{2} m c^2$. Das ist bei unseren vereinfachenden Annahmen (s. o.) zugleich der *Mittelwert* für die kinetische Energie *aller* Moleküle, den wir der absoluten Temperatur T des Gases proportional setzen wollten. Nennt man den Proportionalitätsfaktor $\frac{3}{2} k$, so ist

$$\frac{m}{2} c^2 = \frac{3}{2} k T \qquad (2) \qquad \text{und} \qquad pV = N \cdot k \cdot T \,. \qquad (3)$$

Der Nullpunkt dieser Temperatur T liegt aber nicht am Schmelzpunkt des Eises, sondern dort, wo die Körper überhaupt keine Bewegungsenergie mehr enthalten.

Gleichung (3) enthält die wichtigsten *Gasgesetze*. Sie sind alle empirisch ermittelt worden. Sie gelten nur *angenähert*, aber um so genauer, je verdünnter die Gase sind. Sehr verdünnt ist ein Gas (mechanisch betrachtet) dann, wenn der Raum, in dem es sich befindet, so wenig Moleküle enthält, daß die gegenseitigen Molekül*abstände* im Mittel sehr groß sind gegen die Moleküle selber. Dann dürfen die Moleküle als punktartig gelten. Aber auch die zweite Bedingung des idealen Gases, daß die Moleküle aufeinander keine Kräfte ausüben, kann dann als erfüllt gelten, da bei großem gegenseitigen Abstand von Massenpunkten ihre Einwirkung aufeinander (S. 90 o.) äußerst klein ist.

Eine Theorie des idealen Gases muß auf die *Gasgesetze* führen. Gleichung $pV = NkT$ enthält keine Beziehung auf ein *bestimmtes* Gas; die Masse m des Moleküls, die wir anfangs eingeführt hatten, und die für jedes Gas anders ist, ist ja bei Einführung der Temperatur verschwunden. Die Gleichung gilt also für *jedes* ideale Gas, gleichviel von welchem Molekülgewicht m. Sie besagt: Alle idealen Gase befolgen bei konstanter Temperatur T das BOYLE-MARIOTTE-sche Gesetz $pV =$ konst. Ist der *Druck* p konstant, so wächst (Gesetz von GAY-LUSSAC [S. 293]) das *Volumen* des Gases proportional der Temperatur T. Ist dagegen das *Volumen* V konstant, so wächst (Gesetz von CHARLES [S. 293]) der Druck proportional der Temperatur T. Gleichung (3) enthält auch die AVOGADROsche Regel (S. 333): Ein gegebenes Volumen V irgendeines Gases enthält bei gegebenem Druck p und gegebener Temperatur T stets *dieselbe Anzahl* Moleküle. Das bedeutet: Der Raum eines Liters enthält z. B. bei 0^0 C und 1 atm dieselbe Anzahl Moleküle, gleichviel, ob er Wasserstoff oder Sauerstoff oder Stickstoff oder was sonst für ein Gas enthält.

Gaskonstante. AVOGADROsche Zahl. Die Größen p, V und T sind meßbar, $N \cdot k$ also berechenbar. Man nennt $N \cdot k$ die *Gaskonstante* (R), wenn N so groß ist, daß die gesamte Masse $N \cdot m = M$ der Moleküle, in Gramm gemessen, gleich der Molekulargewichtzahl des Gases ist. Man nennt die Masse (M) ein Mol. Unter 1 Mol Wasserstoff versteht man danach 2 g Wasserstoff, unter 1 Mol Sauerstoff 32 g Sauerstoff usw. Die Beziehung $M = Nm$ zeigt: die Molmassen der chemischen Elemente verhalten sich zueinander wie die Massen ihrer einzelnen Moleküle. Daher ist N, die Zahl der Moleküle im Mol, für *alle* Elemente *dieselbe* Größe. Gleichung (3) besagt danach: Bei gegebenem Druck p und gegebener Temperatur T ist das Volumen V, das 1 Mol enthält, für alle Gase das gleiche. 2 g Wasserstoff erfüllen bei 0^0 C und 1 atm 22,41 l, und dasselbe Volumen, das *Molvolumen*, erfüllen unter denselben Bedingungen 32 g Sauerstoff usw. N heißt die AVOGADRO-Zahl[1]. Die bereits in (2) eingeführte Konstante k ist also

$$k = R/N \qquad (4)$$

(BOLTZMANN-Konstante), d. h. gleich Gaskonstante durch AVOGADRO-Zahl. Wie N so hat auch R für alle Gase denselben Wert. Führt man R in Gleichung (3) ein, so erhält man

$$pV = RT . \qquad (5)$$

Das ist die *allgemeine Gasgleichung* für den Fall, daß V ein Mol des Gases enthält. Für den Eispunkt ist $T = T_0 = 273{,}20$ (S. 162 o.). Somit erhält man nach Einsetzung des für diese Temperatur und den Druck $p = 1$ atm gültigen Wertes von V

$$R = \frac{pV}{T} = \frac{1 \cdot 22{,}41}{273{,}2} = 0{,}0820 \text{ Literatmosphären pro Grad}$$

oder allgemein $\qquad pV = 0{,}0820 \cdot T$ Literatmosphären.

1 Literatmosphäre ist eine Arbeit, wie 1 Meterkilogramm es ist. Es ist die Arbeit, die man z. B. leisten muß, um einen Stempel von 1 dm² Querschnitt, der in einem

---

[1] Ihren Zahlenwert hat zuerst der österreichische Physiker LOSCHMIDT ermittelt.

11*

Zylinder verschiebbar ist und auf den 1 atm drückt, *gegen* diesen Druck um 1 dm zu verschieben, die man also leisten muß, um den Druck von 1 atm über den Raum von 1 Liter zu überwinden. Man kann die Literatmosphäre auch durch jede andere Arbeitseinheit ersetzen, z. B. durch das erg oder das Joule (die „Wattsekunde", s. d.). Der Druck 1 atm ist gleich dem Gewicht einer 76 cm hohen Quecksilbersäule auf 1 cm^2, also gleich $76 \cdot 13,596 \cdot 980,6 = 1013200 = 0,10132 \cdot 10^7 \, \text{dyn/cm}^2$. Daher ist 1 Literatmosphäre $= 1000 \cdot 0,10132 \cdot 10^7 = 101,32 \cdot 10^7 \, \text{erg} = 101,32$ Wattsekunden. Somit ist die Gaskonstante $R = 0,0820 \cdot 101,32 \cdot 10^7 = 8,313 \cdot 10^7$ erg/Grad $= 8,313$ Wattsek./Grad.

Ergänzung des Gesetzes von Boyle-Mariotte. Auch die Abweichungen von dem Boyle-Gesetze erklärt die kinetische Gastheorie (van der Waals, 1873). Den Molekeln steht für ihr Hin- und Herfahren nicht der ganze Raum des Behälters zur Verfügung, sie nehmen ja selber Raum ein. Bei Drucken, die die Dichte der Gase nicht über eine gewisse Grenze steigern, macht sich das nicht fühlbar — wohl aber, wenn der Druck sehr gesteigert, der Gesamtraum also sehr stark eingeengt wird. Das hat van der Waals berücksichtigt; auch, daß die Molekeln einander anziehen. Er hat für die Abhängigkeit des Volumens v von dem Druck eines Gases eine Formel aufgestellt, die von der Boyleschen abweicht. Die aus ihr berechneten Zahlen nähern sich den gemessenen befriedigend. Die Formel heißt: $\left(p + \dfrac{a}{v^2}\right)(v - b) = RT$. Hierin ist b die *Volumkorrektion*, a berücksichtigt die Molekularanziehung.

Geschwindigkeit der Gasmoleküle. Freie Weglänge. Innere Reibung. Größe der Gasmoleküle. Aus (S. 162 u.) $pv = N/3 \cdot mc^2$ und $Nm/V = \varrho$ (Dichte) folgt $c^2 = \dfrac{3p}{\varrho}$. Mißt man p in dyn/cm^2 (der Druck 1 atm $= 1,0132 \cdot 10^6$ dyn/cm^2) und ϱ in g/cm^3, so erhält man c in m/sec. Setzt man die für ϱ gefundenen Zahlen ein, so findet man bei 0^0 und 1 atm für

	c	G		c	G
Stickstoff	492	(425)	Wasserstoff	1844	(1692)
Sauerstoff	461	(454)	Helium	1303	(1204)

Die Zahlen für c sind die Quadratwurzeln aus den Mittelwerten der Geschwindigkeitsquadrate. Sie stimmen mit den Mittelwerten G der Geschwindigkeit selbst nicht ganz überein. Die Geschwindigkeit der Gasmoleküle kommt also der der Geschosse aus den neuzeitlichen Feuerwaffen gleich. Trotz ihrer großen Geschwindigkeit durchlaufen die Moleküle in *derselben* Richtung nur ganz kurze Wege. Sie prallen unablässig mit Nachbarmolekülen zusammen und werden von ihrem Weg abgelenkt. Die Anzahl z der Stöße, die ein Molekül im Mittel pro Sekunde erleidet, also auch die Strecke $l = G/z$, die *mittlere freie Weglänge*, die es im Mittel ohne anzustoßen in einer bestimmten Richtung zurücklegt, läßt sich aus der Diffusion, der Wärmeleitung oder der Reibung der Gase berechnen. [Diffusion ist die Ausbreitung eines Gases in einem anderen (S. 165 u.). Die Geschwindigkeit der Diffusion ist proportional der Wegstrecke, die die Gasteilchen zurücklegen können, ohne vom Wege abgelenkt zu werden, d. h. sie ist der mittleren freien Weglänge proportional. — Die Wärmeleitung kann man auffassen als Diffusion zweier Volumina Gas derselben Art, aber verschiedener Temperatur. Das kältere Gas breitet sich in dem wärmeren aus und umgekehrt. Daher muß sich die Wärme mit einer Geschwindigkeit übertragen, die der mittleren freien Weglänge l proportional ist.]

Die Reibung betrachten wir etwas näher. Stellt man einer ruhenden Scheibe eine bewegbare ihr parallel dicht gegenüber, so erfordert es eine größere Kraft, die bewegliche Scheibe zu bewegen (parallel zur ersten), wenn der Zwischenraum zwischen beiden Gas enthält, als wenn er leer ist. Das Gas hemmt die Bewegung wie bei einem grob mechanischen Reibungsvorgang, und die Stärke der Hemmung durch die *Gasreibung* hängt von der Art des Gases ab. Das Material der Scheiben ist belanglos, denn beide bedeckt eine Gashaut, die die Bewegung der Scheiben mitmacht, die Reibung geschieht also nur zwischen Gasschichten, die sich relativ zueinander verschieben. Der *Reibungskoeffizient* η des Gases hängt mit den molekularen Eigenschaften des Gases zusammen; nämlich so: benachbarte horizontale Schichten, die sich horizontal zueinander verschieben, tauschen Moleküle miteinander aus, die benachbarten Schichten verzahnen sich gewissermaßen miteinander, sie suchen einander zu hemmen. Die kinetische Theorie ergibt für den Reibungskoeffizienten η die Beziehung $\eta = 0,350 \cdot \varrho \cdot G \cdot l$. Reibungskoeffizient η und Dichte ϱ sind meßbar,

G ist bereits berechnet, die mittlere freie Weglänge l also errechenbar. Aus der Division der mittleren Molekulargeschwindigkeit G durch die mittlere freie Weglänge l folgt dann die Anzahl z der Stöße, die die Moleküle im Mittel pro Sekunde erfahren. Man findet bei 0^0 und 1 atm für

	l	z
Stickstoff	$95{,}5 \cdot 10^{-7}$ cm	$4{,}8 \cdot 10^9$
Sauerstoff	$102 \cdot 10^{-7}$,,	$4{,}2 \cdot 10^9$
Wasserstoff	$180 \cdot 10^{-7}$,,	$9{,}4 \cdot 10^9$
Helium	$283 \cdot 10^{-7}$,,	$4{,}3 \cdot 10^9$

Die freie Weglänge rechnet also nach hunderttausendstel cm, die Stoßzahl nach Milliarden pro sec.

Mit der Stoßzahl und der mittleren freien Weglänge kann man den Durchmesser der Moleküle, sowie ihre Anzahl im Mol in Zusammenhang bringen. Zwei Moleküle vom Durchmesser σ stoßen zusammen, wenn ihre Mittelpunkte sich bis auf σ einander nähern. Durchläuft der Mittelpunkt eines Moleküls in 1 sec die Strecke G (korrekter: *wenn* der Mittelpunkt des Moleküls 1 sec lang seine Richtung beibehält, also die *ganze Strecke* G durchläuft usw.), so überstreicht das Molekül, da sein Wirkungsquerschnitt $\sigma^2 \pi$ ist, den Raum $G \cdot \sigma^2 \pi$. Innerhalb dieses Raumes stößt das Molekül mit jedem andern darin vorhandenen zusammen. Kennt man die Anzahl der A Moleküle in diesem Raume, so ergibt sich die gesuchte Stoßzahl zu $z = A$. Das Molvolumen V enthält N Moleküle, der Raum $G \cdot \sigma^2 \pi$, daher $A = G \cdot \sigma^2 \pi \cdot N/V$. Das ist also auch die Stoßzahl z. Die genaue Rechnung ergibt:

$$ z = \sqrt{2} \, \frac{N}{V} \cdot G \cdot \sigma^2 \pi \quad \text{und} \quad l = \frac{V}{N} \cdot \frac{1}{\sqrt{2} \cdot \sigma^2 \pi}. \tag{6} $$

Das Gesamtvolumen b der N kugelförmigen Moleküle im Mol ist

$$ N \cdot \frac{4}{3} \pi \left(\frac{\sigma}{2} \right)^3 \quad \text{oder} \quad N \cdot \frac{1}{6} \cdot \pi \sigma^3. $$

Man kann daher schreiben $l = \dfrac{V \cdot \sigma}{6 \cdot \sqrt{2} \, b}$. Daraus folgt der Moleküldurchmesser

$$ \sigma = \frac{6 \cdot \sqrt{2} \, b \cdot l}{V}. $$

Da für 0^0 und 1 atm Druck l bereits bekannt ist, so ist nur noch nötig, unter denselben Bedingungen auch die Raumerfüllung b/V der Moleküle zu ermitteln. Man weiß: Sauerstoff von 0^0 und 1 atm Druck hat im cm³ $0{,}001429$ g Masse. Ferner haben gewisse Messungen ergeben: Sauerstoff hat im Augenblick der Erstarrung, also in einem Zustand, in dem seine Moleküle schon sehr dicht beieinanderliegen, die Dichte 1,27. Die $0{,}001429$ g erfüllen dann das Volumen $\dfrac{0{,}001429}{1{,}27} = 0{,}001124$ cm³. In Wirklichkeit wird das Eigenvolumen der Moleküle noch kleiner sein, daher darf $b/V = 0{,}001124$ cm³ nur als obere Grenze gelten. Mit $l = 102 \cdot 10^{-7}$ cm für Sauerstoff (s.o.) ergibt sich für seinen Moleküldurchmesser als obere Grenze $\sigma = 0{,}97 \cdot 10^{-7}$ cm. Eine strengere Theorie der Raumerfüllung liefert $\sigma = 0{,}29 \cdot 10^{-7}$ cm. — Für andere Gase ergeben sich Moleküldurchmesser derselben Größenordnung, d. h. alle einige hundertmal kleiner als die mittlere freie Weglänge bei 0^0 und 1 atm Druck.

Kennt man die mittlere freie Weglänge l und den Moleküldurchmesser σ, so ergibt Gleichung (6) die Anzahl N der Moleküle im Mol zu

$$ N = \frac{V}{l} \cdot \frac{1}{\sqrt{2} \cdot \sigma^2 \pi}. $$

Bei 0^0 und 1 atm Druck ist (S. 163 u.) $V = 22410$ cm³. Für Sauerstoff z. B. ist daher (mit Benutzung der für l und für σ gefundenen Zahlen) $N = 59 \cdot 10^{22}$. Als wahrscheinlichste Zahl gilt zur Zeit $N = 60{,}6 \cdot 10^{22}$. Sie ist auf etwa 1 % genau.

Aus Gleichung (4) kann man die BOLTZMANN-Konstante k berechnen. Setzt man für die Gaskonstante R ihren Wert in erg/Grad ein, so erhält man

$$ k = \frac{8{,}313 \cdot 10^7}{60{,}6 \cdot 10^{22}} = 1{,}37 \cdot 10^{-16} \text{ erg/Grad.} $$

Diffusion der Gase. Aus der molekularen Bewegung der Gasteilchen erklärt sich auch die *Diffusion* der Gase: der Vorgang, durch den zwei Gase, die einander berühren, sich allmählich vollkommen miteinander vermischen, *selbst wenn beide denselben Druck haben*. Man fülle ein Gefäß mit Kohlensäure, ein zweites mit Wasserstoff, jedes unter demselben Druck, und verbinde beide wie es Abb. 200 andeutet (DALTON). Man findet nach einer gewissen Zeit t: jedes Gefäß enthält ebensoviel Wasserstoff und ebensoviel Kohlensäure wie das andere, die Gase haben sich also vollständig miteinander gemischt — gleichviel ob die

Kohlensäure, die 22 mal schwerer ist als Wasserstoff, anfangs im oberen oder im unteren Gefäß gewesen ist. [Der *vollkommenen* Vermischung der Gase durch Diffusion verdankt die atmosphärische Luft (abgesehen von extremen Höhen) *überall* die *gleiche* Zusammensetzung, obwohl die Gase, aus deren Gemisch die Atmosphäre besteht, verschieden schwer sind.] Wir finden 2.) in jedem Gefäße am Ende des Vorganges denselben Druck wie am Anfang. Das heißt: jedes der beiden Gase hat sich in dem ganzen Raum ausgebreitet, wie wenn das andere nicht vorhanden wäre. Natürlich ist der damit verbundenen Volumenvergröße-

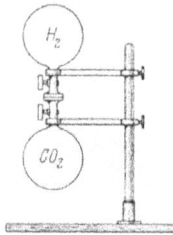

Abb. 200.
Diffusion der Gase.

rung entsprechend der Druck jedes *einzelnen* Gases gesunken. Aber der Druck beider Gase *zusammen* ist, wie die Erfahrung lehrt, so groß, wie der Druck jedes einzelnen Gases am Anfang war. Daher das DALTONsche Gesetz: Ein Gemisch mehrerer Gase, die chemisch nicht aufeinander wirken, hat einen Druck gleich der Summe der Drucke, die die verschiedenen Gase einzeln hätten, wenn jedes allein das ganze Volumen einnehmen würde. — Natürlich reicht das DALTONsche Gesetz nur so weit wie das BOYLEsche.

Mit der Molekulargeschwindigkeit der Luft von 485 m/sec scheint es unvereinbar, daß sich eine Rauchwolke (Zigarrenrauch im Zimmer), und der Geruch eines Gases in ruhiger Luft (Windstille) nur sehr langsam durch Diffusion verbreiten. Aber die Gasmolekeln prallen fortwährend zusammen und lenken einander ab. Daher dauert es sehr lange, bis eine einzelne Molekel den Raum durchlaufen hat und zur Verbreitung des Gases merkbar beitragen kann.

Gewicht der Gase. Daß sich die Erdatmosphäre trotz der großen Geschwindigkeit der Luftteilchen nicht von der Erde entfernt und im Weltraum verteilt, ist der Anziehung der Erde auf die Gasteilchen der Atmosphäre, d. h. ihrem Gewicht zuzuschreiben. Die Luft hat, und so *jedes* Gas, Gewicht wie jeder andere Körper. Das kann man mit der Waage beweisen. Ein hermetisch verschließbares Gefäß wiegt luft*leer* weniger als wenn es Luft oder sonst ein Gas enthält. Die Gase sind daher ihrer Masse nach durch Wägung miteinander vergleichbar. Wieviel Masse, d. h. wieviel Gramm ein mit Gas gefülltes Gefäß in jedem einzelnen Falle einschließt, hängt wesentlich von Druck und Temperatur des Gases ab. Die Wägungen müssen daher, um vergleichbar zu sein, stets auf eine Normaltemperatur und einen Normaldruck bezogen werden. Bei 0^0 C und 760 mm Quecksilberdruck (S. 164 o.) enthält

1 Liter   atmosphärische Luft   . . . 1,293 g
1   ,,   Wasserstoff   . . . . 0,0898 g
1   ,,   Sauerstoff   . . . . 1,429 g
1   ,,   Kohlensäure   . . . . 1,977 g

Man kann die großen Unterschiede im Gewicht der Gase nach FARADAY so zeigen: man hängt zwei Bechergläser A und B, das eine aufrecht, das andere umgekehrt, an eine Waage, und bringt sie ins Gleichgewicht, dann kann man in das erste die Kohlensäure von oben, in das zweite den Wasserstoff von unten eingießen. Beide Male schlägt die Waage im Sinne des Pfeiles aus (Abb. 201).

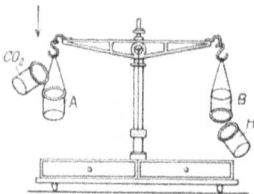

Abb. 201. Verschiedenheit des
Gewichtes von Kohlensäure (CO_2)
und von Wasserstoff (H_2).

1 cm³ Luft enthält 0,001293 g, die Zahl 0,001293 gibt somit die Dichte der Luft an (wie immer) auf Wasser bezogen. Um die unbequem kleinen Zahlen zu vermeiden, bezieht man die *Dichte der Gase* gewöhnlich auf Wasserstoff, das leichteste Gas, oder auf atmosphärische Luft *von der Temperatur und dem Druck des betreffenden Gases*. Die Dichte eines Gases, auf Wasserstoff (oder Luft) bezogen, gibt also nicht die in 1 cm³ enthaltenen Gramm an, sondern sie gibt an, *wievielmal* soviel Gramm in 1 cm³ dieses Gases enthalten sind, wie in 1 cm³ Wasserstoff (oder Luft) bei gleichem Druck und bei gleicher Temperatur.

Dichte bei 0° C und 1 atm von	Bezogen auf Wasser	Bezogen auf Luft	Bezogen auf Wasserstoff
Luft	0,001293	1,000	14,445
Wasserstoff	0,000089	0,069	1,000
Sauerstoff	0,001429	1,105	15,964
Kohlensäure	0,001977	1,529	21,95

Die Dichte der Gase kann man durch Wägung eines abgemessenen Gasvolumens bestimmen, auch nach einem anderen von Bunsen stammenden Verfahren (S. 189).

Auftrieb. Da die Gase Gewicht haben, oben liegende Gasmassen somit auf unten liegende drücken, und da die Gase mit den tropfbaren Flüssigkeiten die allseitige Druckfortpflanzung gemein haben, so haben sie auch den *Auftrieb* mit ihnen gemein. Uns interessiert nur der Auftrieb der uns umgebenden Atmosphäre. Wie (S. 155 m.) bei der Besprechung des Auftriebes in tropfbaren Flüssigkeiten, kommen wir auch hier zu dem Schluß: Jeder Körper verliert in der Luft so viel Gewicht, wie die von ihm verdrängte Luft wiegt. Daraus folgt: 1. derselbe Körper ist in der Luft leichter als im luft*leeren* Raum, 2. zwei Körper, die in der Luft *gleich schwer, aber ungleich groß* sind, sind im luftleeren Raum *verschieden* schwer. Eine große Kugel und eine kleine Kugel, die in der Luft *gleich* viel wiegen, halten im luft*leeren* Raum (Glocke einer Luftpumpe) an einer empfindlichen Waage einander *nicht* das Gleichgewicht (BAROSKOP. OTTO VON GUERICKE). Denn im Vakuum wiegt die große Kugel um das Gewicht eines großen Luftvolumens mehr als in der Luft, die kleine Kugel um das Gewicht eines kleineren Luftvolumens; der Waagebalken sinkt daher nach der Seite der großen Kugel.

Reduktion der Wägung auf den leeren Raum. Die in der Luft vorgenommenen Wägungen erfordern, wenn sie wissenschaftlichen Wert haben sollen, eine Korrektion, die den Gewichtsverlust (durch den Auftrieb) berücksichtigt. Für gewöhnliche Wägungen ist sie belanglos.

Nennt man m das scheinbare Gewicht des Körpers (die Gewichtsstücke, die ihn in der Luft äquilibrieren); λ die Dichte der Luft ($\lambda = 0,0012$ im Mittel); s die Dichte des Körpers; σ die Dichte der Gewichtsstücke (Messing = 8,4), so ist das Gewicht M im leeren Raume $M = m \left(1 + \dfrac{\lambda}{s} - \dfrac{\lambda}{\sigma}\right)$. Zu dem scheinbaren Gewicht m ist also hinzuzufügen $m\,\lambda\,(1/s - 1/\sigma)$. So beträgt die Korrektion des scheinbaren Gewichtes w einer mit Messinggewichten ($\sigma = 8,4$) gewogenen Wassermenge: $w \cdot 0,0012\,(1/1 - 1/8,4) = w \cdot 0,00106$, d. h. 1,06 mg sind auf jedes Gramm hinzuzufügen.

Luftballon. Luftschiff. Wie in den Flüssigkeiten, so bestimmt auch in der Luft das Verhältnis der Stärke des Auftriebes zum Körpergewicht den Bewegungszustand eines frei beweglichen Körpers relativ zur Umgebung. Ist der Auftrieb auf den Körper größer als sein Gewicht, so steigt der Körper in der Luft in die Höhe. Auf der Verwirklichung dieses Gedankens beruht der *Luftballon*.

Die Steigfähigkeit des Ballons ist um so größer, je größer sein Volumen und je kleiner sein Gewicht ist. Um sein Gewicht möglichst klein zu machen, füllt man ihn mit Wasserstoff. Unter gewöhnlichen Temperatur- und Druckverhältnissen wiegt 1 m³ *Luft* etwa 1,29 kg* und 1 m³ *Wasserstoff* etwa 0,09 kg*. Ein mit Wasserstoff gefüllter Ballon von 100 m³ Inhalt erfährt also einen Auftrieb von 129 — 9 = 120 kg*, ein 5000 m³ Ballon rund 6000 kg*. Einen Teil davon braucht man, um die Ballonausrüstung zu heben (Hülle, Netzwerk, Gondel usw.). Das Gewicht von Hülle und Netzwerk wächst proportional der Oberfläche des Ballons, annähernd auch das der Gondel, daher ist caeteris paribus hinsichtlich der Tragfähigkeit ein großer Ballon praktischer als ein kleiner, weil das tote Gewicht dann nur einen kleineren Teil des Gesamtauftriebes ausmacht. Durch die Hülle (doppeltes Baumwollstoffgewebe mit Gummischicht dazwischen) diffundiert das Gas dauernd, wenn auch langsam, da kein Stoff völlig gasdicht ist; die Tragfähigkeit sinkt also allmählich. Auch hierin ist ein großer Ballon einem kleinen überlegen, denn ein Kugelballon z. B., der den doppelten Durchmesser hat, enthält achtmal soviel Gas, erleidet aber nur den vierfachen Gasverlust wie jener, da seine

Oberfläche nur viermal so groß ist. — Kommt der Ballon in Luftschichten von geringerem Druck, so dehnt sich sein Gas aus. Um die Hülle vor dem Zerreißen zu schützen, läßt man den schlauchartigen Füllansatz unten am Ballon offen. (Wie die Druckabnahme wirkt die Erwärmung durch die Sonnenstrahlen.) In der Höhe wiegt die verdrängte Luft weniger als in der Tiefe, während er steigt verliert also der Ballon an Auftrieb, und schließlich ist sein Auftrieb nur noch *gleich* seinem Gewicht — er schwebt dann im Gleichgewicht. Um ihn weitersteigen zu machen, muß man „Ballast" auswerfen, gewöhnlich in Säcken mitgeführten Sand.

— Um *lenkbar* zu werden, ein Luft*schiff*, muß der Ballon eine Eigenbewegung bekommen (sonst wird er nur vom Winde mitgenommen), und zwar eine Eigengeschwindigkeit größer als die Strömungsgeschwindigkeit der Luft, wenn er dagegen anfahrend noch vorwärtskommen soll. Die Frage nach der Lenkbarkeit fällt also im wesentlichen mit der Frage zusammen, ob man über eine Maschine verfügt, deren Leistung für die erforderliche Propellerbewegung *groß* genug ist und deren Gewicht dabei *klein* genug ist, um für einen Luftballon von praktisch möglichen Dimensionen verwendbar zu sein. Die Einführung des Benzinmotors (DAIMLER, 1883) und die Verbilligung des Aluminiums (1890) zeigten die Wege für die Lösung der Aufgabe: es gibt jetzt brauchbare Motoren, bei denen auf 1 PS knapp 2 kg* Material kommen[1]. Wichtig für die Lenkbarkeit des Ballons ist seine Form. In der Fahrtrichtung soll der Widerstand, den der bewegte Ballon hervorruft, möglichst klein sein; man gibt ihm deswegen jetzt Zigarrenform.

Der Luftballon steigt wie jede Gasblase durch den Auftrieb. Am Erdboden muß man ihn mit Gewalt festhalten, um ihn am Steigen zu verhindern, und wäre seine Hülle völlig gasdicht, so würde er, oben angekommen, dauernd oben bleiben (aero*statischer* Auftrieb). Das Schweben des Ballons entspricht dem *natürlichen Schwimmen* (s. S. 154 und 156). Wie es ein *künstliches* Schwimmen gibt, das ein dauernder Kampf gegen das Untersinken ist, und das nur durch Schwimm*bewegungen* möglich ist, so gibt es auch ein künstliches *Fliegen*: auch dieses ist ein dauernder Kampf gegen das Untersinken, d. h. gegen das Herunterstürzen, und ist nur durch Flug*bewegungen* möglich. Im Fluge von einem Geschoß getroffen und an der Flügelbewegung verhindert, fällt ein Vogel wie jeder andere schwere Körper. Nur durch *Arbeit* kommt er vom Erdboden los und in die Höhe und hält er sich oben (aero*dynamischer* Auftrieb.)

Wasserwaage (Libelle). Eine Gasblase in einer Flüssigkeit steigt wie ein Luftballon infolge des Auftriebes in die Höhe. Ist die Flüssigkeit allseitig von einer festen Wand begrenzt, so kann die Blase die Flüssigkeit nicht verlassen. Sie bleibt mit der Flüssigkeit und der Wand in Berührung, paßt sich der Form der sie begrenzenden Flächen (Wand, Flüssigkeit) an und nimmt dabei, welche Lage man auch dem Behälter gibt, die ihr mögliche höchste Lage darin ein. Auf eine Veränderung der Lage des Flüssigkeitsbehälters reagiert sie *höchst* empfindlich mit einer deutlich sichtbaren und meßbaren Verschiebung. Diese nützt man in der Wasserwaage aus (THÉVENOT, 1661), um eine Ebene horizontal zu legen oder auch die Neigung einer gegebenen Ebene zu messen oder auch eine Achse vertikal zu richten. Die Libelle (Abb. 202) ist ein sehr schwach gebogenes Glasrohr, das bis auf eine kleine Luftblase mit einer möglichst leicht beweglichen Flüssigkeit (Alkohol, Äther) gefüllt ist. Das Rohr ist auf einer Metallplatte derart befestigt, daß, *wenn* diese *genau horizontal* ist, die Blase *o o* in der Mitte *a a'* der Skala steht.

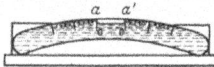

Abb. 202. Wasserwaage (Libelle).

Druck der Atmosphäre. Versuch von TORRICELLI. Da die Luft Gewicht hat, so drückt sie auf die Erdoberfläche und alles auf ihr befindliche. Als Schulbeweis dafür benutzt man stets den von TORRICELLI (1643) stammenden: Man füllt ein geradliniges Glasrohr, etwa 90 cm lang und am einen Ende geschlossen, *ganz* mit Quecksilber (so daß es keine Luft enthält), verschließt es dann auch an dem anderen Ende, taucht es mit diesem Ende aufrecht in ein Gefäß, das ebenfalls mit Quecksilber gefüllt ist und öffnet dieses Rohrende. Dann fällt das Quecksilber in dem Rohre zwar, bleibt aber stehen, sobald das obere Ende der

Abb. 203. Versuch von TORRICELLI

[1] Am 4. und 5. August 1908 machte Graf FERDINAND VON ZEPPELIN die erste große Luftfahrt von Friedrichshafen nach Mainz. Der Tragkörper des Luftschiffes faßte 15000 m³, es enthielt zwei DAIMLER-Motoren von je 110 PS im Gewicht von 560 kg*. Das von ECKENER vom 12. bis 15. Okt. 1924 in 81 h 17 min von Friedrichshafen nach Lakehurst (Amerika) geführte Zeppelinschiff hatte: Länge 200 m, Durchmesser 27,64 m, Gesamtvolumen 70000 m³, Gesamtauftrieb bei 0° und 760 mm 84,5 t, Leergewicht 42 t, daher Tragfähigkeit 42,5 t zu je 1000 kg, Motoren 5 zu je 400 PS bei 1400 Umdrehungen/Minute (Besatzung mit Effekten 4,5 t).

Säule zwischen 70 und 80 cm über dem Quecksilberniveau des Gefäßes liegt. (Abb. 203). — Man erkennt die Bedeutung des Vorganges, wenn man ihn mit dem Verhalten zweier Flüssigkeiten vergleicht, deren spezifische Gewichte verschieden sind und die in kommunizierenden Gefäßen stehen (S. 153 m.). Die beiden Flüssigkeiten sind hier Quecksilber und Luft; die ihnen gemeinsame Trennungsebene ist der Quecksilberspiegel S (Abb. 204), den kommunizierenden Gefäßen entsprechen das Rohr und die freie Atmosphäre. Über der gemeinsamen Trennungsebene S steht erstens die Quecksilbersäule, die eine meßbare Höhe hat, und zweitens die Luftsäule, deren Höhe zwar nicht mit dem Maßstab meßbar ist, von der wir aber wissen, daß sie bis zur *Grenze* der Atmosphäre reicht. Die Luftsäule erfährt also von oben keinen Druck, denn über ihr existiert *nichts*. Und die Quecksilbersäule? Der Raum über dem Quecksilber in dem Rohre war ursprünglich *auch* mit Quecksilber ausgefüllt, *nur* mit Quecksilber. Das Quecksilber hat den Raum aber verlassen und ihn leer zurückgelassen, als ein *Vakuum*, einen Raum, in dem sich *nichts* befindet. Auch der Druck auf die Quecksilbersäule ist daher Null. Die Luftsäule von der Höhe der Atmosphäre und jene Quecksilbersäule von meßbarer Höhe halten somit einander das Gleichgewicht, d. h. der Druck der *Luft*säule auf S ist gleich dem Druck der *Quecksilber*säule auf S. (Man sagt geradezu: Der Luftdruck „beträgt" soundso viel „Zentimeter Quecksilber".) — Die Luft drückt demnach z. B. auf 1 cm², wenn die Quecksilbersäule h cm hoch ist, mit dem Gewicht von h cm³ Quecksilber; also wenn ϱ das spezifische Gewicht des Quecksilbers ist, mit $h \cdot \varrho$ Gramm*. Am Meeresspiegel steht normal das Quecksilber 76 cm hoch; ϱ ist 13,596. Die Atmosphäre drückt dort auf 1 cm² mit 1,033 kg*; auf die Oberfläche des erwachsenen, menschlichen Körpers, die etwa 1 m² ist, mit etwa 10000 kg*. Wir fühlen von dem Druck für gewöhnlich nichts, weil er, in welcher Richtung er auch wirkt, zugleich auch in der *entgegengesetzten* Richtung mit derselben Stärke wirkt. (Im Innern einer Flüssigkeit, die nur der Schwere ausgesetzt ist, verursacht der Druck der Flüssigkeit keine Störung des Gleichgewichtes; aus derselben Ursache.) Aber eine *plötzliche*, sehr starke Änderung des Luftdruckes, und besonders eine *einseitige* fühlen wir, z. B. die einseitige Druckvergrößerung durch eine Explosionswelle.

Abb. 204. Zur Erklärung des Versuches von TORRICELLI.

Ändert sich der Luftdruck, so zeigt die Quecksilbersäule das dadurch an, daß sie ihre Länge ändert. Der Luftdruck sei z. B. so groß, daß ihm 76 cm Quecksilber das Gleichgewicht halten. Steigt er, so reicht das Gewicht der 76 cm hohen Säule nicht mehr hin, um den größeren Druck aufzuwiegen, der Überdruck der Luft treibt daher das Quecksilber in dem Rohr in die Höhe. Sinkt dagegen der Luftdruck, so reicht er nicht hin, dem Gewicht des in dem Rohre stehenden Quecksilbers das Gleichgewicht zu halten, das Quecksilber fällt daher in der Röhre. Die TORRICELLI-Anordnung bildet so die Grundlage für den Bau der Geräte, die den Druck im Luftmeer messen, der *Barometer*, und zwar der *Quecksilbe*rbarometer.

Barometer. Die wesentlichsten Formen der Quecksilberbarometer zeigen die Abb. 205a, b, c. Ihre Verschiedenheit wird durch die Verschiedenheit der Genauigkeit bedingt, mit der man die Höhe der Säule über dem äußeren Quecksilberspiegel messen will. Ändert sich nämlich die Höhe der Quecksilbersäule, so verschiebt sich auch das Niveau

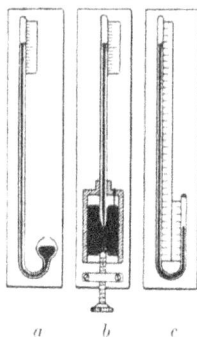

Abb. 205. *a* Phiolen-, *b* Gefäß-, *c* Heber-Barometer.

des unteren Spiegels, und zwar um so stärker, je enger das Gefäß im Verhältnis zu dem Rohr ist. In dem *Phiolen*barometer *a* berücksichtigt man das nicht, wohl aber in dem *Gefäß*barometer *b* und in dem *Heber*barometer *c*. In dem Gefäßbarometer dadurch, daß man, ehe man die Skala abliest, durch eine (leicht zu bewerkstelligende) Formänderung des Gefäßes den Quecksilberspiegel bis zum Nullpunkt der Skala verschiebt; im Heberbarometer dadurch, daß man die *Skala* der Quecksilbersäule entlang verschiebt, bis ihr *Nullpunkt* im Niveau des unteren Quecksilbermeniskus liegt. — Um *ganz* genau zu messen, muß man die Zahl korrigieren, die man als Höhe der Quecksilbersäule abliest, z. B. berücksichtigen, wieviel von der Länge der Quecksilbersäule der Temperatur zuzuschreiben ist, die soundso viel Grad über oder unter 0° liegt. So muß man, wenn man 760 mm abliest, die Temperatur aber 20°C beträgt, ca. 2,5 mm abziehen. Ferner: der Raum über der Quecksilbersäule enthält etwas Quecksilberdampf, der auf die Säule drückt und sie etwas niedriger (bei 20°C etwa 0,003 mm) macht, als sie wäre, wenn der Raum *ganz* leer wäre, usw. Ein Quecksilberbarometer ist daher nicht leicht zu behandeln. Für weniger genaue Messungen genügt (auch im Flugzeug) das als Zimmerbarometer bekannte *Aneroidbarometer* (VIDI, 1847, α = nicht, $\nu \eta \varrho \acute{o} \varsigma$ = feucht). Sein wesentlichster Teil ist ein luftdicht geschlossener, dünnwandiger Hohlkörper aus Metall, der luftleer gemacht ist, gewöhnlich eine ganz flache Dose oder ein gebogenes Rohr (Abb. 206 bei *r*, *r*). Mit dem Luftdruck ändert sich der Druck auf den Hohlkörper. Die dabei eintretende Bewegung seiner Wand überträgt sich (durch einen Hebel vergrößert) auf einen Zeiger, der sich vor einer Skala im Kreise dreht. Man eicht die Skala, indem man das Aneroidbarometer mit einem Quecksilberbarometer vergleicht.

Abb. 206.
Aneroidbarometer.

Barometrische Höhenmessung. Der Luftdruck ist nicht konstant, das Barometer steht an demselben Ort bald höher, bald tiefer (wir sagen: es ist gestiegen oder ist gefallen). Im Meeresniveau beträgt 'der mittlere Druck in unseren Breitengraden ca. 760 mm.

Ferner: Das Barometer steht verschieden hoch, je nach der Höhe des Beobachtungsortes über dem Meeresspiegel. Die Luftsäule zwischen dem Quecksilberspiegel *S* der Abb. 204 und der Grenze der Atmosphäre ist verschieden hoch, je nachdem sich der Quecksilberspiegel *S* am Meeresstrande oder darüber befindet — allgemein: je nach der Höhe des Quecksilberspiegels über dem Meeresspiegel. Die Luftsäule ist am höchsten vom Meeresspiegel aus, ist gleich Null an der oberen Grenze der Atmosphäre und hat, von irgendeiner anderen Stelle des Luftmeeres an gemessen, eine andere Höhe, also auch ein anderes Gewicht, fordert also auch zu ihrer Äquilibrierung eine Quecksilbersäule von anderer Höhe. Die Quecksilbersäule der TORRICELLIschen Versuchsordnung steht auf dem Dache eines Hauses niedriger als im Keller. Im Tiefland muß man das Barometer bei 0° rund um 11 m heben, damit es um 1 mm sinkt; in 3000 m um etwa 15 m.

Der Höhenunterschied der Beobachtungsorte und der Längenunterschied der Quecksilbersäulen hängen (HALLEY, 1686) *so* zusammen: *wachsen* die Höhen in arithmetrischer Reihe, so *fallen* die Luftdrucke in geometrischer. Das erläutern die folgenden Beobachtungsergebnisse (mit korrigierter Barometerablesung):

Höhe in m	0	100	200	300
Hg-Säule in mm	760	$750,5 = 760 \left(\frac{750,5}{760}\right)^1$	$741,1 = 760 \left(\frac{750,5}{760}\right)^2$	$731,9 = 760 \left(\frac{750,5}{760}\right)^3$

Mathematisch formuliert: bedeuten h_1 und h_2 allgemein die Höhen über dem Meeresspiegel, B_1 und B_2 die Barometerstände in dem unteren und dem oberen Beobachtungsort und k eine noch zu ermittelnde Konstante, so ist

$$h_2 - h_1 = k \ (\log \text{nat} \ B_1 - \log \text{nat} \ B_2).$$

Man hat $k = 7991$ m gefunden. Mit BRIGGSchen Logarithmen und dieser Konstante (und unter Berücksichtigung der Mitteltemperatur t zwischen oben und unten) wird die Grundformel der barometrischen Höhenmessung: $h_2 - h_1 = 18400 \ (\log B_1 - \log B_2) \ (1 + \alpha t)$. Diese Grundformel fordert noch Korrektionen für die Feuchtigkeit der Luft und für die Abhängigkeit der Schwere von der geographischen Breite und von der Höhe über dem Meeresspiegel. (Die Konstante $k = 7991$ m ist die *reduzierte Höhe der Atmosphäre*, das heißt: die Höhe einer fingierten *homogenen* Atmosphäre, die einer 760 mm hohen Quecksilbersäule das Gleichgewicht hält. Bei windstillem Wetter — starker Wind kann die Messungen fast wertlos machen — ist die barometrische Höhenmessung ebenso genau wie die geodätische. In sehr vielen Fällen ist sie allein anwendbar.

Submarine barometrische Tiefenmessung. Das Barometer kann (in der Taucherglocke) auch die Tiefe eines Punktes *unter dem Meeresspiegel* messen. Eine Taucherglocke im Wasser veranschaulicht man sich an einem Trinkglas, das man, mit der Mündung nach unten, vertikal in das Wasser taucht. Wie tief man es auch nach unten drückt — das Wasser füllt es niemals ganz, es bleibt immer ein Luftraum übrig. Das Wasser kann nur so weit eindringen, soweit es die Luft durch seinen Druck (das Gewicht der Wassersäule, die bis zum Wasserspiegel hinaufreicht) zusammenpressen kann. Wie in dem Trinkglase verhält sich die Luft in der Taucherglocke. Der Druck der Wassersäule verkleinert ihr Volumen, erhöht dadurch ihren Druck und bringt dadurch ein Barometer in der Taucherglocke zum Steigen, desto höher, je tiefer die Glocke unter den Meeresspiegel sinkt. Ist das Barometer, wenn es vom Meeresspiegel aus in der (unbekannten) Tiefe T angelangt ist, um h cm gestiegen, bedeutet ϱ die Dichte des Quecksilbers, σ die des Seewassers (sie ist größer als 1 infolge des Salzgehaltes), so ergibt eine einfache Rechnung $T = h \cdot \varrho / \sigma$.

Quecksilberluftpumpe (GEISSLER). Der TORRICELLI - Versuch beweist, daß es möglich ist, einen Raum luftleer zu machen: Bis zur Entdeckung dieser Tatsache hatte man einen *leeren* Raum für unmöglich gehalten, da die Natur den *horror vacui* habe. Die Möglichkeit, einen Raum luftleer zu machen, oder auch nur den Luftdruck in einem Raume beliebig weit unter den der Atmosphäre herabzusetzen, ist für viele wissenschaftliche und technische Dinge von größter Bedeutung, z. B. für so verschiedenartige Dinge wie die elektrische Glühlampe, die Vakuumbremse, die Thermosflasche, den Kondensator der Dampfmaschine, die Elektronenröhre.

Der TORRICELLI-Versuch bildet selber die Grundlage einer der wirksamsten Methoden, einen Raum luftleer zu machen: Man erzeugt in einem Raum A über einer Quecksilbersäule Vakuum (ähnlich wie im TORRICELLI- Versuch), dann verbindet man den Raum B, den man „evakuieren" will, mit A (durch einen Hahn), so daß die Luft, die vorher auf den Raum B beschränkt war, sich auf den Raum $A + B$ ausbreitet, sich also verdünnt. Hierauf trennt man A und B wieder voneinander, treibt das in A enthaltene Gas hinaus und beginnt von neuem, d. h. man stellt *wieder* das Vakuum in A her, verbindet dann *wieder* B mit A und so fort. Der zu entleerende Raum B wird immer aufs neue mit dem leer gemachten Raum A verbunden. Man kann so die Luft in B so weit *verdünnen*, daß man B schließlich „luftleer" nennen kann. — Dieses Prinzip hat die früheste Quecksilberluftpumpe verwirklicht (GEISSLER, 1857). Sie hat jetzt nur noch historische Bedeutung, sie ist aber für die Entwicklung der Vakuumtechnik von grundlegender und unvergeßbarer Bedeutung gewesen. Abb. 207 zeigt nur ihre wesentlichsten Teile: Das Rohr C mit der Erweiterung A ist ca. 80—90 cm lang; es entspricht dem Barometerrohr der TORRICELLI - Anordnung. Unten ist es durch einen Schlauch mit dem Quecksilberbehälter E verbunden, oben

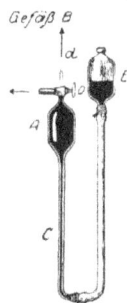

Gefäß B

Abb. 207. Prinzip der Quecksilberluftpumpe von GEISSLER.

mit einem Hahn o versehen, der, je nachdem man ihn stellt, das Gefäß A entweder (durch das Rohr d) mit dem zu entleerenden Gefäß B oder mit der äußeren Luft verbindet oder gegen beide gleichzeitig absperrt. Um das Gefäß B leer zu pumpen, verfährt man so: Man stellt den Hahn o so, daß A mit der Atmosphäre verbunden ist, hebt den Behälter E so hoch, daß das Quecksilber in C und in A in die Höhe steigt, alle Luft daraus (durch den Hahn o ins Freie) verdrängt und schließlich den Hahn o selbst erreicht, wie es Abb. 207 zeigt. Darauf schließt man den Hahn und senkt das Gefäß E. Das Quecksilber im Rohr C

fällt dann, wie beim Torricelli - Versuch, so tief herunter, wie es dem Barometerstande entspricht; über der Quecksilbersäule befindet sich dann ein luftleerer
Raum A von ansehnlicher Größe. Hierauf dreht man den Hahn o so, daß B,
der zu entleerende, und A, der bereits leere Raum, miteinander verbunden sind.
Die bisher auf B beschränkte Luft verbreitet sich nun auch in den Raum A und
das Rohr C und drückt das Quecksilber, dem dadurch eintretenden Druck entsprechend, herunter. Darauf dreht man den Hahn so, daß A von B wieder getrennt, dagegen mit der Atmosphäre verbunden ist, hebt das Gefäß E von neuem,
treibt die Luft aufs neue aus A ins Freie, stellt durch Senken des Gefäßes E das
Vakuum aufs neue her — kurz, wiederholt den ganzen Hergang, und zwar andauernd. Die Verdünnung in B wächst natürlich desto schneller, je kleiner
B und je größer A ist.

Wie schnell wächst die Verdünnung in B? Anfangs hat die Luft in B denselben Druck
wie die umgebende Atmosphäre, er sei p_0, wie der augenblickliche Barometerstand. Wird B
mit dem leer gemachten Raum A verbunden, so verbreitet sich die bisher auf B beschränkte
Luft auf den Raum $A + B$ und verdünnt sich. Nennen wir den Druck, den sie dann hat,
p_1, so ist nach dem Boyleschen Gesetz

$$\frac{p_1}{p_0} = \frac{B}{A + B} \quad \text{und daher} \quad p_1 = \frac{B}{A + B} \cdot p_0 \,.$$

p_1 ist der Druck im Raume B, nachdem wir ihn das erstemal mit A verbunden hatten. Ist
nach dem zweitenmal der Druck auf p_2 gesunken, so ist

$$\frac{p_2}{p_1} = \frac{B}{A + B} \quad \text{und daher} \quad p_2 = \frac{B}{A + B} \cdot p_1 = \left(\frac{B}{A + B}\right)^2 \cdot p_0 \,.$$

Nach dem n^{ten}mal ist der Druck gesunken auf

$$p_n = \left(\frac{B}{A + B}\right)^n \cdot p_0 \,.$$

Die Geissler - Pumpe war der Ausgangspunkt für eine Unzahl ähnlicher
Pumpen, auch für die Töpler - Pumpe, die an der Stelle des Hahnes o ein selbst-
tätiges Ventil besaß. Alle auf dem Torricelli - Prinzip beruhenden Quecksilber-
pumpen hat die rotierende Quecksilberpumpe von Gaede (1906) verdrängt.

Gaede-Pumpe. Die rotierende Quecksilberpumpe von Gaede (1905) besitzt weder
Hähne noch Ventile. Wie Geissler so füllt auch Gaede ein Gefäß zunächst ganz mit Quecksilber, läßt das eintretende Quecksilber die Luft aus dem Gefäß hinausdrängen — es ist nur
wenig, der Hauptanteil ist vorher durch eine Hilfspumpe entfernt worden — und entleert es
hierauf wieder, um es — luftleer — mit dem auszupumpenden Rezipienten zu verbinden;
und wiederholt dieses Spiel so oft, bis der Rezipient leer ist. Nur ist es bei der Gaede-Pumpe
nicht immer *dasselbe* Gefäß, das sich abwechselnd füllt und entleert, sondern es sind drei,

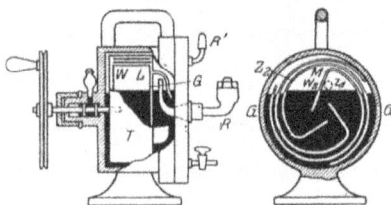

Abb. 208. Rotierende Quecksilberpumpe von Gaede.
Vertikalschnitt
(längs) durch die Drehachse   rechtwinklig zum vorigen.

die abwechselnd an derselben Stelle in Aktion treten, ungefähr wie wenn in Abb. 207
nicht bloß *ein* Gefäß A vorhanden wäre,
sondern drei da wären, die im Winkel von
120° wie Windmühlenflügel aneinander-
säßen und abwechselnd zwischen das Rohr C
und den Rezipienten träten. Und das Quecksilber wird auch nicht so, wie dort angedeutet, eingefüllt und wieder entleert: das
Gefäß ist vielmehr einem Eimer vergleichbar, der sich — fast wie bei einer Bagger-
maschine — vollschöpft und wieder ausgießt, aber so ausgießt, daß zuerst der
Raum *am Boden* des Eimers leer wird und
der vom Quecksilber verlassene, also leere

Raum nun mit dem Rezipienten in Verbindung treten kann. Das Herz der Gaede-Pumpe
(Abb. 208) ist die Trommel T (Porzellan, Stahl), die in drei Kammern W geteilt ist, und
die um ihre horizontale Achse in dem Quecksilber rotiert (ca. 30 Touren in der Minute).
Beim Rotieren füllen und entleeren sich die Kammern zyklisch durch die spaltförmigen
Kanäle Z und kommen zyklisch durch die Öffnungen L mit dem vom Rezipienten kommen-
den Rohr R in Verbindung. Durch die Spalten Z drückt das (aus den Kammern ausfließende)

Quecksilber die dem Rezipienten entzogene Luft in das vorher mit einer Hilfspumpe evakuierte Gehäuse G, aus dem es durch R' von der Hilfspumpe entfernt wird. — Die Pumpe
gehört zu den besten überhaupt existierenden, aber GAEDE hat sie selber durch andere Luftpumpen eigener Bauart (Molekularluftpumpe, Diffusionspumpe), die auf anderen physikalischen Vorgängen beruhen, weit überflügelt.

Kolbenluftpumpe. Die Quecksilberluftpumpe ist nur eine Sonderbauart
unter den Luftpumpen. Das Urbild der „Luftpumpe" schlechtweg — und der
Luftpumpe der Großindustrie zur Bewältigung *großer* Luftmassen — ist die
Kolbenluftpumpe (OTTO V. GUERICKE). Ihr wesentlichster Teil ist ein Zylinder
S, der *Stiefel*, in dem sich der luftdicht eingepaßte Kolben K verschieben läßt.
Der Stiefel vertritt das Barometerrohr der Quecksilberpumpe und der Kolben
das Quecksilber. Das Schema Abb. 209 erläutert das Wesen einer Kolbenluftpumpe: Wie bei der Quecksilberluftpumpe (Abb. 207) das Gefäß A, so verbindet
und trennt man abwechselnd bei der Kolbenluftpumpe den Stiefel S und das zu
entleerende Gefäß, entweder durch einen *Dreiwegehahn*, wie den Hahn o bei der
GEISSLER-Pumpe und H in Abb. 198 oder durch ein Ventil oder einen *Schieber*.
Je nachdem heißt die Pumpe *Hahn-* oder *Ventil-* oder *Schieber*luftpumpe. Mit
der Hahnluftpumpe Abb. 209 hantiert man so: Man stellt den Hahn so, daß der
Stiefel mit der äußeren Luft verbunden ist, und schiebt den Kolben in die Stellung I; dadurch drängt man die Luft aus dem Stiefel ins Freie. Darauf schließt
man den Hahn und bringt den Kolben in die Stellung II: dadurch entsteht
zwischen dem Kolben und dem Zy-
linderboden ein *annähernd* (wir kommen darauf zurück) leerer Raum.
Jetzt verbindet man das zu entleerende Gefäß durch den Hahn mit
dem Stiefel; dadurch verbreitet sich
die vorher auf das Gefäß beschränkte
Luft auch in den luftleeren Stiefel —

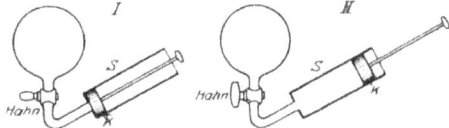

Abb. 209. Kolbenluftpumpe (schematisch).

sie verdünnt sich daher. Darauf schließt man das Gefäß durch den Hahn gegen den
Stiefel, verbindet den Stiefel mit der Atmosphäre und bringt den Kolben wieder
in die Stellung I — kurz, man wiederholt den Vorgang. Die bereits verdünnte
Luft des Gefäßes verdünnt sich dann weiter. — Von der Sorgfalt, mit der die
einzelnen Teile der Pumpe gearbeitet sind (Kolbenwand, Kolben, Hähne, Ventile,
Kolbendichtung usw.) hängt es ab, wie nahe die *Verdünnung* der Luft*leere* kommt.
Niemals aber kann eine „trockene" Luftpumpe eine Quecksilberpumpe erreichen.
Der Grund: In beiden entleert sich das zu entleerende Gefäß zeitweilig in einen
angeblich leeren Raum. In der Quecksilberpumpe ist er *wirklich* leer (bis auf
Spuren von Quecksilberdampf), in der Kolbenluftpumpe aber nicht. Das Quecksilber füllt, nämlich den Raum, in den es (wie der Kolben einer Kolbenluftpumpe,
und zwar wie ein mit dem Stiefelraum *kongruenter* Kolben) hineingetrieben wird,
in allen Fugen aus und läßt *daher*, wenn es zurückgeht, einen vollkommen leeren
Raum zurück — nicht so der Kolben. Zwischen Kolben und Stiefelboden bleibt
ein „schädlicher Raum". Geht der Kolben zurück, so füllt sich der Stiefel daher
mit der Luft, die vorher auf den schädlichen Raum beschränkt war. Je kleiner
dieser im Verhältnis zum ganzen Stiefelraum ist, desto mehr nähert sich die
dadurch bewirkte *Verdünnung* der Luft des schädlichen Raumes der Luft*leere*.

Von der Kleinheit des schädlichen Raumes hängt zum großen Teil die Leistungsfähigkeit
der Luftpumpe ab. Die besten trockenen (Schieber-) Luftpumpen erreichen eine Verdünnung
von $1/2$ mm Quecksilber (am luftdicht verschlossenen Saugstutzen gemessen). Am kleinsten
ist der schädliche Raum in den *Ölpumpen*, Kolbenpumpen (meist mit Ventilen), in denen
der Kolben eine dünne (nicht verdampfende) Ölschicht mit sich schleppt, so daß er, von ihr
umgeben, sich der Zylinderwand und dem Zylinderboden sehr vollkommen anschmiegt. Verdünnungen von 0,01 mm Quecksilber sind hier als normal anzusehen. Die mit der Queck-

silberpumpe erreichbare Verdünnung rechnet nach Hunderttausendsteln eines Millimeters und weniger.

Verdichtungspumpe (Kompressor). Die Kolbenluftpumpen können auch Gase *verdichten*. Die Verdichtungspumpen werden zwar anders gebaut als die Vakuumpumpen, schon weil sie große Drucke (oft Hunderte von Atmosphären) aushalten müssen. Aber auch *ihre* Wirkungsart ist aus Abb. 209 zu ersehen. Um die Luft in dem Gefäß zu verdichten, dreht man, wenn der Kolben die Stellung II hat, den Hahn so, daß der Weg nach außen geschlossen ist und der in das Gefäß führende offen; bringt man den Kolben dann in die Stellung I, so preßt er die Luft aus dem Stiefel in das Gefäß. Hierauf dreht man den Hahn so, daß der Stiefel von dem Gefäß getrennt ist und mit der Atmosphäre kommuniziert. Führt man dann den Kolben nach *II* zurück, so strömt durch den Hahn Luft in den Stiefel und so fort. Die Möglichkeit, den Druck der Luft in einem abgegrenzten Raume beliebig zu verkleinern oder zu vergrößern (gegenüber dem Druck der Atmosphäre auf die einschließenden Wände), erlaubt mit ihm planmäßig Arbeit zu leisten. Alle Vorrichtungen dazu wirken stets so: In einem zylin-

drischen Rohre *R R* (Abb. 210) ist ein Kolben *K* der Rohrwand entlang luftdicht verschiebbar. *Verdünnt* man in dem Raum *B* die Luft, läßt den Raum *A* aber mit der Atmosphäre verbunden, so erfährt *K* von *A* her Überdruck und verschiebt sich daher in der Richtung des Pfeiles. *Verdichtet* man dagegen in *B* die Luft, während *A* mit der Atmosphäre verbunden bleibt, so erfährt *K* von *B* her einen Überdruck und bewegt sich in entgegengesetzter Richtung. Im ersten Falle wird schon der normale Atmosphärendruck zum Überdruck, man spricht dann von *Saug*wirkung (infolge der Verdünnung), im anderen Falle von einer *Druck*wirkung (infolge der Verdichtung); oft werden beide Wirkungen miteinander kombiniert.

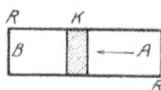

Abb. 210. Zur Arbeitsleistung mit Hilfe des Luftdruckes.

Verdichtete Luft treibt z. B. (ein Beispiel unter hunderten) die Rohrpost: in einem zylinrischen Rohr von einigen Zentimeter Durchmesser befinden sich zylindrische wie Kolben luftdicht gleitende Büchsen mit den Briefen. An dem einen Ende des Rohres wird die Luft verdichtet, so daß der Briefbehälter Überdruck erfährt und das Rohr entlang gleitet. — Das Gas, das ein Eisenbahnzug zu seiner Beleuchtung in Gasbehältern mit sich führen muß, verdichtet man, um es in einem möglichst kleinen Raum unterzubringen. Verdichtete Kohlensäure wird zum Betriebe der Bierdruckapparate benutzt, komprimierter Sauerstoff, Wasserstoff, Stickstoff dienen zu mannigfachen technischen Verrichtungen.

Manometer. Verdichtung und Verdünnung der Gase (im besonderen der Luft) mißt man relativ zu dem Druck der umgebenden Atmosphäre, d. h. man mißt, um wieviel der Druck der *verdichteten* Gase *über* und der der *verdünnten* Gase *unter* dem der Atmosphäre liegt. Aber der Druck der Atmosphäre (Barometerstand) schwankt. Man muß daher einen *bestimmten* Atmosphärendruck als „Normaldruck" festsetzen. Man benützt dazu den Druck der Atmosphäre bei einem Barometerstande von 760 mm Quecksilber und 0^0. (1,033 kg*/cm². S. 169 m.). Man nennt den Normaldruck kurzweg „eine Atmosphäre" und sagt zum Beispiel: „Das Gas in dem Behälter hat einen Druck von 2 Atmosphären", und meint damit: Je 1 cm² der Wand des Behälters erfährt einen Druck, wie wenn es mit $2 \cdot 1,033$ kg* belastet wäre. — Ein Dampfkessel ist auf 15 Atmosphären geprüft, heißt: Er ist darauf geprüft, ob er pro cm² der Wand einen Druck aushält, der dem Gewicht einer $15 \cdot 76$ cm hohen Quecksilbersäule von 1 cm² Querschnitt gleichkommt, d. h. $15 \cdot 1,033$ kg* usw. Ein Druck von $\frac{1}{3}, \frac{1}{4}, \frac{1}{10}$ Atmosphäre usw. bedeutet Entsprechendes für Verdünnung.

Die Instrumente für diese Messungen heißen *Manometer*[1]. Man benützt besondere für Verdichtungen und besondere für Verdünnungen. Die Manometer, mit denen man nur nach *einer* Richtung vom Normaldruck aus messen kann, entsprechen Thermometern, mit denen man nur Temperaturen über Null oder Temperaturen unter Null messen könnte. Aber das gewöhnliche Barometer gibt die nur wenige Zentimeter zählenden *Schwankungen* des Normaldruckes an und steht daher bald über, bald unter 760 mm.

In der einfachsten Form ist ein Manometer für Verdichtungen ein vertikalstehendes U-förmiges, an beiden Enden offenes Glasrohr, das bis zu einer gewissen Höhe Quecksilber (oder, für sehr geringe Drucke, Wasser oder Schwefelsäure oder Glyzerin) enthält. Das eine Ende verbindet man mit dem Gefäß in dem der Druck gemessen werden soll, das andere mit der Atmosphäre, so daß also auf das Quecksilber in dem einen Schenkel das Gas, in dem anderen die Luft drückt. Hat das Gas denselben Druck wie die Luft, 1 Atm., so steht das Quecksilber in beiden Schenkeln gleich hoch; ist der Druck im Gasbehälter höher, so treibt es das Quecksilber in dem mit ihm verbundenen Schenkel hinunter, in dem anderen in die Höhe. Die Höhe der Säule, um die es in dem offenen Schenkel schließlich höher steht als in dem mit dem Gasbehälter verbundenen, gibt an, um wieviel der Gasdruck den Luftdruck übersteigt. Steht das Quecksilber im offenen Schenkel um $1 \cdot 76$ cm oder um $2 \cdot 76$ cm usw. höher als in dem anderen, so heißt das: der Gasdruck übertrifft den Luftdruck *um* 1, 2 . . .

---

[1] μανός = dünn.

Atmosphären, *beträgt* also 2, 3 . . . Atmosphären. In beiden Schenkeln drücken 2, 3 . . . Atmosphären auf das Quecksilber: in dem mit dem Gasbehälter verbundenen 2, 3 . . . Atmosphären Gasdruck, und im offenen 1 Atmosphäre Luftdruck, vermehrt um den Druck von 1, 2 . . . Quecksilbersäulen von je 76 cm Länge. Dieses Manometer muß, um auch nur für wenige Atmosphären auszureichen, sehr lang sein. Um das zu vermeiden, verschließt man den nach der Luft zu offenen Schenkel. Dann verdichtet das in dem geschlossenen Schenkel aufsteigende Quecksilber die über ihm befindliche Luft, erfährt dadurch einen Gegendruck und steigt nur so lange, bis dieser Gegendruck plus dem Druck, der durch die Höhendifferenz der Quecksilbersäule gemessen wird, gleich dem (zu messenden) Gasdruck ist. Man kommt so mit einem Rohr von 60—80 cm Länge aus. Beide Manometer sind nur Laboratoriumsinstrumente, für technische Zwecke verwendet man andere; man läßt den Gasdruck wie im Aneroidbarometer auf einen elastischen Körper wirken und macht seine Formänderung mit einem Zeiger von einer Skala sichtbar.

Eine Meßvorrichtung für extrem hohe Drucke (Tausende von Atmosphären) ist die Druck*waage*: man überträgt den in F_1 zu messenden Druck durch eine Rohrleitung R in einen Zylinder, dort auf einen darin verschiebbaren (sorgfältigst eingepaßten) Kolben von *bekanntem* Querschnitt (q) und belastet diesen durch *Gewichte* (p), bis er im Gleichgewicht ist. Abb. 211 zeigt die Druckwaage an einer (mit komprimiertem Gase gefüllt zu denkenden) Flasche F_1. Für den Kolbenquerschnitt q ergibt sich der Druck p/q.

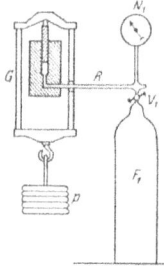

Abb. 211. Druckwaage. Der in F_1 herrschende Druck wird kompensiert durch das Gewicht p, das an dem Gehänge G auf den kleinen Kolben drückt.

Vakuummeter. Den Druck *verdünnter* Gase mißt man mit Manometern, die den Barometern ähnlich sind (meist Quecksilber, aber auch Glyzerin). Da es sich um niedrigen Druck handelt, so ist die Quecksilbersäule, die dem Druck das Gleichgewicht hält, viel niedriger, als es der *Barometer*höhe entspricht. In Wirklichkeit ist ein solches *Vakuummeter* ein *verkürztes* Barometer (Abb. 212a). Die Verkürzung erklärt sich so: Man denke sich an einem gewöhnlichen Barometer beim Barometerstande 76 cm das Glasrohr *unmittelbar* über der Quecksilberkuppe zugeschmolzen, so daß das Quecksilber die Glaswand oben gerade berührt. Das Barometer kann dann zwar keinen Druck *über*, wohl aber jeden *unter* 76 cm messen. Ist aber der größte Druck, den es messen soll, noch nicht einmal $^1/_4$ Atm., dann sind 76 cm unnötig, denn verbindet man den offenen Schenkel mit einem Gefäß, in dem ein Druck von $^1/_4$ Atm. herrscht, so fällt das Quecksilber im geschlossenen Schenkel so weit herunter, daß es nur um 19 cm höher steht als in dem anderen. Schmilzt man jetzt das geschlossene Rohr dicht über der Quecksilbersäule ab, so daß es also bei einem Druck von $^1/_4$ Atm. die Glaskuppe gerade berührt, so kann es zwar keinen Druck *über*, wohl aber jeden *unter* $^1/_4$ Atm. messen. An einer Millimeterskala liest man die Höhendifferenz zwischen den Säulen ab. Man kann sie leicht in Bruchteile einer Atmosphäre umrechnen. (Ein verkürztes Barometer ist, da es nur von einem bestimmten Druck an mißt, einem Fieberthermometer vergleichbar, das auch verkürzt ist und erst von einer bestimmten Temperatur an mißt.)

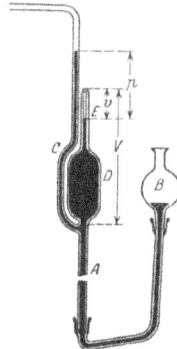

Abb. 212. McLeod-Vakuummeter.

Eines der gebräuchlichsten Vakuummanometer (McLeod 1874) benützt unmittelbar das Boylesche Gesetz: man grenzt damit von dem Gase, dessen Druck p_x man messen will, ein *bekanntes* Volumen V ab, komprimiert es auf ein bequem meßbares Volumen v, erhöht dadurch p_x auf den ablesbaren Druck p und findet $p_x = \frac{v}{V} \cdot p$. Das Vakuummeter enthält nur das Gas und Quecksilber. Die Abb. 212 zeigt es im Moment der Ablesung von v und p: durch Heben des Quecksilberbehälters B hat man das Gasvolumen V von dem übrigen Gase abgegrenzt — es ist der Raum D mit der Kapillare E, der von der Apparatur abzweigt; sein Inhalt ist vorher *ausgemessen* — und hat das Gas in die kalibrierte Kapillare E gedrängt und auf das Volumen v zusammengedrückt, die Höhendifferenz der Quecksilbersäulen in C und E gibt den Druck p, unter dem v steht, an.

Wassersaugpumpe. Wasserdruckpumpe. Die uns vertrautesten Saugwirkungen und Druckwirkungen sind diejenigen, für die die uns umgebende Atmosphäre den Überdruck liefert. Eine Saugwirkung ist es z. B., durch die man eine Flüssigkeit durch ein Rohr emporzieht, wie es Abb. 213 zeigt. Das Rohr BC vertritt den Stiefel, die Flüssigkeitssäule AC

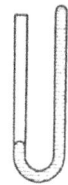

Abb. 212a. Verkürztes Barometer.

darin den Kolben des Schemas Abb. 210. Man umschließt das Ende B des Rohres fest mit den Lippen und erweitert den Brustkasten, wie beim Atemholen (ohne durch die Nase zu atmen). Die Luft, die bis dahin den Teil AB des Rohres einnahm, verbreitet sich dann durch die Mundhöhle zum Brustkasten hin und verdünnt sich dadurch. Das Ende A der Säule AC erfährt daher einen Druck, der kleiner ist als der Atmosphärendruck, das untere C dagegen den Druck der Atmosphäre, also Überdruck, dieser treibt die Flüssigkeit in dem Rohr in die Höhe.

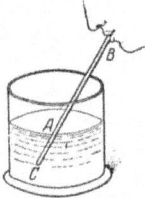

Abb. 213. Physikalische Erklärung des physiologischen Saugvorganges.

Ganz ähnlich ist es in der Wassersaugpumpe (Abb. 214). Das Grundwasser T vertritt das Wasser in dem Gefäß der Abb. 213, das Steigrohr CB und der Stiefel L, in den das Steigrohr mündet (von dem es aber zeitweilig die *nur* nach *oben* drehbare Klappe S trennt), das Saugrohr BC der Abb. 213 und den Brustkasten; das Erweitern des Brustkastens ist hier ersetzt durch das Heben des Kolbens O. Die Pumpe wirkt so: Anfangs steht das Grundwasser im Steigrohr bis A und der Kolben auf dem Boden des Stiefels. Hebt man ihn, so verdünnt sich die Luft unter ihm und verkleinert den Druck auf die Klappe S. Diese erfährt daher von unten einen stärkeren Druck als von oben und hebt sich. Die bisher auf AB beschränkte Luft verbreitet sich dadurch in den Stiefel und verdünnt sich. *Jetzt erfährt das Wasser AC im* Steigrohr *von oben* einen geringeren Druck als das Grundwasser bei T, der Überdruck treibt es daher in dem Rohr in die Höhe, bis der Druck der dadurch entstehenden Säule plus dem Druck der noch in dem Rohr und dem Stiefel stehenden Luft gleich ist dem Atmosphärendruck bei T. Über der Wassersäule herrscht dann bis zum Kolben überall der gleiche Druck; die Klappe fällt daher infolge ihres Gewichts und schließt das Steigrohr. (Aber das Wasser braucht

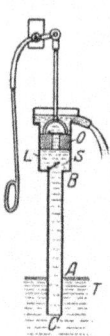

Abb. 214. Wassersaugpumpe.

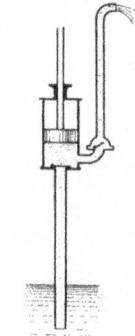

Abb. 215. Wassersaug- und -druckpumpe.

noch nicht bis in den Stiefel gelangt zu sein.) Drückt man den Kolben nun hinunter, so wird die Luft zwischen ihm und der (wieder geschlossenen) Klappe S zusammengedrückt. Ihr Druck öffnet das in dem Kolben befindliche, sich nach oben öffnende Ventil (ebenfalls eine Klappe), und die Luft strömt in die Atmosphäre. Jetzt beginnt das Spiel der Pumpe von neuem. Die Luft, die sich noch über der Wassersäule im Rohr befindet, wird noch weiter verdünnt und das Wasser durch den Überdruck der Atmosphäre weiter in die Höhe getrieben, bis es schließlich in den Stiefel gelangt. Wird dann der Kolben niedergedrückt, so drückt das Wasser die Klappe, die die Kolbendurchbohrung oben abschließt, in die Höhe, gelangt auf die obere Seite des Kolbens, wird bis zum Ausflußrohr emporgehoben und läuft ab.

Wie hoch über den Grundwasserspiegel T kann man das Wasser saugen? Der Druck der Atmosphäre hält einer *Quecksilber*säule von 76 cm das Gleichgewicht, also einer *Wasser*säule von $13{,}6 \cdot 76$ cm $= 10$ m. Er kann das Wasser also nur um 10 m über den Grundwasserspiegel heben. Die Saugpumpen sind aber nicht sorgfältig genug gebaut, um 10 m zu erreichen, sie heben nur um etwa 8 m. Wo das Grundwasser tiefer liegt, hebt man das Wasser mit einer Saugpumpe so hoch es geht, und richtet das Ausflußrohr der Saugpumpe nach oben (Abb. 215). In dieses Rohr drängt man immer mehr Wasser mit dem Kolben hinein, bis es das Abflußrohr oben erreicht. Zurückfallen kann es nicht, denn zwischen Rohr und Stiefel sitzt eine Klappe, die sich nach dem Rohre zu öffnet, nach dem Stiefel zu schließt.

Heronsball. Feuerspritze. Der Druck der Luft leistet hier nicht mehr als in den gewöhnlichen Saugpumpen: die größere Höhe erreicht das Wasser nur dadurch, daß der Kolben es schiebt. Anders in der *Feuerspritze*. Hier treibt tatsächlich der Druck der Luft das Wasser zu Höhen, die viel größer sind als 8 m. Aber die Luft ist vorher zusammengepreßt und auf einen Druck gebracht worden, der weit über dem der Atmosphäre liegt, und *deswegen* kann sie das Wasser so hoch schleudern. Der wesentlichste Teil der Feuerspritze ist der *Windkessel*. Er beruht auf demselben Prinzip wie der Heronsball Abb. 216. Er wirkt so: man füllt eine Flasche zum Teil mit Flüssigkeit, verschließt sie luftdicht mit einem Stopfen und führt durch ihn luftdicht ein Rohr bis unter den Flüssigkeitsspiegel. Der Spiegel wird so in zwei Teile zerlegt, den (größeren) EC — er ist mit der Luft in Berührung, die in der Flasche eingeschlossen ist — und den (kleineren) a — er begrenzt die Flüssigkeitssäule in dem Rohre und ist mit der Außenluft in Berührung. Der Heronsball tritt in Tätigkeit, d. h. er schleudert wie ein Springbrunnen die Flüssigkeit durch das Rohr hinaus, wenn die Luft über EC auf die von ihr berührte Flüssigkeit erheblich stärker drückt als die Atmosphäre auf die von ihr berührte Flüssigkeit in dem Rohr ab. Man kann diesen Druckunterschied dadurch hervorrufen, daß man durch das Rohr hindurch Luft von außen in den Raum über EC treibt. Auf diese Weise wird der Druck der dort bereits befindlichen Luft vergrößert. Hört man mit der gewaltsamen Lufteintreibung auf und gibt man das Rohr wieder frei, so treibt der Druck auf EC, weil er jetzt größer ist als der der Atmosphäre, die Flüssigkeit durch das Rohr in die Höhe und so lange aus dem Gefäß hinaus, bis die in dem Gefäß enthaltene Luft einen so großen Raum einnimmt, daß ihr Druck bis auf den Atmosphärendruck gesunken ist, also auf denselben Druck, der von außen auf die Flüssigkeitssäule in dem Rohr wirkt. — Ein Heronsball ist z. B. die Siphonflasche für moussierende Getränke. Der Druck der entweichenden Kohlensäure, die sich über der Flüssigkeit sammelt, ist stärker als der Druck der Atmosphäre. Öffnet man den Verschluß des in die Flüssigkeit hinabreichenden Rohres, so treibt er daher die Flüssigkeit hinaus. Auch die Spritzflasche der Chemiker (Abb. 217) ist ein Heronsball, in den man aber die Luft durch ein besonderes Rohr, das über dem Flüssigkeitsspiegel endet, hineintreibt.

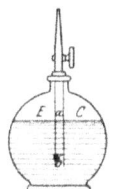

Abb. 216.
Heronsball.

Einen Heronsball benützt man auch in der Feuerspritze. Nur vergrößert man den Druck in ihm, dem *Windkessel*, dadurch, daß man *Wasser* hineinpumpt und so die in ihm enthaltene Luft zusammenpreßt. Den Windkessel bedienen zwei zusammengehörige Pumpen, die gleichzeitig arbeiten und zwar so, daß, während der eine Kolben steigt, der andere sinkt, so daß das Wasser ununterbrochen ausströmt — nicht stoßweise, wie bei einer gewöhnlichen Wasserpumpe nur beim Heben oder nur beim Senken des Kolbens.

Abb. 217.
Der Herons
ball als
Spritzflasche.

Heber. Eine einzigartige Saugpumpe, ohne Klappen, Ventile oder dgl. ist der *Heber* (Abb. 218), nichts weiter als ein Rohr, das einen Winkel mit ungleich langen Schenkeln bildet, und auch aus einem Schlauch bestehen kann. Abb. 218 zeigt ihn, den kürzeren Schenkel — er vertritt das Saugrohr der Saugpumpe — in dem mit Flüssigkeit gefüllten Gefäß, dessen Niveau den Grundwasserspiegel vertritt. Aber die gewöhnliche Saugpumpe wirft das gehobene Wasser *über* dem Grundwasserspiegel T aus, der Heber dagegen arbeitet nur dann, wenn die Ausflußöffnung a *unter* dem Grundwasserspiegel liegt. Um den Heber in Tätigkeit zu setzen, saugt man bei a die Flüssigkeit an — ungefährliche etwa mit dem Munde, gefährliche durch ein seitliches

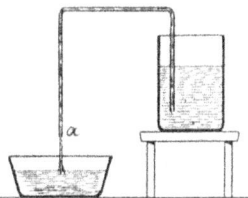

Abb. 218. Der Heber.

Ansatzrohr (*Giftheber*) — bis das ganze Rohr bis a hin gefüllt ist. Überläßt man das Rohr dann sich selbst, so läuft die Flüssigkeit bei a in einem Strahl ab. Wie lange, darüber später. — Den Vorgang versteht man am besten, indem man den Heber vor seinen Augen entstehen läßt: Die Gefäße (Abb. 219) A und B enthalten Wasser bis zum Niveau α bzw. β. Unerläßlich ist — warum, wird später

12

begründet —, daß das eine Niveau (hier α) höher liegt. Über das Niveau ragt, von einem oben geschlossenen Rohr begrenzt und vom Luftdruck getragen, die Wassersäule a bzw. b empor — beide kürzer, als es der Luftdruck gestatten würde, also kürzer als 10 m (Quecksilbersäulen würden wir kürzer als 76 cm wählen). Um sie frei von Luft im Wasser aufzurichten, verfährt man wie beim TORRICELLI-Versuch (S. 168 u.). Die beiden Röhren werden nachher die Schenkel des Hebers bilden, müssen daher miteinander verbunden werden. Zu

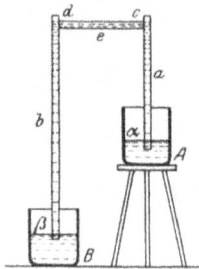

Abb. 219. Zur Erklärung der Hebertätigkeit.

diesem Zweck werden wir ihre Wände später bei c und d durchbohren und durch eine vollkommen mit Wasser gefüllte, von Luft freie Röhre e verbinden. Zunächst aber: Wie groß ist der Druck, den die Flüssigkeit an den Punkten c und d auf die Wand ausübt?

Der Druck, den die Flüssigkeitssäulen im Niveau des Flüssigkeitsspiegels auf die Rohrwand ausüben, ist gleich dem Atmosphärendruck p. An einem Punkte darüber ist er kleiner, und zwar um den Druck der Flüssigkeitssäule zwischen dem Niveau dieses Punktes und dem Flüssigkeitsspiegel. Bei c ist er daher gleich p minus dem Druck der Säule a, und bei d gleich p minus dem *größeren* Druck der (*höheren*) Säule b. Bei c herrscht also gegen d ein Überdruck, und *dieser* setzt den Heber in Tätigkeit. Sind c und d durch die mit Wasser gefüllte Röhre e verbunden, so erfährt dieses Wasser den Überdruck von c nach d, bewegt sich in dieser Richtung und schiebt sich das vor ihm in b befindliche Wasser hinaus: der Heber arbeitet. In dem Moment, in dem der Überdruck das Wasser von c wegschiebt, ist bei c die Bildung eines leeren Raumes möglich. Aber im selben Moment tritt Wasser in den bei c frei werdenden Raum, getrieben von dem auf α wirkenden Druck der Atmosphäre. Die Druckdifferenz zwischen c und d *bleibt* daher und der Heber arbeitet *dauernd*. *Während* er arbeitet, schafft er Wasser aus A nach B. Daher sinkt der Spiegel in A und steigt in B. Die Druckdifferenz zwischen c und d fällt daher stetig. Sinkt der Spiegel (Abb. 218) *unter* die Rohröffnung α, so tritt Luft in den Saugschenkel und treibt die ganze Flüssigkeit hinaus. Der Ausflußschenkel braucht nicht in einem mit Flüssigkeit gefüllten Gefäß (B) zu münden (wir haben das, um die Darstellung zu vereinfachen, angenommen), er kann frei in die Atmosphäre (Abb. 218) münden, nur muß man ihn (durch Ansaugen von der Mündung her) bis *unter* das Niveau des Gefäßes A an-

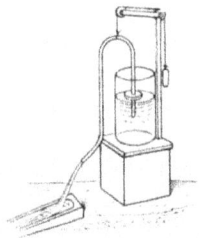

Abb. 220.
Konstanz der Ausflußgeschwindigkeit aus dem (mit der Flüssigkeit sinkenden) Heber.

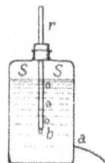

Abb. 221.
aus einem (MARIOTTE-schen) Gefäß.

füllen, damit der Heber zu arbeiten beginnt. — Der Druck, der das Wasser aus dem Heber hinaustreibt, hängt von dem Längenunterschied der Flüssigkeitssäulen a und b ab, diese Differenz wird aber in dem Maße kleiner, in dem der Flüssigkeitsspiegel α sinkt und β steigt. Daher verkleinert sich der Druck und daher auch die Ausflußgeschwindigkeit des Hebers, während der Spiegel sinkt. Man kann sie trotzdem konstant halten, wenn man den Heber *mit* dem Spiegel sinken, ihn z. B. mit Hilfe der Vorrichtung Abb. 220 auf dem Spiegel schwimmen läßt.

Gefäß von MARIOTTE. Pipette. Auch das MARIOTTE-*Gefäß* (Abb. 221) erhält die Ausflußgeschwindigkeit konstant (Laboratoriumgerät). Es entsteht, wenn man am Heronsball

(Abb. 216) in der Wand eine Öffnung a anbringt, die *tiefer* liegt als das untere Rohrende. Wird a geöffnet, so tritt die Flüssigkeit aus, denn von außen wirkt bei a nur der Druck der Luft, von innen aber der Druck der Luft über dem Flüssigkeitsspiegel, vermehrt um den Druck der Flüssigkeit zwischen S und a. Infolge der Verminderung der Flüssigkeit in der Flasche kann sich die darin vorhandene Luft ausdehnen, und ihr Druck sinkt. Wenn er so weit gesunken ist, daß er und der Druck der von S bis zum Niveau von b (der Rohrmündung) reichenden Wassersäule zusammen von dem (Atmosphären-)Druck der *in dem Rohr* stehenden Luft übertroffen werden, so tritt bei b dauernd Luft ein und steigt durch die Flüssigkeit hinauf über den Spiegel. Bei b herrscht infolgedessen *dauernd* der Druck der Atmosphäre, d. h. derselbe wie bei a. Der Überdruck, unter dem die Flüssigkeit abfließt, ist also der Druck der Flüssigkeit zwischen dem Niveau von b und dem von a. Er bleibt *konstant*, bis die Flüssigkeit auf das Niveau von b gesunken ist, also auch die *Ausflußgeschwindigkeit* bleibt bis dahin *konstant*. Man kann diesen Druck vergrößern oder verkleinern, wenn man das Rohr hinauf- oder hinunterschiebt und so die Säule verlängert oder verkürzt. Schiebt man das Rohr bis auf das Niveau der Ausflußöffnung hinab, so hört das Fließen auf, da die Höhe der Säule dadurch gleich Null wird. — Das Abfließen hört auch dann auf, wenn man das Rohr oben verschließt und so das Eintreten der Luft verhindert, der von innen auf a wirkende Druck ist dann bald um so viel kleiner als der von außen auf a wirkende Atmosphärendruck, daß das Ausfließen unmöglich wird. Die MARIOTTE-Flasche verhält sich in diesem Zustande wie eine Pipette (Abb. 222), die man durch Ansaugen zum Teil gefüllt und dann verschlossen hat. Auch hier wird das Ausfließen dadurch verhindert, daß der von innen nach außen wirkende Druck der (durch das Saugen) verdünnten Luft und der Flüssigkeitssäule zusammen den von außen wirkenden Luftdruck nicht übersteigt.

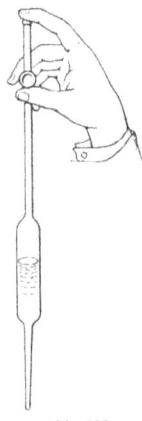

Abb. 222.
Gleichgewicht der angesaugten Flüssigkeit in der Pipette.

B. Die volumbeständige Flüssigkeit und das als volumbeständig geltende Gas in Strömung.

Die Volum*beständigkeit* der Flüssigkeiten auf der einen, die Volum*veränderlichkeit* der Gase auf der anderen Seite haben uns veranlaßt, die Fragen des *Gleichgewichts* für die Flüssigkeiten und für die Gase getrennt zu behandeln. Die *Strömung* der Flüssigkeiten und die Strömung der Gase kann man aber zusammen behandeln: auch ein Gas kann nämlich als volumbeständig *gelten*, solange seine Strömungsgeschwindigkeit *unter* einer gewissen Grenze bleibt (klein gegenüber der Schallgeschwindigkeit in dem betreffenden Gase), seine Bewegung unterscheidet sich dann in keinem wesentlichen Punkte von der einer volumbeständigen Flüssigkeit (PRANDTL). Wir setzen darum für die Folge die Geschwindigkeit des Gases *unter* dieser Grenze voraus, seine Volumänderung beträgt dann weniger als 1% und ist praktisch zu vernachlässigen. Auch für *seine* Bewegung gilt dann, was von der Bewegung der volumbeständigen Flüssigkeit gilt.

1. Der Druck in der strömenden Flüssigkeit.

Bisher hatten wir es mit dem Druck der *ruhenden* Flüssigkeit zu tun. Sobald der Druck der ruhenden Masse sich in Beschleunigung der Masse umsetzt, die Flüssigkeit *strömt*, hängt der Druck an einer bestimmten Stelle von der dort herrschenden Geschwindigkeit ab: er *wächst*, wenn die Geschwindigkeit *abnimmt*; er nimmt ab, wenn sie wächst. Ihm wenden wir uns jetzt zu. — Zunächst aber: wie verfolgen wir die Bewegung einer Flüssigkeit? Ein einzelnes Flüssigkeitsteilchen kann man nicht verfolgen, man kann nur untersuchen, wie sich Geschwindigkeit und Druck an einem gegebenen Raumpunkt in der Flüssigkeit mit der Zeit ändern. Man findet an jedem Raumpunkt eine Geschwindigkeit von bestimmter Größe und Richtung, und im allgemeinen an jedem eine andere. Man stellt sie dar durch die *Stromlinien*: das sind Kurven, deren Tangenten in jedem Punkte die Richtung der Geschwindigkeit bezeichnen. Eine schlauchartig zusammenhängende Fläche, die nur aus Stromlinien besteht, nennt man eine *Stromröhre*, ihren Flüssigkeitsinhalt einen *Stromfaden*. Der Stromfaden fließt in der Stromröhre wie in einem von festen Wänden begrenzten Kanal — die Flüssigkeit geht ja nur *längs* der Stromlinien, nicht quer dazu. Tritt durch jeden Querschnitt der Röhre in jedem Moment gleich viel Flüssigkeit ein und aus, d. h. hängt die Geschwindigkeit an keiner Stelle von der Zeit ab, dann nennt man die Strömung *stationär*. Die Strom*stärke* — die pro Sekunde durch einen Querschnitt gehende Flüssigkeitsmenge — ist dann dem Faden entlang an jedem Querschnitt dieselbe, daher verhalten sich an verschiedenen Stellen des Fadens die Geschwindigkeiten umgekehrt wie die Querschnitte: je kleiner der Querschnitt, desto größer im selben Verhältnis die Geschwindigkeit.

Denkt man sich den Flüssigkeitsraum in sehr dünne Stromröhren geteilt, so hat man ein Momentbild der Strömung; freilich kann es fortwährend wechseln. Nur bei der *stationären* Bewegung ist das Strömungsbild unabhängig von der Zeit, behalten also die Stromröhren ihre Gestalt. Bei der elementaren Behandlung muß man sich im allgemeinen auf einen einzelnen Stromfaden beschränken: entweder man behandelt einen, der mittlere Verhältnisse aufweist, oder man betrachtet die ganze Srömung als Faden und bewertet dann die Ergebnisse als Mittelwerte. Die Dichteänderungen kann man vernachlässigen, da die Zusammendrückbarkeit der Flüssigkeit viel zu klein ist, um ins Gewicht zu fallen. Die Reibung der Flüssigkeit muß man bei der elementaren Behandlung ignorieren, aber das Wasser hat eine so kleine Reibung, daß man für die elementare Darstellung auch dann die gefundenen Ergebnisse auf die Wirklichkeit übertragen kann.

Gleichung von BERNOULLI. Was können wir über den Druck in der *stationär* strömenden Flüssigkeit ermitteln? In dem Stromfaden (Abb. 223), den wir uns

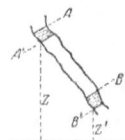

Abb. 223.
Stromfaden zur
Ableitung der
Gleichung von
BERNOULLI.

wie in einem Kanal bergabgleitend vorstellen, betrachten wir die Flüssigkeit zwischen den Querschnitten A und B und folgen ihr während einer Zeitspanne dt; der Querschnitt A soll dabei nach A', der Querschnitt B nach B' gelangen. Der Flächeninhalt von A sei f_A, die Geschwindigkeit in ihm v_A; für B entsprechend f_B und v_B. Da die Strömung *stationär* ist, ist dann $f_A \cdot v_A = f_B \cdot v_B$. Wir fragen nun: um wieviel ändert sich ihre lebendige Kraft während dt? Diese Änderung ist (S. 40 m.) *gleich der während dt an ihr geleisteten Arbeit* derjenigen Kraft, unter deren Einwirkung sich die Flüssigkeitsmenge bewegt.

Wir suchen zunächst nach dem Ausdruck für die Änderung der lebendigen Kraft der Flüssigkeitsmenge und machen folgende — angenähert sicherlich zulässige — Hypothese: alle Teilchen, die in einem bestimmten Zeitpunkt zwischen einander sehr nahen Querschnitten (A und B) des Stromfadens liegen, liegen auch in einer beliebigen späteren Zeitspanne zwischen zwei solchen Querschnitten (A' und B'). Während dt gelangt, dieser Annahme nach, die anfangs zwischen A und B befindliche Menge in den Raum zwischen A' und B'; in dem Raum zwischen A' und B ändert sich während dt gar nichts, jedes Flüssigkeitsteilchen wird nur durch ein anderes *ersetzt*, das dessen Geschwindigkeit annimmt, nach *außen* aber wirkt die Flüssigkeit zwischen A' und B nicht mit. (Durch die obige Hypothese erreicht man also, daß man *nur* die Vorgänge *an jenen Querschnitten* zu berücksichtigen braucht.) Die Änderung der lebendigen Kraft während dt zeigt sich an der Änderung der Geschwindigkeit (von v_A zu v_B) der während dt durch die Querschnitte A und B tretenden Flüssigkeitsmenge. Hat der Querschnitt A den Flächeninhalt f_A und ist die Geschwindigkeit in ihm v_A, so passiert ihn während dt das Volumen $f_A v_A\, dt$ mit der Masse $\dfrac{\sigma}{g} f_A v_A dt$, wenn σ ihr spezifisches Gewicht ist, und mit der lebendigen Kraft $\dfrac{\sigma}{g} f_A v_A dt \dfrac{v_A^2}{2}$. Am Querschnitt B ist der entsprechende Ausdruck $\dfrac{\sigma}{g} f_B v_B dt \dfrac{v_B^2}{2}$. Die lebendige Kraft der anfangs zwischen A und B liegenden Flüssigkeitsmenge *ändert* sich während dt also um

$$\frac{\sigma}{g} f_B v_B \frac{v_B^2}{2} - \frac{\sigma}{g} f_A v_A \frac{v_A^2}{2}.$$

Nun zu der während dt an ihr geleisteten Arbeit. Sie besteht in der Arbeit, die die Schwerkraft und der Druck an der Flüssigkeit leistet. Um sie zu berechnen, brauchen wir wieder nur die Vorgänge an den Querschnitten A und B zu beachten. An einem Teilchen vom Gewicht q, das von der Höhe z (über der horizontalen Bezugsebene) auf die Höhe z' sinkt, leistet die Schwerkraft die Arbeit $q\,(z - z')$. Die Arbeit an der gesamten Flüssigkeitsmenge ist demnach $\sum q\,(z - z')$, wo die Summe über *sämtliche* Flüssigkeitsteilchen zu erstrecken ist. Die zwischen A und B liegenden Teilchen treten aber nach außen gar nicht in Wirkung (S. 180 u.), wir brauchen die Summe daher nur über die durch die Querschnitte A und B während dt tretenden Flüssigkeitsteilchen zu erstrecken. Verstehen wir unter z_A und z_B die Höhen der Schwerpunkte der durch A und durch B während dt gegangenen Flüssigkeitsmenge und unter q_A und q_B diese Flüssigkeitsmengen, so wird $\sum qz - \sum qz' = z_A q_A - z_B q_B$. Die von der Schwere während dt geleistete Arbeit ist also: $\sigma \cdot f_A v_A dt \cdot z_A - \sigma \cdot f_B v_B dt \cdot z_B$. Die Arbeit des Druckes während dt ist, wenn wir mit p_A und p_B den in A und in B herrschenden Druck pro Flächeneinheit bezeichnen und berücksichtigen, daß der Druck bei B dem bei A entgegengesetzt gerichtet ist: $p_A f_A \cdot v_A dt - p_B f_B \cdot v_B dt$. Wir erhalten also schließlich die Gleichung:

$$\frac{\sigma}{g} \cdot f_B v_B dt \cdot \frac{v_B^2}{2} - \frac{\sigma}{g} \cdot f_A v_A dt \cdot \frac{v_A^2}{2} = \sigma \cdot f_A v_A dt \cdot z_A - \sigma \cdot f_B v_B dt \cdot z_B + p_A f_A \cdot v_A dt$$
$$- p_B f_B \cdot v_B dt.$$

Jedes Glied enthält dt und $f_B v_B$ oder $f_A v_A$, die einander *gleich* sind (s. oben), dividieren wir ferner überall mit σ und bringen wir die Glieder mit negativem Vorzeichen auf die andere Seite, so erhalten wir:

$$\frac{v_B^2}{2g} + \frac{p_B}{\sigma} + z_B = \frac{v_A^2}{2g} + \frac{p_A}{\sigma} + z_A \quad \text{oder kurz} \quad \frac{v^2}{2g} + \frac{p}{\sigma} + z = \text{konst.}$$

Setzen wir $\sigma = \varrho g$, wo ϱ die Masse der Volumeinheit bedeutet, so erhalten wir:

$$\varrho \frac{v^2}{2} + \varrho g z + p = \text{konst.,}$$ die Form, in der wir die Gleichung oft benützen werden. Die von DANIEL BERNOULLI stammende Gleichung (auch *Druck*gleichung genannt) ist für die Hydrodynamik grundlegend.

Man nennt $\dfrac{v^2}{2g}$ die *Geschwindigkeitshöhe*, die Höhe, die ein Körper frei durchfällt, bis er die Geschwindigkeit v bekommt; p/σ die *Druckhöhe*, die Höhe einer Flüssigkeitssäule, die durch ihr Gewicht den hydrostatischen Druck p erzeugt; z die *Ortshöhe*, die Höhe des betrachteten Punktes der Flüssigkeit über einer als Bezugsebene festgesetzten Horizontalebene. Die BERNOULLIsche Gleichung sagt also aus: Die Summe von Geschwindigkeitshöhe, Druckhöhe und Ortshöhe ist an jedem Punkte längs eines Stromfadens *dieselbe*. Die technische Praxis rechnet mit dieser Beziehung nicht nur für einzelne Stromfäden, sondern für Stromröhren mit endlichem Querschnitt, indem sie für die drei Höhen Mittelwerte bildet.

Man kann auf die durch A und B begrenzte Flüssigkeitsströmung Abb. 223 den Impulssatz der Mechanik anwenden und die Änderung der Bewegungsgröße untersuchen, die die *stationär* bewegte *in dem* abgegrenzten Raum *ursprünglich* enthaltene Flüssigkeitsmenge während der Zeiteinheit erfährt. Man braucht auch hier nur an den Querschnitten A und B die Änderung der Bewegungsgröße zu berücksichtigen und kommt zu dem *Impulssatz der Hydrodynamik*: Die Resultierende der auf einen abgegrenzten Flüssigkeitsraum einwirkenden Kräfte ist nach Größe und Richtung gleich dem Überschuß der aus dem Raum austretenden über den in ihn eintretenden Impuls in der Zeiteinheit. Besonders über die Kräfte, die die Flüssigkeit auf feste Körper ausübt, lassen sich dann wichtige Aussagen machen, ohne daß man die Geschwindigkeitsverteilung im einzelnen zu kennen braucht. So läßt sich z. B. die Kraft berechnen, die die Flüssigkeit auf einen eingetauchten und gegen die Flüssigkeit bewegten Körper ausübt, ferner die Kraft, die erforderlich ist, einen Körper durch einen Luftstrom schwebend zu erhalten, und dergleichen mehr — Aufgaben, die der elementaren Behandlung zu große Schwierigkeiten bieten. Wir gehen auf den Impulssatz nicht ein und wenden uns den Fragen nach Druck und Geschwindigkeit in strömender Flüssigkeit zu. Ihre Behandlung ist auf Grund der BERNOULLIschen Gleichung möglich und hat wissenschaftlich und technisch großes Interesse.

Druck und Geschwindigkeit in der strömenden Flüssigkeit. Wir halten daran fest, daß die Strömung stationär ist. In jedem Zeitpunkt geht dann durch jeden Querschnitt gleich viel Flüssigkeit. Die pro sec durch den Querschnitt gehende Menge, d. h. die Geschwindigkeit der Flüssigkeit, ist dann dem Querschnitt umgekehrt proportional. Wir fassen nun zwei Querschnitte f und f_0 ins Auge. Wir benutzen f_0 notfalls als Bezugsquerschnitt oder „Anfangsquerschnitt". Im Querschnitt f_0 seien Geschwindigkeit, Druck und Höhe über der Bezugsebene v_0 p_0 und z_0 im Querschnitt f entsprechend v und p und z. Für jeden der beiden Querschnitte lautet die BERNOULLIsche Gleichung

$$p + \varrho g z + \varrho \frac{v^2}{2} = \text{konst}$$

und

$$p_0 + \varrho g z_0 + \varrho \frac{v_0^2}{2} = \text{konst},$$

das gibt

$$p - p_0 + \varrho g (z - z_0) + \frac{\varrho}{2} (v^2 - v_0^2) = 0.$$

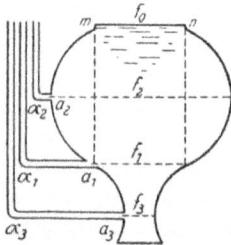

Da $f v = f_0 v_0$ ist, können wir auch die Querschnitte in die Gleichung einführen. Die Beziehungen zwischen den Größen p, v, f untersuchen wir an dem Gefäß (Abb. 224) von der Form eines Rotationskörpers mit vertikaler Achse; die Größe der Querschnitte ist dann sehr übersichtlich. Das Gefäß ist mit (reibungsloser) Flüssigkeit gefüllt, sein Spiegel bleibt konstant bei $m\,n$, dadurch, daß wir oben gleichzeitig so viel Flüssigkeit einströmen lassen, wie unten abfließt. Vertikale Abstände vom Spiegel rechnen wir jetzt *nach unten* positiv, bisher (Abb. 223) *nach oben* positiv, wir müssen daher jetzt $-\varrho g(z - z_0)$ schreiben.

Abb. 224. Zusammenhang zwischen Druck u. Geschwindigkeit in der strömenden Flüssigkeit.

Es wird also

$$p - p_0 = \varrho g (z - z_0) - \frac{\varrho}{2} (v^2 - v_0^2).$$

Wir legen nun den Querschnitt f_0 in den Spiegel, dort ist $z_0 = 0$ und $p_0 = 0$. Es wird daher $p = \varrho g z - \varrho/2 \cdot (v^2 - v_0^2)$ oder auch, da $f v = f_0 v_0$ ist:

$$p = \varrho g z - \frac{\varrho}{2} v^2 \left(1 - \frac{f^2}{f_0^2}\right). \text{ Das } \textit{zweite Glied} \text{ lehrt uns: Ist } \begin{vmatrix} v \gtreqless v_0 \\ f \lesseqgtr f_0 \end{vmatrix}, \text{ dann ist } p \lesseqgtr \varrho g z.$$

In einem bestimmten Querschnitt f ist der Druck p der mit der Geschwindigkeit v hindurchströmenden Flüssigkeit also zusammengesetzt aus dem (hydrostatischen) Druck der *ruhenden* Flüssigkeit und einem *von der Geschwindigkeit abhängenden* Druck. *Dieser* Druck verkleinert oder vergrößert den hydrostatischen, je nachdem der Querschnitt f kleiner oder größer als der Spiegel f_0 ist.

Im Querschnitt f_1 ist $f = f_0$, die Klammergröße also Null, daher $p = \varrho gz$,

,, ,, f_2 ,, $(f/f_0)^2 > 1$, ,, ,, ,, negativ, ,, $p < \varrho gz$,

,, ,, f_3 ,, $(f/f_0)^2 < 1$, ,, ,, ,, positiv, ,, $p < \varrho gz$,

Die Gleichung zeigt also: im $\begin{Bmatrix}\text{kleinsten}\\\text{größten}\end{Bmatrix}$ Querschnitt, also dort, wo die Ge-

schwindigkeit am $\begin{vmatrix}\text{größten}\\\text{kleinsten}\end{vmatrix}$ ist, ist der Druck am $\begin{vmatrix}\text{kleinsten}\\\text{größten}\end{vmatrix}$.

Auch ohne Rechnung kann man das einsehen: Durch das sich nach rechts verengende horizontale Rohr (Abb. 225a) ströme stationär nach rechts die Flüssigkeit, wie immer inkompressibel und reibungslos. Durch jeden Querschnitt muß pro sec dieselbe Flüssigkeitsmenge strömen. Ihre Geschwindigkeit wird daher an den Stellen größeren Querschnitts am kleinsten, an den Stellen kleinsten Querschnittes am größten. Die *Geschwindigkeit* der Flüssigkeitsteilchen ist also bei L am kleinsten und wächst *gegen R hin stetig*. Diese Beschleunigung können die Flüssigkeitsteilchen nur durch die auf sie wirkenden Druckkräfte erfahren. Damit die momentan zylindrische Flüssigkeitsmenge F nach rechts beschleunigt sei, muß auf ihre Rückfläche ein größerer Druck wirken als auf ihre Vorderfläche, der *Druck* in B also kleiner sein als der in A. Durch Wiederholung dieses Schlusses ergibt sich, daß in dem Rohre der Druck von L *nach R hin stetig abnimmt*. [Wir finden dieselbe Druckverteilung (Abnahme des Druckes von L nach R) durch analoge Betrachtung auch bei umgekehrter Strömung der Flüssigkeit. Das Flüssigkeitsteilchen F geht dann *verzögert* von R nach L.] Das Flüssigkeitsteilchen kann eine Beschleunigung also nur erlangen, wenn es sich von Punkten höheren zu Punkten niedrigeren Druckes bewegt, kurz: wenn im Bewegungssinne der Druck abnimmt.

Flattern der Fahnen. Ist die Wand, an der die Strömung entlang geht, wellenförmig gekrümmt (Abb. 225b), so ist ihr *Querschnitt* an den Stellen B größer,

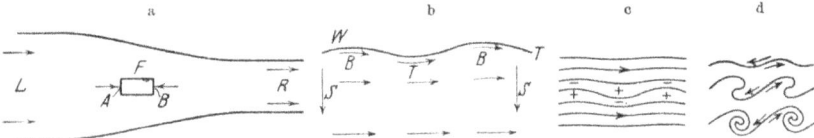

Abb. 225. Zusammenhang des Druckes und der Geschwindigkeit in strömender Flüssigkeit.

als an den Stellen T, sie ist daher in den Querschnitten durch B *langsamer* als in denen durch T und erzeugt bei B *Über-* und bei T *Unter*druck. Der Druck auf die Wand ist an allen Stellen also derart gerichtet, daß sich an jeder die dort vorhandene Durchbiegung noch vergrößern würde, wenn die Wand nachgeben könnte. Sehr charakteristisch verhält sich daher eine schwach gewellte dünne wirklich nachgiebige Wand, deren *beide* Seiten beströmt werden (Abb. 225c): Über- und Unterdruck zu beiden Seiten *derselben* Wandstelle *unterstützen* einander. Gibt die Wand sehr leicht nach, so formt sie sich unter dieser Einwirkung bei einer anfänglich wellenförmigen Störung schließlich so wie es Abb. 225d zeigt. Hieraus erklärt sich das Flattern der Fahnen im Winde, die Entstehung der Wellen auf einer Wasserfläche, über die der Wind mit einer gewissen Geschwindigkeit fährt u. a. m.

Saug- und Druckwirkung strömender Flüssigkeiten. Wir kommen (s. o.) zu dem Ergebnis: in dem $\begin{vmatrix}\text{kleinsten}\\\text{größten}\end{vmatrix}$ Querschnitt, dort, wo die Geschwindigkeit am

$\begin{vmatrix}\text{größten}\\\text{kleinsten}\end{vmatrix}$ ist, ist der Druck am $\begin{vmatrix}\text{kleinsten}\\\text{größten}\end{vmatrix}$. Macht man z. B. (Abb. 224), ohne

t_0 und v_0 zu ändern, den Querschnitt f eng genug, so kann man entsprechend der dann eintretenden Zunahme der Geschwindigkeit den Druck beliebig klein machen. Durchbohrt man die Wand bei a_1 und a_2 und a_3, so berühren dort die Luft und die Flüssigkeit einander. Man setze in die Bohrstellen die Röhren α. die über den Spiegel emporreichen, schließe das Gefäß unten und unterbreche die Zufuhr der Flüssigkeit oben. Das Gefäß ist dann bis zum Spiegel mn mit ruhender Flüssigkeit gefüllt und bis *eben* dahin die Röhrchen gemäß dem Gesetze der kommunizierenden Gefäße. Läßt man die Flüssigkeit dann wieder genau wie zuvor strömen, so wirkt auf die Flüssigkeit in den Röhrchen einerseits wieder der Luftdruck, andererseits vom Gefäß

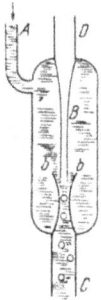

Abb. 226.
Wasserluft-
pumpe von
BUNSEN. Ihre
Saugwirkung
beruht auf der
plötzlichen
Verkleinerung
(bei b b) des
Querschnitts
des Wasser-
stromes.

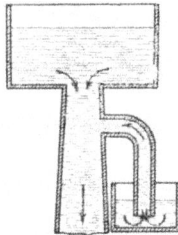

Abb. 227. Entwässerung
eines Sumpfes durch die
Saugwirkung des Ab-
flusses aus einem hoch-
liegenden See (VENTURI).

her der Druck der strömenden Flüssigkeit. Nur bei a_1 haben wir Gleichgewicht der beiden Drucke und nur in α_1 Flüssigkeit *bis zum* Spiegel, beiderseits ist der Druck $\varrho g z$, hier drücken die strömende Flüssigkeit und die Luft gleich stark aufeinander. In α_2 herrscht von der strömenden Flüssigkeit her ein Überdruck, dem größeren Querschnitt (der kleineren Geschwindigkeit) entsprechend; hier drückt die strömende Flüssigkeit auf die Luft, als die Luft auf die Flüssigkeit des Gefäßes, und daher steigt in dem Rohr das Wasser bis *über den* Spiegel des Gefäßes. In α_3 herrscht dem kleineren Querschnitt (der größeren Geschwindigkeit) entsprechend Unterdruck. Hier drückt die Luft stärker auf die Flüssigkeit, als die Flüssigkeit auf die Luft, und das Wasser im Rohr steht *unter dem* Flüssigkeitsspiegel des Gefäßes. Entfernt man die Röhren, so spritzt bei a_2 die Flüssigkeit unter Druck weit hinaus, bei a_3 strömt Luft in das Gefäß hinein und wird in Blasen von der Flüssigkeit mitgerissen, bei a_1 geschieht keines von beiden, die Öffnung in der Wand ist hier belanglos.

Saugwirkung von Flüssigkeits- und von Gasstrahlen. Der Vorgang bei a_3 bietet besonderes Interesse. Durch angemessene Verengung des Querschnittes kann man den Druck der strömenden Flüssigkeit so weit unter den Luftdruck erniedrigen, daß man die dadurch eintretende Saugwirkung technisch verwerten kann (Abb. 226—232) wie z. B. in der BUNSENschen Wasserluftpumpe (BUNSEN 1869). Ein Wasserstrahl tritt durch ein weiteres, geradliniges, vertikales Rohr, schießt fallend in ein engeres und schafft dadurch einen beträchtlichen Unterdruck um sich herum, so daß die Luft aus dem zu entleerenden Gefäß sich dorthin verbreitet und dadurch fortschreitend verdünnt. Die BUNSEN-Pumpe (Abb. 226) dient im Laboratorium dazu, z. B. das Filtrieren zu beschleunigen. Man erzeugt mit ihr einen luftverdünnten Raum und läßt durch den Überdruck der Atmosphäre die abzufiltrierende Flüssigkeit in ihn hineintreiben. Die Flüssigkeit durchdringt dann das Filter schneller, als wenn sie nur mit ihrem Gewicht darauf drückt. Abb. 228 zeigt die Quecksilberstrahlpumpe (SPRENGEL 1865). Das Fallrohr (aus Glas) ist etwa 2—3 mm weit; an der Eintrittsstelle des Quecksilbers ist es zu einer Düse verengt, so daß das Queck-

Abb. 228. Queck-
silberstrahl-
Luftpumpe
(SPRENGEL).

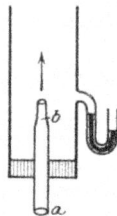

Abb. 229.
Saugwirkung
eines Gas-
stromes.

silber in einem sehr feinen Strahl eintritt. Das seitliche Ansatzrohr, an dessen Mündung das Quecksilber vorbeifällt, kommt von dem zu entleerenden Gefäß her. Solange noch viel Luft in dem Rohre vorhanden ist, bilden die Quecksilbertropfen kleine längliche Kolben, die in dem Fallrohr hinabgleiten — infolge des Widerstandes, den sie an der Luft und an der Rohrwand finden, gar nicht sehr schnell — und zwischen sich die Luft hinausbefördern.

Bis dahin wirkt die Pumpe wie eine Art Quecksilberkolbenpumpe; von einem gewissen Grade der Verdünnung an fällt das Quecksilber in kleinen Tröpfchen herab und die Pumpe wirkt dann wie eine Wasserstrahlpumpe. Die Pumpen sind zwar eigentlich nur Laboratoriumsinstrumente, wurden aber, bis sie durch die Ölpumpen und die GAEDE-Pumpen verdrängt wurden, zu Tausenden in den Glühlampenfabriken benützt.

Wie ein Flüssigkeitsstrahl wirkt auch ein Gasstrahl saugend, der aus relativ engem Rohr in die freie Luft strömt und dessen Querschnitt sich dadurch plötzlich erweitert: an der Mündung des Rohres entsteht dann Unterdruck. Bläst man durch *ab* einen Luftstrom in der Richtung des Pfeiles (Abb. 229), so steigt in dem linken Schenkel des Manometers *f* die Flüssigkeit — ein Zeichen, daß in dem Rohre der Druck geringer ist als draußen. Man benützt die saugende Wirkung eines Luftstromes in dem bekannten Inhalationsapparate, durch den man Wasser zerstäubt (Abb. 230). Im Bunsenbrenner saugt der bei *A* austretende Gasstrahl durch die Öffnungen *L* die Luft an, mit der er sich vermischt, ehe er oben entzündet wird (Abb. 231).

Quecksilberdampfstrahl-Luftpumpe. Auf der Saugwirkung eines Quecksilberdampfstrahles beruht die Luftpumpe von LANGMUIR (1916), die an Sauggeschwindigkeit alle bis dahin gebauten Pumpen weit übertrifft (Abb. 232). Aus dem angeheizten Quecksilber *A* steigt der Dampfstrom durch das Rohr *B* und saugt durch den ringförmigen Spalt *S* um die Austrittsstelle *L* die Luft aus dem bei *F* angeschlossenen Rezipienten ab, die abgesaugte Luft strömt in dem Dampfstrom davon. Man pumpt zunächst mit einer Hilfspumpe (Vorvakuumpumpe) die Luft aus dem Rezipienten, bis der Druck nur etwa 0,05—0,1 mm Quecksilber beträgt, und läßt dann die Dampfstrahlpumpe in Tätigkeit treten. Der bei *L* in den Vorvakuumraum *C* austretende Dampfstrahl verbreitet sich büschelartig. Er würde — falls man nicht Vorkehrungen dagegen trifft — bald die Wand des Rohres, in die er eintritt, treffen und durch Ablagerung von Quecksilbermolekeln, die dann wieder verdampfen, seine Saugwirkung einbüßen. LANGMUIR verhindert das durch energische Kondensation (Kühlwasserstrom durch $K_1 K_2$) der in der Nähe der Wand gelangten Molekeln, besondere Formung des Vorvakuumraumes *C* und schnellste Abführung der Kondenswärme. Nach LANGMUIR ist das das Wichtigste, *daher* die Bezeichnung *Kondensationspumpe*. Die Sauggeschwindigkeit der Pumpe beträgt 1500—3000 cm³/sec.

Druckmessung. Geschwindigkeitsmessung. Die BERNOULLI-Gleichung zwischen Druck und Geschwindigkeit erlaubt, 1. die *Geschwindigkeit* zu *berechnen*, wenn man den Druck *messen* kann, und 2. den *Druck* zu berechnen, wenn man die Geschwindigkeit messen kann. Sind in einem weiteren und einem darauf folgenden engen Querschnitt die Drucke *gleich* groß, so erfahren die Flüssigkeitsteilchen in dem engeren Querschnitt keine Beschleunigung, sie entweichen nicht schnell genug, „stauen" sich vor ihm und entsprechend *erhöht* sich vor diesem Querschnitt sofort der Druck. Diese Druckerhöhung ist besonders bemerkenswert, wenn sich in einer gleichförmigen Flüssigkeitsströmung (Geschwindigkeit v_0) ein Hindernis befindet. Dann bildet sich an seiner Vorderseite eine „Stauung", innerhalb deren sich die Strömung nach allen Richtungen verteilt (Abb. 233). In der Mitte der Stauung, dem *Staupunkt*, ist die Geschwindigkeit (*v*) gleich Null. Wenden wir

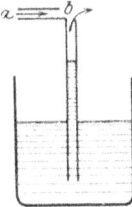

Abb. 230. Saugwirkung eines Gasstromes im Flüssigkeitszerstäuber.

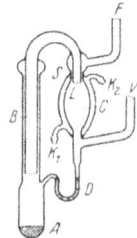

Abb. 231. Bunsenbrenner.

Abb. 232. Quecksilberdampfstrahl-Luftpumpe.

unsere Gleichung $p - p_0 = \varrho/2 \cdot (v_0^2 - v^2)$ auf diesen Fall $v = 0$ an (die Ortshöhe ist in dem horizontalen Rohre konstant, das darauf bezügliche Glied der Gleichung daher Null), so ist der dort herrschende Druck $p = p_0 + \varrho/2 \cdot v_0^2$. Man nennt diese Druck*erhöhung* $(p - p_0)$ den *Staudruck* (auch Geschwindigkeitsdruck).

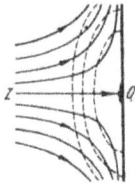

Man benutzt diese Beziehung oft zur Messung von Strömungsgeschwindigkeiten, die dazu bestimmten Meßinstrumente nennt man *Staugeräte*.

Das bekannteste Staugerät (Abb. 234) ist die PITOT-Röhre (1730). Man stellt den einen Rohrschenkel parallel und zur Strömung entgegengesetzt, den anderen Schenkel vertikal nach oben gerichtet. In dem Rohrschenkel, der *antiparallel* zur Strömung liegt, kommt die Strömung zur Ruhe, daher steigert sich hier der Druck. Das mit v_0 herankommende Wasser drückt die bis zum Wasserspiegel reichende Wassersäule in der Röhre

Abb. 233.
Staudruck.

um die Höhe $\varDelta$ empor, die mit der Geschwindigkeitshöhe $v^2/2g$ in der BERNOULLI-Beziehung steht. Die Höhe $\varDelta$ würde mit $v_0^2/2g$ *völlig* übereinstimmen, wenn nicht die am Rande der unteren Rohröffnung seitlich ausweichenden Teilchen den Druck in der Öffnung (Staudruck) ändern würden. Den genauen Zusammenhang muß man durch Eichung ermitteln, entweder durch Vergleich mit einem anderen zuverlässigen Geschwindigkeitsmesser oder durch Beobachtung der Druckhöhe in einer Wasserströmung von *bekannter* Geschwindigkeit.

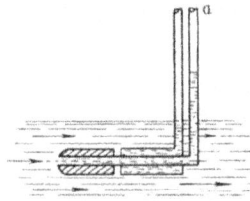

In dem andern vertikalen Rohr, dessen Öffnungen der Strömung entzogen sind, steht die Flüssigkeit bis zum Wasserspiegel. Um die Ablesung der (gewöhnlich kleinen) Höhendifferenz $\varDelta$, die unmittelbar über dem Wasserspiegel sehr unbequem wäre, zu erleichtern, saugt man in beiden Röhren gleichzeitig die Flüssigkeit in eine zur Ablesung bequeme Augenhöhe. Abb. 234 zeigt ein PITOT-Rohr nach PRANDTL. Das Rohr a ist das eigentliche Staurohr.

Abb. 234.
PITOT-Rohr (nach PRANDTL), Staugerät zur Messung der Geschwindigkeit strömender Flüssigkeit.

Die Strömungs*geschwindigkeit* (Wasser, Luft) in einer Rohrleitung mißt man oft mit der VENTURI-Düse, Abb. 235. In die Leitung eingebaut, wirkt sie als Verringerung ihres Querschnittes. Man mißt (manometrisch) die Differenz zwischen dem (Unter-) Druck an der *engsten* Stelle f_0, der infolge der großen Geschwindigkeitszunahme dort entsteht, und dem Druck an der *unverengten* vorderen Öffnung f. Diese Differenz ist mit den Bezeichnungen der Abbildung:

Abb. 235. VENTURI-Düse zur Verengerung des Querschnittes der Rohrleitung, in der die Strömungsgeschwindigkeit gemessen werden soll.

$$p - p_0 = \frac{\varrho}{2} (v_0^2 - v^2) = \frac{\varrho}{2} v^2 \left(1 - \frac{f^2}{f_0^2}\right).$$

Die Anzeige des Manometers ist also dem Staudruck (s. oben) proportional, der Proportionalitätsfaktor ist meist 12—16.

Ausflußgeschwindigkeit. Ausflußmenge. (Gesetz von TORRICELLI.) Die Gleichung (auf S. 182 u.) $p - p_0 = \varrho g (z - z_0) - \frac{\varrho}{2} (v^2 - v_0^2)$ oder, was dasselbe ist, $p - p_0 = \varrho g (z - z_0) - \frac{\varrho}{2} v^2 \left(1 - \frac{f^2}{f_0^2}\right)$, enthält den vollständigen theoretischen Ausdruck für die Geschwindigkeit, mit der die Flüssigkeit durch den unteren Querschnitt eines oben offenen Gefäßes (Abb. 236) austritt, wenn die konstante Höhe $(z - z_0)$ und der Unterschied der Drucke am oberen und am unteren Querschnitt gegeben sind. Beziehen sich $p\,z\,f$ auf den unteren, $p_0\,z_0\,f_0$ auf den oberen Querschnitt, und ist f *sehr* klein gegen f_0, eine im Verhältnis zur Fläche f_0 des Spiegels sehr kleine Öffnung im Boden des Gefäßes, so ist $(f/f_0)^2$ gegen 1 zu vernachlässigen, also gleich Null zu setzen. Ferner ist $p = p_0$, da oben wie unten nur der Druck der Luft auf die Flüssigkeit wirkt, und an beiden Stellen als gleich anzusehen ist. Für $(z — z_0)$ setzen wir die Höhe h des Gefäßes. Wir erhalten $\varrho g h — \varrho/2 \cdot v^2 = 0$ und $v = \sqrt{2gh}$, was schon TORRICELLI (1641) gefunden hat: Die Flüssigkeit fließt unten so schnell aus, wie wenn sie vom Spiegel an die Höhe h frei durchfallen hätte. Die Geschwindigkeit hängt nur von der Höhe h ab, also auch nicht von der Richtung, in der der Strahl austritt. — Sind p und p_0 *nicht* gleich groß, sondern ist $p — p_0$ ein Überdruck auf dem Wasserspiegel und ist v_0 die mittlere Geschwindigkeit des Wasserspiegels, so finden wir

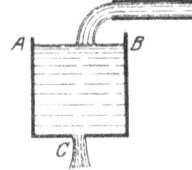

Abb. 236. Zur Formel $v = \sqrt{2gh}$ für die Ausflußgeschwindigkeit einer Flüssigkeit.

$$v = \sqrt{v_0^2 + 2\left(gh + \frac{p — p_0}{\varrho}\right)}.$$

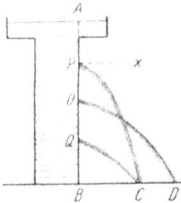

Abb. 238. Zur Prüfung der Formel $v = \sqrt{2gh}$. Man mißt $(h —)\,PA,\,OA,$ OA, berechnet hieraus v und vergleicht die hieraus *berechneten* Parabelwurfbahnen mit den experimentell ermittelten ($PC,$ OD, QC).

Ein vertikal nach unten aus einer kreisförmigen Ausflußöffnung tretender Strahl (die Form der Öffnung beeinflußt die Form des Strahles) gleicht dicht hinter dem kleinsten Querschnitt einem massiven, durchsichtigen Zylinder; weiter davon weg wird er trübe und zeigt abwechselnd Einschnürungen und Anschwellungen. Diese *Knoten und Bäuche* (SAVART) sind nachweisbar eine optische Täuschung: der Strahl bildet dort kein zusammenhängendes Gefüge mehr, er zerreißt infolge der immer größer werdenden Fallgeschwindigkeit in Tropfen, und diese ändern im Fallen fortwährend ihre Form, sie pendeln um die Kugelform (Abb. 237). Das *bloße* Auge kann die einander sehr schnell folgenden Tropfen und Formen nicht voneinander unterscheiden und *sieht* Knoten und Bäuche.

Die Unabhängigkeit der Ausflußgeschwindigkeit von der Richtung führt zu einer Versuchsanordnung, um die Formel $v = \sqrt{2gh}$ an der Erfahrung zu prüfen. Man läßt die Flüssigkeit horizontal aus dem Gefäße (Abb. 238) austreten. An Wassersäulen von 2—6 m Höhe hat man die beobachtete Ausflußgeschwindigkeit sehr nahe gleich der berechneten gefunden, aber stets etwas kleiner infolge der Reibung der Flüssigkeit an der Gefäßwand und an der Luft und infolge der inneren Reibung der Flüssigkeit.

Der Formel $v = \sqrt{2gh}$ nach hängt v nur von h ab, fließen also alle Flüssigkeiten aus dieser Öffnung gleich schnell aus, wenn h immer dieselbe Größe hat (wie alle Körper gleich schnell fallen, also beim Durchfallen derselben Höhe alle dieselbe Geschwindigkeit erreichen). Das tun die Flüssigkeiten aber nicht. Wir hatten nämlich stillschweigend angenommen, daß sich die Arbeit, die die Schwerkraft an der abfließenden Flüssigkeit leistet, *ganz* in kinetische Energie der Flüssigkeit verwandelt, haben also nicht berücksichtigt, daß die Flüssigkeitsteilchen sich sowohl an der Gefäßwand als auch aneinander reiben, und ihre Bewegung dadurch hemmen. Je zäher aber eine Flüssigkeit ist, desto größer ist die Hemmung, und desto größer muß h sein, damit v denselben Wert erreicht (desto kleiner ist v, wenn h immer denselben Wert behält). Daher weicht die wirkliche Ausflußgeschwindigkeit von der theoretischen desto mehr ab, je dicker die Flüssigkeit ist, z. B. bei Rizinusöl mehr als bei Alkohol.

Wenn man *mißt*, wieviel Gramm Flüssigkeit z. B. in 1 Sekunde ausfließen, und wieviel der Geschwindigkeit $v = \sqrt{2gh}$, der Größe der Öffnung und dem spezifischen Gewicht der

Abb. 237. Der Anblick eines Flüssigkeitsstrahles (Knoten u. Bäuche) und seine wahre Beschaffenheit (Tropfen, die periodisch ihre Form ändern; a bis g Phasen der Form.

Flüssigkeit nach ausfließen *sollten*, so findet man im Mittel nur etwa zwei Drittel davon. Bei der Berechnung nimmt man nämlich an, daß der Strahl (Abb. 236) überall so dick ist, wie die Öffnung weit ist. Tatsächlich aber (Abb. 239) zieht er sich dicht hinter der Öffnung

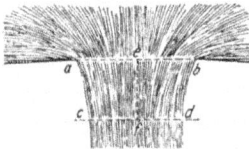

Abb. 239. Vena contracta.

zusammen; sein kleinster Querschnitt bei *cd* ist nur etwa 0,7 des Querschnittes in der Öffnung (Vena contracta). Die Flüssigkeit strömt nämlich von allen Seiten zur Öffnung hin (wie experimentell leicht zu veranschaulichen). Die einzelnen Stromfäden werden erst in einem gewissen Abstand von der Öffnung parallel. — [Eine bemerkenswerte Rolle spielt bei diesem Vorgange die Oberflächenspannung (S. 209). Die äußerste Schicht Wasserteilchen wirkt wie ein elastischer Ring um den Strahl an der Ausflußstelle. Der Einfluß der Oberflächenspannung zeigt sich z. B. wenn man in der Nähe des Strahles Alkohol oder Äther verdampft. Die Ausflußgeschwindigkeit wächst dann beträchtlich, weil sich die Oberflächenspannung verkleinert.]

Ein Ansatzstutzen an der Ausflußöffnung (Abb. 240) verändert die Form des Strahles und die Ausflußmenge *wesentlich*, ein Zylinder verhindert den Strahl, sich zusammenzu-

Abb. 240.
Ein Stutzen an der Ausflußöffnung beeinflußt die Ausflußmenge.

ziehen, und macht die Ausflußmenge fast gleich der berechneten. Beeinflußt schon ein Ansatz*stutzen* das Ausfließen, so noch mehr ein langes Rohr. Die TORRICELLIsche Formel versagt dann ganz, man ist völlig auf die Erfahrung angewiesen. Vor allem macht sich da der Reibungswiderstand geltend: er ist größer, je größer die Wandfläche des Rohres ist, und je schneller die Flüssigkeit ausströmt. Ein *Teil* des Druckes, unter dem die Flüssigkeit steht, geht hin auf Überwindung dieses Widerstandes. Daher ist die Ausflußgeschwindigkeit kleiner als sie gewesen wäre, wenn der *ganze* Druck Geschwindigkeit erzeugt hätte. Wenn Wasser z. B. aus einem Gefäß durch ein langes Rohr ausströmt, so tritt es mit viel kleinerer Geschwindigkeit aus, als der Druckhöhe entspricht, man sieht das an der Parabel, die es beim Austritt aus der Rohrmündung beschreibt. — Der Druck, unter dem das fließende Wasser steht, ist an einer gegebenen Stelle des Rohres desto kleiner, je weiter die Stelle von dem Gefäße absteht. Man sieht das, wenn man das Rohr *ab* mit vertikalen Röhrchen versieht (Abb. 241). Ist *b* geschlossen so, steht das Wasser in allen gleich hoch — so hoch wie in dem Gefäß selber; sobald man *b* öffnet, geschieht das, was die Abbildung veranschaulicht.

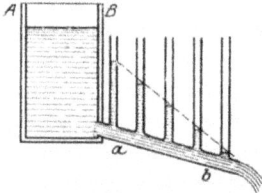

Abb. 241. Druckänderung im Ausflußrohr mit dem Abstande von der Ausflußöffnung.

Abb. 242.

Ausströmung eines Gases unter Überdruck. Solange in einem gaserfüllten Raume der Druck überall gleich groß ist, gibt es natürlich keine *Strömung* von einem Punkte zum anderen. In einem Gase herrscht (nach der kinetischen Theorie) zwar keine Ruhe, aber ein Gleichgewichtszustand: durch eine Ebene, die man sich durch den Gasraum gelegt denkt, gehen pro sec ebensoviel Teilchen von *A* nach *B* (Abb. 242), wie von *B* nach *A*, so daß sich an keiner Stelle die Gasmolekeln auf Kosten einer anderen anhäufen: der Schwerpunkt der Gesamtheit der Teilchen bleibt in Ruhe. Das alles stimmt, solange in dem Raum Druck*gleichheit* herrscht. Ist aber wie irgendeiner Ursache der Druck in *A* größer als in *B*, so erfährt eine Scheidewand (an Stelle der geometrischen Ebene) von *A* her einen Überdruck. Durchbohrt man sie, so strömt Gas von *A* nach *B*, bis der Druck auf ihre beide Seiten gleich groß ist. Das vermehrt in *B* den Gasinhalt auf Kosten von *A*, es treten mehr Gasteile von *A* nach *B* als von *B* nach *A*: der Schwerpunkt des Gases verschiebt sich ebenfalls von *A* nach *B*.

Die Geschwindigkeit *v*, mit der das Gas aus einem Raum ausströmt, mißt man an dem Volumen, das in einer gegebenen Zeit aus einer Öffnung von gegebener Größe austritt; *v* hängt von der Dichte σ des Gases ab und von dem Überdruck $p - p_0$, unter dem es strömt. Hier ist *p* der Druck in dem Gefäß, aus dem es ausströmt, und p_0 der Druck in dem Raum, in den es einströmt.

Sind p und p_0 nur wenig voneinander verschieden, so ist $v = \sqrt{2\,\dfrac{p - p_0}{\sigma}}$. Die Gleichung gilt nur, wenn der Überdruck $p - p_0$ sehr klein ist und die Ausflußöffnung im Verhältnis zum Gasbehälter sehr klein ist, und auch dann gibt sie die Ausflußgeschwindigkeit nur annähernd wieder. Sie ist trotzdem wertvoll: Die Beziehung zwischen der Ausflußgeschwindigkeit v und der Gasdichte σ erlaubt, die Dichte zu messen, ohne daß man die Ausflußgeschwindigkeit zu kennen braucht.

Messung der Dichte der Gase an ihrer Ausflußgeschwindigkeit (BUNSEN). Ist v die Geschwindigkeit, mit der ein Gas von der Dichte σ unter dem Überdruck $p - p_0 = P$ aus dem Gefäß ausfließt, und v_1 die Geschwindigkeit, mit der ein anderes Gas von der Dichte σ_1 unter denselben Bedingungen ausfließt, so hat man

$$v = \sqrt{\frac{2 \cdot P}{\sigma}} \quad \text{und} \quad r_1 = \sqrt{\frac{2 \cdot P}{\sigma_1}}$$

und hieraus

$$\frac{r}{r_1} = \sqrt{\frac{\sigma_1}{\sigma}} \quad \text{oder} \quad \frac{r^2}{r_1^2} = \frac{\sigma_1}{\sigma},$$

d. h. die Gasdichten verhalten sich zueinander umgekehrt wie die Quadrate ihrer Ausströmgeschwindigkeiten. Ist z. B. $r_1 = 2v$, so ist

$$\frac{r^2}{4\,r^2} = \frac{\sigma_1}{\sigma}, \quad \text{d. h.} \quad \sigma_1 = \frac{\sigma}{4}.$$

Das heißt: das Gas, das doppelt so schnell ausfließt, wie ein anderes (unter sonst gleichen Bedingungen), hat ein Viertel von dessen spezifischem Gewicht. GRAHAM hat den Satz aus der Erfahrung abgeleitet, und BUNSEN hat darauf ein Verfahren gegründet, das spezifische Gewicht eines Gases zu messen, er mißt (mit einer besonderen Vorrichtung) aber nicht die Ausflußgeschwindigkeit, sondern die Zeit, die ein gegebenes (für beide Gase gleich großes) Gasquantum gebraucht, um auszuströmen. Da das Gas mit der doppelt so großen Ausströmgeschwindigkeit nur halb soviel Zeit zum Ausströmen gebraucht wie das andere, so folgt: die Gasdichten verhalten sich zueinander wie die Quadrate der Zeitabschnitte, t und t_1, in denen gleich große Volumina ausströmen·

$$\frac{\sigma_1}{\sigma} = \frac{t_1^2}{t^2}.$$

Braucht z. B. ein Quantum Luft (Dichte σ) die Zeit $t = 36{,}9$ Sekunden, und ein gleich großes Volumen Kohlensäure (Dichte σ_1) unter denselben Bedingungen die Zeit $t_1 = 45{,}3$ Sekunden, so ist

$$\frac{\sigma_1}{\sigma} = \left(\frac{45{,}3}{36{,}9}\right)^2 = 1{,}507,$$

d. h. die Dichte der Kohlensäure σ_1 ist $1{,}507$ mal so groß wie die der Luft. Die Methode ist zuverlässig und beansprucht nur wenige cm^3 Gas, ein Vorteil, der für gasometrische Arbeiten wertvoll ist. Sie ist besonders bequem für technische Zwecke (Messung der Dichte des Leuchtgases).

Diffusion von Gasen durch poröse Körper. Die Geschwindigkeit, mit der Gas aus einem Gefäß strömt, hängt wesentlich von der Ausflußöffnung ab. Zu den Bedingungen, unter denen die obige Formel gilt, tritt noch die, daß die Öffnung sich in einer sehr dünnen Wand befindet, also das Gas wirklich nur durch eine *Öffnung* strömt, nicht durch einen Kanal. (In dem BUNSENschen Apparat strömt es durch ein Loch in einem *dünnen* Platinblech.) — Fließt das Gas durch ein Kapillarrohr (Transpiration), so gilt die Formel überhaupt nicht mehr; eine neue Gesetzmäßigkeit tritt ein (O. E. MEYER), wenn die Länge des Kapillarrohres ungefähr das 4000fache des Durchmessers beträgt. Ist ein Teil der Gefäßwand eine poröse Platte (Graphit, unglasierter Ton), so daß das Gas durch eine große Anzahl kapillarer Kanäle gehen kann, dann *diffundiert* es durch die Platte. Durch eine poröse Platte als Scheidewand zwischen zwei Gasen (Abb. 242) treten die Gase ineinander über, *ohne daß eine Druckdifferenz* zwischen ihnen zu bestehen braucht.

Gesetz der Diffusionsgeschwindigkeit von GRAHAM. Die Geschwindigkeit, mit der ein Gas durch eine poröse Platte geht, ist (s. oben) caeterus paribus der Quadratwurzel aus der Dichte umgekehrt proportional (GRAHAM, 1830), sie beträgt z. B. für Sauerstoff, der 16 mal so dicht ist wie Wasserstoff, nur den 4. Teil der Geschwindigkeit des Wasserstoffs. — Den Unterschied in der Dif-

fusionsgeschwindigkeit zwischen *Luft* und Wasserstoff kann man an einer
unglasierten Tonzelle (Abb. 243) zeigen: Man leitet Wasserstoff durch die
(luftdicht eingesetzte) Röhre und die Tonzelle, bis die Luft vollkommen
verdrängt ist, und schließt dann den Hahn. Die Tonwand grenzt innen an
Wasserstoff, außen an Luft; der Wasserstoff diffundiert sehr viel
schneller heraus, als Luft hineindiffundiert, daher sinkt innen der
Druck, wie das Steigen der Flüssigkeit zeigt. — Die Verschiedenheit der Diffusionsgeschwindigkeit kann auch zwei *vermischte* Gase
voneinander *trennen*, wenn die Gase in der Dichte verschieden sind.
So kann man die atmosphärische Luft, im wesentlichen ein Gemisch
von 21 % Sauerstoff und etwa 79 % Stickstoff, deren Dichten sich
wie 16 : 14 verhalten, an Stick-
stoff dadurch ärmer machen,
daß man sie in einem unglasierten Tonrohr durch einen luftleeren Raum (Abb. 244) leitet
(Atmolyse). — Gewisse Gase,
z. B. Kohlensäure, diffundieren
durch eine dünne Membran von
Kautschuk, und manche, namentlich Wasserstoff, durch rotglühende
Metalle.

Abb. 243.
Zum Nachweis
des Unter-
schiedes der
Diffusions-
geschwindigkeit
von Luft und
Wasserstoff.

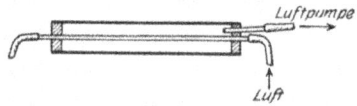

Abb. 244. Zur Erhöhung des Sauerstoffgehaltes
der Luft durch Anwendung der Verschiedenheit
der Diffusionsgeschwindigkeit von Stickstoff und
Sauerstoff.

Diffusionspumpe (GAEDE). Auf Diffusion beruht die von GAEDE
(1913) gebaute Quecksilberdampf-Luftpumpe, von der die Pumpen
der modernen Hochvakuumtechnik ausgegangen sind. GAEDE läßt die zu
evakuierende Luft und Quecksilberdampf ineinander diffundieren und kondensiert den in die Luft (in den Vakuumraum) tretenden Quecksilberdampf
schnellstens. Im Prinzip (Abb. 245) wirkt die Pumpe so: C ist eine Wand aus
porösem Ton, sie berührt links den Quecksilberdampf (der durch das Rohr AB

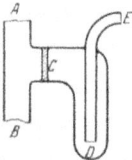

Abb. 245. Prinzip
der Diffusions-
pumpe (GAEDE).

strömt), rechts die zu evakuierende Luft (die
durch das Rohr E mit dem Rezipienten kommuniziert). Den Druck im Rezipienten erniedrigt man zunächst mit einer Hilfspumpe
auf 0,1 mm Quecksilbersäule (Vorvakuum).
Die Luft diffundiert von rechts nach links
durch C und strömt im Dampfstrahl AB davon, der Quecksilberdampf diffundiert von
links nach rechts hindurch und wird sofort
niedergeschlagen, indem man die Gasfalle D
in flüssige Luft taucht. Dies der Grundgedanke. In der Pumpe
(Abb. 246) benutzt GAEDE anstatt einer Tonwand mit ihren
Poren ein Stahlrohr C, durch das er den Quecksilberdampf
strömen läßt, mit einem Spalt S *von der Weite der Poren* —
das ist etwa die *mittlere Weglänge* der Moleküle. Durch den
Spalt diffundiert von außen nach innen (in den Dampfstrahl)
die Luft — sie strömt im Dampfstrahl weg — und von innen
nach außen (in den Vakuumraum) der Quecksilberdampf,

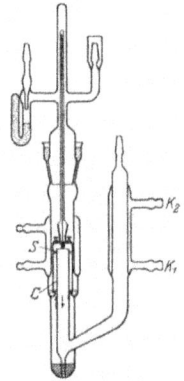

Abb. 246. Diffusions-
pumpe (GAEDE).

die Kühlvorrichtung $K_1 K_2$ schlägt ihn sofort nieder. Der Druck im Rezipienten
erreicht schließlich 10^{-6} bis 10^{-8} mm Quecksilber (rotierende GAEDE-Pumpe
$7 \cdot 10^{-5}$), theoretisch existiert keine untere Grenze für das erreichbare Vakuum.
Die höchste Sauggeschwindigkeit der Pumpe beträgt 80 cm³/sec (rotierende GAEDE-
Pumpe 130), sie bleibt auch bei den niedrigsten Drucken konstant. Wesentlich
höher ist sie in der Quecksilberdampfstrahl-Kondensationspumpe (S. 185)

2. Die Formen der Flüssigkeitsbewegung.

Stromlinien. Bisher hat uns an der Bewegung der Flüssigkeit nur der Druck in ihr beschäftigt. Um ein deutliches Bild von der Bewegung selber zu bekommen, müßte man die Flüssigkeitsteilchen auf ihren Bahnen verfolgen können; oder verfolgen können, was sich an einem bestimmten Raumpunkt im Laufe der Zeit abspielt. Die Frage nach den Geschwindigkeits- und Druckzuständen der Flüssigkeit in einem gegebenen Zeitpunkt gehört zu den verwickeltsten mathe-

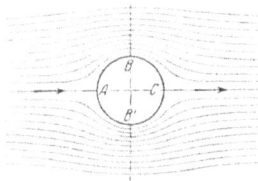

Abb. 247 a.
Strömung ohne Zirkulation.

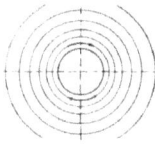

Abb. 247 b.
Zirkulation allein.

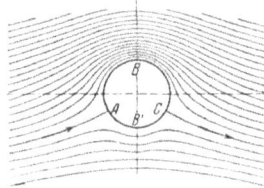

Abb. 247 c.
Strömung mit Zirkulation.

matischen Aufgaben. An die ganz großen Fortschritte knüpfen sich hier die Namen EULER, LAGRANGE, HELMHOLTZ, WILLIAM THOMSON. Die elementare Darstellung muß sich darauf beschränken, einige Formen der Flüssigkeitsbewegung zu beschreiben. Die Abbildungen (Abb. 247) tun das durch Stromlinien — man kann sie in der Flüssigkeit sichtbar machen.

Wirbel. Wirbelfaden. Wirbelröhre. Grundlegend für die Form der Flüssigkeitsbewegung ist der Wirbel, man kann die Flüssigkeitsbewegungen geradezu einteilen in wirbelfreie und wirbelnde. Nicht jede drehende Bewegung ist eine wirbelnde, so z. B. nicht die Bewegung einer Flüssigkeit, die als Ganzes mit gleicher Drehschnelle aller Teilchen um eine Achse rotiert (Abb. 101), weil der Flüssigkeitsbehälter es tut; auch nicht die Bewegung einer Flüssigkeit, die durch einen kreisförmigen Kanal fließt. Bei dieser Bewegungen rotiert nicht *jedes einzelne* Flüssigkeitselement um eine *eigene* Achse (es wendet der gemeinsamen Drehachse nicht stets *dieselbe* Körperhälfte zu, wie z. B. der Mond bei seinem Lauf um die Erde es tut, weil er sich, während er einmal *um die Erde* geht, einmal *um seine Achse* dreht). Bei der *Wirbel*bewegung dagegen rotiert *jedes* an ihr beteiligte Flüssigkeitselement um eine *eigene* Achse.

Abb. 248. Drehung eines Flüssigkeitselementes. Die Komponenten der mittleren Drehung sind für jede Koordinatenachse gesondert zu berechnen.

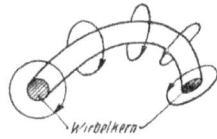

Was heißt das: Drehung eines Flüssigkeitselementes? Man grenze in der Flüssigkeit eine kleine Kugel ab. Der Mittelwert der Winkelgeschwindigkeiten, mit denen die Teilchen um den Mittelpunkt laufen, gibt die Drehung an; es genügt, die Mittelwerte von drei aufeinander senkrechten Richtungen zu nehmen (Abb. 248). Um die Drehung vollständig zu beschreiben, muß man außer ihrer Geschwindigkeit auch die Richtung der Achse angeben.

Man kann sich die Wirbelbewegung der Flüssigkeit so veranschaulichen: Man ermittelt für jede Stelle die Richtung der Achse und behandelt sie als Tangente einer Kurve (wie bei den Stromlinien). Diese Kurven, die die Flüssigkeit so durchziehen, daß ihre Richtung überall mit der der augenblicklichen Achse der auf ihnen liegenden Wasserteilchen zusammenfällt, heißen *Wirbel-

Abb. 249. Wirbelfaden.

linien.* Legt man durch alle Punkte des Umfanges eines Flächenelementes die entsprechenden Wirbellinien, so bildet die so herausgeschnittene Wassermasse eine *Wirbelröhre,* ihr Inhalt einen *Wirbelfaden* oder kurz einen *Wirbel* (Abb. 249).

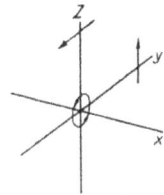

Den Wirbellinien und den Wirbelfäden verleiht die Bewegung der sie konsti-
tuierenden Teilchen höchst merkwürdige Eigenschaften, und diese machen sie
zu Gebilden von großer und (angesichts des Stoffes, aus dem sie bestehen) sonder-
barer Beständigkeit.

Das erste Bemerkenswerte ist: eine Wirbellinie besteht stets aus *denselben*
Wasserteilchen, auch wenn sie ihren Ort wechselt, wegschwimmt. Es ist ein
„Individuum", es kann einem Schlauch vergleichbar seine Lage ändern, seine
Form, nicht aber seine materielle Zusammensetzung. Vor allem behält es *die*
Eigenschaft, die es als Wirbellinie charakterisiert: die Tangente an irgendeinem
Punkt ist identisch mit der Drehachse der dort befindlichen Teilchen. Ferner:
Verändert ein Wasserteilchen seinen Abstand von seinen Nachbarn in der Wirbel-
linie, rücken die Teilchen z. B. auseinander, so wächst die Wirbelgeschwindig-
keit in demselben Verhältnisse, in dem jener Abstand wächst. — Das kann man
noch anschaulicher so beschreiben: Wir legen durch alle Punkte des Umfanges
einer unendlich kleinen Fläche Wirbellinien, erhalten so einen unendlich dünnen
Wirbel*faden* und achten auf ein unendlich kurzes Stück davon. Das Volumen
dieses Stückes, das (s. oben) immer von denselben Teilchen erfüllt ist, muß (auch
bei der Translation) konstant bleiben, sein Querschnitt sich also im umgekehrten
Verhältnis wie seine Länge ändern. Danach kann man auch sagen: Das Produkt
aus Wirbelgeschwindigkeit und Querschnitt eines Wirbelfadens bleibt konstant.
— Dazu tritt ergänzend der Satz: Das Produkt aus der Wirbelgeschwindigkeit
und dem Querschnitt — das „Moment" des Wirbelfadens — ist in der ganzen
Länge desselben Wirbelfadens konstant. Und ferner: Ein Wirbelfaden *endet*
niemals *inner*halb der Flüssigkeit, sondern er reicht entweder bis an ihre Grenzen
oder er läuft ringartig in sich zurück.

Diese Eigenschaften der Wirbelbewegung folgert — wenigstens für die bild-
liche Vorstellung — die Theorie aus den Grundgleichungen der Hydrodynamik
für *völlig reibungslose* elastische Flüssigkeiten. Aber die in der Natur vorkommenden Flüssigkeiten sind nicht völlig reibungslos. Daher verläuft die Wirbelbewegung in der Wirklichkeit nicht ganz so wie in der Theorie. Nach HELMHOLTZ,
der (1858) die Wirbelbewegung zuerst bahnbrechend behandelt hat, ist der
Theorie zufolge nicht nur die Wirbelintensität (Wirbelgeschwindigkeit mal Faden-
querschnitt) eine unveränderliche und unzerstörbare Eigenschaft des Wirbels,
sondern der Wirbel ist überhaupt unzerstörbar; er ist entweder stets vorhanden
oder niemals. In der *Wirklichkeit* aber ist die Wirbelintensität nicht unveränderlich und vor allem können — und zwar als Wirkung der Reibung — Wirbel
entstehen und vergehen.

Die beiden wichtigsten Formen der Wirbelbewegung sind der geradlinige
Wirbelfaden und der Wirbelring. (Man beachte: In der Hydrodynamik ist
Wirbel etwas anderes als was man alltäglich so nennt. Was wir durch „Umrühren"
in einer Flüssigkeit erzeugen, ist *Zirkulation um* einen Wirbel. Den *Wirbel* bilden
nur die *in der Achse* dem Rührer anliegenden Teilchen.)

Wirbelring. Ein einzelner Wirbelfaden erteilt sich selber keine fortschreitende Geschwindigkeit, er bleibt an seinem Ort. *Zwei* parallele Fäden rotieren
mit gemeinschaftlicher Drehschnelle in konstantem Abstand um ihren „Schwerpunkt". Wirbeln sie gleichsinnig, so liegt der Schwerpunkt *zwischen* ihnen,
wirbeln sie entgegengesetzt, so liegt er außerhalb, und zwar auf der Seite des
Fadens mit dem größeren Moment. Ihre gemeinschaftliche Drehung erfolgt im
Sinne des Wirbelfadens mit dem größeren Moment. Sind die Momente einander
gleich und entgegengesetzt, so rückt der „Schwerpunkt" ins Unendliche, die
Drehschnelle der gemeinsamen Rotation wird 0, und die beiden Wirbelfäden
bewegen sich zusammen in der Richtung der zwischen ihnen hindurchgehenden

Stromlinien. — In einem Wirbelfaden vom Radius r und der überall gleichförmigen Drehschnelle ξ (auch zeitlich konstant) rotiert die Flüssigkeit mit der Drehschnelle ξ wie ein starrer Körper. An der Oberfläche, wo die wirbelnde an die wirbelfreie Flüssigkeit grenzt, verhält sich die Geschwindigkeit durchaus stetig. Hier hat sie ein Maximum, sie fällt nach innen und nach außen zu Null ab. Der Druck im äußeren wirbelfreien Flüssigkeitsraume nimmt mit Annäherung an den Wirbel ab, und nimmt weiter ab von der Wirbeloberfläche bis zur Mitte, wo er am kleinsten ist (Abb. 250).

Ein einzelner geradliniger Wirbelfaden bleibt an seinem Ort, aber ein zum Ringe geschlossener, ein Wirbel*ring* (Abb. 251), schwebt weg, in der Richtung rechtwinklig zu seiner Ebene, im Sinne der durch seine Mitte gehenden Stromlinien — desto schneller, je enger er ist und je schneller er wirbelt. Gehen zwei einander parallele Wirbelringe, etwa gleich große und von gleichem Moment, konaxial hintereinander her, so wirken sie aufeinander ein:

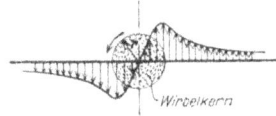

Abb. 250. Geschwindigkeitsfeld eines geradlinigen *physikalischen* Wirbels mit kreissymmetrischer Verteilung der Wirbelintensität über den Kernquerschnitt. Die Pfeile zeigen die Größe der Geschwindigkeit in den verschiedenen Abständen vom Mittelpunkt. (*Physikalischer* Wirbel im Gegensatz zur Wirbel*linie*.)

die Wirbelelemente des einen Ringes werden von den Stromlinien beeinflußt, die der andere erzeugt. Der vorangehende Ring erweitert sich infolgedessen und wird langsamer, der nachfolgende verengt sich, wird schneller, holt den ersten ein und wird durch ihn hindurchgezogen. Dann kehrt sich der Vorgang um: der durchgeschlüpfte Ring erweitert sich und verlangsamt sich wieder, der zurückgebliebene verengt sich wieder, bis schließlich beide wieder gleich groß sind und der Abstand derselbe geworden ist und so fort.

Im Wasser entstehen Wirbelfäden z. B. hinter einem langen zylindrischen Stab, den man mit geradliniger, gleichförmiger Geschwindigkeit durch ruhendes Wasser führt. Aus dem entstehenden Wirbelsystem spalten sich rechts und links Wirbel ab, die dem Stabe folgen.

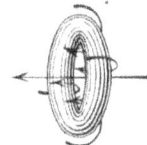

Abb. 251. Wirbelring (Rauchring).

Kreisförmige Wirbelringe erzeugt man (nach HELMHOLTZ) leicht im Wasser, indem man eine halb eingetauchte Kreisscheibe oder die ungefähr halbkreisförmig begrenzte Spitze eines Löffels schnell eine kurze Strecke längs der Oberfläche der Flüssigkeit hinführt und dann schnell herauszieht; dann bleiben halbe Wirbelringe in der Flüssigkeit zurück, deren Achse in der freien Oberfläche liegt.

Drehungsfreie Strömung (Potentialströmung) und Zirkulation. Charakteristisch für die wirbel*freie* Flüssigkeitsbewegung ist ein bestimmter *mathematischer* Zusammenhang ihrer Geschwindigkeits*komponenten*, in die wir die Strömung nach drei zueinander senkrechten Achsen zerlegen: sie haben ein Geschwindigkeitspotential[1]. Nach diesem Begriff, auf den wir hier nicht eingehen können, heißt sie *Potentialströmung*. Ihr Strömungsbild, Abb. 247a, zeigt: die Strömungslinien umgeben den angeströmten Körper symmetrisch und schließen sich hinter ihm wieder zusammen, Druck und Geschwindigkeit ist zu beiden Seiten gleich. Für die Zirkulationsströmung ist es charakteristisch, daß die Stromlinien *in sich* zurücklaufen, Abb. 247b. Die zirkulatorische Bewegung kann nur in Flüssigkeiten mit Reibung entstehen; wenn sie einmal vorhanden ist, bleibt sie bestehen. Vollständig zutreffend ist das Strömungsbild der Potentialströmung nur für ideale (reibungslose) Flüssigkeiten. Die wirklichen Flüssigkeiten wie Wasser und Luft haben aber nur sehr geringe innere Reibung, so daß in vielen Fällen eine Aussage über die Bewegungsart einer idealen Flüssigkeit auch angenähert für eine wirkliche Flüssigkeit zutrifft.

Besonders interessiert uns das Verhalten eines Körpers in einer Potentialströmung, um den sich *zugleich* eine Zirkulation ausbildet. In diesem Fall vereinigt sich der Vorgang der Abb. 247a mit dem der Abb. 247b zu dem der Abb. 247c. Wo das Zusammendrängen der Stromlinien das Maximum der Geschwindigkeit anzeigt (die Geschwindigkeiten der beiden Strömungen sich addieren), ist der Druck am kleinsten. Wo sie am meisten auseinan-

---

[1] Für den der Differentialrechnung Kundigen heißt das: Die Komponenten sind die ersten partiellen Differentialquotienten einer Funktion nach den Koordinatenachsen.

andertreten, die Geschwindigkeit der Zirkulation der der Potentialströmung *entgegengesetzt* gerichtet ist, ist die Geschwindigkeit am kleinsten und der Druck daher am größten. Der Körper erfährt daher von der einen Seite her Überdruck.   So ist es z. B. an Tennisbällen, am base ball u. dgl., wenn man ihnen eine sehr schnelle Rotation um eine zur Wurfrichtung *senkrechte* Richtung gibt, das lenkt sie beim Flug durch die Luft seitlich stark ab.   Ein entsprechend angeschlagener Ball kann durch den Auftrieb, den er dadurch bekommt, die Schwere auf eine erhebliche Strecke überwinden. — Auf der Übereinanderlagerung von Potentialströmung und Zirkulation beruht der Magnuseffekt (S. 198).

Flugzeugtragflügel.   Abb. 247 c zeigt den Vorgang, durch den der Auftrieb des Flugzeugtragflügels entsteht. Infolge der Bewegung der Fläche *entgegengesetzt* zur Richtung

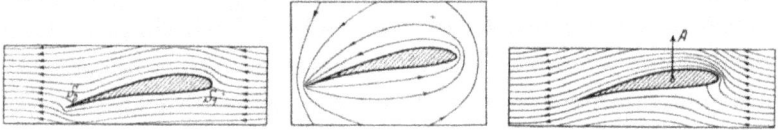

Abb. 252 a. Strömung ohne Zirkulation.   Abb. 252 b. Zirkulation   Abb. 252 c. Strömung mit Zirkulation.
                                                um einen Flugzeugtragflügel.

des Luftstromes erhöht sich auf der Unterseite der Druck der Luft, auf der Oberseite erniedrigt er sich. Daraus resultiert eine Kraft von unten nach oben, sie steht annähernd senkrecht zu der Fläche. Wir können sie in zwei zueinander senkrechte Komponenten zerlegen, eine *in* die Stromrichtung fallende, die den Widerstand darstellt, da sie der Stromrichtung *entgegengesetzt* gerichtet ist, die andere, senkrecht zur Stromrichtung stehende, die den Auftrieb darstellt. Erteilt man einem Drachen eine Geschwindigkeit relativ zu der über den Erdboden streichenden Luft, indem man mit ihm gegen den Wind läuft, und gibt man ihm

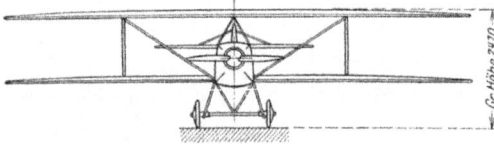

Abb. 253. Doppeldecker-Flugzeug.

dabei die passende Stellung schräg dazu, so wird er nach oben gedrückt. Ist seine Fläche groß genug, so kann er dabei ein beträchtliches Gewicht heben. [OTTO LILIENTHAL, der Begründer der Flugtechnik, der erste Mensch, der wirklich *geflogen* ist, fand, einen Abhang gegen den Wind hinablaufend, daß etwa 14 m² Fläche ausreichen, um einen Menschen von mittlerem Körpergewicht zu heben. Um den Apparat handlicher und stabiler zu machen, zerlegte er die Fläche in zwei übereinanderliegende Flächen, d. h. einen *Doppeldecker*, der seitdem, namentlich durch die Brüder WRIGHT, zur *Flugmaschine* geworden ist (Abb. 253). Sie wird in der Luft durch Propeller, die von Motoren in Rotation versetzt werden, vorwärtsgetrieben.] Abb. 254 zeigt an einer Drachenfläche, wie der aerodynamische Auftrieb und der Vorwärtstrieb zustande kommen: Läuft man mit der Drachenfläche *gegen* den von links herströmenden Wind, so wird die Luft unter der Drachenfläche auszuweichen

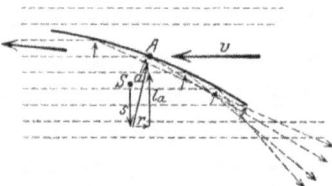

Abb. 254. Entstehung des Auftriebes unter
einer Drachenfläche.

gezwungen. Sie erzeugt dabei den Auftrieb a senkrecht zu der Fläche in A: seine Komponente l_a äußert sich wirklich als Auftrieb, während die Komponente r den Vortrieb v etwas schwächt. Um die Fläche zu heben, muß l_a größer sein als das Gewicht, das man im Schwerpunkt S als nach unten gerichtete Kraft s zu denken ist. Der Überschuß von l_a über das Gewicht hebt den Drachen *in die Höhe*, der Vortrieb v und der Überschuß $l_a — s$ zusammen treiben ihn schräg in die Höhe und *vorwärts*. Flugtechnisch gut ist der Tragflügel eines Flugzeuges dann, wenn seine Form, sein Profil, dafür sorgt, daß der Auftrieb möglichst groß und der Widerstand möglichst klein ausfällt. Theorie und Erfahrung haben zu Flügelformen geführt, an denen der Widerstand nur wenig mehr als 1 % des Auftriebes beträgt. Auftrieb und Widerstand an einem Flügel hängen aber auch wesentlich vom *Anstellwinkel* ab, d. h. jenem Winkel, den die Sehne des Flügelprofils mit der Windrichtung bildet (bei wagerechtem Flug zwischen $1\frac{1}{2}$ und 4^0). Wie der Auftrieb mit dem Strömungsbilde zusammenhängt, zeigt Abb. 252c. Das Strömungsbild selber hängt mit dem Flügelprofil zusammen, und zwar spielt seine Hinterkante eine wesentliche Rolle. Geschwindigkeits- und Druckunterschiede führen dort zu Bildung eines Wirbels, und *dieser*

Wirbel verwandelt die zirkulations*lose* Strömung in eine solche *mit* Zirkulation. — Außer dem Profilwiderstand treten — und das ist höchst wichtig — Widerstände an den seitlichen Enden der Flügel auf, sie bestehen in Luftwirbeln, die dort entstehen, wo der Flügel in der Luft *endet*. Wäre die Spannweite eines Flügels unendlich groß, so würden diese Wirbel nicht entstehen und würde *dieser* Widerstand nicht entstehen. Diese Wirbel haben dieselbe Zirkulationsrichtung wie die den Flügel umströmende Zirkulation, sie folgen dem Flugzeuge von seinen seitlichen Enden ausgehend wie zwei Zöpfe,
die nach hinten verlaufen und sich mit gleichförmiger Geschwindigkeit nach abwärts bewegen. Wäre der Auftrieb über den ganzen Flügel gleichmäßig verteilt, so würden nur diese beiden Wirbelzöpfe entstehen. Da aber der Auftrieb stufenförmig von der Mitte nach dem Rande kontinuierlich abfällt, bildet sich von der Hinterkante ausgehend ein kontinuierliches Wirbel*band* aus, das sich abwärts bewegt. „Die Luft vor dem Flügel und seitlich davon bleibt im wesentlichen unbeeinflußt; nur eine Gasse, durch welche der Flügel gekommen ist, hat Abwärtsgeschwindigkeit. Man erhält ein ziemlich richtiges Bild von der Bewegung, wenn man sich

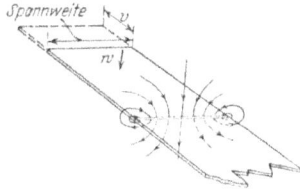

Abb. 255. Die Luftwirbel an den seitlichen Enden der Flugzeugtragflügel.

(Abb. 255) ein Brett von der Breite der Flügelspannweite denkt, das sich vom Flügel aus nach rückwärts erstreckt und nach vorne zu mit der Zeit immer länger wächst, so daß es stets bis an den Flügel, der ja vorwärts schreitet, heranreicht. Wenn wir nun dieses hypothetische Brett nach abwärts bewegen, so stellt die Strömung um dasselbe mit ziemlich guter Annäherung den Vorgang dar, wie er sich beim Flügel abspielt" (BETZ).

Reibung der Flüssigkeiten. Gesetz von POISEUILLE.
Starken Einfluß auf die Form der Flüssigkeitsbewegung hat die Reibung der Flüssigkeitsteilchen aneinander (innere Reibung) und an den Wänden des Behälters (äußere Reibung); oft so großen, daß wenn man sie außer acht ließe, Theorie und Erfahrung unvereinbar wären. Die innere Reibung kann man sich *so* vorstellen: Man denke sich die Flüssigkeit zwischen zwei horizontalen Grenzflächen in Bewegung, und ihnen parallel in horizontale Schichten geteilt (*Laminarbewegung*, von lamina, die Schicht, zum Unterschied von der *Turbulenz*, S. 197). Nun nehme man an: die Flüssigkeitsteilchen *derselben* Schicht haben alle die *gleiche* Bewegung. *Verschieben* kann sich dann nur eine ganze *Schicht* von Flüssigkeitsteilchen relativ zu darüber- und darunterliegenden *Schichten*. Drei Schichten a, a_1, a_2 sollen im Zeitpunkt t_1 die Lage 1 haben (Abb. 256) und sich von links nach rechts mit ungleicher Geschwindigkeit bewegen, und zwar so, daß sie im Zeitpunkt t_2 die Lage 2 haben. Auf a_1 wirkt a hemmend, a_2 fortziehend, beides Äußerungen der *Reibung*. Die Größe ihrer Wirkung nehmen wir am einfachsten proportional dem Geschwindigkeits*unterschiede* an und proportional der Fläche der aneinander vorbeigleitenden Schichten. (Die Erfahrung rechtfertigt die

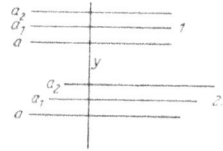

Abb. 256. Zur inneren Reibung der Flüssigkeiten. Laminarbewegung.

Annahme.) Ist $d\,u$ der Geschwindigkeitsunterschied zweier um $d\,y$ voneinander entfernten Schichten, so ändert sich die Geschwindigkeit auf der Längen*einheit* um $d\,u/d\,y$. Diesem *Geschwindigkeitsgefälle* und der Fläche s der aneinander vorbeigleitenden Schichten setzen wir unserer Annahme gemäß die Kraft τ — es ist eine Schubspannung (S. 140 u.), die die Schichten aufeinander übertragen — *proportional*, d. h. wir setzen $\tau = \mu \cdot s \cdot \dfrac{d\,u}{d\,y}$, wo μ ein Proportionalitätsfaktor ist. Er heißt *Koeffizient der inneren Reibung*, auch Zähigkeitskoeffizient. Er ist gleich der Kraft, die der Bewegung einer Flüssigkeitsschicht von der Flächen*einheit* entgegenwirkt, wenn die Schicht sich mit der stationären Geschwindigkeit 1 im Abstande 1 vor einer ruhenden Schicht parallel vorbeibewegt. Seine Dimension ist

$$\mu = \frac{\text{Kraft}}{\text{Fläche} \times \text{Geschwindigkeit}: \text{Länge}} = \frac{m\,l\,t^{-2}}{l^2 \cdot l\,t^{-1}:l} = l^{-1}m\,t^{-1}, \text{ also } [\text{cm}^{-1}\,\text{g sec}^{-1}].$$

13*

Der Reibungskoeffizient nimmt mit steigender Temperatur stark ab, mit steigendem Druck im allgemeinen etwas zu. Bei 18° ist für

Wasser $\mu = 0{,}0105 \text{ cm}^{-1}\text{g sec}^{-1}$,

Äthylalkohol 124

Quecksilber 156

Glyzerin (86proz.) 9,7100

Grundlegend sind hier die Arbeiten von POISEUILLE (1846) über die Bewegung von Flüssigkeiten in langen engen zylindrischen Röhren (bis 0,6 mm Durchmesser). Für das in der Zeiteinheit durch solche Röhrchen fließende Volumen fand er das Gesetz: Die Durchflußmenge Q ist dem Druckgefälle pro Längeneinheit $\dfrac{p_1 - p_2}{l}$ und der vierten Potenz des Rohrhalbmessers r proportional.

Es ist $Q = \dfrac{\pi r^4}{8\mu} \cdot \dfrac{p_1 - p_2}{l}$. Diese Beziehung liefert die genauesten Zahlen für den Reibungskoeffizienten. Die Bewegung in dem Röhrchen ist eine Laminarbewegung, und daß die Flüssigkeit an der Rohrwand haftet, an ihr *ruht*, ist als mit *aller Genauigkeit erwiesen* anzusehen.

Das POISEUILLE-Gesetz gilt aber nur für enge Röhrchen (für alle praktisch erreichbaren Geschwindigkeiten), in weiteren ändert sich plötzlich bei einer bestimmten Geschwindigkeit die Bewegungsform (der bis dahin klare Strahl wird plötzlich milchig trübe) und nun hört die Zulässigkeit der Annahme auf, daß die Flüssigkeitsteilchen sich nur parallel der Röhrenachse bewegen. Die Strömung hört auf, Laminarbewegung zu sein, sie wird *turbulent*. Der Umschlag zeigt sich auch daran: Wasser ströme durch ein Rohr mit erwärmter Wand. In dem Moment, in dem die Turbulenz einsetzt, setzt auch starke Konvektion (s. d.) von der Wand zum Innern ein und daher Verstärkung des Wärmeüberganges, ein Thermometer hinter der erwärmten Stelle steigt erheblich (bei laminarer Strömung spricht nur die Wärme*leitung* mit). Die kritische Geschwindigkeit für den Eintritt der Turbulenz wird charakterisiert in Röhren von kreisförmigem Querschnitt (Radius r, mittlere Geschwindigkeit v) durch eine bestimmte Größe der REYNOLDSschen Zahl. Was bedeutet die REYNOLDSsche Zahl?

REYNOLDSsche Zahl. Angenommen, man verfüge über ein betriebsfähiges *Modell* eines Unterseebootes, das in einem Versuchsbassin erprobt worden ist, und man wolle nach dem Modell das Boot bauen. Gelten die an dem Modell gemachten Beobachtungen und Messungen, z. B. über Energieaufwand und erzielte Geschwindigkeit, ohne weiteres auch für das Boot? Nein. Selbst wenn man die *geometrischen* Abmessungen des Modells durchweg in dem vorgeschriebenen Maßstab vergrößert hat, und selbst wenn das Modell aus denselben Werkstoffen hergestellt ist wie das Boot, so sind doch die *physikalischen* Verhältnisse, unter denen sich das Modell in dem Versuchsbassin bewegt, ganz andere als die entsprechenden am Schiff im Meere. Geschwindigkeit, Tiefe unter dem Wasserspiegel, Temperatur und Dichte des Wassers, die von dem Boot aufgeworfenen Wellen sind anders — kurzum, viele Bedingungen, in denen der Tankversuch von dem Betrieb in der Wirklichkeit notgedrungen mehr oder weniger weit abweichen *muß*. Alles wirkt zusammen, die Trägheitskräfte und die Reibungskräfte, die an dem Boot und an dem Modell wirksam sind, entscheidend zu beeinflussen. Und hier erhebt sich die Frage: Das Boot und das Modell sind einander *geometrisch* ähnlich; unter welchen Umständen sind die physikalischen *Vorgänge* an ihnen *mechanisch* ähnlich? Die Antwort lautet: Die Vorgänge sind dann mechanisch ähnlich, wenn die Trägheitskräfte zu den Reibungskräften an dem Modell in *demselben* Verhältnis stehen, wie an dem Boot, wenn (auf das Modell und auf das Boot bezogen) das Verhältnis $\dfrac{\text{Trägheitskräfte}}{\text{Reibungskräfte}} = \text{konst ist.}$

Eine Überlegung, die an die Dimensionsformeln der Trägheitskräfte und der Reibungskräfte anknüpft, gibt Aufschluß darüber, wie die für die beiden Kräftegruppen maßgebenden Faktoren: der Reibungskoeffizient μ, die Dichte ϱ, die Geschwindigkeit v und die Länge l (irgendeine *charakteristische* Länge der Anordnung) *zusammentreten* müssen, um eine unbenannte, d. h. eine dimensionslose Zahl zu ergeben. Aus μ, ϱ, v und l läßt sich eine dimensionslose Zahl bilden, und nur in *einer einzigen* Weise, nämlich durch den Ausdruck $\varrho v l/\mu$. Sie heißt nach ihrem Entdecker die REYNOLDSsche Zahl oder kurz die *Kennzahl* der Flüssigkeitsbewegung. Die Dimension von $\dfrac{\varrho\,v\,l}{\mu}$ ist $\dfrac{m\,l^{-3}\cdot l\,t^{-1}\cdot l}{l^{-1}\,m\,t^{-1}}$, es ist also in der Tat eine unbenannte Zahl.

Wohlgemerkt: das REYNOLDSsche Gesetz gilt nur für Bewegungen in allseitig umgebender Flüssigkeit. Bei der Bewegung *an der Oberfläche* einer Flüssigkeit kommt die Schwerkraft hinzu als bestimmende physikalische Größe, dann gelten andere Gesetze (FROUDE). Bei einer Bewegung in Luft und auch bei einer Bewegung in Wasser ganz unter der Oberfläche ist die Schwerkraft durch den Auftrieb, den jedes Flüssigkeitsteilchen von seinen Nachbarn erfährt, völlig ausgeglichen und daher ohne Bedeutung für die Bewegung.

Wir können die Kennzahl nun kurz so charakterisieren: Von einem Versuch unter bestimmten hydrodynamischen Verhältnissen darf man *dann* und *nur dann* auf einen mechanisch ähnlichen Fall schließen, wenn die Kennzahl beide Male dieselbe ist. Auf den Modellversuch angewandt heißt das: man darf von dem Modell auf das Unterseeboot schließen, wenn man entweder das Modell mit einer um so viel höheren Geschwindigkeit bewegt, als der Verkleinerung des Maßstabes entspricht, oder wenn man die Versuche in einer Flüssigkeit von kleinem kinematischen Reibungskoeffizienten — so nennt man μ/ϱ, das ist Zähigkeit/Dichte — anstellt, wobei eine kleinere Geschwindigkeit zur völligen Anpassung an den wirklichen Bewegungsvorgang genügt. — Zur Ergänzung noch folgendes: Es ist auch dasselbe, ob man einen bestimmten Versuch in Luft oder in Wasser oder in einer anderen Flüssigkeit anstellt, wenn man nur die Abmessung oder die Geschwindigkeit so ändert, daß die REYNOLDSsche Zahl wieder dieselbe wird. Die einzige Materialkonstante, die vorkommt, ist der kinematische Reibungskoeffizient $\mu/\varrho = \nu$. Er ist z. B. für Luft etwa 14 mal so groß wie für Wasser. Ein im Wasser angestellter Versuch gibt darum einen streng richtigen Aufschluß über einen Vorgang in der Luft, wenn etwa in der Luft die Körperabmessung das Doppelte, die Geschwindigkeit das Siebenfache der im Wasser verwendeten beträgt.

Und nun zurück zu der turbulenten Strömung (S. 196 m.) in dem engen zylindrischen Rohre.

Turbulente Strömung. Bei einer kritischen Geschwindigkeit verwandelt sich die laminare Strömung in turbulente. Dient für ein Rohr mit Kreisquerschnitt der Ausdruck vd/ν als Kennzahl (v mittlere Geschwindigkeit, d Rohrdurchmesser), so endet die Gültigkeit des POISEUILLE-Gesetzes etwa bei der Kennzahl $R = 2000$, hier tritt die Turbulenz ein. In einem Rohr von 1 cm Durchmesser, durch das Wasser von 10^0 C strömt, gehört zu $R = 2000$ eine mittlere Geschwindigkeit von 26 cm/sec. Eine langsamere Strömung in diesem Rohr, wie jede Strömung mit kleinerer Kennzahl, verläuft laminar (schleichend). Steigt die Geschwindigkeit bis zu diesem Wert oder erreicht man ihn durch Vergrößerung des Rohrdurchmessers oder durch Erwärmung des Wassers (Verkleinerung von μ), so tritt der Umschlag ein. Die Durchflußmenge bei gegebenem Druckgefälle wird dann kleiner als es der POISEUILLEschen Formel entspricht, der Strömungswiderstand wird also größer. Die Ursachen der Turbulenz sind noch nicht völlig bekannt.

Hemmung fester Körper durch Flüssigkeitsreibung. Ist die REYNOLDSsche Zahl *sehr klein*, so heißt das: Die Reibungskräfte überwiegen die Trägheitskräfte bei weitem. So ist es, wenn eine schwere Kugel in einer Flüssigkeit fällt. Die beschleunigende Wirkung der Schwere wird durch die Reibung bald kompensiert, und von da an fällt die Kugel mit der *konstanten* Geschwindigkeit (STOKES) $v = \frac{2}{9} \cdot \frac{\varrho_1 - \varrho}{\mu} \cdot r^2 g$. Hierin ist v die Geschwindigkeit, r der Radius, ϱ_1 die Dichte der Kugel, ϱ die der Flüssigkeit, g die Beschleunigung durch die Schwere, μ der Reibungskoeffizient. Die Formel gilt nur für REYNOLDSsche Zahlen, die klein gegen 1 sind. Für Wassertröpfchen in Luft ist $v = 1,3 \cdot 10^{-6} \cdot r^2$, wo r in cm einzusetzen ist; die Formel gilt für Tröpfchen, deren Radius kleiner als 0,02 mm ist. Die Reibungskräfte überwiegen die Trägheitskräfte bei weitem auch bei der Bewegung des Schmiermittels zwischen einer rotierenden Welle und ihrem Lager. Das Schmieröl ist in einer der POISEUILLE-Strömung verwandten Bewegung, weil die Welle die ihr anhaftende Flüssigkeitsschicht mitnimmt, das Lager die ihm anhaftende zur Ruhe zwingt. Die Reibung in der Flüssigkeit überträgt eine gewisse Schubspannung vom Lager auf die Welle. Die innere Reibung des Öles wirkt zwar der Bewegung entgegen, aber sie ist sehr viel kleiner als die Reibung der Welle unmittelbar an dem Lager wäre. Auf der Verkleinerung dieser Reibung beruht die Wirkung des Schmiermittels.

Eine *sehr große* REYNOLDSsche Zahl bedeutet dagegen: die Reibungskräfte treten ganz zurück. Aber nur dort tun sie das, wo sie keine Wand berühren. An einer Wand *haftet* die Flüssigkeit. Von hier aus bildet sich unter dem Einfluß der Reibung eine „Grenzschicht" aus — eine desto dünnere, je kleiner die Reibung ist. Die Grenzschichten sind für die ganze Hydrodynamik von grundlegender Bedeutung (PRANDTL). Unter bestimmten Bedingungen lösen sich Teile der Grenzschicht von der Wand los, schieben sich als Trennungsschichten in die freie Flüssigkeit hinaus und veranlassen die Ablösung der Strömung von der Wand und die Entstehung von Wirbeln.

Magnuseffekt. Solche Vorgänge in einer Grenzschicht erklären den — nach seinem Entdecker (1852) benannten — *Magnuseffekt*, der durch seine Anwendung zum Schiffsantrieb (1924) allgemeiner bekannt geworden ist. $BAB'C$ in Abb. 247 sei der Querschnitt eines vertikalstehenden Kreiszylinders. Er befinde sich in einem kräftigen Luftstrome, einer Potentialströmung, die senkrecht zu seiner Achse gerichtet ist. Abb. 247a gibt also das Stromlinienbild um *jeden* zur Achse senkrechten Schnitt. Wir lassen den Zylinder jetzt sehr rasch um seine Achse rotieren. Die ihn unmittelbar begrenzende Schicht haftet an ihm. Die nächsten Schichten schieben sich bei der Drehung übereinander hinweg, so daß jede ihm fernere Schicht eine größere Geschwindigkeit hat als eine ihm nähere. Der Zylinder ist also von einer Zone umhüllt, eben der *Grenzschicht*, in der die Geschwindigkeit von Null (an dem Zylindermantel) bis zu der von der Reibung unbeeinflußten freien Strömung wächst — diesen Übergang vermitteln die *Reibungskräfte*.

Die Vorgänge in der *Reibungszone* verursachen *Wirbel*, die sich loslösen, und gestalten die Strömung um den Zylinder vollständig um, so daß sich über die Potentialströmung eine Zirkulation lagert. *Dadurch entsteht die Druckdifferenz*, die in der Querschnittfigur 247c durch die Häufung der Stromlinien auf der einen und ihre Vereinzelung auf der anderen Seite des Zylinders angedeutet ist. Diese Druckdifferenz, der *Quertrieb*, wirkt an *jedem* Querschnitt den *ganzen* Zylinder entlang. Man kann ihn so groß machen, daß sich der (genügend leicht beweglich gemachte) Zylinder in der Richtung des Quertriebes verschiebt — wohlgemerkt: *senkrecht* zur Richtung des gegen ihn gerichteten Luftstromes und senkrecht zur

Zylinderachse und immer nach derjenigen Seite hin, auf der die Drehrichtung mit dem Luftstrom *gleich* gerichtet ist. — Auf der technischen Anwendung des Magnuseffektes beruht der Versuch, rotierende Zylinder an der Stelle der Segel zu verwenden (FLETTNER).

Luftreibungswiderstand. Entscheidenden Einfluß hat die Reibung auch auf den Widerstand, den ein in strömender Flüssigkeit befindlicher Körper *infolge der Trägheit der Strömung* findet. Der Widerstand besteht aus den bei der Umströmung des Körpers entstehenden Druckdifferenzen und Reibungskräften. Wir können das Luftwiderstandsgesetz schreiben: $W = c \cdot f \cdot \varrho \frac{v^2}{2}$. Der Widerstand ist danach proportional der Flächenausdehnung f des Körpers quer zur Bewegungsrichtung, der Dichte der Flüssigkeit ϱ (hier Luft) und dem Quadrat der Geschwindigkeit v. Aber wohlgemerkt: die „Widerstandszahl" c ist *nicht* konstant, sie hängt von der REYNOLDSschen Zahl ab, wenn sie auch, wie z. B. bei kantigen Körpern, in einem größeren Bereiche konstant sein kann. Theorie und Versuch (PRANDTL) ergeben: *Die eigentlichen Widerstandsvorgänge spielen sich* **hinter** *dem Körper ab*, bei der Formung der rückwärtigen Körperteile muß man das besonders beachten.

Den *kleinsten* Widerstand haben die Formen, die *hinten sehr schlank* zulaufen (vorne dürfen sie zugespitzt sein, eine eirunde Gestalt ist aber ebenso gut und häufig besser). Abb. 257 a zeigt einen Körper „auf Luftwiderstand verkleidet". Unverkleidet hat er den Widerstand 1, der Kegelaufsatz vermindert den Widerstand je nach dem Kegelwinkel auf $^1/_2$ bis auf $^1/_4$, der Granatenformaufsatz bis auf etwa $^1/_5$, die Verkleidung zur Fischform aber auf $^1/_{25}$. (Von größter Bedeutung für die Form der Luftfahrzeuge und die der Automobile.) — Hierher gehören auch die Versuche über die Druckverteilung an angeblasenen Körpern, z. B. im Sturm. Der gesamte Widerstand eines Bauteiles hängt wesentlich von der Form ab, wie Abb. 257 b zeigt, die keiner weiteren Erläuterung bedarf. Ein runder Schornstein ist danach im Sturm widerstandsfähiger als ein viereckiger.

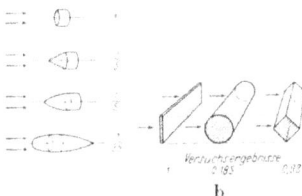

Abb. 257. Abhängigkeit des Widerstandes, den ein Körper in strömender Luft findet, von seiner Form.

Wasserwellen. Fortpflanzungsgeschwindigkeit. Der Widerstand, den der allseitig von Flüssigkeit umgebene bewegte Körper findet, läßt sich immer in zwei Teile zerlegen. Denn jede von der Flüssigkeit auf den Körper übertragene Kraftwirkung läßt sich in eine Normal- und eine Tangentialkomponente zerlegen. Die ersten zusammen genommen bilden den Druckwiderstand (Formwiderstand), die zweiten den Reibungswiderstand (Oberflächenwiderstand). Bei Körpern, die sich an der freien Oberfläche der Flüssigkeit bewegen, kommt noch der *Wellenwiderstand* hinzu, den die von dem Körper erzeugten Wellen verursachen. Hier gilt ein anderes als das REYNOLDSsche Ähnlichkeitsgesetz, das von FROUDE. Die Kennzahl enthält zwar auch hier die Geschwindigkeit v und eine charakteristische Länge l, hinzu tritt aber die Beschleunigung, da sich die Wellen unter dem Einfluß der Erdschwere bilden. Die drei Größen bilden zusammen die dimensionslose Zahl v^2/gl, die FROUDEsche Zahl.

Wie eine *Welle* entsteht, beschreiben wir erst später (S. 219) ausführlich; hier bringen wir nur das augenblicklich Notwendige. Stört man eine ruhende Wasserfläche durch einen hineingeworfenen Körper, so laufen „Wellen", sich nach außen kreisförmig erweiternd, von der gestörten Stelle aus über den Spiegel. Der Wellenkreis wird immer größer, während der Mittelpunkt schon wieder in

Ruhe ist; die Wellen werden dabei immer niedriger, und verschwinden schließlich. Die jeweilig höchsten Stellen des Wellenzuges nennt man Wellenberge, die tiefsten Wellentäler, den Abstand je zweier Nachbargipfel (auch zweier Nachbartäler) *Wellenlänge*. Die Wasserteilchen, die die Welle bilden, laufen nicht etwa mit der Welle weg, sie laufen um ihren ursprünglichen Ort in ganz engen vertikalen Kreisen, die nahezu geschlossen und in der Richtung der Wellenbewegung nur ganz wenig offen sind, so daß sie sich ganz wenig dort vorschieben. Was sich als „Welle" wegbewegt, ist nur eine *Form der Oberfläche*, eine Form, die sich andauernd aus anderen Wasserteilchen bildet.

Die Länge der Wasserwellen ist — von Wellenberg zu Wellenberg gemessen — sehr verschieden. Von den Wellen an, die ein fallender Tropfen erzeugt, bis zu den Kielwellen eines Ozeandampfers und den Meereswogen kommt jede Länge vor. Nach der Tiefe zu nimmt die Bewegung sehr rasch ab, schon in der Tiefe einer halben Wellenlänge ist sie (bis auf etwa 4 %) so gut wie beendet.

Die Theorie führt für die Fortpflanzungsgeschwindigkeit der Wellen, falls man auch die Wirkung der Oberflächenspannung (S. 209) berücksichtigt, auf den Ausdruck $c = \sqrt{\dfrac{g\lambda}{2\pi} + \dfrac{T \cdot 2\pi}{\varrho\lambda}}$. Das zweite Glied bezieht sich auf die Oberflächenspannung. T ist die Kapillaritätskonstante, darf man sie vernachlässigen, so wird das Glied Null. Die Fortpflanzungsgeschwindigkeit der Oberflächenwellen hängt also in bestimmter Weise von der Wellenlänge ab. Bei großen Wellenlängen darf man von der Kapillarität (s. d.) absehen, dann ist $c = \sqrt{\dfrac{g\lambda}{2\pi}}$, die Geschwindigkeit also der Wurzel aus der Wellenlänge proportional, d. h. die langen Wellen laufen schneller als die kurzen. Berücksichtigt man auch die Kapillarität, so überwiegt für große λ das erste, für kurze das zweite Glied. Durch das Zusammenwirken von Kapillarität und Schwere kann die Fortpflanzungsgeschwindigkeit nicht *unter* einen Minimalwert ($c_{\min}$) sinken. Für $\lambda_{\min} = 2\pi \sqrt{\dfrac{T}{g\varrho}}$ hat die Geschwindigkeit den kleinsten Wert $c_{\min} = \sqrt[4]{\dfrac{4gT}{\varrho}}$. Bei Wasser mit freier Oberfläche wird $c_{\min} = 23{,}2$ cm/sec und $\lambda_{\min} = 1{,}73$ cm. Wellen, die länger sind als $\lambda_{\min}$, heißen *Schwerewellen*, die kürzer sind *Kapillarwellen*. Die Fortpflanzungsgeschwindigkeit hängt auch von der Tiefe der Flüssigkeit ab. (Wir haben den darauf bezüglichen Faktor des zweiten Gliedes unter dem Wurzelzeichen weggelassen.) Ist diese aber groß gegenüber der Wellenlänge, so verschwindet ihr Einfluß, und die Fortpflanzungsgeschwindigkeit, ist wenn wir von der Kapillarität absehen dürfen, einfach proportional der Wurzel aus der Wellenlänge, und daran halten wir uns für das folgende.

Bei der Störung der Wasseroberfläche, die zur Entstehung der Wellen führt, entstehen *gleichzeitig* Wellen sehr verschiedener Länge. Die langen laufen schneller als die kurzen, daher trennen sie sich voneinander. Man nennt diese Trennung *Dispersion* und die Formel für die Fortpflanzungsgeschwindigkeit *Dispersionsformel*. Man sieht außen die langen Wellen, innen die kurzen über den Wasserspiegel laufen; die Kapillarwellen sind kaum wahrnehmbar, so schnell verschwinden sie infolge der Reibung. Sind die Wellen alle sehr lang im Vergleich zur Tiefe h des Gewässers, so ist die Dispersion klein, und sind sie sehr viel länger, als das Gewässer tief ist, so verschwindet sie ganz, die Wellen laufen dann alle mit der Geschwindigkeit $\sqrt{gh}$, der Geschwindigkeit, die eine Masse hat, wenn sie eine Strecke gleich der halben Tiefe zu durchfallen hat. (Seicht oder tief ist ein Gewässer nur im Verhältnis zu der Länge der sich darauf fortpflanzenden Welle; für die durch Ebbe und Flut entstehende ist der Ozean seicht.)

Wellengruppe. Schiffswellen. Die langen Wellen lassen also die kürzeren hinter sich. Die kürzeren folgen nach — je kürzer, desto langsamer, und die Wellenprozession, wie wir diese *Gruppe* von zusammen erzeugten Wellen nennen wollen, verlängert sich auf eine gewisse Strecke in der Fortpflanzungsrichtung. Vor ihrer Front und hinter ihrem Ende ist die Flüssigkeitsoberfläche in Ruhe. Die Prozession rückt als Ganzes vorwärts. Die Geschwindigkeit der Wellen*gruppe* ist also wohl zu unterscheiden von der Fortpflanzungsgeschwindigkeit einer einzelnen Welle. Das „Vorrücken" kommt dadurch zustande, daß vorn Wellen entstehen, hinten Wellen verschwinden. Die Wellengruppe als Ganzes enthält die Energie, die zu ihrer Erzeugung aufgewendet worden ist. Unter der Geschwindigkeit der *Gruppe* hat man also die Geschwindigkeit zu verstehen, mit der die *Energie* fortschreitet. Es läßt sich beweisen, daß die Gruppengeschwindigkeit der Schwerewellen halb so groß ist wie die Geschwindigkeit der Einzelwelle. Auf der Theorie der Geschwindigkeit von Wellengruppen beruht im wesentlichen die Erklärung des Wellenwiderstandes (S. 199 u.).

Die Wellenprozessionen sind von größter Bedeutung für den Wellenwiderstand gegen ein in Fahrt befindliches Schiff, gleichviel ob in einem Kanal oder auf der See. Dem Schiffe *A* folgt eine immer länger werdende Prozession von Wellen. Auf offener See ist das von den sich übereinanderlagernden (interferierenden) Wellen gebildete Muster durch zwei gerade Linien *A D* und *A B* begrenzt (Abb. 258), die vom Vorderteil des Schiffes ausgehen und beiderseits um 19° 28′ gegen die Kiellinie *A C* geneigt sind. Der Theorie nach ist zwar eine Störung der Wasseroberfläche auch *vor* dem Schiff und *seitlich* nach allen Richtungen vorhanden, sie ist aber belanglos und nicht wahrnehmbar. — Einem Schiffe im Kanal

Abb. 258. Wellengruppe hinter einem Schiffe.

folgt ebenfalls die Wellenprozession. Ihr Ende bewegt sich mit der Hälfte der Geschwindigkeit des Schiffes, wenn das Wasser sehr tief ist (die Tiefe wenigstens der Länge einer Welle gleich ist); oder anders ausgedrückt: die Prozession verlängert sich relativ zum Schiffe nach rückwärts mit der Hälfte der Schiffsgeschwindigkeit. Ein beträchtlicher Teil der Energie, die zur Bewegung des Schiffes erforderlich ist, steckt in dieser Wellengruppe, und so lange das Schiff von ihr begleitet ist, geht ein beträchtlicher Teil dieser Energie andauernd auf die Unterhaltung der Gruppe hin. Nach einer Entdeckung von Scott Russell *verschwindet* sie bei einer *bestimmten* Geschwindigkeit. Die Wellen vernichten einander dann durch Interferenz. Nähert sich die Geschwindigkeit dem Werte $\sqrt{gh}$, wo h die Kanaltiefe ist, so wird die Prozession immer kürzer, die Wellen aber werden immer höher, und bei einer *noch* etwas größeren Geschwindigkeit verschwinden die Wellen, der Widerstand sinkt auf ein Minimum, und das Boot behält bei einem geringen Aufwande von Energie eine beträchtliche Geschwindigkeit (fly-boat).

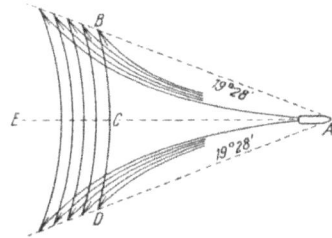

Wasserkräfte. Wasserrad. Wasserturbine. Durch strömendes Wasser Arbeit zu leisten, ist eine der wichtigsten Aufgaben der Technik. Von größter praktischer Bedeutung ist daher die Bewegung des *Wassers* in Flüssen und Kanälen, Aquädukten und Röhren. Der Schwerkraft folgend, bewegt es sich in einer gegen den Horizont geneigten Leitung. Welche große Arbeit bewegtes Wasser leisten kann, zeigen die Zerstörungen bei Überschwemmungen und beim Eisgange. Die Energie, die ihm vermöge seines Bewegtseins innewohnt, leistet die Arbeit. Die Geschwindigkeit bekommt es dadurch, daß es fällt, eine um so größere, in je größere Tiefe es fällt. Um fallen zu können, muß es vorher gehoben worden sein. Wer hat es gehoben? Die meteorologischen Vorgänge. Von der Oberfläche der Meere, Seen und Flüsse verdunstet es dauernd, gelangt als Wasserdampf in die Atmosphäre, verwandelt sich in Wasser zurück und fällt als Nebel, Regen, Schnee herunter. Sammeln sich diese Niederschläge auf der Höhe eines Berges, so bilden sie einen Vorrat an potentieller Energie; man verwendet ihn zur Arbeit, indem man das Wasser auf vorgeschriebenem Wege herablaufen läßt, d. h. die potentielle Energie der Quelle in kinetische des Wasserlaufs verwandelt.

Um die Energie des fallenden Wassers zur Arbeit auszunützen, läßt man das *Gewicht* des Wassers und den *Stoß* des schnellfließenden Wassers ein Rad um eine festliegende Welle drehen, von dem aus man die Energie überträgt (wie von dem Schwungrade einer Dampfmaschine). Früher verwendete man bei Wasserkraftanlagen ausschließlich *Wasserräder*.

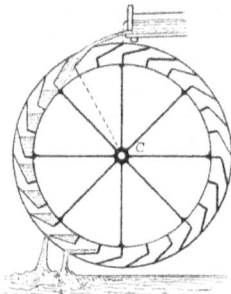

Abb. 259. Oberschlächtiges Wasserrad. Das Wasser bewegt das Rad durch einseitige Belastung.

Heute sind sie nur noch bei den allerkleinsten Anlagen berechtigt, wir erwähnen sie nur der Vollständigkeit halber. Das Gewicht des Wassers benützt man in den *oberschlächtigen* (eigentlich: oberschlägigen) Wasserrädern (Abb. 259). Das Wasser fällt aus einer Leitung auf das Rad in diejenigen Kästen, deren augenblickliche Stellung das zuläßt. Die Belastung der Kästen dreht das Rad, bringt andere Kästen unter die Mündung der Leitung, während die ersten in Stellungen kommen, bei denen sie das Wasser ausgießen. Ein solches Wasserrad ist nur dort anwendbar, wo ein *Gefälle* vorhanden ist, dessen Höhe mindestens gleich dem Durchmesser des Rades ist.

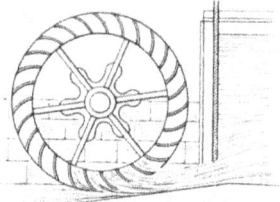

Abb. 260. Unterschlächtiges Wasserrad. Das Wasser bewegt das Rad durch tangentialen Stoß.

Ist das Gefälle nicht groß genug, aber die Menge und die Geschwindigkeit des Wassers groß genug, um einen kräftigen Stoß auszuüben, so ist ein *unterschlächtiges* Wasserrad verwendbar (Abb. 260). Das Wasser stößt gegen die eintauchenden Schaufeln. Die tangentiale Komponente des Stoßes dreht das Rad und bringt ständig andere Schaufeln in eine zur Aufnahme des Stoßes geeignete Stellung.

Die Wasserräder nützen die ihnen zugeführte Energie zu unvollkommen aus. Das Wasser hat, wenn es das Rad verläßt, immer noch eine gewisse Geschwindigkeit, das Rad hat ihm also keineswegs seine ganze kinetische Energie abgenommen, sehr viel Wasser spritzt überdies vorbei usw. Die Turbinen und die Wassermotoren der modernen Maschinentechnik nützen dagegen die Energie der Wasserkraft sehr vollkommen aus. In den Wassermotoren (Wassersäulenmaschinen) läßt man den Druck einer Wassersäule durch eine Steuervorrichtung abwechselnd auf die eine und die andere Seite eines Kolbens wirken, der in einem Zylinder sehr langsam (30—50 cm/sec) hin und her geht.

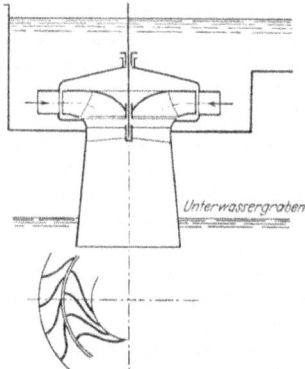

Abb. 261. FRANCIS-Turbine. Links unten: die Leitschaufeln (außen), die das Laufrad umkränzen, von oben gesehen.

Unterwassergraben

Eine Wasserturbine besteht aus einem meist um eine vertikale Welle drehbaren Laufrade und einem feststehenden Leitapparat. Bei der heute fast durchweg verwendeten FRANCIS-Turbine, Abb. 261, besteht der Leitapparat aus einer Reihe von Leitschaufeln, die das Laufrad umkränzen. Die Kanäle zwischen den Schaufeln sind so geformt, daß sich in ihnen die zur Verfügung stehende Gefällenergie des Wassers zum größten Teil in Geschwindigkeitsenergie umsetzt. Das Wasser tritt mit hoher Geschwindigkeit radial, also wagerecht, in das drehbare Laufrad und wird hier durch die gekrümmten Lauf-

schaufeln aus seiner Bahn abgelenkt. Dadurch gibt es seine Geschwindigkeitsenergie an das Laufrad ab, d. h. die Geschwindigkeitsenergie setzt sich um in
Energie, die man von der Turbinenwelle selber abnehmen, oder (wie meist)
durch eine Dynamomaschine in elektrische Energie verwandeln kann. Das
Wasser tritt unten aus dem Laufrad der Turbine nahezu in der Richtung der
Turbinenachse aus. In dem sich trichterförmig erweiternden Saugrohr wird die
beim Austritt aus dem Laufrad noch vorhandene Wassergeschwindigkeit allmählich verringert, so daß das Wasser ohne Stoß in den Unterwassergraben
tritt. Die Leitschaufeln sind jede für sich um eine Achse drehbar und gestatten
so den Durchtrittsquerschnitt des Leitapparates der vorhandenen Wassermenge
anzupassen. — Die Turbinen erreichen jetzt einen Wirkungsgrad von 75—80%,
d. h. sie verwandeln 75—80% der Gefällenergie des Wassers in andere Energie.
Sie spielen für die Erzeugung elektrischer Energie eine wichtige Rolle (Walchen-
see-Kraftwerk, Niagara). Ihre neueste Entwicklung geht auf Beseitigung des
Leitapparats und Gestaltung der Laufräder nach Art der Schiffs- oder Flug-
zeugpropeller.

C. Molekularwirkungen beim Zusammentreffen von Flüssigkeiten, Gasen und festen Körpern.

Lösung. Eine Flüssigkeit verliert an Zähigkeit (von Temperatursteigerung
sehen wir ab), wenn man sie mit einer weniger zähen mischt, Teer z. B., wenn
man ihn mit Terpentinöl mischt. Das Gemisch wird desto dünnflüssiger, je mehr
Terpentinöl man hinzu mischt. Man sagt: die zähe Flüssigkeit ist durch die
weniger zähe *verdünnt* worden. Durch eine noch weniger zähe Flüssigkeit (als
Terpentinöl) kann man die Zähigkeit noch weiter verkleinern. Man hat es hier
mit einem *physikalischen Gemisch* von verschiedenen Flüssigkeiten zu tun, einer
Lösung.

Es gibt auch Gemische *fester* Körper mit Flüssigkeiten. Es sind physikalische
Gemische; nicht mechanische, deren Komponenten man voneinander mechanisch
trennen, bisweilen sogar mit dem Auge unterscheiden kann. Schüttelt man Öl
mit Wasser kräftig durcheinander und überläßt das Gemisch dann sich selbst,
so trennt die Schwerkraft sie in zwei Schichten, das Wasser am Boden und das
leichtere Öl darüber, und ähnlich, wenn man dasselbe mit feinem Sand und mit
Wasser tut. Das sind *mechanische* Gemische: das eine Mal einer Flüssigkeit mit
einer Flüssigkeit, das andere Mal einer Flüssigkeit mit einem festen Körper.
— Mischt man dagegen z. B. Essigsäure mit Wasser, oder Zucker mit Wasser,
so entsteht ein *physikalisches* Gemisch, eine *Lösung*, aus der sich die Teile *mechanisch* nicht absondern lassen: die Stoffe haben sich *molekular* vermischt. Solche
Gemische lassen sich aber nicht aus zwei beliebigen Flüssigkeiten oder aus jeder
beliebigen Flüssigkeit und jedem beliebigen festen Körper herstellen, vielmehr
ist das *Lösungsvermögen* einer Flüssigkeit sowohl für andere Flüssigkeiten wie
für feste Körper beschränkt. (Aber zwei einander berührende Gase vermischen
sich *stets* molekular miteinander.) Die lösende Flüssigkeit nennen wir das *Lösungsmittel*, die gelöste Flüssigkeit und den gelösten festen Körper *löslich*. Das Lösungsvermögen einer Flüssigkeit wächst mit der Temperatur, ist aber für jede Temperatur begrenzt. Die Flüssigkeit nimmt dabei von einem bestimmten Körper
eine bestimmte maximale Menge auf. Hat die Lösung diesen Zustand erreicht,
so heißt sie *gesättigt*, sonst *verdünnt*. — Der Unterschied zwischen einem mechanischen Gemisch und einem physikalischen, einer Lösung, zeigt sich in den Mitteln,
die nötig sind, um das Gemisch wieder in seine Bestandteile zu zerlegen. Der

gelöste feste Körper trennt sich von dem Lösungsmittel, wenn man die Lösung erhitzt; dann verdampft die Flüssigkeit, und der feste Körper bleibt zurück; oder wenn man die Lösung abkühlt bis *unter* die Temperatur, bei der sie mit der vorhandenen Menge gelöster Substanz gerade gesättigt ist — bei der niedrigeren Temperatur ist sie dann *übersättigt*, sie behält daher nur so viel in sich gelöst, daß sie bei dieser Temperatur gerade gesättigt ist, das übrige scheidet sie als Kristalle aus. Das Abdampfen und das Auskristallisieren erfordert verhältnismäßig viel Energie. Die Lösungen beanspruchen zur Zerlegung in ihre Bestandteile größere Arbeitsleistungen als die Gemische. — Bisweilen erfolgt die Abscheidung nicht sofort, d. h. die Lösung scheidet nichts aus, obwohl sie übersättigt ist, aber nur, wenn sie vollkommen in Ruhe ist. Wird die Ruhe gestört, sei es, daß selbst nur ein Stäubchen hineinfällt oder dgl., so erfolgt die Ausscheidung ganz plötzlich unter Erwärmung der Flüssigkeit.

Die Kenntnis des Verhaltens verdünnter Lösungen hat in den letzten vier Jahrzehnten eine ungemein große Bedeutung gewonnen, zunächst durch die Arbeiten von VAN'T HOFF, ARRHENIUS, NERNST und OSTWALD. Der Gegenstand gehört in die ,,physikalische Chemie''. Wir besprechen nur zwei der wichtigsten Erscheinungen in verdünnten Lösungen: die Diffusion und die Osmose. Es ist dabei immer von wässerigen Lösungen und reinem Wasser die Rede, aber die Erscheinungen sind im wesentlichen dieselben für alle miteinander (physikalisch) mischbaren Flüssigkeiten.

Diffusion. Bringt man auf eine wässerige Lösung von Kaliumbichromat destilliertes Wasser, so daß in dem Gefäß unten eine Schicht Salzlösung und auf ihr, sie berührend, das Wasser liegt, so steigt das Salz die Schwerkraft überwindend allmählich hinauf in das Wasser. Man kann das Aufsteigen deutlich sehen, weil die Salzlösung gelbrot ist, und das Wasser von Tag zu Tag mehr ihre Farbe annimmt. Die ursprüngliche Lösung verdünnt sich dabei, so lange, bis das Salz in der gesamten Flüssigkeit gleichmäßig verteilt ist (man sagt: bis die Lösung überall dieselbe *Konzentration* hat). Die beiden Flüssigkeiten (Lösung und Wasser) haben einander molekular durchdrungen, sind ineinander *diffundiert*. Die *Diffusion* ist also ein Transport von Molekeln. Verläuft er zwischen zwei *ruhenden* Flüssigkeiten, so ist er sehr langsam; sehr schnell dagegen, wenn man die Flüssigkeiten durcheinanderwirbelt. Der Zucker süßt vom Boden eines Gefäßes aus den ganzen Inhalt (Tee, Kaffee u. dgl.) auch ohne Umrühren — aber nur allmählich; sehr schnell dagegen, wenn man umrührt. Denn dadurch vermehrt und vergrößert man die Flächen, längs deren die Flüssigkeiten einander berühren, erheblich und dadurch die Gelegenheit zum Übertritt aus der einen Flüssigkeit in die andere.

Durch Diffusion nimmt unser Körper die Nährstoffe wirklich *auf*, die wir beim Verzehren der Speisen an ihn *heranbringen*. Der Aufnahme dient ein System von sehr dünnwandigen Kapillaren, das den ganzen tierischen Organismus durchzieht. Die Kapillaren gehen einerseits in die Arterien, andererseits in die Venen über. Beim Blutkreislauf treibt das Herz das Blut stoßweise in die Arterien (Schlagadern) und aus diesen in die Kapillaren, aus den Kapillaren kehrt das Blut durch die Venen in das Herz zurück. Aus dem Verdauungskanal tritt die Flüssigkeit, die die nahrhaften Bestandteile vom Verdauungsprozeß her enthält, durch das die Wand des Verdauungskanals bekleidende Gewebe an die Kapillaren, die in ungeheurer Zahl in der Wand des Verdauungskanals verlaufen, und diffundiert durch die Kapillarwand in das Blut, gelangt mit dem Strom des Kreislaufes in das Herz und wird von hier aus zu den Organen des Körpers getrieben. Aus den Organen nimmt das Kapillarsystem deren verbrauchte Stoffe auf, die sich früher oder später in Wasser, Kohlensäure und Harnstoff verwandeln. — Der arbeitende Muskel verbraucht Sauerstoff. Der Sauerstoff wird den Muskelfasern von dem Blut geliefert, das in den das Gewebe durchziehenden Kapillaren läuft. *Somit vermitteln die Kapillaren den Gas- und den Stoffaustausch zwischen dem Blut und den Geweben.* — Die Kapillaren sind in *enormer* Zahl vorhanden und sehr regelmäßig zwischen den Muskelfasern verteilt. ,,Rechnen wir das Muskelgewicht eines

Menschen mit 50 kg und seine Kapillarzahl mit 1000 pro mm², so haben alle diese Röhrchen aneinandergelegt eine Gesamtlänge von 100000 km oder $2\frac{1}{2}$ mal den Erdumfang und eine Gesamtoberfläche von 6300 m². Man sieht, welch großer Stoffaustausch in kurzer Zeit durch solche enorme Oberflächen stattfinden kann." (KROGH.)

Osmose. Osmotischer Druck. Bei der Diffusion einer Salzlösung in Wasser geht das Salz so lange aus der Lösung in das Wasser, bis es überall gleichmäßig verteilt ist. Es überwindet dabei den Widerstand, den die Flüssigkeit seiner Bewegung entgegensetzt, es besitzt also Energie. Wo sie sich nicht als Bewegung äußern kann, tut sie es als Druck. Man kann ihn nachweisen, wenn man die Bewegung des Salzes vollständig hemmt, z. B. so: ein bis zum Rande mit konzentrierter Salzlösung gefülltes Gefäß, mit einer Membran aus Schweinsblase luftdicht abgeschlossen, so daß die Membran die Lösung berührt, versenkt man aufrecht in reines Wasser. Dann wölbt sich die Membran allmählich wie eine Kuppel (Abb. 262). In ihre Poren tritt nämlich von der einen Seite her das reine Lösungsmittel, von der anderen die Lösung. In den Poren treten sie in Wechselwirkung, die wir uns als Anziehung vorstellen können, resultierend aus dem Bestreben der festen Teilchen, sich mit dem Lösungsmittel zu vereinigen. Die Membran ist aber nur *halbdurchlässig* (semipermeabel) — d. h.: sie läßt zwar das Lösungsmittel durch ihre Poren hindurch, nicht aber den gelösten Körper. Die

Abb. 262. Wirkung des osmotischen Druckes.

gegenseitige Anziehung der festen und der flüssigen Teilchen äußert sich von der Seite der festen Teilchen daher als Druck gegen die Membran. Der Druck wölbt sie, da sie elastisch ist, nach außen und vergrößert den Raum, in dem sich die Lösung befindet. In den erweiterten Raum tritt nun durch die Poren neues Lösungsmittel. Also durch die trennende Membran hindurch hat Diffusion stattgefunden. Man nennt sie *Osmose*, und den Druck, den der gelöste Körper ausübt, den *osmotischen* Druck.

Entdeckt wurde die Osmose (ABBÉ NOLLET, 1748) an einem bis zum Rande mit Alkohol gefüllten und mit Schweinsblase verschlossenen Gefäß, das einige Stunden unter Wasser gestanden hatte (zum Schutze des Alkohols gegen den Zutritt der Luft). Die Blase hatte das Wasser in das Gefäß hinein-, aber nur sehr wenig Alkohol hinausgelassen. Als Wasser und Alkohol miteinander vertauscht wurden, d. h. das mit Schweinsblase verschlossene Gefäß Wasser enthielt und unter Alkohol stand, wölbte sich die Schweinsblase konvex nach dem Innern des Wassergefäßes. Sie hatte das Wasser hinaus- und nur sehr wenig Alkohol hineingelassen. — Besonderes Interesse hat die physikalische Chemie an osmotischen Vorgängen in verdünnten Lösungen, d. h. an der Osmose durch eine Scheidewand, deren eine Seite an eine verdünnte Lösung und deren andere Seite an das reine Lösungsmittel grenzt.

Die beschriebenen Vorgänge (Salzlösung und Wasser, Alkohol und Wasser) erläutern zwar, was man unter Osmose und osmotischem Druck versteht, klären aber nicht über die Größe des Druckes auf. Unerläßlich ist dazu eine Membran, die das Lösungsmittel durch ihre Poren hindurchläßt, den gelösten Stoff aber *ganz* zurückhält. Eine tierische Haut, wie Schweinsblase, ist nicht *vollkommen* halbdurchlässig (semipermeabel). Bei dem Versuch geht auch tatsächlich etwas Salz durch die Poren hindurch. Aber man kennt vollkommen halbdurchlässige Scheidewände, natürliche und künstliche, vor allem die TRAUBEsche (1867) Membran aus Ferrozyankupfer, die als Niederschlag entsteht an der Grenzfläche zwischen einer Lösung von gelbem Blutlaugensalz und einer Lösung von Kupfervitriol. Sie ist durchlässig für Wasser, aber undurchlässig für viele in Wasser lösliche Stoffe, z. B. für Rohrzucker. PFEFFER (1877) hat damit den osmotischen Druck gemessen (Abb. 263). Er benützte eine Zelle Z aus ungebranntem Ton, erzeugte den Ferrozyan-

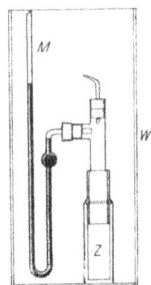

Abb. 263. Der osmotische Druck am Manometer (PFEFFER).

kupfer-Niederschlag in den Poren der Wandung, indem er die Zelle mit Kupfervitriol-lösung füllte und in eine Lösung von gelbem Blutlaugensalz tauchte, füllte die Zelle ganz mit Rohrzuckerlösung, versah sie mit einem Quecksilberbarometer M und senkte das Ganze, fest verschlossen, in Wasser. Das Quecksilber des Manometers fiel allmählich in dem einen Schenkel und stieg in dem anderen weil von außen Wasser durch die Membran in das Gefäß drang. Nach einigen Wochen hatte das Quecksilber seine maximale Höhe erreicht. Der manometrische Höhen-unterschied gab ein Maß für den osmotischen Druck in Atmosphären.

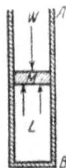

Eine von VAN'T HOFF stammende Darstellung (Abb. 264) veranschaulicht die Wirkung des osmotischen Druckes so: AB ist ein Rohr, M eine *vollkommen* semipermeabele Membran, die, dicht an die Wandung anschließend, in dem Rohr ohne Reibung verschiebbar ist, L eine Zuckerlösung, W reines Wasser. Wäre der Druck der Wassersäule W auf M größer als der nach oben gerichtete osmotische Druck von L, so würde M sinken, die Lösung also konzentrierter werden (da ja Wasser aus der Lösung durch die Poren auf die obere Seite von M gelangen würde). Wäre der Druck von W kleiner als der von L, so würde M steigen, also Wasser von oben nach der unteren Seite von M gelangen und L sich verdünnen. In beiden Fällen würde sich M so lange verschieben, bis der osmotische Druck und der Wassersäulendruck einander das Gleichgewicht halten.

Abb. 264. Zur Wirkung des osmotischen Druckes.

Diffusionsgeschwindigkeit. Kristalloide. Kolloide. Nennt man die Zeit, die eine gewisse Menge Salzsäure zur Diffusion in Wasser (bei $10\,^0$C) verbraucht, 1, so beträgt sie zur Diffusion gleich großer Mengen Kochsalz 2,33, Zucker 7, Magnesiumsulfat 7 (GRAHAM). — Die in Lösung befindlichen Stoffe zerfallen in zwei Gruppen. Sie unterscheiden sich dadurch voneinander, daß die der einen Gruppe sehr langsam diffundieren, so Eiweiß und Karamel mit den Diffusions-zeiten 49 und 98. Zur Klasse der schnell diffundierenden Stoffe gehören die leicht kristallisierenden — die *Kristalloide*; zur zweiten die, die nicht oder so gut wie gar nicht, kristallisieren — GRAHAM nannte sie nach dem Hauptvertreter der Gruppe, dem Leim (colla), *Kolloide*. Zu ihnen gehören z. B. Stärkemehl, Dextrin, Gummi, Tannin, ferner Kieselsäure, Eisenoxyd und viele andere Metall-oxyde. Ein wesentlicher Unterschied zwischen den *Lösungen* der Kolloide und der Kristalloide besteht nicht. (Früher hielt man eine kolloide Lösung nicht für eine wirkliche Lösung.) Aber die Langsamkeit der Diffusion der Kolloide läßt auf kleinen osmotischen Druck schließen — mit Recht, wie PFEFFER durch Messungen gezeigt hat — und auf großen Widerstand, den die Moleküle bei ihrer Bewegung im Wasser erfahren. Beides läßt sich aus der Annahme er-klären, daß die Kolloide ungewöhnlich hohes Molekulargewicht haben.

Der Unterschied in der Diffusionsgeschwindigkeit der Kristalloide und der Kolloide zeigt sich bei der Osmose. Pergamentpapier läßt Kristalloide in hin-reichend langer Zeit hindurch, hält aber Kolloide fast ganz zurück. Man kann Kolloide und Kristalloide durch *Dialyse* trennen (GRAHAM). Bringt man ein Gemisch beider auf einen mit Pergamentpapier bespannten Rahmen (*Dialysator*) und läßt ihn auf Wasser schwimmen, so diffundieren die Kristalloide in hinreichend langer Zeit durch das Pergamentpapier in das Wasser, die Kolloide bleiben zurück. — Die Osmose durch halbdurchlässige Wände beherrscht viele physio-logische Vorgänge, pflanzenphysiologische wie tierphysiologische; der Säfte-durchtritt durch die Wände der Zellen und der Blutgefäße geschieht durch Osmose.

Die Gesetze des osmotischen Druckes bilden einen Hauptabschnitt der physi-kalischen Chemie. Sie betreffen die Fragen, wie der osmotische Druck abhängt; 1. von der Konzentration der Lösung, 2. von der Temperatur, 3. von der Natur des gelösten Körpers, 4. von der Natur des Lösungsmittels — Fragen, die nur die Erfahrung beantworten kann. Die große Anzahl von Messungen unter den mannigfachsten Bedingungen hat ergeben (VAN'T HOFF): Der osmotische Druck ist unabhängig von der Natur des Lösungsmittels und gehorcht im übrigen den *Gas*gesetzen. Das heißt: Der osmotische Druck einer Lösung ist derselbe wie der Druck, den die Molekeln ausüben würden, wenn das Lösungsmittel *nicht* da wäre, sondern der Raum, den es einnimmt, jenen *Molekeln* im Gaszustande zur Verfügung stünde.

Löslichkeit der Gase (Gesetz von HENRY). Daß ein in Lösung befindlicher Stoff auf eine semipermeable Wand ebenso stark drückt, wie er bei gleicher Temperatur und gleicher Konzentration *als Gas* auf eine gewöhnliche Wand drücken würde, bestätigt sich experimentell durch die Beziehungen zwischen der Löslichkeit eines Gases in einer Flüssigkeit und seinem Druck. Grenzt ein Gas an eine *Flüssigkeit*, so wird stets ein Teil des Gases gelöst. Wieviel, das hängt von der Natur beider ab, besonders aber von dem Druck, unter dem das Gas steht. Hat die Flüssigkeit von dem Gase so viel aufgenommen, wie sie bei dem Druck, unter dem das Gas auf ihre Oberfläche drückt, davon aufnehmen *kann* — anders: besteht Gleichgewicht zwischen der Lösung und dem Gase über ihr — so gilt das (von W. HENRY 1803 entdeckte) Gesetz: Die pro 1 cm³ der Flüssigkeit gelöste Menge Gas ist dem Druck des Gases proportional. Kohlensäure drücke z. B. auf Wasser (einer bestimmten Temperatur). Drückt sie auf das Wasser im Gleichgewichtszustand mit 2, 3, . . . *n* Atmosphären, so sagt das Gesetz: Das Wasser enthält 2, 3, . . . *n* mal soviel Gramm Kohlensäure gelöst, als wenn der Druck nur 1 Atmosphäre betrüge. Das *Volumen* Kohlensäure (in cm³), das das Wasser aufgelöst enthält, ist demnach im Gleichgewichtszustande *stets* dasselbe. Denn nach dem Gesetz von BOYLE nimmt die unter dem Druck *einer* Atmosphäre stehende Menge Kohlensäure dasselbe Volumen ein wie die *n* mal so große (die bei *n* Atmosphären gelöst wird) unter dem Druck von *n* Atmosphären. Aus der Tatsache, daß ein Gas, das in einer Flüssigkeit löslich ist, sich in einer seinem Druck auf die Flüssigkeit proportionalen Menge löst, folgt *Proportionalität zwischen dem Druck des gelösten Gases* und der *Konzentration* der Lösung und demgemäß auch dem *osmotischen Druck* der Lösung. Aus thermodynamischen Erwägungen (auf die wir hier nicht eingehen können) folgt dann weiter, daß der Druck des gelösten Gases dem osmotischen Druck der Lösung *gleich* ist. Das gilt für alle Gase und Dämpfe, die sich in einem beliebigen Lösungsmittel ihrem Druck proportional lösen, d. h. dem HENRYschen Absorptionsgesetz folgen (VAN'T HOFF, 1885). Aus der Strenge, mit der das Absorptionsgesetz gilt, folgt, daß auch der osmotische Druck den Gasgesetzen genau gehorcht.

Das Volumen (in cm³) Gas, das in 1 cm³ der Flüssigkeit löslich ist, heißt nach BUNSEN der *Absorptionskoeffizient*. Er ist für

	in Wasser (20° C)	(25° C)	
Stickstoff	0,01545	0,01434	
Sauerstoff	0,03103	0,02845	mit steigender
Kohlensäure	0,878	0,759	Temperatur
Schwefelwasserstoff	2,582	2,282	nehmen die
Schweflige Säure	39,374	32,786	Zahlen schnell
Chlorwasserstoff	442,00	426,00	ab.
Ammoniak	702,00	629,00	

Die unter einem bestimmten Druck gelöste Menge Gas bleibt nur so lange in der Lösung, solange dieser Druck besteht. Wird er verringert, so entweicht so lange Gas aus der Lösung, bis sich das Gleichgewicht wiederhergestellt hat, d. h. bis die in der Lösung zurückbleibende Gasmenge dem neuen (kleineren) Gasdruck entspricht. Öffnet man z. B. eine Flasche Selterswasser, so lastet auf der Oberfläche des Wassers nur der atmosphärische Druck. Die Kohlensäure ist aber unter viel größerem Druck in dem Wasser aufgelöst und in der geschlossenen Flasche in Lösung erhalten worden. Deswegen entweicht sie unter stürmischem Aufbrausen der Flüssigkeit, sobald die Flasche geöffnet wird.

Die Menge Gas, die 1 cm³ der Flüssigkeit von einem bestimmten Gase bei bestimmter Temperatur und unter bestimmtem Druck löst, ist stets dieselbe, *gleichviel, ob noch ein anderes Gas in der Lösung vorhanden ist* oder nicht. Berührt ein *Gasgemisch* die Flüssigkeit, so nimmt die Flüssigkeit von jedem einzelnen Gase ebensoviel auf, wie wenn das andere nicht da wäre (DALTON, 1807). Aber sie nimmt auch nicht *mehr* auf; nur so viel, wie seinem Absorptionskoeffizienten entspricht. Hat z. B. Wasser bei einem *gewissen* Druck so viel Kohlensäure gelöst, als es *dabei* lösen kann, und vergrößert man den Druck dann dadurch, daß man ein anderes Gas, etwa Luft, in den Raum über der Lösung zu der dort befindlichen Kohlensäure preßt, so löst das Wasser doch nichts weiter von der Kohlensäure auf, sondern nur die in der Luft enthaltenen Gase ihren Koeffizienten entsprechend. Denn der Druck der Kohlensäure ist derselbe geblieben, der Druckzuwachs nur durch die Luft verursacht worden. — Wasser löst doppelt so viel Sauerstoff wie Stickstoff; im Wasser aufgelöst ist Luft daher verhältnismäßig reicher an Sauerstoff als für gewöhnlich. (Für die im Wasser durch Kiemen atmenden Tiere wichtig.) — Die Auflösung eines Gases in einer Flüssigkeit hat etwas von dem Charakter eines chemischen Vorganges. Daraus erklärt sich zum Teil, daß dasselbe Gas unter sonst gleichen Bedingungen in verschiedenen Flüssigkeiten verschieden stark löslich ist, z. B. Kohlensäure in Alkohol dreimal so stark wie in Wasser.

Verdichtung der Gase an festen Körpern. Als Seitenstück zu der Auflösung der Gase in Flüssigkeiten kann deren Adsorption an der Oberfläche fester Körper gelten. Die Gase werden an ihnen *verdichtet* (am meisten diejenigen, die sich am leichtesten im Wasser lösen) und bilden eine festhaftende Gashaut darauf. Je ausgedehnter die Oberfläche ist, desto mehr Gas adsorbiert sie. Am stärksten adsorbieren daher die porösen Stoffe, denn auch die Innenwände der Poren gehören zur Oberfläche und machen diese im Verhältnis zum Rauminhalt ungeheuer groß. Besonders stark adsorbiert frisch ausgeglühte *Holzkohle* (Buchsbaum, Kokosnuß). 1 cm³ Holzkohle verdichtet bei gewöhnlicher Temperatur von:

Ammoniak	90	cm³
Salzsäure	85	,,
Kohlensäure	35	,,
Wasserstoff	1,75	,,

Sehr stark adsorbiert *Platinmoor* (feinstes Platinpulver). Es verdichtet namentlich Wasserstoff so energisch, daß es sich zum Glühen erhitzt und den Wasserstoff entzündet (DÖBEREINER-Feuerzeug). Ähnlich wirkt die Zündpille der Gasselbstzünder.

Porosität der Oberfläche ist nicht unbedingt notwendig zur Adsorption des Gases: Glas läßt selbst im Vakuum und stark erhitzt ihm anhaftendes Gas nur sehr schwer los. — Gewisse Körper verdichten auf ihrer Oberfläche namentlich den *Wasserdampf* der Luft und nehmen ihn in sich auf (hygroskopische Stoffe), z. B. Phosphorsäureanhydrid, Pottasche, Chlorcalcium. konzentrierte Schwefelsäure. — Platin, in einer Wasserstoffatmosphäre erhitzt, *okkludiert* (GRAHAM) große Mengen des Gases und hält sie sogar im Vakuum fest (Okklusion). Noch mehr okkludiert *Palladium*. Nach GRAHAM adsorbiert ein Stück geschmiedetes Palladium pro 1 cm³ bei gewöhnlicher Temperatur 376 cm³ Gas. Schmiedeeisen, Gußeisen und Stahl enthalten im Innern stets Gase, die sie sogar im Vakuum erst bei etwa 800° C abgeben.

Spannung in der Grenzfläche einer Flüssigkeit (Oberflächenspannung).
Auflösung, Diffusion und Osmose beruhen wesentlich darauf, daß die einander

berührenden Stoffe einander vollkommen (molekular) zu durchdringen suchen. Auf dem diametral entgegengesetzten Streben beruhen die *Oberflächenspannung* der Flüssigkeiten und die Kapillarvorgänge, die aus der Oberflächenspannung entspringen. Die Stoffe, die dabei mitwirken, *berühren* einander zwar in einer gemeinsamen Grenzfläche, mischen sich aber nicht, so Wasser und Öl oder Wasser und Quecksilber oder Wasser und Luft, ja sie trennen sich sofort wieder, wenn man sie durcheinander geschüttelt hat und sie sich dann selber überläßt. Die scharfen Trennungsflächen sind die conditio

Abb. 265.
Zur Tragfähigkeit der
Oberflächenhaut einer
Flüssigkeit.

sine qua non für die Spannung in den Grenzflächen. Die weiter weg von der Grenzfläche liegenden Molekeln haben *ringsum* Nachbarn desselben Stoffes, die *in* der Grenzfläche aber nicht (Abb. 270). Das versetzt die Grenzoberfläche in einen besonderen Zustand, und dieser äußert sich in charakteristischen Wirkungen. Etliche davon sind jedem aus der Erfahrung bekannt, z. B. daß eine Metallnadel, leicht eingefettet (um nicht benetzt zu werden), vorsichtig auf Wasser gelegt, darauf liegenbleibt (Abb. 265), daß manche Insekten (weil ihre Beine mit einer Fettschicht bedeckt sind) auf Wasser laufen können, ohne die Wasseroberfläche zu durchbrechen, daß sich eine Wasserhaut zu einer großen Kugel formen läßt — einer Seifenblase. An diese knüpfen wir an.

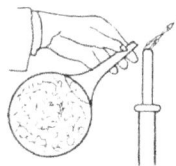

Abb. 266. Wirkung der
Oberflächenspannung
einer sich zusammen-
ziehenden Seifenblase.

Eine Seifenblase ist eine sehr dünne Haut aus Wasser (durch gelöste Seife etwas zähe gemacht). Sie hänge an dem einen Ende eines Röhrchens, verschließt man das andere Ende, dann bleibt sie stehen; öffnet man es, so zieht sie sich zusammen und treibt die Luft mit wahrnehmbarem Druck aus dem Rohre hinaus (Abb. 266). Die Wasserhaut — sie grenzt auf beiden Seiten an Luft — ist also gespannt, besitzt somit potentielle Energie. Nicht etwa die *Kugel*form der Seifenblase ist die Ursache der Spannung, auch in der *ebenen* Wasserhaut ist sie vorhanden.

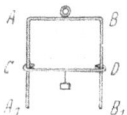

Abb. 267.
Oberflächen-
spannung, durch
ein Gewicht
kompensierbar.

Man kann (Abb. 267) das sehen: AA_1, BB_1 ist ein vertikalstehendes Drahtgestell, DC ein leicht verschiebbarer Drahtbügel. Erzeugt man zwischen AB und DC eine Haut aus Seifenwasser, so kann man an DC einige Milligramm hängen, ehe die Haut zerreißt. Erhöht man die Belastung vorsichtig, so kann man dasjenige Gewicht finden, das der in der Haut vorhandenen Spannung gerade das Gleichgewicht hält. Die Spannung in der Haut ist an jeder Stelle und nach allen Richtungen *gleich groß*, auch das kann man *sehen*: taucht man z. B. den ebenen Drahtrahmen (Abb. 268) in Seifenwasser, dann umschließt er, herausgezogen, eine ebene Flüssigkeitshaut. Legt man eine Schlinge aus einem mit dem Seifenwasser angefeuchteten Seidenfaden darauf, so bildet sie irgendeine Kurve. Durchsticht man aber die Haut innerhalb der Kurve, so bildet die Schlinge einen Kreis — die Flüssigkeitshaut übt also (I) rings um den Faden einen Zug aus und dieser ist (II) an jedem Punkt, in dem der Faden die Flüssigkeit berührt, *gleich stark* (VAN DER MENSBRUGGHE).

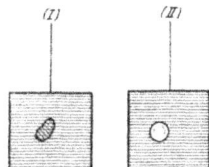

Abb. 268.
Nachweis der Spannung in
der ebenen Seifenlamelle.

Auch in einer *konkaven* Grenzoberfläche ist die Spannung vorhanden — kurz in der Grenzoberfläche überhaupt. Denken wir uns in der Oberfläche eine Gerade gezogen, so erkennen wir: von beiden Seiten wirkt senkrecht zu ihr ein Zug, dessen Stärke F konstant ist. Diesen konstanten Wert, ausgedrückt in Krafteinheiten (dyn) — man erinnere sich: 1 dyn ist etwa gleich 1 mgr — und bezogen auf 1 cm Länge, benützen wir als Einheit der *Oberflächenspannung*. Man kann die Oberflächenspannung nach verschiedenen Verfahren ermitteln,

z. B. indem man die Belastung in Milligrammgewicht ermittelt wie in Abb. 267, bei der die Hautebene zerreißt. Man findet (bei Zimmertemperatur):

<table>
<tr><td>Für</td><td>dyn/cm</td><td></td></tr>
<tr><td>Quecksilber</td><td>500</td><td></td></tr>
<tr><td>Wasser</td><td>72,8</td><td>{(größer als bei anderen Flüssigkeiten abgesehen vom Quecksilber).</td></tr>
<tr><td>Glyzerin</td><td>66</td><td></td></tr>
<tr><td>Olivenöl</td><td>33</td><td></td></tr>
<tr><td>Chloroform</td><td>27</td><td></td></tr>
<tr><td>Absol. Alkohol</td><td>22</td><td></td></tr>
<tr><td>Äther</td><td>17</td><td></td></tr>
</table>

Wohlgemerkt: diese Werte gelten nur, wenn die Flüssigkeit an *Luft* grenzt (was wir stets voraussetzen, wenn wir nicht etwas anderes darüber sagen). So ist z. B. die Kraft F

<table>
<tr><td>Für</td><td>dyn/cm</td></tr>
<tr><td>Quecksilber — Wasser</td><td>418</td></tr>
<tr><td>Quecksilber — Alkohol</td><td>399</td></tr>
<tr><td>Quecksilber — Olivenöl</td><td>335</td></tr>
<tr><td>Wasser — Olivenöl</td><td>21</td></tr>
<tr><td>Alkohol — Olivenöl</td><td>2,3</td></tr>
</table>

Die Oberflächenspannung ist am größten bei der Gefriertemperatur, fällt schnell beim Ansteigen der Temperatur und verschwindet bei derjenigen, bei der der flüssige und der gasförmige Zustand ineinander übergehen (kritische Temperatur s. d.).

Aus der Verkleinerung der Oberflächenspannung mit der Temperaturerhöhung erklärt es sich, daß ein Fettfleck aus einem Tuch verschwindet, wenn man *auf* den Fleck ein heißes Bügeleisen setzt und *unter* den Fleck einen porösen Stoff (Löschpapier) legt: die Oberflächenspannung des Fettes der heißen Seite sinkt beträchtlich, das Fett wird daher zu der kälteren Seite gezogen und tritt allmählich in das Löschpapier.

Die Auffassung, daß in der Oberfläche Energie aufgespeichert ist, ist durchaus berechtigt, denn um der Wasserhaut einen Flächeninhalt von einer gewissen Größe zu verschaffen, muß man, um die Oberflächenspannung zu überwinden, Arbeit aufwenden, um so mehr je größer die Oberfläche werden soll (Abb. 269). Angenommen AB und CD hätten — mit Seifenwasser bedeckt — einander ursprünglich berührt und um sie (längs AC und BD) zur Oberfläche $ABCD$ auseinanderzuziehen — wobei sich die Seifenhaut zwischen ihnen bildet — sei die Wirkung der Kraft F erforderlich, dann ist zur Erzeugung der Oberfläche $ABCD$ die Arbeit $F \cdot AC$ aufgewendet worden. $F \cdot AC$ stellt also den Energiegehalt der Oberfläche dar. Man schreibt daher der molekularen Oberflächenschicht der Flüssigkeit eine besondere Form der Energie zu, man sagt: sie besitzt *Oberflächenenergie* und mißt sie an ihrer Größe pro Flächeneinheit, ihre Dimensionsformel ergibt sich danach aus $\dfrac{\text{Energie}}{\text{Fläche}} = \dfrac{l\,m\,t^{-2} \cdot l}{l^2} = [m \cdot t^{-2}]$. Ist S die Oberflächen*energie* pro Flächen*einheit*, dann ist der Energieinhalt der Oberfläche $S \cdot AB \cdot AC$. Also ist $S \cdot AB \cdot AC = F \cdot AC$. Die Kraft F ist offenbar ebenso groß wie die Kraft, mit der sich die Haut quer zu der Geraden PQ *zusammenzuziehen* sucht, d. h. gleich PQ mal der — pro Längeneinheit gemessenen — Oberflächenspannung T, also gleich $T \cdot PQ$. Es ist daher $S \cdot AB \cdot AC = T \cdot PQ \cdot AC$ oder, da $PQ = AB$ ist, $S = T$. Das bedeutet: dem numerischen Wert nach ist die Oberflächen*spannung* pro Längen*einheit* gleich der Oberflächen*energie* pro Flächen*einheit*. Die Spannung in einer Flüssigkeitshaut hängt somit gar nicht von ihrer Ausdehnung ab, denn pro Flächen*einheit* bleibt die Oberflächenenergie dieselbe, die Oberflächenenergie ist der Oberfläche

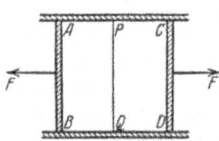

Abb. 269. Zur Ermittlung der Größe der Oberflächenspannung.

direkt proportional. Die Flüssigkeitshaut verhält sich also ganz anders als eine gedehnte Gummimembran, deren Spannung ja davon abhängt, wie weit man sie gedehnt hat. Obendrein ist in der Flüssigkeitshaut die Spannung an jedem Punkt und nach jeder Richtung gleich groß, also ganz anders als in der Gummimembran.

Zusammenhang zwischen Oberflächenspannung und Molekularvolumen einer Flüssigkeit (Gesetz von Eötvös). Die Oberflächenspannung, ihrem Wesen nach eine Molekularkraft steht in einer bemerkenswerten Beziehung zum Molekular*volumen* der Flüssigkeit. Ihr Molekularvolumen v ist der von einem Mol eingenommene Raum. Nennen wir α_1 und α_2 die Oberflächenspannungen bei den Temperaturen t_1 und t_2 und nennen wir v_1 und v_2 das zu diesen Temperaturen gehörige Molekularvolumen, so ist (Eötvös, 1886)

$$\frac{\alpha_1 v_1^{\frac{2}{3}} - \alpha_2 v_2^{\frac{2}{3}}}{t_2 - t_1} = z, \text{ wo } z \text{ eine Konstante ist.}$$

Das bedeutet: die *molekulare* Oberflächenenergie ändert sich unabhängig von der Natur der Flüssigkeit proportional mit der Temperatur. Man vergegenwärtige sich, daß wenn v das Volumen ist, $(\sqrt[3]{v})^2 = v^{\frac{2}{3}}$ seine Oberfläche ist, $\alpha v^{\frac{2}{3}}$ also seine molekulare Oberflächenenergie. Eötvös hat sein Gesetz noch anders formuliert. Nennt man T_0 die absolute Temperatur, bei der $\alpha v^{\frac{2}{3}} = 0$, also bei der die Oberflächenspannung gleich Null ist, so kann man das Gesetz schreiben: $\alpha v^{\frac{2}{3}} = z (T_0 - T) = 0,227 (T_0 - T)$. Die Temperatur T_0 fällt nahezu mit der kritischen Temperatur (s. d.) zusammen.

Das Gesetz von Eötvös spielt eine wichtige Rolle in der physikalischen Chemie. Zieht man den Zusammenhang zwischen Molekularvolumen v und Molekulargewicht μ in Betracht, $v = \mu/s$, wo s die Dichte der Flüssigkeit bedeutet, so führt das Gesetz auf ein Verfahren, aus Kapillarbeobachtungen bei verschiedener Temperatur das Molekulargewicht zu ermitteln. — Um die Flüssigkeitsoberflächen vor Veränderung durch Verunreinigungen *irgendwelcher* Art zu schützen, arbeitete Eötvös nur mit zugeschmolzenen Glasgefäßen und nach einer eigenartigen optischen Beobachtungsmethode und konnte so bei Temperaturen über den Siedepunkt hinaus bis zur kritischen Temperatur beobachten und messen. Die molekulare Oberflächenenergie der Flüssigkeiten erwies sich in der Tat nur von der Temperatur abhängig.

Grenzschicht einer Flüssigkeit. Ihr Binnendruck abhängig von ihrer Krümmung. Vorhanden ist die Oberflächenspannung in *jeder* Grenzfläche, gleichviel welche Form sie hat, aber von ihrer Form — genauer: von ihrer Krümmung — hängt es ab, ob sie eine zu der Oberfläche senkrechte Komponente hat oder nicht und wie groß der Molekulardruck ist, den sie *auf* die von ihr *begrenzte* Flüssigkeit ausübt.

Worin unterscheiden sich physikalisch die nach oben konkave und die nach oben konvexe Flüssigkeitsoberfläche gegenüber der Ebene? Wir gehen von der Annahme aus, daß sich nur zwischen Nachbarteilchen die gegenseitige Anziehung äußert, und daß jedes Teilchen dabei von allen Nachbarn gleich stark angezogen wird. Den Abstand, bis zu dem von einem bestimmten Teilchen aus die Anziehung wirkt, nennt man den *Radius der molekularen Wirkungssphäre.* (Sie ist für alle Körper ungefähr gleich groß, etwa 1/20000 mm.) — Um ein Teilchen M in der Flüssigkeit sei als Zentrum eine Kugelfläche vom Radius der Wirkungssphäre dargestellt (Abb. 270). M hat nach allen Richtungen hin Nachbarn; je zwei ihm

Abb. 270. Erklärung des Binnendruckes.

diametral entgegengesetzt benachbarte Teilchen, quasi Antipoden, ziehen es nach diametral entgegengesetzten Richtungen gleich stark, es verhält sich daher, wie wenn gar keine Kraft darauf wirkte. Anders die Teilchen in der Grenzschicht! Die Wirkungssphäre des Teilchens A, das um *weniger* als den *Radius* der molekularen Wirkungssphäre von der Oberfläche absteht, reicht über sie *hinaus,* ist also nicht ganz von Flüssigkeitsteilchen ausgefüllt. Den Teilchen in dem Abschnitt fgh fehlen die Antipoden, die Anziehung dieser Teilchen auf A erzeugt daher einen nach dem Innern der Flüssigkeit gerichteten Druck. Das gilt für jedes Teilchen, dessen Abstand von der Oberfläche kleiner ist als der Radius seiner Wirkungssphäre, die ganze Flüssigkeitsschicht dicht unter der Oberfläche, die *Grenzschicht*, muß also einen Druck auf die Flüssigkeit ausüben. — Dieser Druck und der Anteil, den die Teilchen *in* der Oberfläche daran haben, ist (Abb. 271), je nach der Form der Oberfläche, verschieden. Ist die Oberfläche eben, $d_1 l_1$, so fehlen in der Wirkungssphäre eines Teilchens einer gewissen Anzahl Teilchen die Antipoden, nämlich die, die in dem außenliegenden Kugelsegment Platz hätten; ist die Oberfläche nach außen konvex, $d\,l$, so fehlen sie einer größeren Anzahl, und das veranlaßt einen größeren Druck nach innen; ist sie dagegen nach außen konkav, $d_2 l_2$, so fehlen sie einer kleineren Anzahl, und das veranlaßt einen kleineren Druck nach innen als

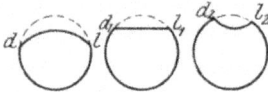

Abb. 271.   Zur Wirkungssphäre.

bei $d_1 l_1$. Kurz: der Druck einer Grenzschicht auf die von ihr umschlossene Flüssigkeit ist dort, wo sie nach außen konvex ist, größer, dort, wo sie nach außen konkav ist, kleiner als dort, wo sie eben ist. Die Grenzschicht erzeugt also auf alle Fälle einen *Binnen*druck, wie sie auch gekrümmt ist. Aber die (tangentiale) *Oberflächenspannung* trägt nicht überall zu ihm bei. Sie hat dort, wo die Oberfläche *eben* ist, natürlich *keine* dazu senkrechte Komponente, aber wo sie nach außen *konvex* (*konkav*) ist, eine nach *innen* (*außen*) gerichtete.

Wie groß ist in einer gekrümmten Oberfläche der Normaldruck nach innen? Wir beantworten (Abb. 272) die Frage, ohne auf den Beweis einzugehen. Es sei O ein Punkt der Oberfläche und ON die Normale in ihm, R und R' seien die Radien der durch O gehenden Kreise der größten und der kleinsten Krümmung, dann ist der längs ON wirkende Druck (N) in O, auf die Flächeneinheit bezogen, $N = F\left(\dfrac{1}{R} + \dfrac{1}{R'}\right)$, worin F die Oberflächenspannung bedeutet. (Auf diese Beziehung lassen sich alle Kapillarvorgänge zurückführen!) Der Überdruck im Innern einer Seifenblase (Abb. 266) ist nach dieser Formel $N = 4F/R$ (die Blasenhaut hat ja *zwei* Flächen und bei der Kugel ist $R = R'$).

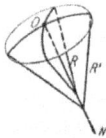

Abb. 272. Zum Normaldruck in einer gekrümmten Oberflächenhaut einer Flüssigkeit.

Die Gleichung $N = F\left(\dfrac{1}{R} + \dfrac{1}{R'}\right)$ zeigt, welche Form die Oberfläche einer ruhenden Flüssigkeit hat, die sich allein überlassen ist, so daß nur ihre Molekularkräfte auf sie wirken, sie also auch dem Einfluß der Schwere entzogen ist: in jedem Punkt ihrer Oberfläche muß der Druck senkrecht dazu stehen und gleich groß sein. Das schließt in sich, daß $\dfrac{1}{R} + \dfrac{1}{R'} =$ konst ist. Diese Gleichung erfüllen alle Flächen von konstanter mittlerer Krümmung z. B. die Kugel, die Ebene, der Kreiszylinder. Dem Einfluß der Schwere entzieht man die zu untersuchende Flüssigkeit, wenn man sie in eine zweite Flüssigkeit vom selben spezifischen Gewicht bringt. PLATEAU brachte Olivenöl in ein entsprechendes Gemisch von Wasser und Alkohol und erhielt Kugeln bis zu 10 cm Durchmesser. An solchen Kugeln zeigte er (1843) Rotationserscheinungen (S. 83 m.) ähnlich denen, die nach der Hypothese von KANT und VON LAPLACE die Entstehung des Planetensystems erklären sollen, z. B. die Abplattung an den Polen und auch die Entstehung des Saturnringes. Stellt man in das Wasser-Alkohol-Gemisch mit Öl benetzte Drahtgerüste und sorgt man dafür, daß die Öloberfläche durch bestimmte Punkte von ihnen geht, so kann man auch andere Gleichgewichtsformen erzielen, die der Gleichung $\dfrac{1}{R} + \dfrac{1}{R'} =$ konst entsprechen. — Flüssigkeitsmengen, die sehr klein sind, bilden kugelförmige Tröpfchen, wie die alltägliche Erfahrung lehrt. Nur darf die Flüssigkeit die Unterlage nicht benetzen und die Masse muß so klein sein, daß die Molekularkräfte die Schwerkraft überwiegen; die Oberflächenspannung wirkt dann uneingeschränkt und macht die Oberfläche so *klein*, wie es bei dem gegebenen Rauminhalt der begrenzenden Masse überhaupt möglich ist, d. h. sie bildet eine Kugelfläche. *Den strengsten Beweis für die vollkommene Kugelform der von äußeren Kräften freien Tröpfchen* liefert der *Regenbogen*: die geringste Abweichung von der vollkommenen Kugelgestalt der Tropfen würde sein Aussehen völlig verändern, größere Abweichungen würden ihn überhaupt unmöglich machen.

Wird die Oberfläche eines Quecksilbertropfens elektrisch polarisiert (s. d.), so ändert sich ihre Spannung und infolgedessen die Form des Tropfens. Dieser Vorgang ist die Grundlage eines sehr empfindlichen Elektrometers (LIPPMANN, 1873.)

Zusammentreffen von drei Grenzflächen. Der Größenunterschied in der Oberflächenspannung, wie ihn die Zahlen auf S. 210 zeigen, offenbart sich in sehr charakteristischer Weise, wenn Grenzflächen von so verschiedener Oberflächenspannung zusammentreffen. Berühren zwei Flüssigkeiten einander, die zugleich auch an Luft grenzen, wir denken z. B. an einen Tropfen Öl auf einer von Luft berührten Wasserfläche

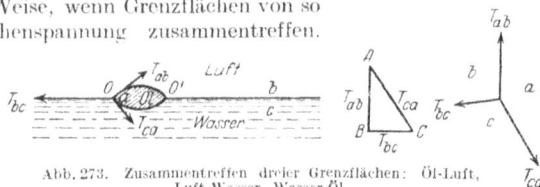

Abb. 273. Zusammentreffen dreier Grenzflächen: Öl-Luft, Luft-Wasser, Wasser-Öl.

(Abb. 273), dann haben wir *drei* Stoffe, von denen jeder den andern berührt, und drei Grenzflächen: Wasser-Luft, Wasser-Öl, Öl-Luft. Sie schneiden einander in einer Kurve, in *jedem* ihrer Punkte greifen daher drei Kräfte an: die Oberflächenspannungen T_{ab}, T_{bc}, T_{ca}, wenn wir Öl, Luft, Wasser mit a, b, c bezeichnen. Die Abb. 273 gibt einen Vertikalschnitt durch die Anordnung und die Punkte O und O', in denen er die Kurve durchschneidet. Damit z. B. die drei in O angreifenden Kräfte T im Gleichgewicht sein können, muß je *eine* von ihnen die beiden andern zusammen aufheben, so wie es jede der drei Kräfte in Abb. 24 (S. 34) tut. Ist aber schon *eine* von ihnen *größer* als die beiden andern zusammen, so ist das Gleichgewicht unmöglich. Und hier ist es unmöglich. $T_{\text{Wasser-Luft}} = 0,075$ ist größer als $T_{\text{Wasser-Öl}} = 0,021$ plus $T_{\text{Öl-Luft}} = 0,035$. Infolgedessen zieht die Grenzfläche Wasser-Luft den Öltropfen auseinander und breitet ihn über die Oberfläche aus. Der Randwinkel des Tropfens wird dabei immer spitzer und nähert sich immer mehr dem Winkel 0°. Das kann, wenn die Wasserfläche groß genug ist, so lange fortgehen, bis die Dicke der Ölschicht den Radius der molekularen Wirkungssphäre erreicht, dann zerfällt sie und ist nicht mehr als Flüssigkeit anzusehen. Die durch das Übergewicht der einen Grenzspannung bewirkte Bewegung läßt sich allgemein so charakterisieren: die eine Flüssigkeit schiebt sich *zwischen* die beiden andern und verhindert sie, einander zu berühren. Ist die trennende Flüssigkeit Luft (*hier* ist es Öl), so bildet von den beiden übrigen die *eine* Tropfen, und diese Tropfen stehen auf der andern Flüssigkeit (z. B. Wasser auf Fett), *ohne sie zu benetzen*, die trennende Lufthaut *verhindert* die Tropfen, die Flüssigkeit zu berühren.

Sind die T miteinander im Gleichgewicht, so läßt sich aus den Vektoren T ein Dreieck konstruieren. *Nur* dann läßt es sich konstruieren — das will sagen: nur dann *schließen* sich die Vektoren zu einem Dreieck, wenn die Summe zweier Seiten *größer* ist als die dritte Seite (zwei der Vektoren T zusammen größer sind als der dritte). Andernfalls ist das Dreieck unmöglich — und das Gleichgewicht unmöglich, wie bei dem Zusammentreffen von Wasser, Öl und Luft. (Die Außenwinkel der Dreieckswinkel geben die Winkel, in denen die drei Grenzflächen zusammenstoßen. Man findet $T_{bc}/\sin A = T_{ca}/\sin B = T_{ab}/\sin C$. Die Winkel zwischen den Trennungsflächen hängen also nur von den Oberflächenspannungen ab. Die Grenzflächen der *selben* drei Flüssigkeiten, die miteinander *im Gleichgewicht* sind, bilden also stets die *selben* Winkel miteinander.)

Das Übergewicht der *einen* Grenzspannung über die *Summe* der zwei andern erklärt es auch, warum kein Gleichgewicht besteht, wenn c ein fester Körper, eine Glastafel, und a ein Tropfen Flüssigkeit ist: ist a z. B. reines Wasser, so wird es über die ganze Oberfläche ausgebreitet, und es drängt dadurch die Luft von dem Glase weg. Ist c reines Quecksilber, so zieht es sich von dem Glase *vollständig* zurück, es bildet einen kugeligen Tropfen darauf, die Luft breitet sich ganz über die Platte aus und das Quecksilber benetzt das Glas nicht, eine Lufthaut zwischen dem Tropfen und dem Glase trennt beide (wie zwischen den Regentropfen und einem gegen die Berührung mit Wasser imprägnierten Stoff). Bemerkenswert ist der Fall, in dem eine Flüssigkeit und ein fester Körper aneinandergrenzen, so wie in Abb. 274 die Flüssigkeit *zum Teil* an einen festen Körper grenzt, zum Teil — man sagt: mit ihrer freien Oberfläche — an ein Gas, z. B. die atmosphärische Luft. Sind a, b, c Wasser, Luft und Glas, so wirken $T_{\text{Glas-Luft}}$ und $T_{\text{Glas-Wasser}}$ längs der Wand nach einander entgegengesetzten Richtungen, die Spannung $T_{\text{Wasser-Luft}}$ wirkt längs OP. Das Gleichgewicht jenes Teiles der Flüssigkeit tangential zu der festen Wand hängt ab von den Oberflächenspannungen T_{ab}, T_{bc}, T_{ca}. Offensichtlich wird OP schließlich eine solche Richtung annehmen, daß die Komponente OQ der Oberflächenspannung die Differenz $T_{bc}-T_{ca}$ aufhebt (die Komponente senkrecht zur Wand wird von der Wand unwirksam ge-

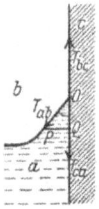

Abb. 274.
Zur Gleichgewichtsbedingung beim Zusammentreffen von drei Grenzflächen.

macht). Es wird also $T_{ab}\cos x = T_{bc} - T_{ca}$. Der durch $\cos x = \dfrac{T_{bc} - T_{ca}}{T_{ab}}$ definierte Winkel x heißt der *Randwinkel* ($\angle POQ$). Er ist spitz, wenn $T_{bc} > T_{ca}$, stumpf falls $T_{ca} > T_{bc}$ ist. Stumpf ist er z. B. (Winkel ABC), wenn die Flüssigkeit a Quecksilber ist (Abb. 275). Er beträgt dann $128^0\,52'$ (QUINCKE). Für Wasser an einer vollkommen reinen Glasfläche verschwindet der Winkel gänzlich, weil dann T_{bc} größer ist als $T_{ab} + T_{ac}$, das Wasser breitet sich über die ganze Wand aus und drängt die Luft weg, dadurch wird der Randwinkel allmählich zu Null. Ist die Glasfläche nicht vollkommen rein, so *kann* der Winkel bis 90^0 und darüber wachsen.

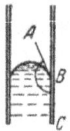

Abb. 275. Zum Begriff Randwinkel.

Kapillarwirkung. Das Verhalten der Grenzoberfläche je nach ihrer Krümmung erklärt die Kapillarwirkungen. Man versteht darunter die im folgenden beschriebenen Erscheinungen.

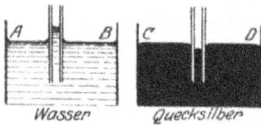

Abb. 276. Kapillaritätswirkung.

AB in Abb. 276 sei eine ruhende Wasseroberfläche, CD eine ruhende Quecksilberoberfläche; beide sind, weil in Ruhe, horizontal. E und F seien zwei enge zylindrische Glasrohre, 1—2 mm weit und an beiden Enden offen. Taucht man sie mit dem einen Ende ein, so steigt das Wasser darin *über* das ursprüngliche Niveau und ist oben von einem *Meniscus*[1] begrenzt, der nach oben *konkav* ist; das Quecksilber dagegen sinkt in dem Rohre *unter* das ursprüngliche Niveau und ist oben von einem Meniscus begrenzt, der nach oben *konvex* ist. — Die beiden Vorgänge erklären sich in folgender Weise: Berührt das Wasser die Glaswand, so werden die Teilchen

---

[1] $\mu\dot\eta\nu\eta$ = Mond.

der Grenzschicht an der Wand in die Höhe gezogen, und die ursprünglich ebene Grenzfläche wird umgeformt in eine nach oben konkave Fläche. (Die Krümmung ist sichtbar desto stärker, je enger das Rohr ist.) Das ist die erste Wirkung: das Steigen des Wassers ist erst die Wirkung dieser Umformung. Und analog: bei der Berührung des Quecksilbers mit der Glaswand formt sich das Quecksilber im Rohre oben wie zu einem Tropfen und formt dabei die ursprünglich horizontale Quecksilberebene in eine nach oben konvexe Fläche um. Auch hier ist die Umformung die primäre Wirkung, das Sinken des Quecksilbers in dem Rohre erst die Wirkung der Umformung. Der Druckunterschied (zwischen der ebenen Grenzschicht außen und der gekrümmten in dem Kapillarrohre, Abb. 276) treibt das Wasser in dem einen Rohr hinauf und das Quecksilber in dem anderen hinab. Der Höhenunterschied innen und außen ist, wenn die Bewegung zu Ende ist, desto größer, je enger das Kapillarrohr ist (je enger das Rohr, desto stärker die Krümmung der umschlossenen Fläche, desto größer also der Druckunterschied zwischen innen und außen). Man nennt die engen Rohre Kapillarrohre (capilla = Haar) und die Erscheinungen daher Kapillarerscheinungen. Kapillarwirkung ist z. B. das Aufsteigen von Flüssigkeit in porösen Körpern, so im Zucker, im Schwamm, im Löschpapier, im Lampendocht usw.

Benetzt eine Flüssigkeit die (reine!) Oberfläche eines Körpers *vollkommen*, so ist sie *vollständig* von einer Flüssigkeitshaut bedeckt, wenn man den Körper in die Flüssigkeit eintaucht und wieder herauszieht. Der feste Körper dient der Flüssigkeitshaut hier nur als Stütze, spielt sonst aber keine Rolle. Steht eine Flüssigkeit in einem von ihr benetzten Rohre (wie Wasser in Abb. 276), so berührt sie also nicht das Glas, sondern eine aus ihrer *eigenen* Substanz bestehende Flüssigkeitshaut. Die Haut zieht die freie Oberfläche der in dem Rohre stehenden Flüssigkeitssäule nach oben (der Randwinkel wird *Null*, da die Benetzung vollkommen ist), die Oberfläche der Säule wird dadurch *konkav* nach oben und dem von außen — dem ebenen Teil der Flüssigkeitsoberfläche her — nach innen wirkenden Überdruck entsprechend steigt die Flüssigkeit in dem Rohre in die Höhe — sie steigt so lange, bis das Gewicht der über das Niveau des äußeren Flüssigkeitsspiegels emporragenden Säule gleich dem nach oben gerichteten Zuge geworden ist, den die konkave Flüssigkeitshaut nach oben ausübt. Es ist daher: $Hs = \alpha \cdot 2/r$, wenn H die Höhe der Säule über dem äußeren Niveau bedeutet — die Unterschiede in dem Meniskus darf man vernachlässigen — s die Dichte der Flüssigkeit, α die *Kapillarkonstante*, r der Radius des kreisförmigen Rohres, also auch des Meniskus, der eine Halbkugel vom Radius r bildet (der Randwinkel ist ja Null!). Die Beziehung $\alpha = 1/2 \cdot r H s$ erlaubt, die Kapillarkonstante α sehr genau zu messen. α ist die S. 212 m. mit F bezeichnete Oberflächenspannung.

Wir sehen: für die*selbe* Flüssigkeit verhalten sich die Steighöhen H *umgekehrt* wie die Radien r der Röhren (JURIN 1718). In einem Rohre von 1 mm Durchmesser beträgt (bei 8,5⁰ C) die kapillare Erhebung von destilliertem Wasser 30,05 mm. in einem Rohr von einigen μ (= 0,001 mm) mehrere Meter. (Hieraus erklärt es sich z. B., daß in den Gefäßen der Pflanzen — ihr Durchmesser liegt zwischen 20 μ und 1 μ — das Wasser hoch hinaufsteigt, auch daß Mauern, die auf nassem Boden stehen, bis oben hin feucht werden, wenn man nicht die oberen Schichten von den unteren angemessen isoliert.) Die Erhebung *außen* an einem benetzten Zylinder kommt ebenso zustande wie *in* einem Rohr (das beeinträchtigt die Genauigkeit der Skalenaräometer erheblich) und ebenso zwischen zwei parallelen einander genügend nahen Platten. Die Erhebung ist hier *halb* so hoch wie in einem Kapillarrohr, dessen Durchmesser gleich dem Plattenabstand ist. — An einer frei stehenden vertikalen benetzten Ebene beträgt die Erhebung der Theorie nach $h = \sqrt{2\alpha/s}$.

Die Wellenbewegung.

Schwingung. Ein fester elastischer Körper, dessen Form sich unter der Einwirkung einer Kraft verändert hat, geht in seine ursprüngliche Gestalt zurück, wenn die formändernde Kraft zu wirken aufhört und seine Formänderung die Elastizitätsgrenze nicht überschritten hat (S. 139). Er kann aber auf sehr verschiedene Weise zurückgehen. Was das heißt, erläutert ein Gleichnis: Eine ruhende Flüssigkeit in einem ruhenden Gefäß hat die Form des Gefäßes und als freie Oberfläche eine Horizontalebene. Wird das Gefäß gekippt und dann festgehalten, so nimmt die Flüssigkeit eine *neue* Form an, und wird das Gefäß in seine Anfangslage zurückgekippt, so folgt die Flüssigkeit nach und nimmt schließlich wieder ihre frühere Form an. Aber Änderung und Zurückveränderung der Form geschehen, auch wenn die Bedingungen gleiche sind, bei dünnflüssigen fast gleichzeitig mit der Änderung der Gefäßstellung, dagegen sehr langsam bei zähen und dickflüssigen. Diese Verschiedenheit zeigt sich noch deutlicher so: Eine sehr zähe Flüssigkeit kommt mit kaum merkbarer Geschwindigkeit in ihrer ursprünglichen Ruhelage wieder an, und dort angekommen, *bleibt* sie in Ruhe; eine dünnflüssige dagegen kommt mit großer Geschwindigkeit wieder dort an, schießt darüber hinaus, kehrt ebenso zurück — kurz, sie *schaukelt* in allmählich kleiner werdenden *Schwingungen* um die Gleichgewichtslage, bis sich ihre Geschwindigkeit (infolge der Reibung) erschöpft hat und sie schließlich wieder zur Ruhe kommt.

Änderung und Zurückveränderung der Form sind für die elastischen Körper charakteristisch. Die deformierten elastischen Körper führen, wenn sie (nach Beseitigung der deformierenden Ursache) in ihre ursprüngliche Form zurückgehen, Bewegungen aus, die in dem Schaukeln der dünnen Flüssigkeiten, wie in dem Kriechen der zähen ihr Seitenstück haben. Wird eine schwere Masse M an einer Sprungfeder B (Abb. 277) vertikal herabgezogen und dann losgelassen, so kehrt sie nicht unmittelbar in die Ruhelage zurück, sondern die Masse „schwingt" auf und ab, um erst nach einer Reihe von Schwingungen um die Ruhelage, die allmählich kleiner werden, die Ruhelage wieder dauernd einzunehmen: ein Beweis, daß die *Feder* bei ihrer ursprünglichen *Formänderung* in einen Bewegungszustand gerät, bei dem sie sich abwechselnd verlängt und verkürzt und „Schwingungen" um ihren Gleichgewichtszustand ausführt, ehe sie wieder zur Ruhe kommt. In den Schwingungen haben wir das Seitenstück zu dem Verhalten der *leicht*beweglichen Flüssigkeiten, dem Hin- und Herschaukeln. (Das Seitenstück zum Verhalten der zähflüssigen ist die elastische Nachwirkung S. 139.)

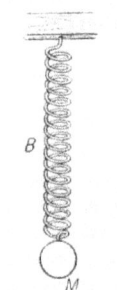

Abb. 277.
Schwingungs-
fähiger Körper.

Schwingungen einer Reihe elastisch verbundener Punkte. Die Schwingungen, die von elastischen Kräften unterhalten werden, lehren uns das Wesen der *Wellenbewegung* verstehen und aus der Wellenbewegung große Gruppen physikalischer Vorgänge in Akustik, Optik, Wärme und Elektrizität. (Man darf hier bei „Welle" nicht an die Wasserwelle oder dgl. denken, von ihr ist der *Name* entlehnt.) Zum Studium der Wellenbewegung gehen wir von ruhenden, elastisch miteinander verbundenen Massenpunkten aus, die dicht nebeneinander in *gerader* Linie *gleichweit* voneinanderliegen (Abb. 278). Kräfte zwischen je zwei Nachbarn — so nehmen wir an — erhalten Ruhe und Gleichgewicht der Punktreihe aufrecht. Wir müssen dann aber weiter annehmen, daß je zwei Nachbarn einander *sowohl anziehen, wie abstoßen*, und daß, wenn die Punktreihe *in Ruhe* ist, Anziehung und Abstoßung *gleich* groß sind, weil ja der Abstand dann *weder* größer noch kleiner wird. Die *Stärke* der gegenseitigen Einwirkung zweier Nachbarn — Anziehung wie Abstoßung — hängt von der Größe des gegenseitigen *Abstandes* ab: sie wächst, wenn er kleiner, und fällt, wenn er größer wird. Aber die *Abstoßung* wächst offenbar viel *schneller* als die *Anziehung*, wenn der Abstand *kleiner* wird, und nimmt sehr viel schneller *ab* als die Anziehung, wenn er größer wird. — Zu dieser *Annahme* zwingt die Beobachtung: Im *nicht* deformierten elastischen Körper (im Gleichgewichtszustande) sind jene Kräfte offenbar einander *gleich*. Beim Zusammendrücken des Körpers (bei gegenseitiger Annäherung der Massenpunkte) wachsen *beide*; aber da der zusammengedrückte Körper, sich selbst überlassen, in seine ursprüngliche Form zurückkehrt (die gegenseitige Annäherung wieder rückgängig macht), so ist im *zusammengedrückten* Körper die *Abstoßung* größer als die Anziehung, hat also beim Zusammendrücken um *mehr* zugenommen als die Anziehung. Die analoge Überlegung lehrt: Im ausgedehnten Körper überwiegt die Anziehung, die Abstoßung hat also um *mehr* abgenommen als die Anziehung.

Abb. 278. Zur Entstehung einer Welle in einer Punktreihe.

Diese Kräfte erhalten die Punktreihe im Gleichgewicht. Wird aber auch nur *ein einziger* Punkt aus seiner Gleichgewichtslage entfernt, also sein Abstand von seinem Nachbar geändert, so treten Anziehung und Abstoßung in Tätigkeit, und die Änderung der Lage dieses *einen* Punktes stört zunächst die Gleichgewichtslage seines Nachbarn und schließlich nacheinander die *aller* anderen Punkte der Reihe.

Angenommen, irgendeine Ursache habe Punkt α *senkrecht* zur Punktreihe nach α' verschoben. (Wir werden S. 219 u. von der Annahme ausgehen, er sei *in* der Richtung der Punktreihe zu β *hin* verschoben worden.) Die Vergrößerung seines Abstandes von β verkleinert die zwischen beiden wirkenden Kräfte, aber die Anziehung um *weniger* als die *Abstoßung*, in der neuen Lage überwiegt daher die Anziehung. Infolgedessen wird β nach α' hingezogen, so daß β ebenfalls aus der Geraden heraustritt. In der Richtung α' β kann sich β aber nicht verschieben, denn es wird ja auch von γ angezogen (richtiger: *mehr angezogen* als abgestoßen, da sich ja auch sein Abstand von γ dabei *vergrößert*). Der Punkt β muß sich daher in der Richtung der Resultante bewegen, d. h. nahezu *in derselben Weise* wie α nach *unten*. So wird schließlich *jeder* einzelne Punkt der Reihe durch seine Nachbarn zu derselben Bewegung wie α veranlaßt. Jeder beginnt *etwas* später als der vorhergehende, aber diese Verspätung ist der ganzen Punktreihe entlang für je zwei Nachbarn *gleich* groß. Um ein Bild von der dabei eintretenden Bewegung der Reihe zu gewinnen, müssen wir zunächst die Bewegung eines *einzelnen* ihrer Punkte kennenlernen.

Die Bewegungen werden durch elastische Deformationen verursacht, und zwar durch solche, die weit unter der Elastizitätsgrenze liegen, also in dem Bereich, in dem das Gesetz von HOOKE gilt (S. 142). Der aus seiner Ruhelage entfernte Punkt wird daher in jedem Moment zu dieser zurückgezogen mit einer Kraft, die seinem *Abstande* von ihr *proportional* ist. Die Kraft, mit der der Punkt von irgendeiner Lage aus in die Ruhelage *zurückstrebt*, ist ja derjenigen gleich, die nötig ist, ihn in der neuen Lage *in Ruhe zu halten*. Diese Kraft ist aber der Deformation, d. h. dem Abstande von der Ruhelage, proportional. (Genau so wie die Kraft, mit der ein deformierter elastischer Körper seiner ursprünglichen Form wieder zustrebt, *gleich* der Kraft ist, die ihn in der *deformierten* Gestalt *erhält*.) Der Punkt wird daher von einer nach der Ruhelage hin gerichteten Kraft an-

gegriffen, deren Größe sich nach demselben Gesetz ändert, nach dem sich die
Kraft ändert, mit dem ein aus seiner Ruhelage *um einen sehr kleinen Winkel*
abgelenktes Pendel nach seiner Ruhelage zurückgetrieben wird. Er „pendelt",
„schwingt" um seine Ruhelage, wie in Abb. 134 Punkt P' auf der durch S gehenden Geraden $S_1 S_2$.

Angenommen, Punkt a in Abb. 279 (1) verlasse infolge eines Stoßes seine
Ruhelage mit einer gewissen Geschwindigkeit v in der Richtung nach A. Von dem
Moment an, in dem er die Ruhelage verläßt, sucht ihn eine Kraft dahin zurückzuziehen, seine Geschwindigkeit wird also kleiner und schließlich Null. Er sei,
wenn seine Geschwindigkeit Null geworden ist, in A angelangt. Unter dem Einfluß derselben Kraft geht er nun zurück, *denselben* Weg. Er *gewinnt* jetzt an
jedem Punkt des Weges ebensoviel an Geschwindigkeit, wie er vorher an *demselben* Punkt *verloren* hat. Daher wächst seine Geschwindigkeit, bis er in der
Ruhelage wieder ankommt, zu derselben Größe v, mit der er sie verlassen hatte.
Infolge dieser Geschwindigkeit geht er über die Ruhelage hinaus; und nun
wiederholt sich der Vorgang qualitativ und quantitativ in der Richtung $a A'$,
der sich vorher in der Richtung $a A$ abgespielt hat. Die Strecke $a A'$, die
er zurücklegt, ist genau so groß wie $a A$. Er hat in jedem Punkt dieser
Strecke *dieselbe* Geschwindigkeit, die er in dem *ebensoweit* von a entfernten
Punkt der Strecke $a A$ gehabt hat, nur ist die Geschwindigkeit jetzt nach A'
hin gerichtet.

Die ganze Bewegung nennt man eine *Schwingung*, den Abstand $A A'$ der
Umkehrpunkte die *Schwingungsweite* (Amplitude), die Zeit, die der Punkt gebraucht, den ganzen Weg einmal hin und zurück zu durchlaufen, die *Schwingungsdauer*. Der Zustand des schwingenden Punktes, der durch seinen augenblicklichen *Abstand* von der Ruhelage, seine *Geschwindigkeit* und seine *Richtung*
charakterisiert ist, heißt seine *Phase*. Die um eine *halbe* Schwingungsdauer
auseinanderliegenden Phasen heißen *entgegengesetzte*, weil der Punkt in beiden
zwar denselben Abstand von der Ruhelage hat, aber auf entgegengesetzten
Seiten der Ruhelage, und dieselbe Geschwindigkeit, aber nach entgegengesetzter Richtung. — Den Bewegungsvorgang kann man in eine *Formel*
bringen, die Ort, Geschwindigkeit und Richtung des Punktes *in jedem Moment*
angibt. Wir ziehen es vor, ein anschaubares Bild von der Bewegung der Punktreihe zu geben.

**Schwingungen einer Reihe elastisch verbundener Punkte senkrecht zur Punkt-
reihe: Transversalwelle (Querwelle).** Um dieses Bild zu bekommen, fragen wir:
Wie sieht die Punktreihe aus, nachdem der Punkt a *eine ganze Schwingung* gemacht hat? Wir zerlegen die Schwingung in vier Teile und untersuchen die Form
der Punktreihe, nachdem sich a: 1. von 0 bis A, 2. von A zurück bis 0, 3. von 0
bis A', 4. von A' zurück bis 0 bewegt hat. — Dadurch, daß sich a nach unten
bewegt, verschiebt sich ein Punkt nach dem andern nach unten — unter denselben
Bedingungen und nach demselben Bewegungsgesetz wie a. Wenn a im Umkehrpunkt A angekommen ist, möge solnd die Störung bis zum Punkt d fortgepflanzt
haben, d. h. d seine Bewegung nach unten *anfangen*. Die Reihe sieht dann so
aus, wie Abb. 279 (2): a ist im Umkehrpunkte A und im Begriff, seine Bewegung *nach oben* wieder anzutreten; die Punkte *zwischen* a und d sind sämtlich
in Bewegung *nach unten*, in allen denkbaren Abständen zwischen der Ruhelage
und der äußersten Abweichung davon nach unten (eine *Sinuskurve* bildend).

Während sich a zu seiner Ruhelage hin zurückbewegt, erreichen die Punkte
zwischen a und d einer nach dem andern ihre tiefste Lage, von der aus sie wieder
ihrer Ruhelage zustreben. Wenn a in seiner Ruhelage wieder *angekommen* ist,
muß d gerade im größten Abstande von seiner Ruhelage, dem Umkehrpunkt D,

angekommen sein, denn d ist ja in seiner Bewegung um $^1/_4$ einer vollen Schwingungsdauer hinter der Bewegung von a zurück (seine Bewegung fing ja erst an, als a schon in A angekommen war, also $^1/_4$ seiner Schwingungsweite zurückgelegt hat), und die Bewegung hat dann bereits den Punkt g ergriffen, der von d ebensoweit entfernt ist, wie d von a (in seiner Ruhelage) entfernt war. Die Punkte *zwischen* a und d sind also in der Bewegung *nach oben* begriffen, d ist im Umkehrpunkte D angelangt, die zwischen d und g liegenden Punkte sind *bereits in Bewegung* nach unten, während g im Begriff ist, seine Bewegung nach unten zu *beginnen* [Abb. 279 (3)].

Wenn a in seinem zweiten Umkehrpunkte A' (1) angekommen ist, passiert d gerade seine ursprüngliche Ruhelage in der Richtung nach *oben*: g ist in seinem tiefsten Punkt G angelangt, da (2) er um eine halbe Schwingungsdauer hinter a und eine viertel hinter d zurück ist, und die Bewegung ergreift eben den Punkt k, der ebensoweit von g entfernt ist, wie g von d und wie d von a in der Ruhelage entfernt war. Die Punkte zwischen a und d gehen nach oben ihrem zweiten Umkehrpunkt entgegen, die zwischen d und g nach oben, um die Ruhelage zum ersten Male wieder zu erreichen, die zwischen g und k nach unten ihrem ersten Umkehrpunkte entgegen, während a sich anschickt, seine Bewegung wieder nach unten anzutreten [Abb. 279 (4)].

Wenn a wieder in der Ruhelage angekommen ist, also seine Schwingung *einmal vollendet* hat, hat die Punktreihe die Form der Abb. 279 (5); es ist nach dem, was wir über die ersten drei Viertel der Schwingungsdauer gesagt haben, ohne weiteres verständlich. Man nennt diese Form eine *Welle*, ihre beiden symmetrischen Hälften *Wellenberg* und *Wellental*.

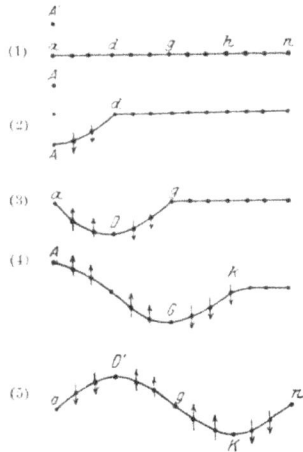

Abb. 279. Entstehung einer Transversalwelle (Querwelle) an einer Reihe von elastisch verbundenen, senkrecht zu der Reihe schwingenden Punkten. (2) Punktreihe nach $^1/_4$. (3) nach $^1/_2$. (4) nach $^3/_4$. (5) nach $^4/_4$ der Schwingungdauer von Punkt a.

Schwingungen einer Reihe elastisch verbundener Punkte in der Punktreihe: Longitudinalwelle (Längswelle). Eine „Welle", wenn auch nur in übertragenem Sinne des alltäglichen Ausdruckes, bildet die Punktreihe Abb. 278 auch dann, wenn (wie bereits S. 217, Mitte angedeutet) der Punkt x *in* der Richtung der Punktreihe zu $_i\beta$ hin verschoben wird. Der Antrieb, dessen Richtung *in* die Punktreihe fällt, nähert den ersten Punkt seinem Nachbarn und stört dadurch das Gleichgewicht der Anziehungs- und Abstoßungskräfte zwischen den Punkten. Die Störung überträgt sich von Punkt zu Punkt und bringt die *ganze* Reihe in Bewegung. Jeder einzelne Punkt muß um seine Ruhelage pendeln (wie S. 218, oben beschrieben). Denn er wird aus seiner Ruhelage gebracht und ebendahin zurückgezogen mit einer Kraft, die seinem Abstande von der Ruhelage proportional ist; er muß sich also *genau* so bewegen, wie jeder einzelne Punkt in der bereits beschriebenen Wellenbewegung — nur muß er, der *Richtung* seines Antriebes entsprechend, **in** der Punktreihe pendeln, während die Punkte der zuerst beschriebenen Welle **senkrecht** zu ihr pendeln. Selbstverständlich können die Punkte bei dieser Bewegungsrichtung niemals ein der Abb. 279 ähnliches Bild geben; sie können nur „zueinander hin" und „voneinander weg", d. h. *zusammen*- und wieder *auseinanderrücken*. Abb. 280 zeigt die Punktreihe in dieser Schwingungsform nach je $^1/_4$ Schwingungsdauer, nachdem der *erste* Punkt seine Bewegung begonnen hat: Anhäufung und Vereinzelung der Punkte — man sagt „Verdichtung" und „Verdünnung" — wechseln periodisch; die Punktreihe sieht nicht aus wie eine Welle, trotzdem nennt man auch diese Bewegung eine *Welle*, eine *Longitudinalwelle* (Längswelle). Aus folgendem Grunde: Man vergegenwärtige sich die gegenseitige Lage der Punkte z. B. in dem Moment, in dem der erste Punkt gerade eine Schwingung vollendet hat (Abb. 280, letzte Reihe), und vergleiche sie mit der *ursprünglichen Ruhelage* (Abb. 280, erste Reihe): der erste Punkt ist in seiner Ruhelage, *der* Punkt, der $^1/_4$ Schwingungsdauer später (als der erste Punkt) zu schwingen angefangen hat, ist im Maximum seiner Abweichung von der Ruhelage; *der* Punkt, der $^1/_2$ Schwingungsdauer später begonnen hat, ist in der Ruhelage usw. Der *Abstand* jedes einzelnen Punktes *seitlich* von seiner Ruhelage (longitudinal) ist genau so groß, wie er ihn bei der früher beschriebenen Wellenbewegung *nach oben* gehabt hat (transversal). Die Pendelbewegung hier ist dieselbe wie dort, nur ihre *Richtung* zur Ruhelage der Punktreihe ist verschieden. In dem Moment, wo der *erste* Punkt *eine* Schwingung *vollendet* hat, markiere man senkrecht *über* jedem Punkt der ruhenden Reihe den Abstand, den er *seitlich* von der Ruhelage am Ende dieser Schwingungsdauer hat. Dann bilden jene *Markierungen* die Wellenlinie der Abb. 279. Man beachte: Bei dieser graphischen Umwandlung der Longitudinalwelle entsprechen das *Maximum* der Verdichtung und das *Maximum* der Verdünnung der Lage nach den Punkten, in denen die Transversalwelle durch die *Ruhelage* geht [Abb. 279 (5) *g* und *n*].

Phasen-Fortpflanzungsgeschwindigkeit. Die Strecke, um die sich die Wellenbewegung (der *Antrieb* zur Schwingung) während der *Schwingungsdauer (T)* eines ihrer Punkte fortpflanzt, heißt *Wellenlänge* (λ); in Abb. 279/80 *a—n*. Schwingt ein Punkt in 1 sec *n* mal hin und her, so ist $T = 1/n$ sec. In 1 sec pflanzt sich der Antrieb also um *n* Wellenlängen $= n\lambda$ fort. Man nennt diese Strecke die *Fortpflanzungsgeschwindigkeit (v)* der Welle. Es ist also $v = n\lambda$; mit $T = 1/n$ folgt $v = \lambda/T$. Man bedenke: an der*selben* Stelle der Punktreihe wiederholt sich die*selbe* Phase (Richtung und Geschwindigkeit) stets nach *T* sec, und die*selbe* Phase hat nach *T* sec der von jener Stelle um λ entfernte Punkt der Reihe. Man kann also sagen: die *Phase* pflanzt sich mit der Geschwindigkeit *v* fort, und nennt daher $v = \lambda/T$ die *Phasen*geschwindigkeit (s. *Gruppen*geschwindigkeit, S. 484).

Abb. 280. Entstehung der Longitudinalwelle (Längswelle).

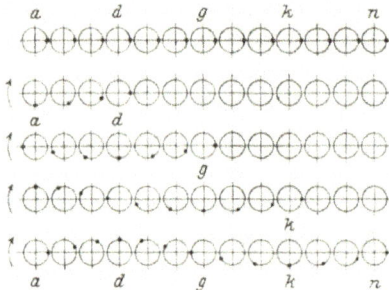

Abb. 281. Entstehung einer Welle aus kreisenden Punkten.

Entstehung einer Welle aus kreisenden Punkten. Die einzelnen Punkte beschreiben hier (Abb. 279 und 280) gerade Linien. Aber eine Wellenlinie bilden die Teilchen auch *kreisend*, wenn jedes einzelne seine Kreisbewegung etwas später beginnt als das vorgehende (Abb. 281). Die Punktreihe *a* bis *n* sei eine Reihe wie die der Abb. 279, nur sollen die Punkte in der Richtung des Pfeiles *Kreise* beschreiben mit *gleichförmiger* Geschwindigkeit — wir kommen hierauf besonders zurück (S. 221). Jeder Punkt soll seine Bahn *etwas* später beginnen als sein Vorgänger, und diese Verspätung soll die ganze Punktreihe entlang gleich groß sein — sie betrage $^1/_{12}$ der Zeit, die ein Teilchen braucht, um seinen Kreis *einmal* zu durchlaufen. Nach $\frac{1}{4}$ der Umlaufzeit beginnt dann Punkt d seine Bewegung, nach $\frac{1}{2}$ der Umlaufzeit Punkt g, nach $\frac{3}{4}$ der Umlaufzeit Punkt k, und wenn Punkt a auf seiner alten Stelle angekommen ist, beginnt n seine Bewegung. Wie die Punktreihe währenddessen aussieht, zeigt Abb. 281. —

Es gibt noch ganz andere Arten von Wellen, aber gemeinsam ist allen: die *Teilchen*, die die Welle bilden, bewegen sich nur in engen Grenzen um ihre Ruhelage, die *Welle* aber — das geometrische Momentbild der *Gesamtheit* der Teilchen — rückt im Raume fort. Das, was sich im Raume *fortpflanzt*, ist also nur die Störung, d. h. der Antrieb zu der periodischen Bewegung der Teilchen, zu einer bestimmten *Form* ihrer Bewegung. Die Welle überträgt niemals *Masse* durch den Raum, sondern nur *Energie*. Man spricht z. B. von einer Erdbeben-*welle*. Auch in ihr bleiben die erschütterten Massen dicht bei ihrer ursprünglichen Ruhelage. „Die Erschütterung", heißt es, „wurde um die und die Zeit in A, 20 Sekunden später in B wahrgenommen." Was sich fortgepflanzt hat, ist der *Antrieb* zur *Bewegung*. Aus jener Zeitangabe und dem Abstand der beiden Orte berechnet man dann die *Fortpflanzungsgeschwindigkeit* der **Welle**. Das heißt aber nur: Die Geschwindigkeit, mit der sich die *Erschütterung* (das Beben) fortpflanzt. — Ein wogendes Ährenfeld, über das der Wind streicht, lehrt dasselbe. Die Ähren pendeln *an Ort und Stelle* um ihre Ruhelage, das *Feld* aber macht den Eindruck einer *fortschreitenden* Bewegung. Es ist eben lediglich der Antrieb zur Bewegung, was sich fortpflanzt. — Die Teilchen, die eine Wasserwelle bilden, laufen in ganz engen Kreisen um ihren ursprünglichen Ort. Die Bewegung haben Ernst Heinrich Weber und Wilhelm Weber in einem langen schmalen Troge (mit Seitenwänden aus Glas) *sichtbar* gemacht, an Bernsteinstücken, die im Wasser schweben (das spezifische Gewicht des Bernsteins ist gleich dem des Wassers). Man sieht die einzelnen Teilchen in den oberen Schichten Kreise beschreiben, in den tieferliegenden Ellipsen und nur in den untersten gerade Linien.

Die gleichförmige Kreisbewegung in zwei gleichzeitige Pendelschwingungen zerlegbar. Die Wasserwelle an sich interessiert uns hier nicht, wohl aber die *Kreis*bewegung ihrer Teilchen. Ein Massenteilchen beschreibe (Abb. 282) von κ ausgehend mit gleichförmiger Geschwindigkeit einen Kreis um O. Wir projizieren seinen Ort — in der Abbildung nach je $\frac{1}{24}$ seiner Umlaufsdauer — auf die beiden durch κ gehenden Senkrechten AB und κD. Ist es von κ ausgehend in β, γ ... angekommen, so hat es sich senkrecht zu κD um $\kappa \beta'$, $\kappa \gamma'$, $\kappa \delta'$ ... entfernt („nach oben" von der Ruhelage κ aus). Es hat sich aber gleichzeitig um κb, κc, κd parallel zu κD von AB weg verschoben („nach der Seite" von der Ruhelage aus). Die Abbildung zeigt uns dann, wie der *Bogen*abstand des kreisenden Massenpunktes von κ (längs des Kreises gemessen) mit seiner vertikalen *Erhebung* über κ

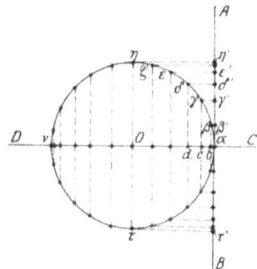

Abb. 282. Zusammenwirken eines longitudinalen und eines transversalen Antriebes.

(längs AB gemessen) zusammenhängt. Zu gleich großen Bogen, um die er sich von κ auf η zu entfernt, gehören immer *kleiner* werdende Strecken, um die er sich über κ auf η' erhebt. Und zu denselben gleich großen Bogen, die er von η an auf ν zu durchläuft, gehören immer größer werdende Strecken, um die er wieder sinkt — er sinkt ja von η' auf κ zu rückläufig um *dieselben* Strecken, um die er vorher gestiegen ist. Genau dasselbe wiederholt sich, wenn er von ν nach τ und von τ nach κ zurückkehrt. Die Abbildung zeigt uns auch, wie der Bogenabstand des kreisenden Massenpunktes von α mit seiner *seitlichen* Entfernung von α (längs *DC* gemessen) zusammenhängt.

Die mathematische Analyse der auf *A B* und der auf *C D* projizierten Bewegung des Massenpunktes ergibt beide als Pendelbewegung (vgl. S. 110 und Abb. 134), aber in der Phase gegeneinander verschoben. Um das zu zeigen, zeichnen wir Abb. 282 in anderer Form. Wir benutzen als Abszissen die längs des Kreises gemessenen Abstände des Massenteilchens von α und als Ordinaten das eine Mal (Kurve I), die auf *A B* gemessenen zugehörigen Erhebungen über α, das andere Mal (Kurve II), die auf *C D* gemessenen zugehörigen seitlichen Abstände von α. Wir erhalten dann (Abb. 283) je eine Sinuskurve, *aber um* $2\pi/4$ = 90° *gegeneinander verschoben* (um $1/_4$ Periode). Man darf also die gleichförmige

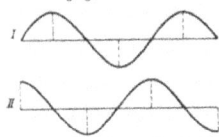

Abb. 283. Zwei um $^1/_4$ Periode gegeneinander verschobene Sinuskurven.

Kreisbewegung des Massenteilchens auffassen als Resultante zweier *Pendel*schwingungen, die es *gleichzeitig* ausführt, senkrecht zueinander und einander vollkommen gleich, nur daß es die eine um $1/_4$ Schwingungsdauer später beginnt als die andere. — Setzt man zwei derartige Antriebe experimentell zusammen, so entsteht tatsächlich eine gleichförmige Kreisbewegung: Man lenke ein Pendel (Abb. 284) aus seiner Ruhelage *A* ab und halte es im Umkehrpunkt *B* fest. Läßt man es wieder los, so unterliegt es nur dem Antriebe, der es nach *A* zurückführt und zum Pendeln zwischen *B* und *B'* veranlaßt. Gibt man ihm aber in *B*, also nach $1/_4$ seiner Schwingungsdauer, gleichzeitig *rechtwinklig* zu seiner Schwingungsebene (in der Richtung *b*) einen zweiten Antrieb von geeigneter Stärke, so beschreibt es mit gleichförmiger Geschwindigkeit einen Kreis um *A* als Mittelpunkt.

Der kreisende Punkt der Abb. 282 entspricht dem Pendel der Abb. 284. Anfangs ist er in *O*. Er wird nach α abgelenkt. Dort erfährt er einen Antrieb *senkrecht* zur Schwingungsbahn *CD*, der demjenigen gleich ist, den er bereits *längs* *CD* erfahren hat. Von nun an muß er beiden Antrieben folgen, er geht daher von α

Abb. 284. Pendel, das um die Ruhelage *A* einen Kreis beschreibt.

aus im Kreise mit gleichförmiger Geschwindigkeit um *O* als Zentrum. Die Schwingung längs *C D* ist der Schwingung längs *A B* um $1/_4$ Schwingungsdauer voraus!

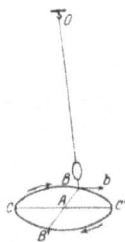

Für die ganze Punktreihe der Abb. 279 (1) kann man sich den bisher an einem einzelnen Punkt erläuterten Hergang etwa so vorstellen: Ein Punkt der Reihe hat einen Stoß I zu *seinem Nachbar hin* erhalten

I → • · · · · · · · · · ·
$\wedge$
II

und, *im Maximum seiner Abweichung angekommen* — also nachdem er $1/_4$ Schwingung vollendet hatte, hat er einen Stoß II *senkrecht* zur Punktreihe erhalten. Wenn sich beide *gleichzeitig* in derselben Punktreihe fortpflanzen, nimmt die Punktreihe die Wellenform Abb. 281 an: aus dem *Zusammenwirken zweier* voneinander unabhängiger *Wellen* kann also eine *neue* entstehen. Das erklärt sich ungezwungen aus der Zusammensetzung im Parallelogramm der Bewegungen. Jeder einzelne Punkt erfährt gleichzeitig *zwei* Antriebe, nimmt also eine aus beiden resultierende Bewegung an: jeder genau wie sein Vorgänger, nur etwas später, wobei die Verspätung wieder der ganzen Reihe entlang gleich groß ist für je zwei Nachbarpunkte.

Magnetisches Drehfeld. Die sinusartige Pendel*schwingung* und die Zusammensetzung von zwei solchen um $1/_4$ Periode verschiedenen Schwingungen, zu einer *gleichförmig kreisenden* des Pendels hat ein Seitenstück in dem Magnetfeld, das ein sinusartiger Wechselstrom erzeugt, und der Zusammensetzung von zwei solchen Feldern zu einem *kreisenden*, einem *Drehfelde* (FERRARIS, 1888). Die Analogie ist so deutlich, daß die Abbildungen, die die Kreisbewegung des Pendels und ihre Entstehung erläutert haben, auch das Drehfeld und seine Entstehung aus zwei sinusförmigen Wechselströmen erläutern. Ein elektrischer Strom erzeugt in seiner Umgebung ein magnetisches Feld, ein im Kreise fließender ein Feld, dem wir eine bestimmte Richtung und eine bestimmte Größe zusprechen können, wie wir das von einem Stabmagneten können, den wir irgendwo im Raume festlegen. Ist der Strom ein Wechselstrom, dessen Stärke so steigt und fällt, wie es eine Halbwelle der Abb. 283 veranschaulicht und der seine Richtung periodisch um 180⁰ umkehrt, wie es die Lage der Halbwellen über und unter der Achse andeutet, so pulsiert die Feldstärke der Stromstärke entsprechend und ändert periodisch ihre Richtung um 180⁰. Wir können sagen: das Feld pendelt. Stellen wir es durch einen Vektor dar, so ist das ein Pfeil, dessen Länge sich in demselben Rhythmus ändert, wie der Abstand eines Pendelkörpers von der Ruhelage, und der beim Durchgange durch Null seine Pfeilspitze um 180⁰ umkehrt. Wir lassen jetzt auf dieses Feld einen zweiten Wechselstrom wirken, der mit dem ersten *außer in der Phase* völlig übereinstimmt — er ist gegen den ersten um $^1/_4$ Periode verschoben (Abb. 283) — und der ein Feld erzeugt, das *senkrecht* zum ersten gerichtet ist. Ein dem vorhin verfolgten Gedankengange gleicher führt zu der Einsicht, daß das Feld dann konstante Stärke hat, aber seine Richtung stetig ändert, sich dreht wie das im Kreise umlaufende Pendel (Abb. 284). Der Vektor, der es darstellt, ist ein Pfeil von konstanter Länge, der sich, wie eine Magnetnadel auf ihrer Pinne, mit gleichförmiger Geschwindigkeit dreht. Versieht man einen Eisenring (Abb. 285) mit zwei Spulen, durch die zwei um $^1/_4$ Periode gegeneinander versetzte sonst aber einander gleiche Wechselströme gehen, so entsteht im Innern des Ringes ein *Drehfeld*. Eine frei in dem Ringe befindliche Magnetnadel rotiert synchron mit dem Felde. Je nach der Verwendung von zwei um 90⁰ oder von drei um 120⁰ in der Phase gegeneinander verschobenen Strömen unterscheidet man zweiphasigen oder dreiphasigen *Drehstrom*. Der Drehstrom spielt in der Elektrotechnik seit etwa 1895 eine Hauptrolle.

Abb. 285. Zum magnetischen Drehfelde.

Zusammenwirken zweier Transversalschwingungen. Wie sich eine Längs- und eine Querwelle gleichzeitig die Punktreihe entlang fortpflanzen können (S. 222 u.), so auch *zwei* Querwellen. (Eine aus zwei Querwellen entstehende Welle spielt in der Optik eine große Rolle.) Um die dabei auftretenden Bewegungsrichtungen kurz

Abb. 286. Oben: Ruhelage einer Punktreihe. Darunter: Dieselben Punkte in einer Phase der Longitudinalwellenbewegung. Daneben: Querprojektion.

und klar bezeichnen zu können, beziehen wir sie *auf ein Auge* in der Punktreihe, das *an ihr entlang* sieht (Abb. 286/7/8).

Erhält der erste Punkt der Reihe einen Antrieb *senkrecht* zur Punktreihe, so daß er vertikal auf und ab schwingt, so entsteht eine Querwelle, deren Ebene *vertikal* steht; d. h. Bild und Lage der Punktreihe werden wiedergegeben durch Abb. 279 (5), wenn wir die Buchseite 219 vertikal stellen. Erhält der Punkt dagegen den Antrieb zwar auch senkrecht zur Punktreihe, aber so, daß er *horizontal* schwingt, so entsteht eine Querwelle, deren Ebene *horizontal* liegt; d. h. Bild und Lage der Punktreihe werden dann wiedergegeben durch Abb. 279 (5), wenn wir die Buchseite horizontal legen.

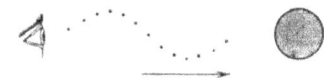

Abb. 287. Transversalwelle. Daneben: Querprojektion der Transversalwelle des natürlichen (*nicht* polarisierten) Lichtes.

Diese beiden Querwellen sollen sich nun *gleichzeitig* in der Punktreihe fortpflanzen. Angenommen, der erste Punkt erfahre im *selben* Moment einen Antrieb nach oben und einen nach rechts (die Richtungen bezogen auf das beobachtende Auge in der Punktreihe), und zwar (um die Darstellung zu vereinfachen) beide *gleich stark*. Der Punkt beschreibt dann eine Gerade (schräg nach rechts oben und zurück nach links unten), die aus dem Parallelogramm der Bewegungen hervorgeht. Die *zwei geradlinigen* Schwingungen kombinieren sich also zu *einer* geradlinigen Schwingung. Es resultiert *eine Querwelle*, die der *Art* nach mit jeder der beiden einzelnen Querwellen übereinstimmt, die jeder der beiden Antriebe für sich allein erzeugt haben würde. Nur die Lage der Schwingungsebene und auch die Amplitude ist anders als die der zusammenwirkenden Querwellen. Wie aber, wenn die beiden Wellen *nicht* gleichzeitig miteinander beginnen?

Besonders wichtig (für die Deutung gewisser optischer Erscheinungen) ist es, wenn der Punkt den zweiten Antrieb — er sei wieder der horizontale — erst empfängt, wenn er $^1/_4$ seiner vertikalen Schwingung vollendet hat, wenn er also, *oben* im Umkehrpunkte angekommen, die Geschwindigkeit 0 hat und im Begriff ist, nach unten zu schwingen. Unter diesen Verhältnissen hat sich bereits ein Viertel der *vertikalen* Querwelle *ausgebildet*, wenn die horizontale erst *anfängt*. (Man sagt: die beiden Wellen haben eine Phasen*differenz* von $^1/_4$ Wellenlänge.) In dem Moment, in dem der schwingende Punkt umkehrt, hat er *zwei* Geschwindigkeiten — die eine vertikal nach unten, die andere horizontal nach rechts. Die erste ist Null, und die zweite hat den maximalen Anfangswert. Beide Geschwindigkeiten ändern sich: die vertikale nimmt von 0 bis zu ihrem Maximalwert zu, die andere nimmt *gleichzeitig* von demselben Maximalwert bis zu Null ab. Vermöge der *einen* Geschwindigkeitskomponente sucht der Punkt sich seiner ursprünglichen Ruhelage zu nähern, aber die andere entfernt ihn um *ebensoviel* davon, so daß er immer *gleich weit* davon entfernt *bleibt* und von jenem Umkehrpunkt aus im *Kreise* um die Ruhelage herumgeht. Bei den hier angenommenen Richtungen durchläuft er (für das beobachtende Auge in der Punktreihe) den Kreis im Sinne des Uhrzeigers. Das tut *jeder* Punkt der Reihe, jeder jedoch *etwas später* anfangend als der vorhergehende. Die Kreise liegen auf einem Zylinder, dessen Achse die Gerade ist, in der die Punktreihe *anfangs* gelegen hat, und dessen Querschnitt senkrecht zur Achse ein Kreis ist von den Dimensionen der Punktbahnen. Das Bild, das die *Punktreihe* in dem Moment bietet, in dem der erste Punkt seinen Kreis einmal vollendet hat, ist eine Schraubenlinie, die sich um den Zylinder zieht, Abb. 288. Ein von der *Seite* her beobachtendes Auge sieht die bewegte Punktreihe sich wie eine Schlange an dem Zylinder entlang winden. (Man erhält das Momentbild der entstehenden Welle aus dem der Wasserwellen Abb. 281, wenn man das Buch vertikal auf die kurze Kante stellt, die Kreise dieser Abbildung um ihre *vertikale* Achse gedreht denkt, so daß sie wie die Münzen einer horizontal gehaltenen Geldrolle zueinanderliegen, und daran entlang sieht. Der Unterschied in der Entstehungsart der beiden Wellen liegt ja nur darin, daß der horizontale Antrieb — wieder auf das Auge in der Punktreihe bezogen — im ersten Falle der Reihe *entlang* gerichtet war, im zweiten aber nach rechts. Im ersten Falle mußten daher Kreise entstehen, die *in* der Blicklinie rotieren, im zweiten solche, die *um* sie rotieren.)

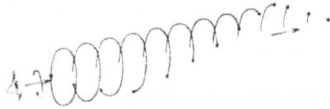

Abb. 288. Lage der Punkte im rechts zirkular polarisierten Strahl nach Verlauf einer ganzen Periode.

Was heißt „polarisiert"? *Längs*, d. h. *in* der Punktreihe gibt es nur *eine* Schwingungsrichtung, aber *senkrecht* zur Punktreihe gibt es unendlich viele. Aus dieser unendlichfachen Möglichkeit entspringt ein grundsätzlicher Unterschied zwischen Querwellen und Längswellen (der mancherlei Verschiedenheiten von Licht und Schall erklärt). Wir besprechen diesen Unterschied schon hier aus Gründen der Denkökonomie — zu wissen *notwendig* ist der Unterschied allerdings erst bei der *Polarisation* des Lichtes. — Was heißt „polarisiert"?

Wir knüpfen an die *Longitudinal*welle an. Gegeben ist eine geradlinige Reihe von Molekeln, die (Abb. 286) longitudinal schwingen. Die entstehende Längswelle pflanzt sich in der Pfeilrichtung fort. Sieht man in dieser Richtung die

Molekelreihe entlang (die Blicklinie fällt in die Molekelreihe), so sieht man keine der Molekeln aus der Pfeilrichtung *heraustreten*. Die Projektion der Gesamtheit der schwingenden Molekeln auf eine zur Fortpflanzungsrichtung der Welle senkrechte Ebene, die Querprojektion, ist in *jedem* Moment ein *Punkt*.

Ganz anders die *Transversal*welle (Abb. 287). „Senkrecht zur Fortpflanzungsrichtung" sind rings um die Blicklinie unendlich viel Richtungen. Denken wir uns die Blicklinie als Achse, senkrecht durch das Zifferblatt einer Uhr gehend, nach dem das Auge hinblickt, so gibt jede mögliche Lage des Zeigers eine solche Richtung an, denn in *jeder* steht er senkrecht auf der Blicklinie. In der transversal schwingenden Molekelreihe ist jetzt *jede* dieser *möglichen* Schwingungsrichtungen vertreten — wie sieht das Auge dann in *einem gegebenen Moment* die Molekeln angeordnet? Man vergegenwärtige sich: in *jedem* Moment ist *jede* Schwingungsrichtung vertreten und *jeder* Abstand von der Blicklinie, den innerhalb der Amplitude eine Molekel erreichen kann. Man bedenke ferner: es sind unendlich viele Molekeln, die *gleichzeitig* schwingen, und die das Auge *gleichzeitig* auf das Zifferblatt projiziert sieht. Man erkennt dann: in *jedem* Moment sieht das Auge als Querprojektion der Gesamtheit der Molekeln eine Kreisscheibe vom Radius der Schwingungsamplitude und *jeden* Punkt der Scheibe von einer Molekel besetzt. So wie hier beschrieben und durch die Querprojektion (Abb. 287) erläutert, stellt man sich (nach der Wellenhypothese) die Schwingungen in einem gewöhnlichen — man sagt: *natürlichen* Lichtstrahl vor. Der *Strahl* ist die Gerade, längs deren die Welle fortrückt, es wäre daher richtiger, von natürlicher und von polarisierter *Welle* zu sprechen. Es ist aber nicht üblich.

Und nun zum *geradlinig polarisierten* Lichtstrahl. Wir denken uns von den unendlich vielen möglichen Schwingungsrichtungen nur eine einzige vertreten (nur *eine* Lage des Uhrzeigers). Alle Schwingungen geschehen dann *beständig* dem*selben* Durchmesser der Kreisscheibe parallel, und sie verlaufen daher alle in *einer* Ebene. Die Querprojektion der Welle *reduziert sich auf einen einzigen Durchmesser* des Kreises. Man kann dann von *Seiten* des Strahles sprechen — was bei der Longitudinalwelle sinnlos ist. Man sieht: nach gewissen Seiten gehen keine Schwingungen. Die Schwingungen werden auf einer bestimmten Geraden festgehalten, geradeso wie der mit zwei Polen versehene Magnetnadel. Von diesem Analogon rührt die Bezeichnung *polarisiert* her. — Die an der Abb. 279 beschriebene Welle gehört danach zu einem geradlinig polarisierten Lichtstrahl. Seine *Polarisationsebene* ist die Ebene der Zeichnung.

Man kann den Unterschied zwischen einem natürlichen (gewöhnlichen) und einem geradlinig polarisierten Strahl auch so erläutern: Man denke sich einen Kompaß, einen Lichtstrahl vertikal durch die Mitte (Aufhängung) der Kompaßnadel gehend und die Molekeln stets *nur längs der Nadel* hin und her schwingend. Steht die Nadel still, so schwingen die Molekeln nur nach *einer* Richtung und der ihr entgegengesetzten, z. B. nur von Nord nach Süd und von Süd nach Nord. *Dadurch* entsteht ein geradlinig polarisierter Lichtstrahl, seine *Schwingungsebene* ist eine Vertikalebene in der Nord-Südrichtung. (Man kann von einer Ost- und einer West*seite* der Ebene sprechen.) *Dreht* man die Kompaßnadel, so dreht sich auch die Schwingungsebene. Dreht sich die Nadel *andauernd*, und zwar so schnell, daß sie die Windrose millionenmal in der Sekunde durchläuft, so wechselt auch die Schwingungsrichtung entsprechend schnell, und die Molekeln schwingen in dieser Zeit nach allen möglichen Richtungen der Windrose senkrecht zum Strahl — genau der Vorgang, wie wir ihn uns in einem *gewöhnlichen* Lichtstrahl vorstellen. Durch einen entsprechenden Versuch (an einem genügend schnell rotierenden Kalkspat) hat Dove gezeigt, daß die Wirklichkeit diese Vorstellung rechtfertigt.

Die Molekeln in einem polarisierten Strahl schwingen *nicht stets* auf einer Geraden, der Zusatz „geradlinig" ist also notwendig. Die Punkte können auch Kreise beschreiben (Abb. 288). Seine Querprojektion ist dann eine Kreislinie aus den die Fortpflanzungsrichtung umkreisenden Punkten (Abb. 289). Der Strahl heißt *zirkular polarisiert* — *rechts zirkular* oder *links zirkular* je nach dem Umlaufsinne. Die *Kreis*bahn kommt dadurch zustande, daß *zwei* geradlinig polarisierte Transversalwellen sich gleichzeitig an der Molekelreihe entlang fortpflanzen, deren Phase um *ein Viertel* Wellenlänge verschieden ist. Liegt dieser Phasenunterschied *zwischen* Null und ein Viertel Wellenlänge, so entsteht eine Ellipse. Der Strahl heißt dann *elliptisch polarisiert*. Die um die ursprüngliche Gerade laufenden Teilchen bilden dann zusammen eine Schraubenlinie um einen unsichtbaren Zylinder, der elliptischen Querschnitt hat, und an dem entlang sie sich in der Fortpflanzungsrichtung der Welle weiterwindet. Das Auge, dessen Blicklinie in die ursprüngliche Ruhelage der Molekeln fällt, sieht eine Ellipse aus den um die Ruhelage herumlaufenden Teilchen. Anderes als geradlinig, zirkular oder elliptisch polarisiertes Licht ist uns nicht bekannt.

Abb. 289. Querprojektion der zirkular polarisierten Welle.

Elektromagnetische Welle. Eine Welle ähnlicher und doch besonderer Art ist die Welle (Abb. 290), die nach der elektromagnetischen Theorie von MAXWELL das Licht

Abb. 290. Zur Veranschaulichung der elektromagnetischen Welle. Hilfsmittel zur Erinnerung an die Richtung der elektrischen Kraft E und die der magnetischen Kraft M in einer elektromagnetischen Welle in Verbindung mit deren Fortpflanzungsrichtung (➤).

fortpflanzt (und die man dazu benützt, Sprache und Schrift drahtlos zu übermitteln). Auch sie enthält als Komponenten zwei transversale Wellen, die sich gleichzeitig längs derselben Geraden fortpflanzen und die in senkrecht zueinanderstehenden Ebenen schwingen. Aber jede besteht in ihrer Form *unbeeinflußt von der anderen* weiter — bisher kombinierten sich die Formen der Komponenten zu einer *neuen*. Hier bedeutet jede physikalisch etwas anderes: die eine, die pendelartige Pulsation *elektrischer* Kräfte, die andere, die pendelartige Pulsation *magnetischer* Kräfte, diese bilden zusammen, in der Phase übereinstimmend, die *elektromagnetische Welle*. Bedeutet der ausgestreckte linke Zeigefinger die Fortpflanzungsrichtung der Welle, der abgespreizte Daumen E die Richtung der elektrischen Kraft an irgendeiner Stelle der Welle, so gibt der eingeschlagene Mittelfinger M die Richtung der magnetischen Kraft an.

Übereinanderlagerung von Schwingungen (Interferenz). In den bisherigen Zusammensetzungen bilden die Antriebe einen *Winkel*: der eine Antrieb ist horizontal, der andere vertikal. Viel einfacher, wenn die Antriebe die*selbe* oder einander *entgegengesetzte* Richtung haben! Erfährt der erste Punkt der Reihe den Antrieb nach *unten*, der die Querwelle Abb. 279 erzeugt, und erfährt er $^1/_2$ oder $^3/_2$ oder $^5/_2$ usw. Schwingungs-

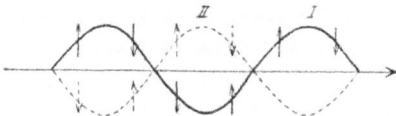

Abb. 291. Übereinanderlagerung von zwei einander aufhebenden Querwellen.

dauer später, wo er wieder mit seiner Anfangsgeschwindigkeit durch seine Anfangslage nach *oben* geht, den*selben* Antrieb nach *unten*, so kommt er offenbar zur Ruhe und schließlich — jeder Punkt etwas später als der vorangehende — die ganze Punktreihe. Denn (Abb. 291) dieser zweite Antrieb bildet eine Welle II aus, durch die jedes Teilchen einen Antrieb erhält, der *gleich* groß und *entgegengesetzt* gerichtet ist *dem*, den es von der Welle I her besitzt.

Wäre der zweite Antrieb nach *oben* gerichtet gewesen, als der Punkt nach *oben* durch die Ruhelage ging, so würde er sich zu dem ersten addieren und eine Welle erzeugt haben, die jedem Teilchen einen Antrieb erteilt, ebenso groß und *ebenso* gerichtet wie der, den es von der ersten Welle her schon hatte. Die Kurve *II* in Abb. 292 läge dann an derselben Stelle wie *I*, das Ergebnis der Addition ist die Kurve *III*. Die beiden Wellen haben gleiche Wellenlänge, gleiche Amplitude — und *gleiche Phase*. Der Sinn der Abb. 293 erklärt sich danach von selbst. Die *schwach* ausgezogenen Kurven bedeuten die Wellenkomponenten, die *stark*

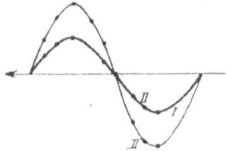

Abb. 292. Übereinanderlagerung von zwei gleichen Transversalwellen.

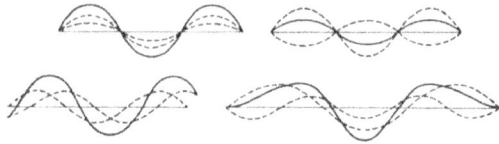

Abb. 293. Übereinanderlagerung von je zwei verschiedenen Transversalwellen.

ausgezogenen die zugehörigen Wellen*resultanten*. Die nach *derselben* Seite gerichteten Abstände von der Ruhelage sind durch *Addition*, die einander *entgegengesetzten* durch *Subtraktion* zusammengefaßt.

Eine technische Anwendung von höchster Bedeutung findet die Übereinanderlagerung von Schwingungen in der drahtlosen Telephonie (s. d.). Die Schallschwingung der Tonquelle verwandelt sich im Mikrophon in einen Wechselstrom. Bei der gewöhnlichen Telephonie überträgt ein Draht (Telephonleitung) diesen Wechselstrom zu dem Hörer. Bei der *drahtlosen* Telephonie *überlagert* man den aus dem Mikrophon kommenden Wechselstrom der (von einem besonderen Generator erzeugten und) von einer Antenne ausgestrahlten elektrischen Schwingung. Mit anderen Worten: man zwingt der aus der Antenne kommenden elektrischen Schwingung die *in elektrische Schwingung umgewandelte* Schallschwingung auf — man nennt das: *Modulation* der Schwingung — und macht so die Antennenschwingung zur Übertragerin des Mikrophonwechselstroms (also *indirekt* zur Übertragerin der Schallschwingung). Die von der Antenne kommende Schwingung ist in *dieser* Form für einen *Hörer* unverwendbar, denn sie würde — in Schallschwingung zurückverwandelt — einen *jenseits* der Hörbarkeitsgrenze liegenden Ton geben. Darüber, wie man ihn hörbar *macht*, s. Schwebungen.

Daß die Bewegung eines von *mehreren* Wellen erfaßten Teilchens aus dem *Zusammen*wirken der darauf gerichteten Antriebe hervorgehen muß, ist logisch überzeugend. Aber die *sinnliche Anschauung* des Vorganges fehlt uns bisher. Wir haben sie erst, wenn wir zwei einander kreuzende Wellen mit dem Auge verfolgen können, wie die gleichzeitig über einen Wasserspiegel laufenden Wellen in Abb. 294. Hier bedeuten die konzentrischen Kreise um *A* und um *B* die Wellenringe (etwa durch eine bei *A* und eine gleichzeitig bei *B* erfolgte Störung erregt). Bedeuten der 1., 3., 5., 7. . . . Kreis um *A* bzw. *B* — in einem gegebenen Moment — die maximalen Hebungen (Wellenberge), so bedeuten der 2., 4., 6., 8. . . . im selben Moment die maximalen Senkungen (Wellentäler). Die Punkte, in denen ein Kreis um *A* einen um *B* *schneidet*, bedeuten die Punkte, die *gleichzeitig* von den Wellen um *A* und denen um *B* ergriffen worden sind. Wo zwei ungeradzahlige (geradzahlige) Kreise einander schneiden, treffen zwei Erhebungen (Senkungen) zusammen.

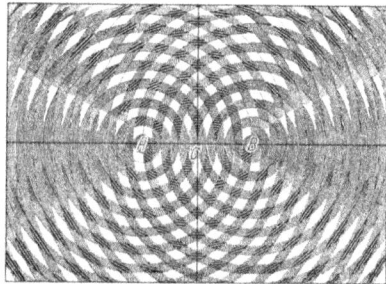

Abb. 294. Interferenz zweier Wellensysteme (mit *A* und *B* als Mittelpunkte) auf der Oberfläche einer Flüssigkeit.

Hier *summieren* sich gleichgerichtete Antriebe dem Auge erkennbar und erzeugen *höhere* Wellenberge und *tiefere* Wellentäler, als sie jedes Wellensystem *einzeln* hervorruft. Wo ein ungeradzahliger Kreis und ein geradzahliger einander schneiden, treffen eine Hebung und eine Senkung zusammen. Hier subtrahieren sich gleich große, aber entgegengesetzt gerichtete Antriebe. In diesen Punkten muß Ruhe herrschen, und tatsächlich *sieht* man ein System von Linien, in denen das Wasser annähernd in Ruhe bleibt.

Man nennt dieses Zusammenwirken zweier Wellensysteme *Interferenz* der Wellen. *Verändert* wird keines der Wellensysteme dabei. Jedes geht durch das andere hindurch, ohne gestört zu werden. Kurz: das eine Wellensystem lagert sich über das andere (Prinzip der *Superposition*). Man sieht das an zahlreichen Erscheinungen auf einem bewegten Wasserspiegel. Man verfolge die Wellen, die vom Kiel eines Ruderbootes in den Wellen des Flusses erzeugt werden, und die sich selber mit anderen Wellen kreuzen: selbst, *während* sie einander kreuzen, sind sie *einzeln* sichtbar, und sie setzen nachher ihren Weg fort, ohne eine Störung erkennen zu lassen.

Stehende Wellen. Schwingungsknoten und Schwingungsbäuche. Durch Interferenz entsteht auch eine Wellenform besonderer Art, der wir oft begegnen werden, die *stehende* Welle. Sie entsteht durch die Interferenz von zwei Wellen *gleicher* Amplitude, *gleicher* Wellenlänge, aber *entgegengesetzter* Fortpflanzungsrichtung. (Bei den Interferenzen in Abb. 292 entstehen *beide* Wellen an *demselben* Ende der Punktreihe und pflanzen sich in *derselben* Richtung fort.)

Legt man durch den Wasserspiegel (Abb. 294) einen vertikalen, ebenen Schnitt durch die *A* und *B* verbindende Gerade, so sieht man längs *A B* zwei Wellen sich fortpflanzen, eine von *A* nach *B*, die andere von *B* nach *A*. Beide *beginnen* zur *selben* Zeit, und da sie sich unter gleichen Bedingungen fortpflanzen, treffen

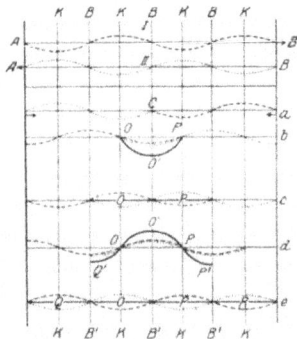

sie einander in der *Mitte C*. Wird der Abstand *A B* durch *zwei* Wellenlängen ausgefüllt, so sieht die Punktreihe — wir gehen der Übersichtlichkeit wegen zu ihr zurück — im Moment des Zusammentreffens so aus wie Abb. 295 a.

Die von *A* ausgehende Welle allein würde der Punktreihe das Aussehen der *gestrichelten* Kurve *I* geben, die von *B* ausgehende allein das Aussehen der *punktierten* Kurve *II*. Jede folgende Abbildung (*b*, *c*, *d*, *e*) zeigt die Punktreihe um je $^{1}/_{4}$ Schwingungsdauer später als die vorhergehende, d. h. jede der zwei Wellen um $^{1}/_{4}$ Wellenlänge weiter in ihrer Richtung vorgeschoben. (Die Viertelwellenlängen werden in der Abb. 295 durch je zwei aufeinanderfolgende vertikale Parallelen abgeteilt, in jeder der Abbildungen *b*, *c*, *d*, *e* ist also die Bewegung um

Abb. 295.
Bild einer stehenden Welle.

den Abstand zweier aufeinanderfolgender Parallelen weiter vorgerückt.) Man kann beide Wellen, die punktierte und die gestrichelte, einzeln verfolgen und erkennt ihre Interferenz an der stark ausgezogenen Kurve, der resultierenden Welle.

Die Abbildungen *a* bis *e* zeigen: 1. Gewisse Punkte bleiben *stets* in Ruhe. Nämlich die um je eine *halbe* Wellenlänge voneinander entfernten Punkte *O*, *P*, *Q*, *R* (auf den Geraden *K*) die *Knotenpunkte*. Die beiden interferierenden Wellen gehen *stets gleichzeitig* mit einander entgegengesetzten Phasen hindurch, in ihnen heben also *stets* zwei gleich große und *entgegengesetzt* gerichtete Bewegungen einander auf.

2. Die Abbildungen *c* und *e* zeigen nach je einer *halben* Schwingungsdauer *sämtliche* Punkte in gerader Linie, zeigen also, daß sämtliche Punkte *gleichzeitig*

durch die Ruhelage gehen, also eine Viertelschwingungsdauer später auch *gleichzeitig* umkehren — *gleichzeitig*! *nicht* wie bei den bisher beschriebenen Wellen *nacheinander*. Die Abb. 295 *b, d*, die die Punkte eine Viertelschwingungsdauer *nach* dem Durchgange durch die Ruhelage, d. h. in ihrem äußersten Abstande davon zeigen, zeigen erstens, daß alle Punkte *desselben* Abschnittes, z. B. des Abschnittes *O P* zwischen den Knotenpunkten *O* und *P*, von der Ruhelage aus *dieselbe* Bewegungsrichtung haben, je zwei *aufeinanderfolgende* Abschnitte *entgegengesetzte*. Sie beweisen ferner, daß die Schwingungs*weite* der einzelnen Punkte verschieden groß ist (in den *bisher* beschriebenen, *fortlaufenden* Wellen hatten alle Punkte dieselbe Amplitude!): in der Mitte zwischen je zwei Knotenpunkten am *größten*, nach den Knotenpunkten zu *kleiner*, in den Knotenpunkten *Null*. Sie ist in der Mitte gleich der Summe der Amplituden der beiden interferierenden Wellen, weil die beiden Wellen dort, und zwar *nur* dort, stets (wie sämtliche Abbildungen zeigen) mit gleicher Phase zusammentreffen. Die Punkte *O', P', Q'*, die voneinander um je eine halbe Wellenlänge abstehen, heißen *Schwingungsbäuche*; sie gehen stets auf derselben Geraden in der Mitte zwischen den Knoten auf und ab (auf den Geraden *B'*). Da die einzelnen Punkte *verschieden* lange Schwingungs*bahnen* haben, aber die Bahnen alle in *derselben* Zeit durchlaufen, so ist ihre *Geschwindigkeit verschieden*: in den Bäuchen am größten, nach den Knotenpunkten zu kleiner, in den Knotenpunkten selbst Null.

Die hier entstehende Welle weicht von den bisher beschriebenen wesentlich ab: Charakteristisch für sie ist, daß gewisse Punkte der Reihe feststehen, die *Knoten*punkte, daß die anderen *alle gleich*zeitig durch die Ruhelage gehen und alle auch gleichzeitig umkehren. Je zwei Nachbarknoten teilen die Punktreihe in Abschnitte, jeder Abschnitt schwingt *gleichsam wie* ein zusammenhängendes Ganzes um die Ruhelage, dabei die Wellenform bildend (*ähnlich* der als *wirklich* zusammenhängendes Ganzes schwingenden Saite der Abb. 301), jeder Abschnitt schwingt in entgegengesetzter Richtung wie die beiden ihm unmittelbar benachbarten. Da man an derselben Stelle des Raumes stets *dieselbe* Form der Bewegung sieht, *steht* die Welle *scheinbar fest*. Sie heißt daher *stehende Welle*.

Es gibt auch *stehende Längswellen*. Sie entstehen, wenn an die Stelle der Querwellen Längswellen treten. Auch hier entstehen *Knotenpunkte*, in denen die Bewegung stets Null ist, und *Bäuche*, in denen sie dauernd am stärksten ist. Die Knoten und die Bäuche der stehenden Längswellen liegen aber *nicht* an denselben Stellen, an denen die Knoten und die Bäuche der stehenden Querwellen liegen. Geht von *A* und von *B* aus je eine *Längs*welle an der Punktreihe entlang — beide im selben Moment unter gleichen Bedingungen entstehend —, so treffen auch sie in der Mitte zusammen. Sie erteilen aber dem Punkt in der Mitte *entgegengesetzte* →•← Antriebe, hier bildet sich also ein *Knoten*. (Die beiden interferierenden *Quer*wellen erteilen dem Punkte *gleich*gerichtete ↑ Antriebe, daher bildet sich hier ein *Bauch*.) Verfolgen wir diesen Vorgang weiter, so finden wir, daß die Knoten der stehenden Längswellen an den früher von den Bäuchen der stehenden Querwellen eingenommenen Stellen liegen.

Wenn man die Abbildungen betrachtet und sich vergegenwärtigt (S. 220 m.), daß Verdichtungen und Verdünnungen der Längswellen mit denjenigen Punkten korrespondieren, in denen bei gleicher Wellenlänge die Querwellenkurve die Gerade schneidet, so erkennt man, daß die Knoten der stehenden Längswelle die Punkte sind, an denen Verdichtung und Verdünnung abwechseln und die *in Ruhe sind*, die Bäuche aber die Punkte mit konstanter mittlerer Dichte *und stärkster Bewegung*.

Die Knoten und die Bäuche sind, *geometrisch* betrachtet, einzigartige Punkte der ganzen Punktreihe. Auch *physikalisch* betrachtet sind sie es. Sehen wir in einer stehenden Welle lediglich eine Form der *Bewegung*, so sehen wir in den Knoten und den Bäuchen lediglich die Stellen, in denen die Geschwindigkeit der schwingenden Punkte Null resp. am größten ist. Ist die stehende Welle aber z. B. eine *Schall*welle, so sind die Knoten die Stellen, in denen die Dichte der Luft periodisch am stärksten, die Bäuche die Stellen, in denen sie überhaupt nicht wechselt. Ist die stehende Welle eine *elektromagnetische*, so sind die Bäuche die Stellen, an denen die Stärke des elektrischen Feldes am stärksten wechselt, ein Hertzscher Resonator (s. d.) daher am stärksten durch Funkenbildung reagiert. die Knoten dagegen die Stellen, an denen diese Wirkung ausbleibt. Ist die stehende Welle eine *Licht*welle (Wiener, 1890), so sind die Bäuche die Stellen stärkster, die Knoten die Stellen schwächster Lichtwirkung[1].

Jeder schwingende Punkt der Anfangspunkt einer Welle. Prinzip von Huygens. Wellenfläche. Bisher haben wir stillschweigend vorausgesetzt, daß jeder Punkt nur zwei (mit ihm in gerader Linie liegende) Nachbarn hat — die sämtlichen Punkte sollten ja nur auf einer *Geraden* liegen (S. 216 u.). In der *Wirklichkeit* hat aber jeder Punkt um sich herum unendlich viele Nachbarn, man denke sich ihn

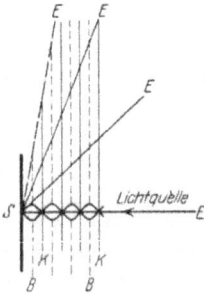

als Mittelpunkt einer Kugel, also als unendlich vielen Geraden *gleichzeitig* angehörend. Wird er Ausgangspunkt einer Wellenbewegung, so überträgt er seine Schwingungen auf *alle* Nachbarn und wird so zum Anfangspunkt *unendlich vieler* Wellen. Aber auch jeder andere Punkt wird, wenn die Bewegung ihn erfaßt, zum Anfangspunkt einer Wellenbewegung. Daher müssen unendlich viele Wellen entstehen, die miteinander interferieren. Eine Gesetzmäßigkeit läßt sich nicht a priori voraussehen. Für *Lichtwellen* (der Lernende kann sich nicht früh genug damit bekannt machen!) hat das Prinzip von Huygens zur Erkenntnis einer Gesetzmäßigkeit verholfen. Zur Belehrung darüber, was das *Licht mit Wellen* zu tun hat, genügt *hier* folgendes: die Wellentheorie des Lichtes von Huygens sieht die Lichtquelle als Ausgangspunkt von Schwingungen an, die

Abb. 296. Zum Nachweise stehender Lichtwellen.

sich in Querwellen ausbreiten — in Wellen, die dadurch entstehen, daß die Teilchen eines unendlich elastischen Stoffes (des Lichtäthers) so schwingen, wie Abb. 279 es beschreibt. Wenn diese Wellen unsere Augen treffen, so erregen sie die *Lichtempfindung*. Die Wellenlänge beträgt nur wenige Zehntausendstel eines Millimeters. Mehr zu wissen, ist im Augenblick nicht nötig.

[1] Wieners Grundgedanke zur Demonstration stehender Lichtwellen: Auf einen ebenen Metallspiegel S fällt senkrecht einfarbiges Licht. Die auffallenden und die vom Spiegel zurückgeworfenen Wellen pflanzen sich in einander entgegengesetzter Richtung fort, erzeugen daher stehende Wellen, teilen also den Raum vor dem Spiegel in gewisse Abschnitte. In einer zu dem Spiegel *parallelen* Ebene herrscht überall der *gleiche* Schwingungszustand, die Bäuche und die Knoten (kurz mit B und K bezeichnet) erfüllen daher zwei Scharen zu ihm paralleler Ebenen, der Abstand zweier Nachbarebenen *derselben* Schar ist eine halbe Wellenlänge (er wird von einer Ebene der *andern* Schar halbiert). Dieses System von stehenden Wellen werde von einer auf der Ebene der Zeichnung senkrechtstehenden Ebene (E) durchsetzt. Die beiden Scharen von B-Ebenen und K-Ebenen schneiden dann E in zwei Scharen von äquidistanten Geraden, B-Gerade und K-Gerade miteinander abwechselnd (sie stehen senkrecht auf der Ebene der Zeichnung). Der gegenseitige Abstand zweier dieser Nachbargeraden hängt ab von den Wellen zwischen E und dem Spiegel. Ist er 90°, so ist der Abstand so winzig wie der der entsprechenden schneidenden Ebenen (wie die Wellenlänge des Lichtes), macht man ihn kleiner und kleiner, so treten die B-Geraden und die K-Geraden weiter und weiter auseinander. Wiener hat den Winkel nahezu Null gemacht und die Streifen auf einem *lichtempfindlichen* Häutchen (von etwa $1/30$ Wellenlänge Dicke) als ein System von abwechselnd hellen und dunklen Streifen dem unbewaffneten Auge sichtbar gemacht. (Auch in einer dünnen mit Fluoreszein versetzten Gelatineschicht nach Drude und Nernst demonstrierbar, die Schicht fluoresziert in äquidistanten grünen Streifchen.)

Die im Zeitpunkt Null in O beginnende Schwingung (Abb. 297) pflanzt sich, da O ringsherum Nachbarn hat, nach allen Richtungen mit derselben Geschwindigkeit fort. Die durch die Schwingung von O entstehende Wellenbewegung erreicht daher alle Punkte, die gleichen Abstand von O haben — sie bilden eine Kugelfläche um O als Mittelpunkt — gleichzeitig. Mit anderen Worten: Es gibt in *jedem* Augenblick eine Kugelfläche (mit O als Mittelpunkt), an deren Punkten die Wellenbewegung gerade *ankommt*, deren Punkte also sämtlich ihre Schwingungen in diesem Augenblick *beginnen* und, da sie sich *alle* in *derselben* Weise bewegen, dauernd in der Phase ihrer Bewegung untereinander übereinstimmen, d. h. in der Größe und in der Richtung der Geschwindigkeit. Eine Fläche, deren Punkte dadurch charakterisiert sind, heißt *Wellenfläche*. (In homogenen, isotropen Stoffen ist sie eine *Kugel*. Bei der Bewegung der Lichtwellen in den meisten Kristallen ist sie keine Kugel, in manchen Fällen ein Ellipsoid, in anderen eine noch verwickeltere Fläche.) Der Radius dieser Kugel wächst mit dem Fortschreiten der Wellenbewegung. Man spricht in diesem Sinne von *Kugelwellen*. Ein sehr kleines Stück einer Kugel kann als eben gelten, in diesem Sinne spricht man von *ebenen* Wellen.

Pflanzt sich die Wellenbewegung nach allen Richtungen mit der Geschwindigkeit v cm sec fort, so ist sie im Zeitpunkt t_1, d. h. nach t_1 Sekunden von O bis zur Kugelfläche vom Radius vt_1 und im späteren Zeitpunkte t_2 bis zur Kugelfläche vom Radius vt_2 vorgerückt. In der Zwischenzeit von $(t_2 - t_1)$ Sekunden ist sie von der ersten Kugelfläche aus auf jedem Radius um die Strecke $v(t_2 - t_1)$ vorgerückt. Man kann sich die Ausbreitung der Wellenbewegung veranschaulichen durch das kontinuierliche Größerwerden einer Kugel mit O als Zentrum, deren Radius jeden Moment gleich der Strecke ist, die die Welle bis zu diesem Moment

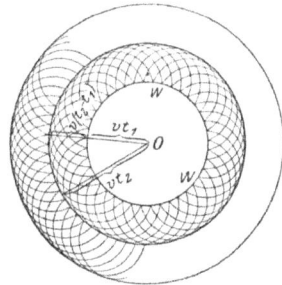

Abb. 297. Zur Veranschaulichung der Wellenfläche und der Ausbreitung einer Kugelwelle nach dem Prinzip von Huygens.

zurückgelegt hat, oder auch durch eine kontinuierliche Aufeinanderfolge von konzentrischen Kugelflächen, deren äußerste (größte) die Grenze angibt, bis zu der die Wellenbewegung gerade vorgerückt ist; je um eine ganze Wellenlänge voneinander abstehende Kugelflächen entsprechen den Orten *gleicher Phase*.

Diese ganze Überlegung berücksichtigt zwar, daß O nach allen Richtungen Nachbarn hat, nicht aber, daß jeder Punkt *selbst Ausgangspunkt einer Welle* wird. Gerade das berücksichtigt nun **das von Huygens (1690) aufgestellte Prinzip** (Abb. 297) Zu dem Zeitpunkt t_1 gehört die Kugelfläche W mit dem Radius vt_1. Wir fragen: bis wohin pflanzt sich die Wellenbewegung im Zeitabschnitt $(t_2 - t_1)$ fort, wenn jeder Punkt von W *selbst* ein Erschütterungszentrum ist, also selbständig eine Wellenbewegung veranlaßt? Aus jedem Punkte der Kugelfläche W entspringt eine Wellenbewegung, die sich nach allen Richtungen mit der Geschwindigkeit v ausbreitet. Um jeden bildet sich daher eine „Elementarwelle", eine Kugelwelle, deren Radius in der Zeitspanne $t_2 - t_1$ die Größe $v(t_2 - t_1)$ erreicht. Abb. 297 zeigt einen Teil dieser Elementarwellen. Sie werden *sämtlich* von einer Kugelfläche berührt — „eingehüllt" — die mit der Kugel vom Radius vt_2 zusammenfällt, d. h. die Punkte der *Kugelwelle* vom Radius vt_2 fallen sämtlich mit Punkten der Elementarwellen zusammen.

In dieser Art breiten sich die Lichtwellen von der Lichtquelle aus und ebenso (bis auf Unterschiede, die hier belanglos sind) die Schallwellen. Aber von der Lichtquelle aus kommt das Licht nur in geraden Linien zu uns (biegt nicht „um die Ecke") im Gegensatz zum Schall. Warum biegen die Lichtwellen nicht auch um alle Hindernisse herum, wie die Schallwellen? Gerade die Analogie des Lichtes mit dem Schall als einer Wellenbewegung führt hier auf einen Widerspruch: die *geradlinige* Ausbreitung des Lichtes und die Entstehung des *Schattens* waren unerklärlich.

Um sie zu erklären, hat HUYGENS angenommen: jeder von einer Lichtwelle erfaßte Punkt P wird selbst zum Ausgangspunkt von Kugelwellen, aber diese Elementarwellen *erzeugen nur auf der sie einhüllenden Fläche eine merkliche Wirkung.* Wenn daher Q eine punktartige Lichtquelle ist und ein ebener undurchsichtiger Schirm $S_1 S_2$ ihr Licht nur durch die Öffnung $A_1 A_2$ hindurchläßt, so ist zu einem gewissen Zeitpunkt t die Lichtwirkung von Q aus auf einer Wellenfläche angelangt, die wir so finden können, wie es Abb. 298 zeigt. Man findet als einhüllende Fläche der Elementarwellen eine Kugelfläche um Q, die nur *innerhalb* des durch Q und den Öffnungsrand $A_1 A_2$ bestimmten Kegels liegt:

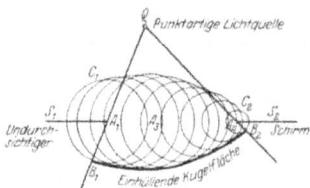

Abb. 298. Zur Erklärung der geradlinigen Ausbreitung des Lichtes von Q aus nach dem Prinzip von HUYGENS. Jeder Punkt, der wie A_2 in der Ebene der Schirmöffnung liegt, wird Mittelpunkt eines Systems von Elementarwellen; er wird es um so früher, je näher er an Q liegt. In einem gegebenen Zeitpunkt t ist der Radius der Wellenfläche der z. B. von A_2 ausgehenden Elementarwellen daher entsprechend größer als der von A_1 oder der von A_2 ausgehenden. Für *alle* Elementarwellensysteme muß im Zeitpunkt t der Radius plus Abstand des Mittelpunktes von Q denselben Wert haben. Auf diese Weise erhält man, als einhüllende Fläche dieser Elementarwellen, eine um Q beschriebene Kugelfläche.

innerhalb dieses Kegels breitet sich von Q aus das Licht so aus, als ob der Schirm $S_1 S_2$ gar nicht da wäre, *außerhalb* dieses Kegels aber überhaupt nicht.

HUYGENS Satz erklärt also die geradlinige Ausbreitung des Lichtes ganz zwanglos. Aber er läßt zwei Einwände unbeantwortet: 1. die Elementarwellen um die Punkte A haben auch in dem Raum *zwischen Schirm und Lichtquelle* eine einhüllende Fläche ($C_1 C_2$), es müßte sich also auch *nach rückwärts* stets Licht ausbreiten — was tatsächlich nicht vorkommt. 2. Die durch die Abb. 298 veranschaulichte Konstruktion versagt, d. h. die Ausbreitung geschieht *nicht* in gerader Linie, wenn die Öffnung $A_1 A_2$ sehr klein wird — *dann* biegt das Licht „um die Ecke" und zeigt *Beugungserscheinungen.*

Erst FRESNEL (1824) hat die Lösung gefunden. HUYGENS hatte angenommen, *nur auf der einhüllenden Fläche der Elementarwellen* ist die Lichtwirkung merklich. FRESNEL ersetzte diese Annahme durch den Grundsatz: die Elementarwellen beeinflussen einander bei ihrem Durchkreuzen gemäß dem Interferenzprinzip; *überall dort tritt Licht auf, wo sie einander verstärken.* dagegen Dunkelheit dort. wo sie einander vernichten. Dieses FRESNEL-HUYGENSsche Prinzip erklärt sowohl die geradlinige Ausbreitung des Lichtes wie auch die Beugung. FRESNEL berechnet die Lichtwirkung im Punkt P (Abb. 299), die von der Lichtquelle Q herkommt. (Zwischen Q und P ist zunächst kein Schirm vorhanden!) Er geht dazu von einer Kugelfläche um Q (mit a als Radius) aus, die er als Wellenfläche auffaßt, er teilt sie in ringförmige Zonen ein, deren Mittelpunkte auf der Geraden QP liegen und schreibt deren Flächeninhalt durch folgende Bestimmung vor: die 1. Zone (Zentralzone) reicht bis zu dem Punkt M_1, der sich daraus bestimmt, daß $M_1 P - M_0 P = \lambda/2$, unter λ die Wellenlänge verstanden; die 2. Zone reicht bis zu dem Punkt M_2, der sich daraus bestimmt, daß $M_2 P - M_1 P = \lambda/2$, und so fort. Jede dieser Zonen der Wellenfläche trägt zur Wirkung auf P bei. Die Rechnung ergibt, daß je zwei Nachbarzonen das mit einander entgegengesetztem Vorzeichen tun, und FRESNEL kommt zu dem Ergebnis: die Lichtwirkung in P ist so, als ob sie allein von der Wirkung der Elementarwellen *der halben Zentralzone* herrührte.

Stellt man einen kreisförmigen Schirm, dessen Mittelpunkt in M_0 liegt, zwischen Q und P (rechtwinklig zu QP), so hängt die Lichtwirkung in P wesentlich davon ab, ob der Schirm die Zentralzone und die nächstbenachbarten frei läßt oder nicht. Man sollte meinen, daß, wenn der Schirm die halbe Zentralzone verdeckt, die Lichtwirkung in P Null ist. Keineswegs! Man kann dann die Zoneneinteilung *vom Rande* des Schirmes aus (d. h. von seiner Projektion auf die Kugelfläche aus) beginnen, und *wieder* bleibt *der Rechnung nach* dann die Wirkung der *halben* ersten (am Schirm liegenden) Zone übrig. Auf der Geraden M_0P kann dann in *keinem Punkte Dunkelheit* herrschen. *Die Erfahrung bestätigt diesen Schluß der Theorie.*

Aber für Schirme, die, verglichen mit der Wellenlänge, *sehr groß* und dabei, verglichen mit dem Abstand M_0P *nicht klein* sind, ist die Lichtwirkung in P gering: ferner auch, wenn in M_0 ein nicht genau kreisförmiger Schirm mit dem Zentrum M_0 steht, der viele Wellenlängen groß ist. Im allgemeinen ist bei unregelmäßiger Gestalt des Schirmes bei M_0 die Lichtwirkung in P unendlich klein. Man kann daher von geradliniger Ausbreitung des Lichtes sprechen, indem man durch genügend große Schirme von unregelmäßiger Gestalt, die in der Geraden QP liegen, Dunkelheit in P herbeiführt.

Steht zwischen P und Q ein Schirm mit *kreisförmiger Öffnung* mit dem Mittelpunkt M_0, so ist die Lichtwirkung in P je nach der Größe dieser Öffnung sehr verschieden. Läßt sie nur die halbe Zentralzone frei, so ist der Rechnung nach die Wirkung in P dieselbe, wie wenn der Schirm nicht da wäre (natürliche Intensität). Ist die Öffnung doppelt so groß, so daß die ganze Zentralzone frei bleibt, so ist die Wirkung doppelt so groß; wird die Öffnung wiederum verdoppelt, so daß die *beiden ersten* Zentralzonen frei bleiben, so ist die Wirkung nahezu Null, und so fort. Auch diese Schlüsse hat die Beobachtung bestätigt. Anstatt Schirme und Öffnungen wechselnder Größe zu wählen, braucht man nur den Beobachtungspunkt P auf der Geraden QM_0 zu verschieben.

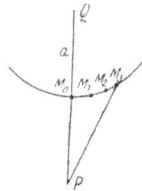

Abb. 299. Zur Berechnung der Lichtwirkung einer von Q ausgehenden Kugelwelle auf den Punkt P.

FRESNELS Abänderung des Prinzips von HUYGENS erklärt somit nicht nur die geradlinige Ausbreitung des Lichtes, sondern auch die Abweichungen von diesem Gesetz, die Beugungserscheinungen. Aber auch sie läßt noch zwei Einwände unbeantwortet. Erstens erklärt auch sie nicht, warum sich von einer Wellenfläche aus das Licht nur in *einem* Sinne ausbreitet, nicht auch nach rückwärts (zur Lichtquelle hin). Und zweitens führt FRESNELS Berechnung auf eine nicht zutreffende *Phase* der Lichterregung in P. Diese Unvollkommenheiten der Theorie hat erst KIRCHHOFF beseitigt (1882).

Eine Einhüllfläche von Kugelwellen im Sinne des HUYGENS-Prinzips ist auch die vor einem fliegenden Geschoß unter bestimmten Bedingungen entstehende *Kopfwelle.* Der Stoß des Geschosses auf die vor ihm liegenden Luftteilchen erzeugt Verdichtungen. Von jedem Verdichtungsknoten breitet sich eine Kugelwelle mit *Schall*geschwindigkeit aus. Ist die *Geschoß*geschwindigkeit *kleiner*, so zerstreuen sich die Kugelwellen im Raume, die Störung erfüllt dann einen sich dauernd vergrößernden Raum um das Geschoß herum. Ist die Geschoßgeschwindigkeit *größer*, so bildet die gemeinsame Einhüllfläche sämtlicher von der Geschoßspitze A ausgehenden Kugelwellen einen Kegelmantel EDF aus verdichteter Luft, man nennt ihn *Kopfwelle* (Abb. 300). Auf Einzelheiten gehen wir nicht ein. Hinter der ersten Kopfwelle gehen von anderen vorspringenden Teilen des Geschosses ebenfalls Verdichtungswellen aus, so daß das Geschoß von mehreren Kegelmänteln umhüllt ist (photographisch nachweisbar). Die Kopfwelle wird als Kopfwellen*knall* hörbar. Bei Geschossen mit Überschallgeschwindigkeit hört man außer dem Kopfwellenknall noch den Abschußknall des

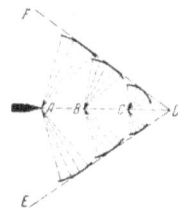

Abb. 300. Kopfwelle vor einem Geschoß.

Geschützes und den Detonationsknall des Geschosses. Die Kopfwelle haftet vorn am Geschoß, solange die Geschoßgeschwindigkeit größer ist als die Schallgeschwindigkeit, löst sich aber von ihm ab, sobald die Geschoßgeschwindigkeit unter die normale Schallgeschwindigkeit gesunken ist, und geht mit der normalen Schallgeschwindigkeit weiter.

Fortpflanzungsgeschwindigkeit der Wellenbewegung. Mit welcher Geschwindigkeit breitet sich die Wellenbewegung aus? Die exakte Herleitung der Formel dafür überschreitet die Grenzen einer elementaren Darstellung. Wir beschränken uns daher auf die notwendigsten Angaben. Die Wellenbewegung ist nur durch das „Elastischsein" des Stoffes möglich, daher muß ihre Fortpflanzungsgeschwindigkeit vor allem von der Elastizität des Stoffes abhängen. Sie hängt ferner von der Größe der Masse ab, die in Schwingung versetzt wird. Die Elastizität wird durch den Elastizitätskoeffizienten e gemessen, die Masse durch die Dichte d. Die Abhängigkeit der Fortpflanzungsgeschwindigkeit v von beiden spricht sich in $v = \sqrt{e/d}$ aus. Aber diese einfache Beziehung gilt nur, wenn die Wellenbewegung nicht etwa Temperaturveränderungen in dem Stoffe und *dadurch* eine Änderung seines Elastizitätskoeffizienten hervorruft, die — eine Aufgabe der Thermodynamik — veranschlagt werden muß (S. 236 u.).

Die Geschwindigkeit v hängt *nicht* davon ab, ob die Wellenlänge, noch davon ob die Amplitude groß oder klein ist. D. h. lange Wellen und kurze Wellen, Wellen mit großer und Wellen mit kleiner Schwingungsweite pflanzen sich gleich schnell fort (S. 236 u.). Aber *eines* ist zu beachten. Bei der *Längs*welle ist e der Koeffizient der *Druck*elastizität (S. 140 [2.]), bei der *Quer*welle der *Schub*elastizität (S. 140 [3.]). Flüssigkeiten und Gase haben aber *nur Druck*elastizität. In *ihnen* können also auch nur *Längs*wellen entstehen, elastische *Quer*wellen nur in *starren* Körpern. Selbstverständlich entstehen in starren Körpern auch Längswellen, denn sie haben auch Druckelastizität. Ihr Koeffizient ist größer als der der Schubelastizität. In einer Wellenbewegung, die eine Längs- und eine Querkomponente hat, eilt daher die Längswelle der Querwelle voraus. (So ist es bei den Erdbebenwellen. Längs der *Erdoberfläche* ist der gebräuchlichste Mittelwert für v_{long} 7.2 km/sec, für v_{trans} 5,0 km/sec.) Da die Fortpflanzungsgeschwindigkeit nur von der Dichte und der Elastizität abhängen, so breitet sich die Welle in den isotropen Stoffen (S. 540) nach *allen* Richtungen gleich schnell aus, als *Kugelwelle*. Aber in den anisotropen, z. B. in gewissen Kristallen, hat die Wellenfläche eine sehr verwickelte Form.

Zurückwerfung der Wellen (Reflexion). Andere Erscheinungen der Wellenbewegung beschreiben wir erst dort, wo der Gang der Darstellung es fordert. Die Zurückwerfung (Reflexion) der Wellen kennt jeder von den Wasserwellen her: treffen die Wellen auf ein Hindernis AB (Abb. 303), z. B. ein Ufer, das ihre weitere Ausbreitung hindert und sie „zurückwirft", so breiten sich die zurückgeworfenen Wellen scheinbar um ein Zentrum a' aus, das ebensoweit *hinter* der Uferwand liegt, wie das tatsächlich vorhandene Zentrum a *davor* liegt, es *erscheint* als selbständiges neues Erschütterungszentrum. Die von a aus zu der Wand *hin*gehenden und die von ihr *zurück*geworfenen Wellen interferieren miteinander.

Die Lehre vom Schall (Akustik).

A. Entstehung und Fortpflanzung und Wahrnehmung des Schalles.

Physiologische Akustik. Physikalische Akustik. Die Lehre vom Schall gehört außer zur Physiologie auch zur Physik, weil die Ursache, die unter normalen Bedingungen die Schallempfindung hervorruft, auf eine besondere Art Bewegung zurückführbar ist und deren Erforschung für die Erkenntnis des Wesens der Tonempfindungen unerläßlich ist. Die Schallempfindung entsteht dadurch, daß der Gehörnerv „gereizt" wird. *Jede* Reizung des Gehörnerven ruft sie hervor, sie ist geradezu „die dem Ohre eigentümliche Reaktionsweise gegen äußere Reizmittel" (HELMHOLTZ). Der Reiz, der als der *normale* anzusehen ist, entsteht durch Schwingungen einer elastischen Membran (des Trommelfells), die das innere Ende des Gehörganges abschließt. Mit Hilfe der ihr anliegenden „Gehörknöchelchen" und des Labyrinthwassers (in dem sich die Enden des Gehörnerven ausbreiten) wirkt sie schwingend auf den Gehörnerven ein. *Diese Reizung* des Nerven erzeugt die Schallempfindung. In Schwingungen gerät das Trommelfell durch die Schwingungen der Luft im Gehörgange und diese durch Schwingungen des Körpers, den wir als Schallquelle ansehen. Übertragen werden die Schwingungen der Schallquelle auf die Luft im Gehörgange durch die Luft, die sich zwischen beiden befindet, und die selber unter der Einwirkung der Schallquelle in Schwingungen gerät. Diesem Vorgange entsprechend müssen wir die Schwingungen, die von der Schallquelle ausgehen, sich dann der Luft zwischen Schallquelle und Ohr mitteilen und schließlich zum Trommelfell gelangen, als die *Ursache* ansehen, die die Schallempfindung hervorruft. *Diese* Schwingungsbewegung ist es, was wir als Schallbewegung oder auch kurzweg als Schall im physikalischen Sinne bezeichnen. — Wir unterscheiden daher zwar in der Lehre vom Schalle zwei Gebiete: die *physiologische* Akustik, die sich mit den Tonempfindungen, und die *physikalische* Akustik, die sich mit der Schall*bewegung* beschäftigt. Eine strenge Scheidung beider ist aber unmöglich, weil das Ohr das natürliche, wenn auch nicht das einzige Hilfsmittel bei der Untersuchung dieser Bewegung abgibt.

Geräusch und musikalischer Klang. Die Erfahrung lehrt uns so verschiedene Schallempfindungen kennen, wie Geräusch und musikalischen Klang. Ihre Verschiedenheit ist so groß, daß wir auf einen großen Unterschied ihrer physikalischen Grundlagen schließen müssen. Man kann das Geräusch aus musikalischen Klängen *erzeugen*: das gleichzeitige „Stimmen" der Instrumente in einem Orchester erzeugt eine Schallempfindung, die als die Grenze zwischen Geräusch und musikalischem Klang gelten darf. Tatsächlich offenbaren uns die Resonatoren (S. 241) *jedes* Geräusch als ein Gewirr von musikalischen Klängen. Wir sehen daher den musikalischen Klang als die einfachere der zwei Schallempfindungen an. Daß Geräusch und musikalischer Klang trotz des gemeinsamen Ursprungs (aus Schallschwingungen) objektiv ganz verschieden sind, zeigt der Phonautograph von SCOTT (er ähnelt dem Phonographen von EDISON), der die Form der Schwingungen als Bild wiedergibt. Er enthält als wesentlichsten Teil eine Membran (wie unser Trommelfell), an der ein Schreibstift befestigt ist (eine Borste), und eine Walze, mit berußtem Papier überzogen, gegen die die Spitze der Borste mit sanftem Druck anliegt. Die Walze ist um ihre Welle drehbar und verschiebt sich bei der Drehung wie eine Schraubenmutter an der Welle entlang. Schwingt die Membran unter dem Einfluß einer Schallquelle, so zeichnet die Borste auf die Rußschicht eine Kurve, die die Schwingungen der Membran veranschaulicht. Die Schwingungen eines musikalisch tönenden Körpers zeigen sich der Form nach einander alle gleich, den Schwingungen eines Pendels vergleichbar, bei den Geräuschen ist das *nicht* der Fall. Das Geräusch bietet zu wenig Greifbares, um uns zu interessieren.

Ein tönender Körper, ein schwingender Körper. Daß die tönenden Körper tatsächlich schwingen, ist in vielen Fällen leicht wahrzunehmen. Die Schwingungen einer tönenden Saite kann man zwar nicht *einzeln* sehen, man

Abb. 301. Schwingende Saite.

sieht aber, daß die Saite während des Tönens so aussieht wie Abb. 301, also zwischen den Bögen *a* und *b* hin- und hergeht. Das Bild wird allmählich flacher und flacher, bis es in das geradlinige der ruhenden stummen Seite *c* übergeht. — Daß ein *tönender* Körper sich *bewegt*, erkennt man schon daraus, daß man ihn — eine tönende Saite, eine Glocke, eine Stimmgabel — zum Schweigen bringt, wenn man ihn berührt. Man kann auch die *einzelnen* Schwingungen (*mittelbar*) sichtbar machen: man kann eine tönende Stimmgabel ihre Schwingungen aufzeichnen lassen, die Schwingungen einer tönenden Saite photographisch wiedergeben, die Schwingungen der Luft in einer tönenden Orgelpfeife mit Hilfe einer Flamme (S. 258) erkennbar machen usw. Meist trägt uns die Luft die Schwingungen des tönenden Körpers zu, aber es kommen auch Schallwahrnehmungen vor, bei denen sie *keine* Rolle spielt. Man kann eine angeschlagene Stimmgabel oder eine tickende Taschenuhr hören, wenn man sie mit den *Zähnen* festhält; man kann, wenn man sich mit dem Ohr auf den *Erdboden* legt, das Geräusch eines Eisenbahnzuges, Hufschläge u. a. aus weiterer Ferne hören, als es normaler Weise möglich wäre. Im ersten Falle werden dem Ohr die Schwingungen durch die Schädelknochen, im zweiten durch den Erdboden zugeführt. Überhaupt übertragen den Schall alle Körper, in denen elastische Schwingungen unterhalten und fortgeleitet werden können — feste, flüssige und gasförmige. Aber unter alltäglichen Bedingungen überträgt ihn die Luft. Von ihrer Mitwirkung dabei überzeugt man sich, wenn man eine elektrische Klingel in der Glocke einer Luftpumpe in Tätigkeit setzt und dann die Luft daraus entfernt: der Schall wird leiser und erlischt schließlich.

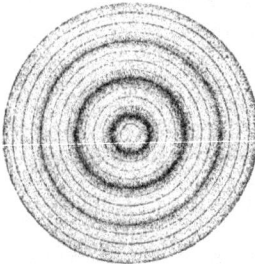

Abb. 302. Ausbreitung des Schalles durch Kugelwellen (Verdichtung und Verdünnung durch Schattierung angedeutet).

Ausbreitung des Schalles in der Luft. Erzeugt und ausgebreitet wird der Schall durch die Luft in Längswellen (S. 219), die der schwingende Körper veranlaßt. Die Verdichtungen und Verdünnungen der Luft (S. 220 m.) kann man photographisch wiedergeben (BOYS, MACH. SALCHER). Abb. 302 zeigt ungefähr, wie man sich Schallwellen vorstellt, die sich um das Erschütterungszentrum ausbreiten.

Der Vorgang ist nicht so einfach, wie dort geschildert. Dort hatten wir eine einzige Gerade von Massenteilchen und ursprünglich *ruhende* Massenteilchen. Hier handelt es sich um den Luftraum rings um die Schallquelle und um *bewegte* Teilchen. Aber unsere Vorstellungen müssen im ganzen trotzdem richtig sein, denn die Beobachtungen stimmen mit den Folgerungen aus der Theorie im wesentlichen überein.

Die Fortpflanzungsgeschwindigkeit des Schalles durch einen Stoff hängt $v = \sqrt{e/d}$ gemäß (S. 234), nur von der Dichte d und von der Elastizität e des Stoffes ab. Sie muß danach von der Wellen*länge* unabhängig sein, d. h. in derselben Substanz für *alle* Wellenlängen *gleich* groß. Die Erfahrung bestätigt diese Folgerung ebenfalls: der Zusammenklang mehrerer sich gleichzeitig fortpflanzender Töne, der Klang eines Akkordes, klingt unverändert, gleichviel in welchem Abstande von der Schallquelle man ihn hört. Zu tiefen Tönen gehören aber längere Wellen als zu hohen Tönen; wenn sich lange und kurze Wellen *verschieden* schnell fortpflanzten, so könnten die verschieden hohen Töne des Akkords nicht *gleichzeitig* bei uns ankommen. Wir würden dann die Töne *nach*einander, den Akkord also *gebrochen* hören.

Auch sonst lehrt die Formel $v = \sqrt{e/d}$, daß unsere theoretischen Vorstellungen berechtigt sind. Setzt man für e und für d die Zahlen, die sich auf einen bestimmten Stoff beziehen, so ergibt sich die Schallgeschwindigkeit in ihm. In *festen* und *flüssigen* stimmt die so berechnete Geschwindigkeit mit der experimentell ermittelten gut überein; so gut, daß man die beobachtete Geschwindigkeit v zusammen mit der bekannten Dichte d benutzen kann, die Messung des Elastizitätskoeffizienten e zu kontrollieren. In *Gasen* ist die Übereinstimmung nicht ohne weiteres vorhanden. Die Geschwindigkeit des Schalles in der Luft bei 0° C ist 331 m/sec, *sollte* nach $v = \sqrt{e/d}$ aber 279,4 m sein. Diese Unstimmigkeit ist nur scheinbar (LAPLACE, 1818): Die Elastizität der Luft wird durch Temperaturänderungen beeinflußt, die die Schallwelle selbst durch die wechselnden Verdichtungen und Verdünnungen hervorruft. Jede Verdichtung erhöht die Temperatur an der verdichteten Stelle, jede Verdünnung erniedrigt sie. Die Temperaturunterschiede können sich nicht so schnell ausgleichen, wie die Schwingungen erfolgen, und vergrößern die Druckunterschiede, d. h. die elastischen Kräfte, auf denen die Fortpflanzung der Welle beruht. Laplace hat das in Rechnung gestellt und auch für die *Gase* die Theorie der Schallfortpflanzung mit der Wirklichkeit in Übereinstimmung gebracht. Nach seiner Theorie ist $v = \sqrt{e/d}$ mit dem Faktor $\sqrt{c_p/c_v}$ (wenn c_p und c_v die spezifische Wärme des Gases bei konstantem Druck und bei konstantem Volumen bedeuten) zu multiplizieren.

Zurückwerfung (Reflexion) der Schallwellen. Entstehen auf einer Wasserfläche (Abb. 303) Wellen um *a* und treffen sie die Wand *A B*, die ihre weitere Ausbreitung hindert, so werden sie von der Wand zurückgeworfen, *reflektiert*. Es entsteht ein neues Wellensystem, das sich gleichsam aus ihr heraus entwickelt. Es ist dem ersten vollkommen gleich und breitet sich nach *der* Seite aus, von der jenes hergekommen ist. Ein Erregungszentrum hat das zurückgeworfene System im physikalischen Sinne nicht, aber im geometrischen Sinne so deutlich, daß es wie von einem Erregungszentrum *a′* ausgegangen erscheint. Das von der Wand *A B* zurückgeworfene Wellensystem breitet sich um dieses *ideelle* Zentrum *a′* genau so aus wie das erste System um sein *wirkliches*.

Genau wie die Wasserwellen verhalten sich die Luftwellen: sie werden von jedem Hindernis zurückgeworfen (dabei erweist sich manches als Hindernis, was man nicht a priori dafür halten würde, z. B. eine Wolke!) und bilden ein zurücklaufendes Wellensystem, das sich genau so verhält wie das erste, dem es seine Entstehung verdankt. Auch dieses zurückgeworfene Wellensystem hat keinen wirklichen Erregungsmittelpunkt, aber sein Eindruck auf das Ohr entspricht dem, den das reflektierte Wasserwellensystem auf das Auge macht. Wie dort das Auge das Erregungszentrum *a′* konstruiert, so hier das Ohr: es unterstellt eine neue Schallquelle, die hinter dem Hindernis zu liegen scheint.

Die gewöhnlichen Reflexionserscheinungen des Schalles sind der Widerhall und das Echo[1]. Der *Widerhall* entsteht stets in jedem geschlossenen Raume. Zum Bewußtsein kommt er uns aber nur, wenn er uns stört, z. B. wenn der von den Wänden zurückkommende Schall die gesprochenen Worte verlängert und dadurch undeutlich macht. Die „Akustik" eines Raumes hängt wesentlich von

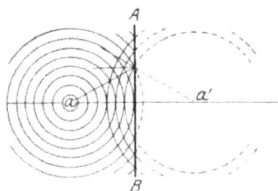

Abb. 303. Zurückwerfung der von *a* ausgehenden Schallwellen an einer Wand *A B* und scheinbare Entstehung einer neuen Schallquelle *a′* (Echo).

dem Widerhall ab, aber die *vielen* Zurückwerfungen des Schalles — von einer Wand zur anderen, von Gegenständen in dem Raum usw. — machen die Erzielung einer „guten Akustik" fast ganz vom Zufall abhängig. Am meisten stört der Widerhall in großen Räumen mit krummlinigem Grundriß und glatten, undurchbrochenen Wänden. In Konzert- und Theaterräumen tragen Bogen, Brüstungen usw. dazu bei, die Störungen zu mildern. Man darf aber mit den Wanddurchbrechungen auch nicht zu weit gehen; denn der Widerhall ist *nötig*, um den Schall zu unterstützen, man erkennt das daran, daß es einem Redner viel schwerer ist, sich im Freien, wo der Ton „verhallt", verständlich zu machen, als im geschlossenen Raume.

Unterstützen, d. h. verstärken kann der von den Wänden zurückgeworfene Schall den ersten Ton nur dann, wenn er die Tonquelle wieder erreicht hat, ehe sie aufgehört hat zu tönen. (Der Abstand der Wände von der Tonquelle im Verhältnis zur Schallgeschwindigkeit und die Dauer des ersten Tones sprechen hierbei mit.) Erreicht er die Tonquelle erst wieder, wenn der erste Ton bereits zu Ende ist, so kann er diesen natürlich nicht verstärken — aber er kann seine

---

[1] ἠχώ = Schall; κατηχέω = töne entgegen, unterrichte; Katechismus.

Zeitdauer verdoppeln, und wenn er von ihm deutlich getrennt gehört wird, ihn *wiederholen.* Diese deutlich hörbare Wiederholung eines Tones durch seinen Widerhall nennt man *Echo.* Das Echo macht, im Gegensatz zum Widerhall, wirklich den Eindruck einer zweiten Tonquelle, namentlich dann, wenn es eine Reihe von Silben oder von musikalischen Tönen wiedergibt. Aber es kann sich dabei nur um eine *kurze* Reihe von Worten oder von Tönen handeln, weil der Abstand zwischen Tonquelle und Wand ihrer Wiedergabe eine Grenze setzt — und ferner nur um sehr *laute* Töne, weil der Ton bei der großen Strecke, die er hin und her durchlaufen muß, sonst unhörbar würde. Ganz anders aber, wenn diese beiden Momente unberücksichtigt bleiben können, wie z. B., wenn der Schall von Hohlspiegelflächen reflektiert wird, die zueinander so liegen wie in Abb. 304. Das Ticken einer Uhr verschwindet meist in 1—2 m Abstand, ist aber noch in viel größerem Abstande hörbar, wenn man die Uhr in den „Brennpunkt" *A* des einen Hohlspiegels (s. d.) bringt und das Ohr — oder besser: das Ende eines Hörrohres — in *B,* den Brennpunkt des anderen Spiegels. Der reflektierte Schall geht dann nicht zu der Tonquelle *A* zurück, kann also den ursprünglichen nicht stören. Die von der Tonquelle ausgehende Tonreihe kann daher unbegrenzt sein — wie das Ticken der Uhr —, ohne mit dem durch Reflex gehörten Ton zu kollidieren. *Sämtliche* Wege des Schalles von der Uhr zu dem Spiegel und von da zurück, gehen durch *B,* der *ganze* reflektierte Schall gelangt nach *B.* Daher ist der

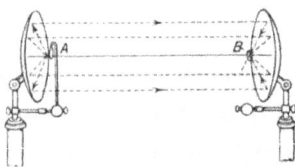

Ton in *B* immer noch hörbar, selbst wenn er bei *A* so leise ist wie das Ticken einer Uhr. — Genau so gelangt in Gewölben von elliptischem Querschnitt (Flüstergewölbe) der Schall aus dem einen Brennpunkte der Ellipse in den anderen; selbst ganz leise Worte, die von dem einen Brennpunkt ausgehen, sind in dem anderen deutlich verständlich — nicht aber an Punkten dazwischen.

Abb. 304. Zurückwerfung der von der Schallquelle *A* (Taschenuhr) ausgehenden Schallwellen an Hohlspiegelflächen.

Mit reflektierten Schallwellen mißt man in der Schiffahrt seit einigen Jahren die Gewässertiefe, in der Ozeanographie sogar die Meerestiefe. Das *Echolot* (BEHM) ermittelt zu diesem Zweck die Sekundenzahl zwischen der Abgabe eines Knallsignals unter Wasser und der Ankunft seines vom Meeresboden zurückgeworfenen Echos. Aus der beobachteten Zeitdauer und der bekannten Fortpflanzungsgeschwindigkeit des Schalles im Wasser (im Süßwasser bei 8^0 C 1435 m/sec) berechnet man die Gewässertiefe. Das Verfahren bedeutet namentlich für Tiefseelotungen einen ungeheuren Fortschritt gegenüber den früheren Meßmethoden.

Tonquellen. Hervorrufen kann man longitudinale Schwingungen in *jedem* Körper, transversale in jedem festen (S. 234 m.). Um musikalische Töne zu erzeugen (andere interessieren uns hier nicht), verwendet man *feste* Körper fast nur in der Form von Saiten (Darm, Metall); bisweilen verwendet man auch Stäbe (Triangel, Stimmgabel), Glocken, Platten (Becken, Tam-Tam) und Membranen (Pauken, Trommeln), aber im Vergleich mit den Saiten nur nebenher. Die Töne durch Schwingungen von *Flüssigkeits*säulen (mit Sirenen und Orgelpfeifen) haben keine praktische Bedeutung. Um so größere die Schwingungen von *Luft*säulen als Tonerzeuger in sämtlichen Blasinstrumenten, der Orgel und dem Kehlkopf. Wie man verfährt, um in den verschiedenen Tonwerkzeugen die Schwingungen hervorzurufen, ist so charakteristisch für die Instrumente selber, daß HELMHOLTZ sie sogar danach einteilt.

Er teilt sie ein in solche, die zum Tönen kommen:

    1. entweder durch Anschlag (Fortepiano, Harfe, Gitarre, das Pizzicato der Streichinstrumente),

2. oder durch den Bogen (Streichinstrumente),

3. oder durch Blasen gegen eine scharfe Kante (Flöten und Flötenwerke der Orgel),

4. oder durch Blasen gegen elastische Zungen (alle übrigen Blasinstrumente, die Zungenpfeifen der Orgel und die menschliche Stimme).

Wie das Streichen und das Anschlagen der Instrumente geschieht, ist bekannt. Das „Anblasen" der Luftsäulen beschreiben wir später (S. 259). Ohne weiteres ist jedoch verständlich, daß eine Luftsäule auf andere Art zum Schwingen kommt als ein fester Körper, den man mit einer sicht- und lenkbaren mechanischen Vorrichtung (Bogen, Hammer, Finger) erfassen und bewegen kann. Aber wie verschieden an Material und an Form die Tonwerkzeuge auch sind — *eine* Anregungsart ist ihnen *allen* gemeinsam: sie kommen sämtlich durch *Resonanz* d. h. durch *Mitschwingen* zum Tönen.

Resonanz. Durch Resonanz schwingt ein Körper dann, wenn er von *Wellen* geschaukelt wird, die von einem anderen *schwingenden* Körper ausgehen. Wie ein im Wasser schwimmender Körper von Wasserwellen, die bei ihm ankommen, geschaukelt wird, so auch ein Körper im Luftmeer, bei dem Schallwellen ankommen. Der Vergleich deckt aber nicht *alle* Einzelheiten des Mitschwingens. — Damit ein in der Luft befindlicher Körper von Luftwellen in Schwingung versetzt werden kann, muß, weil jede nur sehr geringe Energie besitzt, *eine* Bedingung erfüllt sein. Wir erläutern sie durch einen Vergleich: Einen schweren Körper, der wie ein Pendel aufgehängt ist, eine Schaukel, kann schon ein sehr schwacher Anstoß in Schwingungen versetzen. Die Schwingungen sind anfangs sehr klein. Wiederholt man aber den Anstoß immer dann, wenn die Schaukel beim Schwingen wieder *die* Richtung hat, die sie von dem *ersten* Anstoß erhalten hat, kurz: erfolgen die Anstöße im selben Sinne und im selben Tempo wie die Schwingungen der Schaukel, so addieren sich die Wirkungen der Stöße, und die Schwingungen werden größer. Sogar ein Kind kann eine schwere Schaukel so in starke Schwingung versetzen. Die Schwingungen können aber offenbar *nicht* größer werden, wenn Schwingungsrichtung und Anstoßrichtung nicht übereinstimmen. — Ferner: Stimmt die Richtung der Stöße mit der Richtung der Schwingung überein, dann genügt es auch, wenn das Tempo der Stöße die Hälfte oder ein Drittel oder ein Viertel vom Tempo der Schaukelschwingungen beträgt, nur bekommt die Schaukel dann erst nach jeder zweiten oder nach jeder dritten Schwingung einen neuen Anstoß.

Die Anwendung des Vergleiches auf das Schwingen elastischer Körper liegt auf der Hand. Die Schaukel ist der Körper, der zum Tönen kommen soll, etwa eine Saite. Die Stöße sind die ankommenden Luftwellen, die der schwingende Körper, etwa eine tönende Orgelpfeife, zu der Saite sendet. Das Tempo, in dem sie einander folgen, ihre Anzahl pro Sekunde, bedeutet die Schwingungszahl des Tones, die Ton*höhe* der Pfeife (S. 244). Damit die Saite auf die beschriebene Weise in Schwingungen geraten kann, ist also erforderlich, daß sie selbst in demselben Tempo schwingen kann, in dem die Luftwellen auf sie auftreffen, d. h. daß der Ton, den sie geben *kann*, gerade so hoch ist wie der Ton der erregenden Schallquelle oder daß ihr Ton ein *Oberton* (S. 251 o.) ist zu dem Ton der Schallquelle, d. h. daß sie doppelt, dreimal ... so schnell schwingt wie die Tonquelle, so daß sie bei jeder zweiten, dritten ... Schwingung einen Anstoß erhält. — *Das* ist die Bedingung für das Ertönen einer Tonquelle durch „Mitschwingen". Sind zwei Saiten auf denselben Ton gestimmt, und wird die eine gestrichen, so ertönt auch die andere. Hebt man von einer Klaviersaite den Dämpfer ab (indem man die Taste langsam niederdrückt), so daß sie frei schwingen kann, und singt man den Ton, den sie beim Anschlagen geben würde, in das Klavier hinein, so singt auch sie diesen Ton. Schlägt man von zwei Stimmgabeln, die beide denselben Ton geben, die eine an, so tönt auch die andere. Hält man eine tönende Stimmgabel oder eine tönende Glocke über eine Luftsäule, z. B. eine Orgelpfeife, die beim Anblasen denselben Ton geben würde, so tönt auch die Pfeife.

Hier *erzeugt* die Welle einen Ton, bisher *übertrug* sie ihn nur. Der Unterschied kommt daher: hier wird die Welle aufgefangen, gleichsam verschluckt, und sie aufersteht wieder als Ton der resonierenden Tonquelle, während sie sich bisher völlig frei ausbreiten konnte. Es kann auch sein, daß die Schallschwingung verschluckt wird, *ohne* als Ton wieder neu zu erscheinen, dann wird sie wirklich verschluckt und ihre Energie verwandelt sich in Wärme. Wir werden ein Seitenstück dazu in der Lehre vom Licht kennenlernen: das Licht kann, wenn es verschluckt wird, unter besonderen Umständen, als neues Licht wieder erstehen oder auch nur in Wärme verwandelt werden, aber auch hier beides nur, wenn es an seiner Ausbreitung durch einen Körper gehemmt wird.

Natürlich werden *leicht* bewegbare Körper durch eine kleinere Zahl von Stößen, d. h. einen Ton von kürzerer Dauer, zum Mitschwingen gebracht als *schwer* bewegbare Körper; eine Saite, eine Membran, eine Luftsäule viel leichter als eine Glocke, eine Platte, eine Stimmgabel. Handgreifliche Gegensätze bilden auf der einen Seite eine gespannte Membran, ein Körper von sehr geringer Masse, der fast gleichzeitig mit dem erregenden Tone seine Schwingungen beginnt. — auf der anderen Seite eine Stimmgabel, ein Körper von großer Masse, der, um mitzuschwingen, einen lang ausgehaltenen Ton fordert. Dieser Unterschied in der Masse hat einen anderen zur Folge: Je *weniger* Masse der schwingende Körper enthält, desto weniger Energie besitzt er beim Schwingen, desto *schneller* verliert er sie aber auch (durch Reibung an der umgebenden Luft und durch innere Reibung), d. h. desto schneller verliert er seine eigenen Schwingungen, nachdem der erregende Ton verstummt ist. Wenn aber ein Körper die Schwingungen, die ihm ein Stoß erteilt hat, schon nach *sehr* kurzer Zeit, etwa bereits nach einigen Schwingungen, wieder ganz verliert, so *verkleinert* sich die Amplitude schon nach der ersten Schwingung merklich. Er wird daher auch von solchen Stößen in Schwingung erhalten, die im Tempo nicht ganz mit dem Tempo seiner Eigenschwingungen übereinstimmen. Sollten daher die einzelnen aufeinanderfolgenden Stöße auch von dem Tempo der Eigenschwingungen des Körpers *etwas* abweichen, so kollidieren sie doch mit diesen nicht *merkbar*. Mit anderen Worten: Die Eigenschwingungen spielen dann keine *wesentliche* Rolle, der Körper kann dann noch durch *andere* Töne in Schwingungen versetzt werden. — Eine ähnliche Betrachtung gilt für die Körper, die *schwer* in Schwingungen geraten und ihre Eigenschwingungen *lange* beibehalten: sie müssen *genau* auf den Ton abgestimmt sein, dessen Schallwellen bei ihnen ankommen. — Die beiden Extreme sind die Membran in den KÖNIGschen Apparaten (S. 258) und die Stimmgabel: die erste schwingt auf *jeden* Ton mit, die zweite nur auf den Stimmgabelton, aber auch *das* nicht mehr, wenn der erregende Ton vom Stimmgabelton um *einige* Schwingungen pro Sekunde abweicht. — Grundsätzlich wichtig ist für unseren Gehörapparat die Eigenschaft der schwachgespannten Membran, auf *jeden* Ton mitzuschwingen, gleichzeitig mit ihm zu beginnen und mit ihm zu enden. Das Trommelfell entspricht in dieser Beziehung der Membran im KÖNIGschen Apparat. Daher kollidieren seine Schwingungen auch nicht mit den Schwingungen, die ihm die Tonquelle zusendet, es paßt sich *jedem* Ton an.

Planmäßig benützt man das Mitschwingen in den Resonanzkästen und Resonanzböden der Seiteninstrumente (S. 252 u.).

Resonatoren. Unentbehrlich für die Klanganalyse ist der von HELMHOLTZ eingeführte *Resonator*. Es ist eine Hohlkugel aus Glas oder aus Messing, mit zwei

Öffnungen an zwei diametral gegenüberliegenden Stellen (Abb. 305). Die Luft in der Kugel soll in Schwingungen versetzt werden und soll ihre Schwingungen möglichst unmittelbar dem Trommelfell des Ohres mitteilen. Zu dem Zwecke sind die Ränder der einen Öffnung zu einem Zylinder geformt, den man der ankommenden Welle zuwendet, die Ränder der anderen zu einem Trichter, den man fest in den Gehörgang drückt. Eine solche Kugel hat einen Eigenton, dessen Höhe von ihrer Größe abhängt (bei 70 mm Durchmesser das c_2). Dringen Wellen eines Tones hinein, der dieselbe Höhe hat wie ihr Eigenton, so schmettert die Kugel „resonierend" ihn in das Ohr; der ankommende Ton wird dadurch verstärkt, daß er die Luftmasse des Resonators in Schwingungen versetzt und nun *unmittelbar* ins Ohr dringt. Und nun die Hauptsache: der Resonator läßt nur diesen *einen* Ton für das Ohr erklingen. Falls ein Klanggemisch diesen Ton enthält, tönt der Resonator, sonst bleibt er stumm. Grobmechanisch gesprochen: er filtriert *nur diesen einen* Ton aus dem Klanggemisch ab und

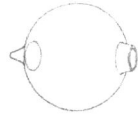

Abb. 305. HELMHOLTZ - Resonator zur Klanganalyse.

leitet ihn ins Ohr. (Er leistet für das Ohr, was ein farbiges Glas für das Auge leistet. Ein Glas von bestimmter roter Farbe läßt nur Licht *dieser* Farbe hindurch, kein anderes. Hält man es zwischen Auge und Lichtquelle, so empfängt das Auge nur dann Licht, wenn Licht *dieser* Farbe von der Lichtquelle ausstrahlt.)

Die Resonatoren ermöglichen es daher, Klänge zu analysieren und festzustellen, ob in einem gegebenen Klange ein bestimmter Ton enthalten ist oder nicht.

„Hat man sich das eine Ohr verstopft und setzt an das andere einen solchen Resonator, so hört man die meisten Töne, welche in der Umgebung hervorgebracht werden, viel gedämpfter als sonst; wird dagegen der Eigenton des Resonators angegeben, so schmettert dieser mit gewaltiger Stärke in das Ohr hinein. Es wird dadurch jedermann, auch selbst mit musikalisch ganz ungeübtem oder harthörigem Ohr, in den Stand gesetzt, den betreffenden Ton, selbst wenn er ziemlich schwach ist, aus einer größeren Anzahl von Tönen herauszuhören, ja man bemerkt den Ton des Resonators zuweilen im Sausen des Windes, im Rasseln der Wagenräder, im Rauschen des Wassers auftauchend" (HELMHOLTZ).

Empfindliche Flammen. Sehr empfindliche Resonatoren sind die *empfindlichen Flammen*, Gasflammen, die ihre Form ändern, wenn sie von den Wellen gewisser Töne getroffen werden. Um empfindlich zu sein, stellen sie gewisse Bedingungen an den Gasdruck, die Form des Brenners, die Weite der Zuleitungsröhre u. a. m. Unter diesen Bedingungen nimmt z. B. die Flamme Abb. 306a die Form *b* an, wenn in einiger Entfernung von ihr etwa eine Pfeife ertönt oder ein Hammer auf einen Amboß schlägt. Die *Vokalflamme* (von TYNDALL so genannt, weil die verschiedenen Vokale verschieden auf sie einwirken), eine Flamme, die unter den erforderlichen Bedingungen etwa 60 cm lang ist (Abb. 307), fällt beim leisesten Hammerschlag auf einen Amboß auf etwa 17,5 cm herunter, zieht sich beim Klappern eines Schlüsselbundes zusammen und reagiert auf das leiseste Ticken einer Uhr.

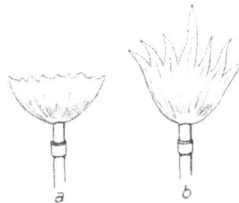

Abb. 306.
Schallempfindliche Flamme (*a*) und ihre Formänderung (*b*) als Reaktion auf den Schall.

Abb. 307.

Gehör. Die Kenntnis des Resonanzphänomens vermittelt uns die Erkenntnis des Wesens unserer Tonempfindungen; die Wirksamkeit unseres Gehörorgans wird geradezu auf die Resonanz zurückgeführt. Das nach seinem Entdecker CORTI (1852) benannte Organ im Innern des Ohres (in der *Schnecke*) erinnert an ein Musikinstrument, das wie das Klavier für jeden Ton je eine Saite besitzt — die Membrana basilaris, eine Membran aus Tausenden von parallelen, ihrer Länge nach straff gespannten, den Klaviersaiten vergleichbaren Fasern, die seitlich untereinander nicht sehr eng zusammenhängen, so daß infolge ihrer Spannung jede einzeln für sich schwingen kann. Auf der Membrana basilaris (Grundmembran) stehen fest verbunden mit ihr die CORTIschen Bögen. „Daß das CORTIsche Organ ein Apparat sei, geeignet, die Schwingungen der Grundmembran aufzunehmen und selbst in Schwingung zu geraten, darüber kann die ganze Anordnung keinen Zweifel lassen, aber es läßt sich mit unseren gegenwärtigen Kenntnissen noch nicht sicher bestimmen, in welcher Weise die Schwingungen vor sich gehen" (HELMHOLTZ). An die CORTIschen Bögen treten die Enden der Hörnervenfasern heran. „Das wesentliche Ergebnis unserer Beschreibung des Ohres fassen wir demnach dahin zusammen, daß wir die Hörnerven überall mit besonderen, teils elastischen, teils festen Hilfsapparaten verbunden gefunden haben, welche unter dem Einflusse äußerer Schwingungen in Mitschwingung versetzt werden können und dann wahrscheinlich die Nervenmasse erschüttern und erregen" (HELMHOLTZ). Man nimmt an, daß die CORTIschen Bögen durch ihre Verbindung mit den zugehörigen Fasern der Grundmembran gleichsam auf die einzelnen, verschieden hohen Töne abgestimmt sind und durch Resonanz auf diese Töne in Schwingungen geraten. Nach dieser Hypothese wird jeder einfache Ton durch eine besondere Nervenfaser empfunden, und erregen umgekehrt verschieden hohe Töne verschiedene Nervenfasern; ein Klang, der Obertöne enthält, *erregt* danach, da die Obertöne ja verschiedene Höhe haben, gleichzeitig mehrere *verschiedene* Nervenfasern, wird also durch verschiedene Nervenfasern auch *empfunden*, d. h. als ein *Gemisch* von *verschieden hohen*, aber einfachen Tönen. Diese Hypothese liefert danach eine annehmbare Erklärung für die Zerlegung eines Klanges durch das Ohr in einfache Töne.

Phonograph. Auch die Schwingungen der Membran im Telephon, im Phonographen, im Grammophon, im Phonautographen sind *Mit*schwingungen von Membranen, die auf jeden Ton ansprechen und daher auch *jeden* Ton übertragen und wiedergeben, wenn auch nicht jeden mit der gleichen Klarheit. Der Phonograph beruht auf demselben Gedanken wie der Phonautograph, aber er ist viel mehr. Wie dieser, zeichnet er (S. 250) Schwingungskurven auf, aber er kann außerdem — und das ist das entscheidende Merkmal — aus ihnen die Töne aufs neue erzeugen, er wird dadurch zu einer Sprech- und Singmaschine. Der Phonograph (Abb. 308) verdankt alles Entscheidende EDISON (1877). Seine wesentlichsten Teile sind: erstens eine zylindrische Walze, deren Oberfläche von einer besonders zubereiteten, vollkommen gleichmäßigen wachsartigen Schicht C bedeckt ist, und zweitens eine Membran m, an der der Walze zugewendeten Seite mit einer Saphirspitze versehen, die an der Schicht anliegt. Die Walze ist um eine Welle mit gleichförmiger Geschwindigkeit drehbar und verschiebt sich dabei wie eine Schraubenmutter an ihr entlang. Drückt die Membran die Spitze gegen die Wachsschicht und dreht sich die Walze, so schneidet die Spitze eine um die Walze laufende Schraubenfurche von gewisser Tiefe ein. Schwingt die Membran unter dem Einfluß einer Schallquelle, so dringt die Spitze mit wechselnder Tiefe in das Wachs, und das entstehende Furchenprofil (Abb. 309) gibt ein Abbild des Schwingungszustandes. Bis hierher, d. h. solange die Membran unter dem Einflusse der Schallquelle vibriert, ist der Phonograph ein Schallempfänger und ein Schallaufzeichner. Bringt man aber, nachdem die Schallquelle beseitigt worden ist, die Walze an ihren Ausgangspunkt zurück, bringt dann die Saphirspitze wieder in die Furche hinein und dreht die Walze aufs neue, so gleitet die Spitze die Erhöhungen und Vertiefungen in der Furche entlang und versetzt dabei die Membran, an der sie ja festsitzt, in dieselben Schwingungen, die die Membran ausführte, als sie, durch den Schall bewegt, die Spitze zum Hervorbringen des Furchenprofils zwang. Dadurch wird der Ton der Schallquelle, die jenes Furchenprofil *produziert* hat, *reproduziert*. Im Grammophon benützt man Kreisplatten an Stelle der Zylinderwalzen.

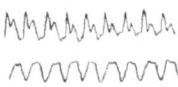
Abb. 308. Phonograph.

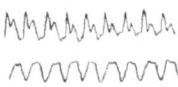
Abb. 309.
Phonographenschrift.

Tonstärke. Tonhöhe. Klangfarbe. Die Töne unterscheiden sich voneinander in ihrer Stärke, ihrer Höhe und ihrer Klangfarbe. Was man Stärke und Höhe des Tones nennt, weiß jeder. Klangfarbe nennt man die Eigenart des Klanges, durch die das Ohr z. B. eine Violine von einer Orgel oder einer menschlichen Stimme — auch ein „Organ" von einem anderen — unterscheidet. Wodurch unterscheiden sich die *Schwingungen* eines *starken* Tones von denen eines *schwachen*? Die Erfahrung lehrt: wir hören einen Ton, der sich ungehindert ausbreitet, stärker oder schwächer, je nachdem wir der Schallquelle näher oder ferner sind, wir hören ihn dabei aber in unveränderter Höhe und in unveränderter Klangfarbe. Also *nur* auf die Stärke des Tones hat der Abstand von der Schallquelle Einfluß. Das Toninstrument ist die Quelle der Schwingungen, die sich bis zu unserem Trommelfell fortpflanzen. *Fern* von der Quelle sind die Schwingungen aber kleiner als nahe dabei — geradeso wie Wasserwellen immer niedriger werden, je weiter sie sich ausbreiten. Die physikalische Ursache für die Abschwächung der Schallempfindung in größerem Abstande von der Schallquelle ist also in der Abnahme der Schwingungs*weite* zu suchen. Daß die Tonstärke in der Tat von der Schwingungsweite (Amplitude) abhängt, kann man an einer schwingenden Saite (Abb. 301) hören und sehen. Man kann zwar die Schwingungen nicht *einzeln sehen*, denn die Saite erscheint als verschwommenes, in der Mitte verbreitertes *Band*; man *hört* aber den Ton desto leiser werden, je schmaler das Band wird.

Wir müssen unterscheiden zwischen der Stärke der Schall*empfindung* und der Stärke der Schallbewegung. Das erste ist ein psychischer, das zweite ein physikalischer Vorgang. Die Erforschung ihres Zusammenhanges ist Sache der Physiologie (psycho-physisches Grundgesetz, WEBER, FECHNER). Die Stärke der Schallempfindung wächst natürlich mit der Stärke der Schallbewegung. Wir beschäftigen uns nur mit dieser, d. h. der physikalischen Stärke des Schalles.

Wie sich die Schallstärke mit dem Abstande von der Schallquelle in einem homogenen und isotropen Medium wie der Luft ändern muß, ergibt sich so: Die Schallquelle gibt die kinetische Energie ihrer Schwingungen (diese ist das physikalische Maß für die Schallstärke) an ihre unmittelbare Umgebung ab, und die Wellenbewegung verbreitet sie durch den Raum in Kugelwellen (S. 236), die in der Schallquelle den Mittelpunkt haben. (Wir wollen annehmen, daß von der Energie der Schallquelle nichts verlorengeht, also die *ganze* Energie auf einer solchen Kugelfläche ankommt.) Je größer die Kugelfläche ist, auf die sich die Energie verteilt, desto weniger kommt auf die Flächeneinheit. Die Kugelfläche mit dem Radius 2, 3 ... n hat 4, 9 ... n^2 mal soviel Flächeneinheiten wie die Kugelfläche mit dem Radius 1. Infolgedessen erhält also ein Flächenstück von 1 cm², das von den Schallwellen senkrecht getroffen wird, im Abstande 2, 3 ... n Meter nur 1/4, 1/9 ... $1/n^2$ der Energie, die es im Abstande 1 Meter erhalten würde. Kurz: die Schallstärke in einem Punkte ist umgekehrt proportional dem Quadrat seines Abstandes von der Schallquelle.

Messen kann man die Schallstärke (z. B. von Lautsprechern, E. MEYER) mit der RAYLEIGH-schen Scheibe: eine sehr kleine, sehr dünne, kreisrunde Scheibe an einem sehr dünnen Faden hängend, vor Luftzug geschützt aufgehängt (Glimmerblatt ca. 5 mm Durchmesser, 0,05 mm stark; an Wollastondraht 10 cm lang, 3—5 μ Durchmesser) und *schräg* zur Schallrichtung gestellt, sucht sich, sobald Schallwellen sie treffen, *senkrecht* zur Schallrichtung zu stellen (Messung mit Fernrohr, Spiegel und Skala). Das Drehmoment an der Scheibe ist der Schallstärke proportional. Man berechnet daraus die Amplitude der Druckschwankung der Wellen in dyn/cm². — Zur Messung der Amplitude dient auch die Verbindung einer Aneroidmembran mit einem Resonator (Vibrationsmanometer, M. WIEN). Die trichterförmige Öffnung des Resonators, Abb. 305, ist erweitert und durch die Membranluft dicht abgeschlossen, diese vertritt das Trommelfell. Ihre Schwingungen werden an einem mit ihr verbundenen Spiegel sichtbar, er zieht das Bild einer Lichtlinie zu einem Bande auseinander, seine Breite ist der Druckamplitude proportional; ihr Quadrat gibt ein Maß der Schallstärke.

Die Umwandlung des Schalls in eine andere Energieform (thermische, elektrische) ermöglicht es, falls der Umformungshergang quantitativ bekannt ist, die Schallstärke indirekt zu messen.

16*

B. Tonhöhe.

Schwingungszahl eines Tones. Sirene. Wodurch unterscheiden sich die Schwingungen eines hohen Tones von denen eines tiefen? Antwort: Durch ihre Geschwindigkeit; um einen hohen Ton zu geben, muß der tönende Körper in einer Sekunde *öfter* schwingen, als um einen tiefen Ton zu geben. Diese und damit zusammenhängende Fragen löst experimentell die *Sirene* (CAGNIARD DE LA TOUR, 1819), ein Instrument, mit dem man 1. Töne von *vorgeschriebener* Schwingungszahl erzeugen kann, 2. die Schwingungen, die ein tönender Körper ausführt, unmittelbar *zählen* kann. Der wesentlichste Teil einer Sirene (es gibt verschiedene Bauarten) ist eine Kreisscheibe aus Blech, Pappe oder dgl., die wie ein Rad drehbar und mit Löchern versehen ist, die gleich weit voneinander entfernt auf einem zum Rande der Scheibe konzentrischen Kreise liegen. Gewöhnlich hat die Scheibe (Abb. 310) mehrere Lochreihen, die sich durch die Anzahl der Löcher unterscheiden (A. SEEBECK). Wird durch ein Röhrchen ein kräftiger Luftstrom gegen eine Lochreihe geblasen und die Scheibe schnell und gleichmäßig gedreht, so entsteht bei genügend großer Drehgeschwindigkeit ein Ton. Woher der Ton? Solange die Scheibe stillsteht, tritt der Luftstrom *dauernd* gleichförmig aus dem Röhrchen aus. Dreht sie sich, so tritt ein stärkerer Luftstrom aus, wenn eine Öffnung vor der Mündung des Röhrchens vorbeigeht. Der Luftstrom wird aber abgeschwächt, wenn ein zwischen zwei Öffnungen liegendes Scheibenstück die Mündung des Röhrchens abdeckt. Kurz: er tritt dann stoßweise aus und wirkt als ein sich in gleich langen Zwischenräumen wiederholender Anstoß, der Longitudinalwellen und, wenn er oft genug in 1 sec erfolgt, einen Ton erzeugt. Bläst man auf der Sirene mit zwei Lochreihen (Abb. 310) — die äußere hat mehr Löcher als die innere — die äußere Reihe an, so zerlegt man bei jeder Drehung den Luftstrom in mehr Stöße, als wenn man die innere Reihe anbläst. Und dabei hört man die äußere Reihe einen höheren Ton geben als die innere, die *größere* Stoßzahl also den *höheren* Ton hervorrufen. Die Drehzahl pro 1 sec und die Anzahl der Öffnungen einer Lochreihe geben die Stoßzahl in 1 sec, d. h. die Schwingungszahl des Tones. Hat die innere Reihe 8 Löcher und macht die Scheibe 30 Umdrehungen in 1 sec, so entstehen pro Sekunde 240 Stöße, der dadurch erzeugte Ton macht also 240 Schwingungen/sec (man sagt: 240 Hertz). Man kann so mit einer einzigen Lochreihe die Schwingungszahl irgendeines Tones ermitteln: man läßt die Sirene so schnell laufen, daß sie beim Anblasen einen *gleich hohen* Ton gibt; die Anzahl der Löcher multipliziert mit der Anzahl der Umdrehungen in 1 sec gibt die Schwingungszahl.

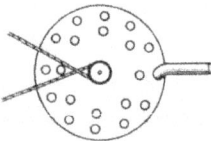
Abb. 310. Scheibe einer Sirene.

Intervall. Gibt man der Scheibe mehrere Löcherreihen (die Sirene von DOVE hat gewöhnlich vier mit 16, 12, 10 und 8 Löchern), so kann man bei derselben Drehzahl Töne mit verschieden großen Schwingungszahlen hervorrufen. Man kann dann untersuchen, wie sich die Höhe eines Tones ändert, wenn sich seine Schwingungszahl ändert. Man erfährt dann zunächst, daß zwei Töne, t_1 und t_2, *für das Ohr* denselben Höhen*unterschied* haben wie die Töne T_1 und T_2 (man sagt: „um dasselbe Intervall auseinanderliegen"), wenn die *Schwingungs*zahlen von t_1 und von t_2 sich zueinander verhalten wie die von T_1 und von T_2. Die Reihe mit 8 Löchern gibt angeblasen z. B. bei 30 Umdrehungen in 1 sec einen Ton von $8 \cdot 30$ Schwingungen. Die Reihe mit 16 Löchern gibt bei derselben Drehzahl einen Ton von $16 \cdot 30$ Schwingungen — er ist höher als der erste. Das Intervall, um das er uns höher klingt, nennen wir die *Oktave*. Wir sagen: er liegt eine Oktave höher als der erste, und nennen den tieferen den Grundton, den höheren „seine

Oktave". Läuft die Sirene langsamer, etwa nur mit 25 Umdrehungen in 1 sec, so ändert zwar *jeder* der beiden Töne seine Höhe, jeder wird tiefer, aber ihr Höhen*unterschied* bleibt derselbe — bleibt eine Oktave. Läuft die Sirene schneller, etwa mit 35 Umdrehungen in 1 sec, so werden beide Töne *höher*, aber auch dann bleibt ihr Höhenunterschied derselbe — eine Oktave. Das, was trotz der Verschiedenheit der Drehzahl (25—30—35) unverändert geblieben ist, ist das *Verhältnis* 1 : 2, in dem die Schwingungszahl des tieferen Tones (8 · 25, 8 · 30, 8 · 35) zu der des höheren (16 · 25, 16 · 30, 16 · 35) steht. Stets macht der tiefere Ton halb so viele Schwingungen wie der um eine Oktave höhere. Und *stets*, aber auch *nur* wenn dieses Verhältnis 1 : 2 zwischen den Schwingungszahlen zweier Töne herrscht, wird ihr Höhenunterschied als Oktave *empfunden*. Das Gleichbleiben der physiologisch empfundenen *Höhen*differenz offenbart sich somit in dem Gleichbleiben eines Zahlenverhältnisses.

Tonleiter. Der Höhenunterschied zwischen Grundton und Oktave ist ziemlich groß. Aber wie sich der Zwischenraum zwischen 1 und 2 durch Brüche ($1^1/_3$, $1^1/_2$, $1^2/_3$ usw.) ausfüllen läßt, so auch der zwischen Grundton und Oktave durch eine unendliche Reihe kleinerer Intervalle. *Denkbar* ist eine unendlich große Zahl von Intervallen, aber uns interessieren nur die in der Musik gebräuchlichen — eine verhältnismäßig kleine Zahl.

Sie teilt zunächst — hierin liegt eine Willkür[1] — den Abstand zwischen Grundton und Oktave in sieben Stufen, schaltet also zwischen beide sechs Töne. Diese Aufeinanderfolge von Tönen nennt man eine *Tonleiter*. Die einzelnen Töne heißen: Grundton (oder Tonika), Sekunde, Terz, Quarte, Quinte (oder Dominante), Sexte, Septime, Oktave. — Das Verhältnis, in dem die Schwingungszahl jedes dieser Töne zu der Schwingungszahl des *Grundtones* steht, zeigt die Abb. 311. Die Schwingungszahl des Grundtones entspricht der Länge der ersten der acht Geraden. Die bei den anderen Geraden stehenden Brüche geben das Verhältnis der Schwingungszahl des betreffenden Tones zu der Schwingungszahl des Grundtones. Die Quinte macht 3/2, die Quarte 4/3 mal soviel Schwingungen wie der Grundton, wohlgemerkt, wie der *Grundton!* Jene Zahlen geben das Intervall zwischen dem *Grundton* und dem betreffenden Ton der Tonleiter an.

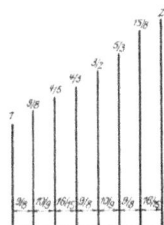

Abb. 311. Das Verhältnis der Schwingungszahl von Sekunde, Terz, ... Oktave zu der des Grundtones 1.

Wie steht es nun mit dem Intervall zwischen *je zwei Nachbartönen?* Das Intervall zwischen Grundton und Oktave ist in sieben Intervalle (Stufen) zerlegt. Aber diese Stufen sind nicht gleich hoch. Die Sekunde schwingt 9/8 mal so oft wie ihr tieferer Nachbarton, aber es schwingt keineswegs *jeder* Ton der Tonleiter 9/8 mal so oft wie sein tieferer Nachbar. Bringt man die Brüche auf gleichen Nenner, so sieht man das. Die Schwingungszahlen der Tonleiter sind dann
24, 27, 30, 32, 36, 40, 45, 48.
Um das Intervall zwischen zwei Nachbartönen zu finden, muß man mit der Schwingungszahl des tieferen Tones in die des höheren dividieren. Man findet dann als Intervalle 9/8, 10/9, 16/15, 9/8, 10/9, 9/8, 16/15.
Dementsprechend empfindet auch *das Ohr* das Intervall zwischen je zwei Nachbartönen verschieden.

Die Verschiedenheit der Intervalle kann man sich durch ein Bild veranschaulichen. Die Sekunde z. B. macht 9/8 mal *soviel* Schwingungen wie ihr tieferer Nachbarton. Auf 100 Schwingungen des Grundtones kommen also 112,5 der Sekunde: das Intervall 9/8 be-

---

[1] Wir werden uns der Willkür nicht bewußt, weil uns die Melodie der Tonleiter so in Fleisch und Blut übergegangen ist, daß wir sie als „selbstverständlich" empfinden. Aber man vergegenwärtige sich, daß man im Bereich *derselben* Oktave eine Dur- und ein Moll-Tonleiter (und schließlich noch die chromatische) geschaffen hat.

deutet somit eine Erhöhung um 12,5 % über den tieferen Ton. Das Intervall 10/9 bedeutet eine Erhöhung um 11,1 %. das Intervall 16/15 um 6,67 % über den tieferen Ton. Mißt man diese Erhöhung wie die Steigung einer bergan führenden Straße, die man in soundso viel Meter Erhebung auf 100 m horizontaler Grundlinie angibt, nur daß man hier Schwingungen statt Meter setzt, so erhält man Abb. 312. Der Winkel zwischen den bergan führenden Linien und den Horizontalen gibt die einzelnen Intervalle an. Das Intervall 9/8 oder 10/9 nennt man einen ganzen Ton, das Intervall 16/15 einen halben Ton.

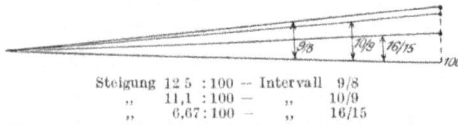

Steigung 12,5 : 100 -- Intervall 9/8
„ 11,1 : 100 — „ 10/9
„ 6,67 : 100 — „ 16/15

Abb. 312. Die Tonleitersteigung (Intervall) mit einer Straßensteigung (Winkel) verglichen.

Tonleiter: diatonische, Dur- und Moll-, chromatische, temperierte. Geht man über die Oktave hinaus, indem man sie als den *Grundton* ansieht, und geht man von ihr aus in denselben Intervallen weiter, in denen die Töne in der *ersten* Tonreihe aufeinanderfolgen, so erhält man eine ebensolche Tonreihe. Jeder Ton der neuen steht zu dem neuen Grundton in demselben Verhältnis, in dem der entsprechende Ton der vorigen zu *deren* Grundton steht. Und da der Grundton der neuen doppelt so viele Schwingungen macht wie der der vorigen, so macht jeder einzelne Ton dieser neuen Tonreihe doppelt so viele Schwingungen wie der entsprechende der vorigen und klingt daher um eine Oktave höher. In derselben Weise kann man die neue „Oktave" — so nennt man die Reihe von acht aufeinanderfolgenden Tönen — nach oben bis zur *oberen* Grenze der wahrnehmbaren Töne fortsetzen. Man kann sie aber auch die zuerst beschriebene Oktave nach unten fortsetzen und so Oktave an Oktave reihen, bis man die *untere* Grenze der wahrnehmbaren Töne erreicht. — Man nennt die so entstandene Tonleiter: diatonische[1] Tonleiter.

Benützt man als Grundton, von dem man ausgeht, denjenigen Ton, der in der Sekunde 261 Schwingungen macht — in der üblichen Schreibweise, mit c_1 bezeichnet und „das eingestrichene" c genannt — und reiht man nach oben wie nach unten Oktave an Oktave, so erhält man die C-dur-Tonleiter. Sie entspricht — mit einer für den Augenblick belanglosen Einschränkung, auf die wir zurückkommen — der Reihenfolge von Tönen, wie sie das Klavier gibt, wenn man die nebeneinanderliegenden weißen Tasten eine nach der anderen anschlägt. Man bezeichnet sie in deutschsprechenden Ländern mit *c d e f g a h c*, in den anderen mit *ut re mi fa sol la si ut*[2].

Sie heißt Dur-Tonleiter im Gegensatz zur Moll-Tonleiter. Die Moll-Tonleiter unterscheidet sich von der Dur-Tonleiter physikalisch dadurch, daß die Reihenfolge der Intervalle anders ist. Die Intervalle der Dur-Tonleiter sind:
9/8   10/9   16/15   9/8   10/9   9/8   16/15 (s. Abb. 311 u.),
die der Moll-Tonleiter:
9/8   16/15   10/9   9/8   16/15   9/8   10/9.
Ihr Klang ist daher auch wesentlich von dem der Dur-Tonleiter verschieden. In der Moll-Tonleiter verhalten sich die Schwingungszahlen der Nachbartöne innerhalb einer Oktave zu der des Grundtones wie die Zahlen 1 : 9/8 : 6/5 : 4/3 : 3/2 : 8/5 : 9/5 : 2. Als Dreiklang bezeichnet man die Tonfolge Grundton, Terz, Quinte. Dem Durdreiklang entspricht das Verhältnis der Schwingungszahlen 1 : 5/4 : 3/2 oder 4 : 5 : 6, dem Molldreiklang das Verhältnis 1 : 6/5 : 3/2 oder 10 : 12 : 15. Wir gehen auf die Moll-Tonleiter nicht weiter ein[3].

Die C-dur-Tonleiter reicht für die Musik nicht aus, sie enthält zwischen Grundton und Oktave viel zu wenig Töne. Der Musiker verlangt, daß er jeden Ton als Grundton benützen und von ihm aus in den Intervallen Sekunde, Terz, Quarte usw. weitergehen kann. In der beschriebenen Tonleiter ist das aber unmöglich. Wenn er z. B. auf einem Klavier, das nur die weißen Tasten hat, also nur die C-dur-Tonleiter wiedergibt, eine Melodie spielen will, die mit den Intervallen Sekunde, Terz, Quarte anfängt, so muß, mit welchem Tone man die Melodie auch anfängt, auf den ersten Ton zuerst ein Ton im Intervall 9/8, auf dieses das Intervall 10/9 und auf dieses das Intervall 16/15 folgen, wenn die Melodie richtig herauskommen soll; nur dann ist die Reihenfolge Sekunde, Terz, Quarte vorhanden. Will man aber nicht von dem c_1, sondern beispielsweise von dem nächsthöheren Ton, er heißt d_1 als Grundton ausgehen (die Melodie um einen ganzen Ton nach oben „transponieren"), so erkennt man die Unzulänglichkeit der Tonleiter. Denn auf das d_1 folgt in unserer Tonleiter, Abb. 311, das Intervall 10/9 und auf dieses 16/15 und auf dieses 9/8 — d. h. ganz andere Töne als wir

---

[1] *διατείνειν* ausstrecken.

[2] Angeblich die Anfangssilben der Halbzeilen eines Johanneshymnus *ut* queant laxis *re*sonare fibris *mi*ra gestorum *fa*muli tuorum, *sol*ve polluti *la*bii reatum, *sancte Ioannes* (GUIDO VON AREZZO 1029). [3] Die Namen Dur und Moll haben nichts mit dem harten oder weichen Charakter der darin sich bewegenden Tonstücke zu tun, sondern beziehen sich nur auf die eckige und runde Form der Zeichen ♮ für unseren Ton *h* und ♭ für unseren Ton *b*, das *B* durum und molle der mittelalterlichen Notenschrift (HELMHOLTZ).

brauchen können. Die Töne, die tatsächlich vorhanden sind, haben die Schwingungszahlen 261, 294, 326, 348, 391 [1] $_2$. Wenn wir nicht von dem c_1 mit 261 Schwingungen ausgehen wollen, sondern von dem d_1 mit 294 Schwingungen, so muß aber auf dieses d_1 als Grundton die Sekunde mit $9/8 \cdot 294 = 331$ Schwingungen folgen, auf dieses die Terz mit $10/9 \cdot 331 = 368$ Schwingungen, und auf dieses die Quarte mit $16/15 \cdot 368 = 392$ Schwingungen. Aber auch nicht *einer* dieser drei Töne ist in unserer Tonleiter vorhanden. Die Einschaltung von 6 Tönen zwischen Grundton und Oktave genügt also nicht. — Wenn man die Forderung des Musikers, jeden Ton als Grundton zu benützen und von ihm aus stets in reinen Intervallen (von *mathematischer* Genauigkeit) weitergehen zu können, *in ihrem ganzen Umfange* erfüllen wollte, so müßte man zwischen Grundton und Oktave 29 Töne einschalten (für die Dur- und Moll-Tonleiter zusammen), das Klavier würde also vom Grundton bis zur Oktave (diese eingeschlossen) in jeder Oktave 30 Tasten haben müssen (HELMHOLTZ). Von diesen vielen Tönen liegen einige so dicht beieinander, daß man ihr Intervall vernachlässigen kann. Man ersetzt daher gewisse Gruppen, deren Glieder sich nur *sehr* wenig voneinander unterscheiden, durch je *einen* Ton und fügt diesen in die unvollkommene Tonleiter (Abb. 311) ein. In die bereits vorhandenen sieben Stufen zwischen Grundton und Oktave hat man so noch fünf eingefügt, und zwar in die großen Intervalle $9/8$ und $10/9$, d. h. zwischen Grundton und Sekunde, Sekunde und Terz, Quarte und Quinte, Quinte und Sexte, Sexte und Septime (die schwarzen Tasten des Klaviers). Man hat dadurch die Oktave in 12 Stufen geteilt und die „chromatische" Tonleiter [1] geschaffen. Aber man ist noch einen Schritt weitergegangen, man hat die zwölf Stufen *gleich groß* gemacht, d. h. man hat eine Tonleiter geschaffen, in der das Intervall zwischen je zwei Nachbartönen durchweg dasselbe ist (ANDREAS WERCKMEISTER, Orgelbaumeister, 1645—1706). An der Forderung, daß das Intervall zwischen Grundton und Oktave durch das Verhältnis $1 : 2$ gegeben ist, hat man aber streng festgehalten. Man kann daher leicht berechnen, wie groß das Intervall zweier Nachbartöne in dieser zwölfstufigen Tonleiter ist: Wir bezeichnen die Schwingungszahl des Grundtones mit β. Wir suchen die Zahl, mit der wir sie multiplizieren müssen, um die des höheren Nachbartones zu finden. Wir bezeichnen sie mit x. Die Schwingungszahl des ersten Tones hinter dem Grundton ist dann $\beta \cdot x$, die des zweiten, der ja ebenfalls x mal soviel Schwingungen machen soll wie sein Nachbar, ist $\beta \cdot x^2$, die des dritten $\beta \cdot x^3$, die des zwölften Tones $\beta \cdot x^{12}$. Der zwölfte Ton hinter dem Grundton ist die Oktave, und die macht 2β Schwingungen, da der Grundton β macht. Infolgedessen ist

$$\beta \cdot x^{12} = 2\beta, \quad \text{d. h.} \quad x^{12} = 2, \quad \text{also} \quad x = \sqrt[12]{2} = 1{,}0595.$$

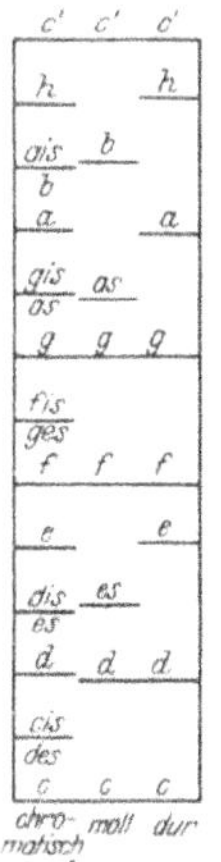

Das ist das Intervall zwischen zwei Nachbartönen der neuen Skala, sie heißt die gleichmäßig *temperierte*, auch Skala „mit gleichschwebender Temperatur". Unter Temperatur versteht man die Ausgleichung der (bisher verschiedenen) Intervalle untereinander. „Wohltemperiertes" Klavier!

Dieses Intervall ist noch etwas kleiner als das Intervall $16/15 = 1{,}067$, der Anstieg von einem Ton der Skala zum nächst höheren, also noch etwas sanfter, als selbst beim kleinsten Intervall der früheren Tonleiter (Abb. 311); er beträgt nur 5,95 % von der Schwingungszahl des Nachbartones. — Dadurch, daß dieses neue Intervall aber mit keinem der früheren (S. 246) übereinstimmt, wird die Tonleiter vollkommen anders. Nur das Verhältnis zwischen Grundton und Oktave bleibt daher bestehen, sonst kein einziges Intervall. Wenn wir die Schwingungszahlen der *reinen* Tonleiter darstellen durch

| 240 | 270 | 300 | 320 | 360 | 400 | 450 | 480, |

so haben die entsprechenden Töne in der *temperierten* Skala die Zahlen

| 240 | 269,38 | 302,38 | 320,37 | 359,60 | 403,63 | 453,05 | 480. |

Hinzu treten in der temperierten Skala noch die Töne mit den Schwingungszahlen

| 254,27 | 285,42 | 339,40 | 380,97 | 427,63. |

Die temperierte Skala ist in der Musik die herrschende; aber *vollkommen rein* ist sie nur in den Oktaven. Abb. 313 enthält die Namen der Töne für die Dur- und die Moll Tonleiter sowie für die temperierte Skala. Den einzelnen Tönen entsprechen horizontale Striche, ihre vertikalen Abstände sind durch die Größe der akustischen Intervalle bestimmt.

Kammerton. Bisher haben uns hauptsächlich die Intervalle interessiert, d. h. die Höhen*unterschiede* und das *Verhältnis*, in dem die Schwingungszahlen der zwei Töne stehen, die das Intervall bilden. Die absolute Höhe des einzelnen Tones und die absolute Größe seiner Schwingungszahl haben wir bisher kaum berücksichtigt. (Vergleichen wir die beiden Töne mit Berggipfeln, so ist bisher nur berücksichtigt die relative Höhe des einen Gipfels über dem anderen und die Steigung des Weges von dem einen zum anderen, nicht aber die

c'	c'	c'
h		h
ais	b	
b		
a		a
gis	as	
as		
g	g	g
fis		
ges		
f	f	f
e		e
dis	es	
es		
d	d	d
cis		
des		
c	c	c
chromatisch	moll	dur

Abb. 313.
Relative Lage und Bezeichnung der Töne einer Oktave.

---

[1] $\chi\rho\tilde{\omega}\mu\alpha$, Farbe; chromatisch, weil man die Noten für die eingeschobenen Töne früher farbig schrieb und druckte.

absolute Höhe der Gipfel über dem Meeresspiegel.) — Wir können nur die Schwingungszahl eines einzigen Tones *beliebig* fixieren, mit *dieser* Schwingungszahl (und Tonhöhe) ist auch die jedes anderen Tones der Tonleiter festgelegt. Denn sämtliche Intervalle, die auf diesen Ton bezogen werden, bestimmen sich ja durch Multiplikation (oder Division) der Schwingungszahl des betreffenden Tones mit den Zahlen, die die Intervalle kennzeichnen. Wenn man es nur mit *einem* Musikinstrument zu tun hätte, z. B. *einem* Klavier oder *einer* Singstimme, so käme es auf die absolute Höhe des Grundtones nicht an; er würde dann eben etwas höher oder tiefer sein. Das Tonwerkzeug brauchte nur mit Bezug auf den einmal fixierten Anfangston *in sich* selber, d. h. in seinen *Intervallen*, richtig zu sein. Das allein genügt aber *nicht* mehr, wenn mehrere Instrumente zusammenwirken. Abgesehen davon, daß selbstverständlich jedes der Instrumente in sich richtig sein muß, muß auch der Grundton auf dem einen Instrument mit dem des anderen in der Höhe übereinstimmen, weil sonst das eine Instrument gegen das andere verstimmt ist — im Vergleich mit dem anderen „zu hoch (oder zu tief) steht". — Die Festlegung eines allgemein gültigen Grundtones für die Übereinstimmung der einzelnen Tonwerkzeuge berührt den technischen Musikbetrieb (Oper) und wurde deswegen eine internationale Angelegenheit: Als *Normalton* gilt (seit der Wiener Stimmtonkonferenz, 1885) der Ton einer Stimmgabel (S. 254), die 435 ganze (d. h. 870 einfache) Schwingungen in der Sekunde (man sagt jetzt: 435 Hertz) macht. Dieser Ton ist das eingestrichene *a* (bezeichnet: a_1); er heißt *Kammerton* (Kammertonpfeife!). Legt man ihn zugrunde und *berechnet* man die C-dur-Tonleiter in der *reinen* Stimmung (mit den Intervallen 10/9, 9/8, 16/15), so erhält man für die zwei aufeinanderfolgenden Oktaven vom ein-gestrichenen *c* bis zum zwei-gestrichenen *h* die Zahlen unter I, und für dieselben zwei Oktaven in der Stimmung mit gleichschwebender Temperatur (mit dem Intervall $\sqrt[12]{2}$ berechnet) die unter II angegebenen.

I			II	
$c_1 - h_1$	$c_2 - h_2$		$c_1 - h_1$	$c_2 - h_2$
261	522		258,65	517,30
293,625	587,25		290,33	580,66
326,25	652,5		325,88	651,76
348	696		345,26	690,52
391,5	783		387,55	775,10
435	870		435,00	870,00
489,375	978,75		488,27	976,54

Man kann die Tabelle nach beiden Seiten beliebig weit durch Rechnung fortsetzen. Aber der unbegrenzten *berechenbaren* Zahlenreihe entspricht keineswegs auch eine unbegrenzte *hörbare* Tonreihe.

Grenze für Hörbarkeit. Grenze für musikalische Verwendbarkeit. Die Grenzen der Hörbarkeit sind in der Jugend weiter gesteckt als im Alter. Im Mittel dürften sie nach unten etwa bei 16—20, nach oben etwa bei 20000—25000 Hertz liegen. Musikalisch verwendet werden nur Töne zwischen 40 und 5000; als Grenzen bezeichnet HELMHOLTZ das *E* des Kontrabasses mit 41 und das d_5 der Piccoloflöte mit 4702. — Da wir die Schwingungszahl *n*, die zu einem gegebenen Ton gehört, kennen, können wir auch die zu ihm gehörige Wellenlänge berechnen. Wir wissen (S. 220), daß $\lambda = v/n$ ist. Da *v*, die Fortpflanzungsgeschwindigkeit des Schalles in der Luft für alle Schwingungszahlen, 342 m (bei 15° C) ist, so ist die zum Kammerton gehörige Welle $= 342/435 = 0,786$ m. — Für die Grenzen der musikalisch verwendeten Töne mit 41 und 4702 Hertz ergeben sich die Längen von 8,4 m und 7,3 cm.

Prinzip von DOPPLER (1842). Die Höhe eines Tones hängt von seiner Schwingungszahl *n* ab, d. h. für das Ohr von der Anzahl *n* der Wellen, die es in 1 sec treffen. Füllen diese *n* Wellen aneinandergereiht die Strecke $A\,B$ ($= ab = aA = b'a$) aus (Abb. 314), so nimmt das Ohr jede Sekunde eine solche Wellenstrecke $A\,B$ auf, solange sein Abstand von der Tonquelle unverändert bleibt, und die Tonquelle klingt dann unverändert. Anders, sobald man sich der Tonquelle *sehr schnell* nähert oder sich *sehr schnell* davon entfernt! Während sich das Ohr der Tonquelle nähert, den zu ihm herlaufenden Wellen *entgegen* geht — es möge das 1 sec lang tun —, empfängt es natürlich *mehr* Wellen, als es in der gleichen Zeit empfangen hätte, wenn es an seinem Platz geblieben wäre. Angenommen, es sei in 1 sec bis zum Punkte *c* gelangt. Anstatt uns aber das Ohr während dieser Sekunde mit *gleichförmiger* Geschwindigkeit bis *c* bewegt zu denken, wollen wir uns vorstellen, es werde erst im letzten Moment dieser Sekunde, wenn das Ende der Wellenstrecke *ab* gerade bei ihm ankommt, *plötzlich* nach *c*, also in der Richtung zur Tonquelle hin versetzt; es *holt* sich dann zu den *u* Wellen, die zu ihm hergelaufen sind, *noch* alle die Wellen, die die Strecke zwischen *a* und *c* ausfüllen und die, wenn es auf sie *ruhend gewartet* hätte, erst in der nächsten Sekunde bei ihm eingetroffen wären. Was wir hier auf den letzten Moment zusammengedrängt *angenommen* haben, verteilt sich *tatsächlich* gleichförmig auf jene ganze Sekunde. Während dieser Sekunde hat das Ohr mehr Wellen empfangen, d. h. einen Ton von größerer Schwingungszahl gehört, als es ruhend gehört hätte. Kurz: der Ton erhöht sich für das Ohr, *solange es sich* der Tonquelle *sehr schnell* entgegen *bewegt*. — Eine analoge Betrachtung lehrt, daß, solange sich das Ohr von der Tonquelle sehr schnell *entfernt*, der Ton dem Ohre tiefer klingt: Angenommen, das Ohr würde, *wenn es sich* 1 sec lang von der Tonquelle *gleichförmig wegbewegt*, bis *c'* gelangen. Es werde aber schon im *ersten* Moment dieser Sekunde, wenn der Anfang der Wellenstrecke *A B* bei ihm ankommt, *plötzlich* nach *c'* versetzt. Die während dieser Sekunde bei *a* (wo das Ohr *zuerst* war) eintreffende Wellenstrecke der *u* Wellen reicht bis *b'*, somit sind in *c'* (wo es *jetzt* ist) nur die zwischen *c'* und *b'* liegenden Wellen eingetroffen; die zwischen *c'* und *a* liegenden Wellen

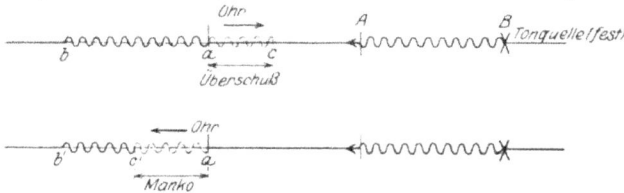

Abb. 314. Zum Doppler-Prinzip.

haben aber am Ende dieser Sekunde das Ohr *noch nicht eingeholt*. Während dieser Sekunde — was wir auf einen Moment zusammengedrängt angenommen haben, hat sich tatsächlich ja im Laufe einer Sekunde abgespielt — hat also das Ohr tatsächlich *weniger* Wellen empfangen, d. h. einen Ton von kleinerer Schwingungszahl gehört, als es ruhend gehört hätte — der Ton hat sich für das Ohr, solange es sich bewegte, *vertieft*. — Zu denselben Ergebnissen gelangt man, wenn nicht das Ohr, sondern die Tonquelle bewegt wird. Die Rechnung ergibt: Nähert sich die Tonquelle mit 21 m pro Sekunde dem Ohr, so erhöht sich der Ton um einen halben Ton. Der Versuch stimmt mit der Theorie — sie wird das Doppler-Prinzip genannt — vollkommen überein. Man kann sich von der Höhendifferenz leicht überzeugen an dem Pfeifenton einer schnellfahrenden, sich nähernden oder sich entfernenden Lokomotive.

Aus der obigen elementaren Überlegung ergibt sich: Nennen wir *n* die Schwingungszahl der (ruhenden) Tonquelle, λ die zugehörige Wellenlänge, *v* die Geschwindigkeit des Schalles, v_b die des Beobachters, so erreichen ihn, wenn er ruht, pro sec $u = v/\lambda$ Wellen; wenn er sich aber zur Schallquelle hinbewegt v_b/λ Wellen mehr. Es erreichen ihn $n' = v + v_b/\lambda = n(1 + v_b/v)$. Das heißt: der Ton erhöht sich im Verhältnis $1 : (1 + v_b/v)$. Entfernt sich der Beobachter von der Tonquelle, so erniedrigt sich der Ton für ihn im Verhältnis $1 : (1 - v_b/v)$.

C. Klangfarbe.

Klangfarbe. Von den drei physiologischen (subjektiven) Merkmalen Stärke, Höhe, Klangfarbe zeigt sich physikalisch (objektiv) das erste in der *Weite*, das zweite in der *Geschwindigkeit* der Schwingungen. Worin zeigt sich die Klangfarbe objektiv? Antwort: In der *Form* der Schwingungen. Man kann einen tönenden Körper dazu bringen, seine Schwingungen aufzuzeichnen: die tönende Stimmgabel, indem man sie mit einer Spitze versieht und dann an der Spitze eine berußte Platte vorbeigleiten läßt, so daß die Spitze eine Furche in den Ruß zeichnen kann; die tönende Saite, indem man eine kleine Stelle davon (in einem sonst vollkommen dunklen Raum) scharf beleuchtet und photographiert (die Platte dabei seitlich zur Schwingungsrichtung des Punktes schnell verschiebt) usw. — Ein allgemein anwendbares Mittel ist die Membran des Phonautographen von SCOTT (S. 235 u.) und des Phonographen von EDISON. Die Kurven der Abb. 315 sind mit dem Phonautographen aufgenommen.

Die Membran im Phonautographen entspricht dem Trommelfell und eine bestimmte Kurvenform auf der Membran einer bestimmten Empfindung des Ohres: dem Eindrucke einer *eindeutig* bestimmten Klangfarbe. Wo ist das Band zwischen der charakteristischen Form der Kurve und der charakteristischen Klangfarbe? Die Kurven der Abb. 315 sind verwickelter als die vorbildliche Wellenform, und doch hängen sie mit ihr sehr einfach zusammen. Wir wissen von der *Übereinanderlagerung* von Wellenbewegungen (S. 226 u.), daß sich mehrere Schwingungsantriebe, die gleichzeitig auf denselben Punkt wirken, zueinander addieren oder voneinander subtrahieren, je nachdem sie in dieselbe Richtung fallen oder nicht, und daß so aus mehreren Schwingungen, von denen jede einzelne eine einfache ist, eine sehr verwickelte Bewegungsform hervorgehen kann, Abb. 316.

Abb. 315. Vom Schallschreiber (Phonautograph) gezeichnete Schwingungsbilder.

Satz von FOURIER. Gesetz von OHM. Wie FOURIER bewiesen hat, läßt sich **jede beliebige periodische** Schwingungsform — also auch jede der Formen der Abb. 315 in eine Anzahl *einfacher* Schwingungsformen zerlegen, und zwar nur in einer einzigen Weise; die Schwingungs*zahlen* (pro Sekunde) dieser Schwingungen verhalten sich zueinander wie die Zahlen 1, 2, 3 . . .

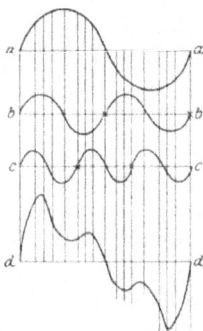

Wie sich in Abb. 316 die Kurve *d* in die Kurven *a*, *b*, *c* der typischen Wellenform zerlegen läßt — genau so die von dem Phonautographen wiedergegebenen Kurven der Abb. 315. Man vergegenwärtige sich nun: jede Teilkurve bedeutet einen *Ton*, die Schwingungszahl seine *Höhe*, die Amplitude seine *Stärke*. Dann sagen die von den Schallquellen herrührenden verwickelten Kurven (im Sinne des FOURIER-Satzes): die Schallquellen geben nicht *einen einzelnen* Ton, sondern ein *Gemisch von Tönen*, die sich durch ihre *Höhe* und ihre *Särke* unterscheiden, aber sonst durch nichts. Vergegenwärtigt man sich ferner, daß die Membran des Phonautographen dem Trommelfell des Ohres und eine Kurve des Phonautographen einer bestimmten Schallempfindung entspricht, so kann man den FOURIER - Satz so (HELMHOLTZ) aussprechen: „*Jede* Schwingungsbewegung der Luft im Gehörgange, welche einem musikalischen Klange

Abb. 316. Drei pendelartige Schwingungen (*a*, *b*, *c*) zu einer nichtpendelartigen (*d*) übereinandergelagert.

entspricht, kann immer (und jedesmal nur in einer einzigen Weise) dargestellt werden als die Summe einer Anzahl *einfacher* schwingender Bewegungen, welche Teiltönen dieses Klanges entsprechen." — Diese Teiltöne sind aber keineswegs nur Hypothese, sie sind wirklich hörbar. G. S. OHM hat (1843) den Satz aufgestellt, daß das Ohr nur eine *pendel*artige, in unserem Sinne also eine *einfache* Schwingung als einheitlichen Ton empfindet, jede *nicht*-pendelartige Schwingung aber in eine *Reihe* von pendelartigen Schwingungen *zerlegt*, von denen es jede einzelne empfindet (perzipiert). Daß wir sie für gewöhnlich nicht heraus*hören* (apperzipieren), sondern nur bei Übung des Gehörs oder unter Anwendung besonderer Hilfsmittel — kommt daher, daß sie in der Regel an Stärke hinter dem Grundton zurücktreten[1]. Das Ohr faßt daher diesen mit der ihm zukommenden Höhe und Stärke auf, schreibt dem *ganzen* Klanggebilde die Höhe des Grundtones zu und glaubt *einen* einheitlichen Ton zu hören. Es *täuscht* sich aber. Nach HELMHOLTZ (1863) hören wir die verschiedenen Tonwerkzeuge *deswegen* in verschiedener Klangfarbe, weil sie neben dem Grundton „Obertöne" — so nennt man die *Teiltöne* (Partialtöne), die 2-, 3-, 4mal soviel Schwingungen machen wie der Grundton — in verschiedener Höhe und verschiedener Stärke hören lassen. — Wenn die Obertöne nicht wären, also nur der Grundton ertönte, oder wenn alle Instrumente *dieselben* Obertöne hätten, so hätten alle *denselben* Klang. *Stimmgabel* und *Zungenpfeife* sind in der Höhe des 5-gestrichenen *c* nicht unterscheidbar (PREYER), die Obertöne zu diesem Grundton liegen in der 7- und 8-gestrichenen Oktave, also unhörbar hoch (S. 248 m.).

Man muß darum in der Akustik zwischen *Klang* und *Ton* unterscheiden: *Klang* ist der Eindruck einer periodischen Luftbewegung überhaupt, *Ton* der Eindruck einer einfachen Schwingung. *Tonhöhe* kann nur einem einzelnen Tone zukommen, einem Klange sind strenggenommen verschiedene Tonhöhen zuzuschreiben, seinen verschiedenen Teiltönen entsprechend. Wir sprechen vom *Zusammenklang* verschiedener Instrumente, aber *jeder* Klang, der Obertöne unterscheiden läßt, ist bereits ein *Zusammen*klang verschiedener Töne.

Analyse und Synthese der Klangfarbe. HELMHOLTZ hat die Richtigkeit seiner Ansicht analytisch und synthetisch bewiesen. Er hat nachgewiesen, daß die Klänge der einzelnen Musikinstrumente eine bestimmte Mischung von Obertönen enthalten. Mit abgestimmten Resonatoren hat er die Schallquellen analysiert und ermittelt, *welche* Obertöne außer dem Grundton in einem gegebenen Klange vorhanden sind. Die Verschiedenheit der Klangfarben konnte er dann darauf zurückführen, daß in den verschiedenen Klängen verschiedene Obertöne in *verschiedener Stärke* vorhanden sind. Am überzeugendsten aber hat er die Richtigkeit seiner Ansicht von dem Wesen der Klangfarbe synthetisch bewiesen. Beruht die Klangfarbe eines Instrumentes wirklich darin, daß man außer dem Grundton noch Töne hört, deren Schwingungszahlen 2-, 3- . . . mal so groß sind wie die Schwingungszahl des Grundtones, und deren Stärke in einem gewissen Verhältnis zu der des Grundtones steht, so muß man die Klangfarbe des Instrumentes dadurch *nachahmen* können, daß man den Grundton und jene anderen Töne einzeln *erzeugt*, sie in das richtige Stärkeverhältnis bringt und dann *miteinander* mischt. Das hat HELMHOLTZ getan. Er hat die einfachen (obertonfreien) Töne erzeugt mit schwingenden Luftsäulen, die er durch Resonanz (S. 239) mit Stimmgabeln zum Tönen brachte. Mit einer Reihe abgestimmter *Stimmgabeln* hat er so die Vokale der *menschlichen Stimme* nachgeahmt, ferner die Töne von *Orgelpfeifen* verschiedener Register, auch „das Näselnde der Klarinette durch eine Reihe ungerader Obertöne und die weicheren Klänge des Horns durch den vollen Chor sämtlicher Gabeln".

Verschiebt man die Kurven *c* und *b* (Abb. 316) gegen *a* in ihrer *Phase*, so entsteht eine ganz andere Kurve, obwohl die Teilkurven, die Obertöne, dieselben geblieben sind. Entspricht diese andere Schwingungsform einer anderen Klangfarbe, d. h. bedeutet die Phasenverschiebung der Obertöne eine Änderung der Klangfarbe? HELMHOLTZ hat die Frage mit Nein beantwortet.

---

[1] In allen natürlichen und musikalisch brauchbaren Klängen nehmen die Teiltöne nach der Höhe hin an Stärke ab, aber in einigen der besten musikalischen Klangfarben gibt die Stärke der unteren Obertöne der des Grundtones nicht viel nach. Bei den Klavierklängen der mittleren und tieferen Oktaven ist der Grundton schwächer als der erste oder selbst als die beiden ersten Obertöne (HELMHOLTZ).

D. Tonwerkzeuge.

Saiten. Die Saite ist ein fadenförmiger elastischer Körper (Darm, Metall), der durch *Spannung* geradlinig ausgestreckt ist und dessen Punkte, ausgenommen die Endpunkte, beweglich sind. Aus ihrer Ruhelage entfernt (durch Anschlagen mit dem Hammer, Streichen mit dem Bogen, Zupfen mit dem Finger) und losgelassen, schnellt sie zurück, geht über die Ruhelage hinaus, kehrt wieder zurück und so fort. Ist ihre Schwingungszahl in der Sekunde dabei groß genug, so tönt die Saite. Das Gesetz, das die Schwingungen beherrscht, läßt sich durch das *Monochord* erläutern (Abb. 317), im wesentlichen eine Saite, deren Länge und deren Spannung man um meßbare Größen verändern kann, und die selber durch eine andere Saite ersetzbar ist. Gespannt wird die Saite durch Gewichte, die Länge des schwingenden Teils wird begrenzt durch die Klemmen N und U. Der Ton ist nur schwach, da kein Resonanzboden vorhanden ist, aber dafür ist das Monochord frei von Unklarheiten, die ein Resonanzboden mit sich bringt. Man findet die Schwingungszahl von dem Material, den Dimensionen und der Spannung der Saite abhängig. Sie ist desto größer, der Ton also desto höher, je kürzer und je dünner die Saite ist, je spezifisch leichter das Material ist und je größer ihre Spannung ist. Den Zusammenhang der Schwingungszahl mit diesen Faktoren gibt die Formel von TAYLOR (1713):

$$n = \frac{1}{d \cdot l} \sqrt{\frac{g \cdot m}{\pi \cdot p}}.$$

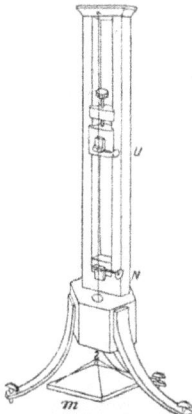

Abb. 317. Monochord (W. WEBER) zum Studium der Saitenschwingungen.

Es ist: d der Durchmesser, l die Länge, p das spezifische Gewicht der Saite, $g \cdot m$ das die Spannung hervorrufende Gewicht der Masse m und π die Zahl 3,14.

Die Formel ist mit dem Monochord als richtig beweisbar — bis auf Abweichungen, die wesentlich daher stammen, daß sie für eine Reihe von *einzelnen* Massenpunkten, nicht für eine Saite, abgeleitet ist, und daher, daß sie nur die Dehnungselastizität der Saite berücksichtigt, nicht auch die Biegungselastizität. Sie lehrt: 1. Wird l verkleinert, d. h. die Saite verkürzt, sonst aber nichts geändert, so vergrößert sich die Schwingungszahl n, d. h. der Ton wird höher; und zwar wird n, wenn man die Saite auf $^1/_2$, $^1/_3$, $^1/_4$ ... *verkürzt*, 2-, 3-, 4- ... mal *so groß*, d. h. die Saite gibt nacheinander die Reihe der harmonischen „Obertöne" zum Grundton mit n Schwingungen: die Oktave, die Quinte der Oktave, die doppelte Oktave usw. 2. Dasselbe ergibt sich, wenn man $g \cdot m$, die Spannung, 4-, 9-, 16- ... mal so groß nimmt, als die Schwingungszahl n sie erfordert, alles übrige aber unverändert läßt. 3. Dasselbe ergibt sich, wenn d kleiner, d. h. die Saite entsprechend dünner ist. 4. Die Schwingungszahlen sind unter sonst gleichen Verhältnissen größer, die Töne also höher, mit einem spezifisch leichteren Material (kleinerem p), z. B. mit einer Darmsaite größer als mit einer Stahlsaite usw.

Alles das gebraucht man für die Musikinstrumente: Die Saiteninstrumente bekommen für die hohen Töne dünnere und kürzere Saiten als für die tieferen (Klavier, Cembalo, die Streichinstrumente, Harfe, Guitarre, Zither); auf den Streichinstrumenten, sie haben nur vier Saiten, erzeugt man die höheren Töne, für die keine besonderen Saiten vorhanden sind, dadurch, daß man eine Saite mit dem Finger gegen das Griffbrett drückt und so ihren schwingenden Teil verkürzt. — Die Saiten für die tiefsten Töne des Klaviers und des Cembalos sind aus Kupfer, das spezifisch schwerer ist als Stahl usw. — Die Saiten der Saiteninstrumente stimmt man durch Veränderung ihrer Spannung höher oder tiefer (durch stärkeres Anziehen oder Lösen von *Wirbeln*, um die ihr eines Ende geschlungen ist). Die Saiten setzen beim Schwingen nur sehr geringe Luftmengen in Bewegung und geben daher *so* schwache Töne, daß sie praktisch nicht verwendbar wären, wenn sich die von ihnen hervorgerufene Luftbewegung nicht verstärken ließe. Man verstärkt sie, indem man die Saiten über sehr elastischen Holzflächen, *Resonanzböden*, oder über Holzkästen aus sehr dünnen elastischen Wandungen, *Resonanzkästen*, schwingen läßt. Damit die Resonanzböden und die Resonanzkästen, in denen die Luft mitschwingt, auf *alle* Töne mitschwingen, müssen sie gewisse Bedingungen erfüllen, die — man denke an die seltsame Form der Streichinstrumente — sich mehr aus der Erfahrung als der Theorie ergeben.

Flageolettöne. Die Saite schwingt, wenn sie ihren Grundton allein, ohne einen „Oberton", gibt, zwischen den beiden Grenzlagen (Abb. 318 a). *Alle* ihre Punkte schwingen gleichzeitig nach derselben Richtung, wie in der stehenden transversalen Welle (S. 229 m.). Die beiden Befestigungsstellen der Saite sind die Knoten, der mittlere Teil ist der Bauch. Man kann auch die Schwingungsformen Abb. 318 *b c d* hervorrufen: Die Punkte β, γ, δ sind dann *Knoten*, und die Saite schwingt in zwei Hälften, drei Dritteln, vier Vierteln; sämtliche Punkte der Saite gehen *gleichzeitig* durch die Ruhelage, aber die Punkte von je zwei benachbarten Abteilungen der Saite schwingen in einander entgegengesetzter Richtung (wie bei der stehenden Welle eingehend beschrieben). Die Saite gibt dann die Oktave (*b*), die Quinte der Oktave (*c*), die nächste Oktave (*d*) — wie wenn man sie auf $^1/_2$, $^1/_3$, $^1/_4$ ... verkürzt hätte. Daß die Knotenpunkte in Ruhe sind, sieht man, wenn man auf die Saite ∧-förmige Papierreiter setzt; sie werden überall außer an den Knotenpunkten abgeworfen. — Man kann *diese* Schwingungsformen dadurch erzwingen, daß man die Saite auf einen Resonanzkasten spannt und auf diesen eine tönende Stimmgabel setzt, die dieselbe Höhe hat, wie sie die Saite bei der betreffenden Form hat. Die Saite gerät dann auf den Stimmgabelton in Mitschwingung. Man kann die Töne auch dadurch hervorrufen, daß man die Saite in einem Punkte berührt, der um $^1/_2$, $^1/_3$, $^1/_4$ vom Ende der Saite entfernt ist, und sie anstreicht. Man nennt die Töne *Flageolettöne*, weil ihr Klang an den einer Flöte erinnert. Die Klänge ähneln einander, weil beide von Obertönen frei sind (S. 251 o.).

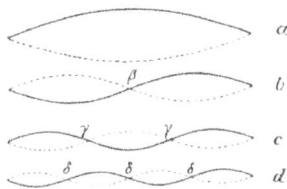

Abb. 318. Schwingungsbild des Grundtones (*a*) und der drei ersten Obertöne (*b, c, d*).

Aber *diese* Formen sind nur Ausnahmeformen. Für *gewöhnlich* schwingt die Saite eines „Saiteninstrumentes" keineswegs so einfach. Eine am Punkt *A* (Abb. 319) gezupfte Saite (Cembalo, Harfe, Gitarre, Zither, Pizzicato der Streichinstrumente) nimmt nach HELMHOLTZ nacheinander die Formen *1—7* der Abb. 320 an. Sie hat im Moment, in dem sie losgelassen wird, die Form *a A c*; sie schwingt dann aber nicht zwischen den Grenzlagen *a A c* und *a A′ c* einfach hin und her, sondern schwingt zwischen den Lagen 1 und 7, d. h. der Fußpunkt der von *A* auf die Ruhelage *a c* gefällten Senkrechten läuft längs *a c* hin und her; bei der Schwingung Abb. 319 würde er immer an derselben Stelle von *a c* bleiben. Ganz ähnlich verhält sich die gestrichene und die angeschlagene Saite. — Aus dem bei der Besprechung der Klangfarbe Gesagten (S. 249—251) ist verständlich, daß diese Schwingungsform die *Klangfarbe* der Streichinstrumente *charakterisiert*. Die Zacken und feinen Kräuselungen des Schwingungsbildes einer *gestrichenen* Saite (Abb. 321) können nur entstehen, wenn sich kleine Wellen über die anderen lagern, d. h. wenn Obertöne, die verhältnißmäßig hoch sind, zum Grundton treten. Schon diese Abbildung zeigt, wie eine zackige Schwingungsform entsteht, wir können uns leicht vorstellen, wie aus der Übereinanderlagerung kleiner Wellen die Form immer zackiger werden kann. — Die Form der schwingenden Saite ist ganz verschieden, je nachdem die Saite gezupft oder angeschlagen oder gestrichen worden ist; sie ist auch verschieden, je nach der *Stelle*, an der die Saite dabei angefaßt worden ist. Man kann sie während des Schwingens beobachten (HELMHOLTZ) mit dem *Vibrationsmikroskop*, und sie photographisch (RAPS und KRIGAR-MENZEL) festhalten.

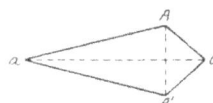

Abb. 319. Gezupfte Saite.

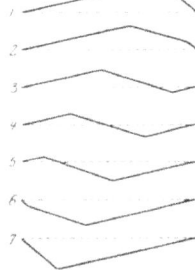

Stäbe. Die Saite ist diejenige Form des festen Körpers, in der er für Musikinstrumente fast allein in Frage kommt. Andere Formen, wie Stäbe, Membranen, Platten, Glocken, benützt man nur nebenher, weil sie Obertöne geben, die *unharmonisch* zum Grundton sind und dadurch den Klang unrein machen. Ihre interessieren uns als schwingende, nicht als tönende Körper. Die Theorie ihrer Schwingungen ist sehr verwickelt, wir beschreiben nur die wichtigsten Tatsachen.

Abb. 320. Aufeinanderfolgende Bilder einer gezupften schwingenden Saite.

Stäbe können longitudinal und transversal schwingen: longitudinal, wenn man sie mit einem rauh (Kolophonium) gemachten Tuche der Länge nach reibt; transversal, wenn man sie wie Violinsaiten streicht oder wie Klaviersaiten anschlägt. Wo man sie in der Musik verwendet, läßt man sie transversal schwingen (Spieldose, Triangel, Celesta). Ihre Schwingungszahl hängt wie die der Saiten von ihrem Material ab und von ihren Dimensionen, ferner (wohlgemerkt!) von ihrer *Befestigungsart*, d. h. davon, wie und wo sie, während sie schwingen, festgehalten werden. Die Schwingungszahl der transversalen

Abb. 321. Schwingungsbild einer gestrichenen Saite.

Schwingungen ist der Dicke des Stabes in der Schwingungsebene proportional und dem *Quadrat der Länge* umgekehrt proportional — bei den Saiten ist sie der *Länge* umgekehrt proportional. Um durch Längenänderung die Schwingungszahl zu verdoppeln, verdreifachen, vervierfachen, braucht man also den Stab, wenn sonst alles ungeändert bleibt, nicht wie bei

den Saiten auf $1/2$, $1/3$, $1/4$ zu verkürzen, sondern nur auf $1/\sqrt{2}$, $1/\sqrt{3}$, $1/\sqrt{4}$. Man muß eine *Saite*, die 1000 mm lang ist, auf 500 oder 333,3 oder 250 mm verkürzen, um die ersten drei Obertöne zu dem Grundton der ganzen Saite zu bekommen, einen 1000 mm langen *Stab* braucht man dazu nur auf 707—577—500 mm zu verkürzen.

Derselbe Stab gibt je nach seiner Befestigungsart einen anderen Grundton: den tiefsten, wenn eines der Enden *fest eingeklemmt* (Schraubstock), das andere frei beweglich ist (fest-freier Stab), den höchsten (nahezu die dritte Oktave des vorigen), wenn *beide* Enden fest-

Abb. 322. Schwingungsform eines an beiden Enden freien (frei-freien) transversal schwingenden Stabes. Seine zwei Knotenpunkte.

geklemmt (fest-fest), aber auch wenn beide frei sind (frei-frei). Sind sie *festgeklemmt*, so schwingt er in der Form einer Saite, die ihren Grundton gibt; sind sie frei, so schwingt er in der Form Abb. 322. Es bilden sich zwei Knotenlinien (*Linien*, weil der Stab gewisser-maßen eine Vielheit von nebeneinanderliegenden Saiten reprä-sentiert), etwa um $1/5$ der Stablänge von den Enden entfernt. In der Abb. 322 ist der Stab in ihnen unterstützt. Der Stab kann aber auch einen Grundton geben, der *zwischen* den eben erwähnten liegt, nämlich dann, wenn die beiden Enden nur *unterstützt* sind, und *noch* einen anderen, wenn das eine Ende fest, das andere aber ganz frei ist oder auch nur unterstützt ist. In allen diesen Fällen schwingt der Stab als Ganzes, d. h. er gibt einen Grundton. Man kann ihn aber dazu bringen (wie bei einer Saite), indem man gewisse Stellen berührt, so daß sie in Ruhe bleiben müssen, einen in selbständig schwingende Teile zu zerlegen, die voneinander durch Knotenlinien getrennt sind. Auch dabei tritt etwas Merkwürdiges ein: die Teile sind *ungleich*, die Knoten daher *nicht* gleich weit voneinander entfernt (ganz anders als bei den Saiten). Nur wenn beide Enden festgeklemmt sind, wenn also der Stab

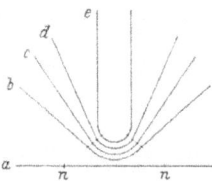

Abb. 323. Der frei-freie trans-versal schwingende Stab *a*, zur Gabel *e* gebogen als Stimm-gabel. Die zwei Knotenpunkte der schwingenden Stimmgabel.

also in der Form einer Saite schwingt, liegen die Knoten *gleich* weit voneinander. Man macht die Knotenlinien dadurch sicht-bar (CHLADNI), daß man auf den Stab (man benützt dazu einen von rechteckigem Querschnitt) feinen trockenen Sand streut; er rollt von den schwingenden Teilen herunter und sammelt sich in den Knotenlinien.

Stimmgabel. Der Stab ist kein eigentliches Musikinstru-ment, nur im Glockenspiel (Stahlharmonika) und im Xylophon (Holzharmonika oder Strohfidel) und als Triangel benutzt man ihn. Aber als Stimmgabel (erfunden 1711 von einem englischen Stabstrompeter) ist er das einfachste und zuverlässigste Gerät, Abb. 323, um angeschlagen einen Ton von bekannter Höhe anzu-geben. Als *Normalstimmgabel*, auf das Kammerton-*a abgestimmt*, ist er ein unentbehrliches akustisches *Hilfs*instrument zum Einstimmen der Musikinstrumente (S. 248 und S. 265) und der Singstimmen. (In diesem Sinne bedeutet die international ver-einbarte Normalstimmgabel für die „Stimmung" etwas Ähnliches wie der international ver-einbarte Normalmaßstab [Meterstab] für die Längenmessung.) — Die Stimmgabel entsteht aus einem an beiden Enden freien Stabe. Ein solcher Stab hat (s. oben), wenn er den Grund-ton gibt, zwei Knotenpunkte, jeden um etwas mehr als ein Fünftel der Stablänge vom Ende entfernt. Biegt man ihn, so rücken die Knotenpunkte immer näher aneinander, in der Gabel

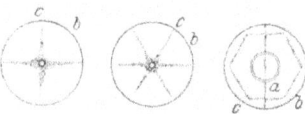

Abb. 324. Schwingende Platte. Die Knoten-linien durch Sand sichtbar gemacht. (CHLADNIsche Klangfiguren.)

begrenzen sie den Bogen. Die Zinken schwingen (etwa wie zwei fest-freie Stäbe) zueinander hin und vonein-ander weg. Der Bogen zwischen den Knoten der Gabel *verändert* dabei infolge seiner Elastizität seine *Krüm-mung* und *schwingt* daher in der Richtung der Längs-achse der Gabel, und dasselbe tut ein an ihm befestigter Stiel. Mit dem Stiel fest auf einen Resonanzboden ge-setzt, zwingt die tönende Stimmgabel daher den Re-sonanzboden, kräftig mitzuschwingen und ihren Ton zu verstärken. — Die Schwingungszahl einer Stimm-gabel hängt sehr verwickelt von Länge und Dicke der Zinken und von Dichte und Elastizität des Materiales ab (meist Stahl); und mit steigender Temperatur nimmt sie etwas ab (ca. um 0,0001 pro Grad). Die Physikalisch-Technische Reichsanstalt stimmt die Normalstimm-gabel auf das Kammerton-*a* von 435 Hertz bei 15^0 ab.

Membranen und Platten. Membranen und Platten schwingen stets transversal. Die ge-spannten Membranen auf der einen Seite (Pauke, Trommel, Tambourin) und die Platten auf der anderen (Becken, Tam-Tam) stehen einander ungefähr ebenso gegenüber wie die Saiten und die Stäbe: die Membranen erhalten die Elastizität erst durch die Spannung, die Platten be-sitzen sie durch ihre Festigkeit. Die Platten (Metall, Holz, Glas) schwingen, wenn man sie an einem Punkt festhält und dann mit einem Violinbogen streicht (CHLADNI, 1787). Wie bei den Stäben, hängt auch bei ihnen die Schwingungszahl davon ab, *wie* sie festgehalten werden, und wie der festgehaltene Punkt und die Anstrichstelle zueinanderliegen. Daher kann dieselbe

Scheibe verschiedene Grundtöne geben, da man dieses Verhältnis mannigfach abändern kann. Dabei schwingt aber die Platte nie als Ganzes, sondern immer nur in Teilen, die durch Knotenlinien getrennt sind. Die Mannigfaltigkeit der möglichen Schwingungszustände wird noch größer, wenn man *noch* einen Punkt der Platte am Schwingen verhindert, etwa dadurch, daß man ihn berührt. Da dieser Punkt dann in Ruhe bleibt, muß er eine Knotenlinie durch sich hindurchleiten. — CHLADNI hat die Knotenlinien sichtbar gemacht, indem er die Platte mit feinem trockenen Sande bestreute. Der Sand rollt von den schwingenden Teilen herunter und bleibt in den Knotenlinien, da diese ja in Ruhe sind, liegen. So entstehen die CHLADNI-schen *Klangfiguren*. Abb. 324 zeigt eine und dieselbe Scheibe; *b* bedeutet jedesmal die Anstrichstelle, *c* die Stelle, an der die Platte festgehalten worden ist, *a* die Stelle, in der sie berührt worden ist.

Man kann auch die Schwingungs*bäuche* auf den Platten sichtbar machen (SAVART, 1827), wenn man anstatt des Sandes sehr feines leichtes Pulver, am besten Lykopodium (Bärlappsamen) anwendet (Abb. 325). Die starke Aufwärtsbewegung der Bäuche stößt (FARADAYS Erklärung) die Luft und mit ihr den leichten Samen in die Höhe, beim Herunterschwingen der Platte verdünnt sich über dieser Stelle die Luft, so daß von allen Seiten die Luft zu ihr hinströmt und den Samen auf ihr zusammenhäuft.

Ein glockenförmiger Körper schwingt ähnlich wie eine Platte, eine Glocke von der Form der Kirchenglocken ähnlich wie eine kreisförmige, im Mittelpunkt festgehaltene. Eine solche Platte gibt den tiefsten Ton, wenn zwei ihrer Durchmesser Knotenlinien bilden, d. h. wenn sie in vier Quadranten schwingt — ebenso eine Glocke, wenn sich vier Knotenlinien auf ihr bilden, die von ihrer Haube aus an ihr herunter nach dem Rande laufen, so daß der Glockenkörper auch in vier Quadranten schwingt; der zweite Oberton tritt auf, wenn er sich in sechs. der dritte, wenn er sich in acht schwingende Teile zerlegt.

Abb. 325. Schwingende Platte. Die Bäuche durch Lykopodium sichtbar gemacht (SAVART), die Knotenlinien durch Sand (CHLADNI).

Longitudinal schwingende feste Körper. *Saiten* kann man in longitudinale Schwingungen versetzen, indem man sie der Länge nach mit einem durch Kolophonium rauh gemachten Tuche reibt, oder wenn man sie mit dem Bogen unter sehr spitzem Winkel streicht. Die Töne sind schrill und viel höher als die durch transversale Schwingungen derselben Saite erzeugten. Sie haben nur theoretisches Interesse, für die Musik nur das praktische, daß man sie vermeiden muß. Daher muß man den Bogen möglichst genau *rechtwinklig* zur Saite führen.

Auch die Longitudinalschwingungen der *Stäbe* haben nur theoretische Bedeutung, sie sind wichtig für die Messung der Schallgeschwindigkeit in festen Körpern, nämlich in dem Stoff, aus dem der Stab besteht, und für die Berechnung seines Elastizitätskoeffizienten. Man erzeugt sie, indem man die Stäbe der Länge nach reibt — Metall- und Holzstäbe mit einem durch Kolophonium rauh gemachten Tuche, Glasstäbe mit einem nassen Tuche oder mit angefeuchteten Fingern — oder indem man sie longitudinal mit einem Hammer *anschlägt*. Auch bei den longitudinalen Schwingungen ist der Schwingungszustand des Stabes verschieden, je nachdem seine Enden frei beweglich sind oder nicht.

Angenommen, der an beiden Enden freie Stab gibt seinen Grundton: er schwingt dann als Ganzes, wie eine Saite als Ganzes schwingt, wenn sie ihren Grundton gibt. Aber zwischen beiden besteht ein großer Unterschied: weil die Saite *transversal* schwingt, der Stab lon-

Abb. 326.
Abweichung der Teilchen aus der Ruhelage im longitudinal schwingenden Stabe.

Abb. 327.
Abweichung der Teilchen aus der Ruhelage in der transversal schwingenden Saite.

gitudinal. Man vergegenwärtige sich: schlägt man den Stab an dem einen Ende longitudinal an, so läuft von diesem Ende aus eine Längswelle den Stab entlang, wird am anderen Ende zurückgeworfen und interferiert, während sie zurückläuft, mit der ihr entgegenkommenden. So entsteht eine stehende Längswelle (S. 229 u.). Die *Mitte* muß ein Ruhepunkt, ein *Knoten*, werden, an den Enden je ein Bauch entstehen; um die Mitte herrscht also die schwächste Bewegung, dafür aber abwechselnd Verdichtung und Verdünnung — an den Enden zwar starke Bewegung, aber keine Änderung der Dichte. Durch sein Aussehen kann der Stab unserer Anschauung dabei nicht zu Hilfe kommen, weil wir das Hin und Her seiner Punkte nicht sehen können, wie wir das Auf und Ab der Saite sehen konnten. Aber wenn wir die Strecken, um die die einzelnen Punkte longitudinal von ihrer Ruhelage abweichen, wie S. 220 o., *transversal* zur Ruhelage des Stabes aufzeichnen, so bekommen wir das Bild einer Welle und übersehen die Verhältnisse. Die Abb. 326 *a*, *b*, *c* geben die Abweichungen der einzelnen Punkte des Stabes in dieser graphischen Umdeutung wieder: *a* und *b* in dem Moment, in dem die Punkte sämtlich gleichzeitig umkehren, *c* in dem Moment, in dem sie, ebenfalls gleichzeitig, durch die Ruhelage gehen. Die Abb. 327 a, b, c zeigen entsprechend eine Saite, die ihren Grundton gibt. — Man sieht: der Stab bildet, wenn er seinen Grundton hören läßt, mit seiner ganzen Länge die halbe Wellenlänge seines Grundtones. Mißt man seine Länge und ermittelt man die Höhe des Grundtones, so kann man die Geschwindigkeit bestimmen, mit der sich die longitudinale Welle durch ihn fortpflanzt. Es ist ja (S. 220)

$$v = \frac{\lambda}{t} = \frac{\text{Wellenlänge}}{\text{Schwingungsdauer}}.$$

λ, die Wellenlänge, ist gleich der doppelten Stablänge, und t, die Schwingungsdauer, ergibt sich aus der Beziehung $n \cdot t = 1$, worin n die Schwingungszahl des Tones ist, so daß also auch $v = \lambda \cdot n$ ist. Ermittelt man die Höhe des Stabtones, so kennt man n, also auch t. MELDE erhielt von einem *Stahl*stabe von 1400 mm Länge einen Grundton, dessen Höhe (mit einem Monochord gemessen) 1872 Schwingungen entsprach: daraus ergibt sich $v = 2800$ mm $\cdot$ 1872 $= 5242$ m, von einem Glasstabe von 1574 mm Länge einen Grundton mit 1696 Schwingungen, daraus ergibt sich $v = 5339$ m.

Da die Fortpflanzungsgeschwindigkeit v mit dem Elastizitätsmodul e durch $v = \sqrt{e/d}$ zusammenhängt, so kann man aus der so ermittelten Fortpflanzungsgeschwindigkeit und der bekannten Dichte den Elastizitätsmodul ermitteln.

Der fest-freie Stab muß sich anders verhalten, als der frei-freie. Denn an dem festen Ende kann nur ein Knoten entstehen, am freien ein Bauch. Gibt der fest-freie Stab seinen Grundton, schwingt er also als Ganzes, so bildet die Gesamtheit aller Stabpunkte eine *Viertel*welle, denn ein Bauch und der nächste Knoten sind stets eine Viertelwelle voneinander entfernt. Er gibt dann einen Grundton, der um eine Oktave tiefer ist als der frei-freie Stab.

Luftsäulen. Den longitudinalen Schwingungen der Stäbe vergleichbar sind die der Luftsäulen in Röhren, die an beiden Enden offen sind, oder auch an einem Ende offen, am anderen geschlossen — „gedackt", das Seitenstück zu den an einem Ende festgehaltenen Stäben. Haben die Röhren Vorrichtungen, durch die man die Luft zum Schwingen bringen kann, so nennt man sie Pfeifen, *offene* oder *gedeckte*. Neben den Saiteninstrumenten sind sie die verbreitetsten Musikinstrumente: sie umfassen sämtliche Blasinstrumente und die Orgel, außerdem das menschliche Stimmorgan.

Die Luft gerät in dem Rohr parallel der Längsachse in *stehende* Längsschwingungen. Die stehende Welle bildet sich wie in dem longitudinal angeschlagenen Stabe: Eine Welle läuft von dem einen Ende aus das Rohr entlang, wird am anderen Ende reflektiert, und interferiert mit einer ihr entgegenkommenden. Wo liegen die Knoten und die Bäuche?

In den Bäuchen ist starke Bewegung (S. 229 m.), aber weder Verdichtung noch Verdünnung, in dem Knoten dagegen ist Ruhe, dafür aber starker Druckwechsel. Bildet sich eine stehende Welle in einem Rohre, so muß sich also die Schwingungsbewegung am *Ende* des Rohres anders gestalten, wenn es offen ist, als wenn es gedeckt ist. Am *offenen* Ende

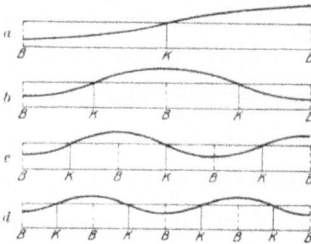

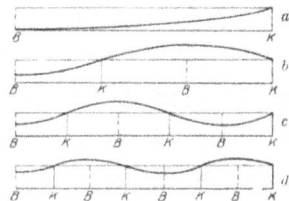

Abb. 328.   Abb. 329.

Knoten und Bäuche in einer schwingenden Luftsäule

offen.   gedeckt.

grenzt die Rohrluft direkt an die äußere; jede Druckdifferenz muß sich dort sofort ausgleichen — an dem *offenen* Ende des Rohres muß daher ein *Bauch* liegen. An einem *verschlossenen* Ende aber kann die Luft nicht in longitudinaler Bewegung sein — dort muß ein *Knoten* liegen. Daraus folgt: Eine stehende Welle in einem Rohre muß an einem offenen Ende stets einen Bauch, an einem geschlossenen Ende stets einen Knoten haben, in einem *beiderseits* offenen Rohre also an *jedem* Ende einen Bauch — in dem einseitig verschlossenen Rohre an dem einen Ende einen Bauch, an dem anderen einen Knoten. Abb. 328 und 329 zeigen zwei gleich lange Rohre, das eine offen, das andere gedeckt, daneben das transversal umgeformte Bild der darin stehenden Längswelle. Abbildung a gibt die Bewegung an, wenn in dem offenen Rohre nur die beiden Endbäuche vorhanden sind (in der Mitte zwischen beiden ein Knoten) und in dem gedeckten nur der Bauch an dem einen Ende, der Knoten an dem anderen. Denkbar sind aber auch mehr Knoten und Bäuche in dem Rohre, denn die Bedingung, daß an den beiden *Enden* des offenen Rohres Bäuche sind, ist ja auch dann erfüllt, wenn die Schwingung so vor sich geht, wie sie eine der Abbildungen *b*, *c*, *d* darstellt — d. h. zwischen den beiden Endbäuchen auch Bäuche im Innern des Rohres liegen. Was bedeutet die Vermehrung der Bäuche (und der Knoten)? Je zwei benachbarte, d. h. nur durch *einen* Knoten getrennte Bäuche grenzen stets die Hälfte einer Wellenlänge ab, eine Halbwelle. Sind die beiden Endbäuche *allein* vorhanden, so bedeutet das: die Schwingung in dem Rohr bildet eine Halbwelle, deren Länge gleich der Rohrlänge ist — offenbar die längste Halbwelle, die in dem Rohre entstehen kann. Der zu dieser Welle gehörige Ton ist somit der tiefste, den das Rohr geben kann, der *Grundton*. (Da man [S. 248 u.] die Wellenlängen der einzelnen Töne kennt, kann man daher voraussagen, wie lang das offene Rohr sein muß, das einen vorgeschriebenen Grundton geben soll: es muß halb so lang sein wie diese Welle.) Die Einschiebung *eines* Bauches zwischen die beiden *Endbäuche* (Abb. 328 *b*) bedeutet: Umwandlung jener längsten Halbwelle in *zwei*, deren jede nur halb so lang ist wie die des Grundtones. Die Einschiebung von *zwei* Bäuchen zwischen die Endbäuche (Abb. 328 *c*) bedeutet Umwandlung jener längsten Halbwelle in drei Halbwellen, deren jede nur ein Drittel so lang ist wie die des Grundtones usw. Die Rohr-Halbwelle (Abb. 328 *a*), die den Grundton gibt, wird geteilt, genau so wie die Saiten-Halbwelle (Abb. 318 *a*), die den Grundton gibt, *auch* durch Knoten geteilt worden ist. Und wie die Saite, wenn sie *ungeteilt* schwingt, den Grundton angibt, aber wenn sie sich in 2, 3 . . . *n* Abteilungen zerlegt, einen Ton mit 2-, 3- . . . *n* mal so großer Schwingungszahl (die Reihe der harmonischen Obertöne) — genau so das offene Rohr. Das *offene* Rohr kann außer dem Grundton auch die *gesamte Reihe der harmonischen Obertöne* geben.

Anders das *gedeckte* Rohr! An dem geschlossenen Ende muß stets ein Knoten liegen, an dem offenen Ende ein Bauch. Ist *nur* der *End*bauch vorhanden, und *nur* der *End*knoten, so entspricht der stehenden Längsschwingung in dem Rohre die Abb. 329 *a* (quer umgeformt, S. 220 o.). *Denkbar* sind aber auch in dem geschlossenen Rohre noch mehr Knoten und noch mehr Bäuche, denn die Bedingung, daß an dem geschlossenen Ende ein Knoten liegt und an dem offenen ein Bauch, ist auch dann erfüllt, wenn die Schwingung so vor sich geht, wie sie eine der Abb. 329 *b*, *c*, *d* darstellt, d. h. *zwischen* dem Endbauch und dem Endknoten noch Knoten und Bäuche liegen. Was bedeutet die Vermehrung der Bäuche und der Knoten in dem *geschlossenen* Rohre? Ein Knoten und ein ihm benachbarter Bauch grenzen stets ein *Viertel* einer Wellenlänge ab, eine Viertelwelle. Ist außer dem Endknoten und dem Endbauch kein anderer Bauch und kein anderer Knoten in dem Rohre vorhanden, so bedeutet das: die Schwingung in dem Rohre geht so vor sich, daß sie eine Viertelwelle bildet, deren Länge gerade gleich der Rohrlänge ist — offenbar die *längste* Viertelwelle, die in dem Rohre entstehen kann. Der zu dieser Viertelwelle gehörende Ton ist also der Grundton. Man kann somit wie bei dem beiderseits offenen Rohre voraussagen, wie lang das einseitig geschlossene Rohr sein muß, um einen vorgeschriebenen Grundton zu geben: es muß den vierten Teil so lang sein wie die Welle dieses Tones. Wohlgemerkt, das gedeckte Rohr nur den *vierten Teil*, das offene die *Hälfte*! Das gedeckte Rohr, das denselben Grundton geben soll wie ein offenes Rohr von gegebener Länge, ist demnach nur halb so lang wie jenes offene Rohr. Daraus folgt: Ein offenes Rohr, das man in der Mitte durch eine Querwand, Abb. 330, *deckt*, verändert seinen Grundton nicht. Und das ist in der Tat, wie der Versuch lehrt, der Fall [der Ton wird nur weicher, milder] — begreiflich, da ja die Scheidewand an die Stelle eines Knotens tritt, d. h. eine Stelle, die bewegungslos ist, die sich also genau so verhält wie das gedeckte Ende eines gedeckten Rohres. — Die Einschiebung *eines* Bauches und eines Knotens zwischen die beiden Enden (Abb. 329 *b*) bedeutet: Umwandlung jener längsten Viertelwelle in drei, deren jede ¹⁄₃ so lang ist wie die des Grundtones — die Schwingungszahl wird also verdreifacht. Die Einschiebung von *zwei* Bäuchen und zwei Knoten bedeutet (Abb. 329 *c*): Umwandlung jener längsten Viertelwelle in fünf, von denen jede ¹⁄₅ so lang ist wie die des Grundtones — die Schwingungszahl wird also *verfünffacht*, usw. Also auch die gedeckte Luftsäule kann entweder als Ganzes oder durch Knoten abgeteilt schwingen. Aber während in dem offenen Rohre *jedes* ganzzahlige Vielfache der Schwingungszahl des Grundtones erzielt werden kann, kann in dem gedeckten nur *jedes ungerad*zahlige Vielfache (1-, 3-, 5- . . . fache) hervorgerufen werden, d. h. nur die ungeradzahligen Obertöne des Grundtones. Sehr natürlich, denn das 2-, 4-, 6fache würde Wellen fordern von einer, zwei, drei Halbwellen in dem Rohre, d. h. Wellen, die an *beiden* Rohrenden Bäuche haben — was im einseitig gedeckten Rohr unmöglich ist.

Abb. 330. Offene Lippenpfeife; in der Mitte zu decken.

Manometrisches Verfahren (RUDOLF KÖNIG) zum Studium schwingender Luftsäulen.

Wo Knoten und wo Bäuche in einer tönenden Luftsäule liegen kann man durch verschiedene Methoden sichtbar machen: vor allem durch die *manometrischen Flammen* (RUDOLF KÖNIG,

1862). Ihre Anwendbarkeit beruht auf der manometrischen Kapsel (Abb. 331), einer allseitig von Wänden begrenzten Kammer a, deren Rauminhalt sich vergrößern und verkleinern kann. Durch das Rohr b strömt Gas in sie ein, durch das Rohr c aus. Die Wand $A B$ ist eine äußerst feine Gummimembran. Wird die Luft außerhalb der Kammer (links von $A B$) verdichtet, so wird die Membran nach innen gewölbt, wird sie verdünnt, nach außen. Mit anderen Worten: Verdichtung der Außenluft verkleinert das Volumen der Kammer a, Verdünnung vergrößert es. Der Druck, mit dem das Gas aus der Kammer austritt, wird im ersten Fall vergrößert, im anderen verkleinert, die Flamme c infolgedessen verlängert oder verkürzt. Wechselt Verdichtung mit Verdünnung ab, so *zuckt* die Flamme auf und ab. Singt man durch ein Sprachrohr (Abb. 332) gegen die Membran, so sieht man die Flamme, die anfangs klein und kaum sichtbar war, lang werden, *aber nicht wieder kurz werden*. Die langen und die kurzen Flammenbilder wechseln so rasch, daß das Auge sie nicht voneinander *trennen* kann. Um ihm trotzdem die Unterscheidung zu ermöglichen, zeigt man ihm die zeitlich einander folgenden Flammenbilder *in einem Spiegel* und bewegt (dreht) diesen *so schnell*, daß jedes neu entstehende Flammenbild auf einer *anderen* Stelle des Spiegels gesehen wird, also die Flammenbilder zwar *gleichzeitig*, aber *nebeneinander*, d. h. getrennt voneinander, gesehen werden (WHEATSTONE, 1834). Man benützt als Spiegel die spiegelnd gemachte Oberfläche eines Prismas, Abb. 332, das um eine Achse drehbar ist. Dreht man den Spiegel mit der erforderlichen Geschwindigkeit, so sieht man in ihm, solange die Membran in Ruhe ist, ein Lichtband, dessen Höhe gleich der Flammenhöhe ist, sobald aber die Membran ein Ton trifft, eine regelmäßig gezackten Band — die einzelnen Zacken bedeuten die Flammenbilder (Abb. 333).

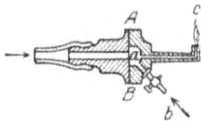

Abb. 331. Manometrische Flamme.

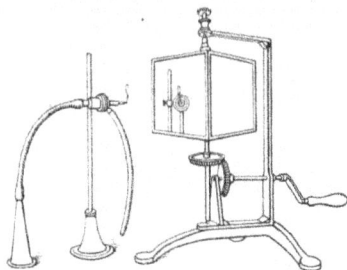

Abb. 332. Zu RUD. KÖNIGS Verfahren. Schallschwingungen in Zuckungen eines Flämmchens umzusetzen und die Lichtzuckungen an einem rotierenden Spiegel in ein Band auszubreiten.

Mit dieser Methode kann man die Schwingung in den Pfeifen *sichtbar* machen, kann zeigen, daß die Dichtigkeit der Luft sich an den Knoten stark, an den Bäuchen dagegen gar nicht ändert; daß die Knoten ihren Ort ändern (Abb. 328 und 329), je nachdem eine Luftsäule ihren Grundton oder einen Oberton gibt. Man benützt dazu, nach KÖNIG, gewöhnlich eine offene Orgelpfeife (Abb. 334), die man das eine Mal so anbläst, daß sie ihren Grundton angibt, das andere Mal so, daß sie die Oktave des Grundtones gibt. Im ersten Falle (Abb. 328 a) ist nur *ein* Knoten vorhanden — in der Mitte des Rohres. Hier fügt man deswegen eine Kapsel a in die Rohrwand ein, man durchbohrt die Rohrwand und setzt die Kapsel auf, so daß die Membran das Bohrloch luftdicht abschließt. Im zweiten Fall (Abb. 328 b), d. h. wenn die Pfeife die Oktave des Grundtones gibt, sind zwei Knoten vorhanden, je um ein Viertel der Rohrlänge von den Enden des Rohres entfernt sind: an diesen beiden Stellen setzt man ebenfalls je eine Kapsel ein, b und c. Mit Gas versehen werden die Kapseln sämtlich aus der Kammer d. Zündet man die Flammen an und bläst dann die Pfeife so an, daß sie ihren *Grundton* gibt, so sieht man die mittlere Flamme (an einem Knoten) sich stark verlängern, die beiden anderen (zwischen einem Knoten und einem Bauche) sich nur sehr schwach bewegen. Bläst man dagegen die Pfeife so an, daß sie die *Oktave* ihres Grundtones gibt, so bleibt die mittlere, die sich ja nun an einem Bauche befindet, fast vollkommen ruhig, während die beiden anderen, die dann in Knoten liegen, sich stark bewegen. —

Abb. 333. Flammenzackenbilder (RUD. KÖNIG) von Grundton (*1*) und Oktave (*2*).

Beobachtet man die Flammenbilder dabei im rotierenden Spiegel, so sieht man die gezackten Lichtbänder der Abb. 333. Da der Grundton (*1*) nur halb soviel Schwingungen macht wie die Oktave (*2*), so entstehen im ersten Falle nur halb so viele Zacken wie im zweiten. Die Zwischenräume zwischen den Zacken bedeuten die Stellen, an denen die Flamme klein und fast unsichtbar ist. — Der schnell rotierende Spiegel ist auch für die Untersuchung von Klangfarben, von Interferenzerscheinungen, von Schwebungen usw. unentbehrlich. Auch für die Untersuchung anderer rapide verlaufender Vorgänge, so für die Untersuchung der Struktur des elektrischen Funkens (zuerst FEDDERSEN, 1857): im rotierenden Spiegel sieht man den *anscheinend* einfachen

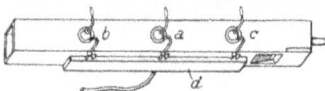

Abb. 334. Manometrische Flammen, in $^1/_4$, $^1/_2$, $^3/_4$ der Länge einer offenen Pfeife, um Knoten und Bäuche anzuzeigen.

„Funken" als ein Hin unf Her von *Blitzen*, die einander in minimalen Bruchteilen einer Sekunde folgen.

Staubfiguren (KUNDT) zum Studium schwingender Luftsäulen. Ein anderes Verfahren, die Schwingung in Luftsäulen zu untersuchen, stammt von KUNDT: es macht die Knoten sichtbar und macht es dadurch möglich, die Wellen*länge* in dem Rohr zu messen, und dadurch auch möglich, Schallgeschwindigkeiten und Elastizitätsmoduln zu messen. In Abb. 335 bedeutet *G* ein (mindestens 25 mm weites) Glasrohr, in dem der Kolben *H* luftdicht abschließend verschiebbar ist. In dem Rohre ist seiner Länge nach etwas Lykopodiumpulver oder etwas Korkpulver möglichst gleichmäßig ausgebreitet. Ein Stab *S* ragt hinein, der in seiner Mitte festgehalten wird; er gibt, longitudinal gerieben (S. 255), seinen *Grundton*. Durch Verschieben von *H* ändert man die Länge der Luftsäule so, daß sie auf diesen Stabton kräftig resoniert. (Um die Schwingungen des Stabes auf die Luftsäule möglichst kräftig zu übertragen, verbreitert man das Stabende durch eine Korkscheibe.) Das Pulver bildet dann

Abb. 335. Verfahren von KUNDT, in einer schwingenden Luftsäule die Knoten sichtbar zu machen.

die KUNDTschen *Staubfiguren*, Abb. 335 (ein Seitenstück zu den CHLADNISchen) in Form von Querrippen und sternartigen Figuren, die Sternchen in den Knotenpunkten. Da je zwei Nachbarknoten eine Halbwelle abgrenzen, so kann man die Wellenlänge messen. — Man kann daher auch messen, in welchem Verhältnis die Fortpflanzungsgeschwindigkeit des Schalles in dem Stabe zu der in der Luft steht; auch zu der eines anderen Gases, wenn das Rohr ein anderes als Luft enthält. Es ist $v = \lambda \cdot n$ (S. 220). Wir haben hier *zwei* solche Gleichungen:

$$v_{\text{Stab}} = \lambda_{\text{Stab}} \cdot n, \qquad v_{\text{Luft}} = \lambda_{\text{Luft}} \cdot n, \qquad \text{daraus ergibt sich} \quad \frac{v_{\text{Stab}}}{v_{\text{Luft}}} = \frac{\lambda_{\text{Stab}}}{\lambda_{\text{Luft}}}.$$

n hebt sich heraus, weil der Luftsäulenton und der Stabton gleich hoch sind. Die Wellenlänge in der Luft ist bekannt: sie ist in dem KUNDTschen Rohr direkt meßbar; die Wellenlänge in dem Stabe auch: sie ist gleich der doppelten Stablänge (Abb. 326). Wir erfahren so das Verhältnis der beiden Geschwindigkeiten *v* in dem Material des Stabes und der Luft zueinander, die Geschwindigkeit in der Luft ist bekannt, somit auch die Geschwindigkeit in dem Stabmaterial.

Die Anregung der Luftsäulen. Lippenpfeifen. Zungenpfeifen. Luftsäulen kann man natürlich nicht mit denselben Vorrichtungen zum Schwingen bringen wie Körper, die faßbare Angriffspunkte bieten. *Tatsächlich tönen sie fast immer durch Resonanz* (S. 239). Hält man eine tönende Stimmgabel vor die Öffnung eines Rohres, dessen Länge in dem erforderlichen Verhältnis zur Wellenlänge des Gabeltones steht, so tönt die Luftsäule. Der Kammerton a_1 entspricht einer Welle von 786 mm; ein offenes Rohr, das halb so lang (393 mm) ist, und ein gedecktes von 196,5 mm haben a_1 als Grundton (S. 248 und 257), jedes von beiden gibt ihn, sobald man eine tönende Normalstimmgabel an das offene Ende hält. — Dieselbe Gabel bringt auch ein 2-, 3-, 4- ... mal so langes, offenes und ebenso ein 3-, 5-, 7- ... mal so langes, gedecktes Rohr zum Tönen, ruft aber dann den entsprechenden *Oberton* zu dem betreffenden Grundton hervor (s. S. 257 über die Obertöne des offenen und des gedeckten Rohres). — Das Verhältnis der tönenden Luftsäulenlänge zur Wellenlänge des Stimmgabeltones zeigt sich deutlich, wenn man die tönende Stimmgabel über einen Meßzylinder hält und die Länge der in ihm enthaltenen Luftsäule dadurch ändert, daß man das Niveau einer in ihm enthaltenen Flüssigkeit ändert. Bei einer bestimmten Länge der Luftsäule hört man den Ton deutlich hervortreten. — Sehr bequem kann man die Länge der Luftsäule dadurch ändern, daß man ein beiderseits offenes, genügend langes (etwa 4 cm weites) Rohr vertikal in einen Wasserbehälter taucht und, während man die tönende Stimmgabel über das herausragende Ende des Rohres hält, das Rohr in dem Wasser vertikal auf und ab bewegt. Bei dem Wechsel von Verlängerung und Verkürzung gibt die Luftsäule ihren Resonanzton in dem Moment, in dem sie die entsprechende Länge hat.

Man kann Luftsäulen ferner durch „Anblasen" zum Schwingen bringen, aber auch *dann* ist ihr Schwingen Resonanz. Das Anblasen ist die übliche Art, die Luftsäule in einem *Blasinstrument* (Flöte, Oboe usw.) anzuregen. Man versieht das Rohr zu diesem Zwecke mit einem *Mundstück*; man nennt das Rohr dann *Pfeife*, je nach der Art des Mundstückes *Lippenpfeife* oder *Zungenpfeife*. Als Vertreterin der Lippenpfeifen — zu ihnen gehören die Flöten und die Mehrzahl der Orgelpfeifen — darf die Lippenpfeife der *Orgel* gelten. Abb. 336 stellt eine viereckige Orgelpfeife durchschnitten dar. „Angeblasen" wird die in dem Rohre befindliche Luftsäule, indem ein Luftstrom durch den Kanal *h* ge-

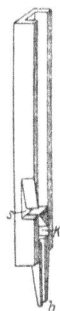

Abb. 336. Lippenpfeife der Orgel.

trieben wird, in der Orgel mit einem Blasebalg, in der Flöte mit dem Munde. Der Luftstrom gelangt in die Kammer K und entweicht bandförmig daraus durch den Spalt s. (Von der Bandform, die ein Spalt einem hindurchgehenden Gasstrom gibt, und zwar auf eine ziemlich weite Strecke hin, kann man sich überzeugen, wenn man aus einem Bunsenbrenner das Gas durch einen Spalt austreten läßt und anzündet.) Das Luftband stößt gegen die Kante der zum Spalt parallelen *Lippe* und schwingt — der neuesten Theorie zufolge (WACHSMUTH) — einer pendelnden Zunge (Abb. 337) vergleichbar um die Lippe hin und her (die Pendelung zusammenhängend mit periodischer Wirbelbildung an den Seiten der Lamelle [KRÜGER]). Nach der früheren, angeblich überwundenen Theorie (STROUHAL) ruft das Luftband durch Reibung an der Lippe ein schwirrendes Geräusch hervor; es besteht aus einem Gewirr von verschieden hohen Tönen, unter ihnen *auch* der Grundton der Orgelpfeife, durch Resonanz auf *diesen* Ton spricht die Orgelpfeife an.

*Lippen*pfeifen sind unter den Musikinstrumenten nur die Flöten — ihr Mundstück ähnelt dem der Orgelpfeife — und ein Teil der Orgelpfeifen, der *größte* Teil. Ihre Bauart erfordert es, daß man ihre Ton*stärke fast gar nicht ändert*. Treibt man den Anblase-Luftstrom stärker durch den Spalt, so wird ihr Ton *höher*. Im wesentlichen deswegen, weil die höheren Obertöne dann schärfer hervortreten und den Grundton übertönen. Man kann also den Orgelton nicht dadurch verstärken oder abschwächen, daß man die Blasebälge mehr oder weniger stark beansprucht, sondern nur dadurch, daß man die *Anzahl* der tönenden Pfeifen (zu Gruppen zusammengefaßt, *Register*) vermehrt oder vermindert (durch die *Register*züge) und Pfeifen benützt, die schärfer oder weicher in der Klangfarbe sind.

In den *Zungen*pfeifen ist die Pfeife, d. h. das Rohr, genau genommen, Nebensache, das Wirksame ist die *Zunge*. Wie eine Sirene zerschneidet sie den Anblase-Luftstrom in Luft*stöße*, die einander in gleich großen, sehr kleinen Zwischenräumen folgen. Aber sie tut es *anders* als die Sirene. In den Zungenwerken strömt die Luft immer durch *dieselbe* Öffnung,

und diese Öffnung wird für den Luftstrom abwechselnd geöffnet und geschlossen durch einen pendelnden Streifen, die Zunge, die wie eine einflüglige Tür in der Öffnung angebracht ist. Die Zunge ist eine sehr dünne, elastische Lamelle, die, aus einer Gleichgewichtslage gebracht, vermöge ihrer Elastizität schwingt. Ihre einfachste Form zeigt Abb. 337, die Zunge der Orgelzungenpfeife, der Harmonika, des Harmoniums, der Kammertonpfeife. (Sie selbst gibt einen kaum hörbaren Ton, z. B. mit einem Violinbogen angestrichen — ein Beweis, daß es nicht die Schwingungen der *Zunge* sind, die man in den Zungenwerken hört.) Die Platte $a\,a$ durchbricht ein rechteckiger Spalt. Durch ihn hindurch strömt die Luft; die Zunge stimmt in ihren Abmessungen mit ihm überein, so daß sie ihn beim Hineinschwingen, in einer bestimmten Lage angekommen, vollkommen verschließt. In ihrer Ruhelage läßt die Zunge, weil sie etwas aufgebogen ist, den Spalt offen. Treibt man durch diese Vorrichtung einen Luftstrom, indem man sie zwischen die Lippen nimmt — das aufgebogene Ende der Zunge der Mundhöhle zugewendet und hinein*bläst*, so hört man einen Ton, den man der Klangfarbe nach von der Mundharmonika her kennt. (Man erhält den Ton auch, wenn man die Zunge zwischen die Lippen nimmt — das aufgebogene Ende nach außen — und die Luft hindurch*saugt*. Beide Stellungen *gleichzeitig* benützt man in der Mundharmonika und in der Ziehharmonika.) Wenn der Luftstrom gegen die Zunge stößt, bringt er sie aus der Gleichgewichtslage und durch ihre Elastizität zum Schwingen. Da die Zunge den Spalt dabei in einer bestimmten Stellung vollständig absperrt, so zerschneidet sie den Luftstrom in Stöße, die einander im Tempo der Zungenschwingungen folgen. Diese Luftstöße erzeugen die Tonempfindung. Die Zunge ist gewöhnlich ein Metallstreifen oder (Klarinette, Oboe, Fagott) ein sehr elastischer Holzstreifen.

In den Blasinstrumenten tritt der Luftstrom durch die Zunge — den wesentlichen Teil des Mundstückes — in ein Rohr, das *Ansatzrohr*, und versetzt dadurch, daß er stoßweise eintritt, die Luft darin in Schwingungen, so in allen Holz- und allen Blechblasinstrumenten des Orchesters (außer der Flöte, die eine *Lippen*pfeife ist). Einige Instrumente benützen die Zungen *ohne* Ansatzrohr, so das Harmonium, die Harmonika, die Kammertonpfeife. Das Ansatzrohr verwickelt die Schwingungsverhältnisse. Es enthält eine Luftsäule; eine Luftsäule aber gibt, angeblasen, einen Grundton und gewisse Obertöne, deren Höhe von der Rohrlänge abhängt. Diese Luftsäule wird *jetzt* durch ein Mundstück angeblasen, in dem eine Zunge sitzt; die Zunge aber schwingt vermöge ihrer *eigenen* Elastizität, hat also ein eigenes Schwingungstempo. Stimmt es mit dem der Luftsäule von vornherein überein, d. h. stimmt der Eigenton der Zunge mit dem Grundton oder mit einem Oberton des Rohres überein — man braucht ja nur das Rohr dem Eigenton der Zunge entsprechend lang zu machen (S. 256 und 257) — so gibt die Pfeife beim Anblasen diesen Ton. Sind die beiden Tempi verschieden, so schließen Zungenschwingung und Luftschwingung einen Kompromiß, allerdings ist die Zunge dabei maßgebend. Nur darf es nicht gerade eine Metallzunge sein, wie in der Orgel

Abb. 337. Die Zunge der Orgelzungenpfeife, der Harmonika, der Kammertonpfeife.

und im Harmonium. Das Tempo dieser verhältnismäßig schweren und steifen Zungen wird von der schwingenden Luftsäule so gut wie gar nicht beeinflußt. Man benützt sie daher nur dort, wo man *jedem Ton* eine Zunge gibt (wie man beim Klavier jedem Ton eine Saite gibt), und zwar entweder wie im Harmonium ohne Ansatzrohr, oder wie in der Orgel mit einem Ansatzrohr, dessen Länge man dem Zungenton anpaßt. Abb. 338 zeigt eine Orgelzungenpfeife. Der Luftstrom tritt aus dem Blasebalg durch das Rohr h in die Kammer K, aus der er nur durch den Spalt zwischen der Zunge z und der Rinne r entweichen kann. Die Zunge z gerät dabei in Schwingungen und schließt und öffnet dadurch abwechselnd den Spalt. — Eine Zungenpfeife mit einer Zunge, die zur Erzeugung *einer ganzen Reihe* von Tönen dient, stellt Abb. 339 dar, das Mundstück einer *Klarinette*, z bedeutet die Zunge. Zwischen ihr und der Rohrwand rs bleibt ein kleiner Spalt, durch den die Luft aus dem Munde des Blasenden in das Rohr tritt. Je nachdem die Luftsäule als Ganzes schwingt, oder, indem man eines der Seitenlöcher öffnet, in Unterabteilungen, gibt das Rohr einen anderen Ton. Die Zunge ist so nachgiebig, daß sie ihr Schwingungstempo stets dem der Luftsäule anpaßt.

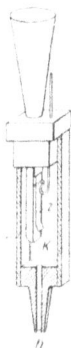

Abb. 338.
Zungenpfeife der Orgel.

Abb. 339.
Mundstück der Klarinette. Zunge z ein sehr elastischer Holzstreifen.

Singende Flamme. Man kann die Luft in einem offenen Rohre auch durch Wärmewirkungen zum Tönen bringen, im besonderen durch eine Wasserstoffflamme (auch Leuchtgas) in dem Rohre (Abb.340); bei entsprechender Dimensionierung des Rohres und der Flamme sogar sehr stark (singende Flamme, HIGGINS, 1777). — Nach TYNDALL ist die Ursache des Tönens in erster Linie die Reibung, die das Gas beim Ausströmen am Brennerrande erfährt, und das damit verbundene Reibungsgeräusch. Das Tönen des Rohres ist dann wie bei dem Lippenpfeifen, eine Resonanzerscheinung. (Gas, das aus einer engen Öffnung, namentlich unter einigermaßen erhöhtem Druck, ausströmt, rauscht. Man kann das an ausströmendem Leuchtgase leicht wahrnehmen.) — In dem rotierenden Spiegel (Abb. 332) sieht man die Flamme, während das Rohr tönt, stark vibrieren. Da die Vibration offenbar von den Schwingungen der Luftsäule, oder besser, von dem durch die Verdichtungen und Verdünnungen hervorgerufenen Druckwechsel untrennbar sind, so liegt die Vermutung nahe, daß der Ton entsteht, wenn die Flamme sich an einem Bauch der schwingenden Luftsäule befindet, wo der Druck nicht wechselt. Und wirklich entsteht der Ton nicht, wenn die Flamme an einem *Ende* des Rohres steht (wo ja stets ein Bauch liegt), vielmehr erst dann, wenn sie *in* dem Rohr steht. — Es gelingt außer dem Grundton der Luftsäule auch die ersten Obertöne hervorzurufen. Die Flamme muß ihr Schwingungstempo naturgemäß dem der Luftschwingungen anbequemen. Sie verhält sich in dieser Beziehung wie eine sehr nachgiebige Zunge oder wie eine KÖNIGsche Membran.

Abb. 340.
Singende Flamme (Wasserstoff).

Stimmorgan. Kehlkopf. Eine Zungenpfeife besonderer Art, die uns wichtigste, ist der Kehlkopf, ihre Zunge ist eine membranöse Doppelzunge. Ihre einfachste Form zeigt Abb. 341: zwei Kautschukmembranen, prall über die abgeschrägten Enden eines Rohres b gespannt, so daß sie einen feinen Spalt ss zwischen sich lassen. Treibt man durch den Spalt einen Luftstrom, so schwingen sie gleichzeitig nach außen und dann gleichzeitig nach innen. Schwingen sie nach außen, so erweitern sie den Spalt, schwingen sie nach innen, so verkleinern sie ihn und verschließen ihn zuletzt ganz. Die Vibration der membranösen Zungen zerschneidet so, weil sie den Spalt periodisch schließt und wieder öffnet, den hindurchtretenden Luftstrom wie bei der Sirene in Luftstöße, die einander so schnell folgen, daß sie einen Ton geben.

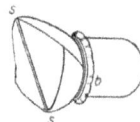

Abb. 341. Membranöse Zungen. Die Luft geht durch den Spalt s.

Die Zungen unseres *Kehlkopfes* bilden die *Stimmbänder*. Sie schließen wie es Abb. 341 darstellt, die Luftröhre ab, die dem Rohre b entspricht. Die Luft wird aus der Lunge durch die Luftröhre und den Kehlkopf gestoßen. Die Verschiedenheit der Tonhöhe bringt der Kehlkopf dadurch hervor, daß er die Spannung der Stimmbänder und die Stärke des Luftstromes ändert. Der Spalt zwischen den Simmbändern heißt die *Stimmritze*. Bei jeder Stimmgebung nähern sich die Stimmbänder einander bis fast zum Verschlusse (sie schließen sich völlig luftdicht beim Husten). Die Stimmritze ist beim erwachsenen Mann 2,0—2,4 cm lang und öffnet sich im Maximum bis zu 1,4 cm Weite. Mit dem Kehlkopfspiegel (GARCÍA) kann man Erweiterung und Verengerung deutlich beobachten. Die Länge der Stimmbänder ist im Mittel 1,5 cm beim Manne.

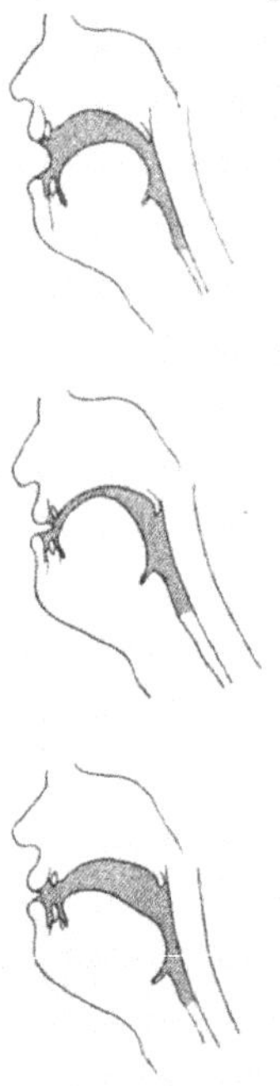

Der von der Lunge gelieferte Luftstrom bläst den Kehlkopf an. Aus dem Kehlkopf tritt der Luftstrom in das aus Mundraum und Nasenraum bestehende Ansatzrohr. Von den Lauten, die wir mit Hilfe von Kehlkopf und Ansatzrohr erzeugen und zur Bildung der Sprache verwenden, gehen wir nur auf die Vokale ein.

Nach HELMHOLTZ grundlegenden Versuchen (1863) behalten die Vokale für unser Ohr ihren charakteristischen Unterschied, selbst wenn sie *derselbe Mund* in *derselben* Höhe und mit *derselben* Stärke singt — der Unterschied kann also nur in der *Klangfarbe* liegen. Die Analyse hat ergeben, daß die verschiedenen Vokale, auf einen Ton von bestimmter Höhe gesungen, neben dem Grundton die „Obertöne" in verschiedener Anzahl und in verschiedener Stärke enthalten. Entscheidend für den Klang eines Vokals ist, daß er aus dem *Zusammen*wirken des Kehlkopfes *und der Mundhöhle* entspringt. Die dem Kehlkopf vorgelagerte Mundhöhle (zusammen mit der Nasen- und Rachenhöhle) wirkt als *Resonator* und verstärkt von den aus dem Kehlkopf kommenden Gemisch von Grundton und Obertönen diejenigen, die ihrem — der Mundhöhle — Eigenton am nächsten liegen, und diese tönen dann besonders stark aus der Mundhöhle hervor. Für jeden Vokal formt man aber seine Mundhöhle *anders*, weil man für jeden den Mund mehr oder weniger öffnet, und weil

Abb. 342. Zur Entstehung der Vokale. Der von dem Kehlkopf angeblasene Resonator (aus Mund-, Nasen-, Rachenhöhle zusammengesetzt) bekommt für jeden Vokal infolge der Änderung der Stellung von Lippen, Zunge und Gaumen eine andere (schraffiert) Form und Größe.

man Zunge, Gaumen und Lippen anders zueinanderstellt. Für jeden ist es also ein *anderer* Resonator — anders der Form und der Geräumigkeit nach — der auswählend und verstärkend auf das Tongemisch wirkt. Daher kommt jeder Vokal mit einer anderen Klangfarbe aus der Mundhöhle. Die beim Intonieren der verschiedenen Vokale entstehenden verschiedenen Formen der Mundhöhle (Abb. 342 zeigt sie für a, u und i) sind für jeden einzelnen Menschen offenbar konstant und charakteristisch. (Sie geben seinem Munde die ihn kennzeichnende

Klangfarbe, die wir sein „Organ" nennen; sein Organ macht ihn unserem Ohre so bekannt wie seine Gesichtszüge unserem Auge, es verändert sich sogar in vielen Jahren weniger als sein Gesicht.) Die einen Vokal *kennzeichnenden* Obertöne, die *Formanten* (HERMANN), können danach keine *ganz feste* Schwingungszahl haben, variieren vielmehr innerhalb eines gewissen Schwingungsbereiches, die Menschen haben ja nicht alle das*selbe* „Organ". — Die Tabelle (Abb. 343) zeigt die charakteristischen Formantenbereiche für a, e, i, o, u.

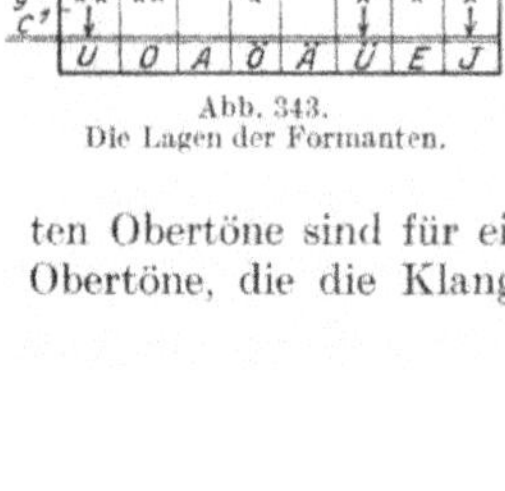

Abb. 343.
Die Lagen der Formanten.

Die von einer bestimmten Mundhöhle verstärkten Obertöne sind für einen *bestimmten* Vokal also *stets dieselben*. Die Höhe der Obertöne, die die Klangfarbe eines Vokales charakterisieren, hängen danach nicht von der Höhe des Grundtones ab, sie haben vielmehr eine *absolute* Tonhöhe. Ändert man bei der Intonation den Grundton, so ändert sich wohl die *Ordnungszahl* des Obertones, aber nicht seine Höhe. Das faßt HELMHOLTZ so: „Die Vokalklänge unterscheiden sich von den Klängen der meisten anderen Musikinstrumente also wesentlich dadurch, daß die Stärke ihrer Obertöne nicht nur von der Ordnungszahl derselben, sondern überwiegend von deren absoluten Tonhöhe abhängt. Wenn ich z. B. den Vokal *A* auf die Note *Es* singe, ist der verstärkte Ton *b″* der 12. des Klanges, und wenn ich denselben Vokal auf die Note *b′* singe, ist es der 2. Ton des Klanges, der verstärkt wird.“

Als Zungen können wir auch unsere Lippen wirken lassen, indem wir sie fest aufeinanderpressen und Luft aus der Mundhöhle zwischen ihnen hindurchpressen. Sie sind dabei gespannt, wie man deutlich fühlt. Wird der Druck im Munde so stark, daß er die Spannung überwindet, so öffnet er die Lippen ein wenig. Dann tritt Luft hindurch, der Druck in der Mundhöhle sinkt, und die Spannung der Lippen verschließt die Mundhöhle wieder. Das Spiel wiederholt sich dauernd, so daß der Luftstrom in Stöße zerlegt wird. Man fühlt das dabei eintretende Schwirren der Lippen als Kitzel. Man benutzt die Lippen als Zungen, um die Blechblasinstrumente auszublasen: die Trompeten, Posaunen und Hörner. Ähnlich bilden sie den Ton, wenn man mit dem Munde *pfeift*; freilich sind dabei auch die Zunge und die Zähne beteiligt.

E. Interferenz und Schwebungen.

Interferenz. Die *Wellen*form der Schallbewegung erklärt gewisse Schallerscheinungen als Wirkung der Übereinanderlagerung *zweier* Schallvorgänge. Wie auf dem Wasser zwei Wellensysteme unter gewissen Bedingungen einander verstärken oder schwächen, ja sogar aufheben (Abb. 294), so auch zwei Schallwellensysteme: ein *Ton*, der zu einem zweiten hinzutritt, kann *Stille* hervorrufen. Das Befremdende daran schwindet, wenn man von der Schall*empfindung* absieht und nur an die zwei *Bewegungen* denkt, die einander unterstützen oder schwächen können. Wird die Luft im Gehörgange von einer Schwingung ergriffen, die der Kurve *a*, Abb. 344, entspricht, und gleichzeitig von einer zweiten, *b*, die in jedem Moment mit

Abb. 344.
Zwei Schwingungen, die ihre Wirkung gegenseitig verstärken.

Abb. 345.
Zwei Schwingungen, die ihre Wirkung gegenseitig dauernd vernichten.

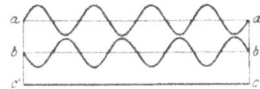

a übereinstimmt, so hört das Ohr *einen* verstärkten Ton und das Ergebnis der gemeinsamen Einwirkung wird durch die Kurve *c* dargestellt. Kommt aber der zweite Ton mit einer Phase an, die um eine halbe Wellenlänge gegen den ersten Ton verschoben ist, sucht er also eine Schwingung hervorzurufen, die in jedem Moment der ersten entgegengesetzt ist (Kurve *b* der Abb. 345), so wird die gemeinsame Wirkung durch *c′*, eine Gerade, dargestellt, das Ohr hört dann überhaupt keinen Ton. — Die Erscheinung gehört keineswegs zu den alltäglichen. Damit zwei gleiche Schallwellen einander auslöschen können, müssen sie *genau* mit einander entgegengesetzter Phase im Ohr zusammentreffen; und das ereignet sich bei den mancherlei Zurückwerfungen, die der Schall auf dem Wege zum Ohr gewöhnlich erfährt, nur zufällig und auch dann nur für einen Moment. Man kann aber die beiden durch die Abb. 344/345 dargestellten Fälle z. B. mit einer von RUD. KÖNIG konstruierten Vorrichtung

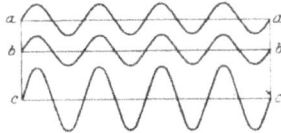

(Abb. 346) verwirklichen. Anstatt *zweier* räumlich getrennter, *gleicher* Schallquellen benutzt man nur *eine* — eine Stimmgabel, deren Ton ein Resonator verstärkt — und führt den Schall dem Ohre auf zwei verschiedenen Wegen (durch Rohre) zu, zerlegt also die Schallquelle gleichsam in zwei Hälften. Die Länge des einen Weges, in der Abbildung des linken, kann man (wie bei der Zugposaune) verändern, so daß man beide Wege gleich oder ungleich lang machen kann. Macht man sie gleich lang, so treffen die Wellen auf beiden Wegen in jedem Moment mit derselben Phase im Ohr ein: man hört die Stimmgabel (der Fall Abb. 344 c); ebenso, wenn man den variablen Weg um 1, 2 .... n ganze Wellenlängen länger macht als den anderen. Macht man aber den Weg um 1, 3 .... n halbe Wellenlängen (wo n eine ungerade Zahl ist) länger, d. h. ver

Ohr

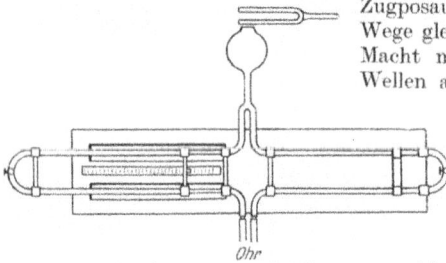

wirklicht man den Fall Abb. 345 c', so treffen die Wellen in jedem Moment mit einander *entgegengesetzten* Phasen im Ohre ein: man hört nichts. (Mit den manometrischen Flammen und dem rotierenden Spiegel nachweisbar: löschen die Töne einander aus, so sieht man das einfache Flammenband, sonst das gezackte.)

Die Stimmgabel gibt eine merkwürdige Interferenzerscheinung (WEBER), die davon herrührt, daß die beiden Zinken sich gleichzeitig zueinander hin und gleichzeitig voneinander weg bewegen. Dreht man eine vor das Ohr aufrecht gehaltene, angeschlagene Stimmgabel um ihre Längsachse, so hört man sie in vier bestimmten Stellungen deutlich: dann, wenn bei der Drehung der Gabel (Abb. 347) die Linie *ab* oder die Linie *df* in der Richtung des Gehörganges liegt. *Zwischen* diesen vier Stellungen ist sie an vier Stellen *unhörbar*: dann, wenn die Linien *ki* oder *gh* in der Richtung des Gehörganges liegen. Bringt man die Stimmgabel in eine dieser Stellungen, und schiebt man ein Röhrchen über eine der Zinken, aber ohne sie in ihrer Schwingung zu stören, so wird der Schall sofort hörbar, da dann die Einwirkung der anderen Zinke ungestört zum Ohre gelangt. — Eine auffallende Interferenzerscheinung geben zwei *gleich hohe gedeckte Lippenpfeifen* (Orgelpfeifen) auf *demselben Gebläse*: sie löschen einander fast vollkommen aus: sie passen sich einander so an, daß, während die Luft in die eine einströmt, sie aus der anderen ausströmt, infolgedessen im Ohre

zwei Wellen mit entgegengesetzter Phase eintreffen. An dem rotierenden Spiegel nachweisbar. (Zwei *offene* Lippenpfeifen oder zwei *Zungen*pfeifen von gleichem Bau und gleicher Stimmung verhalten sich unter denselben Bedingungen anders, weil sie andere Obertöne haben. Sie schlagen in die höhere Oktave um.)

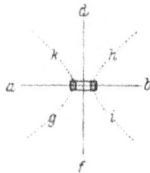

Schwebungen. Sind die beiden interferierenden Töne zwar nicht *vollkommen*, aber *beinahe* gleich hoch (ihre Schwingungszahlen beinahe dieselben), so sind auch ihre Wellenlängen nur ganz wenig verschieden — in dem höheren Tone folgen zwei Wellenberge in *etwas* kürzerem Abstande aufeinander, als in dem tieferen. Weder der Fall Abb. 344 c, noch der Fall Abb. 345 c' kann dann eintreten. Es tritt etwas Neues ein: man hört einen Ton, der *abwechselnd* stärker und schwächer wird: *Schwebungen*. Abb. 348 (Seitenstück zu den Abb. 344/345) zeigt, wie das gegenseitige Verstärken und Schwächen zustande kommt: *a* und *b* stellen zwei einfache Töne (ohne Obertöne) dar, *a* macht 27 Schwingungen, während *b* 30 macht: *c* gibt das Bild der resultierenden Schwingungen: die Amplitude der Schwingung wächst durch die Übereinanderlagerung beider Schwingungen allmählich, sinkt wieder und so fort. Zu- und Abnahme der Amplitude bedeutet aber Zu- und Abnahme der Tonstärke.

Am stärksten ist der Interferenzton dann, wenn zwei Wellenberge zusammentreffen. Wie oft geschieht das in 1 sec? In dem Moment, in dem beide Töne zusammen beginnen, fällt Berg auf Berg, und man hört den Interferenzton stark. Der höhere Ton eilt dem tieferen voraus: macht er $(n + 1)$ Schwingungen, während der andere n macht, so heißt das, der $(n + 1)^{te}$ Berg des höheren Tones trifft mit dem n^{ten} Berg des tieferen zusammen. Dann hört man den Interferenzton *wieder* stark. Man hört also so oft eine Schwebung, so oft der höhere Ton dem tieferen gerade um *eine* Schwingung voraus ist. (Genau in der Mitte zwischen zwei Schwebungen, natürlich nur für einen Moment, verschwindet der Interferenzton, da ein *Berg* des einen Tones mit einem *Tal* des anderen zusammenfällt.) Macht der tiefere Ton r, der höhere s Schwingungen in 1 sec, wieviel Schwebungen hört man dann in 1 sec? Angenommen, man höre in 1 sec x Schwebungen, so hört man nach jeder $1/x$ sec *eine* Schwebung; das heißt, nach jeder $1/x$ sec beträgt die Differenz der von den beiden Tönen ausgeführten Schwingungen 1. In $1/x$ sec macht aber der tiefe Ton r/x, der hohe s/x Schwingungen, also muß $s/x - r/x = 1$, d. h. $x = s - r$ sein, d. h. die Anzahl der Schwebungen in 1 sec ist gleich der *Differenz* der Schwingungszahlen. Daß das so ist, läßt sich mit der HELMHOLTZschen Doppelsirene (im wesentlichen eine Verbindung von zwei DOVE-Sirenen) nachweisen.

Hervorrufen kann man Schwebungen mit *allen* Tonwerkzeugen, sehr deutlich mit solchen, die keine oder nur sehr schwache Obertöne haben, besonders mit Stimmgabeln und mit gedeckten Pfeifen: mit zwei Stimmgabeln, die den gleichen Ton geben, z. B. schon dadurch, daß man die eine etwas verstimmt, etwa durch ein angeklebtes Wachskügelchen. Bei solchen Tonwerkzeugen verschwindet der Interferenzton *in der Mitte* zwischen je zwei Maximis (man nennt sie *Stöße*). Das ist der Moment, in dem ein Berg und ein Tal zusammenfallen. Das Steigen und Fallen der Stärke des Interferenztones wird dadurch sehr deutlich. — Bei Tonwerkzeugen mit lauten Obertönen erlischt zwar *der Grundton* zwischen je zwei Schlägen, aber dafür tritt der erste Oberton so stark hervor, daß der Ton in die Oktave umschlägt. — Man kann die Schwebungen auch sichtbar machen, ein Beweis, daß sie auch unabhängig von dem Ohr bestehen. Abb. 348 gibt eine Aufnahme mit dem Phonautographen. — Man benützt die Schwebungen als Hilfsmittel, wenn man eine Stimmgabel oder eine Klaviersaite auf einen beabsichtigten Ton *stimmt*: das Auftreten oder Ausbleiben der Schwebungen zwischen einer Normalstimmgabel und der zu stimmenden Gabel (der zu stimmenden Klaviersaite) zeigt an, ob die beabsichtigte Tonhöhe erreicht ist oder nicht.

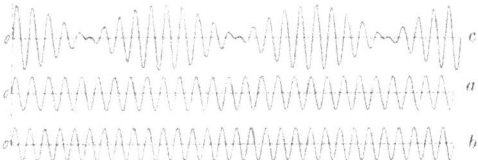

Abb. 348. Zur Entstehung der Schwebungen (*c*) aus zwei Tönen (*a* und *b*), deren Schwingungszahlen *etwas* verschieden sind.

Eine technische Anwendung von höchster Bedeutung findet die planmäßige Erzeugung von Schwebungen im Telephonhörer der drahtlosen Telephonie. Die Hörbarkeitsgrenze der Töne liegt bei 20—25 Tausend Hertz, die Hertzzahl der von der Antenne kommenden modulierten Schwingungen aber beträgt Hunderttausende, schon bei einer elektrischen Welle von 1 km Länge 300000. Um den in der Form elektrischer Schwingung hierin enthaltenen (S. 227 m.) Ton abzusondern und auf eine *hörbare* Hertzzahl zu bringen, sendet man durch den Telephonhörer gleichzeitig eine zweite — von einem besonderen Generator erzeugte — Schwingung (Hilfsschwingung) z. B.

von 301000 Hertz. Dann interferieren beide Schwingungen, geben 1000 Schwebungen in der Sekunde und geben dadurch einen hörbaren Ton (Schwebungsempfang).

Konsonanz und Dissonanz. Die Schwebungen sind ein wertvolles Hilfsmittel für die Erkenntnis des Wesens der Tonempfindungen: ob wir den Zusammenklang zweier Töne (oberton*freier*) als Dissonanz oder als Konsonanz empfinden, hängt nicht *allein*, aber *wesentlich* damit zusammen, *wieviel Schwebungen* in der Sekunde die Töne miteinander bilden. (Diese Anzahl, S. 265 o., ist gleich der Differenz der Schwingungszahlen der beiden Töne.) Die Schwebungen geben dem Zusammenklang zweier Töne etwas Schwirrendes — HELMHOLTZ sagt: eine gewisse *Rauhigkeit* — ja, bei einer gewissen Anzahl etwas Knarrendes. Das *stört* den Zusammenklang nicht erheblich, solange die Töne höchstens 4—6 Schwebungen in 1 sec bilden. Die Störung wächst mit der Zahl der Schwebungen, erreicht nach HELMHOLTZ bei 33 ihr Maximum, sinkt dann und verschwindet bei 132. So viele Schwebungen in 1 sec sind nicht *zählbar*, aber sie erzeugen bei dieser Häufigkeit eine bestimmte *Empfindung*. Der „rauhe", knarrende Ton im *Ohr* ist dem Eindruck vergleichbar, den flackerndes Licht im *Auge* hervorruft. Zählen können wir die Zuckungen im flackernden Licht *auch* nicht, wir empfinden aber das Flackern ganz anders als die zählbar (langsam) aufeinanderfolgenden Zuckungen. Hängt der Grad der Konsonanz wirklich von der Anzahl der Schwebungen ab, so muß das*selbe* Intervall im hohen Teil der Skala einen anderen Grad der Konsonanz haben als im tiefen, denn die *Differenz* der Schwingungszahlen, also die Anzahl der Schwebungen, ist im hohen Teile der Skala für *dasselbe* Intervall größer als im tiefen. Daß das so ist, kann man *hören*, wenn man z. B. das Intervall $h_1 - c_2$ mit $522 - 489 = 33$ Schwebungen angibt und dann dasselbe Intervall $H - c$ mit $65 - 61 = 4$ Schwebungen; es klingt in der Höhe als schneidende Dissonanz, in der Tiefe weit weniger grell. Andererseits kann das*selbe* Intervall in der Höhe eine Konsonanz, in der Tiefe eine Dissonanz sein — nämlich dann, wenn in der Höhe die Schwebungen mehr als 132 in 1 sec betragen, also nicht mehr wahrnehmbar sind, in der Tiefe dagegen ihre Zahl im Bereiche der Hörbarkeit der Schwebungen liegt. So ist es z. B. mit der großen Terz: in der Höhe ist sie zweifellos eine Konsonanz, in der Tiefe nähert sie sich nicht unbeträchtlich der Dissonanz.

Aber die Anzahl der Schwebungen ist nicht die einzige Ursache für die Rauhigkeit des Zusammenklanges, sonst müßten z. B. die Intervalle

$$\underset{33}{G\,97 - c\,130} \qquad \underset{33}{c\,130 - e\,163} \qquad \underset{33}{e\,163 - g\,196} \qquad \underset{33}{c_1\,261 - d_1\,294} \qquad \underset{33}{h_1\,489 - c_2\,522}$$

mit *derselben* Anzahl Schwebungen (33) *dieselbe* Rauhigkeit des Zusammenklanges haben. Aber die tieferen Intervalle, die größeren, klingen *weniger* rauh. Das heißt: auch die *Größe des Intervalles* beeinflußt die Rauhigkeit des Zusammenklanges. *Ein und derselbe* CORTIsche Bogen, so erklärt es HELMHOLTZ, oder ein und dieselbe *Nerven*faser reagiert *gleichzeitig* auf zwei verschiedene Töne, wenn sie nahe genug beieinanderliegen, um die*selbe* Faser der *Membrana basilaris* erregen zu können, andernfalls wirkt der zu weit entfernte Ton nur so schwach mit, daß die Schwebungen zu schwach ausfallen, um *wahrnehmbar* zu sein.

Kombinationstöne. Erklingen gleichzeitig zwei verschieden hohe Töne anhaltend sehr kräftig und gleichmäßig stark, so treten (bei geeignetem Intervall und passender Stärke dieser Töne) *Kombinationstöne* auf: die *Differenztöne* (von dem Hamburger Organisten SORGE 1740 entdeckt, auch TARTINIsche Töne genannt), ihre Schwingungszahlen sind gleich der Differenz der Schwingungszahlen jener beiden Töne, und die *Summationstöne* — ihre Schwingungszahlen sind gleich der entsprechenden Summe. Namentlich der Differenzton kann sehr stark werden. Nach der von HELMHOLTZ entwickelten mathematischen Theorie müssen Luftschwingungen, deren Anzahl der Höhe der Kombinationstöne entspricht, *dann* entstehen, wenn die beiden primären Töne einen elastischen Körper gleichzeitig so stark in Bewegung setzen, daß seine Schwingungen nicht mehr als unendlich klein gelten können. Nach König spricht die Existenz der Kombinationstöne gegen die Richtigkeit der Resonanztheorie des Hörens. Helmholtz erklärte ihre Entstehung aus Abweichungen von dem Prinzip der ungestörten Überlagerung der Primärtonschwingungen, nach seiner Auffassung entstehen sie nicht außerhalb des Ohres, sondern erst im Trommelfell. Waetzmann hat aber auch außerhalb des Ohres sehr starke Kombinationstöne erzeugt (mit einer Amplitude, die ein Mehrfaches der Primärtöne ist) und hat die Theorie durch eine Erweiterung der Helmholtzschen Vorstellungen und einen Kompromiß zwischen Helmholtz und König zu einem gewissen Abschluß gebracht.

Wärme.

A. Molekulare Wärmetheorie.

Wesen der Wärme. Bewegungen, die wir mit mechanischen Mitteln erzeugen können, und die sichtbar sind, bleiben, auch nachdem die bewegenden Kräfte zu wirken aufgehört haben, im allgemeinen noch eine Zeitlang sichtbar, aber man sieht sie *langsamer* werden und schließlich aufhören, z. B. die Bewegung eines von der Lokomotive losgehängten, aber noch rollenden Eisenbahnwagens, die Bewegung eines nicht mehr geruderten, aber noch gleitenden Kahnes usw. — Wirkungen der Reibung. Aber die Bewegung hat nur *sichtbar* zu sein aufgehört; in Wirklichkeit hat sie sich in eine *andre* Bewegung *verwandelt*, die zwar nicht *sichtbar*, aber an ihrer *Wirkung* wahrnehmbar ist; die aneinander geriebenen Flächen haben sich *erwärmt*. Der gewöhnlichen Vorstellung erscheint die *sichtbar* zu Ende gegangene Bewegung *vernichtet*.

Und im allgemeinen ist die Erwärmung auch nicht groß genug, um ohne weiteres wahrnehmbar zu sein. Aber unter Umständen ist sie es, z. B. wenn eine *sehr schnelle* Bewegung einer Masse *plötzlich* aufgehoben oder plötzlich stark verlangsamt wird. An einem Eisenbahnwagen, der gebremst wird, erhitzen sich die Bremsklötze an den Rädern und die Räder selbst so stark, daß die Erwärmung der betastenden Hand als „Temperaturerhöhung" fühlbar wird; die Meteore, die in die Atmosphäre der Erde schießen, erhitzen sich durch die Luftreibung an ihrer Oberfläche so stark, daß sie aufleuchten; ein fliegendes Geschoß, das ein Widerstand leistender Stoff hemmt, kann sich so stark erhitzen, daß es oberflächlich schmilzt u. a. m.

Die bei der Verwandlung in Wärme scheinbar vernichtete Bewegung *ist* aber nicht vernichtet, nur ist sie auf die Moleküle und Atome übergegangen und diese sind nicht unmittelbar wahrnehmbar. Aber mittelbar sind sie es, in der Brownschen Bewegung (nach dem Botaniker Brown und der von ihm beobachteten Bewegung von Blütenstaub im Wasser). Löst man z. B. den gelben Farbstoff Gummigutt in Wasser, so erhält man eine Emulsion, in der Moleküle (1000 und mehr) zu so großen Gebilden zusammengeballt sind, daß sie im Mikroskop wahrnehmbar sind. Die im Wasser (zwischen zwei Deckgläsern) vorhandenen kugelförmigen Gebilde sieht man in ständiger Bewegung und genaue Messungen ergeben, daß die Stärke der Bewegung mit steigender Erwärmung zunimmt. Wir erklären das heute durch die Annahme, daß die Moleküle des Wassers ständig gegen die festen Teilchen stoßen, und daß diese in Bewegung geraten, wenn sie in *einer* Richtung von besonders starken Stößen getroffen werden. Je kleiner die Teilchen sind, um so wahrscheinlicher ist es, daß *eine* Stoßrichtung besonders bevorzugt ist und dann starke Bewegung eintritt. Denn ist eine Fläche so klein, daß nur wenige Moleküle gleichzeitig auf sie treffen können, so werden einzelne besonders starke oder besonders schwache Stöße weniger leicht ausgeglichen, als wenn die Fläche so groß ist, daß sie gleichzeitig die Stöße vieler Moleküle empfängt.

Auch die Wassermoleküle werden untereinander Stöße austauschen und dadurch in völlig ungeordnete Bewegung geraten. Ein einzelnes Molekül be-

schreibt sicherlich infolge des Zusammenstoßes mit anderen Molekülen eine
Zickzackbahn aus kürzeren und längeren geradlinigen Strecken, die es mit wechselnder Geschwindigkeit durchläuft; eine bestimmte Stelle der Flüssigkeit wird
in *wechselnder* Richtung von Molekülen *wechselnder* Geschwindigkeit durchlaufen
— keine Richtung ist bevorzugt, es herrscht *ideale Unordnung.* Bezeichnend für
den Zustand des Mediums ist nur der *Mittelwert der Geschwindigkeiten* (richtiger:
der Mittelwert des Quadrates der Geschwindigkeiten) aller Moleküle. Wie die
mittlere Geschwindigkeit der sichtbaren Gummiguttkörnchen im Wasser mit steigender Erwärmung zunimmt, so wird auch die mittlere Geschwindigkeit der stoßenden, nicht sichtbaren, Wassermoleküle mit wachsender Erwärmung zunehmen.

Erwärmt man Wasser durch Reibung mit Hilfe eines in ihm rotierenden
Rührwerks, Abb. 350, so wird die sichtbare, mechanische Drehung, die *geordnete*
Bewegung ist, zur Erhöhung der mittleren Geschwindigkeit der Wassermoleküle
verwendet, also in ungeordnete Bewegung verwandelt. Ebenso ist es auch in
Gasen und in festen Körpern. Die Moleküle sind in ungeordneter Wärmebewegung und mit um so größerer Geschwindigkeit (oder besser: um so größerem
Energieinhalt), je höher der Körper erwärmt ist. Die Erzeugung von Wärme
aus mechanischer Arbeit ist allgemein als Umwandlung geordneter in ungeordnete Bewegung aufzufassen. Für die Theorie der *Gase*, die unter geringem Drucke
sehr einfachen Gesetzen gehorchen, hat sich die Vorstellung von der molekularen
Wärmebewegung der Moleküle besonders fruchtbar erwiesen, und in jedem Falle
stimmen die theoretischen Voraussagen und die Messungen so weitgehend überein, daß auch ohne Kenntnis der BROWNschen Bewegung (die übrigens auch
an den Staubteilchen in der Luft wahrnehmbar ist) kein Zweifel an der Richtigkeit der kinetischen Auffassung der Wärme bestehen kann. Die Moleküle der
festen Körper können sich — anders als in Flüssigkeiten und in Gasen — nicht
mehr frei bewegen, sondern sind an bestimmte Ruhelagen gebunden, um die
sie nur schwingen können.

Nimmt ein Körper Energie in der Form von *Wärme* auf, so verteilt diese sich
auf alle Moleküle. Die kinetische Energie eines Moleküls wird im Durchschnitt
um so größer, je größer die aufgenommene Wärmemenge ist und je weniger Moleküle
vorhanden sind. Das Maß für die *durchschnittliche* kinetische Energie ist die
Temperatur des Körpers. Wird also die *gegebene Wärme*menge einem Körper
mit vielen (wenigen) Molekülen zugeführt, so kommt auf jedes einzelne verhältnismäßig wenig (viel) Energie, und die *Temperatur* bleibt verhältnismäßig niedrig
(wächst verhältnismäßig stark). Man sagt in diesem Falle: Der Körper besitzt
ein großes (kleines) Fassungsvermögen für Wärme (Wärmekapazität).

Berühren zwei Körper von verschiedener Temperatur einander, so gleichen
sich die Bewegungsenergien zwischen den Molekülen beider aus. Dabei fließt
ein Wärmestrom von dem höher temperierten zu dem niedriger temperierten
Körper. Die Richtung des Stromes hängt nur von der *Temperatur* der Körper
ab, die sie vor ihrer Berührung besaßen, nicht von der *Wärme*menge.

Das Verhältnis von Wärme und Temperatur läßt sich an einem mit Wasser gefüllten
Gefäß veranschaulichen. Die Wassermenge entspricht der Wärmemenge, die Standhöhe des
Wassers im Gefäß der Temperatur. In einem engen Gefäß steht dieselbe Wassermenge
höher als in einem weiten, wie dieselbe Wärmemenge einen Körper von geringer Wärmekapazität auf höhere Temperatur bringt als einen von großer Wärmekapazität. Verbindet
man zwei Gefäße, in denen das Wasser verschieden hoch steht, miteinander, so fließt das
Wasser so lange von dem Gefäß mit dem höheren Wasserstand zum anderen, bis es in beiden
gleich hoch steht, geradeso, wie der Wärmeausgleich zwischen zwei verschieden temperierten
Körpern so lange anhält, bis beide gleiche Temperatur haben. — Aber der Vergleich versagt
in einer Beziehung. Die Wärme ist nicht einer unzerstörbaren Masse vergleichbar wie das
Wasser, sie ist eine Energieform, die aus einer anderen Energieform entstehen und in eine
andere Energieform übergehen kann.

Das Bindeglied zwischen der Temperatur eines Körpers und seinem Gehalt an Wärme ist seine Wärmekapazität, je größer sie ist, desto weniger erhöht sich seine Temperatur, wenn er eine bestimmte Wärmemenge aufnimmt. Aber wohlgemerkt: bei gewissen Vorgängen, z. B. während der Verdampfung von Wasser, erhöht sich trotz Wärmeaufnahme seine Temperatur nicht. Es wäre falsch, daraus zu schließen: das Wasser besitzt dann eine unendlich große Wärmekapazität. Vielmehr dient die Wärme dann dazu, den Aggregatzustand zu ändern. Da sie sich nicht durch Erhöhung der Temperatur des Körpers bemerkbar macht, nennt man sie „latent".

Wärmeempfindung. Wo wir vom Wärmezustande eines Körpers unmittelbar etwas wahrnehmen, geschieht es durch unsere Tastorgane, und je nach ihrer Empfindung nennen wir den Körper heiß, warm, lau, kühl usw. Wir schreiben so dem Körper Eigenschaften zu, die nur in unserer Vorstellung da sind. Der Körper ist an sich weder warm noch kalt, er ist nur in einem Zustande, der, wenn er sich uns überhaupt unmittelbar wahrnehmbar macht, es dadurch tut, daß er in uns ein Wärmegefühl (oder Kältegefühl) hervorruft. Und daß er sich uns unmittelbar nur dadurch wahrnehmbar macht, verleitet uns, dieser Wärmewirkung eine Bedeutung beizulegen, die ihr in Wirklichkeit nicht zukommt. Die Angaben unseres Nervensystems über den Wärmezustand des Körpers sind für die Beurteilung des Zustandes sogar völlig unbrauchbar. Denn sie hängen von dem augenblicklichen Zustande unseres eigenen Körpers ab. Denselben Gegenstand findet die betastende Hand warm oder kalt, je nachdem sie selber vor der Berührung mit ihm kälter oder wärmer war: war sie kälter, so findet sie ihn warm, weil sie sich an ihm erwärmt, war sie wärmer, so findet sie ihn kalt, weil sie sich an ihm abkühlt. Obendrein erscheinen unter Umständen der Hand Körper, die gleiche „Temperatur" haben, verschieden warm: ein metallener Gegenstand bei Zimmertemperatur kälter als ein hölzerner unter sonst gleichen Bedingungen (die Klinge eines Messers kälter als das anstoßende hölzerne Heft), weil das Metall der Hand schneller Wärme entzieht, als es das Holz tut. Die Wärmeempfindung ist auch um so stärker, je größer die gereizte Fläche ist; sie ist ferner caeteris paribus z. B. im Nacken sehr viel größer als an den Händen und in der Mundhöhle. Wir halten uns daher nur an die Wirkungen der Wärme auf unbelebte Körper.

Molekulare Wärme und Thermodynamik. Bis zum Beginn des 19. Jahrhunderts herrschte die Ansicht: „Wärme" ist ein Stoff (Phlogiston), die Erwärmung eines Körpers besteht im Aufnehmen, die Abkühlung im Abgeben des Wärmestoffes, der Gehalt daran bestimmt die Temperatur des Körpers, und da der Körper trotz der Veränderung seines Gehaltes an Wärmestoff sein Gewicht nicht ändert, ist der Wärmestoff gewichtlos, er zählte — wie Elektrizität und Magnetismus, zu den „Imponderabilien". Diese Anschauung wurde unhaltbar, als man entdeckte (RUMFORD 1798), daß man beliebig viel Wärme „durch Bewegung" erzeugen könne. RUMFORD benutzte beim Ausbohren eines Geschützrohres die Wärme, die bei der Reibung des Bohrers an der Rohrwand entstand, dazu, Wasser bis zum Sieden zu erhitzen und zu verdampfen. Durch beliebig lange fortgesetzte Arbeit konnte er beliebig viel Wasser verdampfen. (Um die Arbeit beliebig lange fortsetzen zu können, benutzte RUMFORD einen stumpfen Bohrer.) Daraus schloß er: Wärme kann unmöglich ein Stoff sein, denn das Geschützrohr und der Bohrer sind ihren Dimensionen nach begrenzt, können also nicht Wärmestoff in unbegrenzter Menge enthalten und abgeben; der in das Wasser eintretende Wärmestoff muß daher erzeugt worden sein, Materie kann man aber ebensowenig erzeugen wie vernichten. Dagegen wird auf den Apparat fortwährend Bewegung übertragen und die Wärme so lange erzeugt, solange die Übertragung der Bewegung dauert, die Wärme kann daher selbst nur eine Wirkung der Bewegung, muß also *selbst* Bewegung sein, eine durch Reibung erzeugte Bewegung der *Molekeln* des Körpers. (Genau genommen, wird auf den Apparat *Energie* übertragen, die Wärme kann daher nur eine Form der *Energie* sein, der Energie, wie sie *jede* Masse, also auch eine Molekel, *infolge* ihrer Bewegung besitzt.)

RUMFORDs Ansichten wurden durch viele Erfahrungen gestützt, namentlich dadurch (DAVY), daß Eisstücke, die aneinander gerieben werden, ohne äußere Wärmezufuhr schmelzen. Aber endgültig beseitigt wurde die Wärmestofftheorie erst Mitte des 19. Jahrhunderts durch die Beweise, daß eine *bestimmte* Menge Arbeit stets eine und dieselbe *bestimmte* Menge Wärme erzeugt, und daß umgekehrt diese Menge Wärme eine ebenso große *Arbeit leisten* kann; kurz, als die *Äquivalenz von Wärme und Arbeit* bewiesen worden war. Man nennt die Anschauung, nach der Wärme eine Form der Energie ist, die *mechanische Wärmetheorie.*

Die molekulare Wärmetheorie lehrt die Wärmephänomene rein *mechanisch* verstehen, indem sie uns in den *Mikrokosmos* der Molekularbewegungen führt. Die Molekülbewegungen sind nur an ihren *Wirkungen* erkennbar. Der Vorgang im Mikrokosmos des Moleküls läßt sich nur aus der *Gesamt*wirkung aller Moleküle erschließen: Das Ganze *der ungeordneten Bewegungen* der unendlich vielen Moleküle erscheint uns nicht als Bewegung, sondern als Wärme; die *Gesamtheit* der Stöße der Gasmoleküle gegen eine Wand erscheint uns nicht als Stoß und Rückstoß der *einzelnen Moleküle*, sondern als *Druck* auf die *Wand*. Der Raum, in dem sich die Moleküle bewegen, das *Volumen* des Körpers, bildet für das Verhalten der *Gesamtheit* der Moleküle ein wichtiges Bestimmungsstück, spielt aber in der Mechanik des *einzelnen* Moleküls keine nennenswerte Rolle. *Temperatur* ist ein Begriff, der nur für die *makroskopische* Gesamtheit Bedeutung hat, auf das einzelne Molekül aber gar nicht anwendbar ist, nur durch den Mittelwert der kinetischen Energie *aller* Moleküle ist er bestimmt, und mit dem ständig wechselnden Momentanwert der kinetischen Energie eines *einzelnen* Moleküls kann man ihn gar nicht in Beziehung bringen.

Die *Thermodynamik*, die Wissenschaft von der Arbeitsleistung durch Wärme, knüpft alle Schlüsse an die *makroskopisch* wahrnehmbaren Erscheinungen: Temperatur, Druck, Volumen usw. Sie stellt an ihre Spitze die drei *Hauptsätze* (S. 273, 277, 285), die in der Erfahrung wurzeln und die alle Erscheinungen in der kürzesten Form beschreiben; alle thermodynamischen Vorgänge lassen sich aus ihnen ableiten. Die molekulare Wärmelehre sucht die Hauptsätze aus den Gesetzen der Mechanik zu *beweisen*. Für den ersten Hauptsatz — das Gesetz von der Erhaltung der Energie angewendet auf die Wärmelehre — ist der Beweis leicht geführt. Der Beweis des zweiten Hauptsatzes aber — er bestimmt' die *Richtung* einer thermodynamischen Umwandlung (Arbeit in Wärme oder Wärme in Arbeit) — erfordert die Ergänzung der gewöhnlichen Mechanik durch die *statistische*. Dem dritten Hauptsatz gegenüber — er handelt von den thermodynamischen Eigenschaften der Materie, wenn ihr Gehalt an kinetischer Energie sehr gering ist — versagt die klassische Mechanik ganz, sie muß in sehr wesentlichen Punkten durch die Quantentheorie ergänzt werden. Die drei Hauptsätze beherrschen die ganze Wärmelehre, ihr Sinn ist schon an relativ einfach zu beschreibenden Wärmeerscheinungen begreiflich zu machen. Wir stellen sie daher hier voran. Vorher aber müssen wir die Grundlagen der Temperaturmessung, hiermit zusammenhängend die Bedeutung der absoluten Temperatur erläutern, und von der Einheit sprechen, in der man Wärmemengen mißt.

Definition der Temperatur. Absoluter Nullpunkt. Die Temperatur T in der allgemeinen Gasgleichung [S. 163, Gl. (5)] entspricht nicht derjenigen Größe, die man *gewöhnlich* „Temperatur" nennt. Beide unterscheiden sich (S. 273 o.) um eine additive Konstante. Ausgehend von den Grundanschauungen der molekularen Wärmetheorie setzte man, willkürlich, die Temperatur T proportional mit der mittleren kinetischen Energie der Moleküle eines idealen Gases an, es war das einfachste.

Jede Eigenschaft der Materie, die man mit der Temperatur quantitativ in Beziehung setzen kann, ist zur Definition der Temperatur geeignet, so die Länge eines Körpers, die mit der Temperatur im allgemeinen wächst. Da sich aber nicht alle Stoffe gleich stark bei gleichem Temperaturanstieg ausdehnen, so muß man das Material des Körpers, den man zur Definition benützen will, willkürlich wählen. Wie gelangt man nun aber zu Zahlenwerten für die Temperatur? Zunächst muß man einen Anfangspunkt festsetzen, einen *Nullpunkt*, von dem aus man zählt. Man benützt dazu im Alltagsleben *die Temperatur des* unter dem Druck von 1 atm *schmelzenden Eises*. Der Druck beeinflußt die Schmelztemperatur des Eises so wenig, daß man die Festsetzung des Druckes gewöhnlich unterläßt. Ferner muß man die Größe *ein Grad*, festsetzen, d. h. man muß angeben, wieviel Grad man zwischen dem Nullpunkt und einem zweiten Festpunkt annehmen will. CELSIUS (1742) nahm als zweiten Festpunkt die *Temperatur des* unter dem Druck von 1 atm *siedenden Wassers*, genauer: die Temperatur des dabei aus ihm aufsteigenden Dampfes. (Der Siedepunkt hängt stark von dem Druck ab, man muß daher den gerade herrschenden Luftdruck messen und die beobachtete Temperatur auf den *normalen* Druck umrechnen. Zur Umrechnung auf den Druck genau von 1 atm ist die Siedetemperatur pro 1 mm Quecksilber über oder unter dem Normaldruck um 0,037° zu erniedrigen oder zu erhöhen.) Von CELSIUS stammt auch die Festsetzung „100 Grad" als Temperaturunterschied zwischen Siede- und Eispunkt des Wassers.

Es bleibt noch festzusetzen — ebenfalls willkürlich —, nach welcher Regel man die Temperaturen zwischen den beiden Festpunkten und außerhalb ihres Bereiches messen soll. Am einfachsten nimmt man eine lineare Beziehung an zwischen der betreffenden Körpereigenschaft, in unserem Beispiel der Länge des betreffenden Körpers, und der Temperatur. Bezeichnet man die Länge bei 0 Grad ($0°$) mit l_0, bei $100°$ mit l_1, ferner die Länge bei der gesuchten Temperatur t mit l, so ist bei einer linearen Beziehung zwischen Länge und Temperatur $l = a + bt$ (1). Für $t = 0°$ und $t = 100°$ ist daher $l_0 = a$ und $l_1 = a + b \cdot 100$ und hieraus folgt $a = l_0$ $\quad b = \dfrac{l_1 - l_0}{100}$, (2) so daß (1) übergeht in:

$$l = l_0 + \frac{l_1 - l_0}{100} t \qquad (3) \qquad \text{oder} \qquad t = \frac{l - l_0}{l_1 - l_0} 100. \qquad (4)$$

Statt der linearen Beziehung zwischen Länge l und Temperatur t könnte man mit demselben Recht eine andere wählen. Man braucht auch nicht die Anzahl ihrer Konstanten auf zwei zu beschränken, doch müßte man zur Ermittlung jeder weiteren Konstanten auch einen weiteren Festpunkt wählen. Das widerspräche indessen dem Prinzip der Einfachheit, das man nicht ohne zwingenden Grund durchbrechen wird. — Neben der 100-Grad-Einteilung (CELSIUS) zwischen Eis- und Siedepunkt des Wassers existiert noch die 80-Grad-Einteilung (RÉAUMUR) und die Skala von FAHRENHEIT (Abb. 349). Für wissenschaftliche Angaben benutzt man die Celsiusskala, nur in England und in Amerika auch die Fahrenheitskala, die Réaumurskala nur bei Zimmer- und Badethermometern[1]. Die Vorzeichen + und — bezeichnen nicht etwa einen Gegensatz von Wärmegraden und Kältegraden, sie bezeichnen nur die Lage der betreffenden Temperatur mit Bezug auf eine *andere* Temperatur, die Temperatur des

---

[1] Ein deutsches Reichsgesetz vom 7. August 1924 untersagt im geschäftlichen Verkehr, insbesondere bei Ausübung eines Berufes oder Gewerbes, andere Thermometer als solche der 100 teiligen Skala zu benützen.

schmelzenden Eises. Sie sind auch weder additiv noch subtraktiv gemeint. Die Temperatur von 30° ist auch nicht etwa doppelt so hoch wie die von 15°. Der Nullpunkt ist lediglich ein willkürlich gewählter Temperaturpunkt, *von dem an* wir zählen, und den wir Null *nennen* — ein relativer Nullpunkt. Wir können, um an Ähnliches zu erinnern, einen Soldaten, der nach der früher üblichen Bezeichnung der Soldatenlänge „10 Zoll" hat, ja auch nicht doppelt so lang nennen, wie einen, der nur 5 Zoll hat; hier ist der Punkt, der 5 Fuß über den Fußsohlen liegt, der willkürlich festgesetzte Punkt, von dem an gezählt wird. Die Temperatursohle — um in dem Bilde zu bleiben — ist der *absolute Nullpunkt* der Temperatur (s. unten).

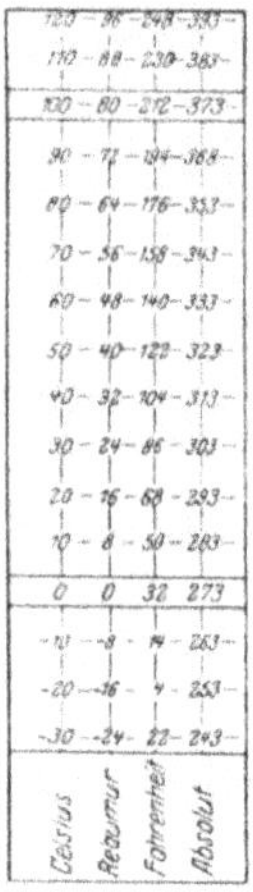

Abb. 349. Temperaturskalen.

Lange hat man auch für wissenschaftliche Zwecke die Temperatur gemäß Gleichung (4) bestimmt, indem man für l die Länge eines Quecksilberfadens einführte, wie ihn das Quecksilberthermometer enthält. Da sich aber mit steigender Temperatur auch das Glasrohr ausdehnt, so gründet sich hier die Messung auf die Ausdehnungs*verschiedenheit* von Quecksilber und Glas. Die Temperaturangaben der Quecksilberthermometer hängen sogar von der *Art* des Glases ab. Für die Messung von Temperaturen unter dem Erstarrungspunkt des Quecksilbers und in der Nähe seines Siedepunktes wurde daher die Beschaffung anderer Meßinstrumente unerläßlich. Man benutzt für strenge Messungen die *Gase* als Thermometersubstanz. Als Normalthermometer (S. 286) hat man fast stets ein Gasthermometer mit konstantem Volumen verwendet, bei dem, dem Gesetz von CHARLES entsprechend, der *Druck* des Gases p mit steigender Temperatur wächst. Nach Gleichung (4) ist in diesem Fall zu setzen

$$t = \frac{p - p_0}{p_1 - p_0} \cdot 100. \tag{5}$$

Bei der Gasthermometrie spielt die Ausdehnung des Gefäßes eine sehr geringe Rolle, und alle Gase führen gemäß Gleichung (5) sehr nahe zu gleichen Zahlen — und praktisch zu *völlig* gleichen Zahlen, wenn man die Gase sehr verdünnt anwendet, d. h. nahezu im Zustand der idealen Gase.

Nach Gleichung (3) auf S. 162 ist für ein Gasthermometer konstanten Volumens der Druck p proportional der Temperatur T. Nennt man den Proportionalitätsfaktor A, so darf man $p = A T$ setzen, und mit Gleichung (5) erhält man

$$t = \frac{T - T_0}{T_1 - T_0} \cdot 100. \tag{6}$$

Da $T_1 - T_0$, die Differenz zwischen den Temperaturen des Wassersiedepunktes und des Eispunktes, gleich 100 zu setzen ist, so erhält man $t = T - T_0$ (7). Hier bedeutet T_0 die Temperatur des Eispunktes in der T-Skala. Die Größe von T_0 findet man, wenn man wieder p proportional mit T, also $p_0 = A T_0$ und $p_1 = A T_1$ setzt. aus der Beziehung $\frac{T_0}{T_1 - T_0} = \frac{p_0}{p_1 - p_0}$. Hieraus folgt nach einfacher Umformung $T_0 = 100 \frac{p_0}{p_1 - p_0}$. Die wirklich ausgeführten Messungen der Drucke p_0 beim Eispunkt und p_1 beim Wassersiedepunkt liefern für Gase unter geringem Druck (idealer Gaszustand): $T_0 = 273,20°$. (8)

Man nennt T die *absolute Temperatur* und ihren Nullpunkt, bei dem die kinetische Energie der Moleküle verschwindet[1], den *absoluten Nullpunkt*. Die Tempe-

---

[1] *Nullpunktenergie.* Wie groß ist die Energie beim absoluten Nullpunkt? Der klassischen Molekulartheorie der Wärme nach herrscht beim Nullpunkt völlige Ruhe, ist die Energie daher Null. Das ideale Gas, dessen Moleküle nur Translation (keine Rotation) haben, und dessen molare Energie $3/2 \cdot R T$ ist, hat daher für $T = 0$ die Energie Null. In der Quantentheorie dagegen ist es nicht selbstverständlich, daß die Energie für $T = 0$ verschwindet; die Frage ist bisher noch nicht völlig geklärt.

ratur $T_0 = 273,20^0$, die mit dem Nullpunkt der gewöhnlichen Temperaturskala (t) zusammenfällt, heißt die *absolute Temperatur des Eispunktes*. Den Zusammenhang zwischen den Zahlenwerten beider Skalen gibt die Beziehung

$$T = 273,20 + t.$$

Die Angaben von Gasthermometern mit verschiedener Gasfüllung (Luft, Wasserstoff) stimmen nur dann überein, wenn die Gase sehr verdünnt sind. Mit sehr verdünnten Gasen zu messen, ist aber schwierig, weil die zu messenden Gasdrucke dann unbequem klein sind. Die Temperaturangaben weniger verdünnter Gase weichen jedoch bis zu mehreren Zehntel Grad voneinander ab, je nach der Natur des Gases und nach seiner Verdünnung. Für die alltägliche Praxis ist das meist belanglos, aber nicht für die Präzisionsmessung. Man hat daher (international) ein mit Wasserstoff gefülltes Gasthermometer konstanten Volumens, das am Eisschmelzpunkt einen Druck von 1000 mm Quecksilber besitzt, als Normalthermometer festgelegt (1886). Mit diesem Normalinstrument wurden im internationalen Bureau zu Paris vier Quecksilberthermometer zwischen 0 und 100⁰ aufs genaueste verglichen und korrigiert, um ihre Angaben in volle Übereinstimmung mit der Skala des Wasserstoffthermometers zu bringen. Diese vier Quecksilberthermometer stellen die eigentliche internationale Wasserstoffskala dar. Für sehr tiefe und sehr hohe Temperatur ist die Wasserstoffskala nicht verwendbar, weil Wasserstoff bei hoher Temperatur jedes Gefäßmaterial angreift oder durchdringt und bei sehr tiefer Temperatur flüssig wird. Helium als Thermometersubstanz würde die Schwierigkeiten nur etwas hinausschieben. Endgültig ist die Frage der Temperaturskala und ihrer Verwirklichung nur durch die Thermodynamik im Anschluß an den zweiten Hauptsatz lösbar. Es bleibt weiteren Untersuchungen vorbehalten, die Angaben der Gebrauchsthermometer auf die thermodynamische Skala zurückzuführen, wie das die Physikalisch-Technische Reichsanstalt bereits ausgiebig getan hat.

Die Kalorie, die Maßeinheit der Wärme. Als *Einheit der Wärme* hat man die (Gramm-)*Kalorie* festgesetzt: diejenige Wärmemenge (cal), die nötig ist, um 1 g reinen Wassers von 14,5 auf 15,5⁰ zu erwärmen. (Auch durch jede andere Wirkung der Wärme ließe sich eine Wärmeeinheit definieren, z. B. durch Verdampfung einer bestimmten Menge Wasser oder einer anderen Flüssigkeit, durch Schmelzung einer bestimmten Menge Eises usw. Aber die eben definierte verdient den Vorzug; sie ist einfach zu verwirklichen und genau zu messen.) Eine Wärmemenge beträgt k cal, wenn sie ausreicht, k g Wasser von 14,5 auf 15,5⁰ zu erwärmen. Da nun die Wärmemenge, die nötig ist, die Temperatur einer gegebenen Wassermenge um 1⁰ zu erhöhen, erfahrungsgemäß für jede Temperatur nahezu die gleiche ist, so genügt es fast immer, eine Wärmemenge k dadurch zu messen, daß man feststellt, *um wieviel* Grad $\varDelta t$ sich m g Wasser durch sie erwärmen lassen. Es ist dann $k = m \cdot \varDelta t$ cal. Die Technik rechnet meist mit der Kilogrammkalorie (kcal), der 1000 fachen Wärmemenge der soeben definierten Kalorie oder Grammkalorie (cal). Eine Kilogrammkalorie ist diejenige Wärmemenge, die 1 kg Wasser um 1⁰, genauer von 14,5 auf 15,5⁰, erwärmt.

Der erste Hauptsatz. Mechanisches Wärmeäquivalent. Der erste Hauptsatz der Thermodynamik umfaßt nur die Erfahrungstatsachen, die sich auf die *Größe* der umgewandelten Energie beziehen, sei es die Umwandlung einer Energieform *in* Wärme, sei es die Umwandlung der *Wärme* in eine andere Energieform. Andere Fragen, z. B. die Frage nach den Bedingungen, unter denen sich überhaupt Energie umwandelt, gehören nicht hierher.

Man kann den ersten Hauptsatz in verschiedenen Formen aussprechen. Die gebräuchlichste ist: Ein bestimmter Betrag mechanischer Arbeit liefert, in Wärme umgesetzt, stets dieselbe Menge Wärme, und umgekehrt liefert eine bestimmte Menge Wärme, in mechanische Arbeit umgesetzt, stets den gleichen Betrag an mechanischer Arbeit. Einer bestimmten Arbeitsgröße ist somit stets (z. B. gleichviel, ob die Umsetzung bei 0⁰ oder bei 1000⁰ erfolgt) dieselbe Menge Wärme „äquivalent" und umgekehrt.

Nach Zahl und Maß kann man die Beziehung zwischen Wärme und Arbeit oder zwischen Wärme und einer anderen Energieform nur dann angeben, wenn man festsetzt, in welchen Einheiten man die Energien mißt. Die mechanischen Einheiten für die Energie sind erg und Meterkilogramm, auch die Wattsekunde usw. Für die Wärme ist die Einheit die Kalorie. Die Anzahl *mechanischer* Energieeinheiten, die einer Kalorie *äquivalent* sind, heißt das *mechanische Wärme-äquivalent.* Hierbei drückt man die mechanische Energie gewöhnlich in Meter-gramm* oder in Meterkilogramm* aus, je nachdem es sich um die Gramm- oder die Kilogrammkalorie handelt. Dann ist der Zahlenwert des Wärmeäquivalentes unabhängig von der Wahl der Wärmeeinheit.

Um zu ermitteln, wie groß die Wärmemenge ist, die durch eine Arbeit von gegebener Größe, z. B. ein Meterkilogramm*, erzeugt wird, kann man verschie-dene Methoden anwenden. Wir beschreiben eine der von JOULE stammenden. Sie benutzt die durch Arbeit erzeugte Wärme dazu, die Temperatur einer in Kilogramm *gemessenen* Menge *Wasser* um eine *meßbare* Anzahl Grad zu steigern. Die *Arbeit* wird in Meterkilogramm* gemessen. Abb. 350 zeigt die Versuchs-anordnung.

Das Wasser befindet sich in dem zylindrischen Gefäß *A*, in dem Wasser eine Welle *a* mit Schaufelarmen *b*; sie wird durch einen Schnurlauf, an dem ein Gewicht hängt, in Drehung

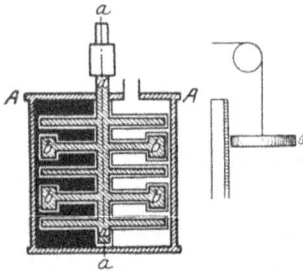

versetzt. Damit die Schaufelarme das Wasser nicht in ein-fache Rotation versetzen, sondern sich mit möglichst viel *Reibung* hindurcharbeiten, das Wasser aber möglichst an der Wirbelbewegung verhindert wird, sind in das Gefäß Scheidewände eingesetzt mit Einschnitten, durch die die Schaufelarme mit geringem Spielraum hindurchgehen. Das Gewicht *G* fällt und versetzt die Welle in Drehung. Ist es so weit gefallen, wie es die Schnur zuläßt, dann hat es die gesamte Arbeit, die es leisten *konnte*, geleistet; es kann von neuem Arbeit leisten, wenn es wieder in die Höhe ge-zogen wird. Man kann so beliebig viel Arbeit auf das Schaufelwerk und das Wasser übertragen.

Abb. 350. JOULES rotierende Schaufel-vorrichtung (*b*) zur Umwandlung me-chanischer Arbeit in Wärme. Längs-schnitt durch die Drehachse (*a*).

Die Reibung zwischen den Flügelarmen und dem Wasser erzeugt Wärme, die Wärme er-höht die Temperatur des Wassers, und die Temperaturerhöhung zeigt das Thermometer an. (Die Erwärmung des Apparates selbst und den Wärmeverlust nach außen muß man bei Berechnung der erzeugten Wärme-menge berücksichtigen.) Die Größe des fallenden Gewichtes in kg*, multipli-ziert mit der Fallhöhe in Metern, gibt die zur Drehung der Schaufeln aufgewen-dete Arbeit in Meterkilogramm*. JOULE (1843) fand, daß bei einer Aufwendung von 426 mkg* Arbeit *eine* Kilogrammkalorie erzeugt wird (also eine Pferdekraft die ja 75 mkg* pro Sekunde beträgt, 0,176 Kilogrammkalorien pro Sekunde erzeugt), d. h. daß eine *Arbeitsleistung von* 426 mkg*, auf das Wasser übertragen, dasselbe bewirkt, was die Aufnahme einer *Wärmemenge von einer Kilogramm-kalorie* bewirkt. Es ist daher die Arbeit von 426 mkg* „äquivalent" einer Kilo-grammkalorie. — Diese Zahl, welche angibt, wieviel Meterkilogramm* (Arbeit) einer Kilogrammkalorie äquivalent sind, nennt man **das mechanische Äqui-valent der Wärme**; sie ist nach den verschiedensten Methoden ermittelt worden. JOULE z. B. hat sie auch ermittelt aus der Arbeit, die nötig war, Wasser durch Kapillarrohre zu pressen, und aus der infolge der Reibung dabei eintretenden Erhöhung der Wassertemperatur; ferner aus der Arbeit, die nötig war, die Luft in einem Behälter bis zu einem bestimmten Druck zu komprimieren, und aus der dabei eintretenden Erhöhung der Lufttemperatur; JULIUS ROBERT MAYER aus der Ausdehnung eines erwärmten Gases: *dies ist die erste überhaupt zur Berechnung benützte Methode*; QUINTUS ICILIUS (1857) aus der elektrischen Stromwärme. Gleichviel auf welchem Wege — immer hat sich für das mechanische Wärmeäquivalent annähernd dieselbe Zahl von Meterkilogramm* Arbeit ergeben. **Als wahrscheinlichster Wert gilt heute 426,7 mkg*.**

Da 1 kcal = 426,7 mkg* und 1 mkg* = 9,81 · 10^7 erg = 9,81 Joule („Wattsekunden"), so ist 1 cal = 4,186 · 10^7 erg = 4,186 Joule und ferner 10^7 erg = 0,239 cal. Früher (S. 164 o.) fanden wir die Gaskonstante R = 8,313 · 10^7 erg/Grad. Ersetzen wir hierin das mechanische Arbeitsmaß durch das Wärmemaß, so finden wir R = 8,313 · 0,239 cal/Grad = 1,98 cal/Grad.

Daß man Wärme durch Arbeit erzeugen kann, ist jedem bekannt, wäre es auch nur von der Reibung des Streichholzes an der Reibfläche, an der sich die Streichholzkuppe bis zur Entzündungstemperatur erwärmt. Bei jeder mechanischen Arbeit, wie Drehen, Bohren, Feilen erwärmen sich der bearbeitete und der arbeitende Teil. Jeder Maschinenteil, der sich bewegt, erwärmt sich an seinen Lagern und an sonstigen Reibungsflächen; die so erzeugte Wärme entspricht nutzlos verbrauchter Arbeit. Man sucht sie daher möglichst einzuschränken durch Schmiermittel, die man zwischen die Reibungsflächen bringt. Daß man *Arbeit* in *Wärme* verwandeln kann, ist also leicht wahrzunehmen; und auch daß, wenn man ein *gegebenes* Quantum an Arbeit verbraucht, eine *bestimmte* Wärmemenge entsteht, ist experimentell, z. B. so wie es JOULE getan hat, nachweisbar. Auch daß Arbeit tatsächlich *verschwindet*, ist durch den Fall der Gewichte veranschaulicht; dem Gewichte, das bis zu dem tiefsten ihm erreichbaren Punkte gefallen ist, ist der ganze Arbeitsvorrat *genommen* worden. — Wie steht es nun aber umgekehrt mit der Verwandlung von *Wärme in Arbeit?* Daß Wärme Arbeit *leisten* kann, wird durch die Dampfmaschine deutlich genug bewiesen. Aber *verschwindet* die Wärme dabei tatsächlich? Hört sie auf, als Wärme zu existieren? — Zahlreiche Versuche darüber hat der Kolmarer Ingenieur HIRN Mitte des 19. Jahrhunderts angestellt. Er zeigte, daß Wasserdampf, der unmittelbar in den Kondensator einer Dampfmaschine strömt, mehr Wärme abgibt, als wenn er unter sonst gleichen Bedingungen vorher den Kolben der Dampfmaschine bewegt, also Arbeit geleistet hat. Andere seiner Beobachtungen knüpfen an Überlegungen von JULIUS ROBERT MAYER an. Er ermittelte an einer Versuchsperson in einem völlig abgeschlossenen Raum die von ihr verbrauchte Menge Sauerstoff und die von ihr erzeugte Wärme. In völliger Ruhe entwickelte die Versuchsperson pro Gramm verbrauchten Sauerstoff 5,2 kcal. Stieg sie ein Tretrad hinauf, *leistete* sie also Arbeit, die einen Teil der Oxydationswärme verbrauchte, so sank die Zahl auf 2 kcal.

Die Gleichwertigkeit von Wärme und Arbeit hat zuerst (S. 274 u.) der Arzt JULIUS ROBERT MAYER aus Heilbronn (1842) behauptet. Den Anstoß gab seine in Java gemachte Beobachtung (bei Aderlässen), daß das venöse Blut dort auffallend hellrot ist, während das der Europäer — infolge beträchtlichen Gehaltes an Kohlensäure — dunkelrot ist. Schon damals wußte man, daß die animalische Wärme (ähnlich der einer Verbrennung) das Ergebnis einer Oxydation der Nahrungsmittel sei, und daß bei ihrer langsamen Verbrennung auch Kohlensäure entsteht. Hiervon ausgehend, erklärte MAYER seine Beobachtung daraus, daß der menschliche Körper, um seine Temperatur stets auf gleicher Höhe zu erhalten, in dem heißen Klima, in dem er weniger Wärme abgibt, auch weniger Wärme zu entwickeln braucht, und daher auch weniger Kohlensäure entwickelt. Ihm verdanken wir die Vorstellung, daß sich die Oxydationswärme der Nahrungsmittel[1] — gemäß dem ersten Hauptsatz — in mechanische Energie umwandelt. HELMHOLTZ hat (1847) unabhängig von MAYER die Gleichwertigkeit von Wärme

---

[1] Das ist der Grund, warum man den Nährwert der Nahrungsmittel nach Kalorien bemißt. Die *Verwertung* der dem Organismus zugeführten Kalorien ist abhängig von der Verdauung der Nahrungsmittel und anderen Stoffwechselvorgängen.

und Arbeit in ganz allgemeiner Form ausgesprochen und in seiner berühmten Arbeit „Über die Erhaltung der Kraft" mathematisch formuliert.

Die Äquivalenz von Wärme und Arbeit, die *in der Natur* überall vorhanden ist, unabhängig von *menschlichen* Festsetzungen und besonderen Arbeitsformen, und die uns berechtigt, die eine für die andere zu setzen, beweist *die innere Verwandtschaft von Arbeit und Wärme* und berechtigt die Auffassung, daß beide nur verschiedene *Formen* eines und desselben Etwas sind, der *Energie.*

Eine zweite Form des ersten Hauptsatzes (aus der ersten ableitbar und ihr gegenüber nichts wesentlich Neues enthaltend) besagt: Der gesamte Energieinhalt U eines Körpers ist eindeutig durch den *Zustand* des Körpers bestimmt. Der gesamte Energieinhalt ist die Energie, die der Körper, z. B. in Form von Wärme, abgeben kann, wenn man ihn auf den absoluten Nullpunkt abkühlt und dabei dem Druck Null aussetzt. Je nach dem *Zustand* des Körpers am Anfang ist der gesamte Energieinhalt verschieden, er ist z. B. für 1 g *Dampf* von 100^0 anders als für 1 g *Wasser* von 100^0. Der Zustand eines Körpers wird nicht allein durch seinen Aggregatzustand (gasförmig, flüssig, fest) charakterisiert, sondern auch durch seine Temperatur, seinen Druck und seine Dichte. Er fordert so viele Stücke zu seiner Bestimmung, daß eine Verwechslung mit einem anderen Zustand unmöglich ist. Oft genügen zwei, so z. B. genügt die Angabe: Luft von 0^0 C und 1 atm Druck. Es *kann* sich nur um den *Gas*zustand der Luft handeln, und ein auf die Dichte bezüglicher Zusatz, daß die Luft das spezifische Gewicht 0,001293 haben soll, ist überflüssig, da das eindeutig feststeht, wenn ihre Temperatur und ihr Druck bekannt sind.

Die zweite Form des ersten Hauptsatzes besagt auch, daß mit dem Zustand des Körpers zugleich sein Energieinhalt bestimmt ist. Macht z. B. ein Gas irgendwelche Zustandsänderungen durch, Veränderungen von Temperatur und Druck, und kommt es zum Schluß wieder in den Anfangszustand, d. h. zu der Anfangstemperatur und dem Anfangsdruck, so ist sein Energieinhalt schließlich wieder derselbe wie er zu Anfang war. Einen solchen Prozeß, der zum Anfangszustand zurückkehrt — unterwegs aber ganz beliebig verlaufen kann —, nennt man *Kreisprozeß.* Wir können den ersten Hauptsatz nun auch so aussprechen: Durchläuft ein Körper einen Kreisprozeß, so besitzt er zum Schluß die gleiche Energie wie am Anfang, die Energieabgaben und Energieaufnahmen *während* des Kreisprozesses müssen einander gerade aufheben. Daher die Unmöglichkeit des Perpetuum mobile!

Die Hoffnung auf das Perpetuum mobile beruht auf der Annahme, daß man (entgegen dem ersten Hauptsatz) andauernd Energie *gewinnen* kann, ohne *Aufwendung* von Energie, nämlich dadurch, daß man einen Körper oder ein System von Körpern gewisse zyklische Veränderungen derart durchlaufen läßt, daß nach gewissen Zeiten immer wieder der Anfangszustand vorhanden ist. Man will also einen Kreisprozeß an den anderen reihen. Aber bei einem derartigen Kreisprozeß ist ein *Gewinn* an Arbeit, daher auch das Perpetuum mobile unmöglich.

Mathematisch formulieren kann man den ersten Hauptsatz, wenn man von dem Energieinhalt eines Körpers in zwei verschiedenen Zuständen *1* und *2* ausgeht, denen die Energien U_1 und U_2 zugehören. Ist U_2 der größere der beiden Werte, so ist $U_2 - U_1$ die Energievergrößerung beim Übergang vom Zustand *1* zum Zustand *2*. Die Energie kann sich dadurch vergrößern, daß der Körper eine Wärmemenge Q und eine Energiemenge anderer Form A, die wir kurz als Arbeit bezeichnen, aufnimmt. Im ganzen ist dann $U_2 - U_1 = Q + A$. Beim Kreisprozeß ist Zustand *1* gleich Zustand *2* und demzufolge (s. oben) $U_2 = U_1$. Dann ist aber $Q + A = 0$, d. h. beim Kreisprozeß ist die Summe der aufgenommenen Wärme und der verbrauchten Arbeit Null.

Der zweite Hauptsatz. Kreisprozeß. Perpetuum mobile zweiter Art. Nach dem ersten Hauptsatz sind in allen Naturvorgängen nur *Umwandlungen* von Energie möglich (niemals ihre Erzeugung oder Vernichtung). Nach dem zweiten Hauptsatz sind nicht *alle* Arten von Umwandlungen möglich. Er handelt insbesondere von der *Richtung*, in der die Umwandlung verläuft: handelt es sich um die Verwandlung von mechanischer Energie und Wärmeenergie, so läßt sich aus ihm folgern, ob sich unter den gegebenen Bedingungen Arbeit in Wärme oder ob sich Wärme in Arbeit verwandelt, ferner wie groß die umgewandelte Wärmemenge und die im günstigsten Falle zu gewinnende Arbeit ist. — Bevor wir den zweiten Hauptsatz formulieren, betrachten wir die Umwandlung von Wärme- oder Arbeitsenergie etwas genauer — zunächst an einem leicht übersehbaren Vorgang (Abb. 351).

In dem Zylinder *A* ist ein luftdicht eingepaßter Kolben *B* auf und ab bewegbar. Der Zylinder enthält Luft und tauscht Wärme aus mit einem ihn umschließenden sehr großen Wärmebehälter (Warmwasserbehälter), dessen *Temperatur T* konstant bleibt, wieviel *Wärme* er auch aufnimmt oder abgibt. Das Gewicht des Kolbens und der Massen *C, c* hält dem Druck des Gases, das die Temperatur *T* hat wie das Reservoir, das Gleichgewicht. Nehmen wir *c* weg, so dehnt sich das Gas aus und hebt den Kolben und die Masse *C*, und leistet Arbeit an ihnen. Die dieser Arbeit (nach dem ersten Hauptsatz) entsprechende Wärmemenge nimmt das Gas zunächst aus seinem *eigenen* Wärmevorrat. Es würde sich dabei abkühlen, stände nicht der Zylinder durch seine die Wärme leitende Wand hindurch mit dem Wärmereservoir im Wärmeaustausch (s. oben). So aber strömt die Wärme aus dem Reservoir in den Zylinder, und die Temperatur *T* bleibt dem Gase erhalten (isotherm). Die der Arbeitsleistung entsprechende Wärmemenge wird dem *Wärmebehälter* entzogen. Bei der Temperatur *T* hat sich also eine gewisse Wärmemenge in Arbeit umgesetzt. Dabei hat sich der

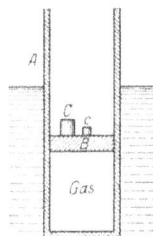

Abb. 351. Zum zweiten Hauptsatze der Wärmetheorie.

arbeitende Körper, das Gas, in gewissem Sinne *verändert*, er hat sein Volumen vergrößert. (Die Tatsache, daß sich der Arbeit leistende Körper *verändert*, ist für das Verständnis des folgenden grundlegend!) Ist das Gewicht *C* unterteilt, so daß wir ein Teil um Teil entfernen können, so kann das Gas nach und nach immer mehr Arbeit leisten, während der Warmwasserbehälter stets eine äquivalente Wärmemenge hergibt. Gleichzeitig verändert sich der Zustand das Gases immer stärker, sein Volumen nimmt ständig zu, seine Dichte ständig ab.

Setzen wir die Gewichtsstücke wieder auf den Kolben, so drücken sie beim Heruntersinken das Gas zusammen. Sie leisten an ihm Arbeit, und es *entsteht* eine entsprechende Menge Wärme in ihm, die seine Temperatur erhöhen würde, wenn nicht der Wärmeaustausch mit dem Reservoir wäre; so aber strömt die Wärme in den Wasserbehälter, und die Temperatur *T* des Gases bleibt bestehen. *Ist schließlich der Kolben wie zu Anfang belastet, so ist das Gas wieder im Anfangszustand:* es hat einen *Kreis*prozeß durchlaufen.

Hat der zweite Teil, der rückläufige des Vorganges, *ebensoviel* Arbeit (zur Kompression des Gases) verbraucht, wie das Gas beim ersten Teil des Prozesses (bei seiner Ausdehnung) geleistet hat? Ferner: Besitzt der Warmwasserbehälter am Ende des Kreisprozesses dieselbe Menge Wärme wie am Anfang? Die Erfahrung lehrt: Im allgemeinen erfordert der rückläufige Prozeß *mehr* Arbeit, als der erste Teil des Prozesses geliefert hat, die Durchführung des Kreisprozesses erfordert also einen Arbeits*aufwand*, und eine diesem Arbeitsaufwand entsprechende Wärmemenge strömt dem Wasserbehälter zu, wir haben somit schließlich Arbeit in Wärme verwandelt. — Die Theorie geht über die Erfahrung hinaus. Ihr zufolge ist ein besonders günstiger Grenzfall denkbar, bei dem die *aufgewendete* Arbeit genau gleich der *gewonnenen* Arbeit ist, der Wasserbehälter besitzt dann auch am Schluß des Kreisprozesses die gleiche Wärmemenge wie am Anfang. Dieser Grenzfall tritt ein, *wenn* der Kolben sich *völlig reibungslos* bewegt und *wenn* das Gas sich *so* langsam ausdehnt und *so* langsam zusammengedrückt wird, daß *keine* Druck- und *keine* Temperaturdifferenzen in ihm entstehen. Wir können also unter Berücksichtigung der tatsächlich möglichen und der ideal denkbaren Verhältnisse schließen, daß bei der besprochenen Versuchsanordnung *niemals* Arbeit auf Kosten von Wärme zu *gewinnen* ist. Arbeit läßt sich in unserem Falle nur dann auf Kosten von Wärme gewinnen, wenn *das arbeitende System* eine *Zustandsänderung* erleidet. Diese Erkenntnis verallgemeinernd, gelangen wir zu einer der Fassungen des zweiten Hauptsatzes: „Es ist unmöglich, durch einen Kreisprozeß oder durch mehrere aneinandergereihte Kreisprozesse (oder was auf dasselbe herauskommt: durch einen periodisch verlaufenden Vorgang) dadurch Arbeit zu gewinnen, daß man lediglich einem Behälter gegebener Temperatur Wärme entzieht. Auf Kosten der Wärme eines Behälters kann man nur dann Arbeit gewinnen, wenn in dem Arbeit leistenden Körper oder in seiner Umgebung eine Zustandsänderung zurückbleibt."

Diesen Satz — wohlgemerkt: er ist aus der Erfahrung gewonnen — stellt PLANCK an die Spitze seiner Betrachtungen über den zweiten Hauptsatz, und aus ihm leitet er *alle* Tatsachen her, die unter den zweiten Hauptsatz fallen. Aus ihm folgt sofort, daß es unmöglich ist, einen Motor zu bauen, der nichts weiter täte, als dem Meere oder der Atmosphäre oder der Erde Wärme zu entziehen und in Arbeit zu verwandeln. Eine solche hypothetische Maschine, deren Wirkungsweise keineswegs dem ersten Hauptsatz widerspräche, würde, ohne eine besonders kostbare Aufwendung zu erfordern, beliebig viel Arbeit leisten, hätte daher praktisch die Bedeutung des Perpetuum mobile und heißt darum *Perpetuum mobile zweiter Art.* Der zweite Hauptsatz heißt daher auch: der Satz von der Unmöglichkeit des Perpetuum mobile zweiter Art.

Der CARNOT - Kreisprozeß. Durch den bisher betrachteten Kreisprozeß kann man niemals Wärme in Arbeit verwandeln. Aber wir kennen andere Kreisprozesse, mit denen es möglich ist. Das praktisch wichtigste Beispiel dafür bietet die Dampfmaschine, und zwar besonders übersichtlich die Kondensationsmaschine. Das Wasser wird im Kessel in Dampf verwandelt, der Dampf leistet infolge seiner Ausdehnung am Kolben der Maschine Arbeit und wird schließlich im Kondensator wieder in Wasser verwandelt. Der fundamentale Unterschied gegen den vorhin betrachteten Kreisprozeß ist: es sind *zwei* Wärmebehälter vorhanden, mit denen der Arbeit leistende Körper der Dampfmaschine (das Wasser, der Dampf) Wärme austauscht; *zwei* Wärmebehälter, und zwar von verschiedener Temperatur — der Dampfkessel mit der Temperatur T_1 und das Kühlwasser im Kondensator mit der Temperatur T_2.

Der Übersichtlichkeit halber idealisieren wir den Vorgang zu der Form des nach CARNOT benannten Kreisprozesses, er vermeidet die Entstehung von Reibungswärme und die Überleitung von Wärme auf tiefere Temperatur ohne Arbeitsleistung. Der arbeitende Körper sei ein Gas. Es hat anfangs ein bestimmtes Volumen und einen bestimmten Druck, sein dadurch charakterisierter Zustand entspricht in dem Druck-Volumen-Koordinatensystem der Abb. 352 einem bestimmten Punkt *a*, seine Ordinate bedeutet den Anfangsdruck, seine Abszisse das Anfangsvolumen. Von dem Zustandspunkt *a* des Druck-Volumen-Diagramms an dehne es sich aus, dabei nimmt sein Druck ab und sein Volumen zu, und es gelangt in den Zustandspunkt *b*; aber es dehne sich bis dahin bei *konstanter* Temperatur T_1 aus, man sagt: isotherm, also (S. 277 m.) unter *Auf-nahme* einer gewissen Wärmemenge Q_1. Von b an dehne es sich weiter aus bis zum Zustandspunkt c, aber *ohne* mit einem Wärmebehälter in Wärmeaustausch zu stehen (man sagt: adiabatisch). Die zu der Ausdehnung zwischen b und c nötige Arbeit muß das Gas daher aus seinem *eigenen* Wärmevorrat nehmen. Dabei kühlt es sich ab und seine Temperatur sinkt auf T_2. Hierauf drücken wir das Gas zusammen, zunächst während es mit dem Wärmebehälter der Temperatur T_2 verbunden ist (von c bis d), dann noch weiter adiabatisch (von d bis a). Die Kompressionswärme, die während der Umwandlung längs der Strecke von c bis d entsteht, wird dem Behälter der Temperatur T_2 im Betrage Q_2 zugeführt und während der Umwandlung längs der Strecke von d bis a zur Temperaturerhöhung des Gases von T_2 auf T_1 ver-wendet. Damit ist der Kreisprozeß beendet. Der arbei-tende Körper, das Gas, hat jetzt den gleichen Zustand wie zu Anfang, der Behälter mit der Temperatur T_1 hat die Wärme Q_1 abgegeben, der Behälter mit der Tempe-ratur T_2 hat die Wärme Q_2 aufgenommen, ferner hat der arbeitende Körper eine gewisse Arbeit A geleistet. Dem ersten Hauptsatz gemäß muß $A = Q_1 - Q_2$ sein, und wenn A von Null verschieden sein soll, so muß die dem Behälter höherer Temperatur entnommene Wärme Q_1 größer sein als Q_2, die dem Behälter tieferer Temperatur zugeführte Wärme.

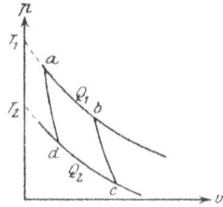

Abb. 352. Zum Kreisprozeß.

Ist der arbeitende Körper ein ideales Gas, so lassen sich theoretisch zwei Beziehungen ableiten, die die Arbeit A und auch die Wärmemengen Q_1 und Q_2 mit den Temperaturen T_1 und T_2 verbinden. Sie lauten:

$$A = Q_1 \frac{T_1 - T_2}{T_1} = Q_1 \left(1 - \frac{T_2}{T_1} \right) \quad \text{und} \quad \frac{Q_1}{T_1} - \frac{Q_2}{T_2} = 0.$$

Mit dem Satze von der Unmöglichkeit des Perpetuum mobile zweiter Art kann man beweisen, daß bei gegebenen Werten von T_1, T_2 und Q_1 unter *allen* Umständen die Arbeit A und die bei der Temperatur T_2 abgegebene Wärme Q_2 stets die gleichen Werte haben, gleichviel ob der arbeitende Körper des CARNOT-Prozesses gasförmig oder flüssig oder fest ist. Daher gelten die beiden zunächst für das ideale Gas hingeschriebenen Beziehungen für *jeden* Körper. Die im CARNOT-Prozeß gewonnene Arbeit A wächst also mit der aufgenommenen Wärmemenge Q_1 und ist um so größer, je größer die Temperaturdifferenz $T_1 - T_2$ ist. Wir sehen: Von der aufgenommenen Wärme Q_1 verwandelt sich nur ein Bruchteil in Arbeit. Die entstehende Arbeit A ist gleich Q_1 mal einem echten Bruch η, dem *Nutzeffekt* des Prozesses. Es ist

$$\eta = \frac{A}{Q_1} = \frac{T_1 - T_2}{T_1} = 1 - \frac{T_2}{T_1} .$$

Nur wenn T_1 so viel größer ist als T_2, daß man T_2/T_1 im Vergleich zu 1 gleich Null setzen darf, wird der Nutzeffekt $\eta = 1$, d. h. die Umwandlung der auf-genommenen Wärme in Arbeit vollständig. Ist z. B. die höhere Temperatur $t_1 = 200^0$ C, die tiefere $t_2 = 50^0$ C, so ist (es handelt sich in den Gleichungen um *absolute* Temperaturen) $T_1 = 200 + 273 = 473^0$ und $T_2 = 50 + 273 = 323^0$ zu setzen, und der Wirkungsgrad ist $\eta = 0,32$, d. h. nur 32 % der aufgenommenen Wärme Q_1 werden in diesem Falle in Arbeit verwandelt. Der Rest $Q_1 - A = Q_2$ fließt dem Behälter tieferer Temperatur als Wärme zu und geht für die Arbeitsleistung verloren. Dasselbe Ergebnis folgt aus der zweiten unserer beiden Hauptgleichungen in der Form $Q_2 = Q_1 \cdot T_2/T_1$. Im Fall unseres Beispieles ist $T_2/T_1 = 0,68$.

Der Kreisprozeß (S. 277 m.), der nur *einen* Wärmebehälter benützte, bestand aus zwei Teilen, der zweite war die genaue Umkehr des ersten. Beim CARNOT-Kreisprozeß ist die genaue Umkehr nicht vorhanden, der arbeitende Körper (z. B. ein Gas) durchläuft vielmehr von a über b bis c *andere* Zustände als auf dem Rückwege von c über d nach a. Wir können aber *an diesen* Prozeß, wir nennen ihn den positiven, einen zweiten genau entgegengesetzt gerichteten von a über d, c, b nach a zurücklaufenden, negativen *anschließen*. Bei diesem negativen Kreisprozeß wird infolge der Ausdehnung des arbeitenden Körpers von d bis c und der damit verbundenen Arbeitsleistung eine Wärmemenge Q'_2 aus dem Wärmebehälter von der tieferen Temperatur T_2 aufgenommen und entsprechend eine Wärme Q'_1 an den Wärmebehälter der höheren Temperatur T_1 abgegeben. Wie hier die *Wärme*mengen das entgegengesetzte Vorzeichen haben wie bei dem positiven Prozeß, so auch die Arbeit: bei dem negativen Prozeß wird keine Arbeit gewonnen, es muß vielmehr eine Arbeit A' *aufgewendet* werden. Die Theorie lehrt, daß im übrigen dieselben Beziehungen gelten wie für den positiven Prozeß, daß nämlich

$$A' = Q'_2 \frac{T_1 - T_2}{T_1} \quad \text{und} \quad \frac{Q'_1}{T_1} - \frac{Q'_2}{T_2} = 0 \text{ ist}.$$

Ferner lehrt die Theorie, daß A' und A, Q'_1 und Q_1 sowie Q'_2 und Q_2 einander entgegengesetzt gleich sind, so daß der negative CARNOTsche Prozeß in allen Punkten die genaue Umkehr des positiven bildet. Während bei dem positiven Prozeß Wärme von höherer Temperatur zur tieferen Temperatur übergeht und Arbeit gewonnen wird, wird bei dem negativen Prozeß Wärme von tieferer Temperatur zur höheren Temperatur transportiert, wobei Arbeit aufgewendet werden muß.

Zusammenfassend gilt als Folge des oben formulierten zweiten Hauptsatzes: Durch einen (positiven) CARNOT-Prozeß ist *nur ein Teil* der verfügbaren Wärme in Arbeit verwandelbar, der Rest sinkt auf ein tieferes Temperaturniveau und *bleibt* Wärme. Durch einen CARNOT-Prozeß kann Wärme von einem tieferen auf ein höheres Temperaturniveau gelangen, jedoch nur *unter Aufwendung von Arbeit*.

Der negative CARNOT-Prozeß ist die Idealisierung der Kältemaschine. Nur unter Aufwendung von Arbeit kann man einen Raum auf tieferer Temperatur halten als die Umgebung. Der negative CARNOT-Prozeß heißt auch *Wärmepumpe*, weil er Wärme auf ein höheres Temperaturniveau heben kann. Aber nicht nur die Wärme Q'_2, welche dem kälteren Körper entzogen wird, erscheint in dem wärmeren wieder, sondern hier tritt eine größere Wärmemenge Q'_1 auf. Sie übersteigt die Wärme Q'_2 um die Arbeitsenergie, die bei dem negativen CARNOT-Prozeß aufgewendet werden muß.

Reversible und irreversible Vorgänge. Die bisher angewendeten Vorgänge waren alle idealisiert. Wie unterscheidet sich nun ein wirklicher von einem idealisierten Vorgange? In dem wirklichen verwandelt die Reibung bei *jeder Bewegung* einen Teil der Bewegungsenergie in Wärme. Ist der durch Abb. 351 veranschaulichte Vorgang ein wirklicher, so muß das Gas einen *Teil* seiner Arbeit auf die Überwindung der Reibung des Kolbens an der Zylinderwand verwenden, die *Nutz*arbeit (Hebung des Kolbens) ist also *kleiner*, als es der ihm aus dem Reservoir zufließenden Wärmemenge entspricht. Und zur Kompression muß man aus dem gleichen Grunde mehr Arbeit aufwenden, als der an das Reservoir abgegebenen Wärmemenge entspricht. Der zuerst betrachtete Kreisprozeß, bei dem nur *ein* Wärmebehälter (der Temperatur T) mitwirkt, liefert also, wenn Reibung ins Spiel kommt, während der Ausdehnung des Gases eine Arbeit, die *kleiner* ist als der Arbeits*aufwand* während der Kompression. Und ähnlich ist es bei jedem *wirklichen* Arbeitsvorgange: die Reibung verzehrt einen Teil der Nutzarbeit. Umgekehrt kann in dem wirklich ausführbaren Kreisprozeß die bei der

Kompression aufgewendete Arbeit infolge der Reibung niemals durch die Ausdehnungsarbeit des Gases wiedergewonnen werden. Während bei dem idealen Kreisprozeß zum Schluß nirgendwo eine Veränderung gegenüber dem Anfang zurückbleibt, tritt bei dem wirklichen Wärme auf, die als Wärme bestehen bleibt. Das Endergebnis ist also: ein Teil der Arbeit ist zu Reibungswärme geworden.

Eine zweite unvermeidliche Verlustquelle für die wirklichen Prozesse, in denen Temperaturunterschiede auftreten, ist die Wärmeleitung. Sie senkt Wärme *ohne Leistung von Arbeit* von einem höheren auf ein tieferes Temperaturniveau. Es ist so, wie wenn fallendes Wasser, das Arbeit leisten könnte, an dem Wasserrade *vorbeifiele*, anstatt auf die Schaufeln zu fallen. Während die Reibung nutzbare *Arbeit* zerstört, vernichtet die Wärmeleitung eine Arbeits*möglichkeit*, *deswegen* wirft jeder wirkliche Prozeß stets einen geringeren Arbeitsgewinn ab als ein idealisierter.

Die idealisierten Vorgänge sind als Grenzfälle der wirklichen anzusehen; in ihnen ist caeteris paribus die Arbeitsleistung größer als bei den wirklichen. Um einen wirklichen Prozeß *vollständig* rückgängig zu machen, müßte man immer ein gewisses Mehr an Arbeit leisten, denn in der Wirklichkeit sind die Vorgänge *stets* von Reibung und Wärmeleitung begleitet. — Aus dem Prinzip von der Unmöglichkeit des Perpetuum mobile zweiter Art läßt sich beweisen, daß es *ohne Arbeitsaufwand* unmöglich ist, Wärme von *tieferer* Temperatur auf höhere Temperatur (Kältemaschine) zu bringen, und daß man *Reibungs*wärme nicht in Arbeit verwandeln kann, ohne daß irgendeine Zustandsänderung in einem dabei beteiligten Körper zurückbleibt. Während also bei der Reibung Arbeit in Wärme sozusagen „von selbst" übergeht, d. h. ohne daß irgendein Körper gleichzeitig eine Zustandsänderung erleiden muß, so ist die Umkehrung dieses Vorganges stets mit einer Zustandsänderung verbunden. Die Reibung ist also ein Vorgang, den man nicht rückgängig machen kann, ohne daß irgendwelche Änderungen übrigbleiben. Ein solcher Vorgang heißt *irreversibel*. Irreversibel ist auch die Ausbreitung von Wärme durch Leitung oder durch Strahlung: die *Ausbreitung* geschieht *ohne* Arbeitsleistung, aber das *Sammeln* von Wärme auf eine höhere Temperatur *erfordert* Arbeit.

Wir kennen noch andere irreversible Vorgänge. Strömt z. B. ein Gas in einen völlig leeren Raum, so dehnt es sich ohne Arbeit zu leisten aus, man muß aber Arbeit aufwenden, um es wieder zu komprimieren. Ferner: zwei Gase mischen sich miteinander, und ein Stoff kann sich in einem Lösungsmittel lösen, ohne Arbeit zu leisten, wohl aber fordert es Arbeit die Gase wieder voneinander zu trennen und den gelösten Körper aus der Lösung wieder auszuscheiden.

Wir fassen zusammen: Ohne anderweitige Veränderungen zu hinterlassen, läßt sich durch Reibung Arbeit in Wärme verwandeln, und ohne Aufwand von Arbeit läßt sich Wärme von höherer zu tieferer Temperatur (Leitung, Strahlung) oder Masse von einem kleinen in ein größeres Volumen überführen (Diffusion), aber die entgegengesetzt gerichteten Vorgänge erfordern Zustandsänderungen oder Arbeitsleistungen. Reibungswärme entsteht bei jeder Gelegenheit sozusagen von selbst, ebenso wie sich Wärme und Masse überall ohne Einwirkung von außen auszubreiten streben. Die Natur *bevorzugt diese* Richtung der Vorgänge und stellt ihrer *völligen* Umkehr einen unüberwindlichen Widerstand entgegen. Findet irgendwann Reibung oder Wärmeleitung oder Diffusion statt, so sind die Spuren dieser Vorgänge niemals wieder zu verwischen. Jeder Vorgang in der Natur läuft also stets in dem Sinne ab, daß mehr Arbeit in Wärme verwandelt wird als umgekehrt, daß mehr Wärme auf tiefere Temperatur als auf höhere

Temperatur befördert wird, und daß die Masse in höherem Maße der Ausbreitung als der Zusammenziehung unterlegen ist. Stets sind diejenigen Prozesse, die wir irreversibel nennen, im Übergewicht.

Den irreversiblen Vorgängen stehen die *reversiblen* gegenüber, Vorgänge, die zu ihrer Umkehrung kein Mehr an Arbeit erfordern. So ist es z. B. bei dem Hin und Zurück des Pendels, dessen Amplituden beim Steigen wie beim Fallen dieselbe Größe behalten — aber streng gilt das doch nur beim mathematischen, nicht so beim physischen. Alle *völlig* reversiblen Prozesse sind idealisiert, alle wirklichen in irgendeiner Weise mit irreversiblen *verbunden* (auch die Pendelbewegung), alle daher *mehr* oder *weniger* irreversibel, sie unterscheiden sich nur durch ihren *Grad* der Irreversibilität voneinander.

Die Entropie. Man kann den Grad der Irreversibilität eines Vorganges berechnen mit Hilfe einer von CLAUSIUS eingeführten mathematischen Funktion, der *Entropie*. Bei jedem irreversiblen Vorgang *wächst* die Entropie des Systems. Sie kann unter keinen Umständen abnehmen; allenfalls kann sie konstant bleiben, aber nur bei einem idealen reversiblen Prozeß. Ein einzelner Körper oder eine Gruppe von Körpern, die nur einen *Teil* des ganzen betrachteten Systems bilden, kann sehr wohl auch eine Abnahme der Entropie erfahren; indessen müssen dann gleichzeitig andere Teile des Systems eine um so stärkere Entropievergrößerung aufweisen, so daß die Summe *aller* Entropieänderungen in dem System eine Entropiezunahme bedeutet.

Der mathematische Ausdruck für die Entropieänderung hat eine besonders einfache Form, falls die Volumenänderungen (vorausgesetzt, daß solche vorkommen) umkehrbar erfolgen (z. B. ohne Diffusion). Dann ist die Entropiezunahme während eines Zeitabschnittes, in welchem der Körper die absolute Temperatur T besitzt und in welchem er die Wärmemenge Q aufnimmt, durch Q/T gegeben. Ändert sich die Temperatur, so ist die Entropiezunahme gleich der Summe über die zu den einzelnen Zeitabschnitten gehörigen Quotienten Q/T.

Beim positiven CARNOT-Kreisprozeß nimmt der arbeitende Körper bei der Temperatur T_1 die Wärme Q_1 auf und gibt bei der Temperatur T_2 die Wärme Q_2 ab, oder auch: er nimmt die Wärme $-Q_2$ auf. Seine Entropiezunahme ist also $\dfrac{Q_1}{T_1} - \dfrac{Q_2}{T_2}$. Da dieser Ausdruck aber (S. 279 m.) Null ist, so hat sich im ganzen *seine* Entropie nicht geändert, wohl aber die der beiden Wärmebehälter. Die Entropie des Behälters der höheren Temperatur T_1, der die Wärme Q_1 an den arbeitenden Körper abgegeben hat, hat um Q_1/T_1 abgenommen, die Entropie des Wärmebehälters der tieferen Temperatur T_2, der den Wärmezuwachs Q_2 erhalten hat, hat um Q_2/T_2 zugenommen. Die beiden Quotienten sind entgegengesetzt gleich, so daß die Forderung, daß bei umkehrbaren Prozessen die Entropie in dem gesamten System (das aus dem arbeitenden Körper *und* den beiden Wärmebehältern besteht) konstant bleiben soll, erfüllt ist.

BOLTZMANN hat den Begriff Entropie durch molekulartheoretische Betrachtungen dem Verständnis näher gebracht: Besteht die Wärmeenergie eines Körpers in der Summe der kinetischen Energie aller seine Moleküle, die bei ihrem ständigen Zusammenprall ihre Energie miteinander ausgleichen, so muß der Energieaustausch so lange anhalten, bis alle Moleküle die *gleiche* mittlere kinetische Energie haben — d. h. die Temperatur in dem Körper an allen seinen Punkten die gleiche ist. Wollte man also in einem anfangs gleichmäßig temperierten Körper Temperatur*unterschiede* künstlich *hervor*rufen, so müßte man gewissen Molekülgruppen einen Teil ihrer Energie wegnehmen und anderen Molekülgruppen *geben*. „Von selber" kann das nicht eintreten, die Molekularbewegung wirkt im Sinne eines Energie*ausgleiches*, nicht einer örtlichen Energie*anhäufung*.

Hier setzt nun eine in der Wahrscheinlichkeitsrechnung übliche Betrachtung ein: Die Moleküle können in dem ihnen zugewiesenen Raum verschieden dicht verteilt sein und können verschieden große Energie besitzen. Man spricht daher von der Wahrscheinlichkeit einer *bestimmten Gruppierung* und von der Wahrscheinlichkeit eines *bestimmten Zustandes*. Der wahrscheinlichste Zustand ist stets derjenige, in dem der Ausgleich soweit wie möglich verwirklicht ist. Jede von selbst erfolgende *Änderung* des Zustandes eines Systemes ist ein Übergang von einem *weniger* wahrscheinlichen zu einem *wahrscheinlicheren* Zustande, ist also eine *Vergrößerung* der Wahrscheinlichkeit des Zustandes: *Die Wahrscheinlichkeit des Zustandes ist das Maß für die Entropie*. Je größer die Wahrscheinlichkeit des Zustandes, desto größer die Entropie. Die Entropie hat also ihr Maximum erreicht, wenn der Ausgleich vollkommen ist. (Bis auf eine additive Konstante ist die Entropie gleich dem natürlichen Logarithmus für die Wahrscheinlichkeit des Zustandes.)

Folgerungen aus dem zweiten Hauptsatz. Den zweiten Hauptsatz kann man darum das Prinzip des Ausgleichs nennen. Da von jeder Art Energie bei ihrer Umsetzung stets ein Teil in Wärme übergeht, und die Wärme sich im Raume ausbreitet, so muß nach genügend langer Zeit jeder Temperatur*unterschied* verschwinden und damit jede Möglichkeit, aus Wärme (durch Kreisprozesse) Arbeit zu gewinnen. So gelangt CLAUSIUS zu dem Schluß, daß die Welt einem Zustand völliger Temperaturgleichheit zustrebt („Wärmetod"), wenn der zweite Hauptsatz ohne Einschränkung gilt. Aber der Satz ist ein Erfahrungssatz aus einem sehr kleinen Teil des Weltalls und nicht über die Grenzen seines ursprünglichen Bereiches ausdehnbar. Vielleicht existieren irgendwo im Weltall Gebiete ständiger Energieanhäufung. Das würde BOLTZMANNs Vorstellungen von der wachsenden Zustandswahrscheinlichkeit materieller Systeme nicht unbedingt widersprechen, denn Energie muß nicht unbedingt an Materie gebunden sein. Man darf aber hieraus nicht schließen, daß auch in unserer Erfahrungswelt vielleicht doch ein Perpetuum mobile möglich wäre.

Die Beweise für die Richtigkeit des zweiten Hauptsatzes in unserem Erfahrungsbereich sind ebenso zahlreich wie seine an der Erfahrung prüfbaren Folgerungen. Mit jeder Verfeinerung der Meßtechnik haben sich die Beweise weiter gefestigt. Angesichts der noch immer während Bemühungen um den Bau eines Perpetuum mobile zweiter Art muß man dies nachdrücklich hervorheben. Von dem Perpetuum mobile erster Art, das dem Gesetz von der Erhaltung der Energie widerspricht, ist kaum noch die Rede, denn das Verständnis des ersten Hauptsatzes ist in weite Kreise gedrungen. Von dem viel schwerer zu erfassenden zweiten Hauptsatz ist das aber kaum so bald zu erwarten.

Technische Bedeutung der Entropie. Stets, selbst im Idealfalle, ir CARNOT-Prozeß, scheidet bei der Umwandlung von Wärme in mechanische Arbeit die Wärmemenge $Q_2 = \dfrac{Q_1}{T_1} \cdot T$.

aus dem Kreislauf als wertlos aus. Daher ist die Wärme, obwohl sie der mechanischen Arbeit physikalisch *äquivalent* ist, technisch, d. h. wirtschaftlich, *weniger* wert. Ein Gedankenexperiment zeigt das: Der Eigentümer einer Dampfmaschinenanlage habe einem Mitbenützer gegen Entgelt pro Sekunde 427 mkg zu liefern. Sein Dampfkessel steht unter 2 atm, enthält also Wasser von 120° C. Er hat das Wasser von Zimmertemperatur (20°) auf 120° erhitzt, er hat also pro Liter 100 kcal hineingesteckt und liefert dem Mitbenützer die ausbedungenen 42700 mkg pro 100 Sekunden in der Gestalt von Wärme in je 1 l Wasser von 120° C. *Theoretisch* sind sie 427 mkg/sec äquivalent, *technisch* aber nicht. Denn wenn der Empfänger die Wärme in Arbeit umwandelt, erhält er selbst im (unerreichbaren) Idealfalle höchstens 25 %, d. h. 75 % der Wärme sind für ihn wertlos. Hätte er alle 100 Sekunden je 1 l Wasser von 150° C erhalten, so wären etwa 69 % wertlos gewesen. Je niedriger das Temperaturniveau der ihm gelieferten Wärme ist, desto weniger ist sie, in mechanische Arbeit umgesetzt, wert. In diesem Sinne schreiben wir jeder Wärmemenge eine gewisse Temperatur zu, die Temperatur ihres Behälters. Bei ihrer Umwandlung in Arbeit fällt die Wärme von dem höheren Temperaturniveau T_1 auf das tiefere T_2. Von einem je höheren Niveau sie herabfällt, und auf ein je tieferes sie fällt, ein desto *größerer* Bruchteil von ihr *verwandelt* sich dabei in Arbeit (ein desto kleinerer bleibt nutzlose Wärme auf dem niedrigen Temperaturniveau).

Geben wir einem Wärmeträger (Wasserdampf, Gas, Heizöl) in einer dafür gebauten Maschinenanlage — wir meinen damit das ganze System der an dem Vorgang beteiligten Vorrichtungen, wie Kessel, Maschine, Leitung und alles Zubehör — Gelegenheit, seine Entropie zu vergrößern (durch Verringerung seines Druckes, seiner Temperatur), so verwandelt er einen Teil seines Wärmeinhaltes, und zwar den wesentlich kleineren, in mechanische Arbeit. (Wir sagen: in die Arbeit der *Maschine*, aber es ist *seine* Arbeit: *er treibt* die Maschine, daher der Ausdruck Treibmittel.) Der größere Teil aber bleibt Wärme auf dem niedrigen Temperaturniveau. Für die mechanische Arbeit, die er leistet, zahlt er der Natur auf Kosten seines Wärmeinhalts eine hohe Steuer. Das ist eine Tatsache der Erfahrung. Für die Größe der als wertlos ausscheidenden Wärmemenge $Q_2 \left(= \dfrac{Q_1}{T_1} T_2 \right)$ gibt der Faktor Q_1/T_1, die Entropie, den Ausschlag. An T_2 ist nicht viel zu ändern, es ist die Zimmertemperatur oder die Temperatur des Kondensators einer Dampfmaschine od. dgl. Je größer die Entropie, desto größer ist also die Menge dieser Abfallwärme, die wir als *Arbeits*verlust buchen müssen, desto schlechter daher der Nutzeffekt des Arbeit leistenden Systems. Um ihn zu verbessern, müssen wir offenbar T_1 möglichst groß machen (T_2 möglichst klein, das Ideal dafür liegt am absoluten Nullpunkt, wir müssen uns aber mit einer um etwa 300 ⁰ höheren Temperatur begnügen) und tatsächlich arbeitet die Dampfmaschinentechnik seit langem darauf hin (S. 285 u.)

Die Kenntnis der Entropie ist also für den Einblick in den technischen Prozeß von grundlegender Bedeutung. Wir haben sie nur eine mathematische Funktion genannt — was ist sie denn physikalisch? Jeder Körper, hat in dem Zustand, in dem er sich gerade befindet, eine gewisse Entropie, wie er eine gewisse Temperatur, ein gewisses Volumen, einen gewissen Druck hat. MAXWELL rechnet die Entropie eines Körpers zu dessen physikalischen Eigenschaften. Unter einer physikalischen Eigenschaft eines Körpers verstehen wir seine Fähigkeit, unter gegebenen Bedingungen gewisse Wirkungen zu entfalten. Welche Art Bedingungen kommt hier in Frage? Und welche Art Wirkungen charakterisiert die Entropie? Die Bedingung ist: man bringt den Körper von seinem augenblicklichen Zustand aus, so weit Druck p und Temperatur ϑ ihn kennzeichnen, in einen Normalzustand ($p_0 \vartheta_0$), und zwar *adiabatisch* auf die Normaltemperatur ϑ_0, dann *isothermisch* auf den Normaldruck p_0. Die Wirkung besteht darin, daß er dabei Wärme entweder abgibt oder aufnimmt. Gibt er die Wärmemenge Q *ab*, so war seine Entropie S im ursprünglichen Zustand um Q/ϑ_0 größer als im Normalzustand. Die Entropie im Normalzustand benützen wir als konventionellen Nullpunkt, daher ist seine Entropie im ursprünglichen Zustand S gleich Q/ϑ_0. Nimmt der Körper, um in den Normalzustand zu kommen, die Wärmemenge Q *auf*, so war seine ursprüngliche Entropie — Q/ϑ_0. Die Entropie eines Körpers in einem gegebenen Zustand ist um so größer, je größer seine Masse ist. Man bezieht die Entropie deshalb auf die Masseneinheit, mißt sie also in $\dfrac{\text{Wärmemenge/Grad}}{\text{Masse}}$. Die Entropie ist daher dimensionslos, sie ist (m. grad/grad) m. — Die Entropie eines Systems von Körpern ist gleich der Summe der Entropie der einzelnen Körper.

Es läßt sich beweisen, daß für beliebige Körper stets eine Funktion mit den charakteristischen Eigenschaften der Entropie existiert. Für einen beliebigen Körper kann man für die Entropie den Ausdruck im allgemeinen nicht in endlichen Größen hinschreiben, weil die Zustandsgleichung nicht allgemein bekannt ist, aber für die Entropie eines idealen Gases kann man es, weil man seine exakte Zustandsgleichung kennt. Seine Entropie auf die Masseneinheit bezogen ist $S = c_v \log T + \dfrac{R}{m} R \log v +$ konst.

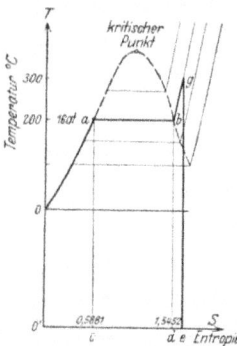

es, weil man seine exakte Zustandsgleichung kennt. Seine Entropie auf die Masseneinheit bezogen ist $S = c_v \log T + \dfrac{R}{m} R \log v +$ konst.

Der Wasserdampf als Wärmeträger ist das Lebensprinzip der Dampfmaschine, gleichviel welcher Bauart. Mit welchem Nutzeffekt er die Maschine treibt, hängt dabei nicht nur von seinem Energieinhalt ab, sondern ebensosehr von seiner Entropie. Man hat seine Entropie daher unter Zuhilfenahme einer empirisch aufgestellten Zustandsgleichung berechnet und für alle, die Technik irgendwie interessierenden Drucke und Temperaturen und in ihrem Zusammenhange mit anderen, den Wärmezustand charakterisierenden variablen Größen wie Verdampfungswärme, Sättigungstemperatur, spezifischem Gewicht und auch seine hauptsächlichsten Zustandsänderungen in Tabellen und Diagrammen zusammengefaßt. Wie man die geleistete *Arbeit* im Druckvolumendiagramm (*pv*-Diagramm) als Fläche darstellen kann, ebenso kann man die dabei aufgewendete *Wärme* im *Temperatur-Entropiediagramm* (*T S*-Diagramm) als Fläche darstellen. Die während der Volumenänderung dv beim Druck p durch 1 kg eines Körpers geleistete *mechanische* Energie ist $dL = p \cdot dv$ mkg. Die hierbei erfolgte Änderung der *Wärme*energie dQ bei der Temperatur T ist $dQ = T dS$ kcal. Isothermische Zustandsänderungen verlaufen im *T S*-Diagramm auf einer Parallele zur Entropie-, adiabatische auf einer Parallele zur Temperaturachse. Abb. 353 gibt ein ungefähres Bild von dem *T S*-Diagramm.

Der thermische Wirkungsgrad einer Kraftmaschine ist (der Theorie wie der Erfahrung nach) desto größer, mit je höherer Temperatur das Treibmittel in die Maschine eintritt. Die Anfangstemperatur kann man erhöhen durch Erhöhung des Anfangsdruckes. Das geschieht im BENSON-Verfahren, in dem man bis zur kritischen Temperatur des Wasserdampfes geht, d. h. bis zu 374° C. Bei dieser Temperatur ist der (kritische) Druck 225 atm. Um trotz sehr hoher Temperatur mit niedrigem Druck zu arbeiten, benutzt EMMET (Gen. El. Co., Schenectady) statt Wasserdampf Quecksilber, dessen Dampfdruck nur einen kleinen Bruchteil von dem des Wassers beträgt: die Feuergase heizen einen Quecksilberkessel und erzeugen gesättigten Hg-Dampf von rund 3,15 atm und 425° C; er treibt eine einstufige Turbine und wird im Kondensator niedergeschlagen bei rund 0,032 atm, entsprechend einer Sättigungstemperatur von rund 212° C. Als Kühlmittel dient Wasser, es verdampft dabei und treibt eine zweite Turbine. Der Wirkungsgrad dieser *Zweistoffturbine* soll um etwa 37 % höher sein als der einer mit Wasserdampf von 24,5 atm und 370° arbeitenden Anlage.

Der dritte Hauptsatz (Wärmetheorem von NERNST). Der dritte Hauptsatz, das Wärmetheorem von NERNST, ist wie die beiden ersten Hauptsätze ein thermodynamisches Prinzip, das aus der Erfahrung erschlossen worden ist — zunächst aus Tatsachen der Thermochemie. Es ist auf jeden Naturvorgang anwendbar, hat sich aber besonders fruchtbar erwiesen zur Berechnung chemischer Gleichgewichte. Wir gehen daher erst bei der Besprechung der thermochemischen Vorgänge näher darauf ein, weil es sich dem Verständnis des Lernenden dort leichter erschließt.

B. Thermometrie.

Von den Wirkungen der Wärme interessieren uns zuerst die physikalischen Veränderungen, die ein Körper durchmacht, wenn er Wärme aufnimmt oder abgibt. Außer einem gewissen Wärmevorrat besitzt jeder Körper, gleichviel in welchem Zustande, irgendeine *Temperatur*. Werden zwei Körper, die verschiedene Temperatur haben, miteinander in Berührung gebracht, so kühlt sich der wärmere ab, und der kältere erwärmt sich. ihre „Temperaturen" gleichen sich aus. Auf dem *Ausgleich* der Temperatur zwischen zwei sich berührenden Körpern beruht jede Temperaturmessung, nur dann kann man die Temperatur eines Körpers richtig angeben, wenn der Temperaturausgleich zwischen ihm und dem Meßinstrument *vollständig* eingetreten ist.

Das Gasthermometer. Um die Temperatur zu messen, benützt man ein Thermometer. Die Grundlage für alle Thermometrie bildet das Gasthermometer (S. 272 m.). Seine Wirksamkeit beruht darauf, daß das Gas bei gleichbleibendem Volumen um so stärker auf die Wand seines Behälters drückt, je höher seine Temperatur ist. Man setzt die Temperatursteigerung proportional der Zunahme des Gasdruckes; dem Druck bei der Temperatur des schmelzenden Eises ordnet man die Gradzahl 0 zu und dem Druck bei der Temperatur des (unter normalem Druck) siedenden Wassers die Gradzahl 100. Abb. 354 zeigt ein Gasthermometer für genaue Messungen. Die Formeln für die Temperaturmessung mit dem dadurch beschriebenen Gasthermometer (S. 272) gelten nur, wenn *alle* Teile des Gases die zu messende Temperatur angenommen haben und das Volumen des Gases wirklich konstant bleibt. Keine dieser Bedingungen ist in der Praxis streng erfüllbar. Der größte Teil der Kapillare K und der Gasraum über der Kuppe bei der Marke M sind stets auf der Zimmertemperatur. Diese Gasvolumina abweichender Temperatur der „schädliche Raum" des Gasthermometers erfordern eine Korrektion der einfachen Formeln zur Temperaturbestimmung. Die Bedingung konstanten Volumens ist deshalb nicht streng zu erfüllen, weil das Gefäß G selbst sein Volumen mit der Temperatur verändert.

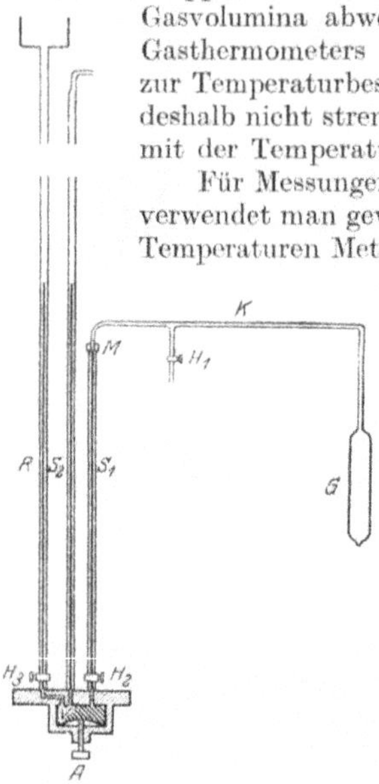

Für Messungen von den tiefsten Temperaturen bis zu etwa 450° verwendet man gewöhnlich Glasgefäße (Jenaer Glas 59 III), bei höheren Temperaturen Metallgefäße, bis etwa 1700° aus Platiniridium, darüber hinaus aus Wolfram, das erst bei 3300° schmilzt. Die Grenze für die Feuerfestigkeit und die Undurchlässigkeit des Gefäßmaterials ist auch die obere Grenze für die Gasthermometrie.

Absoluter Nullpunkt der Temperatur. Hat das Gas bei der Temperatur des schmelzenden Eises den Druck 1000 mm Quecksilber, so hat es — abgesehen von den Korrektionen wegen des schädlichen Raumes und der Gefäßausdehnung — bei 100° den Druck 1366 mm. Jedem Grad entsprechen also 3,66 mm. Berechnet man hieraus, welche Temperatur man dem Druck Null zuordnen muß, so findet man bei Beibehaltung des Gradwertes (3,66 mm Hg

pro Grad) $-\dfrac{1000}{3,66} = -273,2$. Diese Temperatur, der

absolute Nullpunkt, ist mit dem Gasthermometer nicht meßbar, da jedes Gas in sinkender Temperatur sich dem Punkt nähert, in dem es flüssig wird und einen geringeren Druck hat, als ein ideales Gas haben würde. Daher zeigt das Gasthermometer den Druck 0 schon *über* dem absoluten Nullpunkt an.

Quecksilberthermometer. Das gebräuchlichste Thermometer ist das *Quecksilber*thermometer der bekannten Form. Seine Wirksamkeit beruht darauf, daß das Quecksilber sich wie jedes andere Metall durch Wärmeaufnahme ausdehnt und durch Wärmeabgabe zusammenzieht, also je nach seiner Temperatur mehr oder weniger hoch in die Kapillare hinaufsteigt. Bei der Herstellung des Thermometers muß das Quecksilber und die Innenwand des Glases *völlig* von Luft befreit werden, damit die Kapillare des fertigen Thermometers *nur* Quecksilber und eine Spur Quecksilberdampf enthält (anders ist es in den bald zu erwähnenden Thermometern für besonders hohe Temperaturen). Bei jedem Thermometer muß man den Punkt aufsuchen, bis zu dem der Quecksilberfaden reicht, wenn der Quecksilberbehälter ganz von *schmelzendem Eise* bedeckt ist (Abb. 355), ferner den Punkt, bis zu dem er reicht, wenn (Abb. 356) das Thermometer vollkommen *von dem Dampf* (*nicht* dem Wasser!) *umgeben* ist, der aus *siedendem Wasser* entweicht; diesen Punkt, den *Siedepunkt*, muß man ermitteln unter

Abb. 354. Gasthermometer für Präzisionsmessungen. G (Glas oder Metall) enthält den Hauptteil des Gases. (H_1 zur Füllung von G.) $S_1 S_2$ Quecksilbermanometer. Kapillare K überträgt den Druck von G auf $S_1 S_2$. Der Höhenunterschied der Quecksilberkuppen in S_1 und S_2 mißt ihn. Der Raum über der Kuppe in S_2 ist luftleer, das Manometer ist dadurch vom Luftdruck unabhängig. Um das Gas stets auf dasselbe Volumen zu bringen, hebt man das Quecksilber in S_1 vor jeder Druckablesung bis zur Marke M. Hierzu läßt man durch R und H_3 und H_2 aus einem hochliegenden Reservoir Quecksilber in den Raum V treten. Stahllamelle und Schraube A dienen zur endgültigen Feineinstellung.

Berücksichtigung des augenblicklichen Barometerstandes, da die Temperatur des Siedens von ihm abhängt; sie ändert sich um etwa 0,03° pro Millimeter Quecksilber. — Um Temperaturen *zwischen* Siedepunkt und *Gefrierpunkt* bezeichnen zu können, ist der Abstand beider in gleiche Teile geteilt und jeder Teilstrich beziffert; die Teilung wird in gleich großen Stufen über den Siedepunkt und unter den Gefrierpunkt fortgesetzt (S. 271). Die Angaben der Quecksilberthermometer stimmen dann sehr nahe mit denen des Gasthermometers überein. Für die Zwecke großer Genauigkeit sind gewisse Korrektionen anzubringen.

Verschiedene Thermometerformen. Der Meßbereich des gewöhnlichen Quecksilberthermometers wird begrenzt durch den Gefrierpunkt des Quecksilbers bei — 38,87°C und den normalen Siedepunkt bei + 356°C. Für Temperaturen von — 35 bis — 100°C dient meist *Alkohol* als Thermometerflüssigkeit, da er erst bei — 130°C gefriert. Thermometer für Temperaturen *über* 350°C füllt

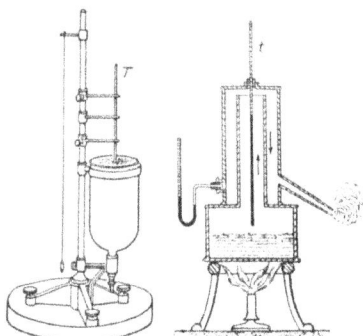

Abb. 355.   Abb. 356.
Ermittlung des Eispunktes und des Siedepunktes eines Quecksilberthermometers.

man über dem Quecksilber mit Stickstoff (oder mit Kohlensäure). Das aufsteigende Quecksilber komprimiert das Gas, erfährt dadurch einen hohen Gegendruck und wird am Sieden verhindert. Ein solches Quecksilberthermometer (aus genügend widerstandsfähigem Glase), aus Quarzglas, reicht bis 500°, sogar bis 750°. — *Noch* höhere Temperaturen mißt man mit elektrischen Thermometern (Platinthermometer) oder mit einem Strahlungspyrometer. *Maximum-* und *Minimumthermometer* markieren durch ein zurückbleibendes Zeichen die höchste und die niedrigste Temperatur im Verlauf einer gewissen Messungsdauer. Das wichtigste ist das *Fieber*thermometer (Abb. 357), ein Maximumthermometer zur Messung der Körpertemperatur des Menschen. Es ist ein Quecksilberthermometer, dessen Faden an einer verengten Stelle (durch einen hineinragenden Glasfaden) der Kapillare zerreißt, sobald er aus der Maximumstellung zurückgeht. Der vorgeschobene abgetrennte Teil des Fadens bleibt bei der Abkühlung dort liegen, wo er bei der maximalen Temperatur gelegen hat. Da die Körpertemperatur normal bei 37°C liegt und es sich nur um wenige Grade bei der Messung handelt, ist die Skala gewöhnlich nur von 35—42° in Zehntelgrade ge-

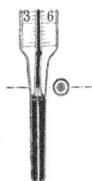

Abb. 357. Fieberthermometer.

teilt. — Man benützt (Abb. 358) in einem andern Maximumthermometer Quecksilber, das bei der Ausdehnung einen Eisenstift bis zur Stelle des Maximums vor sich her-

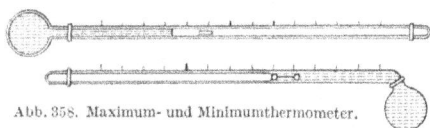

Abb. 358. Maximum- und Minimumthermometer.

schiebt und bei der Zusammenziehung dort liegen läßt, und im Minimumthermometer Alkohol, der einen Glasstift bei der Kontraktion durch seine Oberflächenhaut bis zur Minimumstelle mitnimmt und bei der Ausdehnung dort liegen läßt. — Diese Thermometer markieren nur die Temperatur*grenzen*; die *Thermographen* registrieren den Temperatur*verlauf*, sie zeichnen die kontinuierlichen Temperaturkurven auf und sind häufig mit zeitmessenden Instrumenten verbunden.

Platinthermometer. (Elektrische Temperaturmessung.) Das Hg-Thermometer ist am bequemsten zu handhaben, aber zuverlässiger ist das Platinwiderstandsthermometer: es ist zwischen — 200⁰ und + 650⁰ das wichtigste Temperaturmeßgerät für wissenschaftliche Zwecke z. B. bei Explosionsversuchen oder bei adiabatischer Kompression und Expansion von Gasen, zur Ermittlung des Sättigungsdruckes des Wasserdampfs (die Physikalisch-Technische Reichsanstalt benutzt es als Normalinstrument) und auch technisch ist es wichtig, z. B. als Fernthermometer. Ein Widerstandsthermometer beruht darauf: Der elektrische Widerstand eines Drahtes steigt und fällt mit seiner Temperatur. Kennt man die Formel für den Zusammenhang zwischen beiden und *mißt* man den Widerstand des Thermometerdrahtes bei der jeweiligen Temperatur, so folgt die (unbekannte) Temperatur aus der Formel. Am besten eignet sich Platin (Grundgedanke WERNER SIEMENS, 1870, Formel CALLENDAR, 1886): es ändert sich an der Luft nicht, hat einen sehr hohen Schmelzpunkt, seine Widerstandsformel ist oberhalb — 40⁰ streng quadratisch $R_t = R_0 (1 + at + bt^2)$, man braucht daher nur an drei Festpunkten den Widerstand zu messen (man benutzt dazu den Schmelzpunkt des Eises, den Siedepunkt des Wassers und den Siedepunkt des Schwefels [444,6⁰ bei 1 atm]), um die Konstanten R_0, a, b zu ermitteln und die Formel benützen zu können. Eine für wissenschaftliche Zwecke geeignete Form des Platinthermometers zeigt Abb. 359: Ein Platindraht von 0,1 mm Durchmesser und etwa 10 Ohm ist schraubengangartig auf einen im Querschnitt + -förmigen isolierenden Stab (Hartbrandporzellan oder Glimmer) aufgewickelt, so daß es nur an wenigen Punkten aufliegt. Man handhabt es (von einem Schutzrohr umgeben) wie ein Hg-Thermometer. Aus dem Rohr heraus führen Drähte zu einer Widerstand-Meßvorrichtung. — Bei extrem tiefen Temperaturen ist das Bleidrahtthermometer (NERNST) dem Platinthermometer überlegen: in der Nähe der Temperatur des flüssigen Wasserstoffs wird der Temperaturkoeffizient vieler Metalle sehr klein, daher auch die Empfindlichkeit des Thermometers zu klein. In dieser Beziehung ist Pb dem Pt weit überlegen.

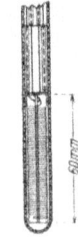

Abb. 359.
Platinthermometer.

C. Veränderung der Körperdimensionen.

Änderung des Volumens der festen Körper mit der Temperatur. Eine der auffallendsten Wärmewirkungen ist die *Volumenänderung* der Körper. Wärmeaufnahme ist identisch mit Vergrößerung der lebendigen Kraft der Molekeln; sie beschreiben infolgedessen größere Bahnen um ihre Gleichgewichtslage und vergrößern so das Körpervolumen. Die Kohäsionsverschiedenheit der drei Aggregatzustände hat darauf wesentlichen Einfluß: die Gase dehnen sich am stärksten aus, weil sie fast ohne Kohäsion sind, die Flüssigkeiten viel weniger, die festen Körper am wenigsten — die *Gase* alle nahezu *gleich* stark (weil in allen die Kohäsion nahezu Null ist), nicht so die Flüssigkeiten und die festen Körper.

Die Volumenänderung der *festen* Körper durch Wärme kann man leicht erkennen, z. B. an einem geradlinigen Metallstab, der bei 0⁰ kürzer ist als bei 100⁰. Um zu untersuchen, nach welchem Gesetz sich die Länge eines Stabes mit seiner Temperatur ändert, mißt man die Längen l_t bei verschiedenen Temperaturen t und vergleicht sie mit der Länge l_0 bei 0⁰. Das Verhältnis, in dem $l_t - l_0$ zu l_0 steht — die Verlängerung (während der Temperaturzunahme um t^0) zur Länge bei 0⁰ — findet man in erster Näherung der Temperaturzunahme t proportional. Nennt man den Bruch $\frac{l_1 - l_0}{l_0}$ für die Temperaturzunahme von 0⁰ auf 1⁰ α, so ist $\frac{l_t - l_0}{l_0} = \alpha \cdot t$, oder $l_t = l_0 + l_0 \cdot \alpha \cdot t$. Die Länge bei t^0 ist um $l_0 \cdot t \cdot \alpha$ größer als die bei 0⁰. Man nennt α den linearen *Ausdehnungskoeffizienten* (*linear*, weil er nur die lineare, nicht die *kubische* Ausdehnung, die *Volumenzunahme*, mißt). Man hat gefunden, daß z. B. ein Platinstab, der bei 0⁰ 1 m lang ist, bei 100⁰ C um 0,9 mm länger ist, ein Kupferstab um 1,65 mm, ein Zinnstab um 2,67 mm. Das gilt für 100⁰ Temperaturzunahme; für 1⁰ ist die Ausdehnung nur den hundertsten Teil so groß, die Ausdehnungskoeffizienten sind daher für

Platin 0,0000090
Kupfer 0,0000165
Zinn . . . . 0,0000267 .

Die Division mit hundert gibt nur *annähernd* genaue Werte von α, weil nicht *durchweg* Proportionalität zwischen Temperaturzunahme und Verlängerung besteht, λ wird bei hoher Temperatur für wachsende Temperaturzunahme langsam *größer*. Aber stets ist die Ausdehnung der festen Körper so gering, daß man sie nur bei Präzisionsmessungen zu berücksichtigen braucht, oder bei technischen Rücksichten auf Körper, die bereits bei 0^0 so lang sind, daß ihre Längenänderung schon bei normalen Temperaturschwankungen erhebliche Verschiebungen hervorruft. Hintereinander verlegte Eisenbahnschienen z. B. müssen einen gewissen Spielraum zur Ausdehnung zwischeneinander haben, da sie sonst einander verbiegen; den Endpunkten eiserner Brückenbögen muß man eine gewisse Bewegungsfreiheit auf ihrer Auflagerungstelle geben (die Endpunkte werden auf eiserne Rollen gelegt) usw. Die Ausdehnung der Normalmaßstäbe muß man berücksichtigen: ein Meter (S. 4) ist der Abstand zweier bestimmter Marken auf dem als Urnormale dienenden Platiniridiumstabe *bei der Temperatur des schmelzenden Eises*. Bei 100^0 C ist dieser Abstand länger als ein Meter.

Kompensationspendel. Kompensationsunruhe. *In den Pendeluhren* muß man die Ausdehnung der Pendel durch die Wärme unschädlich machen, sonst gehen sie falsch. Eine Uhr mit einer Pendelstange aus Stahl würde, wenn sie etwa bei 15^0 C richtig geht, bei 25^0 C täglich 5 sec nachbleiben, bei 5^0 C ebensoviel voreilen. Die Kompensation kann durch Quecksilber geschehen (GRAHAM, 1715). Bei der Ausdehnung verlegt die stählerne Pendelstange (Abb. 360) den Schwingungspunkt des Pendels nach unten, das Quecksilber aber, da es infolge der Ausdehnung einen größeren Teil des Glasgefäßes anfüllt, verlegt seinen Schwerpunkt und dadurch auch den Schwingungspunkt des Pendels nach *oben*. — Eine weniger vollkommene Vorrichtung zur Beseitigung dieses Fehlers ist das *Rostpendel* (HARRISON): Eine eigentümliche Aufhängevorrichtung des Pendels kompensiert die durch die Wärme veranlaßte *Tieferlegung* des *Schwingungs*punktes durch eine *gleich* große, ebenfalls durch die Wärme verursachte *Höherlegung* desselben Punktes, so daß der Schwingungspunkt seine Lage im Raum unverändert beibehält. Die Pendelstange ist mit dem Uhrwerk durch eine rostähnliche Vorrichtung verbunden (Abb. 361). Die Linien S bedeuten Stahlstangen, Z Zinkstangen (oder auch Messingstangen), die Roststangen sind unten durch die Querleiste EF, der Punkt A mit den Zinkstangen durch die Leiste GH fest verbunden. Die Stahlstangen streben bei ihrer Verlängerung die Linse L nach *unten* zu verschieben; das verhindern die Zinkstangen, deren obere Enden sich samt der Querleiste nach *oben* bewegen und dabei den Punkt A heben können. Da Zink sich fast doppelt so stark ausdehnt wie Stahl, so kann man die Längen der Stahl- und der Zinkstangen so berechnen, daß sich der Schwingungspunkt tatsächlich *nicht* verschiebt.

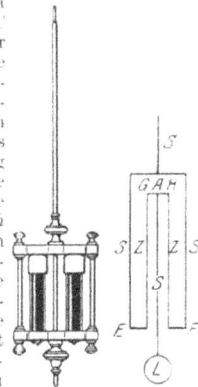

Abb. 360.   Abb. 361.
Kompensationspendel
mit Vorrichtung zur Aufhebung des Temperatureinflusses.

Das vollkommenste Kompensationspendel ist das aus (Invar) Nickelstahl (GUILLAUME, 35.7 % Ni, 64,3 % Stahl) von RIEFLER. Es besteht, Abb. 362, aus dem massiven Nickelstahlstab S, dem Linsenkörper L, dem lose auf den Pendelstab gesteckten Kompensationskörper CC_1 und den Regulierungsmuttern M und M'. Die Auflagefläche A, mit der die Linse L auf dem Kompensationsrohr C_1 ruht, geht genau durch den Mittelpunkt von L. Den Körper CC_1 macht man, um seine Kompensationswirkung in relativ weiten Grenzen verändern zu können (den voneinander verschiedenen Pendelstangen entsprechend), aus zwei Rohren von verschiedenem Metall, deren Ausdehnungskoeffizienten erheblich voneinander abweichen. Bei den Sekundenpendeln ist das untere C aus vernickeltem Messing, das obere C_1 aus Stahl, zusammen sind sie 10 cm lang. Der etwa noch zurückbleibende Fehler der erstklassigen Pendel beträgt für 1^0 C $\pm$ 0,005 sec täglich, der der zweitklassigen $\pm$ 0,02 sec.

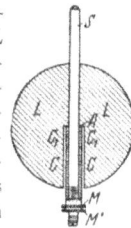

Abb. 362.
RIEFLERpendel.

In den Chronometern vertritt die *Unruhe* das Pendel, und die *Elastizität* einer Feder die Schwerkraft. Eine *nicht* kompensierte Unruhe schwingt *langsamer* bei *hoher* Temperatur als bei niedriger, weil die Feder an Elastizität einbüßt und weil der Durchmesser der Unruhe größer wird. Die Vergrößerung des Durchmessers entfernt die einzelnen Massenpunkte von der Drehachse weiter, vergrößert also das Trägheitsmoment (vgl. S. 100) der Unruhe. Die Vergrößerung des Trägheitsmoments erfordert eine Vergrößerung des *Kraftaufwandes*, wenn die Geschwindigkeit konstant erhalten werden soll; die Elastizität der Feder wird aber mit der Temperaturzunahme sogar *geringer*, man muß deswegen dafür sorgen, daß das *Trägheitsmoment* mit wachsender Temperatur *kleiner* wird. Das tut die Chronometerkompensation von EARNSHAW: Sind zwei Metallstreifen von *verschiedenen* Ausdehnungskoeffizienten, z. B. Messing und Stahl, der Länge nach fest miteinander verbunden (genietet oder gelötet), so ruft Erwärmung dieses Bandes eine *Gestalt*veränderung des Bandes hervor. Die *eine* Hälfte (Messing) dehnt sich stärker aus als die *andere* (Stahl), und infolgedessen krümmt sich das Band so, daß der sich stärker ausdehnende Streifen (Messing) auf der konvexen, der längeren Seite liegt; bildete das Metallband *vor* der Erwärmung einen Bogen, so wird *infolge* der Erwärmung die Krümmung noch *schärfer*. Das hat EARNSHAW benützt. Der Ring der Unruhe wird aus Messing und Stahl hergestellt — das Messing als das sich stärker ausdehnende, liegt außen — und an zwei diametral gegenüberliegenden Stellen (Abb. 363) durchgeschnitten. Bei der Temperaturerhöhung wird der Durchmesser ab länger, und die den Punkten a und b zunächst liegenden Massen *vergrößern* ihren Abstand von der Drehungsachse, vergrößern also das Trägheitsmoment.

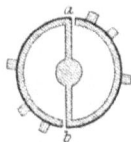

Abb. 363. Chronometerunruhe mit Vorrichtung zur Aufhebung d. Temperatureinflusses.

Dafür wird aber infolge der stärkeren Ausdehnung der Außenseite die *Krümmung* jeder der beiden Segmente stärker, so daß die beiden Enden der Segmente ihren Abstand von der Achse *verkleinern* und dadurch die an diesen Punkten liegenden Massen der Achse nähern und so das Trägheitsmoment wieder *verkleinern*. Die *Feder* der Unruhe aus zwei Metallen von ungleichen Ausdehnungskoeffizienten, um den Einfluß der Temperatur auf die Elastizität der Feder zu beseitigen, erreicht eine noch vollkommenere Gleichförmigkeit des Ganges. — Die beste Kompensation neuerdings durch den 45prozentigen Ni-Stahl (GUILLAUME).

Auch die Ausdehnung fester Körper durch die Wärme dient zur *Thermometrie*, z. B. in dem BRÉGUET-Metallbandthermometer (Abb. 364), in dem man, wie in der Chronometerunruhe zwei, oder, um die Empfindlichkeit noch zu steigern,

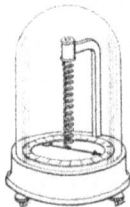

Abb. 364. Metallbandthermometer.

drei Metalle benützt, ein Band aus Silber, Gold und Platin, das Gold in der Mitte, weil sein Ausdehnungskoeffizient zwischen dem der beiden anderen liegt. Die sich deformierende Schraubenfeder dreht einen Zeiger vor einer Skala und mißt so die Temperaturänderung. In den technischen *Pyrometern* für sehr hohe Temperaturen (Hochöfen, Glasöfen usw.) benützt man vielfach Metallstäbe. Die Übereinstimmung der Ausdehnungskoeffizienten von gewissen *Glassorten* und *Platin*, auch von *gewissen Glassorten* (SCHOTT) und *Eisen* (auch besonderen Legierungen) ermöglicht es, Metalldrähte luftdicht in Glas einzuschmelzen. Das ist überall dort erforderlich, wo elektrischer Strom durch die Wand eines gasdichten Gefäßes aus Glas fließen muß, also für die Fabrikation von Glühlampen, Röntgenröhren, Quecksilberlampen u. dgl. Die Verbindungsstelle hält, sorgfältig hergestellt, große Temperaturänderungen und beträchtlichen Druck aus, ohne undicht zu werden. Ungleiche Ausdehnung sprengt das Glas an der Einschmelzstelle. Auch die der Temperatur*abnahme* parallel gehende *Kontraktion* benützt die Technik, z. B. wenn ein eiserner Radreifen heiß um den Radkranz gelegt wird, um nach der Abkühlung desto fester zu haften. Man kann sogar eine luftdichte Verbindung zwischen einem Glasrohr und einem darüber geschobenen Stahlrohr auf diese Weise herstellen.

Ein Körper, der erwärmt wird, dehnt sich nach *allen* Richtungen aus: ein *isotroper* fester nach *allen* Richtungen gleich stark (Blei, Gold, Silber, Kupfer, ferner gut ausgeglühtes Glas und die Kristalle des kubischen Systems, z. B. Diamant, Steinsalz, Bleiglanz), ein anisotroper nach verschiedenen Richtungen verschieden stark. In den isotropen Körpern ist der *kubische* Ausdehnungskoeffizient dreimal so groß wie der lineare. Man denke sich aus einem isotropen Körper einen Würfel geschnitten, dessen Kante bei 0^0 die Länge l hat. Er hat bei 0^0 das Volumen $v = l^3$. Ist α der lineare Ausdehnungskoeffizient, so ist bei t^0 die Kantenlänge $l(1 + \alpha t)$ und das Volumen des Würfels

$$v_t = [l(1 + \alpha t)]^3 = l^3 \cdot (1 + \alpha t)^3 = l^3 \cdot (1 + 3\alpha t + 3\alpha^2 t^2 + \alpha^3 t^3).$$

Die Glieder mit α^2 und α^3 sind gegen die anderen Glieder verschwindend klein. Daher ist $v_t = l^3(1 + 3\alpha t) = v_0(1 + 3\alpha t)$. Für das Volumen des Würfels bedeutet also 3α das, was α für die Länge seiner Kante bedeutet. Aber das gilt *nur* für isotrope Körper, eine verhältnismäßig kleine Gruppe. Einige Kristalle, namentlich isländischer Doppelspat und gewisse Marmorsorten, können sich in gewissen Richtungen weder zusammenziehen noch ausdehnen. (Vorschlag von BREWSTER, einen Zylinder in dieser Richtung aus dem Marmor zu schneiden, um ihn als voraussichtlich *unveränderliches Pendel* zu benützen.) Kautschuk und Jodsilber kontrahieren sich bei Temperatur*zunahme*, auch Quarzglas im Gebiet tiefer Temperaturen.

Änderung des Volumens der Flüssigkeiten mit der Temperatur. An den tropfbaren Flüssigkeiten interessiert uns nur die kubische Ausdehnung. Im allgemeinen ist sie, wie bei den festen Körpern, der Temperaturzunahme proportional. Aber sie ist infolge der geringen Kohäsion der Flüssigkeiten relativ viel größer als bei festen Körpern.

Die stärkst ausdehnbaren Flüssigkeiten sind die, die nur unter starkem Druck *flüssig* bleiben: flüssige schweflige Säure, flüssige Kohlensäure usw. (s. krit. Temp.). Der Ausdehnungskoeffizient für Kohlensäure, die unter dem Druck von 63 atm flüssig ist, ist bei 20^0 ungefähr 0,015 — beträchtlich größer als der der Luft unter gleichen Bedingungen. Der Ausdehnungskoeffizient der Flüssigkeiten wächst mit der Temperatur, und zwar im allgemeinen desto mehr, je näher die Temperatur der des Siedepunktes kommt. Bezeichnet man das Volumen bei 0^0 mit 10000, so ist es

	für Quecksilber	Wasser	Alkohol	Äther
bei 30⁰	10055	10042	10295	10492
„ 80⁰	10146	10289	10959	—
„ 100⁰	10183	10433		

Auf der Skala des Alkoholthermometers stehen daher die Gradstriche zwischen 30^0 und 80^0 weiter auseinander als zwischen 0^0 und 30^0; auf der des Quecksilberthermometers stehen sie überall nahezu gleich weit. (Ausdehnung des Glases beachten!)

Den Ausdehnungskoeffizienten kann man mit einem thermometerförmigen Glasgefäß ermitteln, einem kalibrierten engen Glasrohr mit einer daran geblasenen Kugel; man muß aber seinen Rauminhalt kennen. Man füllt es ganz, erwärmt es um eine bestimmte Anzahl Grade, wobei die Flüssigkeit infolge ihrer Ausdehnung zum Teil aus der Kapillare ausfließt, und kühlt es wieder auf die ursprüngliche Temperatur ab. Die Flüssigkeit füllt dann das Instrument nicht mehr *ganz* an, und der unausgefüllte Raum zeigt, um wieviel sich die ursprünglich vorhandene Flüssigkeit während der Temperatursteigerung ausgedehnt hat. Man muß die Ausdehnung des *Glasgefäßes* dabei berücksichtigen. Bei plötzlicher starker Erhitzung sinkt die Flüssigkeit zuerst etwas infolge der *Gefäß*ausdehnung, ehe sie infolge ihrer eigenen Temperaturerhöhung zu steigen beginnt.

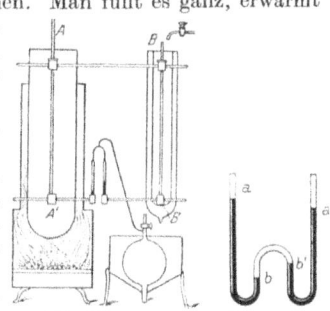

Abb. 365a.　　　　　Abb. 365b.
Messung der Ausdehnung des Quecksilbers durch die Wärme nach dem Verfahren von DULONG und PETIT in der Anordnung von REGNAULT.

Messung der Ausdehnung des Quecksilbers und des Wassers. Die Ausdehnung des Gefäßes ist ohne Einfluß bei der Methode von DULONG und PETIT (von REGNAULT 1847 verbessert, Abb. 365a). Säulen *derselben* Flüssigkeit in einem Rohr von der Form $A\,A'\,B\,B'$ werden auf verschieden hohe Temperatur gebracht — die eine ist mit schmelzendem Eis, die andere mit einem heizbaren Ölbade umgeben — und werden am Temperaturaustausche durch die Luftsäule bb' gehindert (Abb. 365b). Solange sie dieselbe Temperatur haben,

19*

haben sie gleiches spezifisches Gewicht und stehen so, daß a und a' in derselben Horizontal-ebene, ebenso b und b' in derselben Horizontalebene liegen. Ein Temperaturunterschied zwi-schen beiden macht die spezifischen Gewichte ungleich und verschiebt die Flüssigkeitsspiegel gegeneinander. Der Satz von den Flüssigkeiten, die in kommunizierenden Röhren stehen und *verschiedenes* spezifisches Gewicht haben, bietet die Grundlage für die Rechnung. DULONG und PETIT (1818) haben so den Ausdehnungskoeffizienten des Quecksilbers zwischen 0^0 und 100^0 im Mittel zu etwa $1/5550$ für je 1^0 Temperaturzunahme ermittelt. Der mittlere Ausdehnungs-koeffizient zwischen 0^0 und ϑ^0 C ist: $\bar{\varkappa}_0^\vartheta = \left| 0{,}18182 + 0{,}00078 \cdot \dfrac{\vartheta}{100} \right| 10^{-3}$ gültig von 0^0 bis 100^0 C (THIESEN, SCHEEL, SELL 1896). Dieselbe Methode zur Messung der Ausdehnung des Wassers zwischen 0^0 und 40^0 durch THIESEN, SCHEEL, DIESSELHORST (1900).

Volumen- und Dichteänderung des Wassers. *Ganz anders als andere Flüssig-keiten* verhält sich *das Wasser*. Von 0^0 bis 4^0 zieht es sich zusammen, hat also bei 4^0 sein *kleinstes Volumen*, mithin seine *größte Dichte*, von 4^0 an aufwärts dehnt es sich aus, derart, daß es etwa bei 8^0 dieselbe Dichte wie bei 0^0 hat. Ein aräometerartiger Schwimmer in dem Wasser *steigt*, während die Temperatur von 0^0 bis 4^0 steigt, und sinkt bei weiterer Temperaturzunahme.

Die Änderung der Dichte und ihre Wirkungen werden noch deutlicher, wenn man eine Wassersäule, deren Temperatur *über* 4^0 liegt, von der Mitte aus nach *entgegengesetzten* Seiten

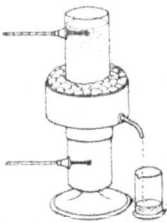

hin *gleichzeitig* abkühlt (Abb. 366) und ihre Temperatur am Boden und ganz oben gleichzeitig mißt (HOPE-Versuch). Das obere Thermo-meter zeigt zunächst keine wesentliche Temperaturänderung an, das untere fällt stetig; aber nur bis 4^0, dann bleibt es stehen. Erst dann be-ginnt das *obere* zu fallen, es bleibt aber erst bei 0^0 stehen. Der Grund: Die Abkühlung *bis* 4^0 vergrößert (s. oben) das spezifische Gewicht des Wassers, und infolgedessen sinkt das abgekühlte Wasser zu Boden. Die unteren Schichten werden dadurch schnell abgekühlt, wie es das untere Thermometer auch anzeigt. Auf den *Boden* gelangt aber *nur* Wasser von 4^0, deswegen bleibt das Thermometer bei 4^0 stehen. Das *unter* 4^0 abgekühlte Wasser steigt infolge der Verringerung seines spe-zifischen Gewichts (s. oben) *in die Höhe* und beschleunigt so die Tem-peraturerniedrigung der oberen Schichten, wie das obere Thermometer zeigt. *Am leichtesten ist jetzt das Wasser von* 0^0, es steigt deswegen am *höchsten*, und daher kann das obere Thermometer erst bei 0^0 stehenbleiben.

Abb. 366.
Zur Veranschaulichung der Schwere des Was-sers bei 4^0 C u. bei 0^0 C.

Aus der Abnahme des spezifischen Gewichts mit der Abnahme der Tempe-ratur des Wassers erklärt sich, daß *stehende* Gewässer relativ hohe *Boden*tempe-ratur haben können, obwohl sie *oben* zugefroren sind. Die geringe Wärmeleit-fähigkeit der Eisdecke und des Wassers schützt den Boden vor weiterer Abkühlung (auch die im Wasser lebenden Tiere). In *fließendem* Gewässer kann die Strömung sehr wohl eine weitere Abkühlung des Wassers und schließlich Grundeisbildung herbeiführen. Das spezifische Gewicht des Eises ist kleiner als das des Wassers, daher steigt das Grundeis schließlich in die Höhe und *schwimmt* oben. — Das Wasser dehnt sich bei seiner Verwandlung in Eis noch weiter aus (um etwa 10%) und kann dabei große Widerstände überwinden, Rohrleitungen, die es anfüllt, zerreißen, feuchtes Mauerwerk, in dessen Spalten es gefriert, zer-sprengen u. a. m.

Änderung des Volumens der Gase mit der Temperatur. Bei der Volumen-änderung der Gase infolge der Temperaturänderung muß man den *Druck* berück-sichtigen, unter dem das Gas steht. Bei den festen und den flüssigen Stoffen war das unnötig, weil — außer in *so* besonderen Fällen, wie der flüssigen schwef-ligen Säure oder der flüssigen Kohlensäure — der äußere Druck keinen leicht wahrnehmbaren Einfluß auf das Volumen hat. Hat ein Eisenstab bei 0^0 das Volumen v_0 und bei 100^0 das Volumen v_{100}, so hat er unter *denselben* Temperatur-verhältnissen immer, d. h. bei jedem Druck, sehr nahe dasselbe Volumen. Hat aber Luft bei 0^0 das Volumen v_0 und bei 100^0 das Volumen v_{100}, so können wir gar nicht sagen, was für ein Volumen es unter denselben Temperaturverhältnissen das nächste Mal annehmen wird, denn das Volumen eines Gases hängt wesentlich von dem Druck ab, unter dem es steht.

Das Nächstliegende ist, den Druck *konstant* zu halten und *dann* zu untersuchen, wie sich das Volumen bei einer bestimmten Temperaturzunahme vergrößert. Bei den festen Körpern und den Flüssigkeiten konnte man das ohne weiteres, denn die bei Temperaturerhöhung eintretende Vergrößerung der lebendigen Kräfte der Molekeln war immer groß genug, den äußeren Druck zu überwinden und die Volumenbegrenzungen zu verschieben. Anders bei den Gasen. Die *festen* Wände eines Gasbehälters werden infolge der Erhitzung eher weich werden und schmelzen, als der von dem Gase dabei angestrebten Volumenvergrößerung nachgeben. In einem Gefäß mit festen Wänden vergrößert sich daher der *Druck*, den das Gas auf die Wände ausübt, und den die Wände erwidern. Aus dem Druck, der meßbar ist, kann man das Volumen (nach dem BOYLE-Gesetze) *berechnen*, das das Gas einnehmen würde, wenn es unter dem Anfangsdruck stünde — dem Druck *vor* der Temperatursteigerung. Für die Untersuchungen, bei denen der Druck konstant bleibt und die Volumenänderung tatsächlich *eintritt*, dient die durch Abb. 199 beschriebene Vorrichtung.

Also wir können bei Temperaturzunahme des Gases entweder seine Volumenzunahme bei konstantem Druck messen oder seine Druckzunahme bei konstantem Volumen. Die Erfahrung lehrt (CHARLES, 1787, dann genauer GAY-LUSSAC, 1802[1]): Unter konstantem Druck dehnen sich alle Gase für je 1° Temperatursteigerung annähernd um 1/273 ihres Volumens **bei** 0° aus — *alle*! *Alle* haben denselben Ausdehnungskoeffizienten, er ist annähernd $\alpha = 1/273 = 0{,}003665$. (Nach sehr genauen Messungen ist das zwar nur *nahezu* richtig, aber *so nahe*, daß es zunächst als *vollkommen* richtig gelten darf.) Ist bei 0° und unter dem Drucke p_0 (wir verstehen darunter den Druck der Atmosphäre) das Volumen des Gases v_0, so geht das Volumen *unter konstant gehaltenem Druck* über bei 1° 2° ... t° in $v_0 + v_0 \cdot \alpha \cdot 1$ $v_0 + v_0 \cdot \alpha \cdot 2 \ldots v_0 + v_0 \cdot \alpha \cdot t$. Wir haben also *bei konstantem Druck* $v = v_0 (1 + \alpha t)$, wo wir unter v_0 das Volumen des Gases bei t° verstehen. Hat sich aber der Druck *geändert*, ist er z. B. aus p_0 in p übergegangen, so macht sich die *Druck*änderung neben der Temperaturänderung geltend. Bei dem Druck p_0 hat das Volumen bei t° die Größe $v_0 (1 + \alpha t)$, bei dem Druck p und der Temperatur t hat es die Größe v, die aus der Gleichung (BOYLE)

$$p_0 \cdot v_0 (1 + \alpha t) = p \cdot v \quad \text{folgt. Es ist also} \quad v = \frac{p_0 \cdot v_0}{p}(1 + \alpha t) .$$

Aus dieser Beziehung kann man das Volumen eines Gases unter *jedem* Druck p und bei *jeder* Temperatur t *berechnen*, wenn man es bei *einer* bestimmten Temperatur unter *einem* bestimmten Drucke *kennt*. Als Normaldruck p_0 gilt der Druck von 1 atm und als Normaltemperatur 0°.

Die Gleichung $pv = p_0 v_0 (1 + \alpha t)$ zeigt auch, wie sich der Druck des Gases ändert, wenn *trotz* der Temperaturänderung sein *Volumen* konstant gehalten **wird**, also v mit v_0 identisch ist. Die Gleichung geht dann über in:

$$p = p_0 (1 + \alpha t) = p_0 + p_0 \cdot \alpha \cdot t ,$$

d. h. der Druckzuwachs ist proportional der Temperaturzunahme, er wächst für je 1° Temperaturzunahme um 1/273 des Druckes bei 0°.

---

[1] Der erste Entdecker des Gesetzes scheint VOLTA zu sein. Seine Arbeit (veröffentlicht in den Annali di Chimica von BRUGNATELLI, 1793) heißt: Della uniforme dilatazione dell' aria per ogni grado di calore, cominciando sotto la temperatura del ghiaccio, fin sopra della dell' ebollizione dell' acqua e di ciò, che sovente fa parer non equabile tal dilatazione, entrando ad accrescere a dismisura il volume dell' aria.

Die Gleichungen $v = v_0 (1 + \alpha t)$ und $p = p_0 (1 + \alpha t)$, in denen wir den Ausdehnungs- und den Spannungskoeffizienten als gleich groß ansehen, drücken beide das Gesetz von GAY-LUSSAC aus. Das proportionale Anwachsen des Volumens mit der absoluten Temperatur kann man durch eine Gerade darstellen. Da $\alpha = 1/273$ ist, so würde die Gerade, wenn sich das Gas *unbegrenzt diesem Gesetz entsprechend* verhielte, bei $t = -273$ die Temperaturachse schneiden, Abb. 367, bei dem absoluten Nullpunkt also keine Ausdehnung haben. Ähnliches gilt für die lineare Abhängigkeit des Druckes von der Temperatur. — Die *bei konstant gehaltener Temperatur* zusammengehörigen Werte p und v haben wir bereits in einer Kurve zusammengefaßt. Jetzt können wir die Zusammengehörigkeit von p, v *und* t für ein ideales Gas graphisch darstellen, nämlich in einer *Fläche*, die in der Gleichung $pv = p_0 v_0 (1 + \alpha t)$ enthalten ist. Fügen wir zu dem ebenen Koordinatensystem der Abb. 199, die die bei konstanter Temperatur einander zugeordneten Werte p und v zusammenfaßt, eine auf der p, v-Ebene senkrechte Achse für die Temperatur hinzu und registrieren wir in diesem dreiachsigen System die zusammengehörigen Werte p, v, t durch Punkte, so liegen diese auf einer Fläche. Ein Punkt der Fläche bezeichnet also einen bestimmten Zustand des Gases, charakterisiert durch seinen Druck, sein Volumen und seine Temperatur. Wir nennen sie daher Zustandsfläche des Gases (die ihr zugrunde liegende Funktionsbeziehung zwischen p, v, t seine *Zustandsgleichung*). Die Zustandsfläche ist durch folgendes charakterisiert, Abb. 368: eine Ebene, parallel zur p, v-Ebene (deren Punkte alle dasselbe t haben), schneidet die Zustandsfläche in einer gleichseitigen Hyperbel (Isotherme) SR, auch NM; eine Ebene, parallel zur p, t-Ebene (deren Punkte alle dasselbe v haben), schneidet sie in einer auf die negative Temperaturachse zu geneigten Geraden (Isochore) cc; eine Ebene, parallel zur v, t-Ebene (deren Punkte alle dasselbe p haben), schneidet sie ebenfalls in einer auf die negative Temperaturachse zu geneigten Geraden (Isobare) bb.

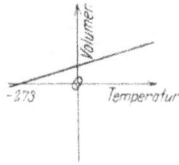

Abb. 367.

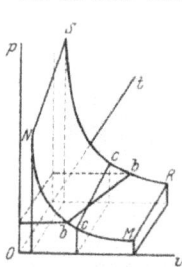

Abb. 368. Zustandsfläche eines Gases. Graphische Darstellung der in der *Zustandsgleichung* zusammengefaßten Funktionsbeziehung zwischen Druck, Volumen und Temperatur (p, v, t) eines Gases.

Die Zustandsfläche ist idealisiert, denn kein Gas befolgt das BOYLE-MARIOTTE-Gesetz oder das GAY-LUSSAC-Gesetz in der ihr zugrunde gelegten Vollkommenheit. Die Gesetze erleiden — wenn auch meistens sehr kleine — Abweichungen, die um so größer werden, je größer der Druck und je niedriger die Temperatur ist. (Große Abweichungen, wenn mit der Volum- oder Temperaturveränderung chemische Umsetzungen verbunden sind.) Die für bestimmte einzelne Temperaturpunkte geltenden Isothermen erhält man auf der Zustandsfläche, wenn man durch die betreffenden Punkte der Temperaturachse Ebenen parallel zur p, v-Ebene legt. Man sieht die Isothermen dann auf hintereinanderliegenden Parallelebenen. Projiziert man sie sämtlich nach vorn auf die p, v-Ebene, so

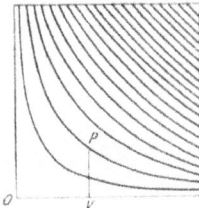

Abb. 369. Isothermen eines Gases.

geben sie die Abb. 369, die sie alle nebeneinander zeigt. Sie werden auf der Zustandsfläche nach hinten zu (relativ zum Anfangspunkt des Koordinatensystems) immer flacher.

Wir stellen die bei t^0 zusammengehörenden Drucke und Volumina eines Gases, das bei 0^0 und dem Druck p_0 das Volumen v_0 hat, zusammen, und zwar unter der Voraussetzung, daß das eine Mal das Volumen konstant erhalten wird, das zweite Mal der Druck, das dritte Mal Druck und Volumen in p und v übergegangen sind. — Beides: *Volumenzunahme* bei konstantem Druck und *Druckzunahme* bei konstantem Volumen erlaubt den Wert von v zu ermitteln. Eine Anordnung (MAGNUS) für beides zeigt Abb. 370 schematisch. Das Gas erfüllt den Ballon A und das Rohr B bis zur Kuppe einer darin stehenden Quecksilbersäule. B und C sind gleich weite, kalibrierte Rohre, die durch den Hohlraum D des Zylinders miteinander kommunizieren und durch die Zylinderwand luftdicht hindurchgehen. Der Raum D ist ganz mit Quecksilber ausgefüllt, man

Temperatur	Druck	Volumen
0^0	p_0	v_0
t^0	$p_0(1 + \lambda t)$	v_0 konstant
t^0	p_0 konstant	$v_0(1 + \lambda t)$
t^0	p	$v_0(1 + \lambda t)\dfrac{p_0}{p}$
t^0	$p_0(1 + \lambda t)\dfrac{v_0}{v}$	v

kann sein Volumen zunächst durch die Verschiebung des Kolbens E verändern und dadurch die Höhe der Quecksilbersäulen variieren. Man umgibt A und den oberen Teil von B mit schmelzendem Eise, so daß das Gas die Temperatur 0^0 annimmt, und verschiebt den Kolben so, daß das Quecksilber in beiden Rohren gleich hoch steht, das Gas also unter dem augenblicklichen Atmosphärendruck steht. Das Volumen des Gases sei dann so groß, daß die Säule in B bis zur Marke Z reicht. Jetzt umgibt man A und, soweit nötig, den oberen Teil von B mit siedendem Wasser. Dann dehnt sich das Gas aus und drückt die Säule in B hinunter, die Säule in C steigt. Will man nun die *Volumenzunahme*, die während der Temperaturzunahme eingetreten ist, messen, so muß man erst, da wir ja *Konstant*erhaltung des Druckes vorausgesetzt haben, den *ursprünglichen* Druck wiederherstellen, denn da das Quecksilber in C jetzt höher steht als in B, steht das Gas in A jetzt unter einem Druck, der höher ist als der Atmosphärendruck. Zu dem Zweck schiebt man den Kolben E so weit nach unten, daß das Quecksilber in den beiden Rohren *gleich* hoch steht; bis es beiderseits gleich hoch steht; an der Kalibrierung des Rohres B kann man dann ablesen, um wieviel sich das ursprüngliche *Volumen vergrößert* hat.

Will man dagegen die *Druckzunahme*, die während der Temperaturzunahme eingetreten ist, messen, so muß man — da ja dann Konstanterhaltung des *Volumens* vorausgesetzt wird — das alte Volumen wiederherstellen. Zu dem Zweck stellt man den Kolben bei *jeder* Temperatur so, daß das Quecksilber in B *stets* bis zu der Marke Z reicht. Aus der Höhendifferenz der Säulen in B und in C kann man dann berechnen, um wieviel der Druck zugenommen hat.

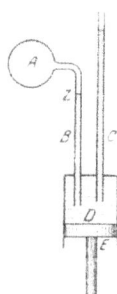

Abb. 370.
Zur Veranschaulichung der Gasgesetze.

D. Kalorimetrie. Spezifische Wärme.

Kalorie. Wir haben bisher von der Ausdehnung der Körper in ihrem Zusammenhange mit der *Temperatur*zunahme gesprochen. Wir untersuchen jetzt: Wie hängt die Temperaturzunahme von der *Wärme*aufnahme ab? Die Frage bildet die Grundlage für die Verfahren zur *Wärme*messung und für die Definition der Wärmemenge. — Die erste Frage ist: Wieviel Wärme ist nötig, um eine *Temperatur*steigerung von bestimmter Größe hervorzubringen? Man kann aber nicht von soundso viel Wärme sprechen, ehe man eine Einheit festgesetzt hat, mit der man Wärmemengen messen kann. Sie ist bereits (S. 273) festgesetzt: als Wärmeeinheit gilt die *Kalorie* (cal), diejenige Wärmemenge, die nötig ist, die Temperatur von 1 g destilliertem Wasser von $14,5^0$ C um 1^0 C zu erhöhen. Man nennt sie auch Grammkalorie; ihr Tausendfaches: Kilogrammkalorie (kcal).

Spezifische Wärme (BLACK). Die nächste Frage ist: Gehört ebensoviel Wärme (also 1 cal) dazu, die Temperatur von 1 g eines *anderen* Stoffes um 1^0 C zu erhöhen, wie dazu gehört, die Temperatur von 1 g *Wasser* so zu erhöhen? Nein. Für Quecksilber reicht etwa der 30. Teil dieser Wärmemenge dazu aus, genau 0,033 cal; für Kupfer 0,091; für Blei 0,031, für Eisen 0,111, für Alkohol ca. 0,58 usw. oder anders: eine Menge Wärme, die nur für 1 g Wasser zur Temperaturerhöhung um 1^0 C ausreicht, würde ausreichen für etwa 30,3 g Quecksilber oder 11,0 g

Kupfer oder 32,3 g Blei oder 9,02 g Eisen oder 1,72 g Alkohol usw., oder noch anders: eine Menge Wärme, die die Temperatur von 1 g Wasser um 1^0 C erhöht, würde die Temperatur von 1 g Quecksilber etwa um $30,3^0$ C erhöhen usw. Wir sehen: Die Wärmemenge, die ein Stoff für eine bestimmte Temperatursteigerung fordert, hängt nicht nur von der *Menge* seiner Masse, sondern auch von seiner *chemischen* Beschaffenheit ab; man nennt die Menge Wärme, die erforderlich ist, die Temperatur von 1 g eines bestimmten Stoffes um 1^0 C zu erhöhen, seine *spezifische Wärme*.

Die Tabelle enthält die spezifische Wärme einiger Stoffe, streng genommen ihren Mittelwert für Temperaturen zwischen 0^0 und 100^0.

Aluminium	0,214	Zinn	0,054
Schwefel	0,175	Jod	0,054
Eisen	0,111	Antimon	0,050
Zink	0,092	Quecksilber	0,033
Kupfer	0,091	Platin	0,032
Silber	0,055	Blei	0,031
Alkohol	0,58	Benzol	0,407
Glyzerin	0,58	Chloroform	0,234

Wasser (mit 1) hat von allen flüssigen und festen Stoffen die *größte* spezifische Wärme; *Eis* hat 0,505, Wasser*dampf* 0,462. Wasser hat also dampfförmig und fest nahezu *dieselbe* spezifische Wärme, und zwar nur halb so große wie im flüssigen Zustande.

Allgemeine Charakteristik kalorimetrischer Verfahren. In dem Verfahren zur Messung der Wärmemenge wird der zu untersuchende Körper entweder durch Wärmezufuhr auf eine bestimmte Temperatur t_1^0 gebracht und dann veranlaßt, Wärme im Kalorimeter an seine Umgebung *abzugeben*, wobei er sich auf die meßbare Temperatur t_2^0 abkühlt, oder er wird durch eine bestimmte Wärmemenge geheizt, und es wird der hierbei erfolgende Temperatur*anstieg* beobachtet.

Ist die Wärmemenge, die er bei der *Abkühlung* von t_1^0 auf t_2^0 abgibt, ebenso groß wie die, die er bei der *Erwärmung* von t_2^0 auf t_1^0 *aufgenommen* hat? Ja — *vorausgesetzt*, daß der Körper bei der Abkühlung *dieselben* Veränderungen abwärts durchmacht, die er bei der Erwärmung aufwärts durchgemacht hat (folgt auch aus dem zweiten Hauptsatz). Wir nehmen diese Voraussetzung als erfüllt an. Die im Kalorimeter dabei abgegebene Wärme dient bei der einen Methode dazu, Eis zu *schmelzen* (Eisschmelzmethode), bei einer anderen dazu, Wasser zu *erwärmen* (Mischungsmethode). Das, was man direkt mißt, ist bei der Eisschmelzmethode, *wieviel Gramm Eis* geschmolzen sind, bei der Mischungsmethode, *um wieviel Grad* die Temperatur einer gewogenen Wassermenge von der Wärme erhöht worden ist, während deren Abgebung sich der *Körper* um soundso viel (am Thermometer abgelesene) Grad *abgekühlt* hat. Ist die spezifische Wärme für jede Temperatur die gleiche, von der Temperatur unabhängig, wie beim Quecksilber und nahezu beim Wasser, dann ist die kalorimetrisch ermittelte spezifische Wärme die *wahre*, die spezifische Wärme *bei* einer Temperatur. Ist sie aber von der Temperatur abhängig, so gibt das Kalorimeter die *mittlere* spezifische Wärme.

Eisschmelzverfahren. Bei der von LAVOISIER stammenden Anordnung des *Eisschmelzverfahrens* (Abb. 371) besteht das Kalorimeter aus drei einander umschließenden Blechgefäßen. Das innerste, siebartige, M, enthält den auf eine bekannte Temperatur t_1^0 erwärmten Körper, der Wärme an seine Umgebung abgeben und dadurch Eis schmelzen soll; das mittlere, A, enthält das Eis; das äußere, B, schützt das Eis, das ja lediglich von dem *Körper* kommende Wärme aufnehmen soll, vor jeder von außen kommenden Wärme und ist zu dem Zweck selber mit Eis gefüllt. Von außen kommende Wärme schmilzt zwar das Eis in B, kann aber die Temperatur des Raumes nicht über Null bringen, ehe nicht *alles* Eis in B geschmolzen ist, kann also auch nicht eher auf das Eis in A wirken; dadurch bleibt die Umgebung des Körpers M *dauernd auf Null*, und der Körper kühlt sich von der Anfangstemperatur t_1^0 bis 0^0 ab. Das bei D abgelaufene Schmelzwasser wird gewogen, und da man aus anderen Messungen weiß, daß zum Schmelzen von 1 g Eis 79,67 cal gehören, erfährt man, wieviel Grammkalorien der Körper abgegeben hat, um bei seiner Abkühlung um t_1^0 die gewogene Menge Schmelzwasser zu liefern. — Die (veraltete) Methode ist ungenau, weil das Schmelzwasser zum Teil am Eise haften bleibt.

Das Eiskalorimeter von BUNSEN (1870) vermeidet das ganz. Wieviel Gramm Eis geschmolzen sind, ermittelt man hier durch *Raum*messung. Eis hat ein größeres Volumen als das aus ihm entstehende Schmelz-

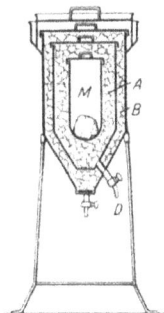

Abb. 371.
Eiskalorimeter
(LAVOISIER).

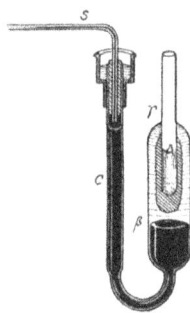

Abb. 372.
Eiskalorimeter
(BUNSEN).

Kalorimetrie durch Eisschmelzung.

wasser: 1 g *Eis* nimmt nach BUNSEN 1,0908 cm³ ein. 1 g *Wasser* von 0^0 nur 1,0001 cm³. Schmilzt 1 g Eis, *verkleinert* es also sein Volumen um 0,0907 cm³. Die *gemessene* Volumenverkleinerung zeigt an, *wieviel* Gramm Eis geschmolzen sind. Und da man weiß, wieviel *Wärme*einheiten 1 g Eis aufnehmen muß, um zu schmelzen, so erfährt man aus der Volumenverkleinerung, wieviel *Wärme*einheiten das Eis aufgenommen hat. Die Form des ganz aus Glas geblasenen Instrumentes zeigt Abb. 372. Das U-Rohr C, dessen weiterer Teil γ oben mit einem Probierröhrchen A für den Untersuchungskörper abschließt, enthält über β *Wasser und Eis*, von β an bis in die (kalibrierte) Kapillare S hinein Quecksilber. Man bringt den auf t^0 erwärmten Körper in das Wasser (von 0^0) enthaltende Röhrchen A und setzt das Instrument (zum Schutz gegen Wärmeeinwirkung von außen) in schmelzendes Eis. Der Körper in A gibt Wärme an das Wasser und *durch* dieses an das Eis ab: das Eis schmilzt, der von Eis und Wasser eingenommene Raum verkleinert sein Volumen dadurch und erlaubt dem Quecksilber, über β emporzusteigen. Wieviel cm³ Quecksilber über β emporgestiegen sind, zeigt die Verschiebung des Quecksilberfadens im Kapillarrohr S. Der Volumenverkleinerung

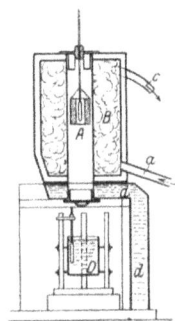

Abb. 373.
Kalorimetrie durch
Wassererwärmung
(REGNAULT).

von 1 cm³ entsprechen 11,03 g geschmolzenes Eis. — Das BUNSEN-Kalorimeter ermöglicht sehr genaue Messungen und erfordert *nur wenige Gramm* des Untersuchungskörpers zur Messung.

Mischungsverfahren. Benützt man die von dem Untersuchungskörper abgegebene Wärme dazu, Wasser zu erwärmen, so taucht man den auf eine bestimmte Temperatur erwärmten Körper in eine abgemessene Wassermenge von bestimmter Temperatur (*Mischungsmethode*) und mißt die dadurch eintretende Temperaturänderung des Wassers. Das *Wasserkalorimeter* von REGNAULT (1840) besteht daher (Abb. 373) aus zwei Teilen: einer durch Dampf geheizten Kammer B, die den Untersuchungskörper A (in einem Körbchen) erwärmt, und dem eigentlichen Kalorimetergefäß D, in dessen Wasser man den Körper nachher hinabläßt. dd ist eine isolierende Wasserschicht zwischen B und D. Hat der Körper zuerst $t_1{}^0$, und das Wasser die (niedrigere) Temperatur $t_2{}^0$, so gibt der Körper *so lange* Wärme an das Wasser ab, bis beide *dieselbe* Temperatur $t_3{}^0$ haben. Das Wasser hat sich dann um $(t_3 - t_2)^0$ *erwärmt*, der Körper um $(t_1 - t_3)^0$ *abgekühlt*. Beträgt die Wassermenge m g, so hat sie $m\,(t_3{-}t_2)$ cal *aufgenommen* (*jedes* Gramm für *jeden* Grad Temperaturerhöhung 1 cal). Diese Wärme hat das Wasser von dem Körper erhalten, daraus folgt, daß, wenn sich der Körper um $(t_1 - t_3)^0$ abkühlt, er $m\,(t_3 - t_2)$ cal *abgibt*. Eine *ebenso* große Menge Wärme muß er also aufnehmen, um sich um $(t_1 - t_3)^0$ zu erwärmen (vgl. S. 296 m.). Beträgt die Masse des Körpers M g, so hat die Beobachtung demzufolge ergeben:

Um M g des Körpers um $(t_1 - t_3)^0$ zu erwärmen, sind $m\,(t_3 - t_2)$ cal erforderlich; um 1 g davon um 1^0 zu erwärmen, sind daher $\dfrac{m\,(t_3 - t_2)}{M\,(t_1 - t_3)}$ cal erforderlich. Diese Zahl ist seine *spezifische Wärme*.

Die Gefäßwände und das Thermometer erwärmen sich auch, und durch den Wärmeaustausch des Kalorimeters mit seiner Umgebung geht Wärme verloren. Um das zu korrigieren, muß man den *Wasserwert* des Kalorimeters und den des Thermometers ermitteln, und auch den Wärmeverlust nach außen muß man veranschlagen.

Der obige Ausdruck für die spezifische Wärme ergibt auch die Mischtemperatur x, wenn man verschiedene Wassermengen von *verschiedener* Temperatur *miteinander* mischt. Man denke sich den Untersuchungskörper durch Wasser ersetzt. Da die spezifische Wärme des Wassers 1 ist und die vorher mit t_3 bezeichnete, jetzt unbekannte Mischtemperatur x ist, so hat man die Gleichung

$$1 = \frac{m\,(x - t_2)}{M\,(t_1 - x)} \quad \text{oder} \quad x = \frac{M\,t_1 + m\,t_2}{M + m}\ \text{Grad}.$$

Mischt man z. B. 10 g Wasser von 30^0 mit 8 g Wasser von 20^0, so erhält man 18 g Wasser mit

$$x = \frac{(10 \cdot 30) + (8 \cdot 20)}{10 + 8} = 25{,}5^{\,0}.$$

Die Formel heißt *die* RICHMANNsche *Regel*. Sie ist allgemein auf die Mischung von Stoffen gleicher spezifischer Wärme anwendbar.

NERNST-Kalorimeter für sehr tiefe Temperaturen. Um die spezifische Wärme bei sehr tiefen Temperaturen zu messen, erwärmt man die Substanz, als massiven

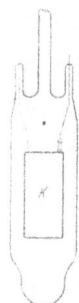

Block (schlechter leitende Stoffe in einem mit Wasserstoff gefüllten Silbergefäß luftdicht eingeschlossen) durch einen dünnen Platindraht elektrisch. Man berechnet die zugeführte Wärme aus der Stromstärke und dem Leitungswiderstand des Drahtes. Der Draht dient nach Abstellung der Heizung zugleich als hochempfindliches Widerstandsthermometer um die Temperaturerhöhung des Meßkörpers zu ermitteln. Bei der eigentlichen Messung hängt die Substanz oder das gefüllte Silbergefäß in einem möglichst gut evakuierten Glasgefäß (Abb. 374), das von flüssiger Luft oder von flüssigem Wasserstoff umgeben ist. Die Abwesenheit von Gas, also auch der Wärmekonvektion (S. 350), und das fast völlige Fehlen der Strahlung bei der tiefen Temperatur, ermöglichen

Abb. 374.
Vakuum-
kalorimeter
(NERNST).

überaus genaue Messungen. — Bei höheren Temperaturen benutzt NERNST anstatt eines Flüssigkeitskalorimeters ein Kupfer-

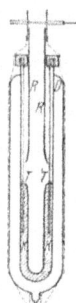

Abb. 375.
Kupfer-
kalorimeter
(NERNST).

kalorimeter (Abb. 375) aus einem Block von etwa 400 g Gewicht, der eine längliche Höhlung zur Aufnahme der Substanz besitzt. Die gute Wärmeleitfähigkeit verschafft dem Kupferblock K überall die gleiche Temperatur. Zur Wärmeisolation gegen die Umgebung befindet sich das Kalorimeter in einem Vakuumgefäß D.

Atomwärme. Gesetz von DULONG und PETIT. Die *spezifische Wärme* der Elemente im *festen* Zustande und deren *Atomgewicht* verbindet eine bemerkenswerte Gesetzmäßigkeit (DULONG und PETIT 1818). Nennt man das Produkt aus Atomgewicht und spezifischer Wärme (also diejenige Wärmemenge in Gramm-Kalorien, die ein Gramm-Atom[1] des Elements aufnehmen muß, um seine Temperatur um 1⁰ zu erhöhen) die *Atomwärme*, so heißt das Gesetz: *Im festen Zustande haben alle Elemente die gleiche Atomwärme*, nämlich 6,4. — Das Gesetz ist nicht streng erfüllt. Die Metalloide mit kleinem Atomgewicht haben schon bei Zimmertemperatur viel kleinere Atomwärme, bei tiefer Temperatur häufen sich die Ausnahmen. Am weitesten (nach unten) weichen Jod, Kohlenstoff und Silizium ab; aber auch ihre Atomwärme nähert sich dem Werte 6,4 desto mehr, je höher die Temperatur ist. Für Kohlenstoff ist die Atomwärme bei 980⁰ C etwa 5,5; sie ist hier etwa 7 mal so groß bei —50⁰ (hierüber s. 305 m.). Am genauesten ist das Gesetz für die Metalle erfüllt. — Für chemische *Verbindungen* gilt das Gesetz von NEUMANN: die *Molekular*wärme der Verbindung ist gleich der Summe der *Atom*wärmen der einzelnen Elemente.

Spezifische Wärme der Gase. Die zur Temperaturerhöhung eines *Gases* (um eine vorgeschriebene Anzahl Grade) nötige Wärmemenge hängt davon ab, ob sich das Gas während der Temperaturzunahme *ausdehnt* oder nicht. Dehnt es sich aus, so leistet es Arbeit um den äußeren Druck zu überwinden. Es leistet sie *auf Kosten* eines Teiles der aufgenommenen Wärme. Diese dient also nur *zum Teil* zur *Temperatursteigerung*. Das Gas erfordert somit für die *beabsichtigte* Temperatursteigerung *mehr* Wärme, als wenn es sein Anfangsvolumen behalten hätte. Kann es sich der Temperaturzunahme entsprechend völlig frei ausdehnen, so bleibt sein *Druck* (auf die einschließenden Wände) konstant. Die zur Temperatursteigerung um 1⁰ erforderliche Wärmemenge ist also verschieden, je nachdem ob das Gas dabei konstanten *Druck* oder ob es konstantes *Volumen* behält. Wir sprechen daher von seiner *spezifischen Wärme bei konstantem Druck*, c_p. und seiner spezifischen Wärme bei *konstantem Volumen*, c_v. Natürlich ist c_v kleiner als c_p, weil hier die Wärme ja *nur* (ohne Arbeit) die Temperatur steigert. Es ist sehr schwer c_v experimentell zu ermitteln, man hat meist c_p gemessen. Die Theorie ergibt $c_p - c_v$ und auch c_p/c_v, so daß man c_p *berechnen* kann. — Im Prinzip muß auch bei *festen* Stoffen unterscheiden zwischen spezifischerWärme bei konstantem Druck und solcher bei konstantem Volumen; $\delta = c_p - c_v$, die Differenz beider ist die in Kalorien ausgedrückte Ausdehnungsenergie, sie hängt mit der Kompressibilität des Stoffes zusammen.

Um die *spezifische Wärme c_p eines Gases* zu messen, leitet man ein abgemessenes Volumen davon zunächst durch ein Schlangenrohr in einem Bade von konstanter Temperatur, um es auf eine bestimmte Anfangstemperatur zu erwärmen, und dann durch ein Schlangenrohr in einem Wasserkalorimeter. Aus dem Volumen des Gases, seiner Anfangs- und seiner Endtemperatur und aus der Temperaturerhöhung des Kalorimeterwassers ergibt sich für c_p bei Zimmertemperatur und dem Druck 1 atm für

Luft	0,241	Wasserstoff	3,41
Sauerstoff	0,218	Chlor	0,124
Stickstoff	0,249	Helium	1,25

Den Bruch $c_p/c_v = \varkappa$, der angibt, wievielmal die spezifische Wärme bei konstantem Druck größer ist als bei konstantem Volumen, kann man auf Grund

---

[1] Eine Masse, deren Grammzahl gleich der Atomgewichtszahl des betreffenden Elements ist, z. B. ein Gramm-Atom Silber bedeutet 108 Gramm Silber.

theoretischer Betrachtungen aus einfachen Versuchen ermitteln. Für Luft folgt aus der Schallgeschwindigkeit $\varkappa = 1{,}40$, und annähernd dasselbe aus den Messungen nach einer von CLÉMENT und DÉSORMES stammenden *experimentellen* Methode. Ihre spezifische Wärme bei konstantem *Volumen* ist danach: $\dfrac{0{,}241}{c_v} = 1{,}40$, also $c_v = 0{,}172$, d. h. erheblich kleiner als bei konstantem *Druck*. Das $\varkappa$ für Sauerstoff, Wasserstoff und Stickstoff stimmt mit dem für Luft nahezu überein. Für die meisten *zusammengesetzten* Gase hat es erheblich abweichende Werte. Es ist z. B. für:

Kohlensäure 1,30
Stickoxydul 1,28
Schwefelwasserstoff . . . . . 1,34.

Für die einatomigen Gase, wie Helium und Argon ist $\varkappa = 1{,}56$.

Die Anzahl Grammkalorien, um die c_p größer ist als c_v, ist, in mechanisches Maß umgerechnet, gleich der Arbeit, die das Gas leistet, während es sich, den Druck überwindend, ausdehnt. Wir wollen die Rechnung für ein Mol durchführen. Um ein Mol, eine Grammmolekel vom Molekulargewicht M, also M g Gas, um 1^0 zu erwärmen, das eine Mal bei konstantem Druck, das andere Mal bei konstantem Volumen, gebrauchen wir das erste mal $M c_p = C_p$, das zweite Mal $M c_v = C_v$ cal; man nennt C_p und C_v die *Mol*wärme bei konstantem Druck bzw. bei konstantem Volumen. Wir finden also für die Ausdehnungsarbeit der Grammmolekel den Ausdruck $C_p - C_v$ in Grammkalorien. Wir können diese Arbeit noch anders berechnen: Das Volumen des Mols vor der Erwärmung sei v und seine Temperatur 0^0 C, also absolut $T = 273^0$. Erwärmen wir das Mol bei konstantem Druck um 1^0, so dehnt es sich um $v\alpha$ (wo $\alpha = 1/273$) aus, d. h. um v/T. Während der Ausdehnung überwindet es den konstanten Druck p, es leistet also die Arbeit pv/T. Wir haben also $C_p - C_v = pv/T$. Wir wissen bereits (S. 164 o. u. 275 o.), daß $pv = 1{,}986 \cdot T$ cal. Es ist also $C_p - C_v = 1{,}986$ cal, oder $c_p - c_v = \dfrac{1{,}986}{M}$ cal.

Die Kenntnis der spezifischen Wärmen c_p und c_v verhilft der kinetischen Gastheorie zu einem Einblick in die Konstitution der Gasmolekel: die Molekeln sind in linearer Bewegung, prallen gegeneinander und gegen die Gefäßwand, wobei sie ihre Geschwindigkeit und ihre Richtung fortwährend ändern. Das Molekül besteht aber aus Atomen, diese können voneinander getrennt werden, können im Molekül um den gemeinschaftlichen Schwerpunkt schwingen und im Molekül auch rotieren. Die Moleküle können daher außer der Translationsenergie auch Schwingungs- und Rotationsenergie besitzen. Wir nennen die Energie der Translation die *äußere* Energie, die Schwingungs- und Rotationsenergie die *innere* Energie, beide zusammen ergeben die Gesamtenergie. Wieviel entfällt von der *Gesamt*energie auf die *äußere* Energie? CLAUSIUS fand $\dfrac{K}{H} = \dfrac{\frac{3}{2}(c_p - c_v)}{c_v}$, worin K die äußere Energie bedeutet und H die Gesamtenergie. Mit $\dfrac{c_p}{c_v} = \varkappa$ wird $\dfrac{K}{H} = \dfrac{3}{2}(\varkappa - 1)$. Für Wasserstoff, Sauerstoff, Stickstoff, Stickoxyd und Kohlenoxyd, die jedes zwei Atome im Molekül enthalten, ist $\varkappa = 1{,}40$, also $\dfrac{K}{H} = \dfrac{3}{2} \cdot 0{,}40 = 0{,}6$. Bei ihnen ist somit 60% der Gesamtenergie Translationsenergie.

Möglich ist auch der Fall, daß die *Gesamt*energie Translationsenergie ist, also keinerlei *innere* Energie im Molekül existiert. Das ist natürlich nur von einem *ein*atomigen Gase denkbar. Dann muß $K = H$, also $1 = \dfrac{3}{2}(\varkappa - 1)$ oder $\varkappa = 1{,}66$ sein. (Von Rotation der Molekel als eines Ganzen sehen wir hierbei ab.) Diesen ungewöhnlichen Wert haben tatsächlich Quecksilberdampf (KUNDT und WARBURG) und Argon, Helium, Neon usw. (Lord RAYLEIGH). Da $M \cdot c_p = C_p$ und $M \cdot c_v = C_v$ die Molwärmen sind (s. oben), so ist für die einatomigen Gase auch $C_p/C_v = 1{,}66$. Und da $C_p - C_v = 1{,}98$ cal ist, so ist $C_v(1{,}66 - 1) = 1{,}98$ cal oder $C_v = 3/2 \cdot 1{,}98$ cal, man schreibt gewöhnlich: $3/2 \cdot R$ cal. Das heißt: unter der Annahme, daß die gesamte Energie des einatomigen Gases Translationsenergie der Molekeln ist ($K = H$ ist), beträgt seine Molwärme bei konstantem Volumen $3/2 R$ ($= 2{,}979$ cal), und tatsächlich hat Argon diesen Wert von Zimmertemperatur bis 2350^0 (PIER).

Ältere Theorie der spezifischen Wärme. Nach der klassischen Theorie der spezifischen Wärme (von L. BOLTZMANN abgeschlossen) verteilt sich der Energieinhalt eines Körpers gleichförmig nicht nur auf alle Moleküle, sondern auch auf alle *Freiheitsgrade* (S. 48). Einem kugelförmigen Molekül, das sich frei nach allen drei Dimensionen bewegen kann, schreibt man drei Freiheitsgrade zu. Es besitzt bei der absoluten Temperatur T im Mittel die Energie $3/2 \cdot kT$. *Auf jeden Freiheitsgrad entfällt somit die Energie* $1/2 \cdot kT$, sie wird also proportional der absoluten Temperatur angesetzt. Enthält ein Körper N einatomige kugelförmige Moleküle, so enthält er hiernach bei der Temperatur T die Energie $3/2 \cdot NkT$ und verlangt den Energiezuwachs $3/2 \cdot N \cdot k \cdot \varDelta T$, um seine Temperatur um $\varDelta T$ Grad zu erhöhen.

Die Zahl der Freiheitsgrade ist gleich der Zahl der Bestimmungsstücke, die den Ort eines Moleküls im Raum eindeutig angeben. Der Ort einer Kugel ist bekannt, wenn der Ort ihres Schwerpunktes bekannt ist; dieser selber ist durch die drei Raumkoordinaten bestimmt. — Kann sich die Kugel nur auf einer *Ebene* bewegen, so genügen zwei Koordinaten, um ihren Ort anzugeben. Ein kugelförmiges Atom, das nur in einer Ebene beweglich wäre, müßte danach zwei Freiheitsgrade und im Mittel die Energie kT haben. — Sind in einem Molekül zwei kugelförmige Atome starr miteinander verbunden (Hantelmodell), so muß man dem Molekül wegen der freien Beweglichkeit seines Schwerpunktes nach den drei Dimensionen des Raumes zunächst drei Freiheitsgrade zuschreiben. Dazu kommen aber noch weitere Freiheitsgrade, da, selbst wenn der Schwerpunkt ruht, das Molekül *verschiedene* Lagen im Raum annehmen kann. Eindeutig beschrieben ist die Lage erst dann, wenn man angibt, wie die Verbindungsgrade der Mittelpunkte beider Kugelatome liegt. Die Geometrie des Raumes fordert fünf Bestimmungsstücke, um eine Gerade von gegebener Länge im Raum eindeutig festzulegen. *Ein „hantelförmiges" Molekül hat daher fünf Freiheitsgrade.* — Wir können die Zahl der Freiheitsgrade aber auch anders ermitteln: das Molekül besitzt außer der Möglichkeit seinen Mittelpunkt nach den drei Koordinatenrichtungen zu verschieben (Translation), die Möglichkeit der Rotation. Jede Rotation kann man in drei Komponenten zerlegen, von denen jede eine Rotation um eine in dem Körper festliegende Achse darstellt. Alle drei Achsen stehen senkrecht aufeinander. Im allgemeinen (bei unsymmetrischen Körpern) ist jeder Drehachse ebenso ein Freiheitsgrad zuzuordnen, wie den drei Koordinatenachsen, in deren Richtung die Bewegung des Massenmittelpunktes stattfindet. Bei einem symmetrischen Körper aber wie dem Hantelmodell scheidet *eine* Rotation aus: nur diejenigen Rotationen zählen wir, die die Lage des Moleküls ändern, für die Rotation um die *Symmetrie*achse des Moleküls (der Hantel) haben wir aber kein Merkmal, um das Vorhandensein einer Rotation (s. o.) erkennen zu können. Hiermit im Einklang ordnet man der *Rotation* des kugelförmigen Atoms keinen Freiheitsgrad zu.

Ein Molekül aus zwei starr miteinander verbundenen Atomen hat also fünf Freiheitsgrade und besitzt bei der Temperatur T im Mittel die Energie $5/2 \cdot kT$. Angenommen ein Gramm-Molekül (Mol) eines Stoffes — eines zweiatomigen Gases, wie Wasserstoff oder Sauerstoff — enthalte N Moleküle von je fünf Freiheitsgraden. Dann ist die Energie, die man aufwenden muß, um das Mol um 1^{0} zu erwärmen (ohne daß der Stoff äußere Arbeit leistet), gleich $5/2 \cdot kN$. Das ist die Molwärme konstanten Volumens. Da aber, wie hier nicht näher ausgeführt werden soll, $kN = R$ gesetzt werden kann (R ist die Gaskonstante), so erhält man für die Molwärme konstanten Volumens bei 5 Freiheitsgraden pro Molekül $5/2 \cdot R$ und bei n Freiheitsgraden pro Molekül $n/2 \cdot R$. Die Zahl der Freiheitsgrade steigt auf $n = 6$, wenn das Molekül unsymmetrisch gebaut ist, also z. B. aus drei oder mehr Atomen besteht, da in diesem Falle *jede* der drei Drehachsen in Rechnung zu setzen ist. Weitere Freiheitsgrade treten hinzu, wenn sich die Atome *in* dem Molekül bewegen und ihre gegenseitigen Abstände ändern können.

Wir haben dann ein unstarres Molekül. Mit jedem neuen Freiheitsgrad wächst die spezifische Wärme um $1/2 \cdot R$. Andererseits kann sich nach der dargelegten Auffassung die spezifische Wärme eines Körpers *nur dann* ändern, *wenn* sich die Zahl der Freiheitsgrade verändert. Das heißt aber, die spezifische Wärme darf nur sprungweise um ganze Vielfache von $1/2 \cdot R$ wachsen und abnehmen, oder sie muß konstant bleiben. Sie kann sich also *nicht kontinuierlich* mit der Temperatur ändern. *Gerade im Gegensatz hierzu stehen aber die Beobachtungen.*

Trotz dieses Widerspruches hat sich die soeben besprochene klassische Theorie bei der Berechnung der spezifischen Wärme der *einfachen Gase* glänzend bewährt; ebenso bei der Berechnung der spezifischen Wärme der *einatomigen festen* Stoffe, bei denen neben der Energie der *Bewegung* (wie bei einatomigen Gasen) auch Energie der *Lage* in Frage kommt, weil jedes Atom an eine gewisse Ruhelage gebunden ist, um die es schwingt. Die Mittelwerte beider Energien sind einander gleich. Die *gesamte* Energie ist also gleich der doppelten kinetischen anzusetzen. Da bei einatomigen Körpern mit frei beweglichen Atomen drei Freiheitsgrade in Betracht kommen, so beträgt die Gesamt*energie* des Atoms eines festen Körpers $2 \cdot 3/2 \cdot RT$, die spezifische *Wärme* bei konstantem Volumen also $3R = 5{,}958\,\text{cal/Grad}$ in naher Übereinstimmung mit der Regel von DULONG und PETIT. Die gemessenen spezifischen Wärmen der festen Stoffe sind im allgemeinen etwas größer, denn der theoretische Wert bezieht sich auf die spezifische Wärme bei konstantem Volumen, der gemessene auf die bei konstantem Druck. Die bei konstantem Druck muß sich aber von der bei konstantem Volumen infolge der Arbeitsleistung bei der Ausdehnung des Körpers unterscheiden.

Quantentheorie der spezifischen Wärme. In tiefen Temperaturen gemessen ist die spezifische Wärme so klein, daß sowohl die Regel von DULONG und PETIT, als auch die bisher dargestellte Theorie vollkommen versagt; für Diamant ergab sich z. B. bei $-253^0\,C$ praktisch die spezifische Wärme Null. EINSTEIN hat die Theorie der spezifischen Wärme so umgeformt, daß die Unstimmigkeiten verschwinden; er hat zu diesem Zweck die für die Wärmestrahlung (S. 350) von PLANCK (1900) aufgestellte Theorie der Quanten auf die Molekularbewegung angewandt. Die Quantentheorie geht von der Vorstellung aus, daß eine *Energiemenge* sich aus sehr kleinen, aber endlichen Elementen, den *Energiequanten* aufbaut, *ähnlich* wie sich eine Masse aus Atomen aufbaut. Nimmt ein Körper Energie auf, so nimmt er mindestens ein Quant auf oder zwei Quanten oder irgendein Vielfaches eines Quant. (Energie *unter* ein Quant und Energiebeträge mit Bruchteilen eines Quant treten nicht auf.) Man kann sich diese Vorstellung durch einen Vergleich näherbringen: Man stelle sich vor, eine Kugel solle auf einer Treppe Stufe für Stufe emporgehoben werden. Reicht die verfügbare Energie nicht hin, die Kugel um eine ganze Stufe zu heben, so tritt die aufgewendete Energie überhaupt nicht in Erscheinung, auch wenn die Kugel dem Ziel noch so nahe gekommen ist. Sie fällt wieder auf die Ausgangsstelle zurück. Nur die Überwindung ganzer Stufen wird bewertet. Läuft die Kugel treppab, so gibt sie ihre Energie sprungweise ab, jeder Sprung entspricht dem Höhenunterschiede zwischen zwei Nachbarstufen. Eine Energiemenge die kleiner ist, als sie der Höhe einer Stufe entspricht, tritt auch hier nicht in die Erscheinung. Dieses Beispiel gestattet auch, die Verbindung zwischen der Quantentheorie und der klassischen Theorie herzustellen: Denken wir uns die Treppenstufen niedriger und niedriger, dafür aber, um einen endlichen Höhenunterschied längs der Treppe zu umspannen, ihre Zahl im umgekehrten Verhältnis größer und größer, dann gelangen wir zu der *beliebig* weit fortgesetzten Unterteilung der Energie, mit der die Physik bisher gerechnet hat.

Die Verteilung der Energie auf sehr viele Moleküle und deren Freiheitsgrade stellt sich nach der klassischen wie nach der neuen Auffassung im wesentlichen in derselben Weise dar, solange die Zahl der Energiequanten sehr viel größer ist als die Gesamtzahl der Freiheitsgrade aller Moleküle. Anders aber, wenn die Zahl der Quanten klein ist im Verhältnis zur Zahl der vorhandenen Freiheitsgrade. Dann ist eine *gleichmäßige* Verteilung der Energie auf die Freiheitsgrade unmöglich, eine Anzahl Freiheitsgrade wird gar keine Energie erhalten, andere Freiheitsgrade nach den Gesetzen des Zufalls zwei oder drei Quanten usw., aber kein Freiheitsgrad kann etwa $1/_2$ od. $1^1/_2$ od. dgl. Quanten erhalten. Die Diskontinuität in der Verteilung der Energie und die Abweichung von den Forderungen der klassischen Theorie ist um so größer, je geringer die Energie im Verhältnis zur Zahl der Freiheitsgrade ist. Die Quantentheorie läßt also erwarten, daß im Fall großer Energiearmut, also besonders bei tiefen Temperaturen, die Wärmeeigenschaften der Körper anderen Regeln gehorchen, als nach der klassischen Physik zu erwarten wäre. Nennt man das Energiequantum ε, so entfallen nach der Quantentheorie auf die einzelnen Freiheitsgrade die Energien $0, \varepsilon, 2\varepsilon, 3\varepsilon, \ldots, n\varepsilon$, wo n eine positive ganze Zahl ist. Die spezifische Wärme hat es stets mit einem Körper mit vielen Molekülen, also mit einer großen Anzahl (A) von Freiheitsgraden zu tun. Wie groß ist nun die gesamte Energie $A \cdot E_m$ aller dieser Freiheitsgrade? Für die mittlere Energie E_m eines Freiheitsgrades folgt nach EINSTEIN aus der *Quanten*theorie $E_m = \dfrac{1}{2} \dfrac{\varepsilon}{e^{\frac{\varepsilon}{kT}} - 1}$ (e die Basis der natürlichen Logarithmen), nach der *klassischen* Theorie (S. 301 o.) ist sie $1/2 \cdot kT$. Entwickelt man aber die Exponentialgröße nach Potenzen von ε/kT und vernachlässigt die Glieder mit höheren Potenzen des Quotienten, so *ergibt sich* auch hier $E_m = 1/2 \cdot kT$, die Quantentheorie ist dann also in Übereinstimmung mit der klassischen Theorie. *Aber nur dann darf man die höheren Potenzen vernachlässigen, wenn ε/kT sehr klein ist, also T sehr groß ist. Bei hoher Temperatur ist also der Energieinhalt eines Körpers nach der klassischen Theorie ebenso groß wie nach der Quantentheorie.*

Das elementare Wirkungsquantum (PLANCKsche Konstante). Die Vorstellung vom atomistischen Aufbau der Energie trifft insofern nicht vollkommen zu als ε keineswegs eine konstante Größe ist. Man muß nach PLANCK das Energiequantum ε proportional der Anzahl ν der Schwingungen setzen, die der Träger des Energiequantums pro Sekunde ausführt[1]. Den Proportionalitätsfaktor, eine Konstante (PLANCKsche Konstante), nennt man h, so daß $\varepsilon = h\nu$ ist. Die PLANCKsche Konstante h stellt eine Energie, dividiert durch eine Schwingungszahl ν, dar oder eine Energie, multipliziert mit der *Dauer* τ einer Schwingung, wo $\tau = 1/\nu$. Das Produkt einer Energie und einer Zeit heißt *Wirkung*. Darum nennt man h auch *das elementare Wirkungsquantum*. Nicht also die Energieelemente ε sind das Konstante, sondern die Produkte der Energieelemente und der Zeit τ, während der diese Energie umgesetzt wird, also die Größe $\varepsilon\tau$. Nur wenn ($\tau = 1/\nu$) oder ν konstant ist, können wir von konstanten Energieelementen sprechen. Nun kommt aber die Konstanz der Schwingungszahl ν sehr häufig vor, z. B. in den Schwingungen des einfarbigen (homogenen) Lichtes (s. d.). Aber auch den Atomschwingungen in einem festen Körper kann man einen bestimmten Wert der Schwingungszahl ν zuordnen (S. 305 o.). Um sich in solchen Fällen die Größe der Energiequanten vorstellen zu können, muß man die Konstante h

---

[1] Damit ist zugleich gesagt, daß die Quantentheorie zunächst nur auf periodische Bewegungen anwendbar ist, wie auf die Schwingungen der Moleküle eines festen Körpers oder die Rotation der Moleküle.

kennen. Man kann sie auf verschiedenen Wegen ermitteln und kennt sie auf etwa ein Tausendstel ihres Betrages genau zu $h = 6{,}55 \cdot 10^{-27}$ erg.sec. Bei der Schwingungsfrequenz des violetten Lichtes ($\nu = 8 \cdot 10^8$) faßt das Energieelement nur $52{,}3 \cdot 10^{-13}$ erg. 200 Billionen dieser Energieelemente sind nötig, um 1 g um 1 cm zu heben. Die Röntgenstrahlen besitzen die größten uns bekannten Frequenzen — 1000 mal größere als das violette Licht — dementsprechend auch die größten uns bekannten Energieelemente. Je geringer die Frequenz, d. h. je größer die Wellenlänge ist, um so kleiner ist das Quant. Bei sehr langsamen Schwingungen sind die Quanten äußerst klein; es handelt sich dann um Energie von praktisch beliebiger Teilbarkeit, wie die klassische Physik sie annimmt.

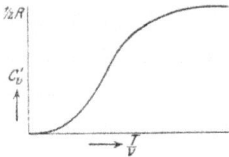

Die klassische Theorie fordert für die Molekularwärme der Gase bei konstantem Volumen pro Freiheitsgrad $C_v = 1/2 \cdot R$, aus der Quantentheorie folgt sie zu

$$C_v' = \frac{1}{2} R \left(\frac{h\nu}{kT} \right)^2 \cdot \frac{e^{\frac{h\nu}{kT}}}{\left(e^{\frac{h\nu}{kT}} - 1 \right)^2}.$$

Beide Theorien führen zum selben Wert, wenn ν/T sehr klein ist, d. h. für kleine Frequenzen oder für hohe Temperaturen. Ist dagegen ν/T sehr groß, so unterscheiden sich die Ergebnisse der beiden Theorien wesentlich voneinander. Denn im Grenzfall für $\nu/T = \infty$ wird $C_v' = 0$ (Abb. 376). Der in vielen Fällen beobachtete kontinuierliche Abfall der spezifischen Wärme, den die klassische Theorie nicht erklären kann (S. 302 o.). ist jetzt aufgeklärt: nach der Quantentheorie muß C_v' mit sinkender Temperatur abnehmen, falls ν konstant bleibt.

Es ist jetzt auch verständlich, warum man die Freiheitsgrade derjenigen Drehachsen nicht zählt, um die eine Drehung erfolgen kann, ohne daß sich die Lage des Moleküls im Raum ändert. Das Trägheitsmoment ist in diesem Falle sehr klein und folglich die entsprechende Schwingungsdauer, die der Quadratwurzel des Trägheitsmomentes proportional ist, ebenfalls sehr klein, die zugehörige Schwingungszahl ν also sehr groß. Falls nun die Temperatur nicht extrem hoch ist, ist auch T/ν klein und folglich nach der Quantentheorie der Anteil der zu jener Rotation gehörigen spezifischen Wärme sehr gering. In erster Näherung kann dieser Betrag darum vernachlässigt werden. Dieselbe Überlegung führt dazu, daß bei mehratomigen Gasen der Anteil der spezifischen Wärme, welcher von den Freiheitsgraden der Rotation herrührt, zwar nicht bei hoher, wohl aber bei genügend tiefer Temperatur verschwinden muß, und daß jedes mehratomige Gas in tiefer Temperatur dieselbe spezifische Wärme wie ein einatomiges Gas besitzt, nämlich $C_v = 3/2 \cdot R = 2{,}979$. Glänzend bestätigt sind diese theoretischen Überlegungen durch die Messungen der spezifischen Wärme des Wasserstoffs (EUCKEN, 1912). Sie ergaben bei

$$t = -233 \quad -183 \quad -76 \quad 0$$
$$C_v = 2{,}98 \quad 3{,}25 \quad 4{,}38 \quad 4{,}83 \,.$$

Wasserstoff ist also seiner spezifischen Wärme nach bereits bei $-233°$ vollständig einatomig, und schon bei $0°$ ist seine spezifische Wärme deutlich kleiner, als es die klassische Theorie für ein zweiatomiges Gas ($C_v = 5/2 \cdot R = 4{,}965$) fordert.

Die Temperatur, bei der ein mehratomiges Gas die Eigenschaft eines einatomigen annimmt, hängt von der Frequenz ν ab. Die Größe $\frac{h\nu}{k}$, mit θ bezeichnet, heißt die charakteristische Temperatur. Nach der obigen Gleichung ist für C_v' nur der Quotient $\frac{kT}{h\nu} = \frac{T}{\theta}$ maßgebend, so daß bei gegebener Temperatur T der Beitrag zur spezifischen Wärme um so kleiner ist, je größer die charakteristische Temperatur ist. Bei den meisten Gasen liegt θ so tief, daß die Verkleinerung der spezifischen Wärme erst bei Temperaturen bemerkbar wird, bei denen die Gase bereits kondensiert sind. wenn man ihren Druck nicht extrem klein macht. Wasserstoff zeigt die Erscheinung darum am deutlichsten, weil er sich ohne zu kondensieren weiter abkühlen läßt als irgendein anderes zweiatomiges Gas.

Die Gasmoleküle können rotieren und fortschreiten, die Atome der festen Körper können nur schwingen, den Schwingungen ist ein bestimmtes ν zuzuordnen. Da die spezifische Wärme, *soweit sie von der Rotations- oder der Schwingungsenergie* (nicht aber von der Translationsenergie, der keine Schwingungszahl ν zugeordnet werden kann) herrührt, bei genügend tiefer Temperatur verschwindet, so muß die spezifische Wärme der *festen* Körper mit ständig sinkender Temperatur der Null zustreben. Diese bemerkenswerte Folgerung haben insbesondere NERNST und seine Mitarbeiter durchaus bestätigt. Besonders überzeugend gestützt wird die Quantentheorie durch die spezifische Wärme des Diamanten (kristallisierter Kohlenstoff), die von jeher als Ausnahme von der DULONG-PETITschen Regel bekannt ist. Diamant hat bei Zimmertemperatur die Molwärme 1,4 statt 6. Bei — 183° sinkt sie auf 0,03, und bei — 230° ist sie von Null nicht mehr zu unterscheiden (NERNST und LINDEMANN). Bei allen anderen festen Körpern zeigt sich der Abfall der spezifischen Wärme erst bei erheblich tieferen Temperaturen. Das drückt sich darin aus, daß die „charakteristische Temperatur" von Diamant besonders hoch liegt. Sie ist $\theta = \dfrac{h\,\nu}{k} = 1860°$. Für Aluminium ist sie 400°, für Silber 210°, für Blei 90°.

Der Quotient h/k ist $\dfrac{6,55 \cdot 10^{-27}}{1,37 \cdot 10^{-16}} = 4,78 \cdot 10^{-11}$ Grad/sec, so daß $\nu_{\text{Diamant}} = 3,9 \cdot 10^{13}$ und $\nu_{\text{Blei}} = 1,9 \cdot 10^{12}$ ist. (Die Schwingungszahl der kürzesten Lichtwelle ist etwa 9×10^{14}, die der längsten bekannten Wärmewelle 5×10^{12}.)

Genaue Messungen der spezifischen Wärmen der festen Körper haben die quantentheoretisch geforderte Abhängigkeit von der Temperatur im wesentlichen bestätigt. Aber in vielen Fällen reicht es nicht aus, für einen Körper nur *einen* Wert von ν anzunehmen. Der weitere Ausbau der Theorie (DEBYE und andere) zwingt zu der Annahme einer Vielheit von Schwingungszahlen ν für denselben Körper. Die größte entspricht der Schwingung der einzelnen Atome, die kleinste der akustischen Grundschwingung des ganzen Körpers. Die Quantentheorie kommt am stärksten bei der größten, diese Schwingungszahl heißt darum auch die *charakteristische*. Sie hängt wesentlich von den Kräften ab, mit denen die Atome aufeinanderwirken, sie wächst, wenn jene wachsen, d. h. wenn die gegenseitige Bindung fester wird. Das führt uns auf eine Abhängigkeit der charakteristischen Schwingungszahl von der Schmelztemperatur des Körpers: die Atome entfernen sich offenbar um so leichter aus dem gegenseitigen Anziehungsbereich, gehen also auch um so leichter vom starren in den flüssigen Zustand über, je weniger fest sie aneinander gebunden sind. Dieser Überlegung entstammt die Beziehung (LINDEMANN. 1910) $\nu = 2,8 \cdot 10^{12} \sqrt{\dfrac{T_s}{a \cdot V^{2/3}}}$ als Näherungswert von ν. Hierin ist T_s die (absolute) Schmelztemperatur des festen Körpers. a sein Atomgewicht und V sein Atomvolumen. Hiernach hat der Diamant (auch Bor und Silizium) seiner spezifischen Wärme nach deswegen eine Sonderstellung unter den Elementen, weil er bei verhältnismäßig kleinem Atomgewicht und großer Dichte einen besonders hohen Schmelzpunkt hat.

20

E. Änderung des Aggregatzustandes.

Schmelzung. Schmelzpunkt. Latente Schmelzwärme. Der Temperaturerhöhung durch Wärmeaufnahme parallel geht die *Volumenänderung*. Die Moleküle vergrößern ihren gegenseitigen Abstand, die *Dichte* wird kleiner. Je weiter
die Temperatur steigt, desto mehr lockert sich der Zusammenhang der Molekeln
und schließlich erreicht die Lockerung einen Punkt, in dem sie sich charakteristisch offenbart: Die festen Körper werden flüssig, sie *schmelzen*, die flüssigen
werden gasförmig, sie *sieden*, und die (mehratomigen) gasförmigen zerfallen in
ihre chemischen Bestandteile, sie *dissoziieren*. Die molekulare Veränderung, die
die festen und die flüssigen Körper infolge der Wärmeaufnahme erleiden, macht
sich oft schon, ehe sie den neuen Aggregatzustand angenommen haben, bemerkbar. Das Eisen wird bei hoher Temperatur leicht hämmerbar und schweißbar,
die zähen Flüssigkeiten werden dünnflüssiger u. a. m. Der Temperaturgrad, bei
dem ein fester Körper schmilzt, heißt der *Schmelzpunkt*. (Streng definiert ist es
der Temperaturpunkt, bei dem die feste und die flüssige „Phase" unter Atmosphärendruck *gleichzeitig* bestehen.) Er hängt wesentlich nur von der chemischen
Art des Körpers ab, in geringem Maß auch von dem *Druck*, unter dem er steht.

Die Schmelzpunkte einiger Stoffe:

Quecksilber	−38,87	Zink	419,45
Eis	0	Antimon	630,5
Benzol	5,5	Silber	960,5
Eisessig	16,6	Gold	1063
Talg	ca. 43	Kupfer	1083
Paraffin	„ 46	Gußeisen	1100—1300
Wachs	„ 62	Gußstahl	ca. 1400
Schwefel (monoklin)	119	Schmiedeeisen	1530
Zinn	231,85	Platin	1770
Wismut	271	Iridium	2340
Cadmium	320,95	Tantal	2850
Blei	327,4	Wolfram	3380

Die mechanische Wärmetheorie hat den Einfluß des Druckes auf den
Schmelzpunkt vorausgesagt, z. B. behauptet, daß das Eis bei einer *anderen*
Temperatur als 0⁰ schmelzen würde, wenn der Luftdruck nicht 760, sondern
2 × 760 mm Quecksilber betragen würde. Und tatsächlich schmilzt Eis unter
dem Druck von 2 atm bei − 0,0075⁰. — Wo nichts anderes gesagt wird, bedeutet der Schmelzpunkt eines Stoffes die Temperatur, bei der der Stoff unter
dem Luftdruck von 1 atm schmilzt.

Ein Körper, der auf der Temperatur des Schmelzpunktes anlangt, wird durch
weitere Wärmeaufnahme zunächst nicht heißer (vorausgesetzt, daß die Wärme
sich in ihm überallhin ausbreiten kann), sondern wird *zunächst ganz und gar
flüssig — erst dann* steigt wieder seine Temperatur. Was ist aus der Wärme geworden, die er aufgenommen hat von dem Zeitpunkt an, in dem er den Schmelzpunkt *erreicht* hat, bis zu dem, in dem die Temperatur über ihn *hinaus* zu steigen
beginnt? Antwort: Sie hat *Arbeit* geleistet; sie hat die Kohäsion der Molekeln
so weit überwunden, daß sie den festen Aggregatzustand in den flüssigen verwandelt hat. (Das ist eine Arbeit ungefähr wie die, die einen festen Körper zu
Pulver zermahlt. Aber auch im feinsten Pulver sind die kleinsten Teile ungeheuer
groß im Vergleich mit den Flüssigkeitsteilchen. Es muß also *viel* Arbeit dazu
gehören, den festen Aggregatzustand in den flüssigen zu verwandeln.) Da die
Schmelzwärme *verschwunden* ist, nennt man sie *latente* Wärme. Die Wärme-
menge, die nötig ist, um einen festen Körper durch Schmelzen flüssig zu machen,
hängt, wie die Schmelztemperatur, nicht nur von seiner chemischen Art ab,
sondern ein wenig auch von dem Druck, unter dem er beim Schmelzen steht.

Man versteht unter *latenter Schmelzwärme* eines Stoffes diejenige Zahl *Kalorien*, die erforderlich ist, 1 g *bei der Temperatur des Schmelzpunktes* und dem Druck von 1 atm zu verflüssigen. Sie beträgt für

Eis	79,7	Wismut	10.2
Phosphor	5	Zinn	13,8
Schwefel (monoklin)	10	Silber	26
Blei	5,5	Zink	23

Das Eis hat die *größte* latente Schmelzwärme (Wasser die *größte spezifische* Wärme von *allen* Stoffen). Zur Ermittlung ihrer Größe übergießt man (ein Vorlesungsversuch) 1 kg Eis mit 1 kg Wasser von 80° C, mischt das Ganze sorgfältig und schützt es gegen Wärmeaustausch mit der Umgebung. Zum Schluß ist das Eis verschwunden, und 2 kg Wasser von 0° C. sind vorhanden. Die 80 kcal, die das Kilogramm Wasser bei seiner Abkühlung von 80° auf 0° abgegeben hat, haben das Kilogramm Eis von 0° in Wasser verwandelt, und da die Temperatur des Wassers 0° ist, so sind die 80 kcal *nur zur Schmelzung* des Eises verwendet worden. Die latente Wärme des Wassers beträgt also, im Sinne der Definition, rund 80 Wärmeeinheiten.

Einfluß des Druckes auf die Schmelztemperatur. Den Zusammenhang der Schmelztemperatur T (absoluten) mit dem Schmelzdruck p zeigt die (aus dem ersten und dem zweiten Hauptsatze folgende) CLAUSIUS-CLAPEYRON-Gleichung

$$\pi = 0.0242 \frac{(v_1 - v_2) T}{L}.$$

Hierin ist π die mit der Druckänderung verbundene Änderung der Schmelztemperatur in Grad/atm (dt/dp), v_1 das spezifische Volumen der Flüssigkeit, v_2 das des festen Körpers in cm³/g, L die Schmelzwärme in Kalorien pro Gramm, T die Schmelztemperatur (absolut).

Ist also das spezifische Volumen der Flüssigkeit $\begin{Bmatrix}\text{größer}\\\text{kleiner}\end{Bmatrix}$ als das des festen Körpers, so $\begin{Bmatrix}\text{steigt } (\pi > 0)\\\text{sinkt } (\pi < 0)\end{Bmatrix}$ die Schmelztemperatur mit steigendem Druck. So ist z. B. der Schmelzpunkt des Wachses unter 500 atm um 10° (HOPKINS), der des Paraffins unter 100 atm um 3,5°(BUNSEN) höher als unter 1 atm. Den Schmelzpunkt des Quecksilbers kann man durch genügende Druckerhöhung (15000 atm) von —39° auf +10° bringen. Aus dem ungeheuren Druck, den die Schichten im Innern der Erde von den über ihnen liegenden erfahren, folgerte W. THOMSON, daß trotz der hohen Temperatur dort Gesteine *fest* sein könnten, die bei *derselben* Temperatur im *Schmelzofen* unter Atmosphärendruck schmelzen.

Im Gegensatz zu fast allen anderen Körpern hat Wasser im flüssigen Zustand ein kleineres spezifisches Volumen als im festen Zustand. Daraus erklärt sich, daß beim Schmelzen das *Eis auf dem Wasser* schwimmt. Stoffe, die sich beim Schmelzen *ausdehnen*, d. h. flüssig kleineres spezifisches Gewicht haben als fest, *sinken* im starren Zustande in ihrer Schmelzflüssigkeit *unter*. Man kann also, je nachdem ein Stoff in seiner Schmelze untersinkt oder darauf schwimmt, schließen, ob er sich beim Schmelzen ausdehnt oder zusammenzieht, und daraus wieder, ob Drucksteigerung seine Schmelztemperatur erhöht oder erniedrigt. (Auch Gußeisen, Letternmetall, Wismut *kontrahieren* sich beim Schmelzen.) Eis von 0° hat das spezifische Gewicht 0,9168, Wasser von 0° das spezifische Gewicht 0,9999. Die spezifischen Volumina sind: für Eis $v_2 = 1,0908$, für Wasser $v_1 = 1,0001$. Da $T = 273,2$ und $L = 79,7$ ist, so folgt nach der oben angegebenen Gleichung $\pi = —0,0075$, d. h. bei einem Druckzuwachse von je 1 atm sinkt der Eisschmelzpunkt um je 0,0075°C unter Null.

Regelation des Eises. Unter *erhöhtem* Drucke genügt also eine *geringere* Temperatur zur Eisschmelzung, als der *normale* Druck erfordert, d. h. weniger als 0°. Die Änderung des Schmelzpunktes durch den Druck ist viel zu klein, um sich für gewöhnlich bemerkbar zu machen. Aber die *Regelation des Eises* (FARADAY), die auf der Erniedrigung des Eisschmelzpunktes durch Druckerhöhung beruht, zeigt sich schon bei *geringen* Druckänderungen.

Preßt man zwei Eisstücke von 0^0, deren Oberflächen bereits feucht sind, aneinander, so verursacht der Überdruck Schmelzung an den einander berührenden Punkten der Oberflächen. Das so entstehende *unter 0^0 abgekühlte* Wasser weicht dem Überdruck aus, kommt dadurch unter den normalen Atmosphärendruck, wird wieder fest und verbindet dadurch die beiden Stücke. Ist die Berührungsfläche zwischen ihnen sehr klein, so genügt für ihre Vereinigung eine geringere Belastung, als wenn die Berührungsflächen sehr groß sind. (Man vergegenwärtige sich bei allen Erscheinungen, die mit der Regelation des Eises zusammenhängen, daß es auf den *Druck* ankommt, d. h. die Kraft pro cm^2, die Wirkung also um so auffälliger ist, je kleiner bei gegebener Belastung die Fläche ist, auf die sie wirkt. So auch beim Schlittschuhlaufen! Das Gewicht des Läufers ruht nur auf der Schlittschuhschneide, an dieser schmilzt das Eis daher. Die Wasserhaut zwischen Schneide und Eis verkleinert als „Schmiermittel" die Reibung zwischen ihnen auf ein Minimum — daher die Möglichkeit des Gleitens des Schlittschuhs. — Die Regelation erklärt, daß man Schnee von 0^0 durch Pressen mit der Hand zu festen Eisstücken ballen kann, was bekanntlich bei Schnee von *tieferer* Temperatur nicht gelingt. An Schnee von -1^0 müßte man schon $1/0,0075 = 134$ atm aufwenden, um den Schmelzprozeß einzuleiten.

Aus der Regelation erklärt sich auch, daß *Schnee* unter den Tritten der Fußgänger und unter dem Drucke der Wagenräder allmählich in zusammenhängendes *Eis* übergeht, daß jenseits der Grenze des ewigen Schnees der Schnee in seinen unteren Schichten von der darüberliegenden Last in Eis verwandelt wird (Entstehung der *Gletscher*), daß ferner die unten liegenden Eisschichten durch den Druck der daraufliegenden zum Teil geschmolzen werden, und daß, da das Wasser dem Drucke ausweicht, die oben liegenden Schichten die unten liegenden verschieben und das *Wandern der Gletscher* hervorrufen; daß man Eis unter genügend großem Druck in jede beliebige Form pressen kann.

Erstarrung. Der Verflüssigung fester Körper bei Wärmeaufnahme steht gegenüber die Verfestigung flüssiger durch Wärmeabgabe. Die latente Wärme, die der Körper, als flüssiger *besitzt*, gibt er wieder ab, wenn er fest wird, aber ohne dabei seine Temperatur zu erniedrigen — vorausgesetzt, daß für gleichmäßige Wärmeverteilung in der ganzen Masse gesorgt ist. Sein *Wärme*inhalt nimmt ab, aber nicht seine Temperatur. — Die latente *Schmelzwärme*, die beim Gefrieren des Wassers frei wird, ist die Ursache dafür, daß z. B. ein Gewässer (See, Fluß) nur *langsam* gefriert. Dadurch, daß ein Teil des Wassers erstarrt, wird so viel Wärme frei, daß der übrige Teil noch flüssig bleibt.

Auflösung eines festen Körpers. Lösungskälte. Ein fester Körper kann auch durch *Auflösung* in einem Lösungsmittel in einen flüssigen übergehen und ein flüssiger in einen festen durch *Auskristallisierung*, so z. B., wenn sich Zucker oder Kochsalz in Wasser löst und aus einer Zucker- oder einer Salzlösung kristallisiert. Um den festen Stoff in flüssigen überzuführen, ist auch hier Wärme, *latente*, erforderlich; man nennt sie *Lösungswärme*. Der Körper nimmt sie aus dem Lösungsmittel und aus seinem eigenen Wärmevorrat. Dadurch sinkt die Temperatur des Gemisches unter die Anfangstemperatur des Lösungsmittels und des zu lösenden Körpers, während die Lösung vor sich geht.

Löst sich salpetersaures Ammoniak (NH_4)NO_3 im gleichen Gewicht Wasser, so sinkt, wenn die Anfangstemperatur beider 10^0 C war, die Temperatur der Lösung ungefähr auf -15^0 C. Ähnlich wirken Gemische von festen Körpern, die *infolge* ihrer Mischung flüssig werden: Eis, mit Kochsalz gemischt (oder auch nur damit bestreut), schmilzt. Das Salz löst sich in dem Schmelzwasser. Die Salzlösung gefriert erst bei sehr viel niedrigerer Temperatur als das reine Wasser. (Anwendung zum Auftauen von Eis und Schnee auf den Straßenbahnschienen.) Ebenso wirken Schnee und Chlorkalium. In der Mischung sind wesentlich drei Bestandteile enthalten: Eis, wässerige Lösung des Salzes und festes ungelöstes Salz. Die Mischung ist bei 0^0 *nicht* im Gleichgewicht. Bei 0^0 nämlich verdampft das Eis viel stärker als das Wasser aus der Lösung, so daß sich Eis in Wasser umwandeln muß. Die hierzu nötige Wärme wird der ganzen Lösung entzogen. Sie kühlt sich so lange ab, bis eine Temperatur erreicht hat, bei der Eis und Lösung gleich stark verdampfen. Dann ist Gleichgewicht vorhanden. Würde die ganze Mischung auf eine noch tiefere Temperatur gebracht, so würde die Lösung stärker verdampfen als das Eis, und es müßte schließlich die ganze Mischung unter Wärmeentwicklung und gleichzeitigem Temperaturanstieg erstarren.

Das Auflösen ist mit dem *Verdampfen* in Parallele zu stellen; denn der *osmotische* Druck einer Lösung (S. 321) ist analog dem Druck eines Gases (VAN'T

Hoff). Die Erniedrigung des Gefrierpunktes, die eine Flüssigkeit erfährt, während sie einen Stoff auflöst, erlaubt das Molekulargewicht des Stoffes zu ermitteln, denn in verdünnten Lösungen ist die Gefrierpunktserniedrigung proportional der Anzahl der gelösten Moleküle (S. 320).

Auskristallisierung. Unterkühlung. Daß beim Auskristallisieren die *latent gewesene* Wärme wieder *frei* wird, ist nachweisbar; am leichtesten an „übersättigten" Lösungen. Ein Salz, das im Wasser löslich ist — am besten schwefelsaures Natron oder essigsaures Natron — ist in *heißem* Wasser in größeren Mengen *löslich* als in kaltem. Löst man so viel Salz in dem heißen Wasser, wie es aufnehmen *kann* — man sagt: bis die Lösung „gesättigt" ist — und kühlt man die Lösung ab, so ist sie *kalt* „übersättigt". Es gelingt, wenn man Erschütterungen vermeidet, den übersättigten Zustand aufrechtzuerhalten, d. h. zu verhindern, daß das Salz bei der *allmählichen* Abkühlung *allmählich* auskristallisiert. Wird aber die *übersättigte* Lösung auch nur durch die geringste Erschütterung bewegt, so kristallisiert *plötzlich* die ganze Masse unter starker Temperatursteigerung. — Die Übersättigung einer Lösung findet ihr Seitenstück in der *Unterkühlung* einer Flüssigkeit: Man kann eine Flüssigkeit unter ihrem normalen Erstarrungspunkt abkühlen, ohne daß sie erstarrt, unter gewissen Vorsichtsmaßregeln Wasser z. B. bis — 15° und darunter, ohne daß es gefriert (s. auch S. 316 m.). *Wenn* es dann plötzlich gefriert, z. B. durch Erschütterung des Gefäßes, so wird die latent gewesene Wärme plötzlich frei, und *nicht die ganze Masse* gefriert dann, sondern nur ein *Teil*, der Rest wird durch die frei werdende, latent gewesene Wärme des erstarrten Teils auf 0° erwärmt und wird flüssig erhalten.

Das Freiwerden latenter Wärme erklärt auch die Erwärmung beim Zusatz von Wasser zu gebranntem Gips, gebranntem Kalk, kalziniertem Kupfervitriol, kurz, zu allen Stoffen, die Wasser chemisch binden, in denen also das Wasser nicht flüssig existiert, sondern als *Bestandteil* eines *festen* Körpers. Bei der Bindung hört das Wasser auf, flüssig zu sein; es verliert seine latente Wärme, und *diese* Wärme ist beteiligt, bei der Temperatursteigerung, wie z. B. beim Kalklöschen (Verbindungswärme), oder beim Vermischen von entwässertem Kupfervitriol mit Wasser, das als *Kristallwasser* aufgenommen wird (Kristallisationswärme).

Verwandlung des flüssigen Zustandes in den gasförmigen. Ähnliche Erscheinungen wie bei der Verwandlung von festen Körpern in flüssige, treten bei der Verwandlung von flüssigen in gasförmige auf. Aber grundsätzlich unterscheiden sich Verdampfung und Schmelzung insofern, als die Verdampfung (bei gegebenem Druck) nicht nur bei *einer bestimmten* Temperatur geschieht, sondern bei *allen* Temperaturen — allerdings nur an der *Oberfläche* und ohne wahrnehmbare Bewegung der Flüssigkeit: sie „verdunstet". Aber wenn die „Verdunstung" *lange* genug anhält, wird die *ganze* vorhandene Substanz gasförmig. (Die Verdunstung *fester* Stoffe, Sublimation, s. S. 313.)

Denjenigen Temperaturpunkt, bei dem die Flüssigkeit nicht nur an der Oberfläche, sondern auch *im Innern* gasförmig wird, derart, daß der Dampfdruck der Flüssigkeit den von außen auf ihr lastenden Druck überwindet, nennt man ihren *Siedepunkt*. Wie die Schmelztemperatur, so hängt auch die Siedetemperatur nicht nur von der chemischen Art der Flüssigkeit ab, sondern auch von dem Druck auf die Flüssigkeit. (Wo vom Sieden, vom Dampfdruck einer Flüssigkeit usw. die Rede ist, ist hier immer eine einheitliche chemisch *reine* Flüssigkeit gemeint, ohne jeden Gehalt an Stoffen, die etwa darin löslich sind.) Ist die Temperatur der Flüssigkeit bei einem gegebenen Druck auf dem Siedepunkt angelangt, so steigt sie trotz weiterer Wärmezufuhr nicht weiter, sondern die Wärme wird als *latente Verdampfungswärme* ganz und gar zur *Verwandlung* der Flüssigkeit in Dampf verwendet.

Der Druck auf die Flüssigkeit hemmt die Verdampfung; je *höher* er ist, desto *mehr* Wärme muß man der Flüssigkeit zuführen und desto höher die Temperatur steigern, um das Sieden einzuleiten. Erhöhung des Druckes bewirkt also bei allen Flüssigkeiten Erhöhung der Siedetemperatur. Unter der Siedetemperatur und unter der latenten Verdampfungswärme schlechtweg versteht man ihre Zahlenwerte bei dem Drucke *einer* Atmosphäre: die latente Verdampfungswärme gibt man dabei für 1 g der zu verdampfenden Substanz in cal an.

Sieden. Wir beziehen uns im folgenden hauptsächlich auf *Wasser* und *Wasserdampf*, weil ihr Verhalten typisch ist für das Verhalten der Flüssigkeiten und der Dämpfe überhaupt und weil sie uns am nächsten stehen.

Die Zuführung von Wärme zu Wasser von unten her (bei dem gewöhnlichen Kochprozeß) bewirkt zunächst, daß sich die *unteren* Schichten erwärmen, dadurch ausdehnen und so ihr spezifisches Gewicht verkleinern. Infolgedessen steigen die Schichten, die anfangs zu unterst sind, bald in die Höhe und bewirken eine andauernde Bewegung im Wasser, die zur Gleichmäßigkeit der Temperatursteigerung in der ganzen Wassermasse beiträgt. Allmählich bilden sich am Boden des Gefäßes Blasen; sie sind von Wasser*dampf* erfüllt, und *das* bedeutet: die Wärme hat die Kohäsion der Wasserteilchen zum Teil überwunden. Sobald sich eine Blase gebildet hat, wird sie schnell größer, und schließlich steigt sie empor; *das* bedeutet: sie hat den auf ihr lastenden Druck der über ihr stehenden Wassersäule und der auf die Oberfläche drückenden Atmosphäre überwunden. — In den oberen Schichten ist aber die Temperatur niedriger als in der Dampfblase; infolgedessen *kondensiert* sich der Dampf dort wieder zu *Wasser* (kondensiert erfüllt der Blaseninhalt aber einen kleineren Raum als zuvor, in den *frei* gewordenen Raum stürzen die durch die Blase getrennt gewesenen Wasserteilchen, dabei schlagen sie zusammen und rufen das „Singen" hervor, das dem Kochen vorausgeht). Bei der Kondensation gibt die Dampfblase ihre latent gewesene Verdampfungswärme an das Wasser ab. Sie befördert *dadurch* die weitere Erwärmung der oberen Wasserschichten. Am Ende sind alle Schichten heiß genug um die aufsteigenden Dampfblasen unkondensiert passieren und durch die Oberfläche treten zu lassen. Die Dampfbildung in Blasen geht dann in der ganzen Masse unter „brodelnder" Bewegung vor sich: das Wasser *siedet*. Die Dampfblasen zerplatzen und entleeren ihren Inhalt in die Luft, aber der Dampf ist unsichtbar. Erst in *einigem Abstande über dem siedenden Wasser* bildet sich ein Nebel. Er entsteht durch Kondensation des Dampfes (zu feinen Wassertröpfchen), weil die Temperatur dort nicht mehr hoch genug ist. Der sichtbare Nebel ist also Wasser; allmählich vermischt er sich mit der Luft und wird unsichtbar.

Die Dampfblasen müssen, um aufsteigen zu können, den *ganzen* auf ihnen lastenden Druck überwinden. Daher hängt die Siedetemperatur der *Flüssigkeit* nicht nur von dem Druck auf die Oberfläche der Flüssigkeit ab, sondern auch von der Höhe der Wassersäule, deren Druck die aufsteigenden Blasen ja *auch* überwinden müssen. Sie hängt aber auch noch von anderem ab, namentlich von dem Dasein oder dem Fehlen von Luftbläschen und von der Beschaffenheit der Gefäßwände. Die Temperatur des *Dampfes* aber, der aus der *siedenden* Flüssigkeit aufsteigt, ist erfahrungsgemäß — bei gleichem Luftdruck auf die Oberfläche — immer dieselbe und von Nebenumständen viel unabhängiger als die Temperatur der siedenden *Flüssigkeit*, und stimmt im allgemeinen mit dieser *nicht* überein. Man definiert daher: Siedepunkt der *Flüssigkeit* ist die Temperatur des *Dampfes* der siedenden Flüssigkeit, wie ein Thermometer in dem *Dampfstrom* sie anzeigt. (Den Siedepunkt des Wassers auf den Thermometerskalen fixiert man, während das Thermometergefäß [nicht in das siedende *Wasser* taucht, sondern] ganz von dem *Dampf*, der aus dem siedenden Wasser aufsteigt, umspült wird [Abb. 356].) Aber die Angabe der Siedetemperatur ist wertlos ohne die Angabe des gleichzeitigen Barometerstandes, denn der Atmosphärendruck ist von entscheidendem Einflusse darauf. Siedet am Meeresspiegel das Wasser bei 100⁰, so siedet es z. B. auf dem St. Gotthard bei 92,9⁰. Dem niedrigeren Atmosphärendruck entspricht die niedrigere Siedetemperatur. — Siedepunkt einer Flüssigkeit schlechtweg ist die Temperatur des Dampfes, der aus der siedenden Flüssigkeit unter dem Druck von 760 mm Quecksilber aufsteigt. Eine unter anderem Druck ermittelte Siedetemperatur muß man entsprechend korrigieren: dazu muß man aber die *Abhängigkeit* der Siedetemperatur von dem Druck *kennen*. Um diese Abhängigkeit zu verstehen, muß man gewisse Eigenschaften des Dampfes im Zusammenhang mit Druck und Temperatur kennen.

Siedepunkt. Abhängigkeit vom Druck. Sättigungsdruck. Das Wasser siedet unter niedrigerem Druck bei niedrigerer Temperatur als unter höherem Druck. Wir verkleinern nun den Luftdruck auf das Wasser, indem wir es unter die Glocke einer Luftpumpe bringen und die Luft wegpumpen. Wir können es dann bei *jeder* Temperatur *ohne* Wärmezufuhr zum Sieden bringen — lediglich dadurch, daß wir die auf die Oberfläche drückende Atmosphäre *weit genug verdünnen*. Hat das Wasser 10⁰ C, so *siedet* es, wenn der Druck auf 9,21 mm Quecksilber gesunken ist. Sperrt man die Glocke gegen die Luftpumpe ab, so kocht das Wasser eine Zeitlang weiter. Dadurch *steigt* der Druck in der Glocke wieder, denn zu dem Drucke der noch vorhandenen *Luft* kommt der des *Wasserdampfes*; und schließlich, wenn der Druck eine gewisse Höhe erreicht hat, hört das Sieden auf. (Auf die Möglichkeit, Wasser lediglich durch Verkleinerung des auf ihm lastenden Druckes zu verdampfen, ohne Wärmezufuhr, beruht die Wirksamkeit des *Dampfspeichers* (S. 315 m.). Die *Luft* in der Glocke hat keinen Einfluß auf die *Menge* des Dampfes, der sich entwickelt, und der schließlich, wenn das Sieden wieder aufhört, in der Glocke vorhanden ist. Auch die Anwesenheit eines anderen Gases als Luft ändert hieran nichts, wenn nicht eine *chemische* Einwirkung mitspielt, die wir aber ausschließen (DALTON).

Die Größe des Druckes, den der Dampf schließlich ausübt, wenn das Sieden aufgehört hat, hängt *nur* von seiner Temperatur ab; nicht einmal eine Verkleinerung oder eine Vergrößerung des Dampfraumes hat darauf Einfluß. *Verkleinert* man ihn, so steigt nicht etwa der Dampfdruck (wie das bei einem Gase der Fall sein würde), sondern *die Menge des Dampfes verringert* sich, indem sich ein Teil davon zu Wasser „kondensiert"; vergrößert man ihn, so sinkt nicht etwa der Druck, sondern ein Teil der Flüssigkeit verdampft noch und *vermehrt die Menge des Dampfes*, aber sein Druck bleibt *unverändert*. *Nur muß man die Temperatur konstant halten*: die durch die Kondensation *frei gewordene* (latent gewesene) Wärme entfernen oder die zur Verdampfung (bei der Raumvergrößerung) *nötige* Wärme von außen zuführen. Sonst wird im ersten Falle die Wärme an die Flüssigkeit abgegeben, die Temperatur also erhöht, im zweiten der Flüssigkeit entzogen, die Temperatur der Flüssigkeit also erniedrigt.

Mit anderen Worten: Der Raum, in den hinein die Flüssigkeit verdampfen kann, nimmt *bei der gerade herrschenden Temperatur*, solange der Dampf noch mit Flüssigkeit in Berührung ist, eine *bestimmte* Menge Dampf auf — nicht mehr und nicht weniger. Er „sättigt" sich damit, solange noch Flüssigkeit vorhanden ist. Verkleinert man den Druck auf die Flüssigkeit, indem man den Dampfraum für einen Augenblick wieder mit der Luftpumpe verbindet, so beginnt das Kochen von neuem und hält an, bis der frühere Dampfdruck erreicht ist, der Raum sich also aufs neue mit Dampf gesättigt hat. Dampf und Flüssigkeit sind also „im Gleichgewicht", solange der Raum außerhalb der Flüssigkeit mit Dampf gesättigt ist: der Dampf den „Sättigungsdruck" hat. Schon die geringste Störung verwandelt Flüssigkeit in Dampf oder verwandelt Dampf in Flüssigkeit. Der Dampf selbst, der im Gleichgewichtszustand den Raum erfüllt, heißt *gesättigter Dampf*. Nach der molekularen Theorie der Verdampfung geht trotz der Sättigung die Dampfbildung weiter, aber *gleichzeitig* mit ihr *Kondensation*, so daß die Menge der Flüssigkeit sich nicht ändert, wie in einem See, in den es regnet, während gleichzeitig eine gleiche Menge Wasser verdunstet.

Für jede *Temperatur* hat der *Sättigungsdruck* eine bestimmte Größe. Sie ist für Wasser von

0^0	0,006 atm	60^0	0,197 atm
10^0	0,012 „	70^0	0,307 „
20^0	0,023 „	80^0	0,467 „
30^0	0,042 „	90^0	0,692 „
40^0	0,073 „	100^0	1,000 „
50^0	0,122 „		

Damit der Dampf aus einer Flüssigkeit in Blasen — in denen er natürlich gesättigt ist — austreten kann — mit anderen Worten: die Flüssigkeit sieden kann — darf der Druck auf die Flüssigkeit offenbar nicht *größer* sein, als der Druck des gesättigten Dampfes bei dieser Temperatur ist, und der Raum außerhalb darf nicht schon *vorher* mit Dampf *gesättigt* sein. Bei der als Beispiel gewählten Temperatur von 10^0 ist der Sättigungsdruck 0,012 atm oder 9,21 mm Quecksilber; solange der Druck auf die Flüssigkeit *größer* war, konnte der Dampf nicht Blasen bilden und nicht durch die Oberfläche austreten; erst bei 9,21 mm Druck wurde das möglich. Wir sehen also eine scharf ausgeprägte Beziehung zwischen der *Siedetemperatur* (bei einem bestimmten Druck) auf der einen Seite und dem *Druck* des *gesättigten* Dampfes auf der anderen. Wir *definieren* daher die *Siedetemperatur* in ihrer Abhängigkeit vom Druck so: Siedepunkt einer *Flüssigkeit unter einem bestimmten Druck* ist die Temperatur, bei der ihr *gesättigter Dampf denselben Druck* hat, unter dem die Flüssigkeit steht.

Die Tabelle gibt den so definierten Siedepunkt einiger Stoffe unter dem Druck von 1 atm:

	^{0}C		^{0}C
Helium	—268,9	Alkohol	78
Wasserstoff	—252,8	Benzol	80
Stickstoff	—195,8	Wasser	100,00
Sauerstoff	—183,00	Terpentinöl	159
Stickoxydul	— 90	Anilin	184
Kohlensäure	— 78,51	Naphthalin	217,96
Ammoniak	— 33,36	Benzophenon	320,95
Schweflige Säure . . .	— 10	Quecksilber	357
Äther	34,5	Schwefel	445,6
Schwefelkohlenstoff . . .	46	Zink	906
Chloroform	62	Kupfer	2300

Die folgende Tabelle enthält für Wasser die Siedetemperatur bei *kleinerem* Druck als 1 atm oder, was dasselbe bedeutet, den *Sättigungsdruck* des Wasserdampfes bei Temperaturen *unter* 100^0.

Temperatur ^{0}C	Sättig.-Dr. mm	Temperatur ^{0}C	Sättig.-Dr. mm	Temperatur ^{0}C	Sättig.-Dr. mm
0	4,58	35	42,18	70	233,7
5	6,54	40	55,3	75	289,1
10	9,21	45	71,9	80	355,1
15	12,79	50	92,5	85	433,6
20	17,54	55	118	90	525,8
25	23,76	60	149,4	95	633,9
30	31,82	65	187,5	100	760,0

Die Dampfdruckkurve (Abb. 377) zeigt den Zusammenhang zwischen Druck und Temperatur des gesättigten Dampfes, aber sie hat noch einen andern Sinn: Punkt M bedeutet, daß bei *dieser* Temperatur (t-Koordinate) und *diesem* Druck (p-Koordinate) Wasser und Dampf im Gleichgewicht sind (weder Verdampfung noch Kondensation stattfindet), zeigt also die andauernde *Gleichzeitigkeit* des Vorhandenseins von Wasser und Dampf. Erhöht man bei *konstantem Druck* die Temperatur von M auf M', so ist es aus mit dem Gleichgewicht, es *verdampft* Wasser und das Gleichgewicht stellt sich erst wieder her, wenn *alles* Wasser verdampft ist. Erniedrigt man dagegen die Temperatur von M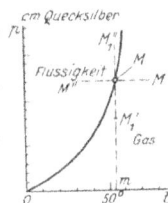
auf M'', so *kondensiert* der Dampf so lange, bis *aller* Dampf verschwunden ist. Ferner: erniedrigt man bei *konstanter Temperatur* den Druck auf M'_1, so verdampft allmählich *alles* Wasser, erhöht man ihn auf M''_1, so kondensiert allmählich aller Dampf. Die Punkte M' und M'_1 charakterisieren also Zustände, in denen *nur Dampf* vorhanden ist, die Punkte M''_1 und M'' Zustände, in denen *nur Wasser* vorhanden ist. Die Dampfdruckkurve belehrt uns also über den Gleichgewichtszustand der beiden „Phasen" Wasser und Dampf: die Punkte auf der Kurve entsprechen Zuständen, in denen beide Phasen im Gleichgewicht nebeneinander bestehen, und die Kurve scheidet die *lediglich flüssige* Phase von der *lediglich gasförmigen*. — Wie der

Abb. 377. Dampfdruckkurve. Zusammenhang zwischen Druck und Temperatur des gesättigten Wasserdampfes.

Verdampfungsdruck, so hängt auch der Schmelzdruck, d. i. der Druck, bei dem die *feste* und die flüssige Phase einander berührend im Gleichgewicht sind — von der Temperatur ab (S. 307 CLAUSIUS-CLAPEYRON). Wir können daher als Seitenstück zur Dampfdruckkurve eine Schmelzdruckkurve (Abb. 378) konstruieren: die einzelnen Punkte der Kurve sind die Zustandspunkte (Temperatur, Druck), bei denen die flüssige und die feste Phase, hier Wasser und Eis, einander berührend im Gleichgewicht sind, d. h. weder das Eis schmilzt, noch das Wasser gefriert (das geschieht unter 760 mm Druck bei 0^0; unter 4,62 mm Druck bei $0,0074^0$). Sie ist zugleich die Grenze zwischen der lediglich festen und der lediglich flüssigen Phase. Der Punkt, in dem die Dampfdruckkurve und die Schmelzdruckkurve einander in dem Zustandsgebiet schneiden, markiert somit denjenigen Zustand, in dem alle drei Phasen einander berührend

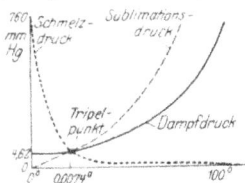

Abb. 378. Zur Erläuterung des Tripelpunktes.

im Gleichgewicht sind; er heißt daher Tripelpunkt. Die drei Aggregatzustände können also nur bei einer ganz bestimmten Temperatur und einem ganz bestimmten Druck (Fundamentaltemperatur und Fundamentaldruck) nebeneinander im Gleichgewicht existieren. Für Wasser liegt er bei $t' = +0,0075^0$ C und $p' = 4,62$ mm Druck, für Kohlensäure bei $t' = -79^0$ C und $p' = 5,1$ atm. Steigert man t bei konstantem p, so geht der feste Stoff nur dann durch den flüssigen Zustand zum gasförmigen, wenn $p > p'$. Ist $p < p'$, dann *sublimiert* er. Daher kann CO_2 nur oberhalb 5,1 atm flüssig bestehen. — Wie es eine Dampfdruckkurve und eine Schmelzdruckkurve gibt, so auch eine Sublimationsdruckkurve, auch sie geht durch den Tripelpunkt.

Sublimation. Auch die festen Stoffe in Berührung mit der freien Atmosphäre verdunsten (oft nur in minimalen Mengen) allmählich an der Oberfläche; jedem bekannt vom Moschus. Kampfer, Naphthalin, Salmiak durch den Geruch, ferner vom Eise, das auch bei strengster Kälte an der Luft verdunstet. Auch jeder feste Stoff hat daher einen bestimmten Dampfdruck (häufig allerdings nur einen so kleinen, daß er nur indirekt meßbar ist). Die Verdampfung eines festen Stoffes und die Verfestigung des Dampfes, *ohne* daß der feste Stoff resp. der Dampf den *flüssigen Zustand durchläuft*, nennt man Sublimation. Ganz langsam sublimiert *jeder* feste Stoff an der Atmosphäre, stürmisch dagegen, wenn der *Sublimationsdruck* den atmosphärischen Druck übersteigt. Liegt der (dem *Siede*punkt *flüssiger* Stoffe vergleichbare) *Sublimations*punkt unter dem Schmelzpunkt des festen Stoffes, so sublimiert der Stoff, wenn man ihn erhitzt. Um ihm zum *Schmelzen* zu bringen, muß man ihn in einem geschlossenen Gefäß erhitzen. Gewöhnlich liegt der Sublimationsdruck fester Stoffe beim Schmelzpunkt weit unter dem Atmosphärendruck. Die Wärmemenge, die 1 g eines festen Stoffes zu seiner Sublimierung verbraucht, nennt man die Sublimationswärme, beim Schmelzpunkt ist sie dem Energieprinzip entsprechend gleich der Schmelzwärme plus der Verdampfungswärme des geschmolzenen Stoffes. Zur Aufrechterhaltung des thermodynamischen Gleichgewichtes zwischen dem festen und dem geschmolzenen Anteil des Stoffes muß beim Schmelzpunkt der Theorie nach der Stoff fest und geschmolzen den *gleichen* Dampfdruck haben. Theorie und Messung (am Benzol und am Wasser) stimmen befriedigend überein.

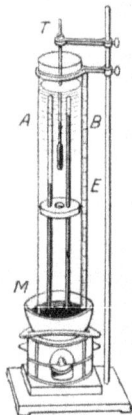

Dampfdruckmessung. Man unterscheidet die dynamische und die statische Methode zur Bestimmung des Sättigungsdruckes. Bei der dynamischen heizt man die unter gegebenem Druck stehende Flüssigkeit so hoch, daß der Dampf in Blasen aus ihr aufsteigt, sie also regelrecht siedet, und mißt die Temperatur. Bei der statischen Methode bringt man die Flüssigkeit in einen Raum gegebener Temperatur, der keinerlei andere Substanz enthält, so daß der in ihm herrschende Druck lediglich von dem Dampf der Flüssigkeit herrührt, und mißt den Druck. Da zu jeder Temperatur ein bestimmter Sättigungsdruck und zu jedem Sättigungsdruck eine eindeutig bestimmte Temperatur gehört, müssen beide Methoden unter entsprechenden Bedingungen dasselbe ergeben.

Besonders geeignet zum Verständnis der statischen Methode ist das Verfahren von DALTON. Man bringt (Abb. 379) etwas von der zu untersuchenden Flüssigkeit in das Vakuum einer TORRICELLI-Röhre *A*, indem man sie in das Quecksilber mit einer gebogenen Pipette einführt und darin aufsteigen läßt. In dem Raum über dem Quecksilber verdampft so viel davon, wie zu seiner Sättigung nötig ist. Der Dampf drückt das Quecksilber (und die übrigbleibende Flüssigkeit) in dem Rohre hinab. Die Anzahl Millimeter, die er es hinabdrückt, gibt den Sättigungsdruck des Dampfes in Millimeter Quecksilber an bei der Temperatur, die das Thermometer *T* anzeigt. *B* ist ein Barometer. Bei 10⁰ beträgt die Depression der Quecksilbersäule:

für Wasser . . . . 9,2 mm
„ Alkohol . . . . 24,4 „
„ Äther . . . . 433,0 „

Um den Dampfdruck bei verschiedenen Temperaturen zu messen, umgibt man (REGNAULT) den oberen Teil des Rohres mit einem Bade. Je nach der Temperatur des Bades entsteht über dem Quecksilber die der Sättigung entsprechende Dampfmenge mit dem dieser Temperatur entsprechenden Sättigungsdruck.

Bei der Siedetemperatur — der Definition nach der Temperatur, bei der der Sättigungsdruck *gleich* dem Atmosphärendruck ist — drückt der Dampf die Säule bis zum Spiegel des Quecksilbers außerhalb des Rohres hinab. (Für Tem-

Abb. 379. Zur Messung d. Druckes d. gesättigten Wasserdampfes bei Temperaturen unter 100⁰ C.

peraturen *über* dem Siedepunkt versagt die Methode also.) Der Dampf hält dann einer Quecksilbersäule von derselben Höhe (760 mm) das Gleichgewicht, der der Atmosphärendruck das Gleichgewicht hält, man sagt darum: Wasserdampf von 100⁰ hat den Druck *einer Atmosphäre*. Entsprechend nennt man einen Dampfdruck von 1520 mm einen Druck von 2 atm usw. — Regnault benutzte zur Messung des Dampfdruckes bis 230⁰ C eine Anordnung, die im wesentlichen ein Gegenstück ist zu einem früher (S. 311 m.) beschriebenen Versuch: Er übte mit einer Kompressionspumpe einen Druck von gegebener Größe auf die Wasseroberfläche aus und maß die *Temperatur* des Dampfes, der aus dem unter *diesem* Druck siedenden Wasser aufstieg. Das Manometer war ∪-förmig und mit Quecksilber gefüllt; das Quecksilber des *einen* Schenkels stand unter dem Druck der atmosphärischen Luft, das des anderen unter demselben Drucke, unter dem das Wasser stand. Bei 760 mm Höhenunterschied liegt der Siedepunkt bei 100⁰, bei 1520 mm bei 120,5⁰. Das heißt: Der gesättigte Wasserdampf von 120,5⁰ hält einer 1520 mm hohen Quecksilbersäule das Gleichgewicht, übt also einen Druck von 2 atm aus. Einen höheren Druck als 760 mm gibt man gewöhnlich nicht in „mm Quecksilbersäule" an, sondern in „Atmosphären".

Temperatur ⁰C	Sättig.-Dr. atm	Temperatur ⁰C	Sättig.-Dr. atm	Temperatur ⁰C	Sättig.-Dr. atm
100	1,00	200	15,34	300	84,80
120	1,96	220	22,89	320	111,46
140	3,57	240	33,03	340	144,24
160	6,10	260	46,31	360	184,13
180	9,90	280	63,31	374[1]	225

Speicherung von Arbeit in heißem Wasser (Ruths-Speicher). Hat man Wasser in einem allseitig geschlossenen Behälter unter hohem Druck auf den Siedepunkt erhitzt und läßt man den über ihm befindlichen Dampf entweichen, setzt es also unter geringeren Druck, so entwickelt sich aus ihm so lange Dampf, bis sich der Gleichgewichtszustand wieder hergestellt hat. Auf dieser Methode, aus einer unter hohem Druck (20 atm) stehenden, hoch erhitzten Wassermenge durch Druckabsenkung Dampf zu entwickeln, beruht die Möglichkeit, Arbeit in Wärmespeichern anzusammeln, um sie im Falle maximalen plötzlichen Bedarfs (Spitzenleistung) ohne erneute Wärmezufuhr zur Verfügung zu haben, so der Ruths-Speicher der großindustriellen Betriebe mit schwankendem Dampfbedarf. Er besteht im wesentlichen aus einem großen druckfesten, zu etwa 90 % mit Wasser gefüllten Kessel, in dem überschüssiger Dampf kondensiert und zum Erwärmen des Wasserinhaltes benutzt wird.

Thermometrische Höhenmessung. Den Sättigungsdruck des Wasserdampfes hat man in einem großen Temperaturbereich genau gemessen; aus Tabellen ersieht man, wie groß der Sättigungsdruck ist, der einer *beobachteten* Siedetemperatur entspricht. Anderseits weiß man: der Sättigungsdruck des Dampfes ist *gleich* dem Druck auf die Wasseroberfläche, man kann also aus der beobachteten *Siedetemperatur* den *Druck* auf die Wasseroberfläche ermitteln. Mit anderen Worten: Kocht Wasser in einem offenen Gefäß, und *mißt* man die Siedetemperatur, so kann man aus den Tabellen ablesen, *wie groß* der Luftdruck ist, unter dem das Wasser siedet, d. h. man kann das Thermometer als *Barometer* benützen. Siedet das Wasser am Fuße eines Berges bei 98⁰ und ergibt eine gleichzeitige Beobachtung auf dem Gipfel 95⁰, so findet man aus den Tabellen die Angaben, die man zur barometrischen Höhenmessung des Berges braucht. Die *Hypsothermometer* zur Höhenmessung aus Siedepunktbeobachtungen haben im wesent-

---

[1] Jenseits 374⁰ kann Wasser selbst unter höchstem Druck nicht als Flüssigkeit bestehen. Darum kann es keinen Siedepunkt des Wassers über 374⁰ geben (kritische Temperatur).

lichen die in Abb. 380 dargestellte Form. Sie sind meist nur von 90° bis 102° in zehntel oder sogar hundertstel Grad geteilt; zu ihrer Anwendung hat man Tabellen berechnet, die die Dampfspannung für jedes Zehntel eines Grades enthalten. Die Abnahme der Siedetemperatur um 1° entspricht ungefähr einer Druckabnahme um 27 mm und an der Erdoberfläche einer vertikalen Erhebung *etwa* um 297 m.

Von dem Druck, unter dem das Wasser siedet, hängt seine *Siedetemperatur* ab, daher der Nutzen, den es *siedend* für solche Prozesse hat, die eine *bestimmte Temperatur* fordern, wie die Extraktion von Pflanzen- und Tierstoffen (Tee, Kaffee, Leim u. dgl.), das Garkochen von Nahrungsmitteln usw. Um seinen Siededruck und somit seine Siedetemperatur zu erhöhen, benützt man den PAPIN-Dampfkochtopf, ein starkwandiges, fest verschließbares Gefäß, in dem man es unter dem Druck seines gesättigten Dampfes auf die beabsichtigte Temperatur bringen kann.

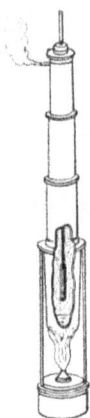

Siedeverzug. Die Siedepunkte der Tabelle (S. 312) bedeuten die Temperatur, die ein von dem *Dampf* umspültes Thermometer anzeigt. Daß die Temperatur der siedenden *Flüssigkeit* nicht brauchbar ist für die Definition des Siedepunkts, zeigt schon der Einfluß, den das Dasein oder das Fehlen von Luft (überhaupt von Gas) in der Flüssigkeit auf seine Siedetemperatur hat. Enthält eine Flüssigkeit gar kein Gas und wird sie in einem Gefäß erhitzt, an dessen Wänden sie stark adhäriert, so *verzögert* sich die Entstehung von Dampfblasen sehr lange. Ihre Temperatur kann dann *weit über* den normalen Siedepunkt steigen, ohne daß sie zu sieden beginnt (*Siedeverzug*). Beginnt es schließlich, so geschieht es plötzlich, stürmisch, unter starkem

Abb. 380.
Thermo-
meter zur
barometri-
schen
Höhen-
messung
(Hypsother-
mometer).

„Stoßen" der Flüssigkeit. Die höchste Temperatur, bei der Wasser unter Atmosphärendruck bestehen kann, ohne zu sieden, ist nicht genau bekannt, jede Verbesserung in den Vorkehrungen, es zu entgasen, hat es ermöglicht, es auf noch höhere Temperatur zu bringen. Man hat Wassertropfen, die auf einem Gemisch von Nelkenöl und Leinöl schwimmen, auf 180° C gebracht (MAXWELL).

Destillieren. Da sich die Flüssigkeiten durch Wärme*aufnahme* in *Dämpfe* verwandeln und die *Dämpfe* durch Wärme*abgabe* in *Flüssigkeiten* zurückverwandeln können, kann man durch genügende Wärmezufuhr Flüssigkeiten von festen Stoffen *trennen*, z. B. solchen, die in ihnen aufgelöst sind (wie Salz in Wasser); und da ferner die verschiedenen Flüssigkeiten im allgemeinen bei *verschiedenen* Temperaturen sieden, ist es möglich, durch Wärmezufuhr die in einem Flüssigkeitsgemenge enthaltenen *Flüssigkeiten* voneinander zu trennen, indem zuerst die am frühesten siedenden Flüssigkeiten zu Dampf werden und die schwer verdampfbaren je nach der Höhe ihres Siedepunktes nachfolgen. Der Vorgang, der

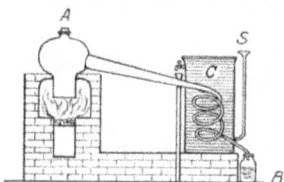

Abb. 381.   Destilliervorrichtung.

diese Trennung herbeiführt, heißt *Destillation*. Seine Ausführung erfordert im wesentlichen drei Teile (Abb. 381): 1. über einer Wärmequelle ein Gefäß *A* zur Aufnahme des Gemisches, die *Retorte*; 2. ein Gefäß *B* zur Aufnahme der abdestillierten Flüssigkeit, die *Vorlage*; 3. ein Verbindungsrohr *C*, in dem die aus der Retorte aufsteigenden Dämpfe zu der Vorlage strömen und in dem sie durch Abkühlung von außen flüssig werden, der *Kühler*.

Die Temperatur eines *Flüssigkeitsgemenges* (einer Lösung), die zur Einleitung der Destillation erforderlich ist, hängt von der Natur der Flüssigkeiten und von ihrem Mischungsverhältnis in dem Gemenge ab (der *Konzentration* der

Lösung). Ein Gemisch von Wasser und Alkohol kocht bereits bei 83⁰, wenn es 66% Alkohol enthält, und erst bei 90⁰, wenn es nur 10% enthält. Wasser mit 8% Kochsalz kocht bei 101⁰, und mit 40% erst bei 108⁰ usw. *Während* des Destillierens verändert sich die Zusammensetzung der Flüssigkeit in der Retorte: Eine Lösung wird im allgemeinen konzentrierter und ein Gemenge immer ärmer an leichter verdampfbarer Flüssigkeit, die Temperatur, bei der das Destillieren vor sich geht, steigt daher. — Bei der Destillation eines Gemenges verdampfen die einzelnen Bestandteile verschieden schnell, so daß das Destillat zwar hauptsächlich aus der flüchtigeren Flüssigkeit besteht, aber auch viel von der schwerer verdampfbaren enthalten kann. Durch wiederholtes Destillieren kann man die Trennung vervollständigen. — Wichtig ist die Destillation für die Spiritusfabrikation, die Teerindustrie u. a., deren Destillierapparate besondere Bauart erfordern (Kolonnenapparate).

Wie das Destillieren, so dient auch das Sublimieren als chemische Arbeitsmethode, aber mit dem Unterschiede, daß sich zum Sublimieren (unter gewöhnlichem Druck) nur solche Stoffe eignen, die schon unter ihrer Schmelztemperatur beträchtliche Dampfdrucke haben. Man benützt das Sublimieren, um *feste* Stoffe verschiedener *Flüchtigkeit* voneinander zu trennen, vielfach daher, um Stoffe zu reinigen. Die Apparatur dafür ist von der für die Destillation verschieden, da das Sublimat (Kondensat) sich als fester Stoff niederschlägt.

Kolbendampfmaschine (NEWCOMEN, WATT). Der große Druck, den Wasserdampf bei genügend hoher Temperatur ausübt, und durch den er große Widerstände überwindet, um sich auszudehnen, wird in der *Dampfmaschine* nutzbar gemacht. Derjenige Teil der Dampfmaschine, in dem der Druck des Dampfes unmittelbar die beabsichtigte, zu einer Arbeitsleistung erforderliche Bewegung einleitet, ist (Abb. 382) der *Dampfzylinder P*. In ihm läßt sich ein *Kolben T*, luftdicht eingepaßt, hin- und herschieben. In den Zylinder strömt der Dampf von dem *Dampfkessel* her; und vermöge des Druckes, den er auf die ihn einschließenden Wände, also auch auf den *bewegbaren* Kolben ausübt, verschiebt er den Kolben; die Bewegung des Kolbens überträgt sich durch die Kolbenstange *A* auf andere bewegbare Maschinenteile und dorthin, wo die Maschine die Arbeit leisten soll.

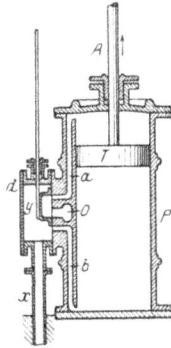

Abb. 382. Zylinder einer Kolbendampfmaschine.

Der Kolben kann sich nur so lange in derselben Richtung verschieben, bis er am Ende des Zylinders angekommen ist (Kolbenhub); damit die Bewegung der Maschine andauere, muß man ihn zu dem anderen Ende des Zylinders zurückbringen und ihn dauernd hin und her schieben. Zu diesem Zwecke muß man den Dampf periodisch abwechselnd bald von der einen, bald von der anderen Seite her auf ihn wirken lassen. Das geschieht so: Der Dampf strömt aus dem Kessel mit dem Kesseldruck durch das Rohr *x* in den *Schieberkasten d*, von dem aus zwei Kanäle in den Zylinder führen, *a* am oberen, *b* am unteren Ende. Jeder dient *abwechselnd* als *Einführungskanal* für *den frischen* Dampf, der in den Zylinder eintreten soll, und als *Ausführungskanal* für den *abgearbeiteten* Dampf, der aus dem Zylinder — und durch den Ausführungskanal, dessen Mündung man bei *o* sieht — hinausgeführt werden soll. *Während* der eine als Einführungskanal für den Frischdampf dient, dient der andere *gleichzeitig* als Ausführungskanal für den Abdampf. Der aus dem Kessel kommende Dampf findet in *d* stets nur *einen* offen (in der Zeichnung den Kanal *b*). Er strömt durch diesen in den Zylinder und schiebt den Kolben in die Höhe. Der andere Kanal kommuniziert unterdessen mit dem bei *o* mündenden Ausführungskanal, so daß der sich aufwärtsbewegende Kolben den abgearbeiteten Dampf aus dem Zylinder verdrängen kann (durch den Kanal *a* und durch die Kanalöffnung *o*). Während aber der

Kolben sich nach *oben* verschiebt, verschiebt sich der *Schieber y* nach *unten*, und wenn der Kolben oben angekommen ist, steht der Schieber so, daß der Kanal *a* für den *Frisch*dampf offen und der Kanal *b* mit dem bei *o* mündenden Ausführungskanal verbunden ist. Jetzt strömt der Frischdampf *oben* ein, und der Kolben geht nach *unten*; der Abdampf strömt *unten* aus, und der Schieber bewegt sich mittlerweile wieder nach *oben* usw. (Oben einströmen zwischen Kolben und Zylinderboden kann der Frischdampf aber erst dann, wenn der Kolben die Dampfkanalmündung nicht mehr versperrt, sich von dem Zylinderboden also etwas entfernt hat. Von selber kann er das nicht, er steht ganz am Ende des Zylinders auf dem „toten Punkt" — die im Gange befindliche Maschine bringt ihn infolge des Trägheitsvermögens des Schwungrades über die *Totlage* hinweg.)

Die Kraft, die den Kolben hin und her schiebt, hängt ab von der Differenz zwischen dem Druck des Frischdampfes und dem des Abdampfes. Läßt man den Abdampf ins Freie gehen (Auspuffmaschine), so wirkt auf diese Seite des Kolbens der Atmosphärendruck. Drückt also der Frischdampf z. B. mit 2 atm, so beträgt der *Über*druck nur 1 atm, weil auf der Seite des Abdampfes 1 atm wirkt. Um den *Über*druck zu *vergrößern*, läßt man bei gewissen Maschinen (Kondensationsmaschinen) den Dampf nicht ins Freie gehen, sondern in einen Raum (Kondensator), in dem er durch Abkühlung zu Wasser kondensiert wird. Dadurch wird auf derjenigen Kolbenseite, von der der Abdampf herkommt, der Druck so niedrig, daß der *Über*druck des frischen Dampfes fast um 1 atm größer wird.

Thermodynamischer Nutzeffekt. Es ist hier Gelegenheit, den theoretisch möglichen Nutzeffekt des Zylinders der Maschine — nur des Zylinders, nicht der ganzen Maschine! — bei der Verwandlung von Wärme in Arbeit zu erläutern. Der Nutzeffekt, d. h. das Verhältnis der zur Arbeitsleistung im Zylinder aufgewendeten Wärme zu der von ihm geleisteten Arbeit, ist, falls der Prozeß unter den idealen Bedingungen eines CARNOT-Prozesses (S. 278) abläuft, $\dfrac{T_1 - T_2}{T_1}$, wo T_1 die Temperatur der Wärmequelle (hier des Kesseldampfes) und T_2 die des Kondensators ist. Er ist also um so größer, je höher bei gleichbleibender Temperatur T_2 des Kondensators die Temperatur T_1 des Dampfes gesteigert wird. (Daher der Nutzen der Heißdampfmaschine und der Höchstdruckdampfkessel und -maschine.) Die Temperaturen sind absolute, d. h. die um 273 vermehrten Grade *t* der Celsiusskala; der Bruch wird dadurch $\dfrac{273 + t_1 - (273 + t_2)}{273 + t_1}$.

Angenommen, der Dampf habe, gesättigt, anfangs einen Druck von 5 atm, komme also mit 152° C in den Zylinder, und der Kondensator werde dauernd auf 40° erhalten, so ist der *theoretische* Nutzeffekt dieses Dampfzylinders

$$\frac{273 + 152 - (273 + 40)}{273 + 152} = \frac{112}{425}, \text{ d. h. ungefähr } 26\%.$$

Also selbst wenn die Maschine *vollkommen* wäre und den Forderungen an einen idealen CARNOT-Prozeß genügte, würden nur 26 % der Wärme in dem Zylinder in Arbeit verwandelt werden, 74 % dagegen verloren sein. Tatsächlich geht noch vielmehr verloren durch Reibung, Wärmestrahlung u. dgl.

Um die Arbeitsfähigkeit des Dampfes gut auszunützen, läßt man in gewissen Maschinen nicht *während der ganzen Zeit*, die der Kolben gebraucht, um den Zylinder ganz zu durchlaufen, den Dampf in den Zylinder treten, sondern man *unterbricht* den Dampfzufluß, wenn der Kolben einen Teil des Weges zurückgelegt hat. Unter dem Drucke des bis zu diesem Moment in den Zylinder geströmten und *sich nun ausdehnenden* Dampfes legt der Kolben den *Rest* des Weges zurück (Expansionsmaschinen). — Am besten nützt man den Dampf aus, wenn man hohen Druck im Kessel und niedrige Expansions*end*spannung anwendet. Die Auspuffmaschine nützt die Dampfspannung nur bis zu dem Druck der atmosphärischen

Außenluft aus, die Kondensationsmaschine bis zu dem Druck von 0,15—0,20 atm im Kondensator. Oft verteilt man das ganze Druckgefälle des Dampfes (zwischen Kesseldruck und Kondensatordruck, resp. Druck der Außenluft bei Auspuff) auf *mehrere* Zylinder, deren Kolben man gemeinsam auf *eine* Kurbelwelle arbeiten läßt. In einer solchen *Verbundmaschine* (Compoundmaschine, Zweifach- oder Mehrfachexpansionsmaschine) leitet man den Dampf zunächst in einen Hochdruckzylinder, bei seinem Austritt aus diesem in den Mitteldruck- und endlich in den Niederdruckzylinder. Entsprechend dem Anwachsen des Dampfvolumens bei sinkendem Druck ist der Hochdruckzylinder der kleinste, der Niederdruckzylinder der größte. Man hat Dampfmaschinen bis 20000 Pferdestärken Leistung gebaut.

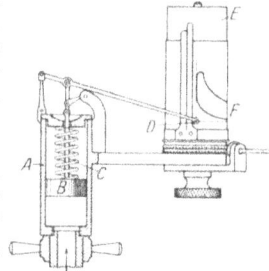

Abb. 383. Indikator der Leistung einer Dampfmaschine (WATT).

Indikator. Indikatordiagramm. Die zusammengehörenden Wertepaare *p*, *v* eines unter veränderlichem Drucke stehenden Gases gibt die Kurve (Abb. 199) wieder, die aus der Zustandsgleichung errechnet ist. Diese Kurve ist idealisiert, die der Wirklichkeit entsprechende finden wir, wenn wir den Gasraum seine Volumenänderung selbst aufzeichnen lassen. Man denke an die manometrische Kapsel von R. KÖNIG, die ihre Volumenänderung (mit Hilfe einer elastischen Membran) sichtbar macht. Etwas Ähnliches tut der Indikator, den WATT zur Untersuchung der Arbeitsleistung der Dampfmaschine erfunden hat, und der noch heute dazu dient (Abb. 383). Der Kapsel entspricht ein Metallzylinder *A*, der dem Dampf darin zur Verfügung stehende Raum ändert sich durch die Verschiebung eines in den Zylinder dampfdicht eingepaßten Kolbens *B*. Der Elastizität der Membranwand entspricht die Elastizität

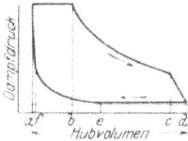

Abb. 384. Indikatordiagramm. Solange der Kolben der Maschine von *a* nach *b* geht, strömt Dampf in den Zylinder; bei *b* schließt sich der Dampfeinlaßkanal, der Dampf expandiert jetzt und bringt den Kolben bis *c*, hier öffnet sich der Dampfauslaß, er bleibt auch beim Rückgange (bei *d*) des Kolbens offen, bis er *e* erreicht. Der Dampf wird jetzt komprimiert (Ein- u. Auslaß sind geschlossen), bis sich bei seiner Ankunft in *f* der Einlaß wieder öffnet u. wieder Frischdampf eintritt.

einer Schraubenfeder *C*, die sich — unter Vermittlung des an ihr befestigten Kolbens — jeden Moment unter dem Drucke des Dampfes entsprechend einstellt und die Schreibspitze *D* entsprechend auf und ab bewegt. Auf einer Registriertrommel *E*, gegen die Schreibspitze drückt, und die man hin und her dreht (etwa wie die Unruhe in einer Taschenuhr), zeichnet die Schreibspitze ein Indikatordiagramm *F*, das ungefähr so aussieht wie Abb. 384. Der Flächeninhalt ist proportional der Arbeit, die der Kolben während eines Hin- und Herganges leistet. Die aus dem Indikatordiagramm *berechnete* Leistung (in Pferdestärken) nennt man die *indizierte* Leistung der Maschine, die mit dem Bremsdynamometer (PRONY-Zaum) gemessene ihre *effektive* Leistung.

Dampfturbine (LAVAL, PARSONS 1884). Die Umwandlung des Hin und Her des Kolbens in die Drehung des Schwungrades verursacht allerlei Nachteile: Ungleichförmigkeit des Ganges, infolgedessen Vibrationen, deren Milderung schwere Schwungräder und Fundamente und daher sehr großen Raum bei einigermaßen großer Leistung fordert u. dgl. Diese Nachteile sind vermindert, ja zum Teil vermieden, in der *Dampfturbine*: hier gibt es kein Hin und Her, sondern *nur* Drehung. Das erweist sich besonders nützlich, wenn die Turbine eine Dynamomaschine (Turbodynamo) treiben soll. Die Vermeidung hin und her gehender Maschinenteile hat der Dampfturbine im Kraftmaschinenbau heute wohl die erste Stelle verschafft. Es gibt bereits Turbodynamos von 75000 Pferdestärken-Leistung. — In der Dampfmaschine geschieht die Umwandlung der inneren Energie des Dampfes durch Druck auf die Kolbenfläche, in der Dampfturbine dadurch, daß sich die Druckenergie in Geschwindigkeitsenergie eines Schaufelrades, Abb. 385, verwandelt. Die Geschwindigkeit bekommt der Dampf dadurch, daß er als Dampf höherer Spannung, z. B. 20 atm, durch eine Düse von *bestimmter Form* in einen Raum niederer Spannung, z. B. 0,05 atm — im

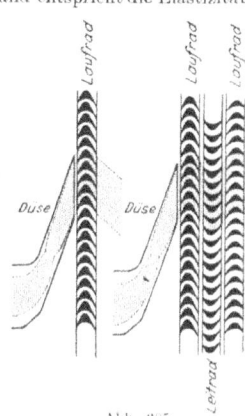

Abb. 385. Laufrad einer Dampfturbine.

Kondensator mit 95 % Vakuum — strömt. Die Form der Düse bestimmt sich dadurch, daß sie sich bis zu der Stelle verengt, an der der Dampf die „kritische" Geschwindigkeit erreicht hat (d. i. die Geschwindigkeit des *Schalles* in dem betreffenden Medium, hier: im Dampf), und sich dann, entsprechend seiner Druckabnahme und seiner Geschwindigkeitszunahme, erweitert.

Die in der Düse erzielbare Geschwindigkeit hängt ab von der Temperatur des Dampfes vor der Düse und dem Verhältnis des Druckes vor zu dem hinter der Düse. Die in den Schaufeln ausgenützte Energie ist um so größer, mit je kleinerer Geschwindigkeit der Dampf die Turbine verläßt. Um die Auslaßenergie möglichst klein zu machen, kann man den aus einem Schaufelrad (Laufrad) *austretenden* Dampf in einem feststehenden (an dem Gehäuse befestigten) Schaufelkranz (Leitapparat) auffangen und so umlenken (Abb. 385 r.), daß er dieselbe Richtung bekommt wie bei seiner *Ein*strömung in das erste Schaufelrad, und dann den Rest seiner Geschwindigkeitsenergie in einem zweiten, dritten, vierten Rade stufenweise an die Schaufeln abgibt. Die Abb. 386 zeigt links ein Rad mit zwei Geschwindigkeitsstufen. Da man ein gegebenes Druckgefälle (z. B. von 20 auf 0,05 atm — 95 % Vakuum) verwerten muß, so muß man mehrere Druckabstufungen vorsehen. Der Dampf geht aus dem zweistufigen Rade (links) in den vielstufigen Niederdruckteil (rechts) und verläßt die Ma-

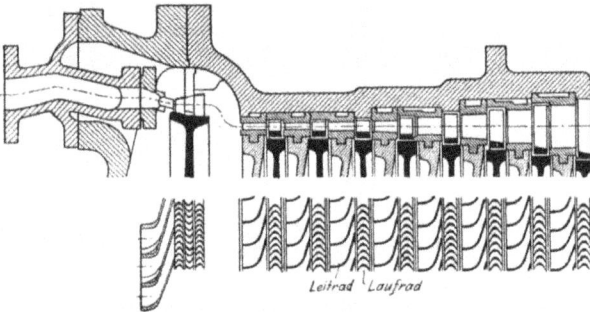

Abb. 386. Dampfturbine mit einem zweistufigen Rade (links) und einem vielstufigen Niederdruckteile (rechts).

schine nach möglichst vollständiger Umsetzung seiner Energie in mechanische Arbeit. — Die erzeugte Leistung ist bedingt durch die Geschwindigkeit, mit der der Dampf tangential in das Schaufelrad der Turbine eintritt, und durch die Umfangsgeschwindigkeit der Schaufeln selbst.

Dampfdruckerniedrigung, Siedepunkterhöhung, Gefrierpunkterniedrigung der Lösungen. Wir haben bisher stets vom Dampfdruck, Siedepunkt, Gefrierpunkt einer Flüssigkeit gesprochen, die chemisch *rein*, also auch nicht durch die Aufnahme eines in ihr löslichen festen Körpers verändert ist. Dampfdruck, Siedepunkt und Gefrierpunkt der *Lösungen* beanspruchen aber besonderes Interesse, weil sie für das *Wesen* der Lösung charakteristisch sind. Der Gegenstand gehört der physikalischen Chemie an und kann nur dort erschöpfend behandelt werden. Indes hat er so große Bedeutung gewonnen, daß die Darstellung seiner Grundzüge auch hier unerläßlich ist.

Der gesättigte Dampf einer Flüssigkeit hat bei einer gegebenen Temperatur einen Druck von einer gewissen Größe, ferner siedet die Flüssigkeit unter dem Druck einer Atmosphäre bei einer gewissen Temperatur, und sie erstarrt bei einer gewissen Temperatur. Aber Dampfdruck, Siedetemperatur und Gefriertemperatur einer Flüssigkeit ändern sich, wenn die Flüssigkeit einem festen (in ihr lösbaren) Körper als Lösungsmittel dient. Die Änderungen zeigen sich in folgenden: 1. der gesättigte Dampf über der *Lösung* hat einen *geringeren* Druck als der gesättigte Dampf bei gleicher Temperatur über dem reinen Lösungs*mittel*; 2. die Lösung siedet erst bei einer *höheren* Temperatur, und 3. sie erstarrt erst bei einer *niedrigeren* Temperatur als das *reine* Lösungsmittel. Diese Veränderungen hängen quantitativ von der in Lösung befindlichen Menge des Stoffes — kurz, der *Konzentration* der Lösung ab. Im allgemeinen ist die Siedepunkt*erhöhung*, und ebenso die Gefrierpunkt*erniedrigung* (wenigstens bei nicht sehr starken Lösungen) der Konzentration proportional, z. B. bei einer 2 proz. Zuckerlösung doppelt so groß wie bei einer 1 proz. unter sonst gleichen Verhältnissen. — Die Anwesenheit des gelösten Stoffes beeinflußt die thermischen Verhältnisse der Lösung: beim Sieden einer Lösung verdampft ja im allgemeinen nur das Lösungs*mittel*, und beim Gefrieren friert im allgemeinen nur das Lösungs*mittel* aus. Die Lösung wird also in dem Maße, in dem beide Prozesse weiterschreiten, d. h. Lösungsmittel durch Verdampfen oder durch Erstarren verschwindet, *konzentrierter*; die Molekeln des gelösten Körpers werden daher auf eine kleinere Flüssigkeitsmenge beschränkt, d. h. auf einen kleineren Raum *zusammengedrängt*, und dem setzen sie einen Widerstand entgegen, dessen Überwindung Arbeit erfordert.

die hier als *Wärme* verbraucht wird. Der Aufwand an der zu dieser besonderen Arbeitsleistung erforderlichen Wärme war beim Versieden und beim Gefrieren des *reinen* Lösungsmittels nicht notwendig. — Worin besteht der Widerstand, den die Molekeln ihrer Zusammendrängung entgegensetzen? Der gelöste Körper strebt (S. 205), sich in dem ganzen vorhandenen Lösungsmittel gleichmäßig *auszubreiten*, und übt einen *Druck* aus, ungefähr so wie ein Gas, das sich auszudehnen strebt.

Der osmotische Druck verdünnter Lösungen und die Gasgleichung. Die *Analogie* zwischen dem *osmotischen* Druck und dem Druck eines Gases ist aber *nicht etwa nur äußerlich*. Der aufgelöste Körper ist in Molekeln gespalten (VAN'T HOFF). Um zu zeigen, worauf sich diese Anschauung stützt, erinnern wir noch einmal an das von BOYLE und GAY-LUSSAC aufgestellte Gesetz für die Beziehung zwischen Volumen, Druck und Temperatur eines Gases, und zwar in der bequemen Form (S. 163 u.): $pv = 0,0820\ T$ Liter-Atmosphären. Dieselbe Gleichung gilt (VAN'T HOFF) *auch für die Lösungen*, wenn man für p den osmotischen Druck setzt (in Atmosphären), für T die absolute Temperatur der Lösung und für v dasjenige Volumen der Lösung (in Liter), das bei der herrschenden Konzentration *eine* Gramm - Molekel gelöster Substanz enthält. Formuliert die Gleichung *wirklich* die Beziehung zwischen Konzentration, Temperatur und osmotischem Druck, so läßt sich der osmotische Druck *berechnen*, wenn Konzentration und Temperatur einer Lösung bekannt sind. Er läßt sich aber auch *messen*. Die Übereinstimmung der Messung mit der Rechnung ist nahezu vollkommen. VAN'T HOFF schließt aus jener Beziehung zwischen osmotischem Druck und Konzentration der Lösung: der osmotische Druck ist gleich dem Druck (z. B. gegen eine Membran), den die Molekeln als *Gas*molekeln ausüben würden, wenn bei der herrschenden Konzentration aus dem Raum, den die Lösung einnimmt, das *Lösungsmittel entfernt* wäre und die Molekeln des gelösten festen Körpers den Raum als *Gas*molekeln erfüllen würden.

Diese Theorie ruht auf dem für die *Gase* aufgestellten AVOGADRO-Satz — die Gleichung $pv = 0,0820\ T$ wurzelt ja in ihm —, der AVOGADRO-Satz erweist sich also *auch für die Lösungen* gültig. Den verschiedenen Gasen entsprechen die verschiedenen *löslichen Stoffe*, dem *Volumen* der Gase das *Volumen der Lösung*. Wenn wir also verschiedene Lösungen haben — alle mit demselben Lösungs*mittel* — so führt die Anschauung von VAN'T HOFF zu dem Resultat: *Gleich* große Volumina dieser *verschiedenen* Lösungen enthalten bei *gleichem* osmotischen Druck und bei *gleicher* Temperatur *gleichviel* Molekeln. Wir sehen also im besonderen, daß die Größe des osmotischen Druckes nicht von der *chemischen Art* des gelösten Stoffes abhängt, sondern nur von der *Anzahl* der gelösten Molekeln (aber immer das *gleiche Lösungsmittel* vorausgesetzt). Dieser Satz wird gewöhnlich so formuliert: *Äquimolekulare* Lösungen, die mit *gleichen* Raumteilen *desselben* Lösungsmittels hergestellt sind, haben bei *gleicher* Temperatur *gleichen* osmotischen Druck. (Wohlgemerkt: die Massen, deren Grammzahl durch die Molekulargewichtszahl angegeben wird, enthalten *gleich* viel Molekeln, sie sind *äqui*molekular.)

Ermittlung des Molekulargewichtes nach RAOULT. Das Molekulargewicht eines Stoffes, der sich beim Verdampfen zersetzt, ist mit den sonst gebräuchlichen Methoden nicht bestimmbar, wohl aber nach RAOULT aus der Erniedrigung des Gefrierpunktes, die er bei der Auflösung in einem geeigneten Lösungsmittel hervorruft. Die RAOULTsche Methode zur *Bestimmung des Molekulargewichtes* ist jetzt eine der meist angewendeten Methoden. Nur *verdünnte* Lösungen sind anwendbar und nur solche Lösungsmittel, die den Stoff chemisch nicht verändern, d. h. ihn nur so auflösen, wie Wasser Zucker auflöst. (*Nicht* anwendbar ist die Methode auf „Elektrolyte" [Salze, Alkalien und Säuren], deren Moleküle sich im *Lösungsmittel* spalten.) Zwischen der Menge des aufgelösten Stoffes, der Menge des Lösungsmittels, der durch die Auflösung hervorgerufenen Gefrierpunkterniedrigung *und dem Molekulargewicht des Stoffes* besteht eine (von RAOULT empirisch gefundene) Beziehung. — Die Beziehung gründet sich auf das Folgende:

Die Gefrierpunkterniedrigung einer Lösung ist *proportional* der Menge des in dem Lösungsmittel aufgelösten Stoffes; z. B. in 100 g Lösungsmittel ruft 1 g der Substanz eine doppelt so große Erniedrigung hervor wie 0,5 g. Ferner: Die Erniedrigung ist *umgekehrt* proportional der Menge des angewendeten Lösungsmittels; z. B. 1 g der Substanz in 100 g Lösungsmittel ruft eine *doppelt* so große Erniedrigung hervor wie in 200 g. Diese Beziehungen machen es nebensächlich, *wie große* Mengen man im einzelnen Fall anwendet — wenn sie nur ihrer Größe nach überhaupt *bekannt* sind — und ermöglichen die Umrechnung der *beobachteten* Gefrierpunkterniedrigung auf diejenige, die beobachtet worden *wäre*, wenn z. B. mit 0,5 g Substanz in 100 g Lösungsmittel gearbeitet worden wäre. Die auf 1 g Substanz und 100 g Lösungsmittel umgerechnete Erniedrigung nennt RAOULT die *reduzierte Gefrierpunkterniedrigung*; seine Methode gründet sich nun auf die Beziehung zwischen der *reduzierten* Gefrierpunkterniedrigung und dem Molekulargewicht der gelösten Substanzen. Der Kern der Methode liegt in dem von RAOULT und COPPET empirisch gefundenen Satze: Wenn *gleich große Mengen desselben Lösungsmittels* angewendet werden, z. B. jedesmal (wir wollen uns auf zwei Fälle beschränken) 100 g, und wenn in je einer der beiden Flüssigkeitsmengen je eine andere Substanz aufgelöst wird, und die aufgelösten *Gewichtsmengen* der zwei Substanzen im Verhältnisse ihrer *Molekulargewichte* stehen, dann erfährt jede der beiden Lösungen die *gleiche* Gefrierpunkterniedrigung. Hat also z. B. die eine Substanz das Molekulargewicht M und löst man M *Gramm* von ihr auf, hat die andere das Molekurgewicht m und löst man m Gramm von ihr auf, so erfährt jede der beiden Lösungen die *gleiche* Gefrierpunkterniedrigung. Sie werde τ genannt. Da nun M Gramm die Erniedrigung τ hervorrufen, so würde 1 g dieser Substanz die Erniedrigung $\tau_M = \tau/M$ hervorrufen und 1 g der anderen Substanz die Erniedrigung $\tau_m = \tau/m$. Das heißt: die reduzierten Gefrierpunkterniedrigungen, die zwei Substanzen in demselben Lösungsmittel unter sonst gleichen Verhältnissen hervorrufen, stehen im umgekehrten Verhältnisse des Molekulargewichts der beiden Stoffe zueinander:

$$\frac{\tau_M}{\tau_m} = \frac{m}{M}.$$

Kennt man also die reduzierte Gefrierpunkterniedrigung τ_m, die eine Substanz von *bekanntem* Molekulargewicht m in einem bestimmten Lösungsmittel hervorruft, so kann man die bisher unbekannten Molekulargewichte anderer Substanzen — sie sollen $M_1 M_2 \ldots$ heißen — ermitteln, indem man die reduzierten Gefrierpunkterniedrigungen τ_{M_1}, τ_{M_2} mißt, die *diese* Stoffe in *demselben* Lösungsmittel hervorrufen, in dem der Stoff vom Molekulargewicht m die Erniedrigung τ_m hervorruft. Man hat dann zur Berechnung der Molekulargewichte $M_1 M_2 \ldots$ die Gleichungen:

$$M_1 = \frac{m \cdot \tau_m}{\tau_{M_1}}, \quad M_2 = \frac{m \cdot \tau_m}{\tau_{M_2}} \text{ usw.}$$

Die Größe $m \cdot \tau_m$, das Produkt aus der reduzierten Gefrierpunkterniedrigung und dem Molekulargewicht eines und *desselben Stoffes* in einem und *demselben* Lösungsmittel, ist für das *betreffende* Lösungsmittel eine Konstante. Sie hat für jedes Lösungsmittel einen bestimmten Wert und muß mit Stoffen von bereits *bekanntem* Molekulargewicht empirisch ermittelt werden. Sie beträgt bei 100 g Lösungsmittel für Wasser 18,5, Benzol 51, Eisessig 39, Ameisensäure 28. — Bezeichnet man sie mit C, so kann man die Beziehung zwischen dem Molekulargewicht des Stoffes und der durch ihn hervorgerufenen reduzierten Gefrierpunkterniedrigung ausdrücken durch $M \cdot t_m = C$.

Überhitzter Dampf. Verflüssigung der Gase. Bisher war fast stets von *gesättigtem* Dampf die Rede, der Dampf war stets mit seiner Flüssigkeit im Gleichgewicht, oder anders: stets war Flüssigkeit im Überschuß vorhanden, so daß bei weiterer Wärmezufuhr sich noch mehr Dampf entwickeln konnte. Aber was geschieht, wenn z. B. bei dem an dem TORRICELLI-Vakuum beschriebenen Versuch (Abb. 379) so wenig Wasser in das Vakuum gelangt, daß die Temperatur ausreicht, es *ganz* zu verdampfen? — Wenn das Wasser *gerade ausgereicht* hat, den Raum mit Dampf zu sättigen, und nun Wärme zugeführt wird, dann steigt die *Temperatur des Dampfes*, er dehnt sich aus und drückt die Quecksilbersäule weiter herunter. Der Raum über der Säule ist nun *größer* als zu der Zeit, da der Dampf ihn noch gerade sättigte; um den größeren Raum zu *sättigen*, bedürfte es *noch* einer gewissen Menge Flüssigkeit (die aber nicht vorhanden ist). Der Raum enthält daher weniger Dampf als er fassen kann, ist also nicht *gesättigt*. Den Druck, den der Dampf ausübt, um diesen Raum einnehmen zu können, übt er nur infolge seiner höheren Temperatur aus. Im Sättigungszustande würde er denselben Druck schon bei *geringerer* Temperatur ausüben — in dem Zustande, in dem er den größeren Raum infolge seiner höheren Temperatur einnimmt, nennt man ihn darum *überhitzt*. Als überhitzter Dampf, befolgt er das BOYLE-Gesetz: Sein Druck steigt (sinkt), wenn der Raum, den er einnimmt, verkleinert (vergrößert) wird. Wird der Raum aber *so* klein, daß der Dampf ihn schließlich sättigt — immer Konstanthaltung der Temperatur vorausgesetzt! — so kondensiert der Dampf, und sein Druck bleibt dann auch trotz weiterer Raumverkleinerung konstant, da er dann wieder mit Flüssigkeit in Berührung ist und wieder gesättigter Dampf ist. Wir sehen: *die Gase sind überhitzte Dämpfe.*

Eine graphische Darstellung, Abb. 387, wird das deutlicher machen. Der überhitzte Dampf erfüllt ein zylindrisches Rohr, das am Ende O durch eine feste Wand, am anderen

Ende durch den gasdicht eingepaßten verschiebbaren Kolben K abgeschlossen ist. Wir halten den Zylinder auf konstanter Temperatur, schieben den Kolben allmählich hinein, um das Dampfvolumen zu verkleinern, benützen den Abstand des Kolbenbodens von O als Abszisse, den Druck, der zur jeweiligen Stellung des Kolbens gehört, als Ordinate. Wir beobachten dann: die zusammengehörigen Werte p, v für Druck und Volumen bilden (nahezu) eine gleichseitige Hyperbel PQR wie in Abb. 199, bis der Dampfraum und der dazugehörige Druck eine bestimmte Größe haben (Kolbenstellung bei M). Von hier an bleibt der Druck trotz weiterer Volumverkleinerung konstant: der Dampf kondensiert sich, bis der Kolben bei T angelangt und *nur noch Flüssigkeit* in dem Rohr vorhanden ist. Jetzt steigt schon bei der kleinsten weiteren Verschiebung des Kolbens der Druck stark an, der geringen Zusammendrückbarkeit der Flüssigkeit entsprechend. Die Zustandskurve $PQRS$ entspricht einer hier gewählten besonderen Temperatur, wiederholt man den Versuch bei *höherer* Temperatur, so erhält man eine andere, aber ähnliche Kurve. Nur

Abb. 387. Zum Unterschiede des Verhaltens von gesättigtem und von überhitztem Dampf.

verkürzt sich das geradlinige Stück, denn die Verflüssigung beginnt dann erst bei *höherem* Druck und höherer Dichte (kleinerem Volumen) des Dampfes.

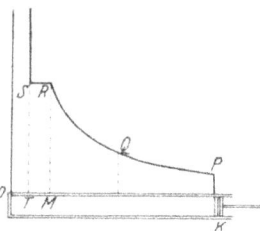

Wenn die Gase überhitzte Dämpfe sind, dann müssen sie in den flüssigen Zustand überführbar sein, sobald man sie durch Abkühlung oder durch Druck in den Zustand eines *gesättigten* Dampfes bringt. Und das ist in der Tat so. Wasserdampf verwandelt sich in Wasser (S. 331 u.), sobald sein Volumen kleiner wird als der Raum ist, den er bei der herrschenden Temperatur gerade sättigen kann. Diese Volumenverkleinerung konnte man durch Kompression des Dampfes oder durch Erniedrigung seiner Temperatur bewirken. Ist ein Dampf *gesättigt*, so beginnt die Verflüssigung dabei *sofort*, ist er überhitzt, so muß man ihn entweder abkühlen, damit er sich zusammenzieht und der Sättigungsgrenze näher kommt, oder ihn gewaltsam zusammendrücken, bis er einen Raum einnimmt, der kleiner als der ist, den er gerade sättigen kann, *Gase*, wie Wasserstoff, Luft usw., befinden sich bei Zimmertemperatur nie im Sättigungszustande, müssen also erst auf eine tiefere Temperatur gebracht werden, ehe sie flüssig werden können. Es ist bei allen Gasen schließlich gelungen, sie zu verflüssigen, selbst bei den für „unbezwingbar", für „permanent" geltenden Gasen Helium, Luft, Wasserstoff, Sauerstoff, Stickstoff, Stickoxyd, Kohlenoxyd, Sumpfgas. Um überhitzten *Wasser*dampf in den flüssigen Zustand zurückzuführen, genügt es, ihn abzukühlen oder ihn zusammenzudrücken. (Wenigstens bei den Temperaturen, die gewöhnlich in Frage kommen; es kann auch anders sein.) Auch für viele Gase genügt das eine *oder* das andere. FARADAY hat bei einem Druck, der sogar kleiner war als der atmosphärische, *lediglich durch Abkühlung* bis auf —110⁰ flüssig erhalten: Chlor, Cyan, Ammoniak, Schwefel-, Chlor-, Jod-, Bromwasserstoff, Stickoxydul und Kohlensäure; und *lediglich durch Druckerhöhung* hat er bei Temperaturen, die wenig unter 0⁰ liegen, ölbildendes Gas, Kohlensäure, Stickoxydul, Chlorwasserstoff, Schwefelwasserstoff, Arsenwasserstoff verflüssigt.

Kritische Temperatur. Aber man darf nicht daraus schließen, daß man ein Gas bei *beliebiger* Temperatur verflüssigen kann, wenn man den *Druck* nur *hoch* genug treibt. Eine Anzahl „permanenter" Gase haben selbst 3600 atm widerstanden (NATTERER), obwohl sie bereits bei sehr viel kleinerem Drucke flüssig werden (CAILLETET, PICTET, WROBLEWSKI, OLZEWSKI), falls man sie bei einer Temperatur komprimiert, die *unter* ihrer *kritischen* liegt. ANDREWS (1869) hat aus seinen hierauf bezüglichen Versuchen geschlossen: Es gibt für jeden *Dampf* eine kritische Grenztemperatur, oberhalb deren er nicht als *gesättigter* Dampf bestehen kann, gleichviel unter einem wie großen Druck er steht, oberhalb deren ein gasförmiger Körper also nur als *überhitzter* Dampf, als *Gas* bestehen kann. Dämpfe aber, deren Temperatur die kritische *nicht übersteigt*, kann man stets auf einen

21*

Raum zusammendrücken, den sie bei dieser Temperatur *sättigen*. Der Sättigungs-druck bei der kritischen Temperatur heißt der *kritische Druck*, der Zustand des gasförmigen Körpers bei der kritischen Temperatur und unter dem kritischen Druck der *kritische Zustand*.

Bei je $\begin{Bmatrix}\text{tieferer} \\ \text{höherer}\end{Bmatrix}$ Temperatur wir den durch Abb. 387 beschriebenen Versuch anstellen, desto $\begin{Bmatrix}\text{länger} \\ \text{kürzer}\end{Bmatrix}$ ist das geradlinige Stück der Zustandskurve. *Bei einer bestimmten Temperatur verschwindet er*, die Zustandskurve verläuft dann stetig und beginnt sich der Hyperbelform zu nähern. *Diese Temperatur ist die kritische*. Abb. 388 gibt die Zustandskurven für Kohlensäure bei verschiedenen Tempera-turen. Die punktierte Linie ist die obere Grenze des Gebietes, in dem die Kohlen-säure zum Teil gasförmig, zum Teil flüssig bestehen kann. Die Koordinaten des höchsten Punktes bezeichnen den kritischen Druck und das kritische Volumen.

Für Kohlensäure ist die kritische Temperatur 31° C, der Sättigungsdruck etwa 73 atm. Die kritische Temperatur der schwefligen Säure liegt bei + 157°, die Säure, die bei gewöhn-

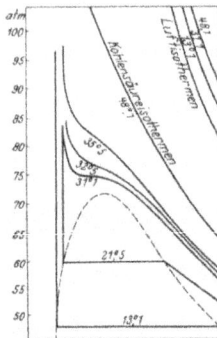

Abb. 388. Zustandskurven für Kohlensäure bei verschie-denen Temperaturen.

licher Temperatur gasförmig ist (Siedepunkt: − 10° C), kann daher bei gewöhnlicher Temperatur bereits durch 1—2 atm Druck flüssig werden. Die kritische Temperatur ist für

Helium	Wasserstoff	Sauerstoff	Stickstoff
− 268°	− 240°	− 119°	− 147°

Wasserdampf kann man noch bei sehr hohen Temperaturen lediglich durch Druck sättigen und in Wasser verwandeln. Seine *kritische Temperatur* liegt bei 374° C, sein kritischer Druck bei 224,2 atm. — Neuerdings versucht man, das Verhalten des Wassers im kritischen Punkt technisch zur Erzeugung von Hoch-druckdampf von 100 atm und darüber auszunutzen (Benson-Verfahren): Benson setzt das Wasser unter etwa 224,2 atm mit-tels einer Druckpumpe. Der Dampfkessel besteht nur aus einem System von Rohrschlangen, durch das das Wasser hindurchströmt. Die Wärmezufuhr durch die Rohrwand erhitzt das unter dem kri-tischen Druck hindurchströmende Wasser auf 374° C. Bei dieser Temperatur geht es *ohne Aufkochen* bei fortschreitender Raumzu-nahme in Dampf über. Man muß in das Rohr eine bestimmte Wassermenge fördern und die Wärmezufuhr mit der Verdampfung sorgfältig in Einklang bringen. Dicht vor dem kritischen Punkt ist der Dampf in einem labilen Zustand, eine kleine Drosselung würde sofort 40—50 % Wasser abscheiden. Deswegen überhitzt man den Dampf auf 400° und drosselt ihn dann bis auf die Gebrauchsspannung (100—200 atm).

Um Gase zu verflüssigen, bedarf es besonderer Hilfsmittel zur Druck-erhöhung und Temperaturerniedrigung. Cagniard de la Tour und auch Faraday entwickelten die Gase, die verflüssigt werden sollten, auf chemischem Wege in starkwandigen Glasröhren; die Gase gelangten dabei unter sehr großen Druck, und wurden schließlich flüssig. Sehr hohe Drucke erzeugt man mit Kompressionspumpen; um flüssige und feste Kohlensäure für technische Zwecke herzustellen, wird das Gas in eine schmiedeeiserne, starkwandige Bombe ge-pumpt. Ist der Sättigungsdruck erreicht (bei 15° etwa 50 atm, bei 20° 57 atm), so wird der Überschuß von Kohlensäure, der dann noch in die Bombe hinein-gepreßt wird, verflüssigt, *weil* der Raum gesättigt ist. Wird die Bombe von der Kompressionspumpe getrennt und geöffnet, die flüssige Kohlensäure also lediglich dem Druck der Atmosphäre ausgesetzt, so verdampft sie so rapide, daß sie zum Teil *fest* wird, weil sie die zum Verdampfen erforderliche Wärme aus ihrem eigenen Wärmevorrat entnimmt. Läßt man sie dabei durch ein siebartiges Gefäß gehen, so sammelt sich die feste Kohlensäure in ihm an. Es ist eine schneeweiße Masse, die flüssige Kohlensäure eine wasserhelle Flüssigkeit (bei 15° spez. Gew. 0,86). Die feste Kohlensäure — ihr Siedepunkt liegt bei −78,5° C — verdampft an der

Luft nur langsam; mit Äther von Zimmertemperatur übergossen verdampft sie unter Abkühlung der Flüssigkeit stark. Wird der Dampf durch die Luftpumpe beseitigt und die Verdampfung dadurch beschleunigt, so fällt die Temperatur auf ca. —115° C.

CAILLETET (1877) hat durch einen *ähnlichen* Kunstgriff, wie man ihn anwendet, um flüssige Kohlensäure in feste zu verwandeln, sogar Sauerstoff, Kohlenoxyd, Stickstoff, Luft und Wasserstoff verflüssigt (wenn auch nicht in technisch belangreicher Menge). Er komprimierte sie auf 200—300 atm und setzte sie dann plötzlich nur dem Atmosphärendruck aus. Bei der dabei erfolgenden ungeheuren Volumenvergrößerung und Arbeitsleistung kühlten sie sich so stark ab, daß sie flüssig wurden. Noch weiter kam PICTET (1878) durch seine Kaskadenmethode: ein durch Druck und Kälte verflüssigtes Gas (SO_2) vorkühlt ein zweites *schwerer* kondensierbares (CO_2), das bei seiner Verflüssigung durch Druck und Kälte eine erheblich tiefere Temperatur annimmt (—140°) als die Verflüssigungstemperatur des ersten Gases (—65°). Das verflüssigte zweite Gas vorkühlt ein drittes *noch* schwerer kondensierbares Gas usw. PICTET hat so zuerst flüssigen Sauerstoff in größerer Menge hergestellt.

JOULE-THOMSON-Effekt. Ganz anders das Verfahren von C. v. LINDE, Luft in großer Menge flüssig zu machen. Es beruht auf dem JOULE-THOMSON-Effekt (1845): Ein Gas verändert seine Temperatur, wenn es langsam und ohne Wärmeaustausch mit der Umgebung durch einen porösen Stopfen (Seide, Asbest) oder eine enge Öffnung (Drosselstelle) von höherem zu tieferem Druck strömt. Der Effekt hängt der Größe und dem Vorzeichen nach von der Temperatur des komprimierten Gases ab: verläuft der Vorgang bei Zimmertemperatur und tiefer, so kühlen sich alle Gase dabei ab, nur Wasserstoff und Helium erwärmen sich; bei genügend hoher Temperatur erwärmen sich alle Gase, während andererseits sich auch Wasserstoff abkühlt, wenn er von vornherein auf wenigstens — 80° C abgekühlt ist.

Dieser Vorzeichenwechsel heißt *Inversion* und die zugehörige Temperatur die *Inversionstemperatur* des JOULE-THOMSON-Effektes. Nur wenn die Temperatur des Gases unter der Inversionstemperatur liegt, kann es sich also auf diesem Wege weiter abkühlen.

Beim JOULE-THOMSON-Effekt lagern sich zwei Vorgänge (1. und 2.) übereinander, die als äußere und innere Arbeitsleistung zu bezeichnen sind: 1. Das Gas durch die Drosselstelle hindurchzupressen, *fordert* Arbeit, andererseits *leistet* das Gas hinter der Drosselstelle Arbeit, indem es andere Gasmengen vor sich herschiebt. Es kommt auf die Differenz dieser Arbeitsleistungen an, die je nach den Bedingungen positiv oder negativ sein kann. Diese Arbeitsleistung, die in die Erscheinung tritt, heißt die *äußere* Arbeit des Gases. Sie wird, wie eine theoretische Betrachtung lehrt, durch den Unterschied der Produkte pv (Druck mal spezifischem Volumen) hinter und vor der Drosselstelle gemessen, wobei für beide Produkte, falls es sich um differential kleine Druckänderung handelt, dieselbe (Versuchs-) Temperatur anzusetzen ist. 2. Über die äußere Arbeit lagert sich die *innere* Arbeit des Gases zur Überwindung der einer Volumenvergrößerung widerstehenden molekularen Anziehungskräfte. Diese Arbeit ist stets positiv und besonders groß bei tiefen Temperaturen und hier stets größer als die äußere Arbeit. (Bei einem idealen Gas ist die *äußere* Arbeit stets Null, da bei derselben Temperatur $p \cdot v$ für alle Drucke den gleichen Wert behält; aber auch die innere Arbeit ist Null, da die Moleküle des idealen Gases keine Anziehungskräfte aufeinander ausüben.)

Die Temperatur ändert sich beim JOULE-THOMSON-Effekt bei einem Druckabfall von einigen Atmosphären nur wenig. Verliert Luft von 100 atm und t^0 an der Drosselstelle 1 atm und nennt man ihre Temperaturerniedrigung $\varDelta t$, so ist für

$$
\begin{array}{lcccccc}
t = & 0^0 & -20^0 & -40^0 & -60^0 & -80^0 & -100^0 \\
\varDelta t = 0{,}25 & & 0{,}30 & 0{,}36 & 0{,}43 & 0{,}55 & 0{,}74.
\end{array}
$$

Für Drucke bis 200 atm ist die Kühlwirkung nur wenig vom Druck selbst abhängig; außerdem ist sie nahezu proportional dem Druckunterschied auf beiden Seiten der Drosselstelle, so daß man bei einer Entspannung des Gases von 200 auf 1 atm Kühlwirkungen von 50 bis über 100° beobachten kann. Diese Abkühlung reicht aber zur Verflüssigung der Luft nicht aus. LINDE gelangt durch

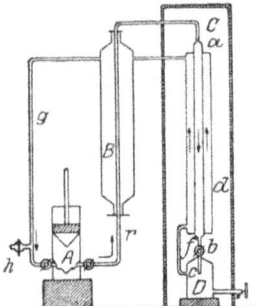

Anwendung des Gegenstromprinzipes zum Ziel; er leitet die entspannte abgekühlte Luft durch ein Röhrensystem weg, das mit einem Röhrensystem für die noch *nicht* entspannte Luft Wärme austauscht und kühlt diese dadurch vor. So läßt sich die Kühlwirkung des Prozesses ständig steigern und schließlich die Verflüssigung erreichen.

Abb. 389 zeigt den *Gegenstromapparat* in seinen wesentlichen Teilen, ein *doppel*wandiges schraubenförmiges Rohr, in dem das bereits expandierte Teil der Luft und der noch komprimierte aneinander vorbeistreichen. *A* ist die Pumpe, die den Kreislauf der Luft durch den Gegenstromapparat *C* (durch ein doppelwandiges Zylinderrohr wiedergegeben) unterhält. Sie saugt durch *h* die Luft an, komprimiert sie

Abb. 389. Gegenstromapparat
einer Kältemaschine von LINDE.

und drückt sie durch *r* — im Kühler *B* gibt sie die bei der Kompression erzeugte Wärme ab — in das innere Rohr des Gegenstromapparates. Das Ventil *b* am Ende öffnet sich nach dem Reservoir und dem äußeren Rohr des Gegenstromapparates, das mit der Saugseite der Pumpe verbunden ist. Sobald sich auf der Druckseite und auf der Saugseite die maximale Druckdifferenz hergestellt hat (ca. 200 atm resp. 20 bis 50 atm), wird *b* geöffnet. Beim Durchtritt durch *b* expandiert sich daher die soeben noch komprimiert gewesene Luft, und hier kühlt sie sich ab. Abgekühlt durchstreicht sie nun das äußere Rohr des Gegenstromapparates zur Pumpe *A* zurück, um aufs neue komprimiert und in den Gegenstromapparat befördert zu werden, und kühlt dabei die im inneren Rohr zu dem Ventil *b* hinströmende ab. Die Verflüssigung der Luft in *D* beginnt, wenn bei der dort herrschenden Temperatur der Sättigungsdruck erreicht ist. Bis zu dem Moment, wo die Verflüssigung beginnt, zirkuliert dann immer *dieselbe* Luft durch das Röhrensystem; von da an wird durch *h* (von einer zweiten Pumpe) frische komprimierte Luft zugeführt, um den verflüssigten Teil zu ersetzen. Nach einiger Zeit stellt sich ein stationärer Zustand her, weil der durch die Expansion herbeigeführten Temperaturerniedrigung durch unvermeidliche Wärmeaufnahme von außen und durch die Wärmeentbindung bei der Verflüssigung schließlich das Gleichgewicht gehalten wird. In diesem stationären Zustande sammelt sich in *D* fortlaufend die flüssige Luft in Mengen an, die von der Größe der Maschine abhängen (zwischen $^3/_4$ l und 100 l pro Stunde). — Nach dem LINDE-Verfahren

kann man Luft verflüssigen, ohne sie vorzukühlen, nicht aber Wasserstoff, dieser *erwärmt* sich im JOULE-THOMSON-Prozeß bei gewöhnlicher Temperatur. Seine Verflüssigung (DEWAR, 1898) gelingt erst, wenn man ihn nach der Kompression vor

Abb. 390.
Vakuum-
mantel-
flasche
(Thermos-
flasche).

der Entspannung durch flüssige Luft vorgekühlt hat. Der flüssige Wasserstoff siedet an der Atmosphäre bei —253°. Vermindert man den Druck auf ihn, so kann man Temperaturen von —264° erreichen. Auch Helium kann man nach dem LINDEschen Verfahren nur verflüssigen, wenn man es stark vorgekühlt hat, da es sich bei Zimmertemperatur und sogar noch bei der Temperatur der flüssigen Luft im JOULE-THOMSON-Prozeß erwärmt. Zur Überführung in den flüssigen Aggregatzustand (KAMERLINGH ONNES, 1908) muß es durch flüssigen Wasserstoff vorgekühlt werden. Helium siedet an der Atmosphäre bei —269°. Durch Verminderung seines Dampfdruckes konnte KAMERLINGH ONNES —272,3° erreichen, die tiefste bisher erzeugte Temperatur, nur 0,9° vom absoluten Nullpunkt entfernt.

Die verflüssigten Gase bewahrt man in Gefäßen (Abb. 390) aus Glas oder Metall auf, die doppelte Wandung besitzen (WEINHOLD, DEWAR). Der Raum zwischen den Wänden ist luftleer, und die Wände sind verspiegelt, um Wärmeaustausch durch Konvektion (S. 350) und durch Strahlung zwischen dem flüssigen Gase und der Umgebung möglichst auszuschließen. In diesen Gefäßen, deren Form durch die Verengerung des Halses der Verdampffung nicht günstig ist, bleibt die flüssige Luft auch unter dem Atmosphärendruck und, obwohl sie —190⁰ C Temperatur hat, stundenlang flüssig. Aus der in offener Flasche stehenden flüssigen Luft verdunstet mehr Stickstoff (Siedep. —196⁰) als Sauerstoff (Siedep. —183⁰), die flüssige Luft wird dadurch allmählich reicher an Sauerstoff. In 100⁰/₀ des Verdampfungsrückstandes sind 23⁰/₀ Sauerstoff enthalten, in 90⁰/₀ dagegen 37,5⁰/₀, in 10⁰/₀ sogar 77⁰/₀ Sauerstoff.

Verdampfungswärme. Ihre Messung. Die bei der Verdunstung verbrauchte und die bei der Kondensation zurückgelieferte Wärme verwendet man technisch in mannigfacher Weise. (Verwendung des Wasserdampfes zum Heizen und zum Kochen, des verdunstenden Ammoniaks zur Kälteerzeugung.) Je mehr Wärme beim Übergange aus dem einen in den anderen Aggregatzustand ge- oder entbunden wird, desto wirksamer ist das Verfahren. Die Verdampfungswärme zu kennen ist daher wichtig, d. h. die Zahl Kalorien, die 1 g *Flüssigkeit* verbraucht, wenn es beim Sieden unter 760 mm Druck in *Dampf* übergeht. Die *Verdampfungswärme des Wassers* ist also die Wärmemenge, die 1 g *Wasser* von 100⁰ *verbraucht*, wenn es sich in Wasser*dampf* von 100⁰ verwandelt, oder anders: die 1 g Wasser*dampf* von 100⁰ *abgibt*, wenn er sich in Wasser von 100⁰ verwandelt; sie beträgt 539,1 cal; mehr als die irgendeiner anderen Flüssigkeit (z. B. Alkohol 210, Äther 85).

Die Verdampfungswärme des Wassers. Um die Verdampfungswärme zu messen, kann man den Dampf in einem Schlangenrohr durch das Wasser eines Kalorimeters schicken, wo es seine latente Wärme an das Wasser abgibt, dessen Temperatur erhöht und sich dabei zu Wasser kondensiert. Aus der Menge des Kalorimeterwassers und seiner Temperaturerhöhung ergibt sich die ihm zugeführte Wärmemenge, aus der Menge des Kondenswassers die Menge des durch das Kalorimeter geleiteten Dampfes. Zuverlässigere Zahlen erzielt man, indem man die Energie, die nötig ist, eine bestimmte Wassermenge in Dampf zu verwandeln, elektrisch mißt. Als die genauesten Messungen gelten die der Physikalisch-Technischen Reichsanstalt:

Für die Temperaturen . . $t =$	30	60	100	140	180 Grad
ist die Verdampfungswärme . . $L =$	579,8	563,4	539,1	511,4	482,7 Kalorien.

Die Verdampfungswärme (*L*) *aller* Flüssigkeiten *sinkt* mit steigender Temperatur (*t*). Bei der kritischen Temperatur (bei Wasser 374⁰) ist die Verdampfungswärme stets Null.

Technische Anwendungen der Verflüssigungswärme und der Verdunstungskälte. Die Verflüssigungswärme des Wasserdampfes benützt man technisch oft zum Kochen. Dampf von 100⁰, der in kälteres Wasser tritt, kondensiert sich; die dabei frei werdende Wärme erwärmt das Wasser bis seine Temperatur gleich der des Dampfes geworden ist; dann tritt der Dampf aus. — Ebenso in dem *Vorwärmer* des Dampfkessels: der Dampf, der die Dampfmaschine verläßt, strömt (wenn die Maschine nicht mit Kondensation arbeitet) in das Wasser des Vorwärmers und erwärmt es, ehe es in den Dampfkessel gelangt. — Die *Dampfheizung* nützt die bei der Kondensation in den Rohren frei werdende Wärme aus. Um die Fläche, von der die Wärme ausstrahlt, zu vergrößern, verbindet man die Röhren mit Rippenkörpern. — Die beim *Verdunsten* eintretende *Temperaturerniedrigung* benützt man oft in porösen Tongefäßen (Alkarazzas); sie bedecken sich außen mit Wasser, und die Verdunstung von der infolge ihrer Porosität großen Oberfläche aus erhält das Gefäß und das Wasser darin kühl. — Die Abkühlung der mit Schweiß oder mit Wasser, Äther u. dgl. bedeckten und durch Verdunstung trocknenden Haut, die Abkühlung der Atmosphäre nach dem Regen usw. erklären sich ebenso. Die Verdunstung wird beschleunigt und dabei die Abkühlung verstärkt, wenn man die bei der Verdunstung *gesättigte*, also nicht mehr aufnahmefähige Luft durch *frische* ersetzt; daher die abkühlende Wirkung des „Fächelns", des Luftstromes, den man über eine abzukühlende Flüssigkeit bläst u. a. m.

Verdunstendes *Wasser* verbraucht so viel Wärme (latent werdende), daß man es in Eis verwandeln kann, wenn man es unter der Glocke der Luftpumpe zum Sieden bringt, und den Wasserdampf sofort von Schwefelsäure absorbieren läßt, um die Sättigung des Dampfraumes zu verhindern. Auch in dem (WOLLASTON) *Kryophor* kann man es zum Gefrieren bringen (Abb. 391). Der Apparat enthält nur (luftfreies) Wasser und Wasserdampf. Wird die eine Kugel (*B*) ganz von

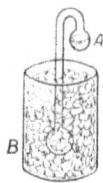

Wasser entleert und dann mit einer Kältemischung umgeben, so kondensiert sich der Dampf zu Wasser; der Raum *B* enthält dann weniger Dampf, als er aufnehmen kann, das Wasser in *A* verdunstet dann so schnell, um ihn zu sättigen, daß es bei der dadurch entstehenden Abkühlung gefriert.

Abb. 391.
Zur Eisbildung durch sehr schnelle Verdunstung des Wassers (Kryophor).

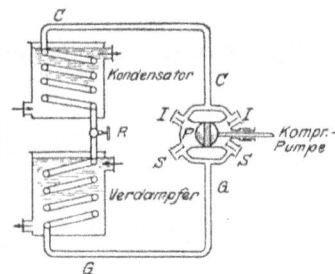

Abb. 392. Schema einer Kältemaschine.

Kälte- und Eismaschine. Die Kälte- und Eismaschinen erzeugen Kälte im großen. Die nach CARRÉ benannte ist eine Kompressionskaltdampfmaschine, die Kälte erzeugt (bis hinab zu —50⁰), indem sie verflüssigte Gase — Ammoniak, schweflige Säure, Kohlensäure — bei Drucken unterhalb 1 atm verdampft. Sie besteht, Abb. 392, aus einer Pumpe *P*, die das Gas zusammendrückt, dem Kondensator (Rohrsystem), in dem das Gas verflüssigt wird, und dem durch das Drosselventil *R* damit verbundenen Verdampfer, ebenfalls einem Rohrsystem, in dem das verflüssigte Gas unter geringem Druck stark verdampft. Das Gas wird immer wieder von der Pumpe angesaugt, wieder in den Kondensator gedrückt, im Verdampfer aufs neue verdampft und so fort. Der Kondensator wird von Kühlwasser umspült, das die Kompressionswärme ableitet, der Verdampfer von einer schwer gefrierbaren Lösung, der durch die Verdampfung des (verflüssigten) Gases dauernd Wärme entzogen wird und die eben dadurch andauernd kalt erhalten wird. Die gekühlte Salzlösung wird in einem Rohrnetz durch die abzukühlenden Räume geführt, nimmt hier Wärme auf und kehrt zu dem Kühlgefäß des Verdampfers zurück, wird hier aufs neue abgekühlt usw. — Um Eis zu erzeugen, hängt man in die Salzlösung Metallbehälter mit Wasser. Beträgt die Temperatur des verflüssigten Gases vor dem Drosselventil 10⁰, so kann man mit 1 PS-Stunde dem verflüssigten Ammoniak 2217 kcal entziehen. Bei der Eisfabrikation erzielt man pro PS-Stunde in größeren Anlagen ca. 30 kg Eis, in kleineren ca. 20 kg. Diese *Kompressions*kältemaschine erfordert zum Betriebe *mechanische* Arbeit. Man kann den Kühlprozeß aber auch durch Zufuhr von *Wärme*energie durchführen. In den dafür eingerichteten Maschinen läßt man das Kühlmedium (Ammoniak) von einer Flüssigkeit (Wasser) absorbieren, um es dann wieder aus ihr zu verdampfen. Diese *Absorptions*kältemaschinen wirken so: man bringt die Ammoniaklösung unter erhöhtem Druck zum Kochen. Das dadurch ausgetriebene Ammoniak strömt in einen gekühlten Behälter (Kondensator) und wird dort unter dem eigenen Druck verflüssigt. (Der Sättigungsdruck des Ammoniaks in dem Behälter muß dazu natürlich geringer sein als der Siededruck im Kocher.) Das flüssige Ammoniak tritt aus dem Kondensator durch ein Reduzierventil in einen Raum geringeren Druckes und verdampft dort *unter starker Kälteerzeugung*. Mit diesem Kälte erzeugenden Verdampfer steht eine Salzlösung in Wärmeaustausch, die durch die zu kühlenden Räume zirkuliert. Man läßt das aus dem Verdampfer entweichende Ammoniak wieder von Wasser absorbieren und befördert es durch eine Pumpe in den Kocher zurück. Der Kreislauf beginnt dann von neuem.

Atmosphärische Niederschläge. Kondensation des Wasserdampfes in der Atmosphäre verursacht die Niederschläge, die sich entweder an der Erdoberfläche und den festen Gegenständen dort absetzen (Tau, Reif, Rauhfrost, Glatteis) oder sich in der Luft bilden und zu Boden fallen (Regen, Schnee, Graupeln, Hagel). Von dem Wasser auf der Erde steigt infolge dauernder Verdunstung Wasserdampf in die Atmosphäre. Wasserdampf bildet daher stets einen ihrer Bestandteile, und je nach den herrschenden Druck- und Temperaturverhältnissen und je nach dem herrschenden Winde, der zur Verteilung des Dampfes beiträgt, ist er an einer bestimmten Stelle in wechselnder Menge vorhanden. Der vom Barometer angezeigte Druck ist daher der Druck, den die Luft *und* der Wasserdampf zusammen ausüben. Solange er an einer Stelle des Luftmeeres als *Dampf* bestehen kann, kann es dort keine Niederschläge geben. Im allgemeinen ist er als *überhitzter* Dampf in der Atmosphäre, d. h. jene Stelle des Luftmeeres *könnte* bei der dort herrschenden Temperatur *mehr* Dampf enthalten, als sie tatsächlich enthält. Sinkt aber ihre Temperatur weit genug, so nähert sie sich *der* Temperatur, bei der sie durch den vorhandenen Wasserdampf *gesättigt* ist, und die geringste Abkühlung *darunter* kondensiert dann den Wasserdampf. Der Temperaturpunkt, bei dem das *beginnt*, heißt *Taupunkt*. Je nach der Menge des vorhandenen Wasserdampfes und *je* nach der Schnelligkeit, mit der er sich kondensiert, haben die Niederschläge andere Form. — Eine der *Ursachen für die Abkühlung* ist die Berührung des Wasserdampfes mit kalten Gegenständen; so entstehen *Tau* und *Reif* während der Nacht (genau so, wie wenn blanke Glas- oder blanke Metallflächen „anlaufen", „beschlagen", wenn man sie aus einem kalten Raum in einen warmen bringt). Die Ursache der *Wolken*- und Niederschlagsbildung ist fast ausschließlich die adiabatische Abkühlung der Luft beim Aufsteigen. *Nebel* entsteht da, wo warme Luft über kalten Boden streicht, sich abkühlt und dadurch Kondensation herbeiführt. Sobald die Stärke des aufsteigenden Luftstromes nicht mehr ausreicht, um die Wassertröpfchen der Wolken schwebend zu erhalten, fallen sie als *Regen-tropfen* (ihr Durchmesser kann 0,5 bis 7 mm betragen), mit einer Geschwindigkeit von 0,5 bis 8 m/sec zu Boden. Kondensiert der Wasserdampf unter 0°, so entstehen *Reif* und *Schnee* in Eiskriställchen, im Schnee sternartig (Abb. 393) gruppiert. Der an einer bestimmten Stelle

Abb. 393.
Schneekristalle.

des Luftmeeres vorhandene Wasserdampfgehalt hat also dort offenbar Einfluß auf das *Wetter*. Die Meteorologie mißt daher den Wasserdampfgehalt der Luft, um zu erfahren, wie weit die augenblickliche Temperatur vom „Taupunkt" (s. o.) entfernt ist. Da überdies die klimatischen Verhältnisse eines Ortes von seiner Luft*feuchtigkeit* abhängen und ferner die Luftfeuchtigkeit für den tierischen Organismus lebenswichtig ist, so ist ihre *Messung*, die *Hygrometrie*, auch für die *Hygiene* wichtig.

Hygrometrie. Worauf kommt es bei der *Hygrometrie* an? Die Luft in einem Zimmer empfinden wir, ohne daß sich ihr Gehalt an Wasserdampf *ändert*, trocken *oder* feucht, je nachdem die Zimmertemperatur hoch oder niedrig ist. Der physikalische Unterschied liegt darin: der Raum beansprucht bei hoher Temperatur mehr Wasserdampf, um *gesättigt* zu sein, als bei niederer Temperatur, *beide* Male steht ihm aber nur *dieselbe* Menge Wasserdampf zur Verfügung. Mit anderen Worten: der Raum ist mit dieser Menge Wasserdampf bei hoher Temperatur *weiter* vom *Sättigungs-zustande entfernt* als bei niederer Temperatur. Und dieser größere oder geringere Abstand des *herrschenden* Zustandes von dem der *Sättigung* erzeugt den Eindruck der Trockenheit oder der Feuchtigkeit. — Bei 20° *kann* die Luft maximal, d. h. um gesättigt zu sein, 17,13 g Wasserdampf pro 1 m³ enthalten, bei 9° nur 8,8 g. Enthält sie aber *tatsächlich* bei 20° nur z. B. 10 g, bei 9° aber 8 g, so ist die Luft von 20° *trocken* im Vergleich mit der Luft von 9°, obwohl sie im ersten Falle *absolut mehr* Wasserdampf enthält. Im ersten Falle fehlen ihr zur Sättigung 42 %, im zweiten Falle nur 9 %. Die Feuchtigkeit der Luft in einem gegebenen Raume darf man also nur danach beurteilen, ob der vorhandenen Menge Dampf viel oder wenig zur *Sättigung* des Raumes fehlt.

Das Ziel einer hygrometrischen Messung ist somit zu ermitteln: in welchem Verhältnisse steht die zur Zeit der Beobachtung *tatsächlich* vorhandene Dampfmenge f zu der im selben Raume bei derselben Temperatur maximal *möglichen* (bei der Sättigung) Dampfmenge f_0? Man kann f ermitteln, indem man eine abgemessene Menge Luft, z. B. 1 m³, mit einem Aspirator durch ein Rohr saugt, das Chlorkalzium oder Phosphorsäureanhydrid oder konzentrierte Schwefelsäure enthält, und dann die *Gewichtszunahme* der das Wasser absorbierenden Substanz bestimmt. Die Wägung ergibt die zur Zeit der Beobachtung in dem Kubikmeter enthaltene Menge von Wasserdampf f in Gramm; die bei derselben Temperatur im *Sättigungszustande* in 1 m³ enthaltene Menge f_0 ist aus Tabellen ersichtlich.

Dieses Verfahren ist sehr genau, aber sehr zeitraubend. Man braucht f aber gar nicht direkt zu messen: das Verhältnis der momentan vorhandenen *Dampfmenge* zu der bei der *Sättigung* vorhandenen ist nämlich geradezu gleich dem Verhältnis des momentan herrschenden *Dampfdruckes* zu dem bei der *Sättigung* und derselben Temperatur herrschenden, d. h. der Bruch f/f_0 ist gleich d/d_0, wo d und d_0 die entsprechenden Werte für den Dampfdruck bedeuten; der Dampfdruck ist viel einfacher zu ermitteln als die Dampf*menge*. Den Dampfdruck d_0, d. h. den *Sättigungs*druck des Wasserdampfes bei der gegebenen Beobachtungstemperatur t geben wieder die Tabellen (sie enthalten meist auch die zugehörige Dampfmenge f); und der Dampfdruck d, d. h. der *momentan* herrschende Dampfdruck wird gemessen, indem man untersucht, bis zu welcher Temperatur man den Raum abkühlen muß, damit die gerade vorhandene Dampfmenge zu seiner *Sättigung* eben hinreicht, jede weitere Abkühlung aber Wasser niederschlägt. Die Tabellen geben den Druck des Dampfes an, Der bei *dieser* Temperatur, dem Taupunkt, gesättigt ist. Man findet auf diese Weise den dampfdruck bei der *ursprünglichen* Temperatur des Raumes. — Die *Hygrometer*, die auf diesem Prinzip beruhen, heißen *Taupunkt-* oder *Kondensations*hygrometer.

Die Grundform der Taupunkthygrometer zeigt das von DANIELL (Abb. 394). A und B sind zwei durch ein Rohr luftdicht verbundene Glaskugeln, A ist etwa zur Hälfte mit *Äther* gefüllt. Das Thermometer C gibt die *Luft*temperatur, das Thermometer in A die Temperatur des *Äthers*. Das Instrument enthält *nur* den *Äther* und *Ätherdampf*. Bei der Messung kühlt man die Kugel B durch aufgetropften und an ihrer Oberfläche verdunstenden Äther ab (um die Verdunstungsfläche zu vergrößern und den Prozeß zu beschleunigen, umhüllt man sie mit Musselin), dann kondensiert sich der Äther*dampf* in B, der Dampfdruck im Inneren sinkt, und der Äther in A beginnt zu verdampfen und nach B zu destillieren. Dadurch kühlt sich der Äther in A und mit ihm die Kugel ab; schließlich ist die Kugel A so kühl, daß sich der Wasserdampf aus der Luft darauf niederzuschlagen beginnt. Die Temperatur (an A abgelesen), bei der die Kondensation *beginnt*, ist der Taupunkt, d. h. die Temperatur (s. S. 329 o.), bei der die vorhandene Dampfmenge eben zur Sättigung des Raumes, in dem sie sich befindet, hinreicht, — die Genauigkeit der Messung hängt davon ab, daß schon der *geringste* Hauch auf der Kugel A sichtbar wird. Sie ist deshalb zum Teil vergoldet. (Das DANIELL-Instrument hat nur noch historisches Interesse. REGNAULT hat es wesentlich verbessert.) Die Benutzung der gefundenen Zahlen ist nach den Ausführungen im vorigen Absatz verständlich. Ist die Lufttemperatur z. B. 15⁰, und zeigt den das Hygrometer den Taupunkt bei 5⁰, so findet man in den Tabellen: gesättigter Wasserdampf von 5⁰ hat 6,543 mm Druck, gesättigter Wasserdampf von 15⁰ hat 12,788 mm. Der

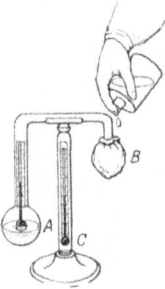

Abb. 394. Taupunkt-
hygrometer (ver-
altete Form).

$$\text{Bruch } \frac{d}{d_0} \text{ ist also } \frac{6,543}{12,788} = 0,5117 \,.$$

(Wir erinnern: d/d_0, das Verhältnis der Drucke, mißt die Feuchtigkeit der Luft, weil $d/d_0 = f/f_0$, d. h. gleich dem Verhältnis der wirklich vorhandenen zu der unter den *herrschenden* Temperaturverhältnissen maximal *möglichen* Dampfmenge.)

Da man die vorhandene Dampfmenge *im Verhältnis* zu der maximal möglichen angeben soll, drückt man sie in *Prozenten* davon aus, d. h. man nennt die maximal mögliche 100 und findet dann aus

$$\frac{d}{d_0} = \frac{f}{f_0} = \frac{x}{100} \qquad x = 100 \cdot \frac{d}{d_0} = 100 \cdot \frac{f}{f_0} \,.$$

In dem obigen Beispiel enthält die Luft 51,17 % der maximal möglichen Dampfmenge

Das am meisten benützte Hygrometer ist das *Psychrometer* von AUGUST, das auf einem ähnlichen Prinzip beruht: ein feuchter Körper verdunstet an seiner Oberfläche um so schneller, kühlt sich also um so stärker ab im Vergleich mit der herrschenden Lufttemperatur, je *trockener* die umgebende Luft ist. Das Psychrometer (Abb. 395) besteht aus zwei zusammengehörigen Thermometern (in Zehntelgrade geteilt), die in jeder Beziehung möglichst übereinstimmen. Das Gefäß des einen, B, ist in Musselin eingehüllt, den man feucht erhält, indem man ihm aus dem Behälter C durch einen Docht destilliertes Wasser zuführt. Infolge der Verdunstung des Wassers zeigt B stets eine *niedrigere* Temperatur an als A, das die Lufttemperatur anzeigt, und zwar ist die „psychrometrische" *Differenz* desto größer, je *weiter* die Luft von ihrem *Sättigungszustande* entfernt ist. Die Abkühlung geht so lange fort, bis der Sättigungs-

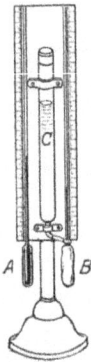

Abb. 395.
Psychro-
meter von
AUGUST.

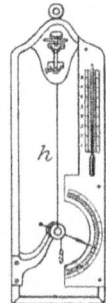

Abb. 396.
Haar-
hygrometer.

druck des verdampfenden Wassers und der Dampfdruck der Luft im Gleichgewicht sind, d. h. das feuchte Thermometer stellt sich auf diejenige Temperatur ein, bei der der Wasserdampf der Luft gerade kondensieren muß. Aus den beiden Temperaturen wird der Feuchtigkeitsgrad der Luft ähnlich, wie oben angegeben, berechnet. Das AUGUST-Psychrometer hat ASSMANN verbessert, er hat die Aspiration hinzugefügt (S. 351 m.) und eine Einrichtung, die den Einfluß der Strahlung ausschließt.

Die Wirksamkeit gewisser anderer Hygrometer beruht auf den hygroskopischen Eigenschaften organischer Gebilde, wie entfetteter Haare, Darmsaiten u. dgl., die bei der Absorption von Wasserdampf sich *verlängern*. In dem Haarhygrometer (SAUSSURE, 1783), Abb. 396, wird die je nach dem Feuchtigkeitsgehalt der Luft eintretende Längenänderung eines entfetteten blonden Menschenhaares h dazu benützt, einen Zeiger vor einer empirisch geteilten Skala zu bewegen. Das Haar wirkt hygrometrisch infolge des Diffusionsgleichgewichtes zwischen seinem Gehalt an Wasser und dem Gehalt seiner Umgebung an Wasserdampf.

Dampfdichte. Ein Vergleich der Zahlen für die latente *Schmelzwärme* mit denen für die latente *Verdampfungs*wärme lehrt, daß die Verwandlung der Flüssigkeit in Dampf im allgemeinen *viel* mehr Wärme erfordert, als die Verwandlung des entsprechenden festen Körpers in die Flüssigkeit. Sehr begreiflich. Die latente Wärme bedeutet *Arbeit*, bei der Verdampfung besteht sie in der gänzlichen Trennung der Flüssigkeitsteilchen voneinander. Wenn auch ihre *Kohäsion* gering ist im Vergleich mit der der Teilchen des *festen* Körpers (die beim Schmelzen zu überwinden ist) so erfordert dafür die Verwandlung in *Dampf*, daß die mittleren *Abstände* der Flüssigkeitsmolekeln so groß gemacht werden, die gegenseitigen Anziehungen also so klein, daß ihre Wiedervereinigung verhindert wird. Während die Wärme beim Schmelzen das Gefüge gleichsam nur auflockert, sprengt sie es beim Verdampfen *auseinander*. Das zeigt sich in der geringen Dichte der Dämpfe, im Vergleich zu der der Flüssigkeiten. So ist z. B. die Dichte, auf Wasser von 4° bezogen, für:

festes Quecksilber am Schmelzpunkt (−39°) 14,38
flüssiges Quecksilber am Schmelzpunkt 13,69
flüssiges Quecksilber am Siedepunkt (+358°) 12,83
dampfförmiges Quecksilber am Siedepunkt 0,00378

Hier ist die *Dichte* des Dampfes auf *Wasser* bezogen. Häufig wird sie auf Luft bezogen. Da aber die Dichte der Luft verschieden ist, je nach ihrer Temperatur und dem Druck, unter dem sie steht, und da dasselbe von den Dämpfen gilt, so versteht man unter *Dampfdichte* die Zahl, die angibt, wieviel mal mehr Masse ein Volumen *Dampf* bei bestimmtem Druck und bestimmter Temperatur enthält, als ein *gleich* großes Volumen *Luft* bei *demselben* Druck und *derselben* Temperatur.

Das Verhältnis der in der Volumeneinheit enthaltenen Massen zueinander würde auch bei Änderung des Volumens durch Druck oder Temperatur unverändert bleiben, wenn die Dämpfe — gleichviel ob gesättigt oder überhitzt — den Gesetzen von BOYLE und GAY-LUSSAC folgten. Es würde dann genügen, die Masse (in Gramm) eines gegebenen Volumens *Dampf* bei *einem* bestimmten Druck und *einer* bestimmten Temperatur zu messen und mit der bekannten Masse (in Gramm) eines bei *demselben* Druck und *derselben* Temperatur gleichen Volumens *Luft* zu vergleichen. Aber nur *stark überhitzte* Dämpfe folgen dem BOYLE-Gesetz; je näher der Sättigung, desto mehr weichen sie davon ab. Daher hat die Dampfdichte, auf Luft bezogen, nur für stark überhitzte Dämpfe eine konstante Größe.

Messung der Dampfdichte. Die Dampfdichte dient in der Chemie dazu, das Molekulargewicht und die Konstitutionsformel von Verbindungen zu ermitteln. Wie mißt man sie? Wir erinnern daran, wieviel Gramm ein Luftvolumen von v cm³ bei dem Druck von p mm Quecksilber und der Temperatur t^0 enthält. Bei 760 mm Druck und 0° C enthält 1 cm³ Luft 0,0012932 g. Bei t^0 nimmt das Volumen, das bei 0° 1 cm³ einnahm $(1 + \alpha t)$ cm³ ein, und wenn der Druck nicht 760 mm ist, sondern p mm, den Raum $\dfrac{760}{p}(1 + \alpha t)$ cm³. Die 0,0012932 g *Luft* sind dann also in $\dfrac{760}{p}(1 + \alpha t)$ cm³ enthalten. Somit enthält *1 cm³ Luft* bei t^0 und dem Druck p mm: $\dfrac{0,0012932 \cdot p}{760(1 + \alpha t)} = m_0$ Gramm. Also v cm³ Luft von t^0 und bei dem Druck p mm enthalten: $v \cdot m_0 = m_1$ Gramm. Enthält nun das *gleiche* Volumen bei *demselben* Druck und *derselben* Temperatur m g *Dampf*, so ist die Dampfdichte, bezogen auf *Luft*, $D = m/m_1$, wo m_1 die soeben berechnete Luftmasse ist. Also ist

$$D = \frac{m}{\dfrac{0,0012932 \cdot p \cdot v}{760(1 + \alpha t)}} \quad \text{d. h.} \quad = \frac{m \cdot 760 \cdot (1 + \alpha t)}{0,0012932 \cdot p \cdot v}.$$

Um die Dampfdichte zu ermitteln, muß man also messen: den Druck p, das Volumen v, die Temperatur t und die Masse m des Dampfes.

Bei der von DUMAS stammenden Methode (1827) verdampft man eine kleine Menge Flüssigkeit in einem (offenen, in eine Spitze auslaufenden) Ballon von bekanntem Volumen v (0,1 bis 0,25 l) bei dem *momentan* herrschenden, also bekannten Atmosphärendruck p, und zwar unter Anwendung eines Flüssigkeitsbades, dessen Temperatur höher (um 15—20°) sein muß, als der Siedepunkt der zu untersuchenden Flüssigkeit (weil ja [S. 331 m.] der Dampf *überhitzt* werden muß). Das Thermometer gibt die Temperatur t des Bades, also auch des Dampfes t im Ballon an; nachdem die Flüssigkeit verdampft und der Dampf überhitzt worden ist, wird der Ballon (an der Spitze) zugeschmolzen (Abb. 397) und gewogen. Die Gewichtsdifferenz gegenüber dem Gewichte des leeren Ballons gibt die Masse m des Dampfes an. Damit sind die zur Berechnung der Dampfdichte notwendigen Größen bekannt.

Bei der von GAY-LUSSAC (1812) stammenden und von HOFMANN (1867) verbesserten Methode (Abb. 398) bringt man eine abgewogene Menge m der zu verdampfenden Flüssigkeit in das Vakuum eines graduierten TORRICELLI-Rohres B, und zwar in einem verstöpselten Fläschchen g, das man in dem Quecksilber aufsteigen läßt. Das TORRICELLI-Rohr ist von einem Rohre M umgeben, durch das Dampf von bekannter Temperatur streicht. Bei der Erhitzung durch den Dampf wird der Stöpsel aus dem Fläschchen geschleudert; die Flüssigkeit verdampft, wird überhitzt und drückt die Quecksilbersäule herunter. Die Länge der Säule h gibt den Druck p mm, die Graduierung des Rohres B das Volumen v, die Temperatur des Dampfes im Rohre M, die ja auch die des Dampfes im Rohre B ist, die Temperatur t; so sind wieder alle zur Berechnung der Dampfdichte erforderlichen Daten bekannt. Die Methode ist unbrauchbar für Stoffe, die das Quecksilber angreifen.

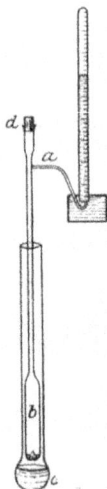

Bei der von VICTOR MEYER (1878) stammenden (am meisten benützten) Methode wiegt man die zu verdampfende abgewogene Flüssigkeit (Masse m) und bringt sie in den unten beschriebenen Apparat (Abb. 399). Beim Verdampfen *verdrängt* sie ein gewisses Volumen Luft aus dem Apparat, und *das* ist dem Volumen des entwickelten Dampfes, dem es *bei demselben Druck und derselben Temperatur* Platz machen mußte, offenbar *gleich*. Dieses *Luft*volumen mißt man, indem man die Luft bei ihrer Verdrängung aus dem Dampfraum über Wasser in einem Meßzylinder bei der herrschenden Zimmertemperatur und dem herrschenden Barometerdruck auffängt. Aus diesem Luftvolumen und der Masse r ist also die Dampfdichte berechenbar, ohne daß die Temperatur des Dampfes gemessen zu werden braucht, weil eben der Dampf eine Luftmenge verdrängt hat, die unter *gleichen* Verhältnissen ein *seinem* Volumen *gleiches* Volumen besaß.

Abb. 399 zeigt den Apparat. (Im Anfang steht der Meßzylinder noch nicht über dem von b herkommenden Gasentbindungsrohre a.) Sobald die Temperatur in dem Rohre b, das von dem Flüssigkeitsbade c aus (Wasser, Anilin, Schwefel u. a.) erwärmt wird, stationär geworden ist — wenn nämlich aus a keine Luftblasen mehr im Wasser aufsteigen, die Luft in b sich also nicht mehr ausdehnt — wird d geöffnet, die gewogene Flüssigkeit (in einem geschlossenen kleinen Gefäß) in die Röhre gebracht und d rasch wieder geschlossen. Jetzt schiebt man den Meßzylinder über das Gasentbindungsrohr a, um die sofort bei dem Beginn der Verdampfung austretende Luft aufzufangen. An der Graduierung des Meßzylinders liest man das vom Dampf verdrängte Luftvolumen v ab; die Luft steht unter Zimmertemperatur t und dem Barometerdruck, der um den (auf Quecksilberhöhe umzurechnenden) Druck der unter ihr stehenden Wassersäule vermindert ist. Man hat also alle Daten, um das Gewicht des Luftvolumens zu berechnen, das gleich dem Dampfvolumen bei dem Druck und der Temperatur der Verdampfung ist; das Gewicht des Dampfvolumens selbst ist durch die Wägung der Masse m bekannt.

Beziehung zwischen Dampfdichte und Molekulargewicht. Wieso führt die Kenntnis der *Dampfdichte* zur Kenntnis des *Molekulargewichtes?* Nach dem (durch die kinetische Gastheorie gerechtfertigten) Satze von AVOGADRO enthalten *alle* Gase, vorausgesetzt, daß sie unter *gleichem* Druck stehen und die

Abb. 397.
Zur Messung der Dampfdichte
(DUMAS).

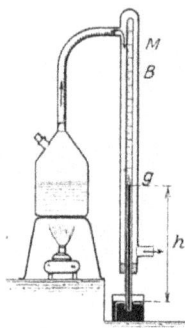

Abb. 398.
(A. W. HOFMANN).

Abb. 399.
Zur Messung
der Dampf-
dichte
(V. MEYER).

gleiche Temperatur haben, in *gleich* großen Raumteilen *gleich viel* „Molekeln". Danach enthält (unter gleichen Bedingungen) z. B. $1\,l$ Wasserstoff ebensoviel Molekeln, wie $1\,l$ Sauerstoff oder wie $1\,l$ Chlorwasserstoff. Der Chlorwasserstoff geht aber aus der chemischen *Verbindung* von Wasserstoff und Chlor hervor. Nehmen wir an — das einfachste —, daß sich je *eine* Molekel Chlor mit je *einer* Molekel Wasserstoff zu *einer* Molekel Chlorwasserstoff verbindet, und nennen wir die Anzahl der Molekeln in einem Liter Gas unter einem gegebenen Druck und bei einer gegebenen Temperatur n, so können wir dieses *gemutmaßte* Verbindungsverhältnis ausdrücken durch die Gleichung:

$$n \text{ Mol. } Wasserstoff + n \text{ Mol. } Chlor = n \text{ Mol. } Chlorwasserstoff,$$

in der das ⊢-Zeichen eine Vereinigung der Molekeln zu einer *chemischen Verbindung* andeuten soll. Verliefe der Vorgang so, dann würden sich also *n Molekeln* Chlor mit *n Molekeln* Wasserstoff zu *n Molekeln* Chlorwasserstoff *verbinden*. Diese *n* Molekeln würden dann $1\,l$ Chlorwasserstoff geben.

Aber die Erfahrung lehrt etwas anderes: Verbinden sich $1\,l$ Wasserstoff und $1\,l$ Chlor zu Chlorwasserstoff, so entstehen *tatsächlich* $2\,l$ Chlorwasserstoff. Das heißt aber: *n* Molekeln Wasserstoff $+$ *n* Molekeln Chlor geben $2\,n$ Molekeln Chlorwasserstoff. ($2\,n$ weil ja *jedes* Liter Chlorwasserstoff *n* Molekeln enthält, also $2\,l$ nach dem AVOGADRO - Satze $2\,n$ Molekeln enthalten!) Dann ist also die Annahme, daß je 1 Molekel Chlor und je 1 Molekel Wasserstoff sich zu *einer* Molekel Chlorwasserstoff verbinden, falsch. Wir müssen vielmehr annehmen: aus 1 Molekel Chlor und 1 Molekel Wasserstoff bilden sich 2 Molekeln Chlorwasserstoff, und jede Molekel Chlor und jede Molekel Wasserstoff besteht aus *zwei gleich*artigen Teilen. Man ist somit zu der weiteren Annahme gezwungen: es besteht ein Unterschied zwischen der kleinsten Stoffmenge, *die frei bestehen* kann, und der kleinsten Stoffmenge, die sich *chemisch verbinden* kann. Die erste Menge nennt man „Molekül", die zweite „Atom". Man muß das Molekül also aus *mehreren* Atomen bestehend annehmen. Denken wir uns das Wasserstoff*molekül* aus 2 Wasserstoff*atomen* bestehend und das Chlor*molekül* aus 2 Chlor*atomen*, so müssen wir uns vorstellen, daß bei der Vereinigung des Wasserstoffes und des Chlors zu Chlorwasserstoff die Moleküle sich in die Atome spalten, und je ein *Atom* Chlor sich mit je einem *Atom* Wasserstoff zu einem *Molekül* Chlorwasserstoff verbindet. Man drückt das aus durch die Gleichung:

$$n\,\mathrm{Cl}_2 + n\,\mathrm{H}_2 = 2\,n\,\mathrm{HCl}.$$

Hierin bedeutet Cl ein *Atom* Chlor, Cl_2 das aus 2 Atomen Chlor bestehende *Molekül* Chlor, H und H_2 bedeuten entsprechendes für Wasserstoff, ferner HCl, das aus einem Atom H und einem Atom Cl bestehende Molekül Chlorwasserstoff. Konsequent muß man dem zweiatomigen *Molekül* doppelt soviel Masse, also auch doppelt soviel Gewicht zuschreiben wie dem *Atom*, kurz das Atomgewicht gleich der Hälfte des Molekulargewichts setzen. Man bezieht die Atom- und die Molekulargewichte aller Stoffe auf das Atom- und das Molekulargewicht des Sauerstoffes. Das Atomgewicht des Sauerstoffes setzt man 16, sein Molekulargewicht infolgedessen gleich 32.

Enthalten aber gleiche Gasvolumina *gleich viel* Moleküle, so verhalten sich die *Gewichte gleicher* Gasvolumina zueinander wie die Gewichte der Gasmoleküle, man sagt: wie die *Molekulargewichte* der Gase. Dividiert man also das Gewicht irgendeines Gasvolumens von $v\,\mathrm{cm}^3$ durch das Gewicht eines gleich großen Volumens Sauerstoff, so ist

$$\frac{\text{Gewicht von } v \text{ cm}^3 \text{ Gas}}{\text{Gewicht von } v \text{ cm}^3 \text{ Sauerstoff}} = \frac{\text{Molekulargew. des Gases}}{\text{Molekulargew. des Sauerstoffes}}.$$

Dividiert man links Zähler und Nenner gleichzeitig mit der Größe „Gewicht
von v cm³ Luft", so erhält man:

$$\frac{\dfrac{\text{Gew. von } v \text{ cm}^3 \text{ Gas}}{\text{Gew. von } v \text{ cm}^3 \text{ Luft}}}{\dfrac{\text{Gew. von } v \text{ cm}^3 \text{ Sauerstoff}}{\text{Gew. von } v \text{ cm}^3 \text{ Luft}}} = \frac{\text{Molekulargew. des Gases}}{\text{Molekulargew. des Sauerstoffes}} .$$

Der Zähler des Bruches links ist die Dampfdichte D des Stoffes, bezogen auf
Luft (S. 331 m.), der Nenner die entsprechende Größe für Sauerstoff, die den
Wert $32/28{,}98 = 1{,}1042$ besitzt. Also erhalten wir:

$$\frac{D}{1{,}1042} = \frac{M}{32} , \text{ also } M = \frac{32 \cdot D}{1{,}1042} = 28{,}98 \cdot D .$$

M, das gesuchte Molekulargewicht des Gases, ist also rund gleich $29 \cdot D$.

Mißt man die Dampfdichte, so kann man daher die Richtigkeit chemischer
Formeln prüfen. Unterscheidet sich die gemessene Dampfdichte von der theoretisch berechneten sehr stark, so wird man auf chemische Vorgänge aufmerksam,
die man sonst kaum entdecken könnte, wie z. B., daß der Quecksilberdampf
aus Atomen (nicht Molekülen) besteht, daß der Schwefeldampf bei ca. 1000⁰
nicht 2, sondern 6 Atome im Molekül enthält u. a. m.

Bezieht man die Dampfdichte statt auf Luft wieder auf Wasser, so muß man die für
D abgeleiteten Zahlen mit der Dichte der Luft multiplizieren. Man findet die Dichte eines
Gases bei 0⁰ und dem Druck 1 atm zu $d = D \cdot 0{,}0012932$ g/cm³ d. h. $d = \dfrac{M}{32} 1{,}1042 \cdot 0{,}0012932$
$= \dfrac{M}{22417}$ g/cm³. Das spez. Volumen, d. h. das Volumen von 1 g Masse, folgt hieraus zu
$v = \dfrac{1}{d} = \dfrac{22417}{M}$ cm³/g. Das Volumen von M g Masse, d. h. also der durch das Molekulargewicht bestimmten Masse, ein Mol, ist für jedes Gas dieselbe Zahl, und ergibt sich, wenn
man die meist sehr geringe Abweichung vom BOYLE-MARIOTTE-Gesetz berücksichtigt, zu
22415 cm³ oder 22,415 *l*. Dieses auf 0⁰ und den Druck 1 atm, d. h. auf die Normalbedingungen
bezogene Volumen heißt das *normale Molvolumen*.

F. Thermochemische Vorgänge.

Dissoziation. Die Verwandlung des flüssigen Aggregatzustandes in den gasförmigen ist nicht die letzte Veränderung, die ein Stoff durch Wärmeaufnahme
erfahren kann. Ist die gesamte Flüssigkeit in Dampf verwandelt, so bewirkt
die weitere Wärmeaufnahme *zunächst* nur Temperaturerhöhung des Dampfes,
schließlich aber etwas ganz Neues: *Zerlegung der Dampfmoleküle (Dissoziation)*.
Hat sich z. B. eine Menge Wasser durch Wärmeaufnahme ganz in Dampf verwandelt,
so zerfällt bei weiterer Wärmeaufnahme die gasförmige Wassersubstanz schließlich in ihre Bestandteile Sauerstoff und Wasserstoff. Die aufgenommene Wärme
wird dabei zu der Arbeit verbraucht, die nötig ist, um die (vermöge ihrer *Affinität*
bestehende) „chemische Verbindung" des Sauerstoffes und des Wasserstoffes
aufzuheben. Ein Gas hat aber nicht etwa eine bestimmte *Dissoziations*temperatur
wie eine Flüssigkeit eine bestimmte Siedetemperatur hat, sondern die Disso-,
ziation beginnt bei einer gewissen *Anfangs*temperatur, verläuft immer stärker
bis zu einer mittleren *Zersetzungs*temperatur (Dissoziationstemperatur), bei der
sie am lebhaftesten ist, um dann allmählich abzunehmen, bis sie bei der *End-*
temperatur aufhört. Die Bezeichnung Anfangs- und Endtemperatur bedeuten
nur ungefähre Temperaturgrenzen der *deutlich wahrnehmbaren* Dissoziation.
Nach NERNST sind unter dem Druck 1 atm bei 1700⁰ etwa 0,6%, bei 2200⁰
etwa 4% aller Wasserdampfmoleküle dissoziiert. Nach der kinetischen Gastheorie stellen wir uns die Dissoziation so vor: Prallt ein Molekül an ein anderes
oder an die Gefäßwand, dann wird es in seine Atome zertrümmert. Je höher nun

die Temperatur eines Gases ist, um so mehr Moleküle werden diejenige kinetische Energie erreichen, die zur Zertrümmerung nötig ist. Hiermit steht im Einklang, daß die Dissoziation mit steigender Temperatur zunimmt. *Einzelne* Moleküle können auch schon bei verhältnismäßig tiefer Temperatur so große Geschwindigkeit und kinetische Energie erreichen und daher zerfallen; die wirklich vorkommende kinetische Energie der einzelnen Moleküle gehorcht nämlich den Gesetzen des Zufalls, nur der *Mittel*wert der kinetischen Energie *aller* Moleküle wird eindeutig durch die Temperatur bestimmt. Von n Gasmolekülen ist bei der Temperatur t und bei dem Druck p stets ein bestimmter Bruchteil x dissoziert. Im Wasserdampf z. B. sind von n Molekülen H_2O bei der Temperatur t und den Druck p im ganzen nx Moleküle dissoziiert, d. h. es sind nur $n - nx = n(1 - x)$ Moleküle H_2O vorhanden, ferner $n \cdot x$ Moleküle H_2 und nx Atome O, die sofort $n/2 \cdot x$ Moleküle O_2 bilden. Statt der ursprünglichen n Moleküle sind nach der Dissoziation also $n(1 - x) + nx + n/2 \cdot x = n(1 + x/2)$ Moleküle vorhanden. Die Größe x heißt der *Dissoziationsgrad*. Nachdem sich in dem Gasgemisch von H_2O, H_2 und O_2 ein bestimmter Dissoziationsgrad eingestellt hat, sind aber die chemischen Umsetzungen keineswegs zu Ende. Auch dann zerfällt jedes Wassermolekül, das einen genügend wuchtigen Stoß bekommt, in seine Atome. Gleichzeitig aber, wenn zwei Wasserstoffmoleküle und ein Sauerstoffmolekül mit genügender Wucht zusammentreffen, verbinden sie sich zu Wasser. Im *Gleichgewichtszustand* zerfallen pro Sekunde *ebensoviel* Moleküle, wie sich von neuem bilden. — Wie man nach der kinetischen Theorie erwarten muß, daß sich bereits bei Zimmertemperatur einige, wenn auch sehr wenige Wasserdampfmoleküle spalten, so muß man auch schließen, daß sich bereits bei Zimmertemperatur Wassermoleküle *bilden* müssen. Der endgültige Gleichgewichtszustand zwischen diesen drei Gasen ist bei Zimmertemperatur sogar nur dann möglich, wenn sich Wasserstoff und Sauerstoff nahezu restlos zu Wasser vereinigt haben. Dem scheint die Tatsache zu widersprechen, daß sich ein Gemisch von Sauerstoff und Wasserstoff *unter gewöhnlichen Umständen* keineswegs in Wasser verwandelt. Der Grund: bei Zimmertemperatur geht die Verbindung sehr langsam vonstatten; die *Reaktionsgeschwindigkeit* ist sehr klein. (Durch einen elektrischen Funken kann man das Gasgemisch explosionsartig, zu Wasser umwandeln.) — Den Verlauf der Dissoziation eines Stoffes kann man *indirekt* durch die Messung seiner Dampfdichte verfolgen (s. S. 331). Die Dampfdichte hängt ja von dem mittleren Molekulargewicht aller Moleküle ab, und das mittlere Molekulargewicht ändert sich infolge der Zersetzung der Substanz. — Geben die im Gleichgewicht befindlichen Spaltungsprodukte die Wärme nach außen wieder ab, so vereinigen sie sich wieder. Salmiak, der in einem geschlossenen Gefäße durch Erhitzung dissoziiert wird, zerlegt sich in Ammoniakgas und Chlorwasserstoffgas; wird den Gasen die Wärme wieder entzogen, so vereinigen sie sich wieder zu Salmiak. Die durch Dissoziation des Wasserdampfes voneinander getrennten Gase Wasserstoff und Sauerstoff vereinigen sich beim (langsamen) Erkalten wieder zu Wasser.

Wegen des spontanen Rückganges entzieht sich die Dissoziation leicht der Wahrnehmung. (Erste Beobachtung GROVE, 1847, erste eingehende Untersuchung ST. CLAIRE DEVILLE, 1857.) Man kann sie aber nachweisen, wenn man die Dissoziationsprodukte durch eine poröse Scheidewand diffundieren läßt: infolge der Verschiedenheit ihrer Molekulargewichte, also auch ihrer Dichte, diffundieren sie verschieden schnell (S. 189 u.) und trennen sich dadurch insofern voneinander, als nach einer gwissen Zeit der auf der einen Seite der porösen Platte befindliche Anteil mehr von dem weniger dichten (schnelleren) Dissoziationsprodukt enthält, der auf der anderen mehr von dem dichteren (langsameren).

Bei der Dissoziation des Salmiaks z. B. sieht man das daran (an der Lackmus-färbung), daß der eine Teil alkalisch reagiert (der an NH_3 reichere), der andere sauer (der an HCl reichere).

Wärmetönung. Die *Dissoziation* chemischer Verbindungen und die Wieder-vereinigung der Spaltungsprodukte sind nur Sonderfälle der *thermochemischen* Vorgänge. Chemische Vorgänge sind stets mit Wärmeaufnahme oder mit Wärme-abgabe verbunden. Sie laufen stets darauf hinaus, daß sich die Atome um-gruppieren, die vor dem Eintreten des chemischen Prozesses ein anderes System mit anderen Eigenschaften gebildet haben, als sie nachher bilden. Vermengt man z. B. Eisen und Schwefel innigst, so sind die Eisenteilchen von den Schwefelteilchen (nötigenfalls unter dem Mikroskop) voneinander zu unter-scheiden und auf mechanischem Wege auch wieder voneinander zu trennen; sie bilden nur ein *mechanisches Gemenge*. Bilden sie aber vermöge ihrer „Affinität" Schwefeleisen, so ist in dieser chemischen *Verbindung* selbst im Mikroskop weder von Eisen noch von Schwefel etwas wahrzunehmen, und der neue Stoff hat Eigenschaften, die weder die des Eisens noch die des Schwefels sind, obwohl er aus beiden besteht.

Während sich die Stoffe verbinden, gleichsam atomar verschmelzen, *geben* sie Wärme *ab* (*exothermische* Reaktion). Verbinden sich z. B. 56 g Eisen (Fe) und 32 g Schwefel (S) zu 88 g Schwefeleisen (FeS), so geben sie 23 800 cal ab. Man formuliert das durch die *thermochemische Gleichung*:

$$Fe + S = FeS + 23\,800 \text{ cal.}$$

oder auch $$Fe + S - FeS = 23\,800 \text{ cal,}$$
oder auch $$(FeS) = 23\,800 \text{ cal.}$$

Die Atomsymbole bedeuten so viele Gramm, wie die Atomgewichtszahl des Stoffes angibt. — Aber es gibt auch chemische Vorgänge, die Wärme *verbrauchen* (*endothermische* Reaktion), in dieser Beziehung also dem Verdampfen einer Flüssigkeit oder dem Schmelzen eines starren Körpers gleichen: In ihre thermo chemische Gleichung muß man in diesem Falle die Kalorienzahl negativ einsetzen.

Jeder chemische Vorgang, der nicht in einem engbegrenzten, fest abge-schlossenen Raume verläuft, ist mit äußerer mechanischer Arbeitsleistung ver-bunden; auch diese muß man — in die äquivalente Wärmemenge umgerechnet — in die Wärmebilanz des Vorganges einsetzen. Fast immer besteht sie in der Überwindung des Atmosphärendruckes bei der mit der Reaktion verbundenen Volumenänderung. beträgt also soundso viel Liter-Atmosphären. Die Arbeit von 1 Liter-Atmosphäre ist 24,20 cal äquivalent. Durch Multiplikation mit 24,20 kann man also die Arbeit der in Liter gemessenen Volumenänderung in Grammkalorien umrechnen. (Ist die Reaktion zu Ende und das System wieder auf der Anfangstemperatur, so muß nach dem Gesetz von der Erhaltung der Energie die entwickelte Wärmemenge Q plus der vom System geleisteten Arbeit A gleich der Abnahme der inneren Energie U des Systems sein, S. 276 u.)

Die *Summe* der bei einer Reaktion entwickelten (verzehrten) Wärmemenge und der geleisteten (verbrauchten) äußeren Arbeit, beide in Grammkalorien aus-gedrückt, gibt also die Änderung der *gesamten* Energie des Systems an. Sie heißt (JUL. THOMSEN) *Wärmetönung* der Reaktion; sie ist positiv oder negativ, je nachdem die Reaktion Wärme entwickelt oder verzehrt und Arbeit leistet oder verbraucht.

Ein Beispiel: Löst man 1 Grammatom Zink, 65,4 g in verdünnter Schwefelsäure — die Anfangstemperatur sei 20^0 C —, so entstehen schwefelsaures Zink und 2 g (1 Mol) freier Wasserstoff. Dabei werden 34 200 cal entwickelt. Das in Freiheit gesetzte 1 Mol Wasser-stoff erfüllt (S. 163) bei 0^0 und 760 mm Druck 22,41 l, bei der absoluten Temperatur T also den Raum 22,41 · $T/273$ l, es leistet somit bei seiner Ausdehnung gegen die Atmosphäre eine Arbeit von 22,41 $T/273 = 0,0821$ l T Liter-Atmosphären oder (S. 164 o. u. S. 275 o.) rund

2 T cal. Und da hier $T = (273 + 20)^0$ C, so leistet der Wasserstoff $2(273 + 20) = 586$ cal. Die Wärmetönung dieser Reaktion, die Differenz zwischen dem Energieinhalt des Systems vor Beginn und nach Beendigung der Reaktion, beträgt also $34200 + 586 = 34786$ cal. Die thermochemische Gleichung ist daher:

$$(\text{Zn}) + (\text{H}_2\text{SO}_4) - (\text{ZnSO}_4 + \text{H}_2) = 34786 \text{ cal.}$$

Trotz der *sehr großen* Volumenänderung (infolge der Gasentwicklung) beträgt die äußere Arbeitsleistung nur $1\,2/3$ % der ganzen Wärmetönung; wo die reagierenden und die entstehenden Stoffe alle fest oder flüssig sind, darf man sie daher bei nicht sehr hohen Ansprüchen an Genauigkeit vernachlässigen.

Ein anderes Beispiel: Verbrennen 2 g Wasserstoff mit 16 g Sauerstoff, also 1 Mol Wasserstoff mit $1\,2$ Mol Sauerstoff, zu flüssigem Wasser von 20° C, so entstehen 68400 cal. Dabei verschwinden die $1\,1/2$ Mol Gas, d. h. das Volumen der reagierenden Stoffe verkleinert sich um $3 \cdot 2 \cdot 22,41 \cdot T/273$ l. War die Anfangstemperatur wieder 20° C, so *leistet* jetzt der *Atmosphärendruck* Arbeit an dem System, und zwar $3/2 \cdot 2 T = 3/2 \cdot 2(273 + 20) = 879$ cal; diese Arbeit haben die reagierenden Stoffe *verbraucht*, die Wärmetönung der Reaktion beträgt daher $68400 - 879 = 67521$ cal. Die thermochemische Gleichung ist:

$$(\text{H}_2) + (\text{O}) - (\text{H}_2\text{O}) = 67521 \text{ cal.}$$

In diesem Betrage sind auch die $18 \cdot 538 = 9684$ cal enthalten, die bei der Kondensation des Wasserdampfes zu Wasser frei geworden sind, also eine Wärmemenge, die von dem Ablauf eines *physikalischen* Prozesses herrührt, der mit dem chemischen zufällig parallel geht.

Wärmetheorem von NERNST. Nach dem ersten Hauptsatz ist die Energiezunahme $U_2 - U_1$ eines Körpers gleich der von ihm aufgenommenen Wärme. vermindert um die bei dem Vorgange von ihm geleistete Arbeit (S. 276 u.). Bei einem chemischen Prozeß z. B., der *ohne* Arbeitsleistung vor sich geht (ohne *mechanische*, also ohne Volumenänderung, etwa in einem abgeschlossenen Raum), ist die Energie*zunahme* danach gleich der von dem Körper aufgenommenen Wärme, oder seine Energie*abnahme* gleich der von ihm an die Umgebung *abgegebenen* Wärme, kurz: gleich der Wärmetönung U des Prozesses, sie ist die gesamte Energie, die bei dem Prozeß gewonnen wird. Die Wärmetönung besitzt je nach der Temperatur eine andere Größe.

Zum Beispiel: Bei der Bildung von Bleijodid aus Blei und Jod tritt eine Wärmemenge von 41850 cal auf, wenn die Umwandlung bei Zimmertemperatur stattfindet und wenn sich 207 g Blei (1 Grammolekül) mit 254 g Jod (2 Grammoleküle) zu 461 g Bleijodid (1 Grammolekül) verbinden. Diese Wärmetönung (in Kalorien) läßt sich in Abhängigkeit von der Temperatur durch die Beziehung $U = 41825 + 3,1 \cdot 10^{-4} T^2$ darstellen.

Bei der Bildung einer chemischen Verbindung ist neben der Wärmetönung noch eine zweite Größe von Bedeutung, nämlich die Arbeit A, die die an der chemischen Umsetzung beteiligten Komponenten bei vorgeschriebener Temperatur unter *günstigsten* Bedingungen leisten können. Die maximale Arbeit wird auch die *Affinität* der Verbindung genannt und dient als Maß für die chemische Verwandtschaft der Körper zueinander. Sie hängt wie die Wärmetönung U von der Temperatur ab.

Bei der Bildung von Bleijodid kann man die maximale mögliche Arbeit leicht elektrisch messen. Man kann nämlich mit Blei und Jod ein elektrisches Element herstellen, wie man es (im Daniellelement) mit Zink und Schwefelsäure kann (S. 404 u.). Entnimmt man dem Element Strom, so entzieht man ihm Energie, man zwingt es, Arbeit zu leisten. Die Umsetzung der chemischen Energie in elektrische erfolgt ohne Verlust, man gewinnt daher auf diese Weise unmittelbar die maximal mögliche Arbeit. Wir nennen sie A, wenn in dem Element die gleichen Mengen umgesetzt werden, wie vorher bei der Messung der Wärmetönung.

Wärmetönung und Affinität treten nicht nur bei chemischen Vorgängen auf. sondern auch dann, wenn ein und derselbe Stoff von *einem* Zustand in einen *anderen* übergeht, z. B. Schwefel aus der rhombischen Kristallform in die monokline oder Wasser in Eis u. dgl.

Unterkühltes Wasser verwandelt sich unter gewissen Umständen stürmisch (Affinität A groß) in Eis, wobei Wärme frei wird. Sind aber Wasser von 0° und Eis von 0° in Berührung miteinander, so tritt keine Veränderung ein (außer bei einem Eingriff von außen), sie sind im Gleichgewicht, in diesem Fall ist die Affinität Null. Nicht aber ist die Wärmetönung

Null, denn wenn wir durch äußere Eingriffe bewirken, daß Wasser von 0^0 zu Eis von 0^0 wird, so wird Wärme frei, pro Gramm Wasser nahezu ebensoviel, wie wenn der Prozeß bei -10^0 abliefe. Gleichzeitig ist die maximale Arbeit während der erzwungenen Umsetzung von Wasser in Eis bei 0^0 verschwindend klein.

Wir vergleichen nun die Wärmetönung U und die maximale Arbeit (Affinität) A, bei *derselben* Temperatur T miteinander, nachdem wir beide auf dasselbe Energiemaß umgerechnet haben. Im allgemeinen sind sie *verschieden* (wie schon das *erstarrende* Wasser zeigt: bei 0^0 war A gleich Null, U aber ziemlich groß), aber sie sind (bei allen untersuchten chemischen Prozessen, an denen nur flüssige und feste Körper teilnehmen [die gasförmigen sind zunächst ausgeschlossen]),

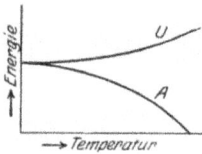

Abb. 400. Zum Wärme-
theorem von Nernst.

um so *weniger* verschieden, bei je *tieferer* Temperatur T man sie vergleicht. Extrapoliert man auf $T = 0$, so sind sie zwanglos einander gleich zu setzen. Ferner hat sich gezeigt: U und A ändern sich nahe am absoluten Nullpunkt sehr wenig mit der Temperatur, und ihre Kurven berühren sich hier asympotisch (Abb. 400). — Diese beiden *rein empirischen* Sätze enthalten das von Nernst im Jahre 1906 aufgestellte *Wärmetheorem in seiner ursprünglichen Fassung.*

Bei höherer Temperatur wird im allgemeinen auch unter den günstigsten Bedingungen nicht der ganze verfügbare Energiebetrag (den die Wärmetönung U mißt) in Arbeit umgesetzt, sondern ein Teil erscheint als Wärme. Im allgemeinen ist also A kleiner als U; nur nahe dem absoluten Nullpunkte sind beide gleich.

Der Verlauf der U-Kurve (der Wärmetönung) ist angebbar, wenn man die Wärmetönung bei *einer* Temperatur gemessen hat und wenn man die spezifischen Wärmen der an der Reaktion beteiligten Stoffe in Abhängigkeit von der Temperatur kennt; von der Kurve für die Affinität kann man zunächst nur feststellen, daß sie bei *irgendeiner Temperatur* durch Null gehen muß. Denn ebenso wie es für Wasser und Eis eine Gleichgewichtstemperatur gibt, so gibt es auch für jeden chemischen Prozeß eine Temperatur, bei der die gleichzeitig nebeneinander vorhandenen Stoffe sich *nicht* ohne besondere äußere Einflüsse zu der Verbindung zusammenschließen, die sie bei tieferer Temperatur ohne weiteres bilden. Diese zum Punkt $A = 0$ gehörige *Gleichgewichtstemperatur* besitzt hohes praktisches Interesse. Man kann sie ebenso wie den ganzen Verlauf der Affinitätskurve A mit dem Wärmetheorem berechnen, wenn der Verlauf der Kurve für die Wärmetönung U bekannt ist. Diese Berechnung gelingt, wenn man das Theorem in der oben ausgesprochenen Fassung mit den zwei Hauptsätzen der Thermodynamik verbindet. Es ergibt sich: $U = U_0 + \beta T^2$ $A = U_0 - \beta T^2$.

Der große Wert des Theorems von Nernst besteht darin, daß man lediglich aus Wärmemessungen — die man allerdings bis zu sehr tiefen Temperaturen fortführen und zum absoluten Nullpunkt extrapolieren muß — die maximale Arbeit oder Affinität A in dem ganzen Temperaturgebiet herleiten kann, in dem man die Wärmemessungen angestellt hat. Knüpfen wir an das Beispiel für Bleijodid an. Das Wärmetheorem liefert für die maximale Arbeit dieser Verbindung (in Kalorien) $A = 41825 - 3{,}1 \cdot 10^{-4} T^2$; oben hatten wir die Wärmetönung $U = 41825 + 3{,}1 \cdot 10^{-4} T^2$ angegeben. In diesem einfachen Fall unterscheiden sich U und A nur durch das Vorzeichen des zweiten Gliedes rechts. Aus der maximalen Arbeit ergibt sich die elektromotorische Kraft der Zelle durch Division mit einem Umrechnungsfaktor, der für unser Beispiel gleich 46092 ist. Lediglich aus Wärmemessungen kann man so die elektromotorische Kraft des Bleijodidelementes zu $e = 0{,}9074 - 0{,}57 \cdot 10^{-8} T^2$ Volt ableiten.

Als weiteres Beispiel diene die Berechnung der Temperatur bei der Umwandlung des rhombischen Schwefels in monoklinen. Die Wärmetönung des Vorganges läßt sich den Versuchen zufolge (Broensted) durch $U = 1{,}57 + 1{,}15 \cdot 10^{-5} T^2$ in cal pro Gramm wiedergeben. Nach dem Theorem von Nernst folgt hieraus die Affinität zu $A = 1{,}57 - 1{,}15 \cdot 10^{-5} T^2$. Berechnen wir hieraus die Umwandlungstemperatur T_0, bei der $A = 0$ wird, so findet sich $T_0 = 369^0$ abs. Temp. oder $t = 369 - 273 = 96^0$ C als Gleichgewichtstemperatur zwischen den beiden Kristallmodifikationen. Direkte Messungen haben das bestätigt.

Das Theorem von Nernst erlaubt ferner, lediglich aus Wärmemessungen die Bedingungen für den Gleichgewichtszustand zwischen den Komponenten einer beliebigen Verbindung zu berechnen, wenn für jeden an der chemischen Verbindung beteiligten Stoff noch seine *chemische Konstante* bekannt ist, die man aus den Dampfdrucken des Stoffes ableiten kann. Sind die entsprechenden Wärmedaten und chemischen Konstanten bekannt, so läßt sich z. B. ausrechnen, wieviel Ammoniak aus Wasserstoff und Stickstoff entsteht, wenn das Gemisch bei gegebenem Druck so lange einer gegebenen Temperatur ausgesetzt wird, bis Gleichgewicht eingetreten ist.

Während sich der dritte Hauptsatz dem Grundgedanken und seiner Formulierung nach (S. 338 o.) *unmittelbar* nur auf den absoluten Nullpunkt bezieht, liegt, wie die Beispiele zeigen, sein *Anwendungsbereich* im Gebiet bequem erreichbarer Temperaturen. Aber sehr wichtige Schlüsse auf die *Eigenschaften* der Materie dicht am absoluten Nullpunkt vermittelt er. In erster Linie: Mit Annäherung an ihn werden die (auf die Masseneinheit bezogenen) Entropien aller festen und flüssigen Körper (die gasförmigen sind auch hier zunächst auszunehmen) asymptotisch einander gleich. Nach den Auseinandersetzungen über den zweiten Hauptsatz bedeutet das: Ein Körper hat am absoluten Nullpunkt unter allen Umständen, z. B. in verschiedenen Kristallisationszuständen, dieselbe Zustandswahrscheinlichkeit, so daß bei diesen tiefen Temperaturen alle Vorgänge reversibel sind. Der Zahlenwert der Entropie selbst läßt sich auch aus dem dritten Hauptsatz nicht ableiten. Da aber in der theoretischen Wärmelehre stets nur Entropie-*änderungen* auftreten, so ist es zweckmäßig, die Entropie (aller festen und flüssigen Körper) am absoluten Nullpunkt mit Null zu bezeichnen.

Von rein physikalischen *Folgerungen aus dem dritten Hauptsatze* nennen wir noch: Ausdehnung und Drucksteigerung beim Erwärmen eines Gases werden dort gleich Null, oder anders: Volumen und Druck werden dort von der Temperatur unabhängig, daher das völlige Versagen der Gasgesetze dicht beim absoluten Nullpunkt (*Entartung* der Gase). Die spezifische Wärme fester und flüssiger Körper geht ebenso wie die Thermokraft und der Peltier-Effekt eines Metallpaares (S. 392 u.) mit Annäherung an den absoluten Nullpunkt asymptotisch zu Null über. Auch der elektrische Widerstand und jede andere Eigenschaft eines Stoffes ändert sich in der Nähe des absoluten Nullpunktes nur asymptotisch, und zwar so, daß schon beträchtlich oberhalb des absoluten Nullpunktes alle Änderungen sehr klein sind. Somit gibt es, selbst *wenn* man den absoluten Nullpunkt erreicht, kein *Kennzeichen* dafür, daß man ihn wirklich erreicht hat. Aber das ist belanglos, denn die Folgerungen des dritten Wärmesatzes lehren, daß es ebenso unmöglich ist, einen Körper bis zur Temperatur $T = 0$ abzukühlen, wie es unmöglich ist, ein Perpetuum mobile erster oder eines zweiter Art herzustellen.

Verbrennungswärme. Die Wärmemengen, die bei der Bildung chemischer Verbindungen entstehen oder verschwinden, sind im Kalorimeter meßbar — man benützt meist ein Wasserkalorimeter, zuweilen das Bunsen-Eiskalorimeter —, ohne weiteres jedoch nur bei Reaktionen, die so schnell verlaufen, daß die (unkontrollierbaren) Wärmeverluste unerheblich sind, und die vollständig und einfach verlaufen (ohne unkontrollierbare Nebenreaktionen). Diese zweite für die Durchführbarkeit der Messung unerläßlichen Bedingungen erfüllen nur sehr wenige Reaktionen. Man kann sie aber fast immer herbeiführen, wenn man die Reaktionen auf einem Umwege von dem Anfangszustand zu dem Endzustand der reagierenden Stoffe verlaufen läßt, d. h. wenn man geeignete Reaktionen zwischen die beiden Zustände einschaltet, deren Energiedifferenz man messen will.

So ist es uns nicht möglich, die Energiedifferenz zwischen Holzkohle und Diamant direkt zu bestimmen, weil eben die Überführung der einen Modifikation in die andere sich nicht bewerkstelligen läßt. Verwandeln wir aber Holzkohle und Diamant mit Hinzuziehung eines Zwischenkörpers in die gleiche Verbindung, so liefert die Differenz dieser beiden Wärmemengen den Wärmewert der Umwandlung aus der einen Modifikation in die andere. Ein derartiger, sehr häufig benutzter Zwischenkörper ist der Sauerstoff; als z. B. die verschiedenen Modifikationen des Kohlenstoffes verbrannt wurden (in der kalorimetrischen Bombe), ergab sich für

		cal	Differenz
amorphe Kohle (Holzkohle)	. . . .	97650	2840
Graphit	. . . .	94810	
Diamant	. . . .	94310	500

Es würden somit beim Übergang von 12 g Holzkohle in Graphit 2840, beim Übergang von 12 g Graphit in Diamant 500 cal entwickelt werden (NERNST).

Aus den an den Zwischenreaktionen direkt gefundenen Zahlen kann man die Zahlen für die zu untersuchende Reaktion *berechnen*; denn die Energiedifferenz zwischen zwei gleichen Zuständen des Systems muß die gleiche sein, unabhängig davon, auf welchem Wege, anders: mit welcher Zwischenreaktion es von dem einen in den anderen Zustand übergeht. Da in der kalorimetrischen Bombe keine äußere Arbeit geleistet wird, so erscheint die ganze Energiedifferenz in Form von Wärme. (Gesetz der konstanten Wärmesummen, HESS, 1840.) Die Gültigkeit des Gesetzes folgt aus dem ersten Hauptsatze der mechanischen Wärmetheorie; denn bestünde sie *nicht*, so brauchte man das reagierende System nur auf irgendeinem Wege mit größerer Wärme*entwicklung* in einen gewissen Endzustand überzuführen, und auf einem Wege mit kleinerem Wärme*verbrauch* in den Anfangszustand zurückzubringen, um Energie aus nichts zu gewinnen.

Sehr geeignet als Zwischenreaktionen, weil sie schnell, vollständig und einfach verlaufen, sind die Verbrennungen der Stoffe im Sauerstoff (Oxydationen). Daher ist es wichtig, die Wärmetönung der Oxydation der Stoffe zu kennen, ihre *Verbrennungswärme* zu ermitteln, d. h. wieviel Grammkalorien ein Stoff bei seiner vollständigen Oxydation pro Grammolekel entwickelt. Zur Ausführung der Verbrennung dient die kalorimetrische Bombe (BERTHELOT-MAHLER), ein innen platiniertes oder emailliertes Eisengefäß von ca. 0,3—0,4 l Inhalt, das auf ca. 25 atm verdichteten Sauerstoff und den zu verbrennenden Stoff enthält, und das ganz in das Kalorimeterwasser eintaucht. Man entzündet durch einen galvanisch glühenden Körper. — Die Verbrennungswärme beträgt z. B. für:

	Verbrennungsprodukt	pro g
Wasserstoff	H_2O	33760 cal
Kohlenstoff	CO_2	88137 ,,
Schwefel	SO_2	2307 ,,
Phosphor	P_2O_5	5747 ,,
Sumpfgas	—	13108 ,,
Ölbildendes Gas . .	—	11942 ,,

Besonders interessieren uns die Verbrennungswärmen der Heizstoffe (Kohle, Holz, Torf, Heizgas), die größtenteils aus Verbindungen von Kohle und Wasserstoff bestehen. Kalorimetrisch ergibt die Verbrennung von

1 kg Tannenholz (mit 12 % Wasser)	ca.	4400 kcal
1 ,, gute Braunkohle . . . . ,,		6000 ,,
1 ,, Koks . . . . ,,		7100 ,,
1 ,, Holz- und Steinkohle . . . . ,,	7—8000 ,,
1 ,, Petroleum (raffiniert, amerikanisches) . . . . . ,,		11400 ,,
1 ,, Gasöl (Diesel) . . . . ,,		10000 ,,
1 m³ Generatorgas . . . . ,,		838 ,,
1 ,, Dowsongas . . . . ,,		1313 ,,
1 ,, Wassergas . . . . ,,		2884 ,,
1 ,, Leuchtgas (gereinigt) . . . . ,,		5200 ,,
1 ,, Leuchtgas (ungereinigt) . . . . ,,		5600 ,,

Aber die kalorimetrisch vorhandene Verbrennungswärme kommt uns in den *Heizungs*anlagen nur zum kleinsten Teil zugute; selbst in den besten geht ungeheuer viel Wärme verloren. Um die Verbrennung zu unterhalten, muß man dauernd Sauerstoff, also frische Luft, dem auf dem Rost ausgebreiteten Brennmaterial zuführen und die des Sauerstoffes beraubte Luft davon wegführen. Zur Wegführung dient der Schornstein (Kamin). Die heiße Luft steigt in ihm auf und saugt die frische Luft von unten heran. Diese vermischt sich, durch den Rost tretend, mit dem Brennmaterial. Sie ist relativ kalt und verbraucht von den hier entwickelten Kalorien einen beträchtlichen Anteil zu ihrer Erwärmung. Auch die verbrauchte, von dem brennenden Material wegströmende Luft führt einen beträchtlichen Anteil davon durch den Schornstein weg. Man muß überdies viel mehr frische Luft zuführen, als ihrem Sauerstoffgehalt nach nötig erscheint; erfahrungsgemäß darf man nicht mehr als $^2/_3$ davon verbrauchen, der Stickstoff der Luft würde sonst den Prozeß durch Wärmeentziehung gar zu sehr schädigen. Um 1 kg Sauerstoff zur Verbrennung zu liefern, sind wenigstens 6,5 kg, d. h. 5 m³ Luft nötig. Wie aber zu geringe Luftzufuhr den Verbrennungsprozeß schädigt, ebenso eine zu starke, weil sie das Brennmaterial und den Ofen zu stark abkühlt. — In den *technischen* Heizungsanlagen kommt als weitere Verlustquelle hinzu die Ausstrahlung der Herdwärme und die Wegführung der erwärmten Luft zu der kälteren Umgebung (in den Öfen der *Wohnräume* gerade der *Zweck* der Heizung!). Alle diese Verluste verschlechtern die technische Ausnützung der Verbrennungswärme: 1 kg Steinkohle, vollständig verbrannt, liefert ca. 8000 kcal, würde, vollständig ausgenützt, also etwa 13 kg Wasser verdampfen können, verdampft tatsächlich aber in den besten Dampfkesselanlagen nur etwa 8—9 kg.

Regenerativofen von SIEMENS. Relativ klein sind die Wärmeverluste im SIEMENS - Regenerativofen (FRIED. SIEMENS, 1885): die Hitze der *aus* dem Ofen, einem Gasofen, *abziehenden* Verbrennungsprodukte (Abgase) werden dazu benützt, das *in* den Ofen strömende Gas (Frischgas) möglichst hoch zu erhitzen, ehe es in den eigentlichen Verbrennungsraum tritt. Man läßt die Abgase auf ihrem Wege zum Schornstein eine Kammer aus feuerfesten Ziegeln durchstreichen. Sie geben dabei einen großen Teil ihrer Wärme ab an die Wände der Kammer und an ein aus Ziegeln hergestelltes Fachwerk darin, die so einen Wärmespeicher von großer Kapazität bilden. Die abziehenden Gase gelangen dann durch eine zweite ebensolche Kammer in den Schornstein, das *Frisch*gas wird durch die erste (geheizte) Kammer geleitet, um die dort aufgespeicherte Wärme *aufzunehmen*. Jede der zwei Kammern wird in Perioden von einigen Stunden abwechselnd entweder in den Weg der Abgase oder in den des Frischgases eingeschaltet, das erste, um den Abgasen die Wärme wegzunehmen, das zweite, um die so gerettete Wärme an das Frischgas abzugeben. Die Öfen spielen eine Hauptrolle in der Stahlindustrie und der Glasindustrie.

Verbrennung. Reaktionsgeschwindigkeit. Explosion. Die Verbrennung hat einen anderen Charakter, je nachdem sie mit *offener* Flamme oder — in einer eingeschlossenen Gasmasse — mit *eingeschlossener* Flamme verläuft. Man nennt die erste eine *langsame* Verbrennung, die zweite eine *Explosion*. Gemeinsam ist beiden, daß das Gemisch von Brennstoff und Sauerstoff bei Zimmertemperatur *trotz der Affinität seiner Teile* chemisch indifferent ist — oder doch so *erscheint*; denn die Teile reagieren zwar aufeinander, aber bei Zimmertemperatur mit unwahrnehmbar kleiner *Reaktionsgeschwindigkeit*, mit wachsender Temperatur aber zum Endzustande der Reaktion hin, dem *chemischen Gleichgewichte* hin, mit immer größer werdender. (Treffen reaktionsfähige Stoffe aufeinander, so tritt eine Reaktion ein. Nach einer genügend langen Zeit ist sie beendet. Man sagt dann, das

System ist im chemischen Gleichgewicht. Den Begriff hat BERTHOLLET [1801] eingeführt.) Zur *Einleitung* einer Verbrennung (Oxydation) — gleichviel ob einer langsamen oder einer stürmischen — ist also, eine gewisse Reaktionsgeschwindigkeit und somit eine gewisse Anfangstemperatur erforderlich; zur *Unterhaltung* der Verbrennung mindestens die Unterhaltung der Anfangstemperatur. Je nach dem Grade der Entzündlichkeit des Brennstoffes ist sie anders. Unter den festen Körpern hat die niedrigste Phosphor, dann folgen Schwefel, Talg, Holz, Holzkohle, Steinkohle, Anthrazit; eine analoge Reihe bilden: Phosphorwasserstoff, Wasserstoff, ölbildendes Gas, Schwefelwasserstoff, Kohlenoxyd, Grubengas.

Um die Verbrennung einzuleiten, erhitzt man einen Teil des brennbaren Gemenges (Flamme, elektrischer Funken) bis zur Entzündung. Dadurch steigt die Reaktionsgeschwindigkeit in diesem Teil enorm: hier ist energische Reaktion und Erzeugung von Wärme, die die noch reaktionslosen Nachbarteile auf die Entzündungstemperatur erhitzt. Jetzt kommt es auch in den Nachbarteilen zu Reaktion und Wärmeerzeugung — und so fort von einer Nachbarschicht zur andern durch das ganze Gemisch. — Die Verbrennung pflanzt sich bei der langsamen Verbrennung ganz anders fort als bei der *Explosion*: bei der *langsamen* Verbrennung verbreitet sich die zur Erzielung der Entflammungstemperatur nötige Wärme durch *Leitung* von Punkt zu Punkt; die Geschwindigkeit, mit der sich die Verbrennung ausbreitet, hängt also 1. von der Größe der Wärmeleitung ab, und 2. davon, wie schnell die Reaktionsgeschwindigkeit des Gemisches mit seiner Temperatur steigt. Bei der explosiven Verbrennung spielt aber für ihre Fortpflanzung die mit der Verbrennung verbundene *Drucksteigerung* (in der am Ausweichen behinderten, weil eingeschlossenen Gasmasse) die Hauptrolle: ganz im Anfang geht die Wärme wie bei der langsamen Verbrennung durch Leitung auf die Nachbarschicht über. Die Verbrennung erhöht aber, da die Gasmasse eingeschlossen ist, den Druck ungeheuer, die noch unverbrannte Nachbarschicht wird durch die Kompression erwärmt, und dadurch wächst die Reaktionsgeschwindigkeit noch schneller, als wenn sie, *ohne* verdichtet worden zu sein, auf die gleiche Temperatur erhitzt worden wäre. Daher werden die nächsten Nachbarschichten *noch* stärker komprimiert und ihre Reaktionsgeschwindigkeit wird *noch* stärker beschleunigt als in der vorhergehenden — und so läuft eine Kompressionswelle mit immer steigender Geschwindigkeit — im Wasserstoff nach BERTHOLLET mit 2820 m pro sec — schließlich unter fast gleichzeitiger Entflammung von Schicht zu Schicht wie eine Schallwelle. Ein Gemisch von Wasserstoff und Sauerstoff, $2H_2 + O_2$, entzündet sich von selbst bei einer ohne Wärmeverlust (adiabatisch) verlaufenden, d. h. sehr raschen Kompression, von 1 atm auf 30—40 atm. Die mit der Explosion verbundene Wärmeentwicklung treibt die Temperatur auf 2000^0 bis 3000^0 und der *maximale Druck* der Explosion beträgt dann weit über 100 atm.

Verbrennungskraftmaschine (Gas-, Ölmaschine). In der Dampfmaschine *leitet* man die zur Umwandlung in mechanische Arbeit bestimmte Wärme in den Zylinder (im Dampf als Wärmeträger). In der Verbrennungskraftmaschine *erzeugt* man sie erst im Zylinder. Der Wärmeträger ist hier ein explosives Gemisch aus Luft mit einem Kraftgas (Gasmaschine), oder mit einem durch Vergaser fein zerstäubten Mineralöl (Leichtöle: Benzin, Benzol; Schweröle: Steinkohlenteeröl, Erdöl) [Ölmaschine]. Dadurch vermeidet man gewisse beim Dampfbetrieb auftretende Verluste des Wärmeträgers und man erreicht infolge der hohen Verbrennungstemperatur einen hohen Nutzeffekt, bis zu 36 % in den DIESEL-Motoren. Die hohen Gastemperaturen erfordern ausgiebige Luft- oder Wasserkühlung des Zylinders. Man erhöht ihre Wirtschaftlichkeit durch Verwertung der Abwärme ihrer Auspuffgase und des Kühlwassers. Der Arbeitsvorgang vollzieht sich so: Der Kolben geht

1. von dem einen Zylinderende (Abb. 401 a) — wir nennen diese Stellung I — an das andere in die Stellung II, während das Einlaßventil (E) offen, das Auspuffventil (A) geschlossen ist; dabei saugt er das explosive Gasgemisch an, das in der Stellung II den Raum $h + H$ einnimmt (Abb. 401 b);

2. vermöge der Trägheit des Schwungrades zurück in die Stellung I, während Einlaß- und Auspuffventil geschlossen sind, dabei komprimiert er das Gas auf das Volumen h (Abb. 401 c);

3. bei geschlossenen Ventilen infolge der durch die Zündeinrichtung (Zündkerze, Glühkopf u. a.) erfolgten Explosion des Gasgemisches (Arbeitshub) wieder in die Stellung II (Abb. 401 d);

4. bei geschlossenem Einlaß- und offenem Auslaßventil infolge der im Schwungrad gespeicherten Energie zurück nach I und treibt durch das Auslaßventil die Verbrennungsgase aus.

Nach Vollendung des vierten Kolbenweges (Taktes) ist der gleiche Zustand wie beim Beginn des ersten wiederhergestellt und das Kolbenspiel wiederholt sich. Man nennt einen solchen Motor Viertaktmotor. Diesem Verfahren, bei dem nur bei jeder zweiten Kurbelumdrehung Verbrennung und Nutzleistung erfolgt, steht das Zweitaktverfahren gegenüber. Hierbei wird, während der Kolben von Stellung I nach Stellung II geht, das Gemisch angesaugt, beim Rückgang verdichtet und entzündet, beim nächsten Takt das verbrannte Gemisch durch Kanäle in der Zylinderwandung, die der Arbeitskolben steuert, entfernt und neues angesaugt. Im Arbeitszylinder erfolgt also auf jede Kurbelumdrehung Verbrennung und Nutzleistung. Dieses Verfahren ist bei einigen Großgasmaschinen und neuerdings im

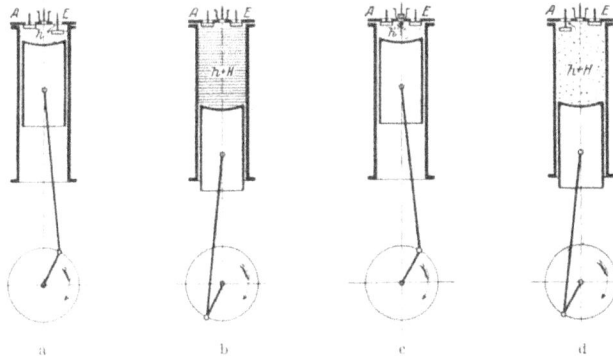

Abb. 401.   Verbrennungskraftmaschine (Viertaktmotor).

steigenden Maße bei Ölmotoren (z. B. Dieselmotoren für den Schiffsbetrieb) in Anwendung. Während Verbrennungskraftmaschinen im allgemeinen einfachwirkend ausgeführt werden, d. h. in den Motor das Gasgemisch nur an einem und demselben Ende einströmt, stets auf dieselbe Seite des Kolbens wirkend, werden liegende große Zweitaktmaschinen und größere Viertaktmotore auch doppelt wirkend gebaut.

Die gegenwärtige Leistungsgrenze für eine Kolbenseite beträgt bei Viertaktmotoren ca. 800, bei Zweitaktmaschinen ca. 1000 PS. Um höhere Leistung zu erreichen, vermehrt man die Arbeitszylinder. Die Verbrennungskraftmaschinen spielen in der Kraftwirtschaft eine ungeheure Rolle, z. B. als Leichtölmotoren für Kraftfahrzeuge, Luftschiffe und Flugzeuge, als Großgasmaschinen in elektrischen Zentralen der Hüttenwerke und Kokereien, als Schweröl-Dieselmotoren im Schiffsbetrieb.

Die Flamme. Flammen sind glühende Gasmassen, die von einer dünnen Reaktionszone ihre Wärme empfangen. Das einfachste Beispiel liefert die Flamme eines brennenden Gases, z. B. des reinen Wasserstoffs, die aus einer runden Öffnung brennt (Einlochbrenner). Die bei ganz reinem Wasserstoff in Luft kaum sichtbare Leuchterscheinung hat die Gestalt eines Doppelkegels, die eine Spitze liegt in der Brennermündung, die andere ist die Flammenspitze. Die Verbrennung erfolgt in einer äußerst dünnen Zone, deren Lage durch eine stöchiometrische Bedingung definiert ist: Die Verbrennungszone ist die Gesamtheit der Punkte, an denen sich der brennbare Wasserstoff mit dem Luftsauerstoff in stöchiometrischem Verhältnis $(2 H_2 : 1 O_2)$ begegnet. Im Innern der Gasmasse erfolgt keine Verbrennung, sondern lediglich eine allmähliche Erhitzung des

Wasserstoffs durch den Wärmestrom, der von der Brennfläche gegen die Brennermündung hin fließt. Ist das Gas nicht wärmebeständig, so wird es durch diesen
Wärmestrom auf dem Wege zur Brennfläche zersetzt. Diese Zersetzung führt
bei Kohlenwasserstoffen bis zur Bildung hochmolekularer fester Kohle in feinster
Verteilung, die in dem hocherhitzten Gasstrom vor der Erreichung der Verbrennungszone zum Glühen kommt. *Das ist die Ursache für das bekannte gelbweiße
Leuchten einer Leuchtgasflamme.* Die glühenden Kohlenpartikelchen finden, da
sie nicht Moleküle, sondern gröbere Teilchen sind, unter Umständen nicht Zeit
bei dem schnellen Durchtritt durch die dünne Verbrennungszone zu CO_2 (und
H_2O) zu verbrennen. In diesem Falle rußt die Flamme, wie man bei der Verbrennung von brennendem Benzoldampf leicht sieht. — Stoffe, die nicht selber
gasförmig sind, aber durch Wärme vergast werden, liefern Flammen, die den
Gasflammen in jeder Beziehung gleichen, wenn man ihnen den flüssigen Brennstoff in geeigneter Form darbietet. Das Beispiel einer solchen Flamme bietet
das Nachtlämpchen, das durch den Docht den regelmäßigen kapillaren Anstieg
einer kleinen Ölmenge bis in die Mitte der Flamme vermittelt, wo die zufließende
Wärme die Verdampfung des Öles herbeiführt. Geeignete feste Brennstoffe verwendet man in Form von Kerzen, bei denen der flüssige Zustand des Brennstoffes
durch Zuleitung und Zustrahlung der Schmelzwärme von der Flamme her erzeugt wird. Docht und Kerze sind in diesem Falle nach der Erfahrung so gewählt,
daß das Schmelzen beim Brennen der Kerze nur einen kleinen Bruchteil der
Masse erfaßt, der als Flüssigkeit den sich beckenartig aushöhlenden obersten
Teil der Kerze erfüllt. Der Docht ist so gewählt, daß er sich durch Verkohlung
und Abbrand im Maße des Verbrauchs der Kerze selber verzehrt.

Die vorstehend beschriebenen Flammen haben zum Kennzeichen, daß das
brennbare Gas mit der Luft nur längs der äußeren Hülle in Berührung tritt.
Luft und brennbares Gas sind bei diesen Flammen vertauschbar. Man kann
ebenso Leuchtgas in Luft, wie Luft in Leuchtgas verbrennen. Dabei auftretende
Verschiedenheiten finden ihre Erklärung darin, daß die zur Brennermündung
fließende Wärme bei zersetzlichen Gasen chemische Veränderungen bewirkt,
während die Luft solche nicht erfährt. Eine besondere Abart stellen die Flammen
dar, bei denen die Verbrennung von Luft in brennbarem Gas und die von brennbarem Gas in Luft *gleichzeitig* in Erscheinung treten. Ihr Typus ist die *Bunsenflamme.* Sie zeigt einen auf der Brennermündung aufsitzenden Kegel, in dem
Luftsauerstoff in überschüssigem Leuchtgas verbrennt. Dieser Kegel, *Innenkegel*, liefert als Verbrennungsprodukte ein Gemenge von Luftstickstoff mit den
vier Gasen Kohlenoxyd, Wasserdampf, Kohlensäure und Wasserstoff. Diese
heiße Gasmasse steigt empor und breitet sich aus bis zu dem Außenkegel, in dem
dieselbe stöchiometrische Bedingung erfüllt ist, die wir bei den einfachen Flammen
beschrieben haben. Es ist nämlich die von der einen Seite pro Zeiteinheit zutretende Menge brennbarer Bestandteile, Kohlenoxyd und Wasserstoff, stöchio-
metrisch äquivalent der von der andern Seite zutretende Menge des Luftsauerstoffs.
Die Lage des Innenkegels hingegen ist durch eine vollständig abweichende Bedingung bestimmt: der Innenkegel ist nämlich eine stehende Explosion, bei der
die Fortpflanzungsgeschwindigkeit der Entzündung an jedem Punkte des Kegel-
mantels, in dem die Verbrennung erfolgt, der Zuströmungsgeschwindigkeit der
Gas-Luft-Mischung entgegengesetzt gleich ist.

Die chemischen Wirkungen der Bunsenflamme spielen bei vielen Anwendungen eine wichtige Rolle. Sie sind ausgeprägte Reduktionswirkungen, wenn
der eingebrachte Gegenstand vom Innenkegel erhitzt und gleichzeitig vom Frischgas berührt wird; sie sind ausgeprägte Oxydationswirkungen, wenn er vom Außenkegel erhitzt und gleichzeitig von dem Luftüberschuß außerhalb desselben oxy-

diert wird. Ist der Gegenstand völlig in dem Raum zwischen beiden Kegeln eingetaucht, so entscheidet die Richtung seiner chemischen Veränderung das thermodynamische Gleichgewicht des erhitzten Stoffes mit den zuvor genannten Gasen, die dem Innenkegel entsteigen. Die chemischen Veränderungen in diesem Raume sind naturgemäß weniger ausgeprägt als bei der Einwirkung des Frischgases oder der überschüssigen Luft. Deshalb unterscheidet man dieses Gebiet als den Schmelzraum von den zuvor erläuterten oxydierenden und reduzierenden Flammenpartien. Von den optischen und elektrischen Erscheinungen in der Bunsenflamme ist wichtig, daß der Innenkegel sich durch eine deutliche Farbverschiedenheit des ausgestrahlten Lichtes und hohe Ionisation (s. d.) von den Gasen abhebt, die daraus hervorgehen. Das Bandenspektrum des Innenkegels entstammt den angeregten freien Radikalen Dikarbon (Swanspektrum), Methin (CH) und Hydroxyl (OH) (BONHOEFFER und HABER 1928), die Ionisation wesentlich (HABER und QUASEBARTH 1928) der bevorzugten Ionisierbarkeit des Dikarbons. Die Lebensdauer der erregten Moleküle ist so kurz, daß zwischen dem Innenkegel und dem daraus hervorgehenden Gas eine nahezu scharfe Grenze für das Auge besteht. Auch das Abklingen der Ionisation folgt so schnell, daß die Leitfähigkeit scheinbar sprunghaft zurückgeht. Obwohl die Erscheinungen im Außenkegel grundsätzlich gleichartig sind, treten sie doch viel weniger auffallend in Erscheinung. Die starke Verdünnung der im Außenkegel verbrennenden Gase durch Kohlensäure, Wasserdampf und Stickstoff mildern die Heftigkeit des Reaktionsvorganges, und die geringere Straffheit des Außenkegels macht die Erscheinungen minder deutlich.

Die Sonne als allgemeine Wärmequelle. Die thermochemischen Vorgänge mit Wärme*abgabe* (wie die Oxydationsvorgänge) bedeuten eine mächtige Wärmequelle. Für die künstliche Erzeugung von Wärme benützt man sie fast allein. Aber als Wärmequelle *gelten* kann jeder physikalische Vorgang, bei dem sich irgendeine Energieform in Wärme verwandelt. In diesem Sinne ist z. B. jede Kondensation eine Wärmequelle; aber doch nur mittelbar, denn die Wärme, die bei der Kondensation frei wird, *stammt* aus dem Wärmevorrat des *Brennstoffes*, der das Wasser verdampft hat, also schließlich doch aus einer *chemischen* Wärmequelle. Unsere Brennstoffe stammen von Pflanzen und haben sich im Sonnenlicht und in der Sonnenwärme zu den Formen entwickelt, in denen sie zur Wärmeerzeugung dienen. Die Wärme unsrer technischen Wärmequellen *stammt* also aus der Sonnenwärme. Die *mechanische* Energie, die man zur Arbeitsleistung benützt, ist teils organischen Ursprungs, wie die Energie der Menschen und der Tiere, teils anorganischen, wie die Energie des fallenden Wassers und des Windes. Die Energie der Menschen und der Tiere, ihre Fähigkeit, Arbeit zu leisten, wird lediglich durch *Nahrungsaufnahme* aufrechterhalten. Die Nahrung stammt aber lediglich aus dem Pflanzenreiche. „Denn nur Pflanzenstoffe oder das Fleisch pflanzenfressender Tiere können als Nahrungsmittel verbraucht werden. Die pflanzenfressenden Tiere bilden nur eine Zwischenstufe, welche den Fleischfressern, denen wir hier auch den Menschen beigesellen müssen, Nahrung aus solchen Pflanzenstoffen zubereitet, die jene nicht selbst unmittelbar als Nahrung gebrauchen können" (HELMHOLTZ). Entwicklung und Reifung der Vegetabilien haben Sonnenlicht und Sonnenwärme erfordert. Als Quelle der Energie, soweit sie organischer Natur ist, ist also die *Sonne* anzusehen. — Aber auch die Energie von Wind und Wasser entstammt der *Sonnen*wärme als ursprünglicher Quelle. Um fallen zu können, mußte das Wasser erst gehoben werden — gehoben bei der Verdunstung, die infolge der Sonnenwärme an der Oberfläche des Meeres und der Erde dauernd ist; und die Winde entstehen aus den Luftströmungen infolge der Erwärmung der Luft durch die *Sonne* an der Erdoberfläche. Die Sonnenwärme ist also die alles versorgende Wärmequelle. *Woher stammt sie?*

Nahe liegt die Vermutung: aus chemischen Vorgängen zwischen den Elementen, die die Sonne enthält (s. Spektralanalyse). Aber selbst, wenn sie ganz aus Wasserstoff und Sauerstoff bestände, den Stoffen, deren chemische Vereinigung die *größten* Wärmemengen erzeugt, so hätte sie nur etwa 3000 Jahre (HELMHOLTZ) Wärme und Licht in dem jetzt vorhandenen Betrage ausstrahlen können. — Geologische Tatsachen sprechen dafür, daß sie wenigstens 10^{10} Jahre alt ist. Man ist heute der Ansicht, daß der Hauptteil der Sonnenwärme von *subatomaren* Prozessen herrührt (Radioaktivität, Umwandlung von Materie in Strahlung). — Die Wärmemenge, die die Erde von der Sonne erhält, wird mit dem *Pyrheliometer*, einer Art Wasserkalorimeter, bestimmt. Berücksichtigt man den Energieverlust, den die Strahlung in der Lufthülle der Erde erleidet, so findet man die Energie, die 1 cm^2 einer schwarzen Fläche pro Minute *an der Grenze der Atmosphäre* bei senkrechter Einstrahlung und dem mittleren Abstande Erde—Sonne empfängt, gleich 1,93 cal (Solarkonstante). Die während eines Jahres auf die Erde gesendete Wärmemenge ist hiernach so groß, daß sie, gleichmäßig über die Erdoberfläche verteilt, eine die Erdkugel bedeckende 31 m dicke Eisschicht abschmelzen könnte (wenn die Erdatmosphäre nicht wäre, die fast die Hälfte der der Erde zugestrahlten Wärme verschluckt). Das ist aber nur die Wärmemenge, die in der Richtung *zur Erde hin* strahlt, also nur ein kleiner Teil der *gesamten* Ausstrahlung der Sonne. Die Temperatur der Sonnenoberfläche nimmt man heute mit 6000^0 an.

G. Wärmeausbreitung.

Ausbreitung der Wärme durch Leitung. Die Wirkungen der Wärmezufuhr und der Wärmeentziehung lehren, daß die Wärme von Körper zu Körper übertragbar ist, und daß sie sich *in* den Körpern ausbreitet, daß sie sich also nicht an der Eintrittsstelle anhäuft. Das Thermometer würde auf eine Temperaturveränderung der Umgebung nicht reagieren, wenn die Wärme zwar die *Oberfläche* des Quecksilberbehälters auf die Temperatur der Umgebung brächte, sich aber nicht durch die Glaswand hindurch in das Quecksilber *hinein* fortpflanzte und dort *ausbreitete.* — Man nennt die Wärmemitteilung bei der *Berührung* verschieden warmer Körperteile Wärme*leitung.* Die Wärme fließt dabei von den Punkten höherer zu denen niedrigerer Temperatur. Taucht man in eine heiße Flüssigkeit einen kalten Metallöffel, so nimmt zuerst der eingetauchte Teil die Temperatur der Flüssigkeit an; erst dann steigt die Temperatur des herausragenden Teiles, indem die Wärme zuerst in die der Flüssigkeit nächstliegenden Teile des Löffels fließt und deren Temperatur erhöht, bis sie, weiterfließend, schließlich den Griff erreicht. (Die Temperatur des Löffelgriffes wird aber niemals *gleich* der der Flüssigkeit, weil er von seiner Wärme an die ihn umgebende Luft abgibt.) Es vergeht Zeit, bis sich die Wärme aus der Flüssigkeit zu dem ihr fernsten Teil des Körpers fortgepflanzt hat. Am frühesten erreicht die Wärme den Löffelgriff, wenn der Löffel aus Silber ist, später (in der hier angegebenen Reihenfolge), wenn er aus Kupfer, Gold, Messing, Zinn, Eisen, Palladium, Stahl, Blei, Wismut ist. Wäre er aus Holz, Horn oder Elfenbein, so würde die Temperaturzunahme nicht unmittelbar wahrnehmbar sein. Diese Verschiedenheit der *Leitfähigkeit* für die Wärme unterscheidet die Stoffe als gute oder schlechte Wärme*leiter.* Allen weit voran stehen die Metalle, dann folgen die Gesteine. Organische Stoffe wie Wolle, Federn, Stroh, ferner die Gase leiten sehr schlecht. — Die Wärme äußert sich an allen Stellen zwischen der Wärmequelle und den schließlich erreichten Punkten. Gießt man heißes Wasser auf ein Thermometer mit sehr *großem* Quecksilberbehälter, so *fällt* das Quecksilber, *ehe* es die Temperatursteigerung anzeigt; die Wärme teilt sich zunächst dem Gefäß mit und dehnt es aus, ehe sie das Quecksilber erreicht und ausdehnt.

Maß für die Leitfähigkeit. Die Wärmeleitfähigkeit eines Körpers mißt man an der Wärmemenge (in cal), die *unter gewissen Bedingungen* von Punkten höherer Temperatur durch den Körper zu Punkten niederer Temperatur strömt. Man denke sich zwei parallele Ebenen im gegenseitigen Abstande von 1 cm durch ihn gelegt, gleichsam eine planparallele Platte in ihm abgegrenzt. Man mißt dann seine Leitfähigkeit durch die Wärmemenge in cal, die in 1 sec durch je 1 cm² der Platte hindurchgeht, während die Grenzebenen die *Temperaturdifferenz* 1° C haben. Die Temperatur *jeder* Grenzebene *für sich* ist an jedem Punkt *gleich* groß anzunehmen, der Wärmestrom daher *senkrecht* zu den Platten. Diese einfachen Bedingungen sind aber praktisch nicht leicht erfüllbar.

Nach der obigen Definition ist die Wärmeleitfähigkeit (Wärmeleitzahl) für

Silber	1,01	Eisen	0,14—0,17
Kupfer	0,90	Blei	0,08
Gold	0,70	Platin	0,17
Messing	0,15—0,30	Neusilber	0,07—0,09
Zink	0,27	Wismut	0,019
Zinn	0,15		

Um die Wärmeleitfähigkeit der Metalle zu ermitteln, beobachtet man bei stationärer Wärmeströmung die Temperatur*verteilung* in einem Stabe (Abb. 402), dessen eines Ende man auf einer hohen *konstanten* Temperatur erhält, der im übrigen aber von der Luft umgeben ist, sich also abkühlt. Auf die Temperaturdifferenzen zwischen seinen einzelnen Punkten gründet sich die Berechnung des Wärmeleitvermögens. Die hier gemeinte Leitfähigkeit ist die des *Innern* eines Körpers. Das äußere Leitvermögen (Wärmeübergangzahl), die Wärmeleitung von Körper zu Körper, mißt man an den Grammkalorien, die ein Körper bei dem Temperaturüberschuß von 1° über die Umgebung durch je 1 cm² Oberfläche in *je 1 Sekunde* nach außen abgibt.

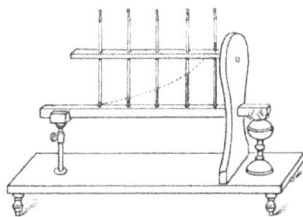

Abb. 402. Zur Messung der Wärmeleitfähigkeit der Metalle.

Die spezifische Wärme des Stoffes hat großen Einfluß auf die Geschwindigkeit, mit der sich die Wärme in ihm verbreitet. Deutlich zeigt das (TYNDALL) ein Versuch: Zwei gleich große Stäbchen aus Wismut und aus Eisen, jedes an dem einen Ende mit Wachs überzogen, stellt man *gleichzeitig* nebeneinander auf dieselbe heiße Unterlage, das Wachs nach oben. Das Wachs auf dem Wismut schmilzt dann *zuerst*, obwohl Wismut *schlechter* leitet als Eisen. Ehe nämlich das *Ende* der Stäbe die Schmelztemperatur des Wachses erreicht hat, müssen die Schichten *zwischen* der Wärmequelle und dem mit Wachs überzogenen Ende entsprechend warm sein, dazu fordert aber das Eisen mehr Wärme als Wismut, weil es eine etwa viermal größere spezifische Wärme hat. Die Eisenmasse zwischen Wachs und Wärmequelle fordert daher bei gleicher Wärmezufuhr mehr *Zeit* zu ihrer Erwärmung als die entsprechende Wismutmasse. Im Wismutstab findet der schnellere Ausgleich statt, deswegen wird bei fortdauernder Wärmezufuhr die Wärmeströmung in ihm auch früher stationär als die in dem Eisenstabe. — Den Quotienten aus der Wärmeleitfähigkeit und dem Produkt aus der Dichte mit der spezifischen Wärme eines Stoffes, nennt man seine Temperaturleitfähigkeit. Sie ist überall dort von Interesse, wo es sich nicht um stationäre, sondern um wechselnde Wärmeströmungen handelt, wie z. B. bei der Frage, wie tief die jährlichen Temperaturschwankungen in den Erdboden eindringen (s. S. 349 o.).

Die Wärmeleitfähigkeit ist in den isotropen Stoffen von einem gegebenen Punkte aus nach allen Richtungen *gleich* groß, nicht aber in den anisotropen. Dafür ein Beweis (SENARMONT): Eine dünne, planparallele Platte aus dem zu untersuchenden Stoffe wird mit Wachs überzogen und in der Mitte senkrecht zu den Grenzebenen durchbohrt. Durch das Loch wird ein Draht gezogen, der fest an der Platte anliegt, hierauf wird der Draht erhitzt (die Platte gegen eine direkte Einwirkung der Wärmequelle geschützt). Ist die Platte aus einem *isotropen* Stoffe, so schmilzt das Wachs in einem *Kreise* um die Durchtrittstelle des Drahtes, ist sie aus einem anisotropen, z. B. einem Kristall, gewöhnlich in einer Ellipse. Hier kommt es aber darauf an, in welcher Richtung zu den Kristallachsen die Platte geschnitten worden ist. Abb. 403a zeigt die Wirkung an einer Quarzplatte, die *senkrecht* zur Hauptachse, Abb. 403b an einer Platte, die *parallel* zur Hauptachse geschnitten ist.

Abb. 403. Zur Wärmeleitfähigkeit in Kristallen.

Gesetz von Wiedemann und Franz. Nach ihrer Wärmeleitfähigkeit geordnet haben die reinen Metalle dieselbe Reihenfolge wie nach ihrer Fähigkeit, die Elektrizität zu leiten, geordnet (S. 384). Das Verhältnis des Wärmeleitvermögens zum elektrischen Leitvermögen ist für viele Metalle nahezu dasselbe (Wiedemann-Franzsches Gesetz, 1853). Es hängt von der Temperatur ab und wächst im allgemeinen *proportional* der absoluten Temperatur (L. Lorenz, 1881). Aber diese Regel gilt nicht streng, besonders nicht für sehr tiefe Temperaturen. — Bei vielen Metallen verläuft das elektrische Leitvermögen der Größenordnung nach *umgekehrt* proportional mit der absoluten Temperatur, daher besagt die Lorenz-Regel, daß das Wärmeleitvermögen sich viel weniger mit der Temperatur ändert als das elektrische Leitvermögen. Im allgemeinen wächst auch das Wärmeleitvermögen mit abnehmender Temperatur. So leitet sehr reines Kupfer bei der Temperatur des flüssigen Wasserstoffes die Wärme 4,5mal und die Elektrizität 400mal so gut wie bei Zimmertemperatur.

Der Parallelismus zwischen den Fähigkeiten der Metalle, Wärme und Elektrizität zu leiten, hat zu der Vermutung geführt, sie müßten wesensverwandt sein. Man hat versucht, beide durch die Bewegung von Elektronen (s. d.) zu erklären, die in einem Metall ähnlichen Gesetzen gehorchen soll wie die Bewegung der Moleküle eines Gases. Aber auch die elektrischen Isolatoren leiten die Wärme, und ihr Mechanismus der Wärmeleitung scheint anders zu sein als der der Metalle.

Technische Anwendungen der guten und der schlechten Wärmeleiter. Man umgibt die Gegenstände mit guten oder mit schlechten Leitern, je nachdem sie ihre Wärme abgeben oder behalten sollen: den menschlichen Körper mit schlecht leitenden Stoffen, wie Wolle, Pelzwerk, Federbetten, um ihn gegen Abkühlung zu schützen; Pflanzen, um sie vor dem Erfrieren zu schützen, mit Stroh, d. h. mit porösen Hüllen, in deren Räumen die sehr *schlecht leitende Luft* stagniert. Die schlecht leitende Luftschicht zwischen Doppelfenstern schützt die Zimmer gegen Kälte; die Doppelwände der „feuersicheren" Geldschränke trennt man zum Schutz gegen die Wärme durch Asche voneinander; Metallgefäßen für heiße Flüssigkeiten gibt man Handgriffe aus Holz, Horn, Glas oder ähnlich schlecht leitenden Stoffen. Aus der Kleinheit des Leitvermögens von Schnee und Eis erklärt sich der Schutz, den die Schneedecke den Pflanzen gewährt.

Abb. 404. Grubenlampe von Davy.

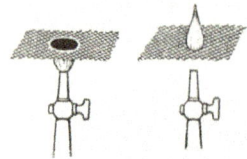

Abb. 405.   Abb. 406.
Schutzwirkung des Drahtnetzes in der Grubenlampe.

Auf der großen Schnelligkeit, mit der die Metalle die Wärme wegleiten, beruht die *Sicherheits-Gruben*lampe von Davy (Abb. 404). Den Schutz gewährt ein feinmaschiges Drahtnetz rings um die Flamme. Drückt man ein solches Drahtnetz auf eine Flamme (Abb. 405), so grenzt es die Flamme ab, obwohl die brennbaren *Gase hindurch*gehen (Abb. 406). Die Gase müssen nämlich eine gewisse *Entzündungstemperatur* haben, um zu brennen. Das Netz leitet aber so viel Wärme aus ihnen ab, daß sie jenseits des Netzes nicht mehr heiß genug sind, um sich zu entzünden. — Die Nutzanwendung auf die Lampe: Gase (*schlagende Wetter*), die durch die Drahthaube zu der Lampenflamme gelangen, entzünden sich zwar an ihr, aber ihre Flamme reicht nur *bis* zur Haube, nicht bis zu dem Gas draußen im Schacht.

Zu den Problemen der Wärmeleitung gehören zwei wichtige Fragen der Geophysik: Wieweit beeinflußt die Wärme des Erdinnern durch Leitung die Temperatur an der Oberfläche? und: Wieweit und wie pflanzen sich die Temperaturschwankungen, die den Wechsel der *Tageszeiten* und den Wechsel der *Jahreszeiten* an der Erdoberfläche begleiten, *unter* der Erdoberfläche fort? Die Fragen kann man nur unter vereinfachenden Voraussetzungen beantworten. Die Antwort der Theorie (W. Thomson) auf die erste Frage ist im wesentlichen: Ein stationärer Temperaturzustand nahe der Erdoberfläche, den die Wärme des Erdinneren aufrechterhält, bedingt eine gleichförmige Temperaturzunahme für jedes Meter abwärts von der Oberfläche zum Mittelpunkte hin, wenn die verschiedenen Schichten alle dasselbe Leitungsvermögen haben. Die Temperaturmessungen bei Bohrversuchen haben je nach der Örtlichkeit zwar verschiedene Zahlen ergeben, im Durchschnitt aber ungefähr 1° C für je 33 m. Die Antwort auf die zweite Frage geben am besten die Beobachtungen des Observatoriums zu Edinburgh (seit 1837 dauernd). Vier Thermometer sind in einen Porphyrfelsen eingelassen, je in 0,97 m, 1,94 m, 3,88 m, 7,76 m Tiefe. Im Mittel über viele Jahre zeigt das erste das Temperaturmaximum am 19. August, das zweite am 8. September, das dritte am 19. Oktober, das vierte am 6. Januar. Man hat daraus berechnet, daß sich die *Temperaturwelle* der von den Jahreszeiten hervorgerufenen Schwankungen mit 17,81 m/Jahr fortpflanzt. — Der verschiedenen Tiefe, in der die Thermometer eingebettet sind, entsprechen nicht nur die verschieden hohen *mittleren* Temperaturen, die sie anzeigen, sondern auch verschieden hohe Temperatur*schwankungen*. Das der Erdoberfläche nächste Thermometer zeigt Schwankungen von 8,2°, das der Erdoberfläche fernste nur von 0,7° C, die zwei mittleren 5,6° und 2,7°. Die Unterschiede erklären sich so: je tiefer die Schicht ist, die die Wärme zu durchdringen hat, desto mehr Wärme halten die oberen Schichten zurück zu ihrer Temperaturerhöhung, desto weniger gelangt also zu den tiefer liegenden.

Wärmeleitfähigkeit der Flüssigkeiten und der Gase. Das Wärmeleitvermögen der Flüssigkeiten ist *sehr* klein, und noch kleiner das der Gase. Die Leitfähigkeit des Wassers ist etwa 700mal, die der Luft etwa 20000mal kleiner als die des Kupfers; die des Wasserstoffes — unter den Gasen der beste Wärmeleiter — nur etwa 7mal so groß wie die der Luft. Die noch von Rumford vertretene Ansicht, Flüssigkeiten und Gase leiten die Wärme überhaupt nicht, ist mit der mechanischen Wärmetheorie unvereinbar. Bei der andauernden Bewegung übertragen die Molekeln, aneinander prallend, die Energie aufeinander. Die wesentlichen Erscheinungen der Wärmeleitung der Flüssigkeiten und der Gase sind aus der mechanischen Wärmetheorie gefolgert und später experimentell bestätigt worden.

Aus der Kleinheit des Wärmeleitvermögens der Dämpfe erklärt sich im wesentlichen die schon Leidenfrost (1756) benannte Tatsache, daß ein Wassertropfen auf einer heißen glatten Metallfläche (Bügeleisen) nicht sofort versiedet, sondern sich als abgeplattete Kugel erhält und langsam, ohne zu sieden, verdampft. Charakteristisch ist, daß der Tropfen die Platte, solange sie heiß genug ist, *nicht berührt* (Abb. 407), und daß seine Temperatur dauernd *unter* der Siedetemperatur liegt. Zwischen dem Tropfen und der Platte entsteht eine *Dampf*schicht, die wie ein Kissen den Tropfen trägt, ihn gegen die Berührung mit der Platte schützt und ihm infolge der Kleinheit ihres Wärmeleitvermögens nur wenig Wärme zuführt. Kühlt sich aber die Platte,

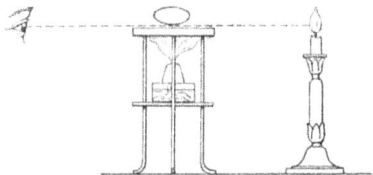

Abb. 407. Leidenfrost-Phänomen. Der sphäroidale Tropfen berührt die Platte nicht.

während der Tropfen noch besteht, weit genug ab, so berührt der Tropfen sie und verdampft dann plötzlich, umherspritzend. (An diesen Hergang erinnern jene Dampfkesselexplosionen, die eintreten, wenn infolge Wassermangels die Kessel*wand* zu heiß geworden ist und dann Wasser in den Kessel tritt: das einströmende Wasser berührt die Wand nicht *sofort*, sondern erst, wenn ihre Temperatur zwar weit genug gesunken, aber noch immer hoch genug ist, um dann eine übermäßige Dampfentwicklung zu veranlassen.) Die für den Vorgang erforderliche Temperatur der Platte hängt von der Natur der Flüssigkeit ab und ist desto höher, je höher der Siedepunkt ist; die Temperatur der Flüssigkeit in diesem Zustande — *sphäroidaler Zustand* (nach BOUTIGNY) — bleibt stets unter dem Siedepunkt und beträgt für Wasser ca. 97°. FARADAY brachte in einem *glühenden* Platintiegel ein Gemisch von fester Kohlensäure und Äther in den sphäroidalen Zustand, stellte in das Gemisch einen zweiten Tiegel und brachte in ihm Quecksilber zum Gefrieren.

Ausbreitung der Wärme durch Konvektion. Obwohl Flüssigkeiten und Gase die Wärme sehr schlecht *leiten*, können sie sie doch in anderer Weise gut *übertragen*. Erhitzt man, wie beim Kochen, Wasser durch eine Flamme von unten, so werden die untersten Schichten natürlich *zuerst* warm. Infolge der Abnahme ihrer Dichte (bei ihrer durch die Wärmeaufnahme erfolgenden *Ausdehnung*) steigen sie auf und machen anderen Schichten Platz. So entsteht eine energische Bewegung im Wasser, die die Wärme schnell verbreitet. So auch bei dem HOPE-Versuch (S. 292): die Schichten, die ursprünglich in der Mitte des Gefäßes liegen, sinken infolge der Zunahme ihrer Dichte (bei ihrer durch Wärme*abgabe* erfolgenden *Zusammenziehung*) zu Boden, und die unter 4° abgekühlten Schichten steigen auf, infolge der dabei eintretenden Vermengung breitet sich die Wärme im Wasser aus. Ebenso ist es in den *Gasen* bei Wärmezufuhr. Also die *Massen* verschieben sich zu anderen Massen hin, mit denen sie sich *mischen* und denen sie ihre Wärme von Molekel zu Molekel übertragen. Man nennt das Fortpflanzung der Wärme durch *Konvektion*. In Flüssigkeiten *verhindert* man die Konvektion, wenn man sie von *oben* her erwärmt, die Wärme also nur *von oben nach unten* weggeleitet werden kann. Die Wärmekonvektion in Gasen ist wichtig für die Meteorologie. Die Winde Passat und Monsun entstehen im wesentlichen dadurch, daß in den Tropen die erhitzte Luft aufsteigt und infolgedessen an der Erdoberfläche die kältere Luft von höheren Breiten her zum Äquator strömt; die Richtung der so entstehenden Winde wird durch die Drehung der Erde beeinflußt. Der aufgestiegene heiße Luftstrom nimmt schließlich seine Richtung *nach den Polen* hin, ist also den unteren Winden entgegengesetzt gerichtet (Antipassat). Landbrise und Seebrise, die an der Meeresküste periodisch abwechseln, beruhen auf derselben Ursache. Die Brise ist am Tage, weil die Luft über dem *Land* stärker erwärmt wird und emporsteigt, vom Meer zum Lande gerichtet, *See*brise; am Abend entgegengesetzt gerichtet, *Land*brise.

Angewendet wird die Wärmeverteilung durch Konvektion in der Zentralwasserheizung. Die *Luft*zirkulation, der „Zug", der entsteht, wenn erhitzte Luft aufsteigt, dient in den *Schornsteinen* dazu, dem Brennmaterial dauernd Sauerstoff in der unten heranströmenden Luft zuzuführen. Je höher der Schornstein ist, desto besser „zieht" er. (Anwendung zur Ventilation.)

Ausbreitung der Wärme durch Strahlung. Der Äther ihr Träger. Die Wärme einer Wärmequelle (Ofen, Lampe, u. dgl.) empfinden wir, auch wenn wir sie nicht berühren, also die Wärme nicht durch *Leitung* empfangen (die Wärmeleitung der Luft spielt wegen ihrer Kleinheit keine Rolle), und auch, wenn wir uns nicht *über* der Wärmequelle befinden, also die Wärme auch nicht durch *Konvektion* empfangen. Hält man einen heißen Teekessel *über* die Hand, ohne sie damit zu berühren, so empfindet man in der dem Kessel zugewendeten Handfläche *sofort* die Wärme. (Würde die Wärme durch Leitung übertragen, so wäre ihre Wirkung nicht *sofort* wahrnehmbar, dazu leitet die Luft viel zu schlecht, und *Konvektion* kommt nicht in Frage, weil die erhitzte Luft nur *auf*steigt.) Man nennt diese Art der Wärmeübertragung, die weder Leitung noch Konvektion ist, Wärme*strahlung*, weil sie im wesentlichen übereinstimmt mit der Lichtübertragung, und man spricht von *Wärmestrahlen*, wie man von *Lichtstrahlen* spricht. Die Wärmeübertragung durch Leitung und durch Konvektion unterscheidet sich charakteristisch von der durch Strahlung: Die Wärmeübertragung durch Leitung und durch Konvektion ist an die *Erwärmung* der Zwischenschicht *gebunden*, nicht aber die Übertragung durch Strahlung. Den Träger der Wärmestrahlung nennt man *Äther*, der überall zugegen ist, auch dort, wo jede Materie fehlt.

Freilich liegt im allgemeinen zwischen dem Wärmestrahler und dem bestrahlten Körper Materie in irgendeiner Form und der Äther gibt von seiner Energie auch an die Materie in der Zwischenschicht ab, durch die *hindurch* die Strahlung geht, d. h. er erwärmt sie. Aber für den Mechanismus der Wärmeübertragung ist das belanglos. Die Zwischenschicht läßt nur die Strahlung nicht *ganz* ungehindert hindurch, sie verschluckt einen Teil davon.

Je nach dem Grade der „Durchlässigkeit für Wärmestrahlen" nennt man die Körper *diatherman* oder *atherman* — diatherman, wenn sie die Strahlung so gut wie ungehindert durchlassen, atherman, wenn sie sie nicht hindurchlassen, ohne sich selbst zu erwärmen. Diatherman sind z. B. Luft, Steinsalz, Glas; atherman z. B. die Metalle und Lampenschwarz. — Allgemein bekannt ist eine Erscheinung, die sich gleichzeitig aus der Wärmestrahlung und aus der Diathermanität der Luft erklärt: Wir empfinden die Wirkung der Sonnenstrahlen als Wärme selbst bei einer Lufttemperatur unter 0^0; und das Thermometer zeigt, von der Sonne bestrahlt, eine viel höhere Temperatur, als sie die Luft hat. Das erklärt sich so: Wir empfinden die Wirkung der Sonnenstrahlen als Wärme, weil die Strahlung, die uns die Wärme zuträgt, sich *an unserer Haut* in Wärme umsetzt, und die Luft bleibt *kalt*, weil sie die Wärmestrahlen durchläßt, ohne sich zu erwärmen. Ebenso erklärt sich die Verschiedenheit zwischen der Temperatur des *Thermometers* und der *Luft*temperatur.

Wärmestrahlung und Diathermanität der Luft zwingen zu Vorsichtsmaßregeln, wenn man die *wahre* Lufttemperatur im Freien messen will. JOULE schloß das Thermometer in ein langes Kupferrohr ein, um das Thermometergefäß dem Einflusse der Strahlung zu entziehen und die Wärme nur durch *Konvektion* (infolge der sich in dem Rohre einstellenden Luftzirkulation) daran gelangen zu lassen. Ganz vermeiden kann man die Fehler, wenn man (ASSMANN) die zu messende Luft durch das Schutzrohr saugt und mit 2—3 m/sec an der Thermometerkugel vorbeiführt.

Im wesentlichen stimmt die Wärmestrahlung mit der Lichtstrahlung überein: die Wärme „strahlt" (wie das Licht) in geraden Linien, die Wärmestrahlen befolgen dieselben Gesetze der Spiegelung, der Brechung, der Polarisation, der Interferenz, der Absorption usw. Man sieht daher den *Träger* der Lichtstrahlung auch als den Träger der Wärmestrahlung an. Um das Wesen der Wärmestrahlung hier begreiflich zu machen, müßten wir einen großen Teil der Lehre vom Licht besprechen. Es ist daher zweckmäßig, die Fortpflanzung der Wärme durch *Strahlung* und das, was damit zusammenhängt, erst in der Lehre vom Licht zu behandeln.

Elektrizität.

A. Elektrostatik.

Elektrisierung durch Reibung zweier Körper aneinander. Die am längsten bekannte Erscheinung, die man elektrisch nennt, nimmt man bei der Reibung zweier Stoffe aneinander wahr. Von ihr gehen wir aus.

Reibt man ein Stück (trockenes!) Glas kräftig mit (trockener!) Seide, so bleibt die Seide, auch nachdem man sie losgelassen hat, an dem Glase haften. Trennt man sie von dem Glase, läßt sie aber in seiner unmittelbaren Nähe wieder los, so hängt sie sich aufs neue daran fest, wie sich eine Stahlfeder an einen Magneten hängt. Kurz: *das Glas zieht* die Seide *an*, nachdem sich beide aneinander gerieben haben. Die Anziehung wirkt *gegenseitig*, auch *die Seide zieht* das Glas *an* (Wirkung und Gegenwirkung). Was von Glas und Seide gilt, gilt auch von vielen anderen Stoffen, die aneinander gerieben werden, sogar auch von Flüssigkeiten und von Gasen; aber man muß (namentlich bei Metallen) gewisse Vorsichtsmaßregeln beobachten, um die Erscheinung wahrzunehmen. Man nennt nach dem Bernstein, *ἤλεκτρον*, elektron, an dem sie am frühesten beobachtet worden sind, diese Erscheinungen *elektrische*, ihre Ursache *Elektrizität*, die Körper mit Elektrizität *geladen* oder auch *elektrisiert* und ihre Umgebung das *elektrische Feld*.

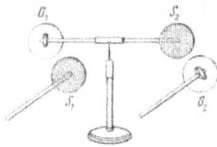

Abb. 408. Elektrische Ladung eines Körpers offenbart sich in dem einen (●) oder dem anderen (○) von zwei einander entgegengesetzten Zuständen des Körpers.

Zunächst erweitern wir unsere Kenntnis des Vorganges durch einen Versuch. G_1 und G_2 (durch ○ bezeichnet) seien zwei kleine Glasscheiben (Glaswolle), S_1 und S_2 (durch ● bezeichnet) zwei kleine Seidenscheiben. Wir reiben ○$_1$ und ●$_1$ aneinander (und zwar so, daß dabei möglichst viele Punkte der beiden Oberflächen miteinander in Berührung kommen), trennen sie dann voneinander und befestigen ○$_1$ an dem einen Ende der Hartgumminadel einer kompaßähnlichen Vorrichtung und ●$_1$ ebenfalls an einem Hartgummistäbchen, Abb. 408. Dasselbe machen wir mit ○$_2$ und ●$_2$. Wenn wir nun ●$_1$ dem ○$_1$ nähern, so bewegt sich ○$_1$ (die Nadel drehend) zu ●$_1$ hin — in Übereinstimmung mit dem, was der erste Versuch uns gelehrt hat, und ebenso ist es mit ○$_2$ und ●$_2$. Die Erfahrung lehrt nun aber weiter: Wir können die *Glasscheiben miteinander* vertauschen (○$_2$ an die Stelle von ○$_1$ bringen) oder die *Seidenscheiben miteinander* vertauschen (●$_1$ an die Stelle von ●$_2$ bringen), ohne daß sich sonst etwas ändert, woraus folgt: auch ○$_1$ und ●$_2$ ziehen einander an, und ebenso ●$_1$ und ○$_2$. Aber wenn wir eine *Glasscheibe* mit einer *Seidenscheibe* vertauschen, also ●$_1$ und ○$_2$ miteinander oder ●$_2$ und ○$_1$ miteinander, so *stoßen* die Partner *einander*

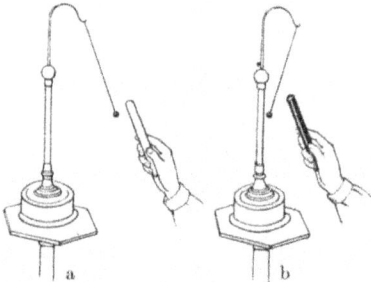

a) Gegenseitige Anziehung *entgegengesetzt*, b) gegenseitige Abstoßung *gleichsinnig* geladener Körper.

ab. Daran, daß ●$_1$ und ●$_2$ einander ersetzen können, erkennen wir, daß ihr elektrischer Zustand derselbe ist; daran, daß ○$_2$ und ●$_1$ einander *nicht* ersetzen können — anstatt der Anziehung eine Abstoßung eintritt —, daß ihr elektrischer Zustand *nicht* derselbe ist. Wir nennen den Zustand von ●$_2$ dem von ○$_2$ *entgegengesetzt*, weil Anziehung und Abstoßung (durch die allein sich die Verschiedenartigkeit der elektrischen Zustände ankündigt) für uns *Gegensätze* sind; ebenso nennen wir die Zustände von ○$_1$ und ○$_2$ gleich, die von ○$_1$ und ●$_2$ einander entgegengesetzt. Wir sehen also: die beiden *entgegengesetzt* elektrisierten Körper *ziehen* einander *an*, die beiden gleichsinnig elektrisierten stoßen einander ab.

Denselben Gegensatz wie Glas und Seide zeigen auch viele andere Stoffe, nachdem man sie paarweise aneinander gerieben hat: stets entspricht der eine Partner dann dem geriebenen Glase, der andere der geriebenen Seide. Auf ein als Pendel aufgehängtes, mit Seide geriebenes *Glaskügelchen* wirkt der dem *Glase* (der Seide) entsprechende Partner stets *abstoßend* (anziehend). Mit Hilfe eines solchen Pendels (Abb. 409) kann man eine gewisse Reihenfolge der Stoffe festlegen, in der jeder Stoff, mit einem ihm in der Reihe folgenden (vorangehenden) gerieben, den Zustand des Glases (der Seide) annimmt. Diese reibungselektrische

Reihe lautet *ungefähr*: Glas, Fell, Papier, Baumwolle, Seide, Metalle. Hartgummi, Harze, Schwefel. Die Reihenfolge ist aber ganz unsicher. Die Stellung eines Stoffes in der Reihe hängt von unkontrollierbaren Umständen ab, so von der Art der Oberfläche des Körpers, von der Art des Reibens, falls sie die Oberfläche verändern kann, u. a. m.

Erfahrungsgemäß ist für Glas das wirksamste Reibzeug Seide, für Harze Flanell. Häufig nennt man, da Glas und Harz an den Enden der Reihe stehen, die eine Elektrizität *Glas-*, die andere *Harz*elektrizität.

Beide Arten Elektrizität entstehen gleichzeitig. Beide Ladungszustände treten *gleichzeitig* auf, der eine an dem einen, der andere an dem anderen Stoffe, und sie sind *einander entgegengesetzt*. Diese zwei Tatsachen verhelfen uns zu einer Vorstellung davon, wie überhaupt „Ladung" entsteht: Jeder der beiden aneinander geriebenen Körper zieht je nach seinem Ladungszustande ein *elektrisches Pendel* an oder stößt es ab. Das tut er aber erst, nachdem man ihn von seinem Reibungspartner *getrennt* hat. Beide Körper, *miteinander in Berührung*, wirken auf das Pendel gar nicht ein.

Ein Schellackstab und eine Flanellkappe auf einem seiner Enden zeigen, einzeln oder gemeinsam, keine Spur von Elektrizität an, wenn sie nicht gerieben worden sind. Auch wenn man die Kappe auf dem Schellackstab mit Reibung herumdreht, *aber sie an ihrem Platze läßt*, weist das System keine Anzeichen von Elektrizität auf. *Trennt* man sie jedoch, so zeigen sie sich stark und einander entgegengesetzt elektrisch (FARADAY).

Die beiden *gleichzeitig entstandenen* Elektrizitäten heben also *zusammen* einander in ihrer Wirkung auf. Daraus schließen wir: sie sind zwar der *Wirkung* nach einander *entgegengesetzt*, aber an *Menge* einander *gleich*, stehen einander also gegenüber wie zwei Größen $+ E$ und $- E$. Man sagt: beide Körper *zusammen* bilden einen *unelektrischen* (neutralen) Körper. Wir können uns den Vorgang der Elektrisierung durch einen Vergleich näherbringen: Wenn man aus einem geschlossenen Gefäß (unter Atmosphärendruck) Luft auspumpt und dieselbe Luft in ein zweites geschlossenes Gefäß (unter Atmosphärendruck) befördert, so nimmt man dem einen Gefäß ebensoviel Luft weg, wie man dem anderen zuführt, und in *jedem* einzelnen erzeugt man *der äußeren Atmosphäre gegenüber* einen veränderten Druckzustand. *Verbindet* man beide Gefäße wieder miteinander, so zeigen sie *zusammen* keinen Unterschied, weder gegeneinander noch gegen die Umgebung. Entsprechendes gilt für die einander berührenden, entgegengesetzt elektrisierten Körper (den Schellackstab und die Flanellkappe). Die Elektrizität verhält sich *in dieser Beziehung* wie ein Stoff (in unserem Vergleich wie die Luft), sie wird nicht erzeugt und wird nicht vernichtet, sie wird nur verschoben, d. h. von einem Körper auf den anderen *übertragen*[1].

Das, was der Vergleich klarmachen soll, und was die Erfahrung immer aufs neue lehrt, ist die Tatsache: es ist unmöglich, den *einen* Ladungszustand zu erzeugen, ohne gleichzeitig einen gleich großen *entgegengesetzten* hervorzurufen. Man drückt den Gegensatz der beiden Ladungszustände dadurch aus, daß man den einen positiv, den anderen negativ nennt und entsprechend mit $+$ und mit $-$ bezeichnet. Es ist üblich, die *Glaselektrizität* „*positiv*" und daher die *Harzelektrizität* „*negativ*" zu nennen.

---

[1] Die Elektrizität ist tatsächlich etwas Körperliches, es gibt positive und negative Elektrizitäts*teilchen* (Elementarteilchen). Sie unterscheiden sich nicht nur durch das Vorzeichen sondern sie sind so verschieden wie zwei verschiedene chemische Elemente. Sie sind in *jedem* Teilchen Materie vorhanden. Enthält das materielle Teilchen *gleich* viel positive und negative Elementarteilchen, so ist es ungeladen. Entzieht man ihm positive, so daß die negativen überwiegen, so erscheint es negativ *geladen* (andernfalls positiv geladen). Wir müssen uns danach vorstellen: beim Reiben des Glases mit der Seide haben sich Elementarteilchen voneinander getrennt, positive haften auf dem Glase, negative auf der Seide.

Wir fassen die bisherigen Erfahrungen nun so zusammen:

1. Zwei Stoffe, die aneinander gerieben werden, werden elektrisch.

2. Es gibt zwei Arten von Elektrizität, Glaselektrizität und Harzelektrizität, positive und negative Elektrizität benannt[1].

3. Stets entstehen beide Arten von Elektrizität gleichzeitig und in gleicher Menge, der eine Körper trägt die positive, der andere die negative.

4. Alle paarweise aneinander geriebenen Körper verhalten sich hierin vollkommen gleich; stets wird der eine positiv, der andere gleichzeitig negativ elektrisch.

5. Elektrizitäten verschiedenen Vorzeichens ziehen einander an, solche gleichen Vorzeichens stoßen einander ab.

Wasserfall-, Pyro-, Piezo-, Luftelektrizität. Auch andere Vorgänge als Reibung können Elektrizität erzeugen. Fallen Wassertropfen auf Wasser, so ist die an der Aufprallstelle ausweichende Luft negativ geladen, das Wasser positiv. Wasserfälle laden daher die sie umgebende Luft, namentlich am Fuße des Falles, wo die Wassermassen untereinander und mit dem nassen Gestein zusammenschlagen (Wasserfallelektrizität, LENARD). Erhitzt man Turmalin, so lädt sich seine Oberfläche an dem einen Achsenende positiv, am anderen negativ (bei Abkühlung umgekehrt), und ebenso verhalten sich andere hemimorphe (*nur* solche) Kristalle (Pyroelektrizität). Gewisse Kristalle — namentlich Quarz — laden sich unter Druck und unter Zug an ihrer Oberfläche (Piezoelektrizität). Aber die anders als durch Reibung erzeugte Elektrizität unterscheidet sich von der durch Reibung entstandenen in nichts (FARADAY, 1833), daher gelten die an Reibungselektrizität gewonnenen Erfahrungen für *irgend wie* erzeugte Elektrizität.

Für gewöhnlich besteht bei heiterem Wetter ein elektrisches (zeitlich und örtlich) veränderliches Feld über der Erdoberfläche, die der Atmosphäre zugewandte Erdoberfläche ist negativ elektrisch. Die Atmosphäre aber enthält in den untersten Kilometern bei heiterem Himmel positiv geladene Massen (Beobachtung im Freiballon). Ein in der Luft emporgehobener Leiter (Drache mit Schnur oder ein isoliert ausgespannter Draht) lädt sich bei heiterem Himmel positiv elektrisch gegen die Erde. Unter einer nicht regnenden Wolke ist im allgemeinen das elektrische Feld von derselben Art wie bei wolkenlosem Himmel, nur schwächer. Atmosphärische Niederschläge — ihren Höhepunkt bilden die Gewitter — sind stets mit Elektrizität beladen. Die *Elektrizitäts*entwicklung steht in Verbindung mit der Bildung und der Bewegung der *Niederschlags*teilchen. Je

---

[1] Ein Unterschied zwischen positiver und negativer Ladung zeigt sich in den elektrischen Figuren, Abb. 410, die man an geladenen Stellen eines Isolators (s. d.) erzeugen kann, und die auf positiv geladenen Stellen anders ausfallen als auf negativen (LICHTENBERG 1777). Bestäubt man die geladenen Stellen mit einem Gemisch aus Schwefelblumen und Menninge, in dem man es durch ein Baumwollstückchen hindurchsieht — hierbei lädt sich das Schwefelpulver negativ, das Menningpulver positiv — so werden die positiv geladenen Stellen gelb, die negativen rot, und zwar bilden die positiven sternförmig verästelte Figuren, die negativen kreisförmige, die in zahlreiche Sektoren zerfallen. Die polaren Unterschiede der Figuren scheinen zusammenzuhängen mit dem Gegensatz zwischen dem positiven Ion und dem negativen Elektron (s. d.).

Abb. 410. LICHTENBERGsche Figuren.

plötzlicher sich der Wasserdampf kondensiert, desto stärker sind die Ladungen. (Über den Ursprung der atmosphärischen Elektrizität, s. Ionisation der Gase.)

Leiter und Nichtleiter. Reiben Glas und Seide aneinander, so sind nachher *nur* diejenigen Stellen mit Elektrizität „geladen", die während der Reibung einander tatsächlich berührt haben. Ersetzt man aber das Glas durch *Metall* — wie man es dann anzufassen hat (s. unten) — so ist zwar auf der *Seide* wieder nur die geriebene Stelle geladen, auf der *Metall*kugel aber die ganze Oberfläche. Auf der Seide bleibt die Elektrizität an der Stelle, an der sie entsteht, auf dem Metall breitet sie sich aus. Man sagt deshalb: das Metall *leitet* die Elektrizität, die Seide leitet sie *nicht*. Und man nennt einen Stoff, je nachdem er sich wie das Metall oder wie die Seide verhält, einen *Leiter* oder einen *Nichtleiter* (Isolator). Leiter sind z. B. Metalle, Kohle, verdünnte Säuren, lebende Pflanzen und Tiere, Nichtleiter z. B. Luft, Harze, Glas, Seide. Ein Beispiel (Abb. 411) wird den Unterschied zwischen Leitern und Nichtleitern klarmachen: es sei *A* eine *Metall*kugel auf einem (trockenen!) *Glas*stabe *B*, der wie ein Pfahl in die *Erde* gerammt ist; das Ganze im Freien, von *Luft* umgeben. *A* sei durch Reiben elektrisiert worden, die Ladung somit, da die Kugel aus Metall ist, über die ganze Oberfläche verbreitet. Wir haben es hier mit Metall, Luft, Glas und Erdboden zu tun. Der Erdboden ist, das lehrt die Erfahrung, ein guter Leiter. Die Luft umspült den Erdboden und die Metallkugel. Wäre sie ein Leiter, so würde sie die Elektrizität wegleiten, auch zum Erdboden und die Ladung über den ganzen Erdball ausbreiten, d. h. der Kugel die Elektrizität so gut wie vollkommen entziehen. Die Luft ist aber ein *Nicht*leiter, sie entzieht daher der Kugel keine Elektrizität. Auch der Glasstab ist ein Nichtleiter. Wäre er ein Leiter, so würde sich die Elektrizität von der Metallkugel über ihn und von ihm aus über den Erdball verbreiten. Aber er läßt der Metallkugel ihre ganze Ladung. Die Elektrizität bleibt auf sie beschränkt — *isoliert*. Die Luft, das Glas und Stoffe, die sich ähnlich verhalten, z. B. Schellack, Harz, Paraffin, Hartgummi, nennt man *Isolatoren*.

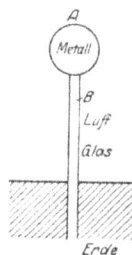

Abb. 411. Zur Veranschaulichung von Leitern (Metall, Erde) u. Nichtleitern (Glas, Luft).

Mit Hilfe eines Isolators (Glasstab) kann man also die Elektrizität auf einen gegebenen Ort (Metallkugel) beschränken, mit Hilfe eines Leiters dagegen (Metallstab) wegleiten und auf andere Körper (Erde) übertragen. Ebenso wie der Metallstab verhält sich der tierische Körper. Nimmt man die Metallkugel in die bloßen Hände und tritt mit bloßen Füßen oder mit der gewöhnlichen Fußbekleidung auf den Erdboden, so verbreitet sich die Ladung von der Metallkugel über den Körper und von da über die Erdkugel. Man sagt: die Ladung *fließt* durch den Körper zur Erde ab; oder auch: die Kugel wird durch den Körper zur Erde *abgeleitet* (*geerdet*), oder auch: *entladen*. Faßt man aber die Kugel mit Gummihandschuhen an, so behält sie die Ladung. Nimmt man sie in die bloßen Hände, tritt man aber auf *Gummi*sohlen, so verbreitet sich die Ladung zwar auch über den ganzen Körper, ohne aber in die Erde abzufließen. (Will man einen *Leiter* durch Reiben elektrisch machen, so darf man ihn nicht mit bloßen Händen anfassen, sondern muß zwischen die Hände und ihn einen Nichtleiter bringen, z. B. Gummihandschuhe.)

Der menschliche Körper ist nun zwar ein Leiter wie das Metall, und der Gummi ein Isolator wie die Luft und wie das Glas, aber das Leit*vermögen* der verschiedenen Leiter ist sehr verschieden und ebenso das Isolier*vermögen* der Isolatoren. Man nennt den Teil der Elektrizitätslehre, der sich mit der ruhenden Elektrizität beschäftigt, *Elektrostatik*. *Nur die Tatsache, daß es Nichtleiter gibt, macht die elektro-*

23*

statischen Erscheinungen überhaupt möglich. Von der *Leitung* der Elektrizität wird vorläufig nur nebenher die Rede sein, nur als Mittel z. B. um dem elektrischen Pendel Elektrizität zuzuführen oder um Ladungen „zur Erde" abzuleiten.

Elektroskop und Elektrometer. Als wahrnehmbare Wirkung, durch die sich uns Elektrizität ankündigt, kennen wir bisher nur gegenseitige Anziehung und

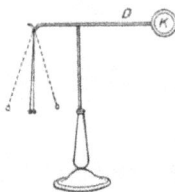

Abstoßung von Körpern. Um Elektrizität wahrzunehmen und um die Kräfte zu messen, die elektrisierte Körper aufeinander ausüben, können wir zunächst also nur diese Wirkung anwenden. Die Kräfte sind dabei gewöhnlich sehr klein. Man muß daher die Körper, die bewegt werden sollen, genügend *leicht* beweglich machen, d. h. die Instrumente zum Wahrnehmen und zum Messen elektrostatischer Kräfte sehr empfindlich machen. Die Instrumente sind deswegen,

Abb. 412. Zwei pendelartig aufgehängte Körper zeigen durch ihre gegenseitige Abstoßung Ladung der Körper an.

und auch weil sie sehr sachkundige Behandlung verlangen, im wesentlichen Laboratoriumsinstrumente. Ist das Instrument so eingerichtet, daß man damit *messen* kann, so nennt man es Elektro*meter*; zeigt es nur das *Vorhandensein* von Elektrizität an, so nennt man es Elektro*skop*.

Ein für viele Zwecke genügend empfindliches Elektroskop zeigt Abb. 412, zwei pendelartig aufgehängte, sehr leichte kleine Kugeln mit leitender Oberfläche (meist aus Holundermark mit vergoldeter Oberfläche) an leitenden Fäden, z. B.

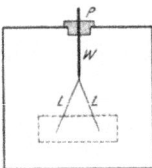

Abb. 413.
Goldblattelektroskop.

leinenen. Verbindet man sie durch einen Metalldraht mit einem geladenen Körper K, so geht die Elektrizität von K aus durch D und die Leinenfäden auf sie über und lädt beide im selben Sinne, sie stoßen daher einander ab. Der Ausschlag der Kugeln ist das Zeichen dafür, daß der Körper, mit dem sie leitend verbunden worden sind, geladen ist. — Man kann aber auch erfahren, ob er positiv oder negativ geladen ist. Hält man einen geladenen Körper, dessen Ladungszustand *bekannt* ist, z. B. einen *positiv* geladenen (Glasstab mit Seide gerieben), zwischen die Pendel, so *vergrößert* sich ihr gegenseitiger Abstand noch, wenn sie *auch* positiv geladen sind; er verkleinert sich, wenn sie negativ geladen sind.

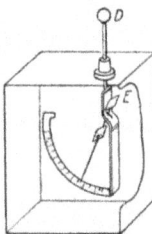

Abb. 414.   Elektrometer nach BRAUN.

Auf demselben Gedanken beruht das *Goldblattelektroskop* (Abb. 413). Zwei Blättchen L aus Rauschgold, die leitend miteinander und mit dem Stabe W verbunden sind, nehmen die Stelle der Pendel ein. Um sie vor Bewegung durch Luftzug oder vor ungewollter elektrischer Beeinflussung zu schützen, schließt man sie in ein (mit Fenstern versehenes) Metallgehäuse ein. Die obere Seite des Gehäuses ist in der Mitte durchbohrt und die Bohrung durch ein Bernstein- oder Schwefelstück p verschlossen, das den Stab W hält und gegen das Gehäuse isoliert. (Um die Elektrizität zu verhindern, über den Isolator zum Gehäuse entlang zu kriechen, muß man ihn trocken und staubfrei halten.) Ist der Stab W ungeladen,

so hängen die Blättchen frei nebeneinander herab, wird er geladen, so spreizen sie sich auseinander, je nach der Größe der Ladung mehr oder weniger stark. Man kann ein solches Elektroskop zu Messungen verwenden, als *Elektrometer*, wenn man die Blättchen sich vor einem Gradbogen bewegen läßt, wie in Abb. 414. Hier ist das eine Goldblatt durch einen feststehenden Metallstab D ersetzt, das andere durch einen sehr leicht beweglichen Aluminiumstreifen E (BRAUN).

In den beschriebenen Instrumenten hält der abstoßenden Kraft, die auf den Pendelkörper (Holundermarkkugel, Goldblatt usw.) wirkt, die *Schwerkraft* das Gleichgewicht: Der Pendelköper hebt sich wie bei der Briefwaage, Abb. 87, so lange, bis die (tangential zur Bahn des Pendelkörpers wirkende) zur ursprünglichen Ruhelage *hin* gerichtete Schwerkraftkomponente so groß geworden ist, daß sie der von der Ruhelage *weg* wirkenden elektrischen Kraft gleich ist. Die elektrische Kraft wird also an der Schwerkraft gemessen. — Unmittelbar mit der Schwerkraft durch *Gewichte* verglichen wird diese Kraft in dem *absoluten Waageelektrometer* (WILLIAM THOMSON). Abb. 415 veranschaulicht sein Prinzip (HARRIS, 1834). Die unbewegliche Metallplatte *A* und die bewegliche Metallplatte *B* wirken, geladen, anziehend oder abstoßend aufeinander und bringen die Waage aus dem Gleichgewicht; das Gewicht, das nötig ist — auch bei sehr großen elektrischen Kräften nur wenige Gramm —, um es wieder herzustellen, mißt die Größe der anziehenden oder

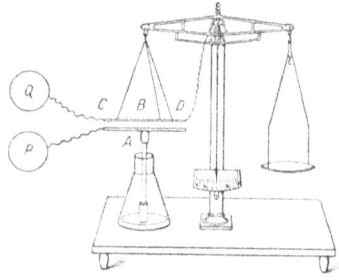

Abb. 415.
Prinzip des absoluten Waageelektrometers.

der abstoßenden Kraft. Die Platte *B* ist von einem Ringe *D* umgeben, der mit ihr leitend verbunden ist und mit *B* zusammen eine der Platte *A* gleich große Platte bildet.

Viel empfindlicher sind diejenigen Elektrometer, in denen der bewegliche Körper an einem Faden hängt und (angezogen oder abgestoßen) sich um diesen Faden als Achse dreht und ihn tordiert, bis die Torsionselastizität, die ihn *zurück*zudrehen strebt, der drehenden elektrischen Kraft das Gleichgewicht hält. Das älteste derartige Instrument ist die *Drehwaage* (COULOMB). Sie ist ein für praktische Messungen wenig geeignetes Instrument, das heutzutage nur mehr historische Bedeutung besitzt, weil COULOMB an ihr das Grundgesetz (S. 358) entdeckt hat, das die gegenseitige Anziehung und Abstoßung elektrischer Körper beherrscht. In der Drehwaage (Abb. 416) sind die beiden elektrisierten Körper zwei kleine leitende Kugeln, die eine *m* unbeweglich, die andere *n* an dem einen Ende eines Schellackstäbchens *p*, das an einem feinen Draht *d* in der Horizontalebene drehbar aufgehängt ist. Die gegenseitige Abstoßung der beiden gleichnamig geladenen Kugeln tordiert den am oberen Ende festgeklemmten Draht. Der Drehungswinkel wird an einem Gradbogen *oc* abgelesen und bildet die Grundlage für die Rechnung. Um den störenden Einfluß des Gehäuses zu vermeiden, sind dieselben Vorsichtsmaßregeln erforderlich wie bei dem Elektroskop Abb. 413. Außerdem muß man das Gehäuse „erden", d. h. es mit der Erde verbinden, um die auf ihm befindliche Elektrizität abzuleiten.

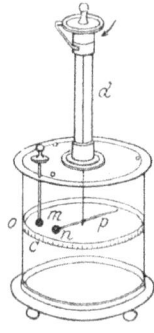

Abb. 416. Drehwaage nach COULOMB.

Quadrantelektrometer. Ein sehr empfindliches Instrument von großer praktischer Bedeutung ist das Quadrantelektrometer von WILLIAM THOMSON. Der bewegliche Körper, die *Nadel*, ist ein dünnes Aluminiumblatt von Biskuitform, das an einem sehr feinen Platindraht (ca. 0,01 mm) hängt. Die Nadel befindet sich *in der Mitte* einer feststehenden flachen zylindrischen Trommel, parallel zu deren ebenen Begrenzungen (Abb. 415). Die Trommel ist durch zwei ebene Schnitte, die durch die Zylinderachse und rechtwinklig zueinander geführt sind, in vier isolierte (auf Bernsteinfüßen ruhende) Quadranten zerlegt. Die Symmetrielinie der Nadel ist in der Ruhelage der Nadel parallel zu einem der beiden

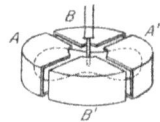

Abb. 417. Die Sektoren und die Nadel des Quadrantelektrometers.

Schnitte. Die Nadel selbst lädt man, indem man ihr durch den Aufhängedraht Elektrizität zuführt. Diese Hilfsladung, die an sich noch keine Drehung der Nadel hervorrufen kann, macht das Instrument erst gebrauchsfertig. Die Drehung der Nadel erfolgt dadurch, daß den Quadranten die zu messende Ladung zugeführt wird. Die Quadranten sind zu diesem Zweck paarweise über Kreuz leitend verbunden, *A* mit *A'* und *B* mit *B'*. Das eine Quadrantenpaar *AA'* wird dauernd zur Erde abgeleitet, das andere *BB'* empfängt die zu messende Ladung. Ist sie negativ und die Nadel ebenfalls negativ geladen, dann wird diese sowohl von B wie von B' abgestoßen, so daß sie sich in das geerdete Quadrantenpaar $A\,A'$ hineindreht. Ist dagegen die zu messende Ladung positiv, so wird die Nadel in das Quadrantenpaar $B\,B'$ hineingezogen. Beide Male wird sie desto stärker gedreht, je größer die zu messende Ladung ist. Der Drehungs*winkel* gibt also ein Maß für die Größe der Ladung, und der Drehungs*sinn* gibt ihr Vorzeichen an. Man mißt die Drehung der Nadel mit Spiegel und Skala (S. 499).

COULOMBsches Gesetz. Die gegenseitige Anziehung und Abstoßung von elektrisch geladenen Massen erlauben die Kräfte zu messen, die die elektrischen Ladungen ausüben. Wir wenden uns dazu noch einmal zum Anfang unserer Betrachtungen zurück.

Glas und Seide haften aneinander, nachdem wir sie aneinander gerieben haben. Um sie voneinander zu trennen, muß man Arbeit leisten. Infolgedessen bilden sie, wenn sie voneinander getrennt *sind*, ein System, das ähnlich einer gespannten Feder potentielle Energie (S. 38) besitzt. Ihr Betrag ist gleich der Arbeit, die wir aufwenden mußten, um das System aus der ursprünglichen Lage in die neue überzuführen (die Feder zu „spannen"); diesen selben Betrag erstattet das System zurück, wenn die voneinander getrennten Körper, ihrer gegenseitigen Anziehung folgend, in die ursprüngliche Lage zurückgehen (wie die Feder, wenn sie sich „entspannt"). Wie groß dieser Betrag ist, hängt von der Größe der Ladung beider Körper sowie von ihrem gegenseitigen Abstand ab. Wir müssen daher zunächst nach den Kräften fragen, die zwei geladene Körper aufeinander ausüben. Hierzu müßten wir aber Elektrizitätsmengen *messen* können, also eine *Einheit* der Elektrizitätsmenge festsetzen.

Angenommen, wir hätten zwei vollkommen gleiche punktartige Körperchen. die um 1 cm voneinander abstehen. Der Raum, in dem sie sich befinden, sei luftleer (es macht keinen *erheblichen* Unterschied, wenn Luft zugegen ist, S. 372 u.). Die Körperchen seien *gleich* stark geladen, und so, daß die Kraft. mit der sie einander abstoßen, gleich einer Krafteinheit (1 dyn) ist, also so, daß man, um ihren Abstand 1 cm unverändert zu erhalten, 1 dyn aufwenden muß. Von jedem dieser beiden Körperchen sagt man: es enthält eine *Einheit* der Elektrizitätsmenge.

Eine Vorstellung von der Größe dieser Einheit gibt das folgende: Sind in Abb. 412 die Holundermarkkügelchen je 10 mg schwer, sind die fast gewichtslosen Fäden 50 cm lang und werden die Kügelchen so geladen, daß sie sich um 10 cm voneinander entfernen, so trägt jedes solcher Kügelchen zehn solcher Einheiten. Auf einer Glasstange, die man mit Seide reibt, sammeln sich viele Hunderte dieser Einheiten. Wir können durch verschieden starkes Reiben Ladungen verschiedener Größe erzeugen.

Die Frage nach der Kraft, die zwei geladene Körper aufeinander ausüben, hat zuerst COULOMB experimentell beantwortet. Er benutzte dazu die Drehwaage (Abb. 416) und fand das für die Elektrizitätslehre fundamentale Gesetz: Enthält der eine Körper e_1 Einheiten, der andere e_2, und ist ihr gegenseitiger Abstand r cm, so ist die Kraft, mit der sie, nur durch Luft (genauer: durch einen luftleeren Raum) getrennt, einander abstoßen (oder anziehen): $f = \dfrac{e_1 \cdot e_2}{r^2}$.

Das COULOMB-Gesetz sagt aus: Die Kraft, mit der zwei punktartige, mit Elektrizität geladene Massen einander abstoßen oder anziehen. in Krafteinheiten ausgedrückt, ist gleich dem Produkt aus der Anzahl Ladungseinheiten, dividiert durch das Quadrat des gegenseitigen Abstandes in Zentimeter. Enthält jeder Körper 10 Einheiten, und ist ihr gegenseitiger Abstand 1 cm, so ist die Kraft, mit der sie einander abstoßen (oder anziehen) $f = 10 \cdot 10/1^2 = 100$ dyn; ist der Abstand 2 cm, so ist $f = 10 \cdot 10/2^2 = 25$ dyn. Abstoßung und Anziehung bezeichnet man durch die Vorzeichen $+$ und $-$: die Abstoßung durch das

+ - Zeichen. Das Gesetz gilt nur für *ruhende* Elektrizitätsmengen (statische Ladungen). — Die *Dimension der Elektrizitätsmenge* ist dem COULOMBschen Anziehungsgesetz zufolge $[e] = [\text{Länge } \sqrt{\text{Kraft}}] = [m^{1/2} l^{3/2} t^{-1}]$.

Wir haben der Einfachheit halber die Elektrizitätsmengen auf *punkt*artigen Körpern angenommen, aber die Wirklichkeit kennt nur ausgedehnte, und an solchen hat COULOMB das Gesetz auch entdeckt. Die Arbeit mit der Drehwaage wird durch viele Störungen erschwert, die die Beweiskraft des experimentellen Ergebnisses beeinträchtigen. Aber *streng* bewiesen wird die Richtigkeit des Gesetzes durch *mathematische* Überlegungen, die an eine andere Tatsache anknüpfen (S. 371. Eimerversuch von FARADAY).

Ist von den beiden Körpern nur einer punktartig, der andere ausgedehnt, so muß nach der COULOMB-Formel berechnet werden, wie groß die Kraft ist, die jeder Punkt dieses zweiten durch seine Ladung auf den punktartigen ausübt. — Ist eine leitende Kugelfläche *gleichmäßig* mit der Elektrizitätsmenge e geladen, d. h. so, daß an jedem ihrer Punkte die Ladung *gleich* groß ist, so wirkt sie auf einen mit 1 El.-Einheit geladenen Punkt im Abstand *a* cm vom Mittelpunkt (außerhalb) gerade so, wie wenn ihre ganze Ladung in ihrem Mittelpunkt konzentriert wäre, also mit e/a^2 dyn. Nehmen wir die Ladung der Kugel gleich 12 Einheiten und den Kugelradius gleich 1 cm, so erfährt der geladene Punkt in 10 cm Abstand vom Kugelmittelpunkt die Einwirkung $e/a^2 = 12/100 = 0{,}12$ dyn. Ebenso finden wir: hat der Punkt vom Kugelmittelpunkt den Abstand 9, 8 ... 2, 1 cm, so erfährt er die Einwirkung $12/9^2 = 0{,}15$, $12/8^2 = 0{,}19 \ldots 12/2^2 = 3$, $12/1^2 = 12$ dyn. Auf Abb. 420 sind diese Werte durch eine Kurve (die untere) zusammengefaßt; die mit *10, 9, 8* ... bezeichneten Punkte der Geraden *1—10* bedeuten den mit der Einheit geladenen Punkt in 10, 9, 8 ... cm Abstand vom Mittelpunkt, die in ihnen senkrecht errichteten Strecken geben durch ihre Länge die dyn (0,12, 0,15, 0,19 ... 12) an, die die Kugel auf den Punkt in dem jeweiligen Abstande ausübt.

Elektrisches Potential. Um die Energie (Arbeitsfähigkeit) elektrischer Ladungen zu berechnen, betrachten wir einen Körper K, der positiv geladen, in Ruhe und isoliert irgendwo vorhanden sei, weit weg von anderen Körpern. Wir bringen einen zweiten Körper K', der $+ 1$ El.-Einh.[1] trage, in seine Nähe. Das erfordert Arbeit, denn K stößt K' ab, da beide gleichnamig elektrisch sind. Diese Arbeit ist gleich dem Produkt aus der abstoßenden Kraft und der Länge des Weges, längs deren man sie überwinden muß. Wir können sie berechnen, da wir aus dem COULOMB-Gesetz die Kraft ermitteln können. Solche Berechnungen sind im allgemeinen sehr schwierig, da diese Kraft sich dauernd ändert, wenn K' an K immer näher herankommt. Wir werden uns daher zunächst auf Betrachtungen allgemeiner Art (von grundsätzlicher Bedeutung!) beschränken und erst später zeigen, wie in Einzelfällen eine Berechnung der Kraft durchführbar ist. — Die positive Elektrizitätseinheit sei anfangs *unendlich* weit von dem Körper entfernt (so weit, daß die abstoßende Kraft, die sie von ihm her erfährt, gleich 0 oder so gut wie 0 ist. Für die Praxis kann dieser Abstand als „unendlich" gelten.) Nun bringe man sie auf irgendeinem Wege in einen Punkt P des elektrischen Feldes: das erfordert die Arbeit A. Überläßt man dann im Punkte P die Einheit sich selbst, oder vielmehr der ungehinderten Einwirkung des abstoßenden Körpers, so wird sie von dem Körper bis in unendlichen Abstand abgestoßen werden. Dabei kann sie denselben Betrag A an Arbeit *leisten*, den man vorher aufgewendet hat. Dadurch, daß man sie aus dem unendlichen Abstande in den Punkt P — eine *neue* Lage relativ zu dem sie abstoßenden Körper — gebracht hat, hat man ihr somit einen gewissen Betrag an *potentieller* Energie verschafft. Man benutzt diese in Beziehung zum Punkte P stehende Arbeitsgröße dazu, den Punkt P des Feldes zu *charakterisieren* und sagt: im Punkte P des elektrischen Feldes herrscht das *Potential A*. Man nennt also *Potential eines Punktes* die Arbeit, die man leisten muß, um die $+ 1$ El.-Einheit aus unendlichem Abstand an diesen Punkt in dem Felde des positiv geladenen Körpers zu bringen.

[1] Das bedeutet: eine Einheit positiver Elektrizität.

Man mache sich klar: man muß stets die *gleiche* Arbeit leisten, um die Einheit aus unendlichem Abstand nach *P* zu bringen, *gleichgültig auf welchem Wege.* Wäre diese Arbeit nämlich auf einem Wege W_1 größer als auf einem anderen, W_2, so würde die El.-Einheit, wenn sie den Weg W_1 zurückginge, auch mehr Arbeit zurückerstatten, als wenn sie den Weg W_2 zurückginge. Würde man sie also über W_2 *hinbefördern* und über W_1 *zurück*gehen lassen, so würde man mehr Arbeit zurückerhalten, als man aufgewendet hat. Das verstieße aber gegen das Gesetz von der Erhaltung der Energie. Die Arbeit kann danach nicht von dem Wege nach *P* abhängen, sondern nur davon, wo *P* liegt. Das heißt: in einem bestimmten *Punkte P* des elektrischen Feldes hat das Potential stets einen *bestimmten* Wert und nur *diesen einen.*

Man kann die Ladungseinheit — wir verstehen darunter stets eine mit $+ 1$ El.-Einheit geladene Molekel[1] — dem geladenen Körper aus der Unendlichkeit von unendlich vielen Seiten her nähern. In Abb. 418 bedeute die innerste Kurve die Begrenzung des geladenen Körpers, und die auf sie zulaufenden Linien seien Wege, auf denen die Ladungseinheit herangeführt werden kann.

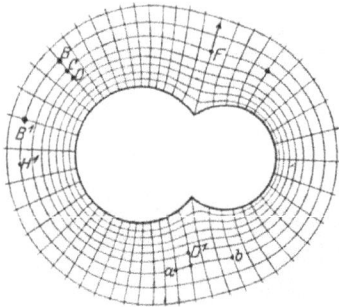

Abb. 418. Niveauflächen und Kraftlinien im Felde eines geladenen Körpers.

Bringt man sie etwa nach *B*, so muß man eine gewisse Arbeit *P* leisten. Das heißt: in *B* herrscht ein Potential von der Größe *P*. Nähert man sie dem Körper noch mehr, etwa bis *C*, so muß man eine noch größere Arbeit leisten, und eine *noch* größere, um sie nach *D* zu bringen. Das heißt: das Potential von *C* ist größer als das von *B*, und das von *D* noch größer als das von *C*. Lassen wir die Ladungseinheit, wenn wir sie nach *C* gebracht haben, los, so unterliegt sie lediglich der abstoßenden Kraft des geladenen Körpers, sie *entfernt* sich daher wieder von ihm.

Ersetzt man den positiv geladenen Körper — wir nennen ihn *K* — durch einen *negativ* geladenen *K'* und bringt man dann wieder eine *positive* geladene Molekel an den Rand des Feldes, so zieht *K'* die Molekel zu sich heran. Dabei verstehen wir unter dem Rand des Feldes die Grenze, an der die Wirkung des Körpers *K'* praktisch *erloschen* ist, bleiben uns dabei aber bewußt, daß sich das Feld *in Wirklichkeit* bis in die Unendlichkeit erstreckt. Wenn die geladene Molekel ungehindert der Kraft folgen kann, die *K'* auf sie ausübt, so bewegt sie sich jetzt vom Rande des Feldes nach dem *Innern* (vorher: von dem Innern des Feldes nach dem *Rande*). Um sie von einem Punkte *P* des Feldes *zum Rande* *zurück*zuschaffen, müssen wir also die anziehende Kraft überwinden, die *K'* auf sie ausübt; wir müssen dazu eine Arbeit leisten, und zwar eine um so größere, je größer der Abstand jenes Punktes vom Rande ist. Diese Arbeit ist, wenn die Molekel wieder mit $+ 1$ El.-Einheit geladen ist, genau so groß wie diejenige Arbeit, die wir würden leisten müssen, um die Molekel *vom Rande aus* nach dem Punkte *P* hinzuschaffen, wenn *K'* *positiv* geladen wäre, und die wir das Potential des Punktes genannt haben. Der Gegensatz zwischen den Arbeiten, die wir in den beiden Fällen leisten, ist derselbe, wie wenn wir das eine Mal (wo wir *Abstoßung* zwischen dem Körper *K* und der Molekel überwinden) eine Sprungfeder zusammendrücken, das andere Mal (wo wir *Anziehung* überwinden) eine

---

[1] Es ist damit hier wie auch im folgenden ein Probekörper gemeint, etwa ein winziges Kügelchen.

Sprungfeder auseinanderzerren. Die geladene Molekel offenbart den Gegensatz zwischen den beiden Fällen dadurch, daß sie, an einem Punkte P des Feldes sich selbst überlassen, im ersten Falle von P aus die Richtung zum Rande des Feldes hin einschlägt, im zweiten Falle die entgegengesetzte. Mit Bezug auf den Feldpunkt P drücken wir den Gegensatz dadurch aus, daß wir sein Potential im ersten Falle positiv nennen, im zweiten Falle negativ.

Aber zwischen + und — liegt irgendwo die Null. Was bedeutet das *Potential Null?* Antwort: das Potential der *Erde.* Die Erde ist ein Leiter. Wird ihr Elektrizität zugeführt, so lädt sie sich, sie muß also, wie *jeder* geladene Körper, andere geladene Körper anziehen oder abstoßen, muß also ein Potential haben. Da sie eine ungeheure Ausdehnung hat, bleibt ihr Potential ungeändert, wieviel Elektrizität sie auch aufnimmt oder abgibt — einem Wärmebehälter von ungeheurer Größe vergleichbar, dessen Temperatur sich nicht ändert, gleichviel, wieviel Wärme er aufnimmt oder abgibt. Darum benützt man ihr Potential als „Nullpunkt", wie man die Temperatur des schmelzenden Eises als Nullpunkt benützt, ohne aber damit sagen zu wollen, daß das schmelzende Eis überhaupt keine Temperatur oder die Erde überhaupt kein Potential hat. Wir benützen das Potential der Erde als Potential*markstein:* wir *nennen* ein Potential positiv, wenn es *darüber,* und negativ, wenn es *darunter* liegt.

Wie *erfahren* wir, ob das Potential eines Punktes über oder unter dem der Erde liegt? Ähnlich, wie wir erfahren, ob die Temperatur einer Wärmequelle über oder unter der des schmelzenden Eises liegt. Bringt man eine Metallkugel, die man daraufhin untersuchen will, in ein Quecksilberbad, das die Temperatur des schmelzenden Eises hat, und fließt Wärme *von der Kugel* zum Quecksilber (was man aus dem Steigen eines Thermometers in dem Bade folgert), so liegt die Temperatur der Kugel *über* 0⁰. Fließt Wärme *vom Quecksilber* zur Kugel, so liegt die Temperatur *unter* 0⁰, und findet *kein* Wärmetransport statt, so ist die Temperatur der Kugel *gleich* der des schmelzenden Eises. Ganz ähnlich ist es mit der Elektrizität: sie fließt von selber nur vom höheren zum niedrigeren Potential, und darauf gründet sich unsere Untersuchung, ob ein Potential über oder unter dem der Erde liegt. Wir besitzen Instrumente, die anzeigen, ob in einem Draht, der zwei Punkte leitend verbindet, die Elektrizität fließt oder nicht, können also erkennen, ob das Potential der beiden Punkte verschieden ist oder nicht; auch die *Richtung* des Fließens zeigen die Instrumente an, sie zeigen also, *welcher* Punkt das höhere Potential hat. Ein solches Hilfsmittel zeigt uns, ob das Potential eines geladenen Körpers oder eines Feldpunktes über oder unter dem der Erde liegt. Das Potential eines gegebenen Körpers interessiert uns aber nur ausnahmsweise mit Bezug auf das der *Erde,* gewöhnlich mit Bezug auf das eines anderen Körpers oder Punktes des *elektrischen Feldes*, es handelt sich ja immer um Wechselwirkungen zwischen *irgend* zwei geladenen Körpern, und nur ausnahmsweise ist einer davon die Erde. Bei einer solchen Messung benutzt man also das Potential des einen der beiden Körper als Nullpunkt, und man mißt, wie hoch oder wie tief unter ihm das Potential des anderen liegt. Es ist etwa so, wie wenn uns nur die Temperaturdifferenz zweier Körper *gegeneinander*, nicht die jedes einzelnen *gegen schmelzendes Eis* interessierte. Die Temperatur eines Zimmers interessiert uns gewöhnlich nur relativ zu der unseres Körpers, d. h., nur die Temperatur*differenz* zwischen dem Zimmer und unserem Körper interessiert uns. Wir erfahren sie ziffernmäßig nur auf dem Umwege in ihrer beider Beziehung zu 0⁰, denn die Thermometer sind so eingerichtet. Aber *Potential*differenzen zwischen zwei Punkten kann man direkt messen, indem man die Punkte durch ein Elektrometer miteinander verbindet. Man erfährt so die Differenz der Potentiale, die sie relativ zu dem der Erde haben. Man sagt statt *Potentialdifferenz* auch *Spannungsdifferenz*, oder *Spannung* schlechthin, oder auch, sofern sie die Elektrizität in Bewegung setzt, elektromotorische Kraft.

Einheit der Potentialdifferenz. Um nach Maß und Zahl anzugeben, wie weit über oder unter dem Potential der Erde das Potential eines gegebenen Punktes liegt, benutzt man die Potential*einheit.* Sie ist für Potentialmessungen das, was „ein Grad" für Temperaturmessungen ist. Das Potential ist eine Arbeit und die Arbeit mißt man in erg (S. 87). Mit Hilfe des Arbeitsbegriffes definieren wir nun die Einheit des elektrostatischen Potentials so: Irgendwo befinde sich ein isolierter geladener Körper; muß man die Arbeit 1 erg leisten, um eine mit der Elektrizitäts*einheit* geladene Molekel von der Erde aus auf diesen Körper zu schaffen, so liegt das Potential des Körpers um *eine elektrostatische Potential-einheit* über dem der Erde; der Körper hat dann „das Potential Eins". Man benützt zur Messung der in der Praxis vorkommenden Potentiale und Poten-tialdifferenzen 1/300 dieser Einheit, man nennt ihn 1 *Volt*, definiert also: 1 Volt = 1/300 elektrostatische Potentialeinheit.

Beispiele aus der Praxis: Die Potentialdifferenz (elektromotorische Kraft, EMK) zwi-schen den Polen eines galvanischen Elements beträgt 1—2 Volt. Um elektrische Glühlampen zum Leuchten zu bringen, muß man die Endpunkte ihres Fadens auf eine gewisse Poten-tialdifferenz bringen: die an die Elektrizitätswerke angeschlossenen Lampen sind meist so gebaut, daß sie zum normalen Leuchten eine Potentialdifferenz zwischen 200 und 240 Volt beanspruchen. Um Straßenbahnwagen elektrisch zu betreiben, muß man die Schienen und den über dem Wagen mit den Schienen parallel gezogenen Draht, den Fahrdraht, auf eine gewisse Potentialdifferenz bringen, man benützt dazu gewöhnlich etwa 500 Volt.

Alle Instrumente zur Messung von Potentialdifferenzen und unmittelbaren Anzeige der Voltzahl heißen *Voltmeter*. Manche von ihnen benutzen die elektrostatische Anziehung oder Abstoßung zwischen geladenen Körpern wie die S. 357 besprochenen Elektrometer. Auch das Quadrantelektrometer wird zum Voltmeter, wenn man seine Skala in Volt eicht. Wie man sie eicht, wollen wir ungefähr angeben: Zwei entgegengesetzt geladene, benachbarte Körper ziehen einander an. Die Größe der anziehenden Kraft hängt von der Größe der Potential-differenz zwischen beiden ab, von ihrer Form, ihrer Größe und ihrer Lage zueinander. Sind es zwei einander parallele Platten wie *A* und *B* in Abb. 415, und sind ihre Größe und ihr Abstand voneinander bekannt, so kennt man (aus der Theorie) den Zusammenhang der an-ziehenden Kraft mit den anderen Größen. Es sei *B* gleich 100 cm², und der Abstand zwischen *A* und *B* in der Ruhelage der Waage sei 0,5 cm. Lädt man dann *A* und *B* derart, daß *B* sinkt und sind dann 721 mg* auf der rechten Wagschale erforderlich, um die Waage wieder ins Gleich-gewicht zu bringen, so besteht zwischen *A* und *B* eine Potentialdifferenz von 2000 Volt. Um nun die Skala des Elektrometers zu eichen, verbindet man das Gehäuse mit der einen, das Aluminiumblatt mit der anderen der beiden parallelen Platten und verzeichnet auf der Skala 2000 Volt, wenn die Waage einspielt.

Flächen gleichen Potentials. Kraftlinien. Ganz so wie man ermittelt, ob das Potential eines Punktes über oder unter dem der Erde liegt, findet man, daß *viele* Punkte in dem Felde (Abb. 418) *dasselbe* Potential haben wie der Punkt *B*, also *viele* für die positive Einheit mit dem Arbeitsaufwand *P* zu er-reichen sind. Sucht man diese Punkte alle auf, so findet man, daß sie eine Fläche bilden, die den Leiter wie eine Schale umgibt: ebenso findet man eine Fläche, deren Punkte alle dasselbe Potential haben, das *C* hat, usw. Jede solche Fläche heißt *äquipotentielle* Fläche oder Niveaufläche. Auch die Oberfläche des iso-lierten Leiters ist eine Niveaufläche. Die Elektrizität ist ja unserer Annahme nach (S. 359 m.) auf ihm in *Ruhe*. Die Punkte seiner Oberfläche müssen also alle *dasselbe* Potential haben, denn sonst würde die Elektrizität von den Punkten höheren Potentials zu denen niedrigeren Potentials *fließen*.

Die Niveauflächen umschließen einander und den Leiter wie die Schalen einer Zwiebel, es sind nur mathematische Gebilde, aber wir übersehen mit ihrer Hilfe gewisse Vorgänge im Felde besser, als es ohne sie möglich wäre — zunächst einige *allgemeine geometrische* Eigenschaften über Richtung und Stärke der elektrischen Kraft. Der punktartige Körper werde in *D'* (Abb. 418) sich selbst überlassen. Er geht dann (S. 360 m.) zu einem Punkt kleineren Potentials, verläßt also die durch *D'* gehende Niveaufläche vom Leiter *weg* randwärts. Aber in welcher Richtung? Er steuert auf irgendeinen Punkt derjenigen Niveau-fläche *C*, die randwärts der durch *D'* gehenden unmittelbar benachbart ist (in der Zeichnung der Anschaulichkeit halber von der durch *D'* beträchtlich ge-trennt). Aber auf *welchen* Punkt steuert er zu? Auf *a* oder auf *b* oder auf welchen sonst? Da er frei beweglich ist, geht er natürlich *in der Richtung* der Kraft, die in *D'* auf ihn wirkt. Diese Kraft wirkt nur zwischen Punkten *ungleichen* Poten-tials. Wirksam kann sie daher nur *senkrecht* zur Niveaufläche sein. Eine schief dazu gerichtete Kraft hätte eine Komponente, die *in* die Niveaufläche fällt, tangential dazu (die also Punkte *gleichen* Potentials verbindet) und eine, die senkrecht dazu gerichtet ist — *diese allein ist wirksam*. Kurz: der Weg des punktartigen Körpers ist in jedem Punkte *senkrecht* zu der *Niveaufläche*, durch die er gerade hindurchtritt. Abb. 418 zeigt solche Bahnkurven. Jede gibt zugleich in jedem ihrer Punkte (durch die Tangente) die Richtung der elektrischen *Kraft* in dem betreffenden Feldpunkte, sie heißt daher *Kraftlinie*. Man kann die Kraftlinien sogar *sichtbar* machen; wir beschreiben das an einem Beispiel auf S. 364 u.

Wie *groß* ist nun die elektrische Kraft senkrecht zu einer Potentialfläche? Um die Kraft zu finden, die die geladene Molekel von *D* nach *C* treibt, gehen wir auf die Definition des Potentials zurück. P_C sei die Arbeit, die wir leisten müssen, um eine mit der Elektrizitätseinheit geladene Molekel aus unendlichem Abstande (einfacher: vom Rande des Feldes) nach *C* zu schaffen. P_D die größere Arbeit, um sie vom Feldrande nach *D* zu schaffen. (P_C und P_D sind also die Potentiale in *C* und in *D*.) Um sie, in *C* angelangt, noch nach *D* zu schaffen, müssen *wir* also zu der bereits geleisteten Arbeit P_C noch so viel Arbeit leisten, daß P_C auf P_D anwächst, d. h. um sie von *C* nach *D* zu schaffen, müssen *wir* die Arbeit $P_D - P_C$ leisten; der Weg, auf dem es geschieht, ist gleichgültig (S. 360 o.). Dieselbe Arbeit $P_D - P_C$ *leistet* nun die elektrische Kraft an der mit einer Elektrizitätseinheit geladenen *Molekel*, wenn sie diese von *D* nach *C* treibt. Enthält sie e Einheiten, so ist die Arbeit, die die elektrische Kraft leistet, wenn sie die Molekel von einem Orte mit dem Potential P_D zu einem solchen mit dem Potential P_C überführt, emal so groß, also $e \cdot (P_D - P_C)$.

Sind für das ganze Feld die Niveauflächen und die Kraftlinien ermittelt, wie in der Abb. 418, so ist das Feld gleichsam topographisch aufgenommen. Für Punkt *F* z. B. gibt die Richtung der durch ihn gehenden *Kraftlinie* die Richtung an, in der sich das geladene Körperchen bewegt. Und weiter: Denken wir uns die *Niveauflächen* der Abb. 418 so aufgenommen, daß die Potentialwerte von einer Fläche zur nächsten um gleich viel verschieden sind, so erkennt man, daß dieses Körperchen, um dieselbe Potentialdifferenz zu durchlaufen, nahe am Leiter nur kürzere Strecken zu durchlaufen braucht, als fern von ihm. Auf einer Landkarte würde das bedeuten, daß das *Gefälle* an den verschiedenen Stellen verschieden ist. — Vergleicht man den geladenen Leiter mit einer Wärmequelle, so haben die Niveauflächen ihr Seitenstück in den Flächen gleicher Temperatur, die die Wärmequelle umgeben: zu jeder Fläche gehört eine *bestimmte* Temperatur, für jeden ihrer Punkte dieselbe, aber von Fläche zu Fläche ist die Temperatur verschieden: auf Flächen, dei der Wärmequelle näher liegen, ist sie größer als auf entfernteren; Linien, die auf jeder Fläche senkrecht stehen, geben an jeder Stelle die *Richtung* des Wärmestromes an, und der Abstand je zweier (längs dieser Linie gemessen), zwischen denen 1° Temperaturunterschied herrscht, mißt das Gefälle des Wärmestromes.

Beispiele für Kraftlinien. Niveauflächen und Kraftlinien in speziellen Fällen zu ermitteln, ist schwierig. Nur an zwei einfachen Beispielen wollen wir ihre Form erläutern.

Der Leiter sei eine positiv geladene Kugel (Abb. 419), und das Feld erstrecke sich um ihn ins Unendliche. Wir nähern ihm die positiv geladene Molekel auf dem Wege, der durch einen Radius der Kugel gegeben ist, etwa bis *P*. Dazu müssen wir eine Arbeit leisten, deren Größe durch das Potential im Punkte *P* gemessen wird. Wir hätten eine *ebenso* große Arbeit leisten müssen, wenn wir die Molekel dem Leiter auf einem *anderen* Radius bis auf *denselben* Abstand genähert hätten. Das heißt: dasselbe Potential, das in *P* herrscht, herrscht in allen Punkten, die denselben Abstand, radial gemessen, von der Kugel haben wie *P*, also auf der Kugelfläche mit dem Radius *CP* um *C*. Diese Kugelfläche ist also eine *äquipotentielle Fläche* oder *Niveaufläche*. Offenbar ist das *jede* Kugelfläche um *C*. Aber auf jeder ist das Potential anders: auf der Fläche *R* kleiner als auf der Fläche *P*, auf der

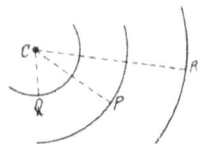

Abb. 419. Niveauflächen und Kraftlinien im Felde einer geladenen Kugel.

Fläche Q aber größer als auf der Fläche P, da eine kleinere Arbeit nötig ist, die Molekel nur bis auf den Abstand CR, als bis auf den kleineren CQ an die Kugel heranzubringen. Ebenso übersichtlich wie die Form der Niveauflächen ist hier die die Kraftlinien: die Kraftlinien stehen senkrecht zu den Niveauflächen, das sind hier aber Kugelflächen; die Kraftlinien sind also hier die Radien der Kugelflächen.

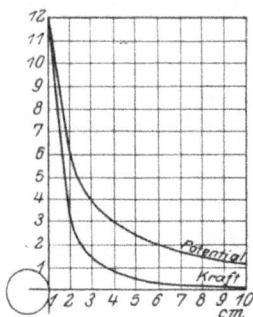

Abb. 420. Verlauf des Potentials in einem gegebenen Felde.

Wie *groß ist das Potential in einem gegebenen Punkte?* Es seien e Elektrizitätseinheiten gleichmäßig über die Kugeloberfläche verteilt. Die Rechnung lehrt dann, daß das Potential in einem Feldpunkte, der um die Strecke a, die größer ist als der Kugelradius vom Kugelzentrum absteht, gleich e/a ist. Der Sinn dieser Zahl ist: um die mit der positiven Elektrizitätseinheit geladene Molekel aus unendlichem Abstande der mit der positiven Elektrizitätsmenge e geladenen Kugel bis auf a cm vom Mittelpunkt zu nähern, ist die Arbeit e/a erg nötig. Ist (wie auf S. 359 m.) die Ladung $e = 12$ Elektrizitätseinheiten und der Kugelradius 1 cm, so muß man, um die Molekel der Kugel bis auf 10 cm Abstand vom *Mittelpunkt* zu nähern, die Arbeit 12/10 erg leisten, d. h. der Punkt in 10 cm Abstand vom Kugelmittelpunkt hat das Potential 1,2. Ebenso finden wir: der Punkt hat

im Abstand   9   8   6   4   3   2   1 cm vom Kugelmittelpunkt
das Potential 1,33 1,50 2,00 3,00 4,00 6,00 12,00.

Besonders interessieren zwei gleich stark und *entgegengesetzt* geladene Körper A und B, deren Felder *ineinandergreifen* (Abb. 421). Ist die Elektrizitätsmenge bekannt, mit der jeder geladen ist, so kann man für jeden Feldpunkt, dessen Abstand von A und B gegeben ist, sein Potential auf A und auf B berechnen und daraus das Potential, das er in dem aus beiden Feldern *zusammengesetzten* Felde hat. Diese Rechnung sei durchgeführt, und daraus seien die Potentialflächen konstruiert. Wir legen nun eine Horizontalebene durch A und B, in Abb. 421 die Ebene der Zeichnung. Sie durchschneidet das Feld und somit die Potentialflächen, und so entstehen gewisse Kurven — die stark ausgezogenen Kurven 1, 2 usw. Die Punkte von 1 haben alle dasselbe Potential, ebenso die von 2 untereinander usw. Gehen von dem positiv geladenen A elektrisch geladene Molekeln aus, so werden sie sich von A, dem Punkte des höchsten Potentials hin, wegbewegen zu Punkten niedrigeren Potentials hin, bis sie den Punkt des tiefsten Potentials erreicht haben, d. h. B, sie bewegen sich dabei längs den *Kraftlinien*, den *punktierten* Kurven der Abbildung (sie durchschneiden die einzelnen Kurven gleichen Potentials sämtlich unter einem rechten Winkel).

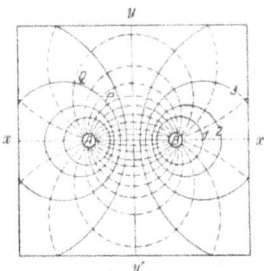

Abb. 421. Das Feld zweier benachbarter gleich starker, entgegengesetzter Ladungen A u. B.

Man kann diese Kraftlinien *sichtbar* machen. A und B seien Stahlkügelchen, in eine Spiegelglasplatte (sauberster und trockenster Beschaffenheit!) eingefügt und mit den Polen einer Elektrisiermaschine verbunden. Man lädt sie auf eine entsprechend hohe Potentialdifferenz und bestäubt die Platte mit feinstem, trockenstem Gipspulver. Erschüttert man dann das Pulver durch sanftes Klopfen gegen die Glasplatte, so ordnen sich die Gipskriställchen den gestrichelten Kurven ähnlich (s. magnetische Kraftlinien).

Wir haben nur von *positiv* geladenen Molekeln gesprochen, aber eine negativ geladene, die von B ausgeht, oder die man an irgendeinen Punkt des Feldes bringt und dann sich selbst überläßt, bewegt sich natürlich auf denselben Kraftlinien, nur in der Richtung, die der Bewegung der positiv geladenen Molekel *entgegengesetzt* ist; für die negativ geladene Molekel liegt das größte Potential in dem negativ geladenen Körper B, und es nimmt den Kraftlinien entlang in der Richtung auf A hin ab.

Da sich ein geladener Körper stets vom höheren zum niederen Potential („bergab") bewegt, erkennt man auch die Bedingung, unter der zwei geladene Körper zueinander hin- oder voneinander weggehen. A und B der Abb. 421 seien wieder zwei punktartige gleich stark und in *gleichem* Sinne, etwa positiv, geladene Körper. Um eine mit $+1$ El.-Einheit geladene Molekel dem Körper zu nähern, muß man offenbar, wenn man das von y oder y' her tut, mehr Arbeit leisten als von x oder x' her. Das heißt folgendes: Das Potential ist zwischen A und B am größten, es *wächst* in der Richtung von x und x' her nach den beiden Körpern hin. Macht man A und B genügend leicht beweglich und überläßt sie sich selbst, so bewegen sie sich, da sie sich dann „bergab" bewegen, nach x und x' hin, sie entfernen sich also voneinander — wir *sagen*: sie stoßen einander ab. Sind A und B *entgegengesetzt* geladen, so nehmen die Potentialwerte beider Felder rings um A und B ab, beide Felder aber am stärksten nach der Mitte von A und B hin; auf der Linie yy' ist das Potential 0. Das heißt: die Felder fallen *nach dieser Linie* hin viel stärker ab als nach außen. Macht man A und B wieder genügend beweglich, so bewegen sie sich beide dort hin, wir *sagen*: sie ziehen einander an. — A und B verhalten sich wie zwei Massen, die man (Abb. 422a und b) auf eine gekrümmte Bahn bringt und dann der Wirkung der Schwere überläßt: bergab fallen sie beide Male, aber das eine Mal voneinander weg, das andere Mal zueinander hin.

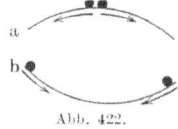

Abb. 422.

Elektrisierung durch Induktion. (Influenz.) Daß sich zwei Körper infolge ihrer Elektrisierung zueinander hin- oder voneinander wegbewegen, hielt man bis FARADAY für eine Wirkung, bei der das Medium *zwischen* den beiden Körpern gar nicht *mit*wirkt („Wirkung in die Ferne"). Unterstützt wurde diese Ansicht durch die Tatsache, daß man sogar einem *noch nicht elektrisierten* leicht beweglichen Körper (z. B. einem pendelartig aufgehängten), einen elektrisierten nur zu *nähern* braucht, um ihn zu bewegen. Die Beobachtung (THALES), daß Bernstein, mit einem trocknen Tuche gerieben, leichte Körperchen, wie Korkschnitzel, zu sich heranzieht, wird sogar als die am längsten bekannte elektrische Erscheinung genannt. — Danach *scheint* (S. 90 m.) ein elektrischer Körper sogar auch auf einen *nicht* elektrisierten *in die Ferne* einzuwirken. Tatsächlich kommt aber die Bewegung *so* zustande: der unelektrisierte Körper wird zunächst *auch* elektrisiert, nämlich durch die *Annäherung* des elektrisierten — man sagt durch *Induktion* (oder *Influenz*) geladen —, und *dann* ziehen beide einander an. Wir haben danach: erst *Elektrisierung* als Wirkung „in die Ferne" und dann *Massenbewegung* als

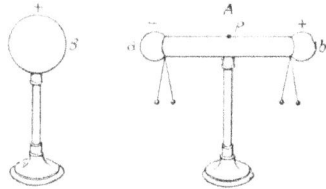

Abb. 423. Zum Nachweise der Elektrisierung durch Influenz.

Wirkung „in die Ferne". Abb. 423 zeigt einen Fundamentalversuch. Ein ungeladener isolierter Leiter A, ein Messingzylinder auf einem Glasfuß — an den Enden mit elektrischen Pendelpaaren versehen — wird der geladenen Kugel B genähert. Man beobachtet dann:

1. Jedes Pendelpaar schlägt aus, *beide* Enden des Leiters A sind also geladen.

2. Das der Kugel *fernere* Pendelpaar zeigt (bei der S. 356 m. besprochenen Untersuchung) *dasselbe* Ladungsvorzeichen an wie die Kugel, das der Kugel nähere entgegengesetztes. Kurz: der Leiter A ist an den entgegengesetzten Enden entgegengesetzt geladen.

3. Der Ausschlag der Pendelpaare wird kleiner, je mehr man sie nach der Mitte des Zylinders rückt, und ist an gewissen Punkten des Zylinders Null. Die Gesamtheit dieser Punkte ohne Ladung, ungefähr in der Mitte des Zylinders, bildet die *neutrale Linie*.

4. Entfernt oder entlädt man die Kugel, so fallen die Pendel zusammen, der Zylinder wird wieder unelektrisch; die beiden entgegengesetzten Ladungen waren also gleich groß.

5. Leitet man den Zylinder zur Erde ab, gleichviel an welchem Ende, so fällt das Pendelpaar b zusammen, d. h. es *verschwindet* die der Kugelladung *gleich*-sinnige Ladung. Die andere Ladung bleibt bestehen; sie wird von der *induzieren-den* Elektrizität *gebunden*.

6. Entfernt man die Kugel erst, nachdem man den Zylinder abgeleitet hat, so schlägt auch das Pendelpaar b wieder aus, und zwar mit derselben Ladung

wie das Pendelpaar a. Jetzt ist also die *ganze* Oberfläche des Zylinders der Kugel entgegengesetzt geladen.

7. Stehen mehrere Leiter hintereinander, Abb. 424, so verhält sich jeder wie der der Kugel nächste.

Induktion erfolgt auch dann, wenn wir (Abb. 425) zwischen den induzierenden Körper e und den induzierten ab eine Glasplatte d bringen. Sie erfolgt überhaupt durch jeden isolierten Körper hindurch — er sei fest, flüssig oder gasförmig, also auch durch die atmosphärische Luft hindurch.

Macht man (Abb. 426) eine Glaskugel M +-elektrisch und nähert man sie dann einem unelektrischen, leicht beweglich aufgehängten Körperchen N, so wird dieses zunächst durch Induktion elektrisch. Die Ladung der Glaskugel zieht die negative a des induzierten Körpers wegen des kürzeren Abstandes von ihr stärker *an*, als sie die weiter entfernte positive b *abstößt*; deswegen *zieht* das Glas *den Körper an*. Bei der nun eintretenden Berührung macht ein entsprechendes Quantum der +-Ladung der Glaskugel die ——-Ladung des Körpers unwirksam. Die auf dem Glase im Überschuß befindliche +-Ladung hat es nun allein mit der +-Ladung des induzierten Körpers zu tun, d. h. sie *stößt* infolgedessen *den Körper ab*. Man sieht diese Anziehung und die bald darauf erfolgende Abstoßung, wenn man Siegellack oder Hartgummi mit Wolle reibt und dann Papierschnitzeln oder ähnlichen leicht beweglichen Körpern nähert.

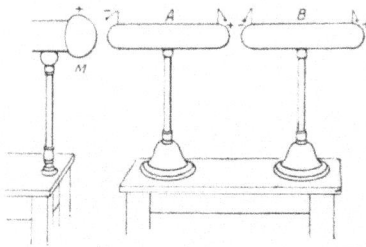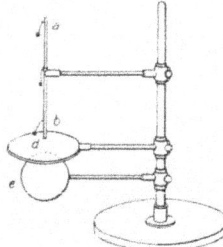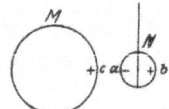

Abb. 424.   Abb. 425.   Abb. 426.

Elektrisierung durch Influenz.

Dichte der Elektrizität. Daß das elektrische Pendel nicht (s. o. unter 3.) an allen Punkten des Zylinders *gleich* stark ausschlägt, zeigt, daß nicht an allen Punkten die Ladung gleich groß ist. Sie ist an den Enden des Zylinders am größten, auf der neutralen Linie Null und hat mittlere Werte an Punkten zwischen der neutralen Linie und den Enden. In diesem Sinne spricht man von *Dichte* der Elektrizität in einem Punkte. Trotz der Verschiedenheit der Dichte ist die Elektrizität auf der Oberfläche des Zylinders in Ruhe, nachdem sich die positive und die negative Elektrizität geschieden haben, ein Beweis, daß an allen Punkten der Oberfläche das *Potential gleich* groß ist. Das befremdet zunächst: der Punkt P (Abb. 423) z. B. soll, obwohl in ihm die *Dichte* der Elektrizität Null ist, doch ein von Null verschiedenes *Potential* haben, d. h. es soll Arbeit dazu gehören, ihm, der keine Ladung enthält, eine mit der positiven Elektrizitätseinheit geladene Molekel zu nähern. Aber man bedenke, daß seine Nachbarn geladen sind, daher die Molekel abstoßen und *ihrerseits* zur Annäherung der Molekel an jenen Punkt Arbeit fordern.

Auch auf einem alleinstehenden geladenen Körper ist die Dichte der Elektrizität an den verschiedenen Punkten seiner Oberfläche im allgemeinen verschieden. Ihre Form ist darauf von Einfluß: Eine Kugel hat an der Oberfläche überall die gleiche Dichte, ein Zylinder an den Enden größere als in der Mitte, eine Scheibe an den Rändern stärkere als in der Mitte der Oberfläche, ein Kegel am Rande des Mantels stärkere als an den Seiten, die stärkste aber an der Spitze.

Allgemein gilt: Die Dichte der Elektrizität auf einem Körper ist dort am größten, wo er am stärksten gekrümmt ist.

Eine Spitze nimmt hier eine Sonderstellung ein. Infolge der großen Dichte der Elektrizität in einer Spitze wird die Luft dort *leitend*, infolgedessen geht die Elektrizität direkt auf die Luftmolekeln über, die nun, von der gleichnamig geladenen Spitze abgestoßen, sich entfernen. An ihre Stelle treten andere und andere, so daß die Spitze andauernd Elektrizität abgibt und eine andauernde Luftbewegung um sich herum unterhält. Die Luftbewegung

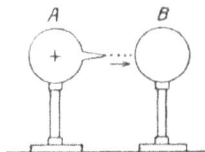

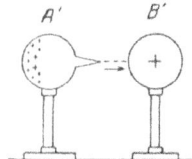

Abb. 427a.   Abb. 427b.   Abb. 427c.

Wirkung einer geladenen Spitze.

kann sich bis zu einem deutlichen Winde steigern (Abb. 427a). Die Spitze wirkt aber auch *ladend*. Bringt man einen spitzen geladenen Körper A (Abb. 427b) einem ungeladenen B sehr nahe, so führt dieser Luftstrom die Ladung auf den ungeladenen, so daß sich A entlädt und B lädt. — Bringt man dagegen (Abb. 427c) einen ungeladenen spitzen Körper A′ einem geladenen nahe, so wird in A′ durch Induktion negative und positive Elektrizität erzeugt. Die negative fließt aus der Spitze zu dem Körper B′ und entlädt ihn allmählich, und auf A′ bleibt allein positive Elektrizität übrig. Es ist also, wie wenn die Ladung von B′ einfach auf A′ übertragen worden wäre. Man sagt: die Spitze hat diese Ladung *aufgesaugt*. Die aufsaugende Wirkung der Spitze unterstützt auch die Wirkung des Blitzableiters (S. 425). Die Saugwirkung ist so stark, daß man sie bisweilen technisch ausnutzt. Zum Beispiel so: mit der durch Reiben auf einer Glasfläche erzeugten Elektrizität kann man einen anderen Körper laden, wenn man die Elektrizität, sobald sie entsteht, von dem Glase weg und dem Körper zuführt. Dazu eignet sich gut eine von Tyndall empfohlene Anordnung (Abb. 428). An dem Seidenlappen R,

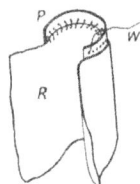

Abb. 428. Reibzeug mit Metallspitzen, die die Ladung aufsaugen.

dem *Reibzeug*, sitzt ein schmaler Streifen P dünnen Bleches aus Kupfer oder Messing. Er ist an der einen Seite (beim Reiben, Abb. 429, dem Glase zugewendet) mit feinen Nadelspitzen besetzt, umschließt also das Glasrohr, wenn das Reibzeug darum liegt, mit einem Stachelkranz. Beim Reiben mit dem Seidenlappen gleitet der Stachelkranz dauernd an dem Teile des Rohres hin und her, der von der Seide berührt gewesen und soeben davon getrennt, also positiv elektrisch geworden ist. Die Stacheln saugen die positive Elektrizität auf, und von ihnen gelangt sie durch den Draht W zu B. (Anwendung in den Elektrisiermaschinen, s. S. 376/77.)

Bindung und Rückbindung der Elektrizität durch Influenz. Dem *ersten Anschein* nach ist auch Elektrisierung durch Induktion (Influenz) eine Wirkung „in die Ferne". Aber wenn die auf B befindliche Ladung (Abb. 423) auf A wirklich „unver-

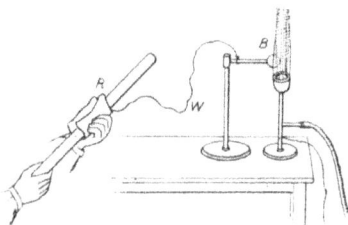

Abb. 429. Das Reibzeug der Abb. 428 zur Gasfernzündung.

mittelt" einwirkte. A also lüde, ohne daß etwas anderes dabei im Spiele wäre als A und B, dann müßte es gleichgültig sein, womit der Zwischenraum zwischen ihnen ausgefüllt ist. Aber die Zwischensubstanz spielt eine wichtige Rolle. Um das zu übersehen, kehren wir zu dem S. 365 unter 5. beschriebenen Vorgange zurück.

Die von der positiv geladenen Kugel B auf den Körper A induzierte negative Ladung ist so stark gebunden, daß sie auch dann nicht abfließt, wenn man B zur Erde ableitet; nur die positive Elektrizität fließt ab.

Dieser Bindung von Elektrizität durch Induktion wenden wir jetzt unsere Aufmerksamkeit zu.

„Bindung" ist stets *wechselseitig*. Die *induzierte* Elektrizität hat daher Einfluß auf die *induzierende*: sie *bindet* einen Teil davon (*Rück*bindung) und macht ihn dadurch nach außen wirkungslos. Die Kraft, die der induzierende Leiter nach *außen* ausübt, z. B. die Abstoßung auf $+ 1$ El.-Einheit, die man ihm nähert, wird dadurch viel schwächer, als sie vorher war. Mit anderen Worten: sein Potential ist gesunken. Er muß aufs neue Elektrizität aufnehmen, ehe es die

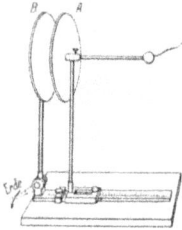

Abb. 430. Ansammlungsapparat (Kondensator der Elektrizität).

frühere Größe hat; er wird dadurch zu einem *Ansammlungsapparat* (Kondensator): Eine Quelle positiver Elektrizität werde, auch wenn sie Elektrizität abgibt (durch irgendeine Vorkehrung), andauernd auf konstantem Potential erhalten. Wir verbinden (Abb. 430) den Leiter A mit ihr; dann strömt so lange positive Elektrizität durch die leitende Verbindung nach A, bis A dasselbe Potential hat wie die Elektrizitätsquelle. Jetzt nähern wir A dem Leiter B. Die positive Elektrizität auf A bindet die negative auf B, die positive leiten wir zur Erde ab. Dadurch, daß ein Teil der positiven Ladung auf A *rück*gebunden ist, sinkt das Potential von A, und es kann aufs neue positive Elektrizität auf A einströmen.

Durch die neueingeströmte Elektrizität wird in B aufs neue negative Elektrizität nach der einen Seite gezogen, positive nach der anderen abgestoßen. Wird diese abgestoßene Elektrizität wieder zur Erde abgeleitet, so wiederholt sich der Vorgang der Bindung und der Rückbindung. Das Potential von A sinkt aufs neue, und A muß aufs neue Elektrizität aufnehmen, um sein Potential auf die frühere Höhe zu bringen.

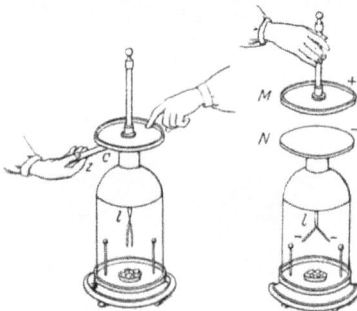

Abb. 431. Bindung und Rückbindung der Elektrizität.

Das geht aber nicht ins Unendliche fort. Nicht alle Elektrizität auf A wird durch Rückbindung nach außen wirkungslos, nur ein Teil. Der Rest bleibt frei, und daher wächst bei jeder neuen Verbindung von A mit der Elektrizitätsquelle der Betrag an *freier* Elektrizität auf A, und schließlich erreicht A sein früheres Potential, *obwohl* er die Elektrizität von B gebunden hält. A enthält dann mehr *Elektrizität* als vorher, obwohl sein *Potential* dasselbe ist. Entfernt man B wieder, so wird die bisher gebundene (oder besser: *rück*gebundene) Elektrizität frei, und das Potential von A steigt. Man kann einen Leiter so auf ein viel höheres Potential aufladen, als die Elektrizitätsquelle besitzt, durch die die Ladung erfolgt.

Dieses Verfahren gebraucht man, um z. B. in dem Goldblattelektroskop (Abb. 413) ein Potential zu verstärken, das sonst gar nicht oder nur undeutlich angezeigt würde. Man befestigt auf dem die Goldblättchen tragenden Stabe l eine Metallplatte N, bedeckt sie oben mit einer Firnisschicht und setzt darauf eine zweite Metallplatte M mit einem isolierenden Handgriff. N verbindet man dann mit der Elektrizitätsquelle, M mit der Erde (Abb. 431 links). Wir haben dann die in Abb. 429 zur Erläuterung der Bindung und der Ansammlung der Elektrizität benützte Anordnung. N entspricht dem Leiter A, der mit der Elektrizitätsquelle verbunden ist, M dem Leiter B, in dem die Elektrizität durch Influenz erzeugt und, trotz seiner Ableitung zur Erde, gebunden wird, die Firnisschicht zwischen N und M der Luftschicht zwischen A und B. Trennt man nun N von der Elektrizitätsquelle, und entfernt man M, so wird die ganze in N gebundene Elektrizität frei und übt auf die Goldblättchen eine Wirkung aus, die um so größer ist, je größer die Fläche der beiden Metallplatten und je dünner die Firnisschicht ist.

Das Dielektrikum als Träger des elektrischen Feldes. Lädt sich die Platte A (Abb. 429) zu einem gegebenen Potential V, während nur *Luft* sie von B trennt. so nimmt sie eine gewisse Menge Elektrizität auf. Füllt man dann den Zwischenraum zwischen ihr und B durch Paraffin oder durch Glas oder durch einen anderen isolierenden Stoff aus, so nimmt sie eine größere Elektrizitätsmenge als vorher auf, um dasselbe Potential zu erreichen. Diese Beobachtungen haben FARADAY von der „Fernwirkung" elektrischer Kräfte weg zu neuen Anschauungen über das Wesen der Induktion geführt, die auch heute noch ihre grundsätzliche Bedeutung haben. FARADAY geht davon aus, daß ein magnetisierter Stahlstab, den man in zwei Stücke bricht, stets zwei neue Magnete liefert, *jeder* mit einem Nordpol und einem Südpol (Abb. 432). Man kann sich den

Abb. 432.   Zur Beschaffenheit des Magneten.

ganzen Magnetstab NS aus kleinen Magneten ns hergestellt denken, die Magnetisierung des Stahlstückes also schließlich auf die Magnetisierung der *Molekeln* zurückführen. FARADAY nimmt nun an, daß infolge der Elektrisierung des Leiters in dem angrenzenden Isolator — er nennt ihn *Dielektrikum* — ein elektrischer Spannungszustand entsteht, indem sich ähnlich in den Molekeln des Isolators positive und negative Pole ausbilden, die ihrerseits auf die angrenzenden Leiter einwirken (Abb. 433).

Es sei A ein positiv, B ein negativ geladener Leiter und ab eine von A zu B reichende Molekelreihe des Isolators. Haben sich in den Molekeln die Pole ausgebildet — FARADAY nennt diesen Zustand *dielektrische Polarisation* —, dann wenden je zwei Nachbarmolekeln derselben Reihe einander entgegengesetzte Pole zu und ziehen einander an, und die Enden a und b der Reihe ziehen A und B an. Die Molekelreihe ab bildet also infolge ihrer Polarisation gleichsam ein Band, das sich zusammenzuziehen und die elektrisierten Körper A und B einander zu nähern strebt; dasselbe tut jede andere Molekelreihe, die von A nach B hinüberreicht. In der Richtung AB herrscht somit ein Kontraktionsbestreben.

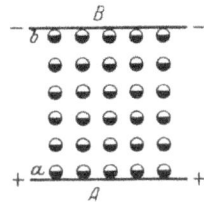
Abb. 433.   Zur dielektrischen Polarisation.

Der Spannungszustand, in den der Isolator gerät, ist eine Haupteigenschaft des elektrischen Feldes. Die Linien, denen entlang die polarisierten Moleküle des Isolators einander anziehen, sind nichts anderes als die Kraftlinien, längs deren sich eine frei bewegliche, geladene Molekel im elektrischen Felde bewegt. Diese Kraftlinien werden im allgemeinen nicht geradlinig verlaufen, sondern mehr oder weniger stark gekrümmt. Dabei ist es im wesentlichen gleichgültig, ob der Zwischenraum zwischen den beiden Leitern mit Luft gefüllt ist, oder mit einem anderen (festen, flüssigen oder gasförmigen) Isolator. Alles das brachte FARADAY von der Vorstellung einer unmittelbaren Fernewirkung elektrischer Kräfte ab; er ersetzte diese Vorstellung durch eine Theorie, nach der die Kraftwirkung durch die dielektrische Polarisation des Zwischenmediums übertragen wird. Er selbst sagt hierüber:

„Unter den Folgerungen aus der Anschauung, daß Induktion ein molekularer Vorgang sei, ist die vermutete Wirkung in *krummen* Linien für jetzt die wichtigste. Denn wenn diese sich unzweideutig dartun ließe, so sehe ich nicht, wie die alte Theorie einer nur in geraden Linien erfolgenden Wirkung in die Ferne bestehen könne, oder wie man den Schluß, daß gewöhnliche Induktion eine Wirkung aneinandergrenzender Teilchen sei, abweisen könne." Und an anderer Stelle: „Die von einem elektrischen Körper ausgehende und in die Ferne

24

sich äußernde Kraft, kann man sich unter dem Bilde von Kraftlinien vorstellen. Diese Linien oder die durch sie repräsentierten Kräfte bleiben erhalten, solange sie sich in einem isolieren-den Medium befinden oder dasselbe durchsetzen. Sie setzen sich so lange fort, bis sie auf leitende Substanz treffen, auf der sie einen den ihres Ursprungswortes entgegengesetzten Zustand von äquivalentem Grade erregen, und so findet ihre Isolation eine Grenze, oder sie setzen, wenn ein solcher Körper nicht vorhanden ist, ihren Lauf fort."

FARADAY beweist immer wieder durch neue Tatsachen: bei der Polarisation ist das Dielektrikum das Entscheidende, der Leiter spielt nur als *Begrenzung des Dielektrikums* eine Rolle. Im *Innern* des Dielektrikums neutralisiert die posi-tive Ladung der einen Molekel die negative ihres Nachbarn auf der Kraftlinie. Nur wo das *Dielektrikum* an den Leiter grenzt, nehmen wir die *Ladung* wahr — die *Ladung des Leiters*. In einer Kraftlinie, z. B. der Molekelreihe *ab* (Abb. 432), bedeuten der Anfangspunkt auf dem Leiter *A* und ihr Endpunkt auf dem Leiter *B Ladungen*, und zwar *zusammengehörige* (korrespondierende) Punkte.

Moderne Vorstellung vom Wesen der dielektrischen Polarisation. Heute sehen wir (auf Grund unserer seit FARADAY wesentlich erweiterten Kenntnis der elektrischen Vorgänge) die Elektrizität als etwas Körperliches an, wir schreiben ihr atomistische Struktur zu und nehmen die Existenz positiver und negativer Elementarteilchen von bestimmter Größe an. Positive (bzw. negative) „Ladung" des Leiters *A* (bzw. *B*) ist nach dieser Auffassung identisch mit einer Schicht positiver (resp. negativer) Elementarteilchen auf der Oberfläche des Leiters *A* (bzw. *B*). Die Endpunkte der Kraftlinien, die entgegengesetzte Ladungen mit-einander verbinden, tragen danach positive Teilchen einerseits und negative andererseits. Die Elementarteilchen können als zwei Elemente — wir bezeichnen sie mit $\oplus$ und $\ominus$ — gelten, mit denen sich die anderen Elemente *verbinden* können (gewisse mit den $\oplus$, andere mit den $\ominus$, man nennt z. B. die Verbindungen $H\oplus$ oder $K\oplus$ ein Wasserstoff*ion*, ein Kalium*ion*, die Verbindungen $Cl\ominus$ ein Chlor*ion* und schreibt sie zum Unterschied von *nicht* geladenen Atomen H^+ K^+, Cl^- usw.), die sich aber auch *miteinander* verbinden können zu $\oplus\ominus$, einem *neutralen* Teilchen.

Nach der heutigen Vorstellung vom Aufbau der Materie sind ihre Atome aus positiven und aus negativen Elementarteilchen aufgebaut, ein Atom ist *ungeladen*, wenn die Summe der positiven Elementarladungen gleich der Summe der negativen ist. Werden aber die Teilchen so voneinander getrennt wie es Abb.433 andeutet (Dipole), dann tritt im Innern des Dielektrikums jener Spannungs-zustand ein, den wir vorhin beschrieben haben, und an der Grenzschicht bildet sich freie Ladung aus. —

Noch ein Punkt ist zu beachten: Die Endpunkte einer *elektrischen* Kraft-linie sind physikalisch vollkommen verschieden voneinander, die positiven Ele-mentarteilchen sind etwas ganz anderes als die negativen. Nicht so bei den *magnetischen* Kraftlinien, die wir später kennenlernen werden! Ihre Endpunkte, der positive und der negative Magnetpol, sind nur insofern voneinander verschie-den, als sich die *Wirkungen*, die sie ausüben, im *Vorzeichen* voneinander unter-scheiden.

Nur die Oberfläche von Leitern enthält Ladung. Sind die korrespondierenden Punkte auf der Oberfläche der Leiter *wirklich* Anfang und Ende der Kraftlinien? Entspringt die Kraftlinie nicht vielleicht im *Inneren* des einen Leiters und endet im *Inneren* des anderen? Zur Beantwortung dient die Tatsache, daß ein Leiter, auf dem die Elektrizität in Ruhe ist, nur an seiner Oberfläche geladen ist, aber nicht im Innern. Sehr anschaulich zeigt das eine von CAVENDISH stammende Versuchsanordnung (Abb. 434). *M* ist eine isolierte geladene Metallkugel, *N* und *N'* sind an isolierenden Griffen befestigte Kugelschalen, die aneinander-gefügt eine Hohlkugel bilden, in die *M* genau hineinpaßt. Setzt man *N* und N' über M aneinander, so daß das Ganze eine Kugel mit einer aufgelegten Metallhaut bildet, und entfernt man dann N und N' wieder, so ist M entladen, und die Ladung von N und N' zusammen ist gleich der vorherigen Ladung von M. Abb. 435 zeigt eine ähnliche Anordnung. Nur wird hier die Kugel nicht auf ihrer ganzen Oberfläche von der umschließenden Metallhaut berührt, sondern sie steht mit ihr nur an dem *einen* Punkte in Verbindung, an dem der Draht M sie mit ihr verbindet; aber der Erfolg ist der gleiche. — FARADAY machte einen Versuch in großem Maßstabe. Er baute einen Hohlwürfel von 12 Fuß Kantenlänge, bedeckte

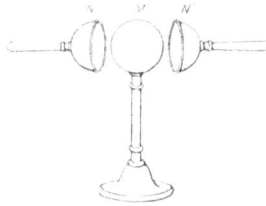 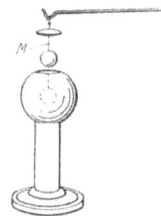

die Seiten mit gut leitendem Material, isolierte ihn vom Boden und lud ihn sehr stark.

„Ich stellte ein empfindliches Goldblatt-Elektrometer in den Würfel und lud das System mehrmals hintereinander durch eine äußere Zuleitung sehr stark; allein weder während der Ladung noch nach der Entladung zeigte das Elektrometer oder die Luft im Innern die geringste Spur von Elektrizität ...

Abb. 434.   Abb. 435.

Zum Beweise, daß ein geladener Leiter nur *Oberflächen*ladung hat

Ich begab mich in den Würfel und verweilte darin mit brennenden Kerzen, Elektrometern und allen anderen zur Prüfung elektrischer Zustände dienenden Mitteln, ohne den geringsten Einfluß auf sie, noch irgendeine besondere Erscheinung an ihnen wahrnehmen zu können, obschon während der ganzen Zeit die Außenseite des Würfels stark geladen war und große Funken und Büschel aus allen Teilen seiner Außenfläche hervorschossen." (Exper. Res. 1173, 1174.)

FARADAYS Eimerversuch. Elektrische Schirmwirkung. Besonders beweisend ist der *Eimerversuch* von FARADAY (Abb. 436). A sei ein isoliertes elektrizitätsfreies Metallgefäß, ein Eimer, B ein darauf passender, an einer isolierenden Schnur hängender Metalldeckel, E ein Goldblattelektroskop und C eine isoliert an B hängende Metallkugel. Man lädt C z. B. positiv. Setzt man dann den Deckel auf das Gefäß, so daß sich C in einem geschlossenen Raum befindet, aber ohne dessen Wände zu berühren, so lädt sich das Gefäß A durch Influenz mit Elektrizität, das Elektroskop zeigt positive an. Leitet man die Außenseite ab, so fallen die Elektroskopblättchen zusammen; zieht man aber die Kugel heraus, so schlagen sie wieder aus, jetzt mit negativer Elektrizität, und zwar ebenso stark wie vorher mit positiver — ein Beweis, daß die beiden auf A durch Influenz erzeugten Ladungen gleich stark waren. Entfernt man nun auch *diese* Ladung und setzt den Deckel mit der Kugel auf das Gefäß, so daß E wieder positive Elektrizität anzeigt, läßt aber nun die Kugel C (an dem Faden, der

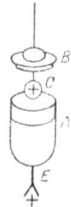

Abb. 436. Zum Beweise, daß ein Leiter nur auf der Oberfläche geladen ist.

durch die Öffnung im Deckel hindurchgeht) bis auf den Boden des Eimers herab, so daß sie *durch Leitung* Elektrizität an das Gefäß abgibt, so zeigt sie sich, wenn man sie herauszieht, *vollkommen entladen.* — Während die Kugel den Eimerboden berührt, ist aber — und *darauf* kommt es hier an — der Ausschlag der Elektroskopblättchen unverändert geblieben. Die negative Ladung der Innenseite ist also der positiven der Kugel an Menge gleich — die positive Ladung der Außenseite war aber an Menge auch gleich der negativen der Innenseite, sie ist also auch an Menge gleich der der Kugel. Man kann somit die auf der Außenseite von A befindliche Ladung geradezu als die ursprüngliche auf der Kugel C befindliche ansehen. Durch die Berührung der Kugel mit dem Eimerboden ist somit die *ganze* Ladung der Kugel auf die äußere Oberfläche des Gefäßes übergegangen, und das Innere des Gefäßes ist vollkommen frei von Elektrizität.

24*

Da nun ein geladener Leiter nur an der *Oberfläche* geladen ist, so kann eine Kraftlinie *nur dort* entspringen bzw. enden. Hier haben wir die Antwort auf die vorhin (S. 370 u.) gestellte Frage. — Aber die zusammengehörigen Enden einer Kraftlinie können niemals auf *demselben* Leiter liegen, auf dem die Elektrizität in Ruhe ist, denn längs einer Kraftlinie hat ja das Potential von Punkt zu Punkt einen anderen Wert, könnte also die Elektrizität nicht in Ruhe sein. Ein Leiter, den man in das elektrische Feld so bringt, wie z. B. die Kugel *K* (Abb. 437), unterbricht geradezu die Linien, die das Feld durchziehen. Ist es eine *Hohl*kugel, so ist ein Körper in ihrem Innern vor der Einwirkung des Feldes geschützt, man sagt: *beschirmt* (Schirmwirkung eines Leiters).

Aus der Tatsache, daß ein Leiter *nur auf der Oberfläche* Ladung trägt, läßt sich das COULOMBsche Gesetz, das experimentell nur sehr schwer beweisbar ist, mathematisch streng ableiten: Würde nämlich die Kraft, welche zwei elektrische Ladungen aufeinander ausüben, nicht proportional mit dem Quadrat ihres gegenseitigen Abstandes abnehmen, sondern proportional einer anderen Potenz des Abstandes, so wäre eine ausschließliche Verteilung der Ladung auf der Oberfläche nicht möglich. Selbst wenn diese Potenz nur um einen winzigen Bruchteil eines Prozentes von 2 abwiche, ließe sich dies durch Versuche der beschriebenen Art leicht nachweisen.

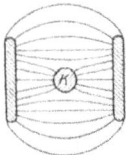

Abb. 437.
Schirmwirkung
eines Leiters im
elektrischen
Felde.

Dielektrizitätskonstante. Das Dielektrikum *vermittelt* also durch seine Polarisation die Einwirkung zweier geladener Leiter aufeinander. In FARADAYs Sinne interpretiert, wird das *elektrische Feld* von dem *Dielektrikum* getragen, das im Innern polarisiert und an den Grenzen geladen ist. Je dünner die Schicht des Dielektrikums ist, desto enger sind die Ladungen *aneinander* gebunden und desto geringer ihre Wirkung nach *außen*. Wenn man z. B. Glas und Seide aneinander reibt und *miteinander in Berührung* läßt, wirken sie auf ein Elektroskop überhaupt nicht; erst wenn man sie *trennt*, wirkt jedes von beiden auf das Elektroskop und um so stärker, je weiter man den entgegengesetzt geladenen Körper von ihm entfernt.

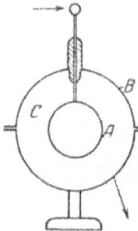

Man versteht die Rolle des Dielektrikums in dem Ladungsvorgange, wenn man die aufeinanderwirkenden Körper wie in Abb. 430 anordnet, dann den Zwischenraum bald größer, bald kleiner macht und statt mit Luft mit einem anderen Dielektrikum ausfüllt. FARADAY hat als erster den Einfluß verschiedener Dielektrika auf die Ladung gemessen. Er benutzte zwei konzentrische metallene Kugelschalen, verband (Abb. 438) die innere *A* mit der Elektrizitätsquelle, die äußere *B* mit der Erde. Er füllte den Zwischenraum *C* mit dem zu untersuchenden Stoff (Isolator) und maß jedesmal die Elektrizitätsmenge, die nötig war, um die innere Kugelschale *A* auf dasselbe Potential zu laden. Die folgenden Zahlen geben an, wieviel mal größer die Elektrizitätsmenge ist, die *A* bei gleichem Potential aufnimmt, wenn man die Luft in *C* durch einen anderen Isolator ersetzt, sie heißen die *Dielektrizitätskonstanten* der betreffenden Stoffe. Die Dielektrizitätskonstante der Luft ist willkürlich gleich 1 gesetzt.

Abb. 438.
Kondensator der
Elektrizität.

Luft	Paraffin	Schellack	Porzellan	Glas	Alkohol	Wasser
1	1,8—2,3	3,0—3,7	6	5—10	26	81

Welche Elektrizitätsmenge kann der Apparat aufnehmen, wenn der Zwischenraum *C* *luftleer* ist? Der Versuch ergibt nur einen verschwindend kleinen Unterschied zwischen Luft und Luftleere. Setzt man die Dielektrizitätskonstante des Vakuums gleich 1, so beträgt sie für Luft 1,0006. Viel wichtiger ist die bei diesem Versuch gewonnene Erfahrung, daß die elektrischen Kräfte *auch durch das Vakuum hindurch* wirken. Eine unvermittelte Fernwirkung widerspricht unserem physikalischen Denken. Wir nehmen daher die Existenz eines Mediums, des Äthers, an, der sogar auch im luftleeren Raum vorhanden ist. Auf sein Vorhandensein können wir auch aus anderen physikalischen Tatsachen schließen, vor allem aus der Fortpflanzung des Lichtes durch den leeren Raum hindurch. Nach FARADAY vermittelt der Äther durch seine Polarisation die scheinbare Fernwirkung, und das Zwischenmedium spielt nur insofern eine Rolle, als es den Äther verschieden stark beeinflußt. Daraus erklärt er, daß die Dielektrizitätskonstante für verschiedene Stoffe verschieden groß ist.

Kondensatoren. Der Apparat der Abb. 438 ist ein Ansammlungsapparat oder *Kondensator*. Für praktische Zwecke (namentlich für die drahtlose Telegraphie und Telephonie) formt man den Kondensator so, daß er eine möglichst große Elektrizitätsmenge aufnehmen kann; am besten, indem man zwei Leiter von großer Oberfläche auf möglichst kleinen gegenseitigen Abstand bringt. Auch die Natur der isolierenden Zwischenschicht ist von erheblichem Einfluß. Die Abb. 430 und 439 zeigen zwei Formen von Ansammlungsapparaten, Abb. 430 den Ansammlungsapparat

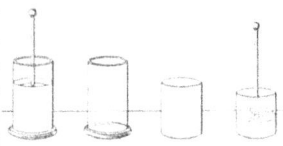
Abb. 439. Leidener Flasche.

von RIESS und Abb. 439 die Leidener Flasche. In beiden verbindet man, um ihn zu laden, den einen Leiter mit einer Elektrizitätsquelle, den anderen mit der Erde. In beiden sind die Leiter verhältnismäßig dünne Metallplatten. Der Apparat von RIESS und die Leidener Flasche unterscheiden sich dadurch voneinander, daß in dem ersten die Leiter durch Luft, in der zweiten durch Glas voneinander getrennt sind. In der Leidener Flasche ist überdies das Glas zu einem Becher geformt, dem sich die beiden Leiter auf das vollständigste anschmiegen. (Man muß bei der Herstellung der Flasche einen ziemlich breiten Rand des Glases frei lassen, weil die Ladungen sonst am Glase entlang kriechen

Abb. 440. Verbindung von mehreren kleineren Kondensatoren zu einem größeren.

und sich miteinander vereinigen.) Um einen Kondensator von großer Kapazität (s. u.) zu schaffen, verbindet man mehrere Kondensatoren miteinander: man schichtet z. B. gleich große Glastafeln aufeinander und *zwischen* je zwei ein kleineres Stanniolblatt, um einen genügend breiten isolierenden Glasrand frei zu lassen. Schließlich verbindet man die Stanniolblätter nach dem Schema der Abb. 440. Statt des Glases (als des Dielektrikums) benützt man auch gut paraffiniertes Papier oder sehr dünne Glimmerscheiben, oft auch die atmosphärische Luft.. So z. B. in seine Tafeln bestehen aus halbkreisförmigen Blechen. Das

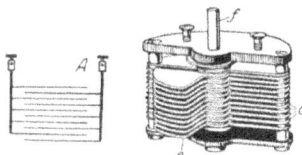
Abb. 441. Kondensator veränderbarer Kapazität (links schematisch).

eine System (in Abb. 441 etwa das linke) ist fest aufgestellt, das andere ist um die vertikale Achse *A* drehbar, so daß man die Bleche des bewegbaren Systems durch Drehung beliebig weit in die Zwischenräume des ersten hineinschieben kann. Je weiter man sie hineindreht, desto größer wird die Kapazität des Systems.

Elektrostatische Kapazität. Die Kondensatoren bestehen alle aus zwei *nahe* beieinanderliegenden *Leitern*, die eine *isolierende* Zwischenschicht voneinander trennt. Zwei Leiter mit einer zwischen ihnen liegenden Isolierschicht müssen daher stets als Kondensatoren *wirken*, so z. B. auch die *Kabel* (Abb. 442) der submarinen Telegraphie. Der wesentliche Teil des Kabels, die Kupferseele *A* ist mit Isoliermaterial *B* umkleidet und das Isoliermaterial zum

Schutze gegen mechanische Angriffe mit einer Metallarmatur *C*. Der *Leiter C* umschließt also den *Leiter A* ganz und gar und ist von ihm durch die *Isolier*schicht *B* getrennt. *A*, *B* und *C* entsprechen somit in ihrer Anordnung einer sehr langen Leidener Flasche, bei der *A* den inneren, mit der Elektrizitätsquelle verbundenen Leiter bildet, *C* den äußeren, zur Erde abgeleiteten und *B* die Isolierschicht. Die Kupferseele soll die telegraphischen Zeichen über-

Abb. 442. Das Kabel ein Kondensator.

tragen, man verbindet sie daher mit der Elektrizitätsquelle: die äußere Metallhülle ist zur Erde abgeleitet, da sie ja auf der Erde oder im Wasser liegt. Nicht *alle* Elektrizität, die in *A* — bei der Verbindung mit der Elektrizitätsquelle — eintritt, gelangt an ihren Bestimmungsort; denn die einströmende Elektrizität lädt durch Influenz die Armatur *C* und bindet die Ladung, wird aber dadurch zum Teil selber gebunden. Das heißt: das Kabel *lädt* zunächst sich selber auf. Erst *dann* kommt auf der Empfangsstation Elektrizität an. Das Zeichen kommt deswegen dort später an als es sollte (auf einem atlantischen Kabel um ca. $^3/_4$ Sekunden). Die Verzögerung tritt bei *jedem* Zeichen ein. Die Ladungszeit hängt davon ab, wieviel Elektrizität die Kupferseele fordert, um auf das Potential der mit ihr verbundenen Elektrizitätsquelle zu kommen, hängt also ab von dem Verhältnis dieser Elektrizitätsmenge zu dem durch sie auf der Kupferseele hervorgerufenen Potential. Dieses Verhältnis nennt man die *Kapazität des Kabels*. Allgemein versteht man unter der *Kapazität c* eines Kondensators das Verhältnis der Elektrizitätsmenge e auf dem einen Leiter zu dessen Potential *V*, während der andere Leiter geerdet ist (das Potential Null hat). Man definiert:

$$\text{Kapazität} = \frac{\text{Elektrizitätsmenge}}{\text{Potential}} \quad \text{oder} \quad c = \frac{e}{V}.$$

Wenn wir von Kapazität eines Kondensators sprechen, so meinen wir damit eigentlich die Kapazität des einen Leiters, der eine bestimmte Lage zu dem zweiten Leiter hat. Entfernen wir den zweiten Leiter auf unendlichen Abstand, so wird die auf dem ersten Leiter (dem Kondensator) gebunden gewesene (rückgebundene) Elektrizität frei. Dadurch steigt ihr Potential (S. 359). In dem Bruch $\frac{\text{Elektrizitätsmenge}}{\text{Potential}}$ wird dann der Nenner größer, der Bruch wird also kleiner, d. h. die Kapazität des Leiters wird dadurch, daß wir den „geerdeten" Leiter von ihm entfernen, kleiner. Dieselbe Elektrizitätsquelle befördert also mehr oder weniger Elektrizität in den Leiter, je nach dessen Umgebung. Oder anders: *dieselbe Elektrizitätsmenge* erzeugt auf dem Leiter ein anderes Potential, je nachdem in seiner Nähe ein Leiter steht oder nicht. Sein Potential ist am größten, d. h. seine Kapazität am kleinsten, wenn er allein für sich steht; es ist am kleinsten, d. h. seine Kapazität am größten, wenn ein zur Erde abgeleiteter Leiter dicht bei ihm steht, und sie liegt zwischen diesen beiden Werten, wenn der induzierbare Leiter zwar in seiner Nähe steht, aber nicht geerdet ist. Man ersieht daraus, daß nicht nur die eigentlichen Kondensatoren, sondern überhaupt alle Leiter Kapazität besitzen. Bei den Kondensatoren ist nur die Kapazität im allgemeinen erheblich größer als bei einfachen Leitern. Je nach der Dielektrizitätskonstante ist die Kapazität unter sonst gleichen Bedingungen anders (S. 372 u.).

Um Kapazitäten *messen* zu können, muß man 1. ein Maß für die Kapazität besitzen und 2. Methoden, um mit diesem Maße zu messen, d. h. die Kapazität des zu untersuchenden Kondensators mit der als „Einheit" angenommenen zu vergleichen. Die Kapazität eines Leiters ist (s. oben) gegeben durch das Verhältnis der an ihm vorhandenen Elektrizitätsmenge zu dem Potential, das er durch diese Elektrizitätsmenge erhält, während seine Umgebung das Potential Null hat. Man nennt daher die Kapazität desjenigen Kondensators *Eins*, den die *Einheit* der Elektrizitätsmenge auf die *Einheit* des Potentials lädt, während seine Umgebung das Potential Null hat.

Diese Kapazität hat — wir übergehen den Beweis — eine isoliert in Luft befindliche Kugel vom Radius 1 cm. Für Messungen benützt man eine 900000mal größere Einheit, das *Mikrofarad*. Sie ist selber der millionste Teil des Farad. Man gibt z. B. die Kapazität eines Kabels oder irgendeines Leiters in *soundso viel Mikrofarad* an. Das ist ein verhältnismäßig großes Einheitsmaß: Ein Kondensator der Form Abb. 430, dessen Platten 1 cm voneinander abstehen, und der 1 Mikrofarad Kapazität hat, müßte Platten von 1131 m² haben; ein Kabelstück der Form Abb. 442, das diese Kapazität hat, ist ungefähr 4 km lang. Eine Kugel vom Durchmesser der Erdkugel hat 700 Mikrofarad Kapazität. — In einigen Fällen kann man die Kapazität berechnen, z. B. die Kapazität eines Kugelkondensators (Abb. 438) aus den Radien der beiden Kugeln, die eines Zylinderkondensators aus der Länge des Zylinders und den beiden Zylinderradien. Im übrigen muß man die Kapazität messen, indem man sie mit einem *Meßkondensator* vergleicht, einem seiner Kapazität nach *bekannten* Kondensator, der die Stelle eines Maßstabes vertritt. Man unterteilt einen Meßkondensator in Bruchteile des Mikrofarad.

Funkenentladung. Das Dielektrikum zwischen zwei *entgegengesetzt* geladenen Leitern befindet sich (S. 369) in einem Zustande der Spannung. Die Spannung läßt sich (durch Erhöhung der Ladung) nicht beliebig weit steigern. Wird nämlich die Ladung weiter und weiter getrieben, so fährt schließlich von dem einen Leiter zum anderen ein Blitzstrahl, von einem Knall begleitet, durch das Dielektrikum und im selben Augenblick verschwinden Ladung und Spannung (Näheres S. 424 o.). Die Rückkehr der Teilchen des Dielektrikums aus dem Spannungszustand in den natürlichen nennt man Spannungsausgleich oder Entspannung, die blitzartige Erscheinung den elektrischen Funken und dementsprechend die *Art der dabei eintretenden Entladung Funkenentladung.* Wir können das Dielektrikum zwischen den Leitern mit einer elastischen Scheidewand zwischen zwei Räumen *A* und *B* vergleichen, die ursprünglich *beide* Luft unter Atmosphärendruck enthalten. Saugt man Luft aus *A* und befördert sie nach *B*, so erfährt die Wand einen Überdruck von *B* nach *A*. Treibt man den Prozeß immer weiter, so zerreißt die Wand plötzlich und gleichzeitig stellt sich in beiden Räumen wieder der gleiche Druck wie im Anfang her.

„Der Vorgang scheint analog dem Zerreißen eines festen Körpers, der eine stetig zunehmende Beanspruchung erfährt. Die Analogie ist so vollkommen, daß wir, wenn wir das Verhalten von Stoffen unter der Einwirkung elektromotorischer Kraft beschreiben, dieselben Ausdrücke gebrauchen können, wie wir sie auf Körper unter der Einwirkung mechanischer Beanspruchung anwenden. So entsprechen elektromotorische Kraft und elektrische Verschiebung gewöhnlicher Kraft und gewöhnlicher Verschiebung. Die elektromotorische Kraft, die disruptive Entladung hervorruft, entspricht der Bruchbelastung." (MAXWELL.)

Ist das Dielektrikum ein fester Körper, z. B. Glas oder Harz, so wird es bei der Funkenentladung von einem feinen Kanal durchbohrt (S. 424), und die den Funken begleitende Wärme hinterläßt ihre Spuren an dem Körper durch Schmelzung, Verbrennung oder Dampfentwicklung. Ist das Dielektrikum flüssig, z. B. Öl, oder ein Gas, so schließt sich der Weg, den der Funke genommen hat, wieder, und das Dielektrikum nimmt wieder seinen früheren Zustand an. Deswegen ist eine Flüssigkeit oder auch Luft in vielen Fällen einem festen Isolator überlegen.

Man kann *stets* eine Funkenentladung herbeiführen, wenn man die Spannung weit genug anwachsen läßt. *Wann* sie eintritt, d. h. wie hoch die Potentialdifferenz zwischen den das Dielektrikum begrenzenden Leitern dazu steigen muß, das hängt von der Natur des Dielektrikums ab, von seinen Dimensionen, ferner von der Form des Leiters (Spitzenwirkung), der Glätte bzw. der Rauhigkeit seiner Oberfläche u. dgl. Die Entladung kann noch andere und ganz verschiedene Formen annehmen. Die Entladung einer Spitze (S. 367) im Dunkeln begleitet ein schwaches Leuchten, und aus der Spitze strahlt ein Büschel leuchtender Linien (Büschelentladung, Büschellicht). Ähnliches (Glimmentladung, Glimmlicht) zeigen im Dunkeln stark gekrümmte Stellen der Leiter. Besonderer Art ist die Entladung in verdünnten Gasen, je nach dem Grade der Verdünnung und nach der Art des Gases. ist sie anders (S. 410).

Reibungselektrisiermaschine. Um Elektrizität zu erzeugen, kennen wir bisher kein anderes Mittel, als die Reibung zweier Körper aneinander und die Induktion (Influenz). Um sie in größerer Menge zu erzeugen und die aneinander reibenden Teile dabei bequemer handhaben zu können, vereinigt man diese zu der Elektrisiermaschine. (Ihre Erfindung

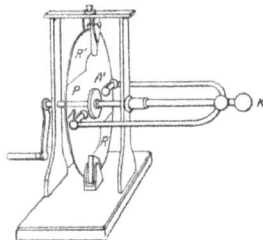

Abb. 443. Reibungselektrisiermaschine.

wird auf OTTO VON GUERICKE zurückgeführt, 1660.) Eine ihrer einfachsten Formen zeigt Abb. 443. Die Glasscheibe *P* und ein Reibzeug *R* und *R'* aus Leder, dessen Reibfläche ein Amalgam aus Quecksilber, Zink und Zinn bedeckt, sind die der Elektrizitätserzeugung dienenden Teile. Anstatt das Glas festzuhalten und das Reibzeug zu bewegen, dreht man die Scheibe mit Hilfe der Kurbel zwischen den fest an die Scheibe gepreßten Reiblappen. Die durch das Reibzeug positiv geladene Glasscheibe nähert sich bei der Drehung den Kämmen A und A', die aus vielen feinen, bis dicht an die Glasscheibe heranreichenden Metallspitzen bestehen. Die positive Elektrizität wird von den Spitzen aufgesogen (S. 367) und dem Knopfe K (und von hier eventuell einem zu ladenden Körper) zugeführt. Das sich negativ ladende Reibzeug verbindet man entweder auch mit einem zu ladenden Körper, oder man leitet es zur Erde ab.

Abb. 444.
Die Ladung
der Scheibe
bremst
deren
Drehung.

Es ist sehr unökonomisch, mit einer Reibungselektrisiermaschine mechanische Energie in elektrische zu verwandeln: zum größten Teile wird die Arbeit, die man aufwendet, um die Scheibe zu drehen, in *Wärme* verwandelt. Die Dreharbeit überwindet erstens die Bremsung der Scheibe an dem Reibzeug. Dieser Teil der Arbeit wird dort, wo die Reibung stattfindet, in Wärme umgesetzt. Zweitens überwindet sie die Anziehung des negativ gewordenen Reibzeuges auf die positiv gewordene Glasplatte, die ebenfalls bremsend wirkt. Das negativ geladene Reibzeug R sucht nämlich (Abb. 444) den Teil A der positiv geladenen Glasplatte, der es soeben verläßt und der noch seine ganze Ladung hat, *zurück*zudrehen (Pfeil A). Das Reibzeug zieht zwar den Teil B (der das meiste seiner Ladung an die Spitzen abgegeben hat und der sich ihm schon wieder genähert hat) im Drehungssinne der Scheibe an (Pfeil B). Es zieht aber A sehr viel stärker an, weil A noch seine ganze Ladung hat, B aber fast alles abgegeben hat. Es bleibt also ein Überschuß an bremsender Wirkung von der Elektrisierung her übrig. Nur ein verschwindend kleiner Teil der aufgewendeten Arbeit wird daher in der Reibungselektrisiermaschine nutzbar gemacht.

Der Elektrophor. Den Reibungselektrisiermaschinen sind die *Influenzmaschinen* weit überlegen. Als ihr, allerdings unvollkommener, Vorläufer kann der *Elektrophor* gelten (VOLTA), im wesentlichen ein Isolator I, eine Harzplatte, Ebonitplatte od. dgl., und eine bewegliche Metallplatte P, die man an dem isolierenden Griffe R handhabt (Abb. 445). Benutzt wird er so: Die Oberfläche der Harzplatte I macht man durch Reiben negativ elektrisch. Nähert man ihr den Metalldeckel P, so wirkt die negative Elektrizität auf den bisher unelektrischen Deckel induzierend, zieht die positive Elektrizität an die der Platte zugewendete Seite von P und bindet sie hier. Leitet man die negative aus dem Deckel ab, während er auf der Platte liegt (indem man ihn mit dem Finger berührt), und entfernt man den Deckel dann aus dem Anziehungsbereich der Harzplatte, so wird die gebundene positive Elektrizität frei.

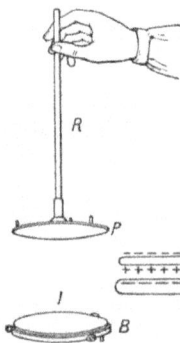

Abb. 445. Elektrophor.

Der Deckel ist jetzt positiv elektrisch geladen, kann seine Ladung nun einem anderen Leiter abgeben und kann aufs neue positiv geladen werden, indem man ihn der Harzplatte wieder nahe bringt usw. Der Vorrat an negativer Elektrizität auf der *Harzplatte I* bleibt dabei *unangetastet*. Man kann daher die Elektrisierung des Deckels durch die Harzplatte beliebig oft wiederholen und die Ladung des Körpers steigern. Die Harzplatte lädt durch Influenz die Metallform B, die negative Elektrizität fließt zur Erde, die positive bindet aber die negative der

Harzplatte und schützt sie vor Zerstreuung und vor Ableitung auf den sie berührenden Deckel. Tatsächlich bleibt der Deckel, wenn man ihn auf die Harzplatte setzt und wieder abnimmt, ohne ihn zu berühren, ohne Ladung.

Influenzelektrisiermaschinen. Sehr wirksam als Elektrizitätsquelle ist die *Influenzelektrisiermaschine.* Wir beschreiben eine Maschine (KUNDT), die den Übergang vom Elektrophor zu ihr vermittelt, wenn sie auch keine Influenzmaschine dem üblichen Gebrauche des Wortes nach ist. Sie (Abb. 446) besteht im wesentlichen aus einer drehbaren Glasscheibe A, einem isolierten, geladenen Körper B dicht vor der Scheibe, der stark induzierend auf sie wirkt, und — auf der anderen Seite der Scheibe — zwei diametral

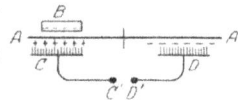
Abb. 446. Influenzelektrisiermaschine nach KUNDT (von oben).

gegenübergestellten Metallkämmen C und D zum Ausströmen und Aufsaugen von Elektrizität (Spitzenwirkung). Der negativ elektrisierte Körper B wirkt (durch die Scheibe hindurch) induzierend auf den Kamm C und zieht die positive Elektrizität in seine Zinken, während die negative in C' sammelt. Die positive Elektrizität strömt aus dem Kamm auf die Scheibe, gelangt mit der rotierenden Scheibe vor den Kamm D, und dieser saugt (S. 367) die positive Elektrizität auf.

Das Diagramm Abb. 447 erläutert die Maschine noch einmal. Die Glasscheibe A der Abb. 446 ist hier durch eine zum Ringe gebogene (im Pfeilsinne drehbare) Glasstange A ersetzt. Man kann dadurch die ganze Anordnung mit unwesentlichen Abänderungen in der Ebene der Zeichnung wiedergeben. B an der Außenseite des Ringes bedeutet den negativ geladenen Körper (Harzplatte), C und D innen in dem Ringe die Kämme.

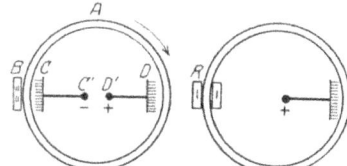

Abb. 447.	Abb. 448.
Übersicht über den Vorgang in der	
Influenzelektrisier-	Reibungselektrisier-
maschine von KUNDT.	maschine.

— Um ein Mißverständnis des Diagrammes auszuschließen, gibt Abb. 448 das entsprechende Diagramm für die Reibungselektrisiermaschine (Abb. 443). „Vor und hinter" der Scheibe verwandelt sich hier in „innerhalb" und „außerhalb" des Ringes.

Die Glasscheibe spielt hier die Rolle, die beim Elektrophor der Deckel P spielt. Aber der Vorgang ist dem im Elektrophor weit überlegen. Da die Scheibe schnell rotiert, so liegen in jedem Moment andere Punkte der Scheibe vor dem Induktor B und vor dem Kamme. Also fließt in *jedem* Moment Elektrizität in die Kämme, und in *jedem* Moment *sowohl* positive *wie* auch negative. Die Maschine hat einen viel besseren Wirkungsgrad als die Reibungselektrisiermaschine. Aber als Elektrisiermaschine ist die Maschine sehr mangelhaft. Erstens kann man sie nur so lange benützen, als B seine Ladung behält, und zweitens hängt die mit ihr erreichbare Leistung davon ab, wie groß das Potential von B ist. Ist es klein, so ist auch die Leistung der Maschine entsprechend klein.

Von diesen Rücksichten unabhängig sind die Influenzmaschinen im eigentlichen Sinn (HOLTZ). Zur Beschreibung ihres Prinzips knüpfen wir an die KUNDTsche Maschine an. Auch die dem Induktor B zugewendete

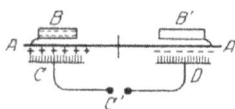
Abb. 449. Zum Aufbau der HOLTZschen Influenzelektrisiermaschine.

Seite der Scheibe wird positiv elektrisch, freilich nur schwach (die äußere Seite des Ringes in Abb. 447). Symmetrisch zu B, dem Kamme D gegenüber, werde ein Körper B' angebracht (Abb. 449), der unelektrisch ist, aber eine Spitze hat: er saugt die mit der rotierenden Scheibe bei ihm ankommende positive Elektrizität auf. Sobald er einen gewissen Betrag aufgenommen hat, wirkt er der Scheibe und dem Kamme D gegenüber genau so wie B, nur schafft er *negative* Elektrizität nach D und induziert auf der ihm zugewendeten Scheibenseite *negative* Elektrizität. Bei der Drehung der Scheibe kommt nun die negative Elektrizität der Scheibenseite, die B' zugewendet ist, bei B an. Hat auch B eine Spitze, so saugt B diese negative Elektrizität auf, *vermehrt* also — die Hauptsache bei der Influenzmaschine! — seine *eigene* Ladung und wirkt infolgedessen *noch stärker* induzierend. Bei der weiteren Drehung der Scheibe saugt auch B' von neuem Elektrizität auf, verstärkt dadurch seine Ladung und wirkt *seinerseits noch stärker* induzierend usw. So verstärken die Wirkungen einander wechselseitig bis zu einer von den Isolationsverhältnissen der Maschine abhängigen Grenze.

B. Elektrokinetik.

1. Der elektrische Strom.

Entladung durch Leitung. Elektrischer Strom. Mit der Elektrisiermaschine kann man zwei voneinander isolierte Körper auf verschieden hohe Potentiale laden. Verbindet man sie dann leitend miteinander, so geht Elektrizität von dem Körper höheren Potentials zu dem anderen über, solange die Potentiale verschieden sind (d. h. elektromotorische Kraft zwischen ihnen wirkt). Sorgt man dafür, daß sie es *bleiben* (trotz des Abströmens der Elektrizität aus dem einen Körper und des Zuströmens zu dem anderen), so geht sie *andauernd* über.

Das Analogon zu dem Vorgange: Zwei durch ein Rohr verbundene Wasserbehälter, die verschieden hoch liegen, und in denen trotz des Abfließens des Wassers aus dem höheren und des Zuströmens in den niedrigeren der Höhenunterschied zwischen den Wasserspiegeln erhalten bleibt durch ein Pumpwerk, das das aus dem unteren abfließende Wasser sofort wieder in das höhere hebt. Die Elektrisiermaschine entspricht dem Pumpwerk, das die Niveaudifferenz zwischen den beiden Wasserspiegeln unverändert erhält.

Man nennt diesen Übergang von Elektrizität *elektrischen Strom.* Der elektrische Strom, der andauernd Elektrizität an einem Leiter entlang transportiert, und die dielektrische Polarisation der Isolatoren, die die Elektrizitäten in den einzelnen Molekeln scheidet (Abb. 433), sind Vorgänge derselben Art. Der Unterschied zwischen beiden ist nur ein quantitativer, er ist an den Unterschied zwischen Isolatoren und Leitern gebunden. In beiden Fällen wird Elektrizität verschoben, aber in den *Isolatoren* ist die Verschiebung sehr bald beendet. In den *Leitern* dagegen geht die Verschiebung nie zu Ende, der Polarisationszustand der Teilchen dauert nicht an, sondern er erneuert sich fortlaufend, ohne je zu Ende zu kommen.

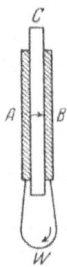

Der einzige Unterschied zwischen elektrischer Verschiebung in einem Dielektrikum und elektrischer Strömung in einem Leiter besteht darin, daß jene gegen einen Widerstand zu kämpfen hat, der sich mit dem Widerstand vergleichen läßt, den elastische Körper einer Verschiebung ihrer Teilchen entgegensetzen, so daß die Elektrizität sich sofort zurückbewegt, sobald die elektromotorische Kraft zu wirken aufgehört hat. Bei dieser dagegen gibt die elektrische Elastizität fortdauernd nach, und die Elektrizität wird sofort von Ort zu Ort weggeleitet (MAXWELL).

Abb. 450.
Zum Verschiebungsstrom.

Charakteristisch für die in Bewegung befindliche Elektrizität ist, daß sie sich in gewissem Sinne wie eine Flüssigkeit verhält: In einem Kondensator (Abb. 450) seien die Platten A und B einerseits durch das Dielektrikum C voneinander isoliert, andererseits durch den Draht W leitend miteinander verbunden. Wir befördern *durch den Draht W* mit Hilfe einer elektromotorischen Kraft eine gewisse Menge Q *positiver* Elektrizität *von B nach A*; auf B erscheint dann die gleiche Menge *negativer* Elektrizität (S. 353). Die Ladungen auf A und B üben dann zusammen eine elektromotorische Kraft aus, die *durch das Dielektrikum* eine elektrische Verschiebung *von A nach B* hervorruft. Die Elektrizitätsmenge, die dabei durch jeden Querschnitt des Dielektrikums in der Richtung

A—B hindurchgeht, ist dann *gleich* der Elektrizitätsmenge *Q*, die gleichzeitig *durch den Leiter W* in der Richtung *B—A* befördert worden ist. In diesem Sinne „folgt die Bewegung der Elektrizität demselben Gesetze wie die einer nicht zusammendrückbaren Flüssigkeit, vermöge dessen in einen abgeschlossenen Raum genau so viel Elektrizität eintreten muß, als aus ihm herausfließt. Ein elektrischer Strom läuft also stets in sich zurück" (MAXWELL). Und in diesem Sinne nennt man die Bahn eines elektrischen Stromes einen Strom*kreis*. Während die Elektrizität durch die Leitung fließt — bildlich gesprochen: „bergab", vom höheren Potential zum niederen — müssen wir, wenn wir trotz des Abfließens die Potentialdifferenz auf ihrer alten Höhe erhalten wollen, die Elektrisiermaschine dauernd drehen, d. h. wir können den Strom nur durch Arbeit unterhalten, die wir an der Maschine leisten. Wir verausgaben die Energie unserer Muskeln an die Maschine und tauschen dafür Strom ein. Wir müssen daher den Strom als eine Form der *Energie* ansehen, d. h. als ein Etwas, das selber Arbeit leisten kann. Das Wasser, das durch die Leitung von dem höheren zum niedrigeren Wasserspiegel fließt, ist eine fallende Masse und leistet durch sein *Fallen* Arbeit. Genau so ist es mit der auf ein niedrigeres Potential abfließenden Elektrizität. Verbinden wir also eine Influenzmaschine, die wir drehen, durch einen leitenden Draht mit einer zweiten, so daß die Elektrizität durch die Kämme *C* und *D* auf die drehbare Scheibe fließen kann, so gerät die Scheibe in Drehung infolge der Anziehung, die die feststehenden Belegungen *B* und *B'* auf sie ausüben (Abb. 449). Wir können also mechanische Energie in elektrische Energie verwandeln, dann diese als elektrischen Strom durch einen Leiter wegleiten — man sagt: „übertragen" — und schließlich an dem Orte, zu dem sie hinströmt, in mechanische Energie zurückverwandeln. Man nennt diesen Vorgang *elektrische Übertragung der Energie*, oder auch, weniger korrekt, *elektrische Kraftübertragung*. Man kann alle möglichen Bewegungen hervorbringen, wenn man die Apparate entsprechend einrichtet, durch die der Strom hindurchfließt. Die elektrische Klingel, der elektrische Schreibtelegraph usw. sind mechanische Vorrichtungen, in denen der Strom gewisse bewegliche Teile in Bewegung setzt. Die Energie*form*, die sie aufnehmen, ist in allen dieselbe, der elektrische Strom; aber welche Art Arbeit die *zurück*-verwandelte Energie leistet, das hängt von dem Endapparat ab (Klingel, Telegraphenapparat usw.), der sie aufnimmt. Ein Seitenstück dazu bietet unser eigener Körper. Durch einen Nerven fließt elektrischer Strom wie durch einen Telegraphendraht. Endet der Nerv im Auge, so erzeugt der Strom Lichtempfindung, endet er im Ohr, Gehörempfindung, endet er in einem Muskel, eine Zuckung.

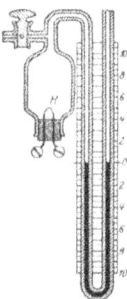

Abb. 451.
RIESSsches Luftthermometer in moderner Form.

    Unterbricht man die Strombahn, zerreißt man z. B. den Draht, so überbrückt der Strom einen Moment die Bruchstelle in der Form eines Funkens und erhitzt die Drahtenden. Aber nicht nur dort, wo er als Funke übergeht, sondern in der ganzen Leitung erzeugt er Wärme. Das zeigt das *Luftthermometer* von RIESS deutlich (Abb. 451). Durch den Platindraht *H* in dem Glasgefäß fließt Strom, der Draht wird heiß und erhitzt die ihn umgebende Luft, die sich nun ausdehnt und dabei die Flüssigkeit in dem kalibrierten Rohr verschiebt. Von F. BRAUN als Hitzdraht-Strommesser (Laboratoriumsinstrument) in die Praxis der drahtlosen Telegraphie eingeführt.

    Das Ohmsche Gesetz. Ehe wir die Arbeitsfähigkeit der strömenden Elektrizität und ihre Wandelbarkeit in andere Energieformen weiter verfolgen können, müssen wir uns mit einem *Grundgesetz* des elektrischen Stroms vertraut machen. Wir vergleichen zu dem Zweck (S. 378 m.) den elektrischen Strom mit einem Wasserstrom, die zwei geladenen Körper, die verschieden hohes Potential haben, mit zwei Wasserbehältern, deren Wasserspiegel verschieden hoch liegen, und den Leiter, der die geladenen Körper verbindet, mit einem Rohr, das die Wasserbehälter verbindet. Wir benutzen diesen Vergleich zunächst, um den Begriff Strom*stärke* zu erklären.

Wie schnell das Wasser aus dem Behälter mit dem höher liegenden Spiegel durch das Rohr in den mit dem niedrigen fließt, d. h. wieviel Liter pro Sekunde einen in das Rohr eingefügten Wassermesser passieren (oder einen gegebenen Querschnitt des Rohres), das hängt von der Weite des Rohres ab, und ferner davon, wie groß der Höhenunterschied der Wasserspiegel ist, also die Differenz der Drucke an den Enden des Rohres. Je weiter das Rohr ist und je größer der Unterschied in der Höhe der Wasserspiegel, desto schneller läuft das Wasser, d. h. um so mehr Liter pro Sekunde passieren den Wassermesser. Ähnliches gilt für den elektrischen Strom. Je dicker der verbindende Draht ist und je größer der Unterschied in den Potentialen (die elektromotorische Kraft), desto mehr Elektrizität passiert pro Sekunde irgendeinen Querschnitt des Leiters oder auch einen in die Leitung eingefügten *Elektrizitätszähler*, das Seitenstück zum Wassermesser. In diesem Sinne sprechen wir von *Stromstärke*. Wir verstehen darunter die Elektrizitätsmenge, die pro Sekunde den Querschnitt des Leiters passiert. Wir wollen annehmen, wir hätten sie bereits gemessen und gleich I gefunden, und die Potentialdifferenz, die wir ja schon zu messen gelernt haben, sei E. Das Grundgesetz, auf das wir hier hinauswollen und das nach seinem Entdecker (G. S. Ohm, 1827) *das Ohmsche Gesetz* heißt, sagt dann aus: Verdoppelt, verdreifacht, ... ver-n-facht man die Potentialdifferenz, so verdoppelt, verdreifacht, ... ver-n-facht sich auch die Stromstärke. Hat also ursprünglich die Potentialdifferenz die Größe E und die dazugehörige Stromstärke die Größe I, so gehört zur Potentialdifferenz $2E$, $3E$, ... nE die Stromstärke $2I$, $3I$, ... nI, oder anders ausgedrückt, das Verhältnis der Potentialdifferenz zur Stromstärke wird[1] durch eine Konstante, wir nennen sie W, wiedergegeben:

$$\frac{2E}{2I} = \frac{3E}{3I} = \cdots = \frac{nE}{nI} = \cdots = \frac{E}{I} = W\,.$$

Wie groß W in einem bestimmten Falle ist, hängt von den Dimensionen des Leiters ab, d. h. seiner Länge und Dicke, und von seiner chemischen Beschaffenheit. Das letzte ist sehr bemerkenswert, es bedeutet: wenn man den Leiter in einem gegebenen Falle durch einen anderen ersetzt, der *dieselben Dimensionen* hat, aber aus einem *anderen Stoffe* besteht, z. B. aus Silber, während jener aus Eisen war, ist W verschieden groß (für Eisen mehreremal so groß wie für Silber). Was das bedeutet, erkennt man, wenn man $E/I = W$ so schreibt: $I = E \cdot 1/W$, aber erst dann erkennt man es, wenn man sich mit dem Begriff *Stromstärke* vertraut gemacht hat. Wir knüpfen dazu wieder an das Beispiel des Wasserleitungsrohres an. Die Stromstärke beurteilen wir hier nach der Wassermenge, die einen Querschnitt in einer gegebenen Zeit passiert, z. B. danach, wieviel Liter in 1 Minute durch den Querschnitt am Ende des Rohres ablaufen. Wir erhalten dieselbe Zahl, wenn wir an irgendeinem anderen Querschnitt die durchfließenden Liter Wasser zählen, gleichviel wie weit er ist, denn da das Rohr andauernd voll ist und seine Wände starr sind, sein Volumen also stets das gleiche ist, so läuft an dem einen Ende genau so viel ab, wie am anderen Ende zuläuft;

---

[1] Die Beziehung zwischen E und I ist nicht mehr so einfach, wenn der Strom ein Wechselstrom (s. d.) ist.

und das bleibt ungeändert, gleichviel wo man das Rohr durchschneidet. Pro Sekunde geht also durch *jeden* Querschnitt dieselbe Wassermenge, man nennt deswegen die Strömung *stationär*. (Technisch mißt man die Wassermenge durch Wassermesser, die man, wie mutatis mutandis die Gasmesser, irgendwo in die Wasserleitung einschaltet, so daß das Wasser hindurch muß.) Wir können also sagen: *Stromstärke* in dem *Wasser*rohre ist die *Wasser*menge in Liter, die pro Sekunde einen Querschnitt des Rohres passiert. Derselbe Gedankengang führt uns zur Stromstärke des elektrischen Stroms. Wir kennen schon die Elektrizitäts*menge* und die Elektrizitäts*einheit*: die Elektrizitätsmenge ist das Seitenstück zur Wassermenge, die Elektrizitätseinheit zum Liter und der Querschnitt des Elektrizitätsleiters zu dem des Wasserrohres. Wir definieren daher die *Stromstärke* als *die Menge Elektrizität, in Elektrizitätseinheiten* ausgedrückt, *die in der Sekunde einen Querschnitt des Leiters passiert*. Stillschweigend haben wir damit schon ausgesprochen, *wie es die Erfahrung tatsächlich lehrt*, daß die Stromstärke an *allen* Querschnitten desselben Leiters gleich groß ist, daß sich also die Elektrizität in einem Leiter in dieser Beziehung so verhält, wie eine nicht zusammendrückbare Flüssigkeit in einem unelastischen Rohre.

Aus dieser Definition der Stromstärke folgt mit Hilfe der Elektrizitätseinheit (S. 358 m.) auch ein *Maß* für die Stromstärke. Wir setzen denjenigen Strom als *Einheit* der Stromstärke fest, der *in der Sekunde eine Elektrizitätseinheit* durch den Querschnitt des Leiters befördert. Dieser Strom ist so klein, daß auch die *schwächsten* Stromstärken der Praxis, z. B. im Telegraphendraht, Millionen dieser Einheit betragen. Die Praxis benutzt daher eine 3 Milliarden mal so große Stromstärke als Einheit.

Die Größe I in der Gleichung $I = E \cdot 1/W$ bedeutet also soundso viel *Elektrizitätseinheiten* pro Sekunde. Die Erfahrung lehrt nun: Die Stromstärke I hängt nicht allein von E ab, mit anderen Worten: die Konstanz von E verbürgt nicht auch die Konstanz von I. Vielmehr beeinflußt der als Stromleiter benützte Körper l in hohem Grade: seine Dimensionen (Länge und Dicke), seine chemische Beschaffenheit und gewisse physikalische Eigenschaften, z. B. die Temperatur, sprechen dabei mit. Um den Einfluß seiner Dimensionen zu übersehen, denken wir ihn uns als geradlinigen zylindrischen Draht. Die Erfahrung lehrt: Verändern wir nur seine *Länge*, nehmen wir einen Draht von dem 2-, 3- . . . *l*fachen der ursprünglichen Länge, so wird der Strom gleich $1/2, 1/3$ . . $1/l$ der ursprünglichen Stromstärke. Nennen wir I_1 die Stromstärke, die durch den Draht geht, wenn er 1 m lang ist, so sei sie $I_1/2, I_1/3, . . . I_1/l$, wenn er 2, 3 . . . m lang ist. Und weiter: Verändern wir nur den *Querschnitt* des Leiters, nehmen wir einen Draht der einen 2-, 3- . . . $q$mal so großen Querschnitt hat wie zuerst, so beträgt der Strom das 2-, 3- . . . $q$fache der ursprünglichen Stromstärke. Nennen wir I_1' die ursprüngliche Stromstärke, die durch den Draht geht, wenn er 1 mm² Querschnitt hat, so ist der Strom, wenn der Draht 2, 3 . . . q mm² Querschnitt hat, $2I_1', 3I_1' . . . qI_1'$. (Dabei ist es dasselbe, ob wir z. B. *einen* Draht vom 5 mm² Querschnitt nehmen [Abb. 452] oder 5 Drähte von je 1 mm² Querschnitt, die wir zu einem einzigen durch Zusammendrillen oder wie in Abb. 453 vereinigen.) Nennen wir also $I_{1,1}$ die Stromstärke, wenn der Draht 1 m lang ist und 1 mm² Querschnitt hat, und $I_{l,q}$ die Stromstärke, wenn er l m lang ist und q mm² Querschnitt hat, so lehrt die Erfahrung,

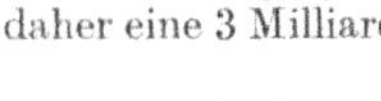

Abb. 452. Ein Draht von fünffachem Querschnitt.

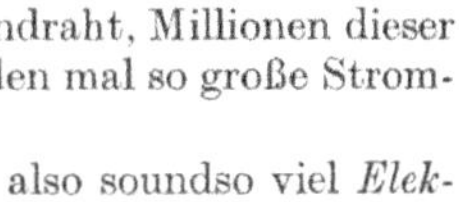

Abb. 453. Fünf Drähte von einfachem Querschnitt.

daß $I_{l,q} = I_{1,1} \cdot \dfrac{q}{l}$.

Daher bleibt die Stromstärke unverändert, wenn man Länge und Dicke des
Drahtes *gleichzeitig* ändert und *so* ändert, daß die Änderung der Länge den Strom
ebenso sehr schwächt, wie die des Querschnittes ihn verstärkt. Macht man z. B.
die Leitung das eine Mal aus einem Draht von 1 m Länge und 1 mm² Querschnitt,
das andere Mal aus einem von 5 m Länge und 5 mm² Querschnitt, so ist die
Stromstärke beide Male dieselbe; denn $I_{1,1}$ wird im zweiten Falle mit 5 gleichzeitig dividiert und multipliziert. Wir führen die Indizes l und q auch in die Gleichung des OHMschen Gesetzes ein und schreiben

$$\frac{E}{I_{l,q}} = W_{l,q}, \qquad \text{oder auch} \qquad I_{l,q} = E \cdot \frac{1}{W_{l,q}}.$$

Hat die Leitung 1 m Länge und 1 mm² Querschnitt, so schreiben wir

$$\frac{E}{I_{1,1}} = \sigma \qquad \text{oder auch} \qquad I_{1,1} = E \cdot \frac{1}{\sigma},$$

d. h. wir setzen $W_{1,1} = \sigma$. Wir setzen bis auf weiteres fest: die Leitung soll 1 m
Länge und 1 mm² Querschnitt haben. So viel über den Einfluß der Dimensionen
des Leiters auf die Stromstärke.

Leitungswiderstand eines Stromleiters. Die Erfahrung lehrt: Selbst wenn
die Potentialdifferenz E und die Dimensionen der Leitung dieselben bleiben,
hat die Stromstärke I eine andere Größe, je nach dem Stoff, aus dem die Leitung
besteht. Sie ist *größer* (es passieren mehr Elektrizitätseinheiten pro Sekunde
den Elektrizitätszähler), wenn die Leitung aus Silber, als wenn sie aus Eisen ist;
sie ist *kleiner*, wenn die Leitung aus Stahl, als wenn sie aus Eisen ist. Wir sagen
daher: Silber *leitet besser* als Eisen, Eisen *leitet besser* als Stahl und sprechen von
der *Leitfähigkeit* des Silbers, des Eisens, des Stahles. Nun ist (s. oben) nach
dem OHMschen Gesetz: $I_{1,1} = E \cdot 1/\sigma$, die Stromstärke also bei gleicher Potentialdifferenz um so größer (kleiner), je größer (kleiner) $1/\sigma$ ist. Wie groß
die pro Sekunde durch den Zähler fließende Anzahl Elektrizitätseinheiten
ist, das hängt daher, wenn man die Potentialdifferenz E und die Dimensionen der Leitung, kurz *alles* sonst unverändert läßt, nur von der Größe $1/\sigma$
ab. Dieser Bruch *mißt* die Leitfähigkeit. Die *Vergrößerung* von σ verringert
die *Leitfähigkeit* $1/\sigma$, daher bedeutet σ einen Widerstand gegen das Strömen
der Elektrizität.

Wohlgemerkt: σ ist der Widerstand einer Leitung von 1 m Länge und 1 mm²
Querschnitt. Wie groß der Widerstand einer Leitung von l m Länge und q mm²
Querschnitt ist, das folgt aus dem OHMschen Gesetz. Es ist ja

$$I_{1,1} = E \cdot \frac{1}{\sigma} \qquad \text{und} \qquad I_{l,q} = E \cdot \frac{1}{W_{l,q}}.$$

Die Größen $1/W_{l,q}$ und $W_{l,q}$ sind also für die l m lange Leitung von q mm² Querschnitt das, was $1/\sigma$ und σ für die 1 m lange Leitung von 1 mm² Querschnitt
sind. Nun ist aber $\dfrac{I_{1,1}}{I_{l,q}} = \dfrac{1/\sigma}{1/W_{l,q}} = \dfrac{W_{l,q}}{\sigma}$, andererseits ist (S. 381 u.) $\dfrac{I_{1,1}}{I_{l,q}} = \dfrac{l}{q}$,
also ist $W_{l,q} = \sigma \cdot \dfrac{l}{q}$.

Man nennt daher $W_{l,q}$ den Widerstand der Leitung von l m Länge und q mm²
Querschnitt, der hängt also davon ab, wie groß σ ist, der Widerstand einer Leitung
von 1 m Länge und 1 mm² Querschnitt. Die Größen l und q haben nur *arithmetische* Bedeutung, σ ist charakteristisch für den Stoff, aus dem die Leitung
besteht. Das OHMsche Gesetz offenbart in der elektrischen *Leitfähigkeit der
Stoffe ein neues Bindeglied zwischen Elektrizität und Materie* — es lehrt *eine
uns bisher unbekannte Eigenschaft der Materie* kennen und $1/\sigma$ als Maß für sie.

Nach der Leitfähigkeit geordnet folgen aufeinander: Silber, Kupfer, Gold, Aluminium, Magnesium, Zink, Kadmium, Platin, Nickel, Eisen, Stahl, Blei, Quecksilber (fest).

Um die Leitfähigkeit eines Metalles zu ermitteln, *mißt* man an einem Drahtstück Widerstand, Länge und Querschnitt und *berechnet* hieraus den Widerstand, den ein Draht von 1 m Länge und 1 mm² Querschnitt haben muß. (Die Beziehung $\sigma = W_{l,q} \cdot q/l$ ergibt die Größen σ und $1/\sigma$.) Um aber den Widerstand einer Leitung *messen* zu können, muß man erst eine Widerstands-*einheit* festsetzen, die für die Messung von Widerständen das ist, was das Zentimeter für Längenmessungen ist, und muß Methoden kennen, nach denen man einen unbekannten Widerstand mit jener Einheit vergleicht, also in „Widerstandseinheiten" *mißt*.

Wie groß der Widerstand ist, den wir als *Einheit* ansehen müssen, zeigt das Ohmsche Gesetz: die Einheit der Potentialdifferenz (S. 361 u.) und die Einheit der Stromstärke (S. 381 m.) haben wir bereits festgesetzt. Machen wir nun die Potentialdifferenz zwischen den Endpunkten eines Leiters gleich 1 und wählen wir den Leiter derartig, daß die Stromstärke 1 durch ihn hindurchgeht, so ist in der auf diesen Leiter angewendeten Gleichung $E/I = W$ jetzt $E = 1$ und $I = 1$ zu setzen, und es wird $W = 1$, d. h. wir müssen den Widerstand *dieses* Leiters mit 1 bezeichnen. Mit anderen Worten: Den Widerstand 1 hat derjenige Leiter, durch den die Einheit der Stromstärke *dann* fließt, wenn zwischen seinen Endpunkten die Einheit der Potentialdifferenz herrscht, oder kurz:

$$\text{Widerstandseinheit} = \frac{\text{Einheit der Potentialdifferenz}}{\text{Einheit der Stromstärke}}.$$

Potentialdifferenz, Stromstärke und Widerstand spielen eine maßgebende Rolle überall, wo elektrische Ströme auftreten, also auch für den Handel. Deswegen hat man die Maßeinheiten für sie *gesetzlich* festgelegt. Die technische Einheit der Potentialdifferenz ist das *Volt*, die der Stromstärke das *Ampere*, die des Widerstandes das *Ohm*. (Deutsches Reichsgesetz vom 1. Juni 1898.)

Das Volt ist 1/300 der S. 361 u. definierten Einheit des elektrostatischen Potentials und das Ampere der Strom, bei dem 3000 Millionen $= 3 \cdot 10^9$ der S. 358 m. definierten Elektrizitätseinheiten in der Sekunde durch den Querschnitt fließen, der also 3000 Millionen mal so stark ist, wie die S. 381 m. definierte Einheit der Stromstärke[1]. Wir haben also die Beziehungen

1 Volt   = 1/300 der elektrostatisch gemessenen Einheit des Potentials,
1 Ampere = $3 \cdot 10^9$ elektrostatisch gemessene Einheiten der Stromstärke.
1 Ohm   = Widerstand derjenigen Leitung, durch die 1 Ampere fließt, wenn zwischen ihren Enden 1 Volt herrscht.

Den Widerstand 1 Ohm hat eine zylindrische Quecksilbersäule von 106,3 cm Länge und 1 mm² Querschnitt und zwar — das ist wichtig — bei 0⁰ C. (Wie man mit diesem Widerstandsmaßstab andere Widerstände vergleicht, d. h. mißt, s. S. 388.)

Das Ohm ist für Widerstandsmessungen das, was das Meter für Längenmessungen ist. Die Angabe „1 km Leitung aus Eisendraht von 4 mm Durchmesser hat $10^{1}/_{2}$ Ohm" bedeutet: die Leitung hat denselben Widerstand wie eine Quecksilbersäule von $10^{1}/_{2} \times 106,3$ cm Länge und 1 mm² Querschnitt bei 0⁰ C. Die Temperatur (0⁰ C) muß man angeben, weil die Leitfähigkeit *aller* Stoffe von

---

[1] Durch *diese* Verhältniszahlen brachte man die im Jahre 1881 international vereinbarten technischen Einheiten Volt und Ohm den *bis dahin* gebräuchlichen (1 Daniell und. 1 Siemens) am nächsten.

deren Temperatur abhängt. Eine Quecksilbersäule von 1 m Länge und 1 mm² Querschnitt hat bei 0⁰ nur 0,94 Ohm, sie müßte 106,3 m lang sein, um bei 0⁰ 1 Ohm zu haben; aber sie hat 1 Ohm bei etwa 83⁰ C. Jeder Leiter hat einen *spezifischen* Widerstand ϱ. So nennt man den Widerstand eines Würfels von 1 cm Kantenlänge. Der Widerstand eines Drahtes von 1 m Länge und 1 mm² Querschnitt ist daher $10^4 \cdot \varrho$ (abgekürzt: σ), den reziproken Wert von ϱ nennt man das *Leitvermögen* ($\varkappa = 1/\varrho$). Die Zahlen der Tabelle geben den Wert $10^4 \cdot \varrho_{18}$, d. h. bei der Temperatur von 18⁰ C.

Hat ein Leiter bei den Temperaturen t und t' die Widerstände R und R', so nennt man *Temperaturkoeffizient des Widerstandes* zwischen t und t' den Faktor a in der Gleichung $R' = R\,[1 + a\,(t' - t)]$. Messen wir R' und R bei 100⁰ und bei 0⁰, so erhalten wir $a = \dfrac{1}{100} \cdot \dfrac{\varrho_{100} - \varrho_0}{\varrho}$. Die Tabelle gibt das 1000fache von a.

	Widerstand in Ohm bei 18⁰ C für 1 m Länge bei 1 mm² Querschnitt $(10^4 \cdot \varrho_{18})$	Temperaturkoeffizient des Widerstandes, multipliziert mit 1000. $\left(10 \cdot \dfrac{\varrho_{100} - \varrho_0}{\varrho_0}\right)$
Silber	0,016	4,1
Kupfer	17	3
Gold	23	0
Aluminium	29	4
Wolfram	56	6
Zink	60	2
Nickel	70	6,7
Eisen	86	6,6
Platin	0,107	3,8
Zinn	113	4,6
Tantal	12	3,5
Blei	21	4,2
Quecksilber	0,958	0,99
Konstantan	50	±0,05
Manganin	43	±0,02
Messing	08	+1,5
Stahl, weich	0,1—0,2	+5
Stahl, gehärtet . . .	0,4—0,5	1,5
Bogenlampenkohle .	etwa 60	0,2 — 0,8
Schiefer	$1 \cdot 10^8$	
Glas	$5 \cdot 10^{13}$	2,5

Supraleitfähigkeit. Wohlgemerkt: *Alle* Stoffe ändern ihre Leitfähigkeit mit der Temperatur, Eisen und Nickel sehr stark, gewisse Legierungen wie Konstantan (60 Cu, 40 Ni) und Manganin (84 Cu, 4 Ni, 12 Mn) äußerst wenig. Je reiner das Metall, um so kleiner ist im allgemeinen sein spezifischer Widerstand und um so größer sein Temperaturkoeffizient. „Anlassen" auf eine bestimmte Temperatur bringt den ersten auf ein Minimum, den zweiten auf ein Maximum. Verunreinigungen erzeugen einen von der Temperatur wenig abhängigen Zusatzwiderstand, mit sinkender Temperatur fällt der Widerstand des angelassenen reinen Metalles rasch und wird so klein, daß der Widerstand der Fremdstoffe überwiegt; das Leitvermögen in sehr tiefer Temperatur ist ein Maß für die Reinheit des Metalles. — Wie verhält sich der Widerstand in der Nähe des absoluten Nullpunktes? KAMERLINGH ONNES hat (1911) diese Frage experimentell mit Hilfe des flüssigen Heliums behandelt und dabei den *supraleitenden* Zustand entdeckt, den Zustand der anscheinend unendlich großen Leitfähigkeit. Der Widerstand eines Quecksilberfadens, der bei 0⁰ 172,7 Ohm hatte, war bei der Heliumtemperatur unmeßbar klein. Dicht unter 4,2⁰ abs. sprang der Widerstand von einem noch meßbaren Betrage zu einem, den man gleich Null setzen durfte (Springpunkttemperatur), ihn zu messen, war nicht mehr möglich. Die Springpunkttemperatur von Zinn liegt bei 3,78⁰ abs., die von Blei zu hoch, um in flüssigem Helium meßbar zu sein (wahrscheinlich bei 60⁰ abs.). Platin hatte im ganzen Temperaturgebiet unterhalb 4,3⁰ abs. konstanten Widerstand, ebenso Gold, Kadmium und Kupfer (wahrscheinlich Restwiderstand von Beimengungen), Manganin und Konstantan hatten einen ausreichenden Temperaturkoeffizienten, um noch für Widerstandsthermometer für tiefste Temperaturen in Frage zu kommen. Durch einen supraleitenden Quecksilberdraht konnte man einen Strom von 1200 Ampere pro mm², durch einen eben solchen Bleidraht einen von 560 Ampere schicken, ohne daß sich Joulewärme (s. d.) entwickelte. (CROMMELIN.)

Elektrolytische und metallische Leitung. Es gibt Stoffe, deren Leitvermögen wächst, wenn ihre Temperatur wächst, und solche, deren Leitvermögen dabei abnimmt. Teilt man die Stoffe von diesem Gesichtspunkt aus in zwei Gruppen so findet man in der ersten diejenigen, die der elektrische Strom *zersetzt*, vor allem die Säuren, Basen und Salze in wässeriger Lösung. Man nennt sie *Elektrolyte* oder *elektrolytisch leitend*. Zu der zweiten Gruppe gehören die metallisch leitenden Stoffe, die der Strom nicht zersetzt. Die Erfahrung lehrt: Mit steigender Temperatur nimmt die Leitfähigkeit der *metallisch* leitenden Stoffe ab, die der *Elektrolyte* zu. Wohlgemerkt: Das OHMsche Gesetz gilt auch für die Elektrolyte.

Zu den Elektrolyten gehören auch gewisse Stoffe, die der Strom nicht so handgreiflich verändert wie die Säuren, Basen und Salze in wässeriger Lösung; so Glas und Porzellan. Bei gewöhnlicher Temperatur isolieren sie gut, bei hoher leiten sie gut. Vor allem aber die Oxyde der seltenen Erden. Bei gewöhnlicher Temperatur sind es Isolatoren, in der Glühhitze gute Leiter, so gute, daß man sie in gewissen Fällen dort benützt, wo nur ein Leiter brauchbar ist, z. B. in der Form von Stäbchen als Ersatz des Fadens der elektrischen Glühlampe (NERNST). Besonders merkwürdig verhält sich der *metallisierte*[1] Kohlenfaden (Glühlampe): anfangs steigt seine Leitfähigkeit (wie die des *gewöhnlichen* Kohlenfadens) bei steigender Temperatur bis zu einer bestimmten Temperatur, von da an *fällt sie rapide*. — Außer der Wärme wirken noch andere physikalische Vorgänge auf die Leitfähigkeit, z. B. der Übergang in einen anderen Aggregatzustand ändert die Leitfähigkeit oft sprunghaft. So leiten die Körper im Gas- oder Dampfzustand alle sehr schlecht, auch die Gase der Metalle, verhältnismäßig am besten die Dampfe von Quecksilber und Zinn. — Im Felde eines Magneten wächst oder fällt die Leitfähigkeit von Eisen, Nickel, Kobalt, je nach ihrer Lage zu den Kraftlinien.— Sehr merkwürdig verhält sich Selen, seine an sich sehr geringe Leitfähigkeit kann durch starke *Belichtung* auf das Zehn- bis Zwanzigfache steigen. Ähnlich verhält sich (BRANLY 1890) trockenes, grobes, lose gehäuftes Metallpulver (Körnchen, Feilicht): zwischen zwei Metallelektroden E_1 und E_2 (in einer Glasröhre) hat es in normalem Zustande fast unendlich großen Widerstand, durch elektrische Wellen bestrahlt, fällt sein Widerstand auf einige tausend (bisweilen auf einige 100) Ohm, und er bleibt auch *nach* der Bestrahlung so. In diesem Zustand *schließt* es den Stromkreis. Erschüttern

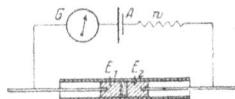
Abb. 454. Kohärer (BRANLY).

des Rohres stellt den normalen Zustand des Pulvers wieder her. Die Funkentelegraphie hat diese Vorrichtung (LODGE), jahrelang als Wellenanzeiger (Detektor) benützt, Abb. 454. Am erstaunlichsten ändert sich die Leitfähigkeit eines Stoffes, der im Wasser aufgelöst wird. Destilliertes Wasser ist ein fast vollkommener Isolator (eine Säule von 1 mm Höhe hat ebensoviel Widerstand wie 40 Mill. km Kupferdraht von gleichem Querschnitt), und ebenso sind die Salze an und für sich Nichtleiter. Wenn aber ein Salz, z. B. Chlorkalium, in Wasser aufgelöst wird — also das *nicht*leitende feste Salz in dem *nicht*leitenden destillierten Wasser —, so entsteht eine *Lösung, die den Strom leitet*. Ihre Leitfähigkeit hängt caet. par. von der Konzentration der Lösung ab.

Leitfähigkeit abhängig von der Stromrichtung (Elektrische Ventile). Die Leitfähigkeit kann von gewissen Bedingungen abhängen, deren Dasein oder deren Fehlen denselben Körper zum Leiter oder (praktisch!) zum Nichtleiter *macht*. Wir nennen ein solches Gebilde ein elektrisches Ventil; je nach den besonderen Bedingungen, unter denen es steht, ist es offen oder geschlossen, d. h. strömt Elektrizität hindurch oder nicht (streng: *so gut* wie nicht). Macht man z. B. eine Lösung von borsaurem Kalium wie in Abb. 474 zu einem Teil eines Stromkreises, macht A aus Aluminiumblech und B aus Bleiblech und legt an das *Aluminium* den *negativen* Pol einer Spannung, so leitet die Vorrichtung gut. Legen wir den positiven Pol an das Aluminium, so leitet sie überhaupt nicht (elektrochemische Vorgänge überziehen das Aluminium mit einer es von der Flüssigkeit völlig isolierenden Gashaut). Die Vorrichtung ist also nur für die *eine Richtung* des Stromes ein Leiter, für die entgegengesetzte ein Isolator. Ähnlich wirkt die Vorrichtung Abb. 455: ein im Vakuum glühender Draht K, der Elektronen (s. diese) aussendet, und ihm gegenüber eine gewöhnliche Elektrode A (so nennt man die Stromzuführungen A und B in Abb. 474 und die entsprechenden in Abb. 455). Legt man an die geheizte Elektrode K den —-Pol einer Stromquelle, so ist die Vorrichtung ein Leiter, legt man den $+$-Pol an K, so ist sie ein vollkommener Isolator. (Die Ursache: die Elektronen sind nega-

Heizbatterie
Abb. 455. Hochvakuumrohr mit Glühelektrode als elektrisches Ventil.

---

[1] Man nennt ihn so, weil er sich so *verhält* wie ein Metallfaden, es ist ein Faden aus Kohlebesonderer Art (Gen. El. Co, Schenectady).

tive Elementarteilchen und kommen nur aus der geheizten Elektrode. Ist A mit dem $+$-Pol verbunden, so wirkt das elektrische Feld im Innern des Rohres in der Richtung von A nach K. Auf die negativ geladenen Teilchen wirkt also eine Kraft nach A hin, und sie bewegen sich daher von K bis zu A, es fließt also Strom durch das Rohr. Liegt dagegen an A der negative Pol, so ist das Feld im Innern der Röhre von K nach A gerichtet. Auf die negativ geladenen Teilchen wirkt daher die Kraft von A nach K, sie werden zum Glühfaden zurückgetrieben und können nicht nach A gelangen und der Stromkreis bleibt offen.) Das Hochvakuumrohr ist mit der Glühelektrode daher ein elektrisches Ventil,

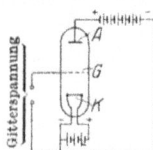

Abb. 456.
Elektrisches Ventil
zur Verstärkung der
Ströme der draht-
losen Telephonie.

es ist nur für die *eine* Richtung des Stromes ein Leiter, für die entgegengesetzte ein Isolator. — Von den zahlreichen Arten von elektrischen Ventilen nennen wir noch die von Braun in die Funkentelegraphie eingeführte Kombination eines Plättchens aus Bleiglanz mit einem ganz leicht dagegen drückenden zugespitzten Graphitstäbchen: der Widerstand an der Berührungsstelle ist für den Stromdurchgang in der einen Richtung sehr viel größer als in der andern. — Die elektrischen Ventile dienen im wesentlichen praktischen Zwecken, im besonderen der Verwandlung von Wechselstrom (s. diesen) in Gleichstrom, ferner spielen sie in der drahtlosen Telegraphie eine große Rolle als *Detektoren* elektrischer Wellen.

Die Elektronen, die der Metallfaden beim Glühen aussendet, waren schon vorher in ihm vorhanden. Zwischen den Atomen des Metalles beweglich, bewegen sie sich auch unter dem Einfluß eines elektrischen Feldes, das man längs des Fadens durch eine daran gelegte Potentialdifferenz erzeugt. Vermutlich besteht der Strom in den Metallen überhaupt in der Bewegung der Elektronen. In dem Hochvakuumrohr mit der Heizkathode sind die Elektronen offensichtlich die Träger des Stromes, seine Ventilwirkung erklärt sich widerspruchslos daraus. — Die Einheitlichkeit der Elektronen — *alle* sind negativ — gestattet es nun, das Ventil durch einen einfachen Kunstgriff stetig *regulierbar* zu machen, es *stetig* mehr oder weniger zu öffnen und zu schließen: man legt zwischen die Glühkathode K und die Anode A eine Elektrode, und legt an diese Elektrode G, das *Gitter* (über einen Glasrahmen gespannte Drähte), ein Potential. Macht man es positiv (negativ) gegen K, so unterstützt (schwächt) es das von A nach K gerichtete Feld und verstärkt (schwächt) den Strom in dem Stromkreise, den *Anoden*strom. Der charakteristische Spannungsverlauf in dem Elektronenstrom zwischen K und A bewirkt dabei schon bei sehr kleinen Änderungen des Gitterpotentials eine *sehr große* Änderung der Stromstärke. Selbst *minimale* Vibrationen des Gitterpotentials bewirken daher verhältnismäßig starke Schwankungen des Anodenstromes (und dadurch z. B. die Verstärkung von Induktionswirkungen, S. 450). Die Trägheitslosigkeit der Elektronen bewirkt überdies die *sofortige* Reaktion der Elektronen auf die geringfügigste Potentialänderung, also eine *sofortige* Änderung der Stromstärke. Hierauf beruht z. B. die durch die Elektronenröhre bewirkte ungeheure Verstärkung des Stromes eines in ihrem Anodenstromkreise liegenden Telephons. In der drahtlosen Telegraphie und Telephonie spielt das Hochvakuumrohr mit der Glühkathode und der Gitterelektrode als *Verstärkerröhre* (Elektronenrelais) eine Hauptrolle. *Der Rundfunk (Radio) verdankt ihr sein Dasein.* (Technische Anwendung des Verstärkerprinzipes zur Erzeugung von elektrischen Schwingungen s. S. 479.)

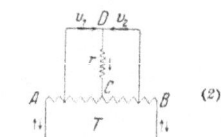

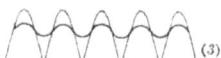

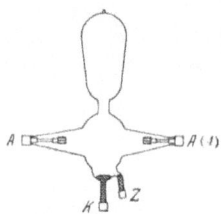

Abb. 457. Verbindung von
zwei elektrischen Ventilen
zur Verwandlung von
Wechselstrom in Gleichstrom.

Um große Gebiete mit elektrischer Energie zu versorgen, erzeugt man in einem Elektrizitätswerk (Überlandzentrale) Wechselstrom niedriger (weil gefahrloser) Spannung, transformiert ihn auf hohe Spannung, leitet ihn (in dünnen und daher wohlfeilen Drähten) zu den Verbrauchsstellen und transformiert ihn dort wieder auf niedrige Spannung. (Gleichstrom läßt sich nicht so transformieren.) Aber gewisse Arbeiten sind *nur* mit *Gleich*strom ausführbar (der Betrieb von Akkumulatoren, von elektrolytischen Bädern, von Quecksilberlampen). Man muß den Wechselstrom daher an der Verbrauchsstelle in Gleichstrom verwandeln. Man könnte ihn hierzu in einen Wechselstrommotor leiten und den Motor eine *Gleich*strommaschine treiben lassen. Aber das ist unökonomisch, es gibt einfachere Mittel. Strömt Wechselstrom (S. 461) durch ein elektrisches Ventil, so läßt das Ventil nur diejenige Periodenhälfte hindurch, für deren Richtung es ein Leiter ist, und unterdrückt die andere, es verwandelt den Wechselstrom (Abb. 565) in pulsierenden Gleichstrom der Form (Abb. 457[1]). Leitet man den Strom durch *zwei* Ventile v_1 und v_2 (Abb. 457[2]), so kann man seine *beiden* Richtungen nutzbar machen, in der

Leitung CD entsteht ein Strom der Form Abb. 457(3) (schwach gezogene Kurve). Die Drosselspule r verhindert, daß der Strom ganz auf Null fällt, so entsteht in der Leitung des gleichgerichteten Stromes die (stark gezogene) Stromkurve (3), die den meisten Ansprüchen genügt.
— Der Wechselstromgleichrichter der Elektrotechnik (Abb. 457(4)) ist eine Verbindung zweier
Ventile (COOPER HEWITT). Die Ventilwirkung kommt an der Grenze zwischen einem heißen
Metall und dem kalten (relativ kalten!) umgebenden Raum zustande. Zwei als Anoden benützte Elektroden aus Eisen (oder Graphit) und eine als Kathode benützte Elektrode aus Hg
in einem hochevakuierten Gefäß (Glas) bilden die beiden Ventile. Eine besondere Zündvor-
richtung z erhitzt das Quecksilber und veranlaßt den Elektronenaustritt, dadurch kommt
der Strom von den Anoden zur Kathode in Gang. (Infolge der ungeheuren Temperatur des
Quecksilbers verdampft das Quecksilber stürmisch, es kondensiert sich an der sehr großen
Oberfläche des Glasgefäßes und fließt zur der Kathode zurück.) Die Drosselspule (s. d.) in der
Gleichstromleitung (WEINTRAUB) ist hier unerläßlich: fällt der Strom (von einer Anode zur
Kathode) auch nur einen minimalen Bruchteil einer Sekunde unter 2,5 Amp., so erlischt
der Quecksilberdampfbogen und kommt nicht von selber wieder in Gang. Die Drosselspule
verhindert das Sinken des Stromes. Der Hg-Dampfgleichrichter gehört zu den wichtigsten
Vorrichtungen der Wechselstromtechnik.

KIRCHHOFFsche Sätze (Erweiterung des OHMschen Gesetzes). Wir haben
bei der Ableitung des OHMschen Gesetzes nur mit *einer* Quelle der elektromotorischen Kraft gerechnet (Abb. 458), der Potentialdifferenz
zwischen A und B, und als Leitung von A nach B nur mit *einem*
Wege, dem Glühlampenfaden w. (Die punktierte Linie von B nach A
deutet den Weg an, auf dem die Elektrizität
vom Punkte niedrigeren Potentials durch Arbeit auf den Punkt höheren Potentials zur
Aufrechterhaltung der Potentialdifferenz gehoben wird.) Wie aber, wenn die Elektrizität auf *mehreren* Wegen (Abb. 459) von A
nach B strömen kann? Wie groß ist dann
die Stromstärke auf jedem einzelnen Wege? Und
ferner: Wie groß ist die Stromstärke, wenn

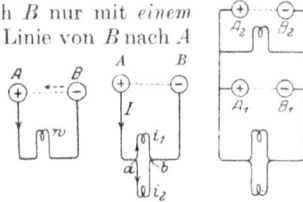

Abb. 458.   Abb. 459.   Abb. 460.
Zur Erläuterung der KIRCHHOFFschen
Sätze.

sich (Abb. 460) *mehrere* Elektrizitätsquellen gleichzeitig durch einen Leitungs-
weg entladen oder gar durch mehrere Leitungswege?

Diese Fragen beantworten zwei von KIRCHHOFF aufgestellte Sätze. Der *erste*
lehrt: An einem Verzweigungspunkt ist die algebraische Summe der Stromstärken Null, d. h. rechnet man die Stärke jedes Stromes, der in Abb. 459 zu a
hingeht, positiv, die Stärke jedes von a *weg*gehenden Stromes negativ, so ist
in a $I + (-i_1) + (-i_2) = 0$, oder $I - i_1 - i_2 = 0$. Das folgt unmittelbar
daraus, daß sich die strömende Elektrizität an keiner Stelle der Strombahn
anhäuft (durch jeden Querschnitt der Leitung jeden Augenblick gleichviel
ein- und austritt). Dadurch erfahren wir zwar, daß $i_1 + i_2 = I$ sein muß,
d. h. die Summe der Stromstärken in beiden Glühlampenfäden *zusammen*
gleich I sein muß, aber wir erfahren nicht, wie sich I auf die *einzelnen*
Zweige *verteilt*.

Das erfahren wir durch den *zweiten* KIRCHHOFFschen Satz: In jeder *verzweigten* Strombahn ist für jeden *geschlossenen* Weg die Summe der elektromotorischen Kräfte gleich der Summe der Produkte aus Stromstärke und Widerstand für jeden Leitungsteil. Ein geschlossener Weg ist in Abb. 459 der Weg
$A a i_1 b B A$, der Weg $A a i_2 b B A$, der Weg $a i_1 b i_2 a$. Elektromotorische Kraft ist
da vorhanden, wo eine Potentialdifferenz entsteht, ihre Größe wird durch die
Potentialdifferenz gemessen: wir bezeichnen sie eben so wie diese mit E. Nach
dem zweiten KIRCHHOFFschen Satz ist also $\Sigma E = \Sigma W I$. Die elektromotorischen
Kräfte und Stromstärken sind mit entsprechenden Vorzeichen zu versehen. Wie
verteilt sich danach die Stromstärke I auf die Wege $a i_1 b$ und $a i_2 b$? Hat $a i_1 b$
den Widerstand W_1 und $a i_2 b$ den Widerstand W_2, so ist nach dem zweiten

25*

KIRCHHOFFschen Gesetz, da in keinem der beiden Wege eine elektromotorische Kraft herrscht, also ΣE durch Null zu ersetzen ist: $0 = i_1 W_1 - i_2 W_2$, also $\dfrac{i_1}{i_2} = \dfrac{W_2}{W_1}$, d. h. die Stromstärken verteilen sich auf die Strombahnen im umgekehrten Verhältnisse ihrer Widerstände. Nach dem ersten KIRCHHOFFschen Gesetz ist $i_1 + i_2 = I$. Daher ist, wie die Ausrechnung ergibt: $i_1 = I \cdot \dfrac{W_2}{W_1 + W_2}$ und $i_2 = I \cdot \dfrac{W_1}{W_1 + W_2}$. Man kann mit den KIRCHHOFFschen Regeln die Strom-

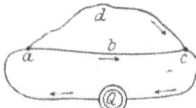

Abb. 461. Verzweigung
elektrischer Ströme.

stärke in jedem Punkt eines gegebenen Systems von beliebig verzweigten Stromleitern berechnen, wenn in jedem der geschlossenen Wege die elektromotorische Kraft und der Widerstand bekannt sind. Man kann, ihnen folgend, auch Stromleiter planmäßig miteinander verbinden, auch von einem gegebenen Strom (Abb. 461) einen Teil (adc) von vorgeschriebener Stromstärke abzweigen.

Eines der meist benützten Verzweigungssysteme ist ein Viereck von vier Leitern — in Abb. 462 $W_1 W_2 W_3 W_4$ — in dessen eine Diagonale $D_2 D_2$ man eine Stromquelle, und in dessen andere Diagonale $D_1 D_1$ (die *Brücke*) man ein stromanzeigendes *Instrument* einschaltet. Durch Abänderung der Widerstände kann man die Diagonale $D_1 D_1$, also den Stromzeiger, stromlos machen. Die Widerstände haben dann, wie die Rechnung lehrt, solche Größen, daß $W_1 : W_2 = W_3 : W_4$ ist. Ist also W_1 nur halb so groß wie W_2, so ist auch W_3 nur halb so groß wie W_4.

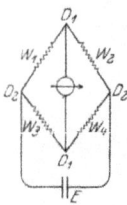

Abb. 462.
WHEATSTONE-
Brücke zur Messung von Widerständen ($D_1 D_1$
Brücke mit
stromanzeigendem
Instrument).

Diese Leiterkombination, die WHEATSTONEsche *Brücke*, ist eine der gebräuchlichsten Vorrichtungen, um den Wiederstand eines Leiters zu *messen*. Macht man den unbekannten Widerstand etwa zur Seite W_4, und stellt man die anderen drei Seiten aus Leitern her, deren Widerstände man bereits *kennt*: macht man ferner diese Widerstände so groß, daß die Brücke stromlos wird, so ergibt die obige Gleichung, daß der zu messende Widerstand

$$W_4 = \frac{W_2}{W_1} \cdot W_3 \text{ ist.}$$

Das zur Messung der Wärmestrahlung dienende Bolometer (LANGLEY) benützt das Prinzip der WHEATSTONEschen Brücke.

Energie der elektrischen Ladung. Die strömende Elektrizität kann (S. 379) Arbeit leisten. Wie groß ist sie? Die Elektrizität muß von einem höheren Potentialniveau auf ein niedrigeres fließen, damit sie Arbeit leisten kann. Sie muß also vorher auf ein gewisses Niveau gehoben worden sein, herabfallend leistet *sie* genau so viel Arbeit, wie *wir* haben leisten müssen, um sie hinaufzuheben. — Welche Arbeit müssen wir leisten, um die Elektrizitätsmenge $\mathfrak{e}$ vom Potentialniveau 0 auf das Potentialniveau V zu heben? Wir bringen die Elektrizitätsmenge $\mathfrak{e}$ nicht als Ganzes auf den zu ladenden Körper, sondern teilen sie in gleich große *sehr* kleine Mengen e_1, e_2, ... e_n und bringen diese nacheinander hinauf. Um e_1 hinaufzubringen, ist so gut wie gar keine Arbeit erforderlich, denn der Körper ist ja noch ungeladen, hat also selber noch das Potential 0. Nachdem er mit e_1 geladen worden ist, hat er ein gewisses, sehr kleines Potential, es sei v. Um e_2 von dem Potentialniveau 0 auf den Körper zu schaffen, ist jetzt schon *mehr* Arbeit erforderlich, nämlich $e_2 \cdot v$ (S. 361), denn da der Körper das Potential v hat, so gehört die Arbeit v dazu, um die Elektrizitätsmenge 1 vom Rande des Feldes — dies hat ja das Potential Null — also z. B. von der Erde, hinaufzuschaffen; um e_2 hinaufzuschaffen, ist somit die Arbeit $e_2 \cdot v$ erforderlich. Nach dem er auch mit e_2 geladen worden ist, ist sein Potential, das bisher v war, auf $2v$ gestiegen. Die Menge e_3 beansprucht daher zur Überführung auf den Körper die Arbeit $e_3 \cdot 2v$; sie bringt das Potential auf $3v$ usw. Bevor wir die letzte Teilladung e_n auf den Körper bringen, ist sein Potential $(n-1)v$ und steigt dann auf nv, was gleichbedeutend mit V ist. Beim Summieren ist zu beachten: Die Ladungen $e_1, e_2, \ldots e_n$ sind einander gleich, wir können die Gesamtarbeit $e_2 v + e_3 2 v + e_4 3 v + \cdots + e_n (n-1) v$ daher auch in der Form $e v [1 + 2 + 3 + \cdots + (n-1)]$ oder $ev\, n(n-1)/2$ schreiben, die Summe der ersten $(n-1)$-Zahlen ist ja gleich $n(n-1)/2$. Nun ist aber $ne = e$ und $nv = V$, und unser Ausdruck wird $e \dfrac{v(n-1)}{2}$ oder $\dfrac{e}{2}(V-v)$. Das Teilpotential v ist sehr klein gegenüber dem Endpotential V. Die Betrachtungsweise gewinnt aber mit zunehmender Unterteilung an Genauigkeit, so daß es berechtigt ist, im obigen Ausdruck v gegenüber V zu vernachlässigen und die Größe $e\, V/2$ als den genauen Wert der Arbeit anzusehen, die geleistet werden muß, wenn der Körper mit der Elektrizitätsmenge e beladen werden soll.

Ein Beispiel: Ein unelektrischer Körper — seine Ladung ist $e = 0$, und daher sein Potential $V = 0$ — werde durch eine Elektrisiermaschine zu dem Potential $V = 5000$ Volt geladen ($5000/300$ Einheiten des elektrostatischen Potentials), und seine Kapazität erfordert dazu $e = 6 \cdot 10^6$ Elektrizitätseinheiten. (Diese Zahlen sind mit guten Elektrisiermaschinen erzielbar. $6 \cdot 10^6$ Einheiten führt ein Strom von $0{,}002$ Ampere pro Sekunde durch den Querschnitt der Leitung.) Wie groß ist der Energievorrat des Körpers in diesem Ladungszustand und wieviel Arbeit leistet diese Ladung, wenn man den Körper durch eine metallene Leitung zur Erde ableitet und ihn vollkommen entlädt? Diese Arbeit ist (s. oben) $W = \frac{1}{2} e\, V$ erg, d. h. wenn wir $V = 50/3$ und $e = 6 \cdot 10^6$ einsetzen: $W = 1/2 \cdot 50/3 \cdot 6 \cdot 10^6$ erg $= 500 \cdot 10^5$ erg. Da nun $981 \cdot 10^5$ erg $= 1$ mkg*, so ist $W = 500/981$ mkg* $= 0{,}51$ mkg*. Das heißt: wir müssen, um diese Ladung auszuführen, eine Arbeit von $0{,}51$ mkg* an der Maschine aufwenden (so viel, wie wir leisten, wenn wir $\frac{1}{2}$ kg* um 1 m heben), *vorausgesetzt*, daß die Arbeit *ganz* zu elektrischer Energie wird. Wir müssen tatsächlich mehr als $0{,}51$ mkg* leisten, da wir ja auch die in der Maschine durch Reibung auftretenden Energieverluste ersetzen müssen. Aber von der im *ganzen* aufgewendeten Energie werden $0{,}51$ mkg* zum *Laden* verwendet. Oder anders ausgedrückt, der *Körper* ist imstande, wenn er sich entlädt, eine mechanische Arbeit von $0{,}51$ mkg* zu leisten (also so viel Arbeit, wie 1 kg* leisten kann, wenn es um $0{,}51$ m sinkt), vorausgesetzt, daß die ganze in ihm aufgespeicherte Energie zu mechanischer Arbeit wird. Tatsächlich wird sie zum Teil in Wärme umgesetzt.

Energie des elektrischen Stromes. Die Arbeitsleistung bei der Entladung verteilt sich über die ganze Zeit, die die Elektrizität zum Abströmen gebraucht — aber ungleichmäßig. Vom Beginn des Abströmens an sinkt das Potential des Körpers, also die Potential*differenz* zwischen ihm und der Erde. Daher wird die Stromstärke immer kleiner; sie sinkt mit der Potentialdifferenz (im Verhältnis zu ihr) auf Null. Genau so die Arbeitsleistung. *Erhält* man aber den Körper auf seinem Potential, führt man ihm aus einer Elektrizitätsquelle dauernd so viel Elektrizität zu, wie er abgibt, so wird der *Strom stationär*. Entströmen ihm pro sec e Elektrizitätseinheiten, so muß man ihm, damit er das Potential V behält, auch pro sec e Elektrizitätseinheiten zuführen. Wir müssen dann pro sec $e\, V$ erg leisten und genau soviel Arbeit leistet der Strom, der zur Erde abfließt und jede Sekunde e Elektrizitätseinheiten durch den Querschnitt führt.

Wir haben hier der Einfachheit halber immer nur von dem Potential V des Körpers gesprochen und haben die Ladung zur Erde auf das Potential Null abfließen lassen. Die Ladung kann ebensogut auf ein *anderes* Potential V_0 abfließen, nur muß $V_0 < V$ sein. Der stationäre Zustand ist immer dann erreicht, wenn die Elektrizitätsquelle die Potentialdifferenz $V - V_0$ aufrechterhält. Bezeichnen wir diese Potentialdifferenz — man nennt sie die *elektromotorische Kraft der Elektrizitätsquelle* (abgekürzt: EMK) — mit E und bedenken wir, daß die Stromstärke I die Zahl der pro sec den Leiter durchfließenden Elektrizitätseinheiten ist, so können wir die auf 1 sec bezogene Arbeit L eines stationären Stromes durch $L = IE$ erg darstellen. Die von einem elektrischen Strom auf seinem ganzen Weg pro sec geleistete Arbeit ist also gleich der Stromstärke mal der elektromotorischen Kraft der Elektrizitätsquelle. Aus dem Ohmschen Gesetz folgt $E = WI$. Also ist $L = I^2 W$, d. h. die von dem Strom pro sec entwickelte Energie ist auch direkt proportional dem Quadrat der Stromstärke und dem Widerstande. ($L = E \cdot I$ und $L = I^2 \cdot W$ gelten natürlich für *jede* Art Arbeit, die der Strom leistet.)

Die Formel $L = EI$ zeigt, wieviel Arbeit in erg die *Elektrizitätsquelle* pro sec leisten muß, um E konstant zu erhalten, wenn pro sec I Elektrizitätseinheiten durch den Querschnitt der Leitung von dem höheren Potential zu dem niedrigeren abfließen. Z. B. in einer Kohlenfaden-Glühlampe für 100 Volt und 50 Watt fließen pro sec 1500 Millionen Elektrizitätseinheiten durch den Querschnitt, und die Endpunkte des leuchtenden Fadens müssen dabei auf einer Potentialdifferenz von 100 Volt, also von 100/300 Einheiten des elektrostatischen Potentials bleiben. Um dies zu erreichen, muß die Elektrizitätsquelle pro sec $L = EI = 100/300 \cdot 1500 \cdot 10^6$ erg leisten, etwas mehr als $^1/_{15}$ Pferdstärke (S. 37 u.). Die Größe EI gibt auch die Arbeit an, die die *strömende Elektrizität* leisten kann. Um sie in mechanische Einheiten umzurechnen, erinnern wir an folgendes: Es ist 1 Volt $=$ 1/300 elektrostatische Potentialeinheit, und die Stromstärke 1 Ampere führt in 1 Sekunde $3 \cdot 10^9$ elektrostatische Ladungseinheiten durch die Leitung. Wenn also 1 Ampere durch einen Leiter fließt, zwischen dessen Enden die Potentialdifferenz 1 Volt besteht, leistet er während 1 Sekunde eine Arbeit: 1 Volt $\cdot$ 1 Ampere $= 1/300 \cdot 3 \cdot 10^9 = 10^7$ erg $= 1$ Joule (S. 164 o.). Die *Leistung* dieses Stromes ist somit 1 Joule oder 1 Watt pro Sekunde (Wattsekunde). (Daher kann man auch 1 Watt $=$ 1 Volt $\cdot$ 1 Ampere setzen, das Produkt nennt man 1 Voltampere [VA]. Man definiert: 1000 VA $=$ 1 Kilowatt.) In t Sekunden leistet er t Joule. Fließt bei einer Potentialdifferenz von E Volt ein Strom von I Ampere während t Sekunden, so leistet er $EI \cdot t$ Wattsekunden (Joule).

2. Wärmewirkung des elektrischen Stromes. — Thermoelektrizität.

Worin besteht nun die Arbeit, die der Strom leisten kann? Sie kann *mechanischer* Art sein, d. h. er kann greifbare Massen bewegen. Aber nicht der *ganze* Betrag von EI erg läßt sich in mechanische Arbeit umsetzen, die Erfahrung lehrt, daß jeder vom Strome durchflossene Leiter sich *erwärmt* (Joulesche Wärme). Angenommen, wir könnten die *ganze* Arbeitsfähigkeit des Stromes in Wärme umwandeln; wieviel Kalorien würden entstehen? Die Antwort folgt unmittelbar aus dem Vorhergehenden. 1 Joule ist (S. 275 o.) äquivalent 0,24 cal; $EI \cdot t$ Joule sind also der Wärmemenge $Q = 0,24 \cdot EI \cdot t$ cal äquivalent. Das heißt: ein Strom von EI Watt entwickelt pro sec 0,24 $\cdot EI$ cal, falls seine *ganze* Energie zu Wärme wird.

Die Gleichung $Q = 0,24 \cdot EI \cdot t$ cal (Joule 1841) kann man mit $I = E/W$ auch schreiben: $Q = 0,24 \, I^2 W t$. Hier ist W der Widerstand der ganzen Stromleitung. Diese Gleichung gilt auch für jeden abgegrenzten *Teil* der Leitung. Es sei eine Leitung von der Länge L gegeben, durch die der Strom I fließt, und die den Widerstand W hat. Teilen wir sie in n Teile, $l_1 \ldots l_n$, mit den Widerständen $w_1 \ldots w_n$, so ist

$$W = w_1 + w_2 + \cdots + w_n, \quad \text{also}$$
$$c \cdot I^2 W = c \cdot I^2 (w_1 + w_2 + \cdots + w_n) = c \cdot I^2 w_1 + c \cdot I^2 w_2 + \cdots + c \cdot I^2 w_n.$$

Für die Länge l_1 mit dem Widerstande w_1 bedeutet $c \cdot I^2 w_1$ das, was $c \cdot I^2 W$ für die Leitung L mit dem Widerstande W bedeutet, nämlich die in l_1 entwickelte Wärme; und analog für die anderen Stücke der Leitung. Die in L entwickelte Wärme verteilt sich also auf die Teile l ihren Widerständen entsprechend. Haben die Längen l_1 bis l_n jede den *gleichen* Widerstand, so entwickelt sich in jeder die *gleiche* Wärmemenge. Besteht die ganze Leitung aus demselben Material, und hat sie an allen Punkten denselben Querschnitt, dann haben gleiche Abschnitte davon auch gleichen Widerstand. Eine solche Leitung heißt *homogen*. In einer homogenen Leitung ist somit die in ihr im ganzen entwickelte Wärmemenge gleichmäßig verteilt.

Mit homogenen Leitungen hat man es aber nie oder *fast* nie zu tun. Will man z. B. den Strom fern von der Erzeugungsstelle in eine andere Energieform verwandeln, so sucht man es zu hindern, daß sich in den *Leitungen* zu der Verbrauchsstelle hin viel davon in Wärme umwandelt. Man macht die Leitungen daher aus gut leitendem Stoff (Kupfer), macht sie sehr dick und so kurz, wie es der Abstand der Erzeugungsstelle von der Verbrauchsstelle zuläßt; so z. B. die *Speiseleitungen*, die von dem Elektrizitätswerke zu den Verbrauchsstellen führen. — Ebenso die Telegraphenleitungen: den Strom, den man zum Telegraphieren benützen will, will man erst in der Empfangsstation in *mechanische Energie* umwandeln, aber nicht *unterwegs* in den Telegraphendrähten in *Wärme*. Man machte sie früher der Billigkeit halber aus Eisen, machte sie aber, da Eisen sehr viel schlechter leitet als z. B. Kupfer, entsprechend dicker.

Auf der Wärmeentwicklung durch den Strom beruht die *elektrische Beleuchtung*. Der wesentliche Teil jeder dafür bestimmten Lampe ist ein Leiterstück, das beim Hindurchfließen des Stromes so heiß wird, daß es glüht und dadurch leuchtet. In den *Glühlampen* (Abb. 463) ist es ein sehr dünner Faden, früher aus „verkohlter" Zellulose, jetzt aus einem schwer schmelzbaren Metall (Wolfram); um ihn vor dem Verbrennen zu schützen, schließt man ihn in eine Glasglocke ein und macht diese luftleer oder füllt sie mit einem neutralen Gase. In den *Nernstlampen* (Abb. 464) ist der Leiter ein Stäbchen aus seltenen Erden (Zirkonoxyd und Yttererden). Es muß erhitzt werden, um zu leiten; dazu genügt eine Flamme, man benützt aber eine elektrisch betriebene Heizvorrichtung, einen mit Kaolin bedeckten Platindraht S, der den Nernststift schraubenartig umgibt. In den *Bogenlampen* besteht der Leiter aus den einander fast berührenden Enden zweier Kohlenstäbe (Abb. 465) und einer sie verbindenden Brücke von glühenden Kohlenteilchen. Die Brücke entsteht so: Ohne Strom berühren die Kohlen einander, erst der Strom trennt sie (durch einen von ihm betriebenen Mechanismus). Dabei wird er aber nicht unterbrochen, sondern er erzeugt zwischen den Kohlen durch Erhitzung und Verdampfung der Kohlen eine glühende Gasschicht, die die Gestalt einer Mondsichel annimmt, den Lichtbogen (daher der Name *Bogenlampe*). Die Leitung wird durch die stark erhitzte und ionisierte Luft (S. 419) zwischen den Kohlen unterhalten. Das Licht kommt von den zur Weißglut erhitzten Kohlenenden, namentlich (bei Verwendung von Gleichstrom) von der oberen positiven Kohle, die sich kraterförmig aushöhlt.

Abb. 463.
Kohlenfadenglühlampe.

Abb. 464.
Brenner einer
Nernst-Lampe
(A-Lampe).

Abb. 465.
Der leuchtende Teil
der Bogenlampe.

In den elektrischen Lampen ist die Wärme nur Mittel zum Zweck. Alle Verbesserungen daran zielen danach, möglichst viel Licht bei möglichst schwacher Wärmeentwicklung zu erzeugen. In den *elektrischen Heizapparaten* dagegen ist die Wärmeentwicklung Zweck. Sie sind im Prinzip entweder wie die Glühlampen oder wie die Bogenlampen gebaut. Nach dem ersten Prinzip wirkt z. B. die Heizvorrichtung der Nernst-Lampe, eine Spirale (S in Abb. 464) aus sehr dünnem Platindraht, die den Leuchtkörper umgibt, und die durch den Strom für kurze Zeit zum Glühen erhitzt wird; ähnlich werden elektrische Bügeleisen, Kochherde usw.

durch eingebaute dünne Drähte erhitzt. Nach dem zweiten Prinzip, nach dem ein „Lichtbogen" die Heizquelle bildet, wirkt z. B. der Ofen Abb. 466, der in der Metallurgie eine große Rolle spielt. Zwischen die Enden der Kohlenstäbe A und B bringt man das Material, auf das der Lichtbogen mit seiner mehrere Tausend Grad betragenden Temperatur einwirken soll.

Thermoelektrizität. Elektrische Energie läßt sich in Wärme umwandeln; umgekehrt kann unter gewissen Bedingungen Wärme unmittelbar elektromotorisch wirken (Th. I. SEEBECK, 1821). Man nennt die unmittelbar aus Wärme hervorgegangene Elektrizität *Thermoelektrizität.*

Abb. 466. Elektrischer Ofen mit Lichtbogenheizung.

Wie entstehen thermoelektrische Ströme? Man verbinde zwei Drähte aus *verschiedenen* Metallen, z. B. Eisen und Kupfer, miteinander, indem man die Enden zusammendrillt (Abb. 467), und bringe die Verbindungsstelle A mit einer Flamme auf eine *andere Temperatur* als die Verbindungsstelle B (Zimmertemperatur). Dann geht ein elektrischer Strom durch die *heiße* Verbindungsstelle in der (Pfeil-) Richtung vom Kupfer zum Eisen. Erhitzt man B und erhält A auf der niedrigeren Temperatur, so geht der Strom dem Pfeile entgegengesetzt, also wieder durch die *heiße* Verbindungsstelle vom Kupfer zum Eisen.

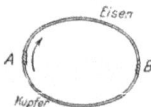

Abb. 467. (Zwei Metalle.)   Abb. 468. (Zwei Metalle.)   Abb. 469. (Drei Metalle.)
Zum thermoelektrischen Fundamentalversuch.

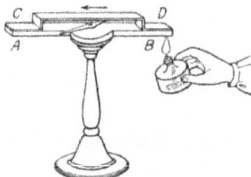

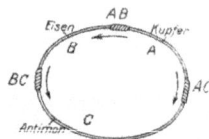

Man zeigt das mit dem in Abb. 468 dargestellten Apparat. AB bedeutet einen *Wismut*stab, CD einen darauf gelegten *Kupfer*bügel, zwischen beiden befindet sich eine leicht drehbare Magnetnadel. Erhitzt man die Verbindungsstelle DB, so *dreht* sich die Magnetnadel, ein Beweis dafür, daß ein elektrischer Strom sie umkreist. Erhitzt man CA, so dreht sich die Nadel entgegengesetzt, ein Beweis, daß der Strom sie jetzt in entgegengesetzter Richtung umkreist. Die Temperaturerhöhung erzeugt zunächst eine EMK[1], und der Strom hängt von ihrer Größe ab und von dem Widerstande im Stromkreise.

Erhitzt man beide Verbindungsstellen (Abb. 467 A und B) auf *dieselbe* Temperatur, so entsteht der Strom nicht; offenbar entsteht dann an jeder eine EMK, die der an der anderen an Größe *gleich*, aber *entgegengesetzt gerichtet* ist. — Auch wenn man mehr als zwei Metalle miteinander verbindet, z. B. Kupfer, Eisen, Antimon (Abb. 469) und alle Verbindungsstellen auf gleicher Temperatur erhält, entsteht kein Strom. Offenbar ist die EMK an AC gleich groß und entgegengesetzt der aus der Summe der beiden anderen hervorgehenden, d. h. $AC = AB + BC$.

Schickt man einen *Strom* durch einen Leitungskreis Wismut-Antimon, so entsteht — abgesehen davon, daß sich der Leiter seinem Widerstand entsprechend erwärmt — an der Lötstelle (PELTIER, 1834) eine besondere Wärmewirkung proportional der Zeit des Stromdurchganges und proportional der Stromstärke. Je nach der Stromrichtung ist sie Wärme*erzeugung* oder Wärme*verbrauch*: Erzeugung, wenn die Stromrichtung der des Thermostromes (der bei *äußerer* Erwärmung der Lötstelle entsteht) entgegengesetzt ist; Verbrauch

---

[1] Abkürzung für elektromotorische Kraft (S. 390 o.).

(also Abkühlung der Lötstelle), wenn die Stromrichtung mit der des Thermostromes übereinstimmt. Zeigen kann man den PELTIER-Effekt mit einem dem Luftthermometer (Abb. 451) ähnlichen Apparat, wenn man den Draht durch einen Wismut-Antimonstreifen ersetzt.

Thermoelement. Erhitzt man, Abb. 469, gleichzeitig zwei Verbindungsstellen auf dieselbe Temperatur, erhält die dritte aber auf Zimmertemperatur, so entsteht dieselbe EMK, wie wenn das Metall zwischen den beiden gleich warmen Verbindungsstellen *gar nicht vorhanden wäre*, also die beiden *gleich* warmen Verbindungsstellen nur *eine* bildeten. Darum darf man zwei Metalle durch ein drittes verlöten, ihre Enden und das sie verbindende Lot haben ja dieselbe Temperatur. So ist es im *Thermoelement*. Abb. 470 zeigt eines aus den Metallen M_1 und M_2. Die Endpunkte A sind unmittelbar miteinander verbunden (Hauptlötstelle), die Endpunkte B und C (Nebenlötstelle) *auf dem Umwege* über den äußeren Stromkreis S. Erhält man sie aber beide auf gleicher Temperatur, so verhalten sie sich wie wenn sie unmittelbar miteinander verbunden wären.

Die EMK eines einzelnen Thermoelementes ist sehr klein (das wirksamste Paar, *Antimon-Wismut*, gibt bei 100^0 C Temperaturdifferenz $0{,}01$ Volt), sie wächst zwar der Temperaturdifferenz nahezu proportional, aber jenseits einer gewissen Grenze sinkt sie wieder, wechselt sogar schließlich ihre Richtung. Sehr hohe Temperaturen fordern daher andere Metallpaare als niedrigere. Für Temperaturen zwischen — 200^0 und + 600^0 verwendet man hauptsächlich das Element Konstantan-Eisen (Konstantan eine Kupfer-Nickel-Legierung), bis 1500^0 dann das Element Platin-Platinrhodium ($10^0/_0$ Rh).

Verbindet man eine Reihe von Thermoelementen wie in Abb. 471, so entsteht eine *Thermosäule*, Abb. 472, von größerer EMK. Erwärmt man alle Ecken der einen Seite des Zickzacks, während man die anderen auf Zimmertemperatur hält oder sogar abkühlt, so wird die EMK an den freien Enden der Säule gleich der Summe der EMK der einzelnen Thermoelemente. Die Thermosäule setzt die Energie der *Wärme* zwar unmittelbar in die *des elektrischen Stromes* um, ist aber als Stromquelle unbrauchbar, selbst wenn die Zahl der Thermoelemente sehr groß ist.

Aber als Thermometer sind die Thermoelemente und -säulen wertvoll; die Lötstelle des Thermoelementes, Abb. 470, wird der zu messenden Temperatur ausgesetzt (nicht den Flammengasen!), die Lötstellen B und C werden auf Zimmertemperatur erhalten. Die Zuleitungsdrähte verbindet man mit einem strommessenden Instrument (Galvanometer). Mit Hilfe bekannter Temperaturen, bekannter Schmelzpunkte, Siedepunkte u. dgl. kann man ermitteln, welche Stromstärke zu einer bestimmten Temperatur gehört, und kann, wenn man die Lötstelle z. B. in ein schmelzendes Metall taucht, aus der beobachteten Stromstärke die Temperatur der Lötstelle ermitteln, d. h. die Schmelztemperatur messen. — Ein *Hauptvorzug* des Thermoelementes ist: seine Lötstelle kann auch an sonst kaum zugängliche Stellen (z. B. in enge Öffnungen) gebracht werden, und seine Wärmekapazität ist klein. Für viele Zwecke genügt *ein* Element (z. B. in dem Pyrometer für Porzellanöfen, Regenerativöfen der Glashütten u. dgl.), meist aus Platin und Platinrhodium (LE CHATELIER). Für andere ist eine *Säule* erforderlich, die RUBENSsche (Abb. 473) aus Eisen und Konstantan wird viel benutzt. Die Lötstellen ihrer thermoelektrisch wirksamen Drähte liegen in einer Geraden, so daß man sie z. B. mit einer linearen Wärmequelle zusammenfallen lassen kann (für Strahlungsmessungen im Spektrum wichtig). Ihre Wärmekapazität ist so klein, daß das Galvanometer sich *sofort* einstellt.

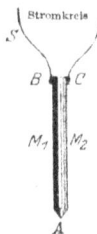

Abb. 470. Thermoelement.

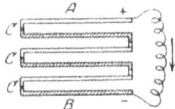

Abb. 471. Drei einander unterstützende Thermoelemente (Thermosäule).

Abb. 472. Thermosäule aus Wismut und Antimon nach MELLONI. Veraltet.

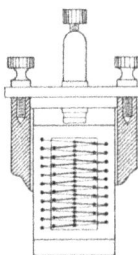

Abb. 473. Thermosäule aus Eisen und Konstantan nach RUBENS.

3. Elektrochemische Wirkungen des Stromes. — Elektromotorische Wirkung der Ionen.

Elektrolyse. Verbinden sich zwei Stoffe chemisch, die starke Verwandtschaft zueinander haben, so entsteht eine große Wärmemenge, das Äquivalent einer großen Arbeit. Verbinden sich Wasserstoff und Sauerstoff gerade zu 1 kg Wasser, so entsteht so viel Wärme, daß sie, wenn eine Dampfmaschine sie ganz in mechanische Arbeit verwandeln könnte, das Kilogramm 1600 km heben könnte. Das lehrt: Sauerstoff und Wasserstoff enthalten, solange sie *jeder für sich* bestehen, in ihrer chemischen Verwandtschaft einen gewissen Vorrat von Energie. Sind sie aber miteinander verbunden, so ziehen sie *einander* zwar weiter an, aber ohne *äußere* Arbeit leisten zu können. Um sie wieder arbeitsfähig zu machen, muß man sie wieder voneinander trennen, und das fordert Arbeit.

Auch Arbeit *dieser* Art kann der elektrische Strom leisten, d. h. er kann die Komponenten chemisch zusammengesetzter Stoffe voneinander trennen — der Vorgang heißt deswegen *Elektrolyse* (FARADAY 1834) — und in den arbeitsfähigen Zustand zurückversetzen. *Diese* Arbeit leistet er nur, während er durch die Stoffe *hindurchfließt*. Die Stoffe, die der Strom chemisch zerlegen kann, sind also *Leiter*. Sie heißen *Elektrolyte*, auch Leiter *zweiter Klasse*, im Gegensatz zu denen erster Klasse, den Metallen. — (Wie der Begriff „Leiter" nur relativ ist, so auch der Begriff Elektrolyt. Es gibt Stoffe, die den Strom kaum wahrnehmbar leiten und deren minimale Zersetzungsprodukte mit den gewöhnlichen Hilfsmitteln der chemischen Analyse unauffindbar sind; auch Stoffe, die bei gewöhnlicher Temperatur nicht leiten, aber bei hoher.) Am leichtesten zersetzbar sind die *Säuren*, die *Basen* und die *Salze*, in wässerigen Lösungen oder geschmolzen. Sie sind an und für sich *Nicht*leiter, leiten aber, sobald sie in Wasser *gelöst* sind, so z. B. Salzsäuregas, Ammoniak, Kupfervitriol, auch, wenn sie geschmolzen sind, z. B. Zinkchlorid, Bleichlorid, Kaliumhydroxyd.

Wir machen eine solche Lösung oder eine solche Schmelze zu einem Teil eines Stromkreises (Abb. 474). Die Stellen *A* und *B*, an denen der *metallische* Leiter unterbrochen ist, die aber der *flüssige* Leiter verbindet, heißen *Elektroden* (ὁδός = Weg). Auch die bestleitende Flüssigkeit leitet schlecht im Vergleich mit einem Metall, deswegen macht man die Elektroden im Verhältnis zum

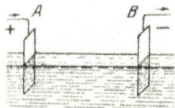

Abb. 474. Eine Flüssigkeit als Teil eines Stromkreises.

übrigen Leitungsquerschnitt groß, indem man die Enden der Leitung mit Metallplatten versieht. Man nennt zwar die ganze Platte Elektrode — die eine die positive, die andere die negative —, aber Elektrode im eigentlichen Sinne, d. h. Eintritts- oder Austritts-

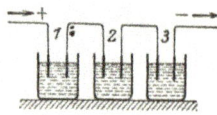

Abb. 475. Flüssigkeiten als Teile eines Stromkreises.

stelle des Stromes, ist nur derjenige Teil der Platte, der in die Flüssigkeit taucht. — Man kann natürlich denselben metallischen Leiter an mehreren Stellen zugleich unterbrechen — in Abb. 475 bei *1, 2, 3* — und an jeder mit Hilfe von Elektroden eine Zelle mit leitender Flüssigkeit, eine *Zersetzungszelle*, einschalten. Durch alle geht dann derselbe Strom zu gleicher Zeit. Man nennt die so angeordneten Zellen — die negative Elektrode der einen Zelle ist mit der positiven der nächsten leitend verbunden — *hintereinander geschaltet*. — An den Elektroden, und *nur* an ihnen, nicht auch im Innern der Flüssigkeit, scheiden sich die Zersetzungsprodukte ab. Man sieht das, wenn man einen Stoff zerlegt, dessen Komponenten Gase sind (Salzsäure). Die Gase steigen nur an den Elektroden auf. (Um Verwicklungen zu vermeiden, die aus der chemischen Angreifbarkeit der Elektroden entstehen können, seien diese aus Platin oder aus Kohle hergestellt.) Zuerst lernen wir: Gleichviel woraus der flüssige Leiter besteht, stets scheidet sich an der *negativen* Elektrode derjenige Teil von ihm ab, den die Chemie die *Base* nennt, an der *positiven* Elektrode die *Säure* oder der Teil, der zur Bildung einer Säure wesentlich ist. Ob der Leiter Zinkchlorid ist oder Salzsäure oder Ammoniak — Chlor und Stickstoff erscheinen an der positiven Elektrode, Zink und Wasserstoff an der negativen (deswegen kann man mit dem Polreagenzpapier ermitteln, welches von zwei Leitungsenden positiv und welches negativ ist.)

Da die Zersetzungsprodukte nur an den Elektroden auftreten, müssen sie sich zu ihnen hinbewegt haben. FARADAY nannte sie dieser Bewegung wegen[1] *Ionen*: das Ion, das zur *positiven* Elektrode „bergauf" geht, nannte er das *Anion* (Chlor, Stickstoff, die Säure) und das zur *negativen*, „bergab" gehende, das *Kation* (Wasserstoff, Zink). Die *Enden* des flüssigen Leiters, d. h. die Stellen, an denen Anion und Kation aus ihm austreten, nannte er *Anode* und *Kathode*. Der Sprachgebrauch identifiziert die Enden des flüssigen Leiters mit den anliegenden Enden des metallischen, den Elektroden, und nennt die positive Elektrode Anode, die negative Kathode.

Gewisse Konzentrationsänderungen nahe bei den Elektroden haben gelehrt (HITTORF), daß zwei Ionen, die miteinander verbunden waren, nach ihrer Trennung *nicht* mit der *gleichen* Geschwindigkeit zu ihrer Elektrode hinwandern. Wird z. B. Salzsäure, HCl, elektrolysiert, so wandert — caeteris paribus — das H-Ion fünfmal schneller als das Cl-Ion (*Überführungszahlen*). Jedes Ion in sehr verdünnter Lösung hat eine *bestimmte* Geschwindigkeit (von den Kationen hat Wasserstoff die größte, von den Anionen die Hydroxylgruppe OH), *gleichgültig*, mit welchem Ion es verbunden war, und *unabhängig* davon, ob noch andere Ionen in derselben oder in entgegengesetzter Richtung die Flüssigkeit durchwandern. An dieses Gesetz von der *Unabhängigkeit der Ionenwanderung* (KOHLRAUSCH, 1879) knüpft ARRHENIUS seine Theorie der elektrolytischen Dissoziation, es lehrt außerdem die Leitfähigkeit sehr verdünnter Lösungen berechnen.

Elektrolytische Dissoziation. Wie kommt die Abscheidung der Komponenten des Elektrolyten an den Elektroden zustande? Erklärlich wird sie durch die Theorie der *elektrolytischen Dissoziation* (ARRHENIUS, 1886/87). In gewissen wässerigen Lösungen ist der osmotische Druck (S. 205) *größer*, als es der Konzentration der Lösung und dem Molekulargewicht des gelösten Stoffes entspricht, mithin die Anzahl der gelösten Teilchen offenbar größer, als man erwartet. Daraus schließt man, daß die Molekeln des gelösten Stoffes zum Teil „dissoziiert", in Komponenten gespalten sind. Die Erfahrung lehrt nun: 1. diese mutmaßlich dissoziierten Lösungen sind dieselben, die auch den Strom leiten und durch ihn zerlegt werden, und 2. jene Abweichung des osmotischen Druckes von dem berechneten, also die Anzahl der mutmaßlich gespaltenen Molekeln wird bis zu einem gewissen Grenzwert größer, wenn man die Lösung *verdünnt*. Man schließt daher: die Vermehrung der gespaltenen Molekeln *bewirkt* die Vergrößerung der Leitfähigkeit, und der Auflösungsvorgang selber ruft beides gleichzeitig *hervor*. Man stellt sich daher die Stromleitung in dem Elektrolyten und die Abscheidung seiner Komponenten *so* vor: Der Elektrolyt, z. B. Chlorkalium (KCl), wird, *indem das Wasser ihn auflöst*, in die Komponenten Kalium (K) und Chlor (Cl) gespalten — also nicht erst der *Strom* spaltet ihn. An den Elektroden scheiden sich die Komponenten *deswegen* aus, weil — so nimmt man an — die eine (Kalium) mit *positiver* Elektrizität geladen ist, die andere (Chlor) mit negativer, und daher die eine von der *negativen* Elektrode angezogen wird, die andere von der positiven (Abb. 476). Woher die Ionen Kalium und Chlor — man bezeichnet sie mit K+ und Cl — ihre Ladungen haben, lassen wir dahingestellt; ferner auch, was wir

---

[1] *ἰών, ἰόντος* = gehend.

uns unter der Ladung der Ionen zu denken haben. Abb. 476 zeigt: die *Ionen* transportieren die Elektrizität durch die Flüssigkeit hindurch, die an und für sich nicht leitet, und bilden dabei das, was wir den elektrischen Strom nennen. Die *nicht* gespaltenen Molekeln Chlorkalium — man muß sie sich mit *gleich* großen Mengen positiver und negativer Elektrizität *gleichzeitig* geladen denken — beteiligen sich *nicht* an der Leitung des Stromes. — Aus der Spaltung der Molekeln erklärt sich auch, daß *jede noch so* kleine Stromstärke die Komponenten an den Elektroden abscheidet: sie *sind* schon voneinander getrennt, sie werden nur zu den Elektroden hin *verschoben*, und dazu genügt jede beliebig kleine Kraft, wenn sie nur lange genug wirkt.

Zerfallen bei der Auflösung des Elektrolyten *alle* seine Moleküle in Ionen oder zerfällt nur ein Teil? Man spricht in diesem Sinne von dem Dissoziations*grade* des Elektrolyten und versteht darunter das Verhältnis der Zahl der elektrolytisch gespaltenen Molekeln zur Gesamtzahl der Molekeln. Den Dissoziationsgrad kann man *berechnen* aus den Veränderungen des Gefrierpunktes und des Siedepunktes, aus der Leitfähigkeit, aus der EMK zwischen einem Metall und der Lösung eines seiner Salze und noch aus anderen überwiegend chemischen Vorgängen. Bei der Berechnung des Dissoziationsgrades (α) scheiden sich die Elektrolyte in wässeriger Lösung in *starke* und in *schwache*. Die *starken* haben in verdünnter Lösung einen Wert α, der nahe bei 1 liegt und mit steigender Konzentration nur langsam fällt. Hierzu gehören die meisten Neutralsalze, ferner „starke" Mineralsäuren und Basen wie HCl, HNO_3, H_2SO_4, NaOH, KOH usw. Die *schwachen* Elektrolyte haben einen mit der Konzentration sehr veränderlichen Dissoziationsgrad, aber selbst bei sehr großer Verdünnung ist die Ionenbildung noch sehr unvollständig. Hierzu gehören die meisten organischen Säuren, Kohlensäure, Schwefelwasserstoff und andere „schwache" Säuren, ferner Ammoniak und viele organische Basen.

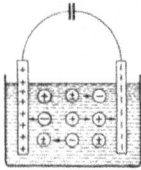

Abb. 476.
Mechanismus der Stromleitung durch einen Elektrolyten.

Es handelt sich danach bei der elektrolytischen Dissoziation um ein mit der Konzentration der Lösung veränderliches Gleichgewicht zwischen Ionen und undissoziierten Molekeln. Eine entscheidende Rolle spielt dabei eine *Dissoziationskonstante* k, die mit der Konzentration c und dem Dissoziationsgrade α durch die Gleichung $\frac{\alpha^2}{1-\alpha} \cdot c = k$ verknüpft ist. Aber bei den starken Elektrolyten (Neutralsalzen, starken Mineralsäuren, Alkalilaugen) versagt dieses „Verdünnungsgesetz"; der Ausdruck links erweist sich nicht als konstant, er wächst in den meisten Fällen mit wachsender Konzentration merklich.

Der Versuch, diese *Anomalie der starken Elektrolyte* zu erklären, ist der Anlaß zur neuesten Entwicklung der Dissoziationstheorie. Diese Entwicklung leitet der Grundgedanke: die *starken* Elektrolyte sind in ihren gut leitenden Lösungen stets *völlig in Ionen zerfallen*, der Dissoziationsgrad also, unabhängig von der Konzentration, immer = 1. Die Abnahme der Leitfähigkeit, der osmotischen und der chemischen Wirksamkeit mit steigender Konzentration erklärt sich durch die *gegenseitige elektrostatische Beeinflussung der Ionen*, die ihre freie Beweglichkeit einschränkt.

Die Theorie der elektrolytischen Dissoziation hat eine neue Art von Molekülen, die elektrisch geladenen Ionen und deren chemische Reaktionsfähigkeit, kennen gelehrt. Sie hat dadurch der Theorie der chemischen Reaktionen neue fruchtbare Anschauungen zugeführt. Wir sehen: derselbe Stoff kann je nach den Umständen elektrolytisch zerfallen oder sich in unelektrische Moleküle spalten. Löst man Salmiak in viel Wasser auf, so dissoziiert er sich fast völlig im Sinne der Gleichung

$NH_4Cl = NH_4 + Cl$ elektrolytisch; vergasen wir ihn unter hinreichend kleinem Druck, so zerfällt er im Sinne der Gleichung $NH_4Cl = NH_3 + HCl$ in unelektrische Moleküle.

Die elektrolytische Dissoziation unterscheidet sich von der rein chemischen aber nicht allein dadurch, daß die Komponenten elektrisch geladen sind, sondern auch dadurch, daß die Komponenten sich chemisch ganz anders verhalten. Die *Ionen* Kalium und Chlor z. B. wirken chemisch ganz anders als das *neutrale* Kalium und das *neutrale* Chlor. Das in der Lösung befindliche freie Chlorion ist geruchlos, und das Kaliumion reagiert nicht auf Wasser. Der Unterschied erklärt sich so: das Kalium*ion* und das Chlor*ion* enthalten andere Energiemengen als das *neutrale* Chlor und das *neutrale* Kalium.

Damit im Einklang ist auch das Folgende: Um die Produkte der *gewöhnlichen* Dissoziation voneinanderzutrennen, bedarf es keiner andern Arbeit weiter als um die Komponenten eines Gemisches überhaupt zu trennen; bei den Produkten der *elektrolytischen* Dissoziation ist *außerdem* noch die ungeheuer viel größere Arbeit gegen die elektrischen Anziehungskräfte der entgegengesetzt geladenen Ionen zu leisten.

Gespalten hat den Elektrolyten der Lösungsprozeß, worin besteht die Arbeit *des Stromes?* — Die Ionen gehen, von den Elektroden angezogen, die einen stromauf, die andern stromab — natürlich mit großer Reibung — durch die Flüssigkeit: ihre Überwindung ist der *eine* Teil der Stromarbeit. Sind die Ionen an der Elektrode angekommen, so muß ihnen ihre Ladung entrissen werden: die Verwandlung des Ions in ein neutrales Atom ist der *andere* Teil der Stromarbeit.

Wie groß sind die *Mengen der Zersetzungsprodukte*, die gleichzeitig an den beiden Elektroden auftreten? Die Erfahrung lehrt: sie stehen in *dem* Verhältnisse zueinander, das die Formel der Verbindung ausspricht: in der Salzsäure HCl ist je 1 Atom Wasserstoff mit je 1 Atom Chlor verbunden, je 1 mg Wasserstoff mit 35,5 mg Chlor, und ebenso entstehen für je 1 mg Wasserstoff an der Kathode gleichzeitig 35,5 mg Chlor an der Anode.

Die *absolute* Menge der ausgeschiedenen Komponenten *wächst* der Stromstärke und der Durchströmungsdauer proportional. Ein Strom von *1* Ampere scheidet aus salpetersaurem Silber in *1* sec 1,118 mg Silber aus, ein Strom von *2* Ampere in *1* sec $2 \cdot 1{,}118$ mg Silber und in *2* sec $2 \cdot 2 \cdot 1{,}118$ mg usw. Aber das Mengenverhältnis der ausgeschiedenen Komponenten zueinander ist immer *dasselbe* — unabhängig von der Stromstärke und der Durchströmungsdauer, von der Größe und der Form der Zersetzungszellen, von der Größe und dem gegenseitigen Abstande der Elektroden.

Elektrochemisches Äquivalentgesetz von Faraday. Bisher war nur von *einer* Zelle die Rede. Wie aber, wenn der Strom durch mehrere hintereinander geschaltete Zellen (Abb. 475) geht? In jeder Zelle entstehen dann die Komponenten entsprechend der chemischen Formel des jeweilig darin vorhandenen Elektrolyten. In einer mit Zinkchlorid, $ZnCl_2$, gefüllten Zelle scheiden sich für je 65,4 mg Zink gleichzeitig 71 mg Chlor aus, in einer mit Salzsäure, HCl, gefüllten für 1 mg Wasserstoff gleichzeitig 35,5 mg Chlor usw. Die Erfahrung führt nun auf ein Gesetz, das den Vorgang in allen hintereinandergeschalteten Zellen umfaßt: *eines der wichtigsten Gesetze* (Faraday) der gesamten Elektrizitätslehre, eines der Fundamente der modernen Theorie (Helmholtz) der Elektrizität. Um es kurz zu formulieren, benützt man den Begriff der *Wertigkeit* (Valenz).

Wir erläutern den Valenzbegriff an Beispielen. Kupfervitriol $CuSO_4$ und Eisenvitriol $FeSO_4$ unterscheiden sich der Formel nach dadurch, daß Kupfer, Cu, und Eisen, Fe, durcheinander ersetzt sind, *ein* Atom Kupfer durch *ein* Atom Eisen; die Soda Na_2CO_3 und Pottasche K_2CO_3 dadurch, daß Kalium, K, und Natrium, Na, durcheinander ersetzt sind, *zwei* Atome

Kalium durch *zwei* Atome Natrium. Man nennt deswegen das Kupferatom dem Eisenatom, das Kaliumatom dem Natriumatom *gleich*wertig. Aber Kupfer und Eisen auf der einen Seite und Kalium und Natrium auf der anderen sind einander *nicht* gleichwertig. Zwei Verbindungen wie Kupfervitriol, $CuSO_4$, und Glaubersalz, Na_2SO_4, zeigen das. Natrium und Kupfer ersetzen einander zwar, aber *zwei* Atome Na sind erforderlich, um *ein* Atom Cu zu vertreten. Man nennt daher Kupfer *mehr*wertig als Natrium. — Man kann die Elemente in Gruppen teilen: Elemente *derselben* Gruppe sind einander gleichwertig, aber die Elemente verschiedener Gruppen einander ungleichwertig. Nun gibt es kein Element, *im Vergleich mit dem* der Wasserstoff *mehr*wertig ist, man schreibt daher dem Wasserstoffatom die niedrigste Wertigkeit zu (1 Valenz) und nennt Wasserstoff und die ihm gleichwertigen Elemente (Kalium, Natrium usw.) *ein*wertig. Entsprechend nennt man ein Element, von dem *ein* Atom genügt, um *zwei* *ein*wertige Atome zu ersetzen, z. B. Cu, Zn, Hg, *zwei*wertig, und man spricht ihm 2 Valenzen zu usw. — Für die Formulierung des Gesetzes von FARADAY brauchbar wird die Wertigkeit der Atome und Atomgruppen durch folgende Überlegung: Ein 2-wertiges Atom, z. B. das Zinkatom, ist 2 Wasserstoffatomen gleichwertig. Da Zink das Atomgewicht 65,4 hat und Wasserstoff das Atomgewicht 1, so heißt das: 65,4 Gewichtsteile Zink sind 2 Gewichtsteilen Wasserstoff gleichwertig, also z. B. 65,4 g Zink 2 g Wasserstoff und daher 65,4/2 g Zink 1 g Wasserstoff. Das *Atomgewicht des Elementes* dividiert durch die *Wertigkeit des Elementes* heißt Äquivalentgewicht (auch Valenz) des Stoffes. Das Äquivalentgewicht der 1-wertigen ist gleich dem Atomgewicht, das der 2, 3 ... *n*-wertigen gleich dem 2, 3 ... *n*ten Teil des Atomgewichts.

HELMHOLTZ hat das Gesetz von FARADAY so formuliert: *Dieselbe Menge Elektrizität macht, wenn sie durch einen Elektrolyten fließt, immer dieselbe Anzahl Valenzen an den beiden Elektroden frei.* Geht also der*selbe* Strom durch mehrere Zellen hintereinander, und scheidet er an der Kathode der ersten Wasserstoff, der zweiten Silber, der dritten Gold, der vierten Zink aus, so entsteht für je 1 g Wasserstoff in der ersten Zelle: 107,88/1 = 107,88 g Silber in der zweiten; 197/3 = 65,7 g Gold in der dritten; 65,4/2 = 32,7 g Zink in der vierten Zelle. Welche Elektrizitätsmenge gehört dazu, um an einer Elektrode 1 g Wasserstoff oder *das Äquivalentgewicht* irgendeines Elementes, z. B. 107,88 g Silber oder 32,7 g Zink, abzuscheiden? Die Elektrizitätsmenge 1 Coulomb, z. B. ein Strom von 1 Ampere Stärke und 1 sec Dauer, schlägt 0,001118 g Silber an der Kathode nieder. Daraus folgt: die Abscheidung von 107,88 g Silber (oder von 32,7 g Zink oder von 65,7 g Gold) erfordert 107,88/0,001118 = 96494 Coulomb.

Wenn aber dieselbe Elektrizitätsmenge immer gleichviel Valenzen an den Elektroden *frei*macht, so muß dort für je *eine* Valenz eine *bestimmte* Elektrizitätsmenge verfügbar sein, wenn sie deren Ladung *neutralisieren* soll. Wir müssen daher schließen: jedes Ion enthält, solange es sich in der Flüssigkeit befindet, für je *eine* seiner *Valenzen* ein entsprechend großes Quantum *Elektrizität als Ladung*, und Ionen mit gleichviel Valenzen (das Kalium-, das Silber-, das Wasserstoffion) tragen alle die gleiche Ladung. An einer Elektrode angelangt, beansprucht danach ein Kalium*ion*, damit seine Ladung neutralisiert und es wieder ein *neutrales* Atom werde, dieselbe Elektrizitätsmenge wie ein Silberion oder wie ein Wasserstoffion. Aber nur die Ladungs*menge* ist auf allen dieselbe, sehr verschieden ist dagegen die Zähigkeit, mit der sie ihre Ladung *festhalten* (Haftintensität). Die Erfahrung lehrt: Um ein Ion zu neutralisieren, kommt es nicht allein auf die Elektrizitätsmenge an, die an der Elektrode zur Verfügung stehen muß, sondern auch auf den Potentialsprung an der Elektrode. Um dem Kaliumion seine Ladung zu entreißen, ist eine größere EMK nötig, als um dem Silberion seine Ladung zu entreißen. Das spricht sich aus in der *Zersetzungsspannung* (oder: Polarisationsspannung), die man an den Elektroden aufrechterhalten muß, je nachdem, welches Element man elektrolytisch abscheiden will. Man erklärt die Verschiedenheit in der chemischen Aktivität der Elemente (ein Element ist „stärker positiv" als das andere) aus der Verschiedenheit der Haftintensität der elektrischen Ladung.

Die kleinste Ladung, in Elektrizitätseinheiten, haben offenbar die Ionen mit *einer* Valenz, das Wasserstoffion, das Kaliumion usw. Nun ist „ein Atom" die kleinste Menge, die *selbständig* existiert, die *Ladung* eines einwertigen Atoms daher die kleinste Elektrizitätsmenge, der wir eine *selbständige* Existenz zuschreiben können. Das führt zu dem Schlusse: die Elektrizität, positive wie negative, ist in bestimmte elementare Quanta geteilt, die sich *wie Atome der Elektrizität* verhalten (HELMHOLTZ). Die Ladung eines einwertigen Atoms können wir berechnen: gewissen elektrolytischen Versuchen zufolge ist 1 mg Wasserstoff mit 96,49 Coulomb beladen, und der kinetischen Gastheorie nach enthält 1 mg Wasserstoff ungefähr 10^{21} Atome. Danach sind 10^{21} Atome mit rund 100 Coulomb beladen, auf *ein* Atom entfallen also 10^{-19} Coulomb ($= 3 \cdot 10^{-10}$ absolute elektrostatische Einheiten). Diese an ein einwertiges Ion gebundene Elektrizitätsmenge heißt *elektrisches Elementarquant* oder *Elementarladung*. Sie spielt in der Elektrizitätslehre und der Atomtheorie eine Hauptrolle, wir werden häufig auf sie zurückkommen. Die Ladung ist unvorstellbar winzig: die früher (S. 358 m.) durch einen mechanischen Vorgang erläuterte absolute elektrostatische Einheit der Elektrizitätsmenge ist etwa drei Milliarden mal so groß wie das Elementarquant (1 Coulomb $= 3 \cdot 10^9$ elektrostatische Elementareinheiten.) Auf das *Sauerstoff*atomgewicht, als Einheit der Atomgewichte umgerechnet, ist das elektrische Elementarquant $96{,}50 : 1{,}008 = 95{,}73$ Coulomb.

Da jedes einzelne einwertige Ion die gleiche Elektrizitätsmenge als Ladung trägt, so muß das Verhältnis *Ladung e : Masse m* stets dasselbe sein, sowohl für eine wägbare Menge solcher Ionen wie für ein einzelnes Ion derselben Art. Wir können daher aus den Beobachtungen an wägbaren Stoffmengen auf gewisse Eigenschaften einzelner Atome schließen. So wissen wir, daß e/m — die *spezifische Ladung* — für Wasserstoff 96494 Coulomb/Gramm beträgt, was 9649, d. h. rund 10^4 absoluten elektromagnetischen Einheiten (s. d.) entspricht. Ebenso groß ist dann natürlich auch die *spezifische* Ladung des *einzelnen* Wasserstoff*ions*. Für jedes andere Element als Wasserstoff ist sie kleiner, da ja Wasserstoff einwertig ist und das kleinste Atomgewicht hat. Für Silber, das einwertig, aber 107,88mal so schwer als Wasserstoff ist, ist sie $10^4/107{,}88$, und für Zink, das zweiwertig, aber 65,4mal schwerer als Wasserstoff ist, $2 \cdot 10^4/65{,}4$. Der Zahlenwert e/m ist also für jedes Element im Verhältnis *Wertigkeit : Atomgewicht* kleiner als für Wasserstoff.

Wir werden später Teilchen besonderer Art, die Elektronen, kennenlernen, deren *spezifische* Ladung e/m etwa 1800mal größer ist als die des Wasserstoffs, deren *absolute* Ladung e aber *gleich* der des Wasserstoffions ist: das Elektron besitzt eine im Vergleich mit dem Wasserstoffatom verschwindend kleine Masse.

Elektrolyse des Wassers. Gewöhnlich verlaufen an den Elektroden *chemische* Umsetzungen (sekundäre Prozesse) zwischen den Ionen und der Elektrode oder zwischen den Ionen und dem Lösungsmittel usw. Die an den Elektroden ausgeschiedenen Stoffe sind daher nicht immer mit den Ionen des Elektrolyten identisch. Wenn man Wasser, das so gut wie gar nicht leitet, mit Schwefelsäure ansäuert und zwischen Platinelektroden zersetzt (Abb. 477),

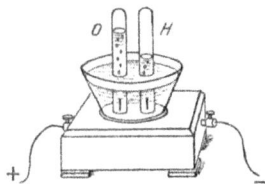

Abb. 477. Elektrolyse des Wassers.

so scheiden sich der Formel H_2O gemäß Wasserstoff (H) und Sauerstoff (O) im Verhältnis $2:1$ aus. Aber diese sog. Elektrolyse *des Wassers* ist tatsächlich Elektrolyse der im Wasser dissoziierten *Schwefelsäure*. Der Vorgang verläuft so: H_2SO_4 zerfällt in $\overset{+}{H_2}$ und $\overset{-}{SO_4}$. Das Ion $\overset{+}{H_2}$ wird frei, aber das Ion SO_4 ergänzt sich auf Kosten des Wassers wieder zu H_2SO_4, und dadurch wird Sauerstoff frei.

Anwendungen der Elektrolyse. Metalle, die sich an den Elektroden abscheiden, überziehen diese meist als feste Schichten. Das benützt man zum Verkupfern, Versilbern usw. (Galvanostegie[1]). Man hängt die zu überziehenden Körper — ihre Oberfläche muß leitend *sein* oder (z. B. mit Graphit eingerieben) leitend *gemacht werden* — in die Lösung des Metallsalzes und verbindet sie leitend mit der Kathode. Man kann auch Niederschläge herstellen, die sich von der Elektrode ablösen (Galvanoplastik) und als Metallabdruck benützen lassen (Klischee). Die Metallurgie benützt die Elektrolyse zur Gewinnung von Aluminium und Aluminiumbronze, von Kupfer, von Gold, auch die Bleicherei und die Gerberei benützen sie.

Mit Hilfe der Elektrolyse kann man die *Stärke eines elektrischen Stromes messen*. Das Gesetz von der Proportionalität zwischen Stromstärke und Durchströmungsdauer einerseits und Niederschlagsmenge andererseits ist so streng erfüllt, daß man die Stromstärke 1 Ampere danach *definiert*: das *Ampere* ist die *Einheit* der elektrischen Stromstärke; es wird dargestellt durch den unveränderlichen elektrischen Strom, der beim Durchgange durch eine wässerige Lösung von Silbernitrat in einer Sekunde 0,001 118 g Silber niederschlägt (das elektrochemische Äquivalent des Silbers). Nunmehr kann man jede Stromstärke in Ampere *ermitteln*: man leitet den zu messenden Strom eine gemessene Anzahl Sekunden durch eine Lösung von salpetersaurem Silber, AgNO₃, und wiegt dann die ausgeschiedene Menge Silber. Aus der Anzahl Milligramm und aus der Zahl Sekunden folgt die Stromstärke in Ampere. —

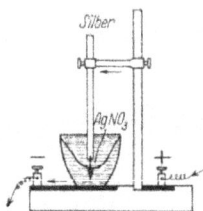
Abb. 478. Silbervoltameter.

Man nennt eine für Strommessung eingerichtete Zersetzungszelle ein *Voltameter*, je nach dem Elektrolyten *Silber-, Kupfer-, Wasser*voltameter usw. Sachverständig behandelt ist das Silbervoltameter das zuverlässigste (Abb. 478). Kathode ist ein Platintiegel (oder Silbertiegel), der die Lösung enthält (20—40 proz. Lösung von AgNO₃ in destill. Wasser), Anode ein Silberstab. Der Strom scheidet in dem Tiegel metallisches Silber aus; an dem Silberstab scheidet er den Salpetersäurerest aus, der das Silber in Silbernitrat verwandelt. — Im Wasservoltameter (KOHLRAUSCH) zersetzt man 10—20 proz. reine Schwefelsäure zwischen blanken Platinelektroden. Man liest die entstandene Knallgasmenge in cm³ direkt ab, muß aber Barometerstand und Temperatur berücksichtigen.

Das Voltameter erfordert viel Zeit, Mühe und Sachkenntnis; man benützt es daher nur, um die Skala von Strommessern (*Ampere*metern) in Ampere zu eichen. Man schaltet es mit dem betreffenden Instrument hintereinander, so daß der Strom in beiden derselbe ist. Der Zeiger des Amperemeters steht dann vor derselben Stelle der Skala, solange der Strom unverändert bleibt. Mit dem Voltameter ermittelt man, wieviel Ampere dieser Strom beträgt.

Das Voltameter dient auch als Elektrizitätsmesser (Elektrizitätszähler), d. h. als Seitenstück zur Gasuhr (Gasmesser). Eine Gasuhr zeigt, wieviel Kubikmeter Gas im Laufe einer längeren Zeit durch die Leitung geströmt sind. Das entsprechende zeigt für die Elektrizität das Voltameter in *Elektrizitätseinheiten*. Wir wissen: je 1,118 mg Silber im Voltameter zeigen an, daß 1 Ampere 1 Sekunde lang hindurchgeflossen ist, ebenso auch 2 Ampere ¹/₂ Sekunde oder auch ¹/₂ Ampere 2 Sekunden usw. Die Elektrizitätsmenge, die 1 Ampere in 1 Sekunde durch den Querschnitt des Leiters führt, man nennt sie 1 *Ampere-Sekunde*, beträgt 3 · 10⁹ elektrost. gemessene Einheiten — „1 Coulomb". Also je 1,118 mg Silber im Voltameter entsprechen 1 Coulomb. Finden wir z. B. 1118 mg Silber im Voltameter, so sind 1000 Coulomb Elektrizität, oder, was dasselbe ist, 1000 Ampere-Sekunden durch die Leitung geströmt; wir erfahren zwar nicht, ob 1000 Ampere 1 Sekunde lang oder 1 Ampere 1000 Sekunden lang, das ist aber gleichgültig, denn die *Elektrizitätsmenge* ist die gleiche. — Am meisten verbreitet ist ein elektrolytischer Zähler, in dem der Strom an der Kathode Quecksilber ausscheidet (SCHOTT), das sich in einem geeichten Meßrohr sammelt und hier die Amperestundenzahl anzeigt (Stia-Zähler). Elektrolytische Zähler sind nur für Gleichstrom brauchbar.

---

[1] στέγω = bedecke.

Elektromotorische Wirksamkeit von Ionen (NERNST, 1888 1889). Die Ionen sind Träger elektrischer Ladungen. sogar *ungeheuer* großer: ein einwertiges Grammion. z. B. 1 g Wasserstoff. trägt so viel Elektrizitätseinheiten. wie etwa 27 Ampere in 1 Stunde durch den Querschnitt eines Leiters führen. *Dieser Besitz an Elektrizität macht die Ionen unter entsprechenden Bedingungen zur Quelle elektromotorischer Kräfte.* Z. B. so: ein Gefäß (Abb. 479) mit stark dissoziierter Lösung von Chlorwasserstoffgas in Wasser enthält positiv geladene Wasserstoffionen und negativ geladene Chlorionen. Könnten wir alle H^+ an das eine Ende des Rohres bringen und alle Cl an das andere, so würde die Flüssigkeitssäule an dem einen Ende positiv und an dem anderen negativ geladen sein. Durch einen Leitungsdraht, der sie miteinander verbände, müßte Strom gehen. Wir können das nicht *ganz* verwirklichen, aber doch so weit, daß man sich von der Richtigkeit des Schlusses überzeugen kann. Bringt man eine stark und eine schwächer konzentrierte HCl-Lösung miteinander in Berührung, so diffundieren sie ineinander. Aber die H^+ wandern *schneller* als die Cl, daher sammeln sich an dem einen Ende des Rohres mehr H an, an dem anderen mehr Cl . Bringt man in die beiden Enden je eine geeignete Elektrode, so kann man die Potentialdifferenz wahrnehmen.

Ionen können aber auch noch anders entstehen als durch Auflösung eines Salzes, einer Base oder einer Säure in Wasser. Taucht ein Metall. z. B. ein Zinkstab, in Wasser, so löst (!) sich *etwas* davon auf. *viel* zu wenig, um wägbar, aber genug, um auf anderem Wege erkennbar zu sein — an der Potentialdifferenz, die seltsamerweise zwischen dem Zink und dem Wasser entsteht. Diese Potentialdifferenz *erklärt* NERNST so:

Nach der osmotischen Theorie der Lösung (S. 321) ist der Vorgang der Auflösung dem der Verdampfung analog. *Jeder* Stoff, sei er noch so schwer verdampfbar, verdampft von seiner Oberfläche aus Molekeln, so lange, bis der Druck, den die *verdampften* Molekeln auf ihn ausüben, gleich seinem eigenen Verdampfungsbestreben ist. d. h. gleich dem Druck, mit dem er die Molekeln in den ihn umgebenden Raum treibt. Ganz ähnlich sendet ein von Flüssigkeit umgebener Körper von seiner Oberfläche Molekeln aus. In die Flüssigkeit gelangt. üben die Molekeln osmotischen Druck aus, drücken also auch auf den sich lösenden Körper. Der Körper löst sich daher nur so lange, bis der osmotische Druck der in die Flüssigkeit gelangten Molekeln dem Lösungsdruck das Gleichgewicht hält. mit dem der Körper die Molekeln in die Flüssigkeit befördert.

Genau so muß man sich den Vorgang vorstellen. wenn sich *ein Metall in Wasser* löst. Ein *Metall* in *Wasser* „löslich"?! Jeder meint. „Auflösung" müsse sinnlich *unmittelbar* wahrnehmbar sein; er müsse *sehen*, daß der Körper sich auflöst, müsse ihn dabei an Volumen abnehmen *sehen*, oder er müsse es an der Lösung *schmecken* können usw. Das ist aber falsch. Unsere Sinneswahrnehmungen sind begrenzt, *sehr eng* im Vergleich mit dem, was physikalische Instrumente leisten. Die physikalischen Instrumente sind Mittel zur *Erweiterung* unserer Sinne. Eine Menge von $^1/_{200\,000}$ mg Kochsalz z. B. können wir mit der *Zunge* nicht wahrnehmen; wohl aber mit dem *Spektralapparat* (S. 603). Bei der Auflösung des Metalls in Wasser handelt es sich gar um Mengen, auf die nicht einmal der Spektralapparat reagiert. Aber das *Elektrometer* reagiert darauf. Wir entdecken *mit dem Elektrometer* zwischen dem Zink und dem Wasser eine *Potentialdifferenz*. Ihr Auftreten ist nach NERNST verständlich, sobald man sie als eine Wirkung der Auflösung von Zink in Wasser *deutet*, d. h. als ein Zeichen für die Auflösung *ansieht*. NERNST nimmt an: die Molekeln, die das Zink *in das Wasser*

Abb. 479.
Elektromotorische
Wirksamkeit der
Ionen H $^+$
und Cl $^-$.

schickt, gehen als *Ionen* hinein, und zwar — das ist das Besondere, was die Auflösung der Metalle kennzeichnet — als *positive*; die negative Elektrizität, die gleichzeitig mit der positiven entsteht, lädt den *Zinkstab negativ*. Der Zinkstab und die
Flüssigkeit bilden also eine *Doppelschicht* elektrischer Ladung aus; zwischen
beiden entsteht daher eine Potentialdifferenz. Der *negativ* geladene Stab und die
positiven Ionen ziehen *einander* an. Die Ionen drücken daher auf den Stab, und
zwar mit ungeheurer Kraft, denn die elektrostatische gegenseitige Anziehung
ist infolge der großen Ladung der Ionen ungeheuer. Die beiden Elektrizitäten,
mit denen die Ionen von 1 mg Wasser beladen sind, müßten, wenn sie getrennt
und auf zwei Kugeln 1 km voneinander entfernt übertragen wären, eine Anziehungskraft zwischen beiden hervorbringen, die ungefähr 100000 kg* gleich
wäre (Helmholtz, Faraday - Rede). Infolgedessen hört das Zink *fast augenblicklich* wieder auf, sich zu lösen; noch ehe die in die Lösung geschickten Ionen
zahlreich genug sind, um auch nur spektroskopisch, geschweige denn mit der
Waage oder gar mit unseren Sinnen unmittelbar wahrnehmbar zu sein.

Elektrolytischer Lösungsdruck. Man nennt den Druck, mit dem ein Stoff
seine Molekeln in ein Lösungsmittel zu schicken strebt, *Lösungsdruck*; im besonderen den eines Metalles *elektrolytischen* Lösungsdruck (Nernst), weil seine
Molekeln als Ionen in die Lösung gehen. Wir können also kurz sagen: das Metall
sendet so lange Ionen in die Lösung, bis der Druck, den sie infolge ihrer Ladung
auf das Metall ausüben, die Größe seines elektrolytischen *Lösungsdruckes* erreicht
hat. Ist das Lösungsmittel reines Wasser, so ist der elektrostatische Druck der
Ionen der *einzige* Druck, der dem Lösungsdruck entgegenwirkt. Enthält aber
das Wasser einen Elektrolyten gelöst — andere lösliche Stoffe interessieren uns
nicht —, dann herrscht in dem Wasser ein osmotischer Druck. Er wirkt dem
Lösungsdrucke des Metalls entgegengesetzt, sucht also dessen Auflösung zu
hindern oder doch zu verringern. Der Lösungsdruck wirkt in der Richtung
Metall — ► Lösung, der elektrostatische Druck der Ionen und der osmotische
Druck wirken in der Richtung Metall ◄— Lösung. Metall und Lösungsmittel
sind nur dann im Gleichgewicht, wenn

Lösungsdruck = elektrostatischer Druck + osmotischer Druck.

Entscheidend ist, wie groß der osmotische Druck im Vergleich mit dem
Lösungsdruck ist. 1. Ist er *gerade so* groß, so kann das Metall überhaupt keine
Ionen in die Lösung schicken; es entsteht dann auch *keine Potentialdifferenz*
zwischen Metall und Flüssigkeit. 2. Ist er *kleiner*, so fängt das *Metall* an, sich
zu lösen, schickt positive Ionen in die Flüssigkeit und lädt sich *negativ*. Aber
es kann nicht so viele Ionen in die Lösung schicken wie in reines Wasser, da ihm
der osmotische Druck entgegenwirkt. Die Potentialdifferenz zwischen Metall
und Lösung wird daher etwas kleiner als zwischen Metall und *reinem* Wasser.
3. Ist der osmotische Druck *größer als der Lösungsdruck*, so verhindert dieser
Überdruck das Metall daran, *irgend* etwas in die Lösung zu schicken. Ja noch
mehr. Das von dem Elektrolyten umgebene Metall ist dann (Lösung und Verdampfung sind ja analoge Vorgänge) etwa in der Lage einer von übersättigtem
Dampf berührten Flüssigkeit. Von den Kationen in der Lösung schlagen sich
einige auf dem Metall nieder (der Kondensation der überschüssigen Dampf-
molekeln vergleichbar), geben dabei, da sie in den neutralen Zustand übergehen,
ihre Ladung an das *Metall* ab, laden es also *positiv*, während die *Lösung* sich
dabei *negativ* lädt. Dieser Vorgang findet sein Ende, sobald das positiv geladene
Metall noch weiter hinzutretende Ionen abstößt und durch die Abstoßung mit
dem elektrolytischen Lösungsdruck zusammen dem osmotischen Druck das
Gleichgewicht hält. Auch dieser Vorgang kündigt sich (wie der entsprechende

der Lösung) nur durch eine Potentialdifferenz zwischen dem Metall und der Lösung an, das Elektrometer schlägt entgegengesetzt aus wie zuerst. Der erste Fall (Metall —, Lösung +) tritt z. B. ein, wenn Zink in eine Lösung von Zinksulfat taucht, der zweite (Metall +, Lösung —), wenn Kupfer in eine Lösung von Kupfersulfat taucht. Wir *schließen* daraus: der Lösungsdruck des Zinks ist größer (des Kupfers kleiner) als der osmotische Druck der Zinkionen (Kupferionen). — Hieraus folgt unmittelbar weiter: da der *osmotische* Druck der Zinksulfatlösung *gleich* ist dem einer äquimolekularen Lösung von Kupfersulfat, so ist der *Lösungsdruck* des Zinks größer als der des Kupfers.

Mechanismus des galvanischen Elements nach NERNST. Wir können somit Metalle durch Berührung mit Elektrolyten positiv oder negativ laden, können also mit Metallen und Elektrolyten Potential*differenzen* erzeugen. Diesen Gedanken verwirklicht das *galvanische Element.* Ein Zinkstab taucht in die Lösung eines Zinksalzes, z. B. $ZnSO_4$, und ein Kupferstab in die Lösung eines Kupfersalzes, z. B. $CuSO_4$ (Abb. 480). Im Moment des Eintauchens lädt sich das *Zink negativ* und die umgebende Lösung positiv, das *Kupfer positiv* und die umgebende Lösung negativ; nach NERNST — wir wiederholen es — deswegen, weil die *Lösungstension des Zinks* den osmotischen Druck der Zinksulfatlösung *überwiegt* und

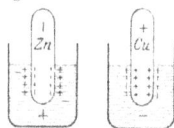

Abb. 480. Elektromotorische Wirksamkeit der Ionen.

daher positive Zinkionen in die Lösung befördert, andererseits der *osmotische Druck der Kupfersulfatlösung* den Lösungsdruck des Kupfers *überwiegt* und daher positive Kupferionen auf dem Kupferstab niederschlägt. Das Lösen und das Niederschlagen enden infolge der elektrostatischen Wirkungen zwischen den Metallen und den Lösungen, ehe noch die gelösten und die niedergeschlagenen Mengen eine wägbare Größe erreicht haben. Zugleich endet aber auch der Elektrizitätstransport vom Zink in die Zinksulfatlösung und von der Kupfersulfatlösung zu dem Kupfer. Verbindet man aber (Abb. 481, punktiert) die Metallstäbe leitend, so gleichen sie ihre Ladungen gegenseitig aus; und ebenso die beiden Lösungen, wenn man sie durch eine poröse Wand verbindet, die zwar die unmittelbare *Vermischung* hindert, aber durch ihre Poren eine zur Leitung ausreichende *Berührung* der Lösungen zuläßt. Dann verschwinden die elektrostatischen Wirkungen, das Zink kann aufs neue Ionen in die Lösung senden, die Kupfersulfatlösung Ionen auf dem Kupferstab niederschlagen,

Abb. 481. Mechanismus des galvanischen Elements nach NERNST.

d. h. der Zinkstab und der Kupferstab laden sich aufs neue, der erste negativ, der zweite positiv. Bleiben sie *dauernd* verbunden, so spielen sich diese einzelnen Vorgänge *dauernd* ab, und es fließt *dauernd* in dem Leitungsdraht positive Elektrizität vom Kupfer zum Zink und in der Flüssigkeit (als Ladung der Zink- und der Kupferionen) vom Zink durch die Lösungen zum Kupfer. Die Gruppe: Zink, Zinksulfat, Kupfersulfat, Kupfer liefert dann dauernd einen elektrischen Strom. Dabei verbindet sich das in die Lösung geschickte Zn-Ion mit dem SO_4-Ion, das durch die Ausscheidung des Cu-Ions frei geworden ist. Dadurch wächst die Konzentration der $ZnSO_4$-Lösung und sinkt die der $CuSO_4$-Lösung; die Zinkelektrode löst sich auf, und die Kupferelektrode nimmt an Masse zu. — Die ganze Vorrichtung heißt *ein galvanisches Element*, in dem Zustande Abb. 481 geschlossen, und wenn der verbindende Draht fehlt, *offen.* Das Kupfer und das Zink heißen die Elektroden oder auch die Pole, der eine der positive, der andere der negative.

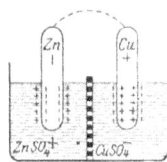

Das galvanische Element ist in Wirklichkeit nicht, wie hier dargestellt, aus der planmäßigen Anwendung der NERNSTschen Anschauung hervorgegangen; es ist vielmehr das älteste Mittel zur Stromerzeugung. Daß Metalle und leitende

Flüssigkeiten, miteinander in Berührung, sich entgegengesetzt laden (Berührungselektrizität), hat (1794) Volta entdeckt und ist seitdem die Grundlage für den Bau der galvanischen Elemente. Aber die Ursache ihrer EMK hat erst Nernst (1889) befriedigend erklärt. Den Anstoß zu Voltas Entdeckung gab eine zufällige Beobachtung des Anatomen Galvani in Bologna (1786) bei physiologischen Untersuchungen an einem Froschschenkel. Nach Galvani nennt man die Physik der Berührungselektrizität auch *Galvanismus*.

Nach Nernst sind also der elektrolytische Lösungsdruck des Zinks und der osmotische Druck der Kupfersulfatlösung die Ursachen der Potentialdifferenz zwischen dem Kupfer und dem Zink. Offenbar kann sich der Lösungsdruck des Zinks um so energischer entfalten, je kleiner der ihm entgegenarbeitende osmotische Druck ist, d. h. je *weniger* konzentriert *die Zinksulfatlösung* ist. Und der osmotische Druck der *Kupfersulfatlösung* ist um so stärker, je *konzentrierter* die Lösung ist. Kurz — die Potentialdifferenz zwischen dem Kupferstab und dem Zinkstab des Elementes muß *wachsen*, wenn man die Zinksulfatlösung verdünnt und die Kupfersulfatlösung konzentriert. Die Erfahrung hat diesen Schluß bestätigt. Die Theorie von Nernst erlaubt auch, die Potentialdifferenzen zu berechnen, *und das Ergebnis der Rechnung stimmt mit dem der Messung vollkommen überein*.

Wie groß der Lösungsdruck eines Metalles ist, und ob größer oder kleiner als der osmotische der Lösung, sieht man an der Größe der Potentialdifferenz und daran, nach welcher Seite das Elektrometer ausschlägt. Die Metalle, nach fallenden Werten dieser Potentialdifferenz geordnet, bilden die *elektrische Spannungsreihe*. Das Vorzeichen zeigt, ob der Lösungsdruck des Metalles größer (+) oder kleiner ist als der osmotische Druck.

Potentialdifferenz			*Lösungsdruck*	
zwischen		Volt	Metall	in Atmosphären
Mg und	MgSO$_4$	+1,243	Mg	0,115 · 10^{44}
Zn ,,	ZnSO$_4$	+0,521	Zn	1,786 · 10^{19}
Cd ,,	CdSO$_4$	+0,158	Cd	0,599 · 10^7
Fe ,,	FeSO$_4$	+0,078	Fe	1,068 · 10^4
Pb ,,	Pb acet.	—0,089	Pb	1,950 · 10^{-2}
Cu ,,	CuSO$_4$	—0,582	Cu	2,228 · 10^{-19}
Hg ,,	Hg$_2$SO$_4$	—0,990	Hg	2,178 · 10^{-16}
Ag ,,	Ag$_2$SO$_4$	—1,024	Ag	0,567 · 10^{-18}

Die galvanischen Elemente. Das in Abb. 481 schematisch dargestellte Element (Daniell) ist eines der gebräuchlichsten. Man gibt ihm meist die Form

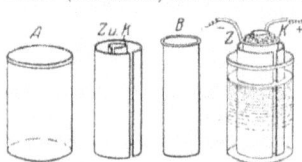

Abb. 482. Danieell-Element: Zink, Zinksulfat, Kupfersulfat, Kupfer.

Abb. 482. Ein Glasgefäß *A* enthält verdünnte Zinksulfatlösung, ein *poröses* Tongefäß *B* konzentrierte Kupfersulfatlösung. Das Zink und das Kupfer, als Hohlzylinder *Z* und *K*, stehen in den Gefäßen *A* und *B*. Den Tonzylinder stellt man in den Glaszylinder. Die Wand *B* zwischen den Lösungen verhindert das Kupfersulfat, an das Zink heranzukommen und Umsetzungen herbeizuführen, die das Element bald unbrauchbar machen würden. Die Porosität der Wand vermittelt die leitende Verbindung zwischen den Lösungen. — Um den Weg des Kupfersulfats zum Zink möglichst zu verlängern, brachte Helmholtz das Kupfer (als flache Drahtspirale) und das Kupfersulfat auf den Boden eines hohen Glaszylinders, der im übrigen mit Zinksulfatlösung gefüllt war, das Zink befestigte er an

einem den Zylinder abschließenden Deckel. Erst in Wochen diffundiert das
Kupfersulfat bis zu dem Zinkzylinder hinauf. Aber gleichviel, welches Mittel
man auch anwendet, schließlich erreicht das Kupfersulfat ihn *doch* und führt
zu Umsetzungen, die das Element unbrauchbar machen.

Es gibt noch viele Elemente (die wichtigsten beschreibt die Tabelle). Alle
Abänderungen ihrer Zusammensetzung bezwecken, ihre EMK möglichst groß
zu machen und während ihrer Tätigkeit möglichst konstant zu erhalten. Je
nachdem die Größe oder die Konstanz der EMK im gebenen Fall wichtiger ist,
und je nach der Wohlfeilheit wählt man unter den Elementen aus. Die EMK
des DANIELL-Elements ist zwar kleiner als die der anderen, aber länger konstant.
Technischen Zwecken dienen sie jetzt nur noch in der Telegraphie und in der
Telephonie, außerdem in der Haustelegraphie (Klingeln u. dgl.). Im übrigen hat
sie der Akkumulator verdrängt.

Die Elemente unterscheiden sich zwar durch ihren chemischen Aufbau.
Aber *gemeinsam* ist ihnen: jedes hat zwei verschiedene Metalle oder ein Metall
und Kohle als Elektroden und hat zwischen beiden einen Elektrolyten. Der
Elektrolyt ist unerläßlich: die Fähigkeit, mit zwei verschiedenen Metallen als
Elektroden ein Element zu bilden, ist geradezu ein *Merkmal* dafür, *ob ein Stoff
ein Elektrolyt* ist oder nicht. Sogar Glas ist ein Elektrolyt.

Element	Elektroden positiv	Elektroden negativ	Elektrolyt	Depolarisator	EMK etwa Volt
DANIELL	Cu	Zn amalgamiert	H_2SO_4 verd.	$CuSO_4$ konz. oder $Cu(NO_3)_2$ konz.	1
GROVE	Pt	,,	,,	HNO_3 fum.	1,9
BUNSEN	C	,,	,,	,,	1,95
BUNSEN (Tauchelement)	,,	,,	,,	$K_2Cr_2O_7$	2—2,2
LECLANCHÉ	,,	Zn	NH_4Cl konz.	MnO_2	1,4

Zusammenschaltung mehrerer Elemente. Die EMK eines Elementes ist nur 1—2 Volt.
Meistens braucht man aber, um den Widerstand des Stromkreises zu überwinden und die
erforderliche Stromstärke zu erzeugen, sehr viel mehr Volt. Mit einem *einzelnen* Element
ist dann nichts anzufangen. Man kann aber die EMK von Elementen addieren (Abb. 483).

„Die Potentialdifferenz zwischen den Polen Zn_1 und
Cu_1 beträgt 1 Volt" heißt: das Potential des Pols Cu_1
liegt um 1 Volt höher als das Potential des Pols Zn_1.
Oder in einer Gleichung:

Pot. Cu_1 = Pot. Zn_1 + 1 Volt und analog:
Pot. Cu_2 = Pot. Zn_2 + 1 Volt usw.

Verbindet man nun Cu_1 unmittelbar mit Zn_2, so
nehmen beide dasselbe Potential an, d. h.

Pot. Zn_2 = Pot. Cu_1.

Infolgedessen ist:
Pot. Cu_2 = Pot. Cu_1 + 1 Volt
= Pot. Zn_1 + 1 Volt + 1 Volt,

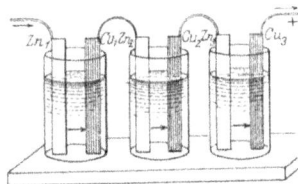

Abb. 483.
Hintereinandergeschaltete Elemente.

d. h. das Potential von Cu_2 ist um 2 Volt höher als das Potential von Zn_1. Verbinden wir nun
Cu_2 mit Zn_3, so stellt sich auf beiden dasselbe Potential her, und zwischen dem *Kupferpole*
der dritten Zelle und dem *Zinkpole* der ersten besteht dann eine Potentialdifferenz von 3 Volt
— d. h. diese drei Elemente leisten jetzt an EMK soviel wie ein Element von der dreifachen
EMK. Man nennt diese Vielheit von Elementen eine galvanische *Batterie* und die Elemente
hintereinandergeschaltet.

Auch die *Stromstärke*, die man mit einem einzelnen Element erzielen kann, ist begrenzt.
Das Element besitzt einen *inneren* Widerstand an dem Widerstand des Elektrolyten, und
da die EMK 1—2 Volt beträgt, so ist die maximale Stromstärke bestimmt, die das Element
liefern kann. Vorausgesetzt ist dabei, daß der Widerstand des äußeren Stromkreises Null
(das Element *kurz geschlossen* ist), die Pole z. B. durch einen dicken Kupferstab miteinander

verbunden sind. In der Praxis ist aber stets ein äußerer Widerstand vorhanden, die erreichbare Stromstärke also *noch* kleiner. Um sie zu vergrößern, muß man den *inneren* Widerstand des Elementes verringern, also die Kupfer- und die Zinkplatten und dadurch den wirksamen Querschnitt des Elektrolyten möglichst groß machen.
Man erreicht dasselbe aber bequemer so: man kann die
wirksamen Elektrodenflächen von beliebig vielen Elementen addieren, somit den inneren Widerstand der Batterie
beliebig klein machen, wenn man genug Elemente zur
Verfügung hat. Man muß die Elemente wie die Drähte in
Abb. 453 behandeln, d. h. die entsprechenden Enden leitend
miteinander verbinden, also die Kupferplatten untereinander
und die Zinkplatten untereinander (Abb. 484). Man nennt die
Elemente dann, wie dort die Drähte, *parallel* geschaltet. —

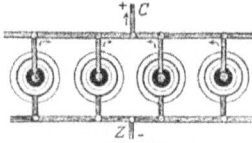

Abb. 484.
Parallel geschaltete Elemente.

Abb. 485 zeigt eine Batterie, deren Elemente zum Teil hintereinander, zum Teil parallel geschaltet sind — das erste im Interesse der zu erreichenden Spannung, das zweite im Interesse
der zu erreichenden Stromstärke.

In der trockenen Säule von Zamboni, Abb. 486, liegen zwischen sehr
dünnen Metallblättern als Elektroden (Zinnfolie und Kupferfolie) dünne Papierblättchen P, die den Elektrolyten ersetzen und daher
nicht *völlig* trocken sein dürfen. Die Metallfolien und
die Papierblättchen werden zu Tausenden aufeinander-
gestapelt und bilden so eine Batterie hintereinander ge-
schalteter Elemente, deren Gesamtspannung viele Hunderte von Volt betragen kann. Freilich ist der innere
Widerstand einer solchen Batterie oder Säule außerordentlich groß, so daß sie nur elektrostatisch, z. B. in
Verbindung mit einem Quadrantelektrometer, verwendbar ist; zur Stromentnahme ist sie ungeeignet.

Normalelemente. Die gewöhnlichen Elemente verlieren im Laufe der Zeit alle an EMK (das Daniellsche
am langsamsten). Man kann aber auch Elemente herstellen, die richtig gehandhabt ihre EMK nahezu unverändert behalten. Sie dienen, nachdem ihre EMK
in Volt einmal ermittelt worden ist, geradezu als *Nor-*
malelemente: sie sind für Spannungsmessungen das, was Meterstäbe für
Längenmessungen sind. Die gebräuchlichsten (Abb. 487) sind das Clark-
Element (Quecksilber, schwefelsaures Quecksilberoxydul, Zinksulfat, Zink)

Abb. 486.
Trockne
Säule
(Zamboni).

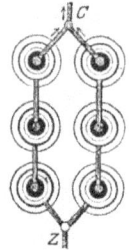

Abb. 485.
Zwei parallel ge-
schaltete Reihen
von je drei
hintereinander-
geschalteten
Elementen.

mit 1,432 Volt bei 15⁰ C, und das Weston-Element (wie das
vorige, nur Cadmium an Stelle von Zink) mit 1,0185 Volt
bei 15⁰ C. Die EMK des Weston-Elements ist von der Temperatur fast unabhängig, die des Clark-Elements sinkt mit wachsender Temperatur merklich. Bei Spannungsmessungen mit
Normalelementen darf dem Element *kein Strom* entnommen
werden, sonst bleibt seine Spannung nicht konstant (Kompen-
sationsmethode).

Galvanische Polarisation. Wir kehren zur Elektrolyse zurück, um einiges nachzutragen, was an anderer Stelle den Gang
der Darstellung unterbrochen hätte.

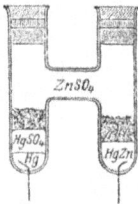

Abb. 487.
Normalelement.

Die Arbeit des Stromes bei der Elektrolyse besteht zum größten Teil darin,
daß er den Ionen ihre Ladungen entreißt. Den Zeitpunkt, in dem die Ionen
sie loslassen, erkennt man daran, daß sie an den Elektroden aufzutreten beginnen.
Erst von da an geht Strom durch die Zersetzungszelle. Aber um den Elektrolyten
dahin zu bringen, muß man zwischen den Elektroden eine bestimmte Potentialdifferenz erzeugen: die *Zersetzungsspannung* des Elektrolyten (Le Blanc).
Eine kleinere EMK treibt nur einen Strom*stoß* durch die Zelle. Ein Galvanometer

in dem Stromkreis schlägt beim Einschalten der Zelle zwar aus, geht aber sofort wieder fast auf Null. Vergrößert man die Potentialdifferenz, so schlägt es zwar stärker aus, aber zunächst nur wenig; schließlich erreicht man eine Potentialdifferenz, bei der es plötzlich *stark* ausschlägt und stehenbleibt — jetzt ist die Zersetzungsspannung erreicht, und Stromdurchgang und Zersetzung dauern an.

Die Zersetzungszelle verhält sich also, *wie wenn* sie einen Widerstand besäße, der zwar anfangs überwunden wird, so daß der Stromstoß eintritt, dann aber zunimmt, und zwar zu einem Widerstande, den erst die Zersetzungsspannung überwindet. — Aber tatsächlich ist es so: vom Moment des Stromstoßes an wirkt die Zelle als *galvanisches Element* und sucht einen Strom zu *erzeugen*, der *dem elektrolysierenden Strom entgegengesetzt* gerichtet ist. Oder anders: vom Moment des Stromstoßes an entwickelt die Zelle eine elektromotorische *Gegenkraft* (*gegen* die EMK, die den elektrolysierenden Strom treibt). Daß die Gegenkraft wirklich da ist, lehrt ein Versuch (RITTER, 1803): Wenn man angesäuertes Wasser zwischen Platinelektroden A als Anode und K als Kathode zersetzt (Abb. 488), dann den Strom unterbricht und die Elektroden K und A außerhalb der Zelle leitend miteinander verbindet, *so wirkt die Zelle wie ein galvanisches Element.* Ein Galvanometer in der Leitung zeigt einen Strom an, der im Wasser von K nach A fließt, also im Wasser dem elektrolysierenden Strom *entgegengesetzt* gerichtet ist. Die Elektrode, die Kathode war, ist jetzt — · Pol, die Elektrode, die Anode war, $+$ · Pol. Man nennt den Strom von K nach A im Wasser den *sekundären*, den Zustand, in den der *primäre* Strom die Elektroden versetzt hat, nennt man *Polarisation*, die Elektroden *polarisiert* und den sekundären Strom (weil er die Polarisation wieder aufhebt) den *depolarisierenden*, die EMK zwischen den polarisierten Elektroden die *elektromotorische Gegenkraft der Polarisation.*

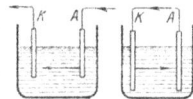

Abb. 488. Zum Nachweis der polarisierenden Wirkung des Stromes.

Elektrolyse ist *stets* von Polarisation begleitet, der depolarisierende Strom ist daher ein Mittel, auch die geringste Spur *vorangegangener* Zersetzung anzukündigen; nur dürfen die durch die Elektrolyse erzeugten geringen Mengen der Zersetzungsprodukte nicht durch den Sauerstoff, der sich stets im Wasser gelöst vorfindet, vernichtet worden sein. HELMHOLTZ (FARADAY-Rede) hat mit einer besonders hergerichteten Zelle gefunden, „daß man die Polarisation beobachten kann, welche ein wenigen Sekunden ein Strom erzeugt, der ein Jahrhundert brauchen würde, um 1 mg Wasser zu zersetzen".

Die Gegenkraft der Polarisation entwickelt sich *immer* dann, und *nur* dann, wenn die Elektrolyse die Elektroden an ihrer Oberfläche physikalisch oder chemisch verändert oder den Elektrolyten dicht an den Elektroden verändert. Sie bleibt aus, wenn sich $CuSO_4$ zwischen Cu-Elektroden oder $ZnSO_4$ zwischen Zn-Elektroden zersetzt. Hierbei verändern sich die Elektroden chemisch nicht (unpolarisierbar), an der Kathode schlägt sich dasselbe Metall nieder, das sich an der Anode aufgelöst hat, es wandert nur von der Anode zu der Kathode. Auch die Konzentration des Elektrolyten ändert sich nicht, wenn der Strom nicht etwa *sehr* stark ist und nicht *sehr* lange durch die Zelle geht.

Eine Elektrode polarisiert sich schon, wenn sie sich mit Gas bedeckt, wie die Elektrolyse des Wassers (Abb. 488) ja lehrt. Das ist für die galvanischen Elemente wichtig; diejenigen Elemente, deren Tätigkeit Wasserstoff an der einen Elektrode entwickelt, würden bald unbrauchbar sein, wenn man ihn nicht durch Oxydationsmittel (Chromsäure, Salpetersäure u. a.) unschädlich machen, die Polarisation also verhindern könnte (*Depolarisatoren* der Tabelle auf S. 405).

Wie die elektromotorische Gegenkraft in der Zersetzungszelle entsteht, wird verständlich, wenn man den Begriff Lösungsdruck auf den Vorgang in der Zersetzungszelle anwendet. Der Kern der Theorie (LE BLANC) ist dieser: Metalle in Berührung mit einem Elektrolyten streben danach, sich zu ionisieren (als Ionen in Lösung zu gehen, S. 402). Sind sie ionisiert, so streben sie, es zu bleiben. Auch die Ionen in der Zersetzungszelle streben, Ionen zu bleiben, also sich *nicht* an den Elektroden auszuscheiden, sich nicht zu *entionisieren*. Bei der Elektrolyse treten daher an einer Elektrode zwei Kräfte einander gegenüber: 1. die elektrostatische Anziehung der Elektrode auf die Ionen — sie strebt, ihnen ihre Ladung zu entreißen und sie neutralisiert niederzuschlagen; 2. der Lösungsdruck des Metalles, dessen gelöste Moleküle bestrebt sind, Ionen zu bleiben, also in der Lösung zu bleiben. Die erste Kraft ist zur Elektrode *hin*-, die zweite von ihr *weggerichtet*. Von dem *Größenverhältnis* beider hängt es ab, was geschehen wird. Aber die Größe des Lösungsdruckes ist begrenzt, und die Größe der elektrostatischen Anziehung können *wir* beliebig steigern, wir können also stets die Ausscheidung *erzwingen*.

Die Ionen — irgendwelche Metallionen — werden an die Kathode herangezogen und legen sich zunächst an sie an. Es schlagen sich auch einige nieder, weil die EMK hierzu so lange ausreicht, bis die Kationen eine zusammenhängende Schicht von einer gewissen minimalen Dicke bilden. Sobald aber etwas Metall ausgeschieden ist, wirkt *sein* Lösungsdruck der elektrostatischen Anziehung *entgegen*, und man muß die EMK an den Elektroden steigern, um den Lösungsdruck zu *überwinden* und *mehr* Metall auszuscheiden. Mit der weiteren Ausscheidung steigt aber auch der Lösungsdruck wieder, und dieser Kampf geht weiter, bis das Metall eine Schichtdicke auf der Elektrode erreicht hat (jene „Konzentration"), bei der die Schicht denselben Lösungsdruck hat, den die Elektrode haben würde, wenn sie ganz aus dem betreffenden Metall bestünde. Von da an steigt der Lösungsdruck nicht weiter, und die geringste Steigerung der EMK an den Elektroden reicht aus, um die Ausscheidung *dauernd* zu bewirken. Dann ist die Zersetzungsspannung erreicht und der elektrolytische Lösungsdruck von der elektrostatischen Anziehung endgültig überwunden.

Die EMK der Zersetzungszelle erklärt sich danach ebenfalls aus dem Lösungsdruck der Metalle. Die Zersetzungsspannung läßt sich daher auch — wie die EMK eines Elementes — *berechnen* aus der Potentialdifferenz der polarisierbaren Elektrode gegenüber einer entsprechenden Lösung des Elektrolyten, in die man sie taucht, d. h. aus der Potentialdifferenz, die für den Lösungsdruck charakteristisch ist. Die Zersetzungsspannungen normaler Konzentrationen (in Volt) sind z. B. für: $ZnSO_4$: 2,64, $CuSO_4$: 2,24, HCl: 1,31, H_2SO_4: 1,67.

Der Akkumulator. Die EMK der Polarisation zwingt uns, mehr Arbeit zu leisten, als sonst nötig wäre, den Elektrolyten zu zersetzen. Polarisierung *scheint* also ein

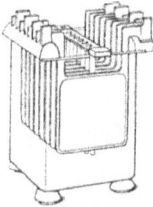

Energie*verlust*. Aber die scheinbar verlorene Energie ist nur in eine andere Form *verwandelt* worden. Sie erscheint wieder, wenn man die Zersetzungszelle wie ein galvanisches Element benützt. Man nennt ein Element, das seine EMK der Polarisation verdankt, ein *Sekundärelement*, meist einen *Akkumulator* oder Sammler, weil es Energie aufspeichert. Unter den galvanischen Elementen kommen als technische Stromquellen nur die Akkumulatoren in Frage. Aber nicht jede Zersetzungszelle ist dazu brauchbar; im allgemeinen nimmt der depolarisierende Strom sehr schnell

Abb. 489. Akkumulator (Sammelbatterie). Abb. 490. Akkumulator (Horizontaler Querschnitt).

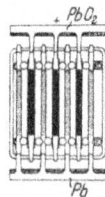

an Stärke ab, denn, indem er durch die Zelle fließt, *zerstört* er die Veränderungen an den Elektroden und in dem Elektrolyten, denen er sein Dasein verdankt. Der technisch wichtige Akkumulator ist der *Bleiakkumulator*. (Das Aufspeicherungsprinzip Bleisuperoxyd, Blei und Schwefelsäure hat SINSTEDEN entdeckt, 1854. PLANTÉ hat den ersten praktisch benutzbaren Bleiakkumulator gebaut, FAURE hat eine verbesserte Ausführung vorgeschlagen.) Eine Bleiplatte, mit Bleisuperoxyd bedeckt, und eine Bleiplatte, mit besonders hergestelltem „schwammigem" Blei bedeckt, dienen als Elektroden in verdünnter Schwefelsäure (Abb. 489/90). In diesem Zustande (S. 409, Tabelle) sind die Platten geladen, polarisiert. Die Zelle dient als *Element*, die Platte mit dem Bleisuperoxyd als $+$-Pol, die Platte mit dem schwammigen Blei als $-$-Pol. Bei der Stromabgabe bedecken sich *beide* Platten allmählich mit schwefelsaurem Blei. Ist die Bedeckung vollständig, so kann die Zelle nicht weiter als Element dienen, sie ist *entladen*. Um sie wieder zu *laden*, behandelt man sie als *Zersetzungszelle*, macht die Platte, die vorher $+$-Pol war, zur Anode, die andere zur Kathode und *schickt* Strom hindurch. Die Elektrolyse verwandelt das schwefelsaure Blei an der Anode in Bleisuperoxyd zurück und reduziert es an der Kathode zu Blei. Die Zelle kann dann wieder als Element dienen.

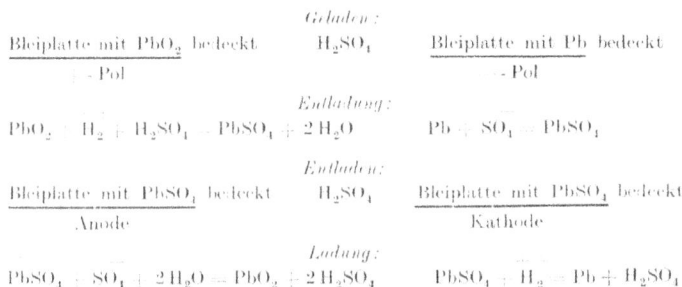

Geladen:

Bleiplatte mit PbO_2 bedeckt	H_2SO_4	Bleiplatte mit Pb bedeckt
+ Pol		- Pol

Entladung:

$$PbO_2 + H_2 + H_2SO_4 = PbSO_4 + 2\,H_2O \qquad Pb + SO_4 = PbSO_4$$

Entladen:

Bleiplatte mit $PbSO_4$ bedeckt	H_2SO_4	Bleiplatte mit $PbSO_4$ bedeckt
Anode		Kathode

Ladung:

$$PbSO_4 + SO_4 + 2\,H_2O = PbO_2 + 2\,H_2SO_4 \qquad PbSO_4 + H_2 = Pb + H_2SO_4$$

Die mit + und — versehenen chemischen Symbole bedeuten die Ionen, die sich beim Stromdurchgang abspalten und an der chemischen Umsetzung beteiligen.

Der Akkumulator wirkt so: Er *verbraucht* die Energie des Ladestromes und erfährt dabei eine chemische Veränderung, die seinen Energieinhalt *vergrößert*. Sie befähigt ihn, Strom zu liefern, Arbeit *zu leisten*. Während er das tut, sich *entlädt*, gehen die chemischen Veränderungen wieder zurück, und wenn sie *vollkommen* zurückgegangen sind, ist seine elektromotorische Wirksamkeit zu Ende. — Der Akkumulator ist somit ein Energiespeicher, ein sehr geräumiger, wenn man seine Elektrodenplatten groß genug macht. Zu dem Zweck verbindet man eine größere Zahl von Platten miteinander, man schaltet sie parallel. Abb. 490 zeigt das im Grundriß. Man benützt den Akkumulator als Speicher, dem man die elektrische Energie nach Bedarf zuführen und entnehmen kann. Beansprucht man eine Dynamomaschine am Tage weniger, am Abend mehr als sie leisten kann, so benützt man den tagsüber vorhandenen Überschuß an Energie, um Akkumulatoren zu laden, und entlädt sie am Abend, um die Maschine zu unterstützen. Man benützt Akkumulatoren, die am Tage geladen worden sind, nachts an Stelle der Maschine u. dgl. m. Da sie transportabel sind, dienen sie zum Betrieb und zur Beleuchtung elektrisch bewegter Fahrzeuge (Automobile, Bahnen, Boote). Jede Zelle verlangt zur *Ladung* 2,65—2,75 Volt, man kann daher mit 120 Volt 45 hintereinandergeschaltete Zellen laden. Bei der *Entladung* gibt eine Zelle zuerst 2 Volt, sie fällt sehr schnell auf ca 1,95 Volt, dann langsamer auf 1,8 Volt und muß dann wieder geladen werden. Bei langsamer Entnahme des Stromes kann man auf etwa 20 Amperestunden für je 1 kg Elektrodenmaterial rechnen. Der Akkumulator verlangt sorgfältige Behandlung.

Um Blei als Werkstoff zu vermeiden (seiner mechanischen Eigenschaften wegen), hat man andere Akkumulatoren gebaut. Durchgesetzt hat sich nur der Nickel-Eisen-Akkumulator von EDISON. Die aktiven Massen sind Nickelsuperoxyd (Ni_2O_3) als +-Pol und feinverteiltes Eisen in Kalilauge (von spezifischem Gewicht 1,2) als —-Pol. Das Plattengerüst ist bester vernickelter Stahl. Der geladene ausgeruhte Akkumulator hat 1,36 Volt bei 18°, also viel weniger als der Bleiakkumulator, aber er hat ihm gegenüber in bezug auf Wartung und auf Empfindlichkeit mancherlei Vorteile, namentlich zum Fahrzeugbetrieb.

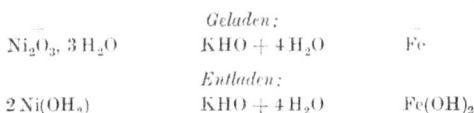

Geladen:

Ni_2O_3, $3\,H_2O$	$KHO + 4\,H_2O$	Fe

Entladen:

$2\,Ni(OH_2)$	$KHO + 4\,H_2O$	$Fe(OH)_2$

4. Durchgang der Elektrizität durch Gase.

(Gasentladungen und Ionisationsvorgänge.)

Allgemeine Erscheinungen. Durch Metalle und Elektrolyte fließt schon bei
den kleinsten Spannungen Strom, durch Gase unter Atmosphärendruck aber erst
unter so hohen, wie sie etwa eine Elektrisiermaschine oder ein Induktor liefert;
durch Gase von Atmosphärendruck: blitzartig, durch sehr verdünnte: stetig und
von ruhigem Leuchten begleitet. Um die bei Gasentladungen auftretenden Erscheinungen zunächst in großen Zügen kennenzulernen, benutzen wir ein gläsernes
Entladungsrohr etwa 4 cm weit und 20 cm lang (Abb. 491) mit zwei Metallscheiben

Abb. 491. Entladungsrohr.

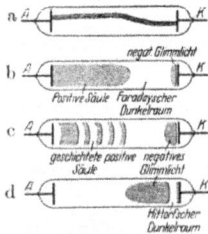

A und K als Elektroden und mit luftdicht in die Glaswand
eingeschmolzenen Drähten, die ihnen den Strom zuführen.
Durch das Rohr D pumpen wir die Luft bis zu beliebiger Verdünnung aus. A verbinden wir mit dem positiven, K mit dem
negativen Pol einer Elektrisiermaschine. Bei Atmosphärendruck gehen dann blitzähnliche Entladungen zwischen
A und K über. Erniedrigen wir den Druck, so wird die Entladung ruhiger; es
entsteht ein Lichtfaden zwischen den Elektroden, der sich mit abnehmendem
Druck verstärkt (Abb. 492 a). Allmählich zeigen sich durch Form und Farbe
unterscheidbare Lichtgebilde, desto deutlicher, je mehr die Entladung mit
sinkendem Druck den ganzen Querschnitt des Rohres einnimmt. Abb. 492 b
zeigt sie in Luft bei 2 mm Quecksilberdruck. Dicht vor der Kathode liegt eine
bläuliche Lichtscheibe, das *negative Glimmlicht*; von der Anode aus reicht ein
ziemlich heller, rötlicher Lichtwulst weit in das Rohr. Getrennt sind Lichtscheibe und Lichtwulst durch den „dunklen Raum" (FARADAY).

Abb. 492.
Form der Entladung bei verschiedenem Druck.

Sinkt der Druck auf einige Zehntel Millimeter, so
wächst das negative Glimmlicht, und das positive Licht
zerfällt in Schichten, jede Schicht ist nach der Kathode
zu scharf begrenzt, nach der Anode zu verwaschen
(Abb. 492 c). Besonders fällt das helle Licht auf, das die
positive Säule, geschichtet wie ungeschichtet, ausstrahlt.
Seine Farbe wechselt sehr, je nach der Gasart und den
besonderen Bedingungen der Entladung. Stickstoff leuchtet in engen Röhren bläulich, in weiten rötlich bis gelblich; Helium sattgelb, Wasserstoff bald purpurrot, bald
weißlich. — Die Neonglimmlichtlampen und die MOOR-
Lampen nützen die Helligkeit des positiven Lichtes technisch aus. Es sind Röhren, die Stickstoff, Kohlensäure
oder Helium-Neongemische enthalten und daher sehr verschiedene Farben zeigen.

Sinkt der Druck auf einige Hundertstel Millimeter Quecksilber, so werden
die Leuchterscheinungen immer schwächer. Die positive Säule verschwindet
die negative Glimmlichtsäule verlängert sich und füllt schließlich das ganze Rohr.
Sie löst sich dabei von der Kathode ab und ist von ihr durch einen sehr lichtschwachen Raum getrennt (HITTORFscher Dunkelraum, Abb. 492 d). Bei dieser
Form der Entladung treten aus der Kathode bläuliche Strahlen aus; sie gehen
geradlinig fort, bis sie auf die Anode oder die Glaswand treffen, wobei das Glas
grünlich fluoresziert. Dies sind die *Kathodenstrahlen* (von PLÜCKER 1858 entdeckt).

Bei weiterer Druckverminderung werden die Kathodenstrahlen intensiver;
das grüne Leuchten verbreitet sich über die ganze Glaswand, so daß die schwachen
Lichtgebilde der Entladung im Inneren der Röhre nicht mehr erkennbar sind.
Gleichzeitig treten die von RÖNTGEN (1895) entdeckten nach ihm benannten
Strahlen auf (S. 610).

Spannungsverteilung in der Entladung. Mit dem Wechsel der Leuchterscheinungen ändert sich sowohl die ganze Spannung, die zwischen Anode und Kathode liegt, als auch ihre *Verteilung* im Rohre. Um die Entladungsform der Abb. 492a aufrechtzuerhalten, sind etwa 5000 Volt zwischen den Elektroden nötig. Sinkt der Gasdruck, so sinkt die zur Erhaltung des Stromes nötige Spannung und erreicht bei Drucken zwischen 1 und 0,1 mm einen Minimalwert von einigen hundert Volt. Bei noch weiterer Druckverminderung steigt die Spannung am Rohre rasch an, unter Umständen bis 100000 Volt und darüber.

Die *Verteilung* der Spannung im Rohr kann man ermitteln, wenn man senkrecht zur Rohrachse und in Abständen von etwa 1 cm dünne Platindrähte, *Sonden*, luftdicht nach außen geführt, einsetzt und sie nacheinander mit einem Quadrantelektrometer (S. 357) verbindet. Man erhält so das Potential an verschiedenen Stellen des Gases (Abb. 493). Der Hauptabfall der Spannung liegt dicht an der Kathode, er heißt *Kathodenfall*; im Dunkelraum ist der Abfall gering, er bleibt es auch in der positiven Säule, wo er den Schichten entsprechend regelmäßig schwankt. Erst an der Anode erfolgt wieder ein starker Abfall, der *Anodenfall*. Bei tieferen Drucken wächst der Kathodenfall außerordentlich an, im übrigen ändert sich die Spannungsverteilung wenig. In einem hochevakuierten Rohr, z. B. einem Röntgenrohr, wird praktisch die ganze Betriebsspannung im Kathodenfall verbraucht.

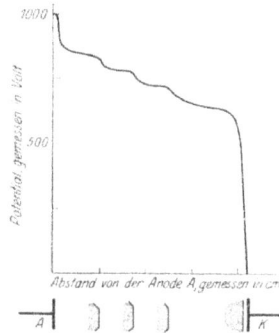

Abb. 493. Spannungsverteilung einer geschichteten Entladung. (Die Anode A mit dem +-Pol einer Batterie verbunden, der —-Pol und die Kathode K zur Erde abgeleitet.)

Eigenschaften und Natur der Kathodenstrahlen. Kathoden- und Lichtstrahlen sind in ihrem innersten Wesen ganz verschieden, wenn auch manche Eigenschaften der Kathodenstrahlen an die des Lichtes erinnern.

1. Die Kathodenstrahlen erregen viele Stoffe zur Fluoreszenz und Phosphoreszenz: ein Rubin strahlt leuchtend rot; Zinksulfid und Schwefelkalzium leuchten bläulichgrün, die Glaswand des Entladungsrohres fluoresziert hellgrün, wo Kathodenstrahlen sie treffen (gerade das hat zur Entdeckung der Strahlen geführt und ihr Studium erleichtert).

2. Die Kathodenstrahlen breiten sich geradlinig aus. Ein Metall, das Kreuz in Abb. 494, wirft einen Schatten, weil es (s. 4.) die Kathodenstrahlen von der Wand abhält, an den übrigen Stellen fluoresziert die Wand unter ihrem Aufprall.

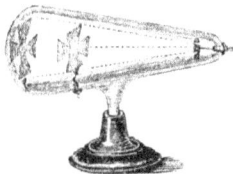

Abb. 494. Geradlinige Ausbreitung der Kathodenstrahlen; Schattenbildung.

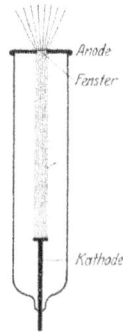

Abb. 495. Kathodenstrahlrohr mit LENARD-Fenster.

3. Die Kathodenstrahlen treten senkrecht zur Oberfläche der Kathode aus. Formt man diese wie einen Hohlspiegel, so laufen die Strahlen in einem Brennpunkt zusammen. Ein phosphoreszierender Stoff strahlt dort in hellstem Licht.

4. Metallfolien von $\frac{1}{1000}$ bis $\frac{1}{100}$ mm Dicke, die das Licht gar nicht durchlassen, lassen Kathodenstrahlen durch, aber dickere Schichten, gleichviel welcher Stoffe — auch die Glaswand des Rohres — lassen sie nicht hindurch. LENARD ersetzte (1894) eine Stelle der Glaswand gegenüber der Kathode durch eine Aluminiumfolie und leitet die Strahlen durch das Aluminiumfenster aus dem

Rohr heraus (Abb. 495). Von COOLIDGE (1926) technisch entwickelt zu einem
Fenster von 80 mm Durchmesser in einem Rohr von $1\frac{1}{2}$ m Länge mit ungeheuren
Wirkungen der Strahlen unter Spannungen bis 350000 Volt.

5. Durchsetzen die Kathodenstrahlen irgendwelche Stoffe, z. B. Luft, so
werden sie diffus zerstreut, ähnlich wie Lichtstrahlen in milchigem Wasser.
Streifen sie, aus dem Aluminiumfenster austretend, an einer mit phosphoreszierendem Stoff belegten Fläche entlang, so entsteht ein Büschel (Abb. 496),
das sich mit der Entfernung vom Fenster immer mehr verbreitert. (Die punktierten Linien begrenzen das bei *ungestörter* geradliniger Ausbreitung zu erwartende
Strahlenbündel.)

6. Absorbiert erzeugen Kathodenstrahlen beträchtliche Wärme. Das LENARD-
sche Fenster, das ja einen Teil der Strahlung absorbiert, kann sich unter Umständen bis zum Schmelzen erwärmen. In dem
Brennpunkt einer hohlspiegelförmigen Kathode kann
man schwer schmelzbare Metalle zur Weißglut erhitzen und verdampfen.

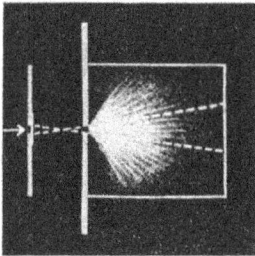

7. Magnetische und elektrische Felder lenken
die Kathodenstrahlen ab. Z. B. Annäherung eines
Magneten verschiebt das Schattenbild des Kreuzes
in Abb. 494. Eine positiv geladene Platte zieht sie
an, eine negative stößt sie ab; *die Kathodenstrahlen
tragen also eine negative Ladung.* Die Messungen
der elektrischen und der magnetischen Ablenkbar-

Abb. 496. Zerstreuung der Kathoden-   keit der Kathodenstrahlen geben Aufschluß über
strahlen in Luft.   die Natur der Strahlen.

Ablenkung der Kathodenstrahlen im magnetischen Felde. Die Kathodenstrahlen bestehen aus schnellfliegenden elektrischen Ladungen, sie müssen also
wie jede andere elektrische Strömung ein magnetisches Feld erzeugen. Dagegen
muß ein äußeres Magnetfeld die Teilchen in kreis- oder spiralförmige Bahnen
lenken, gerade so wie ein Magnet einen biegsamen Stromleiter spiralförmig auf-
zuwickeln sucht (S. 434 o.). Aber die Kathodenstrahlen zeigen die Erscheinung
viel reiner, da hier die Elektrizitätsträger *allein* auftreten, ohne einen materiellen
Stromleiter, dessen Steifigkeit sie überwinden müssen.

Die Kraftwirkung zwischen Magnetfeld und Kathodenstrahl läßt sich leicht
berechnen, wenn wir das magnetische Feld überall konstant annehmen und seine
Kraftlinien senkrecht zur Flugrichtung der Kathodenstrahlen. Hat das Feld
die Stärke H, so ist die Kraft, die es auf ein Kathodenstrahlteilchen von der
Ladung e und der Geschwindigkeit v ausübt, nach den elektrodynamischen
Grundgesetzen gleich $H \cdot e \cdot v$. Diese Kraft wirkt senkrecht zu den Kraftlinien
des Feldes und senkrecht zur Flugrichtung des Teilchens, so daß dieses aus seiner
geradlinigen Bahn in eine gekrümmte, aber überall zum Kraftfeld senkrechte
Bahn abgedrängt wird. Infolge der Krümmung seiner Bahn erfährt es eine zentri-
fugale Beschleunigung v^2/r und somit (S. 84 m.) eine Kraft $m \cdot v^2/r$, worin m die Masse
des Teilchens und r den Krümmungsradius der Bahn an der betrachteten Stelle
bedeutet. Das Teilchen wird sich auf eine solche Bahn einstellen, bei der sich
magnetische Kraft und Zentrifugalkraft die Waage halten, bei der also

$$H e v = m v^2/r \quad \text{oder} \quad H e = m v/r. \tag{1}$$

Die Gleichung gilt zunächst nur für ein kleines Bahnelement. Nun sind aber
nicht nur H, e und m konstant, sondern *auch die Geschwindigkeit v bleibt ungeändert*, da die auf das Teilchen wirkenden beschleunigenden Kräfte einander aufheben. Mithin ist auch der Krümmungsradius r konstant, d. h. das Teilchen

bewegt sich in einem homogenen und senkrecht zur Bewegungsrichtung verlaufenden Magnetfeld in einer Kreisbahn vom Radius r (Abb. 497). Je kleiner die Geschwindigkeit ist, desto kleiner ist der Radius des Kreises. Tritt der Kathodenstrahl unter schiefem Winkel in das Magnetfeld, so wird die Bahn spiralig.

Ablenkung der Kathodenstrahlen im elektrischen Felde. Abb. 498 zeigt ein Entladungsrohr, das außer der Kathode K und der mit einer feinen Öffnung versehenen Anode A zwei einander parallele Metallplatten F_1F_2 enthält, die eine mit dem — die andere mit dem $+$-Pol einer Akkumulatorenbatterie verbunden. Der Kathodenstrahl verlaufe zunächst (von K bis A) parallel zu den Platten, also *senkrecht* zu den *Kraftlinien* des Feldes. Das Feld erteilt dem Teilchen konstante Beschleunigung *in der Richtung der Kraftlinien*, beeinflußt es also geradeso wie die vertikal nach unten gerichtete Schwerkraft einen horizontal geworfenen Körper. Angenommen, der Strahl verlaufe im feld*freien* Raum (d. h. wenn die Platten geerdet sind) genau in der Mittelebene der Platten: um welche Strecke s ist der Strahl beim Austritt aus dem Feld versetzt, wenn das Feld die Stärke F und die Länge a hat? Herrschte statt des elektrischen Feldes das Gravitationsfeld, so würde s aus $s = \frac{1}{2}gt^2$ folgen. Hierin ist t die Zeitspanne, während der das Feld auf den Körper wirkt, hier also die Zeitspanne zwischen Ein- und Austritt aus dem Felde. Durchläuft der Strahl das a cm lange Feld mit der Geschwindigkeit v, so ist $t = a/v$. Ferner ist die Kraft, die im elektrischen Felde auf das Kathodenstrahlteilchen wirkt, gegeben durch die Gleichung $mg = eF$. Also ist im elektrischen Felde die Beschleunigung $g = eF/m$. Setzt man die Werte von t und g in die ursprüngliche Gleichung ein, so wird

$$s = \frac{1}{2}\frac{eF}{m}\frac{a^2}{v^2} \quad . \quad . \quad . \quad (2)$$

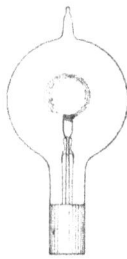

Abb. 497. Kathodenstrahlen im Magnetfeld.

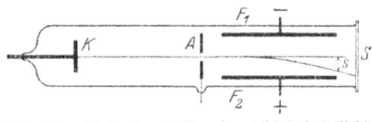

Abb. 498. Kathodenstrahlen im elektrischen Feld. BRAUNsches Rohr.

Es ist zu beachten, daß im elektrischen Feld im Gegensatz zum Magnetfeld die *Geschwindigkeit des Kathodenstrahls sich dauernd ändert.* Allerdings ist bei einem Strahlverlauf, wie in Abb. 498, der Geschwindigkeitsunterschied bei Ein- und Austritt aus dem Felde nur gering. Läßt man andererseits einen Kathodenstrahl in Richtung der Kraftlinien gegen eine negativ geladene Platte anlaufen, so wird er bei genügender Stärke des Feldes völlig abgebremst und dann zurückgeworfen.

Man verwendet die elektrische Ablenkung von Kathodenstrahlen in dem nach BRAUN benannten Rohr, um rasch veränderliche Spannungen zu messen (Abb. 498). Aus den von der Kathode K ausgehenden Strahlen blendet die mit einem Loch versehene Anode A ein feines Bündel aus, das zwischen den Platten F_1F_2 hindurchlaufend, schließlich den Leuchtschirm S trifft und dort einen hellen Lichtfleck hervorruft. Entlädt man z. B. eine Leidener Flasche, deren Belegungen mit F_1 und F_2 verbunden sind, so bewirken die dabei auftretenden elektrischen Schwingungen (S. 465) entsprechende Schwingungen des Feldes F_1F_2, denen die Kathodenstrahlen folgen; der Lichtfleck auf dem Schirm schwingt daher mit derselben Frequenz wie die Flaschenentladung. Man beobachtet den Lichtfleck im rotierenden Spiegel (S. 258), in dem man die rapide verlaufenden Schwingungen, Abb. 499, *nebeneinander* sieht (Oszillograph).

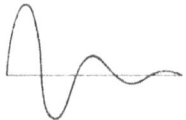

Abb. 499. Elektrische Schwingungen, aufgenommen mit dem BRAUNschen Rohr (Oszillogramm).

Folgerungen aus der magnetischen und elektrischen Ablenkbarkeit der Kathodenstrahlen. In einem Kathodenstrahlrohr werde Gasdruck und Entladungsspannung konstant gehalten. Auf das Kathodenstrahlbündel wirke zunächst ein magnetisches Feld von der Stärke H, das Bündel beschreibe eine Kreisbahn mit dem Krümmungsradius r; wir leiten dann den Strahl in ein elektrisches Feld von der Stärke F, es entstehe die Ablenkung s. Wir setzen die gefundenen Werte in die Gleichungen (1) und (2) ein und messen *alle* Größen im *selben* Maßsystem, also z. B. in elektromagnetischen CGS-Einheiten. Die zwei Gleichungen enthalten *drei* Unbekannte: die Geschwindigkeit, die Ladung und die Masse des Teilchens. In Ermangelung einer dritten unabhängigen Gleichung behelfen wir uns damit, daß wir die Geschwindigkeit als die eine Unbekannte, das *Verhältnis* von Ladung zu Masse (e/m) — die *spezifische Ladung* — als die zweite Unbekannte betrachten. Dies ist möglich, da in beiden Gleichungen e und m nur in der Verbindung e/m auftreten. Wie wir die Versuche auch gestalten, welche Elektroden, welche Gasfüllung, welchen Gasdruck wir wählen: *stets* finden wir für *die spezifische Ladung* e/m *des Kathodenstrahlteilchens*: $1,77 \cdot 10^7$ *elektromagnetische* (s. d.) *Einheiten*[1].

Was die Zahl bedeutet, lehrt ein Vergleich mit der spezifischen Ladung des Wasserstoffions (S. 399 m.). Eine Elektrizitätsmenge von 95730 Coulomb (gleich 9573 elektromagnetische Einheiten des CGS-Systems) muß durch den Elektrolyten hindurchgehen, um gerade 1 g Wasserstoff abzuscheiden (S. 398 m.). Diese Elektrizitätsmenge muß ganz an den Wasserstoffatomen, d. h. an den H-Ionen, haften, da sonst die durch den Strom abgeschiedenen Stoffmengen unmöglich den Atomgewichten proportional sein könnten, wie das FARADAYsche Gesetz es verlangt. Daraus folgt aber, daß das Verhältnis zwischen der *gesamten* durch den Elektrolyten fließenden Elektrizitätsmenge E zu der gesamten dabei abgeschiedenen Stoffmenge (1 g H$_2$) ebenso groß ist wie das Verhältnis der an einem *einzelnen* H-Ion haftenden Ladung e zu der *Masse m* dieses Ions, d. h. es ist $\frac{E}{1} = \frac{e}{m} = 9573$ elektromagnetische Einheiten. Für das *Wasserstoffatom* ist also das Verhältnis e/m 1800 mal kleiner als für das *Kathodenstrahlteilchen*. Die *Ladung* eines H-Ions ist aber *ebenso* groß wie die eines einzelnen Kathodenstrahlteilchens. Der Unterschied kann also nur auf der Verschiedenheit der *Masse* beruhen. Der Wasserstoff besitzt aber von allen bekannten Elementen die *kleinste* Masse. Das Kathodenstrahlteilchen, dessen Masse 1800 mal kleiner ist als die des Wasserstoffatoms, kann also nicht aus dem Atom eines der bekannten Elemente bestehen, muß vielmehr ein bislang unbekanntes, nahezu massefreies Gebilde sein, und zwar ein Gebilde universeller Art, denn diese Teilchen sind stets *derselben* Art, welches Gas das Entladungsrohr auch enthält oder woraus die Elektroden auch bestehen. Nicht die Masse, sondern *die elektrische Ladung macht das Wesen dieser Teilchen aus*; sie sind gewissermaßen *Atome der negativen Elektrizität*. Man nennt sie nach dem Vorschlag von JOHNSTON STONEY (1891) Elektronen. Es sei hier besonders hervorgehoben: Ein positives Elektrizitätsatom derselben Art gibt es nicht; positive Elektrizität tritt nie *allein* auf, sondern immer nur an Masse gebunden.

Elektronen verschiedenen Ursprungs. Elektronen entstehen nicht nur in Form von Kathodenstrahlen, sondern auch bei vielen anderen physikalischen und chemischen Vorgängen. So gehen Elektronen von vielen Stoffen aus, die von kurzwelligem Licht getroffen werden, vor allem von Metallen und Metalllegierungen (lichtelektrische Elektronenemission oder kürzer: *Photoeffekt*). Die Funkenschlagweite eines Induktors wird größer, wenn man den negativen Pol mit ultraviolettem Licht bestrahlt. Durch diese Beobachtung angeregt, fand

---

[1] Wir sehen dabei ab von den Abweichungen, welche bei hohen Entladungsspannungen auftreten. Diese Abweichungen waren für die Entwicklung der Relativitätstheorie von größter Bedeutung (vgl. S. 132), sie sind aber für die hier zu behandelnden Fragen zunächst ohne Belang.

bald darauf Hallwachs, daß eine reine Zinkplatte bei Bestrahlung mit einer Bogenlampe sich positiv auflädt; wird die Platte im voraus negativ geladen, so verliert sie ihre Ladung bei der Bestrahlung. Daß der Effekt nur durch den ultravioletten Teil des Lichtes hervorgerufen wird, zeigt man durch Zwischenschaltung einer Glasscheibe zwischen Lichtbogen und Platte. Die Glasscheibe absorbiert das ultraviolette Licht, und die Aufladung hört auf.

Eine einfache Anordnung zur Messung des Photoeffekts zeigt Abb. 500. Ultraviolettes Licht fällt durch das für diese Strahlen besonders durchlässige Quarzfenster F in ein hochevakuiertes Glasrohr G und dort auf eine Platte A aus Zink. Das mit A verbundene Elektrometer zeigt alsbald positive Ladung an, woraus hervorgeht, daß negative Elektrizität von dort entweicht. Daß es sich hierbei um *Elektronen* handelte, zeigte Lenard, indem er mit der durchbohrten Gegenplatte B ein enges Strahlenbündel aussonderte. Das Bündel trifft die Platte a, welche die von dem Bündel mitgebrachte Ladung sammelt und dadurch die Existenz der Strahlung an einem mit a verbundenen Elektrometer anzeigt. Nähert man nun der Röhre in geeigneter Weise einen Magneten, so findet man die Ladung auf der Platte b statt auf a; ein Zeichen, daß der unsichtbare Strahl auch wirklich vom Magneten abgelenkt wird, und zwar in einem den Kathoden-

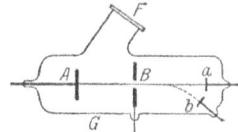

Abb. 500. Auslösung von Photoelektronen durch ultraviolettes Licht (Lenard).

strahlen entsprechenden Sinne. Die quantitative Durchführung des Versuches ergibt für e/m denselben Wert wie für Kathodenstrahlen, ein Beweis dafür, daß es wirklich Elektronen sind, die das ultraviolette Licht an A auslöst. Wir lernen daraus gleichzeitig, daß die Zinkatome Elektronen enthalten, die so schwach an die Atome gebunden sind, daß sie das auffallende Licht abtrennt. Wir werden zeigen, daß die Elektronen fundamentale Bestandteile *aller* Atome sind (S. 619).

Bei dem zuerst beschriebenen Versuch erreicht die positive Aufladung der Platte A ein Ende, sobald das an A geschaltete Elektrometer einige Volt anzeigt. Die Anfangsgeschwindigkeiten der Elektronen sind nämlich so gering, daß die positive Ladung von einigen Volt genügt, um sie zu der belichteten Platte zurückzuziehen. Um *schnelle* Strahlen zu erhalten, brauchen wir nur der Platte B eine hohe positive Ladung zu erteilen. Die Elektronen werden dann in dem zwischen A und B herrschenden elektrischen Felde beschleunigt. Durch Änderung der

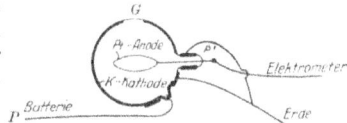

Abb. 501. Photozelle von Elster und Geitel.

Stärke des Feldes haben wir es in der Hand, die Geschwindigkeit der Strahlen beliebig zu regulieren. — Zwei sehr bemerkenswerte Gesetze wurden bald ermittelt:

1. *Die Geschwindigkeit der emittierten Elektronen ist unabhängig von der Stärke des erregenden Lichtes, wächst aber, je kürzer die Wellenlänge ist.* Die extrem kurzwelligen Röntgenstrahlen lösen z. B. Photoelektronen aus, deren Geschwindigkeit so groß ist wie die der Kathodenstrahlen in einem mit hoher Spannung betriebenen Entladungsrohr. Die Beziehung zwischen der erregenden Wellenlänge und der Geschwindigkeit der Elektronen ist ein mathematisch streng formulierbares Gesetz, das für die Entwicklung der Quantentheorie von größter Bedeutung war. Wir werden auf diese Zusammenhänge an anderer Stelle zurückkommen.

2. *Die Zahl der lichtelektrisch ausgelösten Elektronen ist der Stärke des erregenden Lichtes genau proportional.* Die strenge Gültigkeit dieses Gesetzes hat zur Konstruktion von *Photozellen* geführt, die in Verbindung mit Elektrometern sehr empfindliche Photometer — z. B. bei der Sternphotometrie — bilden (Elster und Geitel). Eine Photozelle (lichtelektrische Zelle) besteht aus einem Glasgefäß G (Abb. 501)

von einigen Zentimetern Durchmesser, seine innere Oberfläche ist zum Teil mit dem auch im sichtbaren Spektralgebiet lichtelektrisch empfindlichen Kalium belegt. Ein die Glaswand luftdicht durchsetzender Platindraht verbindet die Kaliumfläche mit dem negativen Pol einer Akkumulatorenbatterie, ein zweiter, weit in die Kugel hineinreichender als Anode dienender Platindraht P' führt zum Elektrometer. Das Licht, dessen Stärke gemessen werden soll, fällt auf die als Kathode dienende Kaliumfläche K und löst dort Elektronen aus. Die Elektronen werden unter der Wirkung des zwischen K und P' herrschenden elektrischen Feldes zu dem Draht P' getrieben, so daß das Elektrometer sich auflädt. Die Aufladung ist der Lichtintensität genau proportional. Um die Empfindlichkeit der Zelle zu erhöhen, vergrößert man die dem Elektrometer zufließende Ladung nach dem S. 423 erörterten Prinzip der Stoßionisation. Zu diesem Zweck werden die Zellen mit einem Gas, meist Argon, gefüllt.

Elektronenemission bei hoher Temperatur. Daß Flammen elektrisch leiten und daß glühende Körper leicht elektrische Ladung abgeben, ist seit langem bekannt. Die Elektronentheorie erklärt diese und andere damit zusammenhängende Beobachtungen befriedigend. Glühend senden nämlich die Metalle, die Kohle und vor allem die Oxyde der alkalischen Erden (Barium, Strontium, Kalzium), Elektronen in großer Zahl aus; ihre Geschwindigkeit ist allerdings sehr gering. Benutzt man (WEHNELT) als Kathode einen Platindraht, der mit einem solchen Oxyd bedeckt ist und den man zum Glühen bringt (durch eine Batterie von wenigen Akkumulatoren), so kann man schon mit 100—200 Volt Entladungsspannung, also etwa mit einer Lichtleitung, Ströme bis zu mehreren Ampere durch das Entladungsrohr schicken. Dies wird dadurch möglich, daß infolge der hohen Elektronenemission des Glühdrahtes der Kathodenfall nahezu ganz verschwindet. Ist die Kathode kalt, so müssen die für den Stromdurchgang erforderlichen Elektronen erst durch das starke elektrische Feld in der Nähe der Kathode (Kathodenfall) erzeugt werden. Der Strom setzt daher erst bei viel höherer Spannung ein und erreicht auch nur eine Stärke von wenigen Milliampere. Glüht man den Draht nur schwach, so daß sich an ihm infolge der verminderten Elektronenemission ein geringer Kathodenfall ausbildet, so entstehen Kathodenstrahlen von großer Intensität, aber geringer Geschwindigkeit, die leicht durch elektrische oder magnetische Felder abgelenkt werden können (Abb. 497). Die Röntgenröhrenkonstruktion von COOLIDGE beruht auf der Elektronenemission glühender Drähte. Ein weißglühender Wolframdraht als Kathode emittiert Elektronen in großer Menge. Diese werden durch ein hohes elektrisches Feld beschleunigt und liefern dadurch intensive Kathodenstrahlen und somit auch intensive Röntgenstrahlen (s. d.).

Verstärkerröhren. Eine wichtige praktische Anwendung findet die Elektronenemission glühender Metalle in den Verstärkerröhren (Elektronenröhren, Glühkathodenröhren). Diese Röhren (bereits als elektrische

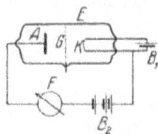

Abb. 502. Verstärkerröhre.

Ventile erwähnt) dienen dazu, elektrische Ströme erheblich zu verstärken, die an sich so schwach sind, daß auch empfindliche Meßinstrumente sie nicht anzeigen. In Abb. 502 bedeutet E ein sehr gut evakuiertes Glasrohr mit vier Zuleitungen; die erste führt zu einer scheibenförmigen Anode A, die zweite zu einem Drahtnetz (Gitter) G, die beiden letzten zu einer Kathode K, die in ihrem dem Gitter benachbarten Teil aus einem dünnen Draht besteht, der durch den Akkumulator B_1 zum Glühen gebracht werden kann. Man verbinde nun die Anode A mit dem $+$-Pol, und die (zunächst kalte) Kathode K mit dem $-$-Pol einer Batterie B_2 von etwa 50 Volt. Die Kathode K sei gleichzeitig zur Erde abgeleitet, so daß an A eine positive Spannung von 50 Volt liegt. Ein empfindliches Galvanometer F in dem Stromkreise zeigt keinen Ausschlag, da eine Spannung von 50 Volt nicht ausreicht, um durch das gut evakuierte Rohr eine Entladung zu treiben. Bringen wir aber die Kathode langsam zu immer stärkerem Glühen, so bemerken wir bald einen Ausschlag am Galvanometer, der mit wachsender Temperatur der Kathode immer mehr zunimmt. Wie kommt dieser Strom zustande? Wir wissen bereits, daß ein elektrischer Strom durch ein gasgefülltes oder auch gasfreies Rohr nur dann möglich ist, wenn elektrische Ladungen als Träger dieses Stromes vorhanden sind. Nun liefert aber ein glühender Draht und somit auch unsere Kathode solche elektrische Ladungen, nämlich Elektronen, in großer Zahl. Die Elektronen werden von dem elektrischen Felde, das die Batterie B_2 zwischen A und K aufrechterhält, erfaßt und wandern im wesentlichen den Kraftlinien folgend, von der Kathode durch die Maschen des Gitters hindurch zur Anode. Durch diese Elektronenverschiebung gelangt negative Ladung von der Kathode zur Anode, das heißt: es fließt ein elektrischer Strom durch das Rohr. Dieser Strom, den das Galvanometer F messen kann, heißt Anodenstrom.

Wir erläutern nun den Zweck des Gitters, über dessen elektrischen Spannungszustand wir bisher noch nichts ausgesagt haben. Geben wir dem Gitter beispielsweise eine *negative* Spannung von 10 Volt, so werden die Elektronen, die vorher zur Anode gingen, durch die abstoßende Wirkung des Gitters nach der Kathode hin *zurück*getrieben; es treten also keine Elektronen mehr durch das Gitter hindurch und der Anodenstrom verschwindet. Geben wir andererseits dem Gitter eine *positive* Spannung von 10 Volt, so *unterstützt* das Gitter die Anode in ihrer Wirkung auf die Elektronen und der Anodenstrom wird verstärkt. Im einzelnen zeigt Abb. 503, wie sich der Anodenstrom

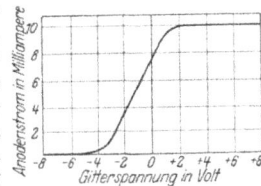

Abb. 503. Charakteristik einer Verstärkerröhre.

ändert, wenn wir bei einer bestimmten Röhre dem Gitter verschiedene Spannungen erteilen. Als Abszissen sind die Gitterspannungen aufgetragen, und zwar rechts vom Nullpunkt die positiven Spannungswerte, links die negativen. Die Ordinaten bedeuten die zu der jeweiligen Gitterspannung gehörenden Werte des Anodenstromes, die am Galvanometer F abgelesen werden. Wir erkennen zunächst in Übereinstimmung mit den eben angestellten Betrachtungen, daß für größere negative Gitterspannungen der Anodenstrom ganz verschwindet und daß er andererseits für größere positive Spannungen einen maximalen Wert erreicht (der auch bei Erhöhung der Gitterspannung nicht weitersteigt, weil die Glühkathode bei gegebener Temperatur nur eine bestimmte Zahl von Elektronen pro Sekunde zu liefern vermag). Zwischen den Extremwerten des Anodenstromes liegt ein Gebiet, in dem selbst eine *geringe* Änderung der Gitterspannung eine *beträchtliche* Änderung des Anodenstromes bewirkt: Ändern wir die Gitterspannung von — 1 Volt in + 1 Volt, so steigt der Anodenstrom von 5,5 auf 9,5 Milliampere an! Diese Abhängigkeit des Anodenstromes von der Gitterspannung kann man zur *Verstärkung* eines Stromes ausnützen. Es seien z. B. zwei Polklemmen gegeben, an denen eine Wechselspannung von 50 Perioden liegt. Um das Vorhandensein dieser Wechselspannung nachzuweisen, ist es das nächstliegende, daß wir ein Telephon an die beiden Polklemmen anschließen. Ist die Wechselspannung imstande, einen merkbaren Strom durch das Telephon zu liefern, so wird das ansprechen und einen für die Frequenz 50 charakteristischen Ton geben. Es kann aber auch sein — und das tritt bei dem drahtlosen Empfang elektrischer Wellen häufig ein — daß zwar die Wechselspannung vorhanden ist, daß sie aber sofort zu einem unmeßbar kleinen Wert absinkt, wenn man einen Meßapparat, z. B. ein Telephon, damit betreiben will.

Hier greift das Verstärkerrohr helfend ein. Wir verbinden die beiden Polklemmen mit Kathode und Gitter und erreichen so, daß die Gitterspannung
100 mal in der Sekunde zwischen zwei extremen Spannungswerten etwa zwischen
—1 und +1 Volt pendelt. Diese wechselnde Gitterspannung „steuert" nun den
Anodenstrom in demselben Rhythmus; jedesmal wenn die Gitterspannung negativ wird sinkt der Anodenstrom, und er wächst wieder an, wenn die Gitterspannung zu positiven Werten ansteigt. Ein Telephon, das wir an Stelle des Galvano-
meters F in den Anodenstromkreis einschalten, spricht sofort an, da ja jetzt
ein Wechselstrom ausreichender Stärke hindurchfließt. Dieser Strom wird von
der Batterie B_2 und nicht mehr von der an den Polklemmen liegenden Wechselspannung geliefert. Von dieser Wechselspannung verlangen wir nur, daß sie sich
auch auf das Gitter überträgt. Die hierzu erforderliche Energie ist verschwindend
klein und würde bei weitem nicht ausreichen, um das Telephon unmittelbar zu
betreiben. Dies gelingt uns eben nur durch Einschaltung der Verstärkerröhre,
die von der Wechselspannung gesteuert den für das Telephon nötigen Strom
liefert.

Die Verstärkerröhren werden je nach dem besonderen Verwendungszweck mit
sehr verschiedener Anordnung und Gestalt der inneren Elektroden gebaut. Je
nach der Bauart der Röhre fällt die *Charakteristik* der Röhre anders aus, d. h.
die Kurve, welche den Anodenstrom in Abhängigkeit von der Gitterspannung
wiedergibt. Verstärkerröhren werden in der physikalischen Technik, auch in
anderer Weise als hier beschrieben, verwendet, vor allem in der drahtlosen Telegraphie zur Erzeugung ungedämpfter elektrischer Wellen beliebiger Frequenz
(S. 479).

Kanalstrahlen. Geht durch ein Entladungsrohr, dessen Kathode (Abb. 504)
durchbohrt ist, ein Strom, so tritt bei einem Gasdruck von ca. 0,05 mm Hg in der
den Kathodenstrahlen entgegengesetzten Richtung aus der Bohrung ein Strahlenbündel S, das in Luft gelblich, in Wasserstoff rosa ist.

Abb. 504.
Entstehung von Kanalstrahlen.

Nach GOLDSTEIN, der diese Strahlen an einer mit
vielen Kanälen versehenen Kathode entdeckt hat
(1886), heißen die Strahlen *Kanalstrahlen*. In einem
elektrischen oder einem magnetischen Felde werden
die Kanalstrahlen *entgegengesetzt* wie die Kathoden-
strahlen abgelenkt, sie tragen also eine positive Ladung. Ferner: die Kathodenstrahlen krümmt schon die Annäherung eines einfachen Hufeisenmagneten sichtbar,
Ablenkung der Kanalstrahlen ist nur durch viel stärkere Felder (Elektromagneten)
erreichbar. Dies rührt daher: die Kanalstrahlen bestehen aus elektrisch geladenen
Atomen des im Entladungsrohr vorhandenen Gases, besitzen also im Gegensatz
zu den Kathodenstrahlen erhebliche Masse.

Wie entstehen die Kanalstrahlen? Das neutrale Gasatom verliert durch den
Entladungsvorgang ein Elektron. Als positives Ion folgt es nunmehr den elektrischen Kraftlinien und wird im Kathodenfall in entgegengesetzter Richtung
wie die Kathodenstrahlen beschleunigt. Schließlich trifft es auf die Kathode und
wird dort absorbiert, falls es nicht durch Löcher als Kanalstrahl an der Rückseite der Kathode austreten kann. Obwohl also der Kanalstrahl durch *dasselbe*
elektrische Feld beschleunigt wird wie der Kathodenstrahl, ist seine Geschwindigkeit doch erheblich kleiner. Die Ladung des Teilchens ist zwar beide Male gleich
groß, daher ist auch die beschleunigende Kraft dieselbe; im Kanalstrahl aber ist
die zu beschleunigende Masse groß, im Kathodenstrahl klein.

Man spricht von Wasserstoffkanalstrahlen, Heliumkanalstrahlen usw., je
nach der Atomart, aus der die Strahlen bestehen. Außer den Atomstrahlen
treten unter Umständen auch Molekülstrahlen, z. B. H_2, O_2, CO, CO_2, auf, und

diese können einfache oder auch mehrfache Ladungen tragen, entsprechend dem Verlust von einem oder mehreren Elektronen. Merkwürdigerweise gibt es aber auch Kanalstrahlen *ohne* Ladungen und solche mit *negativen* Ladungen; doch sind das sekundäre Erscheinungen, die auf die Zusammenstöße der Kanalstrahlteilchen mit Gasmolekülen zurückzuführen sind. Bei diesen Zusammenstößen kann nämlich das Kanalstrahlteilchen Elektronen aufnehmen oder abspalten und so seine Ladung neutralisieren und im Vorzeichen umkehren. Wenn der Gasdruck im Rohr nicht äußerst gering ist, wechselt ein Kanalstrahlteilchen auf seinem Flug sehr oft seine Ladung in dieser Weise.

Leitet man ein feines Kanalstrahlenbündel, das Teilchen verschiedener Masse, aber gleicher Ladung und gleicher Geschwindigkeit enthält, in ein magnetisches oder ein elektrisches Feld, so wird es fächerartig auseinandergebreitet, weil die leichtesten Atome am weitesten, die schwersten am wenigsten aus der ursprünglichen Bahn abgelenkt werden. Man kann dadurch Atomgewichte bestimmen. Erschwerend wirkt die wechselnde Ladung und die dadurch bedingte ungleichmäßige Geschwindigkeit der Teilchen. J. J. THOMSON und W. WIEN waren hier bahnbrechend und schufen die Grundlagen für Arbeiten (ASTON), die unsere Vorstellungen über die Beschaffenheit der chemischen Elemente in neue Bahnen gelenkt haben (S. 627).

Ionisation der Gase. Luft isoliert im allgemeinen vorzüglich: die Goldblättchen eines Elektroskopes (Abb. 413), durch Ladung zum Spreizen gebracht, behalten viele Stunden den Ausschlag fast unverändert. Ihre Ladung fließt also nicht oder nur ganz langsam durch die Luft zu dem geerdeten Gehäuse. Das hohe Isolationsvermögen der Luft läßt sich aber sehr vermindern: setzt man z. B. nicht weit vom Elektroskop eine Röntgenröhre in Gang, oder bringt man ein Radiumpräparat in die Nähe, so fallen die Blättchen in kurzer Zeit zusammen. Sobald man die Röhre ausschaltet oder das Radiumpräparat entfernt, hat die Luft wieder ihre alte Isolierfähigkeit.

Um eine Vorstellung davon zu gewinnen, wodurch die Luft aus einem Isolator zu einem Leiter wird, knüpfen wir an einen Versuch an (C. T. R. WILSON): kühlen wir ein großes, mit Wasserdampf gesättigtes Luftvolumen ab, so scheidet sich Wasser ab, die Luft kann abgekühlt nicht so viel Wasserdampf tragen wie vorher. Im allgemeinen geht der Überschuß als Nebel nieder, die Staubteilchen in der Luft leiten die Kondensation ein und werden zu Trägern der Wassertröpfchen. Ist die Luft staubfrei und kühlt sie sich sehr rasch ab, z. B. durch eine adiabatische Expansion, so kann sie sich mit Wasserdampf übersättigen. Expandiert enthält die Luft dann mehr Wasserdampf in Gasform beigemengt, als ihrer Temperatur entspricht. Dieser Überschuß befindet sich in einem labilen Zustand; bringt man daher auch nur Spuren von Staub in den Raum, so setzt die Kondensation in Form von Wassertröpfchen sofort ein. Merkwürdigerweise bildet sich der Nebel auch dann, wenn Röntgen- oder Radiumstrahlen auf die Luft wirken. Der Nebel ist dann so fein, daß er sich lange schwebend hält. Er unterscheidet sich von dem an Staubkernen gebildeten aber auch dadurch, daß jedes Tröpfchen elektrisch geladen ist: läßt man ein elektrisches Feld auf den Nebel einwirken (man taucht etwa zwei parallele, mit den Polen einer Batterie verbundene Platten in das Gefäß), so sieht man die Tröpfchen halb zur positiven, halb zur negativen Platte wandern. Wir werden an die elektrolytischen Vorgänge erinnert, bei denen ebenfalls kleinste elektrisch geladene Teilchen — die Ionen — den Strom tragen. In der Tat sind die Vorgänge im elektrisch leitenden Gase ganz ähnlich, doch springt ein Unterschied in die Augen. Beim Elektrolyten sind die Ionen schon vorhanden, im Gase muß man sie erst erzeugen. Die Ionenbildung in Gasen nennt man *Ionisation*, das Gas selbst im Zustand der

Leitfähigkeit *ionisiert*, die Hilfsmittel, die ionenbildend wirken, Ionisatoren. (Ionisation durch Strahlung von Röntgenröhren und Radiumpräparaten, glühende Körper, in Flammengasen und an ultraviolett bestrahlten Metallplatten.) Das Elektroskop verliert (S. 419 m.) seine Ladung unter der Wirkung von Röntgenstrahlen: Der Röntgenstrahl spaltet auf seinem Wege durch das Elektroskop einzelne Luftmoleküle in positive und negative Ionen (S. 423 u.) und diese wandern unter dem Einfluß des elektrischen Feldes teils zu den Goldblättchen, teils zum Gehäuse. Sind die Blättchen z. B. positiv geladen, so wandern die negativen Ionen dorthin und geben ihre Ladung an sie ab, so daß die Blättchen zusammenfallen.

Messung von Ionisationsströmen. Wie schnell bei dem Elektroskopversuch (S. 419 m.) die Goldblättchen zusammenfallen, hängt ganz von der Stärke der Ionisierung ab. Zählt man daher, wieviel Striche sie pro Minute an der Skala eines Okularmikrometers durchlaufen, so erhält man ein Maß für die Leitfähigkeit der Luft und somit für die Intensität der wirksamen Strahlung. Das Elektroskop ist damit zum Elektrometer geworden. — Um die Vorgänge in ionisierten Gasen näher zu untersuchen, benutzt man besser den Plattenkondensator (Abb. 505). Ein zur Erde abgeleitetes Blechgehäuse K enthält zwei Platten P und P' im gegenseitigen Abstand von einigen Zentimetern, ihre Haltestifte sind bei I und I' isoliert nach außen geführt. Die Platten werden mit den Polen einer Akkumulatorenbatterie von etwa 100 Volt verbunden; der eine Pol wird außerdem mit dem Gehäuse verbunden; also zur Erde abgeleitet. Werden in dem Luftraum zwischen den beiden Platten (etwa durch Röntgenstrahlen) ständig Ionen erzeugt, so wandern ununterbrochen $+$-Ionen zu der negativen Platte P und $-$-Ionen zur positiven (geerdeten) Platte P'.

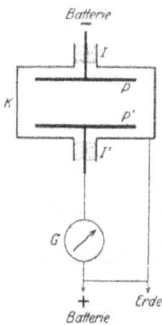

Abb. 505. Zur Messung von Ionisationsströmen.

Beiden Platten fließt also aus dem Gasraum ständig Elektrizität zu: diese wird aber durch Zufluß entgegengesetzter Ladung aus der Batterie dauernd neutralisiert, das Potential der Elektroden wird also durch die Batterie dauernd aufrechterhalten. Wird das Gas stark genug ionisiert, so fließt pro Sekunde den Platten von der Batterie so viel Ladung zu, daß ein empfindliches Galvanometer G zwischen der Platte P' und dem positiven Batteriepol dauernd ausschlägt. Meist sind jedoch die Ionisationsströme zu schwach für ein Galvanometer. Man verwendet dann ein Quadrantelektrometer (Abb. 417), dessen eines Quadrantenpaar mit der Platte P', das andere mit der Erde verbunden wird. Die der Platte P' zufließende Ladung lädt nunmehr das eine Quadrantenpaar allmählich auf, was sich an dem langsamen und gleichmäßigen Wandern der Elektrometernadel zeigt. Die Wanderungsgeschwindigkeit ist dem Strom durch das Gas proportional.

Rekombination und Geschwindigkeit der Ionen. Legt man in der *Ionisationskammer* der Abb. 505 auch die Platte P an Erde, so wächst die Zahl der Ionen in der Kammer K, da ja das Feld dann fehlt, das sie vorher aus dem Gasraum herausgezogen hat. Hält der Ionisationsprozeß so lange an, bis sämtliche Gasmoleküle in Ionen gespalten sind, oder werden andere Vorgänge dies verhindern? Zunächst ist zu erwarten, daß einzelne Ionen allein durch Diffusion an die Platten P, P' und das Gehäuse herankommen und *dabei* ihre Ladung abgeben. Das geschieht auch, aber die Zahl der dadurch ausgemerzten Ionen ist im allgemeinen sehr klein gegenüber der unmittelbaren Wiedervereinigung (Rekombination) von Ionen *im Gasraum* als Wirkung der zwischen den entgegengesetzt geladenen Ionen herrschenden Anziehungskräfte. Die Wiedervereinigung geschieht offenbar desto rascher, je mehr positive und negative Ionen im Gase sind. Faßt man daher ein bestimmtes negatives Ion ins Auge, so ist die Wahrscheinlichkeit, daß es binnen einer Sekunde durch Wiedervereinigung mit einem positiven Ion verschwindet, der Zahl N_+ der vorhandenen positiven Ionen proportional; entsprechendes gilt für ein positives Ion. Die Häufigkeit der Wiedervereinigungen in einem Gase ist also gleich $k N_+ N_-$ oder gleich $k N^2$, da ja im allgemeinen gleichviel positive und negative Ionen vorhanden sind. k ist ein Proportionalitätsfaktor, der je nach dem Zustand des Gases verschieden ist. Die Anzahl der Wiedervereinigungen wächst also quadratisch mit der Ionendichte. Ein stark ionisiertes Gas entionisiert sich also von selbst sehr schnell, wenn nicht ein äußeres Mittel dauernd neue Ionen erzeugt. Man kann die Wiedervereinigung der Ionen in einem stark ionisierten Gase messend verfolgen: RUTHERFORD hat z. B. gefunden, daß von 1000000 pro cm^3 anfangs vorhandenen Ionen die Hälfte nach 0.7 sec und 90% nach 6 sec verschwunden sind. Auch unter der Wirkung eines sehr starken Ionisators bleibt die Zahl der in einem (von elektrischen Feldern freien) Gasraum sich anhäufenden Ionen sehr klein gegenüber der Zahl der vorhandenen Gasmoleküle.

Bei dem Versuch Abb. 505 war angenommen, daß die Ionen beim Einschalten des elektrischen Feldes *sofort* zu den Platten getrieben wurden. In Wirklichkeit ist dies nicht der Fall. Ihre Geschwindigkeit ist der Stärke des elektrischen Feldes proportional und beträgt bei einem Potentialgradienten von 1 Volt auf 1 cm Entfernung in Luft für die positiven Ionen 1.3, für die negativen 1,8 cm/sec, in dem spezifisch leichteren Wasserstoff dagegen 6,0 bzw. 7,7 cm/sec. — Die Geschwindigkeit eines Ions in einem Gase ist also außerordentlich viel größer als die entsprechende Geschwindigkeit in einem Elektrolyten. H-Ionen bewegen sich in reinem Wasser nur mit 1,08 cm/Stunde bei einem Gradienten von 1 Volt/cm, so daß also das H-Ion im Wasserstoff rund 25000mal schneller wandert als in Wasser.

Sättigungsstrom. Kann ein starkes elektrisches Feld die frischgebildeten Ionen dem Gase so rasch entziehen, daß *gar keine* Wiedervereinigung eintritt? Ein Versuch mit dem Plattenkondensator (Abb. 505) entscheidet die Frage. Wir ionisieren das Gas mit einem dauernd eingeschalteten Röntgenrohr und steigern, von Null aus, das Feld zwischen P und P' immer mehr, indem wir an P zuerst einen, dann zwei, dann drei usw. Akkumulatoren anlegen. Für jeden Feldwert messen wir mit G den durch das Gas fließenden Strom. Tragen wir (Abb. 506) die Ionisationsstromstärke als Funktion der Feldstärke auf, so entsteht eine Kurve, die nach steilem, nahezu geradlinigem Anstieg immer flacher und schließlich zur Abszisse parallel wird. Dieser Verlauf ist leicht zu verstehen.

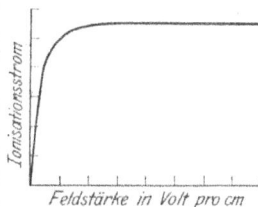

Abb. 506. Sättigungsstromkurve.

Im *schwachen* Felde wandern die Ionen nur langsam; sie bleiben also relativ lange im Gasraum und finden daher auch leicht *entgegengesetzte* Ionen zur Wiedervereinigung. Je größer die Geschwindigkeit wird, um so geringer ist die Wahrscheinlichkeit der Wiedervereinigung. Die Zahl der Ionen, die die Platte erreichen, und damit die Stromstärke, wächst also mit wachsender Feldstärke bis zu einem Stromwert, bei dem die Ionen so schnell durch das Gas laufen, daß Wiedervereinigungen in merklicher Zahl nicht eintreten können. Eine weitere Vergrößerung der Spannung kann jetzt keine Stromzunahme mehr bewirken; denn *alle* entstehenden Ionen werden den Platten P und P' zugeführt. Der maximale Stromwert heißt *Sättigungsstrom*, die zu ihm gehörige Spannung *Sättigungsspannung*. — Der Sättigungsstrom mißt unmittelbar die Zahl der in der Zeiteinheit erzeugten Ionen und damit auch die Stärke des Ionisators. Entstehen pro sec N Ionenpaare im Gasraum und trägt jedes Ion eine Ladung e, so gilt für den Strom I die Beziehung $I = eN$; denn der Strom ist ja nichts anderes als die Ladung, die pro Sekunde den Querschnitt des Leiters durchfließt.

Elektrische Ladung des Ions. Elementarquantum. Die bisher beschriebenen Versuche geben zwar Aufschluß über das *Verhältnis* von Ladung zu Masse an Elektronen (S. 414 m.) wie an elektrolytischen und gasförmigen Ionen; sie bieten aber keine Möglichkeit, den *Absolutwert der Ladung* zu bestimmen.

Die erste hierzu ausgedachte Methode stützt sich auf die Eigenschaft der Ionen, als Kondensationskerne für Wasserdampf zu wirken (S. 419 m.). Die Kondensation gelingt im allgemeinen desto besser, je rascher das mit Wasserdampf gesättigte Gas abgekühlt wird; am besten durch eine adiabatische (S. 279 o.) Expansion, die ja stets mit einer Temperaturerniedrigung verbunden ist. Expandiert man das Luftvolumen auf mehr als das 1,3fache, so wirken sowohl die positiven wie die negativen Ionen als Kerne; bleibt man unter dem 1,3fachen, so tritt die Kondensation nur an den negativen Ionen ein. Ein Versuch nach der von C. T. R. Wilson erdachten und von J. J. Thomson verfeinerten Methode verläuft im wesentlichen so: Ein mit Wasserdampf gesättigtes Luftvolumen wird durch Röntgenstrahlen ionisiert und dann auf etwas weniger als das 1,3fache expandiert, so daß sich die Wassertröpfchen nur an den negativen Ionen bilden. Nun wird erstens die Zahl N der Tröpfchen mikroskopisch ausgezählt, zweitens die Gesamtladung E aller Tröpfchen gemessen, indem man sie durch ein elektrisches Feld zu einer Platte treibt, die mit einem Elektrometer verbunden ist. Das Verhältnis E/N gibt die Ladung *eines einzelnen* Ions. (In Wirklichkeit mißt man N und E nicht so unmittelbar, sondern auf indirekten Wegen, die sicherer zum Ziele führen.)

Eine weit verläßlichere Methode hat Millikan ausgearbeitet: er benützt ein winziges geladenes Öltröpfchen und beobachtet seine Fallgeschwindigkeit im Erdfeld sowie in einem dem Erdfeld entgegengesetzt wirkenden elektrischen Felde. Bei der Auswertung der Beobachtungen spielt ein in das Gebiet der Hydrodynamik fallendes Problem eine wesentliche Rolle (S. 198 o.). Bedeutet r den Halbmesser des Tropfens, d und μ Dichte und Viskosität der Luft, und schließlich g die Erdbeschleunigung, so ist die Fallgeschwindigkeit v gegeben durch:

$$ v = \frac{1}{6\,r\,\pi\,\mu} \left[\frac{4}{3}\,r^3 \pi\, d g \right]. $$

Der Ausdruck in der Klammer ist Tropfenmasse × Erdbeschleunigung, ist also gleich der auf den Tropfen wirkenden Schwere. Diese Kraft verringert sich um eF, wenn das Schwerefeld überlagert wird von einem elektrischen Felde der Stärke F, das den mit der Ladung e behafteten Tropfen zu *heben* sucht. Denn die von dem *Felde* auf eine *Ladung* ausgeübte Kraft ist durch das Produkt aus dieser Ladung und der Feldstärke gegeben. Für die Geschwindigkeit der Tropfen bei *gleichzeitiger* Wirkung beider Felder ergibt sich also:

$$ v' = \frac{1}{6\,r\,\pi\,\mu} \left[\frac{4}{3}\,r^3 \pi\, d g - eF \right]. $$

Ist die vom Erdfeld herrührende Kraft *gleich* der elektrischen Kraft, so bleibt der Tropfen stehen, ist sie kleiner, so *steigt* er.

Ermittelt man durch Versuche die Geschwindigkeiten v und v', so kann man aus beiden Gleichungen den unbekannten und schwer meßbaren Tropfenradius eliminieren und erhält für die Ladung e einen Ausdruck mit lauter bekannten Größen. Millikan benutzt keine Wassertröpfchen, da diese zu rasch verdampfen, sondern winzige, durch Zerstäubung gewonnene Öltröpfchen, die in einem ionisierten Gas durch Anlagerung eines Ions eine Einheitsladung aufnehmen können. Ein solches Tröpfchen läßt man zwischen zwei horizontalen Metallplatten, die zunächst geerdet sind, langsam herabfallen. Bevor es noch die untere Platte erreicht hat, wird zwischen beide Platten ein elektrisches Feld geschaltet, das stark genug ist, um das Tröpfchen wieder zu heben. Das Tröpfchen selbst wird von der Seite her beleuchtet, wie ein Staubkorn im Sonnenstrahl erscheint es als helleuchtendes Pünktchen auf dunklem Hintergrund im Gesichtsfeld des (horizontal liegenden) Mikroskops. Zur Geschwindigkeitsmessung sind im Okular des Mikroskops zwei horizontale, sehr feine Fäden ausgespannt, die gleichzeitig mit dem Tropfen scharf im Gesichtsfeld erscheinen. Man notiert die Zeitpunkte, in denen der Tropfen beim Fallen die beiden Fäden passiert. Da man leicht ermitteln kann, welcher wirklichen Fallstrecke der Fadenabstand entspricht, so findet man die Geschwindigkeit v im Erdfeld als Verhältnis von Fallstrecke zu Falldauer. Nach Anlegen des elektrischen Feldes passiert der Tropfen wieder beide Fäden in umgekehrter Richtung, so daß man in derselben Weise die Steiggeschwindigkeit ermitteln kann. Da der Öltropfen nur sehr langsam verdampft, kann man ihn unzählige Male im Erdfeld fallen lassen und im elektrischen Feld wieder heben und so sehr zuverlässige Werte für v und v' ermitteln. Zahlreiche und vielfach variierte Versuche ergaben die Elementarladung zu $4,77 \cdot 10^{-10}$ elektrostatischen Einheiten.

Stoßionisation. Wir knüpfen an die S. 420 beschriebene Anordnung zur Messung des Sättigungsstroms an, machen aber den Gasdruck in der Ionisationskammer nicht gleich dem Atmosphärendruck, sondern etwa $1/_{100}$ davon. Wieder ionisieren wir das Gas durch Röntgenstrahlen und messen den Ionisationsstrom bei verschieden großen Feldstärken. Da die Ionen bei geringem Gasdruck viel seltener zusammenstoßen als bei hohem Druck, so ist die Anzahl der Wiedervereinigungen klein, und Sättigung tritt schon bei sehr schwachen Feldern ein. Der Strom erreicht also bei wachsender Feldstärke sehr bald seinen Sättigungswert und dürfte sich nach unseren bisherigen Erfahrungen nicht mehr ändern, wie hoch wir auch die Feldstärke steigern. In der Tat kann man die Spannung auf den zehnfachen, ja hundertfachen Wert der Sättigungsspannung bringen, ohne daß der Strom sich ändert. Man sollte erwarten, daß sich die Verhältnisse erst mit dem Einsetzen der selbständigen Entladung (Funken) ändern. Überraschenderweise steigt aber der Strom schon weit unterhalb der dafür erforderlichen Spannung wieder an, und zwar recht beträchtlich (Abb. 507). In einem Gase treten also bei tiefen Drucken und großen Feldstärken *neue* Ionen auf, deren Entstehung man nicht unmittelbar auf das Ionisierungsmittel zurückführen kann. — Zur Erklärung ihrer Entstehung müssen wir auf den Ionisierungsvorgang selbst zurückgehen: durch äußere

Abb. 507. Anstieg des Stromes mit der Spannung bei tiefen Drucken (Stoßionisation).

Einwirkung (z. B. durch Röntgenstrahlen) wird von einem Gasmolekül (oder Atom) ein Elektron abgetrennt, dadurch wird das Molekül zu einem *positiv* geladenen Ion. Das abgetrennte Elektron wird sich unter *normalen Verhältnissen*, wie sie etwa der Abb. 506 zugrunde lagen, alsbald an ein Gasmolekül anhängen; denn frei können Elektronen in einem dichten Gase nur sehr schwer bestehen. Das Molekül mit dem überzähligen Elektron bildet dann ein *negatives* Ion und bleibt es, bis es die Elektrode erreicht oder bis es sich mit einem positiven Ion rekombiniert, wodurch beide Moleküle wieder in den normalen Zustand zurückgehen.

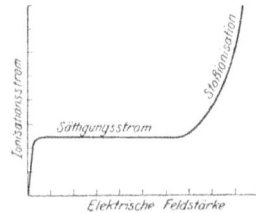

Bei *geringen* Gasdrucken und *starken* elektrischen Feldern aber gewinnen die frisch abgetrennten Elektronen sofort große Geschwindigkeit und können daher beim Zusammenstoß mit einem neutralen Molekül sich nicht an dieses anhängen, sondern sie können im Gegenteil es selbst wieder *ionisieren*. So kann ein einzelnes Elektron eine große Zahl neuer Elektronen *infolge seiner Geschwindigkeit* auslösen, und jedes einzelne der neugebildeten Elektronen betätigt sich im selben Sinne und steigert so den Gesamteffekt. Diese Vorgänge, die vor allem Townsend geklärt hat, nennt man Stoßionisation. — Auch die positiven *Ionen* können durch Stoß ionisieren, doch erfordert dies wegen der größeren Masse der Ionen auch erheblich stärkere Felder. Man kann die Stoßionisation dazu ausnutzen, um Ionisationsströme, die an sich zur Messung zu schwach sind, auf das Tausend-, ja Hunderttausendfache zu vergrößern und so der Messung zugänglich zu machen.

Aus der Stoßionisation erklärt sich nach Joffé der Durchschlag guter fester Isolatoren bei übermäßiger Spannung (S. 375). Isolatoren, die aus abwechselnden Schichten besser und schlechter leitender Stoffe aufgebaut sind, ertragen, falls die schlechter leitenden Schichten dünner als 5—10 μ sind, viel höhere Spannungen als gleich dicke homogene Isolatoren aus dem schlechteren Leiter. Denn die Dicke von 5—10 μ reicht dann nicht aus, um eine Ionenlawine entstehen zu lassen, und die *besser* leitenden Schichten verhindern die Bildung von Ionenlawinen ganz ähnlich, wie die bekannten kleinen Steinmauern im Gebirge die Bildung von Schneelawinen verhindern.— Aus der Stoßionisation erklärt sich die leuchtende Hülle (Korona), die man im Dunkeln an Hochspannungsleitungen sieht. Die Feldstärke dicht an der Leitung (*nur* dort!) ist so groß, daß sie die Luft dort ionisiert und zum Leuchten anregt. — Technisch verwertet man (Cottrell, 1911) die an einer Hochspannungsleitung auftretende Stoßionisation als *Elektrofilter*, um Abgase von mitgerissenen Teilchen zu befreien — sei es um die Gase zu reinigen (Hochofengichtgase, Ventilationsluft), sei es um die Teilchen nicht zu verlieren (Metall, Kohle, Zement). Man erzeugt in dem Raum, durch den man das Abgas leitet, zwischen zwei besonders geformten Elektroden mit einer Hochspannungsgleichstromquelle (ca. 80000 Volt) das erforderliche Feld. Die eine Elektrode (Sprühelektrode, meist gitterförmig) ionisiert das sie berührende Gas und erzeugt so die Ladungsträger, die sich an die Schwebeteilchen anlagern und sie aufladen. Die andere (Niederschlagselektrode, Wellblech oder Drahtsieb) ist geerdet und zieht die geladenen Teilcher. an, diese setzen sich dort ab, bis sie von selbst oder unter der Einwirkung einer Schüttelvorrichtung abfallen.

Ionisationszustand der Atmosphäre. Auch die Erdatmosphäre ist ein ionisiertes Gas. Die Träger der Ladungen sind hier die Moleküle der Luft, aber auch Tröpfchen und Staubteilchen. In den unteren 10 km (Troposphäre) sind im Verhältnis zu den Gasmolekülen nur sehr wenige Ionen vorhanden, sie bewegen sich hier mit starker Reibung; im elektrischen Felde von 1 Volt/cm mit etwa 1 cm/sec. (Das erdmagnetische Feld spielt hier gar keine Rolle; wohl aber in der oberen Atmosphäre [100 km Höhe]. Die stark verdünnten ionisierten und daher leitenden oberen Lufträume [80—100 km] nennt man Heaviside-Schicht nach dem Entdecker ihres Einflusses [als oberer Begrenzung] auf elektromagnetische Wellen, die sich über die Erdoberfläche ausbreiten.) — Die positiven Luftionen wandern in der Richtung des normalen elektrischen Feldes abwärts: als ein Leitungsstrom. Die Leitfähigkeit der Atmosphäre ist bei klarem Wetter am größten, bei dunstigem am kleinsten. Außer dem Ionenleitungsstrom tritt ein Konvektionsstrom auf: vertikale Luftbewegung und Niederschläge, wie Regen und Schnee, führen Elektrizität mit sich.

Die Erde hat also negative Oberflächenladung (S. 354 m.), die Atmosphäre in den untersten Kilometern positive Ladung, genügend, um die Oberflächenladung zu kompensieren. Der Leitungsstrom — er führt annähernd konstant überall 3×10^{-16} Amp./cm^2 nach unten — müßte sie schnellstens vernichten. Trotzdem bleibt sie im Mittel konstant, es muß also ein dem Abwärtsstrom *entgegengesetzter gleich großer* vorhanden sein. Die Frage, was die Potentialdifferenz zwischen Erdkörper und Atmosphäre im ganzen stationär erhält trotz unausgesetzten

Elektrizitätsflusses, ist das Grundproblem bei der Erforschung der normalen atmosphärischen Elektrizität, es ist noch ganz ungeklärt. — Auch die Ursachen der Ionisation der Atmosphäre sind nicht vollkommen geklärt. Als hauptsächliche Ionisatoren der niederen Atmosphärenschichten (Troposphäre) kommen in Betracht: Die Strahlen der radioaktiven Stoffe der obersten Bodenschichten und ihre Zerfallsprodukte, die als Emanationen in die bodennahen Luftschichten eintreten; ferner die durchdringende Höhenstrahlung (HESS, KOLHÖRSTER), eine Strahlung von ungewöhnlich hohem Durchdringungsvermögen, die Wasserschichten bis zu 50 m Dicke durchsetzt. Sie wächst mit Erhebung vom Boden zunächst langsam, dann über 4000 m immer stärker an und erreicht in 9000 m Höhe etwa den 50fachen Betrag des Bodenwertes (1,5 Ionen cm^{-3} sek^{-1}). Sie ist nach KOLHÖRSTER eine Gammastrahlung (s. d.) und besitzt als solche eine so große Energiekonzentration (Wirkungsquant), daß nicht einmal die bekannten radioaktiven Stoffe als Strahlungsquelle in Betracht kommen können. Vielmehr muß man für ihr Auftreten Energieänderungen voraussetzen, wie sie vielleicht bei der Entstehung neuer Atome zu erwarten sind (NERNST). Sie stammt also wahrscheinlich aus dem Kosmos wie das Licht der Fixsterne; Mond, Sonne und Planeten jedoch erweisen sich als wirkungslos. Die Messungen am Jungfraujoch (3500 m) und auf dem Mönchsgipfel (KOLHÖRSTER, VON SALIS 1923—27) weisen auf bevorzugte Gegenden des Himmels (Milchstraße, Andromeda, Herkules) als besonders strahlungswirksam hin, während HOFFMANN auf eine ganz gleichmäßige Verteilung der Strahlungszentren am Himmel schließt.

Blitz. Eine Form der elektrischen Entladung in den unteren Schichten der Atmosphäre ist der *Blitz* (der übliche Ausdruck für den *Funken-* oder *Linien*blitz der Meteorologie, man unterscheidet auch Flächenblitz und Kugelblitz). Er kann nur entstehen, wenn das elektrische Feld so stark geworden ist, daß Ionisierung durch Ionenstoß möglich wird. Er bildet den Potentialausgleich zwischen zwei verschieden geladenen Wolken oder zwischen einer Wolke und der Erde in Form von mehreren einander schnell folgenden Teilentladungen je von etwa 1/1000 Sekunde Dauer, er rechnet im ganzen nach Zehntelsekunden. Die Farbe, meist weißlich, rötlich oder bläulich, kommt vom Leuchten der Gase in der Blitzbahn (Stickstoff, Sauerstoff, Wasserstoff, Edelgase). Nach ELSTER und GEITEL ist bei rötlichen Blitzen die Stromrichtung Erde—Wolke, bei bläulichen umgekehrt. Die maximale Stromstärke liegt angeblich (POCKELS) zwischen 9000 und 20000 Ampere. — Der *Blitzableiter* leitet die Ladung der Wolke in unschädlicher Form zur Erde. Die hoch hinaufragende Stange drängt die Niveauflächen des Erdfeldes über ihrer Spitze nahe aneinander, infolgedessen wird der Potentialgradient dort am größten und die selbständige Entladung beginnt daher wesentlich an diesen Stellen. Die Entladung geht dann den Weg des kleinsten elektrischen Widerstandes, d. h. durch die Eisenstange und die damit verbundene gute metallische Leitung zur Erde, eine größere Kupferplatte im feuchten Boden bildet das Ende der Erdleitung.

Radioaktivität.

Grundlegende Beobachtungen. Im Jahre 1896 entdeckte der französische Forscher BECQUEREL, daß das Uran und alle seine Verbindungen dauernd und von selber (spontan) Strahlen aussenden, die durch Stoffe *aller* Art hindurchgehen. Diese Strahlen schwärzten die photographische Platte und ionisierten die Luft. Die Stärke der Strahlung hing nur von der Menge Uran in der Verbindung ab, und die chemische Bindung spielt keine Rolle. Das Strahlungsvermögen mußte also eine Eigenschaft des Urans selbst, d. h. des Uranatoms, sein. Frau CURIE fand bei einigen natürlichen Uranerzen (der Pechblende von Johanngeorgenstadt in Sachsen und der Pechblende von Joachimstal in Böhmen) ein Strahlungsvermögen, das viel stärker war, als dem Urangehalt entsprach. Sie zog hieraus den kühnen Schluß, daß beide Erze eine neue Atomart, also ein bisher unbekanntes chemisches Element, enthielten, das stärker strahle als das Uran selbst. In der Tat gelang es ihr, das neue Element abzutrennen, das „Radium", das viele millionenmal stärker strahlt als Uran. Man hat noch einige andere Elemente mit ähnlichen Eigenschaften aufgefunden: das Thor, das Actinium, das Polonium. Alle diese Stoffe, die ähnlich dem Uran und Radium strahlen, nennt man *radioaktiv*. Ihr Verhalten im einzelnen ist aber sehr verschieden. Während man bei einigen Elementen ein unveränderliches Strahlungsvermögen beobachtete, konnte man aus der Pechblende auch Stoffe abtrennen, deren Strahlungsvermögen nicht konstant blieb, bei manchen verschwand es schon im Laufe von Stunden oder Tagen völlig. Es gab auch Fälle, wo eine anfangs sehr schwache Radioaktivität mit der Zeit beträchtlich zunahm. Alle diese in ihrer Vielfältigkeit anfangs unübersehbaren Erscheinungen erklärt die Zerfallstheorie (RUTHERFORD und SODDY, 1902).

Zerfallstheorie. Diese Theorie geht von der Vorstellung aus, daß jedes Atom eines radioaktiven Elementes früher oder später spontan explosionsartig zerfällt, wobei entweder ein Heliumatom (α-Strahl) oder ein Elektron (β-Strahl) mit hoher Geschwindigkeit ausgesandt wird. Der zurückbleibende Hauptbestandteil des Atoms hat andere physikalische und chemische Eigenschaften als das ursprüngliche Atom, d. h. er stellt eine neue Atomart dar, ein neues Element. Im Lauf der Zeit verwandelt sich auch dieses unter Aussendung von α- oder β-Strahlen in ein drittes Element usw., bis ein Element entstanden ist, das keine radioaktiven Eigenschaften mehr zeigt.

Betrachten wir das Radium als typisches Beispiel: Seine chemischen und physikalischen Eigenschaften sind ebensogut definiert und bekannt, wie die *irgend*eines anderen (inaktiven) Elementes. Während aber die Atome inaktiver Elemente stabil sind und unseres Wissens niemals Veränderungen erleiden, ist dies bei Radium anders. Ein Radiumatom lebt im Mittel nur etwa 2000 Jahre, dann wandelt es sich explosionsartig um und hört auf als Radiumatom zu existieren. Die neuen Atome bilden in ihrer Gesamtheit die *Radiumemanation*, ein radioaktives Gas, das sich ständig aus Radiumpräparaten entwickelt, und das sich seinerseits in ein festes Radioelement verwandelt.

Alles Radium wäre von der Erde längst verschwunden, wenn nicht seine Muttersubstanz, das Ionium, es dauernd neu bildete. Aber auch das Ionium hat Vorfahren, wir können sie bis zum Stammvater, dem Uran, zurückverfolgen. Vom Uran wissen wir nur, daß es äußerst langsam zerfällt, millionenmal langsamer als Radium, aber eine Quelle, aus der es entsteht, kennen wir nicht.

Die Tabelle zeigt die wichtigsten Glieder der Uran-Radium-Reihe in genetischer Folge. Aus dem Uran, hier als Uran *I* bezeichnet, entsteht Uran X_1, hieraus Uran X_2 usw. Am Ende der Reihe finden wir das stabile Blei, das keine radioaktiven Eigenschaften mehr besitzt. Für jedes Element gibt die Tabelle die beim Zerfall emittierte Strahlenart und die Halbwertszeit. Diese mißt die Schnelligkeit, mit der das betreffende Radioelement zerfällt (S. 427 u.).

Elemente der Uran-Radiumreihe.

Name des Radioelements	Emittierte Strahlung	Halbwertszeit
Uran *I*	α	10^9 Jahre
Uran X_1	β	24 Tage
Uran X_2	β	1,1 Min.
Uran *II*	α	10^6 Jahre
Ionium	α	10^5 Jahre
Radium	α	1730 Jahre
Emanation	α	3,8 Tage
Radium *A*	α	3,0 Min.
⋮		
Polonium	α	136 Tage
Blei	—	—

Außer der Uran-Radiumreihe gibt es noch zwei radioaktive Reihen, die Actiniumreihe und die Thorreihe. Die erste ist eine Abzweigung der Uran-Radiumreihe, indem einzelne Uran-*II*-Atome sich nicht in Ionium, sondern in eine andere Substanz, Uran *Y*, umwandeln, die den Stammvater der Actiniumreihe bildet. Die Thorreihe andererseits hat als Stammvater das Thor, für das ebensowenig wie für das Uran eine Entstehungsquelle bekannt ist. Unter den Gliedern der Thorreihe spielt das von HAHN entdeckte Mesothor eine besondere Rolle. Es wird ebenso wie das Radium in der Medizin viel verwandt, ist aber viel kurzlebiger.

Die verschiedenen radioaktiven Stoffe zerfallen sehr verschieden schnell, manche erst im Verlaufe von Milliarden von Jahren, andere in einem Bruchteil einer Sekunde. In keinem Falle hat sich die Zerfallsgeschwindigkeit durch äußere Kräfte beeinflussen lassen, weder durch die höchsten erreichbaren Temperaturen und Drucke, noch durch die Abkühlung auf die Temperatur des flüssigen Sauerstoffs oder durch ein intensives Magnetfeld. Die Radioaktivität hat ihren Sitz im innersten Teil der Atome, den Atomkernen, während physikalische und chemische Kräfte nur auf die weiter außen liegenden Atomteile, die Elektronenbahnen, einwirken können. Um welch enorme Kräfte es sich bei dem radioaktiven Zerfall handelt, zeigt folgender Vergleich: Das beim Zerfall aus dem Atomkern als α-Strahl austretende Heliumatom hat eine Geschwindigkeit von 20000 km/sec; um in Heliumgas dieselbe mittlere Geschwindigkeit der Atome durch Temperatursteigerung zu erzielen, sind 6500000° C erforderlich. Die Temperatur an der Oberfläche der Sonne beträgt etwa 6000° C.

Halbwertszeit und Zerfallskonstante. Um den fortschreitenden Zerfall einer radioaktiven Substanz zu verfolgen, läßt man die ausgesandte Strahlung in ein Goldblattelektrometer (Abb. 413) treten und ermittelt die Stärke der dort erzeugten Ionisation. Denn die Ionisation ist ein Maß für die Zahl der von dem Präparat ausgehenden Strahlen und dadurch auch ein Maß für die Radioaktivität, d. h. für die Zahl der in einer Sekunde zerfallenden Atome. Untersucht man ein Präparat, das nur Atome eines einzigen radioaktiven Stoffes enthält, so findet man, daß die Aktivität immer in gleichen Zeiten auf den gleichen Bruchteil abnimmt. Zeigt z. B. ein Präparat zu einem beliebigen Zeitpunkt eine Aktivität 100 und eine Stunde später eine Aktivität 90, so beträgt sie nach Ablauf je einer weiteren Stunde $0,9 \cdot 90 = 81$; $0,9 \cdot 81 = 72,9$ usw. Fällt im besonderen die Aktivität innerhalb T Stunden auf den

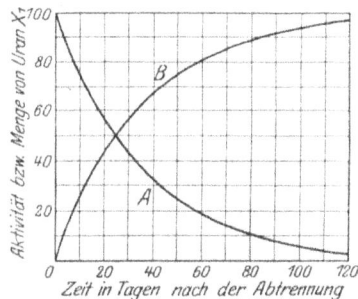

halben ursprünglichen Wert, so fällt sie auch weiterhin jedesmal in T Stunden auf die Hälfte ab. Dabei ist es ganz gleichgültig, von welchem Zeitpunkt an man rechnet. Die so definierte Zeit T heißt Zerfallszeit oder Halbwertszeit.

Wir betrachten als Beispiel die Aktivitätsabnahme von Uran X_1. Setzt man einer Lösung von Urannitrat feinverteilte Kohle zu und filtriert sie nach kurzem Kochen wieder ab, so besitzt sie eine erhebliche Aktivität. Dies rührt daher, daß das in der Urannitratlösung vorhandene

Abb. 508. Abfall und Anstieg von Uran X_1.

Uran X_1 sehr leicht von der Tierkohle absorbiert wird. Ein solches Uran X_1-Präparat werde Tag für Tag gemessen und seine Aktivität in Abhängigkeit von der Zeit aufgetragen (Abb. 508). Die Anfangsaktivität ist gleich 100 gesetzt. Der Kurve A zufolge ist die Aktivität in genau 24 Tagen auf die Hälfte, in 48 Tagen auf ein Viertel, in 72 Tagen auf ein Achtel des Anfangswertes gesunken; die Halbwertszeit des Uran X_1 beträgt also 24 Tage.

Ein Abfallsgesetz, das dadurch charakterisiert ist, daß die Aktivität und also auch die Zahl der zerfallenden Atome sich in gleichen Zeiten immer um den gleichen Bruchteil vermindert, heißt exponentiell. Es wird mathematisch durch die

Gleichung $n_t = n_0 e^{-\lambda t}$ dargestellt, wobei n_0 und n_t die Zahl der anfangs und zur Zeit t in einer Sekunde zerfallenden Atome und e die Basis der natürlichen Logarithmen (2,718..) bedeuten. Die Konstante λ ist eine für die betreffende radioaktive Substanz charakteristische Größe. Sie ist mit der uns bereits bekannten Halbwertszeit T durch die Beziehung $\lambda = \log \operatorname{nat} 2/T$ verknüpft und bedeutet den Bruchteil der vorhandenen Atome, der in der Zeiteinheit zerfällt. Als Zeiteinheit wird gewöhnlich die Sekunde gewählt; wenn also beispielsweise λ für Uran X_1 den Wert $3,3 \cdot 10^{-7}$ besitzt, so heißt das: in jeder Sekunde zerfällt gerade dieser Bruchteil der vorhandenen Uran X_1-Atome. Ist also N die Zahl der vorhandenen Atome, so ist die Zahl n der pro Sekunde zerfallenden Atome gegeben durch $n = \lambda \cdot N$.

Da die Zahl der zerfallenden Atome jederzeit der Zahl der noch nicht zersetzten Atome proportional ist, so läßt sich die obige Gleichung auch in der Form $N_t = N_0 e^{-\lambda t}$ schreiben, wobei jetzt unter N_0 bzw. N_t die Zahl der anfänglich bzw. zur Zeit t noch vorhandenen unzersetzten Atome bedeutet. Bei einer einheitlichen radioaktiven Substanz klingen also die Strahlung und die Atomzahl nach demselben Exponentialgesetz ab.

Radioaktives Gleichgewicht. Es ist nicht möglich, im Laboratorium die Umwandlung des Urans bis zum Endglied, dem Blei, zu verfolgen, denn viele zwischen ihnen liegende Elemente sind so langlebig, daß sie sich erst in Jahrtausenden in meßbarer Menge ansammeln. In Uran*mineralien* dagegen ist die Umwandlung schon seit undenklichen Zeiten im Gange, und ein Gleichgewichtszustand ist erreicht: jedes Element ist in solcher Menge vorhanden, daß es durch den Zerfall des vorhergehenden Elements dauernd ebenso viele neue Atome empfängt, als es durch seinen eigenen Zerfall verliert. Wenn man also an einem Uranmineral, das ja alle Elemente der Tabelle S. 426 enthält, abzählen würde, wieviele Atome von jedem Element pro Sekunde zerfallen, so würde sich für jedes ein und dieselbe Zahl ergeben. Bezeichnen wir die Zahl der Atome, welche von den einzelnen Elementen, Uran I, Uran X_1 usw., in dem Mineral vorhanden sind, mit N_1, N_2, N_3, ... usw. und die zugehörigen Zerfallskonstanten mit λ_1, λ_2, λ_3, ..., so zerfallen von diesen Elementen in jeder Sekunde $\lambda_1 N_1$, $\lambda_2 N_2$, $\lambda_3 N_3$, ... Atome, denn λ bedeutet ja den in einer Sekunde zerfallenden Bruchteil der vorhandenen Atome (s. oben). Bei radioaktivem Gleichgewicht zerfällt in der Sekunde von jedem Element dieselbe Zahl von Atomen; es ist also $\lambda_1 N_1 = \lambda_2 N_2 = \lambda_3 N_3 = \ldots$, d. h. die vorhandenen Mengen N_1, N_2, N_3, ... verhalten sich umgekehrt wie die Zerfallskonstanten. So findet man, daß in einem Uranmineral immer auf jedes Gramm Uran 0,00000034 g Radium treffen. Von 0,00000034 g Radium zerfallen daher in der gleichen Zeit ebenso viele Atome wie von 1 g Uran, und zwar sind es 12000 Atome in jeder Sekunde.

Wird das radioaktive Gleichgewicht durch einen äußeren Eingriff gestört, so stellt es sich allmählich von selbst wieder her. Trennt man z. B. aus dem Mineral die Hälfte des Radiums ab, so werden jetzt in dem Mineral nur noch 6000 Radiumatome in jeder Sekunde zerfallen, andererseits aber immer noch, wie früher, 12000 aus der Muttersubstanz entstehen. Dadurch wird die Radiummenge anwachsen, und zwar so lange, bis Nachbildung und Zerfall sich wieder das Gleichgewicht halten.

Anders bei dem stabilen Endglied der Uran-Radiumreihe, dem Blei. Je älter (an Jahrmillionen) ein radioaktives Mineral ist, desto mehr Blei hat sich in ihm angesammelt. Für jedes zerfallene Uranatom findet sich in ihm schließlich ein Bleiatom vor. Wie bei einer Sanduhr die sich unten sammelnde Sandmenge die Zeitspanne mißt, während der die Uhr im Gange ist, so mißt die Bleimenge in einem Uranmineral sein geologisches Alter. Ein zehntel Gramm Blei auf 1 g Uran bedeutet ein Alter von 800 Millionen Jahren. Die Bestimmung des Bleigehalts eines radioaktiven Minerals ist daher ein wichtiges Mittel, sein geologisches Alter zu bestimmen.

Bildung einer radioaktiven Substanz aus der Muttersubstanz. Während das aus dem Uransalz abgetrennte Uran X_1 nach Kurve A der Abb. 508 allmählich abklingt, sammelt sich in dem Salz durch den Zerfall des Uran I wieder frisches Uran X_1 an. War, wie wir annehmen, das Uran X_1 vor der Abtrennung im Gleichgewichtsbetrage vorhanden, so wurden in der Zeiteinheit ebenso viele Uran X_1-Atome neu gebildet, als zerfielen. Die Neubildung des Urans X_1 aus dem Uran geht natürlich auch nach der Abtrennung in derselben Weise wie vorher weiter. Wenn daher, wie Kurve A zeigt, in einem Tage 3% der vorhandenen Uran X_1-Menge zerfallen, so muß sich in derselben Zeit auch dieselbe Uran X_1-Menge in dem Uransalz aufs neue bilden. Ist das abgetrennte Uran X_1 nach 24 Tagen auf die Hälfte abgeklungen, so findet sich nach dieser Zeit in dem Uransalz auch gerade die Hälfte des Gleichgewichtsbetrages wieder vor. Man kann sich leicht davon überzeugen, indem man 24 Tage nach der ersten Trennung das Uran X_1 erneut abscheidet. Man findet dann eine Aktivität, die genau halb so groß ist als die Aktivität bei der ersten Abtrennung.

Kurve B in Abb. 508 zeigt das Gesetz für die Nachbildung des Uran X_1 in dem Uransalz. Die Kurve B ist komplementär zur Kurve A, d. h. die Aktivitätssumme des abgetrennten und des nachgebildeten Uran X_1 und also auch die Summe der beiden Substanzmengen hat zu allen Zeiten denselben Wert. Man lese aus der Abbildung die beiden Werte für beliebige Zeiten ab, immer ist ihre Summe gleich 100. Nach etwa 6 Monaten ist das abgetrennte Uran X_1 ganz verschwunden, während sich im Uransalz die Gleichgewichtsmenge von Uran X_1 wieder vorfindet.

Dieses an dem Beispiel Uran—Uran X_1 erläuterte Gesetz gilt für *alle* Radioelemente, wenn die Muttersubstanz langlebig ist im Vergleich mit der ihr folgenden Substanz. Trifft diese Voraussetzung nicht zu, so sind die Verhältnisse weniger übersichtlich.

Übersicht über die verschiedenen Strahlenarten. Nach den Erfahrungen an Kathodenstrahlen liegt es nahe, die von einem radioaktiven Präparat ausgehende Strahlung einem starken Magnetfeld zu unterwerfen. Abb. 509 zeigt eine Anordnung dazu: Die radioaktive Substanz R befindet sich in einem Kästchen P aus Blei, das die Strahlen durch einen engen Spalt nach oben austreten läßt. Das austretende Bündel wird durch ein magnetisches Feld, dessen Kraftlinien senkrecht zur Ebene des Papiers verlaufen, so zerlegt: Ein Teil, die α-Strahlung, wird in demselben Sinne wie positiv geladene Teilchen (Kanalstrahlen) abgelenkt; ein zweiter Teil, die β-Strahlung, erheblich stärker, aber in entgegengesetzter Richtung. Ein dritter Teil, die γ-Strahlung, bleibt vom magnetischen Feld unbeeinflußt; er stellt also Strahlen ohne elektrische Ladung dar. — Nun zu den Haupteigenschaften der drei Strahlenarten:

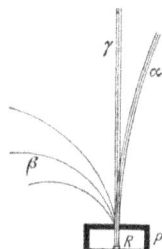

Abb. 509. Ablenkbarkeit der Radiumstrahlen in einem Magnetfeld.

1. Die α-Strahlen sind Heliumkerne mit etwa $1/20$ Lichtgeschwindigkeit. Sie tragen eine positive Ladung, die genau doppelt so groß ist wie die eines Elektrons. Infolge ihrer großen Geschwindigkeit können sie dünne Metallfolien durchsetzen oder auch Luft von Atmosphärendruck mehrere Zentimeter geradlinig durchlaufen. Diese Strecke heißt *Reichweite*; sie ist für das jeweilige Radioelement eine charakteristische Größe. Von den Elementen der Uran-Radium-

reihe haben die α-Strahlen von Radium C mit 6,97 cm die größte Reichweite, Uran I steht mit 2,67 cm an letzter Stelle. Auf ihrem Weg durch die Luft oder durch andere Gase erzeugen die α-Strahlen außerordentlich viele Ionen.

2. Die β-Strahlen sind wesensgleich mit Kathodenstrahlen, bestehen also aus Elektronen. Ihre Ablenkbarkeit im Magnetfeld ist zwar erheblich größer als die der α-Strahlen, aber verglichen mit Kathodenstrahlen sehr gering. Dies erklärt sich aus ihrer sehr großen Geschwindigkeit, die bis nahe an die des Lichtes heranreicht. So schnelle Strahlen lassen sich in Entladungsröhren nicht erzeugen, da Spannungen von mehreren Millionen Volt dazu erforderlich wären. Während die α-Strahlen einer einheitlichen radioaktiven Substanz alle mit derselben Geschwindigkeit ausgesandt werden, trifft dies bei β-Strahlen nicht zu. Hier haben wir Strahlen verschiedener Schnelligkeit, die Abbildung zeigt das durch die verschieden starke Ablenkung. Die große Geschwindigkeit der β-Strahlen äußert sich auch in ihrer starken Fähigkeit, feste Stoffe aller Art zu durchdringen; ein Aluminiumblech von 1 mm Dicke läßt noch einen merklichen Teil der β-Strahlen hindurch.

3. Gleichzeitig mit den β-Strahlen werden die γ-Strahlen emittiert. Sie sind elektromagnetische Schwingungen wie die Röntgenstrahlen, aber *viel* kurzwelliger. Sie haben daher auch ein ungeheures Durchdringungsvermögen. Bleischichten von vielen Zentimeter Dicke sind erforderlich, um sie völlig zu absorbieren.

Grundlegende Versuche mit α-Strahlen. Zur Aufklärung der radioaktiven Erscheinungen und zur Entwicklung der Atomtheorie war es von größter Bedeutung, die Natur der α-Strahlen zu ermitteln. Um die Lösung dieser schwierigen

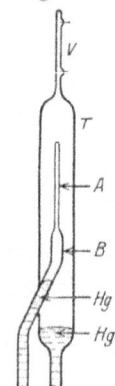

Abb. 510. Zum Nachweis der Heliumnatur des α-Teilchens.

Aufgabe hat sich in erster Linie der englische Forscher RUTHERFORD verdient gemacht. Die zunächst angewandten Methoden waren dieselben, wie die zur Feststellung der Natur der Kathodenstrahlen: Ablenkungsmessungen in magnetischen und elektrischen Feldern (S. 413). Diese Versuche ergaben das Verhältnis von Ladung und Masse zu 4820 elektromagnetischen Einheiten, also genau halb so groß, wie für das Wasserstoffion. Die Ablenkung erfolgt im Sinne *positiver* Ladung. Es lag nahe, diese Ergebnisse dadurch zu erklären, daß man die Ladung des α-Teilchens doppelt so groß, die Masse viermal so groß wie beim positiven Wasserstoffion ansetzte. Das α-Teilchen war dadurch als Heliumkern charakterisiert (S. 619).

Noch viel unmittelbarer als durch die Ablenkungsmessungen hat RUTHERFORD die Heliumnatur der α-Teilchen durch folgenden geistreichen Versuch bewiesen (Abb. 510). Er preßte eine beträchtliche Menge Radiumemanation (S. 426 m.) durch das Glasrohr B mittels Quecksilber in das enge äußerst dünnwandige Glasröhrchen A. A war vollkommen luftdicht und konnte einen Gasdruck von einer Atmosphäre aushalten. Es war umgeben von einem weiteren Glasrohr T, das in ein enges Glasrohr V auslief. Die von der Emanation ausgesandten α-Teilchen durchdrangen die dünne Wand des Röhrchens A und sammelten sich in dem vorher völlig evakuierten Raum T an. Dadurch, daß man das Quecksilber in T aufsteigen ließ, konnte man jederzeit das dort befindliche Gas nach V pressen, um es spektroskopisch zu untersuchen. Zwei Tage nach Einbringen der Emanation in das Röhrchen A zeigte das nach V gepreßte Gas im Spektralapparat deutliche Heliumlinien, ließ man bis zum Hochpressen sechs Tage verstreichen, so war das Heliumspektrum vollständig zu sehen.

Auch folgender Versuch ist äußerst überzeugend. Das Glasrohr T wird entfernt und das Röhrchen A in freier Luft mit dünnem Bleiblech umwickelt. Das

Bleiblech wird einige Stunden in dieser Lage belassen, dann in einem geschlossenen Gefäß geschmolzen und dabei von den okkludierten Gasen befreit. Diese Gase zeigen wieder das Heliumspektrum. Die α-Teilchen waren also durch das Glas hindurch in das Blei geschossen und beim Schmelzen wieder befreit worden.

In radioaktiven Mineralien, die so dicht sind, daß aus ihrem Innern keine Gase entweichen können, hat sich Helium im Laufe geologischer Zeiträume in erheblichen Mengen angesammelt. Man hat Mineralien gefunden, die pro Gramm bis 20 cm³ Helium enthielten. Wahrscheinlich ist dies Helium durch den Zerfall radioaktiver Elemente entstanden. Aus dem Heliumgehalt läßt sich daher das geologische Alter radioaktiver Mineralien ebenso abschätzen wie aus dem Bleigehalt (S. 429 o.).

Die große Energie der α-Strahlen zeigt sich auch in ihrer Wärmewirkung. Bei einem Radiumpräparat, das in der üblichen Weise in ein Glasröhrchen eingeschlossen ist, werden alle α-Strahlen von der aktiven Substanz selbst oder von der Glashülle absorbiert. Die Absorption äußert sich in merklicher Erwärmung des Präparats. 1 g Radium entwickelt bei Absorption aller seiner Strahlen *in der Stunde* 118 cal. Die *gesamte* Wärmemenge, die 1 g Radium bis zum vollständigen Zerfall in das stabile Endprodukt Blei entwickelt, entspricht der Verbrennungswärme von 5000 kg Kohle. Aber die Kohle stellt diesen Energievorrat sofort zur Verfügung, die im Radium aufgespeicherte Energie dagegen könnte nur ganz allmählich, d. h. im Laufe von Jahrtausenden ausgenutzt werden. Daß es einmal gelingen könnte, den Zerfall zu beschleunigen und so die Wärmeentwicklung radioaktiver Stoffe praktisch nutzbar zu machen, erscheint zur Zeit fast ausgeschlossen.

Obwohl die radioaktiven Stoffe in der Erdkruste nur spärlich vertreten sind — auf etwa 1 kg Erdsubstanz kommen 10^{-12} g Radium —, spielen sie bei der Erhaltung und Verteilung der inneren Erdwärme eine große Rolle. Der Wärmeverlust der Erde durch Ausstrahlung in den Weltenraum wird schon dann gedeckt, wenn die Erdrinde bis zu etwa 20 km Tiefe radioaktive Substanzen im angegebenen Betrag enthält.

Zählung von α-Teilchen. Zwei Methoden sind bekannt, einzelne α-Teilchen zu *zählen*, eine elektrische und eine optische. Beide Methoden haben unsere Kenntnis vom Wesen der α-Strahlen und vom *Bau* der Atome wesentlich vertieft. Der elektrische Zähler, der sich bereits zu einem einfachen Meßinstrument entwickelt hat, beruht auf dem Prinzip, den an sich kleinen Ionisationseffekt eines α-Teilchens durch Stoßionisation (S. 424 o.) zu vergrößern. In das etwa 2 cm weite Messingrohr A (Abb. 511) ist durch den Hartgummistopfen E ein spitz zulaufender Draht D axial eingeführt. Die Spitze

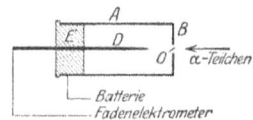

Abb. 511. Zählung von α-Teilchen.

liegt etwa 1 cm vor der Scheibe B, die das Rohr A abschließt. Durch eine Öffnung O in der Mitte der Scheibe können die zu zählenden Strahlen in den Ionisierungsraum eintreten. Das Messingrohr wird mit dem negativen Pol einer Akkumulatorenbatterie von etwa 1200 Volt leitend verbunden, der Draht D führt zu einem *Faden*elektrometer, das ähnlich wie ein Goldblattelektrometer konstruiert ist. Führt man dem Faden elektrische Ladung zu, so wird er von einer benachbarten Platte angezogen. Diese Bewegung kann man entweder direkt im Mikroskop beobachten oder auch photographisch registrieren. (Das Fadenelektrometer hat vor dem Goldblatt- und dem Quadrantelektrometer den Vorzug, daß es sich sehr rasch einstellt, was für den vorliegenden Zweck wichtig ist.)

Tritt durch O ein α-Teilchen in den Zähler, so erzeugt es dort eine kleine Zahl von positiven und negativen Ionen. Die negativen Ionen wandern auf die

Spitze zu und werden dabei sehr stark beschleunigt, da die elektrische Feldstärke in der Nähe einer Spitze sehr hohe Werte erreicht. Jedes einzelne Ion erzeugt daher auf seinem Weg zur Spitze beim Zusammenstoß mit den Gasmolekülen viele Hunderte von neuen Ionen, und auch diese vermehren sich in derselben Weise weiter. Man kann so die an sich sehr kleine primäre Ionisation eines α-Teilchens auf das Millionenfache vergrößern, so daß über die Spitze D dem Elektrometer eine Ladung zufließt, die groß genug ist, um einen deutlichen Ausschlag des Fadens hervorzurufen. Damit nach dem Eintritt eines α-Teilchens in den Zähler der Faden wieder in die Nullage zurückkehrt, ist er dauernd durch einen sehr hohen Widerstand zur Erde abgeleitet, durch den die Ladung abfließt.

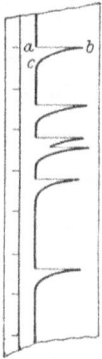

Abb. 512 zeigt eine photographische Registrierung einer α-Strahlung. Der Registrierstreifen lief gleichförmig von unten nach oben und wurde beim Vorbeigleiten an dem Elektrometer belichtet. Traten keine α-Teilchen in den Zähler ein, so markierte sich der Elektrometerfaden als ein parallel zum Rande des Streifens verlaufender Strich. Bei Eintritt eines α-Teilchens sprang der Faden nach rechts ($a \rightarrow b$) und glitt dann entsprechend dem Ladungsabfluß durch den Widerstand in seine normale Lage zurück ($b \rightarrow c$). Die linke Seite des Streifens zeigt Sekundenmarken. Man ersieht, wie unregelmäßig die einzelnen α-Teilchen einander folgen. Nach längerer Pause erscheinen oft zwei oder drei Teilchen dicht nacheinander — sehr begreiflich, da die Atome unabhängig voneinander zerfallen. Die Angabe, 1 mg Uran sendet pro Minute 1380 α-Teilchen aus, ist als statistischer *Mittel*wert aufzufassen. Die tatsächliche Zahl der Teilchen während einer einzelnen Minute kann erheblich vom Mittelwert abweichen. Nur Zählungen über lange Zeit geben zuverlässige Mittelwerte.

Abb. 512.
Photographische Registrierung einer α-Strahlung.

Nun zur optischen Zählmethode. Nähert man ein radioaktives Präparat, das α-Strahlen aussendet, bis auf einige Zentimeter einem Schirm, der mit phosphoreszierendem Zinksulfid bedeckt ist, so leuchtet er hell auf. Das Leuchten ist nicht gleichmäßig, es besteht, wie man mit der Lupe erkennt, aus kurzen Lichtblitzen (Szintillationen). Diese in dauerndem Wechsel aufblitzenden Szintillationen gleichen in ihrer Gesamtheit einem wogenden Sternenmeer. Die ausgeschleuderten Atome erregen durch die Wucht ihres Aufpralls die Kristalle zu blitzartigem Aufleuchten. Man kann das an jeder mit *Leuchtziffern* versehenen Uhr beobachten. Denn diese Ziffern bestehen aus Zinksulfid, dem eine winzige Menge radioaktiver Substanz, meist Radiothor, beigemengt ist. Viele Tausende von Lichtpünktchen sieht man aufblitzen, und jedes einzelne gibt Kunde von dem Zerfall eines Atoms und der Bildung eines neuen Atoms. Und wie sie bald hier, bald dort sich häufen, spiegeln sie die Schwankungen wider, denen der radioaktive Zerfall unterworfen ist. Die Zählung von Szintillationen bietet durch ihre Einfachheit ein wichtiges Hilfsmittel zur Erforschung der Natur der α-Strahlen.

Halbwertszeit des Radiums. Bei vielen radioaktiven Substanzen kann man die Halbwertszeit durch Messung der Aktivitätsabnahme ermitteln (S. 427), bei anderen, z. B. beim Radium, ist dieser Weg nicht gangbar, da der Zerfall viel zu langsam vor sich geht, mit den Zählmethoden aber kommt man zum Ziele. An dem einen Ende eines langen Rohres R (Abb. 513) befestigt man eine genau abgewogene Menge M reinstes Radium, an dem andern Ende den Zähler Z. Damit die von M ausgehenden α-Teilchen in den Zähler gelangen können, muß das Rohr R luftleer sein. Da aber der Zähler nur wirksam ist, wenn er Luft enthält, ist die Eintrittsöffnung O mit einem ganz dünnen Glimmerblättchen über-

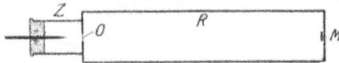

Abb. 513. Zählung der von 1 g Radium in jeder Sekunde ausgesandten α-Teilchen.

klebt, das einen luftdichten Abschluß zwischen R und Z herstellt, aber die
α-Teilchen ungehindert hindurchtreten läßt. Beträgt die Oberfläche der Öffnung
A cm² und ihr Abstand vom Präparat r cm, so ist die Zahl der pro Sekunde in den
Zähler eintretenden α-Teilchen gleich $N \cdot A/4 r^2 \pi$, wenn mit N die Gesamtzahl
der in der Sekunde von dem Präparat ausgehenden α-Teilchen bezeichnet wird.
Denn durch 1 cm² senkrecht zur Strahlrichtung und im Abstand r vom Präparat
gehen pro Sekunde $N/4 r^2 \pi$ α-Teilchen, da ja bei ungehinderter Strahlenbahn
die Gesamtzahl N der emittierten Teilchen sich gleichmäßig über die ganze
Kugeloberfläche verteilen muß. *Zählt* man also die pro Sekunde durch O in den
Zähler eintretenden α-Teilchen, so kann man hieraus die *Gesamt*zahl N aller von
dem Präparat ausgesandten α-Teilchen ableiten.

Aus Versuchen dieser Art fanden RUTHERFORD und GEIGER, daß 1 g
Radium in reinstem Zustand frei von allen seinen Zerfallsprodukten,
Emanation, Radium A usw., jede Sekunde $3,4 \cdot 10^{10}$ α-Teilchen aussendet.
(Ebenso groß ist die Zahl der Atome, die sich in 1 g Radium in jeder
Sekunde umwandeln.) Hieraus ergibt sich die Halbwertszeit: wir wissen,
1 g Wasserstoff enthält $6,06 \cdot 10^{23}$ Atome. Radium hat aber ein 222 mal
größeres Atomgewicht als Wasserstoff, daher enthält 1 g Radium $1/_{222} \cdot 6,06 \cdot 10^{23}$
$= 2,27 \cdot 10^{21}$ Atome. In jeder Sekunde zerfallen $3,4 \cdot 10^{10}$ Atome, das ist
der $1,25 \cdot 10^{-11}$te Teil der Gesamtmenge. Aus dieser Zahl ergibt sich, daß
1730 Jahre verstreichen, bis 0,5 g Radium zerfallen ist. Die Halbwertszeit
von Radium beträgt also 1730 Jahre.

5. Elektromagnetismus und Magnetismus.

Wechselwirkung zwischen Magnet und stromdurchflossenem Leiter. Die
Wärmewirkungen und die chemischen Wirkungen des elektrischen Stromes
spielen sich *in der Strombahn* ab. Wir kommen jetzt zu Wirkungen *außerhalb
der Strombahn.* Wie die ruhende Elektrizität ihr elektrisches Feld hat, so auch
die bewegte; die *Nachbarschaft* eines stromdurchflossenen Leiters übt scheinbare
Fernwirkungen aus: in erster Linie auf benachbarte Magnetnadeln. Die Magnetnadel (S. 437 m.) hat an jedem Punkte der Erdoberfläche eine bestimmte Richtung
(in einem bestimmten *magnetischen Meridian*), und wenn man sie gewaltsam in
eine andere dreht und dann losläßt, kehrt sie stets in die ursprüngliche zurück.
Offenbar hält eine Kraft (der Erdmagnetismus, S. 439 u.) die Nadel im magnetischen Meridian; sie daraus abzulenken, erfordert daher Arbeit. Arbeit dieser Art
kann der elektrische Strom leisten: er lenkt die Nadel ab (entdeckt von OERSTEDT),
leistet somit das, was sonst nur ein Magnet leistet —
kurz: strömende Elektrizität *übt magnetische Kräfte*
aus. Für die *Richtung*, in die der Strom die Nadel
dreht, gilt folgende Regel: Man denke sich in dem
Stromleiter schwimmend, *mit* dem Strome, den
Kopf *voran*, das Gesicht *zur* Nadel gewendet: man
hat dann den Nordpol der abgelenkten Nadel zur
linken Hand (Schwimmregel nach AMPÈRE). Kompensiert man den Einfluß des Erdmagnetismus

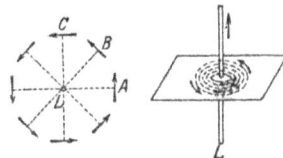

Abb. 514. Kraftfeld des elektrischen
Stromes.

dadurch, daß man einen anderen in bestimmter Weise gerichteten Magneten
in die Nähe der Nadel bringt, so gehorcht sie nur der ablenkenden Kraft des Stromes
uneingeschränkt. Trägt man um den Stromleiter herum, so stellt sie sich
stets quer zu ihm, den Nordpol voran, wie es die Schwimmregel beschreibt.
Abb. 514 zeigt das für einen auf der Ebene der Zeichnung senkrechten Leiter,
L ist sein Durchschnitt mit ihr.

Der Nordpol der Nadel (die Pfeilspitze) erfährt also einen Antrieb zum Umlauf um den Stromleiter; ebenso der *Südpol*, aber in der Richtung, die der Umlaufrichtung des Nordpoles entgegengesetzt ist. Ist der Strom-

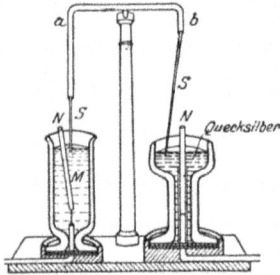

Abb. 515. Apparat von FARADAY zum Nachweise der *a)* Rotation eines Magneten *M* um einen stromführenden Leiter *S*, *b)* Rotation eines stromführenden Leiters *S* um einen Magneten *N*.

leiter sehr biegsam, etwa ein langer schmaler Streifen Rauschgold, der neben einem vertikalstehenden Magnetstab hängt, so windet sich, wenn man den Strom schließt, der Streifen um den Magneten, die *Enden* des Streifens nach *einander entgegengesetzter* Richtung den entgegengesetzten Polen entsprechend. Jeder Pol wirkt also *für sich* und nicht nur, weil er mit dem entgegengesetzten verbunden ist, auf den stromdurchflossenen Leiter. Dem Satz von der Gleichheit der Wirkung und der Gegenwirkung entsprechend, muß auch der Magnet *auf den Strom* wirken. Der Pol strebt, den Stromleiter im Kreise um sich herumzuführen, wie der Stromleiter es mit ihm getan hat: in der Anordnung Abb. 515 *b* steht der Magnet fest, und der *Stromleiter ist beweglich* (FARADAY).

Schließt man den Strom, so beschreibt der Leiter um den Magnetpol einen Kegelmantel. In der Anordnung Abb. 515 *a*, in der *M* den Magneten bedeutet und *S* und das Quecksilber den Stromleiter bilden, kreist der Nordpol *N* — der Südpol liegt fest — in der der Schwimmregel entsprechenden Richtung um *S*.

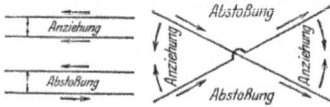

Abb. 516.   Abb. 517.
Gegenseitige elektrodynamische Einwirkung
zweier stromführender Leiter.

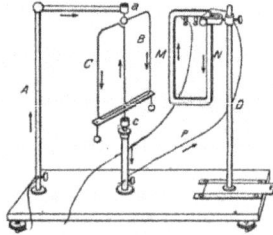

Abb. 518. Ampèregestell (CB).

Wechselwirkung zwischen stromdurchflossenen Leitern. Das volle Verständnis für die Wechselwirkung zwischen Magneten und elektrischen Strömen gewinnen wir erst, wenn wir die gegenseitige Einwirkung *zweier Ströme* aufeinander untersuchen (AMPÈRE, 1820). Elektrische Ströme wirken anziehend oder abstoßend aufeinander *(elektrodynamisch)* je nach ihrer Richtung zueinander (Abb. 516): parallele Ströme *gleicher* Richtung ziehen einander an; *anti*parallele Ströme stoßen einander ab. Der als AMPÈREsches Gestell bezeichnete Apparat zeigt das gut (Abb. 518): ein in den Lagern *a* und *c* drehbarer Rahmen *BC* wird im Sinne der Pfeile vom Strom durchflossen. Ein zweiter, ebenfalls stromdurchflossener Rahmen *MN* ist in seiner Nähe parallel zu ihm fest aufgestellt. Dreht man den beweglichen Rahmen so, daß *B* und *M* einander nahekommen, so beobachtet man Abstoßung, zwischen *C* und *N* findet man Anziehung.

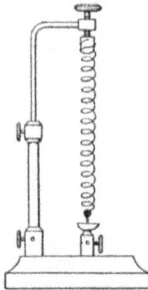

Abb. 519. Die Windungen einer stromführenden Schraubenfeder ziehen einander an.

Daß *gleich*gerichtete Ströme einander *anziehen*, zeigt Abb. 519, eine sehr dünne, elastische, stromdurchflossene, vertikal hängende Schraubenfeder, deren unteres Ende — durch ein Gewicht beschwert, um die Feder zu spannen — frei beweglich in Quecksilber taucht. Feder und Quecksilber bilden einen Stromkreis. In allen Windungen ist die Stromrichtung dieselbe, die Windungen ziehen daher einander an, die Spirale verkürzt sich, zieht das bewegbare Ende trotz der Belastung aus dem Quecksilber heraus und unterbricht den Strom. Die Spirale folgt nun dem Zuge des Gewichtes, taucht wieder in das Quecksilber, und das Spiel beginnt aufs neue.

Stromführende Leiter, die einander kreuzen, Abb. 517, ziehen einander an, wenn sie *beide* zu dem Kreuzungspunkte *hin-* oder *beide* von ihm *weggehen.* Geht der eine zu ihm hin, der andere davon weg, so stoßen sie einander ab.

Auf der Wechselwirkung stromdurchflossener Leiter beruht das Elektrodynamometer zur Messung von Stromstärken (Abb. 520). V bedeutet einen feststehenden, drahtumwickelten Rahmen, W einen ebensolchen Rahmen, der in den Lagern B und C drehbar ist. Beide Rahmen sind zu einem Stromkreis $2VBWC1$ verbunden. Stromlos steht der Rahmen W, unter der Einwirkung einer Torsionfeder F rechtwinklig zum Rahmen V. Stromdurchflossen sucht er sich so zu drehen, daß die in demselben Sinn durchflossenen Leiterteile nebeneinanderliegen. Diese Drehung tordiert die Feder F mehr oder weniger stark. Die Ruhelage tritt dann ein, wenn die Spannung der Feder

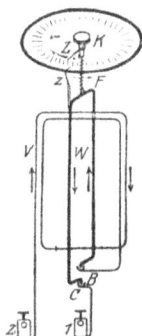

Abb. 520.
Elektrodynamometer
zur Strommessung.

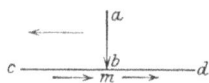

Abb. 521.

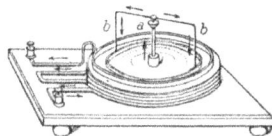

Abb. 522.

Bewegung eines stromführenden beweglichen Leiters längs eines feststehenden.

der elektrodynamischen Wirkung zwischen den Rahmen das Gleichgewicht hält. Ein mit W verbundener Zeiger z gibt die Stromstärke auf einer nach empirisch geeichten Skala an. Die Ausschlagsrichtung bleibt auch bei Änderung der Stromrichtung dieselbe, daher eignen sich diese Instrumente für Messungen an Wechselströmen.

Ein beweglicher Stromleiter kann sich auch an einem feststehenden *entlang* verschieben (Abb. 521). Die Teile des Stromleiters rechts von m müssen den Stromleiter ab abstoßen, die links von m ihn anziehen, daher muß er sich längs cd nach c hin verschieben. Der bewegliche Bügel b (Abb. 522) rotiert deshalb, d. h. er verschiebt sich an der feststehenden, um das Quecksilbergefäß gehenden Spirale.

Abb. 523. Solenoid.

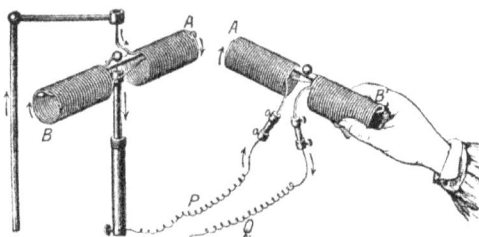

Abb. 524. Stromführendes Solenoid als Magnet.

Solenoid. Elektromagnet. Die *Umgebung eines elektrischen Stromes* wirkt also wie die eines Magneten. Besonders deutlich, wenn der Leiter ein *Solenoid*[1] bildet, einen Schraubendraht, dessen Windungen einander in ihrer Wirkung unterstützen (Abb. 523). Ein Solenoid, dessen Windungsachse um eine Vertikale drehbar ist (Abb. 524), stellt sich wie eine Magnetnadel ein, die Windungsfläche rechtwinklig zum magnetischen Meridian. Seine Achse entspricht der einer Magnetnadel, der *Süd*pol B liegt nach derjenigen Seite, von der aus gesehen der Strom im Sinne des deutsch *geschriebenen* großen $\mathcal{D}$, d. h. im Uhrzeigersinne, die Achse umfließt.
— Zwei Solenoide verhalten sich gegeneinander wie zwei Magnete gleichnamige Enden stoßen einander ab, ungleichnamige ziehen einander an — sehr begreif-

---

[1] σωλήν = Röhre.

lich, denn liegen zwei Solenoide mit den gleichnamigen (ungleichnamigen) Enden
A und A' beieinander (Abb. 524), so liegen Leiterteile nebeneinander, in denen
die Ströme einander entgegengesetzt (gleich) gerichtet sind, also einander abstoßen (anziehen). Ein Solenoid verhält sich auch einem *Magneten* gegenüber
ebenso, wie sich ein Magnet einem anderen gegenüber verhält. Der Nordpol
des Magneten zieht den Südpol des Solenoids an und stößt den Nordpol des
Solenoids ab; und entsprechend die anderen Pole. AMPÈRE schloß daher auf
eine Ähnlichkeit des Magneten mit einem Solenoid. Nach seiner Hypothese,
sollte auch das von magnetischen Körpern ausgehende magnetische Feld von
Strömen erzeugt sein, die im Innern der Molekeln verlaufen (AMPÈRESche
Molekularströme). Das Vorhandensein der Molekularströme ist experimentell

Abb. 525. Magnetisierung eines Eisenstabes durch elektrischen Strom.

nachweisbar (EINSTEIN und DE HAAS, 1915).
Hiermit stimmt überein, daß ein *unmagnetischer*
Eisenstab, um den man einen Solenoidstrom
schickt (Abb. 525), *zum Magneten*, ein *Elektromagnet* wird.

Die magnetische Wirkung eines Solenoids läßt sich dadurch wesentlich verstärken, daß man einen unmagnetischen Eisenstab hineinführt und diesen zu
einem Elektromagneten macht. Der Elektromagnet ist die Grundlage zahlloser
Apparate, die von einem beliebig weit weg liegenden Punkte aus (an dem man
einen Stromkreis schließt) in Tätigkeit gesetzt werden, um mechanische Arbeit
zu leisten. Dahin gehört z. B. die Regulierung weit voneinander entfernter
Uhren von der Normaluhr einer Sternwarte aus, die Betätigung eines Signal-
läutewerkes mitten auf einer Bahnstrecke von der Station aus oder der Betrieb
des elektrischen Schreibtelegraphen von einem fernen Orte aus. Überall ver-
richtet die Erregung eines Elektromagneten die Arbeit: das eine Mal greift der

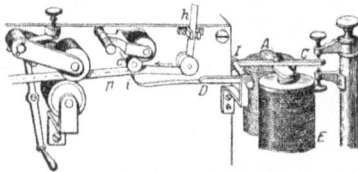

Abb. 526. Elektromagnetischer Schreibtelegraph.
E der Magnet, c die Schreibwalze, gegen die der
Stift i den Papierstreifen hp andrückt.

von ihm betätigte Mechanismus in ein
Uhrwerk ein, das andere Mal schwingt
er einen Hammer periodisch gegen eine
Glocke, das dritte Mal setzt er einen
Schreibmechanismus in Bewegung.

Der gebräuchliche Telegraphenapparat (Abb.
526) war bis um 1900 der MORSE-Schreiber (1844).
E ist der Elektromagnet, den der ankommende
Strom erregt. So oft und so lange er erregt wird,
zieht er den Anker A an und drückt durch den
Winkelhebel CID den Papierstreifen hp gegen

die mit Schreibfarbe bedeckte Rolle c. Je nachdem er nur kurze oder längere Zeit erregt
wird, ruft er so auf dem Papier die Punkte oder Striche hervor, die das *Morsealphabet*
bilden, z. B. · — — = a; — — · · · = b usw. In dem Rhythmus, in dem der Telegraphierende
mit dem Taster den Stromkreis schließt und wieder öffnet, schreibt der Morseapparat
Punkte und Striche in den verschiedenen Kombinationen nieder. An die Stelle des Schreib-
apparates trat allmählich der *Typendrucker* (HUGHES). Die Unterseetelegraphie benützt ein
sehr empfindliches Galvanometer (WILLIAM THOMSON), in dem ein feines Glasröhrchen
nach links oder nach rechts abgelenkt wird, das Tintentröpfchen in sehr feinem Strahl auf
den Papierstreifen spritzt, neuerdings aber auch den Druckapparat.

Magnetismus. Die Elektromagnete sind künstliche Magnete. Es gibt auch
natürliche — der Magneteisenstein, ein Eisenerz, besitzt die bekannten „magnetischen" Eigenschaften, Eisen und Stahl anzuziehen —, aber an den natürlichen
Magneten interessiert uns nur die Tatsache ihrer Existenz. Ihre magnetischen
Wirkungen verschwinden gegenüber den Kräften, die künstliche Magnete ausüben können, seitdem man durch *Elektro*magnete (s. o.) sehr starken
Magnetismus erzeugen kann, ein Elektromagnet, der das Gewicht eines Menschen
tragen kann, hat noch mäßige Dimensionen. Die von einem Magneten angezo-

genen Eisenstücke werden durch Berührung mit ihm und noch mehr, wenn man sie mit dem Magneten immer in derselben Richtung bestreicht, selber magnetisch: sie werden ebenfalls zu künstlichen Magneten.

Ein stabförmiger Magnet ist an den Enden am stärksten magnetisch, nach der Mitte zu schwächer und in der Mitte unmagnetisch. Das beweist z. B. sein Aussehen (Abb. 527), nachdem er in Eisenfeilspäne eingetaucht und dann herausgezogen worden ist. Je länger er ist im Verhältnis zu seinem Querdurchmesser, d. h. je mehr sich seine Form der Nadelform nähert, desto mehr scheint dies Maximum seiner Fähigkeit, Eisen anzuziehen, in zwei Punkten zu liegen, seinen *Polen* (bei stabförmigen Magneten ungefähr um $1/12$ der Stablänge von den Enden entfernt). Die Gerade, auf der die Pole liegen, nennt man die *Achse* des Magneten.

Abb. 527. Natürlicher Magnet (mit Eisenfeilicht).

Unterstützt man einen nadelförmigen Magnet derart (Abb. 528), daß sich seine Achse in der Horizontalebene frei drehen kann, so stellt er sich in eine bestimmte Richtung. Wenn man ihn gewaltsam daraus entfernt und wieder losläßt, kehrt er immer wieder dahin zurück. Ja sogar, wenn man ihn zwar in diese Richtung bringt, aber dasjenige Ende nach vorn, das vorher nach hinten gezeigt hat, dreht er sich, losgelassen, in die frühere Lage (um 180°). Die Richtung ist *annähernd* Nord-Süd. Man nennt deswegen den einen Pol, den nordsuchenden, kurz: den Nordpol, den andern den Südpol. Die Drehkraft, die die Nadel in die frühere Richtung zurückdreht, entspringt der Einwirkung des *Erd*magnetismus. Daß wirklich nur Drehkräfte auftreten, folgt z. B. daraus, daß ein Magnet,

Abb. 528. Magnetnadel (um vertikale Achse drehbar).

der auf Wasser schwimmt (Abb. 529), nur in den magnetischen Meridian *gedreht*, aber nicht nach dem Rande des Gefäßes *gezogen* wird. Seiner richtungsuchenden Eigenschaft wegen dient der Magnet als *Kompaß*, in der Form der auf einer Spitze (Pinne) schwebenden in der Horizontalebene drehbaren, mit einer Kreisteilung verbundenen Magnet*nadel* (Abb. 528).

Seetüchtig ist nur die mit der Kreisteilung, der Rose, *fest* verbundene Magnetnadel, die Rose bleibt fest im Raum, das Schiff bewegt sich um sie, der Kompaßkessel besitzt in der Kiellinie eine Marke, deren Stellung am Rand der Rose unmittelbar den augenblicklichen Schiffkurs angibt. Um den Schiffsschwankungen entzogen zu sein, ist der Kompaß kardanisch aufgehängt. In dem auf dem Lande gebrauchten Dosenkompaß (Bussole) bewegt sich die Nadel wie ein Zeiger über einer am Rande der Dose angebrachten Teilung.

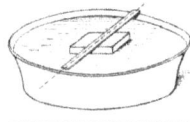

Abb. 529.
In der Horizontalebene frei beweglicher Magnet (früheste Kompaßform).

Grundgesetz der Kraftwirkung zwischen zwei Magneten. Nord- und Südpol verhalten sich in gewissem Sinne ähnlich zueinander wie positive und negative Elektrizität. Bringt man zwei Magnetnadeln unmittelbar nebeneinander, so stoßen die gleichnamigen Pole einander ab (der Nordpol den Nordpol, der Südpol den Südpol), die ungleichnamigen, Nordpol und Südpol, ziehen einander an. Man erinnere sich nun an das, was S. 358 über die gegenseitige Einwirkung gleichnamiger und ungleichnamiger Elektrizitäten gesagt worden ist, und denke sich für Elektrizität Magnetismus gesetzt und den Nordmagnetismus als Seitenstück zur positiven Elektrizität, den Südmagnetismus zur negativen. Man versteht dann ohne weiteres den Sinne des *Grundgesetzes* (Coulomb, 1785), das sich in der Formel ausspricht: $K = \pm \dfrac{m_1 \cdot m_2}{r^2}$. Das Gesetz sagt aus: Zwei Pole, die die Magnetismusmengen m_1 und m_2 enthalten, wirken mit einer Kraft K aufeinander, die den Magnetismusmengen direkt proportional und dem Quadrat des gegenseitigen Abstandes umgekehrt proportional ist — abstoßend oder anziehend, je nachdem ihre Magnetismusarten gleichnamig oder ungleichnamig sind. Die *Einheit* der Magnetismusmenge finden wir so: gegeben seien zwei einander gleich starke Pole im Abstand von 1 cm voneinander; wirken sie mit der Kraft 1 aufeinander, d. h. mit 1 dyn, so schreiben wir jedem von beiden die Einheit der Magnetismusmenge zu (Einheitspol). Die magnetische Kraft an irgendeiner Stelle wird gemessen durch die Zahl der Krafteinheiten (dyn), mit der sie auf einen an dieser Stelle befindlichen Einheitspol einwirkt. Ist m die Magnetismusmenge in jedem der Pole eines Stabmagneten, l der gegenseitige Abstand der Pole, so ist sein *magnetisches Moment* $m \cdot l$; es entspricht dem Moment eines Kräftepaares.

Man kann (zur Prüfung des Gesetzes) natürlich nicht zwei einzelne Pole schaffen, wie man zwei einzelne elektrisch geladene Körper schaffen kann. Man erreicht aber nahezu dasselbe mit zwei sehr langen und sehr dünnen Magnetstäben (COULOMB). Ihre magnetische Wirkung konzentriert sich auf das äußerste Ende, die übrige Länge ist nahezu indifferent. Man kann z. B. die Südpole der beiden Magnete einander nähern und ihre Wechselwirkung untersuchen, ohne daß dabei die (infolge der großen Stablänge weit entfernten) Nordpole stören.

Magnetische Kraftlinien. Das Grundgesetz der Kraftwirkung zwischen zwei Magnetpolen hat genau die Form wie das entsprechende Gesetz (S. 358) für die elektrischen Ladungen. Durch Überlegungen, die früher (S. 359) angestellten analog sind, kommen wir daher auch hier zum *magnetischen* Potential, der Niveaufläche des *magnetischen* Potentials und vor allem zu den *magnetischen* Kraftlinien (FARADAY). Die Kraft-

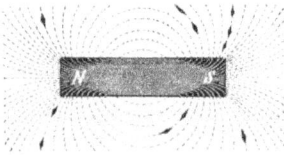

linien in ihrer Gesamtheit charakterisieren das magnetische Feld. Mit dessen Eigenschaften werden wir uns zunächst beschäftigen.

Abb. 530a.   Abb. 530b.
Die Kraftlinien im Felde eines Magneten.

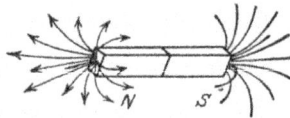

Bringt man einen kleinen Magnetpol als Prüfkörper an irgendeine Stelle im Felde, so wirkt eine gewisse Kraft auf ihn: ihre Richtung wird durch die *Richtung* der Kraftlinien anschaulich gemacht, ihre Größe durch die *Dichte* der Kraftlinien an jener Stelle des Feldes. Die Kraftlinien sind nur Gebilde unserer Vorstellung, trotzdem kann man sie sichtbar machen. NS sei ein Stabmagnet, und in seiner Nähe eine kleine Magnetnadel, beide in der Ebene der Zeichnung (Abb. 530a). Die Pole des Magneten und die Pole der Nadel wirken aufeinander, und die Nadel stellt sich in die Richtung der resultierenden Kraft, die auf sie wirkt, diese Richtung ist die Richtung der Kraftlinie an jener Stelle. Ist das ganze Feld mit Magnetnadeln besetzt, so übersehen wir den Verlauf der Kraftlinien mit einem Blick. (Wir sehen hierbei ab von der Wechselwirkung der Nadeln *aufeinander*.)

Um die Kraftlinien sichtbar zu machen, benützt man Eisenfeilspäne, sie werden unter dem Einfluß des Magneten selber magnetisch und ordnen sich dann ähnlich an wie die Magnetnadeln. Man legt z. B. ein Blatt Papier auf den Magneten und bestreut es mit Hilfe eines Siebes mit Eisenfeilspänen, während man sanft auf das Blatt klopft.

Man muß bedenken, daß solche Kraftlinien nach *allen* Richtungen in den Raum treten (Abb. 530b), eine Kraftlinienzeichnung, wie Abb. 530a, uns also nur über die Kraftrichtungen in derjenigen Ebene unterrichtet, die wir als Zeichnungsebene durch das Feld des Magneten gelegt haben.

Magnetische Feldstärke, gemessen an der Dichte der Kraftlinien. Abb. 530a zeigt, daß dicht bei dem Magneten, also dort, wo die Kraft am größten ist, die Kraftlinien am dichtesten, weiter ab, wo die Kraft schwächer ist, weniger dicht beieinanderliegen. Die *Dichte* der Kraftlinien an einer Feldstelle kann als Maß für die Kraft an dieser Stelle dienen; unter Dichte die Anzahl Kraftlinien verstanden, die durch einen *senkrecht* zur Kraftlinienrichtung gelegten Querschnitt von der Größe 1 cm² hindurchgeht. (Man darf in diesen Kraftlinien nicht etwa irgendwelche reellen Gebilde sehen. Die Kraft um einen Magnetpol ist immer gleichmäßig — strenger: stetig — verteilt und keineswegs auf irgendwelche Linien konzentriert. Nur die Anschaulichkeit, die dem Kraftlinienbild innewohnt, rechtfertigt es, das stetige Kraftfeld in der Vorstellung durch das unstetige Linienfeld zu ersetzen.)

Wir können die Feldstärke an einer gegebenen Stelle mit Hilfe der Kraftlinienzahl ausdrücken: Rings um einen Einheitspol herrscht im Abstand 1 cm von ihm überall die Kraft 1 dyn. Die Kugelfläche mit dem Radius 1 cm um den Einheitspol als Mittelpunkt hat eine Größe von $4\,\pi \cdot 1^2 = 4\,\pi$ cm². Teilen wir nun die vom *Einheits*pol ausgehenden Kraftlinien in $4\,\pi$ Büschel (Induktionsröhren nennt sie FARADAY) so trifft auf jedes cm² im Abstand 1 cm ein Kraftlinienbüschel. Der Anschaulichkeit halber denkt man sich nun jedes einzelne Büschel durch die in seiner Mitte verlaufende Kraftlinie vertreten[1]. Im Abstand 1 cm vom Einheitspol geht dann also gerade *eine* Kraftlinie durch eine senkrecht zu ihrer Richtung gelegte Fläche von 1 cm². Von einem Pol der Stärke m sollen $4\,\pi\,m$ Linien ausgehen. Im Abstand 1 von diesem Pol gehen dann m Linien durch 1 cm² in Übereinstimmung mit dem COULOMBschen Gesetz, nach dem an dieser Stelle eine Kraft vom m dyn herrscht. Denken wir uns nun auch im Abstand 2 cm eine Kugelfläche um den Pol gelegt, so hat diese eine Größe von $4\,\pi \cdot 2^2$ cm². Durch jedes cm² dieser Fläche gehen von den $4\,\pi \cdot m$ Linien nunmehr $\dfrac{4\,\pi \cdot m}{4\,\pi \cdot 2^2} = \dfrac{m}{4}$ Linien, d. h. im Abstand 2 cm ist die Liniendichte auf $^1/_4$ gesunken oder allgemeiner im Abstand r auf $1/r^2$. Im selben Verhältnis hat aber auch die Kraft nach dem COULOMBschen Gesetz in diesem Abstand abgenommen.

Wir können also folgendes sagen: Wenn von einem Pol, der die Stärke m hat, $4\,\pi\,m$ Kraftlinien ausgehen, so ist an allen Stellen des Feldes die *Kraft* numerisch gleich der Zahl der Kraft*linien*, die dort eine senkrecht zum Linienlauf gestellte Fläche von 1 cm² durchsetzen. Die Kraftliniendichte ist also ein Maß für die Feldstärke. Für die Einheit der Feldstärke hat man die Bezeichnung Gauß eingeführt. „Ein Feld von 100 Gauß" besagt, daß an dieser Stelle 100 Kraftlinien senkrecht durch 1 cm² hindurchgehen bzw. auf den Einheitspol eine Kraft von 100 dyn wirkt.

Ist die Stärke eines Poles $m = 1000$ Magnetismuseinheiten, und ist $r = 10$ cm, so ist die Zahl der von diesem Pol ausgehenden Kraftlinien $n = 4\,\pi \cdot m = 4 \cdot 3{,}14 \cdot 1000 = 12\,560$, also die Kraftliniendichte B in 10 cm Abstand

$$B = \frac{n}{4\,\pi r^2} = \frac{12\,560}{1256} = 10\,,$$

d. h. auf 1 cm² jener Feldstelle treffen 10 Linien. Ebenso ist die Kraft nach dem COULOMBschen Gesetz an jener Stelle:

$$\frac{m_1 \cdot m_2}{r^2} = \frac{1000 \cdot 1}{10^2} = 10 \text{ dyn}.$$

Das Feld hat also in 10 cm Abstand die Stärke von 10 Gauß.

Wir haben diese Betrachtung nur für das Feld eines punktartigen Poles durchgeführt. Sie läßt sich aber auf beliebig gestaltete Magnete und auf beliebige Felder ausdehnen. Verlaufen insbesondere die Kraftlinien parallel und in gleichen Abständen voneinander, so nennt man das Feld *homogen*. Das Erdfeld z. B. kann innerhalb der für Messungen in Betracht kommenden Räume als homogen gelten. *Die Horizontalkomponente des erdmagnetischen Feldes*, die bei vielen Messungen eine große Rolle spielt, beträgt im mittleren Europa etwa 0,2 Gauß (in Berlin 0,18). Mit Elektromagneten hat man (KAPITZA 1927) Felder von etwa 320000 Gauß erreicht (in einem Raum von 2 cm³).

Erdmagnetismus. Elemente des Erdmagnetismus. (Deklination, Inklination, Horizontalintensität). Die Magnetnadel zeigt nicht *genau* nach Norden, sie weicht um einige Grad, den *Deklinationswinkel*, vom geographischen Meridian ab, an gewissen Orten nach Westen (in Berlin zur Zeit etwa 9⁰), an anderen Orten nach Osten. Die Ebene durch den Erdmittelpunkt und die Nadelrichtung heißt *magnetischer Meridian*. Derjenige Punkt der Erdkugel, auf den die Kompaßnadeln mit ihrem Nordpol zeigen, liegt im arktischen Nord-Amerika (69⁰ 18′ n. Br. 95⁰ 27′ w. L. Gr.), der entsprechende der südlichen Halbkugel in der Südsee südlich von Australien (72⁰ 25′ s. Br. 154⁰ ö. L. Gr.). Diese beiden Punkte heißen die magnetischen Pole der Erde.

---

[1] Unter $4\,\pi = 12{,}56$ Kraftlinien hat man natürlich 1256 Kraftlinien auf je 100 cm² zu verstehen.

Hängt man eine Magnetnadel im magnetischen Meridian auf, drehbar um eine horizontale Achse durch ihren Schwerpunkt, so bildet (Abb. 531) die magnetische Achse ab mit dem Horizont einen schiefen Winkel; nach *unten* zeigt auf der nördlichen Halbkugel der Nordpol, auf der südlichen der Südpol. Der

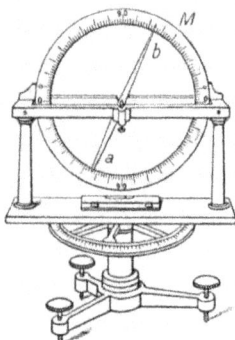

spitze Winkel zwischen dem nach *unten* geneigten Teile a der magnetischen Achse und der Horizontalebene heißt *Inklinationswinkel*. In Berlin ist die Inklination ca. 66°. Sie ändert sich (wie auch die Deklination) mit der Zeit. In nächster Nähe der magnetischen Pole der Erde steht die Nadel vertikal: die Inklination ist 90°.

Abb. 531. Inklinationsapparat (Magnetnadel um horizontale Achse drehbar).

Der Deklinations- und der Inklinationswinkel an einem Punkt der Erde geben uns die Richtung der dort herrschenden Kraft des Erdmagnetismus. In dieser Richtung zieht der Erdmagnetismus den einen Pol ebenso stark an, wie er den andern abstößt. *Totalintensität* (T) des Erdmagnetismus an dieser Stelle nennt man die Stärke, mit der er dort auf denjenigen Magneten einwirkt, der das magnetische Moment 1 hat (S. 438 o.). Zerlegt man die Kraft T in drei aufeinander rechtwinklige Komponenten, die eine vertikal nach unten gerichtet, die beiden andern senkrecht dazu in der Horizontalebene — die eine davon in der Richtung Süd-Nord, die andere in der Richtung West-Ost — so bestimmt die erste die Vertikalintensität, die beiden andern *zusammen* bestimmen die *Horizontalintensität* (H) des Erdmagnetismus. Deklination, Inklination und Horizontalintensität nennt man die Elemente des Erdmagnetismus.

Erdmagnetismus im mittleren Europa für 1910,0. (Aufstellung der deutschen Seewarte.)

Horizontalintensität in Gauß.

Nördliche Breite	Länge östlich von Greenwich										
	2°	4°	6°	8°	10°	12°	14°	16°	18°	20°	22°
45°	0,217	0,218	0,220	0,221	0,222	0,224	0,226	0,227	0,228	0,230	0,231

Mittlere jährliche Änderung: Horizontalintensität + 0,00014 bis 0,00034 CGS.

Westliche Deklination.

Nördliche Breite	Länge östlich von Greenwich												
	0°	1°	2°	3°	4°	5°	6°	7°	8°	9°	10°	11°	12°
45°	14,3	13,9	13,5	13,1	12,7	12,2	11,8	11,4	11,1	10,7	10,3	9,9	9,5

Mittlere jährliche Änderung der Deklination im Mittel für das Gebiet — 0,07.

Nördliche Inklination.

Östlich von Greenwich	Nördliche Breite										
	45°	46°	47°	48°	49°	50°	51°	52°	53°	54°	55°
5	61,2	62,2	63,0	63,8	64,6	65,3	65,9	66,5	67,1	67,7	68,3

Mittlere jährliche Änderung der Inklination — 0,02 bis — 0,05°.

Verbindet man auf der Landkarte, Abb. 532, je zwei Nachbarpunkte, in denen *eines* jener Elemente *dieselbe* Größe hat, z. B. die Horizontalintensität 0,2 Gauß beträgt, so erhält man gewisse Kurven (isomagnetische Linien), die die ganze Erdkarte durchziehen. Die wichtigsten sind: die Linien gleicher Deklination (Isogonen), gleicher Inklination (Isoklinen), gleicher Totalintensität (Isodynamen), gleicher Horizontalintensität (Horizontalisodynamen).

Die an Tausenden von Punkten der Erdoberfläche ermittelten Zahlenwerte der erdmagnetischen Elemente führen zu dem Schluß: die Erde kann als ein Magnet gelten, dessen Achse gegen die Drehachse der Erde um etwa 12° geneigt ist. Auch ein *magnetischer Äquator* existiert, auf ihm ist die Inklination Null. Die Gebiete westlicher und östlicher Deklination sind durch die Isogonen von 0^0 getrennt, die *Agonen*; es gibt gegenwärtig zwei. Die Zahlenwerte der erdmagnetischen Elemente sind *nicht* konstant, sie schwanken im Laufe der Zeit stetig (säkular, jährlich, ja sogar täglich): ausnahmsweise ändern sie sich sprungartig, stür-

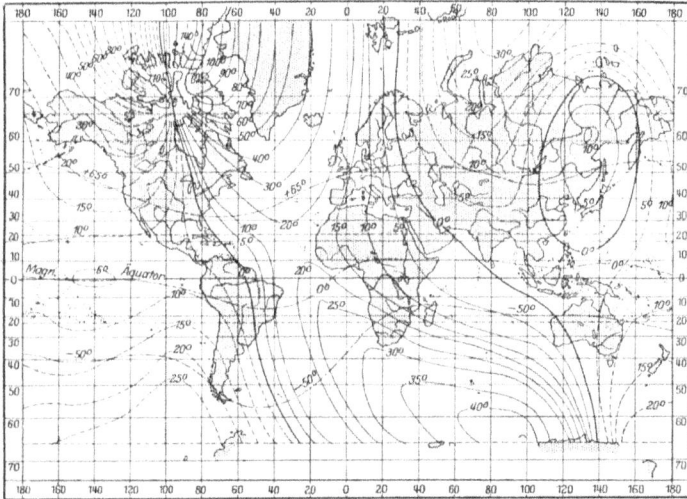

Abb. 532. ————— Linien gleicher westlicher, ·········· gleicher östlicher Deklination, —·—·—·— gleicher Inklination. Die Reisen der CARNEGIE-Institution und der deutschen Südpolarexpedition haben gezeigt, daß diese Karte, namentlich auf den Ozeanen, recht erheblicher Korrekturen bedarf.

misch (magnetische Gewitter, zusammenfallend mit stürmischen Vorgängen auf der Sonne; mit dem Erdmagnetismus hängen auch die Erdströme und die Polarlichter zusammen). Die Ermittlung der Elemente des Erdmagnetismus — anders: die planmäßige magnetische Vermessung der Erde — knüpft sich hauptsächlich an die Namen A. v. HUMBOLDT, GAUSS, v. NEUMAYER und L. A. BAUER. Der erste hat angeregt, magnetische Observatorien zu errichten, der zweite hat für die Genauigkeit der erdmagnetischen Messungen gesorgt, der dritte hat den Erdmagnetismus zu einem unerläßlichen Teil des Arbeitsplanes aller erdwissenschaftlichen Reisen gemacht, der vierte vermißt im Dienste des Carnegie-Instituts seit 20 Jahren auf einem völlig eisenfreien Schiffe vor allem die Weltmeere magnetisch, er hat viele Lücken in den erdmagnetischen Karten ausgefüllt und sehr viele Messungen alten Datums als fehlerhaft nachgewiesen und sie korrigiert.

Absolutes (erdmagnetisches) Maß der Stromstärke. Das vom Erdmagnetismus herrührende Feld läßt sich in absoluten Einheiten (c, g, s) messen, das von einem Strome herrührende Feld muß sich also ebenso messen lassen, wenn wir es mit dem erdmagnetischen *vergleichen*, d. h. *an ihm* messen können. Wir müssen auf diesem Wege zu einer *absoluten* Einheit der Stromstärke kommen (neben der technischen, die wir mit dem Silbervoltameter definiert haben).

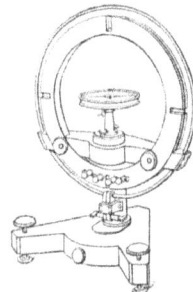

Abb. 533.
Tangentenbussole.

Die Grundlage für die absolute Strommessung bietet die Tangentenbussole (Abb. 533), ein kreisförmiger Stromleiter, dessen Ebene vertikal steht, und der eine sehr kurze in der Horizontalebene drehbare Magnetnadel umgibt. Die vertikale Drehachse der Nadel fällt mit dem vertikalen Durchmesser des Kreises zusammen, und die Drehebene der Nadel mit der Horizontalebene durch den Mittelpunkt des Kreises. Man stellt die Kreisebene des Stromleiters in den magnetischen Meridian. Die Nadel steht dann, solange der Leiter stromlos ist, auf dem horizontalen Durchmesser des Kreises. Wirkt aber außer dem Erdfelde auch ein Strom auf sie ein, so dreht sie sich in die Richtung der resultierenden Kraft, die aus der *gleichzeitigen* Wirkung des Erdfeldes und des Stromfeldes entspringt. Das Erdfeld wirkt nur mit seiner *Horizontalkomponente* H. Sie wirkt (S. 438 o.) auf den Einheitspol mit H dyn, auf jeden der Nadelpole von der Magnetismusmenge $\mathfrak{m}$ also mit $\mathfrak{m} \cdot H$ dyn. Der Hebelarm (Abb. 534), an dem sie wirkt, ist, nachdem sich die Nadel NS um den Winkel α aus dem magnetischen Meridian heraus in die Lage $N'S'$ gedreht hat, die Länge p, also $l/2 \cdot \sin\alpha$ (der Polabstand $= l$ gesetzt; bei der Lage $N''S''$ wäre der Hebelarm $= l/2$), das von der Erde herrührende Drehmoment an der Nadel ist also: $\mathfrak{m} H \cdot l \sin\alpha$. Der Ausdruck $\mathfrak{m} l$ ist *das magnetische Moment der Nadel*.

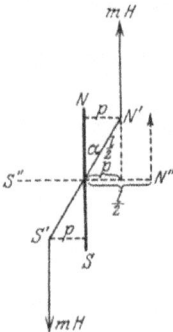

Abb. 534.
Zur Tangentenbussole
(von oben gesehen).

Und nun zu der magnetischen Kraft des Stromes. Wir berechnen sie auf Grund eines aus vielen Versuchen gewonnenen Gesetzes (BIOT u. SAVART), das uns sagt, wie groß die Kraft ist, die ein stromdurchflossenes kurzes Leiterstück — ein Strom*element* — auf einen in beliebigem Abstand davon befindlichen Magnetpol ausübt. Es sei l (Abb. 535) ein kurzes Stück eines Leiters, i die Stromstärke darin, $\mathfrak{m}$ ein Magnetpol mit der Magnetismusmenge $\mathfrak{m}$ im Abstande L von l; der Winkel zwischen den Richtungen von l und L sei φ. Die Kraft, die l auf m ausübt, ist dann proportional der Größe $\sin\varphi \cdot i \cdot \mathfrak{m} \cdot l/L^2$. Steht L senkrecht auf l, ist also $\sin\varphi = 1$, so wird die Kraft proportional $i\,\mathfrak{m}\,l/L^2$. Sie sucht (S. 433, Abb. 514) $\mathfrak{m}$ um l im Kreise herumzuführen, wirkt also senkrecht zu der Richtung L. Abb. 535 (unten) zeigt l senkrecht zur Ebene der Zeichnung, der Pfeil gibt die Richtung an, in der der Strom auf den Pol wirkt. Uns interessiert hier nur die Wirkung eines *Kreis*stromes, und zwar auf einen Pol in der Mitte des Kreises. Der Radius des Kreises sei r, die Stromstärke i, die Magnetismusmenge des Poles $\mathfrak{m}$. Man findet dann die Kraft, die der Strom auf den Pol ausübt, proportional $i \cdot \mathfrak{m} \cdot 2\pi r/r^2$ (es ist ja $l = 2\pi r$ und $L = r$), d. h. proportional $i \cdot \mathfrak{m} \cdot 2\pi/r$. Ist der Pol ein Einheitspol — an der Wirkung auf ihn wollen wir ja die Feldstärke messen —, so ist die Stärke im Mittelpunkt proportional der Größe $2\pi \cdot i/r$.

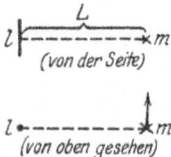

Abb. 535. Wechselwirkung zwischen Stromelement (l) u. Magnetpol (m).

Mit anderen Worten, die Feldstärke wächst in demselben Verhältnis, in dem die Stromstärke i wächst, und in dem man r verkleinert, d. h. in einem je kleineren Kreis man den Strom um den Pol herumleitet.

Dieser Zusammenhang führt dazu (W. WEBER), die *absolute Einheit der Stromstärke* zu definieren. Man denke sich einen Kreis vom Radius 1 cm und auf ihm einen Bogen von 1 cm abgegrenzt und im Mittelpunkt des Kreises den Einheitspol. Denjenigen Strom in dem Leiter nennt WEBER die *Stromeinheit*, der so stark ist, daß das Leiterstück auf den Pol eine Kraft*einheit* ausübt, oder — wenn man die Wirkung des ganzen Kreises berücksichtigt — der, wenn er den Einheitspol als Mittelpunkt im Kreise von 1 cm Radius umfließt, auf den Pol eine Kraft von 2π dyn ausübt (gleich dem Gewicht von rund 6,4 mg). Dieser Strom ist *die absolute Einheit der Stromstärke, elektromagnetisch gemessen* (elektrostatisch gemessen S. 383). Leiten wir eine absolute Stromeinheit durch ein Silbervoltameter, so scheidet sie jede Sekunde 11,18 mg Silber aus. Die Technik benützt aber nicht „die absolute Einheit" als Einheit, sondern den zehnten Teil davon. Man nennt $^1/_{10}$ absolute Einheit der Stromstärke 1 Ampere (durch das Reichsgesetz als praktische Einheit der Stromstärke festgelegt).

Die Definition der Stromstärke legt den bisher unbestimmten Proportionalitätsfaktor im BIOT-SAVART-Gesetz fest. Auf jeden *Pol* vom Magnetismus $\mathfrak{m}$

der Magnetnadel im Mittelpunkt des Kreisstromes, dessen Radius r ist, übt nun der Strom von i absoluten Einheiten der Stromstärke die Kraft $\mathfrak{m} \cdot 2\pi \cdot i/r$ dyn aus. Der Abstand dieser Kraft von der Drehungsachse der Nadel ist die Länge q (Abb. 536) $= \cos\alpha \cdot l/2$, also das Drehmoment, das die magnetische Kraft des Stromes auf die Nadel ausübt: $l \cdot \cos\alpha \cdot 2\pi i \cdot \mathfrak{m}/r$ oder (da wir $\mathfrak{m} l = M$ gesetzt haben) $\cos\alpha \cdot 2\pi i M / r$.

Da die Nadel in der Lage $N'S'$ unter der Einwirkung der beiden Kräfte (Strom, Erdmagnetismus) in Ruhe ist, so sind die Drehmomente der beiden Kräfte einander *gleich*, also $\dfrac{2\pi i}{r} \cdot \cos\alpha = M \cdot H \cdot \sin\alpha$,

daher $i = H \cdot \dfrac{r}{2\pi} \cdot \mathrm{tg}\,\alpha$. Um i in abso-luten Einheiten auszudrücken, muß man die Horizontalkomponente H des Erd-magnetismus kennen[1]. Verändern wir die Stromstärke, so verändert sich auch der Winkel α, den die Magnetnadel mit der magnetischen Ebene des Meridians bildet.

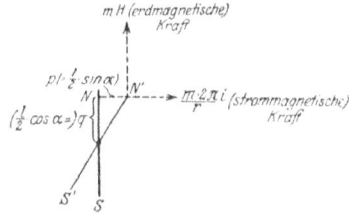

Abb. 536. Zur absoluten Strommessung.

Alles andere bleibt unverändert. Nennen wir die neue Stromstärke i_1 und den neuen Winkel α_1, so ist $i_1 = H \cdot \dfrac{r}{2\pi} \cdot \mathrm{tg}\,\alpha_1$. Aus den beiden Gleichungen folgt: $\dfrac{i}{i_1} = \dfrac{\mathrm{tg}\,\alpha}{\mathrm{tg}\,\alpha_1}$, d. h. die Stromstärken verhalten sich zueinander wie die trigono-metrischen Tangenten der Ablenkungswinkel der Nadel (daher der Name *Tan-gentenbussole*). Die Konstante $H \cdot r/2\pi$ heißt der *Reduktionsfaktor* der Tan-gentenbussole.

Galvanometer. Es gibt außer der Tangentenbussole viele ähnlich wirkende Instrumente. Ist ein solches Instrument zur genauen Messung von Strömen eingerichtet, so nennt man es *Galvanometer*, soll es nur das Vorhandensein eines Stromes anzeigen, *Galvanoskop*. Um die Empfindlichkeit der Instrumente möglichst zu steigern, benutzt man statt einer einzigen Drahtwindung eine enge Spule mit vielen Drahtwindungen, dann erzeugt auch schon ein schwacher Strom ein starkes Feld (Multiplikator). Außerdem ersetzt man die auf einer Spitze (Pinne) drehbare Nadel durch einen kleinen, an einem feinen Faden aufgehängten Magneten, dessen Drehungswinkel man durch Spiegelablesung (S. 499) genau bestimmen kann. Ferner erhöht man die Empfindlichkeit, wenn man die erdmagnetische Kraft ab-schwächt, die die Nadel in den Meridian zurückzudrehen sucht. Das erreicht man durch einen Magneten, den man in der Nähe des Instrumentes so anbringt, daß seine Kraftlinien die des Erdfeldes zum größten Teil aufheben. Man erreicht es auch dadurch, daß man das Instrument statt mit einer einfachen Nadel mit einem astatischen[2] Nadelpaar versieht, einer Doppelnadel aus zwei starr miteinander verbundenen möglichst *gleich* starken Nadeln, die parallel übereinander-liegen und mit ihren Polen entgegengesetzt gerichtet sind (Abb. 537). Die Richtkraft, die das Erdfeld auf ein solches Paar ausübt, ist gering, da es ja die beiden Magnete im entgegengesetztem Sinne zu drehen sucht. Wären die Magnete genau gleich stark, so würde das Erdfeld über-haupt keine Richtkraft ausüben können. In Wirklichkeit sind die Magnete immer etwas verschieden stark, so daß eine gewisse, wenn auch sehr schwache Richtung durch das Erd-feld eintritt. Es hätte wenig Sinn, ein astatisches Nadelpaar in einer Spule anzubringen, da diese ja auf eine so schwache Nadel nur wenig einwirken könnte. Man darf vielmehr nur den *einen* Magneten des Paares in die Spule legen (Abb. 538). Das Stromfeld kann dann auf die volle Polstärke des einen Magneten einwirken, während für das Erdfeld nur die Differenz der Polstärken der beiden Magnete in Betracht kommt.

Alle Instrumente der beschriebenen Art werden durch magnetische Streufelder, wie sie Starkstromleitungen, Straßenbahnen usw. leicht verursachen, empfindlich gestört. Man

Abb. 537. Ma-gnetnadel d. Ein-fluß des Erdma-gnetismus ent-zogen (astasiert).

Abb. 538. Multiplikator. Astasierte Magnet-nadel in einer Drahtspule.

---

[1] Im mittleren Europa beträgt sie etwa 0,2 Einheiten der magnetischen Feldstärke, d. h. im mittleren Europa greift das erdmagnetische Feld den Einheitspol mit einer Kraft an, die etwa 0,2 dyn beträgt.   [2] α priv. und $\sigma\tau\acute{\alpha}\sigma\iota\varsigma$ = Stand.

baut daher auch Galvanometer nach einem ganz anderen Prinzip, indem man im Felde eines sehr starken permanenten Magneten eine Spule beweglich aufhängt. Abb. 539 zeigt die Konstruktion eines solchen *Drehspulengalvanometers* (D'ARSONVAL). *N* und *S* sind die Pole eines kräftigen Hufeisenmagneten und *C* ein zwischen ihnen liegender Eisenzylinder, durch den die Kraftlinien von *N* nach *S* hindurchgehen. Der ringförmige Spalt zwischen den Polen und dem Eisenzylinder dient zur Aufnahme der beweglichen Spule. Diese besteht aus einem Rahmen, auf den der Draht in mehrfachen Windungen gewickelt ist. Die Stromzuführung erfolgt durch den Aufhängedraht *A*, die Ableitung durch den feinen Schraubenfederdraht *M*. Ist die Spule stromlos, so stellt sie sich infolge der Direktionskraft der Aufhängung in die Ebene des Magneten. Der Stromdurchgang erzeugt in ihr ein Feld, dessen Kraftlinien senkrecht zur Windungsfläche

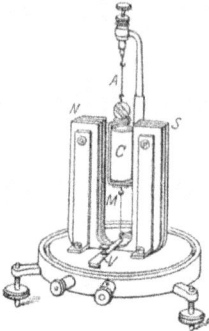

verlaufen. Die Wechselwirkung zwischen diesem Feld und dem Hufeisenmagneten zeigt sich an der Drehung der Spule, die man mit Spiegel und Skala mißt. Da die Spule sich immer in einem starken Magnetfeld befindet, werden die Ablesungen weder durch das Erdfeld noch durch irgendwelche Streufelder unbekannter Herkunft merklich gestört.

Dasselbe Prinzip benützen die für technische und wissenschaftliche Zwecke gleich wertvollen Strom- und Spannungsmesser von WESTON (Abb. 540). Zwischen den Polen *N* und *S* eines feststehenden starken permanenten Magneten ist die Stromspule *P* drehbar. Eine Spiralfeder *F* gibt ihr eine bestimmte Lage zu den Kraftlinien des Feldes. Geht der Strom durch die Spule, so dreht sie sich so weit, bis die ablenkende Kraft des Magnetfeldes der Torsion der Feder das Gleichgewicht hält. Wird der Strom unterbrochen, so geht *P* in die alte Lage

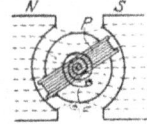

Abb. 540.
Technischer Strom-
oder Spannungsmes-
ser (WESTON).

zurück. Die Spule ist mit einem Zeiger verbunden, der sich über einer Skala bewegt, und

Abb. 539. Spiegelgalvano-
meter (D'ARSONVAL).

die Skala ist, je nachdem das Instrument für Spannungsmessungen oder für Strommessungen eingerichtet ist, nach Volt oder nach Ampere geeicht (Voltmeter und Amperemeter). Aus praktischen Gründen gibt man der Spule eines Amperemeters einen sehr kleinen, dem Voltmeter aber einen sehr großen Widerstand.

Magnetismus eine allgemeine Eigenschaft der Materie. Paramagnetismus. Diamagnetismus. Permeabilität. Wir haben uns bisher nur für die Kräfte in der *Umgebung* eines Magneten, sein *Feld*, interessiert und wenden uns nun zu ihm selber. Kommt die Fähigkeit, magnetisch zu werden, nur dem Eisen zu oder auch anderen Stoffen? Die Stoffe lassen sich in zwei Klassen teilen nach einem Prinzip (FARADAY 1846), das der folgende Versuch erläutert: In Abb. 541 bedeuten *N* und *S* die Pole eines starken Magneten, die punktierten Linien Kraftlinien. Zwei der Form nach gleiche Stäbchen. *P* aus Chrom, *D* aus Wismut, werden pendelartig und symmetrisch zwischen den Polen aufgehängt und dann sich selbst überlassen. Das Chromstäbchen *P* stellt sich dann *in* die Richtung der

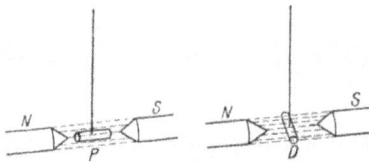

Abb. 541.
Paramagnetischer   Diamagnetischer
Stoff im Magnetfelde.

Kraftlinien (axial), das Wismutstäbchen *D* *quer* dazu (äquatorial). Die Stoffe, die sich so einstellen wie *P*, nennt FARADAY *paramagnetisch*, die anderen — die meisten — *diamagnetisch*. Zu den paramagnetischen gehören z. B. Eisen, Nickel, Kobalt, Chrom, Palladium, Platin, Osmium und viele wässerigen Lösungen von Metallsalzen, zu den diamagnetischen z. B. Wismut, Quecksilber, Phosphor, Schwefel, Wasser, Alkohol und viele Gase.

Anschaulich wird der Unterschied zwischen para- und diamagnetischen Stoffen durch die Kraftlinien. Abb. 542 stelle ein Magnetfeld vor, das ursprünglich gleichförmig ist, d. h. dessen Linien parallele äquidistante Geraden sind. Bringt man einen paramagnetischen Stoff in das Feld, so rücken die Kraftlinien an der Stelle, die dann von dem paramagnetischen Stoff ausgefüllt ist, *dichter zusammen* (Magnetische Schirmwirkung). Das Verhältnis (μ), in dem die Kraftliniendichte an einer bestimmten Stelle des Feldes größer ist, wenn sie mit einem paramagnetischen Stoffe angefüllt ist, als wenn sie mit Luft gefüllt ist, ist eine Zahl, die das magnetische Verhalten des Stoffes charakterisiert. Bringt man einen diamagnetischen Stoff *D*, etwa Wismut, in das Feld (Abb. 542), so rücken die Linien an der Stelle, die dann von Wismut ausgefüllt ist, *weiter auseinander*. Man kann auch sagen, die Kraftlinien werden bei ihrem Eintritt in das Chrom und in das Wismut von ihrer Bahn abgelenkt, sie ziehen den Weg durch das Chrom dem durch die Luft vor (Abb. 542, links), dagegen den Weg durch Luft dem durch Wismut (Abb. 542, rechts). Es ist, wie wenn das Chrom die Kraftlinien leichter hindurchließe, als die Luft sie hindurchläßt, und andererseits die Luft leichter als das Wismut. Nahezu ebenso wie die Luft verhält sich der *luftleere* Raum. Man nennt dieses Verhalten der Stoffe: ihre *magnetische Permeabilität* [1] (W. Thomson). Das Maß für die Permeabilität (μ) ist das vorhin angedeutete Verhältnis, in dem die Kraftlinienzahl größer ist, wenn ein Raum von dem

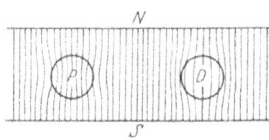

Abb. 542.
Paramagnetischer   Diamagnetischer
Stoff im Kraftlinienflusse.

betreffenden Stoffe erfüllt ist, als wenn er luftleer ist. (Für Eisen ist μ im Maximum etwa 2590.) Wir definieren: paramagnetisch sind diejenigen Stoffe, die permeabler sind als der *leere Raum*, diamagnetisch diejenigen, die weniger permeabel sind. Ob sich ein Körper axial oder äquatorial einstellt, hängt danach nicht nur davon ab, woraus er besteht, sondern auch von der magnetischen Beschaffenheit seiner *Umgebung*. — Sehr stark diamagnetisch ist kein einziger Stoff; am stärksten Wismut. Die Permeabilität der Luft verhält sich aber sogar zu der des Wismutes nur wie 1 : 0,99982.

Molekulartheorie des Magnetismus. Der Ferromagnetismus ist nach dem Vorausgehenden nur ein Sonderfall. Zur Erforschung des Mechanismus, der sich uns als Magnetismus offenbart, müßten wir also von jedem beliebigen Stoff ausgehen können. Wir gehen aber von dem Stahlmagneten aus, da er die charakteristischen Erscheinungen, auf die es uns ankommt, am stärksten zeigt, beziehen uns der Übersichtlichkeit halber auf einen Stabmagneten (Abb. 432) und erinnern daran, daß jeder Magnet zwei Pole hat. Zerbricht man den Magneten, gleichviel wie oft, so ist jedes Bruchstück ebenfalls ein Magnet. An der Bruchstelle hat jedes einen Pol, an Stärke gleich und dem Zeichen nach entgegengesetzt dem Pol, den an derselben Bruchstelle das Nachbarstück besitzt. Pressen wir die Stücke in der ursprünglichen Lage wieder aneinander, so hat der wiederhergestellte Magnet dieselben Eigenschaften wie vorher. Dies führt zu der Vorstellung: auch die kleinsten Teilchen des Magneten, die Molekeln, sind Magnete (magnetische Dipole), auch im Innern des Magneten herrscht demnach eine von Pol zu Pol gerichtete Kraft (inneres Feld). Vergleichen wir die Molekularmagnete mit Kompaßnadeln, die, aneinandergereiht, von Pol zu Pol reichen, so zeigen sich die Kraftlinien (Abb. 530a) als *geschlossene* Linien: von einem Pol zum anderen gehend, verlaufen sie zum Teil außerhalb, zum Teil innerhalb des Magneten.

Die Erfahrung lehrt: Berührung mit einem Magneten macht unmagnetisches Eisen magnetisch — bloße Berührung nur schwach, gegenseitige Bestreichung der einander berührenden Stücke schon wesentlich stärker. Ja, schon bloße

---

[1] Das magnetische Gegenstück zur Dielektrizitätskonstante. Beide haben im Vakuum den Wert 1. Es fehlt das elektrische Analogon zum Diamagnetismus. Dielektrika, deren D.-K. $<$ 1 ist, gibt es nicht.

Annäherung eines Magneten (das *Feld* eines Magneten) macht Eisen magnetisch, und zwar erzeugt ein Magnetpol in seiner Nähe einen ihm *ungleichnamigen* Pol. Die Theorie (WILH. WEBER) erklärt das so: auch unmagnetisches Eisen besteht aus Molekularmagneten, aber ihre Achsen liegen regellos durcheinander, die Gesamtheit der Molekularmagnete, d. i. das Eisenstück, ist daher ohne Polarität. Eine magnetische Einwirkung von außen aber *richtet* die Molekularmagnete wie Magnetnadeln, die Nordpole alle nach der einen, die Südpole nach der entgegengesetzten Richtung, das Eisenstück bekommt dadurch Nord- und Südmagnetismus. Wird die magnetische Einwirkung wieder beseitigt, so verschwindet dieser *induzierte* magnetische Zustand des Eisens *nicht vollständig*. Den zurückbleibenden Teil nennt man *remanenten* Magnetismus, und die Fähigkeit des Eisens, ihn festzuhalten, *Koerzitivkraft*. — Daß die wesentlichsten Eigentümlichkeiten des Magnetismus so zu erklären sind, hat EWING mit Hilfe von vielen dicht nebeneinandergestellten kleinen Magnetnädelchen gezeigt.

Die Molekularmagnete deutete AMPÈRE (1820) als *Elektro*magnete, er dachte sich jedes Eisenmolekül von einem elektrischen Strom umkreist. Aber wo ist die elektromotorische Kraft, die die Ströme dauernd unterhält? Und warum entwickelt sich nicht dauernd JOULEsche Wärme in der Strombahn? Ströme, denen das Charakteristikum der Strombahn, der elektrische Widerstand, fehlt, kennen wir nicht. Diese Fragen läßt auch die Atomtheorie von BOHR (S. 621) offen, obwohl auch sie auf die Molekularströme führt. Aber *vorhanden* sind die Molekularströme in ferromagnetischen Stoffen, sie sind experimentell sogar nachweisbar (BARNETT, 1915, EINSTEIN und DE HAAS, 1915) auf Grund von Überlegungen, die an die Theorie der Kreiselbewegung anknüpfen (S. 107 m.).

Mit steigender Temperatur nimmt die Magnetisierbarkeit stetig ab und bei einer bestimmten Temperatur (Umwandlungstemperatur) — nach ihrem Entdecker CURIE- Punkt genannt — verschwindet sie nahezu ganz — für Eisen bei etwa 765 ^{0}, für Nickel bei etwa 360 ^{0}. Das ist mit der Theorie der Molekularmagnete ganz im Einklang: das äußere magnetische Feld sucht die magnetischen Achsen der Moleküle einheitlich zu *ordnen*, die Wärme aber strebt die ideale *U*nordnung der Moleküle an, kommt dem Ziele mit steigender Temperatur immer näher und überwindet schließlich die Einwirkung des Feldes. Jenseits der Umwandlungstemperatur sind daher auch die ferromagnetischen Stoffe nur noch stark paramagnetisch. Im CURIE-Punkt ändert sich die spezifische Wärme des betreffenden Stoffes sprungartig.

Magneton. Aus dem Elektronenbau des Atoms (nach LENARD, RUTHERFORD, BOHR) läßt es sich erklären, daß *alle* Stoffe, gleichviel welcher Atomart, auf ein äußeres magnetisches Feld reagieren: die Reaktion entspringt der Einwirkung des Feldes auf die den Atomkern umkreisenden Elektronen — die Elektronenbewegung stellt ja einen Ampèreschen Molekularstrom dar, dessen magnetische Wirkung der eines Stabmagneten äquivalent ist. Die unausbleibliche Wirkung des magnetischen Feldes auf die Elektronenbahnen besteht zunächst darin, diese zu deformieren. Aber die Art, wie das Atom als Ganzes auf das Feld reagiert, hängt davon ab, ob die Elektronenbahnen in dem Atom derart angeordnet sind, daß die aus ihnen einzeln sich ergebenden magnetischen Momente einander gegenseitig aufheben, oder ob sie sich zu einem Gesamtmoment zusammensetzen. Heben sie einander auf, so ist das Atom an sich unmagnetisch und reagiert auf das äußere Feld *dia*magnetisch, es sei denn, daß das äußere Feld die gegenseitige *Kompensation aufhebt* und das Atom dadurch ein *induziertes* magnetisches Moment bekommt. Setzen sie sich zu einem Gesamtmoment zusammen, so ist das Atom *para*magnetisch und reagiert auch dementsprechend.

Wir haben hier immer von den magnetischen Eigenschaften der Materie im *allgemeinen* gesprochen, ohne den Ferromagnetismus besonders zu erwähnen.

Der Ferromagnetismus bildet in Wirklichkeit nur einen Sonderfall und zwar wahrscheinlich der Kristallphysik, nicht der Atomphysik. Die heutige Forschung aber sucht die magnetischen Eigenschaften als atomistischen Elementarvorgang zu erkennen. Den Weg dazu gibt die Atomtheorie von BOHR an. Sie identifiziert die kreisenden Elektronen mit den Ampèreschen Molekularströmen und führt dabei — das wichtigste! — auf eine atomare Einheit des magnetischen Moments, gewissermaßen ein *Elementarquantum des magnetischen Moments*, das *Magneton* (nach dem Ausdruck von P. WEISS, der, ohne wie BOHR von theoretischen Überlegungen auszugehen, schon früher empirisch darauf geführt worden war). Nach BOHR wird das kleinste atomare magnetische Moment (BOHRsches Magneton) durch ein Elektron erzeugt, das auf „einquantiger" Bahn um einen positiven Kern kreist, es berechnet sich zu $\mathfrak{m} = 9.21 \cdot 10^{-21}$, oder auf das Mol bezogen $\mathfrak{m} \cdot N$ (wo N die Avogadrosche Zahl 6.06×10^{23} ist), $M = 5548$ Gauß · cm. Das WEISSsche Magneton beträgt ein Fünftel davon, widerspricht also der Quantentheorie.

Richtungsquantelung. Eine der wichtigsten Voraussagen (SOMMERFELD, DEBYE) der Quantentheorie über das Verhalten der Atommagneten in einem Magnetfelde bezieht sich auf die Richtung, die der Vektor des magnetischen Moments relativ zur Richtung der Kraftlinien des Feldes einnehmen wird. Die Theorie sagt voraus: In einem Felde werden die Magnetonenachsen nicht jede beliebige Richtung, nicht alle denkbaren Winkel relativ zu den Kraftlinien einnehmen — die Richtungen werden also nicht nach dem Zufall verteilt sein — sondern sie werden mit ihnen nur *gewisse* Winkel bilden, diese hängen von dem Magnetonenmoment ab, aber nicht von der Feldstärke. Hat das Atom ein Moment von *einem* Magneton — der einfachste Fall! — so muß es sich nach der Richtungsquantelungs-Theorie so einstellen, daß die Momentachse in die Richtung des äußeren Feldes fällt.

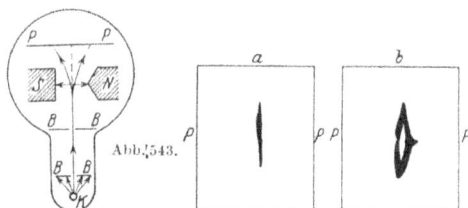

Abb. 543.

Zur Reaktion einzelner Atome auf ein Magnetfeld. Versuch von GERLACH und STERN an verdampfendem (im Vakuum) Silber im Felde eines Elektromagneten. K ist ein Silberkügelchen, aus dem von ihm ausgehenden „Atomstrahlen" (der Verdampfungstemperatur entsprechend mit einigen Hundert m/sec.) isolieren die Blenden BB ein rechteckiges Bündel ($0,5 \times 0,05$ mm² Querschnitt). Es schießt zwischen den Polschuhen N, S hindurch und schlägt sich auf der Platte PP nieder, in der Form a, der Form und der Lage des Blendenspaltes entsprechend, solange der Elektromagnet *nicht* erregt ist, in der Form b, wenn er erregt ist, d. h. in zwei Hälften gespalten, von denen die eine zum schneidenförmigen Polschuh hinbiegt, die andere von ihm wegbiegt. Die *Aufteilung* in zwei Hälften ist um so *deutlicher*, je stärker die *Inhomogenität* des Feldes ist.

Dieser *mechanisch eindeutigen* Richtungsangabe entsprechen bezüglich der *magnetischen* Richtung des Atoms *zwei* Möglichkeiten: das Atom als Elementarmagnet gedacht kann so stehen, daß seine magnetische Richtung, d..h. die Richtung $+$ — — — in die magnetische Richtung des äußeren Feldes fällt oder ihr entgegengesetzt ist (parallele und antiparallele Einstellung der Momentachse zum äußeren Feld). Mit dem ferromagnetischen Problem konnte die Richtungsquantelungs-Theorie bisher nicht verbunden werden. STERN und GERLACH haben an Silberatomen experimentell die räumliche Quantelung der Atome *sichtbar* gemacht, sie haben dadurch die atomistische Theorie des magnetischen Moments *bewiesen*, indem sie als Elementarquantum des magnetischen Moments das BOHRsche Magneton fanden. Das normale Silberatom kann sich der Theorie nach parallel oder antiparallel zu den Kraftlinien stellen, im inhomogenen Felde spaltet sich die Gesamtheit der Atome dementsprechend in zwei Teile — das haben STERN und GERLACH an Strahlen von Silberatomen experimentell geprüft und bestätigt gefunden (Abb. 543).

Ferromagnetismus. Magnetische Hysteresis. Remanenz und Koerzitivkraft.

Eisen, *Nickel* und *Kobalt* (und die HEUSLERschen Legierungen, z. B. 55% Kupfer, 30% Mangan, 15% Aluminium, die den ferromagnetischen Charakter dem Mangan verdanken) unterscheiden sich von allen anderen paramagnetischen Körpern dadurch, daß sie unter dem Einflusse magnetischer Kräfte selber wirkliche Magnete werden, d. h. permanente Magnete. Ihr Magnetismus nimmt zwar allmählich ab, z. B. durch Temperatursteigerung und gewisse mechanische Behandlungen, verschwindet aber nie ganz. Sie bilden die *ferromagnetische Gruppe der Metalle* (Abb. 544.) Nickel und Kobalt, als Magnete betrachtet, haben keine praktische Bedeutung, um so größere aber das Eisen für die Elektrotechnik.

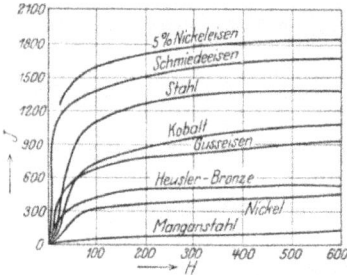

Abb. 544. Magnetisierungskurven der wichtigsten ferromagnetischen Stoffe.

Von entscheidender Charakteristik für den Ferromagnetismus ist die *Hysteresis* (WARBURG, 1881). Ein Eisenstab, der vollkommen unmagnetisch ist (ursprünglich magnetisches Eisen muß man durch „Ummagnetisierung" in einem Solenoid unmagnetisch machen), nimmt, in ein magnetisches Feld gebracht, Magnetismus von einer gewissen Stärke an. Entfernen wir ihn wieder aus dem Felde, so behält er einen Teil zurück. Bringen wir ihn darauf in ein Feld von *anderer* Stärke, so hängt die Magnetisierung, die er dann annimmt, außer von der Stärke dieses Feldes auch von der Menge des (remanenten) Magnetismus ab, den er von der früheren Magnetisierung her hat (*magnetische Vorgeschichte des Eisens*).

Wir benützen um das Feld zu erzeugen ein Solenoid, schieben den zu untersuchenden Eisenstab hinein und magnetisieren ihn nun durch Einschalten und allmähliche Verstärkung des Stromes, kehren dann die Stromrichtung um und entmagnetisieren ihn wieder. (Das Feld ist nahezu gleichförmig, seine Stärke *H* aus den Dimensionen des Solenoids und der Stromstärke berechenbar).

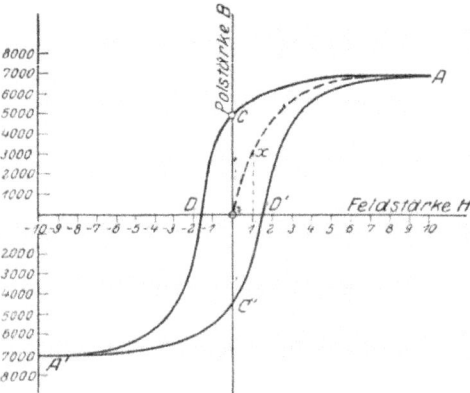

Abb. 545. Zur Magnetisierung und Entmagnetisierung von Eisen.

Die punktierte Kurve *OA* (Abb. 545) zeigt nun, wie die Polstärke des Eisenstabes mit der Stärke des Feldes wächst. Abszisse ist die auf den Stab wirkende Feldstärke *H*, Ordinate die zugehörige Polstärke *P* des Stabes. Bevor der Strom eingeschaltet wird, für $H = 0$ (Anfangspunkt), hat der Stab die Polstärke $B = 0$. Läßt man die Stromstärke im Solenoid wachsen, so nimmt die Feldstärke *H* zu und in erhöhtem Maße die Polstärke *P* des Stabes. Ist *H* gleich 1 geworden, so hat die Polstärke *B* den Wert 3000 erreicht (Punkt *x*). Ungefähr bei der Feldstärke $H = 8$ ist der Stab gesättigt, seine Polstärke wächst nicht weiter, selbst wenn wir das Feld noch stärker machen. Schwächen wir das Feld wieder ab, dann nimmt auch die

Polstärke des Stabes ab, *aber nicht so*, daß bei den früheren Werten der Feldstärke, z. B. $H = 1$, sich auch die frühere Polstärke ($B = 3000$) wieder einstellt. *Es entsteht eine neue Kurve A C*: zu denselben Zahlen H gehören jetzt durchweg *größere* Werte B. Zum Werte $H = 1$ gehört jetzt $B = 5800$. Und ist wieder $H = 0$ geworden, so ist B noch gleich 5000 (Punkt C); so stark ist der *remanente Magnetismus*. Sein Betrag wechselt mit der Eisensorte.

Abb. 545 zeigt: Bei einer gegebenen Feldstärke H hat der Stab, solange er *magnetisiert* wird, eine *kleinere* Polstärke (B-Werte des zu A aufsteigenden Astes), als während er *ent*magnetisiert wird (B-Werte des von A zu D absteigenden Astes). Der Unterschied zwischen den zwei B-Werten wird desto kleiner, je näher die Feldstärke H dem Sättigungswert kommt, und verschwindet bei diesem Wert. Schicken wir den Strom nun in entgegengesetzter Richtung durch das Solenoid, wodurch wir die Richtung des magnetischen Feldes umkehren ($H = -1$ usw.), so nimmt die Polstärke des Magneten immer mehr ab und wird bei etwa $H = -2$ Null (Punkt D), das Eisen ist also wieder unmagnetisch. Gehen wir zu größeren negativen H-Werten, so polt sich das Eisen um. Schließlich erreichen wir für $H = -8$ wieder Sättigung, aber bei vertauschten Polen (Punkt A'). Wenn wir jetzt das Feld wieder abschwächen, so machen wir dieselben Erfahrungen wie im oberen Teil der Kurve. Die Polstärke geht nicht entlang $A'D$, sondern entlang einer anfänglich viel flacheren Kurve $A'C'D'$ zurück. Bei der Feldstärke $H = 0$ ist auch diesmal noch ein sehr beträchtlicher Magnetismus vorhanden (Punkt C'); erst der Übergang zu positiven Feldstärken hebt ihn auf (Punkt D'). Man kann also sagen, daß das Eisen stets den magnetischen Zustand, den es *erworben* hat, *zu behalten* strebt. Es widersetzt sich gleichsam der Änderung, die die Veränderung des Feldes ihm aufzuzwingen sucht. Die Änderungen der Polstärke bleiben hinter den Änderungen der Feldstärke zurück. Deswegen nennt man dieses Verhalten *magnetische Hysteresis* ($\dot{v}\sigma\tau\varepsilon\varrho\acute{\varepsilon}\omega$ = ich bleibe zurück). Durch die Hysteresis unterscheiden sich die ferromagnetischen Stoffe grundsätzlich von allen anderen. Nur Eisen, Kobalt und Nickel sowie einige ihrer Legierungen und Verbindungen zeigen magnetische Hysteresis.

Die Länge $0C$, d. h. die Polstärke, die der Stab hat, obwohl die Feldstärke 0 ist, zeigt seinen *remanenten Magnetismus* (die *Remanenz*). Die Länge $0D$, die Feldstärke, die nötig ist, $B = 0$, d. h. ihn wieder unmagnetisch zu machen, nachdem er vorher in der entgegengesetzten Richtung magnetisch war, gibt das Maß für die Kraft, mit der er den erworbenen Magnetismus festhält (*Koerzitivkraft*). Die einzelnen Eisensorten sind an Remanenz und an Koerzitivkraft sehr verschieden und müssen daher durch Aufnahme von Magnetisierungskurven für die jeweilige technische Verwendung ausgewählt werden. Das weiche Eisen (schwedisches Holzkohleneisen) hat die größte Remanenz, aber die kleinste Koerzitivkraft. Wird es magnetisiert, so ist es sehr bald gesättigt, und wird die magnetisierende Kraft wieder beseitigt, so behält es sehr viel Magnetismus zurück; aber die geringste *ent*magnetisierende Kraft genügt, ihm den Magnetismus wieder zu entreißen. Der *Stahl* dagegen behält im gleichen Falle nur sehr wenig Magnetismus zurück, hält dieses Wenige aber so fest, daß nur eine *sehr* große, entgegengesetzt magnetisierende Kraft es ihm entreißen kann. Daher kann man Stahl sehr gut zu einem permanenten Magneten machen, wenn man eine genügend große magnetisierende Kraft auf ihn wirken läßt; weiches Eisen aber ist dazu unbrauchbar.

Das Eisen ist dank seiner Eigenschaft sehr schnell magnetisiert und entmagnetisiert werden zu können, die Seele der Elektrotechnik. In gewissen Apparaten und Maschinen verläuft der magnetische *Kreisprozeß* fast genau der Abb. 545 entsprechend jede Sekunde 50- bis 60 mal. Diesen Hin- und Hermagnetisierungen setzt das Eisen Widerstand entgegen, eine magnetische Reibung, die sich als Hysterese äußert und deren Überwindung Arbeit erfordert. Diese ist aber *vergeudet*, sie wird in Wärme umgesetzt und erhitzt das Eisen nutzlos. Aus dem Flächeninhalt der Hysteresisschleife kann man den vergeudeten Energiebetrag berechnen. Er beträgt für eine Tonne weiches Eisen, das man 100 Magnetisierungszyklen in der Sekunde unterwirft, 17—18 Pferdestärken (EWING).

6. Induktionsströme.

Induktion durch einen bewegten Magneten. Der elektrische Strom erzeugt Magnetismus. Auch der umgekehrte Prozeß ist möglich: *Strom*erzeugung *durch Magnetismus.* Wir beschreiben den Grundversuch: ein von jeder EMK freier Stromkreis enthält eine Spule A und ein Galvanometer G (Abb. 546). Wir schieben einen Stahlmagneten E rasch in die Spule. Hierbei geschieht etwas Unerwartetes: die Nadel schlägt, *während* der Magnet sich bewegt, kräftig aus, kehrt aber sofort in die Ruhelage zurück. Es muß also ein Strom durch den Kreis geflossen sein. Ein Strom hat aber immer eine EMK zur Voraussetzung, der Magnet hat also offenbar *beim Eindringen* in die Spule eine EMK in dieser erzeugt. Ziehen wir jetzt den Magneten aus der Spule heraus, so ereignet sich ähnliches: *während* der Bewegung — *nur* solange sie *anhält* — fließt wieder Strom durch das Galvanometer, aber diesmal in entgegengesetzter Richtung wie das erste Mal. Der Versuch mißlingt, wenn man statt des Magneten ein unmagnetisches Stück Eisen benutzt. Der Magnetismus spielt hier also eine wesentliche Rolle.

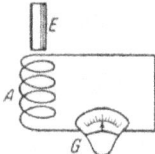

Abb. 546. Erzeugung eines Induktionsstromes.

Der Galvanometerausschlag wird um so kräftiger, verschwindet aber auch um so schneller, je rascher die Bewegung des Magneten erfolgt. Schieben wir den Magneten langsam in die Spule oder ziehen wir ihn langsam heraus, so werden die Ausschläge kleiner, halten aber desto länger an. Ist das Galvanometer empfindlich genug, so erkennen wir leicht, daß Strom *immer* dann, aber auch *nur* dann, vorhanden ist, wenn der Magnet überhaupt *bewegt* wird. Kurz wir können sagen: *Bewegter* Magnetismus erzeugt in einer benachbarten Spule, überhaupt in jedem benachbarten *Leiter*, eine EMK. Man nennt sie induzierte EMK und den Strom, den sie hervorruft, den Induktionsstrom. Die elektrischen Ströme der Elektrizitätswerke sind Induktionsströme.

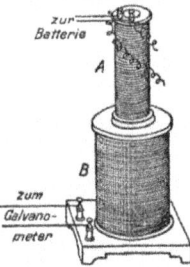

Abb. 547. Erzeugung eines Induktionsstromes (Voltainduktion).

Voltainduktion. Auch hier kann (S. 435 u.) ein stromdurchflossenes Solenoid den Magnetstab ersetzen. Beim Einsenken einer stromumflossenen Spule A (Abb. 547) wie beim Herausziehen wird in B ein Strom induziert (*Voltainduktion*), das eine Mal *entgegengesetzt* der Richtung des *primären* Stromes, das zweite Mal *in* seiner Richtung. Man nennt den bereits bestehenden Strom den *primären* und den induzierten Strom den *sekundären.* Aber nicht nur wenn man die stromumflossene Spule A in die Spule B hineinschiebt, werden in B Ströme induziert. Auch wenn man A in B stecken läßt und dann den Strom durch A abwechselnd *schließt* und wieder *öffnet*, wird jedesmal in B ein Strom induziert; beim Schließen entsteht er entgegengesetzt der Richtung des primären Stromes (Schließungsstrom), beim Öffnen in der Richtung des primären Stromes (Öffnungsstrom). — Ja noch mehr. Wenn man den Strom in A dauernd geschlossen hält, ihn aber abwechselnd *verstärkt* und *schwächt*, wird, sooft das geschieht, in B ein Strom in der einen und dann in der anderen Richtung erzeugt (s. Mikrophon). Die stromumflossene Spule braucht auch nicht in der anderen zu stecken, um Strom zu induzieren, es genügt, daß sie *in deren Nähe* steht. Ja es bedarf nicht einmal eines Solenoids, jeder geradlinige Leiter (Abb. 548) *A* induziert in dem anderen *B* einen Strom, sooft in ihm ein Strom entsteht oder vergeht, resp. zunimmt oder abnimmt. Und weiter: man braucht gar nicht einen Magnet-stab in die Spule hineinzustecken oder aus ihr herauszu-nehmen, man braucht nur Magnetismus in ihrer Nähe ent-stehen oder verschwinden zu lassen, ja sogar nur zu verstärken oder zu schwächen, um die Ströme in ihr zu induzieren.

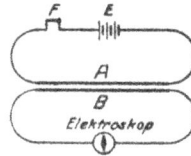

Abb. 548. Induktion zwi-schen geradlinigen Leitern.

Telephon und Mikrophon. In der Spule *S* wird (Abb. 549) auch dann ein Strom induziert, wenn sich das magnetische Feld, in dem sie sich befindet, dadurch verändert, daß sich dem Magneten *N S* eine Eisenmembran *P* nähert oder sich von ihm entfernt. Ja, selbst wenn sie wie ein Trommelfell vor ihm hin und her schwingt, also sich nur zu ihm hin- und von ihm *wegbiegt*, werden kurzdauernde Ströme in der Spule induziert. Ihr periodisches Ent-stehen und Vergehen fällt mit der periodischen Bewegung der Membran zusammen.

Diese Tatsache bildet die Grundlage für die Ein-richtung des Telephons. Leitet man die in der Spule *N S* erzeugten Ströme um einen Eisenstab *E*, so wird der Stab in eben dem Rhythmus, in dem die Eisenmembran *P* schwingt, magnetisch und wieder unmagnetisch. Steht ihm selber eine Eisenmembran *P'* gegenüber, so versetzt er sie daher in demselben Rhythmus in Schwingung, in dem *P* schwingt. Gerät *P* durch Resonanz (S. 239) auf einen

Abb. 549. Einfachstes Telephon.

bestimmten Ton in Schwingungen, so schwingt sie in der Sekunde eine bestimmte Anzahl von Malen, der Höhe jenes Tones entsprechend, und in demselben Tempo schwingt dann *P'*, d. h. *P' reproduziert* diesen Ton. Die Anordnung Abb. 549 kann also Töne in die Ferne tragen, als *Telephon* dienen. — Das Telephon ist eine Vorrichtung zur *Umwandlung* und zur *Übertragung* von *Energie*: Die Energie der Schallwellen, die auf *P* treffen, setzt sich um in die Energie der elastischen Schwingun-gen von *P*. Diese setzt sich um in die Energie des in-duzierten Stromes, der Strom fließt durch die Leitung zu *E* hin, und hier leistet seine Energie die zur Magnetisierung des Eisenkerns nötige Arbeit. Er versetzt dadurch die Membran *P'* in Schwingungen, und die Energie der elasti-schen Schwingungen von *P'* setzt sich wieder in die

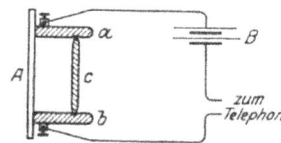

Abb. 550. Zum Mikrophon.

Energie von Schwingungen um, die der Hörende als Ton wahrnimmt. Dadurch, daß die Energie der *Schallwellen* sich in elektrischen Strom verwandelt, den der Draht wegleitet und *zusammenhält*, überträgt das Telephon den Schall über große Strecken.

Abb. 549 gibt nur das Prinzip des Telephons. In Wirklich-keit benützt man auch bei *E* einen Magneten (er wird von den ankommenden Strömen abwechselnd verstärkt und geschwächt), denn sonst würde man bei *P'* nur Töne reproduzieren, also fern-*hören*, aber nicht auch Schallenergie in Stromenergie umwandeln, *fernsprechen* können. Ferner benützt man einen Hufeisenmagneten — um mit beiden Polen auf die Membran zu wirken. Die durch die Anordnung Abb. 549 erzeugten Ströme sind wegen des Wider-standes der Telephonleitung sehr schwach, die Töne daher nur auf etliche hundert Meter deutlich. Man benützt deswegen das Telephon nur zum *Fernhören*. Zum *Fernsprechen* benützt man eine andere Vorrichtung, das *Mikrophon* (Abb. 550). Es wirkt da-

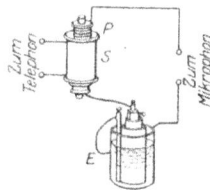

Abb. 551. Telephon und Mikrophon mit Induktor.

durch induzierend, daß es einen bereits vorhandenen Strom perio-disch verstärkt und schwächt. Ein Brett *A*, das als Resonanzplatte dient, trägt zwei Kohlenstäbchen *a* und *b*, zwischen ihnen ein drittes *c* lose eingeklemmt. Von der Batterie *B* geht der Strom durch *a*, *c* und *b* zum Telephon. Schützt man die Kohlenstäbchen gegen Erschütterung, so bleibt der Strom konstant, und das Telephon schweigt. Erfährt aber die Resonanzplatte auch nur die leiseste Erschütterung (Ticken einer Taschenuhr), so ändern sich im selben Rhythmus die Widerstände der Kontakte *c a* und *c b*. Dadurch erfährt auch der Strom synchrone Schwankungen, die dann im Telephon hörbar werden. Um die (recht große) Empfindlichkeit des Mikrophons noch zu steigern, verbindet man Mikrophon, Telephon und Element nach Abb. 551. Man benützt einen Induktor *P S*, verbindet das Mikrophon und das Element E mit der Primärspule P und das Telephon durch die Telephonleitung mit der Sekundärspule S. Jede Station bekommt ein Mikrophon zum Sprechen und ein Telephon zum Hören.

Die Kontakte zwischen den Kohlenstäbchen leiden bei stärkerem Gebrauch des Mikrophons durch die dort eintretende Erwärmung. In der Praxis vermehrt man daher die Kontakte, man bringt zwischen die Resonanzplatte und eine ihr gegenüberstehende feste Platte eine größere Anzahl Kohlenkügelchen, die beide Platten berühren. Die große Zahl der Kontakte vermindert die Erwärmung und ermöglicht eine sehr laute Schallübertragung (Körnermikrophon).

Funkeninduktor (Induktionsapparat). Auf Voltainduktion beruht auch der Induktionsapparat oder Funkeninduktor; er verwandelt einen Strom von niedriger Spannung aber großer Stärke in einen Strom von hoher Spannung aber kleiner Stärke. Seine im wesentlichen durch RÜHMKORFF[1] eingeführte Form (Abb. 552) unterscheidet sich nicht wesentlich von der zur Erläuterung der Voltainduktion (Abb. 547) benutzten Anordnung. Durch die innere Spule p, die primäre, geht der induzierende Strom der Batterie E. Die Spule enthält zur Verstärkung der Induktion einen Eisenstab S (genauer: ein Bündel gefirnißter Eisendrähte). Man schließt und öffnet den Stromkreis E fortwährend mit einem automatischen Unterbrecher. Jedesmal, wenn der Strom geschlossen oder geöffnet wird, entsteht in der sekundären Spule EMK, die abwechselnd die eine oder die entgegengesetzte Richtung hat, je nachdem sie durch die Schließung oder die Öffnung des primären Stromes entsteht. Ihre Größe hängt davon ab, wievielmal mehr Windungen die sekundäre Spule als die primäre besitzt. Denn *jede* einzelne Primärwindung wirkt induzierend auf *alle* Sekundärwindungen. Die in den einzelnen Sekundärwindungen induzierten EMK addieren sich und erzeugen zwischen den an die Metallstäbe A und B angeschlossenen Spulenenden eine sehr große Spannungsdifferenz. Sie kann so groß werden, daß sie Luftstrecken von 1 m und mehr durchbricht. Parallel zum Unterbrecher schaltet man (FIZEAU) einen Kondensator K, der den bei der Strom*öffnung* entstehenden Funken möglichst vermindern soll, um dadurch einen möglichst jähen Abfall des Primärstromes zu sichern (S. 458). — Der Funkeninduktor dient z. B. dazu, den Durchgang der Elektrizität durch sehr verdünnte Gase zu erzwingen, was große EMK erfordert — dann entstehen die Kathoden- und die Röntgenstrahlen. Mit der Röntgentechnik hat sich auch der Induktor vervollkommnet, namentlich der *Unterbrecher*. Eine seiner üblichsten

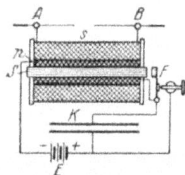

Abb. 552. Funkeninduktor nach RÜHMKORFF.

Formen ist der Hammerunterbrecher (Abb. 552, rechts). Der Stromschluß zieht den Hammerkopf zu dem Eisenkern S in der primären Spule hin, trennt den Hammerstiel von dem Kontakt F und unterbricht dadurch den Strom. Der Kern S wird daher wieder unmagnetisch, und der Hammerstiel, eine Feder, geht infolge seiner Elastizität in seine alte Lage zurück, schließt also den Strom wieder und das Spiel beginnt von neuem. — Die Röntgentechnik fordert viel schnellere Unterbrechungen (einige Tausend pro sec) und Unterbrechung viel größerer Energiemengen, als der Hammer bewältigen kann. Beides leisten der Quecksilberstrahlunterbrecher (BOAS 1896) und der Elektrolytunterbrecher (WEHNELT 1899). In dem ersten saugt eine sehr schnell rotierende turbinenartige Vorrichtung (von einem Elektromotor angetrieben) Quecksilber vertikal in die Höhe und schleudert es horizontal als einen (uhrzeigerartig) sehr schnell rotierenden Strahl gegen die Innenseite eines Kranzes der aus schmalen Segmenten, leitende und isolierende miteinander abwechselnd, besteht. Der Strom fließt von dem Quecksilbervorratgefäß durch den Strahl zu dem Segmentenkranz. — Der Elektrolytunterbrecher ist eine Zersetzungszelle mit 30 prozentiger Schwefelsäure als Leiter, einer großen Bleiplatte als Kathode und einem Platindraht von wenigen Millimeter als Anode. Elektrolytische Knallgasbildung und Verdampfung der Säure an der Anode (infolge der großen Stromdichte an dem Drähtchen) unterbrechen den Strom momentan. Die dadurch jäh einsetzende Extraspannung (S. 458) durchschlägt die Dampf- und Gasschicht als Funke, schleudert sie auseinander, die Säure schließt den Strom wieder und das Spiel beginnt aufs neue.

Transformator. Den Induktoren ähnlich wirken die Transformatoren der Elektrotechnik. Man verwandelt in ihnen Wechselstrom (s. d.) von niedriger Spannung in solchen von hoher oder umgekehrt — das erste um elektrische Energie möglichst ökonomisch von der *Erzeugungs*stelle des Stromes (Elektrizitätswerk) zu sehr weit davon entfernten *Verbrauchs*stellen übertragen zu können, das zweite um an der Verbrauchsstelle die gefährliche hohe Spannung wieder in ungefährliche niedrige zurückzuverwandeln. Die Transformatoren bedürfen zu dieser Umwandlung keines Unterbrechers, der Wechselstrom wirkt schon durch

---

[1] HEINRICH DANIEL RÜHMKORFF (ü, *nicht* u) geb. 15. 1. 1803 in Hannover, gest. 20. 12. 77 in Paris.

seine *Pulsation* induzierend. Der Transformator soll die Energie dabei möglichst verlustlos umwandeln. Das erreicht man im wesentlichen mit geschlossenen Eisenringen als Kernen, sie halten die magnetischen Kraftlinien zusammen und steigern dadurch die Induktion. Abb. 553 zeigt einen Transformator einfachster Bauart. Die Primärspule A und die Sekundärspule B sind getrennt voneinander auf einen Ring aus weichem Eisen (hohe Permeabilität, geringe Koerzitivkraft) gewickelt. Wie beim Induktor besteht die Primärwicklung aus wenigen Windungen dicken Drahtes und die Sekundärwicklung aus vielen Windungen relativ viel dünneren Drahtes. Die Stromschwankungen in A rufen einen beständigen Wechsel der Kraftliniendichte im Eisenring hervor, und induzieren so (s. u.) elektromotorische Kräfte in B. Je mehr Windungen die Spule B hat im Vergleich zur Spule A, desto größer ist die induzierte EMK, desto kleiner aber der Strom, der an der Spule B entnommen werden kann. Der Bruch Zahl der Primärwindungen/Zahl der Sekundärwindungen heißt das *Übersetzungsverhältnis* des Transformators. Ist es z. B. gleich 100, so wird im Idealfalle die mittlere effektive Spannung (S. 461 u.) auf das 100fache gesteigert, die Stromstärke, die an der Sekundärspule entnommen werden kann, auf $^1/_{100}$ des durch die Primärspule fließenden Stromes herabgesetzt. Bedeuten also V_1 und I_1 effektive Spannung und Stromstärke an der Primärspule, so ist bei einem Übersetzungsverhältnis 100 im Idealfalle die sekundäre Spannung $V_2 = 100\ V_1$ und $I_2 = {}^1/_{100} I_1$. Es ist also $V_1 I_1 = V_2 I_2$, wie zu erwarten, da in beiden Fällen das Produkt aus Spannung und Stromstärke das Maß für die elektrische Energie darstellt, denn einem verlustlos arbeitenden Transformator kann die primär aufgewandte elektrische Energie sekundär wieder restlos entnommen werden. In Wirklichkeit geht ein kleiner Teil der Energie stets verloren, er verwandelt sich vor allem in Wärme.

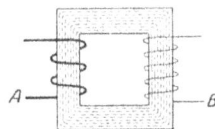

Abb. 553. Prinzip des Wechselstromtransformators.

Wie die Ströme einer Wechselstrommaschine kleiner Periodenzahl (50—60 pro sec), so lassen sich auch die nach Millionen Wechsel pro sec zählenden Ströme der sich entladenden Leidener Flasche (elektrische Schwingungen), auf höhere Spannung transformieren (TESLA 1893). Der dazu erforderliche Transformator unterscheidet sich von dem für kleine Wechselzahl bestimmten wesentlich: er enthält *kein* Eisen, die Primärspule besteht aus wenigen Windungen dicken Kupferdrahtes, die Sekundärspule — sie ist hier die innere — aus sehr vielen dünnen Windungen auf einem gut isolierenden Material. Beide sind in gut isolierendes Öl versenkt, da die Isolation der Spulen anderweit sonst nicht groß genug ist, Entladungen zwischen ihnen hindern zu können. Die Spannung, die ein TESLA-Transformator liefert, ist ungeheuer hoch (physiologisch übrigens gefahrlos!) und führt zu höchst charakteristischen Wirkungen (Leuchterscheinungen in elektrodenlosen luftleeren Glasgefäßen). Sie haben nur theoretische Bedeutung.

Bedingung für die Entstehung der Induktionsströme. Die mannigfaltigen Bedingungen, unter denen Induktionsströme entstehen, haben *eine* Wurzel. Um sie zu finden, wenden wir uns zu dem magnetischen Feld und seinen *Kraftlinien*. In der Anordnung Abb. 554 bedeuten N und S die Pole eines Magneten, K einen geschlossenen Rahmen oder Ring aus Draht. Das Feld sei gleichförmig, seine Stärke ist durch die Zahl Kraftlinien bestimmt, die eine *senkrecht* zu den Linien gelegte Fläche von 1 cm^2 durchsetzen. Liegt der Rahmen K den Linien parallel, so gehen *gar keine* Kraftlinien (0), steht er senkrecht dazu, so geht die *größtmögliche* Zahl von Linien durch ihn (Maximum), in jeder anderen Stellung eine Zahl zwischen 0 und dem Maximum. Solange der Winkel zwischen der Ebene des Ringes und der Kraftlinienrichtung derselbe ist, ist auch diese Kraftlinienzahl unverändert. Während wir den Rahmen aus *einer* Lage in eine *andere* bringen, ändert sich im allgemeinen die Kraftlinienzahl, die ihn durchsetzt; nur wenn wir ihn *in seiner Ebene verschieben*, bleibt die Zahl unverändert, weil dabei der Winkel zwischen dieser Ebene und der Kraftlinienrichtung derselbe bleibt.

Nunmehr fassen wir das Induktionsgesetz so: Bewegt man den Rahmen so, daß die Zahl der Kraftlinien, die er umschließt, sich ändert, so entsteht während der Bewegung eine EMK in ihm; bleibt die Kraftlinienzahl ungeändert, so entsteht keine EMK. Statt den Rahmen in dem Magnetfeld zu bewegen, können wir das Magnetfeld bewegen und den Rahmen festhalten, auch können wir beide Teile, Rahmen und Magneten, in Ruhe halten und die Kraftlinienzahl dadurch ändern, daß wir das magnetische Feld schwächen und verstärken. Beides bewirkt, daß den Rahmen bald mehr, bald weniger Kraftlinien durchsetzen. Wir können daher das Induktionsgesetz besser so fassen: Solange die den Rahmen durchsetzende Kraftlinienzahl sich *ändert*, entsteht in ihm eine EMK.

Wir überlegen jetzt, ob es bei dem Induktionsversuch wesentlich ist, daß der Draht einen Rahmen bildet. Wir denken uns den Rahmen sehr groß, so daß nur ein kleiner Teil davon, etwa die eine kurze Seite, in das Magnetfeld taucht, während die anderen Seiten weit außerhalb des wirksamen Feldes liegen. Verschieben wir jetzt den Rahmen in beliebiger Richtung — nur nicht gerade *parallel* zu den Kraftlinien! —, so treffen alle unsere Voraussetzungen für das Auftreten einer EMK zu; denn die Bewegung bewirkt ja auch jetzt noch eine Änderung der den Rahmen durchsetzenden Linienzahl. Die EMK wird aber jetzt nicht mehr wie früher in dem ganzen Rahmen induziert, sondern nur in dem Teil, der in das Magnetfeld taucht. Der Rahmen selbst spielt also nur eine unwesentliche Rolle; zur Erzeugung der EMK ist nur ein in das Feld tauchendes *Leiterstück* erforderlich. Wir können also die Fassung des Induktionsgesetzes noch weiter verallgemeinern und sagen: in jedem *Leiter* wird eine EMK induziert, während er Kraftlinien durchschneidet oder während er von Kraftlinien durchschnitten wird.

Lenzsche Regel (1834). Wir kehren zu Abb. 554 zurück. Drehen wir den Rahmen um seine Achse, so verändern wir dauernd die Kraftlinienzahl, die ihn durchsetzt. Infolgedessen wird fortwährend eine EMK induziert. Im *geschlos-*

Abb. 554. **Drehbarer Drahtrahmen in einem Magnetfelde.**

senen Rahmen ruft sie einen Strom hervor. Wir durchschneiden jetzt eine Seite des Rahmens, löten an die durch den Schnitt voneinander getrennten Stellen je einen Leitungsdraht und führen die Draht-enden entlang der Achse aus dem Feld heraus. An diese Enden schalten wir jetzt ein Voltmeter, mit dem wir die induzierte EMK messen, während wir den Rahmen drehen — schnell oder langsam, im Uhrzeigersinn oder entgegengesetzt. Zuerst fragen wir nach der Richtung der EMK, d. h. nach der Richtung, in der der Strom das Voltmeter durchfließt, wenn wir den Rahmen im Sinne des gebogenen Pfeiles drehen. Diese Frage beantwortet die *Lenzsche Regel*, und zwar in einer sehr allgemeinen Form, die auf alle Induktionsvorgänge anwendbar ist. Die Regel besagt: *Der induzierte Strom ist stets so gerichtet, daß er durch seine magnetische Wirkung auf das vorhandene Feld die Bewegung zu hemmen sucht.*

Der Rahmen (Abb. 554) werde z. B. im Sinne des gebogenen Pfeiles etwa um 90° gedreht. Durch den Rahmen wird dann ein Strom fließen, den wir uns seiner magnetischen Wirkung nach durch einen kleinen, senkrecht zur Rahmenebene gerichteten Magneten ersetzt denken können. Nach der Lenzschen Regel hat der Strom eine solche Richtung, daß er die Bewegung zu *hemmen* sucht. Das heißt aber: der kleine Magnet muß so orientiert sein, daß sein Nordpol dem Südpol, sein Südpol dem Nordpol *des erregenden Magneten* zugewandt ist, denn nur *so* sucht die gegenseitige Anziehung der Pole die Bewegung aufzuhalten. Der Strom muß also im Sinne des in der unteren Rahmenseite eingezeichneten Pfeiles fließen. — Ein weiteres Beispiel bietet Abb. 546. Schieben wir den Magneten *E*, mit seinem *Nord*pol voran, ein kleines Stück in die Spule *hinein*, so wird in der Spule ein Strom induziert, der so gerichtet sein muß, daß das obere *Spulen*ende ein *Nord*pol wird, denn nur so wird die Bewegung des Magneten gehemmt. Wenn wir den Magneten wieder *heraus*ziehen, so muß jetzt am oberen *Spulen*ende ein *Süd*pol entstehen, der den Nordpol des Magneten festzuhalten sucht und dadurch die Bewegung hemmt.

Die mechanische Arbeit, die man leisten muß, um die Hemmung zu überwinden, geht nicht verloren, sie tritt als Energie des induzierten Stromes wieder in Erscheinung. Wenn der Spulenstromkreis (Abb. 546) oder der Rahmen (Abb. 554) nicht metallisch geschlossen ist, so vermag die induzierte EMK keine Arbeit zu leisten, da ja kein Strom zustande kommen kann. In diesem Falle ist auch keine Hemmung des bewegten Leiters oder Magneten zu bemerken.

Aus dem im Magnetfelde rotierenden Drahtrahmen, Abb. 554, hat sich schrittweise die Dynamomaschine entwickelt, genauer: der *Anker* der Dynamomaschine. Wir nennen wegen ihrer geschichtlichen Bedeutung den Doppel-T-Anker von Werner Siemens (1857), den nach Gramme (1868) benannten Ringanker (bereits 1860 erfunden von Pacinotti) und den aus dem Doppel-T-Anker entwickelten Trommelanker von Hefner-Alteneck (1872). In dem ersten, Abb. 555, besteht der Drahtrahmen aus einer *Spule* isolierten Drahtes, auf einem langen Eisenzylinder von T-förmigem Querschnitt aufgewickelt, der Zylinderachse parallel in die Nuten eingebettet. Im Gramme-Ring, Abb. 556, besteht der Rahmen oder vielmehr das Rahmensystem aus einer großen Anzahl von Spulen, die leitend miteinander verbunden sind; auf einen Eisenring gewickelt rotieren sie mit ihm in dem Felde. Der Trommelanker, Abb. 557, vermeidet, wie der Gramme-Ring, die starke Pulsation der EMK des T-Ankers und nützt

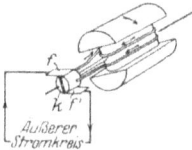

Abb. 555.
Doppel-T-Anker (SIEMENS).

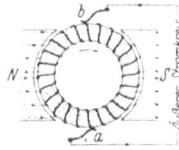

Abb. 556.
GRAMME-Ring.

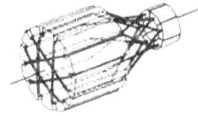

Abb. 557.
Trommelanker (HEFNER-Alteneck).

jede Spule *gleichmäßig* für die Induktion aus: die Spulen sind auf eine zylindrische Eisentrommel gewickelt, parallel zur Zylinderachse und wie beim Doppel-T-Anker in Nuten eingebettet (im Gramme-Ring kommt die auf der Innenseite des Ringes liegende Hälfte der Spulen weniger zur Wirkung als die dicht an den Polen vorbeirotierende Hälfte der Außenseite). Den verschiedenen Formen der Anker entsprechend hat man die Feldmagnete in den Dynamomaschinen geformt, die Eisenkerne, auf die die Ankerspulen gewickelt sind, verstärken die Einwirkung des Feldes auf die Spulen. Der Doppel-T-Anker hat nur noch für technische Dinge einfachster Art Bedeutung (Signalwerke), der Gramme-Ring ist nur noch historisch von Bedeutung, von ihm ist der Bau der Dynamomaschine tatsächlich ausgegangen. Der Trommelanker ist im wesentlichen auch heute noch der Anker der Dynamomaschine.

Induktionsgesetz. Wir fragen jetzt nach der Größe der unter verschiedenen Bedingungen induzierten EMK und untersuchen zunächst, ob ein Unterschied besteht, wenn wir Leiter verschiedener Dicke und verschiedenen Materials (Kupfer, Eisen usw.) benutzen. Wir stellen zu dem Zweck gleich große Rahmen aus verschiedenen Drahtsorten her und bringen sie nacheinander in der in Abb. 554 gezeichneten Weise in das Magnetfeld. Wir drehen den Rahmen jedesmal mit derselben Geschwindigkeit um denselben Winkel und messen gleichzeitig mit dem Voltmeter die induzierte EMK. Wir finden dadurch: Drahtdicke und Drahtmaterial sind ohne Einfluß. Diese Unabhängigkeit der Induktion von der Beschaffenheit des Leiters hat schon Faraday nachgewiesen: sie gilt natürlich nur für die EMK; der *Strom* würde in einem *geschlossenen* Rahmen, je nach dessen Ohmschen Widerstand, verschieden groß sein.

Abb. 558. Ein Drahtrahmen (von vorn gesehen), Seite m längs der sie begrenzenden Seiten parallel mit sich verschiebbar.

Wir fragen weiter: wie ändert sich die induzierte EMK mit der Feldstärke H und welchen Einfluß hat es, wenn der Leiter von der Länge l die Kraftlinien unter dem Winkel φ mit der Geschwindigkeit u durchschneidet? Worauf es ankommt, übersieht man an der folgenden Versuchsanordnung. In ein *gleichförmiges* Magnetfeld (seine Kraftlinien sind geradlinig, parallel und äquidistant) bringen wir einen ebenen, rechteckigen Rahmen aus Metallschienen, $k\,l\,m\,n$, Abb. 558.

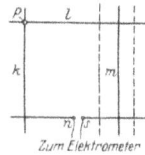

einem Fensterrahmen vergleichbar. Der Stab m ist längs l und n parallel mit
sich verschiebbar, so daß man die Länge l verändern kann. In einer bestimmten
Lage stelle man m fest, so daß l konstant ist. Der Stab l ist selber längs k und m
verschiebbar; *es ist der Leiter, den wir bei dem Versuch bewegen werden.* Bei s ist
ein Elektrometer eingeschaltet, das durch die leitenden Schienen k und m die
Spannung an den Enden von l mißt. — Diesen Rahmen stellen wir so in das
Feld, daß die Kraftlinien, die horizontal verlaufen mögen, senkrecht auf ihm
stehen (Abb. 559 a u. b). Solange l stillsteht, schlägt das Elektrometer nicht aus.
Verschieben wir l aber in der Richtung des (von P ausgehenden) Pfeiles (Abb. 559b),
so daß es die Kraftlinien senkrecht durchschneidet, so schlägt das Elektrometer
aus, d. h. es wird eine EMK *in l induziert.*

Wie *groß* wird die EMK *unter diesen speziellen* Bedingungen? Die Feldstärke sei H, die Länge des Leiters l, seine Geschwindigkeit u. Der Versuch lehrt:
die induzierte EMK ist proportional $H \cdot l \cdot u$. Verdoppeln wir also l, lassen aber
H und u ungeändert, so wird auch die EMK doppelt so groß. Verdoppeln wir außer
l auch u, lassen also nur H ungeändert, so wird sie viermal so groß; und verdoppeln

Abb. 559a.   Abb. 559b.   Abb. 559c.   Abb. 559d.

Der Drahtrahmen der Abb. 558 im Kraftlinienfelde

vertikal von   horizontal von   von der Seite   von oben
oben gesehen.   der Seite gesehen.   gesehen.   gesehen.

wir auch H noch, so wird sie achtmal so groß. — Aber die EMK hängt nicht *allein*
von H, l und u ab! Bei der Versuchsanordnung ist die *Bewegung* des Leiters und
die *Lage* des Leiters *rechtwinklig* zu den Kraftlinien. Stellt man den Rahmen
aber so in das Feld, daß zwar l zu den Kraftlinien rechtwinklig steht (Abb. 559c),
die Ebene des Rahmens aber schief dazu, l sich also *schräg* (etwa von rechts oben
nach links unten) *bewegt*, so kommt nicht die ganze Geschwindigkeit u zur Geltung,
sondern nur ihre Projektion auf die gerade Linie (punktiert), längs der sich l *vorhin* bewegte. Ist ψ der Winkel zwischen der jetzigen Bewegung und jener Geraden, so beträgt die Projektion darauf $u \cos \psi$, der Ausdruck $H \cdot l \cdot u$ geht über
in $H \cdot l \cdot u \cos \psi$.

Stellen wir den Rahmen wieder aufrecht, drehen wir ihn aber um seine
Vertikalachse, so daß er, von oben gesehen, wie in Abb. 559 d zur Kraftlinienrichtung steht, so kommt nicht die ganze Länge l des Leiters zur Geltung, sondern
nur die Projektion von l auf diejenige Gerade (punktiert), in der er sich vorher
befand (Abb. 559a). Ist der Winkel zwischen dem Leiter und den Kraftlinien φ,
so ist diese Projektion $l \sin \varphi$, und $H \cdot l \cdot u$ geht über in $H \cdot l \sin \varphi \cdot u$. Bewegen
wir nun den Rahmen so, daß er von der ersten Versuchsanordnung (Abb. 559a)
sowohl in der durch den Winkel φ wie auch in der durch den Winkel ψ charakterisierten Richtung abweicht, so findet man den allgemeinsten Ausdruck für die
induzierte EMK: sie ist proportional $H \cdot l \sin \varphi \cdot u \cos \psi$. Sie ist also Null, wenn
$\sin \varphi$ oder $\cos \psi$ Null ist, d. h. wenn $\varphi = 0^0$ oder wenn $\psi = 90^0$ ist, also l parallel
zu den Kraftlinien *liegt* oder sich parallel zu den Kraftlinien *bewegt.* Sie ist am
größten, wenn $\sin \varphi = 1$ und $\cos \psi = 1$ ist, d. h. wenn φ ein rechter Winkel ist
und ψ gleich 0^0 ist, d. h. wenn der durch Abb. 559b wiedergegebene Fall verwirklicht wird. An diesen allein werden wir uns halten.

Der Ausdruck $H \cdot l \sin \varphi \cdot u \cos \psi$, dem die induzierte EMK proportional ist, ist gleich der Anzahl Kraftlinien (S. 439), die l durchschnitten hat. Z. B. für $\varphi = 90^0$, $\psi = 0^0$ ist $l \cdot u$ (cm²) das Rechteck, das l (cm) bestreicht, während er sich um die Strecke u (cm) verschiebt. Da die Feldstärke gleich H ist, so kommen auf 1 cm² H Kraftlinien, auf $l \cdot u$ cm² also $l \cdot u \cdot H$ Kraftlinien; diese Kraftlinienzahl ist tatsächlich gleich der Zahl, der die induzierte EMK in diesem Fall proportional ist.

Einheit der elektromotorischen Kraft. Bewegt sich l rechtwinklig zu den Kraftlinien und zu seiner Längsrichtung mit der Geschwindigkeit u und ist H die Feldstärke, so entsteht in l eine EMK, die $H \cdot l \cdot u$ proportional ist. H, l und u kann man in cm, g, sec ausdrücken, also auch die EMK, d. h. wir können sie in *absolutem Maße* messen (wie die Stromstärke [S. 441]). Das Feld habe nun die Stärke $H = 1$ Gauß, der Leiter die Länge $l = 1$ cm und die Geschwindigkeit sei 1 cm/sec in der Richtung $\varphi = 90^0$ und $\psi = 0^0$. Die Größe der EMK, die dann in ihm entsteht, nennen wir die *absolute Einheit der* EMK. — Sie ist so klein, daß z. B. die EMK eines DANIELL-Elementes gleich 107 Millionen solcher Einheiten ist. In der Praxis mit ihr zu messen, wäre so, wie wenn man Abstände, die nach Kilometern zählen, in hundertstel Millimetern ausdrücken würde. Daher hat man das 100-Millionenfache dieser *absoluten* Einheit als praktische Einheit eingeführt, man nennt sie 1 Volt. Man definiert: *ein Volt ist gleich* 10^8 *absolute Einheiten der* EMK. Nach diesen Festsetzungen ist also die (unter den vorhin festgesetzten Bedingungen) induzierte EMK $E = H \cdot l \cdot u$ absolute Einheiten oder gleich $H \cdot l \cdot u \cdot 10^{-8}$ Volt, und es ist 1 absolute Einheit der EMK $= 10^{-8}$ Volt.

Das Volt ist auch die reichsgesetzliche Einheit für die EMK. Man würde aber auf fast unüberwindliche Schwierigkeiten stoßen, wenn man in der Praxis den genauen Wert der Volteinheit aus Induktionsmessungen herleiten wollte. Deswegen hat man die gesetzliche Definition auf eine ganz andere Grundlage gestellt. Man benutzt die Beziehung, die nach dem OHMschen Gesetz zwischen den drei Einheiten für Strom, Spannung und Widerstand besteht. Die Stromeinheit, 1 Ampere, und die Widerstandseinheit, 1 Ohm, sind relativ leicht zu verwirklichende Größen, man hat deswegen das Volt so definiert: Das Volt ist die EMK, die in einem Leiter von 1 Ohm Widerstand einen Strom von 1 Ampere hervorruft. — Und nun zu der Widerstandseinheit, die ebenfalls zur Realisierung der Volteinheit erforderlich ist!

Elektrische Widerstände und Widerstandsmessungen. Die absolute Einheit des Widerstandes hat ein Leiter dann, wenn die absolute Einheit der EMK (s. oben) in ihm die absolute Einheit des Stromes (S. 442 u.) erzeugt. Die so definierte Einheit ist im Vergleich zu den Widerständen der Praxis minimal. Man hat deswegen einen 10^9 mal so großen Widerstand — das Ohm — zur praktischen Einheit gemacht. Um aber bei der Kontrolle der in der Praxis benutzten Ohm-Normalen absolute Spannungs- und Strommessungen zu vermeiden, die erhebliche experimentelle Anforderungen stellen, hat man gesetzlich das Ohm so definiert: *Der Widerstand einer Quecksilbersäule von 106,3 cm Länge und 1 mm² Querschnitt bei 0° C heißt ein Ohm.* (Die Länge 106,3 cm bringt die gesetzliche Einheit, dem 10^9 fachen der absoluten Einheit möglichst nahe, s. Fußnote S. 383.)

Die Ermittlung des elektrischen Widerstandes eines Leiters in Ohm gehört zu den alltäglichen elektrischen Messungen: man vergleicht ihn mit einem

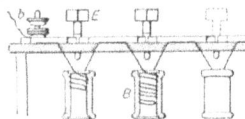

Abb. 560. Zusammensetzung von Widerstandsspulen zu einem Widerstandsatz.

Widerstand, dessen Größe in Ohm man *kennt*. Man benutzt dazu einen *Widerstandsatz*, analog dem Gewichtssatz, den man zum Vergleich von Massen, d. h. zum Wägen, gebraucht. Bifilar gewickelte, Abb. 562, Spulen B aus Drähten, so dimensioniert, daß sie einen vorgeschriebenen Widerstand haben, z. B. 10 Ohm, 5 Ohm usw. sind leitend miteinander verbunden (Abb. 560). Mit Hilfe dieses Satzes von

Widerständen kann man beliebig viel Widerstand in einen Stromkreis *b* einschalten, in Abb. 561 z. B. 1275 Ohm, indem man die Stöpsel bei 1000, bei 200, bei 50, bei 20 und bei 5 herauszieht und alle anderen stecken läßt (alle andern Spulen „*kurz*schließt"). Der Strom geht überall durch die dicken Schienen, außer an den Stellen, an denen die Stöpsel *E* herausgezogen sind und an denen er daher durch die dünnen Drähte gehen *muß*.

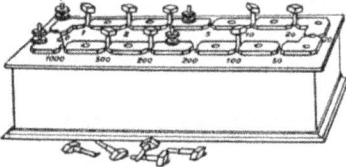
Abb. 561. Widerstandsatz (Widerstandkasten).

Selbstinduktion. Extrastrom. Ein vom Strom durchflossener Leiter liegt stets in einem magnetischen Felde — dem Felde, das der Strom *selber* erzeugt. Jede *Änderung* der Stromstärke — wozu besonders Einschalten und Ausschalten gehören — verändert dieses Feld, und die Veränderung des Kraftfeldes wirkt nun auf den durchströmten *Leiter*, sie induziert eine EMK in ihm (FARADAY). Diese Induktion nennt man, da sie auf den Leiter *zurück*wirkt, Induktion des Leiters auf sich selbst, *Selbstinduktion*, und den dabei auftretenden Strom *Extrastrom*.

Der Extrastrom ist stets so gerichtet, daß er die Strom*änderung* zu hemmen sucht, der er selber seine Entstehung verdankt (LENZsche Regel). Schließt man z. B. einen Strom oder verstärkt man ihn, so erreicht der Strom nicht *sofort* seine volle Stärke, sondern nur allmählich, der Extrastrom *verzögert* sein Anwachsen; *unterbricht* man die Leitung, so verschwindet der Strom *nicht* im Augenblick der Unterbrechung, bei genügender Stärke überbrückt er die Unterbrechungsstelle als ein starker Funken — der Extrastrom verzögert also auch das Verschwinden des Stromes. Am stärksten wird die Selbstinduktion, wenn der Leiter viele dicht beieinanderliegende Windungen bildet, die alle in derselben Richtung auf das äußere Feld einwirken, wie in einem Solenoid (Abb. 525) und besonders, wenn das Solenoid einen Eisenstab umschließt, wie im Funkeninduktor (Abb. 552), weil *das* das Kraftlinienfeld besonders stark verändert. Man unterdrückt die Selbstinduktion einer Spule, wenn man den Draht so aufwickelt. wie es Abb. 562 zeigt: *bifilar*. Je zwei Nachbarwindungen leiten dann den Strom in entgegengesetztem Sinn, so daß ihre magnetischen Felder einander aufheben. Bei Spulen mit großen Widerständen stört aber trotzdem ihre Ladungskapazität. Um diese möglichst klein zu machen, wickelt man

Abb. 562. Bifilare Wickelung.

Abb. 563. CHAPERON-Wickelung.

Spulen von 500 Ohm aufwärts nach CHAPERON: man wickelt schmale Schichten von wenigen Windungen und kehrt nach jeder Schicht die Windungsrichtung um (Abb. 563).

Auch bei der *Selbst*induktion hängt die Größe der in der Zeiteinheit induzierten EMK von der Anzahl Kraftlinien ab, die der induzierte Leiter in der Zeiteinheit durchschneidet. Sie hängt somit davon ab, wie *schnell* sich die Stromstärke ändert; denn mit der Stromstärke ändert sich ja die Anzahl der Kraftlinien. Außerdem ist die *Form* des Leiters von größtem Einfluß. Benutzt man den*selben* Draht das *eine* Mal geradlinig gespannt, das *andere* Mal als Solenoid, und ändert man beide Male den Strom gleich schnell, so kann das Solenoid eine hundert-, ja tausendmal größere Selbstinduktion als der geradlinige Draht haben. Wickelt man aber den Draht bifilar zu einer Spule, so ist er induktionsfrei. Jede Spule, überhaupt jeder Leiter, ist in dieser Hinsicht charakterisiert durch das Verhältnis, in dem die EMK des Extrastromes zu der *Änderungs*geschwindigkeit des Stromes steht. Dieses Verhältnis heißt der *Selbstinduktionskoeffizient*; man definiert ihn als diejenige EMK, die in dem Leiter selbst induziert wird, wenn sich der in ihm fließende Strom in der Zeit*einheit* um die Strom*einheit* *ändert*. Ändert er sich in 1 Sekunde um 1 Ampere, und ist die Spule so beschaffen (nach Form, Länge, Querschnitt und Windungszahl), daß die EMK des Extrastromes 1 Volt ist, so sagt man: der Selbstinduktionskoeffizient dieser Spule ist *Eins*, 1 *Henry*. Dieses Maß ist ungeheuer groß; in der Praxis rechnet man nach tausendstel Henry.

Die Selbstinduktionsnormale der Reichsanstalt, deren Sollwert 1 Henry ist, ist unifilar auf einen Marmorzylinder von 89 mm Durchmesser und 33 mm Höhe gewickelt. Ihre Drahtdicke ist 0,5 mm, ihre Windungszahl 2894, ihr Durchmesser innen 89 mm, außen 155 mm, ihre Höhe 33 mm, ihr Widerstand 94 Ohm.

Das Drahtmaterial ist wie auf die Induktion (S. 455 u.), so auch auf die Selbstinduktion ohne Einfluß, nur darf es nicht ferromagnetisch sein, d. h. Eisen, Nickel, Kobalt. Die telephonische Verständigung auf große Entfernungen wird durch die elektrischen Eigenschaften der Leitungen beeinträchtigt. Der Wechselstrom, den das Mikrophon in die Leitung schickt, erfährt eine mit der Länge der Leitung zunehmende *Dämpfung*. Man kann sie verkleinern, wenn man den Widerstand der Leitung verkleinert, d. h. die Leitung verstärkt, aber die ausreichende Verstärkung langer Leitungen wird durch die Kostspieligkeit unmöglich gemacht. Man kann aber auf einem ganz anderen Wege die Dämpfung verkleinern. Die Theorie ergibt für die Dämpfung einen Ausdruck, in dem ein Glied $(R/2)\sqrt{K/L}$ den Ausschlag gibt und auf dessen Verkleinerung es ankommt. R ist der Widerstand der Leitung, K die Kapazität, L die Selbstinduktion (in Henry). Der Bau der Leitungen bringt es mit sich, daß sie bei verhältnismäßig großer Kapazität kleine Selbstinduktion haben. Man muß also, um $\sqrt{K/L}$ zu verkleinern, die Selbstinduktion L vergrößern. Auf oberirdischen Leitungen tut man das nach dem Verfahren von Pupin (1900): man schaltet Spulen mit großer Selbstinduktion in gewissen *genau berechneten* Abständen in die Leitungen; auf Kabeln benützt man außer Pupin-Spulen auch das Verfahren von Krarup (1902): man erhöht ihre Selbstinduktion durch gleichmäßige Umspinnung des Leiters mit einer Lage feinen Eisendrahtes. Erst die Pupin-Spule und das Krarup-Kabel haben den Welttelephonverkehr ermöglicht.

Die EMK des Extrastromes wird um so größer, je *schneller* sich die Stromstärke ändert. Daher wird sie beim Öffnen eines Stromkreises (Öffnungsextrastrom) viel größer als beim Schließen (Schließungsextrastrom). Denn beim Schließen wird der *entstehende* Strom durch die EMK der Selbstinduktion gehemmt, er steigt nur allmählich von Null zur vollen Größe an, er hat zwar *im Moment* vor der Schließung die Stärke Null, aber im *Moment danach* nicht etwa die volle Stärke. Anders beim Öffnen. Unmittelbar vor dem Öffnen hat er noch seine volle Stärke, im Moment danach ist er Null. Daher wird die EMK des Öffnungsstromes sehr vielmal größer als die des Schließungsstromes. Sie kann so groß werden, daß sie die Öffnungsstelle durch einen Funken überbrückt, in dem die beim Öffnen getrennten Leiterenden schmelzen. — Die Überbrückung *verlängert* die Dauer des Primärstromes, macht seinen Abfall (zu Null) weniger steil und verkleinert dadurch die Induktionsspannung der Stromöffnung. Aus diesem Grunde läßt man in dem Funkeninduktor (S. 452 m.), die Elektrizität, die sich beim Öffnen in dem Funken entladen würde, in den Kondensator strömen, aus dem sie beim nächsten Stromschluß in den Stromkreis fließt.

Wirbelströme. Bisher haben wir nur von *Drähten* gesprochen. Aber was für Drähte gilt, gilt auch für Bleche und für andere Metallstücke. Die Richtung der induzierten Ströme entspricht stets der Lenzschen Regel. Da Bleche unbegrenzt viele geschlossene Strombahnen enthalten, so rufen die induzierten EMK in ihnen stets Ströme verschiedenster Richtung und Stärke hervor (Wirbelströme). Ihre Energie setzt sich in Wärme um, die die Leiter erhitzt. Z. B. die Primärspule eines Funkeninduktors wird in raschem Wechsel ein- und ausgeschaltet. Um die in dem Magnetkern dabei entstehenden Wirbelströme (FOUCAULTsche Ströme) möglichst einzuschränken, benützt man als Kern nicht einen massiven Stab, sondern ein Bündel dünner Drähte, die man mit Firnis überzieht, um sie *voneinander zu isolieren.* Bisweilen setzt man Maschinenteile, obwohl sie aus einem Stück hergestellt werden könnten, aus aufeinandergeschichteten Blechen zusammen, um durch die Zerteilung des Metalls die Wirbelströme zu vermeiden. Man teilt den Körper so, daß die Trennungsflächen, z. B. die der Bleche, senkrecht auf der Richtung stehen, in der die Ströme verlaufen würden.

Umgibt man (Abb. 564) einen wagerecht aufgehängten, in der Horizontalebene drehbaren Magnetstab a mit einem feststehenden dicken, nicht unterteilten Metallgehäuse b, z. B. aus Kupfer, und versetzt man ihn in drehende Schwingungen, so induziert er in den Wänden des Gehäuses Ströme, die nach der LENZschen Regel die Bewegung des Magneten hemmen. Man *dämpft* auf diese Weise die Schwingung der Magnetnadel in den Galvano-

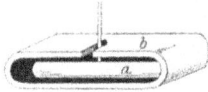

Abb. 564.   Zur Bremsung durch Wirbelströme.

metern, um zu bewirken, daß die Nadel, ohne zu schwingen (*aperiodisch*), ihre neue Ruhelage einnimmt. — Bewegt man zwischen den Polen eines sehr starken Magneten ein Metallblech hin und her, so *fühlt* man die Wechselwirkung des Magneten mit den Wirbelströmen in dem Bleche als Bremswirkung. Diese Bremswirkung erzeugt man planmäßig in der *Wirbelstrombremse*, einem Dynamometer, das demselben Zweck dient wie der PRONYsche Zaum: an die Stelle der mechanischen Reibung tritt hier der durch die Wirbelströme erzeugte Widerstand. Man läßt eine massive Metallscheibe (etwa das Schwungrad) mit ihrer Peripherie an einem kräftigen Elektromagneten vorbeirotieren, um diesen Widerstand zu erzeugen. Die erzielte Belastung mißt man genau wie beim PRONYschen Zaum.

Dynamomaschine und Elektromotor. Die Ströme der Elektrotechnik (Beleuchtung, Energieübertragung, Metallurgie) sind *stets* Induktionsströme. Man erzeugt sie in einer Dynamomaschine. Die Grundlage *jeder* Dynamomaschine ist *im Prinzip* (wenn auch in sehr veränderlicher Ausführung) ein System von Leitern, das sich in einem ruhenden Magnetfelde so dreht, wie es Abb. 554 veranschaulicht — oder auch ein ruhendes derartiges Leitersystem, um das sich ein Magnetfeld dreht, dessen Kraftlinien es so durchschneiden. Eine Dynamomaschine ist danach im Prinzip eine Vorrichtung, die mit Hilfe der rotierenden Relativbewegung von zwei induktiv verketteten Systemen — man nennt sie Stator und Rotor — mechanische Energie in elektrische verwandelt. — Grundsätzlich wichtig ist, daß auf dem durch Abb. 554 veranschaulichten Wege eine *Wechsel*spannung entsteht (S. 461 u.), die Urform der Dynamomaschine also die Wechselstrommaschine ist. Man kann aber mit Hilfe einer Schaltvorrichtung in der Maschine, dem Kommutator k, auf dem zwei mit den Enden der Ankerwicklung verbundene Kontaktplatten f und f' (Bürsten) schleifen, dem Strom stets dieselbe Richtung aufzwingen (Abb. 555), die Maschine also zu einer Gleichstrommaschine machen. — Das Feld erzeugt man stets mit Elektromagneten, es erfordert zu seiner Erzeugung also Gleichstrom. Die Gleichstrommaschine kann ihr Feld *selber* erzeugen. Nach WERNER SIEMENS Entdeckung (Elektrodynamisches Prinzip, 1867) besitzt *jedes* Eisen von vornherein genug Magnetismus, um einen — wenn auch nur schwachen — Strom zu induzieren. Benützt man diesen Strom zunächst dazu, den Magnetismus des Eisens zu verstärken und durch den verstärkten Magnetismus stärkeren Strom zu induzieren und setzt man diese wechselseitige Wirkung fort, so bringt man das Eisen allmählich bis zur magnetischen Sättigung und erhält dann induzierten Strom im großen. Das Feld der *Wechsel*strommaschine muß man mit einer *besonderen Gleich*strommaschine erregen. — Nach den Ausführungen in (S. 455 ff.) hängt die Größe der induzierten EMK von der Stärke des Feldes ab, von der Länge des Leiters in dem Felde, seiner Geschwindigkeit und der Geschwindigkeit, mit der sich die ihn durchschneidende Kraftlinienzahl ändert. Die Vervollkommnung dieser Einzelheiten sind rein technische Aufgaben.

Anfangs beherrschte die Gleichstrommaschine die Elektrotechnik, weil die Bogenlampen und die Energieübertragung das zu fordern schienen. Seit 1900 etwa herrscht die Wechselstrommaschine, weil für sehr große Leistungen und namentlich weil für hohe Spannungen ihr Bau einfacher ist, und weil die Beleuchtung durch Bogenlampen seitdem keine Schwierigkeit mehr bietet und die Transformierbarkeit den Wechselstrom für Fernleitung geeignet macht. Die Schwierigkeiten bei der Energieübertragung hat vor allem der Drehstrommotor überwunden, der alle anderen Motoren an Leistungsfähigkeit und Ökonomie weit übertrifft. Das physikalische Prinzip, auf dem er beruht, ist das Drehfeld (FERRARIS), ein rotierendes magnetisches Feld, das man durch *Kombination* von mehreren Wechselströmen erzeugen kann, die in bestimmter Weise in ihrer Phase gegeneinander verschoben sind (S. 223).

Der Elektromotor. Dreht man den Anker einer stromlosen Dynamomaschine (ohne angeschlossenen Stromkreis), so erfordert die Unterhaltung der Drehung viel weniger Energie, als wenn Strom durch die Maschine fließt. Das entspricht dem Gesetz von der Erhaltung der Energie. Im *geschlossenen* Stromkreise entstehen die Induktionsströme in den Ankerwicklungen, die infolge ihrer elektrodynamischen Wirkung die *Bewegung* des Ankers im Magnetfeld zu *hemmen* suchen (LENZsche Regel). Diesen Widerstand gegen die Bewegung kann man nur durch Verstärkung der Drehkräfte an der Ankerwelle überwinden. Nach dieser Auffassung muß der (stillstehende) Anker, wenn man in seine Wicklung einen *Strom* schickt (aus einer andern Elektrizitätsquelle), im Magnetfeld *in Drehung geraten*, und zwar in einem Sinne, der, bei gleicher Stromrichtung, der Drehung des Ankers der Dynamomaschine *entgegengesetzt* ist. Das ist der Grundgedanke des Elektromotors. (Dynamomaschinen verwandeln mechanische Energie in elektrische, Elektromotoren elektrische Energie in mechanische.)

Während sich der Anker des Elektromotors dreht, wirkt sein Magnetfeld auf ihn wie bei der Dynamomaschine, d. h. es induziert in ihm einen Strom, der dem in den Motor hineingesandten entgegengesetzt gerichtet ist. Auch diese hemmende Wirkung wird durch das Gesetz von der Erhaltung der Energie gefordert. Führt man dem Motor, während man seinen Anker festhält, aus einer Batterie von der EMK E die Stromstärke J zu, so sinkt der Strom etwa auf J_0. wenn der Anker seine volle Geschwindigkeit besitzt. Der Energieverlust $E\,(J - J_0)$ wird (im idealen Motor) in mechanische Energie umgewandelt. Gleichzeitig ist $J - J_0$ die Stärke des induzierten Gegenstromes. Da vor Beginn der Rotation die Stromstärke viel höher ist als nachher, darf man beim Einschalten des Motors nicht sofort die volle Stromstärke einsetzen, da dann die Spulen überlastet werden. Man darf die Stromstärke nur nach und nach, je nach der zunehmenden Geschwindigkeit der Drehbewegung, auf den maximalen Wert bringen (mit einem Vorschaltwiderstande, Anlasser).

Wechselstrom. *Wechselstrom* nennt man einen Strom, dessen Stärke und Richtung sich ständig nach gleich großen Zeitabschnitten in gleicher Weise ändern (Abb. 565). Der Zeitabschnitt T, nach dessen Ablauf die Stromstärke wieder die gleiche Größe, ihre Richtung den gleichen Sinn hat, heißt die *Periode*. Die zeitliche Änderung des Stromes entspricht im einfachsten Falle der Sinusfunktion. In Abb. 565 ist der Augenblickswert i eines einwelligen Sinusstromes als Ordinate, die Zeit t als Abszisse aufgetragen, die Gleichung der Kurve heißt: $i = J_m \sin \omega t$. Es ist J_m der *Höchstwert*, Scheitelwert, die *Amplitude* des Stromes, ω eine Konstante. Sie bedeutet folgendes: am Ende der Periode T muß i wieder die gleiche Größe und die gleiche Richtung haben wie am Anfang von T. Nach der Gleichung für i trifft das zu, wenn $\omega T = 2\pi$, also $\omega = 2\pi/T$ ist. Die Zahl $1/T$ ist die Anzahl der Perioden *während* 1 *sec*, man nennt sie *Frequenz* und bezeichnet sie mit n, man hat also $1/T = n$ und $\omega = 2\pi n$. Man nennt ω die *Kreisfrequenz*; es ist die Anzahl der Perioden in 2π Sekunden. Unter der Stromstärke (*effektive* Stromstärke) versteht man die Quadratwurzel aus dem *Mittel* der i^2-Werte. Für den durch die Sinuskurve dargestellten Strom ist die effektive Stromstärke $J_e = J_m/\sqrt{2} = 0{,}707 \cdot J_m$. Die Spannung ändert sich ebenso periodisch wie der Strom, die *effektive* Spannung ist $E_e = E_m/\sqrt{2} = 0{,}707 \cdot E_m$. Graphisch veranschaulicht man den nach der Gleichung für i

entstehenden Wechselstrom durch Abb. 565: man läßt die Gerade von der Länge J_m in der Ebene der Zeichnung als Radius um den Mittelpunkt des Kreises rotieren und projiziert den Radius in jeder Winkelstellung so auf die Vertikale, wie es die Abbildung zeigt. Die entstehende Kurve entspricht dann der Gleichung $i = J_m \sin \omega t$. Die Winkelgröße $\omega t = 2\pi n t$ nennt man die *Phase* des Stromes oder der Spannung.

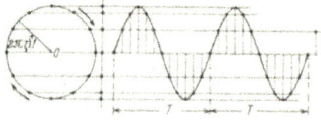

Abb. 565. Sinuswechselstrom. Der um O kreisende Radius vertritt den Scheitelwert J_m der Stromstärke (auch den Scheitelwert E_m der Spannung). Die Abszissen der Sinuskurve geben die Zeit, die einzelnen Punkte entsprechen dem Winkel $2\pi n t$. Die Ordinaten (Projektionen des Radius auf die Vertikale) geben die zugehörigen Stromstärken i (Spannungen e). Der jeweilige Winkel des Radius mit der Abszissenachse gibt die *Phase* des Stromes oder der Spannung an (Phasenwinkel).

Enthält der Stromkreis nur OHMschen Widerstand, d. h. den Widerstand, wie ihn geradlinige Drahtleitungen haben, dann stimmen Strom und Spannung in der *Phase* überein, sie erreichen gleichzeitig ihren Scheitelwert, gehen gleichzeitig durch Null, kehren also auch gleichzeitig ihre Richtung um, so wie es Abb. 566 zeigt. Anders aber, wenn die Leitung eine Drahtspule mit Selbstinduktion enthält. Die periodische Änderung des Wechselstromes induziert dann in der Spule einen Sekundärstrom. Dieser wirkt in der dem primären Strome *entgegengesetzten* Richtung, die Selbstinduktion verhindert daher, daß der Strom, *gleichzeitig* mit der Spannung, seinen Höchstwert erreicht und *gleichzeitig* mit ihr durch Null geht — sie *verzögert* ihn, und die Spannung eilt ihm um einen bestimmten Winkel, den *Phasenwinkel* φ, voraus, wie es Abb. 567 zeigt. Diesen Winkel bildet der *Strom*vektor mit dem *Spannungs*vektor, wenn wir das*selbe* Diagramm dazu benützen, um die Kurven für Strom und Spannung *gleichzeitig* aufzuzeichnen; φ zeigt, um wieviel die Kurven gegeneinander *verschoben* sind.

Wie groß ist die Effektivspannung, die in einem Stromkreise von R Ohm Widerstand und von L Henry Induktivität einen Effektivstrom von J_t Ampere erzeugt? Diese Spannung

ist: $E_t = J_t \sqrt{R^2 + \omega^2 L^2}$ Volt. Der Phasenwinkel φ ist gegeben durch $\mathrm{tg}\,\varphi = \dfrac{\omega L}{R}$. Ist $R = 0$,

so wird $\mathrm{tg}\,\varphi = \infty$ oder $\varphi = \dfrac{\pi}{2}$. Das heißt, die Stromphase bleibt hinter der Spannung um 90^0 zurück, das ist bei hoher Wechselzahl *annähernd* der Fall in Spulen mit sehr hoher Induktivität und sehr kleinen Widerstande.

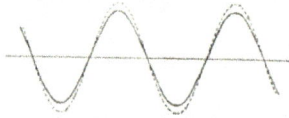

Abb. 566.
Strom und Spannung in der Phase
übereinstimmend.

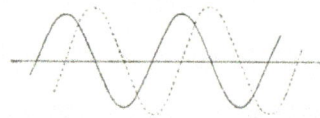

Abb. 567.
Strom und Spannung in der Phase *nicht* übereinstimmend; um einen Phasenwinkel (s. Abb. 565) gegeneinander verschoben.

Das OHMsche Gesetz gilt also für Wechselstrom nur dann, wenn $L = 0$ ist, denn nur dann ist $J = E/R$ (und nur dann ist $\varphi = 0$, d. h. der Strom mit der Spannung in Phase). Die Selbstinduktion wirkt selber wie ein Widerstand. Sie drückt die Stromstärke unter die nach dem OHMschen Gesetz zu erwartende Größe. Selbst wenn der OHMsche Widerstand Null wäre ($R = 0$), wäre der Strom nicht, wie es bei Gleichstrom der Fall wäre, unendlich groß (Kurzschluß), sondern gleich $E/\omega L$. Man nennt $L\omega$ den *induktiven Widerstand* des Leiters, auch Induktanz oder Reaktanz.

Daß Selbstinduktion wie ein Widerstand wirkt, kann man z. B. an einer Glühlampe sehen, die hinter eine Spule geschaltet ist und hell leuchtet. Sie wird dunkel, wenn man die Selbstinduktion der Spule vergrößert, indem man einen Eisenkern hineinschiebt. Dieser widerstandartigen Wirkung wegen benützt die Elektrotechnik (um in Wechselstromkreisen die Stromstärke zu verkleinern) anstatt induktionsfreier Widerstände *Drosselspulen* von großer Induktivität und kleinem OHMschen Widerstand. Sie schwächen den Strom durch die entwickelte elektromotorische Gegenkraft, verbrauchen aber selbst fast gar keine Energie, weil ihr OHMscher Widerstand so klein ist, daß die in ihnen erzeugte JOULEsche Wärme belanglos ist. Sie verbrauchen nur so viel Energie, wie die Ummagnetisierung des Eisenkerne in ihnen erfordert. — Die Phasenverschiebung des Stromes gegen die Spannung verwickelt die Berechnung der *Leistung* des Wechselstromes. Man findet sie nicht (wie beim Gleichstrom) dadurch, daß man die in Ampere und in Volt gemessenen Effektivwerte der Stromstärke und der Spannung miteinander multipliziert, sondern sie ist $U = E_t \cdot J_t \cdot \cos\varphi$, wo φ be-

stimmt ist durch $\mathrm{tg}\,\varphi = \dfrac{\omega L}{R}$. — Also je nach der Größe von $\cos\omega$, dem *Leistungsfaktor*,
leistet der Strom in gegebener Zeit verschieden viel Arbeit. Ist $\varphi = 90^0$ und $\cos\varphi = 0$
(in der Wirklichkeit ist φ niemals *ganz* 90^0), sind also die Kurven für Strom und Spannung um
90^0 gegeneinander verschoben, Abb. 567, so haben Strom und Spannung in der 1. Viertelperiode gleiches Vorzeichen, in der 2. entgegengesetztes, in der 3. wieder gleiches und so
fort; die Arbeitsleistung jeder folgenden Viertelperiode macht daher die der vorhergehenden
zu Null — der Mittelwert $E_s J_s$ ist jede Viertelperiode gleich groß, aber abwechselnd positiv
und negativ, jeder folgende hebt, den vorhergehenden auf. In diesem Falle leistet der Strom
keine Arbeit (wattloser Strom): die Arbeit, die er während einer Viertelperiode dem Strom-
erzeuger entzogen hat, gibt er in der nächsten Viertelperiode dem Stromkreise wieder zurück.
Wattlos ist z. B. der Wechselstrom, der durch eine eisenfreie Selbstinduktionsspule von
minimalem OHMschen Widerstand fließt. (Deswegen verzehrt eine dickdrahtige Drosselspule
auch bei großer elektromotorischer Kraft der Wechselstromquelle keine Energie, obwohl sie
den Strom schwächt.)

Eine Phasenverschiebung von Strom und Spannung tritt im Wechselstromkreise auch dann
ein, wenn wir anstatt der Selbstinduktionsspule einen Kondensator einschalten. Der Kondensator lädt sich, entlädt sich dann, lädt sich darauf in entgegengesetzter Richtung und so fort:
es fließt also ein Strom in dem Kreise (im *Gleich*stromkreise kann der Kondensator *keinen* Strom
unterhalten), der Kondensator bildet gleichsam eine sekundäre Stromquelle in dem Wechselstromkreise. Wir erhalten wieder zwei gegeneinander verschobene Kurven, aber hier bleibt
die *Spannung* hinter dem *Strom zurück*: sie erreicht ihr Maximum später, geht später durch
Null als der Strom, sie ist während eines Teiles der Periode dem Strom entgegengesetzt,
während des anderen Teiles ihm gleichgerichtet. Hat der Kondensator
die Kapazität C, so ist die Effektivspannung $E_t = E_m \sqrt{R^2 + 1/\omega^2 C^2}$.
Der Phasenwinkel φ ist gegeben durch $\mathrm{tg}\,\varphi = -1/\omega C R$. Für $R = 0$
wird $\mathrm{tg}\,\varphi = -\infty$ oder $\varphi = -\pi/2$, d. h. die Stromphase eilt der Spannung am Kondensator um 90^0 voraus. (Bei guten Luftkondensatoren
ist diese Beziehung streng erfüllt.)

Enthält der Wechselstromkreis *gleichzeitig*, Abb. 568, die Induktivität L und die Kapazität C, dann ist der Phasenwinkel φ gegeben
durch $\mathrm{tg}\,\varphi = \dfrac{1}{R}\left(\omega L - \dfrac{1}{\omega C}\right)$. Falls $\omega L = 1/\omega C$, somit $\omega = \sqrt{1/LC}$ ist,

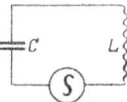

Abb. 568. Induktion
L und Kapazität C in
einem Wechselstrom-
kreis hintereinander-
geschaltet.

falls also die Periode der Wechselstromquelle *in dieser besonderen Beziehung* zur Induktivität und der Kapazität des Stromkreises steht, tritt ein bemerkens-
werter Vorgang ein. Um ihn zu verdeutlichen, halten wir uns an die Strom*arbeit* in einem
Leiter, in dem Strom und Spannung außer Phase sind. In unserem besonderen Fall ist $\mathrm{tg}\,\varphi = 0$.
also sind Strom und Spannung genau *um eine Viertelperiode* außer Phase: Der Strom
ist *daher* wattlos, d. h. er gibt die Arbeit, die er während irgendeiner Viertelperiode verbraucht, in der nächsten Viertelperiode wieder zurück. Spule und Kondensator sind gleichsam
während *einer* Viertelperiode Energienehmer, während der *nächsten* Energiegeber und so fort.
Das Wichtigste ist: *die Spule* (der Kondensator) *nimmt, während der Kondensator* (die Spule)
gibt, denn Spannung und Strom sind ja in der Spule und dem Kondensator nach *entgegengesetzten* Seiten ($+ \pi/2$ und $- \pi/2$) außer Phase. Kondensator und Spule werfen abwechselnd
einander gleichsam die Energie zu: während der *einen* Viertelperiode verbraucht die Spule
die vom Kondensator zurückgegebene Energie, während der *nächsten* verbraucht der Kondensator die von der Spule zurückgegebene und so fort: die elektrische Energie strömt zwischen
ihnen hin und her — man sagt: sie *schwingt* hin und her, und in diesem Sinne spricht man von
elektrischen Schwingungen. Die elektrische Schwingung besteht in einer periodischen Verwandlung und Rückverwandlung der elektromagnetischen Energie aus der einen Form in
die andere; die elektromagnetische Energie, die in dem Stromkreise vorhanden ist, befindet
sich in einem bestimmten Zeitpunkt ganz in der *Spule* als Energie ihres *magnetischen* Feldes,
eine Viertelperiode später ganz im *Kondensator* als Energie seines *elektrischen* Feldes,
wieder eine Viertelperiode später wieder ganz und gar in der Spule und so fort.

Ist $1/\omega C = \omega L$, dann ist die Energiebilanz von Spule und Kondensator gleich groß;
jeder nimmt so viel wie der andere gibt, es ist keine Differenz zwischen der mittleren Spulen-
energie und der mittleren Kondensatorenergie vorhanden. Nur so viel wird von der elektrischen Energie in Wärme verwandelt, wie es dem OHMschen Widerstand des Kreises entspricht — sonst geht nichts davon verloren. Machen wir also den OHMschen Widerstand
praktisch gleich Null, so ist die Stromquelle nicht mehr erforderlich, um den Strom zu *unterhalten*. Ist er einmal in Gang gebracht, so darf man sie beseitigen, ohne daß die Energie
zwischen Kondensator und Spule hin und her zu gehen aufhört — wie ein Pendel, das *völlig
reibungsfrei* schwingt, niemals zu pendeln aufhört, ohne eines Antriebes von außen zu bedürfen.
(Das ist nicht *vollkommen* realisierbar, es gibt weder einen völlig widerstandslosen Stromkreis,

noch ein völlig reibungsfreies Pendel.) Beseitigt man die Stromquelle nicht, so wächst die Energiemenge in dem Stromkreise andauernd, da sich die in ihm bereits enthaltene unverminderte erhält, die Stromquelle aber andauernd neue hinein liefert. Das führt zu einer die Leiter gefährdenden Überlastung, gegen die Schutzvorrichtungen erforderlich sind.

Das Besondere des Falles $\omega L = 1/\omega C$ liegt in der Beziehung zwischen den Größen L und C, die den Strom*kreis* charakterisieren, einerseits und der Größe ω, die die Strom*quelle* charakterisiert, auf der anderen Seite. Einerseits ist $\omega^2 = 1/LC$, andererseits ist $\omega = 2\pi/T$, wo T die Periode der Wechselstromquelle ist, also $T = 2\pi \sqrt{LC}$ Sekunden, falls L in Henry und C in Farad gemessen ist. Wir kommen also zu dem Ergebnis: hat der Strom die Periode $T = 2\pi \sqrt{LC}$ sec (die Periodenzahl $1/2\pi \sqrt{LC}$), so strömt die in den Stromkreis enthaltene Energie zwischen dem Kondensator von C Farad Kapazität und der Spule von L Henry Induktivität in $T = 2\pi \sqrt{LC}$ sec einmal hin und her, d. h. sie verwandelt sich einmal ganz in die magnetische Energie der Spule und wieder in die elektrische des Kondensators. Man nennt $2\pi \sqrt{LC}$ sec die *Schwingungsperiode* der elektromagnetischen Energie, und zwar der *Eigen*schwingung dieses durch L Henry und C Farad charakterisierten Stromkreises. Mit dieser Periode, die in diesem besonderen Falle auch die der Wechselstromquelle ist, pendelt die Energie zwischen Kondensator und Spule hin und her. Die Wechselstromquelle ist aber an der Erhaltung der Schwingung unbeteiligt (daher *Eigen*schwingung und *Eigen*periode des Kreises); auch wenn sie abgeschaltet wird, pendelt die Energie in dem aus Spule und Kondensator bestehenden Stromkreise weiter. Man sagt dann: der Stromkreis ist *in Resonanz* mit dem Generator. Er verhält sich wie eine Stimmgabel, die durch Resonanz zum Tönen kommt und forttönt, auch wenn die erste Tonquelle nicht mehr wirkt. Der Ausdruck Resonanz ist um so mehr gerechtfertigt, als der aus der Induktivität L Henry und der Kapazität C Farad bestehende Leiterkreis sogar nur *in dem Felde der* Wechselstromquelle von der Periode $T = 2\pi \sqrt{LC}$ sec zu liegen braucht, *ohne mit ihr leitend verbunden* zu sein, um so zu schwingen.

Aber nur, wenn der Oнмsche Widerstand R des Stromkreises *unter* einem gewissen Grenzwert liegt, *schwingt* die Energie. Andernfalls ist die Schwingung aperiodisch (wie die eines Pendels in einer sehr zähen Flüssigkeit). Die strenge Rechnung zeigt

$$T = \frac{2\pi}{\sqrt{\dfrac{1}{LC} - \dfrac{R^2}{4L^2}}} = 2\pi \sqrt{LC} \cdot \frac{1}{\sqrt{1 - \dfrac{R^2 C}{4L}}}.$$

Für $R = 0$ wird $T = 2\pi \sqrt{LC}$. Wo also der Oнмsche Widerstand R belanglos ist, gilt die einfache Formel. Andernfalls kommt es darauf an, ob $\dfrac{R^2}{4L^2} \gtrless \dfrac{1}{LC}$, also $R \gtrless 2\sqrt{L/C}$ (dann hat T keinen endlichen Wert, es entsteht überhaupt keine Schwingung) oder ob $R < 2\sqrt{L/C}$ (dann entsteht eine Schwingung mit der von dem Widerstand abhängigen Schwingungsdauer). Ist der Widerstand R gegenüber $2\sqrt{L/C}$ *nicht* belanglos, so vergrößert er die Schwingungsdauer.

Die Dämpfung ist von den elektrischen Schwingungen untrennbar, um die Schwingungen zu unterhalten, muß die durch Dämpfung verlorene Energie dauernd ersetzt werden, sonst erlöschen sie. Auch um Resonanzschwingungen zu unterhalten, ist die Wechselstromquelle, mit der Spule und Kondensator einen Stromkreis bilden, erforderlich; freilich braucht sie nur soviel Energie nachzuliefern, wie durch Dämpfung verlorengeht.

Andererseits pendelt die Energie zwischen Spule und Kondensator, auch wenn $\omega L \gtrless 1/\omega L$ ist. Nur sind das dem Kreise *aufgezwungene* Schwingungen (nicht *Eigen*schwingungen), zu deren Unterhaltung erst recht die Stromquelle unerläßlich ist — der Kreis verhält sich wie ein Pendel, das nicht lediglich infolge der Erdanziehung (frei) schwingt, sondern von einer andern Kraft zu anderen als den ihm eigenen Schwingungen gezwungen wird.

7. Elektrische Schwingungen.

Die übliche Wechselstrommaschine hat eine Periode von 0,02 sec, sie kann die *Eigen*schwingung eines Kreises also nur dann erregen, wenn in ihm $2\pi\sqrt{LC}$ = 0,02 sec ist. Kapazität und Induktivität eines solchen Kreises sind ungeheuer groß — auch seine Schwingungsdauer. Uns interessieren aber nur Schwingungen von Millionen mal kürzerer Periode (S. 468 m. und S. 472). Schon ein Kreis aus einer Leidener Flasche gewöhnlicher Größe (0,001 Mikrofarad Kapazität, also $C = 10^{-9}$ Farad) und einem Schließungsdraht von etwa 1 m Länge (etwa $L = 10^{-6}$ Henry) hat die Eigenperiode $T = 2\pi\sqrt{10^{-9} \cdot 10^{-6}} =$ etwa $\frac{1}{5 \cdot 10^6}$ sec.

Wie kann man sie erregen? Antwort: dadurch, daß man den Kreis sich über eine Funkenstrecke entladen läßt. Die Funkenentladung ist nämlich nicht ein einfacher Stromstoß, sondern ein Hin und Her schnell aufeinanderfolgender, kurz dauernder Ströme von *einander entgegengesetzter* Richtung, oder mit HEINRICH HERTZ' Worten: Er setzt sich zusammen aus einer großen Zahl von *Schwingungen*, das heißt *hin* und *her* gehenden Entladungen. Und daraus erklärt es sich auch, daß die Funkenentladung zwar wie ein stationärer Strom wirkt. elektrolysierend, magnetisierend und induzierend, daß sich aber bei der Elektrolyse des Wassers (WOLLASTON) *beide* Gase — Wasserstoff und Sauerstoff — an *beiden* Elektroden entwickeln, und bei der Magnetisierung einer Nadel, um die herum man die Entladung leitet, die Nadel zum Schlusse den Nordpol bald an dem einen Ende, bald an dem andern hat (J. HENRY 1842). Daß die Funkenentladung ein *oszillierender* Vorgang sein müsse, hat HELMHOLTZ aus dem Satze von der Erhaltung der Energie gefolgert (1847) und hat zuerst FEDDERSEN (1857) experimentell gezeigt. (In der mit einem schnell rotierenden Spiegel aufgenommenen Abb. 569 wechseln [*neben*einander und gleichzeitig einander *gegenüber*] hellere mit weniger hellen Stellen ab. Die *helleren* bedeuten die von der *Anode* ausgehenden Entladungen; man sieht daraus, daß die Elektroden ihre Polarität dauernd wechseln.) Den stärksten Beweis aber dafür, daß sich der Entladungsschlag einer Leidener Flasche aus *Schwingungen* zusammensetzt, liefert die Tatsache: der Stromkreis einer sich entladenden Leidener Flasche erzeugt in einem ihm ähnlichen (Abb. 570), auf den er *induzierend* wirkt, unter bestimmten Bedingungen eine der Resonanz (S. 239) ähnliche Erscheinung. Läßt man ihn auf einen andern Stromkreis wirken, der seiner Induktivität und seiner Kapazität nach nahezu gleiche Schwingungsdauer haben muß, und ändert man die Kapazität C oder die Induktivität L, also auch die Schwingungsdauer $T = 2\pi\sqrt{LC}$ einer der beiden Stromkreise stetig ab, so muß sich *Resonanz* darin äußern, daß für *bestimmte* Werte von C und von L die Induktionswirkung des einen auf den andern viel stärker ist als für *andere* Werte von C und L. Und so ist es wirklich.

Abb. 569. Elektrischer Funke, im rapide rotierenden Spiegel gesehen. (Zu beachten: Einer hellen Stelle am linken Rande liegt gegenüber eine dunkle am rechten und vice versa.)

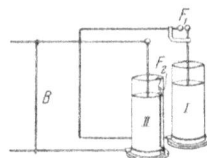

Abb. 570. Zur Resonanz auf elektrische Schwingungen. Flasche *I* entlädt sich über die Funkenstrecke F_1. Sie entspricht einer tönenden Stimmgabel, die Flasche *II* dem Resonator; zwischen den Belegungen von *II* liegt die Funkenstrecke F_2. Man stimmt den Stromkreis *II* auf d. Stromkreis *I* ab, indem man die Brücke *B* verschiebt und so die Länge des Stromkreises *II* ändert. Läßt man *I* sich über F_1 entladen, so entstehen bei einer *bestimmten* Stellung der Brücke in F_2 Funken, *verschiebt* man die Brücke aus dieser Stellung, so bleiben die Funken aus, ein Beweis, daß die in *II* durch *I* induzierten Ströme je nach der Abstimmung ihres Stromkreises einander dauernd unterstützen oder nicht, wie bei der akustischen Resonanz.

Die *Resonanz* auf elektrische Schwingungen liefert für den *Nachweis* von (mutmaßlich vorhandenen) elektrischen Schwingungen ein ebenso einfaches wie empfindliches Hilfsmittel. Der Resonator, den Hertz benützte (Abb. 571), ist ein zum Kreise oder zum Rechteck gebogener Draht, den eine sehr kleine Funkenstrecke *f* unterbricht. Ist der Wellensender, der Strahler, in Tätigkeit, so sieht man unter gewissen Bedingungen bei *f* kleine Funken — die Bedingungen beziehen sich auf die Lage des Drahtrahmens relativ zu dem Strahler (seinen Abstand und die Orientierung seiner Rahmenebene). Die Funken deuten auf eine Resonanzwirkung hin, ähnlich der durch Abb. 570 beschriebenen. Sie erklären sich daraus, daß von dem Strahler ausgehende Schwingungen in dem Drahtrahmen elektromotorische Kräfte induzieren, die groß genug sind, sich über die Funkenstrecke hinweg auszugleichen. Ein gewöhnlicher Wechselstrom könnte in dem Resonator eine solche Wirkung niemals hervorrufen, die von ihm ausgehende Induktion auf einen einfachen Draht, überdies auf großen Abstand hin, ist dazu viel zu klein. In dem Hertzschen Strahler dagegen, Abb. 572, wechselt die Stromrichtung viele Zehntausendemal schneller, und *das* macht die induzierte EMK so groß, es kommt ja nur auf die Änderungs*geschwindigkeit* des induzierenden Stromes an.

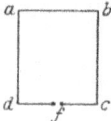

Abb. 571. Drahtrahmen zum Nachweis elektrischer Wellen. (Hertz.)

Das Hin und Her der Entladung ist eine *Wirkung der Selbstinduktion* (s. S. 458). Die bei der Entladung verschobene Elektrizitätsmenge und die Schnelligkeit, mit der die Spannung (und mit ihr die Stromstärke) sinkt, hängt auch von der Kapazität der sich entladenden Leiter ab. Der Theorie (W. Thomson) zufolge ist auch hier die Schwingungsdauer (ein Hingang und ein Rückgang) $T = 2\pi\sqrt{LC}$, wo *C* die Kapazität der sich entladenden Leiter und *L* der Selbstinduktionskoeffizient ist. Daß dabei die elektrische Ladung wirklich so schnell hin und her fließt, zeigt das Braunsche Rohr (Abb. 498), wenn man die Belegungen einer Leidener Flasche mit den Platten *FF* verbindet. Der Kathodenstrahl wird dann je nach der augenblicklichen Richtung des elektrischen Feldes abgelenkt, so daß die Bewegung des Phosphoreszenzfleckes ein Bild der Schwingung gibt (Abb. 499).

Wesensgleichheit zwischen elektrischen Schwingungen und Licht. Die Versuche über den Einfluß des Dielektrikums auf die Induktionserscheinungen führten Faraday zu der Anschauung, daß die Felder, d. h. die Zwangszustände, welche elektrische Ladungen und Pole im umgebenden Medium hervorrufen, eine gewisse Zeit zu ihrer Ausbreitung bedürfen. Könnten wir z. B. an irgendeiner Stelle des Raumes plötzlich einen magnetischen Pol erzeugen, so würde die Einwirkung dieses Poles auf eine entfernte Magnetnadel nicht in demselben Augenblick erfolgen, sondern es würde eine gewisse, wenn auch sehr kurze Zeit verstreichen, bis die Nadel auf den neu entstandenen Pol anspricht. Das zu dem Pol gehörige magnetische Feld braucht eben eine gewisse Zeit, um bis zu der Magnetnadel hinzugelangen. Ganz dasselbe gilt von dem elektrischen Feld, das zu einer elektrischen Ladung gehört.

Faraday stand mit seiner Ansicht über das Wesen von Elektrizität und Magnetismus allein. Seine Zeitgenossen glaubten noch an eine unvermittelte Fernwirkung der elektrischen und magnetischen Kräfte. Erst Maxwell vermochte den neuen Ideen zu folgen und — weit über Faraday hinausgehend — sie mathematisch zu formulieren. Die Maxwellschen Gleichungen, die Grundlage der neuen Theorie, bringen die Wechselwirkung zwischen magnetischer und elektrischer Kraft zum Ausdruck: Wo immer das *magnetische* Kraftfeld eine zeitliche Änderung erfährt — verschwindet oder entsteht — ist *dadurch* in der Umgebung eine bestimmte Verteilung des *elektrischen* Kraftfeldes bedingt, und umgekehrt, wenn das *elektrische* Kraftfeld sich zeitlich ändert, so bedingt dies eine bestimmte Verteilung des *magnetischen* Kraftfeldes. Aus den Gleichungen hat MAXWELL rechnerisch eine Reihe grundlegender Behauptungen gefolgert, die der experimentellen Prüfung zugänglich waren. Sie gipfelten in dem Ergebnis, daß die magnetischen und elektrischen Zwangszustände sich durch den leeren Raum *mit derselben Geschwindigkeit ausbreiten wie die Lichtwellen.* Dies Ergebnis legte die Möglichkeit nahe, die elektrischen Wellen, die ja nach ihrer Entstehungsart aus elektrischen und magnetischen Feldern bestehen mußten, könnten den Wellen ähneln, die eine Lichtquelle aussendet. Die Transversalität der Schwingungen und die Fortpflanzungsgeschwindigkeit von 300000 km/sec war beiden Wellenarten gemeinsam. Aber erst wenn es gelang, mit elektrischen Wellen diejenigen Vorgänge herbeizuführen, die beim Licht als beweiskräftig für seine Wellennatur gelten, und die die Wellenlängen zu messen gestatten, konnten alle Zweifel behoben werden. Das hat HEINRICH HERTZ geleistet. Er hat den MAXWELLschen Ideen und damit der elektromagnetischen Lichttheorie, die in Lichtwellen und elektrischen Wellen gleichartige Vorgänge sieht, zum endgültigen Siege verholfen. Er hat gezeigt, daß die fundamentalen Eigenschaften des Lichtes, z. B. die Reflexion, die Brechung und die Beugung, auch den elektrischen Wellen zukommen.

Bevor wir diese Versuche besprechen (S. 472 f.), suchen wir ein Bild von einer elektromagnetischen Welle zu gewinnen. Wir müssen uns dazu über die Kräfte klar werden, die im Funken das Hin und Her der Ladungen bewirken, und fragen zunächst: warum erfolgt der Ladungsausgleich nicht einfach in der Weise, daß die Elektrizität durch die Funkenstrecke von der einen Kondensatorbelegung zur anderen so lange überfließt, bis die Spannung beiderseits dieselbe ist? Wir ziehen das schwingende Pendel zum Vergleich heran. Das gehobene Pendel fällt, losgelassen, in die Gleichgewichtslage, d. h. seine tiefste Lage, zurück; dort besitzt es infolge des Falles eine große kinetische Energie, und infolge seiner Trägheit steigt es auf der anderen Seite wieder. Sorgen wir dafür, daß der Vorgang völlig reibungslos abläuft, so steigt das Pendel ebenso hoch, wie es gefallen war, und wiederholt das dauernd in derselben Weise. Die anfänglich rein potentielle Energie des Pendels verwandelt sich beim Fall in kinetische Energie, beim Durchgang durch den tiefsten Punkt hat sie ihren Höchstwert erreicht. Beim Steigen des Pendels verwandelt sich die Energie zurück und im Augenblick der Umkehr ist er rein potentiell. Im Pendel verwandelt sich also ein gewisser konstanter Energiebetrag in bestimmtem Rhythmus abwechselnd aus potentieller in kinetische und aus kinetischer in potentielle Form.

Auch in einer elektrischen Schwingung, die ohne Verlust, d. h. ohne Wärmeentwicklung und ohne Ausstrahlung, vor sich geht, haben wir einen Energiebetrag, der unverändert erhalten bleibt, aber sich in *seiner* Art dauernd in bestimmtem Rhythmus ändert. Dem Wechsel zwischen potentieller und kinetischer Energie im Pendel entspricht der Wechsel zwischen magnetischer und elektrischer Feldenergie in der elektrischen Schwingung. Im Augenblick, in dem der Funke einsetzt, ist die ganze Energie offensichtlich elektrischer Art, besteht aus der Ladung des Kondensators. Durch den Funken entlädt sich der Kondensator: es entsteht ein Strom, und dieser *erzeugt ein magnetisches Feld.* Der Strom kann aber nicht plötzlich aufhören in dem Augenblick, wo die Spannung ausgeglichen ist, das abklingende magnetische Feld führt ja jetzt den Strom weiter. Diese Erscheinung ist nichts anderes als die Selbstinduktion. Wir haben (S. 458) gelernt, daß der elektrische Strom beim Ausschalten nicht plötzlich abbricht, sondern allmählich abklingt (Extrastrom). In einem Stromkreis ohne Kondensator verbraucht sich dieser Extrastrom in der Erwärmung der Leitungsdrähte. Aber beim Oszillator dient er vor allem dazu, den Kondensator wieder aufzuladen, natürlich entgegengesetzt dem ursprünglichen Sinne. Sind keine Energieverluste eingetreten, so erreicht auch der Kondensator bis auf das Vorzeichen *denselben* Ladungszustand wie anfänglich, und das Spiel beginnt von neuem, der Strom fließt jetzt in *entgegengesetzter* Richtung durch die Funkenstrecke. Der Strom besitzt also, wie das Pendel, beim Durchgang durch die Gleichgewichts-lage (d. h. im Augenblick des Spannungsausgleichs) Trägheit, die die vorhandene Bewegung der Elektrizität weiterführt. Die Trägheit ist bedingt durch das magnetische Feld, das immer mit strömender Elektrizität verbunden ist, und das beim Aufhören des Stromes einen gleichgerichteten Strom — den Extra-strom — erzeugt.

Die rasch wechselnden elektrischen und magnetischen Felder, die in ihrer eigenartigen Verkettung das Wesen einer elektrischen (richtiger elektromagne-tischen) Schwingung ausmachen, sind aber nicht auf den Oszillator beschränkt, sondern pflanzen sich, wie ja die Induktionserscheinungen schon nahelegen, durch den Raum hindurch fort. Man kann den Oszillator so formen, daß die Ausstrahlung von Schwingungen besonders begünstigt wird. Damit erhalten wir die elektromagnetischen Wellen, deren sich die drahtlose Telegraphie be-dient, und die ihrem innersten Wesen nach mit Lichtwellen vergleichbar sind, wie die Versuche von HERTZ bewiesen haben.

Erzeugung sehr schneller elektrischer Schwingungen (HERTZ 1887). Für die Prüfung der FARADAY-MAXWELLschen Theorie (S. 466) an der Erfahrung — eine der wichtigsten Aufgaben der experimentellen Physik — schwingen aber selbst die Ent-ladungen von Leidener Flaschen viel zu langsam, dazu bedarf es wenigstens 1000 mal schnellerer Schwingungen. Hier setzen die Arbeiten von HEINRICH HERTZ ein: er hat (1887) entdeckt, wie man ganz kurze metallische Leiter zu Eigenschwingungen anregt und hat Schwingungen von der Größenordnung 10^{-9} sec erzeugt. Er hat an ihnen die FARADAY-MAXWELLsche Theorie bestä-tigt, und dadurch die „Fernkräfte" aus der Lehre von der Elektrizität beseitigt, er hat (1888) bewiesen, daß die elektrische Kraft sich im Raume genau so aus-breitet wie das Licht, und hat dadurch die *Hypothese*, daß *das Licht eine elek-trische Erscheinung* sei, zur Gewißheit erhoben. Der physikalischen Technik hat er durch seine Entdeckung die Grundlage für die drahtlose Telegraphie und Tele-phonie gegeben.

Welches ist nun der springende Punkt bei der Erzeugung so schneller elek-trischer Schwingungen? Um T möglichst klein zu machen, muß man gemäß $T = 2\pi\sqrt{LC}$ die Kapazität C möglichst klein machen. Macht man aber die Kapazität der Leiter — die sich über die Funkenstrecke hinweg entladen sollen

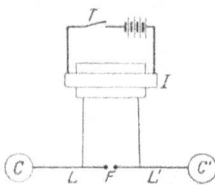

Abb. 572.
HERTZscher Oszillator.

— *sehr* klein, so reicht die in ihnen aufgespeicherte Energie nicht dazu aus, die Funkenstrecke zu durch-brechen. (*Beliebig* klein darf die Strecke *nicht* sein [S. 469 o.].) Das ist der springende Punkt: „Ist die Kapazität der Leitungsenden sehr groß, sind es etwa die Belegungen einer Batterie, so vermag der Ent-ladungsstrom dieser Kapazitäten selber den Wider-stand der Funkenstrecke hinreichend herabsetzen; bei *kleinen Kapazitäten aber muß diese Funktion von einer fremden Entladung übernommen werden"* (HERTZ). Diese *fremde* Entladung hat HERTZ von einem Funkeninduktor leisten lassen, Abb. 572. Der Induktor lädt zunächst den Kondensator CC' und die Leiter L und L' (sie stellen die Induktivität des Kreises vor.) Ist die Entladungsspannung des Induktors erreicht, so springt bei F ein Funke über und schließt den Kreis. Dieser Induktorfunke — hierauf kommt es an! — erhitzt und ionisiert die Luft

der Funkenstrecke und bringt sie dadurch auf einen niedrigen Widerstand
herunter, und *jetzt* entlädt sich der Kondensatorenkreis *schwingend*. Die
Energie *schwingt* in dem Kreise ja nur dann, wenn sein OHMscher Widerstand $R < 2 \sqrt{L/C}$ Ohm ist, S. 464 m.

Die Luftstrecke wirkt wie ein Momentverschluß, der den Ladungen auf C
und C' den Weg zueinander versperrt oder öffnet. Man muß den Verschluß 1. *blitz-*
artig öffnen und schließen und muß ihn 2. *weit* genug aufreißen. Das heißt: der Funke
muß 1. urplötzlich, jäh einsetzen und aufhören, und 2. seine Stromdichte muß groß
sein. Das *erste* ist nötig, damit die Entladung *auch* jäh einsetze, denn das erhöht
die Selbstinduktion (*Blitz*artigkeit des Funkens ist ja maximale Stromstärken-
änderung pro Zeiteinheit) und begünstigt daher das *Oszillieren* der Entladung.
Das *zweite* ist nötig, damit der Widerstand *sofort* und *weit* genug sinke (unter
den Grenzwert $2 \sqrt{L/C}$) und während der oszillierenden Entladung unten *bleibe*.
Die Funkenstrecke hat pro mm einen erheblichen Widerstand, der Funke darf
aber *erfahrungsgemäß* (HERTZ) nicht zu kurz sein. Die Luftstrecke darf also
einen gewissen Widerstand nicht *über*schreiten, doch aber eine gewisse Länge
nicht *unter*schreiten. Ist der Funke vorüber, so strebt die Luft sofort wieder
ihrem Anfangszustande zu. — Nicht jede Art von Funken leistet das alles,
aber die Entladung eines kräftigen Rühmkorffinduktors tut es; sie übernimmt (bei F in Abb. 572) nach HERTZ' Ansicht daher folgende Funktionen:
sie lädt den Kondensator auf ein hohes Potential, sie führt einen jäh einsetzen-
den Funken herbei, und sie hält nach Einleitung der Entladung den Widerstand der Luftstrecke unter dem kritischen Wert. So macht sie es dem Kondensator möglich, sich oszillierend zu enthalten, auch wenn seine Kapazität *sehr*
klein ist.

Entstehung und Ausbreitung der elektromagnetischen Welle. Die Energie
verwandelt sich in dem Oszillator periodisch zwischen der des elektrischen und
der des magnetischen Feldes. Wie kommen nun die elektromagnetischen *Wellen*
zustande, in denen sich die Schwingungen von dem Oszillator aus im Raume
ausbreiten? Zunächst: Wie gelangt die Schwingung aus dem Oszillator hinaus?

Während der periodischen Umwandlung der Energie im Oszillator entwickeln
sich magnetische Induktionslinien, die die Leiter ringförmig umgeben, und elektrische Kraftlinien, die von einer Kondensatorhälfte zur andern ziehen (die korrespondierenden Ladungen miteinander verbindend). Das gilt
für den geschlossenen wie für den offenen Schwingungskreis, Abb. 573. Der geschlossene Kreis ist hauptsächlich
ein *magnetischer* Oszillator, nur *infolge* seiner magnetischen
Oszillationen wirkt er auch elektrisch erregend.
Der offene Kreis dagegen ist *der* elektrische
Oszillator. Die von ihm aus weit in den Raum
hinausreichenden *elektrischen* Kraftlinien geben
ihm seinen Charakter: durch sie erregt er den
Äther elektrisch. Nach einer Viertel Schwingungsdauer sind die elektrostatischen Ladungen
seiner Kondensatorhälften — und damit auch
seine elektrischen Kraftlinien — verschwunden,

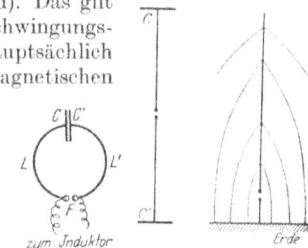

Abb. 573.   Geschlossener und offener
Schwingungskreis.

die EMK also Null; dafür ist aber dann der elektrische Strom mit den
die Leiter ringförmig umgebenden magnetischen Induktionslinien zur größten
Stärke entwickelt. Die EMK und die magnetisierende Kraft sind nach
HERTZ *im* Oszillator also um eine Viertelperiode gegeneinander verschoben, die
eine im Maximum, während die andere Null ist. Gerade dadurch kam ja

die „Schwingung" zustande. Aber außer Phase sind die elektrische und die magnetische Kraft (nach HERTZ) nur *in* dem Oszillator und *nahe bei* dem Oszillator — an den Punkten, die um eine Viertelwellenlänge und mehr vom Oszillator abstehen, sind die elektrische Feldstärke und die magnetische Feldstärke *in Phase*, und sie bleiben es auch: beide erreichen von da an gleichzeitig ihr Maximum und gehen gleichzeitig durch Null, beide kehren also *gleichzeitig* ihre Richtung um. Aber nur *zeitlich* ist diese Koinzidenz vorhanden, nicht auch *örtlich* (außer dort, wo beide durch Null gehen), denn die Schwingungen der elektrischen Feldstärke und die der magnetischen geschehen in zwei *verschiedenen* Ebenen, die senkrecht zueinander stehen; Abb. 290 zeigt, wie beide Feldintensitäten gleichzeitig miteinander zu- und abnehmen und gleichzeitig ihre Richtung umkehren.

Das „*in* Phase" oder „*außer* Phase" der elektrischen Kraft und der magnetischen Kraft entscheidet darüber, *wie* sich die Energie im elektromagnetischen Felde *bewegt*, d. h. ob sie nur hin und her schwingt (vgl. S. 463 u.), wie in einem Pendel, oder ob sie strömt wie in einer fortschreitenden Wasserwelle. POYNTING (1884) berechnet die Änderung des Energieinhaltes eines Raumes unter der Annahme, die Energie trete *nach Art einer Substanz* durch die den Raum umgrenzende Oberfläche. Er hat gezeigt: in einem variabeln elektromagnetischen Felde „fließt" die Energie in einer Richtung, die auf den Richtungen der elektrischen und der magnetischen Kraft senkrecht steht; sie kehrt die Richtung ihres Fließens *um*, wenn nur *eine* von beiden ihre Richtung umkehrt, sie behält aber ihre Strömungsrichtung *bei*, wenn beide Kräfte gleichzeitig ihre Richtung umkehren. *In* dem Oszillator und *dicht bei* dem Oszillator „fließt" die Energie (nach HERTZ) ganz anders als an den Punkten, die um eine Viertelwellenlänge und mehr vom Oszillator abstehen. Innerhalb des Bezirks, dessen Punkte um *weniger* als eine Viertelwellenlänge vom Oszillator abstehen, sind die elektrische Feldstärke und die magnetische Feldstärke an manchen Punkten *in* Phase, an manchen *außer* Phase, an manchen einander sogar diametral entgegengesetzt. An manchen Punkten kehrt nur *eine* von beiden ihre Richtung um, an anderen kehren *beide* ihre Richtung *gleichzeitig* um, und daher oszilliert die Energie nur *zum Teil* in diesem Raumbezirk hin und her, geht aber zum andern *Teil*, und zwar zum größeren, nach außen. Nach HERTZ erklärt sich das daraus, daß die entstehende Welle nicht lediglich den Vorgängen im Oszillator selber ihre Entstehung verdankt, sondern aus den Zuständen des ganzen ihn umgebenden Raumes hervorgeht, und dieser *der eigentliche Sitz der Energie ist.* — Jenseits jenes Bezirkes (der Kugel von $\lambda/4$ Radius) wachsen und fallen die elektrischen und die magnetischen Feldintensitäten an jedem Punkte gleichzeitig: kehrt die eine ihre Richtung um, so tut es auch die andere und daher ist der Energiefluß von jener Grenze an beständig nach außen gerichtet — *nichts* kehrt mehr zurück, *alles* geht als *Strahlung* in den Raum hinaus.

Sieht man den Oszillator als den Anfangspunkt der *magnetischen* Welle an, so sieht es also so aus, wie wenn der Anfangspunkt der *elektrischen* Welle eine Viertelwellenlänge *davor* läge, so daß die magnetische Welle ihn erst eine Viertelperiode nach ihrer Entstehung passiert, und wie wenn von *diesem* Punkte an beide Wellen *in Phase* zusammen weitergingen, um die Energie hinauszutragen, das *Strahlungszentrum* der elektromagnetischen Welle also eine Viertelwellenlänge vom Oszillator entfernt läge. — Ob es viel oder wenig ist, was von dieser Grenze an nach außen wegstrahlt und für den Oszillator verlorengeht, ist eine Frage der Wellenlänge. Bei langen Wellen liegt das um eine Viertelwellenlänge abstehende Strahlungszentrum weit weg von Oszillator, und die Störung ist daher dort nur geringfügig; der größte Teil der Energie kehrt in diesem Falle zum Oszillator zurück, und seine Dämpfung wird nur von dem Ohmschen Widerstande be-

stimmt. So ist es z. B. bei einer gewöhnlichen Wechselstrommaschine von 50 Perioden, deren Viertelwelle 750 km lang
ist. Aber ein kleiner HERTZ-Oszillator, dessen Viertelwellenlänge nur einige Zentimeter lang ist, strahlt ungeheuer
stark, und das rapide Erlöschen seiner Schwingungen (infolge der Energieabgabe während der Zeitdauer eines Funkens)
ist fast ganz dieser Ursache zuzuschreiben. Um die erregten
Schwingungen trotz der Ausstrahlung dauernd auf der gleichen
Intensität zu halten, muß man den Strahlungsverlust durch
fortwährende Energie*zufuhr* zum *Oszillator* aufwiegen.

Die elektrische Schwingung des Strahlers wirkt induzierend auf dessen Nachbarschaft. Die dadurch erzeugte Störung schreitet von Punkt zu Punkt in dem
den Strahler umgebenden Raume fort, unter Mitwirkung
der wechselseitigen elektrischen und magnetischen Erregungen des Äthers. In Form einer frei im Raume
fortschreitenden Welle breitet sie sich aus *mit der Geschwindigkeit des Lichtes.* Um den Mechanismus der
Wellenentstehung im Bilde darzustellen, hat HERTZ für
einen besonderen Fall die dabei auftretenden Kräfte berechnet und die Kraftverteilung schematisch wiedergegeben. Die Kurven der Abb. 574 bedeuten die elektrischen Kraftlinien, ihre jeweilige Dichte entspricht der
Feldstärke in Volt/cm. Die Kraftlinien treten aus den
Polen des Oszillators aus und dehnen sich in den ihm umgebenden Raum hin aus. Ihre Anzahl wächst bis zu einem
Maximum, von da an beginnen sie sich wieder in den
schwingenden Leiter zurückzuziehen. Als *elektrische* Kraftlinien verschwinden sie dort, aber ihre Energie wandelt
sich dort in *magnetische* Energie um. Hierbei geschieht
etwas sehr Merkwürdiges: die Kraftlinien, die sich am
weitesten von ihrem Ursprung entfernt haben, biegen
sich, während sie sich zusammenziehen, seitlich ein, die
Einbiegung wächst und schließlich schnürt sich von jeder
der äußeren Kraftlinien eine *in sich geschlossene Kraftlinie* ab, die selbstständig im Raume wegwandert. Der
Rest der Kraftlinie tritt in den schwingenden Leiter zurück. (Die *Zahl* der zurückkehrenden Kraftlinien ist also
ebenso groß, wie die Zahl der ausgegangenen, ihre *Energie*
aber ist um die der abgeschnürten Teile vermindert.
Dieser Energieverlust entspricht der Ausstrahlung in den
Raum.)

Weit weg von dem Strahler ist die Welle eine reine
Kugelwelle, die radial fortschreitet wie z. B. die Schallwelle (Abb. 302). Aber die Energieverteilung auf die einzelnen Punkte ist ganz anders: die Schallwelle enthält in
jedem Punkte der*selben* Kugelfläche *gleich* große Energie,
d. h. die Energie in irgendeinem Punkte hängt *nur* von
dessen *Abstand* von der Schallquelle ab. Anders in der
elektromagnetischen Kugelwelle: hier hängt die Energie
in einem gegebenen Punkte von dessen Abstand vom
Strahler ab *und außerdem* vom Azimut und von der

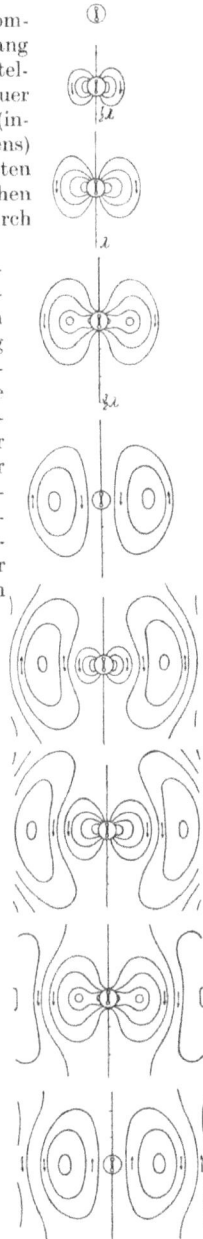

Abb. 574. Ausbreitung einer
elektromagnetischen Welle
im Raume (nach HERTZ).

Höhe des Punktes, bezogen auf den Strahler als Mittelpunkt. In der Äquatorebene des Senders ist sie am größten, mit der Annäherung an die Richtung des
Senders nimmt sie zu Null ab. Abb. 575 zeigt das schematisch an einem Quadranten einer Meridianebene, die Kraftliniendichte ist ein Maximum senkrecht
zum Strahler, in der Richtung des Strahlers Null.

**Experimenteller Beweis für die Wesensgleichheit der elektro-
magnetischen Wellen und der Lichtwellen.** Daß sich die Induktion
im Luftraum tatsächlich *wellenförmig* ausbreitet, wird durch Erscheinungen bewiesen (HERTZ), die sich zwanglos aus der
Annahme erklären, daß sich (durch Interferenz) *stehende
Wellen* im Luftraum ausbilden — in Optik und Akustik
die stärksten Argumente für die *Wellen*natur des Lichtes
und des Schalles. Stehende Wellen bilden sich ja immer
dann aus, wenn zwei Wellenzüge interferieren, die gleiche
Wellenlänge und Schwingungsamplitude haben und die
sich in einander entgegengesetzter Richtung fortpflanzen.
Auch stehende *elektrische* Wellen mit *Knoten und Bäuchen*
können sich so ausbilden: Die Funkenstrecke F des

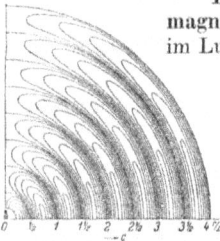

Abb. 575. Zur Ausbreitung einer
elektromagnetischen Welle.

Induktors (Abb. 576) sendet die Wellen aus. Senkrecht zur Verbindungslinie bF
von Oszillator und Resonator (links am Ende zwischen bb sichtbar) stehe ein
großer Blechschirm A. Der Abstand zwischen Oszillator und Schirm sei fest, der
Resonator längs bF verschiebbar. Bringt man den Resonator dicht an A, so

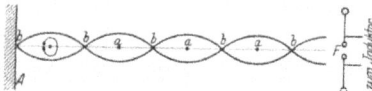

Abb. 576. Stehende elektrische Welle.

zeigt er keine Funken, entfernt man ihn
längs bF allmählich von dem Schirm, so
treten Funken auf, die sich stetig verstärken, bis sie von einer bestimmten
Stelle an wieder schwächer werden. Ab-
und Zunahme des Funkenspiels wieder-
holt sich in regelmäßigen Abständen von dem Schirm (Maxima bei den Punkten a,
Minima bei den Punkten b). Das läßt in der Tat auf Interferenz schließen: die von
dem Oszillator mutmaßlich ausgehenden Wellen treffen den Schirm und werden
von ihm reflektiert; die ankommende und die reflektierte Welle interferieren dann,
wobei sich ähnlich wie Abb. 295 Schwingungsbäuche und -knoten ausbilden.
Während aber in einer Orgelpfeife oder im KUNDTschen Rohr die Luft, also
Materie schwingt, sind es bei den elektromagnetischen Wellen die magnetischen
und elektrischen *Kraftfelder*, die durch ihren raschen *Wechsel* das Wesen der
Schwingungen ausmachen. Und: während beim Schall die
Bewegungsrichtung der Luftteilchen mit der Fortpflanzungsrichtung der Welle zusammenfällt, ist bei der elektrischen
Welle die Richtung der Kraftfelder *senkrecht* zur Fort-
pflanzungsrichtung, Abb. 290.

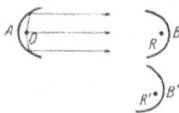

Abb. 577. Reflexion elek-
trischer Wellen an Parabol-
spiegeln.

Nachdem HERTZ gesehen hatte, daß Metallflächen die
elektrischen Wellen reflektieren, lag der Versuch nahe, die
Wellen durch einen parabolisch gekrümmten Hohlspiegel
zu konzentrieren und dadurch parallel verlaufende „Strahlen elektrischer
Kraft" herzustellen. In dem Parabolspiegel in Abb. 577 (aus Blech gebogen),
ist der Oszillator derart eingebaut, daß seine Funkenstrecke mit der Brennlinie
zusammenfällt. Die von ihm ausgehenden Schwingungen werden in der aus
der Abbildung ersichtlichen Weise reflektiert und bilden einen Wellenzug, den
ein zweiter gleichartiger Parabolspiegel auffangen kann. Sind die Spiegel, wie
A und B, einander zugekehrt, so spricht der Resonator R in der Brennlinie
von B auch bei großem gegenseitigen Abstand der Spiegel lebhaft an. Bringt

man aber B nach B', so hören die Funken im Resonator R' auf, ein Beweis, daß die elektrischen Wellen durch geeignete Reflektoren in parallelen Strahlenbündeln zusammengehalten werden können.

Mit demselben Versuchsaufbau konnte HERTZ noch andere grundlegende Eigenschaften der elektrischen Wellen feststellen: die Funken in R erloschen, sobald man einen Metallschirm in den Strahlengang brachte, aber ein Brett oder eine Glasplatte hatte keinen derartigen Einfluß. Metalle absorbieren bzw. reflektieren also die elektrischen Wellen, Isolatoren aber lassen sie hindurchtreten, beides im Einklang mit der MAXWELLschen Theorie.

Ein Elementarversuch der Optik zeigt, daß Lichtstrahlen beim Durchgang durch ein Prisma aus ihrer ursprünglichen Richtung abgelenkt, gebrochen werden. HERTZ hat einen ähnlichen Versuch mit elektrischen Wellen ausgeführt. In den Strahlengang des Oszillators O (Abb. 578) schaltete er ein Prisma P (etwa 1 m Kantenlänge) ein, aus Asphalt, der elektrische Wellen gut durchläßt. Der Resonator sprach *nicht* an, wenn er sich bei B in der Achse des Hohlspiegels A befand, sondern erst dann, wenn er um einen erheblichen Winkel aus dieser Richtung herausgedreht war (Stellung B'): in der Tat auch bei elektrischen Wellen eine Strahlenbrechung wie bei Licht.

Abb. 578. Brechung elektrischer Wellen in einem Asphaltprisma.

Erfolgreiche Versuche über die Beugung und die Polarisation der elektrischen Wellen haben auch die letzten Zweifel behoben, ob elektrische Wellen und Lichtwellen wesensgleich sind. Nur die Wellenlänge unterscheidet sie voneinander: die HERTZschen Wellen messen nach Meter, die Lichtwellen nach zehntausendstel Millimeter. — HERTZ' Arbeiten haben zahllose Versuche veranlaßt, immer schnellere elektrische Schwingungen zu erzeugen, immer kürzere elektrische Wellen. Die kürzeste dürfte die von NICHOLS und TEAR erzeugte von 0,22 mm Länge sein.

Drahtwellen. Die Knoten und die Bäuche, ferner die Übereinstimmung der Feldrichtung an Punkten derselben Halbwelle und die Gegensätzlichkeit benachbarter Halbwellen sind mit der Anordnung Abb. 576 sinnlich am Resonator wahrnehmbar. HERTZ hat daran überhaupt *entdeckt*, daß die Wirkung der primären Schwingung vom Oszillator aus sich *von Punkt zu Punkt* fortpflanzt: er hat sie an einem Draht vom Oszillator weggeleitet und dabei längs des Drahtes die Bäuche und Knoten mit seinem Resonator entdeckt. Man

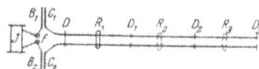

Abb. 579. Anordnung von LECHER zur Erzeugung elektromagnetischer Wellen (Drahtwellen).

benutzt jetzt zu ihrem Nachweis gewöhnlich die von LECHER (1890) stammende Anordnung (Abb. 579) mit zwei Platten C_1 und C_2, die in einigen Zentimeter Abstand den Platten B_1 und B_2 gegenüberstehen, und mit den zwei von ihnen ausgehenden parallelen etwa 20 cm voneinander abstehenden, 7—8 m langen blanken Drähten; ein Drahtbügel D, der sie verbindet und an ihnen entlang verschiebbar ist, erlaubt beliebig lange Strecken auf ihnen abzugrenzen ($D_1 D_2 D_3$). Die Drähte C_1 und C_2 laden sich, wie die mit ihnen verbundenen Platten, abwechselnd positiv und negativ. Verbreitete sich die Wirkung der Schwingung *momentan*, so würden sämtliche Punkte desselben Drahtes *gleichzeitig* dasselbe Potential haben wie die mit ihm verbundene Platte, und das elektrische Feld zwischen den Drähten würde als *Ganzes* schwingen. Zwischen je zwei gegenüberliegenden Punkten längs der Drähte würde in einem gegebenen Moment überall dieselbe Spannungsdifferenz wie zwischen den *Platten* herrschen. Es tritt aber etwas ganz andres ein. Das zeigt ein GEISSLER-Rohr, mit dem man (LECHER) die Drähte überbrückt — es leuchtet auf, aber an verschiedenen Stellen der Drähte verschieden hell, an manchen stark, an manchen gar nicht oder doch so gut wie gar nicht. Es markiert dadurch die Bäuche und die Knoten der stehenden elektrischen Welle. Umgibt man (ARONS) die Drähte mit einem Glasrohr, das man luftdicht abschließt und wie ein GEISSLER-Rohr evakuiert, so leuchtet der ganze Zwischenraum zwischen C_1 und C_2 gleichzeitig, und zwar mit ähnlichen Helligkeitsabstufungen.

Das erinnert uns an die schwingende Luftsäule und die Stellen des maximalen und des minimalen Aufleuchtens der KÖNIGschen Flamme (Abb. 333), ja sogar an die offene und die gedackte Pfeife (Abb. 328 und 329), je nachdem der Drahtzwischenraum am Ende offen oder leitend geschlossen ist: die Orte des maximalen und des minimalen Aufleuchtens liegen beide Male anders. Die Punkte des stärksten Aufleuchtens sind diejenigen, zwischen denen die Spannungsdifferenz am stärksten schwankt, dort liegen die elektrischen Schwingungsbäuche; längs der Drähte finden sich mehrere. In der Mitte zwischen zwei Nachbarbäuchen liegt ein Schwingungsknoten, er entsteht aus der Interferenz zweier Wellen: einer von dem Strahler kommenden und einer am Ende des Drahtsystems reflektierten. Verbindet man zwei einander gegenüberliegende Punkte durch eine Drahtbrücke (Kurzschluß), so bleibt die Polarisation des Feldes dort aus, es entsteht ein Knoten. Verbindet man die *Enden* der Drähte unmittelbar miteinander (kurz), so erzwingt man dort einen Knoten, enden die Drähte frei, so liegt am Ende ein Bauch. Legt man zwischen die Brücke und das kurzgeschlossene Ende des Drahtsystems quer über die Drähte ein GEISSLER-Rohr und verschiebt man die Brücke, so findet man diejenigen Stellen des Drahtzwischenraumes, bei deren Kurzschließung die Röhre am *stärksten* leuchtet, an denen also ein Schwingungs*bauch* liegt. Durch Verschieben der Brücke wird der zu dem Schwingungskreise des Oszillators gehörige Teil des Drahtsystems verlängert (verkürzt) und der hinter der Brücke liegende Teil verkürzt (verlängert). Man kann so das Drahtsystem in Resonanz mit dem Erreger bringen. Es hat eine Eigenschwingung, die von seiner Länge abhängt, und die durch Änderung seiner Länge mit dem Oszillator in Resonanz gebracht werden kann und die infolge der Kleinheit der Induktivität und der Kapazität von sehr kurzer Periode ist. (Durch die Brücke ist dieser Kreis mit dem Oszillator *gekoppelt*, man sagt: *galvanisch* gekoppelt, zum Unterschied gegen die *induktive* Koppelung, bei der nur Kraftlinien zwei Kreise miteinander verbinden.) Der Abstand von zwei benachbarten Knotenpunkten ist die Hälfte einer Wellenlänge, man kann also mit Hilfe eines GEISSLER-Rohrs *an den Drähten die Wellenlänge abmessen.*

Die Drahtwellen sind von großer Bedeutung für den Ausbau der FARADAY-MAXWELLschen Theorie. Das Drahtsystem zeigt unmittelbar die Länge λ der elektrischen Welle, ermittelt man daneben die Schwingungsdauer T, sei es durch Rechnung (HERTZ), sei es mit der LECHER-Anordnung (MERCIER 1922), so gibt λ/T die Fortpflanzungsgeschwindigkeit der elektrischen Welle: sie ergab sich auf diese Weise gleich der Lichtgeschwindigkeit in der Luft ($v = 299\,790 \pm 20$ km/sec).

Leitet ein Draht die Wirkung der primären Schwingung in die Ferne, wie in Abb. 579, so erfährt das *Innere* des Drahtes *nichts* davon, alle die Welle ausmachenden Veränderungen spielen sich in seiner Umgebung und nur an seiner Oberfläche ab. In ihn *hinein* dringt die Wirkung kaum tiefer als das Licht, das auf seine Oberfläche fällt und reflektiert wird. Das ist eine Wirkung der Selbstinduktion: ein *konstanter* Strom in einem zylindrischen Draht erfüllt jeden Teil des Querschnittes mit gleicher Stärke, ein veränderlicher bevorzugt die *Rand*gebiete, ein *Wechsel*strom um so mehr, je größer seine Wechselzahl ist. Der Theorie nach muß diese Bevorzugung schon bei einigen hundert Wechseln pro Sekunde merklich sein und mit der Zahl der Wechsel sehr rasch wachsen. Bei vielen Millionen pro Sekunde muß sich die Strömung auf die Oberfläche des Drahtes beschränken (skin-Effekt). HERTZ hat diese Theorie bestätigt: die schnellen Schwingungen seines Erregers gleichen hier fast statischen Ladungen. Wie diese, so befinden auch sie sich nur auf der Oberfläche der Leiter: sie erzeugen sogar ein elektrodynamisches Seitenstück zu FARADAYS elektrostatischem Käfigversuch (S. 371).

Die MAXWELLsche Beziehung $n^2 = \varepsilon$. Wir sahen: die Wellen pflanzen sich nicht *in* dem Drahte fort, sondern sie gleiten in dem Dielektrikum *an ihm entlang.* Dann kann aber die Fortpflanzungs*geschwindigkeit* auch nur von der Natur des Dielektrikums abhängen, nicht von dem Drahtmaterial. Und so ist es in der Tat. Die Fortpflanzungsgeschwindigkeit hängt offenbar davon ab. welchen Widerstand der Stoff seiner dielektrischen Polarisierung entgegensetzt, d. h. den elektrischen und den magnetischen Verschiebungen. Diesen Widerstand charakterisieren die Dielektrizitätskonstante ε und die magnetische Permeabilität μ. Nennen wir die Geschwindigkeit der Welle im *leeren* Raume, im „Äther", c cm sec und ihre Geschwindigkeit in dem durch ε und μ charakterisierten Stoffe v cm sec, so ist nach MAXWELL $v = \dfrac{c}{\sqrt{\varepsilon \cdot \mu}}$ cm sec. Die Zahl μ ist für alle Stoffe nahezu gleich 1, es ist daher $v = c / \sqrt{\varepsilon}$ cm sec. Die Richtigkeit der Gleichung $v = c / \sqrt{\varepsilon}$ erweist sich durch die Messung der Fortpflanzungsgeschwindigkeit der elektrischen Wellen in der Luft, deren Dielektrizitätskonstante (D.-K.) ja 1 ist: sie ist gleich der Lichtgeschwindigkeit gefunden worden (S 474 u.).

Trifft eine Welle, die sich in einem Isolator von der D.-K. ε_1 ausbreitet, auf einen Isolator von der D.-K. ε_2, etwa eine ebene Wand aus diesem Isolator, so ändert sich ihre Geschwindigkeit aus $v_1 = c / \sqrt{\varepsilon_1}$ in $v_2 = c / \sqrt{\varepsilon_2}$. Trifft sie dabei schief auf die Trennungsfläche, so ändert sie zugleich ihre Fortpflanzungs*richtung*, sie wird *gebrochen.* Zwischen ihren Fortpflanzungsrichtungen vor und nach der Brechung einerseits und den Geschwindigkeiten v_1 und v_2 andererseits besteht eine Beziehung von fundamentaler Bedeutung (MAXWELL). Abb. 580 ist ein senkrechter Schnitt durch die Grenzebene 1, 2 zwischen den beiden Dielektrizis und durch eine ebene Welle (S. 231 m.), die aus ε_1 kommt und schief auf die Grenzebene trifft. (Wir können uns aa', den *Schnitt* senkrecht zur Zeichnungsebene und zur Fortpflanzungsrichtung der Welle, als lineare Welle denken, an zwei Drähten entlang gehend, die in der Ebene der Zeichnung liegen und schief auf 1, 2 treffen.) Während die elektromagnetische Störung in ε_1 noch $a'c$ zurücklegt, rückt in ε_2 die Störung schon

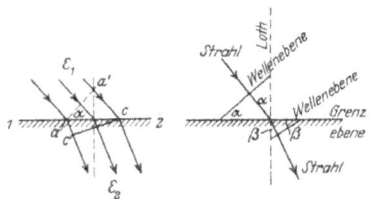

Abb. 580.   Abb. 581.
Brechung elektromagnetischer Wellen.

um ac' vor — dabei verhält sich ac' zu $a'c$ wie die Fortpflanzungsgeschwindigkeit der Störung in ε_2 zu der in ε_1, d. h. es ist $\dfrac{a'c}{ac'} = \dfrac{v_1}{v_2}$, und in demselben Verhältnis rückt sie von den *zwischen* a und c liegenden Punkten aus vor. Bis also in ε_1 die Störung den Punkt c erreicht, ist sie in ε_2 bereits bis zu einer Ebene vorgerückt, die, senkrecht auf der Zeichnungsebene stehend, diese in $c'c$ schneidet. Es ist dann in ε_2 eine ebene Welle vorhanden, die mit 1,2 den Winkel β bildet, Abb. 581. Das heißt aber: tritt die ebene Welle aus ε_1 in ε_2, so ändert sie ihre Richtung, indem der Neigungswinkel α in den Neigungswinkel β übergeht. Man nennt α den *Einfallswinkel* und β den *Brechungswinkel.* Zwischen beiden einerseits und den Fortpflanzungsgeschwindigkeiten andererseits besteht eine wichtige Beziehung. Es ist $\sin \alpha = \dfrac{a'c}{ac}$ und $\sin \beta = \dfrac{ac'}{ac}$, also $\dfrac{\sin \alpha}{\sin \beta} = \dfrac{a'c}{ac'}$. Ferner ist (s. o.) $\dfrac{a'c}{ac'} = \dfrac{v_1}{v_2}$. Also ist $\dfrac{\sin \alpha}{\sin \beta} = \dfrac{v_1}{v_2} = \dfrac{\sqrt{\varepsilon_2}}{\sqrt{\varepsilon_1}}$ (da ja $v = c/\sqrt{\varepsilon}$).

Dieses Verhältnis ist für die beiden durch die Konstanten ε_1 und ε_2 charakterisierten Stoffe selber eine Konstante (n). Gleichviel wie groß der Einfallswinkel ist — der dazugehörige Brechungswinkel ist gegeben durch:

$$\frac{\sin \text{ Einfallswinkel}}{\sin \text{ Brechungswinkel}} = \frac{\sqrt{\varepsilon_2}}{\sqrt{\varepsilon_1}} = n.$$

Diese Beziehung ist eine der Hauptstützen der elektromagnetischen Theorie des Lichtes, denn sie gilt auch für Lichtwellen: wir brauchen uns nur an Stelle der elektrischen Welle eine Lichtwelle zu denken, die Stoffe 1 und 2 durchsichtig und 1, 2 als ihre Grenzebene; n ist dann der Brechungsquotient (S. 509). Befindet sich einerseits der Grenzebene der leere Raum oder die Luft, andererseits irgendein anderer Stoff, dessen D.-K. ε ist, so haben wir für die elektromagnetische Welle $\dfrac{\sin \alpha}{\sin \beta} = \sqrt{\varepsilon}$ und für die Lichtwelle $\dfrac{\sin \alpha}{\sin \beta} = n$, woraus folgt $n^2 = \varepsilon$ (wo ε für ε_2 steht), die übliche Formulierung für die MAXWELLsche Beziehung.

Aber ein Stoff hat *viele* Brechungsquotienten n (für jede Farbe einen anderen), dagegen nur *eine* Dielektrizitätskonstante nach der Definition (S. 372 u.). Mit welchem n sollen wir das so definierte $\sqrt{\varepsilon}$ vergleichen? Die Beziehung $n^2 = \varepsilon$ besteht *nahezu* für Gase (atm. Luft, Wasserstoff, Kohlensäure, Kohlenoxyd, Stickoxydul), deren Brechungsquotient sich mit der Farbe nur wenig ändert, auch für einige Kohlenwasserstoffe, z. B. Benzol, Petroleum, Schwefelkohlenstoff. Aber im allgemeinen ist $\sqrt{\varepsilon}$ viel größer als n. So ist z. B. für Wasser $\varepsilon = 9$, für Methylalkohol 5,7, für Äthylalkohol 5,0, während ihr n, auf gelbes Licht bezogen, $1{,}33 - 1{,}34 - 1{,}36$ ist.

Der Widerspruch zwischen Theorie und Erfahrung verschwindet, wenn man die Theorie — die ja bisher nur den leeren Raum (*Äther*) berücksichtigt hat — durch gewisse Annahmen erweitert, die auch die *Materie* berücksichtigen. Diese Erweiterung der Theorie (HELMHOLTZ) erklärt die Brechung aus einer Wechselwirkung zwischen dem Äther und den Molekülen der Stoffe, oder viel mehr dem Äther und den mit den Molekülen verbundenen Elektronen, also aus einem Einfluß der Moleküle auf die Ätherschwingung. Diese Wechselwirkung zeigt sich nicht nur an den optischen Brechungsquotienten n, sondern auch an der D.-K. ε. Die D.-K. mißt die Verschiebung der Elektrizitätsmenge in dem Stoffe, wenn er in einem *elektrostatischen* Felde dielektrisch polarisiert wird. Bei dieser Definition (S. 372 u.) der D.-K. ist das Feld als unveränderlich vorausgesetzt. Wenn aber elektromagnetische Wellen es durchzielen, wechselt es periodisch. Ist seine Wechselperiode so verschieden von der Eigenperiode der Ionenmolekeln, daß die Molekeln *nicht* mitschwingen, so hat diese Änderung auf die dielektrische Verschiebung, also auch auf die D.-K., keinen Einfluß. Bringt seine Wechselperiode aber die Ionen zum Mitschwingen, so wird dadurch die bei der dielektrischen Polarisation verschobene Elektrizitätsmenge beeinflußt und die D.-K. dadurch *abhängig* von der den Feldwechsel hervorrufenden *Wellenlänge*. — Bei der elektrostatischen Messung der D.-K., benützt man ein konstantes Feld, also ein Feld, das sich *unendlich langsam* ändert. Es entspricht einem Felde, das von einer *unendlich langsamen* Schwingung, d. h. einer Welle von *unendlich großer* Länge durchzogen wird. Die elektrostatisch gemessene D.-K. ε bezieht sich somit gleichsam auf unendlich große Wellenlänge.

Wir gehen nun wieder zu der Beziehung $n^2 = \varepsilon$ zurück. Die D.-K. ε ist elektrostatisch (mit dem Elektrometer) gemessen, sie gilt quasi für unendlich lange elektromagnetische Wellen. Der Brechungsquotient n aber ist optisch (mit dem Spektrometer, S. 498) aus Winkeln zwischen Lichtstrahlen gemessen, d. h. an elektromagnetischen Wellen, die nach zehntausendstel Millimeter rechnen, gilt also nur für minimal kurze Wellen. Für das so gemessene n ist, wie wir sahen, das MAXWELLsche Gesetz im allgemeinen *nicht* erfüllt. Wo die MAXWELLsche Beziehung nur angenähert besteht, liegt eine berechtigte Erklärung für die Abweichung in der Verschiedenheit der Wellenlängen, mit denen wir optisch auf der einen und elektrisch auf der andern Seite operieren. Seit HERTZ' Entdeckungen können wir aber elektromagnetische Wellen erzeugen, die im Vergleich mit Lichtwellen als *unendlich* lang *gelten* können, die aber doch so kurz sind, daß wir mit ihnen wie mit Lichtwellen operieren können. (Eine 50 cm lange HERTZ-Welle verhält sich zu einer grünen Lichtwelle von ca. 0,0005 mm etwa wie 1 km zu 1 mm.) Messen wir n direkt (s. Abb. 578, wo ein Prisma aus Pech an den HERTZschen Wellen dasselbe leistet, was ein Glasprisma an Lichtwellen leistet) aus der Ablenkung gebrochener elektromagnetischer Strahlen, also mit Hilfe von elektromagnetischen Wellen, die als unendlich lange *Licht*wellen angesehen werden dürfen, so erhalten wir z. B. für Wasser $n = 9$, also $n^2 = 81$; nach den genauesten elektrometrischen Messungen ist $\varepsilon = 80$. Elektrischen Wellen gegenüber, die überaus lang sind im Vergleich mit den *Licht*wellen (aus denen allein n früher, vor HERTZ ermittelt werden konnte) *gehorcht* Wasser also dem MAXWELLschen Gesetz, und ebenso jeder andere Stoff, dessen Brechungsquotient aus elektrischen Wellen ermittelt wird.

Diese Messungen mit besonders „kurzen'' elektrischen Wellen beweisen die MAXWELLsche Beziehung gleichsam von der *elektrischen* Seite her. Von der *optischen* Seite her erkennt man ihr Bestehen an Messungen mit besonders „langen'' Lichtwellen, *so* langen, daß sie bereits nachweislich (DUBOIS und RUBENS) die Eigenschaften der elektrisch erzeugten Ätherwellen haben. Die Wellenlänge $\lambda = 56\,\mu$ (von RUBENS und ASCHKINASS aus dem Auerbrenner isoliert) ist 112 mal so lang wie die des mittleren Grün und immer noch 70 mal so lang wie die des äußersten sichtbaren Rot. Für diese Welle hat Quarz den unerwartet großen Brechungsquotienten $n = 2,18$, also $n^2 = 4,75$; seine D.-K. ist 4,55 bis 4,73. Für das mittlere Grün ($\lambda = 0,5350\,\mu$) ist $n = 1,5466$, also $n^2 = 2,39$, für das äußerste sichtbare Rot ($\lambda = 0,7682\,\mu$) ist $n = 1,539$, also $n^2 = 2,37$, d. h. *kaum halb so groß wie die D.-K.* Die von LODGE kurz und klar formulierte Voraussage hat sich durchaus erfüllt: „Um die Fortpflanzungsgeschwindigkeit der Wellen zutreffend zu vergleichen, müssen wir lernen entweder die elektrischen Wellen zu verkürzen, oder die Lichtwellen zu verlängern, oder beides, und dann beide miteinander vergleichen, wenn sie dieselbe Länge haben. Es kann nicht ernstlich bezweifelt werden, daß sie sich als identisch herausstellen werden.''

Drahtlose Telegraphie und Telephonie. Die von HERTZ gebrauchte Anordnung (Abb. 572) enthält die Möglichkeit, Zeichen in die Ferne zu senden und dort wahrnehmbar zu machen, und bildet dadurch die Grundlage der drahtlosen Telegraphie. Aber nur die prinzipielle Grundlage. Die Einzelheiten bedurften großer Verbesserungen, um technisch verwendbar zu sein. Die Wellentelegraphie hat vier Aufgaben zu lösen. Sie muß 1. hochfrequente Schwingungen im *Sender herstellen*, 2. elektrische Wellen durch den Sender *ausstrahlen*, 3. die elektrischen Wellen durch den *Empfänger* aufnehmen, 4. die empfangenen Schwingungen *wahrnehmbar* machen. (Vom Sender zum Empfänger breiten sich die Wellen von selber aus, die Wellentelegraphie greift nur als *Richtungs*telegraphie in den Vorgang ein.) Vor allem hat sich die Notwendigkeit ergeben, den Sender in zwei getrennte Teile zu zerlegen: einen, in dem die *Schwingungen* entstehen, und einen, der sie in den umgebenden Raum austrahlt und dadurch die Entstehung der elektrischen *Wellen* in dem Raume veranlaßt. Bei HERTZ sind diese beiden Funktionen (Schwingungserzeugung, Ausstrahlung) in *einem* Schwingungskreise vereinigt, ebenso noch bei MARCONI. Erst BRAUN verteilte sie auf zwei (miteinander *gekoppelte*) Kreise. Aber der zweite Kreis wirkt auf den ersten *zurück*, es kommt zu Kollisionen zwischen beiden, wie die Abb. 147b (1) andeutet. MAX WIEN glückte es, den Fehler zu umgehen durch eine Funkenvorrichtung, die so wirkt, wie Abb. 147b (2) es zeigt. Aber von den *Funken* ist die *Dämpfung* der Wellen untrennbar, und die Dämpfung beeinträchtigt die Resonanzschärfe des Empfängers d. h. die Möglichkeit, den Empfänger scharf auf den Sender abzustimmen. Deswegen suchte man *ungedämpfte* Wellen herzustellen, Wellen, deren Amplitude konstant bleibt. Das glückt mit dem Lichtbogen, mit der Hochfrequenz-Wechselstrommaschine (GOLDSCHMIDT, Graf ARCO), und vor allem mit der Elektronenröhre. NB! Eine elektrische Schwingung, die man sich selber überläßt, ist *stets* gedämpft. Die Amplitude der Schwingung, die bei der Entladung über eine Funkenstrecke entsteht, sinkt schnell auf Null, weil nach Beginn der Entladung des Kondensators die Energiezufuhr zu Ende ist. Die Schwingung gleicht der eines physischen Pendels, das einmal angestoßen und dann sich selbst überlassen wird und infolge von Lagerreibung und Luftreibung schließlich zur Ruhe kommt. Die *ungedämpfte* elektrische Schwingung dagegen gleicht der eines physischen Pendels, dessen Reibungsverlust (wie an einem Uhrpendel durch Gewichtsoder durch Federantrieb) dauernd *kompensiert* wird. „Ungedämpft" ist sie also nur deswegen, weil man durch *andauernde Energiezufuhr* die Schwingungsamplitude an der Abnahme verhindert.

Die Entladung über eine Funkenstrecke ist nicht das einzige Verfahren, am einen Schwingungskreis großer Frequenz zu Eigenschwingungen zu veranlassen. Ein Gleichstromlichtbogen kann die Funkenstrecke ersetzen (DUDDELL). Je nach der Größe von Stromstärke und Widerstand einerseits, Kapazität und Induktivität andererseits entstehen verschiedene Arten von Schwingungen.

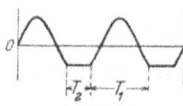

Abb. 582.
Schwingungen „zweiter Art"
eines Lichtbogens.

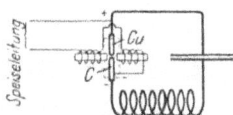

Abb. 583.
POULSEN-Lichtbogen.

Die Schwingungen „erster Art" sind Sinuswellen, die sich dem Gleichstrom überlagern, die Stromamplitude im Schwingungskreise (effektive Stromstärke) ist kleiner als der Bogenlampengleichstrom und der Lichtbogen erlischt niemals. Die Schwingungen „zweiter Art" hat die Form Abb. 582, jede Periode besteht aus der Entladungsdauer T_1, während der der Lichtbogen brennt, und der Ladedauer T_2, während der sich der Kondensator auflädt und der Lichtbogen erloschen ist. Nur die Schwingungen zweiter Art kann man mit praktisch genügender Energie beladen (drahtlose Telegraphie). Man sucht die Ladedauer möglichst abzukürzen und die Zündspannung möglichst rasch anwachsen zu lassen, und dazu ist es erforderlich, das Gas zwischen den Elektroden schnellstens zu entionisieren. Um wirksam abzukühlen, erzeugt POULSEN den Bogen im Wasserstoff und zwar zwischen Kupferanode und Kohlenkathode und läßt während des Stromdurchganges ein magnetisches Gebläse das Gas aus den engsten Stelle zwischen den Elektroden, wo der Bogen am leichtesten wieder zünden würde, hinaustreiben, Abb. 583. Der gewöhnliche Lichtbogen (DUDDELL) ist wegen der geringen Energie seiner Schwingungen für die drahtlosen Nachrichtenübertragung nicht brauchbar, wohl aber der POULSEN-Bogen; er ist für die drahtlose Telegraphie von höchster Bedeutung: seine Schwingungen sind ungedämpft.

Weder eine Funkenstrecke noch ein Lichtbogen schließt den Schwingungskreis L_1RC (Abb. 584) in dem Anodenstromkreise der Elektronenröhre. Er ist durch *Rückkopplung* (zwischen L_1 und L_2) mit dem Gitterkreise in Wechselwirkung. Man sagt: er kommt durch *Rückkopplung* in Schwingung (MEISSNER). Beim Schließen des

Anodenstromkreises induziert der entstehende Strom eine EMK in der Spule L_1, sie erzeugt einen Wechselstrom in dem Kreise L_1RC, der infolge des Energieverbrauches in dem Kreise sofort abklingt, wenn ihm nicht von außen Energie zugeführt wird. Er induziert in L_2 und daher auch zwischen Gitter und Kathode eine Wechselspannung von seiner eigenen Frequenz. Diese Gitterwechselspannung veranlaßt Schwankungen in der Anodenleitung und diese erzeugen nun ihrerseits mittels der Spule L_1 in L_1RC eine EMK derselben Frequenz. Gibt man den Spulen L_1 und L_2 den richtigen Wicklungssinn, so ist diese EMK in Phase mit dem in L_1RC schon vorhandenen Wechselstrom, führt also dem Kreise Energie zu. Die Amplitude des Wechselstromes klingt daher nicht nur nicht ab, sie *steigt* vielmehr an, und schließlich stellt sie sich auf einen konstanten Wert ein: es entsteht in dem Kreise eine *ungedämpfte* Schwingung — eine sich selber steigernde Wirkung, ähnlich wie bei der Selbsterregung nach dem dynamoelektrischen Prinzip. (Schaltet man in den Kreis ein Telephon,

Abb. 584. Zur Erzeugung von elektromagnetischen Schwingungen durch Rückkoppelung (MEISSNER).

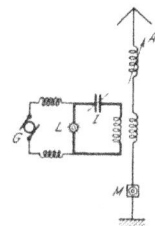

so hört man einen Ton von konstanter Höhe und Stärke, ein Beweis, daß der Kreis tatsächlich schwingt und in unveränderter Stärke und Frequenz schwingt.) Durch passende Wahl der Kapazität C und der Induktivität L kann man der THOMSONschen Formel gemäß jede beliebige Frequenz der Schwingungen erzeugen. Das Verfahren, durch Rückkopplung Schwingungen zu erzeugen, ist für die Technik von der größten Bedeutung für die Erzeugung *ungedämpfter* Schwingungen.

Die im Sender erzeugten *Schwingungen* werden auf die mit ihm verbundene Antenne übertragen und von ihr in den umgebenden Raum ausgestrahlt. Dadurch entstehen in ihm elektromagnetische *Wellen,* sie pflanzen sich nach allen Richtungen fort, also auch zu der Empfangsstation, dort erzeugen sie in einer Antenne hochfrequente Schwingungen und diese macht man in einem *Empfänger* durch gewisse Kunstgriffe wahrnehmbar. Man verwandelt sie durch besondere Vorkehrungen (Detektoren) in Gleichstrom oder vielmehr in Gleichstrom*stöße*, die man soweit nötig durch Elektronenröhren verstärkt und entweder mit einem Telephon abhört oder einem Schreib- oder Druckapparat zuführt. Die technischen Einzelheiten gehören nicht hierher.

Auch für Telephonie kann man die in einem Sender erzeugten Schwingungen und die Ausbreitung der von ihm ausgehenden elektrischen Wellen benutzen. Für die Übertragung des Schalles eignen sich nur ungedämpfte kontinuierliche Schwingungen. Überlagert man diesen die Strom-

Abb. 585. Zur Erzeugung ungedämpfter Schwingungen. L = Lichtbogen, I = Schwingungskreis, G = Gleichstrommaschine für etwa 500 Volt, die Schwingungen werden durch induktive Kopplung auf die Antenne A übertragen und durch das Mikrophon M von der Sprache beeinflußt.

schwankungen, die in einem Mikrophon entstehen, so werden auch diese Hochfrequenzschallschwankungen durch die Strahlung über die Erdoberfläche hinweg übertragen und werden von jedem gewöhnlichen drahtlosen Empfänger (Antenne mit Detektor) quantitativ richtig wiedergegeben und hörbar gemacht. Abb. 585 zeigt das Prinzipielle der einfachsten und ältesten Anordnung zur drahtlosen Telephonie.

Die Erzeugung der Schwingungen und ihre Beeinflussung durch Sprache und Musik ist technisch vollkommen im Röhrensender. Der Telefunkenröhrensender hat den Rundfunk (Radio) möglich gemacht (Einführung des Röhrensenders und des Rückkopplungsprinzipes in die Radiotechnik durch A. MEISSNER, 1913). — Erwähnt sei noch die *Hochfrequenztelephonie längs Leitungen*: auf der-

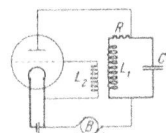

selben Fernsprechleitung können (neben dem normalen Ferngespräch) noch eine
ganze Reihe von Gesprächen *gleichzeitig* geführt werden, wenn sie aus Röhren-
sendern kommen. Man hat es dann mit Hochfrequenzwechselströmen zu tun,
kann daher an den Empfangsstellen durch Resonanzkreise die verschiedenen in
einem Draht gleichzeitig vorhandenen Wechselströme und somit die einzelnen
Gespräche trennen. Die Hochfrequenz-Mehrfachtelephonie gestattet dadurch, ein
Telephonnetz mit viel mehr Anschlüssen zu belasten, als es sonst zulässig wäre.

Die Lehre vom Licht (Optik).

A. Geometrische Optik.

1. Entstehung und Ausbreitung des Lichtes.

Lichtempfindung und Licht. Den Unterschied zwischen Helligkeit und Finsternis kennt jeder aus einer Empfindung, die ihm das Auge vermittelt. Auch am
hellen Tage können wir uns die eine oder die andere verschaffen, indem wir die
Augen schließen oder öffnen. Wir sagen, wenn die Augen offen sind, daß „Licht"
hineinfällt. Wir sprechen also von „Licht" als einer *Ursache*, die in uns „Licht"-
Empfindung hervorrufen kann, und erkennen das Auge als den Vermittler. Gelegentlich aber empfinden wir Helligkeit auch im geschlossenen Auge und auch
im Finstern, z. B. bei einem Schlag auf das Auge, oder wenn ein elektrischer
Strom in bestimmter Richtung durch den Kopf fließt, überhaupt bei jedem
„Reiz" auf den vom Auge zum Gehirn führenden Sehnerven. Man kann (ähnlich
der Definition der Schallempfindung) die *Lichtempfindung* definieren als: *die dem
Auge eigentümliche Reaktionsweise gegen äußere Reizmittel.* Gegen *alle* äußeren
Reizmittel! Das Reizmittel, das als der *normale* Erreger der Lichtempfindung
gilt, *nennen* wir „Licht". Diese Bezeichnung, die von einer besonderen Empfindung abgeleitet ist, ist einseitig, denn dasselbe Erregungsmittel erzeugt, wenn
es unsere Hautnerven erregt, Wärmeempfindung und kann auch Vorgänge
herbeiführen (photographische), die mit Empfindungen nichts zu tun haben.

Hier interessiert es uns lediglich als das Etwas, das die Lichtempfindung
hervorrufen kann.

Theorien der Entstehung und der Ausbreitung des Lichtes. Die Ursache
unserer normalen Lichtempfindung ist stets eine Licht*quelle*. Die Vorstellung,
die man sich davon macht, *wie* sich das Licht von der Quelle aus *verbreitet*, haben
sich im Laufe der Zeit stark gewandelt. Die einfachste Erklärung schien die
zu sein, nach der die Lichtquelle Körperchen aussendet, die, wenn sie das Auge
treffen, die Lichtempfindung hervorrufen. Diese *Emissionstheorie* (NEWTON),
nach der das Licht ein Stoff wäre, hatte bis zum Beginn dieses Jahrhunderts
nur noch historisches Interesse. Einige ihrer Folgerungen stimmen mit der
Erfahrung nicht überein, sie kann auch — und das war entscheidend für das
Schicksal der Theorie — die Interferenzerscheinungen des Lichtes nicht erklären.

Man vergegenwärtige sich den durch Abb. 346 erläuterten Vorgang: Schallwellen aus *derselben* Schallquelle gelangen dort *gleichzeitig* auf zwei *verschiedenen*
Wegen in das Ohr, und unter gewissen (dort angegebenen) Bedingungen ist der
Schall trotzdem *nicht* wahrnehmbar. Man denke sich das Ohr durch das Auge
ersetzt, die Schallquelle durch eine Lichtquelle und die dort für die Schalleitung
eingerichtete Vorrichtung durch eine, die dem gleichen Zwecke für das Licht
dient. Man versteht dann, was mit Interferenzerscheinungen des Lichtes gemeint ist, wenn wir sagen: es sind Lichterscheinungen, bei denen *Licht zu Licht
hinzugefügt* unter gewissen Bedingungen *Dunkelheit* erzeugt. Wir können uns

nicht vorstellen, daß, wenn Licht ein *Stoff* ist und *Helligkeit* erzeugt, wie es möglich sein soll, durch Hinzufügung *desselben* Stoffes zu jenem Stoff Dunkelheit zu erzeugen. Als „Lichtquantentheorie" gewinnt die Emissionstheorie, energetisch modifiziert, neues Interesse; die neueste Forschung hat gezeigt, daß die korpuskularen und undulatorischen Auffassungen einander nicht ausschließen, sondern in einer höheren Einheit verschmelzen[1].

Wir können aber die Interferenzerscheinungen befriedigend aus ähnlichen Annahmen erklären, wie wir sie der Erklärung des Schalles zugrunde legen, d. h. wenn wir das Licht als *Wellenbewegung* deuten. Die *Wellentheorie des Lichtes* (HUYGENS, YOUNG, FRESNEL) nimmt an, daß gewisse Teilchen in dem leuchtenden Körper sehr schnell schwingen, daß diese Schwingungen sich von dem leuchtenden Körper aus im Raume ausbreiten und, wenn sie unseren Sehnerven treffen, in ihm die Lichtempfindung hervorrufen. Gewisse Erscheinungen zwingen zu der Annahme, daß die Schwingungen transversal sind, d. h. *senkrecht* zu ihrer Fortpflanzungsrichtung (Abb. 279), nicht wie bei den Schallschwingungen longitudinal, die *in* der Fortpflanzungsrichtung erfolgen (Abb. 280). Sofort erhebt sich die Frage: Wie gelangen die Schwingungen der Lichtquelle zum Auge? Den Schall übertragen die Schwingungen der zwischen Schallquelle und Ohr liegenden Materie — der festen, der flüssigen, der gasförmigen, für gewöhnlich der Luft. Das Licht aber geht auch durch den luft*leeren* Raum. Materie kann es also nicht sein, was die Schwingungen von der Lichtquelle aus verbreitet. Die Wellentheorie nimmt an, daß es der *Äther* ist. Sie schreibt dem Äther zunächst nur die Eigenschaft zu, daß er *überall* vorhanden ist, an *jedem Punkte* auch im luftleeren Raume, und daß er imstande ist zu schwingen und dabei Energie zu übertragen. Die Übertragung des Lichtes von der Lichtquelle zum Auge haben wir uns dann so vorzustellen: zunächst gerät der Äther in unmittelbarer Nachbarschaft der Lichtquelle in Schwingungen, diese Schwingungen teilen sich dem Äther zwischen der Lichtquelle und unserem Auge mit und versetzen schließlich den an die Netzhaut des Auges grenzenden Äther in Bewegung, und dessen Schwingungen üben den Reiz aus, der die Lichtempfindung hervorruft.

Diese Theorie des Lichtes ist also ein Seitenstück zu der des Schalles. Man hat sie während der letzten fünfzig Jahre beträchtlich ändern oder vielmehr: erweitern müssen. Die Vorstellung von der Ausbreitung durch Wellen, transversale, ist zwar geblieben; aber die Vorstellung davon, wie sie entstehen, und das *Bild*, das man sich von der Lichtwelle gemacht hatte, hat man ändern müssen. Ursprünglich nahm man an: die Ätherteilchen schwingen *infolge der elastischen Kräfte*, die zwischen ihnen wirken, und bilden dabei die Transversalwellen. Aber *transversale* Schwingungen können sich an einer Punktreihe (Abb. 279) nur dann fortpflanzen, wenn die zwischen den Punkten wirkende elastische Kraft Schubelastizität (S. 140f. und 234) ist; Schubfestigkeit (Scherfestigkeit) besitzen aber nur feste Körper; man mußte daher dem Äther die charakteristische Eigenschaft eines festen *Körpers* zuschreiben. Aber die Weltkörper, die sich doch dauernd durch den Äther bewegen, behalten ihre Geschwindigkeit unverändert, werden also von dem Äther gar nicht gehemmt: man mußte ihm daher

---

[1] In dieser neuen Theorie der Quantenmechanik und Quantenelektrodynamik wird nicht nur für das Licht, sondern auch für die Materie selbst, sowohl die Vorstellung von Teilchen (Atomen, Elektronen-Lichtquanten) als auch die von Wellen zugelassen als anschauliche Umschreibungen der tatsächlichen der Anschauung unzugänglichen Vorgänge; die Anwendbarkeit des einen oder des andern Bildes hängt von den Versuchsbedingungen ab und es wird gezeigt, daß dabei niemals Widersprüche entstehen können. Die Wellennatur der Materie ist neuerdings durch Interferenzversuche mit Elektronen (Kathodenstrahlen) einwandfrei nachgewiesen worden (S. 612 Fußnote).

auch die Eigenschaft eines reibungsfreien *Gases* zuschreiben. Diesen unlösbaren Widerspruch vermeidet *die elektromagnetische Theorie des Lichtes* von MAXWELL (S. 466): die Wellen, die sich um die Lichtquelle ausbreiten, entstehen durch elektrische und magnetische Vorgänge im Äther, die sich an jedem Ätherteilchen periodisch wiederholen und von ihm auf seine Nachbarn übertragen werden. Eine Lichtwelle ist danach ein räumlich und zeitlich periodisch veränderliches elektromagnetisches Feld.

Eine „Welle'' ist der elektromagnetische Vorgang im Äther, in demselben Sinne, in dem die Verdichtung und die Verdünnung bei der Ausbreitung des Schalles im Luftmeer eine „Welle'' ist, d. h. in bildlicher *Umdeutung.* Wird der Verlauf der elektromagnetischen Zustandsänderung des elektrischen Feldes durch eine Kurve dargestellt, so hat die Kurve Wellenform, Abb. 290. Auch die elektromagnetische Theorie des Lichtes hat erweitert werden müssen, weil sie die Farbenzerstreuung des Lichtes nicht erklären konnte, während die auf LORENTZ Vorstellungen gegründete Elektronentheorie der Dispersion mit der Erfahrung gut übereinstimmt. Ferner hat die Relativitätstheorie die Vorstellung eines materiellen Äthers unmöglich gemacht, aber das elektromagnetische Feld wird als empirisch gegeben angenommen. — Für die folgende Darstellung ist es belanglos, ob wir uns die Schwingungen durch elastische oder elektromagnetische Kräfte hervorgerufen denken. Wir beziehen uns deswegen stets auf die leichter vorstellbaren elastischen Wellen.

Fortpflanzungsgeschwindigkeit des Lichtes. Die Frage: Wieviel Zeit vergeht, ehe das von einer Lichtquelle ausgehende Licht in unser Auge gelangt? scheint der alltäglichen Erfahrung gegenüber sinnlos, denn wir haben stets den Eindruck, daß das Anzünden einer Lampe, sei sie noch so fern, und die dadurch in uns hervorgerufene Empfindung *gleichzeitig* sind. Aber dieser Eindruck entsteht nur, weil die Geschwindigkeit der Lichtwellen so ungeheuer groß ist. Sie durchlaufen die Strecken zwischen den *irdischen* Lichtquellen und dem Auge in winzigen Bruchteilen einer Sekunde. Eine so kleine Zeitspanne ist unmittelbar überhaupt nicht wahrnehmbar, sie ist es nur mit ganz besonderen Hilfsmitteln. Solcher Mittel bedarf es daher auch, um die Lichtgeschwindigkeit an irdischen Abständen zu *messen.* Daß das Licht überhaupt Zeit gebraucht, um eine Strecke zu durchlaufen, hat OLAF RÖMER (1676) entdeckt an den Verfinsterungen der Trabanten des Jupiter: die Verfinsterungen lassen sich voraus berechnen, und RÖMER fand zwischen den berechneten und den beobachteten Zeitpunkten eine jährliche Abweichung. Die Verfinsterungen ereigneten sich, wenn die Erde dem Jupiter am fernsten war, um 10 min 22 sec später, als wenn sie ihm am nächsten war. RÖMER erklärte diese Differenz daraus, daß das Licht Zeit gebraucht, um den Erdbahndurchmesser zu durchlaufen. Nimmt man diesen mit 3×10^8 km an und die verbrauchte Zeit mit rund 1000 sec, so ergeben sich für die Geschwindigkeit des Lichtes rund 3×10^5 km/sec. Einen ähnlichen Wert fand BRADLEY (1728) aus der von ihm entdeckten Aberration der Fixsterne — ein Beweis, daß das Licht selbständiger Lichtquellen (Fixsterne) sich ebenso schnell ausbreitet wie das unselbständiger (Planeten). Die astronomischen Methoden zur Messung der Lichtgeschwindigkeit haben heute nur noch geschichtliches Interesse. An ihre Stelle sind terrestrische Methoden getreten, die viel genauer sind, weil sich die Strecken, die das Licht zurückzulegen hat, hier mit viel größerer Genauigkeit ermitteln lassen. Die ersten Methoden stammen von FIZEAU und von FOUCAULT (1854).

Wir beschreiben (Abb. 586) das modernste Verfahren, mit dem MICHELSON in den Jahren 1921—1926 die Lichtgeschwindigkeit gemessen hat. Die Lichtquelle ist der Spalt *S*, von dem das Licht einer Bogenlampe ausgeht. Das Licht fällt auf eine der Ebenen a eines vertikal stehenden achtkantigen Prismas, dessen Ebenen Spiegel sind, und gelangt auf dem Wege über die Spiegel $abcDE\,f\,EDcb_1\,a'$ in das Auge des Beobachters O. Alles steht fest, nur das achtkantige Spiegelprisma *rotiert* um seine vertikale Symmetrieachse! Das auf a auftreffende Licht kommt daher nur unter *einer* Bedingung in das Auge des Beobachters: da immer nach $^1/_8$ Umdrehung des Spiegelprismas der in der Abbildung angegebene Strahlengang wiederhergestellt ist (auf dem allein bei *dieser* Anordnung des Ganzen das Licht von S nach O gelangt), so muß der Spiegel in der*selben* Zeitspanne $^1/_8$ Umdrehung machen, die das Licht verbraucht, um von a über $bcDE\,f\,EDcb_1$ nach a' zu gelangen. Ist das erfüllt, dann *sieht* der Beobachter in O die Lichtquelle *andauernd*. Die Strecke, die das Licht dabei durchlaufen mußte, betrug annähernd 71 km, die dazu erforderliche Zeit daher rund 0,00023 sec. Daraus ergab sich die Drehzahl, die man dem Spiegel ungefähr geben muß, um die obengenannte Bedingung zu erfüllen. Die Messung beschränkt sich also auf die *genaue* Ermittlung der Drehzahl des Spiegels und auf die *genaue*

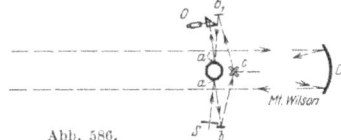

Abb. 586.

Zur Messung der Fortpflanzungsgeschwindigkeit des Lichtes (MICHELSON).

Ermittlung des Lichtweges. Die Drehzahl ergab sich zu 528, der Lichtweg, mit einer Genauigkeit von 1 cm auf 5—10 km, zu $2 \times 35373,21$ m. Hieraus (nach Hunderten von Beobachtungen) ergibt sich die Lichtgeschwindigkeit zu 299796 ± 4 km/sec.

Wie der Schall, so ist auch das Licht in der Geschwindigkeit seiner Fortpflanzung von seiner Stärke unabhängig. Anders ist es mit der Abhängigkeit von der Wellenlänge. Wir nehmen folgendes vorweg: Wie es kürzere und längere Schallwellen gibt, so auch kürzere und längere Lichtwellen. Wie den Schallwellen von unterschiedlicher Länge Töne von unterscheidbarer Höhe entsprechen, so den Lichtwellen von unterschiedlicher Länge Lichtarten von unterscheidbarer *Farbe*: Rot entspricht den längsten Wellen, Grün mittellangen, Violett den kürzesten. Wie wir früher gefragt haben: Pflanzen sich *Töne von verschiedener Höhe* gleich schnell fort? so fragen wir jetzt: Pflanzen sich *Lichtarten von verschiedener Farbe* gleich schnell fort? Würden sich hohe und tiefe Töne verschieden schnell fortpflanzen, dann würden wir verschieden hohe Töne, die weit weg von uns gleichzeitig entstehen, einen nach dem anderen bei uns ankommen hören, ein Akkord würde als „gebrochener" ankommen. Und analog: Das Licht, das von einem Stern zu uns gelangt, etwa einem der so oft bei seiner Verfinsterung beobachteten Jupitermonde, ist zusammengesetzt aus allen möglichen Farben, d. h. es enthält Licht von allen möglichen Wellenlängen. Würden sich diese *verschieden* schnell fortpflanzen, so müßten wir den Stern bei seinem Wiedererscheinen alle möglichen Farben durchlaufen und erst zuletzt, im Zusammenklange *aller* Farben, in seinem natürlichen Lichte sehen. Dem widerspricht die Erfahrung: *im leeren Raum* pflanzen sich lange und kurze Lichtwellen gleich schnell fort. — Ganz anders in den wägbaren Stoffen! Hier werden wir die Auflösung des Lichtes in einen gebrochenen Farbenakkord, ein *Spektrum*, infolge der Verschiedenheit der Fortpflanzungsgeschwindigkeit verschieden langer Lichtwellen, kennenlernen. In den meisten Gasen freilich, z. B. der Luft, ist der *Unterschied* für die verschiedenfarbigen Lichtarten *so klein*, daß sich die Atmosphäre dem Licht gegenüber praktisch wie der leere Raum verhält.

Die astronomischen Methoden messen die Lichtgeschwindigkeit im leeren Weltraum, die terrestrischen diejenige in Luft. Mit einer terrestrischen Methode kann man daher auch die Frage beantworten, ob das Licht, wenn es andere Stoffe

31*

als Luft durchläuft, andere Geschwindigkeit hat: es geht z. B. 1,33 mal *schneller durch die Luft als durch Wasser*. Die Zahl, die angibt, wie sich die Lichtgeschwindigkeit in einem bestimmten Stoff zu der in Luft verhält, nennt man *Lichtbrechungsquotient* (Brechungszahl n) des Stoffes gegen Luft.

Wellengruppengeschwindigkeit. Die Brechungszahl n eines Stoffes, also auch das Verhältnis der Fortpflanzungsgeschwindigkeiten, kann man aber viel einfacher refraktometrisch ermitteln (S. 515). Für Wasser kommt dabei (für eine mittlere Wellenlänge) ebenfalls sehr nahe 1,33 heraus, aber für Schwefelkohlenstoff z. B. nur 1,64, während sich aus den gemessenen Fortpflanzungsgeschwindigkeiten 1,75 ergibt. Die Ursache für die Abweichung fand Lord RAYLEIGH (1877): eine Lichtquelle sendet Lichtarten von *verschiedenen* Wellenlängen aus. Sind es selbst nur *zwei* von so kleinem Unterschied wie in Abb. 248 die Wellen a und b, so überlagern sie sich zu einem Wellengebilde c, einer Wellen*gruppe*, und — darauf kommt es an — die Geschwindigkeit der Wellengruppe ist *nicht* dieselbe wie die der einzelnen Welle (Phasengeschwindigkeit), *außer in einem Stoff ohne oder mit belangloser Dispersion* (Vakuum, Wasser, Luft). Unter Geschwindigkeit der Gruppe versteht man die Geschwindigkeit, mit der sich das Maximum (auch das Minimum) der Amplitude fortpflanzt. Messen wir die Fortpflanzungsgeschwindigkeit des Lichtes, so messen wir die *Gruppen*geschwindigkeit. Mißt man aber die Brechungszahl unmittelbar, so arbeitet man nur mit (homogenem) Licht von *einer* Wellenlänge, die refraktometrisch ermittelte Lichtbrechungszahl ist also der Quotient aus der *Phasengeschwindigkeit* des Lichtes im Vakuum und derjenigen in dem Stoff. In *nicht* oder belanglos dispergierenden Stoffen sind Gruppengeschwindigkeit und Phasengeschwindigkeit dem Zahlenwerte nacheinander gleich. In stark dispergierenden Stoffen aber pflanzt sich eine Wellen*gruppe* langsamer (w) fort als eine *einzelne* Welle, deren Geschwindigkeit (v) sich aus dem ihr zugehörigen refraktometrisch ermittelten n berechnet. Aus folgendem Grunde: es ist zwar $c/v = n$, aber es ist $c/w = n$ minus einer Größe, die aus Wellenlänge mal der *Änderung* der Wellenlänge mit dem Brechungsquotienten besteht. Für Vakuum, Wasser, Luft u. a. ist das subtraktive Glied belanglos und darum stimmt das aus n berechnete v mit dem unmittelbar gemessenen w praktisch überein, aber bei stark dispergierenden Stoffen, wie Schwefelkohlenstoff, wird der Unterschied offenbar.

Unabhängigkeit der Vakuumlichtgeschwindigkeit von der Bewegung der Lichtquelle. Hat die *Bewegung* einer Licht*quelle* Einfluß auf die Ausbreitungsgeschwindigkeit des von ihr ausgehenden Lichtes? Überträgt sich die Bewegung der Lichtquelle auf das von ihr ausgesendete Licht? Aus den Beobachtungen an spektroskopischen Doppelsternen folgt die Antwort: nein (DE SITTER). *Doppel*sterne sind Fixsternsysteme — man kennt etwa 20000 — aus zwei zusammengehörigen Sternen, die einander umkreisen: *spektroskopische* Doppelsterne sind solche, zu deren sichtbarer Trennung zwar nicht das Fernrohr ausreicht, die aber das Spektroskop an der periodischen Linienverschiebung im Spektrum (s. Dopplerprinzip) als einander umkreisend erkennen läßt; manchmal sogar an der *Trennung* der Linien der beiden Komponenten. Der Gang der Beweisführung ist so: A und B (Abb. 587) sind die Komponenten des Doppelsterns. Die Bewegung von A sei, verglichen mit der von B, so klein, daß A als ruhend gelten kann; B umkreist ihn entgegengesetzt dem Uhrzeigersinn. Im Abstande d liege in der Bahnebene des Doppelsterns die Erde. Wir nennen c die Lichtgeschwindigkeit, u die Bahngeschwindigkeit, $2\,T$ die Umlaufszeit von B. Wir wenden unsere Aufmerksamkeit nur denjenigen Zeit-

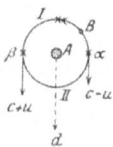

Abb. 587. Zur Unabhängigkeit d. Vakuumlichtgeschwindigkeit von der Bewegung der Lichtquelle (B).

punkten zu, in denen sich B mit seiner *ganzen* Bahngeschwindigkeit entweder von der Erde weg oder auf die Erde zu bewegt, in denen er also gerade durch α oder durch β geht. Es sind die Zeitpunkte $\begin{array}{l} t = 0, 2\,T, 4\,T \cdots \\ t = T, 3\,T \cdots \end{array}$ Nach der von Ritz stammenden Theorie verkleinert (vergrößert) sich die Lichtgeschwindigkeit c um die Bahngeschwindigkeit u in α (β). Das führt aber zu folgendem Schluß: Im Zeitpunkte $t = 0$ sendet B ein Lichtsignal aus, das nach $\frac{d}{c-u}$ sec, also im Zeitpunkte $t = \frac{d}{c-u}$ die Erde erreicht. Der Stern durchläuft von α aus den Halbkreis I. Im Zeitpunkt $t = T$ sendet der Stern ein Lichtsignal mit der Geschwindigkeit $c + u$ aus, das die Erde nach $\frac{d}{c+u}$ sec erreicht. d. h. im Zeitpunkte $T + \frac{d}{c+u}$; für den Beobachter auf der Erde hat B zum Durchlaufen des Halbkreises I daher die Zeitspanne

$$T + \frac{d}{c+u} - \frac{d}{c-u} = T - \frac{2\,u\,d}{c^2-u^2} = T - \frac{2\,u\,d}{c^2}\ \text{sec}$$

verbraucht. (Man kann u^2 gegenüber c^2 vernachlässigen.) Im Zeitpunkt $t = 2\,T$ sendet B wieder das Signal mit der Geschwindigkeit $c - u$ aus, das die Erde im Zeitpunkte $t = 2\,T + \frac{d}{c-u}$ erreicht. Zum Durchlaufen des Halbkreises II hat also für den Beobachter auf der Erde der Stern die Zeitspanne $T + \frac{2\,u\,d}{c^2}$ sec verbraucht. Der Beobachter würde also, wenn die Annahme von Ritz zuträfe, den Eindruck haben, daß B den Stern A in dem einen Halbkreise in einer anderen Zeit durchläuft als in dem anderen, und zwar könnte der Wert $T - \frac{2\,u\,d}{c^2}$ schon bei durchaus zulässig gewählten Größen von T, u, d zu Null werden. Das würde in dem Spektroskop eine bestimmte Anomalie der Linienverschiebung (dem Dopplerprinzip nach) herbeiführen. Diese Anomalie ist niemals beobachtet worden, hätte aber, falls sie vorhanden wäre, der Beobachtung nicht entgehen können. Die Lichtsignale, die der Stern B zur Erde sendet, müssen also zu den Zeitpunkten, in denen er sich auf die Erde zu bewegt, dieselbe Geschwindigkeit haben wie in denen, in denen er sich von der Erde weg bewegt, mit anderen Worten: die Lichtgeschwindigkeit ist von der Bewegung der Lichtquelle unabhängig. Diese Tatsache heißt das *Prinzip der Unabhängigkeit der Vakuumlichtgeschwindigkeit* von der Bewegung der Lichtquelle. Sie bildet einen der Grundpfeiler der Relativitätstheorie.

Geradlinige Ausbreitung des Lichtes. Solange sich Licht und Schall ungestört ausbreiten, macht sich kein grundsätzlicher Unterschied in der Art der Ausbreitung zwischen ihnen geltend. Wohl aber, sobald sie auf eine Wand treffen, die ihre Ausbreitung hindert, und die eine Öffnung enthält, durch die sie hindurch müssen, um sich jenseits der Wand weiter ausbreiten zu können. Der Unterschied kündigt sich durch die Tatsache an, daß man nicht „um die Ecke" sehen, wohl aber um die Ecke hören kann. Hiervon gehen wir aus, um eines der Grundgesetze der Lehre vom Licht zu erläutern.

Daß man nicht „um die Ecke" sehen kann, heißt: man kann einen Punkt, eine punktartige Lichtquelle, etwa einen Fixstern, nur dann sehen, wenn eine gerade Linie, die „Luftlinie", *ununterbrochen* von dem Punkt zu dem Auge führt, also keinen Gegenstand irgendwelcher Art durchschneidet (wir schließen auch die durchsichtigen Körper aus und jede optische Vorrichtung). *Für den Schall besteht keine ähnliche einschränkende Bedingung.* Man beschreibt das mit den Worten: das Licht breitet sich nur in *gerader* Linie aus. Wenn man das von

einer punktartigen Lichtquelle L ausgehende Licht durch eine Wand WW aufhält (Abb. 588) und nur durch eine Öffnung AB darin weitergehen und auf eine
Tafel W_1W_1 fallen läßt, so erscheint auf dieser — im übrigen dunklen — Tafel ein
Lichtfleck, dessen Begrenzung man findet, wenn man die von L zu den Randpunkten AB gezogenen Geraden über den Rand hinaus bis zur Tafel verlängert.
Ist, wie hier angenommen, die Tafel parallel zur Öffnung, so ist die Form
des Lichtfleckes der Öffnung geometrisch ähnlich. — Man
nennt die geraden Linien *Strahlen*, den Lichtkegel LCD ein
Lichtbündel. Ein Auge würde von der Tafel aus L nur dann
sehen, wenn es sich innerhalb des Lichtfleckes befände, also
eine von ihm zu L gezogene Gerade durch die Öffnung AB
ginge. (Wäre L eine Schallquelle, so würde ein Ohr von der
Tafel aus den Schall hören, gleichviel ob eine von ihm zu der
Schallquelle gezogene Gerade durch die Öffnung ginge oder
die Wand irgendwo anders schnitte.)

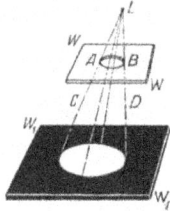

Abb. 588. Geradlinigkeit
der Ausbreitung des
Lichtes.

Das Gesetz der Ausbreitung des Lichtes in geraden Strahlen ist
ebensowenig wie eines der anderen Grundgesetze der Physik, aus einzelnen eigens hierzu angestellten Beobachtungen geschlossen worden...
Es nimmt seine Gewißheit aus der Übereinstimmung der aus ihm
gezogenen Folgerungen mit der Erfahrung. Überall im gewöhnlichen Leben, und in aller
Strenge in der praktischen Astronomie und Geodäsie, wird auf die unbedingte Gültigkeit
dieses Gesetzes gebaut; ... und stets haben sich die hieraus weiter gezogenen Schlüsse mit
der ursprünglichen Annahme vollkommen vereinen lassen. Diese zahllosen, zum Teil so
kritischen Bestätigungen des Gesetzes haben demselben eine Sicherung und allgemeine Annahme verschafft, wie kaum einem anderen Naturgesetze (CZAPSKI).

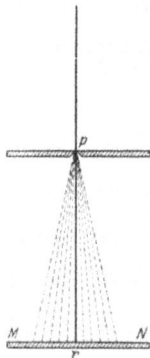

Gälte das Gesetz *unbedingt*, so müßte *erstens* die Grenze
zwischen dem hellen und dem dunklen Teil der Tafel W_1W_1
scharf sein. Sie ist aber verwaschen. An der Grenze des
Lichtbündels, dort, wo es scharf am Rande AB vorbeigeht,
weicht also das Licht von der Geraden ab. (Freilich ist die
Abweichung winzig, und die Menge des abweichenden Lichtes
verschwindet gegenüber dem geradlinig fortgepflanzten, so
daß es für gewöhnlich unberücksichtigt bleiben kann.) *Zweitens* müßte die Begrenzung des hellen Fleckes *stets*, gleichviel
wie eng oder wie weit AB ist, gegeben sein durch die von L
aus nach den Randpunkten von AB gezogenen und bis W_1W_1
verlängerten Geraden. Auch das trifft nicht zu. Verkleinert
man die Öffnung mehr und mehr, so wird die Grenzkurve
immer verwaschener, verliert in der Form schließlich jede
Ähnlichkeit mit der Öffnung, und der Lichtfleck wird viel
größer als er bei geradliniger Fortpflanzung des Lichtes
sein könnte. Wird die Öffnung p schließlich punktartig,
so verbreitet sich das Licht so über die Tafel MN, wie es
Abb. 589 zeigt, die Öffnung p verhält sich dann, *wie wenn
das Licht von ihr ausginge*. Durch eine so enge Öffnung breitet

Abb. 589. Ablenkung
des Lichtes von der
geraden Linie beim
Durchtritt durch eine
punktartige Öffnung
(„Beugung" des
Lichtes).

sich also das Licht genau so aus, wie wir das vom Schall her gewöhnt sind.

Der grundsätzliche Unterschied in der Ausbreitung des Schalles und der des Lichtes hängt
mit der Größe der Öffnung zusammen, durch die hindurch sie sich fortpflanzen. Nehmen wir
den Begriff der Lichtwellenlänge hier vorweg, so können wir das Ergebnis einer dahin zielenden Untersuchung kurz angeben.

Entscheidend für die Art, wie sich eine Wellenbewegung durch eine Öffnung hindurch
ausbreitet, ist die Länge der Welle *im Verhältnis* zur Weite der Öffnung. Ist die Öffnung
so groß oder die Welle so kurz, daß im Verhältnis zur Weite der Öffnung die Wellenlänge
als *verschwindend klein* gelten kann, so ergreift die Wellenbewegung nur solche Punkte jenseits der Wand, die in schnurgerader Linie mit einem Punkte der Öffnung und dem Er-

regungsmittelpunkt der Wellenbewegung liegen — so ist es beim sichtbaren Licht, weil seine Wellenlängen winzig sind (0,0004—0,0008 mm). Ist aber die Welle so lang oder die Öffnung so klein, daß die Öffnung *nicht* praktisch *unendlich* groß ist im Verhältnis zur Wellenlänge — der gewöhnliche Fall beim Schall (die musikalisch verwendbaren Wellenlängen liegen zwischen 7 cm und 8 m) und unter den vorhin angegebenen Bedingungen beim Licht —, so verhält sich die Wellenbewegung genau so, wie wenn das Wellenzentrum *in der Öffnung* läge, sie pflanzt sich dann von der Öffnung aus nach allen Seiten hin fort (s. Beugung des Lichtes).

Schatten. Der Unterschied zwischen der geradlinigen Ausbreitung des Lichtes und der *nicht* geradlinigen des Schalles hängt also wesentlich mit der *Länge der Wellen* zusammen. Aus derselben Verschiedenheit erklärt sich auch einerseits die Entstehung des *Schattens* beim Licht, anderseits das Fehlen (strenger: das an besondere Bedingungen geknüpfte Eintreten) einer analogen Erscheinung beim Schall. Bringt man (Abb. 590) zwischen die Lichtquelle *L* und die Wand *W W* eine Tafel *F*, durch die das Licht nicht hindurchgehen kann, so entsteht auf der im übrigen erleuchteten Wand *W W* ein Schattenfleck, dessen Begrenzung geradeso gefunden wird wie die Begrenzungskurve des Lichtfleckes in Abb. 588, und dessen Form, wenn *F* parallel *W W* ist, der Form des schattenwerfenden Körpers ähnlich ist. Ein in dem Schattenfleck befindliches Auge kann *L* nicht sehen, ein ebendort befindliches Ohr aber könnte eine an die Stelle von *L* gebrachte Tonquelle hören. Auch hier ist die Grenzkurve des Schattens verwaschen, und wird immer verwaschener, je kleiner die schattenwerfende Tafel *F* wird. Der Fleck verliert jede Ähnlichkeit mit der Form der Tafel und wird viel kleiner, als er bei streng geradliniger Fortpflanzung des Lichtes sein könnte. Wird der schattenwerfende Körper noch kleiner, so wirft er schließlich überhaupt keinen Schatten mehr — die Lichtwellen verhalten sich ihm gegenüber dann genau so, wie sich die Schallwellen dem in ihrem Wege stehenden Körper gegenüber für gewöhnlich verhalten. Sie gehen um ihn herum.

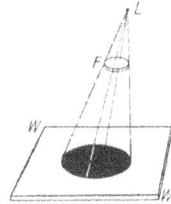

Abb. 590.
Zur Geradlinigkeit der
Ausbreitung des Lichtes.

Kann man den Schall *veranlassen*, sich durch eine Öffnung in einer Wand geradlinig wie das Licht fortzupflanzen? Man müßte dazu die Öffnung in der Wand so groß machen, daß die Wellenlänge des Schalles dagegen verschwindet. Dann beständen für den Schall dieselben Bedingungen, unter denen das Licht *für gewöhnlich* durch eine Öffnung geht. Wir müßten da mit Dimensionen operieren, die mindestens das Zwei- bis Dreimillionenfache der bei den Lichterscheinungen in Frage kommenden betragen müßten. Einer Millimeteröffnung für den Lichtdurchgang entspräche eine Kilometeröffnung für den Schalldurchgang. Unter den alltäglichen Bedingungen, unter denen wir hören, sind daher die Öffnungen, durch die der Schall geht, nicht weit *genug* im Vergleich zu seiner Wellenlänge, um ihn zu veranlassen, sich geradlinig auszubreiten. Aber *ausnahmsweise* beobachtet man *Schall*schatten:

Eine Pulverexplosion auf dem Mersey (an dessen Mündung Liverpool liegt) wurde in der Richtung des Pfeiles, Abb. 591, viele Meilen von der Explosionsstelle *E* gehört, nicht aber an der ziemlich nahe bei *E* hinter einer Anhöhe liegenden Stelle *X*. Der Schall ging gerade gegenüber der Explosionsstelle durch eine Mulde (in der Anhöhe), eine Öffnung, die unendlich groß war, verglichen mit der Welle des Knalles. Er pflanzte sich also *geradlinig* von *E* aus durch die Öffnung fort, und die Stelle *X* lag im Schall*schatten*.

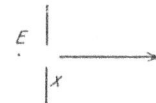

Abb. 591. Zur Entstehung
des Schallschattens.

Solange die Öffnung *A B* (Abb. 588) eine gewisse Weite hat, können wir, indem wir sie kleiner machen, kleinere und kleinere Lichtkegel aus der Strahlenkugel um die Lichtquelle absondern, ohne daß der Lichtfleck — abgesehen von der belanglosen Unschärfe der Grenzkurve — an Form und Größe von dem gesetzmäßig zu erwartenden abwiche. Wir dürfen daher sagen: ein Lichtkegel ist in kleinere voneinander unabhängige Lichtbündel spaltbar. Aber das dürfen wir nur, solange die Öffnung *A B* nicht *unter eine gewisse Größe* sinkt. Verengt sie sich zu einem Punkt (Abb. 589), so ist es keineswegs möglich, einen Lichtfleck von der Größe eines *Punktes* zu erzielen: *einzelne* Strahlen gibt es also nicht.

Man darf daher *nur mit Einschränkung* sagen, daß sich das Licht „in geraden Strahlen" ausbreite. Trotzdem darf man an dieser Aussage festhalten. Denn selbst die strenge Theorie des Lichtes, die die *abweichenden* Erscheinungen völlig erklärt, zeigt übereinstimmend mit der Erfahrung, daß sich Lichtbündel von endlichem (das will sagen: *nicht-punkt*artigem) Querschnitt in vielen Beziehungen *so verhalten, als ob* sie aus einzelnen Strahlen beständen, die *unabhängig* voneinander sind und denen entlang sich das Licht fortbewegt. Nur in den Erscheinungen der *Interferenz* und der *Beugung* des Lichtes (S. 565 ff.), und auch da oft nur mit besonderen Hilfsmitteln, sind die Ausnahmen von dieser Regel wahrzunehmen, obwohl die Regel in *voller* Strenge *niemals* gilt. Auch an der *Grenze* von Bündeln *endlichen* Querschnitts verhält sich das Licht abweichend von dieser Regel, aber die Menge des abweichenden Lichtes verschwindet dann gegenüber der des regulär fortgepflanzten. Wenn es sich also nicht gerade um jene besonderen Fälle handelt, so darf man die viel einfacheren (und der Alltagserfahrung zugänglicheren) Annahmen, als die strenge Theorie sie zuläßt, festhalten, und man kann dann einen großen Teil der Ergebnisse der Theorie mit viel einfacheren Mitteln ableiten und doch mit hinreichender Annäherung an die Wirklichkeit. Wir schließen daher bis auf weiteres jene Ausnahmefälle aus und sehen die geradlinige Ausbreitung des Lichtes und die Unabhängigkeit der Teile eines Lichtbündels voneinander als feststehende Tatsachen an.

2. Helligkeit.

Durchsichtigkeit und Undurchsichtigkeit. Licht, das sich ausbreitet, ohne ein Hindernis zu treffen (auch die Netzhaut wäre eines), ist unwahrnehmbar. Trifft es auf ein Hindernis, etwa eine Wand, so wird es wahrnehmbar an Erscheinungen, die je nach der Art der Wand verschieden sind. Die Wand kann das Licht mehr oder weniger vollkommen hindurchlassen. Wir nennen die ,,für Licht durchlässige" Wand dann, die Erscheinung auf unser *Auge* beziehend, durch*sichtig*. *Je vollkommener* durchsichtig sie ist, desto schwerer ist es, sie zu *sehen*. Es ist oft schwer, zu erkennen, ob eine Öffnung, durch die man hindurchsieht, durch eine Glasscheibe abgeschlossen ist oder nicht. Ist das Glas besonders klar und farblos und trifft kein ,,Reflex" das Auge, so ist ihm die Entscheidung darüber unmöglich. Zur *Sicht*barkeit gehört ein gewisser Grad von *U*ndurchsichtigkeit, darum wäre eine *Klar*glasscheibe in einer Kamera an Stelle einer *Matt*scheibe sinnlos.

Läßt die Wand das Licht nicht hindurch, so heißt sie *undurchsichtig*. Zwischen Durchsichtigkeit und Undurchsichtigkeit liegen zahllose Übergangsstufen. Wir nennen einen Körper, den wir weder durchsichtig noch undurchsichtig nennen können, *durchscheinend*. Der Grad der Durchsichtigkeit hängt davon ab, woraus die Wand besteht, *und* davon, wie dick sie ist. Macht man sie dünn *genug*, so läßt sie Licht hindurch, selbst wenn der Stoff schon in Papierstärke undurchsichtig ist wie Silber oder Gold. Dagegen werden Stoffe, die man gewöhnlich durchsichtig kennt, nur durchscheinend, ja undurchsichtig als Wand von genügender Dicke — Durchsichtigkeit ist relativ wie Undurchsichtigkeit.

Die Wellentheorie nimmt an, daß die undurchsichtigen Körper die Energie der in sie eindringenden Ätherwellen verschlucken, oder vielmehr in eine andere Energieform, die *nicht* Licht ist, etwa in Wärme, umwandeln, die durchsichtigen dagegen die Lichtwellen hindurchlassen. Der größere oder geringere Grad von Durchsichtigkeit eines Körpers erklärt sich hiernach aus dem Grade, in dem er die Energie der eindringenden Lichtwellen verschluckt.

Zurückwerfung des Lichts. Das Licht kann von der Wand (s. o.) durchgelassen werden, oder es kann von ihr verschluckt werden. Aber es ist noch ein Drittes möglich. Die meisten Dinge, die wir sehen, sind nicht selber Lichtquellen, sondern erfordern, um sichtbar zu sein, die *Mitwirkung* einer Lichtquelle. Die Dinge, die wir in einem durch eine Lampe erhellten Raume sehen, werden uns unsichtbar, sobald die Lampe erlischt. Wir sehen sie, *sobald* und *solange* die Lampe leuchtet. Sie senden also, obwohl sie keine Lichtquellen sind, Licht aus, *sobald und so lange Licht auf sie fällt.* Wir nennen sie *beleuchtet*, sagen von ihnen, daß sie das Licht „zurückwerfen", und nennen sie je nach der Stärke ihres Eindruckes auf unser Auge mehr oder weniger *hell* beleuchtet.

Die Erscheinung, durch die sich uns Licht als *zurückgeworfen* ankündigt, kann sehr verschieden sein, z. B. so, wie sie ein *Spiegel* vermittelt, oder so, wie sie ein weißes Tuch vermittelt, das man über den Spiegel deckt. Der Spiegel wirft das Licht, das aus einer bestimmten Richtung her auf ihn fällt, nach *einer* bestimmten Richtung in gesetzmäßiger, einfacher Weise zurück; das Tuch aber unregelmäßig, nach *allen* Seiten. Das vom Spiegel kommende Licht ändert sich für unser Auge, wenn wir uns vor ihm hin- und herbewegen und immer in anderer Richtung auf ihn blicken. Das weiße Tuch aber sieht unverändert aus, von woher das Auge auch Licht von ihm empfängt. Wir sehen bei dem Spiegel aber auch nicht die spiegelnde *Fläche*, sondern die *Bilder*. Eine Fläche *sehen* wir nur, wenn sie das Licht derartig zurückwirft wie das weiße Tuch; so verhalten sich nur Körper, die weder ganz durchsichtig noch ganz spiegelnd sind. Wir können geradezu sagen: um *beleucht*bar, *erleucht*bar und dadurch *sicht*bar zu sein, muß die Wand bis zu einem gewissen Grade *undurchsichtig* und matt sein. — Die Lichtempfindung, die uns ein Körper vermittelt, der wie das weiße Tuch undurchsichtig ist und das Licht „diffus" zurückwirft, ist lediglich Helligkeit — die einfachste Lichtempfindung überhaupt. Andere Eindrücke, die uns das Auge sonst noch verschafft, wie Form und Größe, fallen dabei weg.

Helligkeit. Unter Helligkeit verstehen wir hier die *Lichtempfindung*, die unter diesem Namen jeder kennt. Mit dieser physiologischen Helligkeit, z. B. einer Fläche, darf man aber nicht die *physikalische* verwechseln, d. h. den *Zustand* einer Fläche, auf die das Licht einer Lichtquelle fällt. Die Lichtquelle hat eine gewisse *Lichtstärke*, sendet einen *Lichtstrom* nach allen Richtungen aus, erzeugt auf der Fläche eine *Beleuchtungsstärke* (kurz: Beleuchtung) — alles physikalische Zustände, die an vereinbarten Einheiten meßbar sind — und diese Fläche *erscheint* uns in einer gewissen *Helligkeit.*

Die *Lichtstärke* (J) gilt als grundlegende Größe, weil sich ihre Einheit durch eine Lichtquelle verkörpern läßt (die HEFNER-Kerze, S. 493 u.). Die Lichtquelle, als Mittelpunkt einer Kugel, schickt den *Lichtstrom* ($\varPhi$) nach allen Richtungen aus. Er verbreitet sich in Kugelwellen im Raume und erzeugt auf einer Kugelfläche eine gleichmäßig darüber verbreitete Beleuchtungsstärke (E). Diese ist umgekehrt proportional dem Quadrat des Kugelradius (also umgekehrt proportional dem Quadrat des Abstandes der beleuchteten Fläche von der punktartigen Lichtquellen). Denn die Kugeln mit den Radien $r_1 \ldots r_n$ haben $r_1^2 \ldots r_n^2$ mal so viel Fläche wie die Kugel mit dem Radius 1. Erzeugt der Lichtstrom auf dieser pro cm² die Beleuchtungsstärke E_1, so erzeugt er auf Kugelflächen mit den Radien $r_1 \ldots r_n$

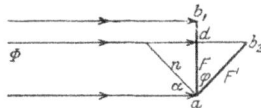
Abb. 592. Zum photometrischen Grundgesetz von LAMBERT.

daher pro cm² die Beleuchtungsstärke $\dfrac{E_1}{r_1^2} \cdots \dfrac{E_1}{r_n^2}$ (wobei wir die Beleuchtungsstärke so definieren, daß ihr Zahlenwert gleich dem Zahlenwert der Lichtstärke ist, falls der senkrechte Abstand zwischen Lichtquelle und beleuchteter Fläche 1 cm ist).

In Wirklichkeit fallen aber die Lichtstrahlen nicht wie die Radien einer Kugelfläche immer senkrecht auf die bestrahlte Fläche. Steht die bestrahlte Fläche schief (F') zu dem Lichtstrom (Abb. 592), so wird das Flächenstück ab_2

von einem dünneren Strahlenbündel getroffen, als wenn sie senkrecht (F) dazu
steht. Wenn F um den Winkel φ von der zu dem Bündel senkrechten Lage abweicht, so empfängt das Flächenstück ab_2 nur ebensoviel Strahlen, wie wenn
es senkrecht stehend nur die Größe $ad = ab_2 \cdot \cos\varphi$ hätte. Der Winkel ist gleich
dem *Einfallswinkel* α, den die Strahlen mit dem Lot n auf ab_2 bilden. Daher
formuliert man das photometrische Grundgesetz (LAMBERT) so: die Beleuchtungsstärke E ist proportional dem Kosinus des Einfallswinkels der Strahlen
und umgekehrt proportional dem Quadrat des Abstandes von der
Lichtquelle. Für eine punktartige Lichtquelle ist also $E = J\cos\varphi/r^2$.
— Ebenso maßgebend ist der Winkel der Strahlen mit der Flächen-
normale, wenn das Flächenelement als Lichtquelle die Strahlen *aussendet*, (ein glühendes Platinblech). Man spricht dann von *Flächenhelle* (e). Strahlt (Abb. 593) das Flächenelement σ unter dem Winkel φ
gegen die Normale die Lichtstärke J aus, so versteht man unter
Flächenhelle in dieser Richtung die Größe $e = J/\sigma\cos\varphi$. Der Nenner
gibt die Projektion des Flächenelements σ auf die zur Ausstrahlungsrichtung
senkrechte Ebene. Die Lichtstärke ist dementsprechend in dieser Richtung
$J = e\sigma\cos\varphi$. — *Senkrecht* zu σ ist die Flächenhelle $e = J/\sigma$.

Abb. 593. Zur
Definition der
Flächenhelle.

Von der Wichtigkeit des Winkels φ für die Beleuchtungs- und Helligkeitsverhältnisse
überzeugt man sich leicht. Ohne es zu wissen, berücksichtigt man ihn, wenn man, bei dem
Lichte einer entfernten und feststehenden Lampe lesend, das Blatt so neigt, daß man es
möglichst hell sieht.

Unter *Helligkeit* der kleinen gleichmäßig leuchtenden Fläche σ versteht man
(Abb. 594) das Verhältnis des von σ auf die Pupille gestrahlten und weiter auf
das Netzhautbild geleiteten Lichtstromes Φ zu der Größe σ' dieses Bildes, also
die Beleuchtung der Netzhaut am Orte des Bildes, $h = \Phi/\sigma'$. Die Helligkeit h
des kleinen Flächenstückes σ ist unabhängig von seinem Augenabstand und proportional der Flächenhelle e in der
Visierrichtung. Deswegen erscheint
ein gleichmäßig leuchtender Körper,
z. B. ein rotglühendes Platinblech, gleich hell, welche Lage zur
Blickrichtung und welchen Abstand
vom Auge es auch hat, und ist, wenn es gekrümmt ist, nicht von einem ebenen
Blech zu unterscheiden. Ein rotglühender Metallzylinder ist daher auch nicht von
einem flachen Stabe noch eine ebenso leuchtende Kugel von einer Scheibe zu
unterscheiden. (Ähnliches gilt für die Wärmestrahlung und ist für das Gesetz
vom Wärmeaustausch wichtig.)

Für die photometrischen Begriffe Lichtstärke, Lichtstrom, Beleuchtungsstärke und Flächenhelle haben die deutschen Beleuchtungstechniker die Namen
vereinbart, die Zeichen (J, Φ, E, e) und vor allem die Einheiten und die Zeichen
dafür.

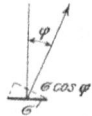

Abb. 594. Zur Definition der Helligkeit.

Die Einheit der Lichtstärke (J) hat die Hefnerkerze (HK); es ist die horizontale Lichtstärke der mit Amylacetat gespeisten Hefnerlampe (S. 493 u.) bei einer Flammenhöhe von 40 mm.
Die Einheit des Lichtstromes (Φ) ist der Lichtstrom, den eine nach allen Richtungen
mit 1 HK leuchtende punktartige Lichtquelle in den Raumwinkel 1 aussendet. Diese Einheit
heißt 1 Lumen (Lm). Der Raumwinkel 1 ist der Winkel an der Spitze eines Kegels, den man
aus einer Kugel vom Radius 1 m derart herausschneidet, daß das zugehörige Kugelflächen-
stück 1 m² ist. Eine Lichtquelle, die nach allen Seiten mit der Lichtstärke J leuchtet, strahlt
also den Gesamtlichtstrom $\Phi_0 = 4\pi L$ aus; für $J = 20$ HK wird $\Phi = 251,3$ Lumen.
Die Einheit der Beleuchtungsstärke (kurz Beleuchtung) hat eine Fläche, die von 1 HK
im Abstand von 1 m (gemäß der Formel $E = J\cos\varphi/r^2$) senkrecht beleuchtet ist. Die Einheit heißt 1 Lux (Lx). Eine Lichtquelle $J = 25$ HK erzeugt also auf einer 2 m entfernten
Fläche für $\varphi = 0$ die Beleuchtung $E = 25/4 = 6,25$ Lx, für $\varphi = 60°$ die Beleuchtung
$E = 3,125$ Lx (da $\cos 60° = 0,5$).

Die Einheit der Flächenhelle (e) hat gemäß der Formel $e = J \cos \varphi$ eine Fläche, die pro cm² senkrecht ($\varphi = 0$) die Lichtstärke 1 HK ausstrahlt. — Die Flächenhelle in Kerzen pro cm² beträgt für die Petroleumlampe etwa 1, die Gasglühlichtlampe 5—6, die Kohlenfadenlampe (4 Watt pro HK) 48, die Metallfadenlampe (1,1 Watt pro HK, zickzackförmiger Draht im Vakuum) etwa 150, den Bogenlampenkrater etwa 18000.

Lichtmessung (Photometrie). Das Auge kann zwar nicht beurteilen, *wievielmal* heller ihm eine Fläche erscheint als eine andere, aber es beurteilt sehr entschieden, ob zwei aneinanderstoßende Flächen *gleich* hell sind. Die Genauigkeit mit der es das tut, hängt von der Größe der Flächenhelligkeit selber ab und ist am größten, wenn die Helligkeit der zu vergleichenden Flächen etwa gleich der des „diffusen Tageslichtes" ist. Es erkennt dann die Flächen, *wenn sie mit Licht von gleicher Farbe bestrahlt sind*, schon als verschieden hell, wenn der Unterschied auch nur $^2/_3$ Prozent der Helligkeit ausmacht. — Aus der Gleichheit der Helligkeit von zwei beleuchteten Flächen schließen wir auf die Gleichheit der Beleuchtungsstärken,

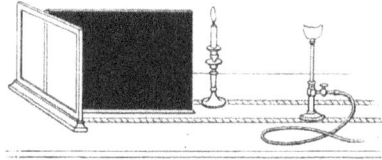

Abb. 595.
Photometer einfachster Gestalt (BOUGUER, 1727).

und aus den Abständen, die die Lichtquellen von jenen Flächen haben müssen, um die beobachteten Helligkeiten hervorzurufen, berechnen wir nach dem Gesetz $E = J \cos \varphi / r^2$ die Stärken der Lichtquellen. Der Wettbewerb der verschiedenen technischen Beleuchtungsarten hat auch die Mittel entwickeln lassen, Lichtstärken und Beleuchtungsstärken, ja, auch den Lichtstrom zu messen. Ihm ist es zu danken, daß sich die Lichtmessung (*Photometrie*) und die Instrumente dazu, die *Photometer*, vervollkommnet haben.

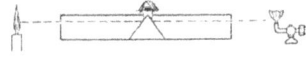

Abb. 596. Photometer von RITCHIE.

Ob zwei Lichtquellen gleich hell sind, können wir nur durch das Auge entscheiden. Die Lichtwellen üben zwar auch Wärmewirkungen und auch chemische Wirkungen aus. Wir könnten also darauf ausgehen, z. B. die Wärmewirkung der Lichtquelle zu messen und daraus auf ihre Stärke zu schließen. Aber damit hätten wir noch keinen Anhalt dafür, wie groß ihre *Licht*wirkung ist. Wir müssen darum stets das

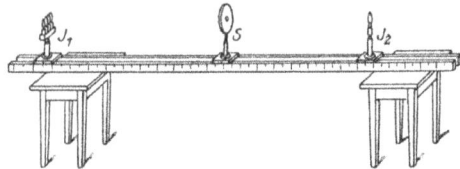

Abb. 597. Photometer von BUNSEN in einfachster Form.

Auge entscheiden lassen, ob eine Lichtquelle heller ist als eine andere.

Im wesentlichen geht man im Photometer darauf aus, dem Auge zwei aneinanderstoßende Ebenen zu zeigen, von denen die eine *lediglich* von der *einen* Lichtquelle, die andere *lediglich* von der *anderen* Licht empfängt, wie es Abb. 595 sehr primitiv zeigt.

Man muß dafür sorgen, daß beide Flächen *unter demselben Winkel bestrahlt* werden, denn (S. 490 o.) die Beleuchtungsstärke hängt ja wesentlich davon ab, unter *welchem Winkel* die Strahlen auftreffen. Abb. 596 zeigt, wie das Photometer von RITCHIE diese Forderung erfüllt, es bedarf außer der Abbildung keiner Erläuterung. Das Einfachste ist: man läßt die Strahlen auf beide Flächen *senkrecht* fallen, indem man (Abb. 597) die zu vergleichenden Lichtquellen I_1 und I_2 zu beiden Seiten einer *undurchsichtigen* weißen Tafel S so aufstellt, daß eine Gerade, die beide Lichtquellen verbindet, senkrecht durch die Mitte der Tafel geht. Verändert man dann die Abstände r_1 und r_2 der Lichtquellen von ihr,

so kann man es leicht erreichen, daß beide Seiten der Tafel gleich hell erscheinen.
Aus dieser Gleichheit schließt man, daß auch die Lichtstärken gleich groß
sind, also daß

$$\frac{I_1}{r_1^2} = \frac{I_2}{r_2^2}, \quad \text{somit} \quad \frac{I_1}{I_2} = \frac{r_1^2}{r_2^2}$$

ist, d. h. daß *die Stärken der beiden Lichtquellen* sich zueinander verhalten *wie
die Quadrate ihrer Abstände* von der beleuchteten Tafel.

Man wird einwenden: „Die Beleuchtung ist nur dann gleich I/r^2, wenn I zu einer *punktartigen* Lichtquelle gehört und die Lichtquelle eine *Kugelfläche* beleuchtet, zu der r als Radius
gehört, in der Wirklichkeit ist aber die Lichtquelle eine leuchtende *Fläche*, und die Fläche,
die im Photometer beleuchtet wird, ist eine *Ebene*." Der Fehler ist schon dann belanglos,
wenn der Abstand der Lichtquellen etwa zehnmal so groß ist wie ihre größte Abmessung,
und wenn die Gerade durch die Mitten der Lichtquellen ungefähr durch die Mitte der beleuchteten Fläche geht.

Man muß dafür sorgen, daß das Auge die beiden beleuchteten Flächen unter
demselben Winkel sieht wie beim Ritchie-Photometer, weil (S. 490 o.) die Helligkeit einer Fläche von dem Winkel abhängt, unter dem wir sie ansehen. Um beide
nebeneinander zu sehen, stellt man die Tafel in den Winkel eines Winkelspiegels. —
Man handhabt das Photometer so: Man stellt die Lichtquellen zu beiden Seiten
der zu beleuchtenden Ebene, des Photometerschirmes S, auf eine Bank (Abb. 597),
so daß die Gerade, die die Mitten der beiden Lichtquellen verbindet, senkrecht
durch die Mitte des Schirmes geht, macht den Abstand der Lichtquellen von
dem Schirm so groß, daß seine beiden Seiten gleich hell erscheinen, und mißt
die Abstände. Sind sie a_1 und a_2, und nennt man die Stärken der Lichtquellen I_1

und I_2, so ist $\frac{I_1}{I_2} = \frac{a_1^2}{a_2^2}$. Ist z. B. $a_1 = 100$ cm und $a_2 = 141{,}4$ cm, so ist

$\frac{a_1^2}{a_2^2} = \left(\frac{1}{1{,}414}\right)^2 = \frac{1}{2}$, daher $I_2 = 2\,I_1$.

Bunsen - Photometer. Dieses Photometerprinzip ist die Grundlage des am
meisten benützten Photometers (Bunsen). Der (veraltete) Bunsensche Photometer*schirm*, zu dessen Seiten man die Lichtquellen aufstellt, ist ein Blatt weißen
Papiers mit einem (kreisförmigen) Fettfleck in der Mitte. Die gefettete Stelle läßt
mehr Licht hindurch als das übrige Papier, sie sieht, *weil* sie sich hierin anders
verhält als ihre Umgebung, je nach der Beleuchtung sehr charakteristisch aus.
Betrachtet man einen Fettfleck auf einem Blatt Papier, während sich das Auge und
die Lichtquelle, etwa das Fenster, auf *derselben* Seite des Blattes befinden, d. h.
betrachtet man das Blatt „im auffallenden Licht", so erscheint der Fleck bekanntlich *dunkler* als seine Umgebung. Betrachtet man ihn aber, während sich Auge
und Fenster auf *entgegengesetzten* Seiten befinden (das Blatt *zwischen* Auge und
Fenster), d. h. betrachtet man das Blatt im *durch*fallenden Lichte, so erscheint
der Fleck *heller* als seine Umgebung. Warum? Nur *eine* Seite des Papiers empfängt
Licht (das von den Wänden des Zimmers diffus zurückgeworfene Tageslicht
können wir unbeachtet lassen, es trifft überdies *beide* Seiten des Papiers). Das
nicht gefettete Papier läßt so gut wie nichts hindurch, es wirft das Licht diffus
zurück und nach der Seite hin, von der es gekommen ist, der Fettfleck aber
läßt Licht nach der anderen Seite *hindurch* und wirft nur sehr wenig *zurück*. Liegt
das Auge auf der Seite der Lichtquelle, so bekommt es daher sehr viel Licht von
der Umgebung des Fettfleckes, aber verhältnismäßig wenig von dem Fettfleck
selbst, deswegen sieht es den Fettfleck dunkel auf hellem Grunde. Liegt das
Auge auf der anderen Seite, so bekommt es verhältnismäßig *viel Licht* von dem
durchlässigen *Fettfleck*, aber wenig von dem fast undurchlässigen Papier, es sieht
daher den Fettfleck hell auf dunklem Grunde. — Werden *beide* Seiten des Papiers
gleich hell beleuchtet, so kann sich der Fleck von seiner Umgebung nicht abheben.

er wird unsichtbar. (Tatsächlich wird er nicht *ganz* unsichtbar; er behält ein Minimum der Sichtbarkeit, aber das Minimum erscheint gleich stark an beiden Seiten.) — Diese Tatsache benützt man im BUNSENschen Photometerschirm. Man verändert die Abstände der zu vergleichenden Lichtquellen von ihm so lange, bis der Fettfleck dieses Minimum der Sichtbarkeit hat. Aus den Abständen berechnet man dann das Verhältnis der Stärken der beiden Lichtquellen. — Man benützt (seit 1889) an Stelle des BUNSENschen Photometerschirmes eine von LUMMER und BRODHUN konstruierte Vorrichtung, die den Fettfleck ersetzt und die noch genauere Messungen ermöglicht. Wir besprechen sie, da sie die *totale Reflexion* benützt, erst später (S. 512).

Nur eine punktartige Lichtquelle gibt nach jeder Richtung die gleiche Lichtstärke, erfordert also nur *eine* Messung auf der Photometerbank. Jede andere erfordert nach jeder Richtung eine neue Messung, wenn man ihre Lichtverteilung im Raum kennen will. Das verbietet sich aber aus technischen Gründen. Man bewertet daher jede technische Lichtquelle nach dem Lichtstrom $\Phi = 4\pi J_0$ (wo J_0 die mittlere räumliche Lichtstärke bedeutet). Man findet ihn durch eine einzige Messung in dem Kugelphotometer (ULBRICHT). Die zu messende Lampe L hängt (Abb. 598) in einer mattweiß gestrichenen Hohlkugel K. Ein mattweißer Schirm S schützt die Beobachtungstelle o — eine durch Milchglasplatte verschlossene Öffnung in K — vor der direkten Beleuchtung durch L. Folgt die Reflexion der Anstrichfläche dem LAMBERTschen Gesetz, so ist die Beleuchtung in o, also die indirekte, von der Kugelwand ausgehende Beleuchtung durch L, proportional dem Gesamtlichtstrom von L. Ist Φ der gesuchte Gesamtlichtstrom von L und E die Beleuchtung in o, so ist $\Phi = KE$, wo K die Kugelkonstante ist, die man durch Austausch von L gegen eine Normallampe findet. Man kann die Beleuchtung in o messen, indem man die Lichtstärke der Milchglasplatte mit einem Bankphotometer bestimmt.

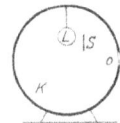

Abb. 598.
Kugelphotometer
(ULBRICHT).

Lichtstärkeneinheit. Normalkerze. Man kann mit dem Photometer messen, ob zwei gegebene Lichtquellen *gleich* hell sind, oder *wievielmal* so hell die eine ist wie die andere. Aber man weiß damit noch von keiner, *wie* hell sie ist. Es fehlt noch die Licht*einheit*, die man der Lichtmessung zugrunde legen muß, wie man das Zentimeter einer Längenmessung zugrunde legt. Diese Lichteinheit hat man willkürlich festsetzen müssen, aber man hat sie leider nicht international festgesetzt. In Deutschland gilt als Lichteinheit die HEFNER-Kerze (Normalkerze), die Lichtstärke der von HEFNER-ALTENECK eingeführten Amylacetatlampe (A in Abb. 599). Die Dimensionen der Lampe und des Dochtes sind genau vorgeschrieben; ist die Lampe mit chemisch reinem Amylacetat ge-

Abb. 599. Photometerbank (A Hefnerlampe, P Photometerkopf, L eine Glühlampe).

füllt, und brennt sie (unter den unerläßlichen Vorsichtsmaßregeln, die sich auf die Ruhe der Luft, die Reinheit der Luft usw. beziehen) mit einer 40 mm hohen Flamme, so ist ihre Lichtstärke 1 *Kerze*. Eine elektrische Glühlampe hat 16 „Kerzen", heißt: sie ist 16 mal so hell wie eine „HEFNER-Kerze". — Bringt man eine HEFNER-Lampe A an das eine Ende der Photometerbank, Abb. 599, die Lichtquelle L, deren Lichtstärke man messen soll, an das andere, verschiebt man dann den Photometerkopf P zwischen beiden, bis der Schirm darin auf beiden Seiten gleich hell aussieht, so findet man (S. 492 m.), wieviel HEFNER-Kerzen L hat. Für technische Messungen benützt man statt der HEFNER-Lampe stärkere Lichtquellen, deren Stärke man vorher in HEFNER-Kerzen gemessen hat, besonders elektrische Glühlampen.

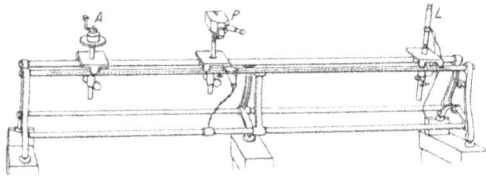

Wichtig für die Beleuchtungstechnik ist die Frage, wie groß an *einer gegebenen Stelle* die Beleuchtungsstärke ist. Als Maß für sie gilt die Beleuchtung, die eine Kerze in 1 m Abstand bei senkrechtem Lichteinfall erzeugt. Eine solche „Beleuchtungseinheit" (1 Lux, Meterkerze) ist unerläßlich für die Vorschrift, wie hell ein Arbeitsplatz sein muß, um vorgeschriebene Arbeiten (Lesen, Zeichnen, Nähen) zu ermöglichen. Als künstliche Beleuchtung, bei der man ebenso schnell wie im Tageslicht lesen kann, reichen 60 Lux aus, für die Beleuchtung eines Arbeitsplatzes sind wenigstens 12 Lux erforderlich (HERM. COHN). — Die Beleuchtungsstärke mißt man mit besonders dafür gebauten Photometern (WEBER, BECHSTEIN).

Helligkeit der Sterne. Man teilt die Sterne nach ihrer Helligkeit in *Größenklassen* („Größe" — abgekürzt m, von magnitudo — photometrisch gemeint, nicht räumlich!) und hat festgesetzt: eine *ganze* photometrische Größenklasse trennt zwei Sterne voneinander, deren Helligkeiten sich wie 1 : 2,5 verhalten (*streng* wie 1 : 2,512, der bequemeren Logarithmenrechnung wegen; $\log 2{,}512$ ist 0,4). Nach dieser Definition ist $J_1 = 2{,}512 \times J_2$, $J_2 = 2{,}512 \times J_3 \ldots$, also z. B. $J_1 = 2{,}512^4 \times J_5$. Haben zwei Sterne die Helligkeiten J_p und J_q und die Klassengrößen m_p und m_q, so ist nach dieser Festsetzung

$$\frac{J_p}{J_q} = 2{,}512^{q-p} \quad \text{also} \quad q - p = \frac{\log J_p - \log J_q}{0{,}4}.$$

Für $q - p = 5$ (Größenklassen) hat man z. B. $5 \times 0{,}4 = \log \dfrac{J_p}{J_q}$ oder $\dfrac{J_p}{J_q} = 100$. Ein Stern erster (p) Klasse ist also 100mal so hell wie ein Stern sechster (q) Klasse. (Der Nullpunkt der visuellen Skala des Harvard Observatoriums ist dadurch definiert, daß der Polarstern $+ 2{,}12^m$ ist. Um die visuelle und die photographische Größenskala in Übereinstimmung zu bringen, hat man international vereinbart: für die Sterne 5,5 bis 6,5ter Größe vom Spektraltyp $A0$ (Sirius) sind die photographische und die visuelle Größe als gleich anzusehen.) Die obige Definition führt nicht nur auf Bruchteile von Größenklassen, sondern auch auf negative Zahlen. Die hellsten Sterne, Sirius und Canopus, haben die Größe — 1,6 und — 0,9, die Sonne — 26,5. Die schwächsten dem *bloßen* Auge sichtbaren Sterne sind 6., die mit den besten Hilfsmitteln sichtbaren 20. Klasse.

Man *mißt* die Sternhelligkeit am Eindruck auf das Auge (durch Einstellung auf gleiche Helligkeit mit einem „künstlichen" Stern, dessen Helligkeit man meßbar verändern kann, auch durch Auslöschung durch eine meßbar veränderliche Schicht eines Licht verschluckenden Mittels) oder am Eindruck auf die photographische Platte oder am Eindruck auf die lichtelektrische Zelle. Die Ergebnisse dieser Eindrücke sind aber nicht identisch, weil jeder durch einen *anderen* Ausschnitt aus dem Spektrum (s. d.) erzeugt wird. Den Unterschied der so ermittelten Helligkeiten desselben Sternes — besonders den Unterschied zwischen der photographisch und der visuell ermittelten Helligkeit nennt man den *Farbenindex*. — Zwei Sterne können dem *Auge* gleich hell erscheinen, *photographisch* aber um etwa zwei Größenklassen auseinanderliegen, da ein roter Stern chemisch schwächer wirkt. Der Farbenindex kennzeichnet demnach die spektrale Intensitätsverteilung und damit die Temperatur, er steht in enger Beziehung zum *Spektraltypus* (s. d.).

Man unterscheidet *scheinbare* und *absolute* Helligkeit — scheinbar ist die, die der Beobachter empfindet, absolut die, die er *im Abstand Eins* von dem Stern empfinden *würde* — Abstand Eins entspricht der Parallaxe 0,1". Z. B. die Sonne erscheint rund 6×10^{10} mal so hell wie Capella (26,9 Größenklassen heller); nimmt man die Parallaxe von Capella zu 0,08" an, so ergibt die Rechnung, da die scheinbare Helligkeit im quadratischen Verhältnis des Abstandes abnimmt, daß uns die Sonne *im selben Abstande* wie Capella nur als ein Stern der Größenklasse 5,4 erscheinen würde. — Der Begriff absolute Helligkeit wird im allgemeinen nur auf selbstleuchtende Körper (Fixsterne) angewendet. Ist M die absolute Größe, m die scheinbare, π die Parallaxe, so ist $M = m + 5 + 5\pi$.

3. Spiegelung des Lichtes.

a) Ebene Spiegel.

Spiegelgesetz. Bisher sollte das Hindernis, auf das die sich ausbreitenden Lichtwellen fallen, das Licht gleichmäßig nach *allen* Richtungen, „diffus", zurück-

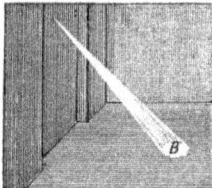

Abb. 600.   Diffuse Zurückwerfung des Lichtes.

werfen (S. 489 m.). Man denke sich das Hindernis als Fußboden eines Raumes (Abb. 600), in den nur durch eine kleine Öffnung im Fensterladen Sonnenstrahlen fallen. Das Strahlenbündel trifft den Fußboden in B. In welcher Richtung der Beobachter auch nach B hinsieht, er sieht die Stelle „beleuchtet". Das ist richtig, solange der Fußboden das Licht nach *allen* Richtungen zurückwirft, wie jede Fläche, die rauh ist und uns matt und glanzlos erscheint. Wir lassen jetzt die Voraussetzung, daß der Fußboden das Licht diffus zurückwirft, fallen, wenigstens für die Stelle B. Man denke sich dort eine ruhende Quecksilberoberfläche. Der Beobachter sieht dann (Abb. 601) die Stelle B so gut wie gar nicht erleuchtet. Aber er sieht bei C einen hellen

Fleck, weil die Wand dort von einem Strahlenbündel getroffen wird, das von B ausgeht. Bringt er sein Auge in dessen Richtung, so sieht er auf B (nicht die Quecksilberoberfläche, sondern) die Lichtquelle, die die Strahlen in das Zimmer wirft, hier die Sonne.

Man nennt das Zurückwerfung des Lichtes, *Spiegelung*, Reflexion; die Quecksilberoberfläche einen *Spiegel*; den Strahl AB (Abb. 601) den *einfallenden*, BC den *zurückgeworfenen* oder reflektierten Strahl; BN das *Einfallslot*; Winkel ABN den *Einfallswinkel*; Winkel NBC den *Reflexionswinkel*; die Ebene, in der der einfallende Strahl und das Einfallslot liegen, die *Einfallsebene*. (Hier ist die Einfallsebene mit der Ebene der Zeichnung identisch.)

Die Beziehungen zwischen dem einfallenden und dem gespiegelten Strahl lauten: Auch der gespiegelte Strahl liegt in der Einfallsebene, auf der entgegengesetzten Seite des Einfallslotes wie

Abb. 601. Zum Spiegelgesetz.

der einfallende Strahl, und bildet mit dem Einfallslot *denselben* Winkel wie der einfallende Strahl. Kurz: *Einfallswinkel und Reflexionswinkel liegen in derselben Ebene und sind einander gleich* ($\angle ABN = \angle NBC$).

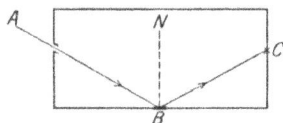

Dieses Grundgesetz entstammt der Erfahrung, läßt sich aber auch (zuerst Huygens, später Fresnel) aus der Wellentheorie ableiten. Daß es gilt, beweisen am genauesten astronomische Beobachtungen: Die horizontale Oberfläche eines Teiches gibt ein Spiegelbild des gestirnten Himmels. Beobachtet man einen bestimmten Stern, so sieht man ihn *einmal* am Himmel und ein *zweites* Mal tief unten im Teiche. Blickt man ihn mit einem Fernrohre an, so richtet man daher das Fernrohr das eine Mal schräg nach oben, das andere Mal schräg nach unten. Bildet die Fernrohrachse F in jeder Lage den Durchmesser eines vertikal stehenden, in Grade eingeteilten Kreises (Abb. 602), so sieht man an der Teilung, daß $\alpha = \alpha'$ ist, also die Achse

Abb. 602. Zur Prüfung des Spiegelgesetzes an der Erfahrung.

beide Male denselben Winkel mit der Horizontalen HH bildet, die parallel zur Teichoberfläche ist. Da die Strahlen von einem als unendlich fern anzusehenden Punkt herkommen, so sind sie parallel. Infolgedessen ist:

$$\alpha = \beta \text{ (Winkel mit paarweise parallelen und gleichgerichteten Schenkeln).}$$

Ferner ist: $\alpha' = \beta'$ (aus demselben Grunde),

also $\alpha = \beta'$ (da $\alpha = \alpha'$).

Daher ist: $i = i'$ (jedem fehlt *gleich viel* zu 90°, dem einen β, dem anderen β').

Wir haben nur von *einem* auffallenden und *einem* reflektierten Strahl gesprochen, sehen aber jeden als Repräsentanten eines Bündels von parallelen Strahlen an, da es einzelne Strahlen nicht gibt.

Spiegelbild. Virtuelles, reelles Bild. Der Spiegel kann bekanntlich *Bilder* erzeugen. Die durch ein „Spiegelbild" hervorgerufene Täuschung kann so groß sein, daß das Bild von dem abgebildeten Gegenstande nur schwer unterscheidbar ist. Wie entsteht die Täuschung? Beim Spiegel muß man die Strahlen rückwärts hinter den Spiegel verlängern, um den Schnittpunkt zu erreichen; bei den durch eine photographische Linse (Abb. 673) entstehenden optischen Bildern schneiden sie einander wirklich. Daher kann man im zweiten Falle das Bild auf einem Schirme auffangen, während man das im ersten Falle *nicht* kann, das Bild nur subjektiv beobachten kann. Die zweite Art Bilder nennt man *zugänglich, auffangbar, reell*, die andere *unzugänglich, virtuell*. — Auch bei einer Linse kann das Bild unzugänglich sein, eine Lupe, eine Brille dient zum Hindurchsehen, nicht zum Auffangen des Bildes. Bei einem zugänglichen Bilde laufen die Strahlen hinter der Linse zusammen (konvergieren), bei einem unzugänglichen laufen sie auseinander (divergieren). Wird ein zugängliches Bild entworfen, so kann man zwischen Linse und Bild ein weiteres optisches Instrument einschalten. Diesem wird dann ein Bündel von

Strahlen dargeboten, das nach einem Punkte hin zusammenläuft, den man als nicht-
wirklichen, virtuellen, Gegenstand bezeichnet. Von einem wirklichen Gegenstande
geht dagegen ein auseinanderlaufendes Strahlenbündel aus; *hinter* dem Bildpunkte
wirken auch unzugängliche Bilder und zugängliche wie wirkliche Gegenstände.

Ein leuchtender Punkt sendet Strahlen aus; gelangen davon genug in unser
Auge, so *sehen* wir ihn. Die Gradlinigkeit, mit der sich das Licht von seiner

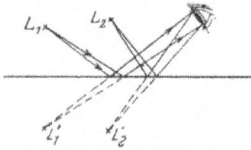

Abb. 603. Konstruktion des Spiegelbildes durch das Auge.

Quelle aus fortpflanzt, ist uns als Erfahrungstatsache so in Fleisch und Blut übergegangen, daß
das Auge den Punkt, den es für die Lichtquelle
hält, stets in die von ihm weg gerichtete Verlängerung des Strahles verlegt, von dem es getroffen
wird: es sieht daher L_1' und L_2' der Abb. 603 als
Lichtquellen an. Die Täuschung entsteht ähnlich
wie beim Echo, wo das Ohr eine Schallquelle konstruiert, und wie bei der Reflexion der Wasser-
wellen Abb. 203, wo das Auge den Mittelpunkt des reflektierten Wellensystems
konstruiert. Es ist in Wirklichkeit kein neues (reelles) Wellenzentrum vorhanden.
das Auge hat nur den Eindruck, *wie wenn* eines vorhanden wäre, ein *virtuelles.*

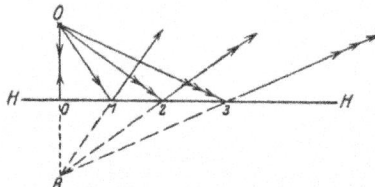

Abb. 604. Dingpunkt O und Bildpunkt B liegen
gleich weit von dem Spiegel.

Die rückwärtigen Verlängerungen
(Abb. 604) der gespiegelten Strahlen
müssen durch einen allen gemeinsamen
Punkt gehen; denn sie haben *dieselben*
geometrischen Lagenbeziehungen zueinander und zu der Geraden HH, die
die einfallenden Strahlen zueinander
und zu HH haben, und *diese* gehen alle
tatsächlich durch einen allen gemeinsamen Punkt O. Aus der Symmetrie
der einfallenden Strahlen und der rückwärtigen Verlängerungen zu HH ergibt
sich auch, daß die *Abstände* der Treffpunkte *0, 1, 2, 3* vom Objekt O und dem
Bilde B gleich groß sind. — Auch der von O senkrecht auffallende und reflektierte
Strahl OO muß durch B hindurch: es ist also auch

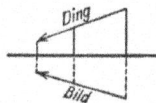

Abb. 605. Im Spiegel-
bild ist „rechts", was
in dem Dinge „links"
ist. (*gegenwendige* Ab-
bildung).

$OO = BO$, d. h. der Bildpunkt liegt
auf der entgegengesetzten Seite des
Spiegels und gleich weit weg davon
wie der Objektpunkt.

Das erlaubt, zu einem Objekte
sein Spiegelbild zu *konstruieren*: man
fällt von jedem spiegelbaren Objektpunkt eine Senkrechte auf den Spiegel
und verlängert sie darüber hinaus um

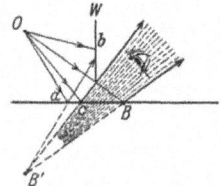

Abb. 606. Bedingung für die
Sichtbarkeit des Spiegelbildes.

den Abstand des Objektpunktes vom Spiegel. Der Endpunkt der Verlängerung ist der Bildpunkt (Abb. 605). Diese *Konstruktion* des Bildes
verbürgt aber noch nicht seine *Sichtbarkeit*. Die *Sichtbarkeit* erfordert nicht,
daß *bestimmte* Strahlen, z. B. die zur Konstruktion verwendeten, den Spiegel
treffen und reflektiert ins Auge gelangen; es genügen *irgend*welche Strahlen.
Aber sie müssen den Spiegel wirklich *treffen* und dann wirklich ins *Auge* gelangen. Das zeigt Abb. 606 an der Wand W, die fast bis zum Spiegel reicht,
so daß sie viele von O ausgehende Strahlen vom Spiegel und viele reflektierte Strahlen vom Auge abhält. Nur der Strahlenkegel BOc macht das Bild
B' sichtbar: Oc und OB sind die Grenzstrahlen, und nur solange das Auge im
Kegel $BB'c$ liegt, *sieht* es B'. Strahlen wie Ob gelangen nicht zum Spiegel und

Strahlen wie Oa gelangen reflektiert nicht ins Auge. Die wirksamen Strahlen bilden also nur einen Teil der von O insgesamt ausgehenden, sie verlaufen innerhalb eines beschränkten Raumes. Man nennt das *Strahlenbegrenzung*. In den optischen *abbildenden* Instrumenten wie Lupe, Mikroskop, Fernrohr, Photographenlinse, sondert man durch Begrenzung (Blenden) einen Teil der von den einzelnen Objektpunkten ausgehenden Strahlen aus und läßt nur diesen an der Abbildung teilnehmen, man verbessert, ja man ermöglicht erst hierdurch die Entstehung optischer Bilder.

Winkelspiegel. Fallen die von einem Spiegel zurückgeworfenen Strahlen auf einen zweiten, so werden sie auch von diesem zurückgeworfen; sorgt man dafür, daß sie dann wieder auf den ersten fallen usw., so sieht man zahlreiche Bilder — an Zahl und Lage zueinander verschieden, je nach dem Winkel, den die Spiegel miteinander bilden. Die Abb. 607 zeigt das bei einem Winkelspiegel (ACB) von 60°. Die geometrische Konstruktion des Bildortes ist aus der Abbildung ersichtlich. — Von besonderem Interesse ist der Winkelspiegel mit einem Winkel von 90° (Abb. 608). Bekanntlich vertauscht ein gewöhnlicher Spiegel rechts und links miteinander. Neige ich, vor einem solchen Spiegel stehend, z. B. den Kopf nach meiner rechten Schulter, so neigt das *Spiegelbild* den Kopf nach seiner *linken* Schulter. Ganz anders der Winkelspiegel von 90°. Wenn ich vor einem *solchen* Spiegel den Kopf nach meiner rechten Schulter neige, so neigt auch das Spiegelbild seinen Kopf nach seiner rechten Schulter. (Anwendung im ZEISS - Prismenfernrohr, S. 564.) Das, was *für uns* nach rechts liegt, liegt *auch für das mittlere*, von der Kante (Spiegelachse) durchschnittene, Spiegelbild nach rechts. Die Erklärung dafür geht aus Abb. 609

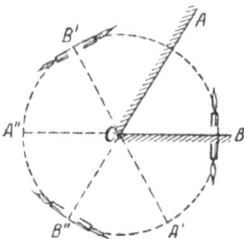

Abb. 607. Ein 60°-Winkelspiegel.

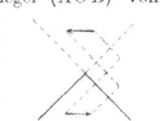

Abb. 608. Der 90°-Winkelspiegel. Das durch zweimalige Spiegelung entstand. mittlere Spiegelbild ist um $2 \times 90° = 180°$ um die Spiegelachse gedreht und daher *recht*wendig; was im Objekte „rechts" ist, ist auch im Bilde „rechts" (siehe Abb. 605 das gegenwendige Bild).

hervor. Die Ebene der Zeichnung stehe senkrecht auf der Kante des Winkels (Spiegelachse), A sei ihr Durchschnitt mit der Kante, AB und AC ihre Durchschnitte mit den Spiegeln. Die Ebene der Zeichnung sei zugleich die Einfallsebene (also auch die Reflexionsebene) des Lichtes, O ein Punkt in ihr, der Strahlen in den Winkelspiegel schickt. Seine Spiegelung an AB erzeugt das Spiegelbild O_1, die Spiegelung an AC bringt das Spiegelbild von O_1 nach O_2, die zweimalige Spiegelung bringt also den Punkt O nach O_2, d. h. sie hat ihn (mit deinem Abstand OA von der Kante) um den Winkel OAO_2 um die Spiegelachse gedreht. Der *Drehungswinkel* OAO_2 ist das *Doppelte des Spiegelwinkels* BAC.

Denn es ist:
$$\angle\ OAO_1 = 2\,O_1AB$$
$$\angle\ O_1AO_2 = 2\,O_1AC$$
$$\angle\ O_1AO_2 - OAO_1 = \angle\ OAO_2 = 2\,(O_1AC - O_1AB) = 2\,CAB.$$

In einem beliebigen Winkelspiegel rotiert ein zweimal gespiegelter Punkt also um das Doppelte des Spiegelwinkels. Im 90° Winkelspiegel beträgt daher die Winkeldrehung für jeden gespiegelten Punkt $2 \times 90 = 180°$ und daher hat der horizontale rechts zeigende Pfeil der Abbildung 608 einen horizontalen links zeigenden Pfeil als Spiegelbild.

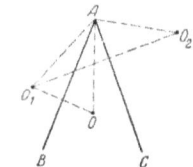

Abb. 609. Zur Wirkung des Winkelspiegels.

Anwendung der Spiegel zur Winkelmessung. Sehr mannigfaltig ist die Anwendbarkeit des Spiegels für physikalische Messungen, z. B. für das Messen von Winkeln. Die Kenntnis der Winkelgröße ist der Zweck der Messung z. B. in der Kristallographie, oft aber ist sie nur der Umweg zur Kenntnis anderer

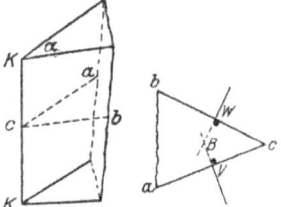

Abb. 610 und 611. Brechender Winkel (c) eines Prismas.

physikalischer Größen. Um z. B. den Winkel a bei c zu messen (Abb. 610), den zwei *spiegelnde* Prismenflächen einschließen, verfährt man so: T in Abb. 612 und 613 ist ein kreisrunder Tisch (vertikal von oben gesehen), dessen Umfang in Winkelgrade geteilt ist. Die Tischplatte ist drehbar um die Vertikalachse, die durch die Mitte der

Tischplatte geht. Man stellt den Körper ungefähr in die Mitte und so, daß die Kante KK vertikal steht; sieht man über den Tisch hinweg längs einer vorgeschriebenen Richtung RR, die durch die Mitte der Tischplatte geht und senkrecht auf der Drehungsachse des Tisches steht, und dreht man die Tischplatte, bis man sein Auge in der Prismenseite cb gespiegelt sieht, so zeigt das, daß ein längs RR von dem Auge zu der Seite cb laufender Strahl zu dem Auge zurückkehrt („in sich" zurückkehrt). Seite cb ist dann senkrecht zur Blickrichtung, Winkel W (Abb. 611) also ein Rechter. Dreht man dann den Tisch weiter, bis man, immer längs RR blickend, sein Auge in der Seite ca gespiegelt sieht, bis nach B, so ist Winkel V in Abb. 611 ein Rechter. Den Winkel, um den man die Tischplatte gedreht

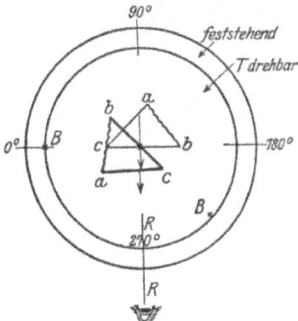

Abb. 612. Zur Messung des brechenden
Winkels eines Prismas.

Abb. 613. Spektrometer nach ABBE (P Spaltokular).

hat, um den Körper aus der ersten in die zweite Stellung zu drehen, liest man am Rande der Tischplatte ab. Der zu messende Winkel bei c ergänzt ihn (B in Abb. 611) zu 180 Grad.

Abb. 613 zeigt einen Meßapparat, der dieses Prinzip anwendet, das ABBEsche *Spektrometer*. Eine leuchtende gerade Linie als Lichtquelle in dem besonders konstruierten Fernrohrokular (ABBEsches Spaltokular) wirft durch das Fernrohr F Licht auf die spiegelnde Fläche, die man gleichzeitig durch F anvisiert. Durch die Öffnung bei P läßt man das Licht in das Okular treten, um hier die leuchtende gerade Linie zu erzeugen. Man sieht im Gesichtsfelde die Lichtquelle und ihr von der anvisierten Fläche zurückgeworfenes Spiegelbild und erkennt scharf, wann bei der Drehung des Tischchens T die Lichtquelle und ihr Spiegelbild zusammenfallen, das Zeichen dafür, daß die anvisierte Fläche senkrecht zur Blickrichtung steht. Die Handhabung des Spektrometers zur Winkelmessung ergibt sich danach aus dem Vorangehenden.

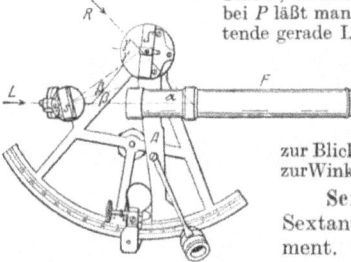

Abb. 614. Sextant.

Sextant. Der für die Schiffahrt so wichtige Sextant (HADLEY, 1731) ist ein Winkelmeßinstrument. Es ist im Grunde genommen ein Winkelspiegel, dessen Winkel man verändern und dadurch einem zu messenden *anderen* Winkel anpassen kann.

Um z. B. (in Verbindung mit anderen Messungen) die geographische Länge und Breite des augenblicklichen Schiffsortes zu ermitteln, mißt man vom Schiff aus den Bogenabstand der Sonne vom Horizont (Meeresspiegel). Das ist der Winkel zwischen den beiden Richtungen (Blicklinien) vom Auge etwa nach dem tiefsten Punkte R des Sonnenrandes und dem darunterliegenden Punkte L am Horizont (Meeresspiegel). Diesen Winkel, es ist der Winkel zwischen den Pfeilen R und L (die von den soeben erwähnten Punkten R und L herkommen), mißt man mit dem Sextanten (Abb. 614). S und s sind die den Winkelspiegel bildenden Spiegel, s steht fest, S ist (mit dem Arme A) drehbar, so daß man den Winkel zwischen S und s verändern kann, man liest seine jeweilige Größe an dem Gradbogen ab. (Der Gradbogen ist gewöhnlich das Sechstel eines Kreises, daher der

Name Sextant.) Im Scheitel des Winkels α hat man sich das Auge des durch das Fernrohr blickenden Beobachters zu denken. Die von L kommenden Strahlen gelangen unmittelbar über den Spiegel s hinweg in das Fernrohr, die von R kommenden nach Spiegelung an S und s, also nach *zweimaliger* Spiegelung. Den Spiegel S dreht man für die Winkelmessung so mit dem Zeigerarm A längs der Teilung, daß man den Punkt R mit dem Punkt L zusammenfallen sieht, also der Strahl R nach Zurückwerfung an S und s in die gleiche Richtung mit L kommt. Der Winkel α zwischen R und L ist dann (S. 497 m.) doppelt so groß wie der Winkel β zwischen den beiden Spiegeln. An der Gradbogenteilung liest man unmittelbar das Doppelte des Spiegelwinkels ab.

Winkelmessung mit Spiegel und Skala. Auf dem Spiegelgesetz beruht ein Verfahren (Poggendorff, 1825), *sehr kleine Winkel* zu messen, um die ein drehbarer Körper aus einer Anfangslage abweicht, eines der wichtigsten Verfahren der messenden Physik. Die Aufgabe ist folgende: Der vertikal aufgehängte Zylinder in Abb. 615 ist um eine

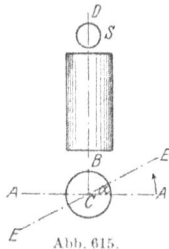

Abb. 615.

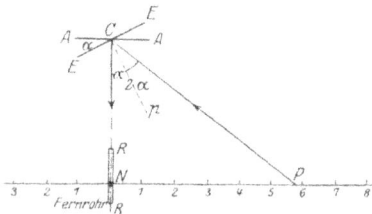

Abb. 616.

Messung eines Winkels (ACE) mit Spiegel (A) und Skala nach Poggendorff

Achse DB drehbar, er wird von der Ruhelage AA aus um einen *kleinen* Winkel α gedreht und dann festgehalten. Wie groß ist der Winkel? — Man befestigt an dem Körper ein Spiegelchen S, seine Ebene parallel zur Drehachse, es macht die Drehung des Körpers dann mit, AA ist seine Lage *vor* der Drehung, EE *nach* der Drehung, ECA der zu messende Winkel α. Um ihn zu messen, stellt man einen Maßstab (in Millimeter geteilt und beziffert) etwa 2—4 m vor dem Spiegel A auf, parallel zur Anfangslage AA (Abb. 616), und zwar so, daß der „Nullpunkt" N der Skala, von dem aus die Teilung nach beiden Seiten geht, dem Spiegel senkrecht (RR) gegenüberliegt. Sieht man in der senkrechten Richtung RR dicht unter dem Nullpunkt zum Spiegel hin (durch ein Fernrohr), so sieht das Auge immer *den* Punkt der Skala im Spiegel, dessen Strahlen *so* auf den Spiegel fallen, daß sie in der Richtung RR zurückgeworfen werden. In der Ruhelage AA sieht es daher den Nullpunkt N (mit der Ziffer 0), in der Endlage EE den Punkt P (mit einer Skalenziffer). *Während* sich der Spiegel dreht, hat das Auge den Eindruck, daß sich die Skala von N bis P vor ihm vorbeischiebt. Die Kenntnis der Länge NP ist es, worauf es bei der Messung ankommt; man liest hier die Skalenziffer bei P ab, mißt NC mit einem Maßstab und findet den Winkel PCN aus $\dfrac{NP}{NC} = \mathrm{tg}\,PCN$. Winkel PCN ist gleich 2α.

Konstruiert man zur Spiegellage EE das Lot pC, so halbiert es den Winkel PCN, denn es ist $pCN = pCP$ nach dem Reflexionsgesetz, ferner ist $pCN = \alpha$, weil pCN und ACE den Winkel ECN zu einem Rechten ergänzen. Daher ist: $\dfrac{NP}{NC} = \mathrm{tg}\,2\alpha$.

b) Kugelspiegel.

Hohlspiegel. Die Wand, die die Ausbreitung der Lichtwellen verhindert (S. 494 u.), sollte *eben* sein und regelmäßig reflektieren, ein *Plan*spiegel. Aber wie, wenn sie *gekrümmt* ist? Die Frage erfordert zur vollkommenen Behandlung umfangreiche mathematische Hilfsmittel. Wir beschäftigen uns daher nur mit dem einfachsten gekrümmten Spiegel, der *Kugel*fläche; spiegelt die konkave Seite, so heißt der Spiegel *Konkavspiegel*, sonst *Konvexspiegel*.

Zunächst der Konkavspiegel (Abb. 617). Man nennt den Punkt O den *Scheitel*, den Kugelmittelpunkt C den *Mittelpunkt*, die durch beide gehende Gerade OC die *Hauptachse*. Den Winkel $N'CN$ nennt man *Öffnung* (Apertur) des Spiegels (in der Abbildung zur Verdeutlichung übertrieben); wir setzen ihn für die Folge als *sehr* klein voraus (8—9°).

32*

Punkt L, von dem die Strahlen ausgehen, liege auf der Hauptachse. Was geschieht dem Strahl LS, der auf den Spiegel fällt? Eine krumme Fläche kann als aus *unendlich* kleinen Ebenen bestehend gelten, und die Kugelfläche in der Nähe des Auffallpunktes O kann durch ihre Tangentialebene ersetzt werden. Daher finden wir die Richtung des in S reflektierten Strahles aus dem Reflexionsgesetz für *ebene* Spiegel. Senkrecht auf der Kugelfläche in S steht Radius CS, er ist das Einfallslot, Winkel α daher der Einfallswinkel. Machen wir $\angle B = \angle \alpha$, so ist SR der reflektierte

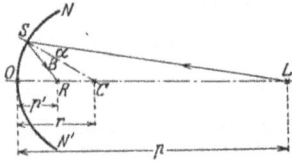

Abb. 617. Relative Lage von Ding (L) und Bild (R) am Konkavspiegel.

Strahl; er schneidet die Achse in R. Er *muß* sie schneiden, denn er liegt mit dem einfallenden Strahl LS und dem Lot SC in derselben Ebene, der Ebene des Dreiecks SLC, in dem CL eine Seite ist. (Denkt man sich die Zeichnung um die Hauptachse rotierend, so erkennt man, daß das, was von LS gilt, von jedem Strahl gilt, der auf dem durch die Rotation entstandenen Kegelmantel liegt; *alle* gehen durch R.)

Um den Ort von R in bezug auf L und O zu finden, halten wir uns an $\triangle RLS$.

Sein Winkel bei S wird durch SC halbiert, daher ist $\dfrac{CR}{CL} = \dfrac{RS}{LS}$. Zur Vereinfachung nehmen wir S so nahe bei O an, daß wir O für S schreiben können (wir kommen sofort darauf zurück). Dann heißt die Gleichung:

$$\frac{CR}{CL} = \frac{RO}{LO} \quad \text{oder} \quad \frac{r - p'}{p - r} = \frac{p'}{p},$$

umgeformt: $\quad \dfrac{r - p'}{p'} = \dfrac{p - r}{p}, \quad \dfrac{r}{p'} - 1 = 1 - \dfrac{r}{p} \quad$ oder $\quad \dfrac{1}{p'} + \dfrac{1}{p} = \dfrac{2}{r}.$

Der Abstand OS sollte als verschwindend klein gelten, d. h. die *Öffnung* des Strahlenbündels als so klein, daß seine *sämtlichen* Strahlen nahezu *senkrecht* auf den Spiegel fallen. Unter dieser Annahme gilt die einfache Formel. Sie besagt, daß dann *jeder* Strahl des Bündels durch R geht (nicht nur die des Kegel*mantels*). Die *homozentrischen* Strahlen — so nennt man die von *demselben* Punkte, hier L, ausgehenden Strahlen — werden dann durch die Spiegelung wieder homozentrisch vereinigt. Diese Art der Strahlenvereinigung ermöglicht die physische Erzeugung eines Bildpunktes. Ferner: man kann p' und p miteinander vertauschen, ohne daß sich die Gleichung ändert, d. h. ist R der leuchtende Punkt, so schneiden sich die reflektierten Strahlen in L. Man nennt R und L *konjugierte Punkte*.

Der Inhalt der Gleichung $\dfrac{1}{p'} + \dfrac{1}{p} = \dfrac{2}{r}$ wird anschaulich, wenn der leuchtende Punkt sich aus unendlichem Abstande dem Spiegel nähert, und wir ermitteln, wie sich dabei sein Bild relativ zum Spiegel bewegt (Abb. 618). Kommt der *Objekt*punkt aus unendlichem ($p = \infty$) Abstand (1) bis zum Kugelmittelpunkt C (2), d. h. bis $p = r$, so geht das *Bild* aus (I) dem *Brennpunkt* H, hier ist $p' = r/2$, bis zu (II) *eben diesem* Mittelpunkt C, d. h. es wird $p' = r$. Rückt der Objektpunkt dem Spiegel noch näher, bis zum Brennpunkt (3),

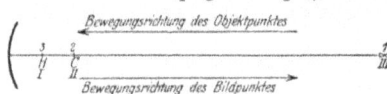

Abb. 618. Zur Formel für den Konkavspiegel.

d. h. wird $p = r/2$, so entfernt sich das Bild noch weiter vom Spiegel, die reflektierten Strahlen werden schließlich einander parallel, und das Bild rückt ins Unendliche (III), d. h. es wird $p' = \infty$. Wenn der leuchtende Punkt um mehr als den Radius vom Spiegel absteht, $p > r$ ist, dann liegt das Bild zwischen Brennpunkt und Kugelzentrum, es ist dann $r/2 < p' < r$ usw. — Zusammengefaßt heißt das: ist in der Gleichung $\dfrac{1}{p} + \dfrac{1}{p'} = \dfrac{2}{r}$

$p = \infty,$	so wird $p' = r/2$, die *Brennweite*
$> r$	$> r/2$, aber $< r$
$= r$	$= r$ (Bild im Kugelmittelpunkt)
$< r$, aber $> r/2$	$> r$
$= r/2$	$= \infty$ (Bild im Unendlichen).

Was geschieht aber, wenn $p < r/2$ wird, d. h. der Objektpunkt dem Spiegel *noch* näher-rückt? Abb. 619 gibt die Antwort: die reflektierten Strahlen schneiden einander dann nicht *vor* dem Spiegel, nur ihre rückwärtigen Verlängerungen schneiden einander wie beim ebenen Spiegel (in R): ein Bild entwirft der Spiegel von dem leuchtenden Punkte also nur *für ein Auge*, das in den Spiegel hineinsieht, oder ein photographisches Objektiv, mit dem man das Spiegelbild aufnimmt (virtuelles Bild). Wir können nun die Tabelle noch erweitern, indem wir hinzufügen: für $p < r/2$ wird $p' < 0$, z. B. für $p = r/4$ wird $p' = - r/2$. Das negative Vorzeichen drückt aus, daß der Vereinigungspunkt der gespiegelten Strahlen nicht auf *derselben* Seite des Spiegels liegt wie der Kugelmittelpunkt, der um $+ r$ vom Spiegel entfernt liegt, sondern auf der *entgegengesetzten* Seite. Die Vorzeichen $+$ und $-$ (man läßt das Zeichen $+$ gewöhnlich weg) bedeuten hier also nur Richtungsgegensätze, etwa wie beim Thermo-meter, wo man vom Nullpunkt aus nach entgegengesetzten Seiten $\pm$ zählt.

Selbst wenn die einschränkenden Voraussetzungen (S. 500 o.) über die Spiegelöffnung und den nahezu senkrechten Strahleneinfall *erfüllt* sind, haben die von dem leuchtenden Punkte herkommenden Strahlen nach der Reflexion *doch* keinen gemeinsamen Schnittpunkt, man spricht dann von der *Kugelabweichung* des Brennpunktes. Läßt man ganz große Öff-nungen zu, so ist das Bild des leuchtenden Punktes dann über eine *Fläche*, eine *Brennfläche* ausgebreitet. Eine Vorstellung von der Form einer solchen für einen bestimmten Fall gibt Abb. 620: Ein Bündel Strahlen fällt hier parallel zur Achse auf den *weit* geöffneten Spiegel. Zeichnet man zu den ein-fallenden Strahlen die reflektierten und sucht die Punkte auf, in denen je zwei unmittelbar benachbarte einander schneiden, so findet man die Kurve BB. Was für den Kreisbogen in der Ebene der Zeichnung gilt, muß man sich für den ganzen Spiegelraum ausgeführt denken. Man muß sich dazu die Abbildung um die Spiegelachse ein ganzes Mal herumgedreht denken. Die entstehende Fläche ist die Brennfläche für den hier besprochenen Fall.

Abb. 619. Entstehung eines vir-tuellen Bildes (R) im Hohlspiegel.

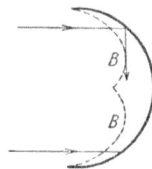

Abb. 620. Entstehung einer Brenn*fläche* vor dem Hohlspiegel.

Nicht einmal die *dicht* um die Achse, d. h. nahezu senkrecht auffallenden Strahlen schneiden einander genau im Brennpunkt — sie schneiden einander vielmehr *auch* in einer Brennfläche, nur ist sie sehr klein: es ist die *Spitze* der Brennfläche BB in Abb. 620. Um einigermaßen scharfe Bilder zu bekommen, d. h. Bilder, in denen jeder *Punkt* dem zugehörigen Objektpunkt entspricht, müssen wir an jenen einschränkenden Voraus-setzungen festhalten.

Die Abbildung ausgedehnter, aus einer Vielheit von Punkten bestehender Objekte durch Hohlspiegel unterscheidet sich nicht von der Abbildung durch Linsen (S. 526). Wir erwähnen nur folgende Ergebnisse: Zu einer auf der Achse senkrechten, *unendlich kleinen* Ebene als Objekt gehört als Bild ebenfalls eine auf der Achse senkrechte Ebene; die Verkleinerung resp. Vergrößerung (Objekt und Bild können ihre Plätze miteinander vertauschen, S. 500 m.) ist für jede gerade Linie des Gegenstandes dieselbe: Objekt und Bild verhalten sich zuein-ander der Größe nach wie die Abstände ihrer Ebenen vom Scheitel des Spiegels. Liegt das Objekt dem Spiegel ferner als der *Brennpunkt* ($p > r/2$), so schneiden die reflektierten Strahlen einander *vor* dem Spiegel. Dadurch entsteht ein Bild, das man auffangen kann (Mattscheibe). Man kann es auch mit dem Auge auf-fangen, wenn man das Auge in den Strahlenweg bringt; man sieht es dann in der Luft schweben. Liegt das Objekt dem Spiegel aber *näher* als der Brennpunkt ($p < r/2$), so schneiden (Abb. 619) nur die rückwärtigen Verlängerungen der Strahlen einander, *hinter* dem Spiegel: er entwirft dann von dem Objekt ein Bild wie der ebene Spiegel, ein *virtuelles* Bild (S. 495).

Die *virtuellen* Bilder des Konkavspiegels sind für greifbare Gegenstände aufrecht und stets größer als das Objekt, darum heißt der Konkavspiegel auch *Vergrößerungsspiegel*. Die Bilder sind desto stärker vergrößert, je näher das Objekt dem Brennpunkt liegt; geht es dem Spiegel entgegen, so kommt auch sein Bild dem Spiegel immer näher und wird dabei immer kleiner, bis es, am Spiegel angekommen, dem Objekt an Größe *gleich* wird. (Geometrisch und aus der Formel beweisbar.) Die *reellen* Bilder greifbarer Gegenstände dagegen sind umgekehrt, und kleiner *oder* größer als das Objekt, je nachdem das Objekt (von der Spiegelfläche aus gesehen) jenseits oder diesseits des Mittelpunktes *C* liegt.

Anwendungen der Hohlspiegel. Gekrümmte spiegelnde Flächen, und zwar konkave, benützt man viel seltener, um *Bilder* zu erzeugen (bisweilen als vergrößernde Toilettenspiegel, konvexe als verkleinernde), als um von einer Lichtquelle aus nach einer vorgeschriebenen Richtung hin *mehr Licht* zu werfen, als es sonst möglich wäre. Hier kommt es nicht auf sehr große Genauigkeit der spiegelnden Flächen an. Sie reflektieren die Strahlen so, daß sie als *Sammelspiegel* wirken, indem sie die Strahlen zur Achse hinlenken, also *zusammenhalten*, so bei den *Reflektoren* in den Lokomotivlampen, Wagenlaternen, Blendlaternen, Lampenschirmen, die das Licht einer (vor) unter ihnen angebrachten Lampe soviel wie möglich nach (vorn) unten werfen. Bisweilen sollen die Spiegel zwar auch als Strahlrichter (nicht als Bildentwerfer) wirken, aber trotzdem großen Anforderungen an Genauigkeit entsprechen. Das gilt von den *Scheinwerfern* für Leuchttürme, für militärische Zwecke usw.

Abb. 621. Der Hohlspiegel als Augenspiegel (*B* das untersuchte Auge, *L* Lichtquelle, *A* Beobachter).

Die wertvollste Anwendung erfährt der sphärische Konkavspiegel als *Augenspiegel* (HELMHOLTZ, 1851). Man muß, um das Innere des Auges untersuchen zu können, das Innere *sehen*. Durch die Pupille kann man zwar in das Auge hineinsehen, wie man von draußen durch ein Fenster in ein Zimmer sehen kann; man sieht aber nur das schwarze Fenster des Auges, jedoch nichts *dahinter*. Warum? Sehen können wir das Innere des Auges nur dann, wenn Licht von ihm *ausgeht und in unser Auge gelangt*. Licht fällt zwar immer in das beobachtete Auge und wird auch von den Wänden, auf die es fällt, zurückgeworfen und gelangt auch wieder durch die Pupille nach außen. Aber dieses Licht gelangt *ohne besondere Hilfsmittel* nicht in das Auge des Beobachters. Wir gehen hier nicht näher auf die Ursache ein; es genügt folgendes zu wissen: Um das Innere des zu beobachtenden Auges *B* erleuchtet zu sehen, muß man zunächst Licht *hineinwerfen* und dann sein eigenes Auge, *A*, in den Weg der aus dem Auge *B* *zurückkehrenden* Strahlen bringen. (Um das Innere in einem scharfen Bilde zu sehen, benutzt man eine Linse.) Um das Licht ins Auge *B* hineinzuwerfen, benutzt man einen Spiegel (HELMHOLTZ),· und zwar, um möglichst große Helligkeit zu erzielen, einen Konkavspiegel (RUETE), auf den man das Licht einer Lampe *L* fallen läßt (Abb. 621). Um das aus dem Auge *B* zurückkommende Licht in das Auge *A* des Beobachters zu führen, durchbohrt man den Spiegel an einer Stelle *o*. Die auf die Öffnung treffenden Strahlen gehen durch den Spiegel hindurch und in das Auge des Beobachters, der nun das Innere des Auges *B* hellerleuchtet sieht.

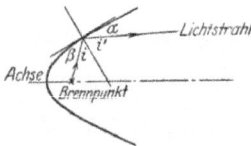

Abb. 622. Paraboloidspiegel mit Lichtquelle im Brennpunkt (Scheinwerfer).

Paraboloidspiegel. Von besonderem Interesse ist die konkave Fläche des Rotationsparaboloids, die aus der Rotation eines Parabelbogens (Abb. 622) um die Parabelachse hervorgeht. Für die Parabel gilt der Satz: „Die Tangente an einem ihrer Punkte bildet gleiche Winkel mit der zur Achse parallelen Geraden durch jenen Punkt, und mit der Geraden, die ihn mit dem Brennpunkt der Parabel verbindet", d. h. es ist $\alpha = \beta$. Daraus folgt: auch die *Normale* in jedem Punkte (die auf der Tangente im Berührungspunkte Senkrechte) bildet mit jenen beiden Geraden gleiche Winkel, *i* und *i'*. Fallen Lichtstrahlen zur Achse parallel auf die Fläche, so gehen sie reflektiert daher *alle* durch den Brennpunkt. *Dieser Hohlspiegel gibt daher von sehr fernen Objekten schärfere Bilder als der sphärische*. Er hält das Licht einer im Brennpunkt angebrachten Lichtquelle zusammen und wirkt daher als *Scheinwerfer*

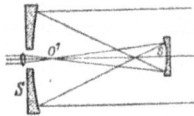

Abb. 623. Spiegelfernrohr (GREGORY).

in weite Ferne. — Spiegel in der Form von *Zylinder*- und *Kegel*mänteln geben verzerrte Bilder, *Anamorphosen*.

Als Bilderzeuger benützt man die Hohlspiegel, da sie von „unendlich" fernen Objekten scharfe Bilder entwerfen, die nur um den halben Radius vom Spiegel abstehn (Abb. 623), in den *Spiegelteleskopen* (auf der Vorderfläche versilberte Glasspiegel). Wir geben nur das Prinzip des ersten derartigen Fernrohres an (GREGORY, 1663). *S* ist der das Bild erzeugende paraboloidische Hauptspiegel. Die parallel zur Rohrachse einfallenden Strahlen erzeugen das Bild im Brennpunkt. Es entsteht vor dem paraboloidischen Nebenspiegel *s*, und zwar *innerhalb* seiner Brennweite so, daß ein durch die Öffnung im Spiegel *S* sehendes Auge im Spiegel *s* bei *o¹* ein virtuelles, aufrechtes, vergrößertes Bild des an *S* erzeugten *reellen* Bildes sieht. — Die Spiegelteleskope wurden vielfach (NEWTON, CASSEGRAIN) verbessert. Sie stehen zwar den Linsenfernrohren an Ausdehnung der scharfen Bilder nach, sind ihnen aber für gewisse astrophysikalische Untersuchungen überlegen. Der größte Reflektor ist der des Mount Wilson-Observatoriums (Kalifornien) mit 250 cm Durchmesser.

Konvexspiegel. Die Zurückwerfung des Lichtes an *konvexen*, spiegelnden Flächen — wir denken nur an kugelige — wird ebenso behandelt wie die an konkaven. Man muß dabei die S. 501 o. gemachte Bemerkung über das negative Vorzeichen beachten, weil Krümmungsmittelpunkt, Objekt und Bild *nicht* auf derselben Seite des Spiegels liegen. Man findet dieselbe Gleichung wie für den Konkavspiegel, nur steht rechts — $2/r$. Die Untersuchung, experimentelle wie mathematische, lehrt: der sphärische Konvexspiegel gibt virtuelle, aufrechtstehende, verkleinerte Bilder, wenn die Strahlen parallel oder wenn sie divergierend auf ihn auffallen, reelle Bilder nur dann, wenn die Strahlen, ehe sie auf den Spiegel treffen genügend stark konvergent gemacht worden sind.

4. Brechung und Farbenzerstreuung des Lichtes.

Brechung. Das Licht sollte auf eine Wand treffen (S. 488 m.) und diese sollte seine Ausbreitung hindern. Sie sollte aber dabei das Licht nicht verschlucken, sondern zurückwerfen. Wir setzen jetzt eine Wand voraus, die das Licht vollkommen hindurchläßt, d. h. die vollkommen durchsichtig ist. (In Wirklichkeit ist Vollkommenheit hierin nicht erreichbar, das ist hier nebensächlich.) Ferner soll die Wand isotrop (S. 54 o.) sein — warum, wird die Besprechung der *Doppelbrechung* zeigen.

Was tritt ein, wenn das Licht an diese Wand gelangt? Die Wand sei eine sehr dicke planparallele vertikal aufgestellte Glasplatte. Auf der einen Seite sei die punktartige Lichtquelle L, auf der anderen ein Beobachter B. Angenommen, der Beobachter solle L durch einen Schuß treffen. Zielt er dorthin, wo er die Lichtquelle *sieht*, so schießt er darüber hinweg (Abb. 624) — das ist eine Tatsache. Ihre Begründung: der Zielende bringt die Waffe in die Richtung des Pfeiles B, weil er den Punkt, von dem das Licht *herkommt*, auf der rückwärtigen Verlängerung (vgl. S. 496 o.) der Strahlen sucht, *die in sein Auge* treten. Diese Blicklinie geht aber an L vorbei. Die Abbildung zeigt warum: trifft der von L kommende Strahl auf das Glas, d. h. tritt er aus der *Luft* in *Glas* ein, so ändert er seine *Richtung*. Er behält die neue Richtung, solange er das Glas durchläuft, ändert sie aber wieder, wenn er es wieder verläßt, d. h. aus *Glas* in *Luft* eintritt. Der Strahl geht *in dem hier angenommenen Falle* schließlich zwar parallel zur ursprünglichen Richtung weiter, aber der neue Weg ist nicht die *Verlängerung* des ursprünglichen und *dadurch*

Abb. 624.
Zur Brechung des Lichtes.

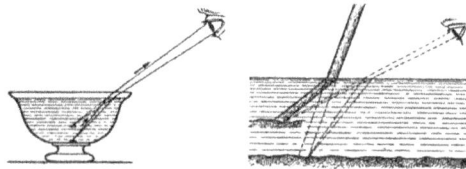

täuscht er über den Ort der Lichtquelle. Man beschreibt den Vorgang so: Der Lichtstrahl wird *gebrochen*, wenn er aus Luft in Glas tritt, und dann wieder, wenn er aus Glas in Luft tritt. Die von L ausgehende geknickte Gerade veranschaulicht seine Brechung. (Vorausgesetzt ist hier aber, daß die Blicklinie, wie in Abb. 624, *schräg* durch die Glasscheibe geht. Steht sie senkrecht darauf, so wird der Strahl *nicht* versetzt.)

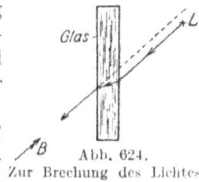

Abb. 625. Optische Täuschungen als Wirkungen der Lichtbrechung.

Aus demselben durch Abb. 624 erläuterten Grunde scheint uns ein Körper, den wir auf dem Boden eines mit Wasser gefüllten Gefäßes sehen (Abb. 625), *höher* zu liegen, als er wirklich liegt; scheint uns der Boden des Gefäßes selber höher zu liegen, das Wasser also weniger tief zu sein, als es wirklich ist; scheinen die unter dem Wasser liegenden Punkte eines senkrecht im Wasser stehenden Stabes höher zu liegen, scheint der Stab also verkürzt zu sein; scheinen die unter dem Wasser liegenden Punkte eines schief gestellten Stabes

(Abb. 625) *gehoben*, scheint der Stab also geknickt zu sein usw. — Eine ähnliche Täuschung ruft die *atmosphärische Strahlenbrechung* hervor. Um von einem Gestirn zur Erde zu gelangen, muß das Licht aus dem luftleeren Raum in die Atmosphäre der Erde eintreten und die von oben nach unten an Dichte zunehmende Luftschicht durchlaufen. Beim Übergang aus einer Schicht in eine dichtere wird das Licht zu dem Einfallslot (S. 508 u.) hingebrochen (Abb. 626). Deswegen *erscheint* das Gestirn höher über dem Horizont, als es tatsächlich steht. — Daß die atmosphärische Luft infolge der Verschiedenheit ihrer Dichte den Beobachter über den Ort eines Gegenstandes täuscht, davon überzeugt man sich, wenn man über eine Flamme hin-

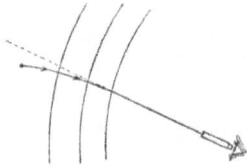

Abb. 626. Optische Täuschung als Wirkung der Lichtbrechung durch die Atmosphäre.

wegsieht (einen Bunsenbrenner, eine gewöhnliche Lampe). Man sieht dann die Gegenstände flimmern: die von der Flamme erhitzte und dadurch leichter gemachte Luft steigt auf und vermischt dadurch verschieden dichte Luftschichten. Die Lichtstrahlen, die von den Gegenständen her durch diese Luftschicht hindurch müssen, um in unser Auge zu kommen, ändern — infolge des fortwährenden Wechsels der Dichte in dem Luftgemisch — fortwährend ihre Richtung. Infolgedessen glaubt man die Gegenstände sich rasch hin und her schieben, also zittern zu sehen. Aus der Übereinanderlagerung verschieden brechender Luftschichten erklärt sich die Fata Morgana, die dem Wüstenwanderer Dinge, die in Wirklichkeit sehr weit wegliegen, in viel größerer Nähe zeigt.)

Farbenzerstreuung (Dispersion). Mit der *Brechung des Lichtes* ist ein anderer Vorgang eng verbunden. Sind die Grenzebenen des durchsichtigen Körpers zwischen Beobachter und Lichtquelle nicht parallel, sondern gegeneinander geneigt (Abb. 667), so sieht der Beobachter die Lichtquelle auseinandergezogen und *farbig* umsäumt: *es entsteht Farbe, ohne daß ein färbender Stoff vorhanden ist.*

Abb. 627.

Den Hergang veranschaulicht die folgende Versuchsanordnung: in den Raum (Abb. 628) tritt horizontal gerichtetes Licht durch eine kleine kreisrunde Öffnung. Um die gegenüberliegende Wand zu erreichen, muß es durch ein Glasprisma *P* hindurch. Die „brechende" Kante des Prismas liege horizontal und senkrecht zu dem einfallenden *Lichtbündel.* Daß das Prisma das Licht *ablenkt* (bricht), wissen wir schon, wir erwarten den kreisförmigen Fleck, den wir, wenn das Prisma nicht da wäre, bei *a* finden würden.

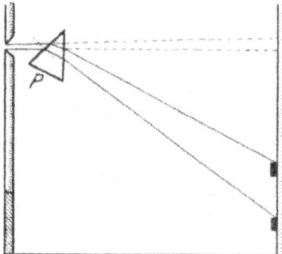

Abb. 628.
Zerlegung des weißen Sonnenlichtes in seine farbigen Bestandteile.

anderswo zu finden. Wir finden aber tatsächlich einen vertikalen *länglichen Streifen r v*, bei *r* und bei *v* halbkreisförmig begrenzt und — die Hauptsache — bei *r* rot, bei *v* violett. Die Mitte ist nahezu weiß, geht aber durch allmähliche Farbenabstufungen einerseits in das Rot, andererseits in das Violett über (Newton, 1666).

Gedeutet wird die Erscheinung so: Das *weiße* Licht der Sonne besteht aus einer großen Zahl von *farbigen* Lichtarten. Die Hauptfarben sind nach der alten etwas willkürlichen Zerlegung: rot, orange, gelb, grün, blau, indigo, violett. Diese Lichtarten werden *verschieden stark* gebrochen. Das Rot allein würde einen roten Lichtkreis bei *r* erzeugen, das Violett einen violetten bei *v*, Orange, Gelb usw. einen orangefarbenen, einen gelben usw. *zwischen* den beiden. In der Mitte zwischen *r* und *v* fallen die Flecken, falls die Öffnung groß genug ist, übereinander, dort summieren sich die Farben und erzeugen durch ihr „Zusammen" den Eindruck des „Weiß", den die Lichtquelle selber infolge des „Zusammen" der in ihr enthaltenen farbigen Lichtarten erzeugt. Am Rande aber, wo sie nur zum Teil, oder auch *gar* nicht ineinandergreifen wie am Ende bei *r* und bei *v*, kommt der *farbige* Lichtfleck zum Vorschein. — Der rote (violette) Fleck liegt dem Punkt *a* am nächsten (fernsten), ist also am wenigsten (weitesten) von ihm abgelenkt worden, man nennt daher die roten (violetten) Strahlen am schwächsten (stärksten) brechbar.

Spektrum. Man nennt das: die *Farbenzerstreuung (Dispersion)* des Lichtes. Das Farbenband nennt man das *Spektrum*[1] der Lichtquelle. So, wie es Abb. 628 links zeigt, ist es „unrein", weil die einzelnen Farbenflecke zum Teil aufeinanderfallen. Sorgt man dafür, daß sie nur *dicht neben*einanderfallen, z. B. indem man sie so schmal macht, daß höchstens zwei unmittelbar benachbarte mit den äußersten Rändern ineinandergreifen, so wird das Spektrum *rein* und bildet ein von Rot bis Violett sanft abgestuftes Farbenband (Abb. 629). Dabei ändert sich die Wellenlänge, durch die sich die verschiedenen Farben physikalisch scharf unterscheiden, ganz allmählich. Für das äußerste Violett, das wir noch eben empfinden (HELMHOLTZ), ist die Wellenlänge $\lambda = 0{,}000396$ mm, für das äußerste Rot ist $\lambda = 0{,}000760$ mm. Um eine Farbe schärfer zu definieren als durch die Eigen-

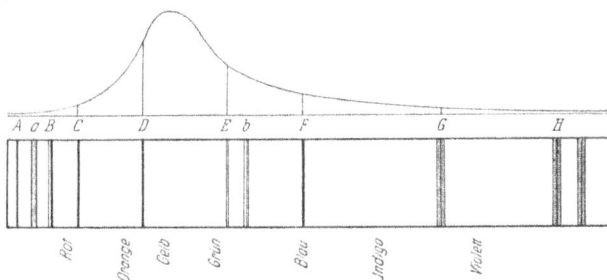

Abb. 629. Spektrum der Sonne (FRAUNHOFERsche Linien). Darüber: FRAUNHOFERsche Kurve der Helligkeit der Spektralfarben. Als Repräsentanten unter den Farbstoffen nennt HELMHOLTZ bis etwa C den Zinnober; von C bis D erst die Mennige, dann die Bleiglätte; von D bis b Chromgelb, dann SCHEELsches Grün; E bis F Berlinerblau; F bis G Ultramarin.

schaftsworte: blau, gelbgrün usw., muß man ihre Wellenlänge angeben. — Eine Spektralfarbe bestimmter Wellenlänge kann man z. B. dadurch herstellen, daß man aus dem Spektrum des weißen Lichtes (das alle Farben enthält) alle Teile bis auf den gerade gewünschten Wellenlängenbereich abblendet. Auch durch Entladungsröhren (S. 410) oder durch Glühen gewisser Stoffe kann man Farben genau definierter Wellenlänge erzeugen. Bringt man z. B. etwas Kochsalz in die nicht leuchtende Flamme eines Bunsenbrenners, so erhält man gelbes Licht, das die für Natrium charakteristische Wellenlänge 0,000589 mm hat. (Messung von Wellenlängen s. S. 575).

Ein sehr viel reineres Spektrum erhält man, wenn man (Abb. 628, rechts) das Licht in das Prisma durch einen sehr engen *Spalt* (WOLLASTON) eintreten läßt, der der brechenden Prismakante parallel ist, und dafür sorgt, daß die Strahlen des eintretenden Lichtbündels einander parallel sind, und der Abstand zwischen dem Prisma und der auffangenden Wand sehr groß ist. Treten nämlich die Strahlen parallel in das Prisma ein, dann treten die gleichfarbigen Strahlen auch einander parallel aus: die roten einander parallel, die grünen einander parallel usw. Die Strahlen verschiedener Farben mischen sich infolgedessen bei ihrem Austritt aus dem Prisma weniger leicht, als wenn sie divergent austreten. — Man erzielt ein ganz reines Spektrum, wenn man die aus dem Prisma kommenden Strahlen durch eine achromatische (S. 524) Sammellinse gehen läßt. Die getrennt austretenden parallelstrahligen

---

[1] Das Wort Spektrum, das NEWTON im englischen Text braucht, und das zur Sonderbezeichnung des Farbenbandes geworden ist, bedeutet eine (unkörperliche) Erscheinung, es kommt schon im klassischen Latein vor, wurde im 17. Jahrhundert für Nebensonnen, aber auch für Gespenstererscheinungen gebraucht.

Bündel *bleiben* dann auch getrennt, aber jedes Bündel für sich entwirft wie durch eine Photographenlinse ein seiner Farbe entsprechendes scharfes Spaltbild auf der Wand. Die einzelnen Spaltbilder fallen dicht nebeneinander.

FRAUNHOFERsche Linien. Das Sonnenspektrum enthält Tausende *überaus feine* Lücken, die es als schwarze, gerade Linien (FRAUNHOFER) der Quere nach durchziehen. (Über ihren Ursprung s. Spektralanalyse.)   Jede einzelne entspricht einer bestimmten, im Spektrum des Sonnenlichtes (anscheinend) *fehlenden*, einfachen Farbe. Man bezeichnet deswegen den Ort jeder FRAUNHOFERschen Linie durch die Wellenlänge derjenigen *Farbe*, die an jener Stelle zu sehen sein sollte. Die Wellenlängen, die z. B. den markantesten Linien A, B, C, D, E, F, G, H (in Abb. 629) entsprechen, sind nach HELMHOLTZ:

A . . im äußersten Rot: 0.000760 mm E . . im Grün: 0,000527 mm
B . . ,, Rot: 687 .. F . . .. Cyanblau: 486 ..
C . . ,, Rot-Orange (Grenze) 656 .. G . . .. Indigo-Violett (Grenze) 431 ..
D . . ,, Goldgelb: 589 .. H . . .. Violett: 397 ..

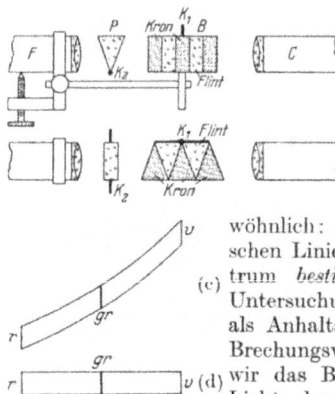

Um die vielen Nullen in den Zahlen für die Wellenlänge zu vermeiden, setzt man (LISTING, 1869) 0,001 mm $= \mu$ und 0,000001 mm $= m\mu$. Man nennt auch 0,0000001 mm, also $m\mu/10$ oder mm⁻⁷, eine ÅNGSTRÖM - Einheit (1 Å. - E.).   Der D-Linie entspricht danach eine Wellenlänge von: $\lambda = 0.000589$ mm $= 0,589\,\mu = 589\,m\mu = 5890$ Å.-E. Man schreibt gewöhnlich: λ 5890. Der große Wert der FRAUNHOFERschen Linien besteht *darin*: sie markieren in dem Spektrum *bestimmte Stellen* und dienen deswegen bei der Untersuchung der Brechungsverhältnisse eines Stoffes als Anhaltspunkte.   Um eindeutige Angaben über die Brechungsverhältnisse eines Stoffes zu erhalten, suchen wir das Brechungsverhältnis des Stoffes für dasjenige Licht, das den Linien A, B . . . entsprechen würde. Die Bezeichnung ,,grünes" oder ,,gelbes" Licht ist nicht eindeutig, da es ,,grünes" und ,,gelbes" Licht von verschiedener Brechbarkeit gibt.

Abb. 630. Gekreuzte Prismen (NEWTON) zur Untersuchung der Spektralfarben; (a) die Beobachtungsvorrichtung von der Seite gesehen, (b) von oben gesehen.

Methode der gekreuzten Prismen. Die einzelnen Farben eines *ganz reinen* Spektrums sind nicht noch *weiter* zerlegbar: Läßt man die Strahlen, die eine bestimmte Farbe des Spektrums, z. B. das oberste Rot der Abb. 628 erzeugen, durch eine Öffnung in der Wand auf ein zweites Prisma hinter der Wand fallen, so wird die Farbe, hier das Rot, durch das Prisma zwar aufs neue abgelenkt, aber nicht noch weiter zerlegt — sie ist *einfarbig*, man sagt auch: einfach oder *homogen*. Legt man das zweite Prisma mit der brechenden Kante parallel zu der des ersten, so lenkt es die Farbe in vertikaler Richtung ab, also *parallel* zu der Längsrichtung des Spektrums (nach unten oder nach oben, je nachdem die Kante, wie in Abb. 628, oben oder unten liegt). Stellt man aber das zweite Prisma *aufrecht*, seine brechende Kante vertikal, so daß sie die des ersten *kreuzt*, so lenkt es die Farbe zur Seite ab und das gilt für *jede* Farbe des Spektrums. So entsteht ein neues Spektrum, *genau so breit* wie das erste — ein Beweis, daß das zweite Prisma die Farben des ersten Spektrums nicht weiter zerlegt hat. — Die Methode der gekreuzten Prismen (NEWTON) spielt eine Hauptrolle beim Studium der anomalen Dispersion (S. 593, 608). Abb. 630 zeigt: ein Kron-Flint-Prisma B (mit gerader Durchsicht, s. d., um die Figur in eine Ebene zu bringen), die brechende Kante K_1 vertikal gestellt; das zweite Prisma (P), die brechende Kante K_2 horizontal gestellt. Das Licht kommt durch einen Spalt (im Kollimatorrohr C) von rechts, links ist das beobachtende Auge (am Fernrohr F) zu denken. *Ohne* das Prisma K_2 würde der Beobachter das Spektrum in der gewöhnlichen Form (d) sehen. Durch das zweite Prisma hindurchblickend sieht er die farbigen Spaltbilder je nach ihrer Brechbarkeit mehr oder weniger nach oben (durch das Fernrohr nach unten!) abgelenkt, so daß das Spektrum (c) sich schräg über das Gesichtsfeld hinzieht.

Komplementärfarben. Die einfachen Farben sind *sämtlich* (s. aber S. 506 o.) im Spektrum des Sonnenlichtes enthalten (Spektralfarben). Mischt man sie wieder *zusammen*, und zwar in dem Verhältnis, in dem sie im Sonnenlicht enthalten sind, so machen sie wieder den Eindruck des *Weiß*. Lassen wir aber auch nur eine einzige Farbe A an dem Gemisch fehlen, so gibt das Gemisch wieder eine *Farbe B*, und erst wenn wir die eine fehlende zu B hinzutun, bekommen wir Weiß, d. h. *A ergänzt B* zu Weiß. Man nennt zwei Farben, die in einem bestimmten Verhältnis gemischt einander zu Weiß ergänzen, *Komplementärfarben.* — Jede einzelne Spektralfarbe ist also Komplementärfarbe zu derjenigen Farbe, die die anderen Spektralfarben zusammen geben. Aber es gibt auch *gewisse* einzelne Spektralfarben, die schon durch *eine* einzelne andere zu Weiß ergänzt werden. Komplementär sind nach HELMHOLTZ:

Rot . . . . 656,2 $m\,\mu$ und Grünblau . . . . 492,1 $m\,\mu$
Orange . . . . 607,7 ,, ,, Zyanblau . . . . 489,7 ,,
Gelb . . . . 567,1 ,, ,, Indigoblau . . . . 464,5 ,,
Grüngelb . . . . . . 563,6 ,, ,, Violett . . . . 433,0 ,,

Das Grün des Spektrums hat nur eine zusammengesetzte Komplementärfarbe: Purpur.

Wohlgemerkt, es handelt sich hier um *Licht*arten, nicht um farbige *Stoffe.* Die Mischung einer indigoblauen und einer gelben *Malerfarbe* gibt nicht Weiß, sondern Grün. Die Farben der Farb*stoffe* kommen von der Absorption des Lichtes her (S. 592 m.) in Verbindung mit Reflexion. — Auf die Lehre von den Farbenempfindungen und die Farbentheorien gehen wir nicht ein, eine oberflächliche Behandlung ist zwecklos, eine eingehende ist Aufgabe der Physiologie, nicht der Physik.

Regenbogen. Ein Sonnenspektrum im größten Maßstabe ist der *Regenbogen.* Er bildet einen Kreisbogen aus einem spektralen Farbenbande — innen blau und außen rot — entsteht durch zweimalige Brechung und zwischen beiden liegende einmalige Spiegelung der Sonnenstrahlen in den Regentropfen (und Beugungsinterferenzen [S. 565ff.], die es z. B.

erklären, daß die Farbenfolge im einzelnen fast in jedem Regenbogen anders ist) und ist daran gebunden, daß der Beobachter die Sonne *hinter* sich und die regnende Wolke *vor* sich hat (Abb. 631). Soweit man nur Brechung und Spiegelung heranzieht (ANTONIUS DE DOMINIS, Erzbischof von Spalato, 1611; DESCARTES, NEWTON), was aber *nicht* zur Erklärung des Ganzen ausreicht (AIRY), erklärt sich das Geometrische daran so: Man sieht bei s

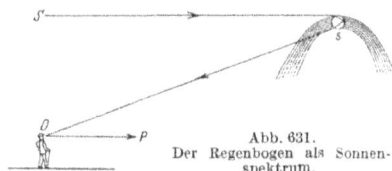

Abb. 631.
Der Regenbogen als Sonnen-spektrum.

Sonnenstrahlen, die beim Eintritt in den Tropfen gebrochen, im Tropfen gespiegelt und beim Austritt aus dem Tropfen wieder gebrochen werden. Nur solche Strahlen tragen zur Bildung des Bogens bei, aber auch von ihnen nur ein Bruchteil. Denn die auf die verschiedenen Punkte der Tropfenoberfläche parallel auffallenden Strahlen sind beim Austreten im allgemeinen *nicht* parallel; und die nichtparallelen oder nicht wenigstens *nahezu* parallelen sind für das Auge unwirksam. Nur eine bestimmte Gruppe von Strahlen fällt so ein, daß sie nahezu parallel wieder austritt. Ein Sonnenstrahl, der in den Tropfen eintritt, wird durch die Brechung beim Eintritt, die Spiegelung in dem Tropfen und die Brechung beim Austritt von seiner ursprünglichen Bahn abgelenkt. Die endgültige Ablenkung mißt der Winkel zwischen der Eintritts- und der Austrittsrichtung (Abb. 632). In der Richtung desjenigen austretenden Strahles, der *am wenigsten* abgelenkt worden ist (Minimumstrahl), ist die Helligkeit des austretenden Lichtes am größten, weil auch die in der Nachbarschaft dieses Minimumstrahles austretenden Strahlen ihm nahezu parallel sind und daher für das Auge wirksam sind (*unter* dem Minimumstrahl treten aus dem Tropfen überhaupt keine Strahlen aus, die *darüber* austretenden bilden Winkel von beträchtlicher Größe und sind für das Auge belanglos). Das Minimum der Rotablenkung beträgt etwa 137⁰58′. Machen wir daher den Winkel bei

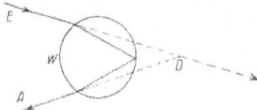

Abb. 632. Zur Entstehung des Regenbogens. Der in den Wassertropfen *W* in der Richtung *E* eintretende Lichtstrahl bekommt durch die Brechung bei seinem Eintritt, die Spiegelung an der Tropfenwand und die Brechung bei seinem Austritt die Richtung *A*. Seine Ablenkung von der Eintrittsrichtung *E* mißt der Ablenkungswinkel *D*. Es ist

$$D_{rot} = 137^0\ 58'$$
$$D_{violett} = 139^0\ 43'.$$

O in Abb. 631 42⁰ 2′, so erhalten wir die Richtung, in der das hellste Rot strahlt. Für die Violett-Ablenkung ist das Minimum der Ablenkung etwa 139⁰ 43′, der entsprechende Winkel bei *O* für die wirksamsten Strahlen des Violett ist daher etwa 40⁰17′. Für die übrigen Farben liegen die günstigsten Werte des Eintrittes und der Ablenkung zwischen denen für Rot und für Violett. — Wegen des großen Abstandes der Sonne dürfen alle einfallenden Strahlen als parallel gelten. Ziehen wir parallel zu ihnen durch das Auge die Gerade *O P*, dann muß längs *jeder* Geraden, die mit *O P* einen Winkel von 42⁰ 2′ bildet (40⁰ 17′), rotes Licht (violettes) ins Auge fallen; diese Geraden bilden zusammen einen Kegelmantel, dessen Spitze im Auge liegt und der den Himmel in dem roten (violetten) Kreise des Regenbogens schneidet. So erklärt sich die Kreisform des Bogens und die Aufeinanderfolge der Spektralfarben vom Rot zum Violett von oben nach unten. (Die Farben sind nicht scharf getrennt, sie greifen ineinander ein, manche sind kaum erkennbar. Die Ursache: die Sonne hat einen Durchmesser von 33′ und sendet von *jedem* Punkt Strahlen aus, daher entstehen eine Reihe von Regenbogen, die einander überlagern und unscharf machen.) Außerhalb dieses Regenbogens sieht man bisweilen einen zweiten, der durch zweimalige Brechung und *zweimalige* Spiegelung in höher erscheinenden Tropfen entstanden ist, und der viel lichtschwächer ist. Die Reihenfolge seiner Farben ist umgekehrt wie im ersten.

a) Brechung durch ebene Flächen.

α) *Einfache Brechung.*

Brechungsgesetz. Wir wenden uns zu den Gesetzen der Brechung des Lichtes. Die Brechung (Abb. 624) ist je nach der *Farbe* verschieden stark. Um die folgenden Betrachtungen zu vereinfachen, benutzen wir deshalb zunächst nur Licht *einer* Farbe, z. B. gelbes, wie es Kochsalz in der farblosen Flamme eines Bunsenbrenners erzeugt (FRAUNHOFERsche Linie *D*). Wir erklären zunächst die für die Brechung charakteristischen Begriffe und Benennungen.

Bringt man in den Weg des Lichtbündels *A B* (Abb. 633) Wasser, das durch Milch getrübt ist — die Milchtröpfchen zeigen den Lichtweg im Wasser an wie Stäubchen in der Luft —, so zeigt sich der Weg des Bündels *BC* im Wasser nicht als Verlängerung des Bündels *A B* in der Luft, sondern er bildet einen Winkel mit ihm. (Ein Teil des Lichtes, *B R*, wird

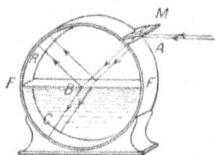

Abb. 633. Brechung des Lichtes.

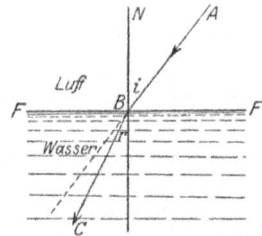

Abb. 634. Zum Brechungsgesetz (*A B* einfallender Strahl, *B C* gebrochener Strahl, *N B* Einfallslot, *i* Einfallswinkel, *r* Brechungswinkel).

reflektiert; wir lassen ihn unberücksichtigt.) Den Vorgang nennt man *Brechung*, Refraktion; die Trennungsfläche *FF* (Abb. 634) zwischen den „Medien" Wasser und Luft die *brechende Fläche*, den Strahl *A B* den *einfallenden Strahl*, *B C* den *gebrochenen*, die Senkrechte *BN* das *Einfallslot*, den Winkel *i* den *Einfallswinkel*, *r* den *Brechungswinkel*, die Ebene, in der das Einfallslot und der einfallende Strahl liegen (hier die Ebene der Zeichnung), die *Einfallsebene*.

Die Richtung der Strahlen bezieht man (wie bei der Spiegelung) auf das Einfallslot. Die Beziehungen zwischen dem einfallenden und dem gebrochenen

Strahl formuliert der Satz (SNELLIUS, ca. 1630): Auch der *gebrochene* Strahl liegt in der Einfallsebene, und zwar auf der entgegengesetzten Seite des Einfallslotes wie der einfallende; der Sinus des Einfallswinkels dividiert durch den Sinus des zugehörigen Brechungswinkels, ist eine Konstante, deren Größe von der Natur der aneinandergrenzenden Stoffe (hier Luft und Wasser) und von der Farbe des Lichtes abhängt.

In eine Formel gebracht heißt dieses: Brechungsgesetz:
$\frac{\sin i}{\sin r} = n_{a,b}$, wo n eine Konstante ist, *gleichviel wie groß die beiden zusammengehörigen Winkel* sind, und wo a und b die beiden Stoffe bedeuten, die das Licht durchläuft. Beim Übergang des gelben Lichtes (FRAUNHOFERsche Linie D) aus Luft (a) in Wasser (b) ist $n_{a,b} = \frac{4}{3}$, d. h. $\frac{\sin \text{Einfallswinkel in Luft}}{\sin \text{Brechungswinkel in Wasser}} = 1{,}33$.

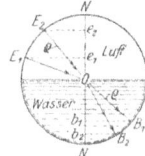
Abb. 635. Zum Brechungsgesetz.

Um sich den Sinn der Gleichung klarzumachen, denke man sich den Schnitt der Einfallsebene durch das mit Wasser gefüllte Glas kreisrund (Abb. 635), das Gefäß halb voll und den Versuch so angeordnet, daß das einfallende Licht stets den Mittelpunkt O trifft; errichtet man das Einfallslot NN, so ist, wenn ϱ der Radius des Kreises ist, z. B. $e_1 E_1/\varrho : b_1 B_1/\varrho = 4/3$ und ähnlich für $e_2 E_2$ und $b_2 B_2$ usw. Der Eintrittsstelle E_1 oder E_2 ist also von dem Lot NN stets 4/3 mal so weit entfernt wie die zugehörige Stelle B_1 oder B_2, in denen der gebrochene Strahl das Gefäß im Wasser trifft.

Brechungsverhältnis. Die Zahl 4/3 heißt *Brechungsverhältnis* (-index, -exponent, *-quotient*, -koeffizient, -vermögen, -zahl) von Luft gegen Wasser. Das Brechungsverhältnis des gelben Lichtes D ist von Luft gegen

Glas (Flint)	1,54—1,8	Schwefelkohlenstoff	1,6204
Diamant	2,4173	Sauerstoff	1,000271
Steinsalz	1,5443	Wasserstoff	1,000139
Wasser	1,3332	Stickstoff	1,000298
Alkohol	1,3617	Luft (CO_2-frei)	1,000293

Jede Farbe des Lichtes hat ein anderes n, man muß daher für jedes n angeben, welche Farbe gemeint ist (s. MAXWELLsche Beziehung). So bedeutet n_D das Brechungsverhältnis für das Gelb, das der FRAUNHOFERschen D-Linie entspricht.

Das Grundgesetz der Brechung entstammt der Erfahrung, läßt sich aber auch aus der Wellentheorie des Lichtes ableiten. Das Gesetz wird bestätigt durch Messung der Brechungsverhältnisse unter verschiedenen Einfallswinkeln und durch die Übereinstimmung der unter seiner Annahme berechneten und der danach genau ausgeführten optischen Werkzeuge.

Umkehrbarkeit der Strahlenwege. Die Erfahrung lehrt ferner: Durchläuft das Licht bei seiner Brechung die beiden Stoffe in umgekehrter Reihenfolge, geht es also (Abb. 636) *erst* durch Wasser und *dann* durch Luft, und geht der Strahl im Wasser (jetzt als einfallender) denselben Weg von B nach C, den er vorher als gebrochener von C nach B gehen mußte, so geht er in der Luft als gebrochener denselben Weg von C nach E, den er vorher als einfallender von E nach C durchlaufen hat. Fällt der *gebrochene* Strahl CB

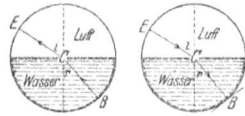
Abb. 636. Abb. 637.
Umkehrbarkeit der Strahlenwege.

in Abb. 637 *senkrecht* auf einen Spiegel bei B, so kehrt *er in sich selbst* zurück und geht den ganzen Weg, den er gekommen ist, zurück. Man nennt diese Tatsache *das Prinzip von der Umkehrbarkeit der Strahlenwege.*

Bei der Umkehr der Reihenfolge ist Winkel r Einfallswinkel und Winkel i Brechungswinkel geworden. Daher ist folgerichtig $\frac{\sin r}{\sin i} = n_{b,a}$, wobei $n_{b,a}$ das

Brechungsverhältnis beim Übergang des Lichtes von Wasser gegen Luft bedeutet.
Aus $\dfrac{\sin i}{\sin r} = n_{a,b}$ folgt aber $\dfrac{\sin r}{\sin i} = \dfrac{1}{n_{a,b}}$. Daher ist: $n_{b,a} = \dfrac{1}{n_{a,b}}$. Ist also $n_{\text{Luft, Wasser}} = 4/3$
so ist $n_{\text{Wasser, Luft}} = 3/4$.

Die Zahlen gelten für den Übergang des Lichtes aus *Luft* in Wasser, aus
Luft in Glas usw.; sie ergeben aber auch das Brechungsverhältnis zwischen Glas
und Wasser. *Die Erfahrung lehrt* nämlich: Ist $n_{a,c}$ das Brechungsverhältnis aus
dem Stoffe *a nach c* und $n_{b,c}$ das Brechungsverhältnis aus *b nach demselben c*,
so ist $\dfrac{n_{a,c}}{n_{b,c}} = n_{a,b}$, d. h. gleich dem Brechungsverhältnis aus *a nach b*. Bedeutet
a Wasser, *b* Glas, *c* Luft, so heißt das

$$\frac{n_{\text{Wasser, Luft}}}{n_{\text{Glas, Luft}}} = n_{\text{Wasser, Glas}} \quad \text{oder auch} \left(\text{da } n_{a,c} = \frac{1}{n_{c,a}}\right),$$

$$\frac{n_{\text{Luft, Glas}}}{n_{\text{Luft, Wasser}}} = n_{\text{Wasser, Glas}} \cdot$$

Für Glas von $n = 1,5$ ist $n_{\text{Luft, Glas}} = 3/2$, $n_{\text{Luft, Wasser}} = 4/3$, also muß
$n_{\text{Wasser, Glas}} = 3/2 \cdot 3/4 = 9/8$ sein; die Messung bestätigt das.

Die Beziehung $\dfrac{n_{a,c}}{n_{b,c}} = n_{a,b}$, oder was dasselbe ist, $\dfrac{n_{c,b}}{n_{c,a}} = n_{a,b}$ schränkt die
Messungen ein, die man anstellen müßte, um die Brechungsverhältnisse der
Stoffe zu je zwei *gegeneinander* zu ermitteln: man mißt die Brechung *aller* Stoffe
gegen *einen* — gegen die Luft, d. h. man mißt die Brechung *aus* der Luft in diesen
Stoff und *berechnet* daraus alle übrigen Brechungsverhältnisse (wie in dem an-
geführten Beispiel).

Die Brechungszahlen für den Übergang *aus einem Stoff* in einen anderen
nennt man *relative*; die *absoluten* gelten für den Übergang des Lichtes *aus dem
leeren Raum* in einen Stoff.   Ersetzen wir den Stoff *c* durch den leeren Raum,
und bezeichnen wir die absoluten Brechungszahlen von *a* und von *b* mit n_a
und n_b. so haben wir: $\dfrac{n_b}{n_a} = n_{a,b}$. Die Gleichung $\dfrac{\sin i}{\sin r} = n_{a,b}$ geht dann über in
$n_a \cdot \sin i = n_b \cdot \sin r$.

Totalreflexion. Die Wand (aus Glas), auf die das Licht bei seiner Ausbreitung trifft (S. 503 o), sollte *vollkommen durchsichtig* sein. Das heißt: das Licht
sollte, an der Oberfläche der Wand angekommen, durch die *Grenzfläche* zwischen
Luft und Glas, *unvermindert* hindurchgehen. Das geschieht aber niemals, ein
Teil des Lichtes wird *stets*, selbst an der Grenzfläche so durchsichtiger Stoffe
wie Wasser und Glas, zurückgeworfen, zurück in den Stoff, aus dem es herkommt. Die Oberfläche des Wassers spiegelt — daher der Ausdruck Wasser-
spiegel —, jede Fensterscheibe spiegelt, wie die *Spiegel*scheiben der Schaufenster.
Hier ist das zurückgeworfene Licht aber stets nur ein kleiner Teil des auffallenden Lichtes, wenn er auch desto größer wird, je schiefer das Licht auf die Grenzfläche tritt. Solche Spiegelbilder sind daher stets sehr lichtschwach. Bei ihrer
Entstehung ist die Spiegelung *stets* von Brechung begleitet, und zwar ist es der
*Haupt*anteil des auffallenden Lichtes, der durch die Grenzfläche hindurchgeht
(gebrochen wird).

Wohlgemerkt: hierbei kommt das Licht aus der Luft und geht *in* das Wasser
oder *in* das Glas. Ganz anders aber, wenn es *aus* dem Wasser oder *aus* dem Glase
kommt und nach der Luft hinzielt. Wenn der Lichtstrahl aus der Luft kommt
und *in* Wasser oder *in* Glas tritt, so ist der Brechungswinkel *immer* kleiner als
der Einfallswinkel; wie groß auch der Einfallswinkel ist (Abb. 638, links zwischen
0^0 und 90^0), es gibt *stets* einen Brechungswinkel dazu. Anders aber, wenn das
Licht *aus* dem *Wasser* oder *aus* dem Glase kommt, und in die Luft tritt (Abb. 638).

rechts lehrt: der Einfallswinkel r in Wasser ist dann am größten, wenn der Brechungswinkel in der Luft ein Rechter ist; denn dieser ist der größte Winkel, den der Strahl mit der Normale NN überhaupt in dem Lufthalbkreise bilden kann. Dieser Winkel r ist der *Grenzwinkel*. Die Strahlen (Abb. 639), die einen noch größeren Winkel mit der Normale bilden, z. B. g, können *überhaupt nicht in die Luft austreten*, sie werden in das Wasser zurückgeworfen, d. h. an der Grenzfläche zwischen Wasser und Luft gespiegelt. Man nennt diese Reflexion *totale* Reflexion, weil alle Strahlen gespiegelt werden, was man daraus schließt, daß das gespiegelte Licht dieselbe Stärke besitzt, wie das einfallende. Kurz: geht das Licht *aus* einem *stärker* brechenden Stoff *in* einen *schwächer* brechenden, d. h. in einen Stoff, in dem der Strahl vom Lot *weggebrochen* wird, und überschreitet der Einfallswinkel eine gewisse

Abb. 638.   Zur Totalreflexion.

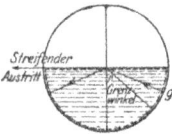

Größe, so wird das Licht total in den stärker brechenden Stoff zurückgeworfen. — Wie groß ist der Grenzwinkel? Ist der Einfallswinkel i *in der Luft* wie in Abb. 638 (links) ein Rechter, so ist

$$\frac{\sin 90^0}{\sin r} = n, \text{ und da } \sin 90^0 = 1 \text{ ist, ist } \sin r = \frac{1}{n}.$$

Winkel r ist unser Grenzwinkel; wir brauchen uns die Reihenfolge, in der der Strahl die Stoffe durchläuft, nur umgekehrt zu denken (Abb. 638, rechts), um einzusehen, daß r der Einfallswinkel ist, zu dem noch eben ein Brechungswinkel gehört. Der austretende Strahl *streift* die Oberfläche. Für Wasser ist $n = 1,33$, der Grenzwinkel also derjenige, dessen Sinus 3/4 ist, d. h. der Winkel $48^0\ 35'\ 25''$; für Glas (leichtes Kronglas), für das $n = 1,50$ ist, ist der Grenzwinkel $41^0\ 48'\ 37''$.

Abb. 639.   Zur Totalreflexion.

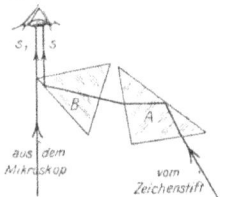

Man beobachtet die totale Reflexion leicht an einem Wasserspiegel, den man — wie in den Schaukästen der Aquarien — schräg von unten her anblickt; z. B. auch wenn man den Wasserspiegel eines in die Höhe gehaltenen mit Wasser gefüllten Wasserglases so anblickt. Man kann dann nicht durch die Wasseroberfläche hindurch sehen, und hat den Eindruck, daß sie ein vollkommener Spiegel ist.

Aus der Totalreflexion des Lichtes erklärt es sich, daß gewisse Dinge, die für *gewöhnlich* glänzend und dabei durchsichtig sind, unter gewissen Bedingungen *undurchsichtig* und *matt* sind: z. B. gepulvertes Glas, gepulvertes Eis, Schnee, Schaum (gleichviel ob auf farbigen oder auf farblosen Flüssigkeiten). Glaspulver ist, streng genommen, ein Gemisch von Glas und Luft. Daß es *matt* ist, hat dieselbe Ursache, wie daß z. B. auch poliertes Silber, wenn es gepulvert wird, matt ist: es wendet spiegelnde Flächen nach *allen möglichen Richtungen*, wirft also das Licht nach *allen* möglichen Richtungen, d. h. diffus, zurück.

Abb. 640.   Die Camera lucida als Zeichenapparat am Mikroskop.

Daß es *undurchsichtig* ist, erklärt sich aus der totalen Reflexion des Lichtes in dem Gemisch von Glas und Luft, das Licht kann durch das Gemisch nicht hindurch. Das Glaspulver wird durchsichtig, wenn man ein Öl darauf bringt, das annähernd dasselbe Brechungsverhältnis hat wie das Glas.

Total reflektierende brechende Flächen als Ersatz für Metallspiegel. Die technische Optik benützt total reflektierende Ebenen als Ersatz für Metallspiegel, weil sie viel stärker spiegeln. Wie man sie anwendet, zeigt z. B. Abb. 640 an der Hypotenuse des rechtwinkligen Prismas A oder Abb. 720 an den Katheten jedes der beiden rechtwinkligen Prismen. Man gebraucht Reflexionsprismen, um die Richtung von Lichtstrahlen plänmäßig zu ändern. Abb. 640 zeigt das an dem Strahl s, Abb. 720 an dem mit der Pfeilspitze versehenen Strahl. Bisweilen verbindet man zu dem Zweck mehrere Prismen (Abb. 640), oder man stellt Glaskörper her, die einer solchen Verbindung entsprechen (Abb. 641). Das erste tut man in der

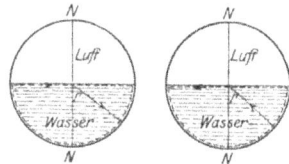

Camera lucida, die das Zeichnen nach der Natur erlaubt (WOLLASTON, 1809), und die man hierzu z. B. mit dem Mikroskop verbindet. Abb. 640 zeigt die Prismenkombination einer Camera lucida von ZEISS. Man sieht durch die Camera hindurch das Papier und den Zeichenstift auf dem Mikroskopbilde und kann nun dessen Umrisse umfahren. Die von der Spitze kommenden Strahlen gelangen nur auf dem Umwege durch die Camera lucida ins Auge, und zwar *aus derselben Endrichtung* kommend, wie auch die Strahlen aus dem Mikroskop kommen, das Auge projiziert deswegen die Stiftspitze auf das im Mikroskop gesehene Bild. Die Strahlen aus dem Mikroskop gehen nicht durch das Prisma, sondern am Rande vorbei in das Auge, um nicht durch das Prisma gebrochen zu werden. — Einen total reflektierenden Glaskörper, der einer *Verbindung* von *mehreren* Prismen entspricht, zeigt Abb. 641: ein gleichschenkliges rechtwinkliges Prisma ABC mit zwei rechtwinkligen Prismen, deren jedes einen brechenden Winkel von 30⁰ hat. Das erste dient der totalen Reflexion, die zwei andern der

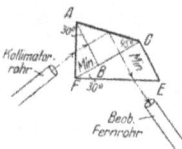

Brechung des ein- und austretenden Strahles. Trifft der eintretende Strahl unter einem *solchen* Einfallswinkel α auf AF, daß er, gebrochen, *senkrecht* durch AB geht — dazu muß $\sin\alpha/\sin 30 = n$, also $\sin\alpha = n/2$ sein — so geht er — unter 90⁰ an AC reflektiert — auch senkrecht durch BC und tritt unter dem Winkel α aus FE aus (die beiden 30⁰-Prismen liegen ja völlig symmetrisch zu den beiden Strahlhälften). In jedem der beiden 30⁰-Prismen durchläuft der Strahl das Prisma in der Minimumstellung (s. d.). Das ist für die Anwendung des Glaskörpers im Spektralapparat wichtig. Zu jeder andersfarbigen Lichtart gehört eine andere Brechungszahl n, der Beziehung $\sin\alpha = n/2$ entsprechend; also zu jeder andersfarbigen Lichtart ein anderer Winkel α. Man ändert den Winkel dadurch, daß man den Glaskörper dreht und dadurch AF entsprechend zu dem einfallenden Strahl anders richtet. Man benützt den Glaskörper, weil er Strahlen aller Farben um *denselben* Winkel ablenkt, für eine Sonderbauart des Spektralapparates (s. d.). Man kann dann das Kollimatorrohr und das Beobachtungsfernrohr in fester Lage zueinander anordnen und kann durch bloßes Drehen des Prismas von einer Farbe zur andern übergehen.

Daß eine völlig *durch*sichtige, aber total reflektierende Grenzfläche eine Wand ersetzen kann, die völlig *un*durchsichtig ist, das haben LUMMER und BRODHUN (1889) benutzt, um den BUNSENschen Photometerschirm durch einen vollkommeneren zu ersetzen. Unvollkommen ist der BUNSENsche Schirm 1., weil der *un*durchsichtige (ungefettete) Teil des Papiers — er

soll das auffallende Licht diffus reflektieren, aber nichts davon hindurchlassen — *nicht un*durchsichtig *genug* ist (seine beiden Seiten werden daher, außer von dem auffallenden Licht, auch etwas von dem durchgelassenen beleuchtet), und 2., weil der *durch*sichtige (gefettete) Teil des Papiers — er soll von dem auffallenden Lichte *gar* nichts reflektieren, sondern alles hindurchlassen — *nicht durch*sichtig *genug* ist; er reflektiert *doch* etwas, man sieht seine beiden Seiten also *auch* in einem Gemisch beider Beleuchtungen. LUMMER und BRODHUN haben an die Stelle des Papierschirmes eine Kombination von total reflektierenden (Glas-)Ebenen gesetzt.

A und B (Abb. 642) bedeuten zwei rechtwinklige Glasprismen, Hälften eines Glaswürfels. Bei qh verbindet sie ein Kitt, dessen Brechungszahl gleich ihrem eigenen ist. Im übrigen sind sie durch Luft getrennt. ll und $\lambda\lambda$ bedeuten zwei diffus leuchtende Flächen. Das von $\lambda\lambda$ kommende Licht wird an dem von Luft begrenzten Teil der Hypotenuse des Prismas B total reflektiert und vollständig nach der Seite Y geworfen; an der von dem Kitt begrenzten Stelle qh dagegen wird nichts reflektiert, alles auf sie fallende Licht geht hindurch. Das von ll kommende Licht geht, soweit es auf qh fällt, vollkommen (nach Y hin hindurch, aber soweit es die an Luft grenzenden Teile der Hypotenuse des Prismas A trifft, wird es total nach der Seite X geworfen. Ein Auge bei Y sieht also qh *nur* in dem Lichte, das von ll herkommt, den umgebenden Teil in dem Licht, das von $\lambda\lambda$ herkommt. — Die Prismenkombination Abb. 642 erläutert nur den Grundgedanken des Photometer*schirmes*. Für die Ausführung des Photometer*kopfes* (Abb. 644) haben LUMMER und BRODHUN die Formen A und B der Abb. 643 gewählt. Die Abbildung gibt auch die Anordnung des ganzen Photometers. Die Gerade mn bedeutet die Photometerbank, m und n die zu vergleichenden Lichtquellen. Zwischen ihnen, senkrecht zur Richtung der Photometerbank, steht eine undurchsichtige weiße Platte ik (Gipsplatte oder matt weiß gestrichene Metallplatte), ihre eine Seite empfängt nur von m Licht, die andere nur von n. Die Spiegel f und e werfen das von l und das von λ diffus reflektierte Licht auf die Prismen A und B. Prisma A hat hier eine kugelige Oberfläche, an die eine Kreisfläche rs angeschliffen ist. Mit dieser Kreisfläche ist A an das Prisma B fest angepreßt (ohne Bindemittel).

Blickt man durch das Fernrohr W die Fläche $a\,rs\,b$ an, so sieht man das Bild, das man vom Bunsen-Photometer her kennt (Abb. 645): Eine Kreisfläche a umgeben von dem Kreisringe b, desto verschiedener hell, je verschiedener stark beleuchtet die beiden Seiten der Platte ik sind. Bei vollkommener *Gleichheit* dieser Beleuchtung sieht man a ebenso hell wie b, also eine gleichförmig helle Kreisfläche. Um die Kreis-

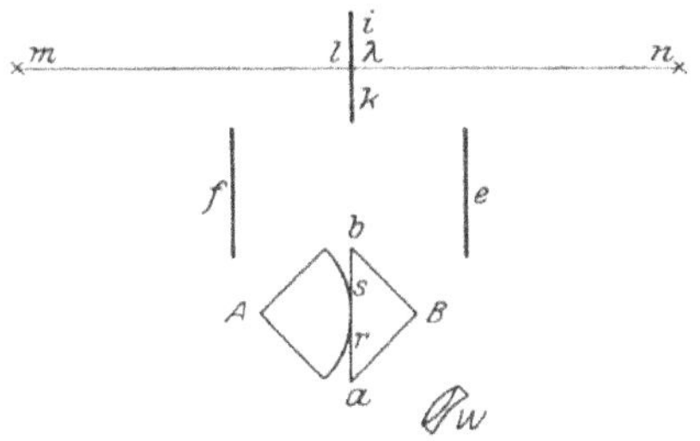

Abb. 643. Anordnung des Photometerkopfes, Abb. 644 zwischen den zu vergleichenden Lichtquellen m und n. (Der Abstand $m\,n$ ist 2—3 m.)

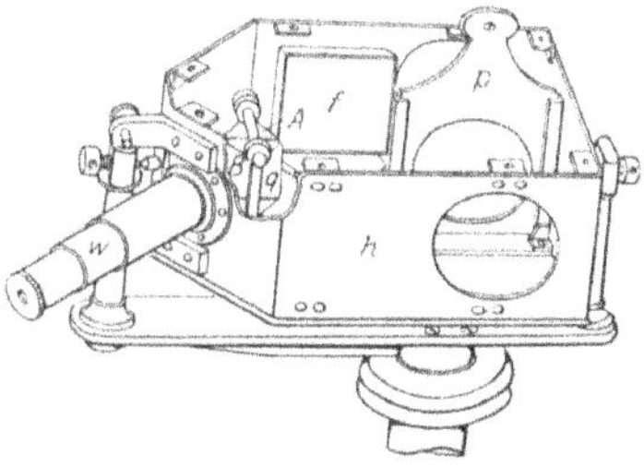

Abb. 644. Photometerkopf nach Lummer-Brodhun. p die undurchsichtige Platte, durch die Öffnungen ihr gegenüber von beiden Seiten her beleuchtet. Bei f der eine Spiegel, der andere durch die Gehäuseplatte (bei h) verdeckt. A das Prisma mit der kugeligen Grenzfläche, B das andere Prisma, W das Fernrohr.

fläche und den Ring gleich hell zu machen, verschiebt man den Photometerschirm längs der Bank. Er ist 2,5—3,5 mal empfindlicher als der Bunsensche. Der mittlere Fehler einer Einstellung bleibt unter $^1/_2\%$, bei der Messung einer 16 Kerzenlampe also unter 0,1 Kerze.

Messung der Brechungszahl. Die Messung der Brechungszahl gehört zu den wichtigsten Aufgaben der Optik. Die Vervollkommnung der Mikroskope, der Fernrohre und der photographischen Objektive ist der Vervollkommnung der Glasschmelzkunst zu verdanken. Für diese ist die Kenntnis der Brechungszahl und der „Gang der Dispersion" eines Glases unerläßlich. Die Kenntnis der Brechungszahl von Flüssigkeiten hat für die Chemie dieselbe Bedeutung wie die Kenntnis anderer Konstanten der Stoffe; sie ermöglicht oft, auf die Konstitution des Körpers zu schließen (Molekularrefraktion). Für *technische* Zwecke hat sie eine große Bedeutung. Viele marktgängige flüssige Stoffe kann man an ihrem Brechungsverhältnis auf Reinheit prüfen, z. B. Fette und ätherische Öle; die Milch, deren Fettgehalt dadurch ermittelt wird, die Naturbutter, die dadurch von Kunstbutter unterschieden wird.

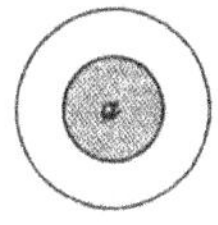

Abb. 645. Anblick des Gesichtsfeldes im Photometerkopf bei ungleicher Beleuchtung von l und λ der Abb. 643.

Zur Messung der Brechungszahl gibt es viele Methoden und Instrumente. Wir beschreiben zwei von Abbe stammende: sie bilden die Grundlage für die späteren, auch für die von Pulfrich, die wohl die weitest verbreiteten sind. Zur Messung an festen durchsichtigen Körpern dient das Abbesche Spektrometer: es beruht auf der Methode des in sich zurückkehrenden Strahles (Littrow). Zur Messung an Flüssigkeiten dient das Abbesche Refraktometer: es beruht auf der Methode der totalen Reflexion.

Methode des in sich zurückkehrenden Strahles. Die Messung der Brechungszahl mit dem Abbeschen *Spektrometer* erläutert Abb. 646. Es ist $A\,B\,A'\,B'\,E\,F$ ein Prisma (der zu messende Körper, den man zum Zwecke der Messung in diese Form gebracht hat), bca ein Schnitt senkrecht durch seine *brechende* Kante EF, ein *Hauptschnitt*, der in die Ebene der Zeichnung gelegt ist; FS ein Lichtstrahl; er vertritt ein Bündel von parallelen Lichtstrahlen.

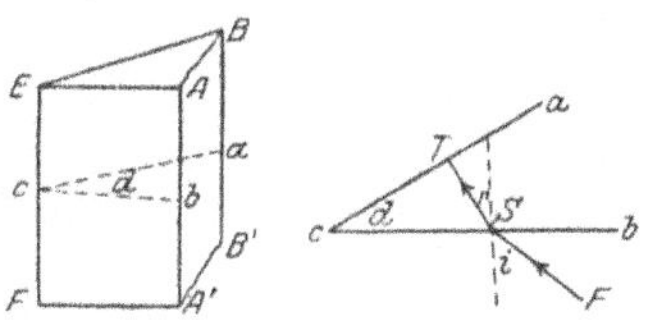

Abb. 646. Prisma mit brechender Kante EF und brechendem Winkel d.

Wir machen den Einfallswinkel i, unter dem FS auf cb fällt, so groß, daß der Strahl *nach* der Brechung *senkrecht* auf ca trifft. Der zugehörige Brechungswinkel ist r. Seine beiden Schenkel (Strahl und Normale) stehen dann senkrecht auf den beiden Schenkeln ca und cb des Winkels d. Daher ist $r = d$. Da nun $\sin i/\sin r = n$ ist (wo n der Brechungsindex ist) und $r = d$ ist, so folgt: $\sin i/\sin d = n$. Das heißt: um die Brechungszahl n zu ermitteln, messen wir die Winkel i und d. Wie der brechende Winkel des Prismas gemessen wird, ist S. 498 beschrieben worden. Das „In-sich-Zurückkehren" des aus dem Fernrohr kommenden Strahles können wir auch benutzen, um i zu messen (S. 509 Abb. 636/7); der Strahl $F\,S\,T$

läuft in sich zurück, wenn er *senkrecht* auf die Fläche ac trifft. Um i zu messen, drehen wir daher das Prisma aus der Stellung I, in der das Lichtsignal von cb in sich zurückkehrt, so weit, bis wir das Lichtsignal von der Fläche ca in sich zurückkehren sehen, d. h. bis zur Stellung II, und lesen die Größe der Drehung an der Skala ab (Abb. 647).

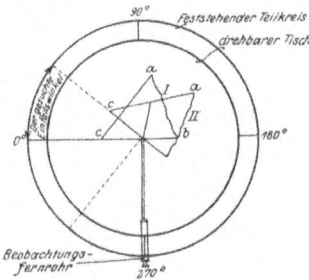

Abb. 647. Winkelmessung nach der Methode des gebrochenen in sich zurückkehrenden Strahles. (Autokollimation.)

Methode der Minimumablenkung des gebrochenen Strahles. Wichtig ist eine von FRAUNHOFER erdachte Methode: In den Raum (Abb. 648 vertikal von oben gesehen) tritt ein Bündel paralleler (einfarbiger) Lichtstrahlen

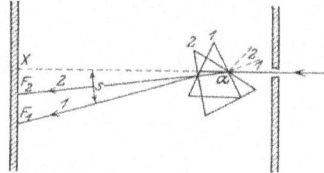

Abb. 648. Zum Verfahren der Minimumablenkung.

horizontal und trifft auf das Prisma, dessen brechende Kante vertikal steht. Das Bündel geht durch das Prisma und — man fasse es als einen Zeiger auf mit F als Endpunkt — zeichnet auf der Wand gegenüber einen hellen Fleck, der infolge der Brechung nicht in der Verlängerung des auffallenden Bündels, bei X, liegt, sondern nach der Basis hin (bis F_1) davon um den Winkel s abgelenkt ist. Dreht man das Prisma um eine durch a gehende vertikale Achse, so wandert der Fleck F an der Wand entlang. Wächst der Einfallswinkel dabei, wie in Abb. 648 beim Übergang zur Stellung 2 des Prismas, so wandert F *nach der brechenden Kante hin* bis F_2. Die Richtung des austretenden Strahles nähert sich also der des

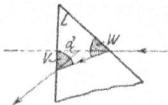

Abb. 649. Minimumablenkung des Strahles bei symmetrischem Durchgang durch das Prisma ($V = W$).

eintretenden, d. h.: die Ablenkung durch das Prisma *wird kleiner*. Von einer bestimmten Stellung des Prismas an geht

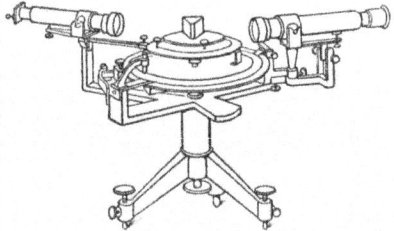

Abb. 650. Spektrometer (MEYERSTEIN) mit feststehendem Spaltfernrohr (links) und um die Tischachse drehbarem Beobachtungsfernrohr. Das Spaltrohr ist nach außen durch einen beleuchteten Spalt abgeschlossen. Der Spalt vertritt ein unendlich fernes leuchtendes Objekt.

der Fleck aber zurück, d. h. die Ablenkung wird wieder größer. In dieser *Umkehr-stellung* des Prismas ist also die Ablenkung am kleinsten (*Minimumstellung*). Hier bildet der Strahl (den Beweis übergehen wir) im Innern des Prismas *gleiche* Winkel mit den Prismenseiten (V und W in Abb. 649), und der Ablenkungswinkel d steht mit dem brechenden Winkel L des Prismas und der Brechungszahl n in der Beziehung

$$ n = \frac{\sin\frac{1}{2}(d+L)}{\sin\frac{1}{2}L} . $$

Abb. 651. In sich zurückkehrender Strahl.

Ausgeführt wird die Methode mit einem Spektrometer (MEYERSTEIN), das *zwei* Fernrohre besitzt (Abb. 650), für die einfallenden und die austretenden Strahlen. Wenn bei der ABBEschen Methode der Strahl aus dem Prisma in sich zurückkehrt (Abb. 651), so ist seine Neigung zu der brechenden Fläche genau dieselbe, wie wenn er im

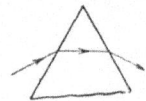

Abb. 652. Strahl in Minimumablenkung.

Minimum der Ablenkung durch ein Prisma mit einem doppelt so großen brechenden Winkel hindurchgeht; also auch bei der ABBEschen Methode geschieht die Messung in der Minimumstellung des Prismas (im Minimum der Ablenkung, Abb. 652). — Die FRAUNHOFER-sche Methode ist eine Laboratoriumsmethode, die ABBEsche eine Werkstattmethode und dabei ebenso genau.

Methode der Totalreflexion. Refraktometer von ABBE. Man benützt zur Betimmung der Brechungszahl einer Flüssigkeit gewöhnlich die Methode der Totalreflexion. Das *Refraktometer* von ABBE enthält zu diesem Zweck (Abb. 653) zwei rechtwinklige Glasprismen A und B von *bekannter* Brechungszahl v, die zusammengelegt ein rechtwinkliges Parallelepiped bilden. Zwischen die Prismen bringt man einen Tropfen der zu messenden Flüssigkeit. Die Brechungszahl ν des Glases muß die der Flüssigkeit übersteigen. Man schneidet die Prismen deswegen aus einem Glase, dessen Brechungszahl ($\nu = 1,75$) größer ist als die der meisten Flüssigkeiten. Bringt man nun das Prismenpaar mit der dazwischen befindlichen Flüssigkeit in den Weg eines Lichtbündels, so geht das Licht nicht *immer* hindurch, nämlich *dann* nicht, wenn der Einfallswinkel, unter dem sich die Grenzfläche Glas/Flüssigkeit dem Licht darbietet, den Grenzwinkel der totalen Reflexion erreicht oder überschreitet. Das Licht wird dann beim Übergang aus dem stärker brechenden Glase in die schwächer

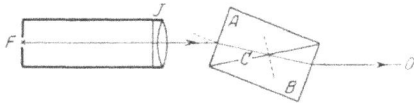

Abb. 653. Zur Wirkungsweise des ABBEschen Refraktometers.

brechende Flüssigkeit total reflektiert. Den Grenzwinkel γ, bei dem dies eintritt, zeigt das Refraktometer deutlich an (Abb. 655). Aus ihm und der bekannten Brechungszahl ν der Prismen findet man die Brechungszahl der Flüssigkeit $n = \nu \sin \gamma$. Denn: ist ν die Brechungszahl des Glases, d. h. von Luft gegen Glas, und n der der Flüssigkeit, d. h. von Luft gegen die Flüssigkeit, so ist (S. 510) die Brechungszahl der Flüssigkeit gegen Glas ν/n. Für den Grenzwinkel γ der totalen Reflexion beim Übergange des Lichtes aus dem Glase in die schwächer brechende Flüssigkeit ist danach (S. 511) $\sin \gamma = n/\nu$. Der Teilkreis des Refraktometers, an dem man den Grenzwinkel ν abliest, gibt bereits die Größe $\nu \cdot \sin \gamma$ (ν ist ja konstant), man liest also unmittelbar die Brechungszahl ab.

Den Grundgedanken des Refraktometers erläutert Abb. 653. A und B sind zwei rechtwinklige Glasprismen, C ist die zu messende Flüssigkeit, F ist ein leuchtender Punkt; von ihm aus gelangen Lichtstrahlen zu den Prismen, und zwar (durch Vermittlung der feststehenden Linse J) *parallele* Lichtstrahlen. Die Strahlen gehen durch das (drehbare) Prismenpaar A B hindurch, solange der Einfallswinkel, unter dem sie aus dem (stärker brechenden) Prisma A in die (schwächer brechende) Flüssigkeit C treten, *kleiner* ist als der Grenzwinkel — sie gehen aber *nicht* hindurch, sobald man A B so weit dreht, daß dieser Grenzwinkel erreicht wird. Wenn die Strahlen überhaupt austreten, so treten sie, falls sie parallel eingefallen sind und durch den planparallelen Körper A B gegangen sind, auch *parallel* zueinander aus. Ein Auge bei O empfängt das Licht von der Lichtquelle F und sieht sie wie ein weitentferntes Objekt. (Nur auf dem durch die Pfeile

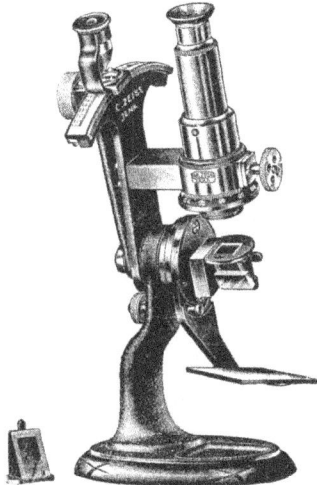

Abb. 654. Refraktometer (ABBE) zur Messung der Brechungszahl von Flüssigkeiten.

bezeichneten Wege gelangt Licht zum Auge.) Aber man sieht die Lichtquelle offenbar nur, solange das Licht unter einem Winkel auf die Grenzfläche C fällt, der *kleiner* ist als der Grenzwinkel der totalen Reflexion; dreht man das Prismenpaar im Sinne des wachsenden Einfallswinkels, so wird in dem Moment, in dem die dem Grenzwinkel entsprechende Stellung erreicht ist, die Wand C undurchsichtig, es tritt Finsternis ein. Den Winkel, bei dem dies geschieht, *mißt* das Instrument.

In der gebräuchlichen Refraktometerform (Abb. 654) ist die Anordnung anders: 1. Auge und Lichtquelle haben ihre Plätze miteinander vertauscht. Das Licht geht *erst* durch die Prismen und *dann* durch die Linse. Auf die Abb. 653 bezogen, heißt das: das Licht kommt von rechts, und F ist das Auge. Diese Umkehr der Reihenfolge ändert nichts am Endeffekt (nach dem Prinzip der Umkehrbarkeit der Strahlenwege). Das Auge sieht, wenn es in das Rohr blickt, die Lichtquelle O in dem Moment erlöschen, in dem bei der Drehung der Prismen der Einfallwinkel den Grenzwinkel erreicht hat. 2. Die Lichtstrahlen

Abb. 655. Anblick des Gesichtsfeldes im Refraktometer der Abb. 654 im Moment des Eintretens der Totalreflexion.

treffen die Schicht C in allen möglichen Richtungen. Hindurchgehen können aber nur die, deren Einfallswinkel *kleiner* ist als der Grenzwinkel der totalen Reflexion. Hat man die Prismen in diejenige Lage gedreht, bei der ein Strahl, der parallel zur Fernrohrachse auf B fällt, unter dem *Grenzwinkel* auf C trifft, so tritt ein charakteristischer Beleuchtungseffekt in dem Rohre ein: die eine Hälfte des Gesichtsfeldes des Instruments bekommt — auf den Grund können wir hier nicht eingehen — überhaupt keine Strahlen und ist finster, die andere ist hell; das Gesichtsfeld sieht daher so aus wie Abb. 655. Die

33*

Handhabung des Refraktometers ergibt sich danach von selbst: Man bringt einen Tropfen der zu messenden Flüssigkeit zwischen die beiden Prismen, wirft mit dem Spiegel (homogenes) Licht hinein, sieht in das Rohr und dreht mit Hilfe der Alhidade (links) die Prismen so, daß das Gesichtsfeld wie Abb. 655 aussieht, und liest durch die Lupe an dem Gradbogen den bei dieser Stellung der Alhidade verzeichneten Brechungsindex ab. (Ist das Licht *nicht* homogen, so ist die Grenzlinie farbig und verwaschen. Eine besondere Vorrichtung dient dazu, sie zu entfärben.)

Gang der Dispersion. *Daß* die zu verschiedenen Farben gehörigen Strahlen verschieden stark gebrochen werden (S. 504 u.), und die Farbenzerstreuung (Dispersion) dadurch entsteht, kann man unmittelbar *sehen*, wenn weißes Licht durch einen in Prismenform gebrachten Stoff geht. Aber *meßbar* ist die Zerstreuung nur an den Brechzahlen für die einzelnen Farben und an den Beziehungen der Brechzahlen zueinander. Besonderes Interesse daran, die Größe der Dispersion zu ermitteln, hat die Glasschmelzkunst; die Brauchbarkeit eines Glases für das Mikroskop und das Fernrohr (im besonderen die Vermeidbarkeit farbiger Säume um die Bilder) wird in hohem Grade durch den „Gang" seiner Dispersion bestimmt.

Um die optischen Eigenschaften von Glasarten zu kennzeichnen, benutzt man (ABBE) das Brechungsvermögen für die Linien A', C, D, F, G', neuerdings auch für die Heliumlinie d und die Quecksilberlinien e, g, h. Den Gang der Dispersion kennzeichnet man durch die Brechungsunterschiede für die Abschnitte $A'-C$, $C-e$, $e-F$, $F-g$, $g-h$, sowie durch das Verhältnis dieser Teilzerstreuungen zur mittleren Farbenzerstreuung zwischen den Linien C und F.

G a n g   d e r   D i s p e r s i o n   e i n i g e r   J e n a e r   G l a s a r t e n.

	Mittl. Brchg. n_d	Mittl. Zerstr. $C-F$	$A'-C$	$C-e$	$e-F$	$F-g$	$g-h$	Spez. Gew.	Preis M pro kg
Fluor-Kron (F K 1)	1,4707	0,00700	0,00253	0,00383	0,00317	0,00373	0,00307	2,30	500
Phosphat-Kron (P K 1)	5045	752	272	412	340	400	328	42	220
Bor-Kron (B K 1)	5101	805	285	439	366	433	357	48	95
Zink-Kron (Z K 1)	5080	832	296	454	378	447	371	51	130
Barit-Flint (BaF 1)	5569	1148	382	616	532	646	548	3,00	110
Barit-Schwer-Flint (BaSF 1)	6216	1601	513	851	750	927	800	72	115
Schwer-Flint (S F 1)	7174	2431	752	1279	1152	1454	1285	4,44	240

Dispersionsformel. Den Zusammenhang zwischen einer Wellenlänge λ und dem zugehörigen Brechungsverhältnis n_λ versucht man durch eine *Dispersionsformel* auszudrücken. Ob die Formel richtig ist, sieht man daran, ob das nach ihr berechnete und das mit dem Spektrometer gemessene n_λ übereinstimmen. Die älteste Formel (CAUCHY, 1836) für normal dispergierende (Gegensatz: anomal S. 593), isotrope durchsichtige Stoffe heißt $n_\lambda = a + \dfrac{b}{\lambda^2} + \dfrac{c}{\lambda^4} + \dfrac{d}{\lambda^6} + \cdots$. Hierin ist λ die gegebene Wellenlänge, und a, b, c, ... sind gewisse, den Stoff charakterisierende Konstanten, *die man erst ermitteln muß*, ehe man mit der Formel rechnen kann. Für die meisten Stoffe stimmt sie schon in der zweigliedrigen Form $n_\lambda = a + b/\lambda^2$ mit den Messungen erträglich überein. Mißt man also an einem gegebenen Stoffe für *zwei* bestimmte Wellenlängen (Farben), z. B. für λ_C und λ_F, die Brechungsverhältnisse, und berechnet man aus den zwei entsprechenden Gleichungen für n_C und n_F die Konstanten a und b dieses Stoffes, so kann man dann zu *jedem* gegebenen λ das zugehörige n_λ für diesen Stoff genügend genau ausrechnen, und der berechnete Wert stimmt mit der Kontrollmessung erträglich überein.

Aber die Formel von CAUCHY bewährt sich nur für die Wellenlängen etwa zwischen 0,4 und 0,8μ (Bereich des *sicht*baren Spektrums). Berechnet man nach ihr die Brechzahlen für längere Wellen (im Ultrarot), so ist sie für viele Stoffe schon nahe am sichtbaren Spektrum unzureichend, und sie wird immer weniger brauchbar, auf je längere Wellen man sie anwendet, so z. B. bei Wasser, Glas, Quarz, Flußspat, Steinsalz. Die auf der elektromagnetischen Lichttheorie (S. 466) fußende modernste Dispersionstheorie stellt die Tatsachen der Erfahrung weit besser dar. Sie erklärt die Brechung aus einer Wechselwirkung zwischen dem Äther und den Molekülen der Stoffe, resp. den mit den Molekülen verbundenen Elektronen, also aus einem Einfluß des Moleküls auf die Ätherschwingung. Die einfachste, aus der elektromagnetischen Lichttheorie abgeleitete Dispersionsformel lautet

$$n^2 = b^2 + \frac{M_1}{\lambda^2 - \lambda_v^2} - \frac{M_2}{\lambda^2 - \lambda_r^2}$$

(Ketteler-Helmholtz, 1893). Hierin sind M_1 und M_2 gewisse Konstanten, die von der Natur des dispergierenden Stoffes abhängen und mit dessen Dielektrizitätskonstante (s. d.) eng zusammenhängen; λ_v und λ_r sind zwei für den Stoff charakteristische Wellenlängen im Ultraviolett und im Ultrarot (S. 591). Der Stoff *verschluckt* sie, weil sie die in den Molekülen enthaltenen Elektronen zum Mitschwingen anregen (Resonanz); sie lassen sich experimentell genau ermitteln. Für viele Stoffe, so z. B. für Wasser, Flintglas, Steinsalz, Sylvin, Flußspat (Nichols, Rubens), stellt die Formel die Dispersion sehr genau dar. Für Quarz z. B. genügt sie jedoch nicht, sie bedarf dann noch einer Erweiterung.

β) *Doppelbrechung.*

Lichtbrechung durch den isländischen Doppelspat. Wir kehren zum Ausgangspunkt der Betrachtungen zurück, die uns zu der Brechung des Lichtes geführt haben. Die lichtbrechende Wand sollte isotrop sein. Das Resultat der Brechung des Lichtes durch diese Wand spricht sich aus in dem Gesetz von der Erhaltung der Einfallsebene und von der Konstanz des Sinusverhältnisses. Wir ersetzen jetzt die Glasplatte durch eine *Kristall*platte, und zwar — die jetzt zu beschreibenden Brechungserscheinungen werden dann besonders deutlich — durch eine Platte aus *isländischem Doppelspat*; unbearbeitet bildet er gewöhnlich würfelähnliche Körper (Abb. 656). Wir schneiden die Platte parallel zu einer der natürlichen Grenzebenen von dem Kristall ab, fügen sie (Abb. 657) in den Fensterladen eines im übrigen finstern Zimmers und lassen ein paralleles Lichtbündel *B* senkrecht darauf fallen. Wäre die Platte aus Glas, so würden wir aus ihr *ein* Lichtbündel austreten sehen und auf der Wand gegenüber *einen* Licht-

Abb. 656. Isländischer Doppelspat; *a b* Hauptachse.

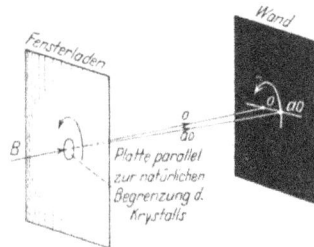

fleck; aus dem Kalkspat aber treten *zwei* Bündel aus, und auf der Wand erscheinen *zwei* Flecke, *o* und *ao*. Diese Erscheinung nennt man *Doppelbrechung* des Lichtes. Alle Kristallsysteme, mit Ausnahme des kubischen, zeigen sie. Am deutlichsten zeigt sie der *isländische Doppelspat* (Kalkspat).

Die Erfahrung lehrt: Der eine Strahl, *o*, befolgt das Snelliussche Brechungsgesetz (geht also senkrecht einfallend ungebrochen hindurch); der andere, *ao*, *im allgemeinen* nicht, er liegt im allgemeinen *nicht* in der durch das Lot und den einfallenden Strahl bestimmten

Abb. 657. Zur Doppelbrechung durch den Doppelspat.

Ebene und das Verhältnis sin Einfallswinkel : sin Brechungswinkel hat im allgemeinen *nicht* für alle Einfallswinkel denselben Zahlenwert: im Kalkspat z. B. ist n_D für den Strahl *o* bei *jedem* Einfallswinkel 1,658; für den Strahl *ao* liegt er, je nach der Größe des Einfallswinkels, zwischen 1,486 und 1,658. Deswegen nennt man den ersten Strahl *ordentlich gebrochen*, den anderen *außerordentlich gebrochen*. (Man sieht, für den außerordentlichen Strahl wird *n* gelegentlich *gleich* dem für den ordentlichen [1,658], beide Strahlen werden *dann* gleich stark gebrochen.) Wie verschieden sich die zwei Strahlen dem Snelliusschen Gesetz gegenüber verhalten, zeigt sich z. B. so: Dreht man die Kalkspatplatte im Fensterladen um das Einfallslot (wie ein Rad um eine Achse), so

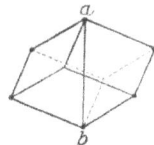

berührt das den ordentlich gebrochenen Strahl und den ihm zugehörigen Lichtfleck auf der Wand überhaupt nicht. Der außerordentliche dagegen rotiert um den ordentlichen Strahl (seine Brechungsebene also *auch*), und der zu ihm gehörende Lichtfleck auf der Wand umkreist dementsprechend den zum ordentlichen Strahl gehörigen. Denken wir uns die Kristallplatte wie das Zifferblatt

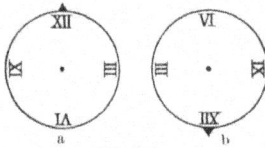

einer Uhr beziffert, dann sieht man: für den ordentlich gebrochenen Strahl ist es einerlei, wie die Platte steht — ob so wie Abb. 658a oder so wie Abb. 658b — für den außerordentlich gebrochenen aber nicht. Was ändert sich, wenn man die Platte aus der ersten in die zweite Stellung und, in derselben Richtung weiterdrehend, in die erste zurückbringt?

Abb. 658.

Man hat es mit einer *Kristall*platte zu tun. Schneidet man aus einem isotropen *Glas*block eine Platte heraus, so ist es für ihre Lichtbrechungsverhältnisse gleichgültig, in welcher Richtung man sie herausschneidet. Bei einem Kristall aber — wenn er nicht zufällig zum kubischen System gehört — kommt es darauf an, unter welchem Winkel der Schnitt die *optische Achse* des Kristalles schneidet (S. 146 o.). Was versteht man unter der optischen Achse eines Kristalles? In einem doppelt brechenden Kristalle gibt es *eine* bestimmte Richtung (in den Kristallen mancher Systeme sogar *zwei*), längs deren das Licht nur *einfach*, nur *ordentlich* gebrochen wird. *Diese* Richtung ist die Richtung der optischen Achse des Kristalles. Dreht man die Platte aus *a* in *b* (Abb. 658), so ändert sich der Lichteinfall relativ zur optischen Achse des Kristalles, und *deswegen* umkreist der zu dem außerordentlichen Strahl gehörige Lichtfleck den anderen.

Die Lichtbrechung in den *optisch zweiachsigen* Kristallen ist überaus verwickelt, wir beschäftigen uns nur mit den *optisch einachsigen*, zu denen auch der Kalkspat gehört. — Was versteht man unter der optischen Achse des Kalkspats? Die Doppelspatkristalle sind Rhomboeder (Abb. 656), von Rhomben begrenzte Sechsflächner, die wie windschiefe Würfel aussehen. Verbindet man gleich lange Stäbe zu einem Würfelmodell, dessen Ecken und Seiten durch Scharniere beweglich miteinander verbunden sind, und deformiert man den Würfel, indem man auf die Ecken *a* und *b* drückt, so entsteht ein Rhomboeder. In *a* und *b* stoßen

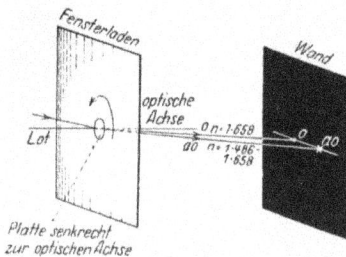

Platte senkrecht
zur optischen Achse

Abb. 659.
Zur Doppelbrechung durch den Doppelspat.

nur stumpfe Winkel zusammen (in anderen Ecken je zwei spitze und ein stumpfer). Eine Gerade durch *a* und *b*, auch eine zu ihr parallele, nennt man *Hauptachse* — sie ist zugleich die *optische* Achse — *des Kristalls*, einen Schnitt durch den Kristall, der die Hauptachse enthält, und jeden zu ihm parallelen Schnitt nennt man *Hauptschnitt*.

Brechung durch eine achsensenkrechte Doppelspatplatte. Wir schneiden aus dem Kristall eine planparallele Platte *senkrecht zur optischen* Achse ▬ und

fügen sie dem Fensterladen ein (Abb. 659). Die Achse liegt dann horizontal. Das Lichtbündel falle unter beliebigem Winkel auf die Platte, die Einfallsebene liege horizontal. Dann entstehen zwei helle Lichtflecke horizontal nebeneinander in der Geraden, in der die Einfallsebene die gegenüberliegende Wand schneidet. Drehen wir die Platte um das Lot, so berührt das keinen der Flecke — ein Zeichen, daß auch der außerordentliche Strahl in der Einfallsebene verläuft, *in dieser Beziehung* also dem SNELLIUSschen Gesetz gehorcht. Aber *nur* in dieser Beziehung gehorcht er ihm. Ändert man den Einfallswinkel, und mißt man jedesmal seine Größe und die des Brechungswinkels, so findet man zwar für den *einen* Strahl immer $n_o = 1,658$, aber nicht für den anderen: je kleiner (größer) der Einfallswinkel ist — es ist der Winkel zwischen Strahl und *Achse*, denn die Achse ist ja (s. o.) senkrecht auf der Platte, also dem Lot parallel — desto größer (kleiner) ist n. Für den Einfallswinkel von 90^0 ist $n_{ao} = 1,486$. Wenn der Einfallswinkel (Strahl/Achse) kleiner wird, dann wird n größer, der außerordentliche Strahl nähert sich dann dem ordentlichen, und *beim Einfalls-winkel* 0^0 fällt er mit ihm zusammen, dann ist $n_{ao} = 1,658$. *Längs der optischen Achse* verläuft also nur *ein* Strahl, gibt es also nur einfache Brechung. — Für die ▬▲▬ - Kristallplatte ist in geometrischer Beziehung charakteristisch: ihre optische Kristallachse liegt *stets* in der Einfallsebene, oder anders ausgedrückt, *die Ein-fallsebene fällt dauernd mit einem Hauptschnitt des Kristalls zusammen.* So oft das eintritt — man erinnere sich an das „so oft" bei dem sogleich folgenden Falle — gilt der *eine* Teil des SNELLIUSschen Gesetzes: der von der Erhaltung der Einfallsebene. *Aber nicht auch der zweite:* ändert sich der Winkel Strahl/Achse, dann ändert sich auch *n*, das Sinusverhältnis.

Brechung durch eine achsenparallele Doppelspatplatte. Wir schneiden nun aus dem Kristall eine planparallele Platte *parallel* zu Achse ◄▬▬► und benützen sie, ohne sonst etwas zu ändern, an Stelle der ▬▲▬ -Platte; zunächst in der Stellung, bei der die Kristallachse horizontal, also *in* der (vorhin horizontal angenommenen) Einfallsebene liegt. Die Einfallsebene fällt dabei mit einem Hauptschnitt zusammen. Dann entstehen *wieder* zwei Flecke o und ao auf der Wand, horizontal nebeneinander. Drehen wir aber *diese* Platte um das Lot, so wandert der eine Fleck — der dem Lot fernere *ao* von dem außerordentlichen Strahl herrührende — im Drehungssinne der Platte, und wenn die Platte so weit gedreht ist, daß die Achse vertikal steht, also um 90^0 gedreht ist, so ist er wieder horizontal neben dem anderen angekommen, liegt jetzt aber dem Lot noch ferner als zu Anfang seiner Wanderung. Das bedeutet: der außerordentliche Strahl, zu dem ja der wandernde Fleck gehört, wird *stärker* gebrochen, wenn die *Achse in der Ein-fallsebene* liegt und schwächer, wenn die *Einfallsebene senkrecht zur Achse* steht.

Liegen die beiden Flecke horizontal nebeneinander, so bedeutet das: beide Strahlen verlaufen in der horizontalen Einfallsebene. In dieser Beziehung (Erhaltung der Einfallsebene) unterscheiden sich also die beiden Stellungen — Einfallsebene ⊥ Achse und Einfallsebene ∥ Achse — nicht voneinander, wohl aber in der, die das Sinusverhältnis angeht. Die Untersuchung lehrt: In der ersten Stellung liegt die Achse in der Einfallsebene. Wir *wissen bereits* von der ▬▲▬ -Platte her (S. 519, Z. 14 v. o.: „so oft"), daß dann je nach der Größe des Winkels (zwischen 90^0 und 0^0), zwischen dem einfallenden Strahl und der Achse, *n* für den außerordentlichen Strahl zwischen 1,486 und 1,658 variiert. — In der zweiten Stellung liegt die Achse ⊥ Einfallsebene. Die Untersuchung lehrt, daß bei dieser Stellung auch für den außerordentlich gebrochenen Strahl das Ver-hältnis sin Einfallswinkel : sin Brechungswinkel *stets* 1,486 ist, gleichviel, welche Größe der Einfallswinkel zwischen 0^0 und 90^0 hat. Bei dieser Lage der Einfalls-ebene relativ zur Kristallachse befolgt also der außerordentliche Strahl das SNELLIUSsche Gesetz vollständig. Ist der Einfallswinkel 0, d. h. der einfallende Strahl senkrecht zur ▮ -Kristallplatte, so ist für den ordentlichen wie für den außerordentlichen Strahl der Brechungswinkel 0, wie es das SNELLIUSsche Gesetz verlangt, die Strahlen treten also beide in der Richtung des einfallenden Strahles, d. h. senkrecht zur Platte aus, und fallen daher zusammen, auf der Wand entsteht infolgedessen auch nur *ein* Fleck. Genau dasselbe tritt ein, wenn der einfallende Strahl senkrecht auf die ▲▬▬▼ - Kristallplatte fällt. Wenigstens in der *subjektiven*, sinnlich wahrnehmbaren Erscheinung ist das Resultat dasselbe. Aber es ist *objektiv* nicht dasselbe! ·Denn im zweiten Falle ist das Brechungsverhältnis für den außerordentlichen Strahl *gleich* dem für den ordentlichen. Es existiert also tatsächlich nur *ein* gebrochener Strahl — aber im ersten Falle, wo es für den ordentlichen wie immer 1,658 ist, ist es für den außerordentlichen 1,486. Es entstehen wirklich *zwei* gebrochene Strahlen, von denen sich der eine, der außerordentliche, schneller fortpflanzt als der andere, das ist aber in diesem Falle für das Auge nicht wahrnehmbar; sie *erscheinen* daher als *ein* Strahl.

Wir fassen zusammen: Der durch optisch einachsige Kristalle außerordentlich gebrochene Strahl befolgt *im allgemeinen* keinen der beiden Sätze, die das SNELLIUSsche Gesetz für den ordentlich gebrochenen ausspricht; aber *unter besonderen Bedingungen* — sie betreffen die Lage der Einfallsebene zur Kristall-

Abb. 660.   Abb. 661.
Anblick eines durch den doppeltbrechenden Kalkspat gesehenen Gegenstandes.

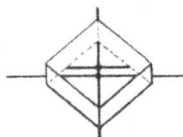

achse — befolgt er *beide* oder wenigstens *einen* von ihnen: er erfüllt beide (die Erhaltung der Einfallsebene und die Konstanz des Sinusverhältnisses), wenn die Einfallsebene senkrecht zur Achse steht, er erfüllt *einen* (die Erhaltung der Einfallsebene), wenn die Achse in der Einfallsebene liegt.

Positiv und negativ einachsige Kristalle. Der Kalkspat bricht den ordentlichen Strahl stärker als den außerordentlichen, es ist $n_o = 1,6585$, $n_{ao} = 1,4864$. Dasselbe tun z. B. Turmalin, Korund, Saphir, Smaragd; sie heißen *negativ* einachsig. Andere, z. B. Bergkristall, Zirkon und Eis, brechen den außerordentlichen Strahl stärker als den ordentlichen, sie heißen *positiv* einachsig. Für Bergkristall — außer dem Kalkspat der am häufigsten in der Optik angewandte Kristall — ist $n_o = 1,5442$, $n_{ao} = 1,5533$. (Messungen zuerst von RUDBERG [1828] an Prismen; die brechende Kante parallel zur optischen Achse aus dem Kristall geschnitten und bei der Messung senkrecht zur Einfallsebene des Lichtes gestellt, weil dann beide Strahlen das SNELLIUSsche Gesetz befolgen. Der Brechungsindex eines solchen Kristallprismas für beide Strahlen wird ebenso gemessen, wie der eines Glasprismas.)

Die Verschiedenheit der beiden Brechungszahlen ist im Kalkspat (0,1721) viel größer als in *allen* anderen Kristallen, und deswegen läßt sich an ihm die Doppelbrechung am leichtesten beobachten, Abb. 660. Man kann sie unmittelbar sehen, wenn man die Wand der Abb. 657 durch die Netzhaut des Auges ersetzt. Legt man den Kristall — er muß gut durchsichtig sein — z. B. auf das Kreuz (Abb. 661) und sieht man möglichst genau senkrecht hindurch, so sieht man das Kreuz im allgemeinen doppelt; dreht man ihn dabei um die Blicklinie, so sieht man, daß das eine Kreuz stehenbleibt, das andere sich verschiebt, und zwar so, daß sein Kreuzungspunkt den anderen umkreist. Wir beobachten hier subjektiv dasselbe, was wir Abb. 657 objektiv benutzt haben, um die Doppelbrechung zu beschreiben.

Charakteristische Eigenschaften des doppelt gebrochenen Lichtes. Wäre die Doppelbrechung in allen *nicht*isotropen Stoffen so stark, daß man sie so leicht wie beim Kalkspat sähe, dann würde man jeden Stoff sofort als isotrop oder als anisotrop erkennen. Fast immer aber ist sie sehr schwach; und sie fordert zu ihrer Erkennbarkeit besondere Hilfsmittel. Trotzdem ist sie stets ein deutlicher Hinweis darauf, ob ein Stoff isotrop ist oder nicht. Das durch doppeltbrechende

Stoffe gegangene Licht hat nämlich besondere Eigenschaften, die es von gewöhnlichem grundsätzlich unterscheiden: es ist „polarisiert". Schickt man „polarisiertes" Licht durch einen Stoff, so nimmt man gewisse optische Erscheinungen an ihm wahr, die anzeigen, ob er doppelt bricht oder nicht (*Untersuchung im polarisierten Licht*). „Polarisiertes" Licht bekommt man z. B., wenn man gewöhnliches Licht durch einen Kalkspatkristall schickt. Da aber *zwei* Strahlenbündel austreten, und das gleichzeitige Auftreten zweier stört, so beseitigt man eines davon. Diesem Zwecke dient das NICOLsche *Prisma* (1839), *eines der wichtigsten optischen Hilfsmittel* (Abb. 662/63).

NICOLsches Prisma. Das NICOLsche Prisma — ein vierseitiges Prisma, das aus zwei dreiseitigen zusammengesetzt ist — läßt nur den außerordentlich gebrochenen Strahl *ao* austreten, den ordentlich gebrochenen *o* lenkt es durch Totalreflexion an der Berührungsebene *bc* der beiden dreiseitigen Prismen derart zur Seite ab, daß er nicht austreten kann; er wird von einem schwarzen Farbstoff verschluckt, der die Seitenflächen des Prismas bedeckt. Hergestellt wird das Prisma aus einem natürlichen Kalkspatkristall. Man spaltet davon ein Stück ab, das etwa dreimal so lang wie breit ist, und gibt ihm zunächst

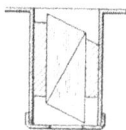
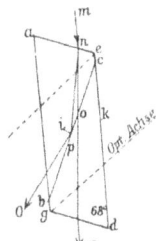

Abb. 662.   Abb. 663.
NICOLsches Prisma zur Unterdrückung
des ordentlich gebrochenen Strahles
(O in Abb. 663).

eine etwas andere Form. Wir legen den Hauptschnitt *aedg* des Prismas in die Ebene der Zeichnung. Die Richtung der optischen Achse ist die der punktierten Geraden durch *e* (oder parallel dazu durch *g*). Im natürlichen Kristall bilden die Endflächen mit den Kanten bei *a* und bei *b* Winkel von 71°. Man macht sie durch Abschleifen schräger, so daß der Winkel nur 68° hat, zerschneidet dieses vierseitige Prisma (längs *bc*) durch einen Schnitt, der senkrecht auf dem Hauptschnitt steht (hier auf der Ebene der Zeichnung) und gleichzeitig senkrecht steht zu den angeschliffenen Flächen *ae* und *gd*, poliert die Schnittflächen *bc* und klebt an ihnen die beiden Prismenhälften mit *Kanadabalsam* zusammen. Das vierseitige, aus den zwei dreiseitigen Prismen so zusammengesetzte Prisma ist das NICOLsche Prisma. Abb. 663 zeigt den Strahlenverlauf in ihm. Für gelbes Licht ist die Brechzahl des Kalkspats (ordentlicher Strahl) 1,658, die des Kanadabalsams 1,536. Der ordentliche Strahl geht somit an der Balsamschicht *bc* aus einem optisch dichteren in ein optisch dünneres Medium. Der Winkel der Totalreflexion beträgt 68°. Daher werden alle Strahlen an der Balsamschicht total reflektiert, die unter einem größeren Einfallswinkel darauf fallen. Eine Rechnung zeigt: treten die Strahlen parallel zur Kante des Prismas (oder in einer davon nicht gar zu sehr abweichenden Richtung) ein, so ist der Einfallswinkel *i* an der Kanadabalsamschicht größer als 68°. Die Brechzahl der *außerordentlichen* Strahlen ist kleiner als die des Kanadabalsams, sie werden daher hindurchgelassen. Setzt man das NICOLsche Prisma an Stelle der früher benutzten Platte in den Fensterladen, so daß die Kante *k* horizontal und senkrecht zum Fenster liegt, und läßt man ein Lichtbündel *mn* parallel zu *k* darauf fallen, so entsteht nur *ein* Fleck auf der Wand, der zum *außerordentlichen* Strahl gehört. — Wir kommen auf das NICOLsche Prisma bei den Polarisationserscheinungen des Lichtes zurück.

Wir können auf die überaus verwickelten Verhältnisse der Doppelbrechung nicht noch weiter eingehen. Es handelt sich dabei mehr um mathematische als um physikalische Fragen. Es genüge zu sagen: man kann an der FRESNELschen *Wellenfläche* für jeden Kristall, einachsigen wie zweiachsigen, zu jedem gegebenen einfallenden Lichtstrahl die beiden gebrochenen Strahlen konstruieren. — Die Besprechung der Doppelbrechung schließt zwar logisch unmittelbar an die der einfachen Brechung an, wir begegnen ihr aber erst bei der Polarisation des Lichtes wieder. Bis dahin haben wir es nur mit *einfacher* Brechung zu tun.

b) Brechung durch Kugelflächen.

Geometrische Beziehungen zwischen Objektabstand und Bildabstand von der brechenden Fläche. Die lichtbrechende Wand, auf die das Licht bei seiner Ausbreitung trifft (S. 503) und die seinen weiteren Gang beeinflußt, sollte *eben*

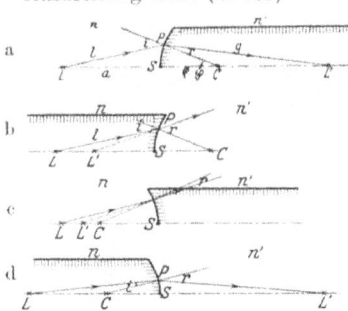

sein. Wie beeinflußt nun eine *gekrümmte* Wand (Abb. 664a) seinen Gang? Wir nähern uns mit dieser Frage der Aufgabe, einen Gegenstand durch lichtbrechende Hilfsmittel „abzubilden", wie durch Photographenkamera und Bildwerfer, und der Aufgabe, das Auge durch Hilfsmittel, wie Brille, Lupe, Mikroskop, Fernrohr zu unterstützen. Von Bedeutung für diese Instrumente sind unter den gekrümmten Flächen überwiegend die kugeligen. Wir beschäftigen uns daher nur mit diesen.

Den Weg, den wir (S. 499/500) eingeschlagen haben, um die Spiegelung des Lichtes an Kugelflächen zu untersuchen, schlagen wir auch hier ein. L auf der Geraden LC durch den Kugelmittelpunkt C sei ein Punkt, der Strahlen aussendet, der Objektpunkt (Dingpunkt). Wir verfolgen den Weg des Strahles, der bei P auf die kugelige Grenze PS zwischen Luft und Glas fällt. Das Einfallslot zu P ist (S. 500) der Radius CP, Winkel i also der Einfalls-

Richtung der Bewegung des Lichtes

n | n'

Zu d: $LC = LS - SC = -a - \varrho$
$L'C = L'S + SC = +a' + \varrho$
$\dfrac{LC}{L'C} \cdot \dfrac{L'S}{LS} = \dfrac{-a + \varrho}{+a' - \varrho} \cdot \dfrac{+a'}{-a} = \dfrac{\varrho - a}{\varrho - a'} \cdot \dfrac{a'}{a}$

Abb. 664. Zur geometrischen Beziehung des Objektabstandes SL und des zugehörigen Bildabstandes SL' vom Scheitel S der brechenden Kugelfläche.
Es wird bezeichnet: LS mit a, $L'S$ mit a', CS mit ϱ.

winkel. Der Strahl bleibt auch nach der Brechung in der Ebene der Zeichnung, er wird zu der Achse *hin* gebrochen unter dem Brechungswinkel r und schneidet sie in L'. Denkt man sich die Zeichnung um LC als Achse gedreht, so erkennt man: alle Strahlen auf dem durch die Drehung entstehenden Kegelmantel (mit dem Achsenwinkel PLS) gehen nach der Brechung durch L'. Man nennt L' den zu L gehörigen *Bildpunkt* und nennt L und L' einander *konjugiert*. Da PS eine Kugelfläche ist, und da $n \cdot \sin i = n' \cdot \sin r$ ist, wo n und n' die *absoluten* Brechzahlen der Luft und des Glases bedeuten, können wir den Ort von L' mit Bezug auf S ermitteln. — Es ist

$$\text{im } \triangle PCL \quad \frac{LC}{l} = \frac{\sin i}{\sin \varphi}, \qquad \text{im } \triangle PCL' \quad \frac{L'C}{g} = \frac{\sin r}{\sin \varphi}$$

und daher

$$\frac{LC}{L'C} \cdot \frac{g}{l} = \frac{n'}{n} \left(\text{da ja } \frac{\sin i}{\sin r} = \frac{n'}{n} \right).$$

Jetzt nehmen wir an, P liege S so nahe, daß wir l durch LS und g durch $L'S$ ersetzen dürfen. Dann ist

$$\frac{LC}{L'C} \cdot \frac{L'S}{LS} = \frac{n'}{n}. \tag{1}$$

Kann SP als verschwindend klein gelten, so heißt das: die Öffnung des Strahlenbündels ist so klein, daß seine Strahlen *alle* nahezu senkrecht auf die brechende Fläche fallen(wie S. 500 m. auf die spiegelnde). Unter dieser einschränkenden Annahme gilt die Gleichung (1). Sie besteht auch dann, wenn das Licht auf eine konkave brechende Fläche fällt, und auch dann, wenn es aus Glas in Luft (bisher Luft in Glas) tritt, also n zu dem *stärker* brechenden Stoff gehört, n' zu dem schwächer brechenden. Das zeigen die Abb. 664a, b, c, d. In allen bedeutet L die Lichtquelle, C den Kugelmittelpunkt, S den Scheitel der brechenden Kugelfläche, LP den einfallenden Strahl, CP das Einfallslot, der zu P *hingehende* Pfeil den Strahl *vor*, der von P *ausgehende* Pfeil den Strahl *nach* der Brechung und L' den *Bildpunkt*, den Durchschnitt des gebrochenen Strahles mit der durch L und C gehenden Achse. Wird der Strahl *zur Achse hin* gebrochen (a und d), so schneidet er selber die Achse *hinter* der brechenden Fläche (reell). wird er *von der Achse weg* gebrochen (b und c), so schneidet seine rückwärtige Verlängerung die Achse, und zwar *vor* der brechenden Fläche (virtuell). In allen vier Fällen bedeutet n die Brechzahl des Mediums, aus dem das Licht *herkommt*, n' die Brechzahl des Mediums, *in* das es *eintritt*. In den Abb. a und c ist n' größer als n (Lichtweg aus Luft in Glas), in den Abb. b und d kleiner als n (Lichtweg aus Glas in Luft). In allen vier Fällen bedeutet i den Einfallswinkel, r den Brechungswinkel, in allen besteht also die Gleichung (1). Den Abstand $L'S$ des Bildpunktes vom Scheitel findet man daher aus den andern Größen in allen Fällen *durch dieselbe Gleichung*. Aber der Bildpunkt L' liegt bald *rechts* vom Scheitel, bald *links* davon. Um sagen zu können, wo er relativ zum Scheitel liegt, muß man *gleichzeitig* wissen, ob der errechnete Abstand nach rechts oder nach links vom Scheitel zu rechnen ist. (Es genügt ja auch nicht zu wissen: „Ein Temperaturgrad liegt soundso weit vom Nullpunkt", man muß gleichzeitig wissen, ob darüber oder darunter.) Wir bezeichnen auch hier den Gegensatz durch $+$ und $-$. Wir benützen den *Scheitel S* als Bezugspunkt und rechnen von ihm aus die Abstände nach *links* hin *negativ*, nach *rechts* hin *positiv*. Bezeichnen wir die Strecken $L'S$ mit a', LS mit a, CS mit ϱ, so ist für den Fall der Abb. 664a

$$\frac{-a + \varrho}{+ a' - \varrho} = \frac{+ a'}{+ a} \cdot \frac{n'}{n}$$

und ähnlich so für *jeden* Fall der Abb. 664, wenn man nur jedem Abstande das ihm relativ zu S zukommende Vorzeichen gibt (wie z. B. Fall d zeigt). Eine elementare algebraische Umformung der linken Seite ergibt dann in *jedem* Falle

$$\frac{n'}{a'} - \frac{n}{a} = \frac{n' - n}{\varrho} \cdot$$

Anwendung der Formel für die Brechung an Kugelflächen. Der Einfachheit halber setzen wir jetzt anstatt der absoluten Brechungsverhältnisse die relativen: ist n das absolute Brechungsverhältnis der Luft, n' das des Glases, so ist (siehe die Formeln auf S. 510) das Brechungsverhältnis von Luft in Glas $N = n'/n$. Wir bezeichnen von hier an den Radius mit r und erhalten dann

$$\frac{N}{a'} - \frac{1}{a} = \frac{N - 1}{r} \cdot$$

Wir wollen N mit $3/2$ annehmen. Ist wie in Abb. 664a die Kugelfläche konvex nach links, d. h. der Mittelpunkt *rechts* von S, und der Radius 50 cm, so ist $r = + 50$. Liegt der leuchtende Punkt L *links* von S in einem Abstande von 200 cm, so ist $a = -200$. Suchen wir nun, wo der Bildpunkt zu L liegt, so haben wir:

$$\frac{\frac{3}{2}}{a'} - \frac{1}{-200} = \frac{\frac{3}{2} - 1}{+ 50}\quad\text{oder anders geschrieben}\quad \frac{3}{2\,a'} + \frac{1}{200} = \frac{1}{100} \cdot$$

Die Ausrechnung ergibt $a' = + 300$, d. h. L' liegt 300 cm nach rechts vom Scheitel. — Liegt L nur um 50 cm von S entfernt, dann ist

$$\frac{3}{2\,a'} + \frac{1}{50} = \frac{1}{100}, \quad\text{also}\quad a' = -150,$$

d. h. L' liegt ebenfalls, wie L, links von S. Da er auf derselben Seite des Scheitels liegt wie der Objektpunkt, so ist er virtuell; nicht die gebrochenen Strahlen selbst schneiden die

Achse, sondern ihre rückwärtigen Verlängerungen. Ist die Kugelfläche konkav nach links, dann ist zu setzen: $r = -50$ und $a = -200$, wir erhalten also:

$$\frac{\frac{3}{2}}{a'} - \frac{1}{-200} = \frac{\frac{3}{2} - 1}{-50}, \quad \text{also} \quad a' = -100,$$

d. h. auch der Bildpunkt liegt links von S, ist also wie in dem zuletzt besprochenen Zahlenbeispiel virtuell.

Einführung der Brennweite. Es ist oft zweckmäßig, die Formel $\dfrac{n'}{a'} - \dfrac{n}{a} = \dfrac{n' - n}{r}$ umzuformen, indem man die *Brennweiten* in sie einführt. Liegt der Dingpunkt L auf der Achse unendlich weit weg von der brechenden Fläche, d. h. ist $a = \infty$, dann sind die Strahlen, die auf sie fallen, einander und der Achse parallel. Der Bildpunkt, in dem sich diese *vor der*

Abb. 665. Die Brennpunkte der konvexen brechenden Kugelfläche (sie sind reell).

Brechung parallelen Strahlen nach ihrer Brechung schneiden, F' in Abb. 665, links, heißt der *hintere Brennpunkt* der brechenden Fläche. Sein Abstand a' von der brechenden Fläche — wir nennen ihn σ' — folgt aus

$$\frac{n'}{a'} - \frac{n}{a} = \frac{n' - n}{r}. \quad \text{Da } a = \infty \text{ ist, ist } n/a = 0, \text{ also } a' = \frac{n' \cdot r}{n' - n} = \sigma'.$$

Entsteht dagegen der *Bild*punkt auf der Achse unendlich weit weg von der Fläche, d. h. ist $a' = \infty$, dann sind die Strahlen, *nachdem* sie durch die brechende Fläche gegangen sind, einander und der Achse parallel. Der Objektpunkt, von dem diese nach der Brechung parallelen Strahlen vor ihrer Brechung herkommen, F in Abb. 665, rechts, heißt der *vordere Brennpunkt* der brechenden Fläche. Sein Abstand a von der brechenden Fläche — wir nennen ihn σ — ist, da $a' = \infty$, also $n'/a' = 0$

$$a = -\frac{n \cdot r}{n' - n} = \sigma.$$

Mit den *Brennweiten* σ und σ' formt man die Gleichung $\dfrac{n'}{a'} - \dfrac{n}{a} = \dfrac{n' - n}{r}$ um. Man multipliziert beide Seiten mit $\dfrac{r}{n' - n}$ und erhält, indem man σ und σ' einführt, die Gleichung

$$\frac{\sigma'}{a'} + \frac{\sigma}{a} = 1.$$

Der Abstand der Brennpunkte von der brechenden Fläche hängt nur von ihrem Krümmungsradius r und ihrem Brechungsverhältnis ab. Benützen wir statt der absoluten Brechungsverhältnisse n und n' wieder die relativen, so wird $\sigma' = \dfrac{N \cdot r}{N - 1}$ und $\sigma = -\dfrac{r}{N - 1}$. Nehmen wir z. B. $N = 1,5$ an und $r = 3$ cm, die brechende Fläche also konvex (Abb. 665), so ist $\sigma' = +\dfrac{1,5 \cdot 3}{0,5} = +9$ cm, $\sigma = -\dfrac{3}{0,5} = -6$ cm. Ist die brechende Fläche konkav, also $r = -3$ cm, so ist $\sigma' = \dfrac{1,5 \cdot -3}{0,5} = -9$ cm, d. h. der hintere Brennpunkt liegt auf derselben Seite der brechenden Fläche, wie der — unendlich ferne — Objektpunkt: er ist *virtuell*,

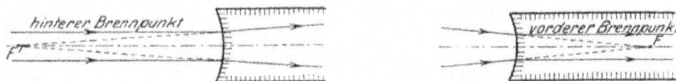

Abb. 666. Die Brennpunkte der konkaven brechenden Kugelfläche (sie sind virtuell)[1].

die rückwärtigen Verlängerungen der gebrochenen Strahlen schneiden einander im Brennpunkt (Abb. 666, links). Ferner ist $\sigma = +6$ cm, d. h. die Strahlen müssen, um nach der Brechung parallel zu sein, *vor* der Brechung nach einem hinter der brechenden Fläche liegenden Punkt konvergieren (Abb. 666, rechts).

---

[1] Der „hintere" Brennpunkt der konkaven brechenden Fläche liegt also (der Definition gemäß) im Sinne der Lichtbewegung *vor* der Fläche der „vordere" Brennpunkt *hinter* der Fläche.

Elementarbündel. Die Formel $\dfrac{n'}{a'} - \dfrac{n}{a} = \dfrac{n'-n}{r}$ gibt die Lagenbeziehungen zwischen Dingpunkt und Bildpunkt relativ zu der brechenden Fläche. Wir haben bei ihrer Ableitung S. 522 u. angenommen, daß der Winkel zwischen dem Strahl LP und der Achse so klein ist, daß die Strahlen nahezu senkrecht auf die Kugelfläche fallen. *Nur* unter dieser *Annahme* gilt die Formel. *Ist sie aber erfüllt, so gilt die Formel für jeden* Strahl des von L ausgehenden Strahlenkegels, denn die im Innern des Bündels verlaufenden Strahlen bilden ja noch kleinere Winkel mit der Achse als die Randstrahlen PL. — Ein Bündel mit so kleiner Öffnung heißt ein *Elementarbündel*. Fällt sein *Hauptstrahl*, d. h. der Strahl LC, den man als eine Schwerlinie ansehen kann, wie hier, senkrecht auf die Kugel, so fällt das ganze Bündel nahezu senkrecht („normal") auf die Kugel. Man nennt ein solches Bündel ein *normal auffallendes* Elementarbündel.

Wir sehen: die Strahlen eines normal einfallenden Elementarbündels gehen nach der Brechung sämtlich durch einen gemeinsamen Punkt des Hauptstrahles, d. h. das Bündel ist auch nach der Brechung *homozentrisch*: der Punkt L wird in dem Punkt L' „abgebildet".

Abbildung von unendlich kleinen Objekten. Was von der Geraden LC durch das Kugelzentrum gilt, gilt auch von *jeder* anderen Geraden durch C: jeder Punkt, der auf einer solchen Geraden im Abstand a vor der brechenden Fläche liegt, wird abgebildet in einem Punkt hinter der brechenden Fläche im Abstand a' von dem zugehörigen Scheitel. Haben also die Punkte $a_1 a_2 \ldots \ldots a_n$ alle denselben Abstand a von der brechenden Fläche (Abb. 667), so haben ihre Bilder $a'_1 a'_2 \ldots \ldots \ldots a'_n$ auch alle denselben Abstand a' von dem zugehörigen Scheitel. Das heißt aber: liegen die *Objekt*punkte auf einer vor der brechenden Kugel konzentrischen *Kugelfläche*, so liegen auch ihre *Bilder* $a'_1 a'_2 \ldots \ldots \ldots a'_n$ auf einer solchen *Kugel*. Beziehen wir uns nur auf die in einer Ebene liegenden Punkte, etwa die in der Ebene der Zeichnung liegenden, so erkennen wir, daß Punkte, die auf einem *Kreisbogen* liegen, auch

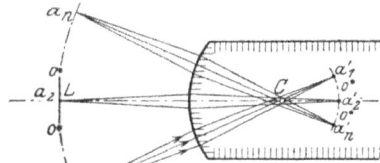

Abb. 667. Zur Abbildung einer unendlich kleinen Ebene durch eine brechende Kugelfläche

wieder in einen *Kreisbogen* abgebildet werden. Nun kann aber ein Stück der Kugeloberfläche, das sehr klein ist, als Ebene gelten, ein Stück Kreisbogen, das sehr kurz ist, als Gerade. Wir schließen also: das zur Achse LC senkrechte *Ebenenelement* oo wird in ein senkrechtes *Ebenenelement* $o'o'$ abgebildet. In der Zeichnung sehen wir nur die *zwei Geraden*, von denen die eine das Bild der anderen ist, wir müssen uns die Zeichnung um die Achse LC einmal herumgedreht denken, um den Vorgang, wie er sich *im Raume* darstellt, zu übersehen.

Kurz: Unter der bekannten Bedingung für die Öffnung der einfallenden Strahlenbündel und für die Ausdehnung des abzubildenden Objektes — unter Objekt die unendlich kleine Gerade oder auch das Ebenenelement verstanden — wird jeder *Punkt*, der auf der (durch den Kugelmittelpunkt gehenden) Achse liegt, in einem *Punkt* abgebildet, der ebenfalls auf der Achse liegt, und jede zur Achse senkrechte *Gerade* oder *Ebene* in einer zur Achse senkrechten *Geraden* oder *Ebene*.

Brechung durch ein zentriertes System. Die Formel $\dfrac{n'}{a'} - \dfrac{n}{a} = \dfrac{n'-n}{r}$ bezieht sich nur auf die Brechung an *einer* Fläche. In der Wirklichkeit haben wir es fast stets mindestens mit zweien zu tun, einer *Linse*, die ja von zwei Kugelflächen begrenzt ist. Was wird aus dem Strahlenbündel, das, wenn es durch die

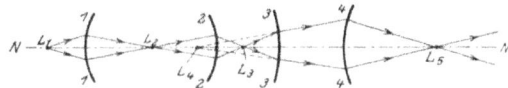

Abb. 668. Eine Reihe von brechenden Kugelflächen (*1,1 . . . 4,1*) mit gemeinsamer Achse (*N N*). Zentriertes System von Kugelflächen.

erste Kugelfläche gegangen ist, auf eine zweite, dritte usw. fällt? Wir benützen wieder das absolute Brechungsverhältnis und nennen es für das erste Medium n (Abb. 668), für das zweite n', für das dritte n'' usw. Die späteren Anwendungen (optische Instrumente) gestatten die Mittelpunkte der Kugelflächen *auf einer Geraden* NN anzunehmen. Ein solches „brechendes System" nennt man *zentriert*. Ferner nehmen wir an, daß wir es wieder mit einem Elementarbündel zu tun haben, das von einem Punkt L_1 der Achse ausgeht. Dieses Bündel bleibt auch nach der Brechung an der Fläche *1* homozentrisch und gibt den Bildpunkt L_2 auf der Achse. Die Strahlen kreuzen einander alle in L_2 und treffen hierauf die Fläche *2*. Der Bildpunkt L_2 ist für die Fläche *2* *Objekt*punkt und spielt ihr gegenüber dieselbe Rolle, die L_1 der Fläche *1* gegenüber spielt. Das durch L_2 hindurchgehende Elementarbündel wird also auch durch Fläche *2* homozentrisch zu einem Punkte der Achse hin gebrochen, zu L_3. Der Fläche *3* gegenüber spielt nun L_3 die Rolle des Objektpunktes usw. Kommt an einer der Flächen, etwa an *3*, ein *virtuelles* Bild zustande, so spielt für die Fläche *4* der virtuelle Bildpunkt L_3 die Rolle des Objektpunktes auf der Achse. Wir sehen: ein (*homozentrisches*) Strahlenbündel, das von *einem Punkt der Achse* ausgeht, bleibt auch nach beliebig vielen Brechungen in einem *zentrierten* optischen System homozentrisch, es erzeugt einen Bildpunkt auf der Achse.

Linsenformen. Eine *Linse* bildet jeder von zwei Kugelflächen begrenzte lichtbrechende Stoff. Uns interessiert nur die *Glas*linse. Auf ihr beruht die Wirksamkeit der abbildenden optischen Instrumente. Es sind sechs verschiedene Formen der Linse möglich, je nachdem die konvexe und die konkave Fläche miteinander, oder je eine von ihnen mit einer Ebene zusammen das Medium n' begrenzen; die Ebene gilt als Kugelfläche mit unendlich großem Radius. Man nennt die Linsenformen (Abb. 669):

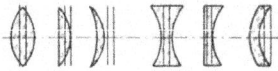

Abb. 669.

Sammellinsen.   Zerstreuungslinsen.
bikonvex,   bikonkav,
plankonvex,   plankonkav,
konkavkonvex,   konvexkonkav.
Die Sammellinsen sind in der Mitte dicker, die Zerstreuungslinsen dünner als am Rande.

Allgemeine Linsenformel. Ein Punkt L auf der Achse (Abb. 668) schicke nun ein Elementarbündel auf die *Linse*. Wo liegt der zu L konjugierte Bildpunkt L'? Auch er liegt auf der Achse (S. 522 m.). Ob rechts oder links von der Linse und wie weit weg davon, erfahren wir aus der allgemeinen Linsenformel. Um diese zu finden, denken wir uns zunächst die Linse so dünn, daß man ihre Dicke den anderen Strecken gegenüber vernachlässigen darf, d. h. *unendlich* dünn. Man darf die Linsen „in manchen Fällen für eine vorläufige ungefähre Veranschlagung der Wirkung eines optischen Systems" (CZAPSKI) als verschwindend dünn ansehen. Unter dieser Annahme identifizieren wir den Scheitel der zweiten Grenzfläche mit dem Scheitel der ersten und rechnen von ihm aus *auch* den Radius, den Bild- und den Objektabstand, der sich auf die *zweite* Fläche bezieht. Nennen wir a den Abstand des Objektpunktes von der ersten brechenden Fläche, a' den Abstand des Bildes, das durch Brechung an ihr entsteht, und r_1 ihren Radius, so haben wir

$$\frac{n'}{a'} - \frac{n}{a} = \frac{n'-n}{r_1} \quad . \quad . \quad . \quad . \quad . \quad . \quad . \quad . \quad . \quad (1)$$

Dieses *Bild* im Abstande a' vom Scheitel S ist nun *Objekt* für die zweite Fläche. Da die Scheitel beider Flächen nach unserer Annahme zusammenfallen, hat der *Objekt*punkt von der zweiten Fläche den Abstand a'. Den Abstand des *Bildes*, das durch Brechung an dieser zweiten Fläche entsteht, nennen wir b, den Radius r_2. Das Licht geht aus dem Medium mit dem Brechungsverhältnis n' in das Medium mit dem Brechungsverhältnis n'', daher bekommen wir

$$\frac{n''}{b} - \frac{n'}{a'} = \frac{n''-n'}{r_2}.$$ Da $n'' = n$ ist — die Linse grenzt *beiderseits* an Luft — geht diese Gleichung über in

$$\frac{n}{b} - \frac{n'}{a'} = \frac{n-n'}{r_2}. \qquad (2)$$

Durch Addition von (1) und (2) folgt:

$$\frac{n}{b} - \frac{n}{a} = (n' - n)\left|\frac{1}{r_1} - \frac{1}{r_2}\right|$$

$$\frac{1}{b} - \frac{1}{a} = \frac{n' - n}{n}\left|\frac{1}{r_1} - \frac{1}{r_2}\right|$$

und mit $n'/n = N$ wird *die allgemeine Linsenformel*:

$$\frac{1}{b} - \frac{1}{a} = (N - 1)\left|\frac{1}{r_1} - \frac{1}{r_2}\right|.$$

Die Formel wird einfacher, wenn man die Brennpunkte der Linse in sie einführt — wohlgemerkt: der *Linse*. Derselbe Gedankengang und dieselben Bezeichnungen wie S. 524 für die *Fläche* führen hier zu Brennpunkten der *Linse*. Ist der leuchtende Punkt unendlich weit weg, $a = \infty$, fallen also die Strahlen parallel zueinander und zu der Achse auf die Linse, so entsteht sein Bild im *hinteren Brennpunkt der Linse*. Die Strahlen gehen dann hinter der Linse (bei den Zerstreuungslinsen nach rückwärts verlängert!) sämtlich durch denjenigen Achsenpunkt, dessen Abstand f von ihr (da $1/a = 0$ ist) gegeben ist durch

$$\frac{1}{f} = (N - 1)\left|\frac{1}{r_1} - \frac{1}{r_2}\right|.$$

Man kann daher die allgemeine Formel schreiben: $\frac{1}{b} - \frac{1}{a} = \frac{1}{f}$.

Der *vordere* Brennpunkt der Linse ist der Achsenpunkt F, von dem die Strahlen

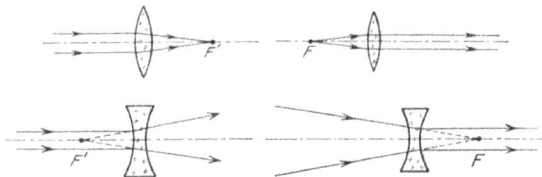

Abb. 670. Die Orte der hinteren (F') und der vorderen (F) Brennpunkte der Bikonvex- und der Bikonkavlinse (s. Fußnote zu Abb. 666).

ausgehen müssen (bei den Zerstreuungslinsen: auf den die Strahlen hinzielen müssen!), damit sie sich hinter der Linse erst in unendlichem Abstande von der Linse schneiden. d. h. durch die Brechung parallel werden (Abb. 670). Die Ebenen senkrecht auf der Achse durch die Brennpunkte heißen die *Brennebenen*. Der Abstand des vorderen (hinteren) Brennpunktes der Linse von der ersten (zweiten) *Hauptebene* (s. d.) heißt vordere (hintere) Brenn*weite* der Linse. In der unendlich dünnen Linie ist die Brennweite identisch mit dem Abstande des Brennpunktes.

Die allgemeine Linsenformel ergibt die Gleichung für jede der sechs Linsenarten (Abb. 669) ohne weiteres, man muß nur die Vorzeichen beachten. Liegt der *Dingpunkt links vom Scheitel* auf der Achse, so bekommt a das negative Zeichen. Ist die Linse bikonvex, so ist r_1 positiv, r_2 negativ. Ist sie bikonkav, so ist r_1 negativ, r_2 positiv. Wir haben also für

die unendlich dünne $\begin{Bmatrix}\text{bikonvexe}\\\text{bikonkave}\end{Bmatrix}$ Linse: $\frac{1}{b} + \frac{1}{a} = \pm (N - 1)\left|\frac{1}{r_1} + \frac{1}{r_2}\right|.$

Führen wir ihre Brennweite ein, so wird: $\frac{1}{b} + \frac{1}{a} = \pm \frac{1}{f}$.

Hauptebenen und Hauptpunkte. Knotenpunkte. Sechs Kardinalpunkte. Man kommt auch für Linsen endlicher Dicke zu übersichtlichen Formeln, wenn man die Abstände (des Objekts, des Bildes, der Brennpunkte) nicht vom *Scheitel* der brechenden Flächen aus mißt, sondern von den *Hauptpunkten* aus (GAUSS), den zwei Punkten, in denen die zwei *Hauptebenen* die Achse schneiden. Abb. 669 zeigt, wo jede der sechs Linsen ihre Hauptebenen und ihre Hauptpunkte hat. Die auf die Hauptpunkte bezogenen Formeln für Linsen endlicher Dicke abzuleiten, würde zu weit führen. Aber die geometrische Sonderstellung der Haupt-

ebenen interessiert uns, sie verhilft dazu, den Weg auf die Linse fallender Lichtstrahlen durch die Linse hindurch geometrisch zu verfolgen und zu einem gegebenen Objekt Ort und Lage eines Bildes geometrisch zu konstruieren.

Gegeben sei ein optisches System aus zwei brechenden Flächen (Abb. 671),
etwa eine Bikonvexlinse mit F und F' als Brennpunkten. Ein Lichtstrahl S,
der *parallel* zur Achse auf die erste Fläche fällt, geht nach der Brechung an der
zweiten durch F', d. h. Strahl S und der Strahl durch F' sind einander konjugiert. Der Schnittpunkt beider Strahlen ist K'. Man denke sich ferner einen
zweiten Lichtstrahl S' in derselben Einfallsebene wie S (die Ebene der Zeichnung),

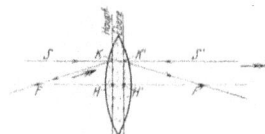

Abb. 671. Geometrische Bedeutung
der Hauptpunkte und Hauptebenen.

parallel zur Achse von der entgegengesetzten Seite
einfallend, in derselben Höhe über der Achse, also
in der Verlängerung von S.   Er geht nach der
Brechung durch F. Der Schnittpunkt beider Strahlen
ist der Punkt K. Wir benützen nun für den Strahl S'
das Prinzip von der Umkehrbarkeit der Strahlenwege, d. h. wir denken ihn uns von F *ausgehend*;
an den geometrischen Verhältnissen wird dadurch

nichts geändert. (Er hat dann die Richtung des Doppelpfeiles ➤➤.)   Wir
wenden nun unsere Aufmerksamkeit den Punkten K und K' zu. K ist der
Schnittpunkt von S' mit dem Strahl durch F. Er ist aber auch — das ist jetzt
wichtiger — der Schnittpunkt von S mit dem Strahl durch F. Und ebenso ist
uns K' wichtig als Durchschnitt des Strahles S' mit dem Strahl durch F'. Wir
haben aber bereits gesehen, der Strahl S ist konjugiert zu dem Strahl durch F',
und Strahl S' ist konjugiert zu dem Strahl durch F. Somit ist K' der Schnittpunkt zweier Strahlen, die den von K ausgehenden konjugiert sind. Hierdurch
sind aber K und K' als konjugierte Punkte charakterisiert, d. h. wenn K Objektpunkt ist, so ist K' sein Bildpunkt und umgekehrt. *Bildpunkt und Objektpunkt
liegen hier auf einer zur Achse parallelen Geraden.* Wir haben einen Abstand von
der Achse beliebig herausgegriffen, in dem die zu der Achse parallelen Strahlen
S und S' verlaufen, und wir haben die Betrachtung nur für diejenige Einfallsebene angestellt, die mit der Ebene der Zeichnung identisch ist. Aber was von
den Punkten K und K' gilt, gilt von jedem Punkte der beiden Geraden, die man
von ihnen aus senkrecht auf die Achse fällt. Und was von der Einfallsebene
gilt, die mit der der Zeichnung identisch ist, gilt von jeder durch die optische
Achse FF' gelegten Ebene. Dreht sich die Zeichnung um die Achse einmal ganz
herum, so beschreiben die durch K und K' gehenden Geraden zwei Ebenen, in
denen je zwei Punkte einander so entsprechen, wie K und K'. Das heißt: jeder

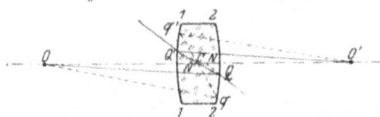

Abb. 672. Geometrische Bedeutung der Knotenpunkte (N, N').

Punkt der einen Ebene hat sein Bild
sich gegenüber in der anderen, und zwar
in dem gleichen Abstand von der Achse,
auf der durch ihn zur Achse parallelen
Geraden. — Die so charakterisierten Ebenen heißen *Hauptebenen*, und die Punkte
H und H', in denen sie von der Achse

geschnitten werden, *Hauptpunkte*. Es läßt sich beweisen, daß jedes optische
System *nur* zwei Hauptebenen hat.

Die Brennpunkte und die Hauptpunkte sind geometrisch wie arithmetisch wichtig für
die Kenntnis eines optischen Systems — sie heißen daher *Kardinalpunkte*. Auch die von
LISTING eingeführten *Knotenpunkte* helfen die geometrische Lage eines Bildes finden, wenn
die Brennpunkte der Linse und die Lage eines Objektes gegeben sind. In der Bikonvexlinse (Abb. 672) sind N und N' die Knotenpunkte. Folgende geometrische Eigenschaft
charakterisiert sie: zielt ein Strahl *vor* der Brechung an der ersten Linsenfläche nach dem
ersten Knotenpunkte N, so geht er *nach* der Brechung an der zweiten Linsenfläche parallel

zur Einfallsrichtung weiter, und zwar so, wie wenn er von dem zweiten Knotenpunkte N'
herkäme. — Die *Knotenpunkte* und die *Hauptpunkte* fallen zusammen, wenn der zuerst
durchlaufene Stoff mit dem zuletzt durchlaufenen identisch ist, *der gewöhnliche Fall bei den
Linsen unserer optischen Instrumente*, die *beiderseits* von Luft umgeben sind. Wir gehen
darum auch nicht näher auf die Knotenpunkte ein. Eine Ausnahme macht das Auge. In
ihm ist der erste Stoff die Luft, nicht aber der letzte

Mit Hilfe der Kardinalpunkte geometrisch konstruierte Bilder.

Die folgenden Abbil-
dungen veranschaulichen die Bedeutung der Hauptebenen und der Knotenpunkte zusammen
mit den Brennpunkten als geometrischer Hilfsmittel. Abb. 673a sei eine Konvexlinse, E
und E' ihre Hauptebenen; ihre Hauptpunkte K und K' zugleich ihre Knotenpunkte; B und
B' ihre Brennpunkte; OP ein Objekt. Um das Bild von OP zu konstruieren — um sich
geometrisch darüber klar zu werden, *wo es liegt*, *falls* es entsteht —, um z. B. den zum Objektpunkt O gehörigen Bildpunkt zu finden, kann man unter den von O ausgehenden Strahlen
drei benützen (je zwei genügen), deren Weg man mit Hilfe der sechs *Kardinalpunkte* von
dem Objekt bis zum Bilde geometrisch konstruieren kann. Diese drei Strahlen sind:

1. der Strahl *1*, der vor der Brechung parallel zur Achse ist,
2. „   „ *2*, „ „ „   „   durch den vorderen Brennpunkt B geht,
3. „   „ *3*, „ „ „   „   nach dem ersten Knotenpunkt K hinzielt.

Von dem Strahl 1 wissen wir erstens: er geht hinter der Linse durch den Brennpunkt
B', und zweitens: er geht vor der Brechung durch den Punkt h der ersten Hauptebene, infolgedessen nach der Brechung durch den zu h konju-
gierten Punkt h' der zweiten Hauptebene. Sein Weg
hinter der Linse ist also die Gerade $1'1'$, auf ihr liegt
das *Bild* von O. Von dem Strahl 2 wissen wir erstens:
er geht hinter der Linse parallel zur Achse, und zweitens:
er geht vor der Brechung durch den Punkt i der ersten
Hauptebene; er geht infolgedessen nach der Brechung
durch den zu i konjugierten Punkt i' der zweiten Hauptebene. Sein Weg hinter der Linse ist also die Gerade $2'2'$.
Das Bild von O liegt somit auch auf *dieser* Geraden —
liegt daher im Durchschnitt von $1'1'$ und $2'2'$. Vom
Strahl 3 wissen wir — man erinnere sich an die geometrische Eigenschaft der Knotenpunkte — er geht hinter
der Linse parallel zu der Richtung, die er vor der Linse
hat, und zwar durch den zweiten Knotenpunkt K'.
Sein Weg hinter der Linse ist also die Gerade $3'3'$. Das
Bild von O liegt auch auf *dieser* Geraden — es kann
somit gefunden werden als Schnittpunkt von $1'1'$ und
$2'2'$ oder von $1'1'$ und $3'3'$ oder von $2'2'$ und $3'3'$.

Am einfachsten wird die Konstruktion, wenn die

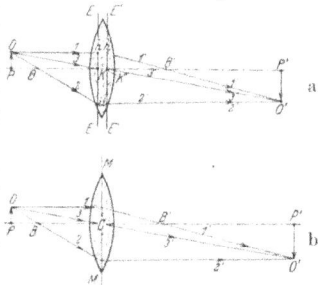

Abb. 673. Geometrische Ermittlung der
Lage und der Größe des Bildes $O'P'$
aus der Lage des Objekts OP und den
Hauptebenen, Knotenpunkten, Brennpunkten der Bikonvexlinse.

Linse (S. 526 m.) als *unendlich dünn* gelten kann. Je dünner sie wird, desto näher rücken
die Hauptpunkte aneinander und an den optischen Mittelpunkt C. Ist sie unendlich dünn,
so fallen sie miteinander und mit dem optischen Mittelpunkt C zusammen, und die Hauptebenen fallen in die durch C gehende, auf die optische Achse senkrechte Symmetrieebene MM. Für eine solche Linse haben wir also, wenn wir zu einem Objektpunkt den
Bildpunkt konstruieren, nur folgendes zu beachten (Bezeichnungen wie Abb. 673a):

Strahl *1'* geht hinter der Linse durch den hinteren Brennpunkt, und zwar von *demselben* Punkt der Ebene MM aus, in dem Strahl *1* sie geschnitten hat — demselben, weil
die beiden Hauptebenen der Abb. 673a hier in *eine* Ebene, in Abb. 673b zusammenfallen.
Strahl *2'* geht hinter der Linse parallel zur Achse, und zwar von demselben Punkte der Ebene
MM aus, in dem Strahl *2* sie geschnitten hat — aus demselben Grunde. Strahl *3'* ist die
Verlängerung von *3*, d. h. *3* geht ungebrochen durch den optischen Mittelpunkt C, denn C
vereinigt jetzt beide Knotenpunkte in sich. Die früher *parallel* auseinandergeschobenen
Strahlen *3* und *3'* bilden daher jetzt einen ungebrochenen Strahl durch den einzigen vorhandenen Knotenpunkt.

Die Abb. 674 zeigen diese Bildkonstruktion, die die Linsendicke außer acht läßt; *a*
und *b* für die Bikonvex- und *c* für die Bikonkavlinse. Sie veranschaulichen die Formeln
(S. 527 u.) für die beiden Linsen.

Für die Bikonvexlinse (Abb. 674a) ergibt sich: Liegt das Objekt unendlich weit weg
von ihr ($a = \infty$), so liegt sein Bild im hinteren Brennpunkt F' der Linse, ist *reell, umgekehrt*
und *kleiner* als das Objekt. Nähert sich das Objekt der Linse, so entfernt sich sein Bild von
ihr und wächst. Ist das Objekt der Linse so nahe gekommen, daß es nur noch um die doppelte
Brennweite von ihr absteht ($a = 2f$), so ist (auch $b = 2f$) das Bild *auch* um die doppelte
Brennweite von der Linse entfernt und gerade so groß wie das Objekt (Abb. 674a: Objekt 5

und Bild 5′). Ist das Objekt im vorderen Brennpunkt F angekommen, so ist das Bild **in** unendlich großem Abstand von der Linse angekommen. Rückt das Objekt über den Brennpunkt F hinaus noch näher an die Linse (Abb. 674 b), so entsteht überhaupt kein *reelles* Bild von ihm, sondern ein *virtuelles*, das *aufrecht* und *vergrößert* ist und „dingseitig" liegt. Die Bikonvexlinse wirkt dann als *Vergrößerungsglas* (Lupe).

Für die Bikonkavlinse (Abb. 674 c) ergibt sich: Liegt das Objekt unendlich weit weg von der Linse ($a = \infty$), so liegt das Bild im hinteren Brennpunkt der Linse — „dingseitig", ist *virtuell*, *aufrecht* und *kleiner* als das Objekt; nähert sich das Objekt der Linse, so nähert

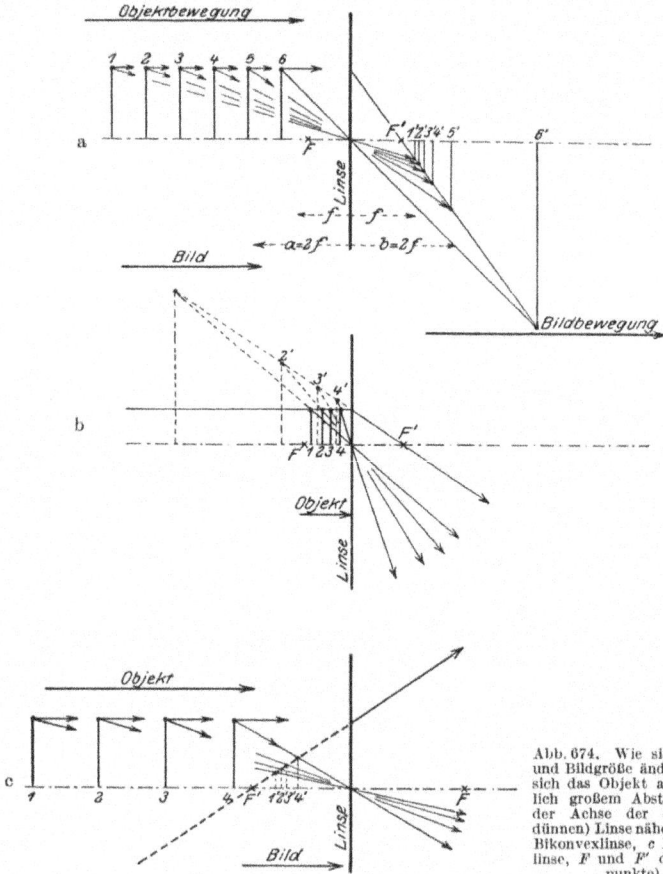

Abb. 674. Wie sich Bildort und Bildgröße ändern, wenn sich das Objekt aus unendlich großem Abstand längs der Achse der (unendlich dünnen) Linse nähert (a und b Bikonvexlinse, c Bikonkavlinse, F und F' die Brennpunkte).

sich auch das Bild der Linse und wird größer, bleibt aber virtuell, aufrecht und kleiner als das Objekt. Bei der Bikonkavlinse liegt der „*vordere*" Brennpunkt *hinter* der Linse, der „*hintere*" Brennpunkt *vor* der Linse (Abb. 666).

Aber das alles sind nur Konstruktionszeichnungen, die uns zwar sagen, wo und wie die Bilder liegen, und wie groß im Verhältnis zum Objekt sie sind, *wenn* man die Abbildung verwirklichen kann; sie sagen aber nichts davon, *ob* man sie verwirklichen kann. Wir haben ja immer nur von der Abbildung *unendlich kleiner* Objekte und von *unendlich engen* Strahlenbündeln gesprochen, das haben wir hier aber nicht berücksichtigt. Wir kommen darauf zurück.

Bikonvexlinse. Bikonkavlinse. Die Bikonvexlinse und die Bikonkavlinse kennt jeder; die bikonvexe als Brennglas, Vergrößerungsglas, Lupe, auch als die große Linse des Opernglases, die bikonkave als die kleine Linse des gewöhnlichen Opernglases. Abb. 674a zeigt: die bikonvexe Linse veranlaßt die Strahlen, die von greifbaren Gegenständen ausgehen, ein reelles Bild zu erzeugen, jenseits der Linse — „bildseitig" (Gegensatz: „dingseitig") wenn nicht etwa [Abb. 674b] das Objekt der Linse näher liegt als der Brennpunkt; sie *konvergieren* zu *reellen* Schnittpunkten. Die bikonkave Linse dagegen bewirkt, daß die rückwärtigen, d. h. nach der Objektseite hin geführten Verlängerungen der Strahlen, die von greifbaren Gegenständen ausgehen, einander schneiden. Auch die gebrochenen Strahlen *scheinen* daher von einem „dingseitigen" Punkte auszugehen: sie *divergieren* von *virtuellen* Schnittpunkten. Mit der Bikonvexlinse kann man daher das Bild auf einem Schirm auffangen und wie ein Gemälde zeigen; durch die Bikonkavlinse dagegen kann man zwar, wenn man sein Auge *in die Richtung der Strahlen bringt,* das Bild sehen (wie in Abb. 674c), aber man kann es *nicht* auf einem Schirm auffangen.

Um zu sehen, wie verschieden sich die beiden Linsen auffallenden Strahlen gegenüber verhalten, lasse man Sonnenstrahlen auf ein Blatt Papier fallen und bringe in ihren Weg, *ehe sie das Blatt erreichen,* einmal eine Bikonvexlinse, das andere Mal eine Bikonkavlinse. Bringt man die erste in passenden Abstand von dem Papier, so sieht man: 1. Die Linse wirft, obwohl sie *durchsichtig* ist, einen kreisrunden starken *Schatten,* und 2. der Mittelpunkt (streng: eine ganz kleine Kreisscheibe um den Mittelpunkt) des Schattens ist intensiv hell. Dort entwickelt sich auch starke Hitze, so daß sich das Papier entzündet („Brennpunkt"). Einen Schatten wirft die Linse, weil sie alle auf sie treffenden Lichtstrahlen zu dem Brennpunkt hinlenkt, die anderen Punkte hinter der Linse also nichts davon empfangen. Die helle kleine Kreisscheibe ist ein Bild der Sonne. — Bringt man die Bikonkavlinse zwischen die Sonne und das Papier, so wird die Helligkeit des Papiers etwas geringer, weil die Linse die Strahlen auseinanderwirft, über eine größere Fläche verbreitet. Ein Sonnenbildchen zu erzeugen ist unmöglich. Bringt man aber die Linse vor das Auge, so sieht man das *virtuelle* Bild der Sonne, auf derselben Seite der Linse wie die Sonne (dingseitig) liegen.

Kurz: die Bikonvexlinsen brechen parallel auffallende Strahlen zueinander hin, die Bikonkavlinsen voneinander weg — die ersten *sammeln,* die zweiten *zerstreuen* die Strahlen. — Daraus erklärt sich auch der Hauptunterschied der Bilderzeugung. Sehen wir durch die eine oder die andere nach einem *sehr fernen* Gegenstande, an dem wir Einzelheiten unterscheiden können, so sehen wir durch die Bikonvexlinse alles umgekehrt — oben und unten, rechts und links miteinander vertauscht. Einen Reiter, der von rechts nach links reitet, sehen wir von links nach rechts reiten, die Füße des Pferdes oben, den Kopf nach unten, und alles verkleinert. Auch durch die bikonkave Linse sehen wir alles verkleinert, aber alles in der ursprünglichen Lage. Auch dieser Unterschied kommt daher, daß die von der bikonvexen Linse gebrochenen Strahlen einander *hinter* der Linse durchkreuzen; die reelle Kreuzung der Strahlen bewirkt die Umkehrung, wie die Konstruktionszeichnung es zeigt.

Achromasie. Die Brechungszahl N in den Linsenformeln hat je nach der Farbe des bei ihrer Messung benützten Lichtes eine andere Größe. Die Brennweite (S. 527 m.) einer Bikonvexlinse $f = \dfrac{r}{2\,(N-1)}$ hat danach für Rot eine andere Länge als für Gelb oder für Violett. Mit

$$N_{\text{rot}} \;\;= 1{,}527 \quad \text{ist} \quad f_{\text{rot}} \;\;= 0{,}949 \cdot r,$$
$$N_{\text{violett}} = 1{,}542 \quad ,, \quad f_{\text{violett}} = 0{,}922 \;\; r.$$

Daraus folgt (Abb. 675): Bringen wir einen Schirm in den Brennpunkt v der violetten Strahlen, so wird das Bild unscharf gemacht durch einen verwaschenen außen *roten* Farbensaum. Er entsteht dadurch, daß der Schirm auch von den roten Strahlen geschnitten wird, die zu ihrem bei r liegenden Brennpunkt *hinzielen*, und auch von denjenigen Strahlen, deren Brennpunkte zwischen r und v liegen. Bringen wir dagegen den Schirm nach r, so wird das Bild unscharf gemacht durch einen verwaschenen außen *violetten* Farbensaum, der aus den andersfarbigen Strahlen entsteht, die über ihre zwischen r und v liegenden Brennpunkte bereits hinausgegangen sind. Die Strahlen, deren Brennpunkte zwischen r und v liegen, erzeugen farbige *Zerstreuungskreise* auf dem Schirm — jeder einzelne

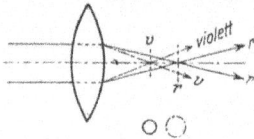

Abb. 675. Farbenabweichung (chromatische Aberration) der Linse. Die Strahlen jeder Farbe haben einen anderen Brennpunkt.

Strahlenkegel wird ja von der Schirmebene in einem Kreise von anderem Durchmesser geschnitten — bei v sind die roten Kreise am größten, bei r die violetten. Die konzentrische Übereinanderlagerung der verschieden großen Zerstreuungskreise erzeugt die farbigen Säume. Die Linsen der optischen Instrumente (Kamera, Mikroskop usw.) würden daher in nichthomogenem Lichte Bilder mit farbigen verwaschenen Säumen geben, wenn man den aus der Farbenzerstreuung entstehenden Fehler nicht beseitigen könnte. Seine Beseitigung nennt man *Achromatisierung* (Entfärbung), das Ergebnis seiner Beseitigung *Achromasie* (Farblosigkeit).

Die ideale Farblosigkeit erfordert es, die Brennpunkte der Strahlen *aller* Farben in *einem* Punkte zu vereinigen, das ist technisch nicht durchführbar, überdies aber unnötig. Die Helligkeit der verschiedenen Teile des Spektrums ist so verschieden, daß es genügt, die Brennpunkte der *hellsten* Strahlen möglichst nahe aneinanderzurücken. — Um zu erkennen, wie man diese partielle Farblosigkeit erzielen kann, kehren wir zurück zu der Farbenzerstreuung des weißen Lichtes durch das Prisma (S. 504 f.).

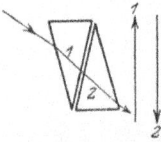

Abb. 676. Verbindung eines Prismas mit einem zweiten, das Farbenzerstreuung und Brechung des ersten aufhebt.

Achromatische Prismen. Das Prisma (Abb. 628) erzeugt eine Reihe von farbigen Bildern der Öffnung o, das rote am wenigsten, das violette am meisten abgelenkt von der Stelle a, das die weiße Licht die der Öffnung gegenüberliegende Wand (ohne Dazwischenkunft des Prismas) getroffen hätte. Um das violette Bild mit dem roten zusammenfallen zu lassen, brauchen wir nur mit dem Prisma 2 ein anderes zu verbinden, das dem ersten vollkommen gleich ist und die Lage 1 in Abb. 676 hat. Jedes einzelne farbige Bild wird dann durch das Prisma 1 ebenso weit in der Richtung des Pfeiles 1 zurückverschoben, wie es durch Prisma 2 in der Richtung des Pfeiles 2 verschoben worden war. Sämtliche Bilder fallen dann an dieselbe Stelle, die gegen die Stelle s nur um so viel verschoben ist, wie der Brechung durch die planparallele Platte entspricht — eine solche bilden die Prismen jetzt. Alle austretenden Strahlen von den roten bis zu den violetten sind dann den einfallenden weißen parallel geworden. Die Farblosigkeit des Bildes und damit auch die Veränderung seiner Form sind verschwunden — *aber auch die Brechung.* Mit diesem Mittel zur Entfärbung können wir nichts anfangen, denn wenn mit der Farbenzerstreuung auch die Brechung aufgehoben wird, so ist das bis auf die Parallelverschiebung gerade so, wie wenn gar kein Prisma da wäre.

Aber der Versuch zeigt die Richtung, in der die Lösung der Aufgabe liegt: Man muß ein Prisma herstellen, *das die Farben ebenso stark zerstreut* wie das erste, das aber *schwächer bricht* und infolgedessen, mit dem ersten verbunden, dessen Brechung zwar *vermindert*, aber nicht *aufhebt.* Man macht zu dem Zweck das erste aus Kronglas, das zweite aus Flintglas[1]. Der Unterschied (Abb. 677 a) der Glasarten bewirkt z. B., daß ein Flintglasprisma, dessen brechender Winkel nur etwa 37° beträgt, ein ebenso langes Spektrum gibt, die Farben also

---

[1] Kronglas ist bleifrei und steht unter den für Glasscheiben bestimmten Sorten an erster Stelle. Flintglas ist stark bleihaltig, es wurde ursprünglich aus pulverisiertem Flintstein (Feuerstein) hergestellt.

ebenso stark auseinanderwirft, wie caet. par. ein Kronglasprisma von 60°. Dabei lenkt das Flintprisma die grüngelben Strahlen im Minimum nur um 25°48′ ab, das Kronprisma um 40°. Miteinander verbunden, lassen die Prismen eine Ablenkung von 14°12′ übrig.

Abb. 677b veranschaulicht, wie ein solches achromatisches System wirkt. Weißes Licht falle durch eine kleine Öffnung in der Richtung des Pfeiles ein. Ungebrochen würde es den Lichtfleck W geben. Stellen wir ihm (Abb. 678) das Prisma C in den Weg, die Basis nach unten, so entwirft es das Spektrum rV, das *Violett unten*, das *Rot oben*. Mit C verbinden wir nun ein Prisma F (Abb. 679), dessen brechende und farbenzerstreuende Wirkung wir *so* definieren: fällt *weißes* Licht in der Richtung r darauf, in der das *rote* Licht aus dem Prisma C der Abb. 678 *austritt* — ungebrochen würde es den weißen Fleck W' geben, an der Stelle, an der in Abb. 679 der rote Strahl die Wand trifft —, so entwirft es das Spektrum $r'V'$ (das *Violett oben*, das *Rot unten*), und zwar in derselben Länge wie C, so daß $r'V' = rV$. Ohne Dazwischenkunft des Prismas F hätte das in der Richtung r einfallende weiße Licht bei W' einen weißen Fleck erzeugt, d. h. ein roter Fleck, ein violetter, und alle die anderen wären in W'

Abb. 677. Achromatisierung eines Prismas.

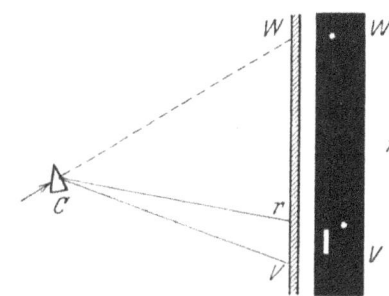

aufeinandergefallen. Das Prisma F hat also jeden dieser Flecke gehoben: den roten bis zur Stelle r' und den violetten noch um eine Strecke $r'V'$ höher, die ja gleich rV ist und die anderen Farben um entsprechende Beträge. — Das so definierte Prisma bringen wir in der durch Abb. 677b wiedergegebenen Lage zwischen C und die Wand. Aus C fällt das

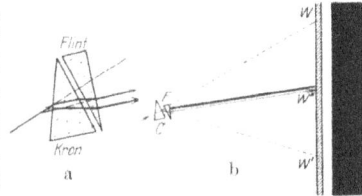

Abb. 678. Wirkung des Kronglasprismas der Abb. 677b.

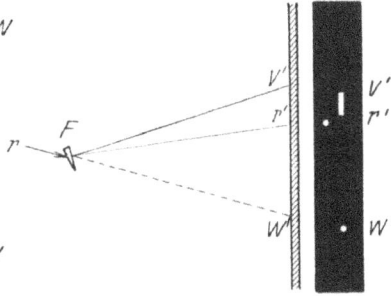

Abb. 679. Wirkung des Flintglasprismas der Abb. 677b.

aus dem weißen Lichtstrahl durch Brechung entstandene divergierende Strahlenbündel rV (Abb. 678) darauf. Dieses Bündel würde ohne die Dazwischenkunft von F das Spektrum rV von W' an auf der Wand erzeugt haben. Die Flecke, die das Prisma F zu heben hat, liegen also von der Stelle r (in Abb. 678) resp. W' (in Abb. 679) aus *untereinander*, V unter r also um die Strecke Vr, die ja gleich $V'r'$ ist. Da nun das Prisma V um $V'r'$ höher *hebt*, als es r hebt, V aber *von vornherein* um die Strecke $V'r'$ *tiefer liegt* als r, so hebt es V bis zu demselben Punkt, zu dem es r hebt, das in die Länge gezogene farbige Bild der Öffnung geht in das weiße Bild W' über.

Leistete das Prisma das, was es für Rot und für Violett leistet, für *alle* Farben des Spektrums *gleich vollkommen*, so würden *alle* farbigen Bilder der Öffnung nach W' fallen, der Fleck W' würde also vollkommen farblos und vollkommen scharf werden. Durch die Verbindung von zwei Prismen aus den üblichen Glasarten kann man nur zwei Farben genau zur Deckung bringen. Die Vereinigung zweier vorgeschriebener Farben kommt dadurch zustande, daß man das Spektrum gleichsam so „zusammenklappt" (nach einem Ausdruck von H. Schröder), daß *diese zwei genau* zusammenfallen. Durch diesen Vergleich wird die paarige Zuordnung von kurz- und langwelligen Strahlen unmittelbar ersichtlich. Alle Strahlen anderer Wellenlänge als die für die Achromatisierung ausgewählten haben eine *andere* Vereinigungsweite. Die Erscheinung, die dadurch zustande kommt, daß Strahlen anderer Wellenlänge nicht die *gleiche* Vereinigungsweite haben wie die zwei ausgewählten, nennt man *sekundäres Spektrum*. Die Ursache für sein Auftreten liegt darin, daß im roten Teil des Spektrums die Dispersion des Kronglases überwiegt, im blauen Teil die des Flintglases. Die zur Deckung ausgewählten Farben sind natürlich auch von Einfluß auf die mehr oder weniger enge Vereinigung der andern. Die

Wahl der ersten macht man abhängig von dem Zweck des optischen Instrumentes. Für die physiologische Wirkung des Lichtes auf die Netzhaut sind andere Strahlenarten maßgebend als für die bei der Photographie wichtigen aktinischen Wirkungen. Die optisch wirksamsten Strahlen liegen zwischen den Linien C und F, sie haben ein Helligkeitsmaximum zwischen D und E. Deckt man C und F miteinander, so werden auch gleichzeitig die hellsten Teile des Spektrums zwischen D und E miteinander vereinigt. Infolge dieser guten Vereinigung des hellen Teiles nennt man die Achromasie von C und F oder ähnlich liegender Linien die *optische* und wendet sie bei den zu subjektivem Gebrauch bestimmten Instrumenten an. Für photographische Zwecke ist der violette aktinisch wirksame Teil des Spektrums maßgebend mit dem Maximum der Wirkung ungefähr in der Nähe von G'. Um das Minimum des sekundären Spektrums dorthin zu verlegen, müssen wir die Linien F und $Viol_{Hg}$ vereinigen. Dann erhalten wir eine reine *aktinische* Farbenkorrektion. (Wichtig für die Astrophotographie; die verhältnismäßig lichtschwachen Objekte fordern eine möglichst vollkommene Konzentration der aktinisch wirksamen Strahlen.)

Achromatische Linsen. Wie man ein Kronglas-*Prisma* mit einem Flintglas-*Prisma* verbindet, verbindet man eine Kronglas-*Linse* mit einer Flintglas-*Linse* (Abb. 680). Gewöhnlich verkittet man sie miteinander und gibt der freibleibenden Fläche der Konkavlinse eine der beabsichtigten Wirkung entsprechende

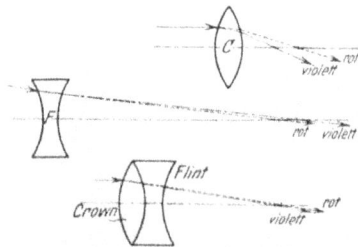

(berechenbare) Krümmung. Wie die Verbindung von zwei *Prismen* nur die Deckung von *zwei* Farben ermöglicht, so auch die Verbindung von zwei *Linsen*. Um *drei* Farben zu vereinigen, muß man im allgemeinen mindestens drei Linsen miteinander verbinden. Nur einige Glasarten des Jenaer Glaswerkes (SCHOTT) machen es möglich, auch mit Systemen aus zwei Linsen drei Farben zu vereinigen, so daß nur ein belangloser Farbenrest übrigbleibt. Die Achromatisierung der Linsen ist entscheidend für die Vervollkommnung des Mikroskops, des Fernrohres und des photographischen Objektivs (zuerst CHESTER MOOR HALL, 1733, dann ihm folgend I. DOLLOND). Die Wege zur Glasherstellung zeigte ursprünglich der mit GUINAND (seit 1775) zusammenarbeitende FRAUNHOFER, ganz neue und bis dahin vollkommen verschlossene Gebiete um 1885 ABBE und SCHOTT durch die Einführung neuer Stoffe in die Glasmasse. Früher benutzte man allein die Kieselsäure als Grundbestandteil von Glasflüssen, SCHOTT führte auch Phosphorsäure und Borsäure ein, die Phosphatglasarten als Ersatz für Kronglasarten und die Boratglasarten als Ersatz für Flintglasarten. Der Photographie, der gewöhnlichen wie der Mikrophotographie, haben die Linsen aus den neuen Glasarten einen besonderen Vorteil gebracht: die photographisch wirksamen Strahlen schneiden einander an derselben Stelle hinter der Linse, an der auch die physiologisch wirksamen einander schneiden, das photographische Bild entsteht daher an derselben Stelle, an der das Auge das Bild *sieht*, mit dem es den Apparat „einstellt". Erst das Zusammenfallen des „optischen" und des „aktinischen" Bildes hat es möglich gemacht, den Apparat ohne zu probieren auf das zu photographierende Objekt einzustellen.

Wir setzen für die Folge die Linsen, auch wo wir es nicht ausdrücklich hervorheben, als achromatisierte voraus.

5. Die Abbildung und ihre Verwirklichung durch die optischen Instrumente.

Abbildungslehren von GAUSS (1841) und von ABBE (1870/80). Die „Abbildung" von Dingen ist eine vorwiegend mathematische Aufgabe. Man hat sie auch immer im wesentlichen als solche behandelt, aber man hat ihre physikalische Seite stets als die Hauptsache angesehen, d. h. die Aufgabe als eine physi-

kalische, die man mathematisch behandeln muß. Erst Abbe hat dieses Rang-
verhältnis umgekehrt. Er behandelt die Aufgabe *zunächst* als rein mathematische,
und erst, *nachdem* er sie gelöst hat, fragt er, ob und wieweit man das mathematische Ergebnis physikalisch, auf optischem Wege, *verwirklichen* kann. Gauss —
die ursprüngliche Art, die Abbildungslehre zu behandeln, wird von ihm abgeschlossen — ging von einem bestimmten Plane, die Abbildung zu *verwirklichen*, aus.
Als gegeben sah er eine Kugelfläche an und Lichtstrahlen, die darauf fallen —
d. h. ein bestimmtes Mittel, die Abbildung zu verwirklichen; ferner die Tatsache
der Brechung des Lichtes — ein weiteres Mittel dazu; ferner ein *durch die Erfahrung gefundenes Brechungsgesetz*, dem die Strahlen gehorchen; lauter Dinge, die
mit der Erfahrung rechnen und die *von vornherein* darauf Bedacht nehmen, wie
die Abbildung *verwirklicht* werden soll. Von der *einen* brechenden Fläche ging
Gauss zur Behandlung der Aufgabe für *zwei* Flächen, eine Linse; von da zu
Systemen zentrierter Linsen. Er nahm stets der Systemachse genügend nahe
liegende Punkte an. Mit anderen Worten: Gauss geht von einer bestimmten *Art
und Weise* aus, durch die die Abbildung verwirklicht werden soll, und von bestimmten *Bedingungen*, unter denen das geschehen soll; er verallgemeinert dann
die Bedingungen immer mehr und kommt so von der Abbildung in einem besonderen Falle zu einer allgemeinen Theorie der Abbildung. Diese Methode, die induktive, geht vom Besonderen zum Allgemeinen. — Ein so gefundenes Gesetz
lernt man aber niemals vollkommen kennen: man weiß nie, wo die Grenzen für
die Verallgemeinerung, also auch für das durch Induktion gefundene Gesetz,
liegen. Man kann daher auf diesem Wege, die Abbildungslehre zu behandeln,
niemals zu Ergebnissen von wirklicher Allgemeinheit kommen. Die so gefundenen
Ergebnisse beruhen ja immer auf besonderen Voraussetzungen, gelten also nur
dann, wenn diese erfüllt sind. Die Beziehungen zwischen Bildpunkt und Dingpunkt, die man so findet, brauchen z. B. schon nicht mehr richtig zu sein, falls —
ein extremer Fall — es sich herausstellen würde, daß jenes Brechungsgesetz
nicht richtig ist, oder daß man es nicht mit Kugelflächen zu tun hat.

Abbe hat einen ganz neuen Weg, die Abbildungslehre zu behandeln, eingeschlagen. Er spricht zunächst nur von geraden Linien und von dem Begriff „Abbildung". Er behandelt die Abbildung als rein geometrische Aufgabe, indem er
ihre ein-eindeutige Beziehung postuliert, um den älteren Begriff der Kollinearität
anwenden zu können. Er setzt nur voraus, daß sie durch *gerade Linien* — auch
sie heißen „Strahlen" — *punktweise* zustande komme, so daß je *einem* Punkt des
Objekts je *ein* (N. B. *nur ein*) Punkt des Bildes entspricht, und zwar derartig,
daß einer Strahlengruppe, die durch einen Dingpunkt geht, Strahlen entsprechen,
die sämtlich durch den zugehörigen Bildpunkt gehen. Das ist alles, was vorausgesetzt wird. — Gefordert wird von der Abbildung, daß ein gegebener *Punkt*
des *Objekts* durch einen *Punkt* des Bildes wiedergegeben wird; daß Punkte, die
im *Objekt* auf einer *geraden Linie* liegen, auch im *Bilde* auf einer geraden Linie,
und zwar in derselben Reihenfolge nebeneinanderliegen, und daß Punkte, die im
Objekt auf einer *Ebene* liegen, auch im *Bilde* auf einer Ebene liegen. Von der
Forderung ausgehend, daß einer Ebene im Objekt auch eine Ebene im Bilde
entspricht, untersucht Abbe: Welche *mathematischen* Beziehungen bestehen
dann zwischen den Bildpunkten und den Objektpunkten? Abbe findet vier
Gleichungen, die *Abbildungsgleichungen*, Formeln, die die wesentlichen Bild-
eigenschaften zusammenfassen, d. h. die Lagen- und Größenverhältnisse der
Bilder. (Sie gelten, ohne Beziehung auf irgendeine besondere Art, die Abbildung
zu verwirklichen und geben das *Wesen* der „Abbildung" wieder. Sie zeigen
auch, welche Ansprüche man an ein abbildendes Instrument im Idealfall stellen
darf; offenbar nur solche, die nicht im Widerspruch mit den Abbildungs-

gleichungen stehen, da sie ja sonst mit dem *Wesen* der optischen Abbildung nicht vereinbar sind.) ABBE geht also vom Allgemeinen zum Besonderen, d. h. er befolgt die *deduktive* Methode. Erst nachdem er die *allgemeinen* Abbildungsgleichungen gefunden und ihren Inhalt erörtert hat, geht ABBE an die Frage nach der *Verwirklichung* der Abbildung. Hier hat er (bei seinem Beweise der Sinusbedingung und bei seiner Behandlung der anamorphotischen Systeme) wichtige Ableitungen gegeben, die vor ihm nicht bekannt waren. GULLSTRAND hat (1907) gegen ABBES Voraussetzung der Kollinearität eingewendet, daß die durch die Wellenfläche vermittelte Beziehung im allgemeinen (für den Zusammenhang zwischen Ding- und Bildraum) ein-zweideutig sei; mithin sei diese Voraussetzung nur für den schon von GAUSS behandelten Sonderfall (des fadenförmigen Raumes um die Achse) allgemein zulässig.

Darstellung eines Raumdinges im flächenhaften Bilde. Wenn die Abbildung im Sinne von ABBE als mathematische Aufgabe gelöst ist, also jedem Punkt, jeder Geraden, jeder Ebene im Objekt ein Punkt, eine Gerade, eine Ebene im Bilde entspricht, so entspricht am Ende dem nach Höhe, Breite und Tiefe ausgedehnten Raum*dinge* ein nach Höhe, Breite und Tiefe ausgedehntes Raum*bild*. Ein *Raum*bild! Aber in der Wirklichkeit sind die Bilder samt und sonders *Flächen*bilder, gleichviel ob Bilder von Menschenhand oder ob Bilder aus optischen Instrumenten wie der Photographenkammer und dem Bildwerfer. Trotzdem erkennen wir auf jedem „perspektivisch" richtigen Bilde außer Höhe und Breite auch Tiefe, mit andern Worten: im *Flächen*bilde — fast immer ist die Fläche eine Ebene — den *Raum*. Also ist *doch* die Abbildung eines Raumdinges auf einer Fläche möglich?

Wir nehmen hier vorweg: Nein. Das flächenhafte Bild, in dem wir den Raum *erkennen*, ist nur die Abbildung eines anderen flächenhaften Bildes, und dieses andere *stellt* den Raum nur in einem Projektionsbilde *dar*, es *vertritt* ihn für unser Erkennungsvermögen *bis zu einem gewissen Grade*. Daß das möglich ist, hängt mit dem Bau unseres *Auges* zusammen und mit der Art, wie wir es gebrauchen. Das *optische Instrument* tut nichts weiter, als daß es jenes Projektionsbild (die stellvertretende *Darstellung* des Raumes) vergrößert oder verkleinert.

Das Bild auf der Ebene besteht (S. 537 u.) aus Punkten und Zerstreuungskreisen. Nur die *Punkte* sind strenge Bilder von gewissen Punkten des Raumdinges; die Zerstreuungskreise aber *vertreten* nur gewisse andere seiner Punkte. Die *Punkte* sind die Bilder von Punkten auf der zu der Bildebene konjugierten Ebene — man nennt sie nach M. v. ROHR, der sie in seiner Erweiterung der ABBEschen Grundlehren in die Abbildungslehre eingeführt hat, die *Einstellebene* —, die Zerstreuungskreise an der Bildebene *vertreten* diejenigen Punkte des Raumdinges, die (*nicht über eine gewisse Abbildungstiefe hinaus*) vor und hinter der Einstellebene liegen. Aber — und das ist entscheidend für die Verwertung des Bildes durch das Auge — solange die Zerstreungskreise eine gewisse Größe nicht übersteigen, *empfindet* das Auge sie als Punkte, und *so* lange auch (d. h. so lange jene „Tiefe" nicht überschritten wird) *erscheint* die aus Punkten und Zerstreuungskreisen bestehende Figur lediglich als aus Punkten bestehend (*erscheint* daher scharf, obwohl sie es tatsächlich nicht *ist*) und *gilt* dem Auge als „Abbildung" auch jener vor und jener hinter der Einstellebene liegenden Punkte. In *diesem* Sinne, und *nur* in diesem Sinne, darf man von einer Abbildung eines Raumdinges auf eine Ebene sprechen. Das *eigentliche* im Bilde dargestellte *Objekt* ist aber, wie wir sehen werden, eine auf der Einstellebene entstehende gedachte ebene Projektionsfigur, die selber aus Punkten und Zerstreuungskreisen besteht, und die dieses Raumding vertritt. Man nennt sie nach M. v. ROHR sein *objektseitiges Abbild*.

Wie entstehen nun die Zerstreuungskreise, und welche Beziehung besteht zwischen ihnen und den Punkten, als deren Vertreter sie gelten?

Wir beziehen uns zunächst einmal auf das Auge, das uns wichtigste und vertrauteste optisch abbildende Instrument, wir geben der Darstellung dadurch einen greifbaren Anhalt. Ein Dingpunkt ist der Mittelpunkt einer Strahlen*halbkugel*. In das Auge, das in sie eintaucht, treten aber nur diejenigen Strahlen, die durch seine Pupille gehen — genauer (S. 550 u.): durch die Öffnung, die als das *Bild* der Pupille anzusehen ist, das Hornhaut und Kammerwasser von ihr im Kammerwasser entwerfen. Die andern Strahlen „blendet" die Iris ab. Die Pupille *grenzt* aus der Strahlenhalbkugel einen Sektor aus, der als Strahlen*bündel* (Strahlenkegel) in das Auge eintritt (treten mehrere Strahlenbündel von verschiedenen Punkten gleichzeitig in das Auge ein, so haben sie in der Pupille einen gemeinsamen Querschnitt). Man nennt eine Vorrichtung zur Strahlen*begrenzung* allgemein eine *Blende*. — Wie das Auge nur begrenzte Strahlenbündel verwertet, so auch jedes andere optisch abbildende Instrument. Jede Linse hat ja doch nur eine begrenzte Größe und ist irgendwie „eingefaßt". Bei jedem optischen Instrument, gleichviel ob Auge oder Lupe oder Mikroskop oder Fernrohr kann man daher von Blende und Pupille sprechen.

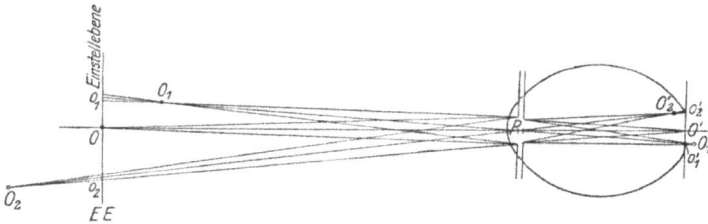

Abb. 681. Das aus Punkten O und Zerstreuungskreisen $O_1 O_2$ ... zusammengesetzte Abbild auf der Einstellebene eines stark kurzsichtigen, ruhenden, nichtakkommodierenden Auges.

Pupille ist ein allgemeiner Begriff, *abstrahiert* von einem Sonderfall, dem des menschlichen Auges. Die Pupille hat ihre allgemeine Bedeutung aber auch losgelöst vom optischen Instrument, sie bedeutet allgemein für alle bei der Benutzung ruhend gedachten Instrumente den gemeinsamen Querschnitt aller derjenigen Strahlenbündel (aus der Strahlenkugel), die wirklich zum Bilde beitragen. Diejenige Pupille, die im *Ding*raume die von den einzelnen *Ding*punkten *her*kommenden, für die Abbildung tatsächlich wirksamen Strahlenbündel begrenzt, heißt *Eintrittspupille* (*E P*). Sie ist der gemeinsame Querschnitt aller *dieser* Strahlenkegel. Diejenige Pupille, die im *Bild*raume die zu den einzelnen *Bild*punkten *hin*gehenden Strahlenkegel begrenzt, heißt die *Austrittspupille* (*A P*). Sie ist der gemeinsame Querschnitt aller *dieser* Strahlenkegel. Wie die Eintritts- und die Austrittspupille relativ zu dem Objekt und dem Bilde liegen, muß für jedes optische Instrument besonders untersucht werden. Wir kommen in den einzelnen Fällen darauf zurück.

Um auf der Netzhautgrube den Punkt O abzubilden (Abb. 681), müssen alle Strahlen des Bündels zu einem Strahlenkegel zusammenlaufen, dessen Spitze auf der Netzhaut liegt. Die Netzhaut*grube* ist die Stelle, auf der sich der Punkt O abbildet, wenn das Auge ihn *ansieht*. Man kann sich die Netzhautgrube in unmittelbarer Nähe der Augenachse als eine zu ihr senkrechte Ebene vorstellen. Schneiden die Strahlen einander schon *vor* oder erst *hinter* der Netzhaut, so schneiden die Strahlen die Netzhaut in einem Kreise, einem *Zerstreuungs*kreise. Denken wir uns das Netzhautstück als Ebene und im Dingraume die zu dieser Ebene kon-

jugierte Ebene EE, so haben die in der EE liegenden Punkte, wie O, ihr Bild auf
der Netzhaut (O'). Aber Punkte, die wie O_1 und O_2 *nicht* auf der Ebene liegen,
haben ihr Bild *nicht* auf der Netzhaut, sondern *davor* oder *dahinter* (O_1' und O_2'); sie
werden durch Zerstreuungskreise O_1' und O_2' auf der Netzhaut *vertreten*. Wird die
Pupille kleiner und kleiner, so werden es auch die Zerstreuungskreise. Sie verkleinern sich mehr und mehr zu einem Punkt; er liegt dort, wo die Gerade, die
durch die Pupillenmitte und die Kegelspitze geht — sie heißt *Hauptstrahl* des
Bündels — die Netzhaut durchstößt.

Das aus Punkten und Zerstreuungskreisen bestehende Bild auf der Netzhaut
nähert sich also — was die Bildschärfe angeht — infolge der Einengung der Strahlenbündel immer mehr einer wirklichen *Abbildung*, auch der vor und der hinter
der EE liegenden Punkte. Die Blende leistet aber noch viel mehr. Die Ausschnei-
dung eines Kegels aus der Strahlenhalbkugel durch die Blende und die Einengung
des Bündels durch Verkleinerung der Blendenöffnung fixiert auch eine *Richtung*.
Vorher haben wir nur ganz allgemein und unbestimmt von „Lagenbeziehungen"
zwischen Ding und Bild sprechen können; jetzt haben wir bestimmte *Richtungen*
auf die Blende und auf das Bild zu und von dem Bilde weg. Und das ist für die
Art und Weise entscheidend, wie das Auge ein Bild auf seiner Netzhaut verwertet
und Richtungen im Raum voneinander unterscheidet. Das Auge verlegt, „projiziert" die Ursache des Reizes, den es bei O empfindet, auf der von O durch
die Pupillenmitte gehenden
Geraden nach vorn und
außen. Dadurch wird das
möglich, was man später
als Perspektive bezeichnet.
Wir nähern uns hiermit der
Antwort auf die Frage:
Wie ist die Abbildung —
oder besser: wie ist die
Darstellung — eines Raumdinges auf einer Fläche
möglich?

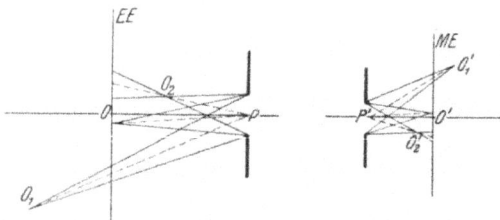

Abb. 682. Die Wirkung einer Blende und Auffangebene bei räum-
licher Verteilung der Dingpunkte. Die Zerstreuungsfigur auf der ME
und die ihr ähnliche, die auf der EE konstruierbar ist.

Einstellebene. Wir wollen die eben erwähnte, der Blende eigene Wirkung
näher untersuchen und gehen dazu von einer im Sinne ABBES *vollkommenen*
Abbildung aus, die ohne Strahlenbegrenzung vor sich geht. Gegeben sei irgendwo
ein Raumding. Wir legen (Abb. 682) eine Ebene hindurch, und zwar, um eindeutig zu sein, eine vertikale, die *Einstellebene*[1]. Ihr Schnitt mit der Druckseite
des Buches ist die Gerade EE, die auf ihr senkrechte horizontale Gerade ihre
Achse. Punkt O liegt *in* der Einstellebene, die Punkte O_1 und O_2 *hinter* und *vor* ihr.
Dieser Ebene konjugiert ist irgendwo im Bildraume eine Ebene. Wir denken uns
uns dadurch aufgefunden, daß wir sie uns parallel zu EE als Mattscheibenebene
einer photographischen Kammer vorstellen und die Kammer auf den Punkt O
gerichtet und so eingestellt, daß O in O' wirklich abgebildet wird. Wir finden so
diejenige Ebene, deren Durchschnitt mit der Druckseite die Gerade ME bezeichnet. Wir nennen sie nach M. v. ROHR (1897) geradezu die *Mattscheibenebene*[2].
(Die photographische Kammer ist hier lediglich *Anhalt* für die Vorstellung des
Lernenden, nicht etwa ein „Beispiel"!) Die Punkte O_1' und O_2' sind die zu O_1 und
O_2 konjugierten Bildpunkte, aber O_1' und O_2', und *überhaupt* die nicht *auf* ME
liegenden Bildpunkte, sind durch *nichts wahrnehmbar* auf ME, *auch nicht durch
Zerstreuungskreise* angedeutet, denn von O_1 und O_2 gehen Strahlen nach *allen*

---

[1] Zur Abkürzung die EE genannt.   [2] Zur Abkürzung die ME genannt.

Richtungen, also Strahlenbündel von unbegrenzter Öffnung. (Man denke sich einen Objektpunkt als Mittelpunkt einer Kugel und die Kugelradien als Strahlen.) Daher erzeugen die außerhalb EE liegenden Punkte auf ME *unendlich* große Zerstreuungskreise, und deswegen sind sie auf ME auch nicht *andeutungsweise* bemerkbar. Von Abb. 681 und den anschließenden Erörterungen wissen wir: werden die Zerstreuungskreise *klein genug*, so können sie die zugehörigen Bildpunkte auf der ME *vertreten*, und man kann sie beliebig klein *machen*, wenn man vor ME eine enge Blende setzt, die auf eine entsprechend kleine Pupille führt. Wir setzen sie parallel zur ME und senkrecht zur Achse. Wir bekommen genau (wie in Abb. 681 auf der Netzhautfläche) auf ME eine Zeichnung aus wirklichen Punkten und genügend kleinen Zerstreuungskreisen (als Bildern der vor und der hinter EE liegenden Punkte). Abb. 682 ist im Anschluß an Abb. 681 und die Erörterungen darüber ohne weiteres verständlich.

Wir haben damit zwar eine aus Punkten und genügend kleinen Zerstreuungskreisen bestehende Projektionsfigur auf der ME, die die Punkte auf der EE und die bis zu einer gewissen Tiefe davor und dahinter liegenden in gewissem Sinne vertritt. Aber eine *Abbildung* davon ist sie doch nicht. Wir suchen deswegen jetzt nach dem *eigentlichen* in der Projektionsfigur auf ME abgebildeten Objekt. Zu diesem Zweck fassen wir jetzt ME als *Ding* auf und die zu ME konjugierte EE als *Bild*, und dann verfolgen wir von der Figur auf ME ausgehend in rückkehrender Lichtrichtung durch die Pupille die Strahlen zur EE hin, um das zu der Figur auf ME konjugierte Gebilde zu finden. Zunächst vergegenwärtigen wir uns: der Pupille im Bildraum (Austrittspupille) ist konjugiert eine ebensolche im Dingraume (Eintrittspupille). Diese verhält sich zu der vor ME befindlichen ganz so wie sich ein Bild zu seinem Objekt verhält: die Mittelpunkte beider Pupillen sind einander konjugiert und auch die Ränder. Aber auch die von der Mitte der *Ding*raumpupille aus zu O und O_1 und O_2 gehenden Strahlen sind konjugiert den von der Mitte der Bildraumpupille aus zu O' und O_1' und O_2' gehenden. Werden diese Strahlen (Abb. 682) genügend verlängert, so kommt auf der EE eine aus Punkten und Zerstreuungskreisen bestehende Zeichnung zustande, die der auf der ME konjugiert ist und ihr bis auf den Maßstab völlig gleicht. Sie muß ihr ähnlich sein und kann also, wie wir später hervorheben werden, von P aus zu der Zeichnung auf der EE in perspektivische Lage gebracht werden. *Diese Projektionsfigur* auf der EE ist also *das eigentliche im Bilde zur Darstellung kommende Objekt.* Es heißt nach M. v. Rohr das *dingseitige Abbild*, und die ihr konjugierte Projektionsfigur auf der ME die *Abbildskopie* oder das *Abbildsbild.* Das dingseitige Abbild *vertritt* im Hinblick auf die Schärfe das Raumrelief mit einer Annäherung an die im Abbeschen Sinne *vollkommene* Abbildung, die von der Größe, oder besser: der Kleinheit der Zerstreuungskreise abhängt. *Die Leistung der optischen Instrumente besteht darin, das dingseitige Abbild zu vergrößern oder zu verkleinern.* Im Hinblick auf die Wiedergabe der Form ist zu bemerken, daß der Zerstreuungskreis, den wir uns durch seinen Mittelpunkt vertreten denken können, in der Einstellebene ausgestoßen wird durch die (gegebenenfalls rückwärts verlängerte) Verbindungslinie der Pupillenmitte P mit dem Dingpunkt. Eine solche Darstellung nennt man aber *Zentralprojektion* oder *Perspektive.* Wir können also sagen: Setzt man die Eintrittspupille eines optischen Geräts vor einem Raumdinge fest, d. h. bestimmt man ihren Abstand und die Richtung der Achse des Instruments, so bestimmt man dadurch die Perspektive des Raumdinges.

Wir wissen jetzt: Das Bild ist nur die getreue Kopie eines flächenhaften Bildes aus Punkten und Zerstreuungskreisen (richtiger: aus Punkten und Flecken), das ein Raumrelief *vertritt.* Wie kommt es, daß das Auge in dem *flächenhaften*

Bilde den *Raum* erkennt? Das hängt mit dem Bau des Auges zusammen und mit der Art und Weise, wie es das Netzhautbild verwertet. Das Auge ist selber ein abbildendes Instrument; auf seiner Netzhaut entsteht von dem Objekt, das es *ansieht*, ein Flächenbild. Mit Hilfe dieses Bildes „sieht" es das Objekt. Wohlgemerkt, es *sieht* nicht *das Bild* auf seiner Netzhaut, es sieht *mit Hilfe* des Bildes auf seiner Netzhaut. *Mit Hilfe* des flächenhaften Bildes nimmt es den Raum wahr. Nämlich so: Das Bild auf der Netzhaut besteht (S. 537 u.) aus Punkten und Zerstreuungskreisen. Solange die Zerstreuungskreise eine gewisse Größe nicht übersteigen, empfindet das Auge auch sie als Punkte.

Perspektive. Den Reiz, den die Netzhaut an einem von Strahlen getroffenen Punkte empfindet (oder dem Flecke, den sie für einen Punkt gelten läßt), verlegt das Auge auf der Geraden, die durch den betreffenden Netzhautpunkt (resp. den Mittelpunkt des Zerstreuungskreises) und die Pupillenmitte geht (Hauptstrahl), nach vorn und außen. Es „projiziert" so das Netzhautbild Punkt für Punkt *an eine Fläche* und konstruiert sich so Punkt für Punkt das objektseitige Abbild, dessen Abbildskopie das Netzhautbild ist, und daraus das Ding, das Raumrelief, das durch das objektseitige Abbild vertreten wird. Abb. 683 zeigt, wie es diese Konstruktion ausführt. Von dem Würfel *B*, den das Auge *a* anblickt, entsteht

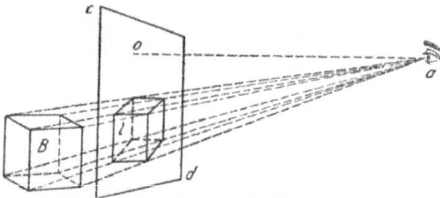

auf der Netzhaut ein flächenhaftes Bild. Die Netzhaut entspricht der Mattscheibenebene *ME* (Abb. 682), das Netzhautbild der Projektionsfigur darauf, die Ebene *cd* entspricht der Einstellebene *EE* in Abb. 682 und die Zeichnung *l* der Projektionsfigur auf der Einstellebene, die das

Abb. 683. Abhängigkeit der Perspektive von der Blickrichtung.

Raumrelief — hier den Würfel *B* — vertritt. Indem das Auge das Netzhautbild, es ist jetzt die Abbildskopie von *l*, nach außen projiziert, bekommt es den *perspektivischen* Eindruck *l* des Würfels *B*. Läge das Auge höher oder tiefer oder weiter nach vorn oder nach hinten als in Abb. 683, so würden die Geraden, die von dem Auge zu den Würfelecken oder zu den zwischen den Würfelecken liegenden Punkten gehen, die Einstellebene *unter anderen Winkeln* schneiden, es würde eine *andere* Projektionsfigur als *l* entstehen und ebenso ein *anderes* Netzhautbild. Wir sehen, die Lage des Auges relativ zu dem angeblichen Gegenstande entscheidet über das jeweilige Netzhautbild und das dazu gehörige Projektionsbild auf der Einstellebene. Deswegen ist es auch entscheidend, unter welchen Winkeln das Auge die perspektivische Zeichnung, die der Projektionsfigur *l* entspricht, *anblickt*, um den Körper als dasjenige Raumrelief *wiederzuerkennen*, den das jeweilige Projektionsbild vertritt. Jeder weiß, wie verschieden ein Ding aussehen kann, je nachdem, *von wo aus* man es ansieht — noch deutlicher: wie die *Pupille* des Auges relativ zu dem Dinge liegt. Erst die Strahlen*begrenzung* durch die Blende und die Pupille bringt bevorzugte *Richtungen* zur Geltung und ermöglicht die *Darstellung* eines Raumreliefs auf einer Fläche. Und erst dadurch kommt auch die perspektivische Wahrnehmung durch das Auge und die Erkennung des Raumes auf einem Flächenbilde zustande.

Hier beim Auge sind zwei prinzipiell verschiedene Fälle möglich. Je nachdem das Auge in seiner Höhle ruht oder sich bewegt („starrt" oder *umherblickt*), sind die Richtungen, die es wahrnimmt, und die Art und Weise, wie es diese verschiedenen Richtungen verwertet, ganz verschieden. Ruht es (Abb. 684, unten), so kann es nur Richtungen wahrnehmen, die sich in der *Mitte der Pupille* kreuzen.

Blickt es umher, wobei es sich in seiner Höhle um den *Augendrehpunkt* (etwa 13 mm hinter dem Hornhautscheitel) dreht, so nimmt es innerhalb eines bestimmten Blickfeldes alle Richtungen wahr, die sich in dem Augendrehpunkt kreuzen (Abb. 684, oben). Für das *ruhende* Auge ist daher der Mittelpunkt der Pupille (ganz nach ABBE) das Zentrum der Perspektive, für das *umherblickende* (nach CHR. SCHEINER 1619 und J. MÜLLER, 1826) der Augendrehpunkt.

Um einen Punkt *anzublicken* (zu *fixieren*), dreht man seinen Augapfel so, daß das Bild des Punktes auf einer bestimmten Stelle der Netzhaut (der Netzhautgrube) entsteht. Und das Auge „sieht" ihn in der Richtung (eigentlich: es sieht ihn in *die* Richtung), die von dem Netzhautbilde durch die Mitte der Pupille nach außen geht. Das *ruhende* Auge sieht *nur* den *angeblickten* (fixierten) Punkt scharf, alles andere nur unscharf (*im indirekten Sehen*): Das sich *bewegende* Auge wird ruckweise auf die verschiedenen Punkte „gerichtet", es sieht dann den *jeweils* fixierten Punkt scharf. Die Gerade durch den Augendrehpunkt und den fixierten Punkt heißt *Blicklinie*. Fällt sie mit der Augenachse zusammen, eine Voraussetzung, die wir hier als erfüllt ansehen, so schneiden sich alle Blicklinien im Augendrehpunkt, und deswegen dient für das umherblickende Auge der *Augendrehpunkt* als *Zentrum der Perspektive*.

Dadurch, daß man das Auge in eine bestimmte Lage relativ zu dem Objekt bringt, setzt man eine bestimmte Einstellebene fest. Sie ist ja konjugiert der durch die Stellung des Auges im Raume festgelegten Netzhaut, die hier

Der Augapfel (in ganz unrichtigen Größenverhältnissen) in drei Lagen dargestellt, wenn nacheinander Fuß, Mitte und Spitze des Flaggenstocks fixiert werden.

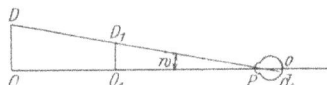

Abb. 684. Zur Perspektive des ruhenden Auges.

die Mattscheibenebene vertritt. Aber auch das Projektionszentrum für die Figur auf der Einstellebene ist dadurch gegeben. Die Dingraumpupille fällt übrigens in das Auge selbst und ist von der Bildraumpupille nur um wenige Millimeter getrennt. Und nicht nur, wenn wir das *un*bewaffnete Auge auf ein Objekt richten, haben wir damit die Einstellebene festgelegt, sondern auch, wenn wir das Auge mit einem optischen Instrument bewaffnen und es auf das Objekt richten. Die zu der Einstellebene gehörige Mitte der Eintrittspupille liegt dann irgendwo in dem optischen Instrument, und zwar kann sie durch den Bau des Instruments ein für allemal gegeben sein (wie beim Mikroskop) oder erst dadurch bestimmt werden, daß man (wie beim Opernglase und bei der Brille) den Drehpunkt des Auges in den Bildraum des Instruments bringt.

Ist man sich klar darüber, daß die Lage des Auges relativ zu dem Objekt die Projektionsfigur auf der Einstellebene, also auch seine Abbildskopie im wesentlichen bestimmt, so versteht man auch (s. Abb. 683), daß man ein Bild, das man als eine Projektionsfigur *aufzufassen* hat, von einem bestimmten Punkte aus anblicken muß, um denselben Eindruck zu empfangen, den man beim Anblick des Objektes gehabt haben würde. Die Winkel, unter denen die geraden Linien vom Auge zu den einzelnen Objektpunkten die Einstellebene schneiden, verlaufen anders, wenn wir das Auge höher oder tiefer oder seitlich verschieben; für die

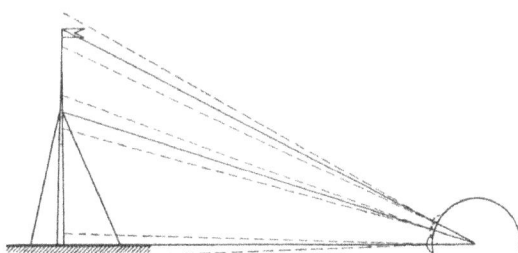

jeweilige Lage des Auges müssen also auch die Projektionsbilder andere werden. Die Abb. 683 lehrt zugleich, daß, wenn wir das Auge nur so verschieben, daß die Winkel *dieselben* oder *nahezu* dieselben bleiben, sich an dem Aussehen des Objektes nichts ändern kann. Es wird hieraus aber auch verständlich, daß man die einzelnen Bildpunkte unter denselben Winkeln *anblicken* muß, unter denen die vom Auge nach dem Objekt laufenden Geraden die Einstellebene geschnitten haben, d. h. unter denen das Projektionsbild auf der Einstellebene entstanden ist. Denken wir uns das Auge das eine Mal von der Mitte der dingseitigen Pupille eines photographischen Apparates aus das objektseitige Abbild — den Vertreter des Raumreliefs — anblickend, das andere Mal von dem gleichen Punkte aus das in den Dingraum in perspektivische Lage zum Abbilde gebrachte, streng ähnliche Abbildsbild anblickend, so sind diese Bedingungen offenbar erfüllt. Unter diesen Bedingungen, aber auch *nur* dann, kann das Auge, das das *Bild* ansieht, den vollen Eindruck empfangen, den das *Objekt* beim unmittelbaren Anblick gemacht hat. So erklärt es sich, daß die Projektionsfigur auf der Einstellebene für unsere einäugige Gesichtswahrnehmung das Raumrelief bis zu einem gewissen Grade, d. h. für einen bestimmten Gesichts- oder Standpunkt, vertreten kann.

Verant. Ist die Perspektive eines sehr fernen Objektes *photographisch* auf genommen, so liegt ihr Zentrum von der *Bildebene* (Einstellebene) um die Objektivbrennweite entfernt, d. h. bei den modernen Handapparaten nur um 10 bis 15 cm. Normale Augen können auf solche Nähe nicht akkommodieren (S. 555), und die *Bilder* machen daher auf sie nicht denselben Eindruck wie die *Objekte* vom Aufnahmeorte aus. Betrachtet man die Bilder aber durch eine *Verantlinse von der Brennweite des Aufnahmeobjektivs*, so erhält man ein in weiter Ferne liegendes Bild, das dem Lichtbilde und somit auch dem objektseitigen Abbilde *völlig ähnlich* ist und das dem direkten Sehen die gleichen Anhaltspunkte für die Tiefenvorstellung liefert wie das Objekt, wenn man es vom Aufnahmeort aus betrachtet. Die Verantlinse ist eine (seit 1903) nach Berechnungen von M. v. ROHR bei ZEISS hergestellte Lupe besonderer Bauart aus zwei Linsen.

Physische Abbildung (Physisches Bild). Wir wenden uns der Frage zu, wie man Abbildungen *verwirklicht*. Um von einem leuchtenden Punkt P (Abb. 685) in dem Punkt P', den wir bisher nach den Regeln der geometrischen Optik gefunden haben, ein wirkliches *Bild* zu erzeugen — also wieder einen hellen leuchtenden Punkt — genügt es offenbar nicht, daß *Linien* (gerade) von P ausgehen und sich schließlich in P' schneiden. Das ist ja nur eine *geometrische Konstruktion*, die wir auch in

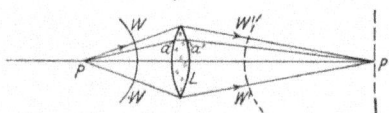

Abb. 685. Zur Entstehung des physischen Bildes P' vom Dingpunkt P.

Gedanken ausführen können; es ist kein physischer Vorgang. (Ob das *physische entstehende* Bild sich mit dem *geometrisch*-optisch *konstruierten* vollkommen deckt oder nicht, darüber entscheidet das Verhältnis der abbildenden Wellenlänge, zu den Abmessungen des abzubildenden Objekts.) Der physische Vorgang verläuft nach der Wellentheorie so: Der leuchtende Punkt P sendet *Lichtwellen* aus, Kugelwellen W W — wie A in Abb. 304 Schallwellen aussendet. Sie treffen bei ihrer Ausbreitung auf eine Vorrichtung (in Abb. 685 die Linse L, wie in Abb. 304 auf die Hohlspiegel), die aus der Kugelwelle einen Kegel herausschneidet, ein Strahlenbündel, und das herausgeschnittene Stück Kugelwelle derart zu einer neuen Kugelwelle W'W' umformt, daß ein neues *Erschütterungszentrum* P' erzeugt (wie in Abb. 304 das neue Erschütterungszentrum B). Dieses neue Erschütterungszentrum P' ist das *Bild*. (Wir müssen hier vorgreifen und auf die *Beugung* des Lichtes verweisen.) Als *Ganzes* sollte die von P ausgehende Kugelwelle einen *scharfen* Bildpunkt entwerfen. Die Linse schneidet aber einen Teil von ihr ab und der Kugelwellensektor bringt in der Nähe des geometrisch konstruierten Bildpunktes eine Licht*verteilung* hervor, die z. B. als Bild des Achsenpunktes P statt eines scharfen *Punktes P'* einen kleinen hellen zu PP' senkrechten Kreis erzeugt, den helle und dunkle Ringe umgeben: ein *Beugungsscheibchen*.

Statt eines Lichtpunktes erhält man also einen *Lichtfleck*. Eine kreisförmige Linsenöffnung gibt ein zu P' konzentrisches Scheibchen, in dem die Helligkeit randwärts bis Null abnimmt, mit mehreren zu ihm konzentrischen Ringen, in denen die Helligkeit in derselben Richtung jeweils zwischen Null und einem (nach außen schnell kleiner werdenden) Maximum liegt. Abb. 686 zeigt die Helligkeitsverteilung an verschiedenen Stellen des Durchmessers des Beugungsscheibchens. Die Abszissen sind die Abstände der Scheibchenpunkte vom Mittelpunkt, die Ordinaten die Helligkeiten. Von den hellen Ringen hat der erste noch 1/60 der Helligkeit in der Mitte, die folgenden sind noch viel schwächer. Man kann daher als Bild eines leuchtenden Punktes das Mittelbild *allein* ansehen. (Die *Bilder* von Gegenständen bestehen also nicht aus Punkten, sondern aus kleinen Scheibchen. Das ist in voller Übereinstimmung mit dem Grundsatz der physikalischen Optik: eine *endliche* Lichtmenge in einem mathematischen *Punkt* vereinigt — ob Lichtpunkt oder Bildpunkt — ist undenkbar.) Wir messen die Größe des Beugungsscheibchens durch die Winkelgröße des ersten dunklen Ringes; bei den kleinen Scheibchen, die hier in Betracht kommen, entsteht auf der Netzhaut des Auges bei 5 mm Pupille ein Scheibchen, das angenähert gleich einem Zapfenquerschnitt ist (Abb. 703, 704).

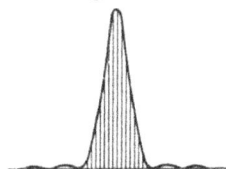

Abb. 686. Lichtverteilung in einem als Punkt geltenden Lichtfleck.

Die *Möglichkeit*, das neue Erschütterungszentrum P' zu erzeugen — das Bild, das sich (innerhalb eines gewissen Winkelraumes) selber wie ein leuchtender Punkt verhält — beruht darauf, daß die Lichtwellen, die in P' zusammentreffen, alle *mit gleicher Phase in ihm ankommen*. Damit sie das können und einander dann gemäß der Wellentheorie unterstützen können, müssen sie von Punkt P *mit gleicher Phase ausgehen* (man sagt: sie müssen *kohärent* sein). Diese als Kohärenz bezeichnete physikalische Zusammengehörigkeit drückt sich geometrisch so aus: alle Punkte, die von dem Erregungszentrum *gleichweit* abstehen, haben in einem gegebenen Zeitpunkt denselben Schwingungszustand. Und zwar bezieht sich das „gleichweit" nicht nur auf die *geometrische* Länge, sondern auf die *optische* Länge. (Unter *optischer* Länge versteht man die in dem jeweiligen Medium von dem Licht durchlaufene *geometrische* Länge, multipliziert mit dem Brechungsverhältnis des Mediums. Die von P über a und a' nach P' führende optische Länge ist: $Pa \times n_{\text{Luft}} + aa' \times n_{\text{Glas}} + a'P \times n_{\text{Luft}}$.) Diese Punkte liegen dann sämtlich, also auch bei der Brechung der Kugelwelle durch die Linse, auf einer Kugelfläche, der einhüllenden Kugelfläche der Elementarwellen wie in Abb. 298 und ebenso bei der Umformung der Kugelwelle WW in $W'W'$, und kommen mit der gleichen Phase in P' an. Die *Begrenzung* der Kugelwelle (um P) durch die Linse läßt im Bildraum nur das Stück $W'W'$ übrig, die Wirkung dieses Stückes auf den Punkt P' allein nach dem Prinzip von HUYGENS ergibt eine Summierung der Wirkung aller Elementarwellen, aber in der unmittelbaren Nachbarschaft vernichten die Wirkungen einander teilweise, und daher entsteht die durch Abb. 686 wiedergegebene Lichtverteilung. Die Kohärenz bleibt also trotz Brechung oder Spiegelung bestehen; ja man kann ein System kohärenter Wellen durch Spiegelung oder durch Brechung in zwei gleiche Systeme zerlegen, die ebenfalls kohärent sind (S. 566 o.).

Diese Darstellung benutzt stillschweigend eine Voraussetzung, die zwar stets erfüllt ist, auf die aber doch besonders hingewiesen werden muß. Sie bildet den Inhalt des nach MALUS benannten Satzes: Ist ein Bündel Lichtstrahlen zu einer Fläche, und daher auch zu allen Parallelflächen, senkrecht (Normalenbündel), so behält es diese Eigenschaft nach beliebig vielen Brechungen und Spiegelungen, und zwar ist der Lichtweg zwischen zwei solchen Flächen für alle Strahlen derselbe. Die von einem Punkt ausgehenden Strahlen stehen zu allen Kugelflächen um diesen Punkt senkrecht, also gibt der Satz von MALUS eine Eigenschaft an, die sie bei allen Brechungen und Spiegelungen behalten. Der Lichtweg st die Summe der Produkte aus dem Brechungsverhältnis n je eines Mittels und der in ihm durchlaufenen Strecke l. Für den Lichtweg, die optische Länge, besteht der von FERMAT aufgestellte Satz: Wenn ein Lichtstrahl durch eine beliebige Zahl von Spiegelungen und Brechungen von A nach B gelangt, so ist die Summe der Produkte $n\,l$ ein Grenzwert, d. h. sie weicht von der gleichen Summe für alle dem tatsächlichen Wege unendlich nah benachbarten höchstens um unendlich kleine Glieder zweiter Ordnung ab. (Die Beweise für die Sätze von FERMAT und von MALUS liegen außerhalb der Aufgaben dieses Buches.)

Ist die Bedingung der Kohärenz nicht erfüllt, so gibt es keinen Punkt, in dem sich die Wirkungen der von P ausgegangenen Wellen wieder alle summieren, sie vernichten einander dann zum Teil in der Nähe von P' und die Lichtwirkung bei P' verteilt sich daher über einen größeren Raum. Kohärent sind die von P ausgehenden Wellen *dann*, wenn P in Abb. 685 eine punktartige *selbständige* Lichtquelle, etwa ein punktartiger Funke, ist. Sie sind *nicht* kohärent, wenn ein leuchtender Punkt dadurch entsteht, daß durch eine punktartige Öffnung Licht von einer räumlich ausgedehnten Lichtquelle her *hindurch* strahlt und die punktartige Öffnung als Lichtquelle wirkt. Die einzelnen Punkte der *räumlich ausgedehnten* Lichtquelle sind voneinander unabhängig und jeder sendet Wellen aus, die mit den Wellen eines anderen Punktes der Lichtquelle keinen regelmäßigen Zusammenhang haben (inkohärent sind). Das Bild eines Punktes, der so leuchtet (man sagt: eines *nicht*-selbständig leuchtenden Punktes), entsteht daher auch auf ganz anderem Wege als das Bild eines selbständig leuchtenden. Im Mikroskop beobachtet man die Objekte gewöhnlich im *durchfallenden* Lichte. Eine räumlich ausgedehnte Lichtquelle strahlt durch den Gegenstand *hindurch*. Der Gegenstand verwandelt ein durchfallendes parallelstrahliges Bündel in eine Beugungserscheinung, das Mikroskopobjektiv bildet diese Beugungserscheinung in der hinteren Brennebene des Objektivs ab, und in der zur Objektebene in bezug auf das Objekt konjugierten Ebene entsteht als *sekundäre* Abbildung dem Prinzip von HUYGENS gemäß unter gewissen Bedingungen ein dem Gegenstand konformes Bild. Die undurchsichtigen Objekte, die durch diffus reflektiertes Licht sichtbar werden, dürfen *nahezu* als selbstleuchtend gelten.

Strahlenbegrenzung (ABBE). Um die Abbildung zu verwirklichen, benützt man die Linsen. Aber weder die Objekte noch die Strahlenbündel erfüllen die Bedingungen, die nötig sind, um mit Linsen einen *Punkt* genau in einen *Punkt* abzubilden; dazu sind unendlich enge Bündel erforderlich, und ferner, daß der Punkt in der optischen Achse liege (axialer Punkt). Und eine Ebene können wir nur dann wieder als Ebene abbilden, wenn sie unendlich klein ist. Aber unendlich enge Strahlenbündel sind unbrauchbar, weil sie unendlich schwache Bilder geben, abgesehen davon, daß die Beugung (S. 572) sie unbrauchbar macht, und unendlich kleine Ebenen abzubilden ist zwecklos. Jene Bedingungen setzen also der Abbildung zu enge Grenzen. Man kann sie aber erweitern. — Vor allem: das Auge bedarf gar nicht mathematisch scharfer Punkte, um ein Bild *als scharf* zu *empfinden*, ihm genügen (S. 536 u.) Licht*flecke*, die eine gewisse Größe nicht übersteigen. Das überhebt uns der unendlich engen Bündel. — Ferner: man erreicht durch Verbindung mehrerer optischer Systeme, was eines allein nie leisten kann. Man hat dadurch Instrumente geschaffen, die Objekte endlicher Ausdehnung durch Bündel von endlicher Weite sehr scharf abbilden. Aber hierbei stellen sich gewisse Mängel ein; ABBE nannte sie, indem er die *wirkliche* Abbildung mit der idealen verglich, *Abbildungsfehler*. Es sind im wesentlichen fünf: 1. Die von einem Objektpunkt auf der Achse ausgehenden Strahlen schneiden einander beim Austritt aus dem Instrument im allgemeinen nicht in dem*selben* Punkte: den Abstand des Schnittpunktes eines (austretenden) Strahles mit der Achse von dem Bildpunkte nennt man *sphärische Abweichung*. 2. Das Bild eines Flächenelementes um den Achsenpunkt liegt im allgemeinen auf *zwei* krummen Flächen, d. h. jedem Punkt des Objekts entsprechen eigentlich zwei Bildpunkte, das nennt man *Astigmatismus*. 3. Selbst wenn man erreicht, daß die Bildpunkte zusammenfallen, so braucht die Bildfläche keine *Ebene* zu sein, das nennt man *Bildkrümmung*. 4. Ist das Bild eben, so kann es noch unähnlich sein, das nennt man *Verzeichnung*. 5. Die den Achsenpunkt betreffenden Fehler können sich durch die von Nachbarpunkten verstärken, und zwar unsymmetrisch, das nennt man *Koma*. Von diesen fünf Bildfehlern beschreiben wir hier nur die sphärische Aberration und den Astigmatismus schiefer Bündel.

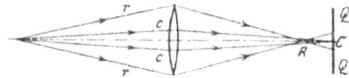

Abb. 687. Sphärische (monochromatische) Aberration. Mangelhafte Strahlenvereinigung einer einzelnen Farbe. (Kugelgestaltfehler; man kann ihn durch Abweichung einer Fläche der Linse von der Kugelgestalt heben.)

Sphärische Aberration. Die sphärische Aberration bei den Linsen kommt ebenso wie bei den Hohlspiegeln zustande. Fällt das monochromatische Strahlenbündel der Abb. 687 auf die Linse, so zielen nicht alle gebrochenen Strahlen nach demselben Punkte der Achse, sondern die der *Achse* näheren cc zu C, die dem *Rande* näheren rr zu R. Diese Abweichung der Schnittpunkte voneinander heißt die Abweichung infolge der Kugelgestalt der Linse oder: *sphärische Aberration* (besser: *monochromatische*). Die zwischen Rand und Achse auffallenden Strahlen zielen nach Punkten zwischen R und C. Es kann also kein punktförmiges Bild auf der Achse entstehen. Eine Ebene QQ in C senkrecht zur Achse wird zwar in C von der Spitze eines Kegels getroffen, aber C ist von einer Kreisscheibe umgeben, die geschnitten wird von den Strahlen, deren Vereinigungspunkte zwischen R und C liegen, und die nun von diesen Punkten aus nach QQ divergieren. Daher entsteht um C ein von Licht erfüllter *Zerstreuungskreis*. Als Folge der sphärischen Aberration entsteht eine Brennfläche (wie bei den sphärischen Spiegeln, S. 501).

ABBEsche Sinusbedingung. Die Aufhebung der sphärischen Abweichung *auf der Achse* kennzeichnet die strenge Abbildung eines Achsen*punktes* O in einen andern O'. Die Erfüllung der ABBEschen Sinusbedingung kennzeichnet die durch Bündel endlicher Öffnung, Abb. 688, bewirkte strenge Abbildung eines in O senkrechten *Flächenelementes* dq in ein ebensolches dq', und zwar durch Bündel, deren Öffnung durch eine Kreisblende so beschränkt ist, daß die eintretenden Strahlen

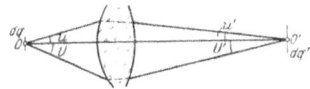

Abb. 688. Zur ABBEschen Sinusbedingung.

Winkel $u \lesssim U'$, die austretenden Winkel $u' \lesssim U'$ mit der Achse bilden. Die Bedingung (es gibt eine elementare Ableitung von JOHN HOCKIN) lautet: $\frac{\sin u}{\sin u'} = \frac{n'}{n} \cdot \beta$. Das heißt: Das Verhältnis der Sinus konjugierter Achsenwinkel muß *konstant* sein. nämlich gleich dem mit dem Quotienten der Brechungszahlen multiplizierten *Lateralvergrößerung* β. Die Vergrößerung dq'/dq spielt eine entscheidende Rolle: damit das abbildende System ein *ebenes* Flächenelement in ein *ebenes* Flächenelement abbildet, man sagt: *aplanatisch* ist, muß man es an allen Stellen gleich stark vergrößern. ABBE hat (1873) den Sinussatz als Bedingung für die Identität der Vergrößerung durch die verschiedenen Teile der abbildenden Linse aufgestellt. Die große praktische Bedeutung der Erfüllung dieser Bedingung hob er später durch den Nachweis hervor, daß sämtliche brauchbare Mikroskopobjektive. die er hatte prüfen können, *empirisch* auf Erfüllung der Sinusbedingung korrigiert waren, ehe man die Bedingung überhaupt kannte.

Astigmatismus schiefer Bündel. Die Aberration tritt nur bei Bündeln von endlicher Öffnung auf, der Astigmatismus auch bei Bündeln von unendlich kleiner. Ein Punkt, der *endlichen* Abstand von der Achse hat, wie O_w, Abb. 689, schickt ein *schiefes* Bündel auf die

Linse; es wird im allgemeinen nicht zu *einem* Punkte hin gebrochen. Man versteht das, wenn man bedenkt: Strahlen sind Normalen zu krummen Flächen (Wellenflächen), und die Normale eines Flächenpunktes O wird von den Normalen der *Nachbar*punkte im allgemeinen nicht in *demselben* Punkt geschnitten. Strenggenommen müssen wir hier fragen: Wie vereinigen sich die Normalen der *aus der Linse tretenden* zu O_w gehörigen Wellenfläche? Man wird *einen* Bildpunkt erwarten und ihn zunächst auf dem zu O_w gehörigen Hauptstrahl

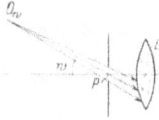

suchen, der die Mitte P der EP unter dem Winkel w durchsetzt. Die Frage: „*Wie* vereinigen sich mit der auf einem Flächenpunkt O errichteten Hauptnormalen die benachbarten Normalen?" beantwortet die Flächentheorie aber anders. Man denke sich die Punkte A, B, B', A, A' der Abb. 690 zu einem gekrümmten Flächenelement gehörig. Die Antwort heißt dann bezogen auf dieses Flächenelement: *Im allgemeinen* geht die Nachbarnormale an der Hauptnormale O windschief

Abb. 689.   Ein schief ein-
fallendes Strahlenbündel. vorbei, aber *zwei Paar ausgezeichneter Normalen* (in A, A' und in B, B') gibt es, die die Hauptnormale (O) wirklich schneiden (in f_1 und in f_2). Jedes dieser Paare liegt in einer auch die Hauptnormale enthaltenden Ebene ($A'f_1A$ und $B'f_2B$), einem Hauptschnitt, und diese zwei Hauptschnitte stehen stets senkrecht aufeinander. Die Antwort auf die uns hier beschäftigende optische Frage: *Wie* vereinigen sich, Abb. 689, die Normalen der aus der Linse austretenden zu O_w gehörenden Wellenfläche? lautet gemäß der Flächentheorie: *Im allgemeinen*, d. h. bei

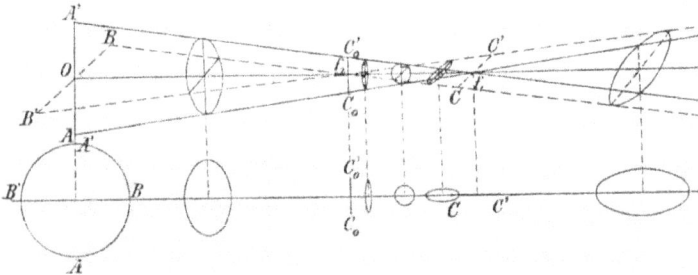

Abb. 690.   Astigmatische Deformation eines unendlich dünnen Bündels.   Obere Darstellung perspektivisch;
untere: Aufriß der Schnittfiguren des Bündels mit einer achsensenkrechten Ebene. Of_2f_1 Bündelachse.
$C_0C'_0$ und CC' Brennlinien.

schiefem Strahleneinfall, gehören zu einem Dingpunkt O_w *zwei* Bildpunkte O'_{w1} und O'_{w2}. Man bringt es durch zweckmäßige Formung der Linsen dahin, daß diese beiden in *einen* O_{w1} zusammenfallen, kann also den Astigmatismus schiefer Bündel beheben. *Im allgemeinen* gibt es also keinen gemeinsamen Vereinigungspunkt, daher der Name *Astigmatismus* (α = nicht und $\sigma\tau\iota\gamma\mu\alpha$ = Punkt). Legt man durch ein gebrochenes astigmatisches Strahlenbündel Ebenen senkrecht zum Hauptstrahl, so entstehen je nach dem Ort des Schnittes und je nach der Begrenzung des Bündels auf der brechenden Fläche darauf Figuren verschiedener Gestalt. Abb. 690 zeigt die Formen, die der Querschnitt eines ursprünglich kreisförmig begrenzten Bündels hintereinander annimmt. Als Bild eines Punktes kann man die zwei *Brennlinien* $C_0C'_0$ und CC' betrachten, zwei kurze *gerade Linien*, senkrecht auf der Achse des Bündels und senkrecht zueinander, also kreuzförmig. Aber sie sind durch einen gewissen Abstand voneinander getrennt.

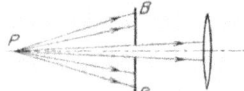

Abb. 691. Begrenzung der Öffnung
eines einfallenden Bündels durch
eine Blende BB.

Zweck der Blenden. Man kann durch Verbindung von Linsen miteinander Aberration und Astigmatismus zwar so weit unterdrücken, daß sie die Schärfe des Bildes kaum beeinflussen, selbst wenn die Bündel relativ weit sind und das Objekt beträchtlich ausgedehnt ist. Aber man muß die Öffnung der Bündel und die Ausdehnung des Objekts doch auf eine gewisse Größe einschränken. Das geschieht durch die *Blenden* (S. 537), undurchsichtige Scheiben mit einer meist kreisförmigen Öffnung, die man in das optische System so einfügt, daß die Achse durch das Zentrum der Kreisöffnung senkrecht hindurchgeht. In Abb. 691 begrenzt die Blende BB die Öffnung des von P ausgehenden Bündels.

Die Blenden dienen verschiedenen Zwecken. Schon ihr bloßes Vorhandensein fixiert (S. 538 o.) *Richtungen* im Bild- wie im Objektraum, und durch ihre Größe und ihre Lage machen sie die *Darstellung* eines räumlichen Objektes auf einer Ebene und seine *Wiedererkennung* aus dem flächenhaften Bilde möglich. Sie bestimmen durch ihre Lage und ihre Größe aber auch, welche Öffnungen die abbildenden Bündel haben, welche Neigung die Hauptstrahlen zur optischen Achse haben, und an welcher Stelle die brechenden Flächen von den abbildenden Strahlen getroffen werden. Und dadurch wieder bestimmen sie gewisse Eigenschaften der optischen Instrumente, wie den Umfang und die Sichtbarkeit des Bildes, die Korrektheit der Zeichnung des Bildes, die Vergrößerung und die Lichtstärke der Instrumente. Und erst der durch die Blenden gegebene Strahlengang unterrichtet vollständig über die Art der Wirksamkeit eines optischen Instrumentes. Die Lehre von der Strahlenbegrenzung gehört daher zu den Grundlagen der praktischen Optik. Abbe hat sie zuerst in großer Allgemeinheit entwickelt und technisch verwertet. (Erste zusammenfassende Darstellung Czapski 1893.)

Man kann die Blende mit einem kreisrunden Fensterrahmen vergleichen. Nicht der Rahmen interessiert uns, sondern seine Öffnung. (Die Strahlen, die auf den Rahmen treffen, werden zurückgehalten.) Man macht ihn zu einem Bestandteil des optischen Systems und setzt ihn je nach der Zweckmäßigkeit zwischen die Linsen oder auch ganz davor oder dahinter. *Wo er aber auch im Objektraume steht, er ist selber ein Objekt, das System muß also ein Bild*

Abb. 692. Das Bild CC, das die Linse von der Blende BB entwirft, begrenzt die Öffnung des gebrochenen Strahlenbündels. Die Blende B ist in ihrer Funktion durch eine andere ersetzbar, die am Orte des Bildes C steht und mit dem Blendenbilde kongruent ist.

von ihm entwerfen. Das ist sehr wichtig, denn auch bei der Blende und ihrem Bilde sind die Objektpunkte den Bildpunkten konjugiert. Die Strahlen, die z. B. das *Bild* des Öffnungs*randes* erzeugen, sind durch den Öffnungs*rand* gegangen; die Strahlen, die die Blenden*öffnung* abbilden, durch die Blenden*öffnung*. Andere Strahlen können gar nicht zu dem Bilde der Blendenöffnung hingelangen. Mit anderen Worten: *das Bild*, das das System von der Blende entwirft, *wirkt selber als Blende* im Bildraume. Abb. 692 zeigt: Mit dem Bilde C, das die Linse L von *der Blende B entwirft*, schafft sie selber *noch* eine Blende. Das Blendenbild vertritt eine körperliche Blende: nur solche Strahlen können zu Q gelangen, die durch die Öffnung des Blendenbildes C gegangen sind, äußerstenfalls die Randstrahlen. Das Blendenbild C orientiert uns über die Öffnung des *austretenden* Strahlenbündels, wie die Blende B selbst uns orientiert über die Öffnung des *einfallenden* Bündels.

Nehmen wir die Blende BB im Objektraume weg, und setzen wir an den Ort des Blenden*bildes CC* eine mit diesem Bilde kongruente wirkliche Blende, so entwirft die Linse in rückkehrender Lichtwirkung von dieser Blende ein Bild an *der* Stelle im Objektraum und in *der* Ausdehnung, die vorher die Blende BB eingenommen hat[1]. Auf LL fällt dann ein Bündel, so weit geöffnet wie die Linse selber. Aber Q erreichen äußerstenfalls wieder nur dieselben Strahlen wie vorher. Blende und Blendenbild sind abwechselnd durch eine greifbare Blende dargestellt worden, sonst hat sich nichts geändert.

Begrenzung der Strahlenbündel. Ob wir die *einfallenden* oder ob wir die *austretenden* Strahlen durch eine Blende begrenzen, die Wirkung ist also dieselbe; mit der Begrenzung des

---

[1] In dem vorliegenden Falle, in dem beide reell angenommen worden sind, würde man sie bei rückkehrender Lichtrichtung sogar auffangen können.

einfallenden Bündels ist auch die des gebrochenen *gegeben* und umgekehrt. Benützen wir z. B.
eine Bikonvexlinse *L* als Lupe, so bringen wir sie dicht vor das Auge (*J J* Iris, *p p* Pupille)
und den Gegenstand *a b* nahe vor die Linse (Abb. 693). Die von den Objektpunkten, z. B.
von *b* auf die Linse fallenden Bündel (in der Abbildung punktiert) sind so weit geöffnet,
wie die Größe der Linse es zuläßt. Die ganze dem Objekt zugewendete Linsenfläche empfängt
Strahlen, und durch die ganze dem Auge zugewendete treten Strahlen aus. Aber für das
Sehen wirksam werden von den austretenden Strahlen nur
diejenigen, die die Pupille *p p* treffen. Die Abbildung zeigt
nur die, die noch Pupillen*rand* treffen. Welche von den
aus der Linse austretenden Strahlen wirksam werden, d. h.
zum Bilde beitragen, das übersieht man, wenn man zu *a b*
das Bild *a' b'* konstruiert (S. 530); das Bild ist virtuell, aufrecht und vergrößert, weil *a b* um weniger als die Brennweite
von der Linse absteht. Von jedem Objektpunkt, z. B. von *b*,
gehen unendlich viele Strahlen zur Linse, in den ihnen
konjugierten Bildpunkten *b'* schneiden sich also auch unendlich viele. Aber wirksam werden nur diejenigen, die
durch die Pupille *p p* gehen, also nur der kleine Strahlenkegel, dessen Basis die Pupillen-
fläche ist. Und was von *b'* gilt, gilt auch von allen anderen Bildpunkten, die gebrochenen
Strahlenbündel, die zum Bilde *beitragen*, im Bilde *wirksam* werden, sind dadurch charakterisiert; es sind Kegel, die ihre Spitzen in den einzelnen Bildpunkten haben und die
Augenpupille zum gemeinsamen Querschnitt also zur *Austrittspupille*. (Die wirksamen
Bündel sind die in der Abbildung *nicht* schraffierten.)

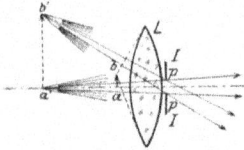

Abb. 693. Zur Begrenzung der Strahlenbündel.

So viel über die Augenpupille selber, und nun zu ihrem Bilde. Unmittelbar greift die
Augenpupille erst in die aus der Linse austretenden Strahlen ein, mittelbar aber schon in
die zu ihr hingehenden. Denn sie wirkt tatsächlich so,
wie wenn aus den zur Linse hingehenden Strahlen alle
abgeblendet worden wären, die hinter der Linse das
Auge *außerhalb* des Pupillenrandes getroffen haben
würden. Welche Strahlen unter den z. B. von *a* aus zu
der Linse gehenden wirklich zur Entstehung des Bildes
beitragen, übersieht man, wenn man (Abb. 694) zu *J J*
das Bild *J' J'* konstruiert. (Die Iris *J J* mit der Pupille
ist für die Linse *L* ein Objekt: ihr Bild ist aufrecht,
virtuell und vergrößert, weil sie der Linse näher liegt als
der Brennpunkt. Ein Beobachter, der durch die Linse
in das Auge sähe, würde die Pupille vergrößert sehen.)
Die Randpunkt*bilder* *p' p'* sind den Rand*punkten* *p p*
konjugiert, und folglich sind die aus der Linse austretenden Strahlen, die z. B. zu *a'* gehören und durch
die Randpunkte *p p* gehen, denjenigen konjugiert, die
von dem zu *a'* konjugierten Objektpunkt *a* ausgehen und nach den Randpunkt*bildern* *p' p'*
zielen. *Nach der Brechung* treffen also die *Pupille* nur diejenigen Strahlen, die *vor* der
Brechung nach dem Innern des Pupillen*bildes*, äußerstenfalls also nach dessen Rande
zielen, z. B. unter den von *a* zur Linse gehenden nur der kleine Strahlenkegel, dessen
Basis das Pupillenbild *J' J'* ist. Alle anderen treffen nach der Brechung außerhalb der Pupille

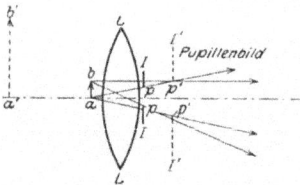

Abb. 694. Die Iris *II* des Auges mit *p p* als Pupille begrenzt *unmittelbar* die Öffnung der durch *L* hindurchgegangenen Strahlenbündel, *mittelbar* bereits diejenigen
zu *L* hingehenden Strahlenbündel, die *wirk-
sam* werden, d. h. zum Bilde beitragen.

auf das Auge, und was von *a* aus gilt, gilt von
allen Objektpunkten. Dieses Pupillen*bild* ist
der gemeinsame Querschnitt aller *einfallenden* Strahlenbündel, die zum Bilde beitragen,
also der *Eintrittspupille*. In Abb. 693 sind es
die von *b'* und von *a'* ausgehenden nicht-
schraffierten Bündel.

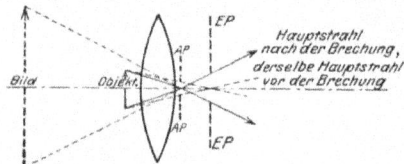

Abb. 695. Veranschaulichung von Eintrittspupille, Austrittspupille, Hauptstrahlen, Strahlengang.

**Gesichtsfeld und Gesichtsfeld-
blende.** Um den Strahlenverlauf
durch ein brechendes System hin-
durch zu übersehen, benützt man die Strahlen, die durch die Mittelpunkte
der Pupillen gehen. ABBE nennt sie (in Abb. 695 stark ausgezogen) *Hauptstrahlen* und ihren Verlauf durch das System den *Strahlengang*. Der Winkel
der Strahlen, die vom Achsenpunkt *a* (Abb. 694) nach zwei diametral einander
gegenüberliegenden Randpunkten *p' p'* der *E P* gehen, heißt *Öffnungswinkel*, und
die Blende, die die Öffnung der abbildenden Bündel einschränkt, *Apertur-

blende. — Um ein brauchbares Bild zu bekommen, müssen wir auch die
Ausdehnung des *Objektes* begrenzen. Auch das geschieht durch Blenden. Wir
setzen das Objekt aber bis auf weiteres so klein voraus, daß es keiner
besonderen Abblendung bedarf. Nur um den Begriff *Gesichtsfeld* zu erläutern,
kehren wir zu dem Beispiel Abb. 693 zurück und zeigen, wodurch die Größe des
abbildbaren Objekts bestimmt wird.

Die von einem Objektpunkte ausgehenden Strahlen müssen, um *wirksam*
zu werden, nach der EP hinzielen, sie müssen aber auch die *Linse* treffen. Die
Größe der Linse ist begrenzt. Objektpunkte, die relativ zur Linse so liegen,
daß die von ihnen nach der EP zielenden Strahlen an der Linse vorbeigehen,
können auch nicht abgebildet werden. Punkte, die so liegen, daß nur ein *Teil*
der von ihnen nach der EP zielenden Strahlen die Linse trifft, werden zwar
noch abgebildet, aber *dunkler*, als diejenigen Bildpunkte sind, zu denen *alle* von
den zugehörigen Objektpunkten aus nach der EP zielenden Strahlen hingelangen.

Diese *Helligkeits*verhältnisse sind maßgebend für
den Umfang des brauch-
baren, d. h. genügend
hellen Teiles des Bildes
und *dadurch* für das *Gesichtsfeld.* Die Größe des
Gesichtsfeldes hängt also
davon ab, wie man es
*mit Bezug auf die in ihm
herrschende Helligkeit* definiert.

Das Gesichtsfeld der
mit ruhendem Auge benützt
gedachten Lupe ist typisch
dafür und so übersichtlich,
daß wir es zur Erläuterung
benützen. Die AP der Lupe
ist identisch mit der Pupille

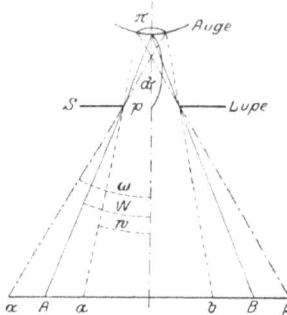

Abb. 696.
Strahlengang in einer Lupe, deren freie Öffnung
größer als die Augenpupille ist. Die
Augenpupille bestimmt die Öffnung der
Bündel, die Linsenöffnung das Gesichts-
feld.

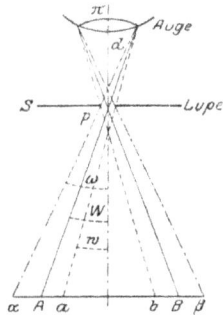

Abb. 697.
kleiner als die Augenpupille ist.
Die Linsenöffnung bestimmt
die Öffnung der Bündel, die
Augenpupille das Gesichtsfeld.

des Beobachters. Die zu der Pupille hingehenden Strahlen (Abb. 696) sind die vom Bilde $\alpha\beta$
her aus der Lupe kommenden (sie entsprechen Strahlen der *nicht* schraffierten Bündel der
Abb. 693, die in pp eintreten). Das Auge sieht durch die Linsenfassung S wie durch eine kreisrunde Luke das Bild an. Wir nennen den Radius der Fassung p, den der Pupille π, den Abstand
der Pupille von der Linse d. Es gilt dann folgendes: 1. Die Geraden, die (ohne einander zwischen
Pupille und Lupenrand zu kreuzen) den Pupillen*rand* und den Linsen*rand* verbinden und da-
bei den Winkel $2w$ bilden $\left(\mathrm{tg}\,w = \dfrac{p - \pi}{d}\right)$, begrenzen in dem Bilde die Strecke ab. (Um die

Verhältnisse *räumlich* zu übersehen, muß man sich Abb. 696 um die Blicklinie einmal ganz
herumgedreht denken: die Gerade ab gibt dann eine Kreisebene, und der Winkel $2w$ wird zum
Kegelwinkel.) Von *jedem* Punkt der Zone ab, resp. des Kreises mit dem Durchmesser ab, empfängt die Pupille einen Strahlenkegel, *dessen Basis sie ganz ausfüllt* — d. h. dessen Öffnung
gleich der der ganzen Pupille ist. Der zentrale Teil ab des Objektes $\alpha\beta$ erscheint daher *gleichmäßig hell* und am *hellsten.* — Die Iris des Auges begrenzt die Öffnung der in die Pupille eintretenden von jedem Punkt der Strecke ab kommenden Bündel: die Iris ist Aperturblende.

2. Die Geraden, die von der Pupillen*mitte* durch den Linsenrand führen und dabei
den Winkel $2W$ bilden (tg $w = p/d$), begrenzen in dem Bilde beiderseits von ab die
Stücke aA und bB (auf der Einstellebene räumlich einen Kreisring um den Kreis ab):
von jedem Punkte dieser Zone empfängt die Pupille einen Strahlenkegel, dessen Öffnung
im günstigsten Falle (Punkte a und b) *gleich der der Pupille,* im ungünstigsten (Punkte A
und B) gleich der der *halben* Pupille ist — *die Helligkeit des Bildes nimmt also von a nach A
und von b nach B* hin stetig ab, A und B sind nur noch etwa halb so hell wie a und b.

3. Die Geraden, die *übers Kreuz* Pupillenrand und Linsenrand verbinden und dabei
den Winkel 2ω bilden $\left(\mathrm{tg}\,\omega = \dfrac{p + \pi}{d}\right)$, begrenzen in dem Bilde beiderseits von A und von

B die Stücke $A\alpha$ und $B\beta$ (im Raumwinkel ein Kreisring um den vorigen): von jedem Punkte dieser Zone empfängt die Pupille einen Strahlenkegel, dessen Öffnung im günstigsten Falle (Punkte A und B) gleich ihrer *halben* eigenen Öffnung ist, im ungünstigsten Falle (Punkt α und β) empfängt sie einen einzigen Strahl — *die Helligkeit nimmt von A nach α und von B nach β hin weiter ab bis zur völligen Dunkelheit.*

Als *Gesichtsfeldwinkel* definieren wir nun den Raumwinkel zwischen den *Hauptstrahlen*, d. h. zwischen den Strahlen, die durch den Mittelpunkt der Pupille gehen. Dann sind A und B in Abb. 696 Randpunkte des Gesichtsfeldes und der Kreis, auf dem sie liegen, ist die Begrenzung der Gesamtheit der Bildpunkte, die mindestens noch etwa halb so hell sind wie der zentrale Teil (ab). Bei dieser Definition bestimmt sich das Gesichtsfeld durch tg $W = p/d$, d. h. durch den Durchmesser der *Linsenöffnung*, die Linsenfassung ist somit *Gesichtsfeldblende*. Das ist sie aber nur dann, wenn die Linsenöffnung wie in Abb. 696 *größer* ist als die Augenpupille. Ist sie kleiner (Abb. 697), so wird sie Aperturblende, und die Iris des Auges wird Gesichtsfeldblende. Auch hier bekommt man durch die geradlinige Verbindung des Pupillenrandes resp. der Pupillenmitte mit dem Linsenrande die drei Winkel w, W und ω, und die drei verschieden hellen Zonen. Aber, wie die Abbildung zeigt, kann kein Bündel, das von einem Bildpunkte herkommt, weiter geöffnet sein als die *Linsenfassung — diese ist jetzt also Aperturblende.* Der Gesichtsfeldwinkel W wird jetzt bestimmt durch tg $W = \pi/d$, also vom Durchmesser der *Pupille*, d. h. *die Iris ist jetzt die Gesichtsfeldblende.* — Beidemal

ist *das Gesichtsfeld desto größer,* je kleiner d ist, d. h. *je näher man die Lupe dem Auge bringt.*

Wirksame Blende eines optischen Systems. Bei *einer* Linse und *einer* Blende ist auch nur *ein* Blendenbild vorhanden; Lage und Größe der Eintrittspupille und

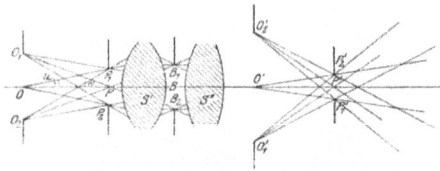

Abb. 698. Zur Ermittlung der wirksamen Blende eines optischen Systems.

der Austrittspupille und der Gesichtsfeldblende sind daher eindeutig. Wie aber, wenn mehrere Linsen und mehrere Blenden, also auch mehrere Blendenbilder vorhanden sind? Es sei, Abb. 698, ein optisches System S gegeben, das wir durch S' und S'' wiedergeben (jede Linse als Vertreter eines *Teiles* des Systems S zu denken, evtl. also mehrerer Linsen und Blenden), die dreien seien zwischen den Linsen des Systems S irgendwo angeordnet, wie das z. B. bei photographischen Doppelobjektiven die Regel ist. $B_1 B_2$ ist eine solche. S' vertritt dann denjenigen Teil des optischen Systems S, der dieser Blende nach der Objektseite hin vorangeht, S'' denjenigen Teil, der nach der Bildseite hin auf sie folgt.

Als Beispiel kann der optische Apparat des Auges dienen (Abb. 702). In dem Gesamtsystem S steht eine Blende, die Iris I mit der Pupillenöffnung als einzige hier vorhandene Blende; nach der Objektseite geht ihr voran das System Kammerwasser A — Hornhaut C (als Systemteil S'), nach dem Bildraume hin folgt auf sie das System Kristallinse L — Glaskörper Q (als Systemteil S''). Das Bild, das Kammerwasser und Hornhaut von ihr nach der Objektseite entwerfen, ist die Eintrittspupille des Auges, das Bild das Kristallinse und Glaskörper von ihr (im Glaskörper) entwerfen, die Austrittspupille des Auges. Strenggenommen müßten wir „Eintrittspupille" des Auges sagen, wo wir kurz von „Pupille" sprechen.

Wie findet man diejenige Blende, die über die Öffnung der abbildenden Bündel entscheidet, die *wirksame* Blende? Antwort: Man denkt sich jede vorhandene Blende durch das ihr zugehörige S' nach der Objektseite hin abgebildet, nämlich nach $P_1 P_2$. Dann ist die für die Öffnung der abbildenden Bündel maßgebende Blende diejenige, deren *Bild* $P_1 P_2$ von dem zentralen *Objekt*punkt O aus unter dem kleinsten Sehwinkel erscheint. Dieser Winkel ($2u$) heißt der

Öffnungswinkel des Systems und die zu dem Raumwinkel $2u$ gehörige Basis des Strahlenkegels (mit O als Spitze) ist die *Eintrittspupille*. Alle im Objektraum nach ihr zielenden Strahlen können dann durch alle anderen objektseitigen Blendenbilder hindurch. Das durch S'' nach der Bildseite erzeugte Bild $P_1' P_2'$ erscheint dann vor dem zentralen *Bild*punkte aus ebenfalls unter kleinerem Sehwinkel als jede andere, es ist die *Austrittspupille* des Systems. Alle aus der Eintrittspupille in die Austrittspupille gehenden Strahlen können durch die bildseitigen Blendenbilder hindurch.

Um ein brauchbares Bild zu bekommen, muß man auch das Objekt begrenzen. (Bisher bedurfte es nach unserer Voraussetzung S. 549 o. keiner besonderen Abblendung.) Um die in dem System dafür maßgebende Blende zu finden, verfährt man wie soeben beschrieben. Diejenige Blende, deren Bild, die *Eintrittsluke*, vom Mittelpunkt der *Eintrittspupille* P aus unter dem kleinsten Sehwinkel erscheint, ist die hierfür maßgebende. Dieser Sehwinkel ($= 2w$) heißt der *Gesichtsfeldwinkel* des Systems. Die Blende wird die *Gesichtsfeldblende* genannt, sie begrenzt die äußersten Hauptstrahlen. Das Bild derselben Blende, durch

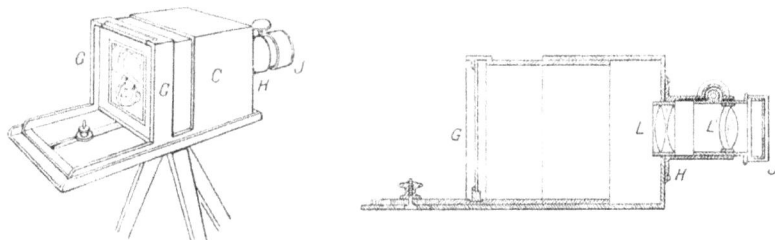

Abb. 699. Photographische Kammer einfachster Form.

den ihr nachfolgenden Teil des Systems nach dem Bildraume hin projiziert, erscheint dann vom Mittelpunkt der Austrittspupille P aus ebenfalls unter kleinerem Sehwinkel als alle anderen. — Das objektseitige Bild der Gesichtsfeldblende heißt nach M. v. ROHR die *Eintrittsluke* (EL); das bildseitige die *Austrittsluke* (AL), denn sie spielen für das optische Instrument dieselbe Rolle wie Luken für ein aus dem Zimmer ins Freie blickendes Auge. Fällt die Eintrittsluke mit dem Objekt zusammen und die Austrittsluke in die Ebene des Bildes, dann ist das Bild scharf begrenzt. Liegt aber das Objekt um einen gewissen Abstand von der Eintrittsluke entfernt, wie in Abb. 696, wo der Lupen*rand* die Eintrittsluke abgibt, so ist das Bild in der Mitte am hellsten und dort gleichmäßig hell, wird aber von da an randwärts allmählich dunkler.

6. Die optischen Instrumente.

Photographische Kammer. Zu den optischen Instrumenten, die durch Linsen Bilder erzeugen, gehört vor allem das Auge. Wir besprechen vorher die photographische Kammer (camera obscura), weil der optische Apparat des (nicht bewegten) Auges eine natürliche nur nicht so einfach gebaute Kamera ist. Die Abb. 699 zeigt eine frühe Form des Photographenkastens. Das Rohr HJ enthält die Linsen L und L', die das Bild auf der Platte G erzeugen sollen. Da das Bild in anderem Abstande von der Linse entsteht, je nach dem Abstande des Objekts von ihr, muß man den Abstand der Platte G von der Linse ändern können. Deswegen ist die Länge des Kastens veränderbar, und die Linsen sind mit dem Rohre verschiebbar. Ist das Rohr auf den zu photographierenden Gegenstand gerichtet (sein Abstand von der Linse muß größer sein als deren vordere doppelte Brennweite), so rückt man G, eine mattierte Glasscheibe, so zur Linse, daß man auf ihr ein scharfes Bild des Gegenstandes sieht. Es ist ein verkleinertes Bild in den natürlichen Farben, steht aber auf dem Kopf. Rückt der Gegenstand näher an die Linse, so entfernt sich das Bild von ihr; wenn wir die Platte G stehenlassen wollen, müssen wir die Linse von ihr weg zu dem Objekt hinschieben, um auch *dann* das Bild scharf zu machen, und entsprechend, wenn sich der Gegenstand von der Linse entfernt. Ist die „Einstellung" erledigt, so ersetzt man die Mattscheibe durch die lichtempfindliche Platte, auf der das Licht das Bild hervorruft. — Die Photographenlinse war ursprünglich die einfache Bikonvexlinse. Von ihr hat eine lange Reihe von Verbesserungen zu Systemen (Anastigmate) geführt, in denen die Fehler, die die Abbildungen stören, als beseitigt anzusehen sind. Aber kein System genügt allen Anforderungen *auf einmal*: Porträts verlangen, da sie in kürzerer Zeit aufgenommen werden müssen als Landschaften, lichtstärkere, also weiter geöffnete Bündel, für Landschaften genügen viel lichtschwächere, also engere Bündel, da man die Aufnahme beliebig ausdehnen kann.

Bildwerfer (Projektionsapparat). Vermöge der Umkehrbarkeit der Lichtwege können Objekt- und Bildpunkt ihre Funktion vertauschen: jeder Bildpunkt, als *Objekt* Strahlen aussendend (entgegengesetzt zu den Richtungen, in denen solche in ihm vereinigt wurden), wird durch dieselbe optische Vorrichtung genau im vorherigen Objektbild abgebildet. (Statt zu sagen, ein Punkt sei das *Bild* eines andern, nennt man deswegen beide in bezug auf die betreffenden optischen Mittel „konjugierte" Punkte.) Man denke sich das fertige Bild (G)

Abb. 700. Bildwerfer.
(Kugelepiskop nach Bechstein.)

als *Objekt* und von ihm aus Strahlen durch die Linse gehend. Bringt man dann dorthin, wo *vorher* der zu photographierende Gegenstand gestanden hat, einen Auffangschirm, so erscheint auf ihm das Bild von G, eine Vergrößerung von G. Das ist dem Strahlengange nach der Hergang im Bildwerfer, dessen Zweck und Wirkung jeder von der Laterna magica, vom Vortrag mit Lichtbildern und vom Kinematographen her kennt. Um auf dem Schirm ein genügend helles Bild zu geben, muß das Objekt selber entsprechend hell sein. Das fordert besondere Vorkehrungen. Ein Bildwerfer besteht als Ganzes danach aus der Lichtquelle, der Leuchtfeldlinse (Kondensor), der Bildwerferlinse und dem Auffangschirm. Lichtquelle und Auffangschirm als technische Einzelheiten übergehen wir. Als Bildwerferlinsen benutzt man umgekehrt angeordnete Photosysteme, d. h. die Rückseite des Objektivs dem Objekt zugewandt. Bei einer mäßigen, etwa 15—20 fachen Vergrößerung verteilt sich die von einem Objektelement in das System gestrahlte Lichtmenge auf ein Bildelement von 225—400 fachem Flächeninhalt, und dabei soll die Beleuchtungsstärke dort noch groß genug sein, um eine genügend helle zerstreute Strahlung (trotz aller damit verbundenen Verluste) hervorzurufen. Man muß daher das zu vergrößernde Objekt, dessen Bild man auf dem Schirm zeigen will, *sehr stark* beleuchten. Man muß auch die Objekte entsprechend auswählen, undurchsichtige müssen durch auffallendes Licht beleuchtet werden, und je nach ihrer Albedo (oder Weiße) — nach Lambert das Verhältnis der reflektierten zur auffallenden Lichtmenge bei einer matten Oberfläche — werfen sie mehr

oder weniger davon zurück, im günstigsten Falle (weißes Papier) 40 %
und davon wieder nur einen Teil *in das System* (die Strahlung geht ja
nach allen Seiten). Am besten eignen sich zu solchen Vorführungen *schwarze*
Strichzeichnungen, Diagramme, Drucke, Schriften auf *weißem* Grunde wegen
der großen Helligkeitsunterschiede. Heller als dieser Bildwurf im *auf*-
fallenden Licht (Episkopie) ist der im *durch*fallenden (Diaskopie), d. h. die
Projektion von Glasbildern (Diapositiv), denn hier gibt es keine Strahlen-
zerstreuung durch das Objekt. Man muß nur einen Beleuchtungsapparat herstellen, der die Lichtquelle auf die Eintrittspupille der Bildwerferlinse abbildet.
Dann werden die Bilder hell genug und man kann sie sehr stark vergrößern. Die
Abb. 700 und 701 zeigen Übersichtsbilder für die Episkopie und die Diaskopie.

Das Auge. Das (in seiner Höhle nicht bewegte) Auge wirkt wie eine natürliche camera
obscura. Dem innen geschwärzten Kasten
entspricht der innen mit der schwarzen *Aderhaut* bedeckte *Augapfel* (Abb. 702). Seine
äußerste Wand ist eine starke Haut *S*, die
zum Teil als das „Weiße im Auge" sichtbar
ist. Dort, wo der Photographenkasten das

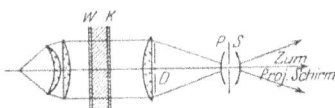

Abb. 701. Bildwerfer für durchfallendes Licht
(Diaskop). *P S* Bildwerferlinse, *D* Glasbild,
W K Wasserkammer.

Rohr mit den Linsen trägt, ist der Augapfel von der vollkommen durchsichtigen, kugelig hervorgewölbten *Hornhaut C* abgeschlossen. Dahinter liegt
(3,5 mm davon) die *Kristallinse L*; sie und die Hornhaut bilden zusammen den
hauptsächlichsten Teil des brechenden Systems, das den Photographenlinsen
entspricht. Der Blende vor der Linse im Photographenkasten, die die Schärfe
des Bildes steigern soll, entspricht im Auge die Iris *J* oder Regenbogenhaut,
nach deren Farbe man das Auge braun, blau usw. nennt. Die Öffnung in der
Iris, die Pupille, erweitert und verengt sich automatisch,
zunächst je nachdem sie von schwächerem oder stärkerem
Licht getroffen wird, außerdem auch bei der Akkommodation (S. 555 m.). Im Mittel ist ihr Durchmesser 4 mm; er
vergrößert sich äußerstenfalls bis zu 10 mm. Der lichtempfindlichen Platte entspricht die zwischen Aderhaut
und Glaskörper liegende *Netzhaut N*, die den Augenhinter-
grund wie eine Tapete überzieht; zwischen ihr und der
Kristallinse, den ganzen Zwischenraum ausfüllend, liegt
der Glaskörper *Q*. Der Raum zwischen der Kristallinse

Abb. 702. Horizontalschnitt
durch das rechte Auge.

und der Hornhaut ist mit Flüssigkeit angefüllt (vordere Augenkammer *A*). Das
brechende System des Auges reicht somit von der Hornhaut bis zur Netzhaut und
besteht aus etwas verschieden brechenden Medien. Für gewisse theoretische Untersuchungen hat LISTING es ersetzt durch das *reduzierte Auge*, ein homogenes, von *einer*
brechenden Kugelfläche begrenztes Medium, dessen Brechungszahl etwa 103/77 ist.

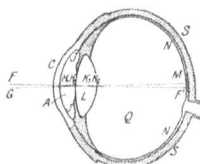

Wenn man einen Gegenstand „anblickt", so entsteht auf der Netzhaut ein
umgekehrtes verkleinertes Bild davon. Woher es kommt, daß wir die Dinge
aufrecht sehen, trotz der Umgekehrtheit ihrer Netzhautbilder, das ist eine Frage
der Erkenntnistheorie[1], nicht der Physik. Das Ergebnis, zu dem die *empiri*-

---

[1] Was wir ein Bild des Gegenstandes in unserm Auge nennen, ist nichts als die Tatsache, daß in unserm Sinneswerkzeug die nebeneinanderliegenden Nervenenden in derselben *Ordnung* von verschiedenfarbigen Lichtstrahlen getroffen werden, in welcher diese
Strahlen von den Gegenständen selbst ausgehen. Diese Tatsache eines *geordneten Neben-
einanderseins* verschiedener Erregungen in verschiedenen Nervenfasern ist doch noch nicht
die *Wahrnehmung* dieses Vorganges, sondern nur der wahrzunehmende *Vorgang* selbst,
dessen Möglichkeit, in seiner ganzen Ordnung zum Bewußtsein zu kommen, eben den Gegenstand unserer Frage ausmacht (LOTZE).

stische Theorie der Gesichtswahrnehmungen führt, ist im wesentlichen dieses: der Sehende ist sich der Existenz der Netzhaut gar nicht bewußt; er kann daher auch nicht die Lage der vor ihm befindlichen Objekte nach der Netzhautstelle beurteilen, die getroffen wird. (Er empfindet, an welchem Orte des *Sehfeldes* ein Objekt erscheint, nicht aber den Ort der *Netzhaut*, auf dem es abgebildet ist.) Die Netzhautbilder sind nur Mittel, die Lichtstrahlen je eines Punktes des Gesichtsfeldes auf je eine Nervenfaser zu konzentrieren, *für die Beurteilung der Lage der Objekte durch den Sehenden aber kommen sie überhaupt nicht in Betracht.* Die Lokalisation geschieht vielmehr auf ganz anderem Wege. HELMHOLTZ sagt hierüber: „Wenn zwei helle Punkte im Sehfelde vorhanden sind bei fester Stellung des Auges, so werden zwei verschiedene Sehnervenfasern durch deren Licht erregt und es entstehen zwei Empfindungen, die durch eigentümliche Lokalzeichen *unterschieden* sein müssen, da wir sie in der Empfindung zu *unterscheiden* imstande sind. Welcher Stelle der Netzhaut diese Lokalzeichen angehören, wissen wir von vornherein ebensowenig, als wo die Sehnervenfasern liegen, die sie leiten, und zu welchen Stellen des Gehirns die Erregung fortgeleitet wird. Wohl aber wissen wir durch tägliche Erfahrung, wie wir den Arm ausstrecken müssen, um einen oder den andern hellen Gegenstand zu berühren oder unserm Auge zu verdecken. Wir können also direkt durch solche Bewegungen die Richtung im Sehfelde ermitteln, wo sich die Objekte befinden, und wir *lernen* direkt die besonderen *Lokalzeichen* der Empfindung zu *verbinden* mit dem *Orte* im Sehfelde, in den das Objekt gehört." (Unter Lokalzeichen der Empfindung versteht man Momente der Empfindung, durch die wir die Reizung der von dem Lichte des Objektpunktes *A* gereizten Netzhautstelle von der Reizung aller andern Stellen *unterscheiden* können. Von welcher Art die Lokalzeichen sind, darüber wissen wir nichts; daß dergleichen da sein müssen, schließen wir nur aus dem Umstande, daß wir Lichteindrücke auf *verschiedenen* Teilen der Netzhaut zu *unterscheiden* vermögen.)

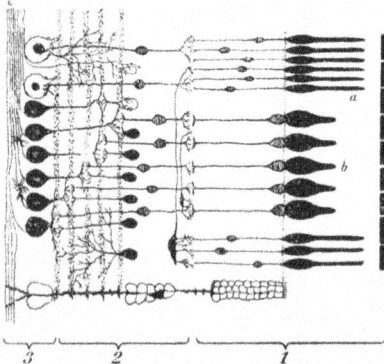

Abb. 703. Schnitt durch die Netzhaut.
Das aus dem Glaskörper kommende Licht durchsetzt zunächst die Schicht 3 mit den Nervenfasern und Ganglienzellen, dann Schicht 2, bestehend aus der inneren und äußeren retikularen Schicht und der davon eingeschlossenen inneren Körnerschicht; die Schicht 1 enthält die Stäbchen *a* und die Zapfen *b*, die auf der linken Seite die feine äußere Grenzmembran von der äußeren Körnerschicht trennt, auf der andern Seite die Pigmentschicht von der nicht dargestellten Aderhaut.

Das Auge auf einen Gegenstand „richten", heißt: dafür sorgen, daß sein Bild auf einen *bestimmten* Teil der Netzhaut fällt, auf die *Netzhautgrube M,* ihrer Farbe wegen heißt sie *der gelbe Fleck.* Die Netzhaut ist diejenige Stelle des Auges, an der es durch das Licht *erregt* wird. Das folgt aus der Tatsache, daß die schwarze Aderhaut das Licht abschirmt und nicht über die Netzhaut hinausdringen läßt. Die Netzhaut selber ist eine durchsichtige Membran aus Nervenmasse, weniger als 0,5 mm dick, aber aus mehreren Schichten bestehend (Abb. 703). Das Licht durchsetzt, vom dioptrischen Apparat des Auges kommend, die ganze Netzhaut, *erregt* sie aber erst in der (hintersten) Schicht der *Stäbchen* und *Zapfen.* Die Stäbchen, stark lichtbrechende Zylinder, sind ca. 63—81 μ lang und 1,8 μ dick. Die Zapfen, aus ähnlicher Substanz, sind dicker und kürzer. Sie stehen zwischen den Stäbchen zerstreut, an der Peripherie der Netzhaut spärlicher, nach dem gelben Fleck zu dichter, in dem Flecke selber fehlen die Stäbchen fast ganz, d. h. diejenige Stelle der Netzhaut, die wir vorzugsweise zum Sehen benützen, besteht fast nur aus Zapfen. Von jedem Zapfen geht mutmaßlich eine Nervenfaser durch den Sehnervenstamm isoliert zum Gehirn, um den empfangenen Eindruck dort hinzuleiten, so daß der Erregungszustand jedes einzelnen Zapfens auch einzeln empfunden werden kann. Die Größe des Zapfendurchmessers bestimmt daher die Größe des Lichtfleckes, der dem Auge als „Punkt" erscheint (S. 536 u.), und bestimmt auch die Sehschärfe des Auges, d. h. den Abstand zweier Punkte, die das Auge noch als *getrennt —* nicht in *einen* Punkt zusammenfließend — erkennt: die Bilder der zwei Punkte müssen auf zwei Zapfen liegen, die mindestens durch *einen nicht* erregten Zapfen *a* getrennt sind (Abb. 704). Die Grenze liegt etwa bei einem Winkel von 1 Minute, er entspricht etwa dem 60sten Teile des Winkels, in dem wir die Breite unseres Zeigefingernagels sehen, wenn wir den Arm möglichst weit ausstrecken.

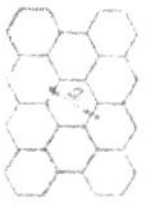

Etwas „*ansehen*" heißt noch nicht es *scharf* sehen. Dazu muß das *Bild auf der Netzhaut* selber scharf sein, und *dazu* wieder muß die Linse einen bestimmten Abstand von der Netzhaut und dem Objekt haben. Im Photographenkasten kann man die *Linse*

Abb. 704. Zur Sehschärfe des Auges. *a* der mittlere Abstand zweier Zapfenenden.

zwischen Platte und Objekt verschieben, um auf nähere oder fernere Gegenstände scharf „einzustellen", oder man kann auch die *Platte* relativ zur Linse verschieben. Ganz anders das Auge! Es ändert die *Form* der Linse, je nachdem sie einen näheren oder einen ferneren Gegenstand abbilden soll. Die Vorderseite der Linse krümmt sich stärker, wenn sie einen nahen, und flacht sich ab, wenn sie einen fernen Gegenstand abbildet. Man nennt diese Einstellungsfähigkeit des Auges *Akkommodation*: die Grenzen, innerhalb deren es *akkommodieren* kann, seine Akkommodations-*breite*. (Wir fühlen die Formänderung als Anstrengung, wenn wir kurz nacheinander einen sehr nahen und einen sehr fernen Gegenstand anblicken.) Die Akkommodationsbreite nimmt mit zunehmendem Alter dauernd ab. Messen läßt sie sich durch die Brechkraft derjenigen Konvexlinse, die vor das ruhende auf unendlich eingestellte Auge gesetzt, Strahlen, die aus dem Nahpunkt (s. d.) kommen, achsenparallel macht. Das Auge eines Zwanzigjährigen fordert dazu eine Brennweite von 10 cm (in der jetzt üblichen Bezeichnung 10 dptr, s. Fußnote S. 557). Der Zehnjährige hat 15 dptr, der Fünfzigjährige nur 2,5 dptr Akkommodationsbreite.

Die Tabelle enthält einige der neuesten Angaben von Gullstrand über den dioptrischen Apparat des (schematischen) Übersichtsauges in Akkommodationsruhe und bei maximaler Akkommodation:

Gullstrandsche Werte für das Übersichtsauge.

	Akkommodations-ruhe	Maximale Akkommodation
Ort des ersten Hauptpunktes	1,348	70,57
Ort des zweiten Hauptpunktes . . .	1,602	1,772
Ort des ersten Brennpunktes	—15,707	— 12,397
Ort des zweiten Brennpunktes . . .	24,387	21,016
Vordere Brennweite	—17,055	— 14,169
Hintere Brennweite	22,785	18,930
Ort der Netzhautgrube	24	24
Ort des Nahpunktes	—	—102,3
Ort der Eintrittspupille	3,047	2,668
Ort der Austrittspupille	3,667	3,212
Vergrößerungszahl für die Pupillen .	0,909	0,941

Die Zahlen bedeuten Millimeter vom Hornhautscheitel; nach dem Augeninnern positiv, nach der Luft negativ.

Vordere Brenn*weite* ist der Abstand des vorderen Brennpunktes von dem ersten Hauptpunkt (und entsprechend für die hintere). Die Brennweiten eines brechenden Systems sind einander *gleich*, wenn sich das System in einem und demselben Mittel (etwa Luft) befindet, andernfalls verschieden. Das optische

System des Auges grenzt auf der *einen* Seite an Luft, nicht aber an der andern — daher die Verschiedenheit der Brennweiten. Die Pupillenverengerung bei der Akkommodation verschärft die Abbildung: sie blendet die Randstrahlen ab, deren sphärische Aberration das Bild unscharf machen würde, und sie verkleinert die Zerstreuungskreise.

Der optische Apparat des Auges ist keineswegs vollkommen. Die Hornhaut der meisten menschlichen Augen ist nicht drehrund, sie ist an ihren verschiedenen Meridianen verschieden gekrümmt, überdies sind Hornhaut und Kristallinse meist nicht für die gleiche Achse symmetrisch gebildet (zentriert). Diese beiden Abweichungen erzeugen den bei den meisten Menschen stärker oder schwächer vorhandenen Astigmatismus des Auges. Er bewirkt, daß das Auge nicht *gleichzeitig* horizontale und vertikale Linien in dem*selben* Abstande vollkommen deutlich sehen kann. Man korrigiert ihn durch Brillengläser, die aus sphärischen und zylindrischen Flächen kombiniert sind. Ferner: Auch das beste Auge entwirft scharfe Bilder auf seiner Netzhaut nur von solchen Dingen, die ihm nicht näher als etwa 15 cm liegen (*Nahpunkt*), und sogar im Bereiche des sonst normalen Sehens kann nicht *jedes* Auge ein Ding, z. B. den Punkt O in Abb. 705 a, b, c, scharf abbilden. Physikalisch heißt das: das fehlsichtige (ametropische) Auge kann die Linse nicht so wölben, daß sie die Strahlen, die von O ausgehen, genau auf der Netzhaut vereinigt. Der Vereinigungspunkt O' liegt dann entweder vor (c) oder hinter (b) der Netzhaut. Auf der Netzhaut entsteht beide Male ein Zerstreuungskreis (Abb. b und c).

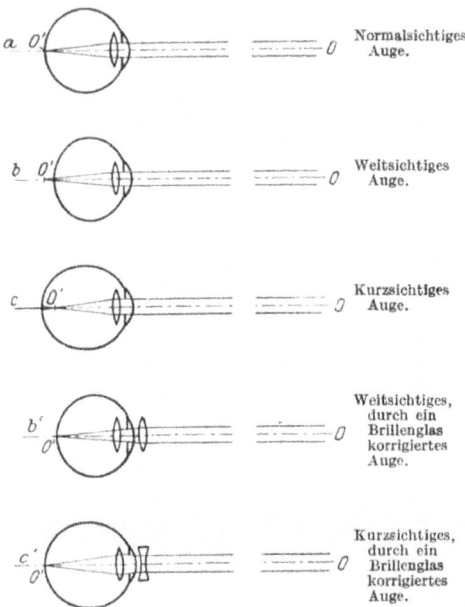

Normalsichtiges Auge.

Weitsichtiges Auge.

Kurzsichtiges Auge.

Weitsichtiges, durch ein Brillenglas korrigiertes Auge.

Kurzsichtiges, durch ein Brillenglas korrigiertes Auge.

Abb. 705.

Solche Augen heißen *kurzsichtig* (c) oder *weitsichtig* (b): kurzsichtig, wenn der Schnittpunkt O' vor die Netzhaut, weitsichtig, wenn er dahinter fällt.

Brille. Man muß, um dem *kurzsichtigen* Auge zu helfen, dafür sorgen, daß die Strahlen *weniger stark* gebrochen werden — um dem *weitsichtigen* zu helfen, dafür sorgen, daß sie *stärker* gebrochen werden. Zu dem Zweck setzt man vor das Auge eine Hilfslinse — ein Brillenglas (Abb. 705 b' und c'). Es wirkt so: Strahlen, die parallel einfallen, lenkt das normalsichtige Auge (a) so ab, daß sie nach ihrer Brechung ihren Vereinigungspunkt auf der Netzhaut haben; das kurzsichtige lenkt sie zu stark ab, das weitsichtige zu schwach. Um parallel einfallende Strahlen trotzdem auch in den beiden letzten Fällen auf der Netzhaut zu vereinigen, nimmt man ihnen, *ehe sie in das Auge treten*, den Parallelismus: man macht sie, ehe sie in ein kurzsichtiges Auge treten, *divergent* (c') ehe sie in ein weitsichtiges treten, *konvergent* (b') — das erste, indem man sie durch eine Konkavlinse gehen läßt (ihre Brennweite ist negativ, daher das Minuszeichen vor der Brillennummer[1] der Kurzsichtigen); das zweite, indem man sie durch eine Konvexlinse gehen läßt. Je nach dem Grade der Kurzsichtigkeit und der Weitsichtigkeit muß man die *Stärke* der Linse bemessen, die die Divergenz oder die Konvergenz der Strahlen groß genug macht, um den Vereinigungspunkt auf die Netzhaut zu bringen.

Ein anderer Fehler im optischen Apparat des Auges bewirkt, daß wir einen Lichtpunkt *strahlig* sehen, z. B. ferne Lichtflammen, besonders die Sterne. Wie allgemein der Fehler ist, zeigt die Bezeichnung einer strahligen Figur als sternförmiger. Augen *ohne* Linse (Staroperation) sehen die Sterne *ohne* Strahlen. HELMHOLTZ schloß daraus, daß die Sternstrahlen in der Kristallinse des Auges entstünden und suchte den Grund im Gefüge der Linse. Nach GULLSTRANDS Ansicht lassen sich mit dieser Begründung wohl sechsstrahlige Sternfiguren erklären, nicht aber achtstrahlige, die HELMHOLTZ beschreibt. Nach GULLSTRAND fallen die Strahlen mit den Richtungen gewisser Krümmungslinien zusammen, die in einem Punkt auf der Achsenrichtung eines nicht astigmatischen Auges einmünden, er erklärt die entsprechende Beschaffenheit der Kristallinse aus ihrer nichtspannungsfreien Aufhängung am Ziliarkörper.

Die Fähigkeit des Auges, Einzelheiten eines Gegenstandes zu erkennen, seine *Sehschärfe* ist begrenzt. Wir sehen den Mond in scharfen Umrissen, aber Einzelheiten auf seiner Oberfläche erkennen wir mit bloßem Auge nicht. Die Erkennung von Einzelheiten beruht darauf, daß Punkte, die getrennt *sind*, auch als getrennt *erkannt* werden. Das Mosaik der Netzhaut, Abb. 704, bewirkt aber, daß das Auge zwei Punkte, die getrennt *sind*, nur unter einer bestimmten Bedingung auch getrennt *sieht*. Die Bedingung ist (durch die Mosaikelemente der Netzhaut) im wesentlichen an die Größe des Gesichtswinkels geknüpft, unter dem der Abstand der beiden Punkte erscheint. Man denke sich von jedem aus eine Gerade zur Mitte der Pupille gezogen. Der Winkel, den sie bilden, ist der *Gesichtswinkel*, unter dem der Abstand der zwei Punkte erscheint: er muß eine bestimmte Größe haben (die für Augen verschiedener Beobachter sehr verschieden sein kann), damit die beiden Punkte eben noch als *getrennte*, nicht in *einen* Punkt verschwommen, erscheinen. Zwei horizontal nebeneinanderliegende Punkte, die 1 m vom Auge abstehen, müssen nach HELMHOLTZ mindestens etwa $^1/_3$ mm, Punkte, die weiter vom Auge abstehen, entsprechend weiter auseinanderliegen, um getrennt zu erscheinen, in 100 m Abstand $100 \cdot {}^1/_3$ mm. Ein Gegenstand unter einem noch kleineren Gesichtswinkel erscheint, wie er auch gestaltet sei, rund und zeigt dem *bloßen* Auge keinerlei Einzelheiten.

Lupe. Je näher wir einen Gegenstand dem Auge bringen, desto größer wird zwar der Gesichtswinkel, aber wenn der Gegenstand dem Auge schließlich näher liegt als der Nahpunkt (S. 556 m.), dann kann das Auge ihn nicht mehr *scharf* auf der Netzhaut abbilden (nicht *akkommodieren*) und bedarf dazu einer Hilfe. Das Hilfsmittel muß das Bild des Gegenstandes in einen Abstand vom Auge bringen, in dem es Dinge deutlich erkennen kann. Diese Aufgabe erfüllt die Lupe (das Vergrößerungsglas), eine Konvexlinse, die man dicht vor das Auge bringt. Das Auge sieht das Objekt dann unter größerem Gesichtswinkel. Das Verhältnis dieses Gesichtswinkels zu dem kleineren, unter dem es dem bloßen Auge an demselben Orte erscheinen *würde*, heißt die subjektive Vergrößerung der Lupe. Das bewaffnete Auge arbeitet am besten, wenn es nicht zu akkommodieren

---

[1]) Man nennt den Bruch $1/f$ mit f als Brennweite der (gleichseitigen, dünnen) Brillenlinse die *Stärke* der Linse. Früher maß man f in rheinländischen (preußischen) Zoll und nannte die Brillennummer nach der Brennweite, z. B. ein Konkavglas von 10 Zoll Brennweite: —10. Jetzt nennt man die Stärke nach *Dioptrien*. Eine Dioptrie (1 dptr) wird definiert durch eine Linse von 1 m Brennweite; eine Linse von $^1/_2$ $^1/_3$ ... $^1/_n$ m Brennweite nennt man eine Linse von 2, 3 ... n dptr. Genügend genau für die Praxis rechnet man die Zollzahl in die Dioptriezahl um, wenn man die Zahl 40 durch die Zollzahl dividiert. Der früheren Bezeichnung —8 entspricht die jetzige —5 dptr.

braucht, das normale Auge also dann, wenn das Bild sehr weit von ihm weg liegt (die Strahlen parallel eintreten), der Gegenstand, den man durch die Lupe betrachtet, also dicht an ihrem vorderen Brennpunkt zwischen ihm und der Lupe liegt (Abb. 706, wiederholt aus Abb. 674 b). Der Winkel, unter dem das Auge das Bild durch die Lupe erblickt, ist w'; seine Größe folgt aus $y/f' = \text{tg}\,w'$.
Unbewaffnet blickt das Auge den Gegenstand im Abstande l an, etwa im Nahpunkt, unter dem Winkel w, seine Größe bestimmt sich aus $\text{tg}\,w = y/l$. Hieraus folgt als Vergrößerungszahl der Lupe $N' = \text{tg}\,w'/\text{tg}\,w = l/f'$. Danach hängt die Vergrößerung N von dem Abstande l ab, auf den man für längere Zeit akkommodieren kann. Als mittlere Nahepunkt-

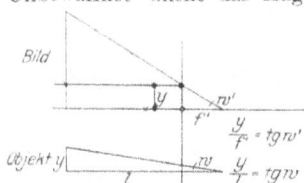

Abb. 706. Zur Lupenwirkung.

Abb. 707.
Lupe, 120 fach vergrößernd (in vierfachem Maßstabe.)

entfernung nimmt man 250 mm an. Die Vergrößerung der Lupe ist danach
$$N = \frac{250}{f'} \cdot$$
(Bei Vergrößerungen bis $N = 20$ spricht man von Lupen, bei größeren von einfachen Mikroskopen.)

Die Formel zeigt, daß die Lupe desto stärker vergrößert, je kleiner f' ist. Macht man aber die Brennweite kleiner und kleiner, so kommt man bald zu Linsen, deren Bilder teils wegen zu starker Verzeichnung, teils wegen ihrer Dunkelheit unbrauchbar sind. Man kann diese Mängel umgehen, wenn man mehrere Linsen kombiniert wie in Abb. 707, die eine alte Konstruktion von ZEISS von 2 mm Brennweite zeigt. — Man benützt im allgemeinen eine Lupe höchstens für 30fache Vergrößerung, für stärkere ausschließlich das zusammengesetzte Mikroskop.

Mikroskop. Das zusammengesetzte Mikroskop (Abb. 708) heißt *zusammengesetzt* im Gegensatz zur Lupe, die man auch *einfaches* Mikroskop nennt. Es besteht aus zwei optischen Systemen Ob und Oc, räumlich getrennt und in der optischen Wirkung ganz verschieden (S. 562, Fußn.) voneinander, aber zu einem System verbunden, etwa so, wie die kleine Linse und die große Linse im Opernglase. Die beiden Systeme — sie heißen Objektiv und Okular, weil das eine dem Objekt, das andere dem Auge zugewendet ist — sitzen in einem zylindrischen Rohr an je einem Ende. Jedes besteht aus mehreren Linsen, beide haben aber eine gemeinsame optische Achse, und diese ist mit der Rohrachse identisch. Das Rohr, der *Tubus* (gewöhnlich aus Messing) ist innen matt geschwärzt, um Lichtreflexe zu vermeiden.

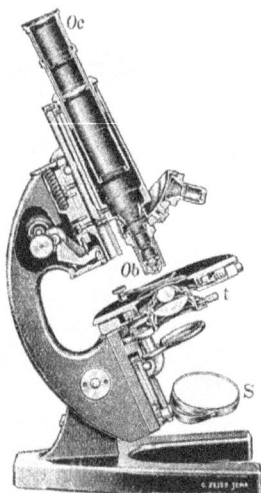

Abb. 708.
Zusammengesetztes Mikroskop.

Die einander zugewendeten Brennpunkte, der hintere (obere) des Objektivs und der vordere (untere) des Okulars, bekommen einen gewissen Abstand voneinander, in den ZEISS-Mikroskopen etwa 180 mm, die optische Tubuslänge. (Nicht zu verwechseln mit der Tubuslänge *selber*, d. h. der Länge des *Rohres* in dessen Enden Objektiv und Okular sitzen, und das bei den ZEISS-Mikroskopen etwa 160 mm lang ist, übrigens aber von Land zu Land zwischen 150 und 300 mm schwankt.)

Schon diese Verbindung von zwei optischen Systemen und das Auseinanderrücken ihrer einander zugewandten Brennpunkte auf einen gewissen Abstand macht das zusammengesetzte Mikroskop der Lupe überlegen. Nennt man die Brennweite der Systeme F und f und den Abstand ihrer Brennpunkte d, so haben sie, verbunden, die Brennweite $F \cdot f/d$. Hat jedes System z. B. die Brennweite 15 mm, und ist die optische Tubuslänge 180 mm, so haben sie verbunden die Brennweite $^5/_4$ mm. (Um d noch vergrößern, also die Brennweite noch verkleinern zu können, macht man den Tubus wie ein Fernrohr ausziehbar.) Ein Instrument, das eine so kleine Brennweite haben soll, ist einfacher aus zwei Systemen zusammenzusetzen, von denen jedes eine viel größere Brennweite hat. — Die Auseinanderrückung der beiden Systeme verlegt das Objekt weiter weg vom Auge als die Lupe es tut, und das ist zum Schutze des Auges oft erwünscht. — Ferner: man ist nicht an *ein* Objekt und auch nicht an *ein* Okular gebunden, sondern kann Objektive und Okulare von längerer oder von kürzerer Brennweite in den Tubus einsetzen, kann also mit demselben Mikroskop die verschiedensten Vergrößerungen erzielen.

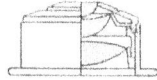

Wie man das Objekt beleuchten muß, richtet sich danach, ob es durchsichtig ist oder nicht. Undurchsichtige Objekte verlangen im wesentlichen keine andere Beleuchtung als vor der Lupe, durch*scheinende* — das sind die meisten — muß man *durch*leuchten (S. 577 m.). Für gewöhnliche Beobachtungen genügt dazu der in allen Richtungen verstellbare Spiegel S unter dem Objekttisch t. Die starken Mikroskope aber

Abb. 709.
ABBE-Kondensor.

und die bis an die Grenze der Mikroskopie gehenden Beobachtungen verlangen besondere Beleuchtungssysteme, namentlich den ABBE-Kondensor (Abb.709). Es sind im wesentlichen Objektive, die man unter dem Objekttisch so anbringt, daß sie ihre Linsen dem Lichte in umgekehrter Reihenfolge zum Durchlaufen darbieten wie das wirkliche Objektiv im Tubus.

Die Wirkung des Mikroskops, Abb. 710, erklärt sich so: Das Objektiv (hier aus zwei Linsen bestehend) verhält sich dem Objekt $O_1 O_2$ gegenüber — wir setzen es als selbstleuchtend voraus[1] — wie eine photographische Linse dem zu photographierenden Objekt gegenüber. Es entwirft (wenn wir zunächst von dem Okular absehen) von dem Objekt ein *umgekehrtes* Bild $O_2' O_1'$, das reell, also evtl. auf einer Platte auffangbar ist (daher für die Mikrophotographie verwendbar — ein weiterer Vorteil des Mikroskops vor der Lupe). — Aber ein wesentlicher Unterschied besteht zwischen der Photographenlinse und dem Mikroskopobjektiv: die Photographenlinse entwirft unter normalen Verhältnissen ein *verkleinertes* Bild des Gegenstandes, das Objektivsystem des Mikroskops ein *vergrößertes*. Denn beim Mikroskopieren liegt das Objekt dem Objektiv so nahe, daß es nur um sehr wenig mehr als um die Brennweite davon absteht, aber beim Photographieren ist das Objekt um mehr als um die doppelte Brennweite von der Linse entfernt. Das von dem Objektiv entworfene, in der Luft schwebende reelle Bild dient dem *Okular* als *Objekt*. Das Okular (hier aus zwei Linsen bestehend) wirkt dem Bilde gegenüber als Lupe: es entwirft ein aufrechtes, vergrößertes, virtuelles Bild $O_2'' O_1''$ davon, d. h. das von dem Mikroskopobjektiv entworfene Bild *bleibt* umgekehrt: was man also im Mikroskopbilde *rechts* sieht, liegt im Objekt links; was *vor* der Tubusachse zu liegen scheint, liegt tatsächlich dahinter.

Die Abb. 710[2] zeigt den Strahlengang, d. h. den Gang der *Hauptstrahlen* im Mikroskop, die von dem Objekt $O_1 O_2$ ein Bild $O_2'' O_1''$ entwerfen, das das Auge sieht: das Objektiv (hier

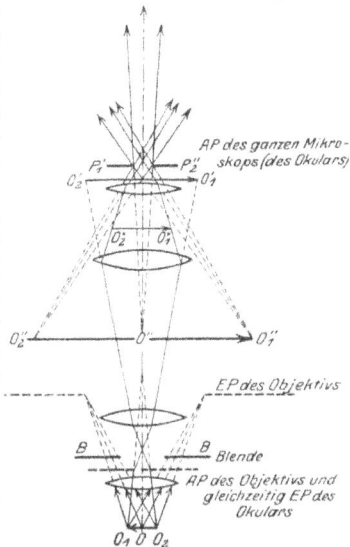

Abb. 710. Der Strahlengang im Mikroskop.
Von den *Objekt*punkten O_1, O, O_2 sind Strahlen bis zur vordersten Linse hin angegeben; sie zielen nach den *Rändern* der EP. Von den *Bild*punkten O_1'' O'' O_2'' sind Strahlen nach den *Rändern* der AP des Okulars gezogen. Durch den Vergleich der Öffnung der vom Objekt und der vom Bild kommenden Strahlenbündel, unter gleichzeitiger Berücksichtigung der Größe des Objekts und der des Bildes, bekommt man eine Vorstellung von der Verschiedenheit der Objektiv- und der Okularfunktion (s. Fußnote S. 562).

---

[1]) Nur wenn das Objekt ein selbstleuchtendes ist, kommt sein Bild so zustande wie in der photographischen Kammer. Das mikroskopische Bild eines durchleuchteten Objektes ist nach ABBE eine Beugungserscheinung (S. 577).

[2]) Aus CZAPSKI-EPPENSTEIN: Grundzüge der Theorie der optischen Instrumente nach ABBE.

aus zwei Linsen bestehend) würde, wenn das Okular nicht da wäre, ein reelles Bild bei $O'_2 O'_1$ entwerfen. Die untere Okularlinse bewirkt aber, daß es an die Stelle $O^*_2 O^*_1$ fällt. Dieses reelle Bild betrachtet das Auge durch die obere Okularlinse. Es sieht sein virtuelles Bild $O''_2 O''_1$. Begrenzt wird die Öffnung der vom Objekt kommenden Strahlenbündel stets im Objektiv. Bei dem Strahlengange der Abb. 710 liegt zu dem Zwecke eine Blende BB zwischen den Objektivlinsen; ihr Bild (punktiert darüber) bildet die EP des Objektivs. Das ist nicht in jedem Mikroskop so. Bei den starken Mikroskopen geschieht die Begrenzung durch die unterste Objektivlinse (Frontlinse) oder auch durch die Fassung einer der anderen Linsen im Objektiv. — Bei $P''_2 P''_1$ entsteht die AP des Mikroskops; bringt man das Auge hierhin, so treten die sämtlichen wirksamen aus dem Mikroskop kommenden Strahlen hinein. Wenn man aus einigem Abstande von oben auf das Okular sieht, sieht man die AP als einen hellen Kreis darüber. Das Gesichtsfeld, also die Größe des abgebildeten Objektteils, wird stets durch das Okular begrenzt, und zwar dadurch, daß man an die Stelle, an der das reelle Bild $O^*_2 O^*_1$ entsteht, eine Blende legt, die so viel von dem Bilde frei läßt, wie bei der Beobachtung durch das Okular als Lupe gleichmäßig hell erscheint, die [dunklere Randzone aber bedeckt (S. 549).

Abb. 711. Die Zusammensetzung eines Mikroskopobjektivs aus achromatischen, sphärisch korrigierten Einzellinsen.

Aus der Brennweite des Mikroskops $F \cdot f/d$ folgt für die *Gesamtvergrößerung* N durch das Mikroskop — wir übergehen den Beweis — die Formel $N = \dfrac{d}{F} \cdot \dfrac{l}{f}$, worin l wie bei der Lupe die Weite des deutlichsten Sehens (250 mm) ist. Ein Objektiv von 2 mm Brennweite z. B. gibt zusammen mit einem Okular von 10 mm Brennweite die Vergrößerung

$$N = \frac{180}{2} \cdot \frac{250}{10} = 2250 \,.$$

Die Vergrößerung muß in bestimmter Weise auf das Objektiv und das Okular verteilt werden, um zweckmäßig zu sein. Es ist aber zwecklos, die Vergrößerung über ein gewisses Maß hinaus (etwa $N = 1700$) zu steigern. Teilchen *unter* einer gewissen Größe (etwa 0,003 mm) sind auch unter den günstigsten Umständen nicht zu erkennen. Das hängt mit der *Entstehung* des mikroskopischen Bildes als eines Beugungsbildes zusammen (S. 577).

Berechnen kann man die Vergrößerung nur, wenn man F und f kennt. Andernfalls muß man sie *messen*, z. B. an einem *Objektmikrometer*, einem in 0,01 mm geteilten Maßstab von 1 mm Länge als mikroskopischem Objekt. Betrachtet man dieses Millimetermaß im Mikroskop und zeichnet man mit einer camera lucida (S. 511 u.) sein Bild, so kann man den Abstand zweier Nachbarteilstriche des *Bildes* mit einem gewöhnlichen Maßstabe messen, man erfährt dann, wievielmal größer *dieser* Abstand ist als der entsprechende des Millimetermaßes im Mikroskop.

Wir wollen im Mikroskop eine *möglichst starke* Vergrößerung des Objektes erreichen. Deswegen bekommen Objektiv und Okular möglichst kurze Brennweiten. Aber der Zweck des Mikroskops ist: die äußersten *Details* eines Objekts erkennbar zu machen, sie „aufzulösen". Erfahrungsgemäß löst caet. par. dasjenige Mikroskop am stärksten auf, das den größten *Öffnungswinkel* hat, d. h. bei dem die Öffnung der von den Objektpunkten in das Objektiv geschickten Strahlenbündel am größten ist[1]. Durch die Vergrößerung der Öffnung erhöht sich aber die Schwierigkeit, das Bild scharf zu machen, d. h. die Schwierigkeit, die *Aberrationen* zu beseitigen. Theorie und Erfahrung haben dazu geführt, für die starken Mikroskope das Objektiv im wesentlichen so auszuführen, wie die Abb. 711

---

[1] Die Vergrößerung dieses Winkels ist das erste Postulat beim Bau des Mikroskops für die Steigerung seiner Wirkung (CZAPSKI) über den Grund (S. 578 m.).

zeigt. Diese Form ist der Ausgangspunkt für das moderne Mikroskopobjektiv (AMICI).

Der Objektpunkt F schickt ein weitgeöffnetes Strahlenbündel auf die *Frontlinse*. Sie bricht die Strahlen so, daß sie bei ihrem Austritt von dem Punkt F^1 herzukommen scheinen, d. h. sie erzeugt das virtuelle Bild F^1. Dieses Bild ist Objekt für die zweite Linse; sie entwirft von F^1 das virtuelle Bild F^2, und erst die dritte Linse entwirft das *reelle* Bild, das der Beobachter durch das Okular betrachtet. Jede der drei Linsen vermindert die Divergenz der Strahlenbündel, wie die immer spitzer werdenden Winkel bei F, F^1 und F^2 zeigen. Die einzelnen Linsen sind achromatisch, sie bringen die Brennpunkte von zwei Farben des Spektrums an denselben Punkt; für die Beobachtung mit dem Auge Grün und Gelb, für die Photographie Blau und Violett. Sie beseitigen hierdurch (S. 532 o.) die farbigen Säume, die das Bild undeutlich machen würden. — Weit übertroffen werden die *Achromate* durch die *Apochromate* Abb. 713 (ABBE, 1886). Sie bringen (S. 534 m.) die Brennpunkte von *drei* Farben des Spektrums in *einen* Punkt und beseitigen die das Bild fälschende Färbung bis auf einen praktisch unschädlichen Rest. Überdies beseitigen sie die *sphärische* Aberration für *drei* und damit praktisch für alle Farben des sichtbaren Spektrums, in den anderen Objektiven ist sie nur für *eine* Farbe beseitigt.

Um die Leistung des Mikroskops möglichst zu steigern, muß man den Winkel der Strahlenbündel möglichst groß machen, die in die Frontlinse treten (S. 578 m). Aber dieser Winkel ist nicht das einzige Element, das die Leistung steigert, Eine theoretische Untersuchung (ABBE und HELMHOLTZ unabhängig voneinander, 1873 und 1874) hat gelehrt: ist d der kleinste Abstand zweier Punkte, die man mit einem optisch vollkommenen Objektiv noch als getrennt erkennt, so ist $d = \dfrac{\lambda}{n \cdot \sin \alpha}$. Hierin ist α der *halbe* Öffnungswinkel (Abb. 712) der eintretenden Bündel, n das Brechungsverhältnis des Mediums, das das Objekt von der Frontlinse trennt (für *gewöhnlich* also der Luft, $n = 1$) und λ die Wellenlänge des Lichtes, das das Objekt beleuchtet und vom Objekt her in das Mikroskop tritt. Der Nenner $n \cdot \sin \alpha$ heißt nach ABBE die *numerische Apertur — einer der wichtigsten Begriffe in der Theorie des Mikroskops.* Kurz: Um die Grenze für die Leistungsfähigkeit des Mikroskops so weit wie möglich hinauszuschieben, muß man die *numerische Apertur* des Mikroskops $n \cdot \sin \alpha$ möglichst *groß* und die *Wellenlänge* λ möglichst *klein* machen.

Um die *numerische Apertur* $n \sin \alpha$ *möglichst groß* zu machen, muß man n und $\sin \alpha$ möglichst groß machen. Während α von 0^0 bis 90^0 wächst, wächst $\sin \alpha$ von 0 bis 1. Man kann aber — da zwischen Objektiv und Objekt ein gewisser Abstand bleiben muß — α höchstens ungefähr bis 70^0, d. h. $\sin \alpha$ bis 0,95 steigern. *Noch* weiter steigern kann man also die Apertur nur dadurch, daß man n vergrößert. Man füllt zu dem Zwecke den Raum zwischen Objekt und Objektiv durch ein Medium aus, das eine größere Brechungszahl hat als die Luft. Man benützt dazu gewisse Flüssigkeiten, von denen man einen Tropfen zwischen Objektiv und Deckglas bringt (das das Objekt bedeckt), so daß er beide benetzt. So entsteht das *Immersionssystem* (Gegensatz: Trockensystem). — Zuerst benutzte man — ehe man die Bedeutung der numerischen Apertur erkannt hatte — zwischen Objekt und Objektiv als Immersionsflüssigkeit Wasser (AMICI, 1850) anstatt der Luft, weil das Licht, wenn es vom Objekt zum Objektiv geht, dann weniger Reflexion an der Frontlinse erfährt, also auch weniger geschwächt wird. Später (1877 nach der Anregung durch I. W. STEPHENSON) führte ABBE die homogene Immersion ein, d. h. die Immersion, die in *optischer* Hinsicht *homogen* ist. Bei ihr ist die Brechungszahl des Objektivs, der Immersionsflüssigkeit (Zedernholzöl mit $n = 1,51$—$1,52$) und des Deckglases *gleich* groß, die schädliche Reflexion dadurch *vollkommen* vermieden, und die Brechungszahl n *noch* größer als die des Wassers. Die Apertur $n \cdot \sin \alpha$ beträgt dann maximal 1,40 (für Wasserimmersion 1,25). Die stärkste Apertur, die bisher erzielt worden ist (CZAPSKI), beträgt 1,60 mit Monobromnaphthalin; sie ist wegen der zerstörenden Wirkung des Monobromnaphthalins nur für besondere Fälle benutzbar. — Um *die Wellenlänge* λ *möglichst klein* zu machen, muß man blaues Licht benutzen. Auf kleinere Lichtwellen reagiert die Netzhaut nicht mehr. Man kann zwar das Bild noch mit ultraviolettem Licht photographisch aufnehmen, aber auch *dafür* ist eine Grenze gezogen, Wellenlängen unter $0,28 \mu$ werden von der Luft verschluckt. Man hat jedoch noch weit feinere Strukturen mit Hilfe der Röntgenstrahlen photographiert. — Die Grenzen des mit dem Mikroskop gegenwärtig Erreichbaren ist in gewissem Sinne erweitert worden durch die Sichtbarmachung ultramikroskopischer Teilchen (S. 579 o.).

Abb. 712.
Zur numerischen Apertur.

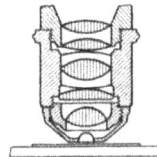

Abb. 713.
Apochromat.

Das Objektiv ist entscheidend für die Leistung des Mikroskops. Aber auch das Okular muß bestimmte Anforderungen[1] erfüllen, um die geforderte Bild-qualität zu liefern. Man benützt fast überall das HUYGENSsche Okular (Abb. 714). Das von dem Objektiv entworfene Bild fällt *zwischen* die beiden Linsen. Die dem Objektiv zugewandte Linse, die *Kollektivlinse*, greift in einer bestimmten Art in den Gang der vom Objekt kommenden Strahlen ein, um das Bild an einen für die Beobachtung erwünschten Ort zu verlegen. Als Lupe wirkt nur die dem Auge zugewandte Linse, die *Augenlinse*.

Abb. 714. Okular nach HUYGENS.

Fernrohr. Lupe und Mikroskop machen dem Auge Dinge deutlich, die man ihm wegen ihrer *Kleinheit* näher bringen müßte (um sie ihm unter genügend großem Gesichtswinkel zu zeigen) als seine Akkommodation zuläßt. Das Fernrohr dagegen macht ihm solche Dinge deutlich, die es, wie die Gestirne, ihrer *Ferne* wegen unter zu kleinem Gesichtswinkel sieht, deren Annähe-rung aber unmöglich ist.

Auch ein Fernrohr (wir sehen hier von den Spiegelfernrohren ab) besteht (Abb. 715) aus einer Sammellinse *Ob* als Objektiv und einem Okular *Oc* an den Enden eines Zylinderrohres, dessen Achse zugleich die optische Achse der Linsen ist. Das Objektiv verhält sich dem Dinge *A B* gegenüber, auf das man es richtet, wie eine Photographenlinse: es entwirft von ihm nahe bei seinem hinteren Brennpunkte ein Bild

Abb. 715. Astronomisches Fernrohr.

ba, umgekehrt, reell und verkleinert (weil das Objekt sehr viel-mal weiter von der Linse absteht als der vordere Brennpunkt). In dem von KEPLER (1611) stammenden Fernrohre wirkt das Okular dem Bilde *ba* gegenüber (wie im Mikroskop) als Lupe: es entwirft von ihm ein Bild *b'a'*, virtuell, vergrößert und aufrecht. Das Fern-rohrbild *bleibt* also umgekehrt. Man sieht daher durch dieses Fernrohr rechts

Abb. 716. Okular des terrestrischen Fernrohrs von FRAUNHOFER.

in links und oben in unten verkehrt und benützt es des-wegen nur als *astro-nomisches Fernrohr*.

Für terrestrische Be-obachtungen benützt man ein Fernrohr (meist *Hand*fernrohr), das das umgekehrte Bild noch einmal umkehrt, also dem Objekt gleich richtet. Ein Linsensystem (DOLLOND, FRAUNHOFER) zwischen Objektiv und Okular zu diesem Zweck macht das *terrestrische Fernrohr* sehr lang und sehr schwer (Abb. 716). Ein anderer Kunstgriff verhilft uns zu einem aufrechten Bilde. Man benützt (Abb. 718) als Okular eine Bikonkavlinse *B*, und zwar in solchem Abstand von dem Objektiv *O*, daß die daraus austretenden Strahlen das Okular treffen, *ehe sie einander kreuzen* (zuerst von dem Niederländer LIPPERHEY 1608, ein Jahr *später*, aber unab-hängig, von GALILEI erfunden). Erst dadurch, daß die Strahlen einander kreuzen, kehren sie das Bild um. Dann entsteht ein virtuelles, aufrechtes Bild. Dieses holländische (oder GALILEIsche) Fernrohr kennt jeder vom Opernglase her als

---

[1] Die Anforderungen an das Objektiv und an das Okular als Bilderzeuger unterscheiden sich so: das Objektiv soll ein Objekt abbilden, das sehr klein ist im Verhältnis zu seiner Brennweite, soll aber mit sehr weit geöffneten Bündeln arbeiten. Das Okular dagegen soll ein Objekt abbilden, das nur sehr enge Bündel auf die Linse schickt, das aber groß ist im Vergleich mit der Brennweite.

binokulares. Es hat nur noch historisches Interesse, das ZEISSsche Prismenfernrohr (1893), ein astronomisches, hat es so gut wie vollkommen verdrängt.

Im astronomischen Fernrohr legt man den hinteren Brennpunkt F' des
Objektivs fast mit dem vorderen des Okulars zusammen, um das reelle Bild im
Brennpunkt des Objektivs mit dem Okular als Lupe betrachten zu können.
Seine Länge ist daher fast genau gleich der Summe der beiden Brennweiten.
Das Okular [Abb. 717 rechts] ist gewöhnlich das von RAMSDEN, ähnlich dem
von HUYGENS aus zwei plankonvexen Linsen. Man kann es für die folgenden
Betrachtungen durch eine Bikonvexlinse ersetzt denken.

Im holländischen Fernrohr legt man den hinteren Brennpunkt des Objektivs fast mit
dem vorderen des bikonkaven Okulars zusammen. Seine Länge ist daher fast genau gleich
der Differenz der Brennweiten. NB. Der vordere Brennpunkt der Bikonkavlinse liegt rechts,
wenn das Licht von links kommt (entgegengesetzt wie bei der Bikonvexlinse).

In das Rohr gelangen die
Strahlen nur durch das Objektiv. Dem Okular gegenüber
ist die Objektivfassung ein Objekt — und durch das Bild, das
das Okular von dem Fassungs-
rande entwirft, müssen die aus

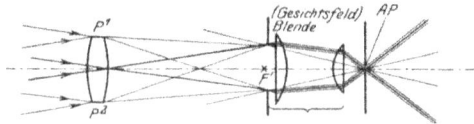

Abb. 717. Strahlengang im astronomischen Fernrohr.

dem Fernrohr austretenden Strahlen hindurch. (Ob sie alle in das Auge des Beobachters treten, ist eine andere Frage, s. unten.) Dieses Bild ist im astronomischen Fernrohr reell und liegt diesseits des Okulars (bei AP), d. h. außerhalb
des Rohres, so daß man seine Augenpupille hineinbringen kann. (Sieht man
in der Richtung der Fernrohrachse aus einigem Abstand nach dem Okular hin,
so sieht man es als helle Kreisscheibe vor dem Okular schweben.) Es ist
kleiner als die Pupille, in
das Auge treten daher,
wenn es durch das Fern-
rohr sieht, *alle* in diesem
Bilde einander schneiden-
den Strahlenbündel, also
alle durch das Objektiv eintretenden Strahlen. Dieses

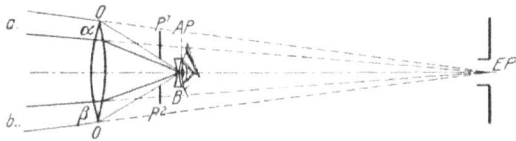

Abb. 718. Strahlengang im holländischen Fernrohr
(für das ruhende Auge).

Bild der Objektivfassung ist die Austrittspupille des astronomischen Fernrohrs,
die Objektivöffnung selber daher Eintrittspupille. Ihr Durchmesser bestimmt
die Öffnung der vom Objekt kommenden zum Bilde beitragenden Strahlenbündel, und damit im Zusammenhange seine Helligkeit und sein Auflösungsvermögen, er ist für das astronomische Fernrohr das, was die Apertur für
das Mikroskop ist. Daher die Riesenrefraktoren, wie der Refraktor der
Yerkes-Sternwarte mit 102 und der Lick-Sternwarte mit 91 cm Objektiv-
durchmesser!

Im holländischen Fernrohr ist das Bild der Objektivöffnung virtuell und liegt (Abb. 718)
jenseits des Okulars (bei $P^1 P^2$), innerhalb des Rohres, man kann seine Augenpupille daher
nicht an den Ort dieses Bildes bringen. Das Bild ist größer als die Augenpupille, sie
taucht in den Lichtkegel ein und schneidet so viel aus ihm heraus, wie sie aufnehmen
kann: daher wird sie zur Austrittspupille und das Bild, das das Fernrohr von ihr erzeugt, seine Eintrittspupille, es ist virtuell und vergrößert und liegt weit hinter dem
Auge bei EP. Der Strahlengang im holländischen Fernrohr (der Gang der Strahlen durch
die Mitte von AP und EP) ist daher *für das ruhende Auge* so wie in Abb. 718 dargestellt
(für das umherblickende Auge ist es anders). Er ist grundverschieden von dem des astronomischen Fernrohres. Eine Folge davon ist z. B.: Im astronomischen durchkreuzen einander die wirksamen Bündel paralleler Strahlen *alle* im Objektiv, im holländischen
dagegen durchkreuzen sie einander im Bild der Augenpupille, sie durchschneiden daher
das Objektiv an *verschiedenen* Stellen (α, β).

Gesichtsfeld des Fernrohrs. Unter Gesichtsfeld des Fernrohrs schlechtweg versteht man gewöhnlich das *scheinbare* (bildseitige). Das wahre (objektseitige) Gesichtsfeld ist der Winkel, unter dem das Auge von der Mitte der Eintrittspupille aus das Objekt sehen würde. (Das Verhältnis des ersten Winkels zu dem zweiten des *scheinbaren Gesichtsfeldes*, zum wahren, gibt die Vergrößerung des Fernrohrs an.) Das bildseitige Gesichtsfeld ist das Gesichtsfeld des Okulars, das als Lupe das reelle Bild im Brennpunkt des Objektivs vergrößert. Das Gesichtsfeld der Lupe ist aber (S. 549) nur in einer Kreisscheibe von einem gewissen Durchmesser gleichmäßig hell, es wird randwärts immer dunkler. Man legt deswegen dorthin, wo das reelle Bild entsteht (Abb. 717) eine Blende, die nur den *gleichmäßig* hellen mittleren (hellsten) Teil frei läßt. Sie begrenzt das (scheinbare) bildseitige Gesichtsfeld, es ist der Winkel, unter dem sie von der Austrittspupille aus erscheint. Der Strahlengang im astronomischen Fernrohr — der Gang der *Hauptstrahlen* durch die Mitte der Austrittspupille AP und der Eintrittspupille EP — ergibt sich danach so, wie ihn Abb. 717 zeigt.

Im holländischen Fernrohr ist das wahre Gesichtsfeld der Gesichtswinkel, unter dem die Objektivöffnung erscheint, wenn man sich das Auge in der Eintrittspupille denkt. Das *scheinbare* Gesichtsfeld, d. h. das dem Auge unmittelbar zur Kenntnis kommende, ist gegeben durch den Winkel, unter dem das Auge beim Gebrauch des Fernrohrs das *Bild* der Objektivöffnung sieht. Die Gesichtsfeldblende liegt nicht am Orte des Bildes selbst und hat daher (wie beim Gesichtsfelde der Lupe erörtert) einen zentralen kreisförmigen Teil von konstanter und maximaler Helligkeit und um diesen einen Ring, in dem die Helligkeit randwärts bis Null abnimmt. Der Strahlengang im holländischen Fernrohr zeigt die Größe des Gesichtsfeldes abhängig von der des Objektivs. Zwei voneinander getrennte Objektpunkte (Abb. 718) wie a und b nehmen zu ihrer Abbildung voneinander getrennte Objektivteile α und β in Anspruch. Soll also das Sehfeld nicht gar zu klein sein, so muß man das Objektiv groß machen. Aber aus Gründen, die das Okular angehen, ist die Grenze dafür bald erreicht.

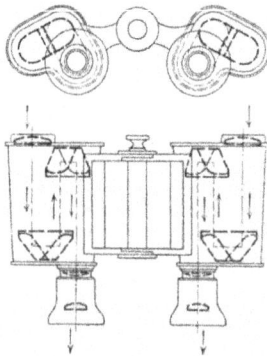

Abb. 719.
Prismendoppelfernrohr nach ABBE.

Die Vergrößerung im Fernrohr ist im astronomischen wie im holländischen Fernrohr — wir übergehen den Beweis — gleich der Brennweite F des Objektivs dividiert durch die Brennweite f des Okulars: F/f. Deswegen macht man F möglichst groß und f möglichst klein. Die Vergrößerung der Operngläser macht man etwa dreifach, die der Refraktoren bis 250fach. Wir wollen aber auch ein möglichst inhaltreiches Bild im Fernrohr sehen, verlangen also das Gesichtsfeld des Glases möglichst groß. Und ferner soll das Bild nicht dunkler sein, als der Gegenstand uns mit bloßem Auge erscheint. In der Erfüllung dieser Forderungen unterscheiden sich das astronomische und das holländische Fernrohr auffallend.

Zeisssches Prismenfernrohr. Das Gesichtsfeld des holländischen Fernrohrs ist *ungleichförmig* hell und bei den gebräuchlichsten Vergrößerungen (für das Theater etwa 3fach) im Durchmesser etwa 2/5 von dem eines gleich stark vergrößernden astronomischen Fernrohrs. Stärkere Vergrößerungen machen sein Gesichtsfeld unbrauchbar klein. Ein terrestrisches Fernrohr, das noch handlicher ist als das holländische, dabei ein ebenso großes Gesichtsfeld hat und ebenso stark vergrößert wie das astronomische, ist das ZEISSsche Doppelfernrohr für den Handgebrauch (Abb. 719). Es ist ein astronomisches Fernrohr, in dem ein Prismensystem (PORRO, 1850) das vom Objektiv erzeugte Bild umkehrt (Abb. 720). Sein Grundgedanke ist: Ein *aufrecht* stehender rechtwinkliger Winkelspiegel spiegelt ein vor ihm stehendes Objekt so: seine rechte Hälfte liegt *im Bilde* links und die linke rechts, oben und unten bleiben oben und unten; er bildet also Abb. 721 *a* in *b* ab. Bringt man den Spiegel *horizontal* vor das Objekt, so vertauscht er oben und unten, rechts und links bleiben rechts und links, er bildet also *a* in *c* ab. Spiegelt man daher das Objekt *a* erst an einem vertikalen, dann an einem horizontalen rechtwinkligen Winkelspiegel, so kommt es in die Lage *d*. Diesen Kunstgriff hat Abbe benützt. Er spiegelt im astronomischen Fernrohr das durch das Objektiv erzeugte Bild an einer Verbindung von zwei solchen entsprechend gestellten Winkelspiegeln und betrachtet es dann durch das Okular.

In Wirklichkeit läßt man aber nicht erst das umgekehrte Bild entstehen und spiegelt es dann, sondern man läßt (Abb. 720) die Winkelspiegel die Richtung der aus dem Objektiv kommenden Strahlen entsprechend ändern, *ehe* die Strahlen das Bild erzeugen, so daß es aufrecht *entsteht*. Die Spiegel sind Ebenen in total reflektierenden Prismen. Die mehrfachen Spiegelungen machen den Strahlenweg ⊔⊓-förmig, und das Rohr wird daher sehr kurz. Aber die Umformung des Strahlenweges verschiebt das Bild (und mit ihm das Okular) seitlich gegen die Achse des Objektivs. In einem Doppelfernrohr

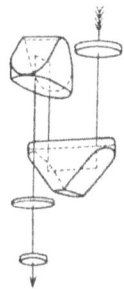

Abb. 720. Prismenumkehrsystem nach Porro.

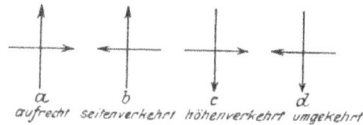

Abb. 721. Zur Wirkung des 90°-Winkelspiegels.
a Objekt.
b Bild zu *a*, wenn die Spiegelkante parallel zur Längsrichtung von *a*.
c Bild zu *a*, wenn die Spiegelkante quer zur Längsrichtung von *a*.
d Bild zu *a*, wenn *a* an einem parallel *und* an einem quergestellten rechtwinkligen Winkelspiegel gespiegelt wird.

aus zwei solchen Rohren stehen die Objektive daher weiter auseinander als die Okulare; daher die Form Abb. 721. Das Auseinanderrücken der Objektive erhöht die Tiefenwirkung des Doppelfernrohrs wesentlich.

B. Physikalische Optik.

Bisher haben wir nur von dem Licht*strahl* gesprochen, seiner Richtung und seiner Richtungs*änderung* durch Spiegelung und durch Brechung. Der Strahl ist nur ein geometrischer Begriff, eine Gerade, die erst durch die Wellenfläche (S. 231) physikalische Bedeutung empfängt. Der bisher behandelte Teil der Optik heißt daher *geometrische* Optik. Ihre Ergebnisse beruhen auf der Voraussetzung, daß sich das Licht geradlinig fortpflanzt, nach einem bestimmten Gesetz gespiegelt und nach einem bestimmten Gesetz gebrochen wird. Eine Hypothese über den Mechanismus des Lichtes muß daher mit *diesen* Gesetzen der Fortpflanzung, der Spiegelung und der Brechung vereinbar sein. Die *Wellen*theorie erfüllt diese Bedingung: die Gesetze für die Brechung und die Spiegelung lassen sich aus dem Huygensschen Prinzip (S. 231) erklären; die Geradlinigkeit der Fortpflanzung aus der Kleinheit der Wellenlänge (S. 574). Sie erklärt auch — was der Korpuskulartheorie nicht gelingt — die Interferenz des Lichtes zwanglos, und gerade das hat sie für ein Jahrhundert zur alleinigen Theorie der *physikalischen* Optik gemacht. Aber die letzten 25 Jahre haben optische Erscheinungen kennen gelehrt, deren Erklärung ihr *nicht* gelingt, wohl aber der Korpuskulartheorie (Newtons Emissionstheorie). Die Versöhnung beider Theorien miteinander ist eine der Hauptaufgaben der Physik. (Näheres s. S. 632.)

1. Die Interferenzerscheinungen und die Beugung des Lichtes.

Interferenz des Lichtes. Die Vorstellung, daß das Licht eine Wellenbewegung ist, rechtfertigt sich dadurch, daß man planmäßig mit *Licht* einen Vorgang herbeiführen kann, wie ihn die Abb. 294 an *Wasser*wellen beschreibt, und wie wir ihn auch vom Schall (S. 263 f.) kennen. Man kann das freilich nicht mit zwei *beliebigen* leuchtenden Punkten erreichen, obwohl jeder ein eigenes System von Lichtwellen aussendet, das in das andere eingreift. Um es zu erreichen, muß man an einem

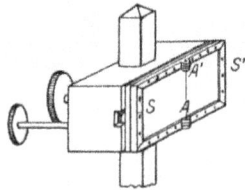

Abb. 722. Winkelspiegel für den Lichtwelleninterferenzversuch von FRESNEL.

schwingungsfähigen Punkte, der in Ruhe bleiben soll, die Ruhe in *jedem Augenblick* dadurch herbeiführen, daß die beiden Antriebe, die die Wellen dem Punkte erteilen, beide in *jedem* Augenblick gleich groß und einander *entgegengesetzt* gerichtet sind (an denjenigen Punkten des Interferenzgebietes, an denen andauernd eine *doppelt* so große Senkung oder Hebung stattfinden soll, als wenn der Punkt nur von *einer* der Wellen ergriffen wird, müssen die Antriebe dauernd gleich groß und *gleich gerichtet* sein). Mit andern Worten: um Interferenzerscheinungen zu geben, müssen die Wellensysteme *andauernd* derartig miteinander zusammenhängen, daß in jedem Moment der Schwingungszustand des einen mit dem des andern völlig übereinstimmt, im besonderen so, daß eine Änderung irgendwelcher

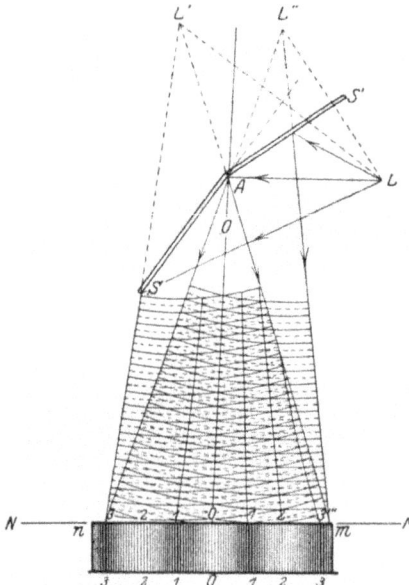

Abb. 723. Lichtwelleninterferenzversuch von FRESNEL. Horizontalschnitt durch die Anordnung, aber der Schirm steht in Wirklichkeit senkrecht zur Ebene der Abbildung. *L* die Lichtquelle, *L'* und *L''* ihre an den Spiegeln *S* und *S'* erzeugten Bilder, *1* und *3* dunkle, *0* und *2* helle Interferenzstreifen auf dem Schirm.

Art, die in dem *einen* System eintritt, im *gleichen* Moment *genau so* in dem anderen eintritt (*Kohärenz* der Wellensysteme). Zwischen *Licht*wellen, die aus zwei voneinander *unabhängigen* Lichtpunkten herkommen[1], kann man aber diese Übereinstimmung niemals herbeiführen.

FRESNELscher Spiegelversuch (1824). Man kann kohärente Lichtwellen erhalten, wenn man sie *derselben* Lichtquelle entnimmt. Abb. 722 und Abb. 723 zeigen eine von FRESNEL stammende Einrichtung dazu. *A S* und *A S'* bedeuten zwei Spiegel, die in sehr stumpfem Winkel (fast einem gestreckten) scharf aneinanderstoßen, *L* bedeutet eine helle, geradlinige Lichtquelle (Spalt). Die Lichtquelle sei monochromatisch, z. B. gelb. Die von *L* aus gehenden Lichtwellen, die die Spiegel treffen, werden so zurückgeworfen, wenn sie von den Spiegelbildern von *L* kämen: die von *A S* zurückgeworfenen, wie wenn sie von *L'*, die von *A S'* zurückgeworfenen, wie wenn sie von *L''* herkämen. *L'* und *L''* sind dadurch *kohärente* Lichtquellen, jede etwaige Änderung in der einen findet im selben Moment auch in der anderen statt, da beide von der Lichtquelle *L* abhängen. Die Wellensysteme um *L'* und *L''* greifen in dem Winkelraum *O* ineinander, hier ist das Interferenzgebiet. Man stellt einige Meter vom Spiegel einen

---

[1] Daß sie bei dem analogen Wasserwellenphänomen vorhanden ist, hängt mit der Länge der Wellen zusammen.

Schirm[1] auf, parallel zu der gemeinsamen Spiegelkante und von den beiden Spiegelbildern gleich weit entfernt. Auf dem Stück nm des Schirmes in dem Interferenzgebiet zeigt sich dann — der Zweck der Versuchsanordnung — eine Reihe von schmalen vertikalen Streifen, *helle und dunkle abwechselnd*, symmetrisch zu beiden Seiten eines *hellen* Streifens OO, der in der Mitte zwischen n und m liegt. (Anstatt des Schirmes kann man *die Netzhaut* des Auges in das Interferenzgebiet bringen und die Streifen durch eine Lupe betrachten.) Die Streifen sind nicht scharf begrenzt, die hellen sind in der Mitte am hellsten, die dunklen in der Mitte am dunkelsten, und von der hellsten Stelle des einen Streifens führt eine sanfte Abstufung zur dunkelsten des nächsten. Nähert man den Schirm den Spiegeln, so nähern sich die Streifen einander. Je nach der Farbe der Lichtquelle L haben sie eine andere Breite. Lassen wir an einem feinen Spalt, der bei L als Lichtquelle dient, das Sonnenspektrum vorüberziehen, so daß der Spalt in allen Farben der Reihe nach leuchtet, so sind die Streifen am breitesten, wenn der Spalt rot leuchtet, werden aber bei jeder folgenden Farbe schmaler und sind im Violett am schmalsten.

Abb. 724. Zur Interferenzfigur der Abb. 723.

Das sind die wesentlichsten Tatsachen, die der FRESNELsche Versuch kennen lehrt. Zu ihrer Deutung verhilft uns die Interferenz von zwei Wellensystemen, die sich auf derselben Wasserfläche (Abb. 294) ausbreiten, und sie lassen sich fast ebenso beschreiben, wenn wir uns auch hier nur an das halten, was in einer horizontalen Ebene (sie entspricht dem Wasserspiegel) vor sich geht, wie es Abb. 724 zeigt. Die Gerade NM, in der die Horizontalebene den Schirm schneidet, enthält eine Reihe von kurzen horizontalen Linien, helle und dunkle abwechselnd, symmetrisch zu einer hellen mitten zwischen n und m. Die Linien gehen ineinander über, entsprechend den vorhin beschriebenen Streifen. Nähert man den Schirm den Spiegeln, so rücken sie zusammen und vice versa. Bedeuten L' und L'' (Abb. 725) die Spiegelbilder, MN den Schirm, $a \ldots b$ die Mitten jener Lichtlinien, so findet man: rückt der Schirm von MN nach $M'N'$, so rücken die Mitten der Linien aus der Lage $a \ldots b$ in die Lage $a' \ldots b'$ und bewegen sich dabei auf aa', bb' usw., auf *Hyperbeln* mit den *Brennpunkten* L' und L''. Und das zeigt die Ähnlichkeit dieser Erscheinung mit der früheren und kennzeichnet sie als Welleninterferenz.

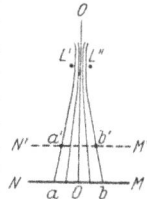

Abb. 725. Hyperbeln, OO Achse, L' und L'' Brennpunkte.

Dieselben Kurven sieht man in Abb. 294 erstens als diejenigen Linien, die die dauernd ruhenden Punkte enthalten, und zweitens als diejenigen Linien, die die Punkte dauernd stärkster Bewegung enthalten. Die Punkte L' und L'' der Abb. 723 entsprechen den Zentren A und B der Wellensysteme. Die Kurven liegen paarweise ($11\ 22\ 33 \ldots$) symmetrisch zu einer Geraden OO mitten zwischen den Erregungszentren. Die Kurven $1,3 \ldots$ in Abb. 723 entsprechen den Kurven mit den ruhenden Punkten des Wasserspiegels Abb. 294, die Kurven $0, 2 \ldots$ den Kurven mit den Punkten stärkster Bewegung. Charakteristisch ist für jede einzelne Kurve: Jeder ihrer Punkte steht von L' und L'' *verschieden* weit ab, aber der *Unterschied* dieser Abstände ist für jeden Punkt derselben Kurve *gleich* groß, der Unterschied beträgt für jeden Punkt der Kurve

$$
\begin{array}{cccccc}
1 & 3 & 5 & 2 & 4 & 6 \\
{}^1/_2\lambda & {}^3/_2\lambda & {}^5/_2\lambda \ldots & {}^2/_2\lambda & {}^4/_2\lambda & {}^6/_2\lambda \ldots
\end{array}
$$

Die ebene Kurve, deren Punkte diese Eigenschaft haben, ist die *Hyperbel* (Abb. 726) (wie Parabel und Ellipse ein Kegelschnitt), eine symmetrische Kurve mit zwei Ästen, die ins

---

[1] In der Abbildung ist der Schirm in die Horizontalebene herumgeklappt, um die auf ihm entstehenden *Streifen* zu zeigen.

Unendliche gehen. F und F' sind ihre *Brennpunkte*; sie entsprechen den Punkten L' und L'' der Abb. 725. Die Kurve ist dadurch charakterisiert, daß

$$P_1F - P_1F' = P_2F - P_2F' = P_3F - P_3F' = \ldots\ldots = \text{konst},$$

wo die P Punkte der Kurve bedeuten.

Die Wellennatur des Lichtes.

Wir gehen zurück zu Abb. 725. Die Kurven sind Hyperbeln mit L' und L'' als Brennpunkten. Jeder Punkt *derselben* Kurve steht also von L' und L'' um *dieselbe* Größe *verschieden* weit ab. Die Punkte der Geraden OO stehen von L' und L'' *gleich* weit ab, d. h. die *Differenz* ihrer Abstände von L' und L'' ist Null. Der Punkt auf dem Schirm, den OO durchsetzt, ist hell, ebenso beiderseits der *2.*, der *4.*, der *6.* Dagegen sind beiderseits der *1.*, *3.*, *5.* dunkel. Die Wellentheorie des Lichtes sieht in dieser regelmäßigen Aufeinanderfolge von *Hell* und *Dunkel* auf dem Schirm ein Seitenstück zu der regelmäßigen Aufeinanderfolge von Stellen stärkster *Bewegung* und Stellen vollkommener *Ruhe* auf der Wasserfläche, Abb. 294, sie deutet die Erscheinung so: Um L' und L'' als Erregungsmittelpunkte breitet sich je ein System von Ätherwellen aus (wie um A und um B die Wasserwellen), wir *sehen* zwar nicht die *Wellen* des Äthers, wir nehmen aber

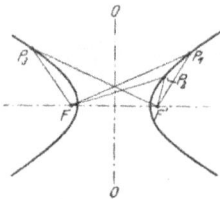

Abb. 726. Hyperbel.

ihre *Wirkung* wahr — als Licht. Das billionenmal in der Sekunde vor sich gehende „Auf und Ab" der Ätherwelle nehmen wir nicht wahr. (Unser Auge kann dem *Wechsel* nicht folgen, es erfährt von einer Lichtquelle einen *einheitlichen* Eindruck.) Breiten sich aber um zwei getrennte Punkte zwei kohärente (S. 566 m.) Systeme von Ätherwellen aus, die ineinandergreifen, dann müssen sie einander gegenseitig verstärken und gegenseitig schwächen. Wo sie mit gleicher Phase zusammentreffen, müssen sie einander verstärken, also dauernd den Eindruck *gesteigerter* Helligkeit hervorrufen; wo sie mit entgegengesetzter Phase zusammentreffen, müssen sie einander schwächen, also dauernd den Eindruck *geringerer* Helligkeit hervorrufen. Gesteigerte (verminderte) Helligkeit *vertritt* hier die stärkere (schwächere) Bewegung.

Die Punkte mit der stärksten Bewegung, also auch der größten Helligkeit (○), sind diejenigen, deren Abstände von L' und L'' sich um *0, 1, 2, 3* ... *ganze* Wellenlängen (λ) unterscheiden — und die Punkte ohne Bewegung, also in völliger Dunkelheit (●), diejenigen, deren Abstände von L' und L'' sich um *1, 3, 5* ..., *halbe* λ unterscheiden. An den Punkten *zwischen* je zwei benachbarten ○ und ● treffen die Wellen in solcher Phase zusammen, daß sie irgendeine Helligkeit *zwischen* ○ und ● hervorrufen. Zwischen dem ersten ○ und dem ersten ● liegen z. B. alle Punkte, deren Abstände von L' und L'' sich um mehr als *0* und um weniger als $^1/_2\lambda$ unterscheiden. Zwischen dem ersten ● und dem zweiten ○ alle diejenigen, deren Abstände von L' und L'' sich um mehr als $^1/_2\lambda$ und weniger als $1\,\lambda$ unterscheiden usw.

Zuletzt war nur von *Punkten* auf dem Schirme die Rede, vorher von *Streifen*, weil wir zuletzt nur von dem Vorgange in einer Horizontalebene gesprochen haben, die als Schnitt durch die Versuchsanordnung (Abb. 723) und durch den Schirm zu denken war. Was von *dieser* Horizontalebene gilt, gilt aber von *jeder* benachbarten Ebene, die parallel unter oder über ihr liegt. Die Punkte auf dem Schirm, von denen wir zuletzt gesprochen haben, finden sich daher in *jeder* Horizontalebene durch die ganze Versuchsanordnung *an derselben Stelle*, bilden zusammen also vertikale Geraden auf dem Schirm, die sich zu den zuerst beschriebenen Streifen gruppieren.

Der FRESNELsche Versuch lehrt: 1. Es gibt Lichtwellen, 2. die Wellen sind von sehr *verschiedener Länge*, 3. je nach der *Farbe* des Lichtes ist die Wellen*länge* verschieden; oder umgekehrt: es hängt von der Länge der Welle ab, in welcher

Farbe uns das Licht erscheint. Die Zahlenbeziehung zwischen Wellenlänge λ und Streifenbreite β gibt (hier genügend genau) folgende Formel wieder, die wir ohne Beweis anführen:

$$\lambda = \beta \cdot \frac{a}{d} \quad \text{oder auch} \quad \beta = \frac{d}{a} \cdot \lambda,$$

wo a den gegenseitigen Abstand der Spiegelbilder L' und L'' bedeutet, d den Abstand des Schirmes von der Ebene der Spiegelbilder. Hieraus läßt sich die Wellenlänge berechnen, wenn a, d und β bekannt sind. Sie ist im Rot etwa 0,000760 mm, im Violett etwa 0,000390 mm, daher muß man a im Verhältnis zu d sehr klein machen, um die Streifen zu erzeugen. Macht man $a = 1$ mm und $d = 5$ m, so ist $\beta = 5000 \cdot \lambda$, d. h. im Rot etwa 3,8 mm, im Violett etwa 2 mm.

Das FRESNELsche *Biprisma* (Abb. 727) und die BILLETsche *Halblinsen* (Abb. 728) spalten die Lichtquelle L durch *Brechung* in zwei kohärente Lichtquellen L' und L'' und geben dieselben Interferenzerscheinungen wie der FRESNELsche Spiegel.

Beleuchtet man den Spalt mit *weißem* Licht, d. h. mit *allen* Farben des Spektrums *gleichzeitig*, dann legen sich Systeme von Streifen verschiedener Breite und verschiedener Farbe auf dem Schirme *übereinander*. Seine Mitte durchzieht ein weißer Streifen mit farbigen Rändern. Denn hier liegen *helle* Streifen von sämtlichen Farben übereinander. Die Streifen werden aber vom Rot bis zum Violett immer schmaler, von der Mitte des roten Streifens an nach dem Rande zu summieren sich daher immer weniger Farben hinzu, so daß er sich randwärts immer weiter von Weiß entfernt und am Rande rot ist.

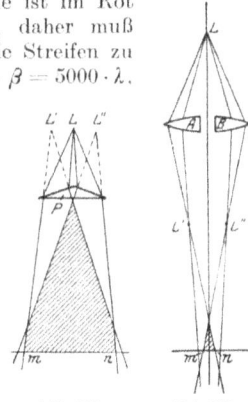

Abb. 727.
Biprisma
(FRESNEL)

Abb. 728.
Halblinsen
(BILLET)

Zur Erzeugung interferenzfähiger
(kohärenter) Lichtwellen.

Farben dünner Blättchen. Jeder durchsichtige Stoff erscheint im reflektierten Tageslicht farbig, *wenn er eine genügend dünne Schicht* bildet, z. B. eine Seifenblase, ein Öltropfen, der sich auf Wasser ausbreitet, Glas, das zu einer sehr dünnen Haut ausgeblasen ist. Man nennt diese Farben *Farben dünner Blättchen*, sie entstehen durch Interferenz: CD (Abb. 729) sei ein sehr dünnes durchsichtiges Blättchen, seine Grenzflächen *1* und *2* seien einander parallel (die Erscheinung hängt auch von der gegenseitigen Neigung der Grenzflächen ab). Das Blättchen werde von homogenem Licht, etwa rein rotem, beleuchtet und zwar von einem Bündel *paralleler* Lichtstrahlen. Der Lichtstrahl A, der Repräsentant des Bündels, wird von der Fläche *1* zurückgeworfen als Strahl A_1 — aber nur zum Teil; zum anderen Teil dringt er in das Blättchen ein, wird gebrochen, dann von der Fläche *2* zurückgeworfen und tritt schließlich parallel zu A_1 wieder aus der Platte aus als Strahl A_2 (das gilt auch von jedem zu A parallelen Strahl). Um den Vorgang deutlich zu machen, zeigt die Abbildung eine dicke Platte, tatsächlich handelt es sich immer nur um Dicken von einigen zehntausendstel Millimeter. A_1 und A_2 fallen dann beinahe zusammen. Sie sind wie beim FRESNELschen Versuch aus demselben Strahl A hervorgegangen, sind also interferenzfähig. Treffen A_1 und A_2 ein für parallele Strahlen akkommodiertes Auge, d. h. sieht das Auge in der Richtung dieser interferierenden Strahlen die Stelle der Platte an, von der sie herkommen, so sieht es die Stelle in einer Helligkeit, die davon abhängt, *wie* die beiden Wellensysteme dort zusammentreffen, d. h. ob sie die Stelle zu einer solchen stärkster Bewegung oder völliger Ruhe oder mittlerer Bewegung machen. Heben sie einander auf, so gelangt von dieser Stelle her kein Licht in das Auge, und das Blättchen erscheint dort dunkel. Heben sie einander *nicht* auf, so liegt die Helligkeit jener Stelle zwischen völliger Dunkelheit und einem Helligkeitsmaximum. Was eintritt, hängt von folgendem ab. Die bei c austretende Welle tritt erst dann zu der bei a gespiegelten hinzu, nachdem sie den Weg abc durchlaufen hat. Ob sie am Ende dieses Weges *dieselbe* Phase hat wie die von a ausgehende, oder nicht, das hängt von der *Länge* des Weges ab, d. h. von der Dicke des Blättchens und von dem Einfallswinkel des Lichtes. Angenommen, die beiden Wellen haben entgegengesetzte Phasen, d. h. die Strahlen A_1 und

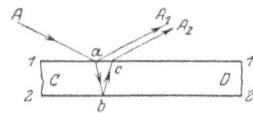

Abb. 729. Entstehung der Farben äußerst dünner durchsichtiger Schichten als Wirkung der Lichtwelleninterferenz (Farben dünner Blättchen).

A_2 löschen einander aus. Was von A gilt, gilt auch von jedem zu ihm *parallelen* Strahl. Ist also das Blättchen, wie wir annehmen, parallelwandig, so legt *jeder* Strahl, der zu A parallel in das Blättchen eintritt, *in* dem Blättchen dieselbe Weglänge zurück; *jeder* wird in zwei gespalten, die einander aufheben, und das *ganze Blättchen* erscheint dem auf unendlich akkommodierten Auge vollkommen dunkel. Wohlgemerkt: nur bei *dieser* Richtung des einfallenden Lichtes. Ändert sie sich, so ändert sich auch die Weglänge in dem Blättchen, und die Strahlen brauchen einander nicht mehr zu vernichten. Ein durchsichtiges, dünnes, *parallelwandiges* Blättchen, das im homogenen Licht hin und her gedreht wird, spiegelt daher (je nach seiner Neigung zu dem einfallenden Lichte) zu dem Auge Licht hin oder nicht und erscheint je nachdem hell oder dunkel. Und ebenso muß ein dünnes Blättchen, das *nicht* parallelwandig ist, d. h. *ungleichförmig* dick ist, auch ohne daß es bewegt wird, an gewissen Stellen Licht reflektieren und hell erscheinen; an anderen nicht, also dunkel erscheinen.

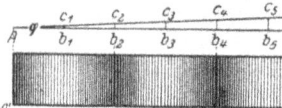

Abb. 730. Keilförmige Luftschicht als keilförmiges dünnes Blättchen.

Das sieht man leicht an einem sehr dünnen keilförmigen Blättchen, z. B. dem kontinuierlichen von A nach b hin an Dicke zunehmenden Blättchen (Abb. 730). Die Stellen größter Dunkelheit und größter Helligkeit liegen parallel zur Kante $A\,A'$ des Keiles, weil die zu ihr parallelen Schnitte cb die Stellen gleicher Dicke sind. — Der Einfluß der Schichtendicke wird sehr deutlich, wenn man (NEWTON) eine sehr schwach gekrümmte Konvexlinse $A\,B$ von mehreren Metern Brennweite auf eine Glasplatte $G\,H$ legt (Abb. 731) und von oben her betrachtet: man sieht ein System von konzentrischen abwechselnd hellen und dunklen Kreisringen um den Berührungspunkt als Zentrum (Abb. 732). Die Linse und die Platte sind ja durch eine Luftschicht voneinander getrennt, deren Dicke in Berührungspunkte E Null ist und von hier aus wie bei dem keilförmigen Blättchen nach außen sehr langsam zunimmt. Die dünne Luftschicht vertritt die Stelle eines dünnen Blättchens. Die Stellen *gleicher* Dicke stehen gleich weit von E ab, bilden also Kreise um E als Mittelpunkt, je dünner oder dicker die *Luftschicht*, desto kleiner oder größer ist der zugehörige *Kreis* (NEWTONsche Ringe). Ändert sich der Einfallswinkel des Lichtes, so ändert sich auch der Radius der Ringe.

Abb. 731. NEWTONS Farbenglas. (Zur Erzeugung einer keilförmigen Luftschicht).

Man kann an den NEWTONschen Ringen die Wellenlänge des Lichtes messen; man kann sie aus dem Radius der Linse und aus dem Radius der Ringe berechnen. Die praktische Optik prüft beim Linsenschleifen mit ihrer Hilfe (FRAUNHOFER, LÖBER), ob die zu schleifende Linsenfläche schon dieselbe Krümmung hat wie die als Norm dienende Probefläche oder nicht. Legt man beide aufeinander — die eine ist konvex, die andere konkav — so treten die Ringe auf, wenn die Krümmung verschieden ist, sie bleiben aus, wenn die Krümmung beider an allen Punkten übereinstimmt.

Abb. 732. NEWTONsche Ringe im homogenen reflektierten Licht.

Die Interferenzerscheinungen des *einfarbigen* Lichtes (S. 569 u.) an dünnen Blättchen, planparallelen wie keilförmigen, ließen nur Abstufungen der Helligkeit zu. Vernichtung oder Abschwächung dieses Lichtes einer Stelle bedeutet daher Vernichtung oder Abschwächung der Beleuchtung überhaupt. Anders im Tageslicht. Das Tageslicht (*weißes* Licht) enthält Wellen von sämtlichen Längen, auf die unser Auge reagiert. Wird das dünne parallelwandige Blättchen (Abb. 729) mit weißem Licht beleuchtet, und sind Einfallswinkel und Dicke des Blättchens derart, daß es in homogenem roten Licht schwarz aussieht, so wird im *weißen* Licht allerdings auch manches verschwinden, aber *nur das Rot* verschwindet, die anderen im Weiß enthaltenen Farben bleiben, und in der aus *ihnen resultierenden Farbe* erscheint nun das ganze Blättchen, d. h. in einer Farbe, die von der Dicke des Blättchens und dem Einfallswinkel des einfallenden Lichtes abhängt. Wenn wir es hin und her drehen, so erscheint es nacheinander in verschiedenen Farben; ist es *nicht* parallelwandig, so erscheint es, auch ohne daß wir es hin und her drehen, an den verschieden dicken Stellen verschieden gefärbt. — In derselben Weise erklärt sich, daß die Streifen des keilförmigen Blättchens und ebenso die NEWTONschen Ringe nicht bloß abwechselnd hell und dunkel, sondern mannigfach gefärbt sind, wenn sie aus weißem Licht entstehen. Nur die Kante des Keiles und nur der Berührungspunkt zwischen Linse und Platte sind schwarz. Dort werden alle Wellen durch Interferenz vernichtet, wird also alles Licht ausgelöscht. — Warum erscheinen nicht auch dicke Platten im Tageslicht gefärbt? Die Antwort kann man mit Hilfe der NEWTONschen Ringe geben. Entstehen die Ringe aus *einfarbigem* Licht, so sind sie noch weit vom Berührungspunkt der Linse wahrnehmbar, also an Stellen, an denen die Luftschicht schon ziemlich dick ist. Aber je weiter weg sie vom Scheitel der Linse liegen, d. h. je dicker die Schicht ist, bei deren Durchstrahlung die Interferenz entsteht, desto *enger* liegen die Ringe beieinander, um schließlich ineinander zu verschwimmen. Benützt man daher anstatt des einfarbigen Lichtes weißes Licht, das ja *alle* Farben enthält, so entstehen an jener Stelle Ringe von allen möglichen Farben eng beieinander, so daß ihr Gemisch zusammen den Eindruck des Weißen, des Farblosen ergibt. Ähnlich erklärt sich, daß eine dicke durchsichtige Platte im Tageslicht farblos ist. Wendet man aber *einfarbiges* Licht an, so kann man auch bei beträchtlicher Dicke der Platte die Interferenz des Lichtes noch wahrnehmen, ja sie wird sogar zum Kriterium dafür, ob eine Glasplatte, die *angeblich* parallelwandig ist, es *wirklich* ist. Ist sie es *nicht*, so zeigt sie Interferenzlinien (FIZEAUsche Streifen) aus einem ähnlichen Grunde, aus dem auch das keilförmige Blättchen sie zeigt. Aber diese Interferenzlinien sind viel schwerer wahrzunehmen als die des keilförmigen Blättchens, und bei einer gewissen Dicke der Platte verschwinden sie auch im *einfarbigen* Licht. Tatsächlich treten sie auch an völlig planparallelen Platten auf (HAIDINGER, 1854), nur fordern sie, um sichtbar zu werden, ganz besondere Versuchsbedingungen (LUMMER). Sind diese aber erfüllt, so liefern die HAIDINGERschen Ringe die Grundlage für die *Interferenzspektroskopie*, das weitaus empfindlichste Verfahren, eine Lichtquelle — im besonderen eine Spektrallinie — auf ihre Homogenität zu untersuchen (FABRY-PEROT, Luftplattenspektroskop; LUMMER-GEHRCKE, Glasplattenspektroskop).

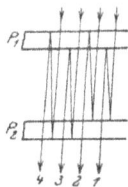

Abb. 733. Entstehung der Interferenzstreifen an zwei planparallelen, *einander* nicht *ganz* parallelen Glasplatten (BREWSTERsche Streifen).

Anwendung der Interferenzerscheinungen zu physikalischen Messungen. Man benützt die Interferenzkurven z. B. im JAMINschen *Interferenzrefraktometer*, um sehr kleine Veränderungen von Brechungsexponenten zu messen, und in dem *Dilatometer* von FIZEAU-ABBE, um Wärmeausdehnungskoeffizienten fester Körper zu messen. Das Interferenzrefraktometer benützt die BREWSTERschen *Streifen*. Stellt man zwei *gleich* dicke parallelwandige durchsichtige Platten einander parallel gegenüber und läßt man parallele Lichtstrahlen darauf fallen, so wird das Licht beim Durchgange durch die Platten mehrfach gebrochen und mehrfach gespiegelt (Abb. 733). Sind die Platten genau

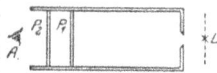

Abb. 734. Beobachtung der BREWSTERschen Streifen.

gleich dick, genau parallelwandig und einander genau parallel, so treten die parallelen Strahlen aus den Platten in gleicher Phase aus und kommen auch beim Auge so an. Denn was für den einen Strahl gilt, gilt für alle, es kann also kein Unterschied entstehen. Sind aber die Platten einander nicht genau parallel, dann sind die Strahlenwege etwas verschieden voneinander, die Strahlen können infolgedessen interferieren. Sieht man dann durch die Platten nach der Lichtquelle hin, so sieht man gewisse Interferenzkurven (BREWSTERsche Streifen). Die Anordnung Abb. 734 zeigt sie nicht sehr deutlich, viel besser die im JAMINschen Refraktometer (Abb. 735). Man sieht den einfallenden Strahl sich durch Brechung und Spiegelung (die Platten P_1 und P_2 sind an den Hinterflächen versilbert) in zwei Strahlen 2 und 3 spalten. Die beiden Strahlen,

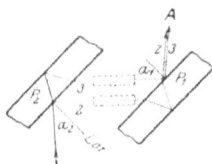

Abb. 735. Anwendung der BREWSTER-Streifen im Interferenzrefraktometer (JAMIN).

die schließlich miteinander interferieren, sind sehr weit voneinander getrennt. Das ist einer der Hauptvorzüge des Instruments, und er wird durch besondere Kunstgriffe (MACH, ZEHNDER) noch weiter, bis zu 50 cm, vergrößert. Abb. 735 zeigt auch, wie man das in dem Instrument verwertet. JAMIN hat z. B. das Brechungsverhältnis der Luft bei verschiedenen Temperaturen damit untersucht. Man bringt zwei identische, mit Glasplatten verschlossene Röhren in den Gang der Lichtstrahlen. Solange die Übereinstimmung besteht, bleibt der Gangunterschied der Strahlen

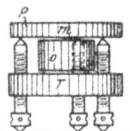

Abb. 736. Zum Dilatometer von FIZEAU-ABBE zur Messung von Wärmeausdehnungskoeffizienten fester Körper (des Körpers O).

durch die Röhren hindurch unverändert, also auch die Interferenzfigur. Aber die geringste Änderung in einer der Röhren kündigt sich durch eine Verschiebung der Interferenzstreifen an. Man beobachtet sie von *A* aus mit einem Fernrohr.

Mit dem FIZEAU-ABBEschen Dilatometer mißt man den Wärmeausdehnungskoeffizienten fester Körper. Das Prinzip stammt von FIZEAU, das Instrument und einige Verbesserungen der ursprünglichen Beobachtungsmethode von ABBE. Man benützt die Interferenzkurven, die eine keilförmige, sehr dünne Schicht in parallelem einfarbigen Licht zeigt. Der wesentliche Teil des Apparates ist einer der FIZEAUschen Tischchen (Abb. 736). Die stählerne Tischplatte *T* trägt das zu messende, mit nahezu parallelen Endflächen versehene Objekt *O*. Dicht darüber liegt die planparallele Glasplatte *P*, deren Abstand von dem Objekt man durch Schrauben reguliert. Man macht den Zwischenraum zwischen beiden keilförmig und kleiner als $^1/_{10}$ mm und beleuchtet den Luftkeil von oben her mit parallelem einfarbigen Licht. Dann entstehen (S. 570 o.) Interferenzstreifen, der Keilkante parallel. Dehnt sich das

Objekt aus (die Ausdehnung der Schrauben wird besonders berücksichtigt), so ändert sich die Keildicke und die Kurven wandern. Man beobachtet die Streifen durch ein Fernrohr und benützt ihre mikrometrisch gemessene Verschiebung gegen die Marke *m* zur Rechnung.

Beugung des Lichtes durch einen engen Spalt (GRIMALDI, 1665). Aus dem Zusammenwirken der Elementarwellen (S. 574) erklärt sich auch (FRESNEL, 1819), warum sich das Licht für gewöhnlich geradlinig fortpflanzt, d. h. in Strahlen, die nicht um die Ecke biegen. In ein dunkles Zimmer treten durch einen scharf begrenzten, vertikalen Spalt im Fensterladen parallele Lichtstrahlen, und in großem Abstande (2—3 m) davon fallen sie auf eine dem Fenster parallele weiße Wand. Wir erwarten dann auf ihr einen scharf begrenzten, vertikalen hellen Streifen von der Breite des Spaltes zu sehen. Die Wand zeigt (Abb. 737a) aber den hellen Streifen viel breiter und *zu seinen beiden Seiten* einige ihm parallele schmale Streifen, helle und dunkle abwechselnd, die hellen schon in kurzem Abstand von dem mittleren Streifen so sehr an Helligkeit verlierend, daß sie bald unwahrnehmbar sind und nur noch der dunkle Grund wahrnehmbar ist. Ist das Licht einfarbig, so sind die Streifen einfarbig hell und dunkel; sonst sind sie mischfarbig. Abb. 738 ist ein horizontaler Schnitt durch den Spalt und den Schirm. Es bedeutet *s* den Durch-

 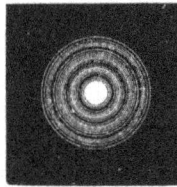 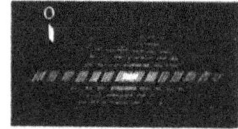

Abb. 737a.   Abb. 737b.   Abb. 737c.
Durch Beugung des Lichtes entstandene Interferenzfiguren.

schnitt durch den Lichtstreifen, den wir allein erwartet haben, und s_1, s_2, s_3 den durch andere Streifen. Beim Durchtritt durch *S* sind die Strahlen also sowohl in ihrer Einfallsrichtung weitergegangen, wie auch um die Spaltränder gebogen. Analog hierzu ist: Stellt man in den Gang von parallelen Lichtstrahlen einen sehr schmalen undurchsichtigen Körper [gerade gespannten Draht] und läßt man ihn auf einen weit entfernten Schirm einen Schatten werfen, so ist der Schatten nicht scharf, sondern beiderseits von sehr feinen, abwechselnd hellen und dunklen Streifen begrenzt. — Diese Ablenkung des Lichtes heißt *Beugung*, der Spalt die Beugungs*öffnung*. Die Form der Beugungs*figur* auf dem Schirm (Abb. 737a b, c) hängt von der der Öffnung ab, für die Folge nehmen wir sie stets als einen geraden, sehr engen, durch zwei Schneiden scharf begrenzten Spalt an — „sehr eng" heißt: nicht sehr breit im Vergleich zur Lichtwellenlänge.

Wie entstehen die Beugungsstreifen? Die Lichtstrahlen, die den Spalt erreichen, nehmen wir parallel an, d. h. die Lichtquelle unendlich weit weg von der Beugungsöffnung. Alle Ätherteilchen in der Spaltebene werden also *gleichzeitig* von der Wellenbewegung erfaßt. Jeder einzelne Punkt des Spaltes wird zum Ausgangspunkt eines Wellensystems (Prinzip von HUYGENS). Alle Wellensysteme entstehen *gleichzeitig*, haben also sämtlich stets dieselbe Phase, d. h. sie sind interferenzfähig (S. 566 m.). Ob ein bestimmter Punkt des Schirmes erhellt wird oder nicht, hängt von seinem Abstand vom Spalt ab, weil *davon* abhängt, ob Wellen, wenn sie bei ihm ankommen, einander unterstützen oder einander mehr oder weniger aufheben. Das aber hängt von dem Winkel ab, unter dem ein vom Spalt ausgehendes Bündel den Spalt verläßt. Die Abbildungen zeigen alles sehr übertrieben, die als *Linien* gegebenen Stellen *s* bedeuten *Punkte*, in denen sich die zu

ihnen hingehenden nahezu parallelen Strahlen schneiden. Der *Mittelpunkt* jeder
Linie s darf als Vereinigungspunkt des betreffenden parallelen Strahlenbündels
gelten. Ist er im Verhältnis zur Spaltbreite (ca. $^1/_2$ mm) sehr weit vom Spalt weg,
etwa 2 m, so dürfen die Geraden von den Spalt-
rändern zu ihm als parallel gelten.

Die Strahlen des Bündels s (Abb. 738), die
in der Einfallsrichtung des Lichtes weitergehen,
durchlaufen vom Spalt S bis zu ihrem Vereinigungspunkt alle gleich lange Wege, kommen
also alle in derselben Phase bei dem Schirm
an und erzeugen daher den hellen Streifen s,
die *Mitte* der Beugungsfigur. Anders ist es an
dem Punkt s_1, der dem einen Spalt*rande* um
eine halbe Wellenlänge näher liegt als dem andern. Ginge nur von jedem *Rande* eine Welle
aus, so daß nur *zwei* kohärente Wellenzentren
vorhanden wären, so wäre s_1 dunkel, da in
ihm stets ein Wellen*berg* des einen Systems
mit einem Wellen*tal* des anderen zusammen-
fiele. Aber auch die Punkte *zwischen* den Rändern senden Wellen aus. Daher wird s_1 auch
von Wellen getroffen, deren Gangunterschied
weniger als eine halbe Wellenlänge beträgt, die einander daher nicht *ganz* vernichten: in s_1 herrscht noch eine *gewisse* Helligkeit. Was von s_1 gilt, gilt von
jedem Punkte der vertikalen Geraden, auf der s_1 liegt;
Abb. 738 ist ja ein Horizontalschnitt durch Spalt und
Schirm. Diese Gerade ist der erste seitliche helle Streifen. Ihre Helligkeit ist 0,4 von der des mittleren, hellen
Streifens.

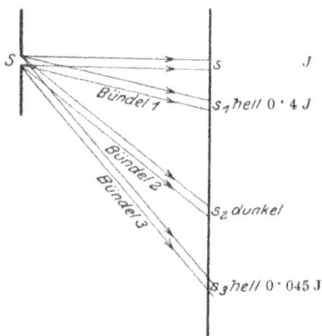

Abb. 738. Entstehung abwechselnder dunkler und heller Streifen als Interferenzfiguren
durch Beugung homogenen Lichtes. s_1 muß
in s eingreifen. Der mittlere helle Streifen
ist doppelt so breit wie jeder andere helle
Streifen.

Punkt s_2, der dem Rande S_2 (Abb. 739) um eine *ganze*
Wellenlänge näher liegt als dem Rande S_1, ist ganz dunkel. Die Welle, die, von S_1 ausgehend, bei ihm ankommt,
differiert nämlich von der entsprechenden, die von S_2 ausgeht, um eine *ganze* Wellenlänge. Kommt sie bei s_2 an, so
differiert sie mit der, die von der Spalt*mitte* kommt, um
eine *halbe* Wellenlänge; diese beiden Wellen vernichten
einander daher, wenn sie auf dem Schirme zusammentreffen. Entsprechend existiert zu *jedem* Punkte zwischen S_1
und m ein um die Spaltbreite davon abstehender
Punkt zwischen m und S_2, so daß sich dieses ganze Bündel
selber vernichtet. Daraus folgt: durch denjenigen Punkt,
für den die Differenz seiner Abstände von den Spalträndern
eine *ganze* Wellenlänge beträgt, geht der *erste dunkle* Streifen.
— Wir gehen zu Punkt s_3, der dem einen Spaltrande um
drei halbe Wellenlängen näher liegt als dem anderen, und
denken uns das Bündel *3* (Abb. 739) in drei gleiche
Teile geteilt. Die *Rand*strahlen je zweier *aufeinanderfolgenden* Bündeldrittel,

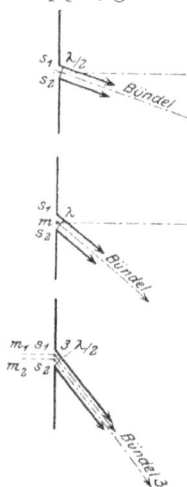

Abb. 739.
Zerlegung der Abb. 738.

also der von S_1 und der von m_1 ausgehende
ferner „ „ m_1 „ „ „ m_2 „ $\Big\}$ Strahl,
„ „ „ m_2 „ „ „ S_2 „

differieren um je eine *halbe* Wellenlänge, und *deswegen* vernichten zwei davon
einander, wenn sie bei dem Vereinigungspunkt ankommen, und nur das dritte,

also nur *ein* Drittel vom ganzen Bündel, bleibt übrig. Der Vereinigungspunkt s_3. bzw. die durch ihn gehende vertikale Gerade, hat noch eine gewisse Helligkeit, aber sie ist nur noch 0,045 von der des mittleren hellen Streifens. Beträgt der Gangunterschied der Randstrahlen $4/2\,\lambda$, so vernichtet sich dieses ganze Bündel (genau wie das zu s_2 hingehende) wieder selbst, das Bündel mit dem Gangunterschied $5/2\,\lambda$ gibt wieder einen hellen Streifen usw. Aber schon der dritte helle Streifen hat nur noch 0,016, also nur $1\frac{1}{2}$ % der Helligkeit des Mittelbildes. Die „hellen" Streifen verschwinden in ganz kurzem Abstande von dem mittleren, nur noch der Schatten ist wahrnehmbar. Daher ist die Wirkung des Lichtes für gewöhnlich nur *in der geradlinigen Fortsetzung* der durch den Spalt tretenden Strahlen wahrnehmbar, das „um die Ecke" gegangene Licht entgeht der alltäglichen Wahrnehmung. — Die Entstehung der geradlinigen Strahlen bot den Gegnern der Wellentheorie eine wirksame Handhabe. Ihre Enträtselung ist zu einem der stärksten Beweise für die Wellennatur des Lichtes geworden. Die Beugungserscheinungen liefern sogar die beste Methode, die Wellenlänge des Lichtes zu messen.

Man unterscheidet zwischen FRESNELschen und FRAUNHOFERschen Beugungserscheinungen. Eine FRESNELsche ist z. B. die Streifung am Rande eines Schattens, den eine hell beleuchtete Nadel auf einen Schirm wirft, auch die, an der wir zuerst beschrieben haben, was unter Beugung zu verstehen ist; eine FRAUNHOFERsche ist z. B. die Streifung, die man sieht, wenn man durch eine Federfahne eine ferne Lichtquelle anblickt, auch der Hof, den man sieht, wenn man eine ferne Lichtquelle (Sonne, Mond, Lampe) durch neblige Luft — hier beugen die Wassertröpfchen — hindurch erblickt, auch die Regenbogenfarben, die man beim Blick auf sonnenbeleuchtetes Spinnengewebe wahrnimmt. FRAUNHOFERsche Beugungserscheinungen beobachtet man also, indem man die Lichtquelle (mit bewaffnetem oder unbewaffnetem Auge) *anblickt*, FRESNELsche, indem man das durch den beugenden Spalt modifizierte Licht *auf einem Schirm auffängt*. Um FRAUNHOFERsche Beugungserscheinungen zu erzeugen, muß man sowohl die Lichtquelle wie das Auge „unendlich" weit weg von der Beugungsöffnung verlegen, z. B. indem man (Abb. 743) die Strahlen einer Lichtquelle durch ein Kollimatorrohr L parallel austreten läßt und (hinter dem Beugungsschirm) die gebeugten parallelstrahligen Bündel in ein auf unendlich eingestelltes Fernrohr F treten läßt. Um die FRESNELschen Beugungserscheinungen zu erzeugen, bringt man die Lichtquelle und auch den Auffangschirm in irgendeinen *endlichen* Abstand von den beugenden Rändern. Die FRAUNHOFERschen Beugungserscheinungen sind also ein Grenzfall der FRESNELschen.

Beugungsspektrum. Messung der Wellenlänge des Lichtes. Wie weit weg von der Mitte der Beugungsfigur jeder Streifen liegt, hängt von der Wellenlänge des Lichtes ab (Abb. 740). *Je kürzer (länger) die Welle ist, desto kürzer (länger) ist der Abstand des ersten hellen Streifens von der Mitte der Beugungsfigur.* — Oder anders: der Winkel, unter dem das zu einem bestimmten Streifen gehörige Lichtbündel von dem Spalt wegbiegt, hängt von der Wellenlänge ab. *Je länger (kürzer) die Welle ist, desto spitzer (weniger spitz) ist der Winkel, den das zum ersten hellen Streifen gehende Bündel mit der Spaltebene bildet.* Für kleine Ablenkungswinkel φ (Abb. 740) — nur mit Winkeln von wenigen Minuten haben wir es hier zu tun (die Abbildungen sind zur Verdeutlichung übertrieben) — ist der Gangunterschied der Randstrahlen dem Ablenkungswinkel φ proportional. Beträgt für φ die Differenz $2/2\,\lambda$, so ist sie für $2\,\varphi$, $3\,\varphi \ldots 4/2\,\lambda$, $6/2\,\lambda$ usw. Daraus ergibt sich: ist der Abstand des 1. dunkeln Streifens *von der Mitte* n, so ist der des

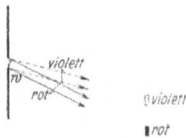

Abb. 740. Zur Entstehung eines Beugungsspektrums.

2., 3., ... *von der Mitte* 2*n*, 3*n* ...., der Zwischenraum *zwischen zwei benach-barten* dunkeln Streifen also *n*. Zwischen je zwei benachbarten dunkeln Streifen liegen die hellen, die seitlichen sind alle gleich breit, der Mittelstreifen doppelt so breit wie jeder seitliche.

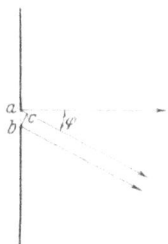

Leuchtet der Spalt in rotem Licht, so liegt der erste helle (rote) Streifen etwa bei *rot* (Abb. 740), leuchtet er in violettem, so liegt der erste helle (violette) Streifen bei *violett*. Leuchtet er in *weißem* Licht, so entstehen von *rot* bis *violett* sämtliche farbige Streifen, die den im Weiß enthaltenen Farben entsprechen, *gleich-zeitig* nebeneinander: es entsteht ein *Beugungs-spektrum* (Abb. 742, III).

Wir können mit Hilfe der Beugung die Wellenlängen des monochromatischen Lichtes messen: In Abb. 741 bedeuten die parallelen Geraden das zu dem ersten dunkeln Strei-

Abb. 741. Zur Messung der Wellenlänge (λ) aus der Breite (*β*) des Spaltes und dem Ablenkungs-winkel (φ) des zum ersten dunkeln Streifen hinge-beugten Strahlenbündels. λ = *β* · sin φ.

fen gehende Bündel. In dem Dreieck *abc* ist *ac/ab* = sin *abc*. Hier bedeutet *ac* die Wellen-länge λ und *ab* die Spaltbreite *β*, folglich ist λ = *β* · sin *abc*. Die Breite *β* kann man messen, und da Winkel *abc* gleich Winkel φ ist, so finden wir λ, wenn wir Winkel φ messen. Man verfeinert die Beobachtungsmethoden dazu, so-

Abb. 743. Messung der Wellenlänge des Lichtes nach FRAUNHOFER.

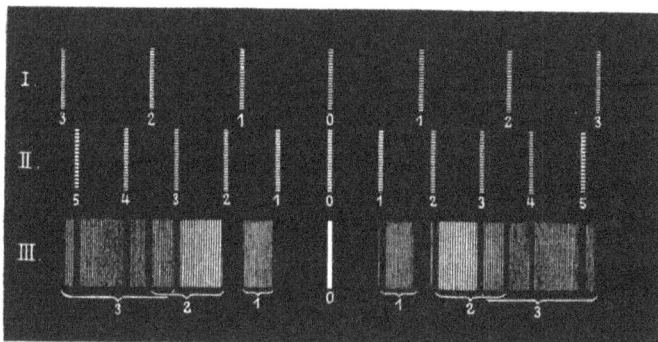

weit sie den Spalt und den Schirm angehen, ganz außerordentlich. Man läßt die Beugungs-figur nicht erst auf einem Schirm entstehen, ehe man sie beobachtet, sondern man läßt

Abb. 742. Beugungsspektrum.

(FRAUNHOFER) die von dem Spalt kommen den parallelen Strahlenbündel in ein *Fernrohr* treten, das man auf den Spalt richtet. Die Beugungsfigur entsteht dann (weil die Strahlen parallel sind) in der Brennebene des Objektivs und wird durch das Okular vergrößert (Abb. 743). Als Beugungsöffnung benützt man dazu aber nicht einen einzelnen Spalt, sondern ein *Gitter*.

Beugungsgitter. Benützt man zwei gleich weite parallele Spalte nebeneinander, die um die Breite eines Spaltes vonein-ander abstehen, so erhält man als Beugungsfigur Abb. 744. Je nach der *Form* (Kreis, Rechteck, Dreieck) der beugenden Öff-nungen und je nach ihrer *Anzahl* entsteht eine andere Beugungs-figur (in weißem Licht farbig, da die Maxima der verschiedenen Farben nicht an dieselbe Stelle fallen, und ebenso die Minima nicht). Besonders wichtig für die messende Optik ist das *Beugungs-

Abb. 744. Beugung des Lichtes durch zwei gleich weite parallele Spalten.

gitter*. Vermehrt man die Zahl der Spalte immer mehr, so vermehrt sich die Zahl der Minima, sie rücken immer näher aneinander und die Maxima werden dadurch immer schmaler, die Minima bedecken den Zwischenraum zwischen den Maximis schließlich

vollkommen, so daß er ganz dunkel erscheint, und die Maxima selber werden immer heller (was mit der Anzahl der Gitteröffnungen zusammenhängt). *Das* ist es im wesentlichen, was eintritt, wenn man die Anzahl der Spalten so vermehrt, daß sie ein *Gitter* bilden: ein Gitter ist eine Vielheit von mikroskopisch engen Spalten, die durch ebenso schmale Gitterstäbe voneinander getrennt sind; gerade parallele Linien auf eine Glasplatte eingeritzt, 300—400 auf 1 mm (zuerst der Optiker NOBERT in Greifswald 1846), bilden die Gitterstäbe, die die Spalten begrenzen. Sieht man durch ein auf unendlich eingestelltes Fernrohr nach einem solchen von parallelem einfarbigen Licht durchleuchteten Gitter hin, so sieht man (Abb. 742) eine Reihe scharfer Lichtlinien: parallel zu den Gitterstreifen, gleichweit voneinander und symmetrisch zu einer in der Mitte, und desto lichtschwächer, je weiter sie von der Mitte entfernt sind. Man erhält im weißen Licht mit einem Gitter reine Spektralfarben (mit einem einzelnen Spalt nur Mischfarben). Abb. 742 zeigt wieder im Rot die Streifen weiter auseinander als im Violett, und ferner im weißen Licht in der Mitte einen weißen Streifen (weil hier Streifen aller Farben aufeinander fallen) und symmetrisch dazu eine Anzahl Spektren. Das erste steht allein und ist daher rein, das zweite (Spektrum zweiter Ordnung) ist zum größten Teile rein, aber in sein rotes Ende greift schon der blaue Anfang des dritten, und von da an greifen sämtliche Spektren ineinander. Die breit ausgedehnten werden dadurch (z. B. III³ in Abb. 742) für die Beobachtung unbrauchbar. Um möglichst breite, aber reine Beugungsspektren zu erzielen, benützt MICHELSON eine Vorrichtung, Abb. 745, aus treppenartig aufgebauten, planparallelen Glasplatten. Er erzielt damit Spektren, die einem Gitterspektrum außerordentlich hoher Ordnung entsprechen.

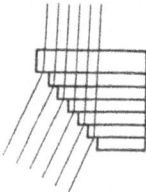

Abb. 745. Stufengitter nach MICHELSON.

Man mißt die Wellenlänge mit einem Beugungsgitter. Hier gilt die Beziehung $\lambda = \beta \cdot \dfrac{\sin \alpha}{m}$, worin m die *Ordnungszahl* des Spektrums bedeutet. Benützen wir also das erste Spektrum, so ist $\lambda = \beta \cdot \sin \alpha$, aber β bedeutet hierin die *Gitterkonstante*, das ist der Abstand der Mitten benachbarter Öffnungen. Die zuverlässigsten Messungen (ROWLAND) der Wellenlänge haben ergeben für die FRAUNHOFERsche Linie:

A	7594 Å.-E.	E	5270 Å.-E.
B	6867 ,,	F	4861 ,,
C	6563 ,,	G	4308 ,,
D_1	5896 ,,	H	3968 ,,
D_2	5890 ,,	K	3923 ,,

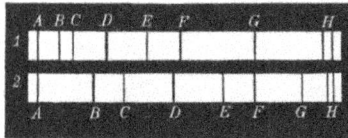

Abb. 746. Spektrum des Sonnenlichtes durch Brechung (1) und durch Beugung (2).

Im Beugungsspektrum hängt der Ort einer bestimmten Farbe relativ zu den *anderen* Farben und relativ zu den *Enden* des Spektrums nur von ihrer Wellenlänge ab, im Brechungsspektrum dagegen auch von der Natur des brechenden (und farbenzerstreuenden) Stoffes. Deswegen nennt man das Gitterspektrum *das normale Spektrum*. Abb. 746 zeigt beide Spektren des Sonnenlichtes.

Außer den Glasgittern benützt man auch Metallgitter, die Striche sind hier in einen Metallspiegel eingeritzt (bis 1700 auf 1 mm, ROWLAND). Die geritzten Stellen reflektieren das Licht diffus, die andern wirken als gute Spiegel, es kommt derselbe Effekt zustande wie bei den durchsichtigen Gittern (Reflexionsgitter). Besondere Vorteile gewähren die *Konkavgitter* (ROWLAND, 1882), schwach *sphärische* Reflexionsgitter, deren Striche in die konkave Seite einer Kugelfläche von sehr großem Krümmungsradius (1 bis 6,5 m) eingeritzt sind. Sie vereinigen selber die gebeugten Strahlenbündel (in der Brennebene), machen also das Fernrohrobjektiv entbehrlich und dehnen daher die Spektren weit ins Ultrarot und ins Ultraviolett aus. — Um die mit ebenen Gittern erzeugten Spektra zu beobachten und zu messen, benutzt man wie beim Prismenspektroskop Kollimatorrohr und Fernrohr (oder Kamera) — beim Reflexionsgitter beide auf derselben Seite des Gitters, beim durchsichtigen auf entgegengesetzten Seiten. Das Konkavgitter verlangt eine besondere Art der Aufstellung. Um bei *größt-*

möglicher Dispersion den *gesamten* Spektralbereich in allen zugänglichen Beugungsordnungen *gleichzeitig* darzustellen, benützt man die von RUNGE und PASCHEN stammende Gitteraufstellung (Abb. 747). Auf den kreisförmigen Tisch stellt man eine große Anzahl von photographischen Platten, um auf ihnen die Spektren der verschiedenen Ordnungen aufzufangen.

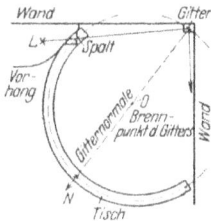

Abb. 747. Aufstellung eines Beugungsgitters nach RUNGE u. PASCHEN. *L* Lichtquelle.

Gewisse natürliche Farben entstehen aus der Beugung des Lichtes an gitterartigen Flächen, z. B. die Farben der Schmetterlingsflügel und anderer Insektenflügel, die mit feinen Riefen bedeckt sind: die Farbe der Perlmutter, die Perlen u. dgl. BREWSTER erzeugte Glanz und Farbe der Perlen dadurch, daß er die Oberfläche der Perle in Pech abdrückte und das Licht an den im Pech abgedrückten Riefen reflektieren ließ.

Entstehung des Bildes im Mikroskop durch Beugung (ABBE, 1873). Das Bild, das das Objektiv eines Mikroskops von einem in üblicher Weise beleuchteten Objekt entwirft, ist nach ABBE eine Beugungserscheinung. Dieses Objekt — das „mikroskopische Präparat" — ist fast nie *selbstleuchtend*, es wird von einer Lichtquelle meist mit *durch*fallendem Licht *beleuchtet*[1]. (Zwischen Lichtquelle und Objekt schaltet man meist noch ein Linsensystem, um ein Lichtbündel von beabsichtigter Öffnung und Neigung zu erzielen.) Das von der Lichtquelle herrührende Licht wird beim Durchgang durch das Objekt (wie durch ein Gitter) *gebeugt*, der Beugungsvorgang aber erzeugt als Beugungsfigur einen Komplex von zusammengehörigen symmetrisch zur Mitte des Spaltes liegenden Spektren. Diese Figur bildet das Objektiv in seiner hinteren Brennebene ab. (Daß das wirklich so ist, kann man sehen, wenn man das Okular des Mikroskopes entfernt und die Brennebene des Objektivs mit einem Hilfsmikroskop betrachtet.) Um sich nun die Entstehung des Bildes klarzumachen, das wir im Mikroskop *durch das Okular* betrachten, muß man sich die Wirkung des Bildes in der Brennebene nach dem Prinzip von HUYGENS auf die zur Gitterebene konjugierte Bildebene übertragen denken, Abb. 748. Wir können das hier nicht im einzelnen durchführen und beschränken uns auf das Ergebnis: theoretisch besteht das Beugungsbild aus unendlich vielen Spektren. Um ein dem mikroskopischen Objekt geometrisch *völlig* ähnliches (entsprechend vergrößertes) Bild zu bekommen, müßte man also in dieses nach dem Prinzip von HUYGENS zu bewerkstelligende Verfahren *unendlich* viele Spektren einbeziehen. In Wirklichkeit entsteht aber

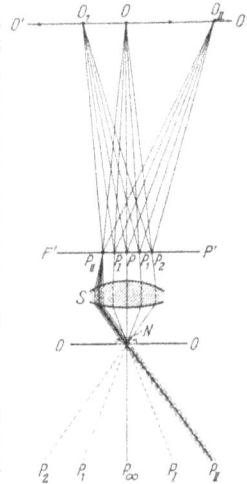

Abb. 748. Zur Entstehung des Bildes im Mikroskop nach ABBE. *S* stellt das Objektivsystem vor, *F′ P′* seine hintere Brennebene, *OO* die Ebene des Objektes, *N* die abzubildende Gitterstruktur in der Objektebene. In der Ebene *F′ P′* ist das ganze Beugungsspektrum der Lichtquelle *P* ausgebreitet. Es besteht aus den der Objektstruktur *N* entsprechenden reellen Beugungsspektren *p, p₁, p₂, ...* Das sind farbige Einzelspektren (FRAUNHOFERsche Maxima zweiter Ordnung), symmetrisch zu beiden Seiten des direkten Bildes der Lichtquelle. Sie entstehen aus parallelstrahligen Lichtbündeln und sind daher konjugiert den *virtuellen* Spektren *P, P₁, P₂,...*, die (wie die Lichtquelle *P*) im Unendlichen zu denken sind. Die Ebene *O′O′* ist die — mit Bezug auf *S* — zur Objektebene *OO* konjugierte. Die von der Lichtverteilung in der Ebene *F′ P′* (also von den reellen Beugungsspektrum) auf die Ebene *O′O′* ausgeübte *Interferenzwirkung* hat nach ABBE als das *Bild* des Objektes *N* zu gelten.

---

[1] Die Objekte, die durch diffus reflektiertes Licht sichtbar werden, dürfen *nahezu* als selbstleuchtend gelten.

nur eine *endliche* Anzahl von Spektren; und von diesen kann das Objektiv nur
eine begrenzte Zahl erfassen, je *mehr* es davon erfaßt, um so *ähnlicher* wird
das Bild dem Objekt.   Da aber die Spektren von der Mitte der Beugungsfigur
nach außen sehr schnell dunkler werden, so braucht nur eine kleine Zahl
durch das Objektiv hindurchzugehen, um eine *praktisch ausreichende* Ähnlichkeit zwischen dem Objekt und seinem Bild herzustellen.   Geht außer der hellen
Mitte auf jeder Seite nur *ein* Spektrum hindurch, so entstehen noch immer
die hellen und dunkeln Stellen an den richtigen Orten, wenn auch nicht in voller
Schärfe.   Geht aber *nur* das Hauptmaximum, ,,das ungebeugte Bild“, hindurch,
so bleibt nichts für den Gegenstand Kennzeichnendes übrig, daher sieht man
nur eine gleichmäßige Beleuchtung des Feldes.   Daß das Mikroskopbild in der
Tat so zustande kommt, läßt sich experimentell zeigen.

Die Entstehung des Bildes durch Beugung erklärt auch, warum ein möglichst großer Öffnungswinkel des Objektivs (S. 560 u.) das Haupterfordernis für
die Leistung des Mikroskopes ist.   Je kleiner das mikroskopische Objekt ist, je
mehr seine Teile auf kleine Vielfache der Wellenlänge oder gar unter *eine* Wellenlänge herabgehen, desto weiter entfernen sich abgebeugte Strahlen von noch
merklicher Stärke aus der Richtung des direkten Strahles.   ,,Mit abnehmenden
Dimensionen wird daher ein immer größerer Öffnungswinkel des optischen Apparates nötig, um noch das ganze Beugungsbüschel bis zur Grenze minimaler
Intensität aufnehmen zu können; und zuletzt ist auch dem größten herstell-
baren Öffnungswinkel unserer Mikroskope nur ein kleiner Teil des abgebeugten
Lichtes — die zentrale Partie des gesamten Beugungsphänomens — zugänglich.
Je kleiner dieser Teil nun wird, desto weiter entfernt sich das mikroskopische
Bild von einer bloßen Projektion der wirklichen Struktur, desto mehr verschwinden
in ihm die individuellen Merkmale des Objekts . . . .   Hiernach ist dann der
*Öffnungswinkel des Mikroskopes desjenige Element der Konstruktion, durch welches
der Abbildungsprozeß in seinen Grundbedingungen beeinflußt wird.*   Seine Größe
bestimmt die absoluten Maße, bis zu welchen herab körperliche Gebilde noch
eine vollständige, d. h. der Beschaffenheit der Objekte konforme Abbildung
zulassen.“ (Abbe, Die optischen Hilfsmittel der Mikroskopie.) Hieraus erklärt
sich dann weiter die Bedeutung der numerischen Apertur und die Bedeutung
der Immersionssysteme für die Leistungsfähigkeit des Mikroskopes und schließlich die *Grenze* für seine Leistungsfähigkeit überhaupt.

Auch die physische Abbildung undurchsichtiger (diffus reflektierender)
Körper beruht auf Beugung: die Grenze der Strukturteile des abzubildenden
Objektes beugt die Strahlen.   Aber je größer die beugenden Teile im Verhältnis
zur Länge der Lichtwellen sind, in einem desto *engeren* Winkelraum verlaufen
die abgebeugten Strahlen.   Solange demnach die Dimensionen der Strukturteile (gleichviel welcher Form und welcher Gliederung) noch ansehnliche Vielfache der Wellenlänge betragen, bleibt alles gebeugte Licht *von merklicher Intensität* in einem kleinen Winkelraum um die Richtung des direkten (ungebeugten)
Strahles zusammengedrängt.   In diesem Falle genügt ein kleiner Öffnungswinkel
des optischen Systems, um das ganze Licht zur Wirkung zu bringen und die
Bedingungen einer konformen Abbildung zu erfüllen.   Hierauf beruht es, daß
z. B. das Auge selbst von Gegenständen, die *sehr* klein sind, wenn sie nur im
Vergleich mit Lichtwellen groß sind, völlig konforme Bilder erzeugt (und ebenso
die Lupe und das Fernrohr).

Aus der Beugungstheorie der mikroskopischen Bildentstehung hat Abbe erklärt, warum
man die Leistung des Mikroskops nicht beliebig dadurch steigern kann, daß man lediglich
die Vergrößerung steigert — im wesentlichen, weil bei der Abbildung ein Lichtpunkt infolge
der Beugung nicht wieder einen Punkt gibt, sondern eine kleine Scheibe.   Stehen nun zwei
Lichtpunkte einander so nahe, daß die beiden Beugungsscheiben ineinandergreifen, so

können wir die beiden Punkte nicht mehr als getrennt erkennen, sondern nur ineinander verschwommen — daher die Grenze für die Leistungsfähigkeit des Auges, des Mikroskops und des Fernrohrs. Nach ABBE und nach HELMHOLTZ sind Objekte, die kleiner als eine halbe Wellenlänge sind, nicht mehr auflösbar. Diese Grenze haben SIEDENTOPF und ZSIGMONDY (1903) durch die Methode, *ultramikroskopische* Teilchen sichtbar zu machen, erheblich erweitert: man kann danach das Vorhandensein — nicht die wahre *Form* — von Teilchen erkennen, deren Durchmesser kaum 40 Å.-E. beträgt. Die Sichtbarmachung der Teilchen beruht auf der Erzeugung von Beugungsscheibchen an ihnen. Die Teilchen werden mit Hilfe besonderer Kondensoren ungeheuer stark beleuchtet (seitlich, d. h. senkrecht zum Tubus, von Sonnen- oder Bogenlampenlicht). Infolge ihrer Kleinheit beugen sie das Licht und umgeben sich mit Beugungsscheibchen, Lichtkreisen. Diese Lichtkreise, deren Gestalt unabhängig ist von der wahren Gestalt der ultramikroskopischen Teilchen (so daß sie also kein geometrisch ähnliches „Bild" geben), sehen wir hell auf dunklem Grunde, so wie wir die Stäubchen im Sonnenlicht sehen. Vorausgesetzt ist dabei nur, daß die *Teilchen* so weit voneinander abstehen, daß das Mikroskop die *Scheibchen* getrennt wiedergibt. Ein Haupterfordernis ist: nur das *gebeugte* Licht darf in das Mikroskop gelangen und keine Spur von dem *beleuchtenden*. — Mit dieser Ultramethode kann man im Mikroskop z. B. scharf unterscheiden zwischen zwei Medien, die völlig homogen und daher „optisch leer" sind, und solchen, die durch mehr oder minder feine Suspensionen „getrübt" erscheinen (kolloidale Lösungen, durch Goldteilchen gefärbte Rubingläser); man kann mikrochemische Fällungserscheinungen studieren, bei denen aus einem ursprünglich homogenen Gebilde ein heterogenes entsteht; sehr bequem die BROWNsche Molekularbewegung der Flüssigkeiten u. dgl. m.

2. Die Polarisation des Lichtes.

Die Polarisation des Lichtes durch Doppelbrechung. Transversalität der Wellen. Die Geradlinigkeit der Lichtausbreitung erklärt sich zwanglos aus Interferenz und Beugung der Lichtwellen. Der Unterschied zwischen der Schall*ausbreitung* und der Licht*ausbreitung* ist danach kein *grundsätzlicher*, er hängt nur von gewissen Raumverhältnissen ab (S. 485f.). Aber es *gibt* andere Lichterscheinungen, die kein Analogon unter den Schallerscheinungen haben und einen *grundsätzlichen* Unterschied zwischen beiden offenbar machen: diejenigen Erscheinungen, die von der *Polarisation* des Lichtes herkommen. Entdeckt (HUYGENS, 1688) wurde die Tatsache, daß es solche Lichtstrahlen gibt, die später als „polarisiert" erkannt und bezeichnet wurden (MALUS), an den beiden gebrochenen Strahlen, die aus dem isländischen Doppelspat austreten (S. 517). Davon gehen wir aus. Um den Überblick über die grundlegenden Erscheinungen zu erleichtern, benützen wir ein NICOLsches Prisma (S. 521). In den Fensterladen eines *dunklen* Zimmers, Abb. 749, fügen wir das Prisma N ein. Wir stellen seinen Hauptschnitt vertikal, seine Längskanten senkrecht zu dem Laden und der ihm parallelen Wand gegenüber, und lassen parallele Lichtstrahlen, den Kanten parallel, von außen darauf fallen. Es tritt ein Lichtbündel aus ihm aus, dem einfallenden parallel, und abgesehen von dem geringen Lichtverlust (durch Absorption) in dem Prisma, *halb* so hell wie das einfallende: auf der Wand entsteht ein Fleck von entsprechender Helligkeit. — Jetzt bringen wir auch in den Weg des *austretenden* Lichtbündels ein NICOLsches Prisma N', seine Kanten denen des ersten parallel. Dreht man das zweite Prisma um das aus dem ersten kommende Lichtbündel als Achse, so tritt das ein, was uns hier interessiert: der Fleck auf der Wand beschreibt einen Kreis, und *gleichzeitig ändert sich* (die Hauptsache!) *seine Helligkeit.* Bei einer gewissen Lage des Prismas ist er gerade so hell *(12)*, wie wenn das Prisma nicht da wäre; dreht man es aber weiter, so wird er dunkler, bis er auf der (ja selber finsteren) Wand verschwindet *(3)*. Dreht man immer weiter, so erscheint er wieder, wird heller, bis er wieder die ursprüngliche Helligkeit *(6)* hat, und so fort.

Wie liegt N' relativ zu N, wenn der Fleck am hellsten ist, und wie, wenn er verschwindet? Antwort: der Fleck ist am hellsten *(12* und *6)* oder anders: ein aus N kommender Strahl geht *ungeschwächt* durch N' wenn die Hauptschnitte beider einander *parallel* sind. Der Fleck verschwindet (*3* und *9*) oder anders: der aus *N* kommende Strahl kann durch *N'* *nicht hindurch*, wenn die Hauptschnitte *senkrecht* zueinanderstehen. In den Zwischenstellungen wird ein aus *N* kommender Strahl von *N'* zwar hindurchgelassen, aber mehr oder weniger *geschwächt*. — Das ist die grundlegende durch Abb. 749 und 750 erläuterte Erscheinung.

Der als Achse benützte Strahl ist der *außerordentliche*; das NICOLsche Prisma läßt ja nur diesen hindurch. Ersetzt man den Nicol *N* im Fensterladen durch ein *natürliches* Kalkspatprisma in derselben Lage, blendet den außerordentlichen Strahl ab und dreht ein zweites Kalkspatprisma um den *ordentlichen* als Achse, so verändert der von ihm erzeugte Fleck seine Helligkeit wie der andere, nur mit dem Unterschied: bei derjenigen Stellung des sich drehenden Prismas, bei der der außerordentliche Strahl die größte Helligkeit ○ (Dunkelheit ●) gibt, gibt der ordent-

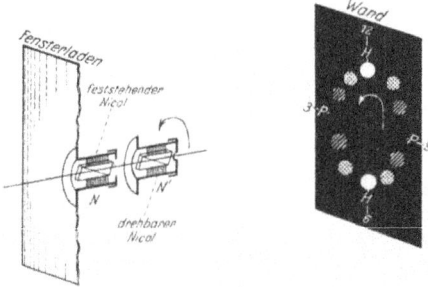

liche die größte Dunkelheit ● (Helligkeit ○), außerdem bleibt er stehen im Gegensatz zu vorher.

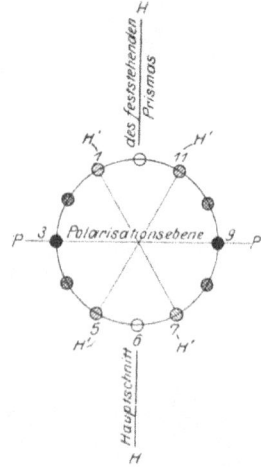

Abb. 749.   Abb. 750.

Der periodische Helligkeitswechsel eines geradlinig polarisierten Lichtbündels beim Durchgange durch ein NICOLsches Prisma *N'*, das sich um das Bündel als Achse dreht. Ein Kreis bedeutet den Durchschnitt des austretenden Bündels mit der zu ihm senkrechten Wand. *H H* der Hauptschnitt des festen Prismas, *H' H'* die jeweilige Lage des Hauptschnittes des sich drehenden, die mit *H H* Senkrechte *P P* seine Lage, bei der der Fleck finster ist — also auf der finsteren Wand *verschwindet* —, die mit *H H* zusammenfallende diejenige, bei der er am hellsten ist. Die Ebene *P P*, in der der Hauptschnitt des sich drehenden Nicols in dem Moment liegt, wenn der Fleck verschwindet, bildet für die Helligkeitsänderung des Fleckes eine Symmetrieebene. Die Orte *gleicher* Helligkeit, z. B. die durch gleiche Schraffierung bezeichneten Orte 1, 5, 7, 11, liegen symmetrisch zu *P P*.

Die Abb. 749 und 750 sagen somit: sind die Hauptschnitte einander *parallel*, oder besser: liegen sie in derselben Ebene — —, so geht der aus dem Kalkspat kommende *außerordentliche Strahl ungeschwächt* durch das NICOLsche Prisma, der ordentliche gar nicht; sind die Hauptschnitte *rechtwinklig gekreuzt* —|, so geht der *ordentliche ungeschwächt* hindurch, der außerordentliche gar nicht.

Daß sich die Helligkeit des Fleckes ändert, wenn sich der zweite Nicol *N'* um das in ihn eintretende Lichtbündel dreht, das verschuldet das Lichtbündel, nicht der Nicol. Setzt man das Prisma *N'* an Stelle des Prismas *N* in den *Fensterladen* (man hat dann also wieder nur *ein* NICOLsches Prisma) und dreht man es um das Lichtbündel, das *dann* darin eintritt, so bleibt der Lichtfleck immer *gleich* hell. Die beiden Lichtbündel, die in den beiden Fällen *in das Prisma* treten, unterscheiden sich darin voneinander, daß das erste aus dem NICOLschen Prisma *N* kommt, also von Doppelbrechung herrührt, das andere aber ein Bündel *natürlichen* Lichtes ist.

Nun zur Deutung des Vorganges. Die Wellentheorie nimmt zu seiner Deutung an (FRESNEL): in den Lichtwellen schwingen die Äthermolekeln transversal, und *senkrecht* zur Fortpflanzungsrichtung; für *gewöhnlich* nach allen Seiten, aber gewisse Vorgänge (*auch* die Doppelbrechung) beschränken die Schwingungen auf eine einzige Seite, d. h. *eine* Schwingungsrichtung, Abb. 751. Dadurch entsteht eine „geradlinige polarisierte" Welle. Man nimmt nun an, daß die aus dem Kalkspat austretenden Lichtstrahlen *geradlinig polarisiert* sind, und aus der Polarisiertheit erklärt man dann den Helligkeitswechsel des Fleckes so: der Lichtstrahl, der aus N kommt, hat als polarisierter eine bestimmte Schwingungsebene. Ob N' wenn man es um ihn als Achse dreht, ihn ungeschwächt hindurchläßt oder nicht, das hängt davon ab (der Hauptpunkt unserer Annahme!), wie diese *Schwingungsebene* relativ zum *Hauptschnitt* von N' liegt. Da er ungeschwächt hindurchgeht, wenn die Hauptschnitte der Prismen *parallel* sind, so nimmt man an, daß

Abb. 751.
Zwei geradlinig polarisierte Wellen, deren Schwingungsebenen senkrecht zueinanderliegen.

in dieser Lage seine Schwingungsebene identisch ist mit dem Hauptschnitt. Man sagt: er schwingt *im Hauptschnitt* oder auch: er ist im *Hauptschnitt polarisiert* (Abb. 750). Man folgert nun: er wird *hindurchgelassen*

ungeschwächt, wenn Schwingungsebene und Hauptschnitt parallel zueinanderliegen,
gar nicht, ... senkrecht zueinanderliegen,
geschwächt, ... einen anderen Winkel bilden.

Zerlegung der Lichtschwingung in Komponenten. Das Verhalten des polarisierten Strahles dem Nicol N' gegenüber in den *Zwischen*stellungen deutet man so (Abb. 752): der bei N' ankommende Strahl wird in zwei gespalten, der im *Hauptschnitt* schwingende, $s\,h$, hindurchgelassen, der *senkrecht dazu* schwingende, $s\,p$, unterdrückt. Je weniger der Hauptschnitt $H'\,H'$ von der Schwingungsebene SS abweicht, desto *kleiner* ist die unterdrückte Komponente, desto kleiner also der Helligkeitsverlust, je mehr sich die Abweichung einem Rechten nähert (Abb. 753), desto *größer* wird der Helligkeitsverlust. Er ist Null bei 0^0 Ab-

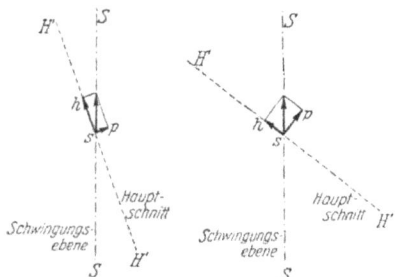

Abb. 752.   Abb. 753.
Zur Entstehung des in Abb. 749 und 750 beschriebenen Helligkeitswechsels: SS Lage des Hauptschnittes von N und der Schwingungsebene des aus N kommenden Strahles, $H'\,H'$ Lage des Hauptschnittes von N'. Die Schwingung ist in zwei Komponenten zerlegt: sh im Hauptschnitt $H'\,H'$ und sp senkrecht dazu.

weichung, der Fleck also so hell, wie wenn N' nicht da wäre; er ist total bei der Abweichung um 90^0, der Fleck also so finster, wie wenn N' überhaupt kein Licht hindurchließe.

Was von dem außerordentlichen Strahl gilt, gilt auch mit der S. 580 angedeuteten Abänderung von dem ordentlichen. Nannten wir den außerordentlichen Strahl, der *im* Hauptschnitt schwingt, *im* Hauptschnitt polarisiert, so müssen wir den ordentlichen Strahl *senkrecht* zum Hauptschnitt polarisiert nennen. Die Symmetrieebene, die zur Schwingungsebene des Strahles senkrecht ist, nennt man seine *Polarisationsebene.* Wir sagen kurz: *die durch Doppelbrechung entstehenden beiden Strahlen sind senkrecht zueinander polarisiert — der eine im Hauptschnitt, der andere senkrecht dazu.*

Die Zerlegung der Schwingungen in zwei Komponenten, von denen die eine in den Hauptschnitt fällt, die andere in die Ebene senkrecht dazu, wird

durch das Folgende bewiesen: wir ersetzen in Abb. 749 das Nicolsche Prisma
N' durch ein Prisma aus *natürlichem Kalkspat* in derselben Lage. Das Prisma
stehe zunächst so, daß sein Hauptschnitt der Geraden $H6$, $12H$ entspricht.
Dann erscheint — wie mit den Nicolschen Prismen — nur *ein* Fleck, und zwar
an derselben Stelle der Wand, und in voller Helligkeit. Drehen wir das Prisma,
so tritt, während der Fleck wandert, ein zweiter Fleck neben ihm auf (Abb. 754),
viel dunkler als er selber. Drehen wir weiter, so wird der erste immer dunkler,
der zweite immer heller. Bei einer bestimmten Stellung

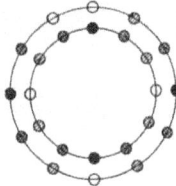

des Hauptschnittes sind beide Flecke gleich hell. Von da
an ist der zweite der hellere, und gelangt der Hauptschnitt
des sich drehenden Prismas in die Lage PP (auf der Wand
in Abb. 749), so verschwindet der erste auf der finsteren
Wand, d. h. er ist vollkommen dunkel; der zweite ist so hell,
wie der erste im Anfang war. Dreht man weiter, so wiederholt
sich der Vorgang, nur gilt dann von dem ersten Fleck, was
bisher von dem zweiten galt, und umgekehrt.

Genaue Messungen zeigen, daß der *zweite* Fleck an Helligkeit das
gewinnt, was der erste gleichzeitig verliert, die Summe der Helligkeit
beider also konstant ist, und zwar gleich der Helligkeit des ganzen auf
den Kalkspatkristall fallenden Lichtes. Das stimmt mit der Zerlegung
der Schwingungen überein. Denn bezeichnet (Abb. 755) SS die Schwingungsebene des auf den Kristall fallenden Lichtes und HH den Hauptschnitt, also die Ebene,
in der der außerordentliche Strahl schwingt; bezeichnet CD die senkrecht dazu stehende,
also die Ebene, in der der *ordentliche* Strahl schwingt, bedeutet ferner $CA = a$ die Amplitude des auf den Kristall auffallenden außerordentlichen Strahles, wenn der Hauptschnitt
HH parallel mit SS steht, so ist, wenn HH und SS den Winkel w bilden, die Komponente,

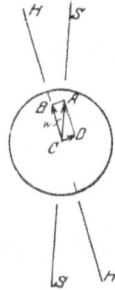

die in den Hauptschnitt fällt, $a \cdot \cos w$. Sie wird durchgelassen. In die Ebene
senkrecht zum Hauptschnitt fällt die Komponente $a \cdot \sin w$. Auch sie wird
jetzt, wo der Kalkspatkristall ein natürlicher ist, durchgelassen, aber nach
einer anderen Richtung, nämlich als *ordentlicher* Strahl. Was beim Drehen
des Kristalls dem *außerordentlichen* Strahl an Intensität der Schwingung
genommen wird, wird dem *ordentlichen hinzugefügt.* (Die Intensität wird
durch das Quadrat der Amplitude gemessen, hier durch a^2. Die Summe
der Quadrate der beiden Komponenten ist $a^2 \cdot \cos^2 w + a^2 \cdot \sin^2 w = a^2$, also
die Intensität beider Strahlen konstant, wie es die Messung ja auch ergibt.) —
Gleich hell sind die beiden Flecke dann, wenn Hauptschnitt und Schwingungsebene einen Winkel von 45^0 bilden, da dann die beiden Komponenten,
$a \sin 45^0$ und $a \cos 45^0$, gleich groß sind.

Man kann das aus dem Kalkspat kommende Licht anstatt es auf eine
Wand fallen zu lassen, in das Auge treten lassen, also die Wand durch die
Netzhaut des Auges ersetzen. Legt man z. B. ein Kalkspatprisma mit einer
natürlichen Endfläche auf einen weißen Fleck auf schwarzem Grund, so sieht

man den Fleck durch den Kristall doppelt. Legt man auf den Kristall einen
zweiten und dreht ihn um die Blicklinie als Achse, so sieht man im allgemeinen vier Flecke, je *zwei* und *zwei* gleich hell; — alle *vier* gleich hell,
wenn die Hauptschnitte einen Winkel von 45^0 miteinander bilden. Benützt
man Nicolsche Prismen dazu, so sieht man den Fleck einfach, und
zwar, solange man ihn nur durch *ein* Prisma betrachtet, immer in gleichbleibender Helligkeit, die gleich der halben Helligkeit ist, die er für das bloße Auge hat. Wenn man ihn
durch beide hintereinander gestellt betrachtet, sieht man ihn in einer Helligkeit, die, zwischen
einem Maximum und Null liegend, von dem Winkel zwischen den beiden Hauptebenen
abhängt.

Da ein Nicol nur solches Licht ungeschwächt hindurchläßt, das gradlinig
polarisiert ist, und dessen Schwingungsebene seinem Hauptschnitt parallel ist,
so kann man durch ihn die Lage der Schwingungsebene (gegebenen) gradlinig
polarisierten Lichtes ermitteln — d. h. ihn als *Analysator* benützen. Und da
er andererseits die im natürlichen Licht enthaltenen Schwingungen auf eine
einzige bestimmte Richtung beschränkt, dient er auch als *Polarisator.* Uns interessiert er zunächst als Analysator.

Polarisation durch Spiegelung und durch Brechung. Polarisationswinkel.

Vor allem lehrt das NICOLsche Prisma, wenn man es um die Blicklinie dreht, daß auch *einfach* gebrochenes Licht und *gespiegeltes* Licht Polarisationserscheinungen geben, nur sind sie weniger einfach zu beobachten. — Entdeckt hat die Polarisation des gespiegelten Lichtes MALUS (1810) an dem von einer Fensterscheibe zurückgeworfenen Sonnenlicht. Läßt man auf eine spiegelnde Glasplatte, etwa eine schwarze Glasplatte — wohlgemerkt, das *Glas* soll spiegeln, nicht etwa eine *Metall*schicht (S. 584 o.) auf der Rückseite — parallele Lichtstrahlen fallen ungefähr unter 56⁰ (der erforderliche Winkel hängt von dem Stoff ab, für Wasser z. B. ist er 53⁰), so hat das zurückgeworfene Licht dieselben Eigenschaften, wie wenn es aus Kalkspat austräte. Läßt man es durch ein NICOLsches Prisma den Kanten parallel ins Auge treten, so gibt es *Helligkeit*, wenn der *Hauptschnitt des Nicols senkrecht* zur Einfallsebene, Dunkelheit, wenn er mit ihr parallel ist. Daraus folgt: die Schwingungen des unter 56⁰ von dem Glase zurückgeworfenen Strahles geschehen *nur senkrecht* zur Einfallsebene (Abb. 756). Für den Übergang von

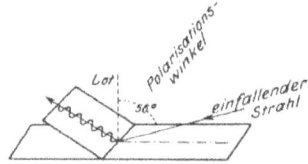

Abb. 756. Geradlinige Polarisation des Lichtes durch Spiegelung unter dem Polarisationswinkel an Glas.

Hell zu Dunkel und wieder zu Hell ist hier die Einfallsebene eine Symmetrieebene, wir bezeichnen sie daher als *Polarisationsebene des reflektierten Strahles*. Völlige Dunkelheit tritt aber nur dann ein, wenn das Licht gerade unter 56⁰ einfällt, dem *Polarisationswinkel*.

Spiegelung unter dem Polarisationswinkel polarisiert also den Strahl, wie ihn der Durchgang durch ein NICOLsches Prisma polarisiert hat. Ein Strahl, der aus dem Nicol kommt, verhält sich aber ganz anders, wenn er auf einen zweiten Nicol trifft, als ein natürlicher Lichtstrahl. Und so ist es auch hier: ein Strahl, der von einem *Spiegel* unter dem Polarisationswinkel gespiegelt wird, verhält sich, wenn er auf einen *zweiten* Spiegel fällt, ganz anders als ein natürlicher. Wie wir den zweiten Nicol um den (vom ersten) polarisierten Strahl als Achse gedreht haben, so drehen wir jetzt den zweiten Spiegel um den (vom ersten) polarisierten Strahl. Man benützt dazu den Apparat Abb. 757. *A* und *B* sind zwei spiegelnde Glasplatten, die um die Achsen *M* und *N* drehbar sind. *R* ist ein zylindrisches Rohr um dessen Achse die Fassungen *a* und *b*, an denen die Spiegel

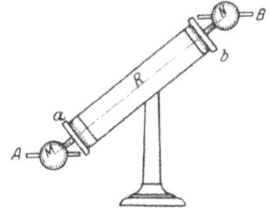

Abb. 757. Zum Nachweis der Eigenschaften des durch Spiegelung polarisierten Lichtes.

sitzen, ebenfalls drehbar sind. Man stellt zunächst die Spiegel einander parallel und läßt ein Bündel paralleler Strahlen unter dem Polarisationswinkel auf *A* und, von *A* reflektiert und polarisiert, der Rohrachse entlang auf *B* fallen. *B* reflektiert nun das auffallende Licht, solange die Spiegel parallel bleiben, d. h. solange (das Charakteristische!) die Einfallsebenen beider Spiegel in *derselben* Ebene liegen, und gibt einen Lichtfleck von entsprechender Helligkeit, wenn das Licht von *B* aus auf eine Wand trifft. Dreht man aber an der Fassung *b* den Spiegel um *R*, d. h. *um das vom Spiegel A reflektierte Bündel*, das ja *R* entlang reflektiert wird, so wird der Fleck auf der Wand dunkler; und er ist *völlig* finster, wenn die Fassung *b* um 90⁰ gedreht ist, d. h. wenn die beiden Einfallsebenen einen rechten Winkel bilden. Die Schwingungen des bei dem zweiten Spiegel unter dem Polarisationswinkel ankommenden Strahls geschehen dabei *in* der Einfallsebene, sie werden dann *nicht* reflektiert. (Aber *gebrochen* werden sie.) Wird das Licht unter einem anderen als dem Polarisationswinkel von dem Spiegel zurückgeworfen, so wird es nur zum *Teil* polarisiert.

Von dem polarisierten Teile ist es auch nur die zur Einfallsebene *senkrechte* Komponente, die zurückgeworfen wird, d. h. nur diejenige, die bei der Doppelbrechung der im Hauptschnitt schwingenden entspricht. Was

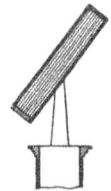

Abb. 758. Glasplattensatz zur Polarisierung des Lichtes durch einfache Brechung.

wird nun aber aus der zur Einfallsebene *parallelen* Komponente, die bei der Doppelbrechung der senkrecht zum Hauptschnitt schwingenden entspricht? Sie findet sich, wie die Erfahrung lehrt, in dem *gebrochenen* Strahl der gleichzeitig mit dem gespiegelten auftritt. Tatsächlich ist Licht, das schief durch eine Glasplatte geht, stets teilweise polarisiert, und zwar die Schwingungen, wie die Analyse durch das NICOLsche Prisma lehrt, *parallel* zur Einfallsebene. Das gebrochene Licht ist immer nur *teilweise* polarisiert; aber man kann den Teil vergrößern, wenn man das Licht durch eine größere Anzahl aufeinanderliegender paralleler Glasplatten (*Glasplattensatz*) schickt (Abb. 758). Jede neue Brechung vergrößert den Teil. Im NÖRRENBERGschen Polarisationsapparat als Polarisator benützt.

Trifft ein geradlinig polarisierter Strahl unter dem Polarisationswinkel auf eine spiegelnde Glasfläche, und zwar so, daß seine Schwingungsebene mit der Einfallsebene identisch ist, so wird er nicht reflektiert, aber gebrochen wird er. Was geschieht aber, wenn der Strahl durch die brechende Fläche nicht hindurch *kann*, wie bei der *totalen* Reflexion? (Abb. 759.) Er wird dann *doch* reflektiert, aber er ist nach der Reflexion zirkular polarisiert (FRESNEL) (S. 224). Es sind dann zwei Schwingungen in ihm vereinigt, eine in der Einfallsebene und eine senkrecht dazu, aber die eine ist der anderen um $^1/_4$ Wellenlänge voraus. — Wenn Licht, gleichviel ob natürliches oder linear polarisiertes, an Metallflächen reflektiert wird, oder an stark brechenden Substanzen, z. B. am Diamant, wird die Schwingung elliptisch. Deswegen wurde für die geradlinige Polarisation durch Spiegelung ausdrücklich gefordert (S. 583 o.), das *Glas* solle spiegeln, nicht etwa eine Metallschicht auf seiner Rückseite.

Aus der Reflexion an den Wasserbläschen und den Staubteilchen in der Luft erklärt sich auch, daß *das diffuse Tageslicht polarisiert* ist. Aus der Polarisation des Tageslichts erklärt sich dann die sehr auffällige Tatsache, daß eine ausgedehnte ruhende Wasserfläche, ein Teich oder ein See, bald als Spiegel glänzt, bald schwarz und glanzlos erscheint; das zweite dann, wenn wir in einer Richtung danach hinsehen, nach der die Fläche das Tageslicht wegen seiner Polarisiertheit nicht reflektiert.

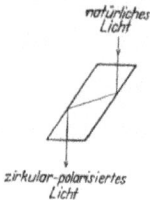

natürliches Licht

zirkular-polarisiertes Licht

Abb. 759. Parallel-epiped (FRESNEL), das das Licht zirkular polarisiert.

Der Polarisationswinkel hat für jeden Stoff eine andere Größe (MALUS). Für einen gegebenen Stoff ist (BREWSTER) derjenige Einfallswinkel der Polarisationswinkel, bei dem der gebrochene und der gespiegelte Strahl senkrecht aufeinanderstehen (Abb. 760). Der Polarisationswinkel hängt danach mit der Brechungszahl zusammen durch die Beziehung $n = \operatorname{tg} i$,

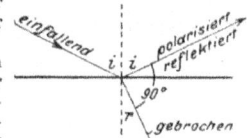

Abb. 760. Beziehung zwischen Polarisationswinkel und Brechungszahl.

denn da i und r einander zu einem Rechten ergänzen, also $\sin r = \cos i$ ist, so ist $n = \dfrac{\sin i}{\sin r} = \dfrac{\sin i}{\cos i} = \operatorname{tg} i$. Das Gesetz gilt nicht streng, aber mit großer Annäherung. Man kann damit den Polarisationswinkel eines Stoffes für Licht einer bestimmten Farbe vorausberechnen, wenn man ihren Brechungsindex für diese Farbe kennt und umgekehrt. Das zweite ist wertvoll, wo es sich um Metall, überhaupt um undurchsichtige Stoffe handelt.

Das natürliche Licht. Wir hatten an der rotierenden Kompaßnadel verdeutlicht, wie das *natürliche* Licht aus dem *geradlinig polarisierten* entstanden gedacht werden kann: das natürliche Licht wäre danach geradlinig polarisiertes, dessen Schwingungsebene ungeheuer schnell um den Strahl rotiert. Müßte man dann aber nicht, wenn natürliches Licht durch ein NICOLsches Prisma in das Auge tritt, immer dann das Licht *verlöschen* sehen, wenn die Schwingungsebene den Hauptschnitt senkrecht kreuzt? Nein! Unser Auge gebraucht *wenigstens* $^1/_7$ Sekunde, um einen Eindruck, hier das Verlöschen, zu *empfinden*, die Schwingungsebene wechselt aber ihre Lage wenigstens einige Millionen Male in der Sekunde. Diese Wechselzahl ist aber auch nicht unbegrenzt. Keinesfalls ist sie so groß, daß, wenn ein bestimmtes Ätherteilchen dabei nur *einmal* hin- und hergeschwungen ist, die rotierende Kompaßnadel (also die Schwingungsebene) schon bei der *nächsten* Schwingung des Teilchens eine andere Richtung hat, d. h. schon die *nächste* Welle in einer anderen Ebene liegt als die vorhergehende. Denn dann gäbe es keine Interferenzerscheinungen des natürlichen Lichtes (S. 565f.): Berg und Tal zweier Wellenzüge von der Form Abb. 751 können einander doch nur dann vernichten, wenn die Schwingungen in *dieselbe* Ebene fallen. Und gerade aus den Interferenzerscheinungen folgt, daß *wenigstens* $2^1/_2$ *Millionen Wellenlängen* in *derselben* Ebene liegen (LUMMER) und einander vollkommen gleich sind, d. h. wenigstens $2^1/_2$ Millionen Schwingungen einander folgen, ehe die Schwingungsebene ihre Lage ändert. — Andererseits kann man diese Interferenzerscheinungen unterdrücken, wenn man die Schwingungsebenen der beiden Strahlen an der Interferenzstelle gegeneinander verdreht (ABBE und SOHNCKE).

Interferenz polarisierter Lichtstrahlen. Interferieren zwei polarisierte Lichtstrahlen, die *nicht in derselben Ebene* polarisiert sind, so müssen offenbar andere Interferenzerscheinungen eintreten als beim natürlichen Lichte. Um sie zu sehen, benützt man sehr dünne Blättchen von doppeltbrechenden Kristallen, gewöhnlich von Gips- oder Glimmerkristallen, da diese sich besonders dünn spalten lassen. Wir schneiden das planparallele Blättchen parallel zur Achse und schicken *gradlinig polarisiertes Licht* senkrecht darauf — zu folgendem Zweck: der Strahl spaltet sich beim Eintritt in die Platte im *allgemeinen* (d. h. wenn nicht seine Schwingungsebene zufällig eine *bestimmte* Lage hat, die hier ausgeschlossen sein soll) in zwei geradlinig polarisierte Strahlen, deren Schwingungsebenen senkrecht aufeinanderstehen (Abb. 751). Beide Strahlen durchlaufen die Platte in derselben Richtung, *aber verschieden schnell*. Beim Austritt aus der Platte ist der eine dem anderen um einen gewissen Bruchteil einer Wellenlänge voraus, d. h. die Wellen haben verschiedene Phase. Diese Phasendifferenz bezwecken wir. Man nennt eine Platte, die eine Phasendifferenz von einer Viertel-Wellenlänge hervorruft, eine „$\lambda/4$-Platte". Wir haben dann (bereits S. 223 besprochen) zwei gleichzeitig an derselben Punktreihe entlang laufende transversale Wellen, deren Schwingungen senkrecht aufeinanderstehen und die denselben Punkt ergreifen. Sie schwingen den Punkt gradlinig hin und her oder bewegen ihn in einer Ellipse oder in einem Kreise um die Ruhelage, je nach der Größe der Phasendifferenz, mit der die Wellen in ihm zusammentreffen. Wir denken sie uns — wenn wir das Buch horizontal hinlegen — vertikal von unten kommend, die eine längs XX, die andere längs YY schwingend (Abb. 761). Sie bewegen dann den Punkt O in der Ebene des Buches je nach der Phasendifferenz, mit der sie in ihm zusammentreffen, im *allgemeinen* in einer Ellipse; unter besonderen Bedingungen geht die Ellipse in eine gerade Linie, unter anderen in einen Kreis über. Je nachdem wird das Licht elliptisch, geradlinig oder *zirkular* polarisiert.

Daß wir eine greifbare Masse zwingen können, zwei Schwingungen gleichzeitig auszuführen, können wir beweisen (Abb. 284). Aber dürfen wir daraus auf die Lichtwellen schließen und annehmen, daß die Schwingungen geradlinig, kreisförmig oder elliptisch sind? Wie prüfen wir, welcher Fall vorliegt? Antwort: Mit einem zweiten Nicol, mit dem wir durch die Platte sehen. Das Licht geht dabei (Abb. 762) durch ein NICOLsches Prisma, durch die Platte und durch das zweite NICOLsche Prisma. Im ersten wird es polarisiert, in der Platte wird es in zwei (ebenfalls geradlinig polarisierte) Strahlen gespalten, und beim Austreten aus der Platte setzen sich die zwei zu geradliniger oder zu kreisförmiger oder zu elliptischer Schwingung zusammen, und dieses Licht trifft den anderen Nicol, den Analysator. Durch dieses NICOLsche Prisma geht nur Licht hindurch, dessen Schwingungsebene mit seinem Hauptschnitt zusammenfällt. Abb. 763 zeigt die Kristallplatte, vertikal von oben gesehen, O ist der Punkt, an dem der von unten kommende polarisierte Strahl in die Platte eintritt, resp. der darüberliegende Punkt, an dem er aus der Platte austritt, OA ist seine Amplitude (in der Schwingungsebene, die durch den Hauptschnitt eines Nicols, vertikal unter der Platte, bestimmt ist), OX und OY sind die optische

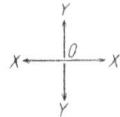

Abb. 761.

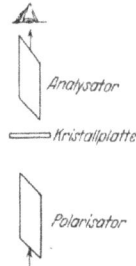

Abb. 762. Verbindung zweier NICOL-Prismen mit einer Kristallplatte zur Analyse polarisierten Lichtes.

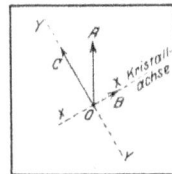

Abb. 763. Zerlegung eines geradlinig polarisierten Strahles in zwei zueinander senkrechte Komponenten.

Achse der Kristallplatte und die dazu Senkrechte, zugleich die Schwingungsrichtungen der Komponenten, in die sich der Strahl von der Amplitude AO beim Eintritt in die Platte zerlegt; die *eine* Richtung ist gegeben durch die optische Achse des Kristalles. OB und OC sind die Amplituden der beiden geradlinig polarisierten Strahlen, die aus der Platte austreten und sich miteinander zu einem neuen Strahl zusammensetzen.

In welcher Weise der zu zweit durchlaufene Nicol, der obere (Abb. 762), analysierend wirkt, zeige ein Beispiel. Angenommen, die beiden aus der Platte tretenden Lichtstrahlen hätten eine solche Phasendifferenz, daß sie bei der Zusammensetzung ihrer Bewegungen die Ätherteilchen zwingen müßten, Kreise um O zu beschreiben, oder anders: die Platte sei eine $\lambda/4$-Platte. Woran würden wir die Kreisform der Bahn erkennen? Wir wissen: wenn wir (Abb. 764) O nach irgendeiner Richtung, z. B. Nord-Süd, zu Pendelschwingungen antreiben und ihm, wenn er in einem Umkehrpunkt der Schwingungsbahn angekommen ist (in Nord oder in Süd), also nachdem er $^1/_4$ seiner Schwingungsbahn zurück-

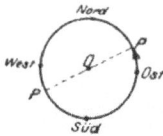

gelegt hat, in einer zur ursprünglichen Schwingungsrichtung senkrechten Richtung (Ost-West), genau ebenso antreiben. so schwingt er nicht zur Ruhelage zurück, sondern er läuft mit gleichförmiger Geschwindigkeit im Kreise um sie als Mittelpunkt, und zwar *dauernd*, da die von beiden Antrieben ihm erteilten Bewegungen infolge der Trägheit *beide* erhalten bleiben.

Abb. 764. Zur Zerlegung des zirkular polarisierten Strahles in zwei geradlinig polarisierte.

Würde ihm eine von den beiden Bewegungen plötzlich genommen, *irgendwo*, etwa wenn er in P angekommen ist, so gibt er die *Kreisbewegung auf* und *pendelt* von da an längs PP, dem ihm übriggebliebenen Antrieb entsprechend.

Der zirkular polarisierte Lichtstrahl. Dieser mechanische Vorgang ähnelt dem mutmaßlichen Vorgange im zirkular polarisierten Lichtstrahl: den senkrecht zueinander gerichteten Schwingungskomponenten am Pendel entsprechen die Schwingungen der geradlinig polarisierten Lichtstrahlen, deren Schwingungsebenen senkrecht zueinanderstehen. Der Kreisbewegung des Pendels entspricht die mutmaßliche Kreisbewegung in der Strahlenresultante, d. h. in dem zirkular polarisierten Strahl. Entzieht man also dieser Kreisbewegung im Lichtstrahl die eine Komponente, so muß *stets* die andere übrigbleiben. Das heißt: Der zirkular polarisierte Strahl muß in einen geradlinig polarisierten übergehen mit einer Schwingungsebene senkrecht zur Schwingungsebene jener weggenommenen Komponente. *Man kann das durch den zweiten Nicol tatsächlich beobachten*: Trifft der zirkular polarisierte Strahl auf diesen Nicol, so *spaltet* er sich in zwei Strahlen, einen, der *senkrecht* zum Hauptschnitt schwingt, und einen, der *im* Hauptschnitt schwingt, den ersten läßt der Nicol nicht durch, wohl aber den zweiten. Und genau so, wie die Kreisbewegung der Abb. 764 in die geradlinige übergeht, *gleichviel an welchem Punkte der Kreisbahn* man ihr die zweite Komponente wegnimmt, und die Richtung der übrigbleibenden Schwingung nur davon abhängt, an welchem Punkte der Kreisbahn das geschieht, so auch hier! Wie man auch den Nicol um die Achse des polarisierten Lichtstrahles dreht, das Gesichtsfeld ist stets gleichmäßig hell, dieser zweite Strahl ist also *stets* vorhanden, wie wenn *natürliches* unpolarisiertes Licht hineinfiele. Läßt man aber den zirkular polarisierten Strahl durch eine zweite $\lambda/4$-Platte gehen, *ehe er in den Analysator tritt*, d. h. erhöht man die Phasendifferenz der im zirkular polarisierten Strahl enthaltenen Komponenten auf $\lambda/2$, dann verwandelt sich der zirkular polarisierte Lichtstrahl in einen geradlinig polarisierten mit einer Schwingungsebene, deren Lage der analysierende Nicol anzeigt. Kurz: Natürliches Licht unterscheidet man von zirkular polarisiertem dadurch, daß man das zu untersuchende Licht durch eine $\lambda/4$-Platte und einen Nicol wie in Abb. 762 ins Auge treten läßt und den Nicol dreht. Bleibt das Gesichtsfeld gleichmäßig hell, so ist das Licht natürliches; ändert sich die Helligkeit in der bekannten Weise, so ist es zirkular polarisiertes. Das NICOLsche Prisma leistet in diesem Sinne eine Analyse des Lichtes.

Die Interferenzerscheinungen des polarisierten Lichtes beim Durchgange durch Kristallplatten sind unendlich mannigfaltig. Die Mannigfaltigkeit wächst, wenn wir *weißes* Licht anwenden. Der Analysator kann dann nur *gewisse Farben*, für die die Phasendifferenz eine ungerade Anzahl von halben Wellenlängen beträgt, auslöschen. Die übrigbleibenden Farben setzen sich zu einer Mischfarbe zusammen (s. u.).

Drehung der Polarisationsebene. Ein Sonderfall der Zirkularpolarisation (wichtig für Physik und Chemie, für die Theorie und die Praxis) ist die *Drehung der Polarisationsebene.* Unter den optisch einachsigen Kristallen (S. 520) nimmt der Quarz (Bergkristall) eine Sonderstellung ein (ARAGO). Schneidet man aus einem anderen optisch einachsigen Kristall, etwa Kalkspat, eine planparallele Platte *senkrecht* zur optischen Achse, bringt sie zwischen zwei Nicols als Analysator und Polarisator, und schickt paralleles Licht senkrecht hindurch, also parallel zur Achse — *einfarbiges* Licht, z. B. gelbes — dann sieht das Gesichtsfeld im Analysator aus, wie wenn die Platte nicht da wäre: bei rechtwinklig gekreuzten Nicols ist es finster. Ist aber die Platte aus Quarz, so müssen wir den Analysator über die rechtwinklige Stellung hinausdrehen, um das Licht auszulöschen: um ungefähr 21,7°, wenn die Platte 1 mm dick ist. Entsprechendes gilt für *jede* Farbe des Spektrums: jede fordert einen *bestimmten* Winkel, damit sie erlischt. Seine Größe ist der Dicke der Platte proportional und ist bei einer Platte von 1 mm Dicke für die FRAUNHOFERschen Linien:

Rot	Orange	Gelb	Grün	Blau	Indigo	Violett
B	C	D	E	F	G	H
15,7°	17,3°	21,7°	27,5°	32,7°	42,6°	51,2°

Abb. 765 zeigt sie für eine 3,75 mm starke Platte. Ist das Licht *weiß*, so erlischt bei jeder Stellung des Analysators nur *eine* bestimmte Farbe *ganz*, das Gesichtsfeld erscheint daher in einer Mischfarbe, deren Helligkeit und Farbenton sich daraus bestimmen, wieviel jede einzelne der *übrigen* Spektralfarben zur Aufhellung des Gesichtsfeldes bei der betreffenden Stellung des Analysators und bei der jeweiligen Dicke der Quarzplatte beiträgt.

Abb. 765. Rotationsdispersion. Der Winkel zwischen dem vertikalen Durchmesser und z. B. dem bei 58° (FRAUNHOFERsche Linie *B*) ist der Winkel, um den eine 3,75 mm dicke achsensenkrechte Quarzplatte die Polarisationsebene dieses geradlinig polarisierten Lichtes dreht. Bei der Anordnung Abb. 762 muß der Analysator mit dem Polarisator 90° + 58° bilden, um es auszulöschen.

Das ist die grundlegende Erscheinung. FRESNEL (1823) hat sie so erklärt: Der aus dem Polarisator kommende *geradlinig* polarisierte Strahl *spaltet sich* bei seinem *Eintritt* in die Quarzplatte in zwei zirkular polarisierte, der eine rechts, der andere links zirkular. Der eine durchläuft die Platte schneller als der andere. Bei ihrem *Austritt* aus der Platte *setzen* sie sich zu einem *geradlinig* polarisierten Strahl *zusammen*, gerade so wie sie daraus hervorgegangen sind. Aber weil der eine dem anderen vorausgeeilt ist, ist die Schwingungsebene des neuen Strahles nicht identisch mit der des ursprünglichen, sondern ist im Drehungssinne des schnelleren um einen gewissen Winkel gedreht. Die aus der Quarzplatte austretenden zirkular polarisierten Strahlen streben, ein Ätherteilchen im Kreise zu bewegen, der eine rechts, der andere links herum, beide gleichzeitig und beide gleich stark. Daher entsteht nicht eine Kreisbewegung, sondern eine geradlinige Schwingung, d. h. die beiden zirkular polarisierten Strahlen setzen sich zu einem geradlinig polarisierten zusammen. Aber da der eine zirkular polarisierte Strahl dem anderen

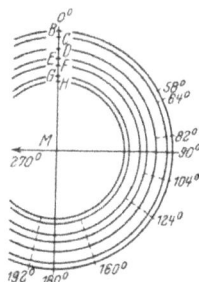

vorauseilt, so hat das Ätherteilchen bereits einen Teil seines Kreises durchlaufen, also (Abb. 766) einen Kreisbogen $A\,B$ beschrieben, ehe der andere Strahl
zu dem ersten hinzukommt und ihn zwingt, die Kreisbewegung aufzugeben und
mit ihm zusammen den geradlinig polarisierten Lichtstrahl $B\,B$ zu bilden. Würden
sie *gleichzeitig* aus der Platte *aus*treten, wie sie beide gleichzeitig (im geradlinig
polarisierten Strahl mit der Schwingungsebene längs $A\,A$ vereinigt) *ein*getreten
sind, so würden sie sich auch zu einem Strahl vereinigen, dessen Schwingungsebene dieselbe Lage hat wie $A\,A$. Die Phasen*differenz* erklärt also die Drehung
der Schwingungsebene und mit ihr die der Polarisationsebene.

Abb. 766. Zur Mecha-
nik der Drehung der
Polarisationsebene.

— Es ist genau so, wie wenn der Pendelkörper der Abb. 284
*gleich*zeitig zwei *gleich große* Antriebe zur Kreisbewegung be-
käme — den einen *im* Uhrzeigersinne, den anderen entgegengesetzt. Dann würden die beiden Tangentialkomponenten einander vernichten, und das Pendel würde dann wieder über
einem Durchmesser pendeln; über welchen, das hinge davon ab,
an welchem Punkte der Kreisbahn der zweite Tangentialantrieb zu dem ersten
hinzugetreten ist.

Außer dem Quarz drehen noch viele andere Kristalle die Polarisationsebene,
z. B. Zinnober. Auch gewisse Kristalle des
kubischen Systems drehen sie, z. B. chlorsaures und bromsaures Natron, gleichviel in
welcher Richtung zur Achse die Strahlen
hindurchgehen; ebenso gewisse Flüssigkeiten.
Terpentinöl, und Lösungen von gewissen
festen unkristallisierten Stoffen z. B. von
Zucker, von Dextrin und von anderen Sub-
stanzen (auch gewissen Chrom- und gewissen Kobaltsalzen), ja sogar Gase, wie
der Dampf von Terpentinöl. Das Drehungsvermögen kristallierter Stoffe erklärt man aus einer Unsymmetrie in der Anordnung der Moleküle. Das der
Flüssigkeiten und das der Gase kann man nur aus einer Unsymmetrie im Bau des Moleküls selber erklären.

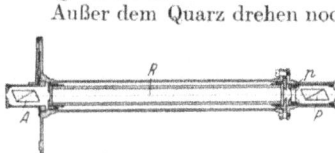

Abb. 767. Saccharimeter (BIOT-MITSCHERLICH)
mit Doppelquarz von SOLEIL (p) am Polarisator (P).

Saccharimeter. Es gibt (LE BEL, VAN'T HOFF) Beziehungen zwischen
der chemischen Zusammensetzung und dem Drehungsvermögen. Die Beobachtung und die Messung der Drehung ist dadurch ein wertvolles Hilfsmittel der chemischen Analyse. Das Drehungsvermögen von Lösungen
hängt auch von deren Konzentration ab, und man kann aus der Größe
der Drehung auf die Konzentration schließen. (Anwendung z. B. in den
Zuckerfabriken, um in einer Lösung, ferner in der Medizin, um im Harn der
Zuckerkranken den Gehalt an Zucker zu ermitteln.) Die Instrumente
dazu heißen *Saccharimeter.* Das einfachste (MITSCHERLICH) ist eine Vorrichtung, deren einzelne Teile der Versuchsanordnung Abb. 762 entsprechen, nur
liegt es horizontal, und zwischen den beiden Nicols liegt anstatt der Platte

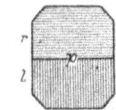

Abb. 768. Doppel-
quarz von SOLEIL.
Zwei aneinander-
gekittete, rechts (r)
und links (l) dre-
hende, achsensenk-
rechte Quarz-
platten.

ein Rohr mit der zu untersuchenden Flüssigkeit. Man benutzt homogenes Licht und stellt,
ehe man das Rohr einlegt, den Analysator so zu dem Polarisator, daß das Gesichtsfeld finster
ist — die *Nullstellung.* Dann legt man das mit der Flüssigkeit gefüllte Rohr zwischen beide.
Dadurch wird die Polarisationsebene des aus dem Polarisator kommenden Strahles gedreht,
und das Gesichtsfeld wird hell. Man dreht dann den Analysator, bis es wieder finster ist —
rechts herum oder links herum, je nachdem die Flüssigkeit nach rechts oder links dreht.
Aus dem Drehungswinkel und der Länge der durchstrahlten Schicht (gewöhnlich 20 cm) berechnet man die Konzentration der Lösung. Man liest sie in Prozent der aufgelösten
Substanz an dem empirisch geeichten Teilkreise ab. — Benutzt man weißes Licht, so wird
das Gesichtsfeld farbig. Drehung des Analysators führt dann auch immer nur eine neue
Farbe herbei (niemals Dunkelheit). Man dreht den Analysator, bis man diejenige bekommt,
die zu Gelb komplementär ist, also in die Stellung, bei der das Natriumgelb auslischt. Das
Gesichtsfeld zeigt dann die *Übergangsfarbe,* ein Blauviolett, das leicht zu finden ist, weil die
geringste Drehung des Analysators aus dieser Stellung heraus das Gesichtsfeld rot oder blau
färbt, je nach der Richtung der Drehung.

Zuverlässiger wird die Beobachtung, wenn man die *Übergangsfarbe als Nullstellung* benutzt, in der Anordnung der Abb. 767. Man stellt zwischen den Polarisator *P* und die Röhre *R* eine planparallele Platte *p* (Abb. 768), die aus zwei Quarzplatten zusammengesetzt ist, jede Platte senkrecht zur optischen Achse geschnitten, aber die eine aus einem rechts-, die andere aus einem linksdrehenden Kristall, jede so dick (3,75 mm), daß, wenn polarisiertes, *weißes* Licht zwischen den gekreuzten Nicols hindurchgeht, gerade die zur Übergangsfarbe komplementäre Farbe erlischt. Man stellt demgemäß, ehe man die zu untersuchende Flüssigkeit in das Rohr *R* des Apparats bringt, den Analysator *A* so, daß man das Gesichtsfeld in der Übergangsfarbe sieht. Legt man dann das Rohr *R* mit der *rechts*drehenden Zuckerlösung ein, so wird die Drehung nach rechts *vermehrt*, nach links vermindert, die rechte Hälfte des Gesichtsfeldes neigt daher zum Blau, die linke zum Rot. Um zu erfahren, um wieviel sich die Polarisationsebene dabei gedreht hat, dreht man den Nicol, bis man die Übergangsfarbe wiederfindet.

Bei diesen Instrumenten mißt man die Drehung dadurch, daß man der Polarisationsebene *mit dem Analysator nachgeht* und den früheren Zustand wieder herstellt. Man kann aber auch den Analysator stehen lassen und feststellen, um *wieviel* man die Polarisationsebene *zurück*drehen muß, um den früheren Zustand wieder herzustellen. Wir *wissen* z. B., eine 3,75 mm dicke Quarzplatte dreht das *D* - Gelb um etwa 80⁰ nach rechts oder nach links, je nach der Herkunft der Platte. Angenommen, die Polarisationsebene eines Strahles von gelbem Licht sei so stark gedreht worden, daß sie, sobald man den Strahl durch eine 3,57 mm starke *rechtsdrehende* Quarzplatte gehen läßt, gerade aufgehoben wird, d. h. wieder in ihre alte Stellung *zurück*gedreht wird, so heißt das: der Strahl war ursprünglich nach *links* gedreht um etwa 80⁰. Eine solche Kompensation wendet das SOLEILsche Saccharimeter an. Es hat fast genau die Einrichtung wie der Apparat in Abb. 767, nur steht der Analysator fest, mit seinem Hauptschnitt parallel zu dem des Polarisators. — Die Kompensation einer stärkeren oder einer schwächeren Drehung fordert natürlich eine dickere oder eine dünnere Quarzplatte. Um *jede* Drehung kompensieren zu können, müßte man über eine Quarzplatte von beliebig variabler Dicke verfügen, die bald nach rechts, bald nach links dreht. Eine solche Platte verschafft man sich so: Man schneidet eine planparallele Platte *L* aus einem linksdrehenden Quarzkristall senkrecht zur optischen Achse

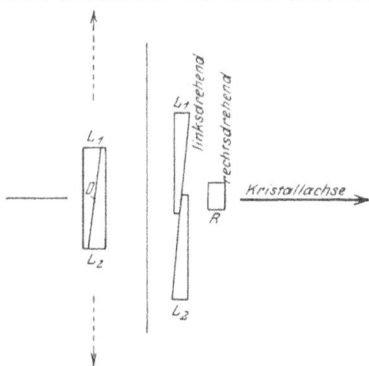

Abb. 769. Keilkompensation von SOLEIL. Eine rechts drehende Quarzplatte (*R*) und zwei links drehende Quarzkeile, die zusammen eine Platte von veränderlicher Dicke bilden.

und zerschneidet sie in der Diagonalebene *D* (Abb. 769) in die zwei keilförmigen Platten *L₁* und *L₂*. Verschiebt man die Keile in der Richtung der Pfeile gegeneinander, so bilden ihre einander deckenden Teile stets eine planparallele Platte, die senkrecht zur optischen Achse des Kristalles ist, und deren Dicke durch das Verschieben genügend variabel ist. Aber sie dreht nur nach links. Um eine Vorrichtung zu bekommen, die beliebig nach rechts *oder* nach links dreht, setzen wir vor die linksdrehende Keilplatte *L* die planparallele Platte *R*, die *auch senkrecht* zur Achse geschnitten ist, aber aus einem rechtsdrehenden Kristall, und die so dick ist wie die Platte, die die Keile in ihrer *mittleren* Stellung bilden. Bei dieser Stellung der Keile, der Nullstellung, heben die Drehungen durch *R* und durch *L₁L₂* einander auf, hat also das Gesichtsfeld, ehe die Röhre eingelegt ist, die Übergangsfarbe. Macht man die variable Keilplatte *dicker* als *R*, so drehen *R* und *L* zusammen nach links, macht man sie dünner, so drehen sie zusammen nach rechts. Man benützt den Apparat so: Man bringt den Keil auf die Nullstellung (das Gesichtsfeld hat die Übergangsfarbe), dann legt man das Rohr ein (die beiden Gesichtsfeldhälften haben verschiedene Färbung), dann verschiebt man die Keile, bis das Gesichtsfeld wieder die Übergangsfarbe hat; dann liest man die Stellung der Keilplatten an dem mit ihnen verbundenen Maßstabe ab.

Die Polarisationsebene des Strahles wird desto stärker gedreht, je länger und je konzentrierter die durchlaufende Flüssigkeitssäule ist; außerdem hängt die Drehung von der Temperatur der Flüssigkeit und von der Wellenlänge des angewendeten Lichtes ab. Enthält 1 cm³ der Flüssigkeit 1 g gelöste Substanz, hat die Säule 10 cm Länge und eine Temperatur von 20⁰ C, benützt man *D*-gelbes Licht und mißt man dann die Drehung der Polarisationsebene, so findet man einen bestimmten Winkel $(\alpha)_D^{200}$; er gibt das *spezifische Drehungsvermögen der Lösung.*

Halbschattenapparate. Die Versuchsanordnung Abb. 771 erläutert den Grundgedanken der Halbschattenpolarimeter. Wir benützen *homogenes* Licht und eine planparallele Quarzplatte, *parallel* zur optischen Achse geschnitten. Ist (Abb. 770) XX die optische Achse des Kristalls, YY die dazu senkrechte Richtung, OA die Amplitude des aus dem Polarisator kommenden Strahles, so zerlegt sich OA beim Eintritt in die Platte in zwei geradlinig polarisierte Strahlen mit den Komponenten OB und OC. Sie gehen verschieden schnell durch die Platte, treten also mit einer Phasendifferenz aus. Die Größe der Differenz hängt von der Dicke der Platte und

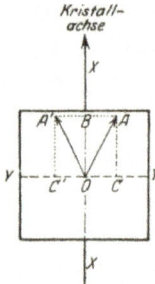

Abb. 770. Zur Erzeugung eines Gangunterschiedes von $\lambda/2$ durch eine achsenparallele Quarzplatte.

der Wellenlänge des angewendeten Lichtes ab. Man macht die Platte so dick, daß diese Differenz eine *halbe* Wellenlänge des angewendeten *gelben* Lichtes beträgt. Infolge ihrer Phasendifferenz von einer halben Schwingungsdauer setzen sich die Strahlen jetzt so zusammen, daß die Schwingungsebene des austretenden Strahles gegen die des eintretenden gedreht ist und die entstehende Schwingungsrichtung OA' mit OA symmetrisch zu XX liegt. Eine Quarzplatte, die diese Phasendifferenz hervorruft — eine *Laurentplatte*, nach dem Urheber (Laurent) des Halbschattenprinzips —, legen wir so zwischen die beiden Nicols, daß sie *das Gesichtsfeld zur Hälfte verdeckt* (Abb. 771). Der Kreis bedeutet das Gesichtsfeld des Analysators, Q die Platte, ihr Rand AA zugleich die Kristallachse. Fällt die Schwingungsebene des Polarisators mit

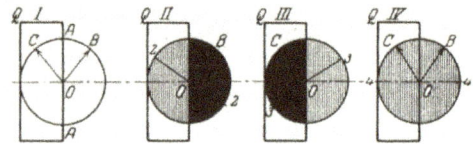

Abb. 771. Gesichtsfeld des Analysators im Laurent-Halbschattenapparat bei vier Stellungen des Polarisators.

AA zusammen, also die Kristallachse *in* die Schwingungsebene, so wirkt die Platte, wie wenn sie gar nicht da wäre: beide Gesichtsfeldhälften sind gleich hell oder gleich dunkel, je nachdem man den Analysator parallel oder senkrecht zu AA stellt. Macht aber die

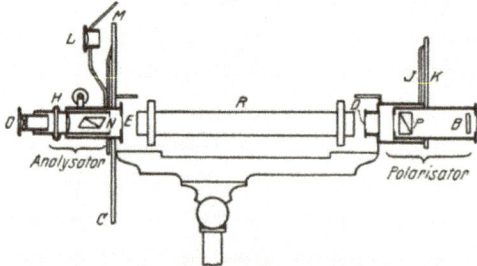

Abb. 772. Saccharimeter nach Laurent (Halbschattenapparat).

Schwingungsebene des Polarisators einen Winkel mit der Kristallachse, hat sie z. B. die Lage OB, so geht das aus dem Polarisator kommende Licht durch die *freie* Hälfte des Gesichtsfeldes in der *ursprünglichen* Schwingungsrichtung OB, durch die von der Platte *bedeckte* Hälfte aber in der Schwingungsrichtung OC'. Stellt man also den Analysator rechtwinklig auf OB, in die Stellung 22, so wird das Licht der freien Hälfte des Gesichtsfeldes nicht durch den Analysator hindurchgelassen, diese Hälfte des Gesichtsfeldes also finster. Die linke, von der Platte bedeckte Hälfte wird nur etwas dunkel, denn die Schwingung OC wird zwar nicht *ganz*, aber die zu $O2$ parallele Komponente

Abb. 773. Zum Halbschattenapparat von Lippich.

der Schwingung OC wird vom Analysator hindurchgelassen. Dreht man den Analysator in die Stellung 33, so wird aus dem analogen Grunde die bedeckte Hälfte finster und die freie nur etwas dunkel: In der Mittelstellung 44 werden beide Hälften etwas dunkel, aber beide *gleich* dunkel.

Abb. 772 zeigt den Laurentschen Halbschattenapparat. Das *möglichst homogen* gemachte Licht des Brenners a geht durch den Polarisator, bei D durch die Laurentplatte, durch die Flüssigkeit im Rohr R und durch den Analysator N ins Auge. Ehe man R einlegt, dreht man den Analysator so, daß beide Hälften des Gesichtsfeldes gleich stark beschattet sind: die Nullstellung. Bringt man nun die Flüssigkeit zwischen den Analysator und die Laurentplatte, so tritt — wie wenn man, ohne daß die Flüssigkeit dagewesen wäre, den Analysator aus der Nullstellung herausgedreht hätte — eine schroffe Helligkeitsänderung der beiden Gesichtshälften nach entgegengesetzten Seiten ein. Man muß den Analysator um einen bestimmten Winkel drehen, um beide Hälften des Gesichtsfeldes wieder gleichmäßig zu beschatten. Diesen Winkel, der auf dem Teilkreise M den Zuckergehalt der Flüssigkeit im Prozent angibt, liest man ab. Aber der Apparat von LAURENT ist *kein Präzisionsinstrument* aus Ursachen, deren Darlegung hier zu weit führen würde. Er tritt weit zurück gegen den von LIPPICH. Die Halbierung des Gesichtsfeldes bewirkt hier ein NICOLsches Prisma, das (Abb. 773) vor dem Polarisator, steht und ihn im Gesichtsfelde zur Hälfte verdeckt.

Polarisationsapparate. Das Verhalten eines gegebenen Stoffes polarisiertem Lichte gegenüber zu kennen, ist für viele Zwecke wichtig. Man muß deshalb natürliches Licht durch einfache Apparate polarisieren und, nachdem es den zu untersuchenden Körper durchlaufen hat, analysieren können. Als *Polarisationsapparat* hierzu erwähnen wir außer der Zusammenstellung zweier NICOLschen Prismen als Polarisator und Analysator nur den NÖRRENBERGschen Polarisationsapparat, in dem das natürliche Licht durch Brechung und durch Spiegelung polarisiert wird, und die Turmalinzange (Abb. 774), in der das Licht polarisiert wird, indem es durch eine achsenparallele Turmalinkristallplatte geht, die nur den parallel zur Achse schwingenden Strahl austreten läßt, weil sie den anderen

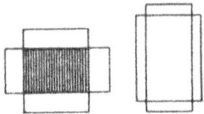

Abb. 774. Zwei achsenparallele Turmalinplatten zur Polarisierung des hindurchgehenden Lichtes (Turmalinzange).

verschluckt. Weitaus am wichtigsten als Polarisator wie als Analysator ist das NICOLsche Prisma. Eine besonders handliche Vereinigung zweier Prismen gestattet der Mikroskoptubus. Der polarisierende Nicol wird unter

Abb. 775. Zum Mikroskopieren im polarisierten Licht.

das Objektiv gesteckt, der analysierende, bequem drehbare über das Okular gestellt (*Polarisationsmikroskop*, Abb. 775).

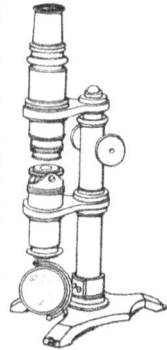

3. Absorption und Emission.

Ultrarot und Ultraviolett. Wir kehren zu dem Sonnenspektrum zurück. Wir sehen ein Farbenband von begrenzter Länge, am einen Ende rot, am anderen violett. Die *sichtbaren* Enden sind aber, wenn man das Licht nicht etwa durch einen es absorbierenden Stoff gegangen ist, was wir hier ausschließen, nicht die *wirklichen* Enden des Spektrums. Wir *sehen* seine Fortsetzung über die Enden hinaus zwar nicht, können sie aber dennoch wahrnehmen. Ein empfindliches Thermometer, in die einzelnen Teile des Spektrums gebracht, zeigt, daß die Temperatur von dem violetten Ende nach der Mitte des Spektrums hin steigt. Auch jenseits des sichtbaren roten Endes, im *Ultrarot*, steht es höher als im *sichtbaren* Rot. Photographiert man das Spektrum unter gewissen Vorsichtsmaßregeln, so entsteht ein Bild, das sich weit über das violette Ende, im *Ultraviolett*, fortsetzt. Die von der „Licht"-Quelle ausgehenden Wellen erzeugen also Licht, Wärme und chemische Zersetzung (aktinische Wirkung). Aber die *Wellen* sind dieselben, *verschieden* ist nur das *Mittel*, an dem sie wahrnehmbar werden. Dasselbe Ultrarot, das, auf das Thermometer fallend, das Quecksilber in die Höhe treibt, und dasselbe Ultraviolett, auf das die photographische Platte mit chemischer Zersetzung reagiert, würde unser Auge als Licht empfinden, wenn die Netzhaut darauf reagieren würde.

Entstehung der Körperfarben durch Absorption. Aber schon im *sichtbaren* Spektralgebiet können wir wahrnehmen, d. h. *sehen*, daß die Reaktion auf Wellen verschiedener Länge je nach der Natur des reagierenden Stoffes sehr verschieden ausfallen kann. Wir haben bisher stets angenommen, ein Körper, auf den Licht fällt, solle das Licht *ganz* hindurchlassen oder *ganz* zurückwerfen. Wäre diese Annahme streng erfüllt, so würden die Körper sämtlich ganz durchsichtig sein oder ganz undurchsichtig. Und die undurchsichtigen würden, wenn sie auffallendes Tageslicht nach *allen* Richtungen hin *gleich*mäßig zurückwerfen, vollkommen weiß aussehen. Aber weder sind die durchsichtigen Körper ganz durchsichtig, noch sind die undurchsichtigen Körper alle weiß. Die meisten sind farbig. Die Verschiedenheit des Aussehens erklärt sich zum größten Teil daraus, daß die Körper das auffallende Licht zum Teil verschlucken, zum Teil zurückwerfen, zum Teil hindurchlassen.

Tageslicht ist ein Gemisch von unendlich vielen verschiedenen *einfarbigen* Lichtarten; ihre Verschiedenheit zeigt sich darin, daß jede den Eindruck einer *anderen* Farbe hervorruft. Diese Verschiedenheit ist aber nur für *das Auge* da. Objektiv unterscheiden sich die Lichtarten verschiedener Farbe durch die zu ihnen gehörige Wellenlänge. Trifft weißes Licht auf einen Körper, so trifft ihn eine Flut von Wellen aller möglichen Längen zwischen der des Rot und der des Violett. Die Verschiedenheit im Aussehen der Körper erklärt sich nun daraus, wie sich die Körper diesen Wellen von verschiedener Länge gegenüber verhalten. *Weiß* erscheinen uns die Flächen, die alle Wellen nach allen Richtungen zurückwerfen und dabei keine bevorzugen oder benachteiligen. *Schwarz* erscheinen diejenigen, die *alle* verschlucken, *farbig* diejenigen, die beim Zurückwerfen oder beim Verschlucken der Farben eine oder mehrere bevorzugen (*selektive Absorption*). Ein rein grün aussehender Körper, wir denken an Grün einer bestimmten Wellenlänge, ist danach ein Körper, der alle anderen Wellenlängen verschluckt und nur die zu diesem Grün gehörenden zurückwirft. Beleuchtet man ihn mit *blauem* Licht, so sieht er schwarz aus, denn dann fallen keine Strahlen auf ihn, die er zurückwerfen könnte. Kurz — die Farbe, in der uns ein undurchsichtiger Körper im Tageslicht *erscheint*, ist diejenige, die die verschluckten Strahlen zu Weiß ergänzt. Daraus erklärt sich auch, warum farbige Körper im Tageslicht andersfarbig aussehen als bei Kerzenlicht oder bei Bogenlicht: in jeder Beleuchtung ist das Gemisch von einfarbigen Lichtarten anders; da nun der farbige Körper nur bestimmte Strahlen zurückwirft, so hängt sein Aussehen davon ab, ob und in welcher Stärke die betreffende Lichtquelle diese Strahlen enthält.

Ähnlich erklärt sich die Farbe durchsichtiger Körper. Hier sind es aber die hindurchgelassenen Strahlen, die das Auge empfindet. Rein blaues Glas erscheint blau, weil es *nur* diejenigen hindurchläßt, die im Auge Blau hervorrufen. Es läßt aber nur *blaue* Strahlen durch. Halten wir daher zwischen das blaue Glas und die Lichtquelle ein rotes, so kommt überhaupt kein Licht in unser Auge: denn das rote Glas läßt nur rote Strahlen durch, diese werden aber von dem blauen nicht hindurchgelassen. Die beiden Gläser, von denen jedes für sich durchsichtig ist, sind daher aufeinandergelegt undurchsichtig.

Die Begriffe Durchlässigkeit und Undurchlässigkeit für Strahlen bezieht man als Durch*sichtigkeit* und Undurch*sichtigkeit* stets auf das Auge. Aber das Auge ist nur ein Prüfungsmittel für *solche* Wellen, auf die es überhaupt reagiert. Wir dürfen, streng genommen, immer nur fragen, ob ein Stoff die *Wellen* hindurchläßt oder nicht. Wie man die Durchlässigkeit *erkennt*, ob daran, daß die Wellen auf die Netzhaut einwirken oder auf die photographische Platte oder auf das Thermometer oder wie sonst, das ist eine Frage für sich.

Wie die Brechung des Lichtes, so hängt auch seine Absorption davon ab, ob der Stoff, in den es eintritt, isotrop ist oder nicht. Nur in isotropen Stoffen ist sie unabhängig von der Richtung des Lichtweges. Daher erscheinen farbige *isotrope* Stoffe, in welcher Richtung man auch hindurchsieht, in derselben Farbe. Aber in einachsigen farbigen *Kristallen* ist die Absorption längs der Achse anders als senkrecht dazu (dichroitisch, Basisfarbe und Achsenfarbe) und bei zweiachsigen nach allen anisotropen Richtungen anders (pleochroitisch) und überdies für die verschiedenen Farben in verschiedener Weise (HAIDINGER, auch die Bezeichnungen Dichroismus und Pleochroismus).

Schwächung des Lichtes durch Absorption. Die farbigen durchsichtigen Körper lassen gewisse Wellenlängen hindurch, andere nicht; die, die sie hindurchlassen, bestimmen ihre Farbe. Aber auch die Durchlässigkeit für diese Farbe ist begrenzt. Je dicker die Schicht ist, die die Wellen durchlaufen, desto mehr von ihrer Energie wird unterwegs in *Wärme* umgesetzt, und macht man die Schicht des Körpers genügend dick, so wird er undurchsichtig. Die mit der Dicke zunehmende Verschluckung des Lichtes erklärt auch, warum Körper, die mischfarbiges Licht hindurchlassen, ganz verschieden gefärbt aussehen, je nachdem man durch eine mehr oder weniger dicke Schicht hindurchsieht: die dünnere Schicht läßt noch alle Farben hindurch, die eine dickere verschluckt (absorbiert). Das Grundgesetz der Absorption lautet: Die verschluckte Lichtstärke ist der auffallenden proportional, und Schichten gleicher Dicke verschlucken gleiche Bruchteile des auffallenden Lichtes. Eine einfallende homogene Lichtstärke I_0 erleide in der Schichtdicke dx den Verlust dI_0, dann ist $- dI_0 = \mu I_0 dx$, wo μ der Absorptions- (auch Extinktions-) Koeffizient ist, die Lichtstärke I_0, die nach dem Durchgange durch die Schichtdicke d übrigbleibt, ist: $I_d = I_0 \cdot e^{-\mu d}$. (Hierin ist e die Basis des natürlichen Logarithmensystems.) Welche Wellen ein gegebener Stoff verschluckt, sieht man an den Farben, die er im Spektrum des weißen Lichtes auslöscht, wenn man das Licht durch ihn hindurchschickt. Das Spektrum des austretenden Lichtes nennt man das Absorptionsspektrum des *Stoffes*. Es ist das charakteristische Spektrum eines nichtleuchtenden Körpers. Die Absorptions-Spektralanalyse ist für gewisse physiologische Fragen von großer Bedeutung, schon weil die zu untersuchenden Stoffe große Temperatursteigerungen nicht vertragen (so für Chlorophyll- und Blutprobleme).

Anomale Dispersion. Mit der Absorption hängt eng zusammen die *anomale* Dispersion. Man lösche aus dem Spektrum des weißen Lichtes Grün und Grünblau aus und bringe alles, was links von der Lücke liegt, an das rechte Ende, und was rechts liegt an das linke. Dann entsteht die Reihenfolge: Blau, Violett, Schwarz (*Absorptionsbande*), Rot, Orange, Gelb — das ist ungefähr das Spektrum des alkoholischen Fuchsinlösung (Anilinrot), an dem CHRISTIANSEN (1870) die anomale Dispersion (aufs neue) entdeckt hat. LE ROUX hatte sie (1860) am Joddampf entdeckt. Seit 1900 spielt sie eine große Rolle in der Astrophysik durch die Sonnentheorie von JULIUS, die die Dunkelheit der Sonnenflecke, das Vorhandensein der Fackeln, das Licht der Chromosphäre, das anscheinend rapide Ansteigen der Protuberanzen u. a. m. aus der anomalen Dispersion glühender Gase erklärt.

Um den Verlauf der anomalen Dispersion zu übersehen, benützt man seit KUNDT (1871) die Methode der gekreuzten Prismen mit dem zu untersuchenden Stoff als zweitem Prisma (S. 506). Ein einfaches Brechungsspektrum genügt dazu nicht, denn falls mehrere Farben *gleich* stark gebrochen werden sollten — was bei der Unregelmäßigkeit dieser Brechung ja denkbar ist —, so fallen sie *aufeinander*. Im Kreuzspektrum aber, wo jede Stelle des Spektrums noch einmal *recht*winklig zur *Längs*richtung des Spektrums *zerstreut* wird (durch ein zweites Prisma, dessen Dispersion von der des ersten *verschieden* ist), werden evtl. einander *deckende* Farben voneinander getrennt. Das Kreuzspektrum ist *krummlinig* und in zwei gegeneinander verschobene Stücke zerrissen, wie Abb. 776 in typischer Form zeigt. Gewisse Farben fehlen ganz (hier Gelb), und das nach der Rot-Seite benachbarte Licht (Rot, Orange) wird stärker (!) abgelenkt als das nach der Blau-Seite benachbarte (Grün, Blau) — *das Charakteristikum der anomalen Dispersion.* So oder ähnlich zerstreuen alle Stoffe, die stark gefärbt sind (Oberflächenfarben haben) und im Spektrum scharfe Absorptionsstreifen haben, so Anilinfarben, Chlorophyll, auch die Metalle. Die Anomalie tritt immer in der Nähe eines Absorptionsstreifens auf: Von der Rot-Seite des normalen Spektrums kommend, wächst die Brechungszahl n mit abnehmender Wellenlänge zunächst normal, kurz vor dem Absorptionsgebiet aber sehr stark, und an dem Streifen selber springt n von einem ungewöhnlich *großen* Wert zu einem ungewöhnlich *kleinen*. Mit diesem setzt es hinter dem Streifen wieder ein, um dann zunächst mit abnehmender Wellenlänge sehr rasch und dann normal zu wachsen. (Das wiederholt sich an *jedem* Absorptionsstreifen.) — Je schärfer der Absorptionsstreifen ist und je näher an ihm man die Brechung beobachten kann, desto verzerrter zeigt sich diese Stelle des Kreuzspektrums. Hat ein Stoff mehrere (Karmin zwei, übermangansaures Kali fünf), so entspricht jedem Streifen eine Lücke in der Dispersionskurve. Die stärkst verschluckenden Stoffe sind die Metalle, und die schärfsten Absorptionsstreifen haben die leuchtenden Gase — an beiden deckt die Brechung des Lichtes ungewöhnliche Beziehungen auf.

In Schichten, deren Dicke weit unter der Wellenlänge des noch sichtbaren Violett bleibt, sind sogar die Metalle durchsichtig. An Prismen (elektrolytisch hergestellt) mit einem Brechungswinkel, der nach Sekunden zählt, hat KUNDT Brechungsverhältnisse von Metallen gemessen und dabei gefunden, daß Silber, Gold und Kupfer Brechungszahlen haben, die

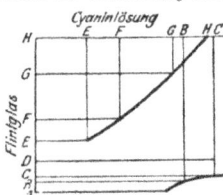

Abb. 776. Anomale Dispersion (Cyaninlösung).

kleiner als eins sind, daß sich also das Licht in ihnen (in Silber viermal) schneller als im Vakuum fortpflanzt, ferner, daß die Dispersion in Gold und Kupfer normal ist, dagegen in Platin, Wismut, Eisen und Nickel anomal. — Man kann auch glühende Gase durch besondere Kunstgriffe in prismatische Form bringen und in einem Kreuzspektrum ausbreiten; ihre anomale Dispersion hat Kundt 1880 entdeckt.

Kundt erkannte die Dispersion durch verschluckende Körper als Normalfall und die Dispersion durch völlig durchsichtige Körper als Sonderfall — mit anderen Worten: die anomale Dispersion als die Regel und die normale als die Ausnahme. (Dieser singuläre Fall ergibt eine ununterbrochene Kurve als Kreuzspektrum, der nächste, weniger spezielle Fall zwei getrennte krummlinige Kurvenstücke, der allgemeinste Fall viele getrennte krummlinige Kurvenstücke.) Alle neuen Dispersionstheorien rechnen mit einem Zusammenhange zwischen Brechung und Absorption, sie unterstellen eine Wechselwirkung zwischen dem Äther und den Molekeln des absorbierenden Stoffes (resp. den sie beladenden Elektronen), unterstellen also einen Einfluß der Molekeln auf die Ätherbewegung, und für die anomale Dispersion besonders einen Zusammenhang zwischen der Absorption und einer Reibung zwischen den Teilen jeder absorbierenden Molekel. Die Dispersionsformel von Sellmeier - Ketteler - Helmholtz (S. 517 o.) gilt auch für die anomale Dispersion.

Phosphoreszenz und Fluoreszenz. Die Absorption der Lichtstrahlen wird oft begleitet von *Fluoreszenz* und *Phosphoreszenz*. Es gibt Stoffe, die, wenn sie beleuchtet werden, selber *leuchten* und dabei Licht von anderer Farbe aussenden, als das erregende Licht hat. Die Fluoreszenz — nach dem leuchtenden Flußspat so genannt — hört auf, wenn die Einwirkung des erregenden Lichtes aufhört. Die Phosphoreszenz (der Ausdruck knüpft an das Leuchten des Phosphors im Dunkeln an) hält auch nachher noch an, bei manchen Stoffen viele Stunden. Die Fluoreszenz ist jedem bekannt von dem blauen Schimmer des Petroleums im Tageslicht, die Phosphoreszenz von dem Nachleuchten der Leuchtfarben. Beide Erscheinungen kommen nur von solchem Lichte her, das an der Oberfläche absorbiert wird, sind daher im reflektierten Lichte am deutlichsten. Fluoreszierende Stoffe sind z. B. Petroleum, Flußspat, schwefelsaures Chinin und das Äskulin der Roßkastanie, die alle blau strahlen, und das Bariumplatinzyanür, das grüngelb strahlt (auf den Fluoreszenzschirmen der Röntgenstrahlentechnik). — Besonders bemerkenswert ist: die fluoreszierende Substanz verwandelt das Licht in gewissem Sinne, ehe sie es wieder ausstrahlt. Ist das einstrahlende Licht z. B. gelb, so sendet sie — falls sie im durchgehenden Licht farblos, schwach gelblich oder bräunlich ist, also nur die lichtschwachen Farben vom violetten Ende des Spektrums und die ultravioletten Strahlen absorbiert — nur solches Licht aus, das im Spektrum von *Gelb nach Rot hin* liegt, z. B. orangefarbenes. Ist es violett, so kann sie je nach ihrer Natur jede Farbe aussenden, die von Violett *nach Rot hin* liegt. Kurz: sie verwandelt — im allgemeinen, es gibt auch Abweichungen von dieser Stokesschen Regel — das Licht in Licht *von geringerer Brechbarkeit* und verlangsamt seine Schwingungsdauer. — Vergleicht man die zur Fluoreszenz gebrachte Substanz mit einer durch Resonanz zum Tönen gebrachten Tonquelle, so heißt das: sie sendet einen Ton aus, der tiefer ist als der erregende. Ja sogar ultraviolettes Licht, das man nicht *sieht* (weil die Lichtwelle zu kurz ist, um das Auge erregen zu können), wird dadurch nachweisbar, daß eine fluoreszierende Substanz es in violettes oder in blaues Licht verwandeln kann. (Analogon: ein Ton, der zu hoch ist, um noch gehört zu werden, kann durch Verlangsamung seiner Schwingungsdauer zu einem hörbaren Ton vertieft werden.) Die Fluoreszenz ist daher ein Hilfsmittel zur Untersuchung des Ultravioletts. Nach der Quantentheorie ist die Fluoreszenz an einen Vorgang im Atom gebunden, der nur eintritt, wenn das betreffende Atom eine ganz bestimmte Energiemenge aufnimmt. Hat das ausgesandte Fluoreszenzlicht die Frequenz $\nu_a = c/\lambda_a$ ($c =$ Lichtgeschwindigkeit), so muß diese Energie mindestens $h\nu_a$ sein (h das Plancksche Wirkungsquantum). Hat das eingestrahlte Licht die Wellenlänge λ_e, so kann es einem einzelnen Atom nur die Energie $h\nu_e$ zuführen, da dies die Größe der Quanten ist, aus denen sich die Lichtenergie der Frequenz zusammensetzt. Es kann hiernach, in Übereinstimmung mit der Erfahrung, nur dann Fluoreszenz eintreten, wenn $h\nu_e > h\nu_a$ oder wenn $\nu_e > \nu_a$ und $\lambda_e < \lambda_a$ ist.

Die Fluoreszenz und die Phosphoreszenz interessieren uns auch deswegen, weil sie die betreffenden Körper zu selbständigen Lichtquellen machen (das Nachleuchten der Leuchtfarbe). Von den gewöhnlichen Lichtquellen unterscheidet sich eine solche *Photolumineszenz*-Lichtquelle dadurch, daß sie bei verhältnismäßig niedriger Temperatur leuchtet; sie gibt *ohne Temperaturerhöhung* Licht (Chemilumineszenz). Andere Lumineszenzerscheinungen sind das Licht der Leuchtkäfer, das Licht, das elektrische Entladungen in verdünnten Gasen hervorrufen (GEISSLERsche Röhren), das Licht, das beim Erwärmen gewisser Kristalle (Flußspat) auftritt, das Licht, das beim Zerbrechen gewisser Kristalle z. B. Zucker auftritt (Triboluminescenz) u. dgl. Die von ihnen ausgehenden Wellen sind fast ausschließlich Lichtwellen im eigentlichen Sinne, die Lumineszenz-Lichtquellen also überaus ökonomisch.

Die Strahlung der künstlichen Lichtquellen. Könnten wir die Lumineszenz stark genug machen, so wäre sie die wirtschaftlichste Lichtquelle. Um Licht zu erzeugen, kennen wir aber keinen anderen Weg als den Umweg über die Materie, wir müssen den Stoff, der zur Lichtquelle werden soll, erhitzen. Die Mannigfaltigkeit der Wellen, die er dabei aussendet — Mannigfaltigkeit in der *Länge* der Wellen —, wächst mit seiner Erwärmung und gleichzeitig wächst die Amplitude jeder einzelnen Welle. Erwärmt man einen Platindraht durch elektrischen Strom, den man allmählich verstärkt, so sendet er zunächst nur ganz lange Wellen aus, die nur Wärme erzeugen. Mit dem Ansteigen seiner Temperatur treten kürzere Wellen hinzu, er fängt schließlich zu leuchten an, zuerst aschfahl (die *Grauglut*, nur im Finstern bemerkbar), allmählich rot, dann orangefarben, gelb und endlich weiß, die Helligkeit jeder einzelnen Farbe wächst dabei für sich. Zuletzt kommen diejenigen Wellen hinzu, die zu kurz sind, um das Auge zu erregen, und die nur chemisch (aktinisch) wirken. Kurz — von der Lichtquelle, dem leuchtenden Draht, kommen schließlich Wellen von allen möglichen Längen. *Alle* erzeugen Wärme, aber nur sehr wenige sichtbares *Licht*.

Wie vergeudend diese Art Licht zu erzeugen ist, zeigt ein Vergleich: Eine Orgel habe unendlich viele Pfeifen von allen möglichen Längen, die längsten so lang und die kürzesten so kurz, daß sie, angeblasen, zwar Luftwellen, aber keinen *Ton* geben. Bläst man *alle* Pfeifen nacheinander an, die längsten zuerst, die kürzesten zuletzt, so erhebt sich ein Meer von *Luft*wellen aller möglichen Längen — aber nur ein kleiner Teil davon wirkt auf das *Ohr*. Man wendet also eine ungeheure Energie auf, um *alle* Schwingungen zu erzeugen, nur damit man die wenigen *nutzbaren* bekommt. Diese energievergeudende Orgel gleicht den künstlichen Lichtquellen.

Die Sonnenstrahlung enthält *auch* alle *Nicht*-Lichtwellen; die Sonne hat aber nicht nur die Aufgabe zu leuchten. Eine künstliche Lichtquelle jedoch soll *nur* leuchten, sie ist daher desto wirtschaftlicher, *je mehr* von ihrer gesamten Strahlungsenergie auf das Auge wirkt. Das ist aber erschreckend wenig; selbst bei den wirtschaftlich besten (Nernstlampen, Tantallampen, Wolframlampen) sind es nur wenige Prozent.

Und doch ist die Lichtentwicklung durch die Erzeugung sehr hoher Temperaturen technisch vorläufig die allein mögliche. Bei Lichtquellen gleicher Art ist die Wirtschaftlichkeit desto größer, je höher die Temperatur ist. Nach einer von DRAPER stammenden Angabe nahm man an, daß alle festen und flüssigen Körper etwa bei 525° C Licht auszustrahlen beginnen. Nach neueren Untersuchungen von H. F. WEBER ist diese untere Grenze niedriger und für die verschiedenen Stoffe verschieden, für Platin 408°, für Gold 423° und für Eisen 405° (EMDEN). Sie liegt um so höher, je stärker das Reflexionsvermögen des Stoffes ist.

Wärmestrahlung. Die durch Erhitzung zu Lichtquellen gemachten Stoffe sind in der Mannigfaltigkeit der von ihnen ausgehenden Wellen sehr verschieden. Aber für *alle* Lichtquellen gilt dasselbe Gesetz (KIRCHHOFF), das die *ausgesendeten*

Wellen in Beziehung setzt zu denen, die die Stoffe auch *verschlucken* können. *Dieses* Gesetz ist der Sonderfall eines noch allgemeineren (PREVOST), das für die *Wärmestrahlung* gilt. Die *Licht*strahlung ist aufzufassen als ein Sonderfall der Wärmestrahlung, darum gilt jenes allgemeinere Gesetz dort wie hier. Wir gehen zu seiner Erläuterung von der Wärmestrahlung aus und ergänzen damit gleichzeitig die Darstellung auf S. 350f.

Lichtwellen und Wärmewellen unterscheiden sich rein physikalisch, d. h. ohne Beziehung auf unsere Nerven, nur der Länge nach voneinander. Beides sind Ätherwellen, aber diejenigen, die wir *nur* als Wärme empfinden, sind viel länger als die, die wir *auch* als Licht empfinden. Die „Ätherwellen" sind auch hier die elektromagnetischen Wellen der MAXWELLschen Lichttheorie. Im übrigen sind sie ebensowenig verschieden voneinander wie eine Wasserwelle, die ein fallendes Steinchen erzeugt, von einer, die ein Ozeandampfer erzeugt. — Treffen die verschieden langen Ätherwellen aber unseren Körper und erregen sie unsere Empfindungsnerven, so *empfinden* wir sie verschieden: erregen sie die Hautnerven, so erzeugen sie *alle* Wärmeempfindung; erregen sie den Sehnerven, so erzeugen die längeren gar keine Empfindung („dunkle" Wärmestrahlen), die kürzeren aber Lichtempfindung (ihre Länge liegt zwischen rund 0,4 und 0,8 μ). Kurz: die *Empfindungen* sind verschieden, mit denen die Tastnerven und die Sehnerven auf die verschieden langen Wellen reagieren, die *Wellen* sind aber gleicher Art. — Genau so, wie sich das Licht durch Wellen im Raume ausbreitet, so auch die „strahlende" Wärme. Es gibt Wärmestrahlen, wie es Lichtstrahlen gibt; das Reflexions- und das Brechungsgesetz für Lichtstrahlen gelten auch für Wärmestrahlen. Die dunklen Wärmestrahlen geben dieselben Beugungserscheinungen wie die Lichtstrahlen, sie können auch doppelt gebrochen und auch polarisiert werden. Aus den Interferenzerscheinungen kann man die Länge der Wärmewellen ebenso messen wie die der Lichtwellen.

Man nennt (SCHEELE, 1777) die durch Strahlung übertragene Wärme gewöhnlich „strahlende Wärme" — nicht ganz korrekt, denn *während* der Strahlung ist von *Wärmewirkung* nicht die Rede. Erst wenn die Strahlung auf einen Stoff trifft, der sie *hemmt*, ist sie als Wärme nachweisbar. Ein Stoff dagegen, der sie hindurchläßt, wie er Lichtstrahlen hindurchläßt, wird ebensowenig warm, so wenig er leuchtend wird. Wenn an einem Wintertage, an dem das Wasser gefriert, die Sonnenstrahlen unsere Haut treffen, fühlen wir sie als Wärme, weil die Haut sie aufhält. Die Luft aber erwärmt sich *nicht*, weil sie sie hindurchläßt. Ein den Strahlen ausgesetztes Thermometer verhält sich wie unsere Haut, es zeigt daher eine höhere Temperatur an, als sie die Luft hat. Um die wahre Lufttemperatur im Freien zu messen, muß man das Thermometer vor Strahlung schützen (S. 351 m.). — Die Erfahrung lehrt nun: die Stoffe verhalten sich den Wärmestrahlen gegenüber so verschieden wie den Lichtstrahlen gegenüber: sie werfen sie zurück, lassen sie hindurch oder verschlucken sie mehr oder weniger. Lampenruß und Platinmor verschlucken fast alle auffallenden Strahlen, gleichviel von welcher Wellenlänge; poliertes Silber wirft fast alle zurück, Steinsalz und Flußspat lassen fast alle hindurch. Also: Wie es für *Licht* durchlässige (durchsichtige, diaphane) und undurchlässige (undurchsichtige) Körper gibt, so auch für *Wärme*; die ersten heißen diatherman, die zweiten atherman.

Ob ein Körper „Licht" hindurchläßt und ob er „Wärme" hindurchläßt, hängt davon ab, wie *lang* die *Wellen* sind, die er hindurchläßt. Farbloses Glas läßt nur sehr wenig von den sehr langen Wellen hindurch, d. h. sehr wenig von den dunklen *Wärme*strahlen (daher Ofenschirme aus Glasscheiben), von den Wellen mittlerer Länge, den *Licht*wellen, fast alles, von den sehr kurzen Wellen, den ultravioletten (chemisch wirksamen, aktinischen) nichts. Zur Erzeugung des äußersten ultraroten und des ultravioletten Teiles des Spektrums ist daher ein *Glas*prisma unbrauchbar, man muß für den ersten ein Flußspat- oder ein Sylvinprisma benutzen, für den zweiten ein Quarzprisma.

Wenn nun Wärmewellen von einer Wärmequelle A ausgehen und auf einen Körper B treffen, so werden sie je nach seiner Beschaffenheit von ihm zurückgeworfen oder verschluckt oder hindurchgelassen. Aber der Körper B ist *selber* eine natürliche Wärmequelle, denn *jeder* Körper ist es, und zwar bei *jeder* Temperatur, weil seine Molekeln bei *jeder* Temperatur die Bewegungen ausführen, die wir als Wärme kennen. Der Körper B, der von den Wärmewellen aus A getroffen wird, strahlt also selber stets zu A Wärmewellen hin. (Das gilt selbst für Eis: Ersetzt man in der Hohlspiegelanordnung der Abb. 304 A durch die Kugel eines Quecksilberthermometers und B durch ein Stück Eis, so fällt das Quecksilber sofort.)

Austausch der Wärmestrahlung (Gesetz von Prévost). Auf das wechselseitige Verhalten von Körpern, die einander Wärme zustrahlen, bezieht sich das von Prévost (1809) entdeckte grundlegende Gesetz. Körper in einem geschlossenen Raume (Abb. 777), dessen Wände Wärme weder hinein- noch hinauslassen, nehmen erfahrungsgemäß *alle* allmählich *dieselbe* Temperatur an. Sie strahlen einander nämlich Wärme zu, und dabei werden die anfangs kälteren Körper wärmer, die anfangs wärmeren kälter. Aber das ist nicht so zu verstehen, daß nur die wärmeren ausstrahlen und nur die kälteren Wärme aufnehmen; sondern da ein Körper bei *jeder* Temperatur strahlt, so strahlt auch der kältere, nur bekommt er mehr von dem wärmeren, als der wärmere von ihm empfängt. Haben die Körper schließlich alle die gleiche Temperatur, so hören sie dennoch *nicht auf* auszustrahlen, nur verschluckt dann jeder, da seine Temperatur konstant bleibt, gerade so viel, wie er

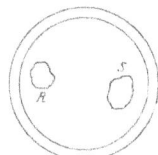

Abb. 777. Veranschaulichung des Prévost-Gesetzes vom Austausch der Wärmestrahlung.

abgibt. (,,Er verhält sich wie ein See, in den es regnet, während gleichzeitig eine gleiche Menge Wasser verdunstet.") Und daraus folgt das Prévost-Gesetz: Ein Körper *strahlt bei einer gegebenen* Temperatur *genau so viel aus*, wie er *bei derselben* Temperatur *verschluckt.* — Das Strahlungsgleichgewicht benachbarter Körper von gleicher Temperatur ist eine der bestkonstatierten Tatsachen.

Ein Körper, der viel (wenig) verschluckt, strahlt also bei derselben Temperatur auch viel (wenig) aus. Lampenruß und Platinmor, die sehr viel verschlucken, strahlen daher sehr viel aus; poliertes Silber, das so gut wie nichts verschluckt, sehr wenig. Oder anders ausgedrückt: Bei *gleicher* Temperatur strahlt Lampenruß sehr viel mehr aus als poliertes Silber.

Es seien in dem Raum mit den für Wärme undurchlässigen Wänden Lampenruß R und poliertes Silber S vorhanden, und die Temperaturgleichheit sei erreicht. Der Ruß strahlt dauernd sehr viel aus; um seine Temperatur konstant zu erhalten, muß ihm also sehr viel zugestrahlt werden. Das Silber strahlt aber sehr wenig aus, denn es verschluckt sehr wenig; dafür wirft es aber fast alles zurück, was darauf fällt. Die Temperaturgleichheit wird also dadurch konstant erhalten, daß der Ruß die von ihm ausgestrahlte Menge wieder vom Silber reflektiert zurückbekommt und verschluckt.

Für die Folge merke man sich: Ein Körper, der bei gleicher Temperatur mehr (weniger) *verschluckt* als ein anderer, *strahlt* bei gleicher Temperatur auch mehr (weniger) aus als der andere. Solange er nur *Wärme*wellen ausstrahlt, kann man diese Behauptung natürlich nur mit *wärme*messenden Instrumenten (Thermosäule, Bolometer) kontrollieren. Ist aber seine Temperatur so hoch, daß er auch

Wellen ausstrahlt, die die Netzhaut erregen (*Licht*wellen), d. h. Wellen, deren $\lambda < 0,8\,\mu$ ist, so kann man den Unterschied in der Strahlung *sehen*: wenn man z. B. ein poliertes Platinblech an einer Stelle schwärzt (durch Ruß oder Tinte) und in eine Bunsenflamme hält, so leuchtet der *geschwärzte* Teil *viel heller* als der *nicht* geschwärzte. Ferner: wenn man eine hitzebeständige Platte (Porzellan, Steingut), die schwarz-weiß gemustert ist (Abb. 778), zur Rotglut erhitzt und dann im Dunkeln betrachtet, so sieht man die schwarzen Stellen heller als die weißen. gleichsam ein Negativ der kalten Platte (Abb. 779), *sichtbare* Beweise dafür, daß der geschwärzte Teil stärker strahlt als der andere bei der gleichen Temperatur.

Abb. 778.   Abb. 779.

Schwarz-weißer Körper, sichtbare Strahlung absorbierend   emittierend.

Die *schwarzen* Stellen *absorbieren* von auffallender Strahlung *mehr* als (bei derselben Temperatur) die weißen. Dementsprechend *emittieren* die *schwarzen* Stellen des (zum Leuchten erhitzten Körpers Abb. 778) *mehr* als (bei derselben Temperatur) die weißen.

Aber das PRÉVOST-Gesetz gilt nicht nur für die *Gesamt*strahlung eines Stoffes, es gilt auch für jede *einzelne* darin enthaltene Wellenart. Ein Stoff, der Wellen einer bestimmten Länge (Farbe), die ihm zugestrahlt werden, verschluckt, strahlt erhitzt Wellen von dieser Länge (Farbe) aus. Ein farbloses Glas, d. h. ein Glas, das so gut wie nichts verschluckt, zu einer Temperatur erhitzt, bei der jeder undurchsichtige Körper rot glüht, leuchtet im Dunkeln kaum, d. h. es strahlt auch so gut wie nichts aus. Ganz anders ein *farbiges* Glas. Erhitzt man ein gelbes Glas, etwa eines, das *blaue* Strahlen *verschluckt* (S. 592 m.), genügend hoch, so *leuchtet* es im Dunkeln deutlich *blau*. — Bei derselben Temperatur leuchtet deshalb Metall lebhafter als Glas, und dieses mehr als ein Gas. Ein Körper, der bei den höchsten Temperaturen ganz durchsichtig bliebe, würde auch selbst bei den höchsten Temperaturen nicht leuchten.

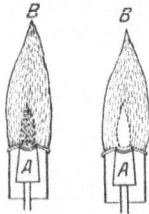

Abb. 780. Zwei glühende Gase (Flammen *A* und *B*) im Strahlungsaustausch, die beide nur *eine* und beide *dieselbe* sichtbare Strahlung (Farbe) aussenden.

Und umgekehrt: ein Körper, der Wellen von einer bestimmten Länge (Farbe) ausstrahlt, *verschluckt* auch gerade Wellen dieser Länge. Drastisch erläutert wird dieser Teil des Gesetzes durch Flammen, die nur eine einzige Farbe, z. B. reines Gelb, aussenden (Bunsenflamme oder Spiritusflamme, die Kochsalz enthalten). Uns interessiert vor allem die Konsequenz daraus, daß eine Flamme, die gelbe Strahlen *aussendet*, auch gelbe Strahlen *verschluckt*, wenn sie ihr zugestrahlt werden. Wenn eine Flamme von sichtbaren Strahlen *nur* gelbe aussendet (die Wärmewellen interessieren uns jetzt nicht), so *leuchtet* sie nur, *solange* sie gelbe Strahlen aussendet. Werden sie auf dem Wege zum Auge verschluckt, so sendet diese Flamme überhaupt keine *sichtbaren* Strahlen aus *und erscheint dunkel*. Wir stellen zwei solche Flammen hintereinander (Abb. 780) und sehen durch *A* nach *B* hin. Jede *sendet* gelbes Licht *aus*, jede kann also Gelb auch verschlucken, somit auch das Licht von der anderen Flamme. Die Strahlung desjenigen Teiles von *B*, den uns *A* verdeckt, muß auf dem Wege zu unserem Auge durch *A* hindurch. Sie wird dabei von *A* verschluckt, in dieser Blickrichtung bekommen wir also Licht nur von *A*. Ist nun *A ebenso* heiß wie *B*, so strahlt sie uns ebensoviel zu, wie die im Gesichtsfelde fehlende Partie von *B* uns zugestrahlt hätte, daher sieht *A* genau so hell aus wie seine Umgebung und hebt sich daher von *B* als Hintergrund nicht ab. Ist *A* aber *heißer* als *B* (etwa *A* eine Bunsenflamme, *B* eine Spiritusflamme), so strahlt sie mehr als die im Gesichtsfelde fehlende Partie von *B*, daher erscheint *A* hell auf *B* als dunklerem Hintergrunde. Ist *A* dagegen *kälter* als *B*, so strahlt sie weniger als die im Gesichtsfelde fehlende Partie von *B*, daher erscheint *A* dunkel auf *B* als hellerem Hintergrunde: der Eindruck des Dunklen wird, wie vorher der des Hellen, durch den *Kontrast mit der Umgebung* hervorgerufen. (Dieser letzte Fall erklärt den Ursprung der FRAUNHOFER-Linien, S. 606f.)

Verhältnis der Emission zur Absorption (Gesetz von KIRCHHOFF). Schwarzer Körper. Das PRÉVOSTsche Gesetz sagt, daß ein Körper, der „viel" emittiert, auch „viel" absorbiert, sagt aber nicht „*wie* viel". Das tut das KIRCHHOFFsche Gesetz (1860) und das STEFAN-BOLTZMANNsche Gesetz. Das KIRCHHOFF-Gesetz sagt *erstens*: Das Emissionsvermögen E_1 eines Körpers ist seinem Absorptionsvermögen A_1 *proportional* für dieselbe Wellenlänge und dieselbe Temperatur, d. h. es ist $E_1 = C \cdot A_1$ oder $E_1/A_1 = C$, einer Konstante. Es sagt *zweitens*: die Konstante C ist für alle Körper dieselbe, immer dieselbe Wellenlänge und dieselbe Temperatur vorausgesetzt. Bedeuten E_1, E_2, E_3 ... und A_1, A_2, A_3 ... Emissionsvermögen und Absorptionsvermögen der Körper *1, 2, 3* ..., immer dieselbe Wellenlänge und dieselbe Temperatur vorausgesetzt, so ist $E_1/A_1 = E_2/A_2 = E_3/A_3 = \cdots C$. Nennen wir bei der Temperatur ϑ für die Wellenlänge λ das Emissionsvermögen *irgend*eines Körpers $E_{\lambda,\vartheta}$ und sein Absorptionsvermögen $A_{\lambda,\vartheta}$, so heißt das Gesetz $\dfrac{E_{\lambda,\vartheta}}{A_{\lambda,\vartheta}} = C$ oder $E_{\lambda,\vartheta} = C \cdot A_{\lambda,\vartheta}$. Das Gesetz besagt *drittens* etwas sehr Wichtiges über die Konstante C. KIRCHHOFF führt den *vollkommen schwarzen Körper* ein, den Körper, der *bei unendlich kleiner Dicke alle* Strahlen, die auf ihn fallen, *vollständig* absorbiert. Sein Absorptionsvermögen — unter Absorptionsvermögen das *Verhältnis* der Intensität der absorbierten Strahlen zu der der auffallenden verstanden — ist *stets* $= 1$, denn die Intensität der absorbierten Strahlen ist ja bei ihm stets *gleich* der der auffallenden. Auf den schwarzen Körper angewendet, für den $A_{\lambda,\vartheta} = 1$ ist, ist $E_{\lambda,\vartheta} = C$. Nennen wir den schwarzen Körper S und sein Emissionsvermögen $S_{\lambda,\vartheta}$ (für die Wellenlänge λ bei der Temperatur ϑ), so besagt das Gesetz drittens: $\dfrac{E_{\lambda,\vartheta}}{A_{\lambda,\vartheta}} = S_{\lambda,\vartheta}$, d. h. die Konstante C ist gleich dem Emissionsvermögen des schwarzen Körpers. (Eigentlich muß es heißen $E_{\lambda,\vartheta} : A_{\lambda,\vartheta} = S_{\lambda,\vartheta} : 1$, d. h. das Emissionsvermögen irgendeines Körpers verhält sich zu seinem Absorptionsvermögen wie das Emissionsvermögen des schwarzen Körpers zu seinem — des schwarzen Körpers — Absorptionsvermögen: das letzte ist ja aber $= 1$.) Das Gesetz sagt also: das Verhältnis des Emissionsvermögens eines Körpers zu seinem Absorptionsvermögen ist gleich dem Emissionsvermögen des schwarzen Körpers — überall dieselbe Wellenlänge und dieselbe Temperatur vorausgesetzt. — Emissionsvermögen und Absorptionsvermögen *sämtlicher* Körper sind so in Beziehung gesetzt zu dem *eines* bestimmten Körpers, des *schwarzen* Körpers.

Fundamentale Gesetze der schwarzen Strahlung. Strahlungsformel von PLANCK (1900). Die Zahl, die das Verhältnis des Emissionsvermögens zum Absorptionsvermögen eines Körpers für eine gegebene Wellenlänge angibt, ist nur für eine festgehaltene Temperatur eine Konstante. *Wächst* die Temperatur, so wächst auch diese Zahl, denn das Emissionsvermögen des schwarzen Körpers wächst mit der Temperatur. Will man also für *jede* Temperatur diese Zahl kennenlernen, so muß man wissen, wie das Emissionsvermögen des schwarzen Körpers mit der Temperatur wächst. Darüber belehrt uns das von STEFAN empirisch aufgestellte, von BOLTZMANN aus der Thermodynamik abgeleitete Gesetz: $S = \sigma \cdot T^4$, das Emissionsvermögen wächst proportional der 4. Potenz der absoluten Temperatur des schwarzen Körpers. Wächst die Temperatur T auf das 2-fache, so wächst die Strahlung S auf das 16-fache. Die Konstante σ ist gleich $1{,}37 \cdot 10^{-12}$, wenn die pro Sekunde und cm^2 ausgestrahlte Wärmemenge in Grammkalorien oder auch $5{,}75 \cdot 10^{-12}$, falls sie in Watt/cm^2 gemessen wird.

Die Gleichung $S = \sigma \cdot T^4$ gibt die *Gesamt*strahlung des schwarzen Körpers. Um sein Strahlungsvermögen genau zu kennen, müßte man aber wissen, wie sich sein Emissionsvermögen für *jede einzelne* Wellenlänge λ mit seiner Temperatur T ändert. Die Erfahrung lehrt: der Energieinhalt der ganz langen und der ganz kurzen Wellen des Spektrums ist sehr gering, und der größte Anteil der Strahlungsenergie entfällt auf gewisse mittlere Wellenlängen. Diejenige Wellenlänge λ_m, auf welche der größte Energiebetrag entfällt, heißt die Wellenlänge maximaler Energie. Bei der Erwärmung eines Körpers wächst die Intensität der kürzeren von ihm ausgesandten Wellen schneller als die der längeren, daher verschiebt sich die Wellenlänge maximaler Energie mit der Temperatur T zu kürzeren Wellen hin. Beide hängen zusammen durch die Gleichung $\lambda_m \cdot T = A$ (Verschiebungsgesetz von W. WIEN, 1893), A ist eine Konstante. Die maximale Energie E_m hängt mit T zusammen durch $E_m = B \cdot T^5$, wo B eine Konstante ist. Aber alles das besagt nichts darüber, wie groß im Spektrum des schwarzen Körpers die Energie E für die Wellenlänge λ bei der Temperatur T ist. Das tut erst die auf Grund der Quantentheorie aufgestellte Gleichung von PLANCK:

$$ E = \frac{C \cdot \lambda^{-5}}{e^{\frac{c}{\lambda T}} - 1}, $$

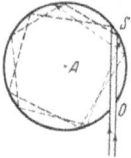

worin C und c Konstanten sind. Für das sichtbare Spektrum kann man diese Gleichung in der ursprünglich von PASCHEN und WIEN gegebenen Form schreiben:

$$ E = C\lambda^{-5} e^{-\frac{c}{\lambda T}}. $$

Verwirklichung des schwarzen Körpers. Ein *vollkommen* schwarzer Körper existiert in der Natur nicht, Trotzdem kann man sich (Abb. 781) einen nahezu idealen schwarzen Körper verschaffen: Die allseitig geschlossene Innenwand S eines Hohlkörpers A ist ein schwarzer Körper, z. B. eine Hohlkugel, deren Wand irgendwo eine kleine Öffnung hat. Selbst wenn die Innenfläche der Hohlkugel hochpoliert ist, sehen wir durch die Öffnung eine schwarze Fläche (ungefähr aus demselben Grunde, aus dem eine Pupille in die wir hineinsehen [S. 502 m.], schwarz erscheint). Selbst bei einer *regelmäßig* spiegelnden Oberfläche unterliegt das durch die Öffnung O hineintretende Licht zahllosen Reflexionen; es wird dadurch vollkommen von der Innenwand verschluckt, ehe es wieder die Öffnung erreicht. Ist die Öffnung sehr klein und erhitzt man die Hohlkugel so, daß sie *überall die gleiche Temperatur* hat, so strahlt aus der Öffnung die dieser Temperatur entsprechende „schwarze" Strahlung; gemessen wird sie z. B. mit dem Bolometer. Es besteht aus einem sehr dünnen Platinstreifen (ca. 1/2000 mm), der durch die Aufnahme der Wellen seine Temperatur und damit seinen Widerstand ändert. Ihn macht man zu einer Seite des Vierecks der WHEATSTONEschen Brücke. Nachdem man durch Regulierung des Widerstandes der anderen drei Seiten (ebenfalls Bolometerstreifen) das Galvanometer stromlos gemacht hat, setzt man den einen Streifen (bisweilen auch zwei gegenüberliegende) der Strahlung aus. Die dann einsetzende Galvanometerablenkung dient zur Berechnung der von dem bestrahlten Streifen aufgenommenen Strahlungsenergie. LUMMER und PRINGSHEIM haben auf diese Weise die Gültigkeit des STEFAN-BOLTZMANNschen Gesetzes bis zu 2300° bestätigt, ebenso die des WIENschen Verschiebungsgesetzes, und das für die maximale Energie bis 1650°. Sie haben die Konstante $A = 2940$ gefunden, für blankes Platin gleich 2630. Nach den Messungen von WARBURG und MÜLLER (1913) gilt für die Konstante c des PLANCKschen Gesetzes $c = 1,43$ cm $\cdot$ Grad.

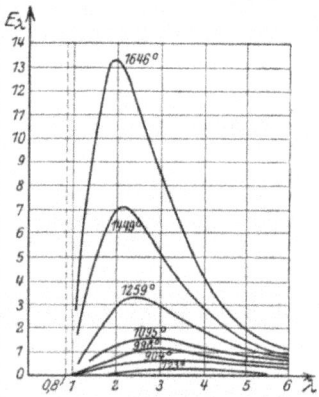

Abb. 782. Die Strahlungsintensität E_λ des schwarzen Körpers als Funktion der Wellenlänge λ bei verschiedenen Temperaturen. Mit dem *Anwachsen* der Temperatur (1095°, 1259°, 1449° abs.) *verkleinert* sich die Wellenlänge λ, bei der für die jeweilige Temperatur T die Strahlungsintensität E_λ am größten ist.

Abb. 782 zeigt, wie sich bei einer gegebenen Temperatur die Energie der schwarzen Strahlung von Wellenlänge zu Wellenlänge ändert (LUMMER und PRINGSHEIM). Für jede Wellenlänge strahlt der schwarze Körper mehr als jeder andre Körper gleicher Temperatur, so daß seine Energiekurven diejenigen aller anderen Strahlen *einhüllen*. Hieraus folgt der wichtige Satz: *Mit keiner, auf reiner Temperaturstrahlung beruhenden Lichtquelle kann man eine größere Helligkeit erzielen, als mit dem schwarzen Körper*. Er selber ist der unwirtschaftlichste, denn er sendet bei den erreichbaren Temperaturen die maximale Energie im *unsichtbaren* Gebiet des Spektrums aus.

Aus der Gesamtstrahlung des schwarzen Körpers interessiert uns wegen seiner Bedeutung für die Beleuchtungstechnik der Teil besonders, auf den das Auge reagiert. Das sind die Wellen zwischen 0,4 und 0,8 μ. Beim schwarzen Körper ist aber die Emissionsenergie in diesem Gebiete selbst bei der höchsten erreichbaren Temperatur äußerst klein im Vergleich zur gesamten ausgestrahlten Energie. Die Beleuchtungstechnik interessiert besonders die Frage, wie hängt die *Helligkeit* des Strahlers von seiner Temperatur ab, und zwar die Helligkeit einer bestimmten Farbe. Sie steigt rapide mit der Temperatur, viel schneller als die gesamte Strahlung, die mit der 4. Potenz, und als die maximale Energie, die mit der 5. Potenz der Temperatur fortschreitet. Die Helligkeit des Gelb steigt z. B. auf das Doppelte, wenn die Temperatur des schwarzen Körpers auch nur von 1800° (abs.) auf 1875° (abs.), d. h. um ca 4 % zunimmt, und noch schneller steigt die Helligkeit am violetten Ende des Spektrums, langsamer am roten. Auch die *gesamte* als *Licht* empfundene Energie wächst beim Platin und beim schwarzen Körper sehr viel schneller als die maximale Energie; sie wächst in der Nähe der Rotglut mit der 30. Potenz und bei hoher Weißglut mit der 14. Po-

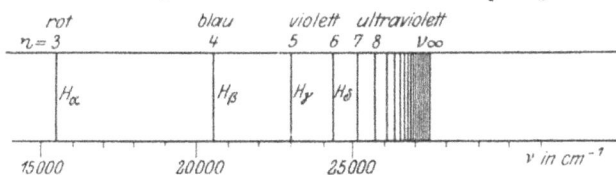

Abb. 783. Spektrum des Wasserstoffs.

tenz der absoluten Temperatur. Auf die Abhängigkeit der Helligkeit von der Temperatur gründet sich eine sehr genaue Temperaturbestimmung im *optischen Pyrometern* (HOLBORN und KURLBAUM, WANNER), die z. B. die Temperatur des Innern eines Ofens durch einen *Helligkeits*vergleich (mit einem Lämpchen in dem Instrument) messen.

Im Spektrum der Sonne ist (ABBOT und FOWLE) $\lambda_m = 0,433\,\mu$. Falls die Strahlungseigenschaften der Sonne mit denen des schwarzen Körpers übereinstimmen, ergibt sich die *wahre* Sonnentemperatur zu 6790° (abs.). — Aus der *Solarkonstante* und dem STEFAN-BOLTZMANNschen Gesetz ergibt sich die *effektive* Sonnentemperatur an der Oberfläche mit 6033° (abs.). Man nimmt die Sonnentemperatur daher neuerdings zwischen 6000 und 6800° (abs.) an. Solarkonstante: die Wärmemenge in cal, die pro Minute auf 1 cm² an der Erdoberfläche von der Sonne im mittleren Erdabstande bei senkrechter Einstrahlung einfallen würde, wenn die Erde keine Atmosphäre hätte. Als wahrscheinlichster Wert gilt 1,939 cal/min · cm² (ABBOT, FOWLE, ALDRICH).

Das Spektrum der strahlenden Körper. Die Strahlung der festen und der flüssigen (geschmolzenen) Stoffe erscheint bei hinreichender Temperatur dem Auge fast gleich. (*Dem Auge!* Die Thermosäule verrät Unterschiede sowohl in dem Gesamtbetrage an ausgestrahlter Energie wie auch in den einzelnen Teilen des Spektrums.) Das Spektrum eines weißglühenden festen oder eines flüssigen Körpers verrät daher niemals, woraus der Körper besteht. Ganz anders die glühenden *Gase* und Dämpfe. Sie geben kein kontinuierliches Spektrum wie die flüssigen und festen Körper, sondern (Abb. 783) ein Spektrum aus einzelnen durch lichtlose Zwischenräume scharf getrennten Lichtlinien. Glühender Natriumdampf (Kochsalz im Bunsenbrenner) gibt z. B. ein Spektrum, das mit zwei charakteristischen starken gelben Lichtlinien dicht beieinander anfängt; Wasserstoff in einer GEISSLER-Röhre, durch den elektrischen Funken zum Leuchten gebracht, ein Spektrum, das mit drei charakteristischen starken Linien (Rot, Grünblau und Blauviolett) anfängt. Jedes leuchtende Gas hat sein charakteristisches *Linienspektrum*, und das ist *unter gewissen Bedingungen* so feststehend, daß es zum Erkennungszeichen des Gases wird. Zu diesen Bedingungen gehört, daß die Schicht des glühenden Gases nur dünn und die Dichte des Gases darin klein ist. Je dicker die Schicht und je dichter das Gas, desto mehr verbreitern sich die Linien zu Bändern. Bei gehöriger Drucksteigerung kann das Spektrum sogar in ein kontinuierliches übergehen. — Wegen ihrer Eigenschaft, einzelne Farben besonders stark auszusenden (auswählende Emission), sind die leuchtenden Gase als Quellen einfarbigen Lichtes verwendbar, ein Natriumsalz im Bunsenbrenner für gelbes Licht, ein Kaliumsalz für violettes, ein Lithiumsalz für rotes. Bei der chemischen Analyse hat man von jeher, wenn die sonst farblose Flamme des Bunsenbrenners durch einen hineingebrachten Stoff charakteristisch gefärbt wird, auf die chemische Beschaffenheit des Stoffes geschlossen; aus der Gelbfärbung auf eine Natriumverbindung, aus der Violettfärbung auf eine Kaliumverbindung.

Außer den kontinuierlichen Spektren von festen und flüssig-glühenden Stoffen und den Linienspektren von Gasen (Emissionsspektren mit hellen und Absorptionsspektren mit dunklen Linien) kennt man noch die Bandenspektren, reine Emissionsspektren von Gasen, die unter *besonderen* Bedingungen entstehen und aus leuchtenden Bändern bestehen, sich aber bei stärkerer Dispersion in Gruppen von Linien auflösen. Zahlreichen experimentellen Ergebnissen gemäß ordnet die BOHRsche Theorie den Linienspektren das Atom als Träger zu, den Bandenspektren das mehratomige Molekül. — Das Emissionslinienspektrum senden Atome oder Moleküle nur aus, wenn sie *angeregt* sind, z. B. durch elektrische Ladung oder durch sehr hohe Temperatur. Das Absorptionslinienspektrum tritt stets auf, wenn unangeregte Atome oder Moleküle von Licht durchstrahlt werden, das kontinuierlich zusammengesetzt ist. Wir beschäftigen uns in der Folge mit dem Emissionsspektrum.

Bogenspektrum. Funkenspektrum. Um ein Element zu verdampfen und zum Leuchten zu bringen, benützt man (je nach dem Erfordernis) die Bunsenflamme, das Knallgasgebläse, den Lichtbogen, den elektrischen Funken. Das Spektrum eines Elementes hängt aber von der Art seiner Erzeugung ab. Funkenspektrum und Bogenspektrum desselben Elementes sehen ganz verschieden aus und der Verschiedenheit des Aussehens entspricht eine grundsätzliche Ursache: das Bogenspektrum gehört dem *neutralen* Atom, das Funkenspektrum dem *ionisierten* an (und dieses ist wieder anders für das *einfach* und für das *mehrfach* ionisierte Atom, je nachdem der Anregungsprozeß dem neutralen Atom nur *ein* oder *mehrere* Elektronen entrissen hat). Tritt also irgendwo das Funkenspektrum eines Elementes auf, z. B. im Spektrum eines Sternes, so ist das das Zeichen dafür, daß das Element dort *ionisiert* vorkommt. Nun sind aber die Funkenspektren vieler Elemente noch unbekannt, und daher entziehen sich diese Elemente, *wenn sie ionisiert auftreten,* der Wiedererkennung. Daraus erklärt sich, warum wir von den 92 Elementen des periodischen Systems nur eine kleine Zahl (36) auf der Sonne und überhaupt auf den Fixsternen beobachten — oder besser: *wiedererkennen.* Die Thermodynamik lehrt uns, den Ionisationsgrad eines Gases in Abhängigkeit von Druck und Temperatur zu berechnen. Das experimentelle Ergebnis entspricht den theoretischen Voraussagen (M. N. SAHA, 1920) und erklärt, weshalb im Sonnenspektrum nur bestimmte Elemente erscheinen, andere fehlen, und weshalb das Auftreten bestimmter Elemente in den Fixsternspektren an bestimmte Grenzen der Temperatur gebunden ist.

Breite der Spektrallinien. Trabanten. Eine Spektrallinie ist keine geometrische „Linie", sondern hat, ihrer physischen Entstehung gemäß, eine gewisse *Breite.* Das will sagen: die Linie entspricht nicht einer *einheitlichen,* durch *eine* Zahl definierten Wellenlänge, sondern einem gewissen Wellenlängen*bereich*, in den *mehrere* Wellenlängen fallen. Diese verschiedenen Wellenlängen sind nicht alle mit der gleichen Intensität vorhanden, es herrscht eine gewisse Intensitäts*verteilung* in der Spektrallinie. (Man kann sie mikrophotometrisch messen [HARTMANN und KOCH].) Verstärkung des Druckes in dem leuchtenden Dampf verbreitert die Linie, oft unsymmetrisch (z. B. stärker nach den *größeren* Wellenlängen hin). — Eine helle Spektrallinie ist häufig von *Trabanten* begleitet, einer Anzahl mehr oder weniger heller, sehr nah benachbarter Nebenlinien; bisweilen sind so helle darunter, daß in dem Komplex keine als *Haupt*linie gelten kann. (Die *Cd*-Linien haben nur wenige Trabanten; vor allem ist bei der hellen roten von λ 6439 kein Trabant feststellbar. Deswegen hat die Union Internationale pour les Recherches Solaires sie zum Wellenlängen-*Normal* für die spektroskopischen Messungen gewählt, in denen man die Spektrogramme in Wellenlängen *relativ* zu den Wellenlängen *bekannter* Linien auswertet. Alle Messungen derartiger Wellenlängen bezieht man jetzt auf diese rote *Cd*-Linie. Sie ist mit einer Genauigkeit von 1 : 10^7 gemessen (BENOIT, FABRY und PEROT, 1906).

Spektralanalyse. BUNSEN und KIRCHHOFF entdeckten (1859), daß jedes leuchtende Gas ein charakteristisches Spektrum hat. Auf dieser Tatsache beruht die Spektralanalyse, die aus dem Spektrum einer Lichtquelle ihre chemische Beschaffenheit ermittelt. Um feste und flüssige Stoffe spektralanalytisch untersuchen zu können, muß man sie in Gas oder in Dampf verwandeln. Gase untersucht man in Glasröhren von der Form Abb. 784. Man bringt sie zum Leuchten, indem man die Entladung eines Funkeninduktors durch sie hindurch schickt. Die Kapillare gibt dabei eine helle Lichtlinie, die als Lichtquelle dient.

Abb. 784. GEISSLER-Rohr für spektroskopische Untersuchung von Gasen.

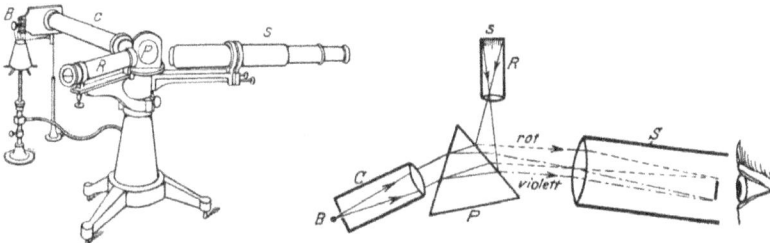

Man beobachtet das Spektrum mit dem Spektralapparat (Abb. 785). Das zu untersuchende Licht der Flamme *B* geht durch einen Spalt in das Rohr *C*,

Abb 785. BUNSENscher Spektralapparat mit Spaltrohr *C*, Skalenrohr *R* und Beobachtungsfernrohr *S*.

wird durch dessen Linse parallel gemacht, trifft das Prisma *P*, geht durch das Prisma gebrochen in das Fernrohr *S* und in das Auge des Beobachters. Damit der Spalt im Fernrohr *S* möglichst *scharf* erscheint — seine Abbildung wird nicht allein durch die Linsen vermittelt, das Licht muß ja auch durch das Prisma gehen—, muß man dem Prisma die Minimumstellung geben (S. 514 m.). Um den Ort der Linien, die man in dem Spektrum sieht, bezeichnen und mit dem Orte der Linien *bekannter* Spektren vergleichen zu können, benützt man einen Maßstab, den man im Fernrohr an das Spektrum angelegt sieht. Man erzeugt ihn mit dem Rohr *R*. In die Brennebene der Linse bringt man eine auf Glas photographierte verkleinerte Millimeterskala *s*. Man projiziert sie auf die dem Fernrohr zugewandte Prismenfläche und spiegelt sie dadurch in

das Fernrohr, so daß man sie mit dem Spektrum gleichzeitig sieht, die Lage
der Linien also durch die bei ihnen sichtbaren Ziffern bezeichnen kann. Um das zu
untersuchende Spektrum mit einem anderen vergleichen zu können, z. B.
es in Wellenlängen relativ zu den Wellenlängen bekannter Linien auswerten zu können, ist eine Vorrichtung getroffen, um gleichzeitig zwei übereinanderliegende
Spektren zu erzeugen. — Um das ganze Spektrum im Beobachtungsfernrohr
durchlaufen zu können und dabei mühelos das Prisma immer in die Minimumstellung zu bringen, formt man das Prisma so, wie durch Abb. 641 (S. 512) be-

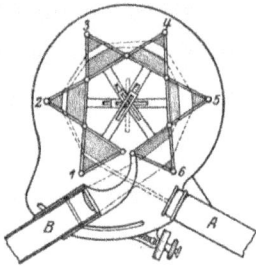

Abb. 786. Spektralapparat mit sechs
Flintglasprismen (zur Vergrößerung der
Farbenzerstreuung) A Spaltrohr, B Be-
obachtungsrohr. 1 ... 6 Flintglasprismen mit automatischer Einstellung
in das Minimum der Ablenkung.

schrieben, stellt Kollimatorrohr und Fernrohr *unverrückbar* rechtwinklig zueinander und *dreht das
Prisma*. Um möglichst große Dispersion zu erzielen, läßt man das Licht mehrere Prismen hintereinander durchlaufen (Abb. 786); jedes einzelne
trägt zur Verlängerung des Lichtbandes bei. Um
eine Lichtquelle spektroskopisch beobachten zu
können, die sich bewegt (Blitze, Meteore u. dgl.)
oder gegen die sich der Beobachtungsort verschiebt, wie bisweilen bei astronomischen Spek-
troskopen, sind die Spektroskope, bei denen
Spaltrohr und Fernrohr gegeneinander geneigt
sind, häufig unbequem. Für diese Zwecke benützt man Spektroskope *mit gerader Durchsicht*.
Abb. 787 zeigt ein *Taschenspektroskop* und seinen
wesentlichsten Teil, das *Prisma mit gerader Durch-
sicht* aus 3 Kron- und 2 Flintglasprismen, die zusammen für eine bestimmte
Farbe die Ablenkung des gebrochenen Lichtes vermeiden, aber die Farbenzerstreuung *bestehen* lassen. (Vgl. die achromatisierten Prismen [S. 532],
die die Farbenzerstreuung *aufheben*, aber die Ablenkung bestehen lassen.)
Anstatt eines Prismas benützt man häufig ein *Gitter* (S. 575). Die Ab-

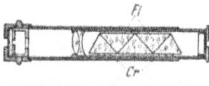

Abb. 787. Geradsichtiges
Spektroskop.

lenkung der einzelnen Farben ist dann proportional den
ihnen entsprechenden Wellenlängen.

DOPPLER-Prinzip. Den Ort einer bestimmten *Spektrallinie* be-
nennt man durch eine Zahl an einer konventionell festgesetzten Skala
(s. o.). Der Ort hängt aber nicht allein von der chemischen Beschaffenheit der Lichtquelle ab, sondern auch von ihrer Geschwindigkeit
relativ zum Spektroskop, d. h. zum Beobachter. Wir wissen (DOPPLER-
Prinzip, S. 248 u.): die Tonhöhe, das Analogon zur Farbe, ist verschieden je nach der
relativen Geschwindigkeit der Tonquelle und des Ohres. Ersetzt man das Ohr durch das Auge
und die Schallquelle durch die Lichtquelle und bedenkt man, daß die Farbe (also die Brechbarkeit) des Lichtes von der Lichtwellenanzahl abhängt, die das Auge pro Sekunde von ihm
empfängt, wie die Höhe des Tones von der Schallwellenanzahl abhängt, so begreift man, daß
eine Lichtquelle, die *ruhend* rein gelb erscheint, zum Rot neigen müßte (einer Vertiefung des
Tones entsprechend), wenn sie sich schnell genug von uns entfernte, dagegen zum Violett (einer
Tonerhöhung entsprechend), wenn sie sich schnell genug uns näherte. Für die wirklich vorkommenden Änderungen ist das bloße Auge nicht empfindlich genug. Aber das Spektroskop
verrät schon eine minimale Farbenänderung — das ist ja die *Brechbarkeits*änderung — dadurch,
daß es die Spektrallinien der betreffenden Lichtquelle an einer anderen Skalenstelle zeigt
als sonst, zum Rot hin verschoben, wenn sich die Lichtquelle von uns entfernt, zum Violett
hin, wenn sie sich uns nähert. Aus der Größe und der Richtung des Abstandes einer Linie
von ihrem normalen Ort kann man die Geschwindigkeit der Lichtquelle, ihre Annäherung
und ihre Entfernung in der Blickrichtung berechnen. Das gilt auch für die dunklen Linien,
da sich ja ihre helle Umgebung auch verschiebt. — In der Nähe der *D*-Linie bedeutet eine
Verschiebung um 1 Å.-E. schon eine Geschwindigkeit von 50 km/sec, mit den besten Spek-
troskopen kann man noch 1 km/sec wahrnehmen. Die Geschwindigkeit, mit der sich z. B.
der Sirius von uns weg bewegt, hat HUGGINS mit 67 km/sec berechnet. In diesen astronomischen
Vorgängen wird das aus der Theorie gefolgerte DOPPLER-Prinzip a priori auch für Lichtwellen als zutreffend *angenommen*, den Beweis für seine Richtigkeit hat BELOPOLSKI (1900)

an irdischen Lichtquellen und an den im Laboratorium verfügbaren Strecken erbracht. Mit einer Reihe von Spiegeln, die sich sehr schnell gegeneinander verschieben und zwischen denen das Licht vielfach hin und her geschickt wird, hat er auf der photographischen Platte zwei Spektren mit FRAUNHOFERschen Linien erzeugt, aus deren gegenseitiger Verschiebung die Messung und die Theorie in vollkommener Übereinstimmung gefunden werden. Das DOPPLER-Prinzip hat auch zur Ermittlung der Rotationsgeschwindigkeit der Sonne beigetragen (VOGEL, 1872). Bei der Rotation um ihre Achse *nähert* uns die Sonne ihren Ostrand und *entfernt* uns ihren Westrand, am Äquator mit etwa 2 km/sec. Daher sieht man in einem Spektroskop von großer Dispersion die FRAUNHOFERschen Linien des Ostrandes zum Violett hin, die des Westrandes zum Rot hin von ihrem normalen Ort verschoben, weil sich die absorbierende Gasschicht am Ostrande auf uns zu, am Westrande von uns weg bewegt. Aus der Größe der Verschiebung kann man die Geschwindigkeit der Stellen berechnen, aus denen die Linien stammen. — Diese Verschiebung entscheidet auch eine andere Frage: Gewisse FRAUNHOFERsche Linien entstehen erst aus der Absorption durch die *Erd*atmosphäre, nicht schon aus der durch die *Sonnen*atmosphäre; wie kann man die *tellurischen* Linien von den *solaren* unterscheiden? Antwort: Die Sonnenatmosphäre verschiebt sich relativ zum Beobachter, nicht aber die Erdatmosphäre; daher sind die tellurischen Linien diejenigen, die im Spektrum stillstehen, gleichviel, ob das Sonnenlicht vom Ost- oder vom Westrande kommt, die solaren diejenigen, die sich dabei verschieben (CORNU, 1889). — Der periodische Helligkeitswechsel gewisser Sterne erklärt sich aus dem Vorhandensein eines Doppelsternsystems, von denen der eine Teil unsichtbar ist: die periodische Helligkeitsabnahme des Algol z. B. kommt von seiner periodischen partiellen Verfinsterung durch einen fast gleich großen, und zwar *dunklen* Stern, der ihn umkreist und zur Bewegung um einen gemeinsamen Schwerpunkt zwingt. Die Bewegung des hellen Sternes auf die Erde zu und von der Erde weg verrät sich durch die Linienverschiebung im Spektroskop und zeigt sich in Übereinstimmung mit der Periode des Helligkeitswechsels.

Serienspektren. Zu den wichtigsten Ergebnissen der Spektralanalyse gehört die Entdeckung der *Serien* von Spektrallinien — zunächst im Wasserstoffspektrum (BALMER, 1885). BALMER fand: multipliziert man die Zahl 3645,6 mit $\dfrac{3^2}{3^2-4}$, $\dfrac{4^2}{4^2-4}$, $\dfrac{5^2}{5^2-4}$, $\dfrac{6^2}{6^2-4}$, so erhält man die Wellenlänge der ersten vier Wasserstofflinien $H_\alpha \ldots H_\delta$ in Ångström-Einheiten. BALMERs allgemeine Formel für die Wellenlänge heißt: $\lambda = h \cdot \dfrac{m^2}{m^2-4}$ Å.-E., worin $h = 3645,6$ und m eine ganze Zahl ist, die aber nicht kleiner als 3 sein darf, da $\lambda = \infty$ wird für $m = 2$ und sogar negativ wird für $m = 1$, was physikalisch sinnlos ist. Die Abweichung der so *berechneten* Wellenlängen von den durch ÅNGSTRÖM *gemessenen* beträgt noch nicht $^1/_{40\,000}$ Wellenlänge. Die Linien, die eine derartige Formel für ihre Wellenlängen vereinigt, bilden eine *Serie*. Die obige endet mit der Linie, für die $m = 6$ ist. Aber setzt man $m = 7, 8, 9, \ldots$, so kann man sie *rechnerisch* fortsetzen bis zu $m = \infty$, dem $\lambda\ 3645,6$ entspricht, also eine im Endlichen liegende Wellenlänge, da $\lambda = h\,\dfrac{1}{1-\dfrac{1}{m^2}}$ für $m = \infty$ zu $\lambda = h$ wird. Entsprechen aber den *errechneten* Wellenlängen auch wirklich *vorhandene* Spektrallinien? Alle Linien, deren Wellenlängen jener Formel bis zu $m = 31$ genügen, sind beobachtet worden. Je größer m wird, desto dichter rücken sie aneinander (Abb. 783), und schließlich sind sie mit den bekannten Dispersionsvorrichtungen nicht mehr trennbar, sie bilden ein Kontinuum. Auch das ist beobachtet worden (EVERSHED): sein Anfang fällt wirklich mit der allerletzten (für $m = \infty$) berechneten Linie zusammen. Man benützt jetzt die Formel aus praktischen Gründen in der Form $\dfrac{1}{\lambda} = \nu = R\left(\dfrac{1}{2^2} - \dfrac{1}{m^2}\right)$, wo ν die Wellenzahl ist (Anzahl der auf 1 cm entfallenden Wellenlängen), $R = 109\,678$ cm^{-1} (RYDBERG-Konstante des Wasserstoffs) und $m = 3, 4, 5, \ldots$ Sie geht aus der ersten hervor, wenn man $h = 4/R$ setzt. Die verallgemeinerte BALMER-Formel $\nu = R\left(\dfrac{1}{n^2} - \dfrac{1}{m^2}\right)$ führt zu der Frage, ob auch dem Wert $n = 3$ oder dem Wert $n = 1$ Linien entsprechen (Abb. 799). Auch das ist der Fall. PASCHEN hat die ersten (PASCHEN-Serie) im Ultrarot nachgewiesen, LYMAN die anderen im Ultraviolett (LYMAN - Serie). Andere Linien als die mit ganzen Zahlen für n errechneten kommen dem Wasserstoff nicht zu. Man kann danach die Wellenzahlen aller Linien des Wasserstoffspektrums in der Form $\nu = R\left(\dfrac{1}{n^2} - \dfrac{1}{m^2}\right)$ schreiben, d. h. als Differenzen zweier *Terme* der Form R/n^2. *Eine der größten Erfolge der* BOHRschen *Atomtheorie* (s. d.) *ist die volle Übereinstimmung der aus der Theorie berechneten* RYDBERG-*Konstante R des Wasserstoffs mit der experimentell ermittelten.*

Der Theorie nach ist die Ordnung der Linien in Serien eine Eigenschaft sämtlicher Spektren, empirisch bekannt ist sie jedoch nur bei einem Teil, z. B. bei den Alkalien Li, Na, K, Rb, Cs und bei den alkalischen Erden Mg, Ca, Sr, Ba (KAYSER und RUNGE, RYDBERG). Man kommt aber hier nicht mit *einer* Formel aus, es sind mehrere einander ähnliche erforderlich, um alle Linien zusammenzufassen. Die zu je einer Formel gehörigen bilden je eine Serie. Man unterscheidet danach die Hauptserie, zwei Nebenserien und die BERGMANN - Serie, dabei enthalten die Serien der Alkalien nur Doppellinien (wie die typischen zwei Natriumlinien), die der alkalischen Erden nur einfache (Singulett-) Linien und Tripellinien. Das Wichtigste ist die Entdeckung quantitativer Beziehungen zwischen den Schwingungszahlen der verschiedenen Linien eines Spektrums. Im Natriumspektrum z. B. — sein Bau ist typisch für die Gruppe der Alkalien, die erste Gruppe des periodischen Systems der Elemente — sind die zu den beiden D-Linien gehörigen Schwingungszahlen um $17,2 \, \text{cm}^{-1}$ verschieden: dieselbe Differenz besteht auch zwischen den Linien jedes Paares der ersten Nebenserie, und ebenso in der zweiten. Auch in der Gruppe der Erdalkalien finden sich konstante Schwingungsdifferenzen für die Nebenserien. Diese Differenzen sind um so größer, je größer das Atomgewicht des betreffenden Elementes ist. — Die Darstellung der Wellenzahlen als Differenz zweier Terme ist für *alle* Spektren möglich. Dem System der Linien eines Spektrums läßt sich das System der Terme zuordnen, dies ist im allgemeinen einfacher und übersichtlicher als das der Linien.

Sonnenspektrum. Ursprung der FRAUNHOFERschen Linien. Zwei Vorteile bietet die Spektralanalyse vor anderen Hilfsmitteln: sie verrät die Anwesenheit eines bestimmten Stoffes schon in Spuren, die der gewöhnlichen chemischen Analyse sehr leicht oder stets entgehen (oft nur 10^{-5} mg), und sie offenbart die Zusammensetzung auch von Körpern, die wir nur *leuchten* sehen, die wir also der üblichen Analyse gar nicht unterwerfen können. Der erste Vorteil hat es ermöglicht, neue Stoffe zu entdecken, z. B. Caesium, Rubidium und Thallium, der zweite, sogar die Gestirne zu analysieren.

Besonders interessiert uns das Sonnenspektrum. Das Spektrum ist nicht streng kontinuierlich, es ist von feinen schwarzen Linien, den FRAUNHOFERschen Linien, durchzogen (über 62000 bekannt). Ihren Ursprung hat KIRCHHOFF aus dem Gesetze der Absorption und Emission erklärt. Man rufe sich ins Gedächtnis zurück, was wir S. 598 von den beiden Flammen gesagt haben, die einander Licht von derselben Wellenlänge zustrahlen, und von denen die eine heißer ist. Die Natriumflamme A sende, wie dort angenommen, *nur gelbes* Licht aus. Im Spektroskop zeigt A für sich allein dann zwei dicht beieinanderstehende gelbe Lichtlinien. B sei jetzt aber eine *weiße* Lichtquelle, etwa ein weißglühender Kalkzylinder. Da er *alle* Wellenlängen zwischen Rot und Violett aussendet, sendet er auch diejenige Wellenlänge aus, die *auch von* A ausgeht, und die A überhaupt sichtbar macht. Nur diese Wellen interessieren uns. Man kann sich die weiße Lichtquelle (das Orgelanalogon S. 595 m.) ersetzt denken durch alle die monochromatischen Flammen, deren Strahlung zusammen die Kalkzylinderstrahlung ersetzt. Unter diesen Flammen ist auch eine, die genau solche Strahlen aussendet wie A. Wir stellen nun A und B hintereinander vor das Spektroskop. Wenn A kälter ist als die ihr entsprechende Flamme, so verschluckt sie die gelben Wellen in stärkerem Maße, als sie solche aussendet, löscht also aus dem weißen Licht gerade die gelben Strahlen, die ihren eigenen entsprechen, aus, läßt aber alle anderen durch sich hindurch. Wenn aber aus dem weißen Licht gerade diejenigen Wellen verschluckt werden, die im Spektrum jene zwei scharfen gelben Linien geben, so müssen im Spektrum die Farben der verschluckten Wellen *fehlen* und an der entsprechenden Stelle zwei Lücken entstehen. A strahlt zwar selber Gelb aus, aber viel weniger intensiv als B; an der Stelle des im Gesichtsfeld fehlenden Gelb von B steht also jetzt ein viel schwächeres Gelb: dieses viel schwächere *erscheint im Kontrast mit der hellen Umgebung* dunkel und ruft den Eindruck der schwarzen Lücken hervor. (Umkehr der Spektrallinien.) Vom Rot bis zum Violett sieht man dann alle Farben, aber im Gelb zwei dunkle Linien. Entfernt man das weiße Licht B, so erscheinen die gelben Linien im Spektrum der Flamme A wieder ganz hell (weil sie dann von fast vollkommener Dunkelheit *umgeben* sind). Die schwarzen Linien sind also dadurch entstanden, daß aus der weißen Flamme gerade diejenigen Farben, die dorthin im Spektrum gehören, durch die kältere Flamme A **verschluckt** worden sind.

Und nun zur Anwendung dieser Tatsache. Im Spektrum der Sonne stehen dicht beieinander zwei dunkle Linien, an derselben Stelle, an der die zwei dunklen Linien im Spektrum des weißglühenden Kalkzylinders entstehen, wenn man die Natriumflamme zwischen den Kalkzylinder und den Spalt des Spektroskopes bringt. KIRCHHOFF schloß nun: Die Sonne ist ein weißglühender Körper (dem Körper B entsprechend), und liefert ein kontinuierliches Spektrum; aber er ist von einer glühenden Gasatmosphäre umgeben (der Flamme A entsprechend). Durch diese Atmosphäre muß die von ihm ausgehende Wärme- und Lichtstrahlung hindurch, um nach außen zu gelangen. Diese Atmosphäre ist kälter als der Sonnenkörper, strahlt aber selber Licht und Wärme aus. Da sie aber kälter ist, so verschluckt sie — darauf kommt es an — von dem Lichte des weißglühenden Sonnenkörpers einen Teil (wie die kältere Flamme A). *Welche* Wellenlängen sie verschluckt, zeigt sich an den Lücken in dem Sonnenspektrum, die ja bestimmten Wellenlängen entsprechen. Da nun die Lage der beiden charakteristischen Linien, die man durch *Natrium*dampf erzeugen kann, gerade der Lücke der FRAUNHOFERschen D-Linie im Sonnenspektrum entspricht, so schließt man, daß im Sonnenkörper und der umgebenden Atmosphäre *Natrium* enthalten ist. Auf dieselbe Weise erklärt man die anderen FRAUNHOFERschen Linien aus der Anwesenheit anderer chemischer Elemente. KIRCHHOFF schloß allgemein: die dunklen Linien des Sonnenspektrums entstehen durch diejenigen Stoffe in der Sonnenatmosphäre, die, in einer Flamme verdampfend, *helle* Linien an der entsprechenden Stelle ihres eigenen Spektrums haben. Man hat auf diese Weise festgestellt, daß die Sonnenatmosphäre die meisten der uns bekannten Metalle enthält.

Glänzend bestätigt wird KIRCHHOFFS Ansicht über den Bau der Sonne durch das Flash-Spektrum (vom englischen to flash = aufblitzen): im *Moment* des Beginnes (Aufhörens) der *Totalität* einer Sonnenfinsternis, wo die leuchtende Oberfläche der Sonne (Photosphäre) uns durch den Mond verdeckt und der letzte (erste) Lichtstrahl blitzartig aufzuleuchten scheint, sieht man ein Spektrum, in dem die FRAUNHOFER-Linien, die im *gewöhnlichen* Sonnenspektrum dunkel auf hellem Grunde erscheinen (Absorptionsspektrum), hier hell als Emissionslinien erscheinen (Emissionsspektrum). Das bedeutet: die FRAUNHOFER-Linien entstehen nicht in der ganzen (bei der Totalität als Korona sichtbaren) Sonnenatmosphäre, sondern im wesentlichen nur in ihrem tiefsten Teile, einer begrenzten Schicht, die man *umkehrende* Schicht und Chromosphäre nennt. Man schätzt aus der Dauer der Sichtbarkeit ihres Spektrums die Höhe der umkehrenden Schicht auf 600 km, die Höhe der Chromosphäre auf etwa 10 000 km.

Anomale Dispersion der Gase. Auch in glühenden Gasen ist mit der Absorption des Lichtes anomale Dispersion verknüpft, jede FRAUNHOFERsche Linie und jede „umgekehrte" Spektrallinie ist ein Absorptionsstreifen, gibt also Gelegenheit dazu. Tatsächlich hat KUNDT (1880) sie bei der Umkehrung der Natriumlinie durch die S. 506 beschriebene Anordnung entdeckt. Gerade das beweist die Zuverlässigkeit der Methode der gekreuzten Prismen: die Querdispersion führt zu Verbiegungen des Spektrums von auffallender Form, und gerade die *Form* des Spektrums machte KUNDT hier, wo er an Kreuzung gar nicht dachte, auf eine

tatsächlich vorhandene Kreuzung aufmerksam und weiter auf ihre Ursache, die Dispersionsanomalie. Die Krümmung, die er, ähnlich wie in Abb. 788, beobachtete, erklärte er aus anomaler Dispersion des Natriumdampfes, der in einer prismatischen Schicht von dem Bunsenbrenner aufgestiegen sein

Abb. 788. Zur Umkehrung der Natriumlinie.

müsse. Die Abb. 789 und 790 (BECQUEREL, 1898; JULIUS, 1900) zeigen deutlich, welche sonderbaren Formen das Kreuzspektrum des Natriumdampfes bei geeigneter Herstellung prismatisch geformter Flammen annehmen kann. Das Spektrum zeigt, den zwei Absorptionsstreifen entsprechend — solche *sind* ja die *D*-Linien — zwei Lücken, ist also in drei Teile zerrissen. Das Mittelstück der Abb. 789 bedeutet das Spektralgebiet zwischen den *D*-Linien, die Lücken zwischen ihm und den Seitenstücken bedeuten die *D*-Linien selber — alles sehr

stark dispergiert und sehr stark vergrößert. Je schärfer die Absorptionsstreifen sind und je näher an ihnen man die Brechung messen kann, desto verzerrter zeigt sich das Spektralbild des beobachteten Gebietes. Abb. 790 zeigt eines, bei dem man bis auf 0,1 Å.-E. an die Streifen heran konnte. — Natriumdampf dispergiert anomal auch schon bei Temperaturen, bei denen er noch *nicht* leuchtet (WOOD).

Abb. 789.   Abb. 790.
Zur anomalen Dispersion des Natriumdampfes.

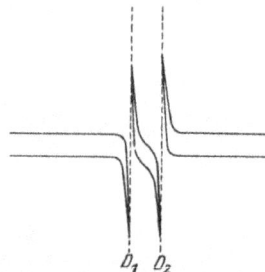

Spektrograph. Spektroheliograph.

Man kann das Spektrum auch photographieren; man ersetzt zu dem Zweck das Okular des Spektroskopfernrohres durch eine Kamera, deren Platte man in die Bildebene des Fernrohrobjektivs bringt (Spektrograph). Besonders hergestellte Platten ermöglichen es, bis tief ins Ultrarot zu photographieren, und Linsen und Prismen aus Quarz bis tief ins Ultraviolett, weit über die dem Auge gezogenen Grenzen hinaus. (*Vakuum*spektrograph für Wellenlängen, die in Luft absorbiert werden.)

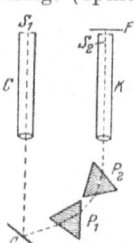

Abb. 791. Spektroheliograph (schematisch).

Die Abschwächung des Sonnenlichtes in den FRAUNHOFER-Linien (der Kontrast zur Nachbarschaft läßt sie sogar schwarz erscheinen) macht sie zu idealen linienförmig monochromatischen Lichtquellen: die Astrophysik benutzt sie, um die Sonnenscheibe in monochromatischem Lichte zu photographieren (HALE, 1892). Die Vorrichtung dazu heißt Spektroheliograph (Abb. 791). Das Kollimatorrohr *C* und das Kamerarohr *K* (*F* ist die photographische Platte) haben Linsen gleicher Brennweite und stehen einander parallel. Das von dem Kollimatorspalt S_1 ausgehende Licht tritt aus der Kollimatorlinse parallel aus, fällt auf den Spiegel *G* und die Prismen P_1, P_2 in das Kamerarohr *K*. Aus dem auf *F* entstehenden Spektrum isoliert ein dicht vor ihr befindlicher verschiebbarer Spalt diejenige Linie, die als Lichtquelle dienen soll. Durch ein Uhrwerk verschiebt man dann den *ganzen* Apparat seitlich. Der Spalt S_1 wandert dadurch über das feststehende Sonnenbild hinweg, und gleichzeitig verschiebt sich Spalt S_2 vor der feststehenden photographischen Platte so, daß die einzelnen Meridiane des

Sonnenbildes nacheinander ihre monochromatischen Bilder eines neben dem andern auf die Platte werfen. Diese Methode hat das Studium der Chromosphäre in ihrer ganzen der Erde zugekehrten Ausdehnung ermöglicht.

Spektralklassen der Sterne[1]. Die Sonne ist nur ein Glied einer der *Klassen*, in die man die Sterne einteilt. Die meisten helleren Sterne erscheinen rein weiß bis bläulich, viele gelb bis weißlichgelb, manche orange bis rot. Das deutet unmittelbar auf Unterschiede ihrer Spektren, mittelbar auf Unterschiede ihrer Temperatur und weiter auf Unterschiede ihrer physischen Beschaffenheit. Man teilt die Sterne deswegen nach ihren Spektren in *Klassen* (SECCHI, PICKERING) — jetzt allgemein in die von Miss A. J. CANNON (Harvard College Observatory) im Anschluß an PICKERING aufgestellten und benannten Klassen P, O, B, A, F, G, K, M, R, N, Q.

O. Weiß bis gelb. Hauptklasse der Sterne mit hellen Linien oder Bändern (Sterne vom WOLF-RAYET-Typus, ζ Puppis).

B. Weiß. Heliumsterne. Wasserstofflinien noch nicht so kräftig wie bei Klasse A, daneben Heliumlinien charakteristisches Merkmal (Sterne im Orion, in den Plejaden, im Perseus usw.).

A. Weiß. Siriussterne. Wasserstoffserie in sehr kräftigen verwaschenen Linien vorherrschend. Heliumlinien fehlen, Sonnenlinien, besonders H und K, noch sehr schwach (Sirius, Wega).

F. Gelblich. Wasserstoffserie tritt zurück. Kalziumlinien H und K auffälligstes Kennzeichen (δ Aquilae, α Argus).

G. Gelb. Sonnensterne. Zu den bisherigen zahlreiche andere Metallinien, FRAUNHOFERsche Linien G, H, K besonders auffallend (Sonne, Capella).

K. Tiefgelb. Linien G, H und K noch kräftiger als in Klasse G, Wasserstofflinien schwach, das violette Ende des Spektrums auffallend lichtarm (Arkturus, β Gemin.).

M. Gelbrot. Die charakteristischen Eigenschaften der Klasse K besonders kräftig, daneben Absorptionsbänder des Titanoxyds besonders kräftig (Beteigeuze, Antares).

N. Gelbrot (19 Piscium).

Klasse P enthält die planetarischen Nebel, Klasse R einige mit N und K verwandte aber dort nicht unterzubringende Spektra, Klasse Q abnorme oder zusammengesetzte Spektra, die sich keiner anderen Klasse einfügen. Es gibt natürlich auch Übergänge zwischen den Klassen: z. B. B1A (abgekürzt B1) ist ein Spektrum, das wenig von Klasse B abweicht, aber schon Eigentümlichkeiten der Klasse A, wenn auch sehr schwach, zeigt. Für die Bezeichnung B9A (abgekürzt B9) gilt das Umgekehrte. Eine Null neben dem Klassenbuchstaben bedeutet ein Spektrum, das *genau* zu einer der Klassen gehört, z. B. A0.

Diese Einteilung entsprang *formalen* Gründen, erwies sich aber schließlich als *physikalisch* begründet: von den weißen Sternen der B-Klasse an geht die Farbigkeit allmählich bis zu den rötlichen und roten Sternen der Klassen M bis N wie bei einem weißglühenden Körper, der bei seiner Abkühlung nach und nach röter wird, bis er zu leuchten aufhört. (Andere als diese „Abkühlungsfarben" kommen bei den Sternen nicht vor.) Aus dem WIENschen Verschiebungsgesetz kann man folgern, daß sich die Temperatur von den B-Sternen nach den M-Sternen hin erniedrigt. Mißt man die Intensitäten der einzelnen Spektralbezirke spektralphotometrisch, so kann man nach der PLANCKschen Strahlungsformel (wie bei der Sonne) ihre effektive Temperatur berechnen.

Spektralklasse	Temperatur
B1	$\geqq 20000^0$
A1	10000^0
F1	7000^0
G1	5200^0
K1	4200^0
Ma	3300^0
Mb	3000^0

Die Verschiedenheit der Spektraltypen spiegelt also in der Hauptsache die Verschiedenheit der Temperaturen ab, ihre Reihenfolge gibt sehr nahe eine Temperaturskala. Dadurch wird ein Schluß auf die physische Beschaffenheit der Sterne möglich. Die Astrophysik wendet den kosmogonischen Gedanken auf die Fixsternwelt an und schließt: die verschiedenen Spektralklassen entsprechen den verschiedenen Stufen in der *Entwicklung* eines Sternes, jeder Stern durchläuft im Laufe der Jahrbillionen eine Reihe von Spektralklassen.

Sie geht dabei von folgender Vorstellung aus. Ein Fixstern ist im wesentlichen eine Gaskugel, anfangs von äußerst kleiner Dichte. Die Wärme, die die Kugel durch Ausstrahlung verliert, wird ersetzt durch diejenige Wärme, die infolge ihrer (bei der Wärmeausstrahlung eintretenden) Kontraktion entsteht. Aber diese Energiequelle reicht nicht aus, man muß außerdem noch eine atomare Energiequelle als vorhanden annehmen. Überwiegt die Kontraktion, so steigt die Temperatur der Gaskugel über die frühere hinaus, entsteht mehr Wärme als ausgestrahlt werden kann, so dehnt sich die Gaskugel wieder aus und kühlt sich dementsprechend wieder ab und setzt die Ursache der Kontraktion wieder außer Wirkung usf. Auf diese Vorstellung (LANE, RITTER, EMDEN) stützt sich die Entwicklungshypothese (RUSSELL): Neben der Temperatur spielt die Dichte eine wesentliche Rolle. Der Stern beginnt mit niedriger Temperatur

---

[1] Quelle: NEWCOMB-ENGELMANNS Populäre Astronomie. 6. Aufl. 1921.

und niedriger Dichte, somit sehr großer Oberfläche — die absolute Helligkeit ist daher trotz der niedrigen Temperatur sehr groß (die absolut sehr hellen farbigen Sterne). Mit wachsender Dichte steigt (nach dem Lane-Ritter-Gesetz) die Temperatur des Sternes, seine absolute Helligkeit bleibt aber nahezu unverändert, denn seine Oberflächenverkleinerung (bei der Kontraktion) wird durch die erhöhte Temperatur kompensiert. Der Stern durchläuft daher die Reihe M K G F A mit *nahezu gleicher*, sehr großer absoluter Helle, bis er bei einer gewissen Dichte sein Temperaturmaximum (Klasse B) erreicht hat. Von nun an fällt die Temperatur dauernd, der Stern durchläuft jetzt die Reihe A F G K M, verkleinert infolge der Kontraktion dabei seine Oberfläche, seine absolute Helle sinkt daher rasch von der Klasse B an. Der Lebenslauf eines Sternes verläuft also nach dem folgenden Schema:

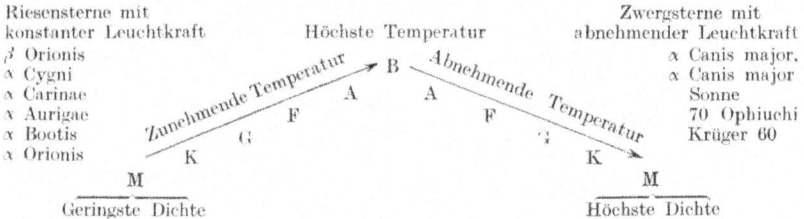

Riesensterne mit   Zwergsterne mit
konstanter Leuchtkraft   Höchste Temperatur   abnehmender Leuchtkraft
β Orionis   α Canis major.
α Cygni   B   α Canis major
α Carinae   A   A   Sonne
χ Aurigae   F   F   70 Ophiuchi
χ Bootis   G   G   Krüger 60
α Orionis   K
                          K
               M   M
       Geringste Dichte   Höchste Dichte

am Anfang stehen die hellen rötlichen Sterne mit großen Oberflächen, die *Riesen* (Giganten), am Ende die schwachen rötlichen Sterne mit kleinen Oberflächen, die *Zwerge* — beide derselben Klasse M angehörend. Jeder Stern durchläuft die Reihe zweimal, einmal in der Richtung M—B, das zweite Mal in der Richtung B—M. Das ist nach der modernen Anschauung der Lebenslauf eines jeden Fixsternes. Sie bringt in die andernfalls kaum übersehbare Fülle von Spektren, Helligkeiten und Temperaturen der Fixsterne einen verständlichen Zusammenhang und hat aus diesem Grunde allgemeine Anwendung gefunden.

4. Röntgenstrahlen.

Entdeckung und allgemeine Eigenschaften. Im Jahre 1895 beobachtete Röntgen, daß von einem (mit einem Induktor betriebenen) stark evakuierten Entladungsrohr Strahlen ausgingen, die Pappe und Holz, aber auch Metalle durchdrangen. Die Strahlen schwärzten die photographische Platte, erregten Kristalle, z. B. Bariumplatinzyanür zur Phosphoreszenz, und machten die Luft elektrisch leitend. Die Röntgenstrahlen machen es bekanntlich möglich, den Knochenbau am lebenden Menschen zu erkennen. Das beruht im wesentlichen auf der verschieden starken Absorbierbarkeit der Strahlen in verschieden dichten Substanzen. Bei einer Aufnahme der menschlichen Hand z. B. lassen die Weichteile die Strahlen leicht hindurch, während die Knochen infolge ihrer größeren Dichte sie zum Teil absorbieren. Infolgedessen erscheinen auf der unter der Hand liegenden photographischen Platte die Knochen als Schattenrisse, die äußere Form der Hand aber wird nur als schwache Kontur sichtbar. Auch in der Therapie spielen die Strahlen eine wichtige Rolle. Je nach der Strahlungsdauer und ihrer Intensität wirken sie anregend oder zerstörend auf die Zelle ein. Viele krankhafte Zustände sind der Behandlung durch Röntgenstrahlen daher zugänglich.

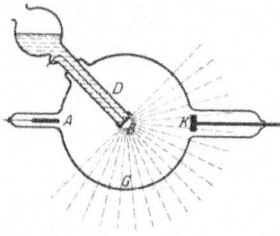

Abb. 792. Röntgenrohr.

Abb. 792 zeigt ein Röntgenrohr besonders einfacher Konstruktion. An ihm erläutern wir die Entstehung der Röntgenstrahlen und einige ihrer wesentlichen Eigenschaften. In der sorgfältigst evakuierten Glaskugel G sind drei Elektroden, die Anode A, die Kathode K und die Antikathode B eingeschmolzen. Die Kathode K hat Hohlspiegelform, um die an ihr entstehenden Kathodenstrahlen auf die Antikathode *B* zu konzentrieren. Diese besteht aus einem zylindrischen Körper aus Schwermetall, der von einem wassergefüllten Glasrohr *D* getragen wird. Das Wasser kühlt den Metallkörper und verhindert so, daß er durch die auf ihn konzentrierten Kathodenstrahlen bis zum Schmelzen erhitzt wird (S. 412 m.). Auch bei normaler Inanspruchnahme des Rohres kommt das Wasser bald zum Kochen, ein Zeichen, daß ein großer Teil der kinetischen Energie der Kathodenstrahlen sich beim Aufprall auf die Antikathode in Wärme umwandelt. Nur ein kleiner Teil der Energie wird in Röntgenstrahlen umgesetzt, die sich von der Antikathode aus nach allen Richtungen hin gradlinig ausbreiten und überall dort, wo sie die Glaswand treffen, eine charakteristische grünliche Fluoreszenz des Glases hervorrufen. Je höher die Spannung ist, mit der das Rohr betrieben wird, desto schneller werden die Kathodenstrahlen, und desto durchdringender die Röntgenstrahlen. Bei etwa 20000 Volt durchsetzen die Röntgenstrahlen die Glaswand und werden außerhalb des Rohres wahrnehmbar, am einfachsten mit dem Bariumplatinzyanürschirm, der überall dort hell aufleuchtet, wo er von Röntgenstrahlen getroffen wird. (Um bei der Beobachtung nicht durch das von dem Röntgenrohr ausgehende Fluoreszenzlicht gestört zu werden, schließen wir es in einen Pappkasten ein, der das Licht abhält, die Röntgenstrahlen aber ungehindert durchläßt.) Im verdunkelten Zimmer können wir dann mit unserem Schirm leicht feststellen:

a) Die Röntgenstrahlen gehen gradlinig wie Lichtstrahlen von der Antikathode aus;

b) eine Reflexion, wie wir sie bei den Lichtstrahlen sehen, tritt nicht ein, welches Material wir auch als Spiegel verwenden;

c) leichte Stoffe, wie Papier oder Aluminium, auch in dickerer Schicht schwächen die Strahlen nur wenig;

d) aber schwere Stoffe, wie Blei oder Platin, 1—2 mm dick, absorbieren die Strahlen vollständig und werfen scharfe Schatten.

Die Strahlen schwärzen die photographische Platte; wir können sie während der Aufnahme in der Kassette lassen, da deren Deckel die Strahlen hindurchläßt. Ein geladenes Goldblattelektrometer (Abb. 413) in der Nähe des Röntgenrohres verliert seine Ladung in wenigen Minuten, ja vielleicht in Sekunden. Wir kommen auf einige dieser fundamentalen Eigenschaften später zurück, befassen uns aber zunächst mit dem *Wesen* der Röntgenstrahlen.

Reflexion der Röntgenstrahlen an Kristallen. Bald nach der Entdeckung der Röntgenstrahlen legten verschiedene Beobachtungen die Vermutung nahe, Röntgenstrahlen seien ebenso wie das Licht elektromagnetische Schwingungen, die sich vom sichtbaren Licht nur durch weit kürzere Wellenlänge unterscheiden. Aber alle Versuche, gewisse charakteristische Eigenschaften — vor allem die Beugung — auch bei den Röntgenstrahlen zu finden, schlugen fehl oder waren nicht von überzeugender Beweiskraft. Will man mit *sehr* kurzwelligem *Licht* möglichst weit auseinanderliegende Beugungsbilder erzeugen, so muß man ein Gitter verwenden, bei dem die Striche sehr fein sind und dicht beisammenliegen. Für die *Röntgen*strahlen aber, deren Wellenlänge vielleicht tausendmal kleiner ist als die des sichtbaren Lichtes, sind auch die allerfeinsten Gitter, die man herstellen kann, nicht fein genug, als daß man erkennbare Beugungsbilder mit ihnen erzeugen könnte. Es war dem deutschen Physiker MAX VON LAUE (1912) vorbehalten, durch einen geistreichen Gedanken das Problem einer raschen Lösung entgegenzuführen und dabei ein neues Arbeitsgebiet zu eröffnen. VON LAUE fragte sich, ob nicht die regelmäßige Anordnung der Atome in einem Kristall auf die Röntgenstrahlen ähnlich wirken müsse wie das Gitter auf Lichtstrahlen[1]. Wie die von den reflektierenden Stellen des Gitters ausgehenden Strahlenbündel einander im allgemeinen durch Interferenz auslöschen und nur in einzelnen durch Strichdichte und Lichtfarbe bestimmten Richtungen verstärken, so konnten vielleicht auch die an den Atomen eines Kristalles abgebeugten Röntgenstrahlen einander in bestimmter von der Wellenlänge abhängigen Richtung verstärken und so ebenfalls spektral zerlegt werden. Besonders aussichtsreich erschien ein solcher Versuch deshalb, weil der gegenseitige Abstand der Atome in einem Kristall außerordentlich viel kleiner ist als der Strichabstand selbst auf dem besten Gitter. Wir übergehen die Einzelheiten der ersten erfolgreichen Versuche, durch die VON LAUE zusammen mit anderen die Richtigkeit seines Gedankens beweisen konnte, und zeigen gleich, wie W. H. BRAGG und sein Sohn das neue Prinzip zuerst zu Messungen an Röntgenstrahlen verwandt haben.

Wir betrachten der Einfachheit halber einen Kochsalzkristall (Abb. 45). In jeder Koordinatenrichtung wechseln stets Natriumionen und Chlorionen mit einander ab, was Abb. 793 durch die verschieden starken Punkte andeutet. Eine

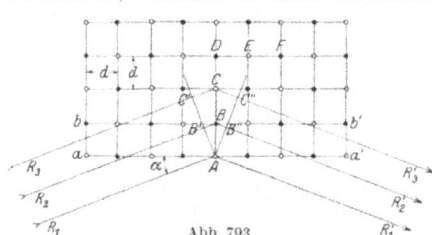

Abb. 793.
Reflexion der Röntgenstrahlen an einem Kochsalzkristall.

solche mit Ionen besetzte Spaltebene heißt Netzebene; über und unter der gezeichneten Ebene — vgl. hierzu Abb. 45 — müssen wir uns weitere Netzebenen denken, die denselben Abstand voneinander haben wie die Ionen in einer Netzebene und so aufeinanderliegen, daß sich über jedem Cl-Ion ein Na-Ion und über jedem Na-Ion ein Cl-Ion befindet. Ganz gleichartige Netzebenen erhält man daher auch, wenn man den Kristall längs einer Ebene durchteilt, die senkrecht zu aa' verläuft.

Ein paralleles Röntgenstrahlenbündel R_1, R_2, R_3 falle unter dem Winkel α auf die vordere Netzebene, in Abb. 793 durch aa' wiedergegeben. Ein kleiner Teil der Strahlen wird an den Atomen der ersten Netzebene aa' abgebeugt, der weitaus größere Teil dringt aber tiefer in den Kristall und wird erst an Atomen der zweiten, dritten usw. Netzebene abgebeugt. Wir greifen nun die beiden Strahlen R_1 und R_2 heraus, von denen der erste gerade auf das Atom A, der zweite auf das dahinterliegende Atom B zulaufe. Wir zeichnen zwei Strahlen R_1' und R_2', die genau so laufen mögen, wie wenn eine *optische* Reflexion an den Netzebenen aa' und bb' stattgefunden hätte. Ob solche Strahlen wirklich existieren können, soll die folgende Betrachtung zeigen. Die ankommende Welle $R_1 R_2$ ist kohärent, d. h. in allen Punkten der Wellenfront herrscht in jedem Moment derselbe Schwingungs-

---

[1] Der Gleichung $E = m \cdot c^2$ der Relativitätstheorie (S. 133) gemäß nimmt DE BROGLIE (1924) an, daß *jedes* Massenteilchen mit einem Schwingungsvorgang verknüpft ist. Er findet den Zusammenhang der Wellenlänge λ dieses Schwingungsvorganges mit der Masse m und der Geschwindigkeit v des Teilchens in der Beziehung $\lambda = h/mv$, hierin ist h die PLANCKsche Konstante. Bei einer Geschwindigkeit wie der der Kathodenstrahlen ist λ von der Größenordnung 10^{-9}, bei den Elektronen, wie glühende Drähte sie aussenden, von der Größenordnung 10^{-7}, d. h. der Wellenlänge weicher Röntgenstrahlen. Ist die Hypothese von DE BROGLIE berechtigt, so müssen sich Elektronenstrahlen, die man durch einige 10 bis 100 Volt beschleunigt, in optischer Hinsicht ebenso verhalten wie Röntgenwellen von einigen Å.-E. Das *ist wirklich der Fall:* man hat die „Materiewellen" ebenso durch *Beugung von Elektronenstrahlen an Kristallen* nachweisen können, wie das v. LAUE mit Röntgenstrahlen getan hat. — Die Hypothese von DE BROGLIE ist der Ursprung der jüngsten Phase der theoretischen Physik, der Quantenmechanik, die sich bisher hauptsächlich an die Namen BORN, DIRAC, HEISENBERG, JORDAN, SCHRÖDINGER knüpft (s. S. 481, Fußn. und S. 621, Fußn.).

zustand. Schneiden wir also die Welle $R_1 R_2$ senkrecht zu ihrer Bewegungsrichtung durch die Gerade $A B'$, so haben wir längs $A B'$ in allen Punkten denselben Schwingungszustand, also gleichzeitig Wellental und darauf gleichzeitig Wellenberg. Wäre dies *nicht* so, so wäre eben $R_1 R_2$ keine *Welle* im Sinne unserer Voraussetzung. Soll nun auch die aus dem Kristall als Folge der Beugung wieder heraustretende Strahlung eine *Welle* im obigen Sinne sein, so muß entlang der senkrecht zu ihrer Fortpflanzungsrichtung verlaufenden Linie $A B''$ *dasselbe* gelten, was wir soeben von der einfallenden Welle sagten: in jedem Moment muß längs $A B''$ immer derselbe Schwingungszustand herrschen. Nun legt aber der Strahl $R_2 B R_2'$ einen erheblich längeren Weg im Kristall zurück als der Strahl $R_1 A R_1'$, der schon in der obersten Kristallschicht abgebeugt wird. Es ist daher an sich gar nicht zu erwarten, daß in allen Punkten längs $A B''$ derselbe Schwingungszustand herrscht. Nur in einem besonderen Fall wird das möglich sein: wenn die Strecke $B' B + B B''$, die der Strahl $R_2 R_2'$ mehr zu durchlaufen hat als der Strahl $R_1 R_1'$, gerade gleich einer ganzen Wellenlänge oder einem Vielfachen davon ist. Denn dann ist ja der Schwingungszustand in B'' zu jeder Zeit derselbe wie in A. Wenn z. B. in einem bestimmten Moment eben durch A das Maximum eines Wellenberges passiert, so trifft das auch für den Punkt B' zu, und da die Strecke $B' B + B B''$ in unserem besonderen Falle gleich einer oder mehrerer Wellenlängen ist, so haben wir im selben Augenblick auch in B'' einen Wellenberg. Nur in *der* Richtung also, für welche die Strecke $B' B + B B''$ der obigen Bedingung genügt, kommt ein Strahl zustande; nach allen anderen Richtungen wird sich kein Strahl fortpflanzen.

Bestünde die Welle $R_1' R_2'$ nur aus dem an zwei Atomen abgebeugten Licht, so wäre sie viel zu schwach, als daß man hoffen könnte, sie jemals nachzuweisen. Aber die Kohärenz, die wir für zwei einzelne Strahlen nachgewiesen haben, tritt auch für die an allen anderen Atomen abgebeugten Strahlen ein. Nehmen wir z. B. den Strahl R_3, der auf das Atom C falle. Auch hier wird der abgebeugte Strahl R_3' in Kohärenz sein mit den Strahlen R_1' und R_2', da ja (eine einfache geometrische Überlegung zeigt das) auch $C' C + C C''$ ein Vielfaches der Wellenlänge ist, wenn dies für $B' B + B B''$ zutrifft. Man könnte aber auch andere Atome, z. B. D, E oder F herausgreifen und die Kohärenz der abgebeugten Strahlen beweisen. Man überzeugt sich auch leicht, daß eine Kohärenz aller an den Atomen abgebeugten Strahlen nur dann eintritt, wenn wirklich der Austrittswinkel α' gleich dem Einfallswinkel α ist, wie wir es von vornherein angenommen haben. — Man *nennt* den abgebeugten Strahl reflektiert wegen der Ähnlichkeit des Vorgangs bei optischer Reflexion und α den *Glanzwinkel*. Aber die Reflexion eines Lichtstrahles ist *tatsächlich* ein wesentlich anderer Vorgang als die Reflexion eines Röntgenstrahls. Optische Reflexion spielt sich an der Oberfläche ab, bei der Reflexion von Röntgenstrahlen dagegen wirkt der ganze Kristall bis zu einer erheblichen Tiefe mit. Die *Oberflächen*beschaffenheit ist daher bei der Röntgenstrahlreflexion im Gegensatz zu dem optischen Analogon belanglos.

Wir wollen das nun in einer einfachen Gleichung ausdrücken. Die Wellenlänge des einfallenden Strahles bezeichnen wir mit λ, den Abstand zweier Netzebenen, also die Strecke $A B$, mit d und den Winkel, den die einfallenden Strahlen mit der Netzebene bilden, mit α. Die Welle $R_1' R_2'$ kann nur dann zustande kommen, wenn $B' B + B B''$ gleich einem Vielfachen von λ ist; wir können also schreiben: $B' B + B B'' = n\lambda$, wobei n gleich 1, 2 oder 3 ... ist. Aus einer Betrachtung der Dreiecke $A B B'$ und $A B B''$ folgt dann:

$$2 d \sin \alpha = n \lambda$$

als Bedingung dafür, daß überhaupt eine Reflexion eintritt. Es ist *die für die Analyse von Röntgenstrahlen fundamentale Gleichung.* Sie sagt aus: bei gegebener

Wellenlänge λ tritt eine Reflexion nur bei ganz bestimmten Winkeln ein. Bei der optischen Reflexion gibt es keine derartigen Einschränkungen.

Betrachten wir eine Reflexion erster Ordnung, d. h. den einfachsten Fall $n = 1$, der sich vor allen anderen Fällen dadurch auszeichnet, daß die reflektierte Strahlung am stärksten ist, so können wir auch sagen, daß für eine homogene Röntgenstrahlung, die also von einheitlicher Wellenlänge ist, es auch nur *einen* Winkel gibt, bei dem reflektierte Strahlung auftreten kann. Wenn man also Röntgenstrahlen eines großen Wellenlängenbereichs, was weißem Licht entsprechen würde, unter dem Winkel α auf einen Kristall fallen läßt, so wird nur *eine* Wellenlänge reflektiert, nämlich diejenige, die sich aus obiger Gleichung berechnet. Ganz anders liegen die Verhältnisse bei Licht, wenn man es als paralleles Strahlenbündel auf ein Strichgitter fallen läßt. Hier treten Beugungen für alle Wellenlängen (Farben) ein. Dabei ist für jede Farbe der Winkel, unter dem das Licht abgebeugt wird, verschieden von dem Einfallswinkel.

Messung der Wellenlängen von Röntgenstrahlen. Die Reflexionsgleichung zeigt, daß wir das unbekannte λ berechnen können, wenn wir den Reflexionswinkel gemessen haben, was keine Schwierigkeiten macht. Wir müssen allerdings auch wissen, wie groß der Netzebenenabstand (die Gitterkonstante) des benutzten Kristalles ist. Bleiben wir wieder beim Steinsalz, und denken wir uns den Kristall durch viele zueinander rechtwinklig verlaufende Ebenen in lauter winzige Würfel geteilt, von denen jeder nur *ein* Atom enthält. Die Kantenlänge eines solchen Elementarwürfels, wie wir ihn nennen, ist gleich der Gitterkonstante d, sein Volumen d^3 und sein Gewicht $2{,}16 \cdot d^3$, da $2{,}16$ die Dichte des Steinsalzes ist. Wir können aber das Gewicht eines Elementarwürfels auch auf einem ganz anderen Weg finden, indem wir nämlich von dem Gewicht des in einem Würfel befindlichen Na- oder Cl-Atoms ausgehen. Wie aus den Atomgewichtsbestimmungen hervorgeht, ist ein Na-Atom 23 mal und ein Cl-Atom 35,5 mal schwerer als ein H-Atom, dem ein absolutes Gewicht von $1{,}65 \cdot 10^{-24}$ g zukommt. Das Natriumatom wiegt daher $23 \cdot 1{,}65 \cdot 10^{-24} = 3{,}80 \cdot 10^{-23}$ g, und das Cl-Atom $5{,}86 \cdot 10^{-23}$ g. Da nun die eine Hälfte unserer Elementarwürfel je ein Na-Atom, die andere je ein Cl-Atom enthält, so hat ein Würfel im Mittel ein Gewicht von $\frac{3{,}80 + 5{,}86}{2} \cdot 10^{-23} = 4{,}83 \cdot 10^{-23}$ g.

Setzen wir das aus der Dichte ermittelte Gewicht des Elementarwürfels gleich dem aus dem Atomgewicht gefundenen, so erhalten wir die Beziehung: $4{,}83 \cdot 10^{-23} = 2{,}16 d^3$, aus der sich die Gitterkonstante d des Steinsalzes zu $2{,}81 \cdot 10^{-8}$ cm ergibt.

Damit haben wir alle Hilfsmittel zur Hand, die Länge einer Röntgenstrahlwelle genau nach Zentimetern zu messen. Wir werden später sehen, daß die Wellenlänge der Röntgenstrahlung sehr stark davon abhängt, aus welchem Material die Antikathode des Röntgenrohres gefertigt ist. In der Tat ist die Wellenlänge geradezu charakteristisch für das chemische Element, welches als Antikathode dient. So finden wir bei Kupfer als wichtigste Linie die Wellenlänge $1{,}537 \cdot 10^{-8}$ cm und bei Platin $0{,}1853 \cdot 10^{-8}$ cm. Vergleicht man diese Zahlen mit den Wellenlängen im sichtbaren Gebiet, so sieht man, daß die Röntgenstrahlen rund 1000 bis 10000 mal kürzere Wellen haben als sichtbares Licht. Dieser Unterschied in der Wellenlänge bewirkt die große Verschiedenheit beider Strahlenarten in ihrem Verhalten beim Durchgang durch Materie. Ihrem inneren Wesen nach aber sind die Röntgenstrahlen ebenso wie die sichtbaren Lichtstrahlen elektromagnetische Schwingungen und pflanzen sich daher auch, ganz gleichgültig wie groß ihre Wellenlänge ist, mit einer Geschwindigkeit von 300000 km/sec im materiefreien Raume fort.

Röntgenspektra. Zerlegen wir mit einem Prisma oder mit einem Gitter das Licht einer optischen Strahlenquelle, so bekommen wir ein Bild von den Farben und Wellenlängen, die das Licht der Strahlenquelle zusammensetzen. Wir sprechen von *kontinuierlichem Spektrum*, wenn in dem zerlegten Licht die Intensität der Strahlung sich allmählich, nicht sprunghaft, ändert, während wir vom roten Ende des Spektrums zum violetten Ende übergehen: von *Linienspektrum*, wenn die Intensität auf einzelne bestimmte Wellenlängen verteilt ist. Ein typisches Beispiel für ein kontinuierliches Spektrum bietet ein weißglühender Draht; im Spektralapparat betrachtet, zeigt er alle Farben von Rot bis Violett, ineinander übergehend. Ein Beispiel für ein Linienspektrum bietet ein mit Wasserstoff gefülltes GEISSLER-Rohr, das mit einem Induktor betrieben wird; im Spektralapparat betrachtet, zeigt es kein zusammenhängendes Lichtband, sondern einzelne helle Linien, die für das Wasserstoffgas charakteristisch sind.

Wie können wir nun von der Röntgenstrahlung ein Spektrum aufnehmen? Bei *sichtbarem* Licht können wir alle Farben oder Wellenlängen durch ein Gitter nebeneinander ausbreiten; das für die *Röntgenstrahlen* allein verwendbare Kristallgitter aber läßt das nicht zu, der Kristall reflektiert von dem unter be-

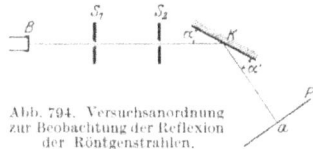

Abb. 794. Versuchsanordnung zur Beobachtung der Reflexion der Röntgenstrahlen.

stimmtem Winkel auffallenden Strahlenbündel nur *eine* Wellenlänge, alle anderen Wellenlängen läßt er aber (mit mehr oder weniger starker Absorption) unzerlegt hindurch. Eine der wichtigsten Methoden, auch bei Röntgenstrahlen Spektralaufnahmen zu machen, beschreiben wir an Abb. 794. *B* bedeutet die Antikathode des Röntgenrohres, von der die Strahlen ausgehen. Durch zwei Spalten $S_1 S_2$ (aus Bleistreifen) werde ein sehr feines Strahlenbündel ausgeblendet, das unter dem Winkel α auf den Kristall K falle. Ist in dem Strahlenbündel die Wellenlänge enthalten, für welche nach $2d \sin \alpha = n\lambda$ gerade bei dem Winkel α der Abb. 794 eine Reflexion eintritt, so wird die photographische Platte P nach der Entwicklung bei a eine schwarze Linie zeigen. Diese Linie ist ein Abbild

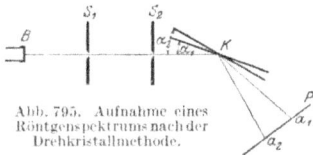

Abb. 795. Aufnahme eines Röntgenspektrums nach der Drehkristallmethode.

des Spaltes, das durch die Reflexion der Strahlen an dem Kristall zustande kam. *Fehlt* in dem Strahlenbündel die nach der Fundamentalgleichung zu α gehörige Wellenlänge, so bleibt die Platte bei α ungeschwärzt, wie lange man auch die Strahlen auf den Kristall fallen läßt.

Wollte man das ganze Spektrum der Röntgenstrahlen so untersuchen, so müßte man sehr viele Aufnahmen machen und jedesmal α um einen sehr kleinen Betrag verändern. Man kann aber viel einfacher vorgehen: wir *drehen* den Kristall K *während* der Aufnahme ganz langsam um eine senkrechte Achse, die genau durch den Auftreffpunkt der Strahlen hindurchgeht. Wir wollen beispielsweise die Drehung bei dem Winkel α_1 als Anfangsstellung beginnen und bis zum Winkel α_2 fortführen (Abb. 795). Während der Drehung ändert sich der Winkel, unter dem die Strahlung auf den Kristall fällt, stetig, und für jede Wellenlänge, die in diesem Bereich überhaupt reflektiert werden kann, befindet sich der Kristall einmal gerade in der Reflexionsstellung. Beim Reflexionswinkel α_1 entsteht die Schwärzung der Platte in a_1, beim Winkel α_2 in a_2 und für zwischenliegende Winkel an Stellen zwischen a_1 und a_2.

Ist die Strahlung, die von der Röhre ausgeht, völlig homogen, besteht sie also nur aus *einer* Wellenlänge, so wird die Platte während der Drehung nur *einmal* geschwärzt werden, nämlich dann, wenn der Kristall gerade den *einen* durch die Reflexionsgleichung $2\,d\sin\alpha = n\,\lambda$ bestimmten Winkel einnimmt. Eine feine Linie, parallel zur Spaltrichtung wird an der entsprechenden Stelle der Platte auftreten; je enger die Spalten (S_1, S_2) sind, desto feiner und schärfer wird sie sein. Enthält dagegen die Strahlung größere Wellenbereiche, so wird während der ganzen Zeit, für die die Reflexionsgleichung erfüllt ist, eine Schwärzung der Platte eintreten. Dann tritt ein Schwärzungs*band* auf, das an den Seiten allmählich verblaßt oder auch scharf begrenzt sein kann. Durch die Lage der Linien und Banden auf der photographischen Platte sind auch die Winkel bestimmt, die der Kristall bei ihrer Entstehung einnahm. Aus Reflexionswinkel und Gitterkonstante folgt aber nach unserer Fundamentalgleichung die Wellenlänge der Strahlung.

Wie sieht nun die Platte in Wirklichkeit aus, wenn wir sie durch Vermittlung des Drehkristalles mit Röntgenstrahlen belichtet und dann entwickelt haben? Wir finden meist ein breites geschwärztes Band, aber seine Lage ist verschieden: je höher die Betriebsspannung an dem Röntgenrohr ist, desto weiter erstreckt sich die Schwärzung in den Bereich der kürzeren Wellenlängen, also nach a_1 hin. Aus der Breite der Schwärzung können wir schließen, daß ein Röntgenrohr, ähnlich z. B. wie ein glühender Kohlefaden, Strahlen sehr verschiedener Wellenlänge, also ein kontinuierliches Spektrum, emittiert. Auch das kontinuierliche Röntgenspektrum kann sehr verschiedene Spektralgebiete umfassen. Hierbei spielt aber die Temperatur der Antikathode, von der die Strahlen ausgehen, keine Rolle, sondern *allein die Geschwindigkeit der Kathodenstrahlen*, die beim Aufprall auf die Antikathode die Röntgenstrahlen auslösen. In einer mit schwacher Spannung betriebenen Röntgenröhre bewegen sich die Kathodenstrahlen relativ langsam. Das hat zur Folge, daß nur langwellige Röntgenstrahlen emittiert werden, die vielleicht nicht einmal die Glaswand des Röntgenrohres durchdringen können. Je mehr wir aber die Spannung steigern, desto schneller werden die Kathodenstrahlen und desto kurzwelliger und durchdringender auch die Röntgenstrahlen. Während aber das Spektrum des glühenden Kohlenfadens nach der kurzwelligen Seite hin *allmählich* verblaßt, bricht das Röntgenspektrum dort *scharf* ab. Der schnellste Kathodenstrahl, der im Rohr auftritt, bestimmt die kürzeste Wellenlänge, die überhaupt auftreten kann. Maximalgeschwindigkeit der Kathodenstrahlen und kürzeste Wellenlänge der Röntgenstrahlen sind durch eine einfache fundamentale Beziehung miteinander verknüpft (S. 631 u.).

Neben dem kontinuierlichen Spektrum findet man bei den Röntgenstrahlen unter bestimmten Bedingungen auch ein Linienspektrum. Wie man z. B. das Wasserstoffgas in einer Entladungsröhre durch den elektrischen Strom zur Emission eines für dieses Gas äußerst charakteristischen Linienspektrums anregen kann, so werden auch feste Körper, z. B. das Metall der Antikathode, durch den Anprall der Kathodenstrahlen zur Emission eines für dieses Metall charakteristischen Linienspektrums veranlaßt. Während aber das Wasserstoffspektrum wenigstens zum Teil im sichtbaren Gebiet liegt und daher im Spektralapparat sichtbar und meßbar ist, fallen die Linienspektra der schweren Stoffe, wie wir sie durch Kathodenstrahlen anregen können, im wesentlichen ins Gebiet der Röntgenstrahlen. In unserem Röntgenrohr entsteht ein solches Linienspektrum in dem die Antikathode bildenden Metall aber nur dann, wenn es von Kathodenstrahlen genügend großer Geschwindigkeiten bombardiert wird. Unter ihrer Wirkung werden im Innern der Atome Schwingungen bestimmter Wellenlängen ausgelöst, die wir mit dem Röntgenspektralapparat (Abb. 795) nachweisen und messen können. Neben dem kontinuierlichen Spektrum, das auf jeder Röntgenaufnahme vorhanden ist, finden wir daher auch Gruppen scharf begrenzter Linien. Die Linien liegen an verschiedenen Stellen, entsprechen also verschiedenen Wellenlängen, wenn wir verschiedene Elemente als Antikathodenmaterial verwenden. Wir gehen hierauf bei Besprechung des Atombaus (S. 624) näher ein.

Übersicht über den gesamten Bereich der elektromagnetischen Wellen.

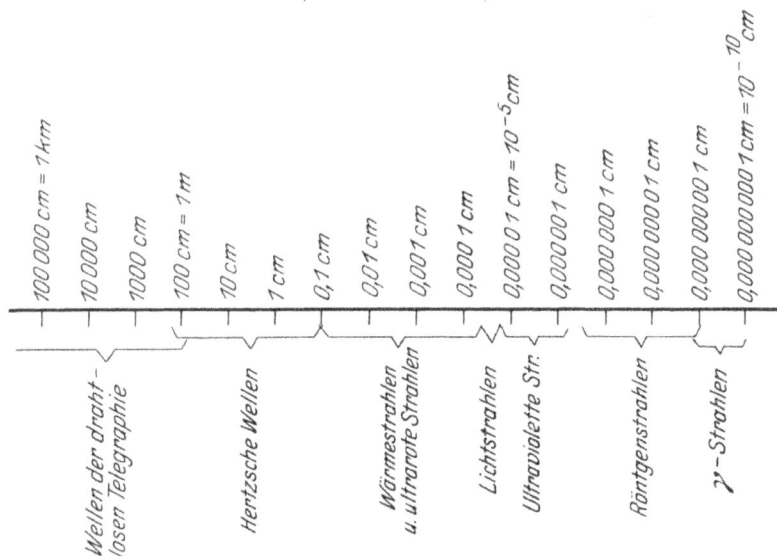

$$(1 \text{ Å.-E.} = 10^{-8} \text{ cm}).$$

100 000 cm = 1 km
10 000 cm
1000 cm
100 cm = 1 m
10 cm
1 cm
0,1 cm
0,01 cm
0,001 cm
0,000 1 cm
0,000 01 cm = 10^{-5} cm
0,000 001 cm
0,000 000 1 cm
0,000 000 01 cm
0,000 000 001 cm
0,000 000 000 1 cm = 10^{-10} cm

Wellen der drahtlosen Telegraphie — Hertzsche Wellen — Wärmestrahlen u. ultrarote Strahlen — Lichtstrahlen — Ultraviolette Str. — Röntgenstrahlen — γ-Strahlen

5. Spektralanalytischer Aufbau des Atoms.

Allgemeine Grundlagen. Chemie und Physik haben überzeugende Beweise dafür gebracht, daß die Materie aus diskreten Teilchen, den Atomen, aufgebaut ist. Schon vor Entdeckung der Radioaktivität waren 67 verschiedene Atomarten oder Elemente bekannt, die durch ihre chemischen und physikalischen Eigenschaften — in erster Linie durch ihre relative Masse oder ihr Atomgewicht — genau charakterisiert waren. Alle Kenntnisse von den Atomen waren durch Versuche mit wägbaren Mengen dieser Elemente gewonnen; über die Atome selbst ließ sich nur wenig aussagen. Selbst fundamentale Größen, wie Atomdurchmesser und absolutes Atomgewicht, konnten auf Grund wenig zuverlässiger Annahmen nur abgeschätzt werden. Ferner fehlte es an bestimmten Vorstellungen über den Aufbau des Atoms und über die Faktoren, welche seine Eigenschaften bestimmen. Man übertrug notgedrungen die Eigenschaften, die man aus dem Studium wägbarer Mengen kennengelernt hatte, auf die Atome: man dachte sich eben das Gold- oder Bleiatom als eine mit dieser Materie erfüllte winzige Kugel oder ein kugelähnliches Gebilde.

Einen umfassenderen Gesichtspunkt brachte die Hypothese von PROUT, der sich alle Elemente aus Wasserstoff aufgebaut dachte, weil die Atomgewichte sehr vieler Elemente fast genau ganzzahlige Vielfache des Wasserstoffatomgewichts sind. So ist Sauerstoff fast genau 16 mal schwerer als Wasserstoff und besteht daher nach Prout aus 16 Wasserstoffatomen. Wo Abweichungen von der Ganzzahligkeit vorhanden waren, glaubte Prout sie auf Meßfehler zurückführen zu können. Seine Hypothese geriet (unberechtigterweise, wie wir heute wissen) in Vergessenheit, als spätere Forschung erwies, daß eine Reihe von Elementen sicherlich kein ganzzahliges Atomgewicht besitzen. Im Laufe der Zeit konnten neue Gesichtspunkte dafür geltend gemacht werden, daß die Atome wohl für die Methoden der Chemie immer das Unteilbare bleiben mochten, daß sie aber doch komplizierte Gebilde sind, die sich aus Einheiten höherer Art aufbauen. Das wurde zur Gewißheit, als das Studium von Kathoden- und Röntgenstrahlen sowie die radioaktive Forschung Einblicke in das Atominnere ermöglichte. Lenards Überlegungen im Anschluß an seine Untersuchungen über Kathodenstrahlen führten auf den richtigen Weg.

Wir können die schnellen Elektronen des Kathodenstrahles, wie Lenard sagt, als Prüfkörperchen benutzen, die wir das Innere der Atome durchfliegen lassen, so daß sie uns von dort Kunde bringen. So zeigen uns diese Prüfkörperchen, daß auch die dichtesten Stoffe im Grunde ein weitmaschiges Gefüge sind, denn ein Elektron kann Metallfolien, die für undurchdringlich galten, ohne weiteres durchsetzen. Wohl beansprucht jedes Atom einen für seinesgleichen undurchdringlichen Raum, jedoch dem Elektron gegenüber erweisen sich alle Atomarten als sehr durchlässige Gebilde, aufgebaut aus feinen Bestandteilen mit weiten Zwischenräumen. Daß diese Bestandteile bei allen Atomarten wesensgleich sind, wird durch die Gesetze nahegelegt, nach denen die Kathodenstrahlen in verschiedenen Stoffen absorbiert werden. Hier verschwindet die bunte Mannigfaltigkeit von Eigenschaften, die wir an den verschiedenen Stoffen zu sehen gewohnt sind; lassen wir etwa Elektronen auf gleich große Folien verschiedenen Materials fallen, so wird die Absorption der Elektronen nur durch das Gewicht (richtiger die Masse) der Folie bestimmt. Alles, was gleich schwer ist, absorbiert auch gleich stark, was schwerer ist, absorbiert mehr, was leichter, weniger, immer im Verhältnis der Gewichte oder Massen. Lenard schloß daraus, daß, die Atome der verschiedenen chemischen Elemente sich nicht qualitativ, sondern nur quantitativ voneinander unterscheiden, d. h. sie bestehen alle aus einem und demselben Urstoff, enthalten ihn aber in verschiedener Menge.

Sehr auffallend bei dem Flug des Elektrons durch die Atome ist seine Ablenkung aus der geradlinigen Bahn. Eine solche Ablenkung können Kathodenstrahlen nur durch elektrische oder magnetische Kräfte in den Atomen erleiden. Magnetische Kräfte sind gleichbedeutend mit bewegter Elektrizität, so daß also aus den Ablenkungen in jedem Fall auf elektrische Kräfte im Atom geschlossen werden muß. Wie aus der Größe der Ablenkungen hervorgeht, müssen die Feldstärken im Inneren der Atome viel größer sein, als sie mit irgendeinem uns bekannten Mittel hergestellt werden können. Wir werden sehen, wie es schließlich sogar möglich geworden ist, die elektrischen Feldstärken im Inneren der Atome genau zu messen.

Das Rutherfordsche Atombild. Die soeben entwickelten Vorstellungen verdichteten sich bei Rutherford zu einer mit mathematischen Hilfsmitteln zu fassenden Theorie. Er stützt sich in erster Linie auf einige zunächst sehr auffallende Beobachtungen über den Durchgang von α - Strahlen durch feste Körper. Die α-Strahlen erleiden nämlich beim Durchgang durch eine dünne Metallschicht, z. B. eine Goldfolie, *im allgemeinen* keine Richtungsänderung, wie auch bei der im Vergleich mit einem Kathodenstrahl großen kinetischen Energie des α-Teilchens nicht anders zu erwarten ist. Andererseits beobachtet man aber doch, wenn auch nur in äußerst seltenen Fällen, daß *einzelne* α-Teilchen beim Durchgang durch eine dünne Folie aus ihrer ursprünglichen Bahn herausgeworfen werden, und zwar manchmal so stark, daß die Ablenkung 90° überschreitet und somit eine scheinbare Reflexion einzelner Strahlen an der Folie eintritt. Wieder mußte man auf äußerst starke elektrische Kraftfelder schließen, die im Inneren der Atome ihren Sitz haben und die für die großen Ablenkungen verantwortlich zu machen sind. Freilich blieb immer noch unverständlich, warum nicht *jedes* α-Teilchen eine erhebliche Ablenkung erlitt, sondern diese Ablenkungen nur auf außerordentlich seltene Fälle beschränkt waren. Die Lösung dieser Frage hat einer quantitativen Atomphysik die Wege geebnet, um deren Ausbau sich in erster Linie RUTHERFORD und BOHR verdient gemacht haben. Nach den heute allgemein anerkannten Vorstellungen dieser Physiker sitzt in der Mitte eines jeden Atoms ein einziges zentrales Kraftfeld, das von einer an Materie gebundenen, positiven Ladung herrührt, die den wesentlichen Bestand des Atoms ausmacht und die als *Kern* bezeichnet wird. In diesem Kern ist fast die ganze Masse des Atoms konzentriert; trotzdem sind seine Dimensionen verschwindend klein im Vergleich mit den Dimensionen des Atoms selbst. Um den Kern kreisen Elektronen mit hoher Geschwindigkeit. Der Durchmesser der größten Bahn bestimmt im allgemeinen die äußere Wirkungssphäre des Atoms und damit die Größe, die gemeinhin als Atomdurchmesser bezeichnet wird.

Das einfachste Beispiel ist das Wasserstoffatom (Abb. 796). Sein Kern verbindet die Masseneinheit und die positive Ladungseinheit. Kleinere Ladung und kleinere Masse kennen wir bei Atomen nicht. Da der Wasserstoffkern neben dem Elektron den Baustein für alle höheren Atomkerne bildet, hat man für ihn den besonderen Namen *Proton* gewählt. Im Wasserstoffatom wird das Proton K von einem einzigen Elektron E umkreist, das in einer Bahn von $1,1 \cdot 10^{-8}$ cm Durchmesser mit hoher Geschwindigkeit läuft. Da die Ladungen von Kern und Elektron gleich groß sind, aber entgegengesetztes Vorzeichen haben, erscheint das Atom in größerem Abstand elektrisch neutral, was mit der Erfahrung übereinstimmt.

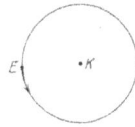

Abb. 796. Das Wasserstoffatom.

Bei dem nächstschweren Element, dem Helium, besteht der Kern aus vier Protonen und zwei Elektronen, so daß ein Atomgewicht 4 und eine positive Kernladung von $4 - 2 = 2$ Einheiten resultiert. Die beiden in den Kern unlöslich eingefügten Elektronen bezeichnen wir als die Kernelektronen im Gegensatz zu den beiden Bahnelektronen, die den Kern umkreisen und unter Umständen durch äußere Einwirkungen auch abgetrennt werden können. Ebenso wie beim Wasserstoffatom ist beim normalen, d. h. beim nichtionisierten Heliumatom die Kernladung durch die beiden Bahnelektronen gerade neutralisiert.

Ähnlich sind *alle* Elemente aufgebaut, wobei zwar immer die Zahl der Ladungeinheiten des Kerns gleich der Zahl der den Kern umkreisenden Elektronen ist, die Zahl der Masseeinheiten aber nicht ohne weiteres aus der Zahl der Ladungen erschlossen werden kann. Das Goldatom z. B. besitzt 79 positive Ladungseinheiten im Kern und ebensoviele Elektronen, die den Kern umkreisen. Die Zahl der Protonen und damit die Zahl der Masseeinheiten im Kern beträgt aber 197, die Zahl der Kernelektronen also 118. Wie diese Zahlen im einzelnen für alle Elemente erschlossen werden können, soll später gezeigt werden (S. 624 u.). Hier genügt es, darüber klar zu sein, daß auch bei einem schweren Atom, wie dem Gold, fast die ganze Masse in dem winzigen Kern konzentriert ist, während die Elektronenhülle die Grenze bestimmt, bis zu der andere Atome sich nähern können.

Mit diesen Vorstellungen über die Atomstruktur läßt sich leicht verstehen, daß ein α-Teilchen beim Durchgang durch eine dünne Goldfolie gelegentlich, wenn auch sehr selten, eine große Ablenkung erleiden kann. Ein α-Teilchen besteht aus einem Heliumatom, von dem zwei Elektronen abgetrennt sind, es ist also ein Heliumkern. Für diesen mit großer Geschwindigkeit dahinfliegenden Heliumkern, der verschwindend klein ist im Vergleich zu einem Atom, besteht die Goldfolie — die dem *Auge* dicht und masseerfüllt erscheint — aus einem weitmaschigen Netz von winzigen Kraftzentren, die eben durch die Atomkerne gegeben sind. Gerade aber deshalb, weil jede Kernladung auf einen winzigen Raum zusammengedrängt ist, ist auch das Kraftfeld in nächster Nähe so außerordentlich groß, daß ihm gegenüber alle Kräfte, die von den Elektronen ausgehen, verschwindend klein und ohne erhebliche Wirkung auf die α-Strahlen sind. Die Weitmaschigkeit ist so groß, d. h. die Kerne sind im Vergleich zu ihrem Abstand so klein, daß nahezu ausnahmslos jedes α-Teilchen die Atome der Folie durchsetzt, ohne an einen Kern auf wirksame Nähe heranzukommen. Nur wenn die Annäherung zwischen den Kraftfeldern des α-Kerns und des Goldkerns von der Größenordnung 10^{-12} cm, d. h. etwa $^1/_{10\,000}$ Atomdurchmesser wird, tritt eine merkliche Ablenkung ein; von der Seltenheit eines solchen Vorgangs kann man an Abb. 797 eine Vorstellung gewinnen. K bedeutet den Kern eines Goldatoms, a, b, c ... die Bahnen von α-Teilchen, die, aus einer bestimmten Richtung kommend, an dem Kern in kleinerer oder größerer Entfernung vorbeifliegen. Wie selten ein α-Teilchen einem Kern so nahe kommt, wie etwa bei a, erkennt man daran, daß der Atomdurchmesser, im selben Maßstab wie die Abbildung gezeichnet, etwa 100 m betragen würde. In der doppelten Entfernung wären also die Kerne der benachbarten Goldatome zu zeichnen.

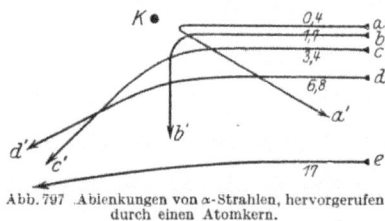

Abb. 797 Ablenkungen von α-Strahlen, hervorgerufen durch einen Atomkern.

Die Berechnung der Bahnkurven, wie in Abb. 797, ist deshalb durchführbar, weil wir es bei den Kernen mit punktartigen Ladungen zu tun haben, die nach denselben Gesetzen aufeinander wirken wie Massenpunkte. In der Tat ist die Bahnberechnung für einen α-Kern, der an einem anderen, viel stärker geladenen Kern nahe vorbeifliegt, genau dasselbe Problem, das bei Bestimmung der Kometenbahnen schon längst gelöst worden ist. Komet und α-Teilchen bewegen sich in elliptischer oder hyperbolischer Bahn mit der Sonne bzw. dem Atomkern als Brennpunkt. Bei dem Kometen kann durch unmittelbare Himmelsbeobachtung Rechnung und Theorie miteinander verglichen werden; aber auch die in unendlich viel kleineren Dimensionen sich abspielende Astronomie der Atome läßt sich experimentell verfolgen. Die Methode der Szintillationszählung (S. 432) gibt das Hilfsmittel an die Hand. Man läßt z. B. 100000 α-Teilchen auf eine Goldfolie auffallen und bestimmt, wie viele davon um 150^0, 90^0, 40^0 ... abgelenkt werden, indem man in den durch die Pfeile a', b', c' ... gegebenen Richtungen Zinksulfidschirme aufstellt. Da sich nun aus Wahrscheinlichkeitsbetrachtungen ergibt, wie viele von den 100000 α-Teilchen beim Durchgang durch die Folie einem Goldkern auf beispielsweise $1{,}7 \cdot 10^{-12}$ cm nahe kommen (Strahl b), so ergibt sich auch rechnerisch, wie viele um 90^0 abgelenkt werden. Es ist die stärkste Stütze für die Kerntheorie, daß man bei den Szintillationszählungen für jeden Winkel gerade *die* Zahl von abgelenkten α-Teilchen findet, welche die Theorie voraussagt.

Nachdem so die Fundamente der Theorie gesichert waren, konnte man weitergehen und aus Versuchen mit anderen Stoffen als Gold auf die Größe der Kernladungen verschiedener Elemente schließen. Es wäre aber undurchführbar, die Kernladungen aller Elemente durch Szintillationsbeobachtungen zu ermitteln. Hier kommen uns die Röntgenstrahlen zu Hilfe, die, aus Kernnähe kommend, uns ebenfalls über das elektrische Kraftfeld des Kernes und damit über die Kernladung Aufschluß geben. Bevor wir dies besprechen, kehren wir nochmals zum Wasserstoffatom zurück.

Bau und Spektrum des Wasserstoffatoms. Das Wasserstoffatom besteht (S. 619) aus einem einfachen positiven Kern (Proton), der von einem Elektron umkreist wird. Dem dänischen Physiker NIELS BOHR gelang es 1913, unter einfachen, wenn auch sehr neuartigen theoretischen Voraussetzungen das Zustandekommen des Wasserstoffspektrums in allen Einzelheiten zu erklären. Der Grundgedanke ist: das den Kern umkreisende Elektron kann sich nicht auf jeder beliebigen Bahn bewegen, sondern aus Stabilitätsgründen[1] sind nur bestimmte Bahnen — die Quantenbahnen — möglich. Die dem Kern nächste Bahn — die Grundbahn — hat den Durchmesser von $1,1 \cdot 10^{-8}$ cm in Übereinstimmung mit dem auch aus anderweitigen Versuchen ableitbaren Durchmesser des Wasserstoffatoms. Die 2. Quantenbahn hat 4fachen, die 3. hat 9fachen Durchmesser usw. (Abb. 798). Zu jeder Bahn gehört eine bestimmte Bewegungsenergie, die das Elektron besitzen muß, um auf ihr umlaufen zu können. Für die Grundbahn, auf die das Elektron nach jeder Störung immer wieder zurückzukehren sucht, ist die erforderliche Energie am kleinsten. Wird dem Atom durch äußere Einwirkung, etwa durch den Stoß eines Kathodenstrahls, Energie zugeführt, so kann das Elektron von seiner Grundbahn auf die zweite und unter Umständen auch auf eine höhere, d. h. weiter außen liegende Quantenbahn geworfen werden. Auf keiner dieser Bahnen aber wird sich das Elektron länger halten: es gleitet in kürzester Zeit entweder unmittelbar oder auf dem Umweg über Zwischenbahnen nach der Grundbahn zurück. Bei jedem solchen Übergang wird Energie frei, die als *Licht* (allgemeiner: als *elektromagnetische Strahlung*) das Atom verläßt.

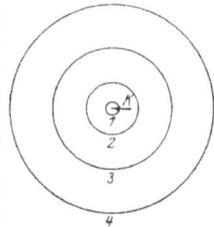

Abb. 798. Die innersten Quantenbahnen im Wasserstoffatom.

Auf diese Weise setzt also das Atom die dem aufprallenden Kathodenstrahl entnommene Energie in Strahlung um. Die Frequenz ν des ausgestrahlten Lichtes ist der freiwerdenden Energie E direkt proportional, also $\nu = \frac{1}{h} \cdot E$, wobei h das PLANCKsche Wirkungsquant, also eine universelle Größe, bedeutet (S. 303). Da das Elektron auf jeder Bahn nur den mit dieser Bahn verträglichen Energiebetrag besitzen kann, so gibt es bei jedem Übergang von einer höheren auf eine niedrigere Quantenbahn einen für diesen Übergang charakteristischen Energiebetrag ab, der durch Anfangs- und Endbahn eindeutig bestimmt ist. Das heißt also, daß jeder Übergang die Emission einer bestimmten Strahlungsfrequenz oder Spektrallinie bewirkt. BOHR hat nun gezeigt, wie man unter den von ihm gemachten Voraussetzungen die Energiewerte und die Frequenzen der emittierten Spektrallinien aufs genaueste berechnen kann. Die Rechnungen erfordern tiefes Eindringen in die

---

[1] Das Auftreten diskreter Bahnen und der damit zusammenhängenden Lichtschwingungen hat schon immer an das Verhalten der Schwingungen elastischer Gebilde (z. B. schwingende Seite mit Grundton und Obertönen) erinnert. In neuerer Zeit ist es gelungen, diese Analogie durchzuführen, und zwar in SCHRÖDINGERS *Wellenmechanik* (einer Form der Quantenmechanik, S. 481, Fußnote). Hier treten an die Stelle der Elektronenbahnen Schwingungen mit Knotenlinien, deren Anzahl der BOHRschen Bahnnummer 1, 2, 3, ... der Abb. 798 entspricht. Diese Theorie erlaubt, nicht nur die Lage der Wasserstofflinien, sondern auch ihre Stärke und andere Eigenschaften des Atoms im Einklang mit der Erfahrung zu berechnen.

Quantentheorie. Wir beschränken uns daher auf eine graphische Darstellung, aus der hervorgeht, wie die Spektrallinien des Wasserstoffatoms durch die Bahnübergänge gedeutet werden können.

In Abb. 799 sind auf der Ordinatenachse die Punkte *1, 2, 3, 4* ... so eingezeichnet, daß ihre Abstände von dem Kern ● den Halbmessern der *1., 2., 3., 4.* ... Quantenbahn entsprechen. Die Strecken *0 ➤ 1, 0 ➤ 2, 0 ➤ 3, 0 ➤ 4.* ... verhalten sich also zueinander wie $1^2 : 2^2 : 3^2 : 4^2$ ... Durch ● ist außerdem eine beliebige Gerade *a* gezogen, welche die Horizontale durch *1* im Punkte *1'* trifft. Projiziert man die Punkte *1, 2, 3, 4* ... durch den Punkt *1'* auf die Abszisse, so werden dort Strecken abgeschnitten, welche den Wellenlängen des bei den Übergängen *2 ➤ 1, 3 ➤ 1, 4 ➤ 1.* ... emittierten Lichtes entsprechen. Die Schnittpunkte sind durch kurze, nach abwärts gezogene Striche deutlich gemacht; darunter ist die Wellenlängenskala verzeichnet. Die Striche selbst stellen in ihrer Lage zueinander den *ultravioletten* Teil des Wasserstoffspektrums dar, wie ihn eine photographische Gitteraufnahme ergeben würde.

Ähnlich erhält man alle Spektrallinien, die durch Übergänge auf die zweite Quantenbahn entstehen, indem man die Punkte *3, 4, 5* ... durch den Punkt *2'* auf die Abszisse projiziert. Man erhält eine Serie, die im *sichtbaren* Gebiet liegt und für den Wasserstoff besonders charakteristisch ist. Eine dritte, im *Ultraroten* liegende Liniengruppe ergibt sich bei Projektion durch *3'*.

Wäre es möglich, auf *einer* photographischen Platte ein Gitterspektrum des Wasserstoffs vom äußersten Ultraviolett bis weit ins Ultrarot aufzunehmen, so würde es in allen Einzelheiten unserer Zeichnung entsprechen. Die aus den Punkten *1', 2'* und *3'* projizierten Serien werden nach LYMAN, BAL-

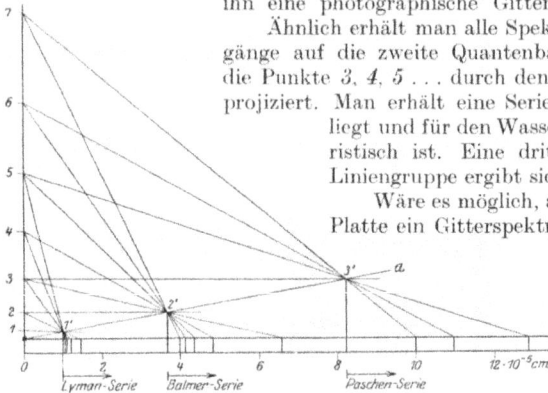

Abb. 799. Das Wasserstoffspektrum, graphisch abgeleitet aus dem
RUTHERFORD-BOHRschen Wasserstoffmodell.

MER und PASCHEN benannt, die die Zusammengehörigkeit der Linien zuerst erkannt haben. Alle Serien sind dadurch charakterisiert, daß sich die Linien nach kürzeren Wellenlängen immer mehr häufen (in der Abbildung nur teilweise sichtbar, da die Übergänge aus den höheren Quantenbahnen der Übersichtlichkeit wegen nicht alle eingezeichnet werden konnten). Die Häufung der Linien schließt ab mit der Seriengrenze, d. h. der Linie, die dem Übergang eines Elektrons aus der Unendlichkeit entspricht. Diese Grenzen sind in der Abbildung durch die Vertikalprojektionen von *1', 2'* und *3'* kenntlich gemacht.

Wenn Abb. 799 auch die Entstehung der einzelnen Linien gut veranschaulicht, so kann sie doch keine Vorstellung geben von der Genauigkeit, mit der sie aus der Theorie errechnet werden können. Wellenlängen können bis auf die sechste Stelle genau gemessen werden, trotzdem sind Rechnung und Experiment überall in Übereinstimmung.

Von ebenso einfachem Bau wie das Wasserstoffatom ist das Heliumatom, wenn ihm *eines* seiner Elektronen durch Ionisation entrissen ist. Wir haben dann wieder *ein* Elektron, das einen Kern von doppelt so großer Ladung umkreist. Infolge der stärkeren Anziehung zwischen Kern und Elektron liegen alle Bahnen dem Kern näher als beim Wasserstoffatom. Auch hier lassen sich die Spektrallinien sehr genau berechnen. Sobald wir aber neben dem strahlenden Elektron noch weitere Elektronen berücksichtigen müssen, wie z. B. beim normalen (d. h. nicht-ionisierten) Heliumatom und überhaupt bei allen schwereren Atomen. werden wir durch die Wechselwirkung zwischen diesen Elektronen fast immer auf Probleme geführt. bei denen die mathematische Kunst versagt.

Daß die Lichtemission mit der Bewegung von Elektronen im Inneren der Atome aufs engste zusammenhängt, äußert sich auch darin, daß sie durch elektrische und magnetische Kräfte beeinflußt werden kann. Die magnetische Beeinflußbarkeit hat ZEEMAN, 1897, die elektrische STARK, 1913, entdeckt. Man spricht daher von einem ZEEMAN- und einem STARK-Effekt. Um z. B. den ZEEMAN-Effekt bei Wasserstoff zu beobachten, bringt man ein Wasserstoff enthaltendes GEISSLER-Rohr zwischen die Pole eines kräftigen Elektromagneten. Man erzeugt dann — zunächst ohne den Magneten zu erregen — das Linienspektrum des Wasserstoffs mit Hilfe eines stark auflösenden Gitters, das die Linien möglichst weit voneinander trennt (S. 575). Eine einzelne Linie erscheint uns bei guter Einstellung im Spektralapparat als scharf begrenzter schmaler Strich. Schalten wir jetzt das Magnetfeld ein, so sehen wir etwas Merkwürdiges: bei Beobachtung senkrecht zur Richtung des Magnetfeldes erscheinen statt der *einen* Linie *drei*, dicht beieinander, und zwar linear polarisiert, wie man durch eingeschaltete Nicols leicht ermitteln kann. Sobald wir das Magnetfeld wieder ausschalten, verschwindet die Aufspaltung, und wir haben wieder nur mehr *eine* Linie. Etwas anders gestaltet sich das Versuchsergebnis, wenn wir den Spektralapparat so aufstellen, daß wir *in der Richtung* der magnetischen Kraftlinien auf das GEISSLER-Rohr hinsehen (Longitudinaleffekt), nicht senkrecht dazu wie bisher (Transversaleffekt). Dann sehen wir beim Einschalten des Magnetfeldes nicht drei, sondern nur zwei Linien. Auch diese sind polarisiert, und zwar beide zirkular (S. 586).

Was wir hier bei einer ausgewählten Linie beobachten, zeigt sich ebenso bei den anderen Linien des Wasserstoffs und auch bei den Linienspektren anderer Elemente, wenn auch nicht immer so einfach, wie wir es hier beschrieben haben. In den einfachen Fällen können wir auf Grund der Vorstellungen, die uns die BOHRsche Theorie über das Wesen der Lichtemission gegeben hat, die Größe der Aufspaltung, sowie Zahl und Polarisationszustand der einzelnen Linien berechnen, ein weiterer Beweis dafür, daß wir mit unseren Vorstellungen über die Entstehung des Lichtes in den Atomen auf dem richtigen Wege sind.

Bei der *elektrischen* Aufspaltung von Spektrallinien, dem STARK-Effekt, haben wir es mit Erscheinungen zu tun, die dem magnetischen Effekt ähnlich, aber meist wesentlich verwickelter sind.

Röntgenspektra im Licht der BOHRschen Theorie. Wir betrachten nunmehr Atome von hoher Kernladung, bei denen sehr viele Quantenbahnen durch Elektronen besetzt sind. Die innersten Bahnen liegen infolge der starken Anziehung durch den Kern in dessen unmittelbarer Nähe; die auf ihnen kreisenden Elektronen können durch äußere Kräfte, z. B. chemische, nicht beeinflußt werden, da die an der Atomperipherie kreisenden Elektronen für das Atominnere wie eine Schutzwand wirken. Nur die in das Innere des Atoms dringenden Strahlenarten, wie z. B. Kathodenstrahlen, vermögen die kernnahen Elektronen aus ihren normalen Bahnen auf weiter außen gelegene zu werfen. Springt das Elektron in seine ursprüngliche Bahn zurück, so tritt auch hier die dabei frei werdende Energie in Form homogener Strahlung in Erscheinung. Der Unterschied gegen die Strahlungsvorgänge beim Wasserstoffatom besteht darin, daß jetzt infolge der Kernnähe die Frequenz außerordentlich viel größer ist, die Strahlung also nicht mehr in den Bereich des sichtbaren Lichtes, sondern in den des Röntgengebiets fällt. Die vier dem Kern zunächst liegenden, durchweg mit mehreren Elektronen besetzten Bahnen bezeichnet man als den K-, L-, M- und N-Ring. Dadurch, daß ein Elektron entweder von dem L-, dem M- oder dem N-Ring auf den innersten, den K-Ring, zurückspringt, entstehen die drei für die Elemente von höherem Atomgewicht besonders charakteristischen Röntgenlinien K_α, K_β, K_γ, welche den Hauptbestandteil der sog. K-Serie bilden. Ganz analog der K-Serie entstehen die L- und M-Serie durch alle jene Elektronenübergänge, die auf den L- bzw. M-Ring zurückführen. Alle diese Serien sind nach den S. 615 besprochenen Methoden mit fast derselben Genauigkeit wie optische Linien gemessen worden.

Vergleichen wir nun beispielsweise die K_α- und K_β-Linie irgendeines Elements mit denselben Linien der nächst schwereren Elemente, so finden wir eine überraschende Ähnlichkeit. In Abb. 800 sind für eine Gruppe von Elementen, die in der Atomgewichtstabelle einander unmittelbar folgen, die Wellenlängen der K_α- und der K_β-Linie übereinander im selben Maßstab durch vertikale Striche verzeichnet. Diese Linien verschieben sich regelmäßig nach links, d. h. den kürzeren Wellen hin, wenn wir von den leichteren Elementen zu den schwereren, von Natrium zu Chlor, weitergehen. Wir könnten die Tafel durch Einzeichnung der schwereren Elemente stark erweitern, ohne daß sich ihr Charakter ändern würde.

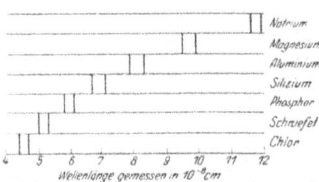

Abb. 800.
Röntgenspektra verschiedener Elemente.

Allerdings müssen wir, um die Regelmäßigkeit in der Linienverschiebung zu erhalten, an zwei Stellen ein schwereres Element einem leichteren voranstellen. Die Unstimmigkeiten haben ihren Grund darin, daß wir die Elemente *unrichtiger*weise nach ihrem Atomgewicht statt nach ihrer Kernladung geordnet haben. *Unrichtig*, weil die Wellenlängen der Röntgenlinien durch die Kern*ladung*, nicht durch die Kern*masse* bestimmt werden. Wenn wir daher an zwei Stellen von der durch die Atomgewichte gegebenen Elementenfolge abweichen müssen, so kann das nur heißen, daß das höhere Atomgewicht nicht unbedingt an die höhere Kernladung geknüpft ist. Dies ist nach unseren Vorstellungen über den Bau der Atomkerne auch verständlich (S. 619). — Aber auch die systematischen Änderungen, welche die Röntgenspektren aufweisen, wenn wir schrittweise zu Elementen von immer höherer Kernladung übergehen, können wir leicht erklären. Je höher die Kernladung ist, desto näher schieben sich die Elektronenbahnen an den Kern heran; die Energiedifferenzen benachbarter Elektronenbahnen werden gleichzeitig größer, woraus sich nach S. 622 für die emittierte Strahlung eine kürzere Wellenlänge ergibt. Das Naturgesetz, welches dies zum Ausdruck bringt und welches für einen kleinen Elementebereich aus Abb. 800 ersichtlich ist, wird nach seinem Entdecker das MOSELEYsche Gesetz genannt. Es spiegelt die Einfachheit der Kraftgesetze wieder, welche das Atominnere beherrschen.

Kernladungszahl, Ordnungszahl. Nach der S. 620 beschriebenen Methode hat man für verschiedene Elemente die Kernladungen exakt gemessen und die Kernladungen von Kupfer, Silber und Platin 29-, 47- und 78mal so groß gefunden als die Elementarladung e, die *ein* Elektron trägt. Man nennt die Zahlen die Kernladungszahlen oder Ordnungszahlen dieser Elemente.

Ferner zeigt Abb. 800, daß man durch die Röntgenspektra eine Reihenfolge der Elemente festlegen kann, die dadurch charakterisiert ist, daß die Spektrallinien eines jeden Elementes gegenüber dem des *vorher*gehenden immer um einen kleinen Betrag im selben Sinne verschoben sind. Diese Reihenfolge stimmt im großen und ganzen mit der durch die Atomgewichte gegebenen überein. Beziffert man die nach ihren Röntgenspektren geordneten Elemente, bei Kupfer mit seiner

Periodisches System der chemischen Elemente.

Ordnungszahlen, Verbindungsgewichte[1].

Gruppe

Periode	1	2	3	4	5	6	7	8	9	10	11	12	13	14	15	16	17	18
I																	1H 1,008	2He 4,00
II	3Li 6,94	4Be 9,02											5B 10,82	6C 12,00	7N 14,008	8O 16,000	9F 19,00	10Ne 20,2
III	11Na 23,00	12Mg 24,32											13Al 26,97	14Si 28,06	15P 31,04	16S 32,06	17Cl 35,46	18Ar 39,91
IV	19K 39,10	20Ca 40,07	21Sc 45,10	22Ti 47,90	23V 51,01	24Cr 52,0	25Mn 54,93	26Fe 55,84	27Co 58,97	28Ni 58,68	29Cu 63,57	30Zn 65,38	31Ga 69,72	32Ge 72,60	33As 74,96	34Se 79,2	35Br 79,92	36Kr 82,9
V	37Rb 85,5	38Sr 87,6	39Y 88,9	40Zr 91,3	41Nb 93,5	42Mo 96,0	43Ma —	44Ru 101,7	45Rh 102,9	46Pd 106,7	47Ag 107,88	48Cd 112,4	49In 114,8	50Sn 118,7	51Sb 121,8	52Te 127,5	53J 126,92	54X 130,2
VI	55Cs 132,8	56Ba 137,4	57—71 Seltene Erden*	72Hf 178,6	73Ta 181,5	74W 184,0	75Re —	76Os 190,9	77Ir 193,1	78Pt 195,2	79Au 197,2	80Hg 200,6	81Tl 204,4	82Pb 207,2	83Bi 209,0	84Po 210	85—	86Em 222
VII	87— —	88Ra 226,0	89Ac —	90Th 232,1	91Pa 231	92U 238,2												
VI 57—71	57La 138,9	58Ce 140,2	59Pr 140,9	60Nd 144,3		61Il —	62Sm 150,4	63Eu 152,0	64Gd 157,3		65Tb 159,2	66Dy 162,5	67Ho 163,5	68Er 167,7	69Tu 169,4		70Yb 173,5	71Cp 175,0

*Seltene Erden

[1] Nach der von der Deutschen Chemischen Gesellschaft für 1928 herausgegebenen Tabelle.

Ordnungszahl 29 beginnend, der Reihe nach mit 30, 31 usw., so kommt man bei Silber auf 47 und bei Platin auf 78, d. h. auf die Zahlen, die wir soeben als die Ordnungszahlen dieser Elemente bezeichnet hatten. Ohne Schwierigkeit fügen sich auch alle Elemente ein, die leichter als Kupfer sind, wenn man das leichteste Element, den Wasserstoff, mit 1 beziffert. *Die einfache Systematik der Röntgenspektra muß in einem gleichartigen inneren Aufbau aller Elemente seinen tieferen Grund haben.* Wir gewinnen für die Klassifizierung der Elemente ganz neue Gesichtspunkte, Grundpfeiler für unsere heutige Auffassung vom Aufbau der Atome. An die Stelle der bisherigen, wesentlich qualitativen Beschreibung der Elemente durch ihre allgemeinen chemischen und physikalischen Eigenschaften können wir nunmehr eine charakteristische ganzzahlige Konstante, die Kernladungszahl, setzen. Die Größe der Kernladung bestimmt alle anderen Konstanten des Atoms, z. B. auch Zahl und Anordnung der den Kern umkreisenden Elektronen, die ihrerseits die chemischen und physikalischen Eigenschaften des Atoms bestimmen. Nur die Atommasse ist durch die Kernladungszahl allein noch nicht gegeben.

Künstlicher Atomzerfall (Atomzertrümmerung). Nach diesen Anschauungen bedürfte es nur einer Verkleinerung oder Vergrößerung der Kernladung eines Elements, um es in ein anderes Element umzuwandeln. Warum hat sich trotzdem der Traum der Alchemisten, die chemische Elemente ineinander umzuwandeln hofften, niemals verwirklicht? — Bei einem solchen Gedankengang unterschätzen wir die Kräfte, die nötig sind, um auf einen Atomkern einzuwirken. Schützen ihn doch die ihn umkreisenden Elektronen aufs wirksamste gegen alle äußeren Angriffe. Auch die stärksten Drucke, die extremsten Temperaturen beeinflussen nur die an der Peripherie des Atoms kreisenden Elektronen; nur dort spielen sich die chemischen und optischen Vorgänge ab. Der Atom*kern* steht festgefügt und unangreifbar in der Mitte des Ganzen. Erleidet er, wie bei radioaktiven Atomen, aus eigenem Impuls Veränderungen, so stehen diese doch gänzlich außerhalb unserer Kontrolle.

Nur *ein* Mittel gibt es, tiefer in die Atome einzudringen: die schnellen Kathodenstrahlen oder die von radioaktiven Elementen ausgesandten α- und β-Strahlen. Ihnen vermag die Elektronenhülle nicht standzuhalten, sie können in das Innere der Atome, ja bis in nächste Nähe der Kerne vordringen. Die Möglichkeit besteht, daß bei einem unmittelbaren Aufprall eines α-Teilchens auf einen Atomkern dieser dem gewaltigen Stoß nicht widerstehen kann und in Trümmer geht. In der Tat hat RUTHERFORD auf diese Weise zuerst Atome zertrümmert, d. h. einen künstlichen Zerfall (im Gegensatz zum natürlichen radioaktiven) hervorgerufen. Sein grundlegender Versuch verlief etwa so: ein radioaktives Präparat von möglichst starker α-Strahlung wurde mit einer Folie der auf Zertrümmerbarkeit der Atome zu untersuchenden Substanz, z. B. mit Aluminiumfolie, bedeckt. Die Folie war mindestens so dick, daß sie alle α-Strahlen absorbierte. Man stellte nun fest, ob unter dem Bombardement der α-Strahlen gegen die Aluminiumatome etwa Trümmer von Atomkernen aus der Folie herausflogen. Solche Atomtrümmer machen sich (wie die α-Strahlen) durch Szintillationen auf einem Zinksulfidschirm bemerkbar. In der Tat wurden solche Atomtrümmer bei Aluminium beobachtet. Ihre Natur konnte ähnlich wie bei den S. 412 beschriebenen Versuchen dadurch festgestellt werden, daß man die Ablenkbarkeit in magnetischen Feldern bestimmte. Die Trümmer bestanden jedenfalls bei Aluminium stets aus Wasserstoffkernen, so daß man also sagen kann, die Zertrümmerung von Aluminium geht unter Emission von H-Kernstrahlen vor sich.

Ein Versuch der beschriebenen Art mag zunächst einfach erscheinen. In Wirklichkeit stellen sich ihm aber außerordentliche Schwierigkeiten entgegen. Vor allem: man kann mit den α-Strahlen ja nicht auf die Atomkerne, die man zertrümmern will, hinzielen, es bleibt dem Zufall überlassen, daß ein α-Teilchen einen Aluminiumkern trifft. Man muß viele Millionen von α-Teilchen abschießen, bis ein Treffer zustande kommt, der ein Atom zertrümmert. Diese große Seltenheit der Zertrümmerung wäre noch zu tragen, wenn man von dem Zinksulfidschirm, auf dem man die Trümmer beobachtet, die störenden Einflüsse fernhalten könnte. Aber gerade die unvermeidliche Nähe eines starken radioaktiven Präparats bringt solche Störungen zwangsläufig mit sich, die wesentliche Kunst des Experimentators besteht darin, trotz der störenden Nebenerscheinungen die Atomtrümmer auf dem Schirm zu erkennen und als solche zu erweisen.

Die Probleme, welche durch die RUTHERFORDsche Entdeckung angeregt worden sind, lassen sich im wesentlichen in folgende Fragen zusammenfassen:

a) Können die Atome aller Elemente zertrümmert werden oder beschränkt sich die Erscheinung auf einzelne Atomarten?

b) Welche Teile werden bei einer Zertrümmerung abgespalten? Sind es immer H-Kerne oder kommen auch andere Arten von Atomtrümmern vor?

c) Wie verläuft ein wirksamer Zusammenstoß eines α-Teilchens mit einem Atomkern im einzelnen? Wird die zur Zertrümmerung erforderliche Energie dem stoßenden α-Teilchen entnommen oder entstammt sie dem zerstörten Atomkern selbst?

Soweit gesicherte Ergebnisse vorliegen, lassen sich die Fragen etwa folgendermaßen beantworten: die leichteren Elemente (Bor, Stickstoff, Fluor u. a.) sind zertrümmerbar, bei der Mehrzahl der mittelschweren und bei den schweren Elementen dagegen gelingt eine Zertrümmerung nicht. Andere Atomtrümmer als H-Kernstrahlen hat man bisher noch nicht beobachtet. Diese H-Kernstrahlen besitzen in einigen Fällen eine sehr große Energie. Z. B. vermögen die H-Kernstrahlen aus Aluminium eine Luftschicht von 90 cm Dicke zu durchsetzen, während die schnellsten uns bekannten α-Strahlen noch nicht einmal 9 cm durchdringen können. Über die energetischen Verhältnisse bei einer Atomzertrümmerung läßt sich zur Zeit nur so viel sagen, daß die α-Strahlen, wenn sie wirksam sein sollen, eine bestimmte Mindestenergie besitzen müssen. Die Energie der herausgeschleuderten H-Kerne ist aber in den meisten Fällen größer als die Energie der die Zertrümmerung auslösenden α-Strahlen. Das heißt also, die bei dem künstlichen Zerfall eines Atoms frei werdende Energie entstammt zum Teil wenigstens dem zerfallenden Atomkern selbst.

Isotopie. Nun zu dem Zusammenhang zwischen Kernladungszahl und Kernmasse. Während die Kernladungszahl von Element zu Element um eine Einheit weiterschreitet, nimmt die Kernmasse langsamer und viel weniger regelmäßig zu. Soweit Elemente ein *ganzzahliges* Atomgewicht besitzen, wie z. B. Sauerstoff, der fast genau 16 mal schwerer ist als Wasserstoff, können wir uns den Atomkern aus Protonen (Wasserstoffkernen) aufgebaut denken, deren Gesamtladung zum Teil durch Elektronen, die mit in den Kern eingebaut sind, neutralisiert ist. So würden 16 Protonen, mit 8 Elektronen aufs engste zusammengefügt, einen neuen Kern bilden, der, wie der Sauerstoffkern, durch die Atommasse 16 und die Kernladungszahl 16 — 8 = 8 gekennzeichnet wäre. Denn die Masse der 16 Protonen wird durch die Elektronen nicht merklich geändert, wohl aber ihre Ladung um 8 Einheiten herabgesetzt. Denkt man sich diesen Kern von weiteren 8 Elektronen umkreist, so hat man ein Modell des Sauerstoffatom, das nur aus zwei Elementareinheiten, Protonen und Elektronen, zusammengesetzt ist. In ähnlicher Weise könnten wir uns die Kerne aller Atome aufgebaut denken, die bezogen auf Wasserstoff ein ganzzahliges Atomgewicht besitzen. — Bei allen anderen Elementen aber kommen wir in Schwierigkeiten. Die Klärung brachte eine an radioaktiven Elementen zuerst beobachtete Erscheinung, die *Isotopie*. Die Erkenntnis der Isotopie hat

uns darüber aufgeklärt, daß wir wohl mit den Grundvorstellungen über den
Aufbau der Atome aus Protonen und Elektronen auf dem richtigen Wege
sind, daß wir aber unsere bisherige Auffassung von der Einheitlichkeit eines
chemischen Elements erheblich abändern müssen. Isotope Elemente nennen
wir solche Elemente, die dieselbe *Kernladung*, daher auch dieselben chemischen Eigenschaften besitzen, sich aber in ihrer *Masse* um eine oder mehrere
Einheiten unterscheiden.

Das RUTHERFORD-BOHRsche Atombild macht es wohl denkbar, daß zwei
Atomkerne verschiedene Masse, aber dieselbe Ladung besitzen. Man kann sich
z. B. die Kernladung 17 des Chloratoms entstanden denken entweder durch den
Zusammenschluß von 35 Protonen und 18 Elektronen oder von 37 Protonen und
20 Elektronen oder auch noch anders. Im ersten Falle würde sich ein Atomgewicht 35, im zweiten 37 ergeben, beide Male aber dieselbe Kernladung 17. Bei
beiden Kernen sind daher die äußeren 17 Elektronen in derselben Weise angeordnet,
da ja hierfür *allein die Kernladung* maßgebend ist. Gleiche Anordnung der Elektronen bedingt aber gleiches chemisches Verhalten, so daß die beiden Chlorarten,
falls sie vorhanden sind, trotz ihrer erheblich verschiedenen Masse chemisch nicht
trennbar wären. Nun hat aber Chlor, wo wir ihm auch begegnen, das Atomgewicht 35,46. Wir können diese ungerade Zahl mit den eben entwickelten Vorstellungen von dem Bau der Atome nur dann vereinen, wenn wir annehmen, daß
Chlor, atomistisch betrachtet, kein einheitlicher Stoff ist, sondern sich aus zwei
oder mehreren Atomarten verschiedenen Gewichts zusammensetzt. Diese Atomarten müßten in der Natur stets in solchem Verhältnis vermischt sein, daß das
Gemenge gerade das Atomgewicht 35,46 ergibt. Selbstverständlich könnte es
sich dabei nur um Atome der Ordnungszahl 17 handeln, da ja alle Atome anderer
Ordnungszahl bei der chemischen Reinigung abgetrennt würden. Welche Atomarten, ob vom Gewicht 35, 36, 37 oder von anderem Gewicht, dabei beteiligt sind,
muß freilich zunächst dahingestellt bleiben.

Inwieweit solche, zunächst recht gekünstelt anmutende Überlegungen be-
rechtigt sind, ließe sich nur durch eine Versuchsanordnung entscheiden, bei
der die Massen der *einzelnen* Atome selbst gemessen werden. In der Tat ist es
ASTON gelungen, eine Apparatur (Massenspektrograph) zu konstruieren, die die
Massenanalyse in glänzender Weise ausführt. Dieser Spektrograph beruht auf der
Ablenkung von Kanalstrahlen (ionisierte Atome oder Moleküle) in elektrischen und
magnetischen Feldern. Solche Felder bewirken Ablenkungen (s. d. Gleichungen
S. 412 u.), die der Atom- bzw. Molekülmasse umgekehrt proportional sind und die
außerdem von Ladung und *Geschwindigkeit* der Teilchen abhängen. Hätten die
Kanalstrahlen alle *dieselbe* Geschwindigkeit, so würde schon die magnetisch oder
elektrisch bewirkte Ablenkung allein ein Bild von der Verteilung der Massen in
einem Kanalstrahlenbündel geben. Bei ausreichendem Auflösungsvermögen
müßten sich in einem aus Chloratomen bestehenden Kanalstrahl verschiedene
Massen, falls sie vorhanden sind, durch verschieden große Ablenkungen kundtun.
Es gelingt nicht, in einem Entladungsrohr intensive Kanalstrahlen von *homogener* Geschwindigkeit zu erzeugen. Aber durch eine geeignete Kombination
von elektrischen und magnetischen Feldern gelang es ASTON, trotz der großen
Geschwindigkeitsunterschiede alle Strahlen *derselben* Masse wieder an *einer*
Stelle zu vereinigen. Auf einer photographischen Platte an dieser Stelle
wird sich ein sehr feines Strahlenbündel nahezu punktartig abbilden, vorausgesetzt, daß es nur Atome derselben Masse enthält. Enthält es Strahlen-
gruppen verschiedener Masse, so entsteht eine entsprechende Zahl von Bildpunkten, die je nach dem Massenunterschied mehr oder weniger weit voneinander entfernt liegen.

Beim Chlor (vgl. S. 628 o.) zeigte der Massenspektrograph zwei Bildpunkte, die den Massen 35 und 37 entsprachen, während ein Bildpunkt, den man nach dem Atomgewicht 35,46 zu erwarten hatte, fehlte. Das zwingt zu der Annahme, daß Chlor kein einheitlicher Körper ist, sondern daß er tatsächlich — wie vermutet — aus zwei chemisch gleichwertigen Komponenten — *Isotopen* — von den Massen 35 und 37 besteht. Der Massenspektrograph hat noch viele andere Elemente als Isotopengemische enthüllt. Lithium vom Atomgewicht 6,94 besteht aus zwei Atomarten (Isotopen) vom Gewicht 6 und 7. Ebenso sind Bor, Neon, Silizium, Argon, Kalium und viele andere Elemente Gemenge von zwei oder mehreren Isotopen. Andererseits hat der Massenspektrograph diejenigen Elemente als einheitliche Stoffe erwiesen, die ein *ganzzahliges* Atomgewicht besitzen, wie Kohlenstoff, Stickstoff und Sauerstoff.

Die Kanalstrahlenmethode verhilft zwar dazu, die isotopen Bestandteile eines Elements räumlich zu scheiden, nicht aber dazu, sie in wägbaren Mengen zu trennen. Dazu ist die Zahl der Atome in einem Kanalstrahl viel zu gering. Trennung auf chemischem Wege zu versuchen, wäre ganz aussichtslos; doch können alle Methoden zum Ziele führen, die die Verschiedenheit der Atommassen ausnützen. So kann man z. B. erwarten, daß aus einer Flüssigkeit, die wie Quecksilber aus einem Gemisch verschiedener Isotope, also aus verschieden schweren Atomen besteht, die leichteren Atome schneller abdampfen als die schwereren. Natürlich kann es sich hierbei nur um minimale Unterschiede in der Verdampfungsgeschwindigkeit handeln, die nur unter Anwendung besonderer Kunstgriffe zu einer Trennung ausgenutzt werden können. Immerhin war es auf diesem Wege möglich, *zwei chemisch vollkommen reine Quecksilbersorten* herzustellen, die sich in ihrer *Dichte* um einen leicht meßbaren Betrag *unterschieden*. Da wir mit dem Begriff der Isotopie nunmehr vertraut sind, erscheint uns dies nicht weiter überraschend.

Auch unter den radioaktiven Elementen gibt es solche, die zueinander oder auch zu inaktiven Elementen isotop sind. Sie unterscheiden sich nicht allein durch ihre Masse voneinander, wie die inaktiven Elemente, sondern außerdem durch ihre radioaktiven Eigenschaften, z. B. durch Lebensdauer und Art der beim Zerfall emittierten Strahlenteilchen. Wie solche isotope Elemente genetisch entstehen, kann man aus der Tabelle auf S. 426 ablesen. Uran *I* sendet beim Zerfall ein α-Teilchen aus, was zur Folge hat, daß der neu entstandene Kern (Uran X_1) eine um zwei Einheiten kleinere Kernladung und eine um vier Einheiten kleinere Masse besitzt als die Muttersubstanz. Denn das aus dem Uran *I*-Kern entweichende α-Teilchen, das ja ein Heliumkern ist, trägt zwei positive Ladungseinheiten und vier Masseeinheiten mit sich fort. Das Uran X_1 sendet seinerseits beim Zerfall ein β-Teilchen, also ein Elektron aus, was die Kernladung des folgenden Elementes (Uran X_2) wieder um eine Einheit erhöht, ohne aber die Masse zu ändern. Dasselbe wiederholt sich beim Uran X_2, aus dem dann Uran *II* entsteht, das wieder dieselbe Kernladung wie Uran *I* besitzt, aber in seiner Masse um vier Einheiten kleiner ist. Denn in den drei Umwandlungsstufen, die von Uran *I* nach Uran *II* führen, wird der positive Ladungsverlust durch das α-Teilchen wieder ausgeglichen durch den Abgang der beiden Elektronen, während für den Massenverlust keine Kompensation eintritt. Wir haben also in Uran *I* und *II* zwei Atomarten, die isotop sind, auch rein chemisch bestätigt sich das, sie sind nicht trennbar.

Die Einsteinsche Gleichung $eV = h\nu$. Wir sind dieser Gleichung (von Einstein auf Grund theoretischer Erwägungen aufgestellt) bereits bei der Besprechung des Wasserstoffatoms (in anderer Form) begegnet, haben aber dort noch keinen Eindruck von ihrer umfassenden Bedeutung gewinnen können (S. 621).

Überlegen wir uns also nochmals, was sie besagt. Die Größe links wird uns am besten an der Abb. 801 klar. Es bedeute A eine Metallplatte und B ein engmaschiges Drahtnetz, das von A um a cm abstehe. A ist zur Erde abgeleitet und B auf ein positives Potential V aufgeladen. Zwischen A und B herrscht also ein gleichförmiges elektrisches Feld von der Stärke V/a. Dicht an der Platte A mögen Elektronen erzeugt werden, etwa lichtelektrisch. Diese Elektronen werden sich sofort nach ihrer Entstehung auf das Drahtnetz zu in Bewegung setzen und dabei immer schneller werden. Die Kraft, die auf ein solches Elektron wirkt, ist gleich seiner Ladung mal der elektrischen Feldstärke, also gleich $e \cdot V/a$. Wirkt diese Kraft, wie hier, längs des ganzen Weges a, so ist die Arbeit, die sie geleistet, gleich $e \cdot V/a \cdot a$, d. h. das Elektron besitzt, wenn es an dem Drahtnetz ankommt, eine kinetische Energie, die durch $e \cdot V$ gemessen wird. — Die *linke* Seite der Gleichung stellt also die *Energie* eines durch das Potential V beschleunigten Elektrons dar; notwendigerweise muß dann auch die *rechte* Seite eine gleich große *Energie* bedeuten. Allerdings handelt es sich um Energie ganz anderer Form, nämlich um die Energie eines elektromagnetischen Strahlungsvorganges von der Frequenz ν oder, wenn man will, von der Wellenlänge λ, da man ja aus $\lambda \nu = c$ (Lichtgeschwindigkeit) ν durch λ ersetzen kann. Die in der Gleichung noch auftretende Größe h ist das PLANCKsche Wirkungsquant.

Die EINSTEINsche Gleichung verknüpft also zwei ganz verschiedene Energieformen elementaren Charakters miteinander, nämlich die Energie eines bewegten Elektrons und die Energie eines Strahlungsvorganges der Frequenz ν. Wollen wir den Sinn der Gleichung in Worte fassen, so können wir etwa folgendes sagen: Verwandelt sich die ganze kinetische Energie eines Elektrons in elektromagnetische Strahlung, so muß die Strahlung eine bestimmte, aus der Gleichung berechenbare Frequenz besitzen. Wir können noch weitergehen und sagen: Auch die Energie elektromagnetischer Strahlung kann, ebenso wie Elektrizität und Materie, nicht beliebig unterteilt werden. Die Größe $h\nu$, das *Strahlungsquant* oder *Energiequant*, ist die kleinste nicht mehr teilbare Einheit, eine Einheit freilich, die je nach der Frequenz der Strahlung sehr verschiedene Werte annimmt. Je kurzwelliger die Strahlung, je größer ihre Frequenz ν, desto größer ist auch das Energiequant dieser Strahlung. Für Röntgenstrahlen, deren Frequenz die des sichtbaren Lichtes um das 1000fache übertrifft, hat auch das Energiequant einen 1000mal so großen Wert. — Aus der ungeheuren Zahl von interessanten Versuchen, die mit der EINSTEINschen Gleichung zusammenhängen, geben wir zur weiteren Erläuterung zwei typische Beispiele, eines aus dem Gebiet der ultravioletten Strahlung, ein zweites aus dem der Röntgenstrahlen.

Man kann in Entladungsröhren Quecksilberdampf durch den Stoß schnell fliegender Elektronen zum Leuchten bringen. Besonders charakteristisch für das Spektrum des Hg-Dampfes ist eine Linie von der Wellenlänge $2{,}536 \cdot 10^{-5}$ cm (später kurz als Linie 2536 bezeichnet) oder von der Frequenz von $1{,}183 \cdot 10^{15}$ Schwingungen pro Sekunde. Wir fragen: Wie groß muß nach der EINSTEINschen Gleichung das beschleunigende Potential sein, damit das Elektron beim Aufprall auf Quecksilberatome diese Strahlung auslösen kann. Da $h = 6{,}56 \cdot 10^{-27}$ und $e = 4{,}77 \cdot 10^{-10}$ (S. 423) ist, so wird $V = \dfrac{6{,}56 \cdot 10^{-27} \times 1{,}183 \cdot 10^{15}}{4{,}77 \cdot 10^{-10}} = 0{,}0162$ absolute elektrostatische Einheiten $= 0{,}0162 \cdot 300 = 4{,}86$ Volt (vgl. S. 383 u.). Das zur Anregung der Linie 2536 erforderliche Potential ist also 4,86 Volt. Um die Richtigkeit unseres Resultats und damit unserer Gleichung an der Erfahrung zu prüfen, können wir so verfahren: An das Drahtnetz B (Abb. 801) legen wir zunächst

Abb. 801. Zur Beschleunigung von Elektronen durch ein elektrisches Feld.

eine Spannung von 4 Volt. Die Elektronen, die in großer Zahl dauernd an A entstehen mögen, haben dann bei B eine Geschwindigkeit erreicht, die eben der Spannungsdifferenz von 4 Volt entspricht, und treten mit dieser Geschwindigkeit durch das Drahtnetz in den Raum rechts davon, der mit Hg-Dampf gefüllt sei. Während wir das Potential an B allmählich steigern, werden auch die Elektronen mit immer größerer Geschwindigkeit in den Hg-Dampf eintreten. Und nun das überraschende Resultat: in dem Augenblick, wo das Potential an B den Wert von 4,86 Volt erreicht, beginnt der Hg-Dampf mit großer Intensität die Linie 2536 auszustrahlen. Wir können diese Linie wegen ihrer Lage im Ultravioletten zwar nicht unmittelbar sehen, jedoch mit der photographischen Platte leicht nachweisen. Sobald also die Energie des Elektrons den auf der linken Seite der EINSTEINschen Gleichung geforderten Betrag eV erreicht hat, kann sie im Hg-Atom in die rechts stehende Strahlungsenergie $h\nu$ umgewandelt werden. Das mit dem Atom zusammenstoßende Elektron verliert dabei seine ganze Energie, wie sich experimentell erweisen läßt. Man könnte nun noch fragen, warum das Elektron erst bei 4,86 Volt Energie an das Atom abgibt, die in Strahlung umgesetzt wird. Es wäre ja mit der EINSTEINschen Gleichung auch verträglich, wenn z. B. nur der halbe Energiebetrag (also $V = 2,43$ Volt) übertragen würde, wobei dann freilich der emittierten Strahlung die halbe Frequenz, d. h. die doppelte Wellenlänge, zukommen müßte. Um diese Frage zu beantworten, erinnern wir uns an den Bau des Wasserstoffatoms, und daß mit seinem Aufbau nur *bestimmte* Strahlungsfrequenzen verträglich sind. Ähnlich auch hier. Die Linie 2536 entsteht durch den Übergang eines zum Verband des Hg-Atoms gehörigen Elektrons, das auf seine normale Quantenbahn zurückkehrt, nachdem es durch den Stoß des atomfremden Elektrons auf eine weiter außen gelegene Bahn geworfen worden war. — Diesen Fundamentalversuch haben zuerst FRANCK und HERTZ ausgeführt, wenn auch nicht in der einfachen, hier der Übersichtlichkeit halber dargestellten Form. Was an *einem* Element, dem Quecksilber, und an *einer* Spektrallinie gezeigt wurde, kann ebensogut bei vielen anderen Elementen und für viele andere Linien wiederholt werden. Alle bisherigen Versuche haben gleichzeitig die EINSTEINsche Gleichung und die BOHRsche Atomtheorie aufs neue gefestigt.

Und nun zum zweiten Beispiel aus dem Gebiet der Röntgenstrahlen. Das kontinuierliche Röntgenspektrum nimmt nach der Seite der kurzen Wellenlängen nicht wie im optischen Gebiet allmählich an Intensität ab, sondern bei einer bestimmten Wellenlänge bricht es ganz plötzlich ab (s. S. 616 m.). Die Erklärung hierfür gibt die EINSTEINsche Gleichung. Ähnlich wie bei dem Versuch Abb. 801 werden im Röntgenrohr die von der Kathode ausgehenden Elektronen (Kathodenstrahlen) in dem zwischen Kathode und Antikathode herrschenden elektrischen Felde beschleunigt. Die Spannung zwischen diesen beiden Elektroden bestimmt die Maximalenergie, die das Elektron gewinnen kann. Die Rolle, die beim ersten Beispiel der Quecksilberdampf spielte, übernimmt hier das Metall der Antikathode. Die Atome dieses Metalls senden eine Strahlung solcher Wellenlänge aus, wie die EINSTEINsche Gleichung sie fordert. Betreiben wir das Rohr mit 20000 Volt Spannung, so zeigt eine ähnliche Rechnung wie oben, daß die Energie der durch diese Spannung beschleunigten Elektronen nur in eine Strahlung von der Wellenlänge $0,61 \cdot 10^{-8}$ cm umgewandelt werden kann. Strahlen noch kürzerer Wellenlänge können nicht auftreten, da ja die Energie der Elektronen durch die Spannung begrenzt ist; Strahlen größerer Wellenlänge sind aber wohl denkbar, da die Elektronen auf ihrem Wege von der Kathode zur Antikathode, z. B. durch Zusammenstoß mit Gasmolekülen, einen Teil ihrer Energie verlieren können. All das ist in bester Übereinstimmung mit dem, was der Versuch ergibt. In der

Tat ist die kurzwellige Grenze so scharf, daß man durch Messung dieser Grenze und der am Rohre liegenden Spannung ein vorzügliches Mittel hat, das Planck-sche Wirkungsquant, das wir bisher als bekannt vorausgesetzt haben, zu bestimmen. Der als genauest geltende Wert dieser fundamentalen Konstante ist auf diesem Wege ermittelt worden.

Lichtwellen- und Lichtquantentheorie. Compton-Effekt. Die elektromagnetische Wellentheorie schien aufs beste begründet und imstande, alle optischen Vorgänge auch außerhalb des sichtbaren Gebietes zu umfassen. Niemals konnte eine Unstimmigkeit zwischen Theorie und Erfahrung festgestellt werden. Als man aber in den Röntgenstrahlen auch die Eigenschaften sehr kurzwelligen Lichtes zu untersuchen vermochte, kam man auf Erscheinungen, die sich in den Rahmen der elektromagnetischen Theorie nicht mehr einfügten, ihr vielmehr geradezu widersprachen. Dieser Widerspruch tritt am deutlichsten hervor in den Fällen, wo es sich um die Wechselwirkung zwischen der Materie (bzw. den in ihr enthaltenen Elektronen) und der Strahlung handelt, also bei den Elementarvorgängen, welche sich im Atominneren abspielen und mit Lichtemission oder Lichtabsorption verknüpft sind. Wir erinnern uns, daß die Lichtemission in einem Atom dadurch zustande kommt, daß ein Elektron von einer äußeren Quantenbahn auf eine weiter innen gelegene Quantenbahn überspringt (S. 621). Bei einem solchen elementaren Vorgang wird in einer Zeitspanne von etwa 10^{-8} Sekunden ein bestimmter Betrag an Lichtenergie ausgestrahlt, den wir mit $h\nu$ bezeichnet haben, um auszudrücken, daß er je nach der Frequenz ν des emittierten Lichtes verschieden groß ist. Unter h verstanden wir das Plancksche Wirkungsquantum.

Nach der Wellentheorie des Lichtes erscheint es selbstverständlich, daß die bei einem solchen Elementarvorgang ausgestrahlte Lichtenergie sich von dem emittierenden Atom aus gleichförmig in Kugelwellen ausbreitet, wie ja auch das Licht einer Lampe, bei der sich in jeder Sekunde unzählige solcher Elementarvorgänge abspielen, nach allen Seiten hin gleichmäßig den Raum erhellt. Zwangsläufig müßte dann auch die Intensität des in einem Elementarprozeß ausgestrahlten Lichtes mit dem Abstande des Beobachters von dem strahlenden Atom quadratisch abnehmen. Aber gerade diese letzte selbstverständlich erscheinende Annahme widerspricht gewissen experimentellen Tatsachen: das Licht, und vornehmlich das Röntgenlicht, das auf einen Körper auffällt, vermag dort Elektronen auszulösen und wird dabei absorbiert. Ein solches *Photoelektron* besitzt eine desto größere Geschwindigkeit, je kurzwelliger das Licht ist, durch das es ausgelöst wurde. Z. B. können aus einer Metallplatte, die von harten, also besonders kurzwelligen Röntgenstrahlen getroffen wird, Photoelektronen heraustreten, die eine so große Energie besitzen, daß sie dünne Metallfolien durchdringen können. Die Messungen haben nun gezeigt, daß jedes Photoelektron immer gerade einen solchen Energiebetrag besitzt, wie der Aufteilung der Lichtenergie in Einzelbeträge (Quanten $h\nu$) bei der Emission entspricht. Dabei spielt es keine Rolle, welchen Abstand das emittierende und das absorbierende Atom voneinander haben. Immer erfolgt die Absorption, ebenso wie die Emission in Energiebeträgen der Größe $h\nu$. Die in einem Elementarprozeß ausgestrahlte Energie läuft also offenbar zusammengeballt in einer bestimmten Richtung geradlinig weiter, sie breitet sich *nicht* in Kugelwellen um das emittierende Atom als Mittelpunkt aus. Nur so ist es möglich, daß auch in größtem Abstande von der Strahlungsquelle die Absorption der Strahlung und die damit gekoppelte Photoemission immer in den charakteristischen Energiebeträgen $h\nu$ erfolgt. Einstein bringt dieses Verhalten des Lichtes eindringlich zum Ausdruck, wenn er, soweit es sich um Energieaustausch zwischen Strahlung und Elektron handelt, nicht mehr von Lichtwellen, sondern von Lichtquanten spricht. Bei den Lichtquanten bleibt die Energie während der Ausbreitung punktförmig konzentriert, während die Lichtwelle durch das quadratische Ausbreitungsgesetz charakterisiert ist.

Eine, weitere Erscheinung, die ohne die Lichtquantenvorstellung gar nicht zu begreifen wäre, ist der nach seinem Entdecker benannte COMPTON - Effekt. Während wir im Photoeffekt einen Absorptionsvorgang kennengelernt haben, vereinigt sich im COMPTON - Effekt ein Absorptionsvorgang mit einem Streuvorgang. Am sichtbaren Lichte haben wir die Streuung bereits kennen gelernt: im Sonnenstrahl werden die feinen Staubteilchen durch das an ihnen gestreute (abgebeugte) Licht als helle Pünktchen sichtbar. Bei dem COMPTON - Effekt handelt es sich nun um die Streuung von besonders kurzwelligem Licht, von Röntgenlicht. Ein solches kurzwelliges Lichtquant treffe auf ein frei bewegliches Elektron und werde von ihm gestreut, das heißt, es bewege sich nunmehr in einer von der ursprünglichen Richtung abweichenden Richtung weiter. Dabei geht, wie die Erfahrung zeigt, eine Veränderung an dem Lichtquant vor sich: seine Energie $h\nu$ und damit seine Frequenz ν wird kleiner. Auf das sichtbare Gebiet übertragen würde das heißen: die Farbe des Lichtes ist nach der Streuung zur roten Seite des Spektrums hin verschoben, z. B. die mit homogenem gelben Licht beleuchteten Staubteilchen leuchten für den (seitlichen) Beobachter in rotem Lichte auf. In Wirklichkeit gibt es im sichtbaren Gebiet eine derartige Erscheinung nicht (weil die Energiequanten im Sichtbaren sehr kleine Werte haben): im Röntgengebiet ist aber die Farbenverschiebung außer allem Zweifel sicher gestellt. Wozu ist nun aber die Energie, welche das Lichtquant im Streuvorgang eingebüßt hat, verwendet worden? Antwort: Man kann zeigen, daß das anfangs ruhende Elektron bei der Streuung des Lichtquants einen Impuls erhalten hat, so daß es sich jetzt mit einer bestimmten, meßbaren Geschwindigkeit bewegt. Es besitzt also nach der Streuung einen Vorrat an kinetischer Energie, der gleich dem Energieverlust des Lichtquants ist.

Es ist für die Lichtquantenvorstellung bezeichnend, daß man den beschriebenen Vorgang als einen Stoß materieller Teilchen auffassen darf. Wie beim Aufprall einer Kugel auf eine ruhende Kugel diese in Bewegung gerät, während die stoßende Kugel aus ihrer Richtung abgelenkt wird, so soll auch der Vorgang des COMPTON - Effekts sich abspielen. Das Lichtquant stößt gewissermaßen gegen ein ruhendes, aber sonst freies Elektron. Dabei wird das Lichtquant abgelenkt und das Elektron beschleunigt. Bei dem Stoß der Kugeln kann man in elementarer Weise ausrechnen, in welcher Richtung und mit welcher Energie sich die Kugeln nach dem Stoß weiterbewegen. Aber auch bei dem Stoß des Lichtquants gegen das Elektron bleibt man in bester Übereinstimmung mit den Beobachtungen, wenn man in derselben Weise rechnet, als ob man es mit Kugeln zu tun hätte. Dabei gibt man der stoßenden Kugel dieselbe Energie, die das Lichtquant besitzt, und setzt die Masse der ruhenden Kugel gleich der des Elektrons.

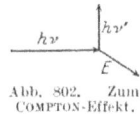

Abb. 802. Zum COMPTON-Effekt.

Abb. 802 zeigt das Ergebnis der einfachen Rechnung für den speziellen Fall, daß das Lichtquant beim Auftreffen auf das Elektron gerade um 90° abgelenkt wird. Eine solche Ablenkung kann nach den elementaren Stoßgesetzen — man denke etwa an Billardkugeln — nur dann eintreten, wenn gleichzeitig das Elektron in anderer Richtung weiterfliegt. In unserer Abbildung geben die mit $h\nu$ und $h\nu'$ bezeichneten Pfeile die Richtung des Lichtquants vor und nach dem Stoße, während die Bahn des Elektrons durch den Pfeil E dargestellt wird. Die Rechnung gibt uns aber nicht nur die Bewegungsrichtungen von Quant und Elektron, sondern sie sagt auch Bestimmtes darüber aus, wie sich die Energie nach dem

Stoß auf Quant und Elektron verteilt. Um auch die Energieverhältnisse durch unser Bild zu veranschaulichen, sind die Pfeillängen so bemessen, daß sie den jeweiligen Energiewerten der Teilchen proportional sind. Da die Gesamtenergie durch den Stoß nicht verändert wird, so muß natürlich die Summe der Pfeillängen $h v' + E$ gleich der Pfeillänge $h v$ sein.

Der Stoß kann natürlich auch so verlaufen, daß das Lichtquant um einen kleineren oder größeren Winkel abgelenkt wird als in der Abbildung dargestellt ist. Für jeden Fall kann das entsprechende Bild bei stoßenden Kugeln gezeichnet werden, woraus sich wieder, wie oben, der Streuvorgang beim COMPTON-Effekt ableitet.

Wenn wir nochmals das Wesentliche hervorheben wollen, so haben wir auf der einen Seite die zahllosen Erscheinungen der Interferenz, Beugung und Polarisation, die unbedingt eine Wellentheorie des Lichtes fordern, auf der anderen Seite die Energieübertragung von Strahlung auf Elektronen, also im wesentlichen den Photo- und den COMPTON-Effekt, die uns ebenso zwangsläufig auf eine Quantentheorie des Lichtes führen. So sehr beide Theorien einander zu widersprechen scheinen, so muß doch betont werden, daß sie sich beide auf den ihnen zukommenden Sondergebieten als äußerst fruchtbar erwiesen haben. Es wäre daher wohl verfehlt zu glauben, daß die eine der beiden Theorien sich später einmal als richtig, die andere als falsch erweisen wird; vielmehr ist zu erwarten, daß eine versöhnende Lösung gefunden werden wird, die uns die Wellentheorie und die Quantentheorie als Teile eines umfassenderen Gesetzes erkennen läßt. Manche erfreuliche Versuche sind schon gemacht worden, eine solche höhere Warte zu finden, die den derzeitigen Zwiespalt verschwinden läßt. Es handelt sich hier aber um Probleme, die noch nicht weit genug geklärt sind, als daß sie im Rahmen dieses Buches besprochen werden könnten.

Namenverzeichnis.

Sachverzeichnis.

42

Druck von C. G. Röder G. m. b. H., Leipzig.

Verlag von Julius Springer in Berlin W 9

Die Naturwissenschaften

Begründet von A. Berliner und C. Thesing

Herausgegeben von

Arnold Berliner

unter besonderer Mitwirkung von Hans Spemann in Freiburg i. Br.

Organ der Gesellschaft Deutscher Naturforscher und Ärzte und Organ der Kaiser Wilhelm-Gesellschaft zur Förderung der Wissenschaften

Erscheint wöchentlich / Vierteljährlich RM 9.60 / Einzelheft RM 1.—

Als Beilage werden allmonatlich mitgeliefert:
Mitteilungen der Gesellschaft Deutscher Naturforscher und Ärzte

Die Naturwissenschaften berichten über die Fortschritte der reinen und der angewandten Naturwissenschaften durch zuständige, auf dem jeweiligen Gebiete selber schöpferische Mitarbeiter. Die Verfasser wenden sich durch die Form ihrer Darstellung nicht in erster Linie an die eigenen Fachgenossen, sondern vor allen an die auf den Nachbargebieten Tätigen, um ihnen den Überblick über den Zusammenhang ihres eigenen Faches mit den angrenzenden Fächern zu vermitteln. Die dauernd fortschreitende Teilung der wissenschaftlichen Arbeit hat den Begriff des Grenzgebietes völlig verändert. Sie hat das Arbeitsfeld des einzelnen so eingeengt und die Grenzgebiete so vermehrt, daß für jeden die Notwendigkeit vorliegt, ihre Entwicklung zu verfolgen.

Physikalisches Handwörterbuch

Unter Mitwirkung von zahlreichen Fachgelehrten

herausgegeben von

Arnold Berliner   und   Karl Scheel

Dr.-Ing. e. h., Dr. phil.   Dr. phil., Prof. a. d. Physikal.-techn. Reichsanstalt
                                Geheimer und Oberregierungsrat

Mit 573 Textfiguren. VI, 903 Seiten. 1924

Gebunden RM 39.—

Aus den Besprechungen:

Unter Mitwirkung ausgezeichneter Fachgelehrter haben die beiden Herausgeber ein vorzügliches Nachschlagewerk geschaffen, mit dem man sich rasch über irgendwelche physikalische Themen informieren kann. Die einzelnen Stichwörter sind kurz und sachlich behandelt, die beigefügten Verweise auf die einschlägige Fachliteratur erleichtern ein weiteres Studium. Das Buch wird nicht nur den Fachphysikern, sondern auch Technikern, Medizinern und Naturwissenschaftlern ein überaus nützlicher und wertvoller Behelf sein.

„Monatshefte für Mathematik und Physik.“

Ergebnisse
der exakten Naturwissenschaften

Herausgegeben von der

Schriftleitung der „Naturwissenschaften"

Erster Band: Mit 35 Abbildungen. IV, 403 Seiten. 1922. Gebunden RM 14.—

Zweiter Band: Mit 38 Abbildungen. IV, 252 Seiten. 1923.
RM 8.40; gebunden RM 9.65

Dritter Band: Mit 100 Abbildungen. III, 404 Seiten. 1924.
RM 18.—; gebunden RM 19.20

Vierter Band: Mit 62 Abbildungen und 1 Tafel. III, 242 Seiten. 1925.
RM 15.—; gebunden RM 16.50

Fünfter Band: Mit 103 Abbildungen. III, 329 Seiten. 1926.
RM 21.—; gebunden RM 22.50

Sechster Band: Mit 85 Abbildungen. III, 378 Seiten. 1927.
RM 24.—; gebunden RM 25.50

Die Bezieher der „Naturwissenschaften" erhalten die „Ergebnisse"
zu einem um 10 % ermäßigten Vorzugspreis.

Naturwissenschaftliche
Monographien und Lehrbücher

Herausgegeben von der

Schriftleitung der „Naturwissenschaften"

Erster Band: **Allgemeine Erkenntnislehre.** Von **Moritz Schlick**, o. Professor, Vorsteher des Philosophischen Instituts in Wien. Zweite Auflage. IX, 375 Seiten. 1925. RM 18.—; gebunden RM 19.20

Zweiter Band: **Die binokularen Instrumente.** Nach Quellen und bis zum Ausgang von 1910 bearbeitet. Von Dr. phil. **Moritz von Rohr**, wissenschaftlichem Mitarbeiter der optischen Werkstätte von Carl Zeiss in Jena und a. o. Professor an der Universität Jena. Zweite, vermehrte und verbesserte Auflage. Mit 136 Textabbildungen. XVII, 303 Seiten. 1920. RM 8.—

Dritter Band: **Die Relativitätstheorie Einsteins und ihre physikalischen Grundlagen.** Elementar dargestellt von **Max Born**, o. Professor, Direktor des Instituts für theoretische Physik der Universität Göttingen. Dritte, verbesserte Auflage. Mit 135 Textabbildungen. XII, 268 Seiten. 1922. Gebunden RM 10.—

Vierter Band: **Einführung in die Geophysik.** Von Professor Dr. **A. Prey**, Prag, Professor Dr. **C. Mainka**, Göttingen, Professor Dr. **E. Tams**, Hamburg. Mit 82 Textabbildungen. VIII, 340 Seiten. 1922. RM 12.—

Fünfter Band: **Die Fernrohre und Entfernungsmesser.** Von Dr. phil. **A. König**, Beamter des Zeiss-Werkes. Mit 254 Abbildungen. VIII, 207 Seiten. 1923. RM 7.50; gebunden RM 9.50

Sechster Band: **Kristalle und Röntgenstrahlen.** Von Dr. **P. P. Ewald**, Professor der theoretischen Physik an der Technischen Hochschule zu Stuttgart. Zweite Auflage. In Vorbereitung.

Siebenter Band: **Sternhaufen. Ihr Bau, ihre Stellung zum Sternsystem und ihre Bedeutung für die Kosmogonie.** Von **P. ten Bruggencate**. Mit 36 Abbildungen und 4 Tafeln. VII, 158 Seiten. 1927. RM 15.—; gebunden RM 16.50

Die Bezieher der „Naturwissenschaften" erhalten die Bände dieser Sammlung zu einem
gegenüber dem Ladenpreis um 10 % ermäßigten Vorzugspreis.

Handbuch der Physik

Unter redaktioneller Mitwirkung von

R. Grammel-Stuttgart, F. Henning-Berlin, H. Konen-Bonn, H. Thirring-Wien,
F. Trendelenburg-Berlin, W. Westphal-Berlin

Herausgegeben von

H. Geiger und Karl Scheel

Das Werk umfaßt insgesamt 24 Bände. Jeder Band ist einzeln käuflich

Bisher erschienene Bände:

Band I: Geschichte der Physik. Vorlesungstechnik. Bearbeitet von E. Hoppe, A. Lambertz, R. Mecke, K. Scheel, H. Timerding. Redigiert von **Karl Scheel.** Mit 162 Abbildungen. VIII, 404 Seiten. 1926.
RM 31.50; gebunden RM 33.60

Band II: Elementare Einheiten und ihre Messung. Bearbeitet von A. Berroth, C. Cranz, H. Ebert, W. Felgentraeger, F. Göpel, F. Henning, W. Jaeger, V. v. Niesiolowski-Gawin, K. Scheel, W. Schmundt, J. Wallot. Redigiert von **Karl Scheel.** Mit 297 Abbildungen. VIII, 522 Seiten. 1926.
RM 39.60; gebunden RM 42.—

Band III: Mathematische Hilfsmittel in der Physik. Bearbeitet von A. Duschek, J. Lense, K. Mader, Th. Radakovic, F. Zernike. Redigiert von **H. Thirring.** Mit 138 Abbildungen. XIV, 647 Seiten. 1928.
RM 57.—; gebunden RM 59.50

Band V: Grundlagen der Mechanik. Mechanik der Punkte und starren Körper. Bearbeitet von H. Alt, C. B. Biezeno, E. Fues, R. Grammel, O. Halpern, G. Hamel, L. Nordheim, Th. Pöschl, M. Winkelmann. Redigiert von **R. Grammel.** Mit 256 Abbildungen. XIV, 628 Seiten. 1927.
RM 51.60; gebunden RM 54.—

Band VII: Mechanik der flüssigen und gasförmigen Körper. Bearbeitet von J. Ackeret, A. Betz, Ph. Forchheimer, A. Gyemant, L. Hopf, M. Lagally. Redigiert von **R. Grammel.** Mit 290 Abbildungen. XI, 413 Seiten. 1927.
RM 34.50; gebunden RM 36.60

Band VIII: Akustik. Bearbeitet von H. Backhaus, J. Friese, E. M. von Hornbostel, A. Kalähne, H. Lichte, E. Lübcke, E. Meyer, E. Michel, C. V. Raman, H. Sell, F. Trendelenburg. Redigiert von **F. Trendelenburg.** Mit 252 Abbildungen. X, 712 Seiten. 1927.
RM 58.50; gebunden RM 60.90

Band IX: Theorien der Wärme. Bearbeitet von K. Bennewitz, A. Byk, F. Henning, K. F. Herzfeld, W. Jaeger, G. Jäger, A. Landé, A. Smekal. Redigiert von **F. Henning.** Mit 61 Abbildungen. VIII, 616 Seiten. 1926.
RM 46.50; gebunden RM 49.20

Band X: Thermische Eigenschaften der Stoffe. Bearbeitet von C. Drucker, E. Grüneisen, Ph. Kohnstamm, F. Körber, K. Scheel, E. Schrödinger, F. Simon, J. D. van der Waals jr. Redigiert von **F. Henning.** Mit 207 Abbildungen. VIII, 186 Seiten. 1926.
RM 35.40; gebunden RM 37.50

Band XI: Anwendung der Thermodynamik. Bearbeitet von E. Freundlich, W. Jaeger, M. Jakob, W. Meißner, O. Meyerhof, C. Müller, K. Neumann, M. Robitzsch, A. Wegener. Redigiert von **F. Henning.** Mit 198 Abbildungen. VIII, 454 Seiten. 1926.
RM 34.50; gebunden RM 37.20

Band XII: Theorien der Elektrizität. Elektrostatik. Bearbeitet von A. Güntherschulze, F. Kottler, H. Thirring, F. Zerner. Redigiert von **W. Westphal.** Mit 112 Abbildungen. VII, 564 Seiten. 1927.
RM 46.50; gebunden RM 49.—

Fortsetzung siehe nächste Seite.

Handbuch der Physik. Herausgegeben von **H. Geiger** und **Karl Scheel.**

(Fortsetzung.)

Band XIII: **Elektrizitätsbewegung in festen und flüssigen Körpern.**
Bearbeitet von E. Baars, A. Coehn, G. Ettisch, H. Falkenhagen, W. Gerlach, E. Grüneisen, B. Gudden, A. Güntherschulze, G. v. Hevesy, G. Laski, F. Noether, H. v. Steinwehr. Redigiert von **W. Westphal.** Mit 222 Abbildungen. VII, 672 Seiten. 1928.   RM 55.50; gebunden RM 58.—

Band XIV: **Elektrizitätsbewegung in Gasen.** Bearbeitet von A. Angenheister, R. Bär, A. Hagenbach, K. Przibram, H. Stücklen, E. Warburg. Redigiert von **W. Westphal.** Mit 189 Abbildungen. VII, 444 Seiten. 1927.
RM 36.—; gebunden RM 38.10

Band XV: **Magnetismus. Elektromagnetisches Feld.** Bearbeitet von E. Alberti, G. Angenheister, E. Gumlich, P. Hertz, W. Romanoff, R. Schmidt, W. Steinhaus, S. Valentiner. Redigiert von **W. Westphal.** Mit 291 Abbildungen. VII, 532 Seiten. 1927.   RM 43.50; gebunden RM 45.60

Band XVI: **Apparate und Meßmethoden für Elektrizität und Magnetismus.** Bearbeitet von E. Alberti, G. Angenheister, E. Baars, E. Giebe, E. Gumlich, A. Güntherschulze, W. Jaeger, F. Kottler, W. Meißner, G. Michel, H. Schering, R. Schmidt, W. Steinhaus, H. v. Steinwehr, S. Valentiner. Redigiert von **W. Westphal.** Mit 623 Abbildungen. IX, 801 Seiten. 1927.   RM 66.—; gebunden RM 68.40

Band XVII: **Elektrotechnik.** Bearbeitet von H. Behnken, F. Breisig, A. Fraenckel, A. Güntherschulze, F. Kiebitz, W. O. Schumann, R. Vieweg, V. Vieweg. Redigiert von **W. Westphal.** Mit 360 Abbildungen. VII, 392 Seiten. 1926.   RM 31.50; gebunden RM 33.60

Band XVIII: **Geometrische Optik. Optische Konstante. Optische Instrumente.** Bearbeitet von H. Boegehold, O. Eppenstein, H. Hartinger, F. Jentzsch, H. Keßler, F. Löwe, W. Merté, M. von Rohr. Redigiert von **H. Konen.** Mit 688 Abbildungen. XX, 865 Seiten. 1927.
RM 72.—; gebunden RM 74.40

Band XIX: **Herstellung und Messung des Lichts.** Bearbeitet von H. Behnken, E. Brodhun, Th. Dreisch, J. Eggert, R. Frerichs, J. Hopmann, Chr. Jensen, H. Konen, G. Laski, E. Lax, H. Ley, F. Löwe, M. Pirani, P. Pringsheim, W. Rahts, H. Rosenberg, O. Schönrock, G. Szivessy, G. Wolfsohn. Redigiert von **H. Konen.** Mit 501 Abbildungen. XVIII, 995 Seiten. 1928.   RM 86.—; gebunden RM 88.60

Band XXII: **Elektronen. Atome. Moleküle.** Bearbeitet von W. Bothe, W. Gerlach, H. G. Grimm, O. Hahn, K. F. Herzfeld, G. Kirsch, L. Meitner, St. Meyer, F. Paneth, H. Pettersson, K. Philipp, K. Przibram. Redigiert von **H. Geiger.** Mit 148 Abbildungen. VIII, 568 Seiten. 1926.   RM 42.—; gebunden RM 44.70

Band XXIII: **Quanten.** Bearbeitet von W. Bothe, J. Franck, P. Jordan, H. Kulenkampff, R. Ladenburg, W. Noddack, W. Pauli, P. Pringsheim. Redigiert von **H. Geiger.** Mit 225 Abbildungen. X, 782 Seiten. 1926.
RM 57.—; gebunden RM 59.70

Band XXIV: **Negative und positive Strahlen. Zusammenhängende Materie.** Bearbeitet von H. Baerwald, O. F. Bollnow, M. Born, W. Bothe, P. P. Ewald, H. Geiger, H. G. Grimm, E. Rüchardt. Redigiert von **H. Geiger.** Mit 374 Abbildungen. XI, 604 Seiten. 1927.   RM 49.50; gebunden RM 51.60